21世纪普通高等教育核心课程经典辅导·数学系列

数学分析
题解精粹
第三版

钱吉林 等主编

U0195883

西北工业大学出版社

西安

【内容简介】 本书是针对数学系专业学生专门编写的学习辅导题集。全书分为10章,每节又分若干个考点,涉及近100所全国重点高校的考研真题。

本书可作为高等学校理科、工科、经济类专业学生学习数学分析课程以及考研应试的参考书,也可作为高等学校数学教师的教学参考资料。

图书在版编目(CIP)数据

数学分析题解精粹/钱吉林,郭金海,熊骏主编
—西安:西北工业大学出版社,2019.3(2022.7 重印)
ISBN 978-7-5612-6378-5

Ⅰ.①数… Ⅱ.①钱… ②郭… ③熊… Ⅲ.①数学分析—高等学校—题解 Ⅳ.①O17-44

中国版本图书馆 CIP 数据核字(2019)第 003135 号

策划编辑:李 萌 方雨薇
责任编辑:孙 倩

出版发行:西北工业大学出版社
通信地址:西安市友谊西路 127 号 邮编:710072
电 话:(029)88493844 88491757
网 址:www.nwpup.com
印 刷 者:武汉珞珈山学苑印刷有限公司
开 本:880 mm×1 230 mm 1/32
印 张:17.125
字 数:574 千字
版 次:2019 年 3 月第 1 版 2022 年 7 月第 3 次印刷
定 价:43.00 元

前　　言

众所周知,任何高深的数学方法都是在把复杂的数学对象转化为数学分析与高等代数.因而打好扎实的数学基础,必将终生受益.

随着全球经济一体化的进程的加快,企业人才竞争也步入国际化.为适应竞争,大家均需充电,以提高素质和提升学历.本书旨在帮助读者对教材中的考点融会贯通,给读者以更丰富更实用的题解信息,其主要有下述特点.

1. 秘而不宣的试题

本书所列试题多数没对外发表过,是各院校秘而不宣的内部资料,诸多考生常常为获取这些试题而煞费苦心.本书试题涉及北京大学、清华大学、复旦大学、南京大学、武汉大学和中国科学院等近 100 所国内知名高校.

2. 经典的解析

根据笔者多年的经验积累,对各种考题做了双向归纳:一是对考题的题型做了归纳,二是对考题的解法做了归纳.希望达到抛砖引玉的效果,使读者能由此及彼,举一反三,从而在考试时应付自如.

3. 便捷的结构

全书分为 10 章,每节又分若干个考点.这对于应试考研的读者是一本精美完整的综合复习资料.读者可通过章节,迅速找到自己所需要的内容,思路明晰,重点突出.

本书集知识性、资料性、方法性和应考性于一体,它不仅是考研人员的良师益友,更是理科、工科、经济类的学生学习"数学分析"与"高等数学"的参考书,也是高等学校数学教师的数学参考资料.本书末尾还附有两套《数学分析》考研模拟试题(含解答),供参考.

　　本书编写分工如下:钱吉林主要负责全书的编写,熊骏主要负责全书的审核.

　　编写本书,曾参阅了相关文献、资料,在此,谨向其作者深表谢枕.

编　者

目　　录

第一章　函　数

§1　函数的概念

【考点综述】

一、综述

1. 邻域

(1)$U(a,\delta)=(a-\delta,a+\delta)$ 称为 a 的 δ 邻域,其中 $\delta>0$.

(2)$U^\circ(a,\delta)=(a-\delta,a)\bigcup(a,a+\delta)=\{x\mid 0<\mid x-a\mid<\delta\}$ 称为 a 的空心 δ 邻域,其中 $\delta>0$.

(3)$U^\circ_+(a)=(a,a+\delta)$ 和 $U^\circ_-(a)=(a-\delta,a)$ 分别称为 a 的 δ 右邻域和左邻域,其中 $\delta>0$.

2. 确界

设给定数集 S:

(1) 上确界. 若存在数 η,满足 1) $x\leqslant\eta,\forall x\in S$;2) $\forall\alpha<\eta$,都存在 $x_0\in S$,使 $x_0>\alpha$,则称 η 为 S 的上确界,记为 $\eta=\sup\limits_{x\in S}x=\sup S$.

(2) 下确界. 若存在数 ξ,满足 1)$x\geqslant\xi,\forall x\in S$;2)$\forall\beta>\xi$,都存在 $y_0\in S$,使 $y_0<\beta$,则称 ξ 为 S 的下确界,记为 $\xi=\inf\limits_{x\in S}x=\inf S$.

(3) 确界原理.

1) 非空有上(下) 界的数集,必有上(下) 确界.

2) 若数集有上(下) 确界,则上(下) 确界一定是唯一的.

3. 函数

(1) 函数定义.

给定两个非空实数集 D 和 M,若有一个对应法则 f,使 D 内每一个数 x,都有唯一的一个数 $y\in M$ 与它对应,则称 f 是定义在 D 上的一个函数,记为 $y=f(x)$,$x\in D$,并称 D 为函数的定义域,称 $f(D)=\{y\mid y=f(x),x\in D\}$ 为函数的值域.

(2) 一些重要的函数.

1) 分段函数. 函数在其定义域的不同部分用不同公式表达的这类函数,常称为分段函数. 例如

（ⅰ）符号函数

$$\mathrm{sgn}(x)=\begin{cases}1,&x>0\\0,&x=0\\-1,&x<0\end{cases}$$

（ⅱ）狄利克雷函数

$$D(x) = \begin{cases} 1, & \text{当 } x \text{ 为有理数} \\ 0, & \text{当 } x \text{ 为无理数} \end{cases}$$

（ⅲ）黎曼函数

$$R(x) = \begin{cases} \dfrac{1}{q}, \text{当 } x = \dfrac{p}{q}, x \in (0,1), \dfrac{p}{q} \text{ 为既约分数} \\ 0, \text{当 } x = 0, 1 \text{ 和}(0,1) \text{ 中的无理数} \end{cases}$$

2）复合函数.

$$y = f(g(x)), x \in E^*$$

其中 $y = f(u), u \in D, u = g(x), x \in E, E^* = \{x \mid g(x) \in D, x \in E\} \neq \phi$.

3）反函数.

已知函数 $u = f(x), x \in D$, 若对 $\forall y_0 \in f(D)$, 在 D 中有且只有一个值 x_0, 使得 $f(x_0) = y_0$, 则按此对应法则得到一个函数 $x = f^{-1}(y), y \in f(D)$. 称这个函数 f^{-1}: $f(D) \rightarrow D$ 为 f 的反函数.

4）初等函数.

（ⅰ）基本初等函数. 常量函数、幂函数、指数函数、对数函数、三角函数、反三角函数这六类函数称为基本初等函数.

（ⅱ）初等函数. 由基本初等函数经过有限次四则运算与复合运算所得到的函数，统称为初等函数.

（ⅲ）凡不是初等函数的函数，都称为非初等函数.

二、解题方法

1. 考点 1

求函数的定义域：

(1) 已知函数表达式，求定义域. 常用方法是解不等式组.（见下面第 2 题）

(2) 已知抽象函数的定义域，求复合函数的定义域. 常用方法也是解不等式组.（见下面第 7 题和第 12 题）.

2. 考点 2

求函数值及函数的值域：

(1) 求函数值. 常用方法是代入法（见下面第 2 题）.

(2) 求函数表达式. 求复合函数的表达式常用方法也是代入法. 途径有两种，一种是由外向内（见下面第 3 题）；另一种是由内向外（见下面第 2 题）. 求函数表达式时，也可用图像法（见下面第 16 题）.

(3) 求函数值域. 常用方法是求函数的最大值与最小值（见下面第 6 题）.

3. 考点 3

求上下确界或证明确界的性质. 常用方法是利用确界的定义（见下面第 1 题）.

【经典题解】

1.（北京科技大学） 叙述数集 A 的上确界的定义，并证明：对任意有界数列 $\{x_n\}, \{y_n\}$，总有 $\sup\{x_n + y_n\} \leqslant \sup\{x_n\} + \sup\{y_n\}$. ①

解 若存在数 a 满足：

(1) $\forall x \in A$, 都有 $x \leqslant a$;

(2) $\forall b < a$，一定存在 $x_0 \in A, x_0 > b$.

则称 a 为数集 A 的上确界，记为 $\sup A = a$.

再证 ① 式. 令 $a = \sup\{x_n\}, b = \sup\{y_n\}$，则 $x_n \leqslant a, y_n \leqslant b, (n = 1, 2, \cdots)$

$$\text{所以 } x_n + y_n \leqslant a + b, (n = 1, 2, \cdots)$$

$$\sup\{x_n + y_n\} \leqslant a + b = \sup\{x_n\} + \sup\{y_n\}$$

2. (中国人民大学) 设 $f(x) = \dfrac{1}{\lg(3-x)} + \sqrt{49 - x^2}$，求 $f(x)$ 的定义域和 $f[f(-7)]$.

解 由 $3 - x > 0, 3 - x \neq 1, 49 - x^2 \geqslant 0$，解得 $x \in [-7, 2) \bigcup (2, 3)$，从而 $f(x)$ 的定义域为 $[-7, 2) \bigcup (2, 3)$.

$$f(-7) = \frac{1}{\lg 10} = 1$$

所以 $f(f(-7)) = \dfrac{1}{\lg 2} + 4\sqrt{3}$.

3. (海军工程学院) 设 $f(x) = \dfrac{x + |x|}{2}, (-\infty < x < +\infty), g(x) = \begin{cases} x, & x < 0, \\ x^2, & x \geqslant 0. \end{cases}$ 求 $f[g(x)]$.

解 $f[g(x)] = \dfrac{g(x) + |g(x)|}{2} = \begin{cases} \dfrac{x + (-x)}{2} = 0, & x < 0 \\ \dfrac{x^2 + x^2}{2} = x^2, & x \geqslant 0 \end{cases}$.

4. (南京邮电学院,兰州铁道学院) 已知 $f(x) = \dfrac{x}{\sqrt{1 + x^2}}$，设 $f_n(x) = f\{f[\cdots(f(x))\cdots]\}(n \text{ 个 } f)$，求 $f_n(x)$.

解 令 $f_1(x) = f(x)$，可用数学归纳法证明

$$f_n(x) = \frac{x}{\sqrt{1 + nx^2}} \qquad ①$$

当 $n = 1$ 时，显然式 ① 成立.

假设当 $n = k$ 时，式 ① 成立，当 $n = k + 1$ 时，有

$$f_{k+1}(x) = f[f_k(x)] = f\left(\frac{x}{\sqrt{1 + kx^2}}\right) = \frac{\dfrac{x}{\sqrt{1 + kx^2}}}{\sqrt{1 + \dfrac{x^2}{1 + kx^2}}} = \frac{x}{\sqrt{1 + (k+1)x^2}}$$

即对 $n = k + 1$ 式 ① 也成立，即证式 ①.

5. (高数二) 设 $f(x) = \begin{cases} 1, & |x| \leqslant 1, \\ 0, & |x| > 1 \end{cases}$，则 $f\{f[f(x)]\} = ($ $)$

A. 0.   B. 1.   C. $\begin{cases} 1, & |x| \leqslant 1, \\ 0, & |x| > 1. \end{cases}$ D. $\begin{cases} 0, & |x| \leqslant 1, \\ 1, & |x| > 1. \end{cases}$

答 B.

因为 $|f(x)| \leqslant 1$，所以 $f[f(x)] = 1, f\{f[f(x)]\} = f(1) = 1$.

6. 求函数 $y = \lg(1 - 2\cos x)$ 的定义域和值域.

解　由 $1-2\cos x>0$，可得 $\cos x<\dfrac{1}{2}$，解得函数的定义域为

$$D=\left\{x\mid 2k\pi+\frac{\pi}{3}<x<2k\pi+\frac{5\pi}{3},k\in Z\right\}$$

又因为 $\max\limits_{x\in D}(1-2\cos x)=1-(-2)=3,\inf\limits_{x\in D}(1-2\cos x)=0.$

所以函数的值域：$f(D)=(-\infty,\lg3].$

7. 已知 $y=f(2^x)$ 的定义域为 $[-1,1]$，求 $y=f(\log 2^x)+f(x-1)$ 的定义域.

解　因为 $-1\leqslant x\leqslant 1$，所以 $\dfrac{1}{2}\leqslant 2^x\leqslant 2$，即 $f(x)$ 的定义域为 $[\dfrac{1}{2},2]$.

再由 $\begin{cases}\dfrac{1}{2}\leqslant \log 2^x\leqslant 2,\\[2mm]\dfrac{1}{2}\leqslant x-1\leqslant 2,\end{cases}$ 解得 $\begin{cases}\sqrt{2}\leqslant x\leqslant 4\\[2mm]\dfrac{3}{2}\leqslant x\leqslant 3,\end{cases}$ 所求定义域为 $[\dfrac{3}{2},3]$.

8. 已知 $f(x)=\dfrac{1}{2}\sqrt{4-x^2},(-1<x\leqslant 0)$，求 $f^{-1}(x)$.

解　由 $y=\dfrac{1}{2}\sqrt{4-x^2},(-1<x\leqslant 0)$，有 $\begin{cases}4-x^2=4y^2\\ x\leqslant 0\end{cases}$

解得 $x=-2\sqrt{1-y^2}$，互换 x,y 得 $y=-2\sqrt{1-x^2}$. 当 $-1<x\leqslant 0,y=\dfrac{1}{2}\sqrt{4-x^2}\in(\dfrac{\sqrt{3}}{2},1].$

因此 $f^{-1}(x)=-2\sqrt{1-x^2},x\in(\dfrac{\sqrt{3}}{2},1].$

9. 如图在底 $BC=b$，和高为 $AM=h$ 的三角形 ABC 中，内接一个高为 $EF=x$ 的矩形 $EFGH$，设此矩形的周长为 L，面积为 S，将 L 与 S 表成 x 的函数.

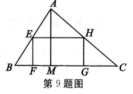

第 9 题图

解　(1) 因为 $EH:b=(h-x):h$

所以 $EH=b(1-\dfrac{x}{h})$

$$L=2(EH+EF)=2(1-\frac{b}{h})x+2b,(0<x<h)$$

(2)$S=EF\cdot EH=bx(1-\dfrac{x}{h}),(0<x<h).$

10. 解不等式　$\mid x+2\mid+\mid x-2\mid\leqslant 12.$

解　当 $x\leqslant -2$ 时，原不等式变为

$$-(x+2)+2-x\leqslant 12,\text{所以 }x\geqslant -6,\text{此即}$$
$$-6\leqslant x\leqslant -2. \tag{①}$$

当 $-2<x\leqslant 2$ 时，原不等式变为

$$x+2+2-x\leqslant 12$$
$$-2<x\leqslant 2. \tag{②}$$

当 $x>2$ 时，原不等式变为

$$x+2+x-2\leqslant 12,\text{所以 }x\leqslant 6,\text{此即}$$

$$2 < x \leqslant 6 \qquad ③$$

由式 ①②③ 可得原不等式的解集为 $[-6,6]$

11. 设 $\{xy\}$ 为所有 xy 乘积的集合,其中 $x \in \{x\}, y \in \{y\}$,且 $x \geqslant 0$ 及 $y \geqslant 0$. 证明:$\sup\{x\} \cdot \sup\{y\} = \sup\{xy\}$.

证 设 $\sup\{x\} = a, \sup\{y\} = b$. 现证

$$\sup\{xy\} = ab \qquad ①$$

因为 $x \leqslant a, y \leqslant b$ 所以 $xy \leqslant ab$, $\forall x \in \{x\}, y \in \{y\}$. ②

又 $x \geqslant 0, y \geqslant 0$ 所以 $a \geqslant 0, b \geqslant 0$.

$\forall \varepsilon > 0$,可取 $\varepsilon_1 > 0$,且使 $\varepsilon > \varepsilon_1(a+b) - \varepsilon_1^2$,

所以 $ab - \varepsilon < ab - [\varepsilon_1(a+b) - \varepsilon_1^2] = (a-\varepsilon_1)(b-\varepsilon_1)$. ③

由 $\sup\{x\} = a, \sup\{x\} = b$,所以存在 $x_1 > a - \varepsilon_1 > 0, y_1 > b - \varepsilon_1 > 0$.

由式 ③ 有

$$x_1 y_1 > (a-\varepsilon_1)(b-\varepsilon_1) > ab - \varepsilon \qquad ④$$

由式 ②④ 得证

$$\sup\{xy\} = ab.$$

12. (**大连海运学院**) 设函数 $f(x)$ 的定义域为 $[0,1]$,试求 $f(x+a) + f(x-a)$ 的定义域.

解 由题设有 $\begin{cases} 0 \leqslant x+a \leqslant 1, \\ 0 \leqslant x-a \leqslant 1. \end{cases}$ 当 $0 \leqslant a \leqslant \dfrac{1}{2}$ 时,所求定义域为 $[a, 1-a]$;

当 $-\dfrac{1}{2} \leqslant a < 0$ 时,定义域为 $[-a, 1+a]$;

当 $a > \dfrac{1}{2}$ 或 $a < -\dfrac{1}{2}$ 时,其定义域为空集.

13. (**华中科技大学**) 设 $f(x) = \dfrac{x}{x-1}$,试验证 $f\{f[f(f(x))]\} = x$,并求 $f\left[\dfrac{1}{f(x)}\right], (x \neq 0, x \neq 1)$.

解 $$f[f(x)] = \frac{f(x)}{f(x)-1} = \frac{\dfrac{x}{x-1}}{\dfrac{x}{x-1}-1} = x.$$

因此 $$f\{f[f(f(x))]\} = f[f(x)] = x$$

又 $$f\left(\frac{1}{f(x)}\right) = f\left(\frac{x-1}{x}\right) = \frac{\dfrac{x-1}{x}}{\dfrac{x-1}{x}-1} = 1-x.$$

14. (**同济大学**) 设 $f(x) = \begin{cases} 1+x, x < 0, \\ 1, x \geqslant 0. \end{cases}$ 求 $f[f(x)]$.

解 当 $x \geqslant 0$ 时,$f[f(x)] = f(1) = 1$.

当 $-1 \leqslant x < 0$ 时,$f[f(x)] = f(1+x) = 1$.

当 $x < -1$ 时,$f[f(x)] = f(1+x) = x+2$.

因此 $f[f(x)] = \begin{cases} 1, & \text{当 } x \geqslant -1 \text{ 时} \\ x+2, & \text{当 } x < -1 \text{ 时} \end{cases}$

15. (西北工业大学) 设 $f(x) = \sqrt{x + \sqrt{x^2}}$，求：

(1)$f(x)$ 的定义域；(2) $\dfrac{1}{2}\{f[f(x)]\}^2$；(3) $\lim\limits_{x \to 0} \dfrac{f(x)}{x}$.

解　(1)$f(x) = \sqrt{x + |x|} = \begin{cases} 0, & x \leqslant 0 \\ \sqrt{2x}, & x > 0 \end{cases}$

因此 $f(x)$ 的定义域为 $(-\infty, +\infty)$.

$(2)f[f(x)] = \sqrt{\sqrt{x + \sqrt{x^2}} + \sqrt{(\sqrt{x + \sqrt{x^2}})^2}}$

$\qquad\qquad = \sqrt{2\sqrt{x + \sqrt{x^2}}} = \sqrt{2f(x)}.$

因此 $\dfrac{1}{2}\{f[f(x)]\}^2 = f(x) = \sqrt{x + \sqrt{x^2}}$.

(3) 因为 $\lim\limits_{x \to 0^-} \dfrac{f(x)}{x} = \lim\limits_{x \to 0^-} \dfrac{0}{x} = 0, \lim\limits_{x \to 0^+} \dfrac{f(x)}{x} = \lim\limits_{x \to 0^+} \dfrac{\sqrt{2x}}{x} = +\infty$

因此 $\lim\limits_{x \to 0} \dfrac{f(x)}{x}$ 不存在.

16. 设 $f(x) = \sin x, x \in [0, 2\pi], g(x) = \cos x, x \in [0, 2\pi]$，令 $G(x) = \max\limits_{0 \leqslant x \leqslant 2\pi} \{f(x), g(x)\}, H(x) = \min\limits_{0 \leqslant x \leqslant 2\pi} \{f(x), g(x)\}.$

求(1)$G(x), H(x)$ 的表达式；(2) 当 $a \in (\dfrac{\pi}{2}, \pi)$ 时，求 $G(a)$ 和 $H(a)$.

解　(1) 先作出 $y = \sin x$ 和 $y = \cos x$ 在$[0, 2\pi]$上的图形(见下图)

因此 $G(x) = \begin{cases} \cos x, & x \in \left[0, \dfrac{\pi}{4}\right] \\ \sin x, & x \in \left(\dfrac{\pi}{4}, \dfrac{5\pi}{4}\right] \\ \cos x, & x \in \left(\dfrac{5\pi}{4}, 2\pi\right] \end{cases}$　　　　①

$H(x) = \begin{cases} \sin x, & x \in \left[0, \dfrac{\pi}{4}\right] \\ \cos x, & x \in \left(\dfrac{\pi}{4}, \dfrac{5\pi}{4}\right] \\ \sin x, & x \in \left(\dfrac{5\pi}{4}, 2\pi\right] \end{cases}$　　　　②

第 16 题图

(2) 由上面式 ①② 两式可知,当 $a \in (\dfrac{\pi}{2}, \pi)$ 时,可得

$$G(a) = \sin a, H(a) = \cos a$$

§2　函数的性质

【考点综述】

一、综述

1. 有界性

设 $y = f(x), x \in D.$

(1) 若存在数 M,使 $f(x) \leqslant M, \forall x \in D$,则称 f 是有上界的函数.

(2) 若存在数 L,使 $f(x) \geqslant L, \forall x \in D$,则称 f 是有下界的函数.

(3) 若存在正常数 C,使 $| f(x) | \leqslant C$,则称 f 是有界函数.

(4) 若对任意数 M,都存在 $x_0 \in D$,使 $f(x_0) > M$,则称 f 是无上界函数,类似可定义无下界及无界函数.

2. 单调性

设 $y = f(x), x \in D$,若对 $\forall x_1, x_2 \in D, x_1 < x_2$,有

(1) $f(x_1) \leqslant f(x_2)$,则称 f 在 D 上是递增函数.

(2) $f(x_1) < f(x_2)$,则称 f 在 D 上是严格递增函数.

类似可定义递减函数与严格递减函数.

3. 奇偶性

设 D 是对称于原点的数集,$y = f(x), x \in D.$

(1) 若 $\forall x \in D$,都有 $f(-x) = f(x)$,则称 $f(x)$ 是偶函数.

(2) 若 $\forall x \in D$,都有 $f(-x) = -f(x)$,则称 $f(x)$ 是奇函数.

(3) 奇函数图形关于原点对称,偶函数图形关于纵轴对称.

4. 周期性

(1) 设 $y = f(x), x \in D$,若存在正数 k,使 $f(x) = f(x \pm k), \forall x \in D.$ 则称 $f(x)$ 为周期函数,k 称为 f 的一个周期.

(2) 若 f 的所有周期中,存在一个最小正周期,则为 f 的基本周期.

二、解题方法

1. 考点 1

周期函数的判定与性质应用(见下面第 17,19 题).

常用方法:猜想周期 T 并加以证明(第 11 题);用反证法证明不是周期函数(第 18 题).

2. 考点 2

函数奇偶性判定(见第 20,24 题).

常用方法:先看定义域是否关于原点对称(见第 19 题之(3)),再按定义验证等式 $f(-x) = f(x)$ 或 $f(-x) = -f(x)$(见第 20,24 题).

3. 考点 3

单调性判定及应用(见第 23,25 题).

常用方法:按定义(第 21 题);按图形(第 20 题);由导数正负确定(第 25 题).

【经典题解】

17.**(清华大学)**　设函数 $f(x)$ 在 $(-\infty,+\infty)$ 上是奇函数,$f(1)=a$ 且对任何 x 值均有 $f(x+2)-f(x)=f(2)$.

(1)试用 a 表示 $f(2)$ 与 $f(5)$;

(2)问 a 取什么值时,$f(x)$ 是以 2 为周期的周期函数.

解　(1)$f(x+2)=f(2)+f(x)$,$\forall x\in(-\infty,+\infty)$①

在式 ① 中,令 $x=-1$.

$a=f(1)=f(-1+2)=f(2)+f(-1)=f(2)-f(1)=f(2)-a$,

因此 $f(2)=2a$.

$f(3)=f(1)+f(2)=3a$.

$f(5)=f(2)+f(3)=5a$.

(2)由式 ① 知当且仅当 $f(2)=0$,即 $a=0$ 时,$f(x)$ 是以 2 为周期的周期函数.

18.　$f(x)=|\,x\sin x\,|\,\mathrm{e}^{\cos x}$,$(-\infty<x<+\infty)$ 是(　　)

A.有界函数.　　B.单调函数.　　C.周期函数.　　D.偶函数.

答　D.$f(-x)=|-x\sin(-x)|\,\mathrm{e}^{\cos(-x)}=f(x)$.

19.有下列几个命题

(1)任何周期函数一定存在最小正周期.

(2)$[x]$ 是周期函数.

(3)$\sin\sqrt{x}$ 不是周期函数.

(4)$x\cos x$ 不是周期函数.

其中正确的命题有(　　)

A.1.　　　　　B.2 个.　　　　　C.3 个.　　　　　D.4 个.

答　B.其中

(1)错.比如 $f(x)=0$.那么任何正实数都是它的周期,而无最小正实数.

(2)错.设 $f(x)=[x]$ 的周期为 $T>0$,并设 $[T]=m\geqslant0$.

当 $m=0$ 时,则 $T=1-a$,其中 $0<a<1$.那么

$[a+T]=1$,$[a]=0$,因此 $[a+T]\neq[a]$.

这与 T 为周期矛盾.因此 $m\neq0$.

当 $m>0$ 时,$[T+1]=m+1$,$[1]=1$,因此 $[1+T]\neq[1]$,也矛盾.

$[x]$ 不是周期函数.

(3)对.若 $f(x)$ 是定义域 D 上周期函数,那么存在函数 T,使 $\forall x\in D$ 都有 $f(x\pm T)=f(x)$.这必须有 $x\pm T\in D$.而本题定义域 $D=[0,+\infty)$,若是周期函数,则 $0\in D$,必须 $-T\in D$,但 $-T\notin D$.故不是周期函数.

(4)对.用反证法,设 $f(x)=x\cos x$ 的周期为 $T>0$,则

$f(0)=0=f(T)=T\cos T$.

所以 $\cos T=0$,$T=n_o\pi+\dfrac{\pi}{2}$,$n_o\in Z$ 且 $n_o\geqslant0$.

$f\left(\dfrac{\pi}{2}+T\right)=f(\pi+n_o\pi)=(n_o+1)\pi\cos[(n_o+1)\pi]$,

$$f\left(\frac{\pi}{2}\right) = \frac{\pi}{2}\cos\frac{\pi}{2} = 0, \text{由} f\left(\frac{\pi}{2}+T\right) = f\left(\frac{\pi}{2}\right),$$

所以 $\cos(n_0+1)\pi = 0$,矛盾.

即证 $x\cos x$ 不是周期函数.

20.　设 $f(x)$ 是连续函数,$F(x)$ 是 $f(x)$ 的原函数,则(　　)

A. 当 $f(x)$ 是奇函数时,$F(x)$ 必是偶函数.

B. 当 $f(x)$ 是偶函数时,$F(x)$ 必是奇函数.

C. 当 $f(x)$ 是周期函数时,$F(x)$ 必是周期函数.

D. 当 $f(x)$ 是单调增函数时,$F(x)$ 必是单调增函数.

答　A. 先证 C 错. $F(x) = \int_0^x f(t)\mathrm{d}t + C_0$,其中 C_0 为某一常数. 令 $f(x) = 1 + \cos x$ 为周期 2π 的函数,而 $F(x) = x + \sin x + C_0$ 不是周期函数.

再证 D 错. 令 $f(x) = x$ 为单调增函数,而 $F(x) = \frac{1}{2}x^2 + C_0$ 不是单调增函数.

最后看 A 与 B,因为

$$F(x) = \int_0^x f(t)\mathrm{d}t + C_0,$$

$$F(-x) = \int_0^{-x} f(t)\mathrm{d}t + C_0 = -\int_0^x f(-u)\mathrm{d}u + C_0 \qquad ①$$

当 $f(x)$ 为偶函数时,取 $C_0 \neq 0$,则由 ①

$$F(-x) = -\int_0^x f(u)\mathrm{d}u + C_0 \neq -F(x).$$

即 $F(x)$ 不是奇函数,则 B 错.

当 $f(x)$ 为奇函数时,由 ① 式知 $F(-x) = F(x)$,所以 $F(x)$ 是偶函数,故 A 对.

21. 设 $f(x), g(x)$ 为区间 (a,b) 上递减函数,令

$$F(x) = \max\{f(x), g(x)\}, G(x) = \min\{f(x), g(x)\}$$

证明:$F(x), G(x)$ 都是 (a,b) 上递减函数.

证　$\forall x_1, x_2 \in (a,b), x_1 < x_2$,则由

$F(x_1) = \max\{f(x_1), g(x_1)\} \geqslant \max\{f(x_2), g(x_2)\} = F(x_2).$

$G(x_1) = \min\{f(x_1), g(x_1)\} \geqslant \min\{f(x_2), g(x_2)\} = G(x_2).$

即证 $F(x), G(x)$ 都是 (a,b) 上递减函数.

22. 已知 $y = f(x)$ 的图形(如图),试作下列各函数的图形:

(1)$y = -f(x)$;

(2)$y = |f(x)|$;

(3)$y = [f(x)]+1$其中$[x]$表示不超过x的最大整数;

(4)$y = \text{sgn}(f(x))$;

(5)$y = \frac{1}{2}(|f(x)|+f(x))$.

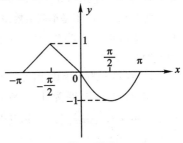

第 22 题图

解　它们的图形分别如下:

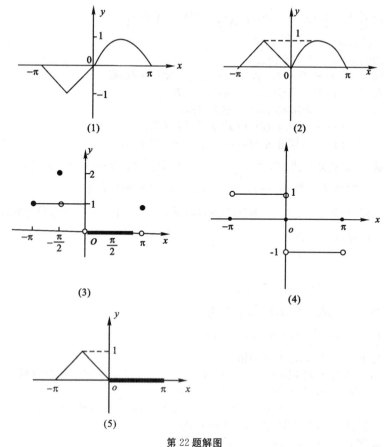

第 22 题解图

23. 设 $f(x) = x - [x]$,讨论它的单调性,有界性,周期性,并作出它的图形.

解 (1)$f(x)$ 不是单调函数,因为 $0.3 <$ $1.2 < 2.3$,但 $f(0.3) > f(1.2)$,$f(1.2) <$ $f(2.3)$.

(2)$f(x)$ 是有界函数,因为 $|f(x)| \leqslant 1$.

(3)$f(x)$ 是周期为 1 的函数,$\forall x \in$

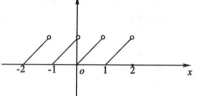

第 23 题图

$(-\infty, +\infty)$,令 $x = [x] + a$,其中 $0 \leqslant a < 1$,则 $x + 1 = [x] + 1 + a$.

$f(x+1) = \{[x] + 1 + a\} - \{[[x] + 1]\} = a = f(x)$,$\forall x \in R$.

(4)$y = f(x) = x - [x]$ 图形如上.

24.(**合肥工业大学**) 证明:定义在对称区间$(-l, l)$内的任何函数 $f(x)$,必可以

表示成偶函数 $H(x)$ 与奇函数 $G(x)$ 之和的形式,且这种表示法是唯一的.

证　令

$$H(x) = \frac{1}{2}\big[f(x) + f(-x)\big], G(x) = \frac{1}{2}\big[f(x) - f(-x)\big].$$

则 $f(x) = H(x) + G(x)$,且容易证明 $H(x)$ 是偶函数,$G(x)$ 是奇函数,下证唯一性.若还存在偶函数 $H_1(x)$ 和奇函数 $G_1(x)$,有 $f(x) = H_1(x) + G_1(x)$.则

$$H(x) - H_1(x) = G_1(x) - G(x) \tag{①}$$

用 $-x$ 代入式 ① 有

$$H(x) - H_1(x) = G(x) - G_1(x) \tag{②}$$

由式 ① + 式 ② 可得　$H(x) = H_1(x)$,再代入式 ① 可得 $G(x) = G_1(x)$.

25. 设 $f(x) = \dfrac{ax^2 + 1}{bx + c}$(其中 a, b, c 是整数) 是奇函数,且在 $[1, +\infty)$ 上单调递增,$f(1) = 2, f(2) < 3$.

(1) 求 a, b, c 的值;

(2) 证明:$f(x)$ 在 $(0, 1)$ 上单调递减.

解　(1) 由于 $f(x)$ 是奇函数,所以 $c = 0$.再由 $f(1) = 2$,可得

$$a = 2b - 1 \tag{①}$$

又因 $f(x)$ 在 $[1, +\infty)$ 上单调递增,且 $f(1) = 2$.

$$\text{所以 } 2 = f(1) < f(2) = \frac{4a + 1}{2b} < 3 \tag{②}$$

再将式 ① 代入式 ② 可得 $\dfrac{3}{2} < 2b < 3$.

因为 b 是整数,所以 $b = 1$,从而 $a = 1$.

$$f(x) = \frac{x^2 + 1}{x} = x + \frac{1}{x}$$

扫码获取本书资源

(2)　　$f'(x) = 1 - \dfrac{1}{x^2} < 0. (x \in (0, 1))$

所以 $f(x)$ 在 $(0, 1)$ 上单调递减.

26. **(内蒙古大学)**　作函数 $y = |2 - |2 - x||$ 的曲线图形.

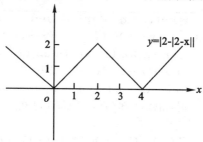

第 26 题图

解　$$y = \begin{cases} -x, & x < 0 \\ x, & 0 \leqslant x < 2 \\ 4 - x, & 2 < x \leqslant 4 \\ x - 4, & x > 4. \end{cases}$$

其曲线图形见第 26 题图.

27.（北京大学）　设 $f(x)$ 在 $[a,b]$ 上无界,求证:$\exists c \in [a,b]$,使得对 $\forall \delta > 0$,$f(x)$ 在 $(c-\delta, c+\delta) \bigcap [a,b]$ 上无界.

证　用闭区间套原理. 取 a,b 中点 $\dfrac{a+b}{2}$,则 $\left[a, \dfrac{a+b}{2}\right]$,$\left[\dfrac{a+b}{2}, b\right]$ 中至少有一个区间使 $f(x)$ 无界(如果两个都是可任取一个),记为 $[a_1, b_1]$.

再取中点 $\dfrac{a_1+b_1}{2}$,又可得区间 $[a_2, b_2]$,使 $f(x)$ 在其上无界.

这样继续下去有

$$[a,b] \supset [a_1, b_1] \supset [a_2, b_2] \supset \cdots \supset [a_n, b_n] \supset \cdots$$

使 $f(x)$ 在每个区间上无界.

由区间套原理存在　$c = \lim_{n \to \infty} a_n = \lim_{n \to \infty} b_n$,则 $c \in [a,b]$. 而对 $\forall \delta > 0$,当 n 充分大时,有

$$(c-\delta, c+\delta) \bigcap [a,b] \supset [a_n, b_n]$$

故 $f(x)$ 在 $(c-\delta, c+\delta) \bigcap [a,b]$ 上无界.

28.（中国科学院）　设 $-\infty < x_1 < x_2 < \cdots < x_n < +\infty (n \geqslant 2)$,并设次数不超过 $n-1$ 次的代数多项式 $C_k(x)(k=1,2,\cdots,n)$,满足条件:

$$C_k(x_i) = \begin{cases} 0, & i \neq k \\ 1, & i = k \end{cases} \quad (i = 1, 2, \cdots, n) \qquad \text{①}$$

试证:$C_k(x) + C_{k+1}(x) \geqslant 1, x_k \leqslant x \leqslant x_{k+1}$　$(1 \leqslant k \leqslant n-1)$.

证　由假设式 ①,可令

$$C_k(x) = a_k(x-x_1)(x-x_2)\cdots(x-x_{k-1})(x-x_{k+1})\cdots(x-x_n)(k=1,2,\cdots,n). \quad \text{②}$$

其中　$a_k(x_k-x_1)\cdots(x_k-x_{k-1})(x_k-x_{k+1})\cdots(x_k-x_n) = 1(k=1,2,\cdots,n).$

或 $a_k = \dfrac{1}{(x_k-x_1)(x_k-x_2)\cdots(x_k-x_{k-1})(x_k-x_{k+1})\cdots(x_k-x_n)}, (k=1,2,\cdots,n).$

所以 $C_k(x) + C_{k+1}(x) = (x-x_1)\cdots(x-x_{k-1})(x-x_{k+2})\cdots$
$$(x-x_n)[a_k(x-x_{k+1}) + a_{k+1}(x-x_k)] = g(x)h(x). \quad \text{③}$$

其中　$g(x) = (x-x_1)\cdots(x-x_{k-1})(x-x_{k+2})\cdots(x-x_n)$
$$h(x) = a_k(x-x_{k+1}) + a_{k+1}(x-x_k) = (a_k+a_{k+1})x - (a_kx_{k+1}+a_{k+1}x_k) \qquad \text{④}$$

（1）当 $a_k + a_{k+1} \geqslant 0$ 时,由式 ③ 知 $C_k(x) + C_{k+1}(x)$ 在 $[x_k, x_{k+1}]$ 上为增函数,所以当 $x_k \leqslant x \leqslant x_{k+1}$ 时

$$1 = C_k(x_k) + C_{k+1}(x_k) \leqslant C_k(x) + C_{k+1}(x)$$

（2）当 $a_k + a_{k+1} < 0$ 时,由 ③ 式知 $C_k(x) + C_{k+1}(x)$ 在 $[x_k, x_{k+1}]$ 上是减函数,所以 $x_k \leqslant x \leqslant x_{k+1}$ 时有

$$1 = C_k(x_{k+1}) + C_{k+1}(x_{k+1}) \leqslant C_k(x) + C_{k+1}(x)$$

29. (**上海师范大学**)　是否存在这样的函数,它在区间[0,1]上每点都取有限值,但在此区间的任何点的任何邻域内都无界.

答　存在,比如

$$f(x) = \begin{cases} n, & (x = \dfrac{m}{n}, m, n \text{ 互质}, \text{且 } n > 0) \\ 0, & (x \text{ 为无理数或为 } 0 \text{ 或 } 1) \end{cases}$$

$\forall x_0 \in [0,1]$,存在有理数列$\{x_n\}$,使$\lim\limits_{n \to \infty} x_n = x_0$,对任意正数$M$而使$f(x_n) > M$.
所以$f(x)$在x_0的邻域内无界.

30. (**武汉大学**)　设$\{x_n\}$为一个正无穷大数列(即对任意正数M,存在自然数N,当$n > N$时,成立$x_n > M$).

E为$\{x_n\}$的一切项组成的数集. 试证:必存在自然数p使得$x_p = \inf E$.

证　令$M = \max\{x_1, x_2, \cdots, x_{100}, 1\}$,则$M > 0$. 由假设存在自然数$N$,当$n > N$时,成立$x_n > M$.

所以　　　　　　　　　$\inf E = \min\{x_1, x_2, \cdots, x_{100}\}$
由于$\{x_1, x_2, \cdots, x_{100}\}$为有限集,所以$\exists x_p$,使

$$x_p = \min\{x_1, x_2, \cdots, x_{100}\} = \inf E$$

31. (**湖北大学**)　证明:函数$f(x) = x^3 e^{-x^2}$为R上的有界函数.

证　因为$\lim\limits_{x \to \infty} x^3 e^{-x^2} = \lim\limits_{x \to \infty} \dfrac{3x^2}{2x e^{x^2}} = \dfrac{3}{2} \lim\limits_{x \to \infty} \dfrac{x}{e^{x^2}} = \dfrac{3}{2} \lim\limits_{x \to \infty} \dfrac{1}{2x e^{x^2}} = 0.$

所以取$\varepsilon = 1$,存在$N > 0$,当$|x| > N$时,$|f(x)| = |x^3 e^{-x^2}| < 1, x \in (-\infty, -N) \bigcup (N, +\infty)$

又　$f(x)$在$[-N, N]$内连续,从而有界,即$|f(x)| < C, x \in [-N, N]$.
综上两式知$f(x)$在R上有界.

32. (**哈尔滨工业大学**)　设$f(x)$在$[a,b]$上有定义,且在每一点处极限存在. 求证:$f(x)$在$[a,b]$上有界.

证　$\forall x \in [a,b]$,因为$\lim\limits_{t \to x} f(t) = l$(存在). 因此对$\varepsilon = 1$存在$\delta_x > 0$,使当$t \in U(x, \delta_x) \bigcap [a,b]$时,有$l - 1 < f(x) < l + 1$,即$|f(x)| < M_x$.

令$\{U(x, \delta_x) \mid x \in [a,b]\}$,由有限覆盖定理,存在$U(x_1, \delta_{x1}), \cdots, U(x_m, \delta_{xm})$使$[a,b] \subset \bigcup\limits_{k=1}^{m} U(x_k, \delta_{xk})$.

令$M = \max\{M_{x1}, \cdots, M_{xm}\}$. 则$\forall x \in [a,b]$都有$|f(x)| < M$.
此即证$f(x)$在$[a,b]$上有界.

33. (**天津大学**)　(1) 求极限$\lim\limits_{n \to \infty} \dfrac{1}{n} \ln[(1 + \dfrac{1}{n})(1 + \dfrac{2}{n}) \cdots (1 + \dfrac{n}{n})]$;

(2) 证明:$\sqrt{2}$是满足不等式$r^2 > 2$的一切正有理数的下确界;

(3) 设在域D上函数$f(x,y)$对于变量x连续,对于变量y的一阶偏导数有界,试证:$f(x,y)$在D上连续.

解　(1) $\lim\limits_{n \to \infty} \dfrac{1}{n} \ln[(1 + \dfrac{1}{n})(1 + \dfrac{2}{n}) \cdots (1 + \dfrac{n}{n})] = \lim\limits_{n \to \infty} \dfrac{1}{n} [\ln(1 + \dfrac{1}{n}) + \ln(1 +$

$\dfrac{2}{n}) + \cdots + \ln(1 + \dfrac{n}{n})] = \displaystyle\int_0^1 \ln(1+x)\mathrm{d}x = x\ln(1+x) \Big|_0^1 - \int_0^1 \dfrac{x}{1+x}\mathrm{d}x = \ln2 - \int_0^1 (1$

$- \dfrac{1}{1+x})\mathrm{d}x = \ln2 - 1 + \ln(1+x) \big|_0^1 = 2\ln2 - 1.$

(2) 设 $A = \{r \mid r \in Q, r^2 > 2 \}$. $\forall r \in A$, 则 $r^2 > 2$, 所以

$$r > \sqrt{2} \qquad\qquad ①$$

$\forall \varepsilon > 0$, 由有理数的稠密性在 $(\sqrt{2}, \sqrt{2} + \varepsilon)$ 上存在无穷多个有理数, 从而可取 $r_1 \in (\sqrt{2}, \sqrt{2} + \varepsilon)$, 所以

$$r_1 \in A, \text{且 } r_1 < \sqrt{2} + \varepsilon. \qquad\qquad ②$$

由式 ①② 即证 $\quad \inf A = \sqrt{2}.$

(3) $\qquad\qquad \forall (x_0, y_0) \in D$

$| f(x,y) - f(x_0, y_0) | = | f(x,y) - f(x_0, y) + f(x_0, y) - f(x_0, y_0) |$

$$\leqslant | f(x,y) - f(x_0, y) | + | f'_y(x_0, \xi) | | y - y_0 | \qquad\qquad ③$$

其中 ξ 在 y_0 与 y 之间. $\because f(x,y)$ 对于变量 x 连续, $\forall \varepsilon > 0, \exists \delta_1 > 0$, 当 $| x - x_0 | < \delta_1$ 时, 有

$$| f(x,y) - f(x_0, y) | < \dfrac{\varepsilon}{2} \qquad\qquad ④$$

函数 $f(x,y)$ 对 y 的一阶偏导数有界, 即存在 $M > 0$, 使

$$| f'_y(x,y) | \leqslant M \qquad\qquad ⑤$$

取 $\delta = \min\{\delta_1, \dfrac{\varepsilon}{2M}\}$, 则当 $| x - x_0 | < \delta, | y - y_0 | < \delta$ 时, 由式 ③④⑤ 有

$$| f(x,y) - f(x_0, y_0) | < \dfrac{\varepsilon}{2} + M \cdot \dfrac{\varepsilon}{2M} = \varepsilon$$

所以 $f(x,y)$ 在点 (x_0, y_0) 连续, 由 (x_0, y_0) 的任意性, $f(x,y)$ 在 D 上连续.

34. (**北京科技大学**)　证明: 若一组开区间 $\{I_n\}$:
$$I_n = (a_n, b_n), n = 1, 2, 3, \cdots$$
覆盖区间 $[0,1]$, 则存在一正数 δ, 使得 $[0,1]$ 中任何两点 x', x'', 满足 $| x' - x'' | < \delta$ 时, 必属于某一区间 I_n.

证　因为区间组 $\{I_n\}$ 覆盖区间 $[0,1]$, 由有限覆盖定理, 必存在有限个开区间 I_n 也覆盖 $[0,1]$, 不失一般, 设这组开区间为 $I_1, I_2, \cdots, I_m$. 若 $I_1 \cap I_2 \neq \Phi$ (如下图所示)

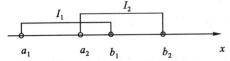

第 34 题图

令 $J_1 = (a_1, a_2), J_2 = (a_2, b_1), J_3 = (b_1, b_2)$. 那么 $I_1, I_2, \cdots, I_m$ 中只要两个开区间的交非空, 可以产生一串 $\{J_k\}$. 由于 $I_1, \cdots, I_m$ 为有限个, 因此 $\{J_k\}$ 也是有限个, 不妨设为 $J_1, \cdots, J_s$.

再记这些开区间 (c_n, d_n) 长为 $| I_n |$, 即 $| I_n | = d_n - c_n$. 那么令

$\delta = \min\{ | I_1 |, \cdots, | I_m |, | J_1 |, \cdots, | J_s | \}$, 则 $\delta > 0$.

当 $x',x'' \in [0,1]$，且 $|x'-x''| < \delta$ 时，显然存在 I_k，$1 \leqslant k \leqslant m$，使 $x',x'' \in I_k$.

35.(**华中师范大学**) 设函数 $f(x)$ 定义在区间 I 上，如果对于任何 $x_1,x_2 \in I$，及 $\lambda \in (0,1)$，恒有

$$f[\lambda x_1 + (1-\lambda)x_2] \leqslant \lambda f(x_1) + (1-\lambda)f(x_2)$$

证明：在区间 I 的任何闭子区间上 $f(x)$ 有界.

证 $\forall [a,b] \subset I$，$\forall x \in (a,b)$，则存在 $\lambda \in (0,1)$，使

$$x = a + \lambda(b-a)$$

所以

$$x = \lambda b + (1-\lambda)a$$

由式 ① 有

$$f(x) = f[\lambda b + (1-\lambda)a] \leqslant \lambda f(b) + (1-\lambda)f(a) \leqslant \lambda M + (1-\lambda)M = M \quad ①$$

其中 $M = \max\{f(a),f(b)\}$，$\forall x \in [a,b]$，令 $y = (a+b) - x$，那么

$$\frac{a+b}{2} = \frac{x+y}{2}$$

$$f(\frac{a+b}{2}) = f(\frac{x}{2} + \frac{y}{2}) \leqslant \frac{1}{2}f(x) + \frac{1}{2}f(y)$$

$$\leqslant \frac{1}{2}f(x) + \frac{1}{2}M$$

所以

$$f(x) \geqslant 2f(\frac{a+b}{2}) - M = m_1 \quad ②$$

由式 ①② 可知 $m_1 \leqslant f(x) \leqslant M$，$\forall x \in (a,b)$. 再由 M 的定义，可知 $f(x) \leqslant M$，$\forall x \in [a,b]$.

若令 $m = \min\{f(a),f(b),m_1\}$，则

$$m \leqslant f(x) \leqslant M, \forall x \in [a,b]$$

此即证 $f(x)$ 在 $[a,b]$ 上有界.

第二章 极 限

§1 数列的极限

【考点综述】

一、综述

1.定义

设 $\{a_n\}$ 是一个数列,若存在确定的数 a,对 $\forall \varepsilon > 0$,$\exists N > 0$,使当 $n > N$ 时,都有 $|a_n - a| < \varepsilon$,则称数列 $\{a_n\}$ 收敛于 a,记为 $\lim\limits_{n \to \infty} a_n = a$,否则称数列 $\{a_n\}$ 不收敛(或称发散数列).

2.性质

(1)唯一性　若数列 $\{a_n\}$ 收敛,则它只有一个极限.

(2)有界性.若 $\{a_n\}$ 收敛,则存在正数 M,使 $|a_n| < M(n = 1, 2, \cdots)$.

(3)保号性.若 $\lim\limits_{n \to \infty} a_n = a > 0$(或 < 0),则对任意一个满足不等式 $a > a' > 0$,(或 $0 > a' > a$)的 a',都存在正数 N,使当 $n > N$ 时,$a_n > a' > 0$(或 $a_n < a' < 0$).

(4)若 $\lim\limits_{n \to \infty} a_n = a$,$\lim\limits_{n \to \infty} b_n = b$,且 $a_n \leqslant b_n (n > N_0)$,则 $a \leqslant b$.

(5)迫敛性(两边夹).设 $\lim\limits_{n \to \infty} a_n = \lim\limits_{n \to \infty} b_n = a$,且 $a_n \leqslant c_n \leqslant b_n (n > N_0)$,则 $\lim\limits_{n \to \infty} c_n = a$.

3.运算.(1)若 $\lim\limits_{n \to \infty} a_n = a$,$\lim\limits_{n \to \infty} b_n = b$,则

$$\lim\limits_{n \to \infty}(a_n \pm b_n) = a \pm b, \lim\limits_{n \to \infty} a_n b_n = ab$$

(2)若 $\lim\limits_{n \to \infty} a_n = a$,$\lim\limits_{n \to \infty} b_n = b \neq 0$,则 $\lim\limits_{n \to \infty} \dfrac{a_n}{b_n} = \dfrac{a}{b}$.

4.常用公式

(1)有理式比.

$$\lim_{n \to \infty} \frac{a_m n^m + a_{m-1} n^{m-1} + \cdots\cdots + a_1 n + a_0}{b_k n^k + b_{k-1} n^{k-1} + \cdots\cdots + b_1 n + b_0} = \begin{cases} \dfrac{a_m}{b_m}, & \text{当 } m = k \\ 0, & \text{当 } m < k \\ \infty, & \text{当 } m > k \end{cases}$$

(2)$\lim\limits_{n \to \infty} q^n = 0$,其中 $|q| < 1$.

(3)$\lim\limits_{n \to \infty}\left(1 + \dfrac{a}{n}\right)^n = \mathrm{e}^a$.

(4)$\lim\limits_{n \to \infty} n \sin \dfrac{1}{n} = 1$.

5.充要条件

(1)柯西准则.数列 $\{a_n\}$ 收敛的充要条件是:对 $\forall \varepsilon > 0$,总存在自然数 N,使当

$n, m > N$, 都有 $|a_n - a_m| < \varepsilon$.

(2) 子数列法则. 数列 $\{a_n\}$ 收敛的充要条件是它的任一子列都收敛于同一极限.

6. 单调数列

任何有界的单调数列一定有极限. 且单调递增有界数列的极限为其上确界. 单调递减有界数列的极限为其下确界.

二、解题方法.

1. 考点 1　判断数列的敛散性

常用方法有: (1) 定义法(见第 44 题). (2) 反证法(见第 47 题); (3) 单调数列法(见第 38 题). (4) 柯西准则(见第 72 题).

2. 考点 2　求已知数列的极限

常用方法有: ① 定义法(见第 45 题). ② 两边夹法(见第 37, 46 题). ③ 先求和再求极限(见第 48, 50 题). ④ 先用放缩法, 再求极限(见第 40, 52 题). ⑤ 用施笃兹公式(见第 41, 67 题). ⑥ 先用数学归纳法, 再求极限(见第 38, 51 题). ⑦ 用变量替换法(见第 98 题). ⑧ 级数法(见第 60 题). ⑨ 积分法(见第 61 题). ⑩ 利用函数极限法, 再用归结法则(见第 73 题). ⑪ 利用对数求极限(见第 43 题). ⑫ 利用中值定理(见第 38 题). ⑬ 利用导数定义. ⑭ 利用单调数列(见第 36 题).

3. 考点 3　已知数列递推关系, 求极限

常用方法有 ① 先判断极限存在, 再求极限(见第 86, 87 题). ② 变量替换. ③ 压缩映像法(见第 129 题).

4. 考点 4　证明数列极限.

常用方法有 ① 定义法(见第 71 题). ② 用施笃兹公式(见第 118 题). ③ 利用两边夹公式(见第 52 题).

[经典题解]

36. **(武汉大学)**　判断下列命题是否正确.

(1) 单调序列 $\{a_n\}$ 中有一个子序列 $\{a_{n_k}\}$ 收敛, 则 $\{a_n\}$ 收敛;

(2) 序列 $\{a_n\}$ 的子序列 $\{a_{2n}\}$ 和 $\{a_{2n+1}\}$ 收敛, 则 $\{a_n\}$ 收敛;

(3) 序列 $\{a_n\}$ 收敛, 则序列 $\{|a_n|\}$ 收敛. 其逆命题也成立;

(4) $\sum a_n$ 收敛, 则 $a_n = o\left(\dfrac{1}{n}\right)$;

扫码获取本书资源

(5) 函数序列 $\{u_n(x)\}$, $x \in [a, b]$, 满足对任意自然数 p 及 $x \in [a, b]$, 有 $\lim\limits_{n \to \infty} |u_n(x) - u_{u+p}(x)| = 0$, 则 $\{u_n(x)\}$ 一致收敛.

解　(1) 对. 不妨设 $\{a_n\}$ 单增, 即

$$a_n \leqslant a_{n+1} \quad (n = 1, 2, \cdots).$$

又设 $\lim\limits_{k \to \infty} a_{n_k} = a$. 则

$$a = \sup_{n_k} \{a_{n_k}\} \qquad\qquad ①$$

可证: $a_n \leqslant a$, $\forall n \in N$. 用反证法, 若 $\exists m_0 \in N$, 使 $a_{m_0} > a$.

那么　$\exists n_k \in N$, 有 $n_k > m_0$.

所以

$$a < a_{m_0} \leqslant a_{n_k}$$

这与式 ① 矛盾,因此 $\{a_n\}$ 单调递增有上界 a,从而有极限,即证 $\{a_n\}$ 收敛.

事实上还可证 $\lim\limits_{n\to\infty}a_n=a$. $\forall\varepsilon>0$,$\exists N_1$,当 $n,n_k>N_1$ 时,有

$$\mid a_n-a_{n_k}\mid<\frac{\varepsilon}{2}$$

再由 $\lim\limits_{k\to\infty}a_{n_k}=a$,对上述 ε,存在 N_2,当 $n_k>N_2$ 时,有

$$\mid a_{n_k}-a\mid<\frac{\varepsilon}{2}.$$

再令 $N=\max\{N_1,N_2\}$,当 $n>N$ 时,有

$$\mid a_n-a\mid\leqslant\mid a_n-a_{n_k}\mid+\mid a_{n_k}-a\mid<\frac{\varepsilon}{2}+\frac{\varepsilon}{2}=\varepsilon$$

所以 $\lim\limits_{n\to\infty}a_n=a$.

(2) 错. 比如数列

$$1,0,1,0,1,0,\cdots$$

$\{a_{2n}\}$ 和 $\{a_{2n+1}\}$ 都收敛,但 $\{a_n\}$ 不收敛.

(3) 错. 逆命题并不成立,比如 $\{\mid(-1)^n\mid\}$ 收敛,但 $\{(-1)^n\}$ 不收敛.

(4) 错. 比如 $\sum(-1)^n\dfrac{1}{n}$ 收敛,但

$$\lim\limits_{n\to+\infty}\frac{(-1)^n\dfrac{1}{n}}{\dfrac{1}{n}}\neq 0$$

(5) 错. 比如 $\{x^n\}$ 在 $[0,1]$ 上满足条件,但 $\{x^n\}$ 在 $[0,1]$ 上不一致收敛.

37.(华中师范大学) 求下列极限:

(1)**(北京大学)** $\lim\limits_{n\to\infty}(n!)^{1/n^2}$;

(2)$f(x)$ 在 $[-1,1]$ 上连续,恒不为 0,求

$$\lim\limits_{x\to 0}\frac{\sqrt[3]{1+f(x)\sin x}-1}{3^x-1}$$

解法 1 (1)$1\leqslant(n!)^{1/n^2}\leqslant(n^n)^{1/n^2}=n^{\frac{1}{n}}$ 　　　　　　①

因为

$$\lim\limits_{n\to+\infty}n^{\frac{1}{n}}=1$$

由式 ① 及两边夹法则,所以 $\lim\limits_{n\to+\infty}(n!)^{1/n^2}=1$.

(2)

$$3^x-1\sim x\ln 3\,(x\to 0)$$

$$\sqrt[3]{1+f(x)\sin x}-1\sim\frac{1}{3}f(x)\sin x$$

故 $\lim\limits_{x\to 0}\dfrac{\sqrt[3]{1+f(x)\sin x}-1}{3^x-1}=\lim\limits_{x\to 0}\dfrac{\dfrac{1}{3}f(x)\sin x}{x\ln 3}=\lim\limits_{x\to 0}\dfrac{f(x)}{3\ln 3}\dfrac{\sin x}{x}=\dfrac{f(0)}{3\ln 3}\times 1=\dfrac{f(0)}{3\ln 3}$

解法 2 (2)f 在 $[-1,1]$ 上连续;因而 $f(x)$ 有界,则

$$\sqrt[3]{1+f(x)\sin x}=1+\frac{1}{3}f(x)\sin x+o(x)$$

$$3^x = 1 + x\ln3 + 0(x)$$

$$\lim_{x \to 0} \frac{\sqrt[3]{1 + f(x)\sin x} - 1}{3^x - 1} = \lim_{x \to 0} \frac{\frac{1}{3}f(x)2x + o(x)}{x\ln3 + o(x)}$$

$$= \lim_{x \to 0} \frac{\frac{1}{3}f(0)\frac{\sin x}{x} + o(1)}{\ln3 + o(1)} = \frac{f(0)}{3\ln3}$$

38. (**武汉大学,华中师范大学**) 设 $0 < c < 1, a_1 = \dfrac{c}{2}, a_{n+1} = \dfrac{c}{2} + \dfrac{a_n^2}{2}$.

证明: $\{a_n\}$ 收敛,并求其极限.

证法 1 用数学归纳法可以证明:

$$0 < a_n < c, (n = 1, 2, \cdots)$$

事实上 $0 < a_1 = \dfrac{c}{2} < c$,假设 $0 < a_n < c < 1$,则

$$0 < a_{n+1} = \frac{c}{2} + \frac{a_n^2}{2} < \frac{c}{2} + \frac{c^2}{2} < \frac{c}{2} + \frac{c}{2} = c$$

令 $f(x) = \dfrac{c}{2} + \dfrac{x^2}{2}$,则 $f'(x) = x$.

$$|a_{n+1} - a_n| = |f(a_n) - f(a_{n-1})| = |f'(\xi)| \cdot |a_n - a_{n-1}| = \xi \cdot |a_n - a_{n-1}| <$$
$$c|a_n - a_{n-1}| \qquad\qquad ①$$

其中 ξ 介于 a_n 与 a_{n-1} 之间,由于 $0 < c < 1$,再由式 ① 可知 $\{a_n\}$ 为压缩数列,故收敛,设 $\lim_{n \to \infty} a_n = l$. 则 $\dfrac{c}{2} \leqslant l \leqslant c$.

由于
$$a_{n+1} = \frac{c}{2} + \frac{a_n^2}{2}$$

所以
$$l = \frac{c}{2} + \frac{l^2}{2}, l^2 - 2l + c = 0$$

$$l = 1 + \sqrt{1-c}(舍去), l = 1 - \sqrt{1-c}.$$

所以
$$\lim_{n \to \infty} a_n = 1 - \sqrt{1-c}$$

证法 2 先用数学归纳法可证

$$0 < a_n < 1 \qquad (n = 1, 2, 3, \cdots). \qquad\qquad ②$$

再用数学归纳证明

$$a_{n+1} \geqslant a_n \qquad (n = 1, 2, 3, \cdots). \qquad\qquad ③$$

显然 $a_2 \geqslant a_1$,归纳假设 $a_k \geqslant a_{k-1}$,则

$$a_{k+1} - a_k = \frac{1}{2}(a_k^2 - a_{k-1}^2) = \frac{1}{2}(a_k + a_{k-1})(a_k - a_{k-1}) \geqslant 0$$

从而式 ③ 成立.

由式 ②③ 知 $\{a_n\}$ 单调递增有上界,所以 $\lim_{n \to \infty} a_n = l$(存在).

$l = \dfrac{c}{2} + \dfrac{l^2}{2}$,注意到 $l < 1$,因此 $\lim_{n \to \infty} a_n = l = 1 - \sqrt{1-c}$.

39. (**北京师范大学**) 设 $\alpha = \sup\{f(x) \mid a \leqslant x \leqslant b\}$. 证明:存在 $a \leqslant x_n \leqslant b$,使

$\lim_{n \to \infty} f(x_n) = \alpha$ 成立.

证　由上确界定义,对 $\varepsilon = \dfrac{1}{n} > 0, \exists x_n \in [a,b]$,使 $\alpha - \dfrac{1}{n} < f(x_n) \leqslant \alpha$,所以

$\lim_{n \to \infty} f(x_n) = \alpha$.

40.(中国人民大学) 施笃兹公式(1) 设数列 $\{y_n\}$ 单调递增趋于 $+\infty$, $\lim_{n \to \infty}$

$\dfrac{x_{n+1} - x_n}{y_{n+1} - y_n} = A.$ (可以为无穷). ①

证明:(1) $\lim_{n \to +\infty} \dfrac{x_n}{y_n} = A$;

(2) 设 $x_1 \in (0, \dfrac{\pi}{2}), x_{n+1} = \sin x_n, n = 1, 2, \cdots$ ②

证明: $\lim_{n \to +\infty} x_n = 0$,并利用(1),求极限 $\lim_{n \to \infty} \sqrt{n} \sin x_n$.

证　(1)(i) 先设 $A < +\infty$,由式①, $\forall \varepsilon > 0$,存在 $N > 0$,当 $n > N$ 时,有 $A - \varepsilon < \dfrac{x_{n+1} - x_n}{y_{n+1} - y_n} < A + \varepsilon$,

特别取 $n = N+1, N+2, \cdots\cdots$

$$\begin{cases} (y_{N+1} - y_N)(A - \varepsilon) < x_{N+1} - x_N < (y_{N+1} - y_N)(A + \varepsilon) \\ (y_{n+2} - y_{n+1})(A - \varepsilon) < x_{N+2} - x_{N+1} < (y_{N+2} - y_{N+1})(A + \varepsilon) \\ \cdots\cdots\cdots\cdots\cdots\cdots\cdots \\ (y_1 - y_{n-1})(A - \varepsilon) < x_n - x_{n-1} < (y_n - y_{n-1})(A + \varepsilon) \end{cases}$$

将这些式子统统相加,得

$$(y_n - y_N)(A - \varepsilon) < x_n - x_N < (y_n - y_N)(A + \varepsilon)$$

因此 $\qquad\qquad\qquad A - \varepsilon < \dfrac{x_n - x_N}{y_n - y_N} < A + \varepsilon$

此即 $\qquad\qquad\qquad \left| \dfrac{x_n - x_N}{y_n - y_N} - A \right| < \varepsilon$ ③

而 $0 \leqslant \left| \dfrac{x_n}{y_n} - A \right| = \left| \dfrac{x_N - A y_N}{y_n} + (1 - \dfrac{y_N}{y_n})(\dfrac{x_n - x_N}{y_n - y_N} - A) \right| \leqslant \left| \dfrac{x_N - A y_N}{y_n} \right| +$

$\left| \dfrac{x_n - x_N}{y_n - y_N} - A \right| \left| 1 - \dfrac{y_N}{y_n} \right|$

由于 $\lim_{n \to +\infty} y_n = +\infty$ 以及式③,所以

$\lim_{n \to \infty} \left| \dfrac{x_N - A y_N}{y_n} \right| = 0$

$$\lim_{n \to \infty} \left| \dfrac{x_n - x_N}{y_n - y_N} - A \right| \left| 1 - \dfrac{y_N}{y_n} \right| = 0 \times 1 = 0$$

因此 $\lim_{n \to +\infty} \left| \dfrac{x_n}{y_n} - A \right| = 0, \lim_{n \to \infty} \dfrac{x_n}{y_n} = A$

(ii) 再当 $A = +\infty$ 时,由式①有

$$\lim_{n \to +\infty} \dfrac{x_{n+1} - x_n}{y_{n+1} - y_n} = +\infty$$ ④

因此
$$\lim_{n\to\infty}\frac{y_{n+1}-y_n}{x_{n+1}-x_n}=0 \tag{⑤}$$

下证 $\{x_n\}$ 递增趋于 $+\infty$，由式 ④ 知，$\exists N_1>0$，当 $n>N_1$ 时，有
$$\frac{x_{n+1}-x_n}{y_{n+1}-y_n}>1 \tag{⑥}$$

因为 $y_{n+1}-y_n>0$，所以 $x_{n+1}-x_n>0$，即 $\{x_n\}$ 单调递增.

由式 ⑥ 有
$$x_{n+1}-x_n>y_{n+1}-y_n$$

从而有
$$\begin{cases} x_{N_1+1}-x_{N_1}>y_{N_1+1}-y_{N_1} \\ \cdots\cdots\cdots\cdots \\ x_{n+1}-x_n>y_{n+1}-y_n \end{cases}$$

将这些式子统统加起来有
$$x_{n+1}-x_{N_1}>y_{n+1}-y_{N_1}$$

因此
$$x_{n+1}>y_{n+1}-y_{N_1}+x_{N_1} \tag{⑦}$$

显然当 $n\to+\infty$ 时，$\lim\limits_{n\to\infty}x_n=+\infty$.

由式 ⑤ 及上面（ⅰ）的结论，有
$$\lim_{n\to+\infty}\frac{y_n}{x_n}=\lim_{n\to+\infty}\frac{y_{n+1}-y_n}{x_{n+1}-x_n}=0$$

所以
$$\lim_{n\to\infty}\frac{x_n}{y_n}=+\infty=A$$

（ⅲ）当 $A=-\infty$ 时，只要令 $y_n=-z_n$，则由上面（ⅱ）可证
$$\lim_{n\to\infty}\frac{x_n}{y_n}=-\infty=A.$$

（2）因为 $x_{n+1}=\sin x_n<x_n$，所以 $\{x_n\}$ 单调递减.

因为 $x_1\in(0,\frac{\pi}{2})$，所以 $0<x_n<1,n=1,2,\cdots$

即 $\{x_n\}$ 有下界，从而 $\lim\limits_{n\to+\infty}x_n=l$（存在）. 由 $x_{n+1}=\sin x_n$，

两边取极限有 $l=\sin l$，所以 $l=0$，此即 $\lim\limits_{n\to+\infty}x_n=0$. 再求 $\lim\limits_{n\to+\infty}\sqrt{n}\,\sin x_n$，考虑
$$\lim_{n\to+\infty}n\sin^2 x_n=\lim_{n\to+\infty}nx_n^2\cdot\frac{\sin^2 x_n}{x_n^2} \tag{⑧}$$

因为 $\lim\limits_{n\to+\infty}nx_n^2=\lim\limits_{n\to+\infty}\dfrac{n}{\dfrac{1}{x_n^2}}=\lim\limits_{n\to+\infty}\dfrac{1}{\dfrac{1}{x_n^2}-\dfrac{1}{x_{n-1}^2}}=\lim\limits_{n\to+\infty}\dfrac{x_{n-1}^2 x_n^2}{x_{n-1}^2-x_n^2}$

$$=\lim_{n\to+\infty}\frac{x_{n-1}^2\sin^2 x_{n-1}}{x_{n-1}^2-\sin^2 x_{n-1}} \tag{⑨}$$

$$\lim_{x\to0}\frac{x^2\sin^2 x}{x^2-\sin^2 x}=\lim_{x\to0}\frac{x^4}{x^2-\sin^2 x}=\lim_{x\to0}\frac{4x^3}{2x-\sin 2x}=\lim_{x\to0}\frac{6x^2}{1-\cos 2x}=\lim_{x\to0}\frac{12x}{2\sin 2x}$$
$$=3. \tag{⑩}$$

由式 ⑨⑩ 可得 $\lim\limits_{x\to0}nx_n^2=3.$ $\qquad$ ⑪

将式 ⑪ 代入式 ⑧ 得 $\lim\limits_{n\to+\infty} n \sin^2 x_n = 3$.

所以
$$\lim\limits_{n\to+\infty} \sqrt{n}\sin x_n = \sqrt{3}$$

注:① 施笃兹公式在求数列极限时经常会用到,请大家注意.

41.(湖北大学,算术平均收敛公式;中国地质大学) 设 $\lim\limits_{n\to\infty} x_n = a, \xi_n = \dfrac{x_1 + x_2 + \cdots\cdots + x_n}{n}$,求证:$\lim\limits_{x\to\infty}\xi_n = a$.

证法 1　由施笃兹公式,有

$$\lim\limits_{n\to\infty}\xi_n = \lim\limits_{x\to\infty} \frac{x_1 + x_2 + \cdots + x_n}{n} = \lim\limits_{n\to\infty} \frac{(x_1 + x_2 + \cdots + x_n) - (x_1 + x_2 + \cdots + x_{n-1})}{n - (n-1)}$$
$$= \lim\limits_{n\to\infty} x_n = a$$

证法 2　由 $\lim\limits_{x\to\infty} x_n = a$,则 $\forall \varepsilon > 0$,存在 $N_1 > 0$,使当 $n > N_1$ 时,有

$$|x_n - a| < \frac{\varepsilon}{2} \qquad\qquad ①$$

$$\left|\frac{x_1 + x_2 + \cdots\cdots + x_n}{n} - a\right| \leqslant \frac{1}{n}(|x_1 - a| + \cdots\cdots + |x_{N1} - a| + |x_{N_1+1} - a| + \cdots + |x_n - a|)$$

令 $c = |x_1 - a_1| + \cdots\cdots + |x_{N_1} - a|$,那么

$$\left|\frac{x_1 + x_2 + \cdots\cdots + x_n}{n} - a\right| \leqslant \frac{c}{n} + \frac{n - N_1}{n}\frac{\varepsilon}{2} \qquad\qquad ②$$

存在 $N_2 > 0$,使当 $n > N_2$ 时,有 $\dfrac{c}{n} < \dfrac{\varepsilon}{2}$.

再令 $N = \max\{N_1, N_2\}$,故当 $n > N$ 时,由 ①② 有

$$\left|\frac{x_1 + x_2 + \cdots + x_n}{n} - a\right| < \frac{\varepsilon}{2} + \frac{n - N_1}{n} \cdot \frac{\varepsilon}{2} < \frac{\varepsilon}{2} + \frac{\varepsilon}{2} = \varepsilon.$$

所以
$$\lim\limits_{n\to\infty}\xi_n = \lim\limits_{n\to\infty} \frac{x_1 + \cdots + x_n}{n} = a$$

42.(几何平均收敛公式) 设 $x_n > 0 (n = 1, 2, \cdots)$,且 $\lim\limits_{x\to\infty} x_n = a$,证明:
$$\lim\limits_{n\to\infty} \sqrt[n]{x_1 x_2 \cdots x_n} = a.$$

证法 1　因为 $\lim\limits_{n\to\infty} x_n = a (a \neq 0)$,所以 $\lim\limits_{n\to\infty}\ln x_n = \ln a$.

再由上题可知

所以 $\lim\limits_{n\to\infty} \sqrt[n]{x_1 x_2 \cdots x_n} = \lim\limits_{n\to\infty} e^{\frac{1}{n}(\ln x_1 + \ln x_2 + \cdots + \ln x_n)} = e^{\ln a} = a$

证法 2　当 $a = 0$ 时,有

$$0 \leqslant \sqrt[n]{x_1 \cdots x_n} \leqslant \frac{x_1 + \cdots + x_n}{n} \to 0$$

由夹逼定理,有

$$\lim\limits_{n\to\infty} \sqrt[n]{x_1 \cdots x_n} = 0 = a$$

当 $a \neq 0$ 时,由 $\lim\limits_{n\to\infty} x_n = a$,得 $\lim\limits_{n\to\infty}\dfrac{1}{x_n} = \dfrac{1}{a}$.

$$\frac{n}{\frac{1}{x_1}+\cdots+\frac{1}{x_n}} < \sqrt[n]{x_1\cdots x_n} \leqslant \frac{x_1+\cdots+x_n}{n} \to a$$

$$\lim_{n\to+\infty} \sqrt[n]{x_1\cdots x_n} = a$$

43. 证明(1) $\lim\limits_{n\to\infty}\sqrt[n]{a}=1,(a>0)$；

(2) $\lim\limits_{n\to\infty}\sqrt[n]{n}=1$.

证法 1 (1) 因为 $\lim\limits_{x\to+\infty}\sqrt[x]{a}=\lim\limits_{x\to+\infty}e^{\frac{1}{x}\ln a}=e^0=1$, 所以 $\lim\limits_{n\to+\infty}\sqrt[n]{a}=1$.

(2) 因为 $\lim\limits_{x\to+\infty}\sqrt[x]{x}=\lim\limits_{x\to+\infty}e^{\ln\sqrt[x]{x}}=\lim\limits_{x\to+\infty}e^{\frac{\ln x}{x}}=e^0=1$, 所以 $\lim\limits_{n\to+\infty}\sqrt[n]{n}=1$.

证法 2 (1)$a=1$ 显然.

$a>1$ 时, 令 $\lambda_n=\sqrt[n]{a}-1>0$　$a=(1+\lambda_n)^n=1+n\lambda_n+\cdots\geqslant 1+n\lambda_n$

$0\leqslant\lambda_n\leqslant\dfrac{a-1}{n}\to 0$,

所以得 $\lim\limits_{n\to\infty}\lambda_n=0,\lim\sqrt[n]{a}=1$

$0<a<1,\dfrac{1}{a}>1,\lim\limits_{n\to\infty}\sqrt[n]{\dfrac{1}{a}}=1.\quad \lim\sqrt[n]{a}=\lim\dfrac{1}{\sqrt[n]{\dfrac{1}{a}}}=\dfrac{1}{1}=1$

综合得 $a>0$ 时 $\sqrt[n]{a}\to 1$.

(2) 令 $x_n=\sqrt[n]{n}-1>0$,

$n=(1+x_n)^n=1+nx_n+\dfrac{n(n-1)}{2}x_n{}^2+\cdots>\dfrac{n(n-1)}{2}x^2$

故　　　　　　　　$0<x_n<\dfrac{2}{n-1}\to 0$

所以 $\lim\limits_{n\to\infty}x_n=0$, 即 $\lim\limits_{n\to+\infty}\sqrt[n]{n}=1$.

44. (**山东大学**) 用 ε-N 方法证明: $\lim\limits_{n\to\infty}\dfrac{7^n}{n!}=0$.

证　$\dfrac{7^n}{n!}=\dfrac{7}{1}\times\dfrac{7}{2}\cdots\dfrac{7}{7}\times\dfrac{7}{8}\cdots\dfrac{7}{n-1}\dfrac{7}{n}\leqslant\dfrac{7^7}{7!}\dfrac{7}{n}=\dfrac{7^7}{6!}\dfrac{1}{n}$

$$\left|\dfrac{7^n}{n!}-0\right|\leqslant\dfrac{7^7}{6!}\cdot\dfrac{1}{n}$$

$\forall\varepsilon>0$, 存在 $N=\left[\dfrac{7^7}{6!}\cdot\dfrac{1}{\varepsilon}\right]$, 则当 $n>N$ 时, 便有

$\left|\dfrac{7^n}{n!}-0\right|\leqslant\dfrac{7^7}{6!}\dfrac{1}{n}<\varepsilon$, 所以 $\lim\limits_{n\to\infty}\dfrac{7^n}{n!}=0$

45. (**山东大学**)　用 ε-N 方法证明: $\lim\limits_{n\to\infty}\sqrt[n]{n+1}=1$.

证　令 $\sqrt[n]{1+n}-1=t$, 则 $t>0$.

所以 $1+n=(1+t)^n=1+nt+\dfrac{n(n-1)}{2}t^2+\cdots+t^n\geqslant\dfrac{n(n-1)}{2}t^2$

$$\mid \sqrt[n]{1+n} - 1 \mid = t \leqslant \sqrt{\frac{2(n+1)}{n(n-1)}} \leqslant \sqrt{\frac{4n}{n(n-1)}} \leqslant \frac{2}{\sqrt{n-1}}$$

$\forall \varepsilon > 0$，取 $N = \left[\dfrac{4}{\varepsilon^2} + 1 \right]$，则当 $n > N$ 时，有

$$\mid \sqrt[n]{1+n} - 1 \mid \leqslant \frac{2}{\sqrt{n-1}} < \varepsilon$$

所以 $\lim\limits_{n \to \infty} \sqrt[n]{1+n} = 1$

注 ① 如果本题不限方法，还有以下的证法：

证　令 $x_n = \dfrac{n+1}{n}$，所以 $\lim\limits_{n \to \infty} x_n = 1$，再由几何平均收敛公式

$$\lim_{n \to \infty} \sqrt[n]{n+1} = \lim_{n \to \infty} \sqrt[n]{x_1 \cdots x_n} = \lim_{n \to \infty} x_n = 1.$$

46. (北京大学) 计算极限 $\lim\limits_{n \to \infty} \sqrt[n]{1+a^n}$，$(a > 0)$.

解　(1) 当 $a \geqslant 1$ 时，有 $a < \sqrt[n]{1+a^n} \leqslant \sqrt[n]{2}a$.

因为 $\lim\limits_{n \to \infty} \sqrt[n]{2} = 1$. 所以 $\lim\limits_{n \to \infty} \sqrt[n]{1+a^n} = a$.

(2) 当 $0 < a < 1$ 时，作变换 $b = \dfrac{1}{a}$，则 $b > 1$.

因此 $\lim\limits_{n \to \infty} \sqrt[n]{1+a^n} = \lim\limits_{n \to \infty} \sqrt[n]{1 + \left(\frac{1}{b}\right)^n} = \lim\limits_{n \to \infty} \dfrac{1}{b} \cdot \sqrt[n]{1+b^n} = \dfrac{1}{b} b = 1$.

47. (武汉大学)　证明 $\lim\limits_{n \to \infty} \sin n$ 不存在.

证法 1　用反证法，设 $\lim\limits_{n \to \infty} \sin n = a$.

因为 $\sin(n+2) - \sin n = 2\sin 1 \cos(n+1)$

所以 $\lim\limits_{n \to \infty} 2\sin 1 \cos(n+1) = \lim\limits_{n \to \infty} (\sin(n+2) - \sin n) = 0$

$$\lim_{n \to \infty} \cos n = 0$$

$$a^2 = \lim_{n \to \infty} \sin^2 n = \lim_{n \to \infty} (1 - \cos^2 n) = 1,$$

但 $\cos 2n = \cos^2 n - \sin^2 n$，

两边取极限有 $0 = -a^2 = -1$，矛盾. $\lim\limits_{n \to \infty} \sin n$ 不存在.

证法 2　假设 $\sin n$ 有极限 $a (n \to \infty)$

则对任何自然数子列 n_k，有

$$\lim_{n \to \infty} \sin n_k = a$$

因为　　　$2k\pi + \dfrac{3}{4}\pi - \left(2k\pi + \dfrac{\pi}{4}\right) = \dfrac{\pi}{2} > 1.$

故必存在 $n_k \in \left(2k\pi + \dfrac{\pi}{4}, 2k\pi + \dfrac{3}{4}\pi\right)$，$k = 1, 2, \cdots$，从而

$$\frac{\sqrt{2}}{2} < \sin n_k < 1，即 \frac{\sqrt{2}}{2} \leqslant a \leqslant 1$$

又 $n'_k \in \left(2k\pi + \dfrac{5}{4}\pi, 2k\pi + \dfrac{7}{4}\pi\right)$，故

$$-1 < \sin n_k' < \frac{\sqrt{2}}{2}$$

得到
$$-1 \leqslant a \leqslant -\frac{\sqrt{2}}{2}$$

矛盾. $\lim\limits_{n \to \infty} \sin n$ 不存在.

48. (兰州大学) 求极限 $\lim\limits_{n \to \infty} \dfrac{1}{n^a} \sum\limits_{k=1}^{n} k^4$.

解　由 $\sum\limits_{k=1}^{n} k^4 = \dfrac{1}{30} n(n+1)(2n+1)(3n^2 + 3n - 1)$,得

$$\lim_{n \to \infty} \frac{1}{n^a} \sum_{k=1}^{n} k^4 = \begin{cases} 0, & \text{当 } a > 5 \text{ 时} \\ \dfrac{1}{5}, & \text{当 } a = 5 \text{ 时} \\ +\infty, & \text{当 } a < 5 \text{ 时} \end{cases}$$

49. (中国科技大学,北京航空航天大学,安徽工学院,上海机械学院)　求极限 $\lim\limits_{n \to \infty}(1 - \dfrac{1}{2^2})(1 - \dfrac{1}{3^2})\cdots(1 - \dfrac{1}{n^2})$.

解法 1　　$1 - \dfrac{1}{k^2} = \dfrac{(k-1)(k+1)}{k^2}$

得 $\lim\limits_{n \to \infty}(1 - \dfrac{1}{2^2})(1 - \dfrac{1}{3^2})\cdots(1 - \dfrac{1}{n^2}) = \lim\limits_{n \to \infty} \prod\limits_{k=2}^{n}(1 - \dfrac{1}{k^2})$

$= \lim\limits_{n \to \infty} \prod\limits_{k=2}^{n} \dfrac{(k-1)(k+1)}{k^2} = \lim\limits_{n \to \infty} \dfrac{(n-1)!(n+1)!}{2(n!)^2}$

$= \lim\limits_{n \to \infty} \dfrac{n+1}{2n} = \dfrac{1}{2}$

解法 2　$\lim\limits_{n \to \infty}(1 - \dfrac{1}{2^2})(1 - \dfrac{1}{3^2})\cdots(1 - \dfrac{1}{n^2}) = \lim\limits_{n \to \infty}[(1 + \dfrac{1}{2})(1 - \dfrac{1}{2})(1 + \dfrac{1}{3})(1 - \dfrac{1}{3})]\cdots(1 + \dfrac{1}{n})(1 - \dfrac{1}{n})$

$= \lim\limits_{n \to \infty}[(1 + \dfrac{1}{2})(1 + \dfrac{1}{3})\cdots(1 + \dfrac{1}{n})][(1 - \dfrac{1}{2})(1 - \dfrac{1}{3})\cdots(1 - \dfrac{1}{n})]$

$= \lim\limits_{n \to \infty}(\dfrac{3}{2} \times \dfrac{4}{3} \cdots \dfrac{n+1}{n})(\dfrac{1}{2} \times \dfrac{2}{3} \cdots \dfrac{n-1}{n})$

$= \lim\limits_{n \to \infty} \dfrac{n+1}{2n} = \dfrac{1}{2}$

50. (四川师范学院) 求极限 $\lim\limits_{n \to \infty} \dfrac{\sum\limits_{k=1}^{n}(2k-1)^2}{\sum\limits_{k=1}^{n}(2k)^2}$.

解　由 $1^2 + 3^2 + \cdots\cdots + (2n-1)^2 = \dfrac{1}{3} n(4n^2 - 1)$

$2^2 + 4^2 + \cdots\cdots + (2n)^2 = 4(1^2 + 2^2 + \cdots\cdots + n^2) = \dfrac{2}{3} n(n+1)(2n+1)$

得　　　$$\lim_{n\to\infty}\frac{\sum\limits_{k=1}^{n}(2k-1)^2}{\sum\limits_{k=1}^{n}(2k)^2}=\lim_{n\to\infty}\frac{\frac{1}{3}n(4n^2-1)}{\frac{2}{3}n(n+1)(2n+1)}=1$$

51.(东北师范大学)　求极限 $\lim\limits_{n\to\infty}\dfrac{1\times3\cdots(2n-1)}{2\times4\cdots(2n)}$.

解　用数学归纳法可证

$$0<\frac{1}{2}\times\frac{3}{4}\cdots\frac{2n-1}{2n}<\frac{1}{\sqrt{2n+1}}$$

$\lim\limits_{n\to\infty}\dfrac{1}{\sqrt{2n+1}}=0$,再由两边夹法则,得

$$\lim_{n\to\infty}\frac{1\times3\cdots(2n-1)}{2\times4\cdots(2n)}=0$$

52.(华中师范大学)　求 $\lim\limits_{n\to\infty}(\dfrac{1}{n^2+n+1}+\dfrac{2}{n^2+n+2}+\dfrac{3}{n^2+n+3}+\cdots+$

$\dfrac{n}{n^2+n+n})$.

解　记 $x_n=\dfrac{1}{n^2+n+1}+\dfrac{2}{n^2+n+2}+\cdots\cdots+\dfrac{n}{n^2+n+n}$,则

$$\frac{1+2+\cdots\cdots+n}{n^2+n+1}\geqslant x_n\geqslant\frac{1+2+\cdots\cdots+n}{n^2+n+n}$$

得　　　$$\frac{n(n+1)}{2(n^2+n+1)}\geqslant x_n\geqslant\frac{n(n+1)}{2(n^2+2n)}$$

由　　　$$\lim_{n\to\infty}\frac{n(n+1)}{2(n^2+n+1)}=\frac{1}{2}=\lim_{n\to\infty}\frac{n(n+1)}{2(n^2+2n)}$$

两边夹法则　$\lim\limits_{n\to\infty}(\dfrac{1}{n^2+n+1}+\dfrac{2}{n^2+n+2}+\cdots+\dfrac{n}{n^2+n+n})=\dfrac{1}{2}$.

53.(中国科学院)　求极限 $\lim\limits_{n\to\infty}\sqrt{3\sqrt{3\cdots\sqrt{3}}}$($n$ 个根号).

解法 1　由 $\sqrt{3\sqrt{3\cdots\sqrt{3}}}=3^{\frac{1}{2}}\times3^{\frac{1}{4}}\cdots3^{1/2^n}=3^{1-(\frac{1}{2})^n}$,得

$$\lim_{n\to\infty}\sqrt{3\sqrt{3\cdots\sqrt{3}}}=\lim_{n\to\infty}3^{1-(\frac{1}{2})^n}=3$$

解法 2　　　　　设 $a_n=\sqrt{3\sqrt{3\cdots\sqrt{3}}}>1$

$$a_{n+1}=\sqrt{3a_n}>a_n$$

得 a_n 单调增,又 $a_1=\sqrt{3}<3$,设 $a_n<3$,则 $a_{n+1}=\sqrt{3a_n}<\sqrt{3-3}=3$.
a_n 有上界,故 a_n 收敛.

令 $\lim\limits_{n\to\infty}a_n=a,1\leqslant a\leqslant3,a_{n+1}=\sqrt{3a_n}$,得 $a=\sqrt{3a}.a^2=3a,a=3$.

54.(北京师范大学)求下列各题的极限.

(1) $\lim\limits_{n\to\infty}(\dfrac{n}{n-1})^{2-n}$;

(2) $\lim\limits_{x\to 0}(\cot x - \dfrac{1}{x})$;

(3) $\lim\limits_{\substack{x\to 0\\ y\to 0}}\dfrac{x^2 y}{x^2 + y^2}$;

(4) $\lim\limits_{x\to 0}\dfrac{\mid \sin x\mid}{x}$;

(5) $\lim\limits_{x\to\infty}\dfrac{x + \cos x}{x + a}$.

解　(1) $\lim\limits_{n\to\infty}\left(\dfrac{n}{n-1}\right)^{2-n} = \lim\limits_{n\to\infty}\left(\dfrac{n-1}{n}\right)^{n-2} = \lim\limits_{n\to\infty}\left(1-\dfrac{1}{n}\right)^{n-2} =$

$$\lim\limits_{n\to\infty}\left(1-\dfrac{1}{n}\right)^{n}\cdot\left(1-\dfrac{1}{n}\right)^{-2} =$$

$$\lim\limits_{n\to\infty}\left(1-\dfrac{1}{n}\right)^{n}\cdot\lim\limits_{n\to\infty}\left(1-\dfrac{1}{n}\right)^{-2} = \dfrac{1}{\mathrm{e}}$$

(2) $\lim\limits_{x\to 0}(\cot x - \dfrac{1}{x}) = \lim\limits_{x\to 0}\dfrac{x\cos x - \sin x}{x\sin x} =$

$$\lim\limits_{x\to 0}\dfrac{\cos x - x\sin x - \cos x}{\sin x + x\cos x} = -\lim\limits_{x\to 0}\dfrac{\sin x}{\dfrac{\sin x}{x} + \cos x} = 0$$

(3) **解 1**　令 $x = \rho\cos\theta, y = \rho\sin\theta$,则$(x,y)\to(0,0)$,等价于 $\rho\to 0$,所以

$$\lim\limits_{\substack{x\to 0\\ y\to 0}}\dfrac{x^2 y}{x^2 + y^2} = \lim\limits_{\rho\to 0}\rho\cos^2\theta\sin\theta = 0$$

解 2　$\forall\varepsilon > 0$ 取 $\delta = \varepsilon$,当 $0 < \mid x\mid < \delta$ 时,有

$$\left|\dfrac{x^2 y}{x^2 + y^2}\right| \leqslant \dfrac{\mid x^2 y\mid}{2\mid xy\mid} = \dfrac{\mid x\mid}{2} < \dfrac{\delta}{2} < \varepsilon,$$

故 $\lim\limits_{\substack{x\to 0\\ y\to 0}}\dfrac{x^2 y}{x^2 + y^2} = 0$

(4) $\lim\limits_{x\to 0+}\dfrac{\mid \sin x\mid}{x} = 1.\ \lim\limits_{x\to 0-}\dfrac{\mid \sin x\mid}{x} = -1.$

得 $\lim\limits_{x\to 0}\dfrac{\mid \sin x\mid}{x}$ **不存在**.

(5) $\lim\limits_{x\to\infty}\dfrac{x + \cos x}{x + a} = \lim\limits_{x\to\infty}\dfrac{1+\dfrac{\cos x}{x}}{1+\dfrac{a}{x}} = 1.$

55.（中国科学院,西南石油学院）计算:

$\lim\limits_{n\to\infty}\cos\dfrac{x}{2}\cos\dfrac{x}{4}\cdots\cos\dfrac{x}{2^n}$ ($x\neq 0, x$ 是实数,n 为自然数)

解　由 $(\cos\dfrac{x}{2}\cos\dfrac{x}{4}\cdots\cos\dfrac{x}{2^n})\sin\dfrac{x}{2^n} = \dfrac{1}{2^n}\sin x$

得 $\lim\limits_{n \to \infty} \cos \dfrac{x}{2} \cos \dfrac{x}{4} \cdots \cos \dfrac{x}{2^n} = \lim\limits_{n \to \infty} \dfrac{\dfrac{1}{2^n} \sin x}{\sin \dfrac{x}{2^n}} =$

$$\lim_{n \to \infty} \frac{\sin x}{x} \cdot \frac{\dfrac{x}{2^n}}{\sin \dfrac{x}{2^n}} = \frac{\sin x}{x}$$

56. (国防科技大学) 设 $|x| < 1$, 求 $\lim\limits_{n \to \infty} (1+x)(1+x^2)(1+x^4) \cdots (1+x^{2^n})$.

解 由 $(1-x)(1+x)(1+x^2)(1+x^4) \cdots (1+x^{2^n}) = 1 - x^{2^{n+1}}$

得 $\lim\limits_{n \to \infty} (1+x)(1+x^2)(1+x^4) \cdots (1+x^{2^n}) = \lim\limits_{n \to \infty} \dfrac{1}{1-x}(1 - x^{2^{n+1}}) =$

$$\frac{1}{1-x} \quad (|x| < 1).$$

57. (哈尔滨工业大学, 武汉大学) 已知 $\lim\limits_{n \to \infty} x_n = a$, 求证:

$$\lim_{n \to \infty} \sqrt[3]{x_n} = \sqrt[3]{a}.$$

证 (1) 当 $a = 0$ 时, 那么 $\lim\limits_{n \to \infty} x_n = 0, \forall \varepsilon > 0$, 存在 $N > 0$, 当 $n > N$ 时 $|x_n| < \varepsilon^3$;

得 $|\sqrt[3]{x_n}| < \varepsilon$, 此即 $\lim\limits_{n \to \infty} \sqrt[3]{x_n} = 0 = \sqrt[3]{a}$.

(2) 当 $a \neq 0$ 时, 因为

$$(\sqrt[3]{x_n})^2 + \sqrt[3]{x_n} \sqrt[3]{a} + (\sqrt[3]{a})^2 = \left(\sqrt[3]{x_n} + \frac{1}{2}\sqrt[3]{a}\right)^2 + \frac{3}{4}(\sqrt[3]{a})^2 \geqslant \frac{3}{4}(\sqrt[3]{a})^2 > 0$$

令 $M = \dfrac{3}{4}(\sqrt[3]{a})^2$, 因 $\lim\limits_{n \to \infty} x_n = a$, 则对 $\forall \varepsilon > 0$, 存在 $N > 0$, 当 $n > N$ 时, 有 $|x_n - a|$

$< M\varepsilon$.

而 $|\sqrt[3]{x_n} - \sqrt[3]{a}| = \dfrac{|x_n - a|}{(\sqrt[3]{x_n})^2 + \sqrt[3]{x_n}\sqrt[3]{a} + (\sqrt[3]{a})^2} \leqslant \dfrac{|x_n - a|}{M} < \dfrac{1}{M}M\varepsilon = \varepsilon$.

得 $$\lim_{n \to \infty} \sqrt[3]{x_n} = \sqrt[3]{a}$$

58. (武汉大学, 上海师范大学) 证明: 从任一数列 $\{x_n\}$ 中, 必可选出一个(不一定严格)单调的子数列.

证 (1) 若 $\{x_n\}$ 中存在递减子数列, 则问题得证.

(2) 若 $\{x_n\}$ 中不存在递减子数列, 则存在自然数 n_1, 使得 $x_n > x_{n_1}, \forall n > n_1$. 从中取 $n_2 > n_1$, 有 $x_{n_2} > x_{n_1}$.

在 $\{x_n\}_{(n > n_2)}$ 中, 也不存在递减数列, 类似可取 $n_3 > n_2$, 有 $x_{n_3} > x_{n_2}$.

这样继续下去, 可找到严格递增子数列,

$x_{n_1} < x_{n_2} < x_{n_3} < \cdots$

59. (武汉大学) 设 $a_n > 0$, 且 $a_n \not\to +\infty$, 证明: 数列 $\{a_n\}$ 中存在一个子序列 $\{a_{n_k}\}$ 是收敛的子序列.

证 (1) 若 $\{a_n\}$ 有界, 设 $c \leqslant a_n \leqslant d (n = 1, 2, \cdots)$, 将 $[a, b]$ 二等分, 得区间 $[c,$

$\dfrac{c+d}{2}]$,$[\dfrac{c+d}{2},d]$,则其中至少有一个区间包含$\{a_n\}$中无穷多项,将它记为$[c_1,d_1]$.

再将$[c_1,d_1]$二等分,又可得区间$[c_2,d_2]\subset[c_1,d_1]$,且包含$\{a_n\}$中无穷多项.这样继续下去,可得一串区间

$$[c,d]\supset[c_1,d_1]\supset[c_2,d_2]\supset\cdots\supset[c_n,d_n]\supset\cdots$$

其中每个$[c_n,d_n]$都包含数列$\{a_n\}$中无穷多项,但

$$c_n-d_n=\dfrac{d-c}{2^n}\to0,(n\to\infty)$$

再由区间套原理$[c_n,d_n]$具有唯一的公共点s,即有

$$\lim_{n\to\infty}c_n=\lim_{n\to\infty}d_n=s$$

然后在$[c_1,d_1],[c_2,d_2],\cdots,[c_k,d_k],\cdots$中各取$\{a_n\}$中一项$a_{n_1},a_{n_2},\cdots,a_{n_k}\cdots$,且$n_1<n_2<\cdots<n_k<\cdots$,则$c_k\leqslant a_{n_k}\leqslant d_k$.

而$\lim\limits_{k\to\infty}c_k=\lim\limits_{k\to\infty}d_k=s$.得$\lim\limits a_{n_k}=s$.

(2) 若$\{a_n\}$无界,则$\{a_n\}$中必有有界的子数列(否则$a_n\to\infty$,与假设矛盾).再由(1)即证.

60.**(上海交通大学)**　试证数列$x_n=\dfrac{11\times12\times13\cdots(n+10)}{2\times5\times8\cdots(3n-1)}(n=1,2,3,\cdots)$有极限,并求此极限.

证法1　当$n\geqslant6$时,可证$\dfrac{n+10}{3n-1}<1$.

故$\{x_n\}$当$n\geqslant6$时为单调减小,且有下界大于0,故$\lim\limits_{n\to\infty}x_n$存在.

再考虑正项级数$\sum\limits_{n=1}^{\infty}x_n$,因为$\lim\limits_{n\to\infty}\dfrac{x_{n+1}}{x_n}=\lim\limits_{n\to\infty}\dfrac{n+11}{3n+2}=\dfrac{1}{3}<1$,由此可知级数$\sum\limits_{n=1}^{\infty}x_n$收敛,得$\lim\limits_{n\to\infty}x_n=0$.

也可用反证法:假设$\lim\limits_{n\to\infty}x_n=a\neq0$,则$\lim\limits_{n\to\infty}\dfrac{x_{n+1}}{x_n}=\dfrac{a}{a}=1$,而$\lim\limits_{n\to\infty}\dfrac{x_{n+1}}{x_n}=\lim\limits_{n\to\infty}\dfrac{n+11}{3n+2}=\dfrac{1}{3}\neq1$,得$\lim\limits_{n\to\infty}x_n=0$.

证法2　当$n\geqslant11$时,$\dfrac{x_{n+1}}{x_n}=\dfrac{n+11}{3n+2}\leqslant\dfrac{2n}{3n}=\dfrac{2}{3}<1$

当$n\geqslant11$时,x_n单调减,故有

$$0\leqslant x_n\leqslant\dfrac{2}{3}x_{n-1}\leqslant\left(\dfrac{2}{3}\right)^2x_{n-2}\leqslant\cdots\leqslant\left(\dfrac{2}{3}\right)^{n-11}x_{11}\to0$$

得$\lim\limits_{n\to\infty}x_n=0$.

61.**(中国科学院,同济大学、华中科技大学、华东工程学院、中国科技大学)**　求$\lim\limits_{n\to\infty}\left(\dfrac{1}{n+1}+\dfrac{1}{n+2}+\cdots+\dfrac{1}{n+n}\right)$

解　$\dfrac{1}{n+1}+\dfrac{1}{n+2}+\cdots+\dfrac{1}{n+n}$

$$= \frac{1}{n}\left[\frac{1}{1+\frac{1}{n}} + \frac{1}{1+\frac{2}{n}} + \cdots + \frac{1}{1+\frac{n}{n}}\right]$$

$$= \sum_{k=1}^{n} \frac{1}{1+\frac{k}{n}} \cdot \frac{1}{n}. \tag{①}$$

令 $f(x) = \dfrac{1}{1+x}, 0 \leqslant x \leqslant 1$,则由定积分定义知

$$\int_0^1 \frac{1}{1+x}\mathrm{d}x = \lim_{n\to\infty}\sum_{k=1}^{n}\frac{1}{1+\frac{k}{n}}\cdot\frac{1}{n} \tag{②}$$

又 $$\int_0^1 \frac{1}{1+x}\mathrm{d}x = \ln2 \tag{③}$$

由式 ①②③ 得

$$\lim_{n\to\infty}\left(\frac{1}{n+1} + \frac{1}{n+2} + \cdots + \frac{1}{n+n}\right) = \ln2$$

62. (山东海洋学院) 求 $\lim\limits_{n\to\infty}\tan^n(\frac{\pi}{4} + \frac{1}{n})$.

解法 1： 令 $y = \tan^x\left(\frac{\pi}{4} + \frac{1}{x}\right)$,则

$$\ln y = x \ln\tan\left(\frac{\pi}{4} + \frac{1}{x}\right), \left(x > \frac{4}{\pi}\right)$$

$$\lim_{x\to\infty}\ln y = \lim_{x\to\infty}\frac{\ln\tan\left(\frac{\pi}{4}+\frac{1}{x}\right)}{\frac{1}{x}} =$$

$$\lim_{x\to\infty}\frac{\cot(\frac{\pi}{4}+\frac{1}{x})\cdot\sec^2\left(\frac{\pi}{4}+\frac{1}{x}\right)\cdot\left(-\frac{1}{x^2}\right)}{-\frac{1}{x^2}} = 2$$

得 $$\lim_{x\to\infty}y = \mathrm{e}^2$$

$$\lim_{n\to\infty}\tan^n(\frac{\pi}{4} + \frac{1}{n}) = \mathrm{e}^2$$

解法 2： $$\tan^n\left(\frac{\pi}{4} + \frac{1}{n}\right) = \left[\frac{1+\tan\frac{1}{n}}{1-\tan\frac{1}{n}}\right]^n$$

$$= \mathrm{e}^{n\left(\ln(1+\tan\frac{1}{n}) - \ln(1-\tan\frac{1}{n})\right)}$$

$$\xrightarrow{\text{Taylor}} \mathrm{e}^{n\left[\tan\frac{1}{n}+o(\frac{1}{n}) - \left(-\tan\frac{1}{n}+o(\frac{1}{n})\right)\right]} = \mathrm{e}^{2\frac{\tan\frac{1}{n}}{\frac{1}{n}}+o(1)} \to \mathrm{e}^2.$$

63. (武汉大学) 若 $a_n > 0.$ ($n = 1, 2, \cdots$)且 $\exists C > 0$,当 $m < n$ 时,有 $a_n \leqslant Ca_m$,已知 $\{a_n\}$ 存在子序列 $\{a_{n_k}\} \to 0$,试证 $\lim\limits_{n\to\infty}a_n = 0$.

证 $\forall \varepsilon > 0$，由 $\{a_{n_k}\} \to 0$，$\exists$ 自然数 N_1，当 $k > N_1$ 时，有

$$|a_{n_k}| < \frac{\varepsilon}{C} \qquad \text{①}$$

再令 $N = n_{N_1+1}$，于是当 $n > N$ 时，有

$$|a_n - 0| = a_n \leqslant C a_{n_{N_1}+1} < C \frac{\varepsilon}{C} = \varepsilon$$

得

$$\lim_{n \to \infty} a_n = 0$$

64.(江西师范大学) 若 $x_n > 0, (n = 1, 2 \cdots\cdots)$，且 $\lim\limits_{n \to \infty} \frac{x_{n+1}}{x_n}$ 存在，证明：

$$\lim_{n \to \infty} \sqrt[n]{x_n} = \lim_{n \to \infty} \frac{x_{n+1}}{x_n}$$

证 令 $a_1 = 1, a_n = \frac{x_n}{x_{n-1}}, (n \geqslant 2)$。由于 $\lim\limits a_n = \lim\limits_{n \to \infty} \frac{x_n}{x_{n-1}}$ 存在.

由几何平均收敛公式知 $\lim\limits_{n \to \infty} \sqrt[n]{a_1 \cdots a_n} = \lim\limits a_n$，此即

$$\lim_{n \to \infty} \sqrt[n]{x_n} = \lim_{n \to \infty} \frac{x_{n+1}}{x_n}$$

65.(北京师范学院) $\{a_n\}, n = 1, 2, \cdots$ 是一个数列，试证：

若 $\lim\limits_{n \to \infty} \frac{a_1 + a_2 + \cdots + a_n}{n} = a < \infty$，则

$$\lim_{n \to \infty} \frac{a_n}{n} = 0$$

证 由 $\frac{a_n}{n} = \frac{a_1 + a_2 + \cdots + a_n}{n} - \frac{a_1 + a_2 + \cdots + a_{n-1}}{n-1} \cdot \frac{n-1}{n}$ 得

$$\lim_{n \to \infty} \frac{a_n}{n} = \lim_{n \to \infty} \frac{a_1 + a_2 + \cdots + a_n}{n}$$

$$- \lim_{n \to \infty} \left(\frac{a_1 + a_2 + \cdots + a_{n-1}}{n-1} \cdot \frac{n-1}{n} \right) = a - a \times 1 = 0.$$

66.(南开大学) $x_n > 0, \lim\limits_{n \to \infty} x_n = 0$，试证：

(1) $\lim\limits_{n \to \infty} \left(\prod\limits_{k=1}^{n} x_k \right)^{\frac{1}{n}} = 0$;

(2) $\lim\limits_{n \to \infty} \sup\limits_{k \geqslant 1} \left(\prod\limits_{k=1}^{n} x_{i+k} \right)^{\frac{1}{n}} = 0$.

扫码获取本书资源

证 (1) 由 $0 \leqslant \left(\prod\limits_{k=1}^{n} x_k \right)^{\frac{1}{n}} \leqslant \frac{x_1 + x_2 + \cdots + x_n}{n}$，而

$$\lim_{n \to \infty} \frac{x_1 + x_2 + \cdots + x_n}{n} = \lim_{n \to \infty} x_n = 0$$

再由两边夹原则，得

$$\lim_{n \to \infty} \left(\prod_{k=1}^{n} x_k \right)^{\frac{1}{n}} = 0$$

(2) 由 $0 \leqslant \sup\limits_{k \geqslant 1} \left(\prod\limits_{i=1}^{n} x_{i+k} \right)^{\frac{1}{n}} \leqslant \left(\prod\limits_{i=1}^{n} \sup\limits_{k \geqslant 1} x_{i+k} \right)^{\frac{1}{n}} \leqslant \frac{\sum\limits_{i=1}^{n} \sup\limits_{k \geqslant 1} x_{i+k}}{n}$ \qquad ①

令 $a_i = \sup\limits_{k\geqslant 1} x_{i+k}$，由 $\lim\limits_{n\to\infty} x_n = 0$，用定义可证 $\lim\limits_{n\to\infty} a_n = 0$.

得　　　$\lim\limits_{n\to\infty} \dfrac{\sum\limits_{c=1}^{n} \sup\limits_{k\geqslant 1} x_{i+k}}{n} = \lim\limits_{n\to\infty} \dfrac{a_1 + a_2 + \cdots\cdots + a_n}{n} = \lim\limits_{n\to\infty} a_n = 0$

由式 ① 及两边夹公式,得

$\lim\limits_{n\to\infty} \sup\limits_{k\geqslant 1} (\prod\limits_{i=1}^{n} x_{i+k})^{\frac{1}{n}} = 0.$

67. (国防科技大学,四川大学) 已知数列 $\{x_n\}$ 满足条件 $\lim\limits_{n\to\infty}(x_n - x_{n-2}) = 0$,证

明: $\lim\limits_{n\to\infty} \dfrac{x_n - x_{n-1}}{n} = 0$.

证　用施笃兹公式

$\lim\limits_{n\to\infty} \dfrac{x_{2n} - x_{2n-1}}{2n} = \lim\limits_{n\to\infty} \dfrac{(x_{2n} - x_{2n-1}) - (x_{2n-2} - x_{2n-3})}{2n - 2(n-1)} =$

$\dfrac{1}{2} \lim\limits_{n\to\infty} [(x_{2n} - x_{2n-2}) - (x_{2n-1} - x_{2n-3})] = 0$

$\lim\limits_{n\to\infty} \dfrac{x_{2n+1} - x_{2n}}{2n+1} = \lim\limits_{n\to\infty} \dfrac{(x_{2n+1} - x_{2n}) - (x_{2n-1} - x_{2n-2})}{(2n+1) - [2(n-1)+1]} =$

$\dfrac{1}{2} \lim\limits_{n\to\infty} [(x_{2n+1} - x_{2n-1}) - (x_{2n} - x_{2n-2})] = 0$

得　　　　　　　$\lim\limits_{n\to\infty} \dfrac{x_n - x_{n-1}}{n} = 0$

68. (北京大学)　判断题:设 $\{a_n\}$ 是一个数列,若在任一子序列 $\{a_{n_k}\}$ 中均存在

收敛子列 $\{a_{n_{k_i}}\}$ 则 $\{a_n\}$ 必为收敛数列.

答　错. 比如数列 $1, 0, 1, 0, \cdots$

它的任一子列都存在收敛子列,但此数列发散.

69. (华中师范大学,北京工业大学)

设 $x_n = \dfrac{\sqrt[n]{(n+1)(n+2)\cdots(n+n)}}{n}$ 　　$(n = 1, 2, 3, \cdots)$

求 $\lim\limits_{n\to\infty} x_n$.

解　由 $\ln x_n = \dfrac{1}{n} \sum\limits_{k=1}^{n} \ln(1 + \dfrac{k}{n})$,得

$$\lim\limits_{n\to\infty} \ln x_n = \lim\limits_{n\to\infty} \dfrac{1}{n} \sum\limits_{k=1}^{n} \ln(1 + \dfrac{h}{n})$$

$$= \int_0^1 \ln(1+x)\mathrm{d}x = 2\ln 2 - 1$$

$$\lim\limits_{n\to\infty} x_n = \mathrm{e}^{2\ln 2 - 1} = \dfrac{4}{\mathrm{e}}$$

70. (北京大学)　求 $\lim\limits_{n\to\infty} \dfrac{1}{n} \sqrt[n]{n(n+1)\cdots(2n-1)}$.

解　$\dfrac{1}{n} \sqrt[n]{n(n+1)\cdots(2n-1)} =$

$$\frac{1}{n} \sqrt[n]{(n+1)(n+2)\cdots(2n-1)(n+n)\frac{n}{2n}} =$$

$$\frac{1}{n} \sqrt[n]{(n+1)(n+2)\cdots(n+n)} \sqrt[n]{\frac{1}{2}}$$

由上题知

$$\lim_{n\to\infty} \frac{1}{n} \sqrt[n]{(n+1)(n+2)\cdots(n+n)} = \frac{4}{e}$$

又

$$\lim_{n\to\infty} \sqrt[n]{\frac{1}{2}} = 1$$

得

$$\lim_{n\to\infty} \frac{1}{n} \sqrt[n]{n(n+1)\cdots(2n-1)} = \frac{4}{e}$$

71. (北京大学) 设 $x_n > 0, (n=1,2,\cdots)$ 及 $\lim\limits_{n\to\infty} x_n = a$,用 ε-N 语言,证明:$\lim\limits_{n\to\infty} \sqrt{x_n} = \sqrt{a}$.

证 由 $x_n > 0$,得 $a \geqslant 0$.

(1) 当 $a = 0$ 时,则 $\lim\limits_{n\to\infty} x_n = 0$,下证 $\lim\limits_{n\to\infty} \sqrt{x_n} = 0$.

$\forall \varepsilon > 0$,则存在 $N > 0$,当 $n > N$ 时,$0 < x_n = |x_n - 0| < \varepsilon^2$.

由 $\sqrt{x_n} < \varepsilon$,此即 $|\sqrt{x_n} - 0| < \varepsilon$.

得

$$\lim_{n\to\infty} \sqrt{x_n} = 0$$

(2) 当 $a > 0$ 时,$\forall \varepsilon > 0$,存在 $N > 0$,当 $n > N$ 时,有 $|x_n - a| < \sqrt{a}\varepsilon$.

$$|\sqrt{x_n} - \sqrt{a}| = \frac{|x_n - a|}{\sqrt{x_n} + \sqrt{a}} < \frac{|x_n - a|}{\sqrt{a}} < \varepsilon$$

得

$$\lim_{n\to\infty} \sqrt{x_n} = \sqrt{a}$$

综上两方面,即证.

72. (华中师范大学) 设 $x_n = \frac{\sin 1}{2} + \frac{\sin 2}{2^2} + \frac{\sin 3}{2^3} + \cdots + \frac{\sin n}{2^n}$,证明:$\{x_n\}$ 收敛.

证 $\forall \varepsilon > 0$,设 $n > m$,则

$$|x_n - x_m| = \left| \frac{\sin(m+1)}{2^{m+1}} + \frac{\sin(m+2)}{2^{m+2}} + \cdots + \frac{\sin n}{2^n} \right| \leqslant \frac{1}{2^{m+1}} + \frac{1}{2^{m+2}} + \cdots + \frac{1}{2^n}$$

$$< \frac{1}{2^{m+1}} \left(1 + \frac{1}{2} + \frac{1}{2^2} + \cdots \right) = \frac{1}{2^{m+1}} \cdot \frac{1}{1 - \frac{1}{2}} = \frac{1}{2^m}$$

为使 $\frac{1}{2^m} < \varepsilon$,只须 $2^m > \frac{1}{\varepsilon}$,$m > \mathrm{lb} \frac{1}{\varepsilon}$.

令 $N = \left[\mathrm{lb} \frac{1}{\varepsilon} \right]$,则当 $n > m > N$ 时,有 $|x_n - x_m| < \varepsilon$.

由柯西收敛准则,可知 $\{x_n\}$ 收敛.

73. (西北电讯工程学院) 求 $\lim\limits_{n\to\infty} \left(\frac{\sqrt[n]{a} + \sqrt[n]{b}}{2} \right)^n$ $(a \geqslant 0, b \geqslant 0.)$

解　(1) 当 a,b 有一为 0 时，比如 $a=0$，则

$$\lim_{n\to\infty}\left(\frac{\sqrt[n]{a}+\sqrt[n]{b}}{2}\right)^n=\lim_{n\to\infty}\frac{b}{2^n}=0=\sqrt{ab} \qquad ①$$

(2) 当 $a>0,b>0$ 时，令 $y=\left(\dfrac{a^x+b^x}{2}\right)^{\frac{1}{x}}$，则 $\ln y=\dfrac{1}{x}\ln\dfrac{a^x+b^x}{2}$.

$$\lim_{x\to0}\ln y=\lim_{x\to0}\frac{1}{x}\ln\frac{a^x+b^x}{2}=\lim_{x\to0}\frac{2}{a^x+b^x}\left(\frac{a^x\ln a+b^x\ln b}{2}\right)=$$

$$\frac{1}{2}(\ln a+\ln b)=\ln\sqrt{ab}$$

得 $\lim\limits_{x\to0}\left(\dfrac{a^x+b^x}{2}\right)^{\frac{1}{x}}=\sqrt{ab}$，即有 $\lim\limits_{n\to\infty}\left(\dfrac{\sqrt[n]{a}+\sqrt[n]{b}}{2}\right)^n=\sqrt{ab}$.　②

由式 ①② 即证结论.

74. **(中国地质大学)**　求 $\lim\limits_{n\to\infty}\displaystyle\int_0^1(1-x^2)^n\mathrm{d}x$.

解：$\forall\varepsilon>0$，在 $\left[\dfrac{\varepsilon}{2},1\right]$ 中，$0\leqslant1-x^2<1$. $\exists N$，当 $n>N$ 时，$(1-x^2)^n<\dfrac{\varepsilon}{2}$.

$\forall\varepsilon>0$，任取 $0<\delta<\dfrac{\varepsilon}{2}$，在 $[\delta,1]$ 中，$0\leqslant1-x^2<1$，$\lim\limits_{n\to\infty}(1-x^2)^n=0$.

故 $\exists N\in\mathbf{N}$，当 $n>N$ 时，$(1-x^2)^n<\dfrac{\varepsilon}{2}$.

$$0<\int_0^1(1-x^2)^n ax=\int_0^\delta(1-x^2)^n\mathrm{d}x+\int_\delta^1(1-x^2)^n\mathrm{d}x$$

$$<\int_0^\delta\mathrm{d}x+\int_\delta^1\frac{\varepsilon}{2}\mathrm{d}x=\delta+\frac{\varepsilon}{2}(1-\delta)<\frac{\varepsilon}{2}+\frac{\varepsilon}{2}=\varepsilon$$

得
$$\lim_{n\to\infty}\int_0^1(1-x^2)^n\mathrm{d}x=0$$

75. **(华中师范大学)**　设 $\{a_n\}$ 为单调递增数列，若 $\{a_{n_k}\}\subset\{a_n\}$，且 $\lim\limits_{k\to\infty}a_{n_k}=a$，试证：$\lim\limits_{n\to\infty}a_n=a$.

证　证明见第 36 题(1).

76. **(华东师范大学)**　证明：(1) $\left\{\left(1+\dfrac{1}{n}\right)^{n+1}\right\}$ 为递减数列；

(2) $\dfrac{1}{n+1}<\ln\left(1+\dfrac{1}{n}\right)<\dfrac{1}{n}$，$n=1,2,\cdots$.

证法 1　(1) 设 $a_n=\left(1+\dfrac{1}{n}\right)^{n+1}=\left(\dfrac{n+1}{n}\right)^{n+1}=\dfrac{1}{\left(\dfrac{n}{n+1}\right)^{n+1}}=\dfrac{1}{\left(1-\dfrac{1}{n+1}\right)^{n+1}}$

而 $\left(1-\dfrac{1}{n+1}\right)^{n+1}=1\times\left(1-\dfrac{1}{n+1}\right)\cdots\left(1-\dfrac{1}{n+1}\right)<$

$$\left[\frac{1+(n+1)\left(1-\frac{1}{n+1}\right)}{n+2}\right]^{n+2}=$$

$$\left(\frac{n+1}{n+2}\right)^{n+2}=\left(1-\frac{1}{n+2}\right)^{n+2}$$

得
$$a_n = \frac{1}{\left(1-\frac{1}{n+1}\right)^{n+1}} > \frac{1}{\left(1-\frac{1}{n+2}\right)^{n+2}} = a_{n+1}$$

得 $(1+\frac{1}{n})^n$ 为递减数列.

(2) 由 $\left(1+\frac{1}{n}\right)$ 严格增且 $\lim\limits_{n\to\infty}\left(1+\frac{1}{n}\right)^n = e$,故

$$\left(1+\frac{1}{n}\right)^n < e$$

再由 $\left(1+\frac{1}{n}\right)^{n+1}$ 严格减且 $\lim\limits_{n\to\infty}\left(1+\frac{1}{n}\right)^{n+1} = e$, 故

$$\left(1+\frac{1}{n}\right)^{n+1} > e$$

即
$$\left(1+\frac{1}{n}\right)^n < e < \left(1+\frac{1}{n}\right)^{n+1}$$

取对数, $n\ln\left(1+\frac{1}{n}\right) < 1 < (n+1)\ln\left(1+\frac{1}{n}\right)$,

$$n < \left[\frac{1}{\ln\left(1+\frac{1}{n}\right)}\right] < n+1,$$

于是
$$\frac{1}{n+1} < \ln\left(1+\frac{1}{n}\right) < \frac{1}{n}.$$

证法 2 (1) 因为 $\left[\left(1+\frac{1}{x}\right)^{1+x}\right]' = \left(e^{(1+x)\ln(1+\frac{1}{x})}\right)' =$

$$e^{(1+x)\ln(1+\frac{1}{x})}\left[\ln\left(1+\frac{1}{x}\right) - \frac{1}{x}\right]. \qquad ①$$

$$\ln\left(1+\frac{1}{x}\right) = \frac{1}{x} - \frac{1}{2}\frac{1}{x^2} + o\left(\frac{1}{x^2}\right)$$

得
$$\ln\left(1+\frac{1}{x}\right) - \frac{1}{x} = -\frac{1}{2x^2} + o\left(\frac{1}{x^2}\right) < 0$$

再由式 ① 知 $\left[\left(1+\frac{1}{x}\right)^{1+x}\right]' < 0$.

因此 $\left(1+\frac{1}{n}\right)^{1+n}$ 为递减数列.

(2) 由于
$$\ln\left(1+\frac{1}{n}\right) = \frac{1}{n} - \frac{1}{2n^2} + o\left(\frac{1}{n^2}\right)$$

得
$$\ln\left(1+\frac{1}{n}\right) - \frac{1}{n} = -\frac{1}{2n^2} + o\left(\frac{1}{n^2}\right) < 0, \qquad ②$$

$$\ln\left(1+\frac{1}{n}\right) - \frac{1}{n+1} = \frac{1}{n} - \frac{1}{n+1} - \frac{1}{2n^2} + o\left(\frac{1}{n^2}\right) =$$

$$\frac{n-1}{2n^2(n+1)} + o\left(\frac{1}{n^2}\right) > 0. \qquad ③$$

由式 ②③ 即证

$$\frac{1}{n+1} < \ln\left(1+\frac{1}{n}\right) < \frac{1}{n}$$

77.(中国科学院) 求下列极限:

(1) $\lim\limits_{n\to\infty}(a^n+b^n+c^n)^{\frac{1}{n}}$, $(a\geqslant 0,b\geqslant 0,c\geqslant 0)$;

(2)(东北师范大学) $\lim\limits_{x\to 0}\left(\dfrac{a^x+b^x+c^x}{3}\right)^{\frac{1}{x}}$. $(a>0,b>0,c>0)$.

解 (1) 令 $d=\max\{a,b,c\}$,则

$$(d^n)^{\frac{1}{n}}\leqslant(a^n+b^n+c^n)^{\frac{1}{n}}\leqslant(3d^n)^{\frac{1}{n}}. \qquad\qquad ①$$

由 $\lim\limits_{n\to\infty}(d^n)^{\frac{1}{n}}=d$, $\lim\limits_{n\to\infty}(3d^n)^{\frac{1}{n}}=d$,

由式 ① 及两边夹法则,得

$$\lim\limits_{n\to\infty}(a^n+b^n+c^n)^{\frac{1}{n}}=d=\max\{a,b,c\}.$$

注:还可以证明 $\lim\limits_{n\to\infty}(a_1^n+a_2^n+\cdots\cdots+a_k^n)^{\frac{1}{n}}=\max\{a_1,a_2,\cdots\cdots a_k\}$,其中 $a_i\geqslant 0(i=1,2,\cdots k)$. 证明可见第 82 题.

(2) 令 $y=\left(\dfrac{a^x+b^x+c^x}{3}\right)^{\frac{1}{x}}$,则 $\ln y=\dfrac{1}{x}\ln\dfrac{a^x+b^x+c^x}{3}$,

$$\lim\limits_{x\to 0}\ln y=\lim\limits_{x\to 0}\frac{1}{x}\ln\frac{a^x+b^x+c^x}{3}=$$

$$\lim\limits_{x\to 0}\frac{3}{a^x+b^x+c^x}\frac{1}{3}(a^x\ln a+b^x\ln b+c^x\ln c)=$$

$$\frac{1}{3}(\ln a+\ln b+\ln c)=\ln\sqrt[3]{abc}$$

得 $\lim\limits_{x\to 0}\left(\dfrac{a^x+b^x+c^x}{3}\right)^{\frac{1}{x}}=\sqrt[3]{abc}$

78.(中国科学院) 设 $a_{n+1}=a_n+a_n^{-1}(n>1)$, $a_1=1$,则

(1) $\lim\limits_{n\to+\infty}a_n=+\infty$;

(2) $\sum\limits_{n=1}^{\infty}a_n^{-1}=+\infty$.

证 (1) 由假设知 $\{a_n\}$ 为单调递增的正数列.

若 $\{a_n\}$ 有界,则 $\lim\limits_{n\to+\infty}a_n=l$ 存在,且 $l>0$. 由 $a_{n+1}=a_n+\dfrac{1}{a_n}$,

两边取极限得

$$l=l+\frac{1}{l}$$

$$\frac{1}{l}=0 \text{ 矛盾}.$$

即证 $\{a_n\}$ 无界,又由于 $\{a_n\}$ 单调递增,则 $\lim\limits_{n\to+\infty}a_n=+\infty$.

(2) 令 $S_n=\sum\limits_{k=1}^{n}a_k^{-1}$,则

$$S_n = \frac{1}{a_1} + \frac{1}{a_2} + \cdots + \frac{1}{a_n} =$$

$$(a_2 - a_1) + (a_3 - a_2) + \cdots + (a_{n+1} - a_n) = a_{n+1} - a_1$$

$$\sum_{n=1}^{\infty} a_n^{-1} = \lim_{n \to +\infty} S_n = +\infty$$

79. **(武汉大学)** 设 $a_n \to a$(当 $n \to +\infty$),令

$$a_n^+ = \begin{cases} a_n, a_n > 0 \\ 0, a_n \leqslant 0 \end{cases}, \qquad a^+ = \begin{cases} a, a > 0 \\ 0, a \leqslant 0 \end{cases}$$

证明: $a_n^+ \to a^+$ (当 $n \to +\infty$).

证 (1) 当 $a > 0$ 时,因为 $\lim\limits_{n \to +\infty} a_n = a > 0$,所以 $\exists N > 0$,当 $n > N$ 时,有 $a_n > 0$.

得

$$\lim_{n \to +\infty} a_n^+ = \lim_{n \to +\infty} a_n = a = a^+$$

(2) 当 $a < 0$ 时,类似可证 $\lim\limits_{n \to +\infty} a_n^+ = \lim\limits_{n \to +\infty} 0 = 0 = a^+$.

(3) 当 $a = 0$ 时,则 $\lim\limits_{n \to +\infty} a_n = 0$. $\forall \varepsilon > 0$,存在 $N > 0$,当 $n > N$ 时,有 $|a_n - 0| = |a_n| < \varepsilon$.

由 $|a_n^+ - 0| = |a_n^+| \leqslant |a_n| < \varepsilon$,得

$$\lim_{n \to +\infty} a_n^+ = 0 = a^+$$

80. **(华中师范大学)** 求 $\lim\limits_{n \to \infty} \dfrac{n^n}{3^n \cdot n!}$.

解 令 $a_n = \dfrac{n^n}{3^n n!}$,作级数 $\sum\limits_{n=1}^{\infty} a_n$.

$$\lim_{n \to \infty} \frac{a_{n+1}}{a_n} = \lim_{n \to \infty} \frac{(n+1)^{n+1}}{3^{n+1}(n+1)!} \cdot \frac{3^n n!}{n^n} =$$

$$\lim_{n \to \infty} \frac{1}{3} \left(1 + \frac{1}{n}\right)^n = \frac{e}{3} < 1$$

得级数 $\sum\limits_{n=1}^{\infty} a_n$ 收敛.

$$\lim_{n \to \infty} \frac{n^n}{3^n \cdot n!} = \lim_{n \to \infty} a_n = 0$$

注:类似考题还有

1)(山东矿业学院)求证: $\lim\limits_{n \to +\infty} \dfrac{3^n}{n!} = 0$.

2)(昆明工学院)求 $\lim\limits_{n \to \infty} \dfrac{2^n n!}{n^n}$.

3)(中国人民解放军测绘学院)求 $\lim\limits_{n \to \infty} \dfrac{n^n}{k^3 (n!)^3}$.

4)(上海铁道学院)求 $\lim\limits_{n \to \infty} \dfrac{e^n}{n!}$.

1) 还可解为

当 $n > 4$ 时,$0 < \dfrac{3^n}{n!} = \dfrac{3^3}{1 \times 2 \times 3} \times \dfrac{4}{4} \times \cdots \times \dfrac{1}{n} < \dfrac{9}{2} \times \dfrac{3}{n} = \dfrac{27}{2n} \to 0$

得 $$\lim_{n \to \infty} \frac{3^n}{n!} = 0$$

同理 ④.

81. **(中国科学院)**　回答下列问题,并简述理由:

(1) 对每个自然数 k,均有自然数 N_k,且当 $n > N_k$ 时,有 $|a_n - a| < \frac{1}{k}$,问是否有 $\lim\limits_{n \to \infty} a_n = a$?

(2) 什么叫无界数列,是否有收敛的无界数列?

答　(1) $\lim\limits_{n \to \infty} a_n = a$ 成立,因为 $\forall \varepsilon > 0$,则存在自然数 k_0,使 $\frac{1}{k_0} < \varepsilon$,再由假设存在自然数 N_{k_0},当 $n > N_{k_0}$ 时,有 $|a_n - a| < \frac{1}{k_0} < \varepsilon$.

(2) 设数列 $\{a_n\}$,若对 $\forall M > 0$,都存在自然数 n_0 使 $|a_{n_0}| > M$,则数 $\{a_n\}$ 是无界数列.

运用性质收敛数列必有界知:无界数列一定发散.

82. **(陕西师范大学)**　设 $A = \max\{a_1, a_2, \cdots, a_m\}, a_k > 0(k = 1, 2, \cdots, m)$ 求 $\lim\limits_{n \to +\infty} \sqrt[n]{a_1^n + a_2^n + \cdots + a_m^n}$.

解　由题设有

$$A^n < a_1^n + a_2^n + \cdots + a_m^n \leqslant mA^n$$

得 $$A < \sqrt[n]{a_1^n + a_2^n + \cdots + a_m^n} \leqslant \sqrt[n]{m}A \qquad ①$$

由 $\lim\limits_{n \to +\infty} \sqrt[n]{m} = 1$,由两边夹法则及式 ①

得 $\lim\limits_{n \to +\infty} \sqrt[n]{a_1^n + a_2^n + \cdots + a_m^n} = A = \max\{a_1, a_2, \cdots, a_m\}$.

83. **(北京大学)**　求极限

$$\lim_{n \to \infty} \left[\frac{\sin \frac{\pi}{n}}{n+1} + \frac{\sin \frac{2\pi}{n}}{n+\frac{1}{2}} + \cdots + \frac{\sin \pi}{n+\frac{1}{n}} \right]$$

解　$\dfrac{\sin \frac{\pi}{n} + \sin \frac{2\pi}{n} + \cdots + \sin \pi}{n+1} < \dfrac{\sin \frac{\pi}{n}}{n+1} + \dfrac{\sin \frac{2\pi}{n}}{n+\frac{1}{2}} + \cdots\cdots + \dfrac{\sin \pi}{n+\frac{1}{n}} <$

$$\frac{\sin \frac{\pi}{n} + \sin \frac{2\pi}{n} + \cdots + \sin \pi}{n + \frac{1}{n}} \qquad ①$$

$$\lim_{n \to \infty} \frac{\sin \frac{\pi}{n} + \sin \frac{2\pi}{n} + \cdots + \sin \pi}{n+1} =$$

$$\lim_{n \to \infty} \frac{n}{n+1} \frac{1}{\pi} \left[\frac{\pi}{n} \left(\sin \frac{\pi}{n} + \sin \frac{2\pi}{n} + \cdots + \sin \pi \right) \right] =$$

$$\frac{1}{\pi} \lim_{n \to \infty} \left[\frac{\pi}{n} \left(\sin \frac{\pi}{n} + \sin \frac{2\pi}{n} + \cdots + \sin \pi \right) \right] =$$

$$\frac{1}{\pi}\int_0^\pi \sin x \mathrm{d}x = \frac{2}{\pi}.$$

类似地有

$$\lim_{n\to\infty} \frac{\sin\dfrac{\pi}{n} + \sin\dfrac{2\pi}{n} + \cdots + \sin\pi}{n + \dfrac{1}{n}} =$$

$$\lim_{n\to\infty} \frac{n^2}{n^2+1} \frac{1}{\pi}\Big[\frac{\pi}{n}\Big(\sin\frac{\pi}{n} + \sin\frac{2\pi}{n} + \cdots + \sin\pi\Big)\Big] = \frac{2}{\pi}$$

由式 ① 及两边夹法则,得

$$\lim_{n\to\infty}\Big(\frac{\sin\dfrac{\pi}{n}}{n+1} + \frac{\sin\dfrac{2\pi}{n}}{n+\dfrac{1}{2}} + \cdots + \frac{\sin\pi}{n+\dfrac{1}{n}}\Big) = \frac{2}{\pi}$$

84. (华东师范大学) 用定义验证: $\lim\limits_{n\to\infty}\dfrac{3n^2+2}{2n^2+n+1} = \dfrac{3}{2}$.

证 $\forall \varepsilon > 0,$

$$\Big|\frac{3n^2+2}{2n^2+n+1} - \frac{3}{2}\Big| = \Big|\frac{1-3n}{4n^2+2n+2}\Big| < \frac{3n}{4n^2+2n+2} < \frac{1}{n} \qquad ①$$

令 $\dfrac{1}{n} < \varepsilon$,则 $n > \dfrac{1}{\varepsilon}$

令 $N = \Big[\dfrac{1}{\varepsilon}\Big]$,则当 $n > N$ 时,由 ① 式有

$$\Big|\frac{3n^2+2}{2n^2+n+1} - \frac{3}{2}\Big| < \varepsilon$$

得

$$\lim_{n\to\infty}\frac{3n^2+2}{2n^2+n+1} = \frac{3}{2}$$

85. (武汉大学) 设数列 $\{a_n\}$ 有一个子序列 $\{a_{n_k}\}$ 收敛,且 $\{a_{n_k}\}\bigcap\{a_{2n}\}$ 及 $\{a_{n_k}\}\bigcap\{a_{2n+1}\}$ 都有无穷个元,而 $\{a_{2n}\}$ 及 $\{a_{2n+1}\}$ 都为单调数列,问 $\{a_n\}$ 是否收敛?为什么?

答 收敛. 设 $\lim\limits_{k\to\infty} a_{n_k} = l.$

因为 $\{a_{n_k}\}\bigcap\{a_{2n}\}$ 与 $\{a_{n_k}\}\bigcap\{a_{2n+1}\}$ 都有无穷多个元,所以 $\{a_{2n}\}$ 中有子列收敛于 l. 同理 $\{a_{2n+1}\}$ 中也有子列收敛于 l. 而且 $\{a_{2n}\}$ 和 $\{a_{2n+1}\}$ 都是单调数列,

所以

$$\lim_{n\to\infty} a_{2n} = l, \lim_{n\to\infty} a_{2n+1} = l$$

此即有

$$\lim_{n\to\infty} a_n = l$$

86. (中国科技大学,华中师范大学) 设数列 $\{x_n\}$ 满足:

$x_0 = 1, x_{n+1} = \sqrt{2x_n}, n = 1,2,3,\cdots$,证明: $\{x_n\}$ 收敛,并求 $\lim\limits_{n\to\infty} x_n.$

证 $x_0 = 1, x_1 = \sqrt{2} = 2^{\frac{1}{2}}, x_2 = \sqrt{2x_1} = 2^{\frac{3}{4}}$

用数学归纳法可证

$$x_n = 2^{\frac{2^n-1}{2^n}} = 2^{1-\frac{1}{2^n}} \ (n = 0,1,2,\cdots) \qquad ①$$

因为 $\dfrac{2^{n-1}-1}{2^{n-1}} < \dfrac{2^n-1}{2^n}$

由式 ① 知 $x_{n-1} < x_n (n = 0,1,\cdots)$ 即 $\{x_n\}$ 单调递增.

再由式 ① 知 $1 \leqslant x_n < 2$,所以 $\{x_n\}$ 收敛. 设 $\lim\limits_{n\to\infty} x_n = a$,则 $a \geqslant 1$.

$$因为 \quad x_{n+1} = \sqrt{2x_n}$$

两边取极限有:$a = \sqrt{2a}$

故 $a^2 = 2a$. 由 $a \neq 0$,得 $a = 2$,即 $\lim\limits_{n\to\infty} x_n = 2$.

87.（华东师范大学） 设 $a > 0, 0 < x_1 < a, x_{n+1} = x_n \left(2 - \dfrac{x_n}{a}\right), n \in N$,

证明:$\{x_n\}$ 收敛,并求其极限.

证　先用数学归纳法证明

$$0 < x_n < a, n \in N \tag{①}$$

当 $n = 1$ 时,结论成立,归纳假设结论对 n 成立,再证 $n+1$ 时,因为

$$x_{n+1} = x_n \left(2 - \frac{x_n}{a}\right) = -\frac{1}{a}(x_n - a)^2 + a$$

得

$$0 < x_{n+1} < a$$

即证式 ① 成立.

$$\frac{x_{n+1}}{x_n} = 2 - \frac{x_n}{a} > 2 - \frac{a}{a} = 1$$

得 $\{x_n\}$ 单调递增,且有上界. $\lim\limits_{n\to\infty} x_n$ 存在. 设为 $\lim\limits_{n\to\infty} x_n = b$. 由

$$x_{n+1} = x_n \left(2 - \frac{x_n}{a}\right)$$

两边取极限得

$$b = b\left(2 - \frac{b}{a}\right) \tag{②}$$

由式 ① 及 $\{x_n\}$ 单调递增,显然 $b \neq 0$,由式 ② 解得 $b = a$. 得

$\lim\limits_{n\to\infty} x_n = a$.

88.（厦门大学） 设 $0 < x_1 < c(c$ 是常数),证明:

$x_{n+1} = 2x_n - \dfrac{x_n^2}{c}(n = 1,2,\cdots)$ 收敛,并求极限 $\lim\limits_{n\to\infty} x_n$.

解　在上题中,令 $a = c$,可得 $\{x_n\}$ 收敛,且 $\lim\limits_{n\to\infty} x_n = c$.

89.（武汉大学） 设 $\{a_n\}$ 无上界,证明:存在子序列 $\{a_{n_k}\}$,使得 $a_{n_k} \to +\infty$

(当 $k \to +\infty$).

证　由 $\{a_n\}$ 无上界,得存在 $n_1 \in N$,使 $a_{n_1} > 1$,同理,存在 $n_2 \in N (n_2 > n_1)$ 且 $a_{n_2} > 2, \cdots$,这样继续下去,$\forall M \in N$,存在 $n_M \in N$,使 $a_{n_M} > M(M = 1,2,\cdots)$,其中 $n_1 < n_2 < \cdots < n_M < \cdots$ 所以对于这个子序列 $\{a_{n_k}\}$,有 $\lim\limits_{k\to\infty} a_{n_k} = +\infty$.

90.（厦门大学） 证明数列 $\{x_n\}$ 收敛,其中 $x_1 = 1$:

$$x_{n+1} = \frac{1}{2}\left(x_n + \frac{3}{x_n}\right), n = 1,2\cdots$$

并求极限 $\lim\limits_{n\to\infty} x_n$.

证 $x_{n+1} = \frac{1}{2}(x_n + \frac{3}{x_n}) \geqslant \frac{1}{2} \times 2 \times \sqrt{x_n \cdot \frac{3}{x_n}} = \sqrt{3}$ ①

由式 ① 可知 $\{x_n\}$ 有下界,又

$$\frac{x_{n+1}}{x_n} = \frac{1}{2}(1 + \frac{3}{x_n^2}) \leqslant \frac{1}{2}(1 + \frac{3}{3}) = 1$$

得 $\{x_n\}$ 单调递减,从而 $\lim\limits_{n\to\infty} x_n = b$,存在.

$b = \frac{1}{2}(b + \frac{3}{b})$,解得 $b = \sqrt{3}$. $\lim\limits_{n\to\infty} x_n = \sqrt{3}$.

91.(华中科技大学) 已知数列 $a_1 = 2, a_2 = 2 + \frac{1}{2}, a_3 = 2 + \dfrac{1}{2 + \dfrac{1}{2}}, a_4 = 2 +$

$\dfrac{1}{2 + \dfrac{1}{2 + \dfrac{1}{2}}}, \cdots$ 的极限存在,求此极限.

解 $a_n = 2 + \dfrac{1}{a_{n-1}}$. 由题设 $\lim\limits_{n\to\infty} a_n = l$ 已知,则

$l = 2 + \dfrac{1}{l}$,得 $l^2 - 2l - 1 = 0$.

$$l = 1 + \sqrt{2} \text{ 或 } l = 1 - \sqrt{2}(\text{舍去})$$
$$\lim\limits_{n\to\infty} a_n = 1 + \sqrt{2}$$

92.(武汉大学) 设 $u_1 = 3, u_2 = 3 + \dfrac{4}{3}, u_3 = 3 + \dfrac{4}{3 + \dfrac{4}{3}}, \cdots$ 如果数列 $\{u_n\}$ 收

敛,计算其极限,并证明数列 $\{u_n\}$ 收敛于上述极限.

证 由假设有

$$u_{n+1} = 3 + \frac{4}{u_n} \tag{①}$$

用数学归纳法可证

$$3 \leqslant u_n \leqslant \frac{13}{3} \tag{②}$$

$|u_{n+1} - u_n| = \left| (3 + \frac{4}{u_n}) - (3 + \frac{4}{u_{n-1}}) \right| = \frac{4 |u_n - u_{n-1}|}{u_n u_{n-1}} \leqslant \frac{4}{9} |u_n - u_{n-1}|$

得 $\{u_n\}$ 是压缩数列一定收敛(证明见第 128 题). 设 $\lim\limits_{n\to\infty} u_n = a$ 存在.

由式 ① 两边取极限得 $a = 3 + \dfrac{4}{a}$,得 $a^2 - 3a - 4 = 0$,解得

$a = 4$ 或 $a = -1$(舍去). $\lim\limits_{n\to\infty} u_n = 4$.

93.(北京大学) 判断下列命题的真($\checkmark$)伪($\times$).

(1) 对数列 $\{a_n\}$ 和 $S_n = \sum\limits_{k=1}^{n} a_k$,若 $\{S_n\}$ 是有界数列,则 $\{a_n\}$ 是有界数列;

( )

(2) 数列 $\{a_n\}$ 存在极限 $\lim\limits_{n\to\infty} a_n = a$ 的充分必要条件是:对任一自然数 p, 都有 $\lim\limits_{n\to\infty} |a_{n+p} - a_n| = 0$.   (   )

答:(1) $\sqrt{}$. 设 $|S_n| < M$, 则 $|a_n| = |S_n - S_{n-1}| \leqslant 2M$.

(2) $\times$. 例:$a_n = \sqrt{n}$, $|a_{n+p} - a_n| = \dfrac{p}{\sqrt{n+p} + \sqrt{n}} \to 0$. 但 $\lim\limits_{n\to\infty} a_n$ 不存在.

94. (武汉大学,内蒙古大学) $y_{n+1} = y_n(2 - y_n)$, $0 < y_0 < 1$, 求证:$\lim\limits_{n\to\infty} y_n = 1$.

证 $y_{n+1} = y_n(2 - y_n) = 1 - (y_n - 1)^2$.   ①

由式 ① 可证(用数学归纳法)

$$0 < y_n < 1, n = 0, 1, 2, \cdots$$ ②

$$\frac{y_{n+1}}{y_n} = 2 - y_n > 1$$

得 $\{y_n\}$ 单调递增有上界, $\lim\limits_{n\to\infty} y_n = l$ 存在, 且 $l > 0$, 由式 ① 两边取极限得 $l = l(2 - l)$, $l^2 = l \because l \neq 0, l = 1$. 此即 $\lim\limits_{n\to\infty} y_n = 1$.

95. (华中师范大学) 设 $x_n = \dfrac{1}{2} + \dfrac{3}{2^2} + \dfrac{5}{2^3} + \cdots + \dfrac{2n-1}{2^n}$ $(n = 1, 2, 3, \cdots)$ 求 $\lim\limits_{n\to\infty} x_n$.

解 $x_n - \dfrac{1}{2} x_n = \left(\dfrac{1}{2} + \dfrac{3}{2^2} + \cdots + \dfrac{2n-1}{2^n}\right) -$

$$\left(\frac{1}{2^2} + \frac{3}{2^3} + \cdots\cdots + \frac{2n-1}{2^{n+1}}\right)$$

$$= \frac{1}{2} + 2\left(\frac{1}{2^2} + \cdots + \frac{1}{2^n}\right) - \frac{2n-1}{2^{n+1}}$$

$$= \frac{1}{2} + 2\left[1 - \left(\frac{1}{2}\right)^{n-1}\right] - \frac{2n-1}{2^n}$$

$$\lim_{n\to\infty} \frac{2n-1}{2^n} = 0$$

得

$$\lim_{n\to\infty} x_n = 3$$

96. (华中师范大学) 设有数列 $\{x_n\}$, 若有常数 q, $0 < q < 1$, 使对任何自然数 n 有 $|x_{n+1}| \leqslant q|x_n|$, 证明:$\lim\limits_{n\to\infty} x_n = 0$.

证 $|x_n| \leqslant q|x_{n-1}| \leqslant q^2|x_{n-2}| \leqslant \cdots \leqslant q^{n-1}|x_1|$.

又级数 $\sum\limits_{n=1}^{\infty} q^n$ 收敛 $(0 < q < 1)$, 得

$\sum\limits_{n=1}^{\infty} x_n$ 收敛, 从而 $\lim\limits_{n\to\infty} x_n = 0$.

97. (哈尔滨工业大学) 证明数列 $x_n = \sqrt{a + \sqrt{a + \cdots + \sqrt{a}}}$ (n 个根式), $a > 0$, $n = 1, 2, \cdots$ 极限存在, 并求 $\lim\limits_{n\to\infty} x_n$.

证 由假设知 $x_n = \sqrt{a + x_{n-1}}$ ①

用数学归纳法证明:

$$x_{n+1} > x_n, k \in N$$ ②

$x_2 = \sqrt{a+x_1} = \sqrt{a+\sqrt{a}} > \sqrt{a} = x_1$，当 $n=1$ 时,式 ② 成立.

假设 $n=k$ 结论成立,即 $x_{k+1} > x_k$.

当 $n=k+1$ 时,由式 ①,得

$$x_{k+2} = \sqrt{a+x_{k+1}} > \sqrt{a+x_k} = x_{k+1}$$

即证式 ② 对 $n=k+1$ 也成立,从而对一切自然数成立,此即证 $\{x_n\}$ 单调递增.

用数学归纳法可证 $0 < x_n < \sqrt{a}+1, n \in N$. 事实上 $0 < x_{n+1} = \sqrt{a+x_n} < \sqrt{a+\sqrt{a}+1} < \sqrt{(\sqrt{a}+1)^2} = \sqrt{a}+1.$ ③

此即证 $\{x_n\}$ 单调递增有上界,从而 $\lim\limits_{n\to\infty}x_n = l$(存在). 再对式 ① 两边取极限得 $l = \sqrt{a+l}$,得 $l^2 - l - a = 0$,解得 $l = \dfrac{1+\sqrt{1+4a}}{2}$ 和 $l = \dfrac{1-\sqrt{1+4a}}{2}$(舍去).

$$\lim_{n\to\infty}x_n = \frac{1+\sqrt{1+4a}}{2}$$

98. (中国科学院;安徽大学) 设 a_1 和 b_1,是任意两个正数,并且 $a_1 \leqslant b_1$,还设

$$a_n = \frac{2a_{n-1}b_{n-1}}{a_{n-1}+b_{n-1}}, b_n = \sqrt{a_{n-1}b_{n-1}}, (n=2,3,\cdots) \qquad ①$$

求证:序列 $a_1, a_2, \cdots$ 和 $b_1, b_2, \cdots$ 均收敛,并且有相同的极限.

证 令 $c_n = \dfrac{1}{a_n}, d_n = \dfrac{1}{b_n}$,则

$$c_n = \frac{c_{n-1}+d_{n-1}}{2}, d_n = \sqrt{c_{n-1}d_{n-1}}(n=2,3,\cdots)$$

$$c_1 \geqslant d_1$$

$$c_n = \frac{c_{n-1}+d_{n-1}}{2} \geqslant \sqrt{c_{n-1}d_{n-1}} = d_n \qquad ②$$

由式 ② 有

$$c_n = \frac{c_{n-1}+d_{n-1}}{2} \leqslant \frac{2c_{n-1}}{2} = c_{n-1}, d_n = \sqrt{c_{n-1}+d_{n-1}} \geqslant \sqrt{d_{n-1}d_{n-1}} = d_{n-1}$$

因此 $\{c_n\}$ 单调递减,$\{d_n\}$ 单调递增.

所以 $d_n \leqslant \cdots \leqslant d_{n-1} \leqslant d_n \leqslant c_n \leqslant c_{n-1} \leqslant \cdots \leqslant c_1$

则 $\{c_n\}$ 及 $\{d_n\}$ 单调有界,从而皆收级.

设 $\lim\limits_{n\to\infty}c_n = \dfrac{1}{l}, \lim\limits_{n\to\infty}d_n = \dfrac{1}{s}$,到 $\lim\limits_{n\to\infty}a_n = l, \lim\limits_{n\to\infty}b_n = s$,

在 ① 式两边取极限得:

$$\begin{cases} l = \dfrac{2ls}{l+s} \\ s = \sqrt{l \cdot s} \end{cases} \qquad \text{解得 } l = s$$

即 $$\lim_{n\to\infty}a_n = \lim_{n\to\infty}b_n$$

99. (大连工学院) 设 a_1, b_1 是二正数,令

$$a_{n+1} = \sqrt{a_n b_n}, b_{n+1} = \frac{a_n+b_n}{2}$$

证明：$\{a_n\}$ 和 $\{b_n\}$ 均收敛，且 $\lim\limits_{n\to\infty}a_n = \lim\limits_{n\to\infty}b_n$.

证　把这里的 a_n 和 b_n 看成上题的 d_n 和 c_n 即可.

100.（中国科技大学;北京邮电学院）

已知 $a_1 = \sqrt{6}, a_n = \sqrt{6+a_{n-1}}\ (n=2,3,\cdots)$

证明：$\lim\limits_{n\to\infty}a_n$ 存在，并求它的值.

证　因 $a_{n+1}-a_n = \sqrt{6+a_n}-\sqrt{6+a_{n-1}} = \dfrac{a_n-a_{n-1}}{\sqrt{6+a_n}+\sqrt{6+a_{n-1}}}$，得

$a_{n+1}-a_n$ 与 a_n-a_{n-1} 同号，又 $a_2 = \sqrt{6+\sqrt{6}} > \sqrt{6} = a_1$，即 $a_2-a_1 > 0$. 因此 $a_{n+1}-a_n > 0$，即证 $\{a_n\}$ 是单调递增数列.

用数学归纳法可证 $0 < a_n < 3$.

$\lim\limits_{n\to\infty}a_n = l$（存在）. 且 $l > 0$.

由 $a_n = \sqrt{6+a_{n-1}}$，两边取极限，所以 $l = \sqrt{6+l}$，得 $l^2-l-6=0, l=3$ 或 $l=-2$（舍去），$\lim\limits_{n\to\infty}a_n = 3$.

101.（清华大学）　设连续函数 $f(x)$ 在 $[1,+\infty)$ 上是正的，单调递减的，且 $d_n = \sum\limits_{k=1}^{n}f(k) - \int_1^n f(x)\mathrm{d}x$.

证明：数列 $d_1, d_2, \cdots$ 收敛.

证　由假设及积分中值定理，则

$$d_{n+1}-d_n = \Big[\sum_{k=1}^{n+1}f(k)-\int_1^{n+1}f(x)\mathrm{d}x\Big]-\Big[\sum_{k=1}^{n}f(k)-\int_1^n f(x)\mathrm{d}x\Big] =$$

$$f(n+1)-\int_n^{n+1}f(x)\mathrm{d}x =$$

$$f(n+1)-f(\xi), \text{其中 } \xi\in(n,n+1)$$

得 $d_{n+1}-d_n \leqslant 0$，即 $\{d_n\}$ 单调递减.

又 $d_n = [f(1)+f(2)+\cdots\cdots+f(n)] -$

$$\Big[\int_1^2 f(x)\mathrm{d}x+\int_2^3 f(x)\mathrm{d}x+\cdots\cdots+\int_{n-1}^n f(x)\mathrm{d}x\Big] =$$

$$[f(1)-f(\xi_1)]+[f(2)-f(\xi_2)]+\cdots+[f(n-1)-f(\xi_{n-1})]+f(n),$$

其中 $\xi_k\in(k,k+1), k=1,2,\cdots n-1$.

得 $f(k)-f(\xi_k)\geqslant 0$，而 $f(n) > 0$.

$d_n \geqslant f(n) > 0\ (n=1,2,\cdots)$

$\{d_n\}$ 单调递减有下界，d_n 收敛.

102.（甘肃工业大学）　设 $a_1 = 2$,

$$a_n = \frac{1+\dfrac{1}{n}}{2}a_{n-1}+\frac{1}{n}\ (n=2,3,\cdots) \hfill ①$$

证明：$\lim\limits_{n\to\infty}na_n$ 存在.

证　由式 ① 可得

$$na_n = \frac{n+1}{2}a_{n-1} + 1 \qquad ②$$

用数学归纳法可证:

$$2 \leqslant na_n \leqslant 2 + \frac{30}{n}(n \geqslant 5) \qquad ③$$

$$2a_2 = \frac{3}{2}a_1 + 1 = 3 + 1 = 4$$

$3a_3 = 2a_2 + 1$ 得 $a_3 = \frac{5}{3}$, $4a_4 = \frac{5}{2} \times \frac{5}{3} + 1$

$a_4 = \frac{31}{24}$, $5a_5 = 3a_4 + 1 = \frac{31}{8} + 1$, 即 $2 \leqslant 5a_5 \leqslant 2 + \frac{30}{5}$, $n = 5$, 式 ③ 成立.

归纳假设当 $n = k$ 时, 式 ③ 成立, 再当 $n = k+1$ 时. 由式 ② 知

$$(k+1)a_{k+1} = \frac{k+2}{2}a_k + 1 = \frac{k+2}{2k}ka_k + 1 \qquad ④$$

由归纳假设可得

$$2 \leqslant \frac{k+2}{2k}ka_k + 1 \leqslant \frac{k+2}{2k}(2 + \frac{30}{k}) + 1 \qquad ⑤$$

现证: $\frac{k+2}{2k}(2 + \frac{30}{k}) + 1 < \frac{30}{k+1} + 2$ \qquad ⑥

只需证:

$$\frac{k+2}{k} + \frac{15(k+2)}{k^2} - \frac{30}{k+1} - 1 < 0$$

只需证 $k(k+1)(k+2) + 15(k+2)(k+1) - 30k^2 - k^2(k+1) < 0$.

只需证 $-13k^2 + 47k + 30 < 0$. 只需证 $k(47 - 13k) + 30 < 0$. \qquad ⑦

当 $k \geqslant 5$ 时, 式 ⑦ 显然成立, 从而式 ⑥ 成立.

再由 ④⑤, 得

$$2 \leqslant (k+1)a_{k+1} \leqslant \frac{30}{k+1} + 2$$

从而式 ③ 成立, 然后由式 ③ 及两边夹法则, $\lim\limits_{n \to \infty} na_n = 2$.

103. (湖南大学) 数列 $\{x_n\}$: $x_0 = a$, $x_1 = b$

$$x_n = \frac{1}{2}(x_{n-1} + x_{n-2})(n \geqslant 2) \qquad ①$$

求 $\lim\limits_{n \to \infty} x_n$.

解 $x_n - x_{n-1} = [\frac{1}{2}(x_{n-1} + x_{n-2})] - x_{n-1} =$

$$-\frac{1}{2}(x_{n-1} - x_{n-2})(n \geqslant 2) \qquad ②$$

由式 ② 有

$$\begin{cases} x_1 - x_0 = b - a \\ x_2 - x_1 = -\dfrac{1}{2}(x_1 - x_0) = -\dfrac{1}{2}(b - a) \\ x_3 - x_2 = -\dfrac{1}{2}(x_2 - x_1) = \left(-\dfrac{1}{2}\right)^2 (b - a) \\ \cdots\cdots \\ x_n - x_{n-1} = \left(-\dfrac{1}{2}\right)^{n-1}(b - a) \end{cases}$$

把上面各式相加得

$$x_n - x_0 = \left[1 + \left(-\frac{1}{2}\right) + \left(-\frac{1}{2}\right)^2 + \cdots + \left(-\frac{1}{2}\right)^{n-1} \right](b - a)$$

两边取极限

$$\lim_{n \to \infty} x_n - a = \frac{1}{1 + \dfrac{1}{2}}(b - a) = \frac{2}{3}(b - a)$$

$$\lim_{n \to \infty} x_n = \frac{1}{3}(a + 2b)$$

104.（厦门大学） (1) 证明不等式 $x - \dfrac{x^2}{2} < \ln(1 + x) < x, (x > 0)$；(2) 由(1) 计算 $\lim\limits_{n \to +\infty}(1 + \dfrac{1}{n^x})(1 + \dfrac{2}{n^x})\cdots(1 + \dfrac{n}{n^x}), x \geqslant 2$.

证法 1： (1) 由 $\ln(1 + x) = x - \dfrac{x^2}{2} + \dfrac{x^3}{3} - \dfrac{x^4}{4} + \cdots (x > 0)$，得

$$\ln(1 + x) - x = -\frac{x^2}{2} + o(x^2) < 0 (x > 0)$$

$$\ln(1 + x) - \left(x - \frac{x^2}{2}\right) = \frac{x^3}{3} + o(x^3) > 0 (x > 0)$$

得 $$x - \frac{x^2}{2} < \ln(1 + x) < x$$

证法 2： (1) 设 $f(x) = \ln(1 + x) - x, x > 0$.

$$f'(x) = \frac{1}{1 + x} - 1 = \frac{-x}{1 + x} < 0 \quad f \downarrow (x > 0)$$

得 $f(x) < f(0) = 0$，即 $\ln(1 + x) < x$.

又设 $g(x) = \ln(1 + x) - \left(x - \dfrac{x^2}{2}\right)$，

$$g'(x) = \frac{1}{1 + x} - 1 + x = \frac{x^2}{1 + x} > 0, \quad g \uparrow (x > 0) \quad g(x) > g(0)$$

即 $\ln(1 + x) > x - \dfrac{x^n}{2}$.

(2)（ⅰ）当 $x > 2$ 时，有

$$\ln(1 + \frac{1}{n^x})(1 + \frac{2}{n^x})\cdots(1 + \frac{n}{n^x}) = \sum_{k=1}^{n} \ln(1 + \frac{k}{n^x}) \leqslant$$

$$\sum_{k=1}^{n}\frac{k}{n^x}=\frac{1}{n^x}\frac{n(n+1)}{2}\to 0,(n\to\infty).$$

另一方面 $\sum_{k=1}^{n}\ln(1+\frac{k}{n^x})\geqslant\sum_{k=1}^{n}\left[\frac{k}{n^x}-\frac{1}{2}(\frac{k}{n^x})^2\right]$

$$=\frac{n(n+1)}{2n^x}-\frac{n(n+1)(2n+1)}{12n^{2x}}\to 0(n\to\infty)$$

由两边夹法则得

$$\lim_{n\to\infty}\ln(1+\frac{1}{n^x})(1+\frac{2}{n^x})\cdots(1+\frac{n}{n^x})=0$$

得

$$\lim_{n\to\infty}(1+\frac{1}{n^x})(1+\frac{2}{n^x})\cdots(1+\frac{n}{n^x})=1$$

（ⅱ）当 $x=2$ 时,有

$$\ln\left(1+\frac{1}{n^2}\right)\left(1+\frac{2}{n^2}\right)\cdots\left(1+\frac{n}{n^2}\right)=\sum_{k=1}^{n}\ln\left(1+\frac{k}{n^2}\right)$$

$$\leqslant\frac{1}{n^2}\frac{n(n+1)}{2}\to\frac{1}{2}(n\to\infty)$$

$$\ln\left(1+\frac{1}{n^2}\right)\left(1+\frac{2}{n^2}\right)\cdots\left(1+\frac{n}{n^2}\right)\geqslant$$

$$\frac{n(n+1)}{2n^2}-\frac{(n+1)(2n+1)}{12n^3}\to\frac{1}{2}(n\to\infty).$$

得 $\lim_{n\to\infty}\ln(1+\frac{1}{n^2})(1+\frac{2}{n^2})\cdots(1+\frac{n}{n^2})=\frac{1}{2}$

$$\lim_{n\to\infty}(1+\frac{1}{n^2})(1+\frac{2}{n^2})\cdots(1+\frac{n}{n^2})=e^{\frac{1}{2}}$$

105.（广西师范大学）　若 $a>0,a_1=(a+a^{\frac{1}{3}})^{\frac{1}{3}},a_2=(a_1+a^{\frac{1}{3}})^{\frac{1}{3}},\cdots,a_n=$
$(a_{n-1}+a_{n-2}^{\frac{1}{3}})^{\frac{1}{3}},\cdots$ 试证:

(1) 数列 $\{a_n\}$ 为单调有界数列;

(2) 数列 $\{a_n\}$ 收敛于方程 $x^3=x+x^{\frac{1}{3}}$ 的一个正根.

证　(1) 分两种情况:

（ⅰ）当 $a_1\geqslant a$ 时,用第二数学归纳法可证

$$a_{n+1}\geqslant a_n,(n\in N)　　　　　　　　　　　　　　①$$

当 $n=1$ 时

$$a_2^3-a_1^3=(a_1+a^{\frac{1}{3}})-(a+a^{\frac{1}{3}})=a_1-a\geqslant 0　　　　②$$

由于 $y=x^3$ 是增函数,由式 ② 知 $a_2\geqslant a_1$,即 $n=1$ 时,式 ① 成立,归纳假设结论对 $n\leqslant k$ 都成立,再证 $n=k+1$ 时

$$a_{k+2}^3-a_{k+1}^3=(a_{k+1}-a_k)+(a_k^{1/3}-a_{k-1}^{1/3})\geqslant 0$$

得 $a_{k+2}\geqslant a_{k+1}$,即式 ① 对 $n=k+1$ 也成立,从而式 ① 对一切自然数都成立,此即 $\{a_n\}$ 是单调递增数列.

令 $f(x)=x^3-x-x^{\frac{1}{3}}$,则 $f(x)$ 是奇函数,$f'(x)=3x^2-1-\dfrac{1}{3\sqrt[3]{x^2}}.$

因为 $f(1)<0,f(2)>0$，所以 $f(x)$ 在 $(1,2)$ 内有正根，而且当 $x>2$ 时，$f'(x)>0$，$f(x)$ 在 $(2,+\infty)$ 无根，设 x_0 是 $f(x)$ 最大的正根.

再由 $a_1\geqslant a$，得 $a+a^{\frac{1}{3}}\geqslant a^3$，$f(a)\leqslant 0$，又 $a>0$，得 $a\leqslant x_0$，但是 $x_0+x_0^{\frac{1}{3}}=x_0^3$，所以用数学归纳法可证

$$a_n\leqslant x_0,(n\in N)\tag{③}$$

当 $n=1$ 时，$a_1^3=a+a^{\frac{1}{3}}\leqslant x_0+x_0^{\frac{1}{3}}=x_0^3$，得 $a_1\leqslant x_0$，即 $n=1$ 时，③ 式成立，归纳假设对论对 $n\leqslant k$ 都成立，当 $n=k+1$ 时，

$$a_{k+1}^3=a_k+a_{k-1}^{\frac{1}{3}}\leqslant x_0+x_0^{\frac{1}{3}}=x_0^3$$
$$a_{k+1}\leqslant x_0$$

从而式 ③ 对一切自然数成立，此即证 $\{a_n\}$ 单调递增有上界.

（ⅱ）当 $a_1<a$ 时，类似可证 $\{a_n\}$ 单调递减有下界.

（2）　　　　　由上面（1）知，$\lim\limits_{n\to\infty}a_n=l>0$（存在）

因　　　　　　　　　　$a_n=(a_{n-1}+a_{n-2}^{\frac{1}{3}})^{\frac{1}{3}}$

故　　　　　　　　　　$a_n^3=a_{n-1}+a_{n-2}^{\frac{1}{3}}$

两边取极限 $l^3=l+l^{\frac{1}{3}}$，即 $f(l)=0$，得

l 为 $x^3=x+x^{\frac{1}{3}}$ 的正根.

106.（福建师范大学）　设正项级数 $\sum\limits_{n=1}^{\infty}a_n$ 收敛，数列 $\{y_n\}$：$y_1=1$，

$2y_{n+1}=y_n+\sqrt{y_n^2+a_n}(n=1,2,3,\cdots)$

证明：$\{y_n\}$ 是递增的收敛数列.

证　$2y_{n+1}-2y_n=\sqrt{y_n^2+a_n}-y_n=$

$$\dfrac{a_n}{\sqrt{y_n^2+a_n}+y_n}>0.\tag{①}$$

得 $y_{n+1}\geqslant y_n$，此即 $\{y_n\}$ 单调递增. 用归纳法证明：$y_n>1$.

由　　　　　$y_1=1,2y_2=y_1+\sqrt{y_1^2+a_1}=1+\sqrt{1+a_1}>2$

得　　　　　　　　　　　$y_2>1$

$$2y_n=y_{n-1}+\sqrt{y_{n-1}^2+a_{n-1}}\geqslant 1+\sqrt{1+a_{n-1}}>2$$
$$y_n>1\tag{②}$$

由式 ②，有

$$\sqrt{y_n^2+a_n}+y_n>\sqrt{1+a_n}+1>2$$

再由式 ①，有

$$y_{n+1}-y_n=\dfrac{a_n}{2(\sqrt{y_n^2+a_n}+y_n)}<\dfrac{a_n}{4}\tag{③}$$

设 $\sum\limits_{k=1}^{\infty}a_n=c$，那么由式 ③ 有

$$\sum_{k=1}^{n}(y_{k+1}-y_k)<\frac{1}{4}\sum_{k=1}^{n}a_n<\frac{1}{4}\sum_{k=1}^{\infty}a_n=\frac{c}{4},y_n-y_1<\frac{c}{4}$$

得 $$y_n < \frac{c}{4} + y_1$$

即 $\{y_n\}$ 递增有上界，$\lim\limits_{n \to +\infty} y_n$ 存在，即证.

107. **(华中师范大学)** 解下列各题.

(1) 求 $\lim\limits_{n \to \infty} \dfrac{1 + \sqrt{2} + \sqrt[3]{3} + \cdots + \sqrt[n]{n}}{n}$;

(2) 求 $\lim\limits_{x \to \infty} \dfrac{\left(\int_0^x e^{t^2}\, dt \right)^2}{\int_0^x e^{2t^2}\, dt}$;

扫码获取本书资源

(3) 设 $f(x) = \begin{cases} x^2 \sin \dfrac{1}{x}, & \text{当 } x \neq 0 \text{ 时} \\ 0, & \text{当 } x = 0 \text{ 时} \end{cases}$

证明: $f'(x)$ 在 $x = 0$ 处不连续.

解　(1) 由施笃兹公式有

$$\lim\limits_{n \to \infty} \frac{1 + \sqrt{2} + \sqrt[3]{3} + \cdots + \sqrt[n]{n}}{n} = \lim\limits_{n \to \infty} \frac{\sqrt[n]{n}}{n - (n-1)} = 1$$

(2) 由洛必达法则，有

$$\lim\limits_{x \to \infty} \frac{\left[\int_0^x e^{t^2}\, dt \right]^2}{\int_0^x e^{2t^2}\, dt} = \lim\limits_{x \to \infty} \frac{2 \left[\int_0^x e^{t^2}\, dt \right] e^{x^2}}{e^{2x^2}} =$$

$$2 \lim\limits_{x \to \infty} \frac{\int_0^x e^{t^2}\, dt}{e^{x^2}} = 2 \lim\limits_{x \to \infty} \frac{e^{x^2}}{2x e^{x^2}} = 0$$

(3) 当 $x \neq 0$ 时，

$$f'(x) = 2x \sin \frac{1}{x} - \cos \frac{1}{x}$$

当 $x = 0$ 时

$$f'(0) = \lim\limits_{x \to 0} \frac{f(x) - f(0)}{x} = \lim\limits_{x \to 0} \frac{x^2 \sin \dfrac{1}{x}}{x} = 0$$

又 $\lim\limits_{x \to 0} f'(x) = \lim\limits_{x \to 0} \left(2x \sin \dfrac{1}{x} - \cos \dfrac{1}{x} \right)$ 不存在，所以 $f'(x)$ 在 $x = 0$ 处不连续.

108. **(南京大学)**　讨论由 $x_1 = a, x_n = p x_{n-1} + q (p > 0)$ 所定义的数列的敛散性.

解法 1　　　　　　　　　　$x_n = p x_{n-1} + q$ 　　　　　　　　①

　　　　　　　　　　　　　　$x_{n-1} = p x_{n-2} + q$ 　　　　　　　②

由式 ① $-$ 式 ② 可得　　$x_n - (1+p) x_{n-1} + p x_{n-2} = 0.$ 　　③

构造　　　　　　　　　　　$y^2 - (1+p) y + p = 0$ 　　　　　　　④

解得　　　　　　　　　　　　$y_1 = p, y_2 = 1$

(1) 当 $p \neq 1$ 时,得

$$x_n = Ap^{n-1} + B \qquad \qquad ⑤$$

当 $n = 1$ 时,由式 ⑤ 有

$$a = A + B \qquad \qquad ⑥$$

当 $n = 2$ 时,$x_2 = pa + q$,得 $pa + q = Ap + B.$ 　⑦

由式 ⑥⑦ 解得

$$A = a - \frac{q}{1-p}, B = \frac{q}{1-p}$$

$$x_n = \left(a - \frac{q}{1-p}\right)p^{n-1} + \frac{q}{1-p}$$

当 $0 < p < 1$ 时,　　　　　　$\lim_{n \to \infty} x_n = \frac{q}{1-p}$

当 $p > 1$ 时,$\lim_{n \to \infty} x_n$ 不存在.

(2) 当 $p = 1$ 时,$x_n = A + nB.$

$$\begin{cases} a = A + B. & ⑧ \\ a + q = A + 2B. & ⑨ \end{cases}$$

$$\text{解得 } A = a - q, B = q$$

$$x_n = a - q + nq$$

当 $p = 1, q \neq 0$ 时,$\lim_{n \to \infty} x_n$ 不存在;当 $p = 1, q = 0$ 时.$\lim_{n \to \infty} x_n = a.$

解法 2　(1) 当 $p = 1$ 时,

$x_n = x_{n-1} + q$ 为等差数列.

得 $q = 0$ 时,$x_n \equiv a, \lim_{n \to \infty} x_n = a. q \neq 0$ 时,发散.

(2) 当 $0 < p < 1$ 时,有.

$|x_n - x_{n-1}| = p|x_{n-1} - x_{n-2}| < |x_{n-1} - x_{n-2}|, x_n$ 为压缩映象数列. x_n 收敛.

设 $\lim_{n \to \infty} x_n = x.$

则　　　　　　　　　　$x = px + \rho, \quad x = \frac{q}{1-p}$

当 $p > 1$ 时,有

$$x_n = x_{n-1} + p^{n-2}[(p-1)a + q]$$

若 x_n 收敛于 x,则有

$$\lim_{n \to \infty} p^{n-2}[(p-1)a + q] = 0$$

但 $p > 1$ 时.$\lim_{n \to \infty} p^{n-x} = +\infty$,矛盾.

故当 $p > 1$ 时,数列发散.

109. **(工程兵工程学院)**　(1) 设 $x_0 > 0, x_{n+1} = \frac{1}{2}\left(x_n + \frac{1}{x_n}\right)$,证明:$\lim_{n \to \infty} x_n$ 必存

在,并求出此极限值;

(2) 设 $y_{n+1} > y_n (n = 1, 2, \cdots), \lim_{n \to \infty} y_n = \infty$,及 $\lim_{n \to \infty} \frac{x_{n+1} - x_n}{y_{n+1} - y_n} = a$(有限数).

证明:$\lim\limits_{n\to\infty}\dfrac{x_n}{y_n}=a.$

证 （1）由假设可知，

$x_n>0,(n=0,1,2,\cdots)$

$$x_{n+1}=\frac{1}{2}(x_n+\frac{1}{x_n})\geqslant\sqrt{x_n\frac{1}{x_n}}=1(n=0,1,2,\cdots)\qquad ①$$

$$x_{n+1}-x_n=\frac{1-x_n^2}{2x_n}\leqslant 0\qquad ②$$

由式①②知$\{x_n\}$单调下降且有下界，得$\lim\limits_{n\to\infty}x_n=l\geqslant 1$(存在).

由 $x_{n+1}=\frac{1}{2}(x_n+\frac{1}{x_n})$，两边取极限得$l=\frac{1}{2}(l+\frac{1}{l})$，即$l^2=1$，得$l=1$或$l=$
-1(舍去). $\lim\limits_{n\to\infty}x_n=1.$

（2）证明见本节第40题.

110. **(复旦大学)** 对于数列 $x_0=a,0<a<\dfrac{\pi}{2}$，

$x_n=\sin x_{n-1}(n=1,2,\cdots)$

证明:（1） $\lim\limits_{n\to\infty}x_n=0$；

（2） $\lim\limits_{n\to\infty}\sqrt{\dfrac{n}{3}}x_n=1.$

证 （1）由 $0<a<\dfrac{\pi}{2}$，则 $0<x_n<\dfrac{\pi}{2}$，$(n=0,1,2,\cdots).$ ①

得 $\qquad\qquad x_n=\sin x_{n-1}<x_{n-1}$ ②

由式①②和$\{x_n\}$为单调递减数列且有下界，从而$\lim\limits_{n\to\infty}x_n$存在，设$\lim\limits_{n\to\infty}x_n=b.$

由 $x_n=\sin x_{n-1}$，两边取极限有 $b=\sin b$，得 $b=0.$ 此即 $\lim\limits_{n\to\infty}x_n=0.$

（2）要证:$\lim\limits_{n\to\infty}\sqrt{\dfrac{n}{3}}x_n=1$,只需证明:$\lim\limits_{n\to\infty}nx_n^2=3.$ ③

因为$\lim\limits_{n\to\infty}x_n=0$，所以$\lim\limits_{n\to\infty}\dfrac{1}{x_n^2}=+\infty.$

由施笃兹公式,有

$$\lim_{n\to\infty}nx_n^2=\lim_{n\to\infty}\frac{n}{\frac{1}{x_n^2}}=\lim_{n\to\infty}\frac{n-(n-1)}{\frac{1}{x_n^2}-\frac{1}{x_{n-1}^2}}=\lim_{n\to\infty}\frac{1}{\frac{1}{\sin^2 x_{n-1}}-\frac{1}{x_{n-1}^2}}=$$

$$\lim_{n\to\infty}\frac{x_{n-1}^2\sin^2 x_{n-1}}{x_{n-1}^2-\sin^2 x_{n-1}}=$$

$$\lim_{n\to\infty}\frac{x_{n-1}^4+o(x_{n-1}^4)}{x_{n-1}^2-(x_{n-1}-\frac{x_{n-1}^3}{6}+o(x_{n-1}^3))^2}=$$

$$\lim_{n\to\infty}\frac{x_{n-1}^4+o(x_{n-1}^4)}{\frac{x_{n-1}^4}{3}+o(x_{n-1}^4)}=3$$

从而式 ③ 得证,得 $\lim\limits_{n\to\infty}\sqrt{\dfrac{n}{3}}\,x_n=1$

111. **(南京大学)** 设 $\lim\limits_{n\to\infty}x_n=a$.

(1) 若 a 为有限数,证明: $\lim\limits_{n\to\infty}\dfrac{x_1+2x_2+\cdots+nx_n}{n(n+1)}=\dfrac{a}{2}$;

(2) 若 a 为 $+\infty$,证明: $\dfrac{x_1+2x_2+\cdots+nx_n}{n(n+1)}=+\infty$.

证 令 $b_n=x_1+2x_2+\cdots+nx_n,\ y_n=n(n+1)$

(1) $\lim\limits_{n\to\infty}\dfrac{b_n-b_{n-1}}{y_n-y_{n-1}}=\lim\limits_{n\to\infty}\dfrac{nx_n}{n(n+1)-n(n-1)}=\lim\limits_{n\to\infty}\dfrac{x_n}{2}=\dfrac{a}{2}$

由施笃兹公式得

$$\lim\limits_{n\to\infty}\dfrac{x_1+2x_2+\cdots\cdots+nx_n}{n(n+1)}=\lim\limits_{n\to\infty}\dfrac{b_n}{y_n}=\lim\limits_{n\to\infty}\dfrac{b_n-b_{n-1}}{y_n-y_{n-1}}=\dfrac{a}{2}$$

(2) 由于施笃兹公式对 $\lim\limits_{n\to\infty}\dfrac{b_n-b_{n-1}}{y_n-y_{n-1}}=\infty$ 也成立,得

$$\lim\limits_{n\to\infty}\dfrac{x_1+2x_2+\cdots+nx_n}{n(n+1)}=\lim\limits_{n\to\infty}\dfrac{b_n}{y_n}=\lim\limits_{n\to\infty}\dfrac{b_n-b_{n-1}}{y_n-y_{n-1}}=+\infty$$

112. **(中国科技大学)** 设 $f(x)$ 在 $[a,b]$ 上二次可微,且 $f(a)\cdot f(b)<0,f'(x)>0,f''(x)>0,\forall\,x\in[a,b]$. ①

证明:序列 $x_{n+1}=x_n-\dfrac{f(x_n)}{f'(x_n)},x_1\in[a,b],n=1,2,\cdots$ ②

有极限,且此极限为方程 $f(x)=0$ 之根.

证 由已知条件知 $f(x)=0$,在 $[a,b]$ 内有唯一根,记为 c,则 $a<c<b$.

(1) 若 $x_1>c$,下证 $\{x_n\}$ 为单调递减数列且 c 为下界. 事实上,有

$$0<f'(x_1)=\dfrac{f(x_1)}{x_1-x_2}=\dfrac{f(x_1)-f(c)}{x_1-x_2}=$$

$$\dfrac{f'(\xi_1)(x_1-c)}{x_1-x_2},c<\xi_1<x_1 \qquad ③$$

得 $x_1-x_2>0$,即 $x_1>x_2$. ④

由 $f''(x)>0$,得 $f'(x_1)>f'(\xi_1)$ 由式 ③ 知

$$\dfrac{x_1-c}{x_1-x_2}>1$$

由此得 $\qquad\qquad x_2>c \qquad\qquad ⑤$

从式 ④⑤ 知, $c<x_2<x_1$.

进一步可用数学归纳证明 $\{x_n\}$ 单调减且 $x_u>c$.

事实上,设 $c<x_n<x_{n-1}$,于是

$$x_{n+1}-x_n=-\dfrac{f(x_n)}{f'(x_n)}=-\dfrac{f'(\xi_n)(x_n-c)}{f'(x_n)},c<\xi_n<x_n$$

$$\dfrac{x_{n+1}-x_n}{c-x_n}<1,且\ x_{n+1}<x_n,x_{n+1}>c$$

(2) 若 $x_1=c$,由式 ②

$x_2 = c - \dfrac{f(c)}{f'(c)} = c$，从而 $x_n = c, n \in N$，得 $\lim\limits_{n \to \infty} x_n = c$ 即证.

(3) 若 $x_1 < c, x_2 = x_1 - \dfrac{f(x)}{f'(x_1)} = x_1 - \dfrac{f'(\xi_1)(x_1 - c)}{f'(x_1)}, x_1 < \xi_1 < c.$

$$x_2 - x_1 = (c - x_1)\dfrac{f'(\xi_1)}{f'(x_1)} > 0$$

① $x_2 > x_1$

② $\dfrac{x_2 - x_1}{c - x_1} > 1 \quad x_2 > c.$

同(1) 可证：x_n 当 $n > 1$ 时，$x_n \downarrow$ 且 $x_n > c$，

即 $\qquad x_2 > x_3 > \cdots > x_n > c, \forall n > 1$

$\{x_n\}$ 当 $n > 1$ 时仍为单调递减数列，且有下界 c.

综上可知 $\qquad\qquad \lim\limits_{n \to \infty} x_n = l(存在).$

得 $l = \lim\limits_{n \to \infty} x_{n+1} = \lim\limits_{n \to \infty}\left[x_n - \dfrac{f(x_n)}{f'(x_n)} \right] =$

$\qquad \lim\limits_{n \to \infty} x_n - \lim\limits_{n \to \infty} \dfrac{f(x_n)}{f'(x_n)} = l - \dfrac{f(l)}{f'(l)}$

得 $f(l) = 0$，而 $\lim\limits_{n \to \infty} x_n = l.$

113. (北京大学) 设 $a_n \neq 0 (n = 1, 2, \cdots)$ 且 $\lim\limits_{n \to +\infty} a_n = 0$，若存在极限 $\lim\limits_{n \to \infty} \dfrac{a_{n+1}}{a_n} = l$，证明：$|l| \leqslant 1.$

证 用反证法，若 $|l| > 1$，取 C 满足 $|l| > C > 1$，由题意有

$\lim\limits_{n \to \infty}\left| \dfrac{a_{n+1}}{a_n} \right| = |l|$. $\exists N > 0$，当 $n > N$ 时有 $\left| \dfrac{a_{n+1}}{a_n} \right| > C$，得

$|a_{n+1}| > C|a_n| > C^2|a_{n-1}| > \cdots > C^{n-N+1}|a_N| \qquad\qquad ①$

由 $C > 1$，式 ① 两边取极限可得

$$\lim\limits_{n \to \infty} |a_{n+1}| = +\infty$$

这与 $\lim\limits_{n \to \infty} a_n = 0$ 的假设矛盾，得 $|l| \leqslant 1.$

114. (南京航空学院) 设 $x_0 > 0, x_{n+1} = \dfrac{2(1 + x_n)}{2 + x_n} (n = 0, 1, 2, \cdots)$ 证明数列 $x_n (n = 1, 2, \cdots)$ 收敛，并求极限 $\lim\limits_{n \to +\infty} x_n$ 的值.

证 由 $x_0 > 0$，可得 $x_n > 0 (n = 0, 1, 2, \cdots)$

令 $f(x) = \dfrac{2(1 + x)}{2 + x}, (x > 0)$，则 $0 < f'(x) = \dfrac{2}{(2 + x)^2} < \dfrac{1}{2}.$

$f(x_n) = \dfrac{2(1 + x_n)}{2 + x_n} = x_{n+1}, (n = 0, 1, \cdots)$

考虑级数 $\sum |x_{n+1} - x_n|$，由于

$$\left| \dfrac{x_{n+1} - x_n}{x_n - x_{n-1}} \right| = \left| \dfrac{f(x_n) - f(x_{n-1})}{x_n - x_{n-1}} \right| = \left| \dfrac{f'(\xi)(x_n - x_{n-1})}{x_n - x_{n-1}} \right| < \dfrac{1}{2}$$

级数 $\sum\limits_{n=0}^{\infty} |x_{n+1} - x_n|$ 收敛，从而 $\sum\limits_{n=0}^{\infty} (x_{n+1} - x_n)$ 收敛.

令
$$s_n = \sum_{k=0}^{n}(x_{k+1} - x_k) = x_{n+1} - x_0$$

由于 $a = \lim_{n\to\infty} s_n$ 存在,得

$$\lim_{n\to\infty} x_{n+1} = a + x_0 = l(存在)$$

再由 $x_{n+1} = \dfrac{2(1+x_n)}{2+x_n}$,两边取极限有

$$l = \frac{2(1+l)}{2+l}$$

得 $l^2 = 2, l = \sqrt{2}$ 或 $l = -\sqrt{2}$(舍去)

$$\lim_{n\to\infty} x_n = \sqrt{2}$$

115.(东北师范大学) 求极限 $\lim_{n\to\infty}\left(\dfrac{1}{a} + \dfrac{2}{a^2} + \cdots + \dfrac{n}{a^n}\right)(a>1)$.

解 令 $x = \dfrac{1}{a}$,得 $|x| < 1$,考虑级数 $\sum_{n=1}^{\infty} nx^n$,由

$$\lim_{n\to\infty} \frac{a_{n+1}}{a_n} = \lim_{n\to\infty} \frac{(n+1)x^{n+1}}{nx^n} = x < 1,此级数收敛.$$

令 $s(x) = \sum_{n=1}^{\infty} nx^n$,则 $s(x) = x\sum_{n=1}^{\infty} nx^{n-1}$,再令

$$f(x) = \sum_{n=1}^{\infty} nx^{n-1}, \int_0^x f(t)\,dt = \sum_{n=1}^{\infty}\int_0^x nt^{n-1}\,dt = \sum_{n=1}^{\infty} x^n = \frac{x}{1-x}$$

得
$$f(x) = \left(\frac{x}{1-x}\right)' = \frac{1}{(1-x)^2}$$

从而
$$s(x) = xf(x) = \frac{x}{(1-x)^2} \text{ 也可保留.}$$

$$\lim_{n\to\infty}\left(\frac{1}{a} + \frac{2}{a^2} + \cdots + \frac{n}{a^n}\right) = s(x) = \frac{a^{-1}}{(1-a^{-1})^2}$$

116.(内蒙古大学) (1)求极限 $\lim_{n\to\infty} \sqrt[n]{1 + 2^n \sin^n x}$;

(2)已知 $a_1 = \alpha, b_1 = \beta, (\alpha > \beta)$

$$a_{n+1} = \frac{a_n + b_n}{2}, b_{n+1} = \frac{a_{n+1} + b_n}{2} \qquad (n = 1, 2, \cdots)$$

证明:$\lim_{n\to\infty} a_n$ 及 $\lim_{n\to\infty} b_n$ 存在且相等,并求出极限值.

解 (1) 令 $a = 2\sin x$,解 $|a| \leqslant 2$,则由第 46 题.

(Ⅰ)当 $a = 2\sin x \geqslant 1$,

$$\lim_{n\to+\infty} \sqrt[n]{1 + 2^n \sin^n x} = \lim_{n\to\infty} \sqrt[n]{1 + a^n} = a = 2\sin x$$

(Ⅱ)当 $0 \leqslant a = 2\sin x < 1$ 时,$\lim_{n\to\infty} \sqrt[n]{1 + 2^n \sin^n x} = 1$.

(Ⅲ)当 $-1 < a = 2\sin x < 0$,这时 $|a| < 1$.

$$1 + \frac{1}{n}a^n \leqslant \sqrt[n]{1 + a^n} \leqslant \sqrt[n]{1 + |a|^n}$$

$$\lim_{n\to\infty}\left(1+\frac{1}{n}a^n\right)=1=\lim_{n\to\infty}\sqrt[n]{1+|a|^n}$$

$$\lim_{n\to\infty}\sqrt[n]{1+2^n\sin x}=\lim_{n\to\infty}\sqrt[n]{1+a^n}=1$$

（Ⅳ）当 $a=2\sin x=-1$ 时，$\lim_{n\to\infty}\sqrt[n]{1+2^n\sin^n x}$ 不存在.

（Ⅴ）当 $-2\leqslant a=2\sin x<-1$ 时，因为

$$\begin{cases} 2^n\sin^n x<1+2^n\sin^n x<2^n\sin^n x-\dfrac{2^n\sin^n x}{2}=\dfrac{1}{2}2^n\sin^n x,(n\text{ 为奇数}) \\[3mm] 2^n\sin^n x<1+2^n\sin^n x<2^n\sin^n x+\dfrac{2^n\sin^n x}{2}=\dfrac{3}{2}2^n\sin^n x,(n\text{ 为偶数}) \end{cases}$$

由两边夹法则，得

$$\lim_{n\to\infty}\sqrt[n]{1+2^n\sin^n x}=2\sin x$$

(2) 由 $a_{n+1}=\dfrac{a_n+b_n}{2}$，$b_{n+1}=\dfrac{a_{n+1}+b_n}{2}$，可得

$$a_n-a_{n-1}=\frac{1}{4}(a_{n-1}-a_{n-2})=\frac{1}{4^2}(a_{n-2}-a_{n-3})=\cdots=$$

$$\frac{1}{4^{n-2}}(a_2-a_1)=$$

$$\frac{1}{4^{n-2}}\left(\frac{a_1+b_1}{2}-a_1\right)=\frac{1}{4^{n-2}}\frac{\beta-\alpha}{2}<0 \qquad\qquad ①$$

因此 $\{a_n\}$ 单调递减.

$$a_1=\alpha>\beta$$

$$a_2=\frac{a_1+b_1}{2}=\frac{\alpha+\beta}{2}>\beta$$

由数学归纳可证 $a_n>\beta(n=1,2,\cdots)$，得 $\lim_{n\to\infty}a_n=l$（存在）.

又

$$b_n=2a_{n+1}-a_n$$

$\lim_{n\to\infty}b_n=2l-l=l$，即 $\lim_{n\to\infty}a_n=\lim_{n\to\infty}b_n$.

其次，由式 ① 可知

$$a_n=a_{n-1}+\frac{1}{4^{n-2}}\frac{\beta-\alpha}{2}=a_{n-2}+\frac{1}{4^{n-3}}\frac{\beta-\alpha}{2}+\frac{1}{4^{n-2}}\frac{\beta-\alpha}{2}=\cdots=$$

$$a_1+(1+\frac{1}{4}+\frac{1}{4^2}+\cdots+\frac{1}{4^{n-2}})\frac{\beta-\alpha}{2}. \qquad\qquad ②$$

式 ② 两边取极限得

$$\therefore\ \lim_{n\to\infty}a_n=a_1+\frac{1}{1-\dfrac{1}{4}}\frac{\beta-\alpha}{2}=$$

$$\alpha+\frac{4}{3}\frac{\beta-\alpha}{2}=\frac{\alpha+2\beta}{3}$$

117. **(北京大学)** 求极限 $\lim_{n\to\infty}\dfrac{a^{2n}}{1+a^{2n}}$.

解 当 $|a|=1$ 时，$\lim_{n\to\infty}\dfrac{a^{2n}}{1+a^{2n}}=\dfrac{1}{2}$.

当 $|a| < 1$ 时，$\lim\limits_{n \to \infty} \dfrac{a^{2n}}{1 + a^{2n}} = 0$.

当 $|a| > 1$ 时，$\lim\limits_{n \to \infty} \dfrac{a^{2n}}{1 + a^{2n}} = \lim\limits_{n \to \infty} \dfrac{1}{(\frac{1}{a})^{2n} + 1} = 1$.

118.(东北师范大学) 证明：若数列 $\{a_n\}$ 收敛于 a，且 $\sum\limits_{k=1}^{\infty} p_k = +\infty$，$p_k \geq 0(k = 1, 2, \cdots)$，则

$$\lim_{n \to \infty} \frac{\sum\limits_{k=1}^{n} p_k a_k}{\sum\limits_{k=1}^{n} p_k} = a$$

证 由施笃兹公式，有

$$\lim_{n \to \infty} \frac{\sum\limits_{k=1}^{n} p_k a_k}{\sum\limits_{k=1}^{n} p_k} = \lim_{n \to \infty} \frac{\sum\limits_{k=1}^{n} p_k a_k - \sum\limits_{k=1}^{n-1} p_k a_k}{\sum\limits_{k=1}^{n} p_k - \sum\limits_{k=1}^{n-1} p_{k-1}} = \lim_{n \to \infty} \frac{p_n a_n}{p_n} = a.$$

119.(西北电讯工程学院) 如图，有一束光线从一条射线上任一点对与其夹角为 α 的射线作垂线，设其长为 S，再从垂足对下一条夹角为 α 的射线作垂线，设其长为 S_1，如此继续下去，试求 $\lim\limits_{n \to \infty}(S + S_1 + \cdots S_n)$.

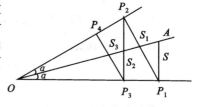

第 119 题图

解 如右图，设 $OA = l$，则，

$S = l\sin\alpha$

$S_1 = OP_1 \sin 2\alpha = l\cos\alpha\sin 2\alpha$

$S_2 = OP_2 \sin 2\alpha = (l\cos\alpha\cos 2\alpha)\sin 2\alpha = (l\cos\alpha\sin 2\alpha)\cos 2\alpha$

$S_3 = OP_3 \sin 2\alpha = (l\cos\alpha\sin 2\alpha\cos 2\alpha)\sin 2\alpha = (l\cos\alpha\sin 2\alpha)\cos^2 2\alpha$

……

一般　$S_n = (l\cos\alpha\sin 2\alpha)\cos^{n-1} 2\alpha$

得 $S + S_1 + \cdots + S_n = l\sin\alpha + (l\cos\alpha\sin 2\alpha)(1 + \cos 2\alpha + \cdots + \cos^{n-1} 2\alpha)$　　　①

(1) 若 $\alpha = 0$ 或 π 时，$\sin\alpha = \sin 2\alpha = 0$，由式 ① 知

$$S + S_1 + \cdots + S_n = 0$$

得

$$\lim_{n \to \infty}(S + S_1 + \cdots + S_n) = 0$$

(2) 若 $\alpha = \dfrac{\pi}{2}$ 时，$\sin 2\alpha = 0$，由式 ① 知

$$\lim_{n \to \infty}(S + S_1 + \cdots + S_n) = l$$

(3) 若 $\alpha \neq 0, \dfrac{\pi}{2}, \pi$ 时，则 $|\cos 2\alpha| < 1$，由式 ①

$$S + S_1 + \cdots + S_n = l\sin\alpha + l\cos\alpha\sin2\alpha\,\frac{1-\cos^n 2\alpha}{1-\cos2\alpha},$$

故 $\lim\limits_{n\to\infty}(S + S_1 + \cdots + S_n) = l\sin\alpha + \dfrac{l\cos\alpha 2\sin\alpha\cos\alpha}{1-\cos2\alpha} =$

$$l\sin\alpha\left(1 + \frac{2\cos^2\alpha}{1-\cos2\alpha}\right)$$

120. **(中国科学院, 北京师范大学)** 求出使得下列不等式对所有自然数 n 都成立, 此最大的数 α 及最小的数 β:

$$(1+\frac{1}{n})^{n+\alpha} \leqslant e \leqslant (1+\frac{1}{n})^{n+\beta} \qquad \textcircled{1}$$

解 由式 ① 得

$$(n+\alpha)\ln(1+\frac{1}{n}) \leqslant 1 \leqslant (n+\beta)\ln(1+\frac{1}{n})$$

得

$$\alpha \leqslant \frac{1}{\ln(1+\frac{1}{n})} - n \leqslant \beta \qquad \textcircled{2}$$

令

$$f(x) = \frac{1}{\ln(1+x)} - \frac{1}{x}, x \in (0,1] \qquad \textcircled{3}$$

则

$$f'(x) = -\frac{\frac{1}{1+x}}{\ln^2(1+x)} + \frac{1}{x^2} = \frac{(1+x)\ln^2(1+x)-x^2}{x^2(1+x)\ln^2(1+x)} \qquad \textcircled{4}$$

再令

$$g(x) = (1+x)\ln^2(1+x) - x^2, x \in [0,1] \qquad \textcircled{5}$$

则

$$g'(x) = \ln^2(1+x) + 2\ln(1+x) - 2x$$

$$g''(x) = [2\ln(1+x)]\frac{1}{1+x} + \frac{2}{1+x} - 2 =$$

$$\frac{2[\ln(1+x)-x]}{1+x} < 0$$

故 $g'(x)$ 在 $[0,1]$ 上严格递减, 得 $g'(x) < 0$, 但 $g(0) = 0$, 得

$$g(x) < g(0) = 0, (x > 0)$$

$$(1+x)\ln^2(1+x) - x^2 < 0 \qquad \textcircled{6}$$

由式 ④⑥ 知

$f'(x) < 0$, 即 $f(x)$ 在 $(0,1]$ 内严格递减. 令 $x = \dfrac{1}{n}$, 由式 ②③ 知

$$\alpha \leqslant f(x) \leqslant \beta$$

得 $\max \alpha = \inf\limits_{x \in (0,1]} f(x) = \lim\limits_{x \to 1}\left[\frac{1}{\ln(1+x)} - \frac{1}{x}\right] = \frac{1}{\ln 2} - 1$

$\min \beta = \sup\limits_{x \in (0,1]} f(x) = \lim\limits_{x \to 0}\left[\frac{1}{\ln(1+x)} - \frac{1}{x}\right] =$

$$\lim\limits_{x \to 0}\frac{x - \ln(1+x)}{x\ln(1+x)} =$$

$$\lim_{x \to 0} \frac{1 - \dfrac{1}{1+x}}{\ln(1+x) + \dfrac{x}{1+x}} = \lim_{x \to 0} \frac{x}{x + (1+x)\ln(1+x)} =$$

$$\lim_{x \to 0} \frac{1}{1 + \ln(1+x) + 1} = \frac{1}{2}$$

121. (长沙铁道学院)　　若函数 $f(x)$ 在区间 $[0,1]$ 上连续且恒正,证明:

$$\lim_{n \to \infty} \sqrt[n]{f(\tfrac{1}{n}) f(\tfrac{2}{n}) \cdots f(\tfrac{n}{n})} = \exp\left\{\int_0^1 \ln f(x) \mathrm{d}x\right\}$$

证　　$\lim_{n \to \infty} \sqrt[n]{f(\tfrac{1}{n}) f(\tfrac{2}{n}) \cdots f(\tfrac{n}{n})} = \lim \mathrm{e}^{\frac{1}{n}[\ln f(\frac{1}{n}) + \ln f(\frac{2}{n}) + \cdots + \ln f(\frac{n}{n})]} =$

$$\mathrm{e}^{\lim\limits_{n \to \infty} \frac{1}{n}[\ln f(\frac{1}{n}) + \cdots + \ln f(\frac{n}{n})]} = \mathrm{e}^{\int_0^1 \ln f(x) \mathrm{d}x}$$

122. (中国地质大学)　　求 $\lim\limits_{n \to \infty} \dfrac{\sqrt[n]{n!}}{n}$.

解　　令 $y = \dfrac{\sqrt[n]{n!}}{n}$,则,$\ln y = \dfrac{1}{n} \sum\limits_{i=1}^{n} \ln \dfrac{i}{n}$,而

$$\lim_{n \to \infty} \frac{1}{n} \sum_{i=1}^{n} \ln \frac{i}{n} = \int_0^1 \ln x \mathrm{d}x = -1$$

$$\lim_{n \to \infty} \frac{\sqrt[n]{n!}}{n} = \mathrm{e}^{-1}$$

123. (清华大学)　　设 $\lim\limits_{n \to \infty} a_n = a$,$\lim\limits_{n \to \infty} b_n = b$,其中 $b \neq 0$,用 ε-N 语言证明:$\lim\limits_{n \to \infty} \dfrac{a_n}{b_n}$
$= \dfrac{a}{b}$.

证　　由 $b \neq 0$,$\forall \varepsilon > 0$,$\exists N_1 > 0$,当 $n > N_1$ 时,有
$|b_n| > C$,其中 $C = \dfrac{1}{2}|b|$.

又存在正数 N_2,N_3,使得

$$|a_n - a| < \frac{C\varepsilon}{2}, \quad |b_n - b| < \frac{C|b|\varepsilon}{2(|a|+1)}$$

得 $\left|\dfrac{a_n}{b_n} - \dfrac{a}{b}\right| = \left|\dfrac{a_n b - a b_n}{b_n b}\right| < \left|\dfrac{a_n b - ab + ab - a b_n}{C|b|}\right| \leqslant$

$$\frac{|a_n - a|}{C} + \frac{1}{C}\left|\frac{a}{b}\right| |b - b_n| <$$

$$\frac{\varepsilon}{2} + \frac{|a|\varepsilon}{2(|a|+1)} < \frac{\varepsilon}{2} + \frac{\varepsilon}{2} = \varepsilon$$

$$\lim_{n \to \infty} \frac{a_n}{b_n} = \frac{a}{b}$$

124. (北京航空航天大学)　　(1)叙述数列收敛的柯西原理;

(2)证明:数列 $x_n = \sum\limits_{k=1}^{n} \dfrac{\sin k}{2^k} (n = 1, 2, \cdots)$ 为收敛列.

解　　(1)柯西原理:数列 $\{a_n\}$ 收敛的充要条件是:对 $\forall \varepsilon > 0$,总存在自然数 N,使

当 $n,m > N$,都有

$$| a_m - a_n | < \varepsilon.$$

（2）设 $n > m$,则

$$| x_n - x_m | = \left| \frac{\sin(m+1)}{2^{m+1}} + \cdots + \frac{\sin n}{2^n} \right| \leqslant \frac{1}{2^{m+1}} + \cdots + \frac{1}{2^n} <$$

$$\frac{1}{2^{m+1}} \left(\frac{1 - \frac{1}{2^{n-m}}}{1 - \frac{1}{2}} \right) < \frac{1}{2^m} < \frac{1}{m}.$$

$\forall \varepsilon > 0$,取 $N = \left[\dfrac{1}{\varepsilon} \right]$,当 $n > m > N$ 时,有

$$| a_n - a_m | < \varepsilon$$

由柯西原理,数列 $\{x_n\}$ 收敛.

125.（**哈尔滨工业大学**）　设 $\{x_n\}$ 是一个无界数列,但非无穷大量,证明:存在两个子列,一个是无穷大量,另一个是收敛子列.

证　取充分大的数 $M > 0$,则数列 $\{x_n\}$ 中绝对值不超过 M 的个数一定有无穷多个（否则 $\{x_n\}$ 是无穷大量了）,记 A 为 $\{x_n\}$ 中绝对值不超过 M 的元素所成集合,则 A 是含 $\{x_n\}$ 无限项的有界集.

（1）因为满足 $|x_n| > M$ 的有无穷多项,任取一 $x_{n1'}$ $|x_{n1'}| > M$,又使 $|x_n| > M$ 的有无穷多项.

取 $n_2 > n_1$,且 $|x_{n2}| > M+1$,如此下去,得一 x_n 的子列 $\{x_{nk}\}$, $|x_{nk}| > m+k-1$, $n_1 < n_2 < \cdots < n_k < \cdots$ 于是有

$$\lim_{k \to +\infty} x_{nk} = \infty$$

（2）若 A 中有无穷多项是相同的数 a.

则取其为 $\{x_n\}$ 的子列 $\{x_{nk}\} = \{a\}$

$$\lim_{k \to +\infty} x_{nk} = a$$

是收敛子列.

若 A 无相等的无穷多项,将 $[-M,M]$ 等分为二则其中必有一区间含 A 中的无穷多项,令其为 $[a,b]$,取 $x_{n1} \in [a,b]$,再将 $[a,b]$ 等分为二,则其中必有一区间含 A 中无穷多项,令其为 $[a_1,b_1]$ 取 $x_{n2} \in [a_1,b_1]$,且 $n_2 > n_1$,又再将 $[a_1,b_1]$ 等分为二,令含 A 中无穷多项的为 $[a_2,b_2]$ 取 $x_{n3} \in [a_2,b_2]$ 且 $n_3 > n_2$,如此下去,得一子列 $\{x_{nk}\}$,$x_{nk} \in [a_{k-1},b_{k-1}]$.且 $b_{k-1} - a_{k-1} = \dfrac{2M}{2^k} = \dfrac{M}{2^{k-1}} \xrightarrow{k \to \infty} 0$.由闭区间套原理 $\exists_1 x_0 \in \bigcap [a_k, a_k]$,$k = 1,2,\cdots$

于是

$$\lim_{k \to \infty} x_{nk} = x_0 = \lim_{k \to \infty} a_k = \lim_{k \to \infty} b_k.$$

$\{x_{nk}\}$ 为 $\{x_n\}$ 的收敛子列.

或者 A 为有界集,应用有界数列必有收敛子列定理,知 $\{x_n\}$ 必有收敛的子列.

126.（**浙江大学**）　用"ε-N 语言"证明 $\lim\limits_{n \to \infty} \dfrac{n^2 - n + 1}{3n^2 + 2n - 3} = \dfrac{1}{3}$.

证　$\left| \dfrac{n^2 - n + 1}{3n^2 + 2n - 3} - \dfrac{1}{3} \right| = \left| \dfrac{-5n + 6}{3(3n^2 + 2n - 3)} \right|$

当 $n \geqslant 2$ 时，$5n - 6 > 0$，则有

$$3n^2 + 2n - 3 > 3n^2 - 3n > 0$$

$$\left| \dfrac{n^2 - n + 1}{3n^2 + 2n - 3} - \dfrac{1}{3} \right| \leqslant \dfrac{5n - 6}{3(3n^2 - 3n)} < \dfrac{5(n-1)}{9(n^2 - 1)} < \dfrac{5}{9n} < \dfrac{1}{n} \qquad ①$$

$\forall \varepsilon > 0$，$\exists N = \left[\dfrac{1}{\varepsilon} \right]$，当 $n > N$ 时，由式 ① 有

$$\left| \dfrac{n_2 - n + 1}{3n^2 + 2n - 3} - \dfrac{1}{3} \right| < \varepsilon$$

即

$$\lim_{n \to \infty} \dfrac{n^2 - n + 1}{3n^2 + 2n - 3} = \dfrac{1}{3}$$

127.(有界变差数列收敛定理)　若数列 $\{x_n\}$ 满足条件

$$|x_n - x_{n-1}| + |x_{n-1} - x_{n-2}| + \cdots + |x_2 - x_1| \leqslant M \qquad (n = 2, 3, \cdots) \qquad ①$$

则称 $\{x_n\}$ 为有界变差数列，试证明：有界变差数列一定收敛.

证　令 $y_1 = 0$，$y_n = |x_n - x_{n-1}| + |x_{n-1} - x_{n-2}| + \cdots + |x_2 - x_1|$ $(n = 2, 3, \cdots)$.

那么 $\{y_n\}$ 单调递增，由式 ① 知 y_n 有界，因此 $\{y_n\}$ 收敛，从而对 $\forall \varepsilon > 0$，存在 $N > 0$，使当 $n > m > N$ 时，有

$$|y_n - y_m| < \varepsilon$$

此即　$|x_n - x_{n-1}| + |x_{n-1} - x_{n-2}| + \cdots + |x_{m+1} - x_m| < \varepsilon$

而　$|x_n - x_m| \leqslant |x_n - x_{n-1}| + |x_{n-1} - x_{n-2}| + \cdots + |x_{m+1} - x_m| < \varepsilon$

由柯西准则，故 $\{x_n\}$ 收敛.

128.(压缩数列)　若数列 $\{x_n\}$ 满足条件：

$$|x_n - x_{n-1}| \leqslant r |x_{n-1} - x_{n-2}| \qquad n = 3, 4, \cdots (0 < r < 1) \qquad ①$$

则称它为压缩变差数列（简称为压缩数列）. 试证明：任意压缩数列一定收敛.

证　由式 ① 有

$$|x_n - x_{n-1}| \leqslant r^2 |x_{n-2} - x_{n-3}| \leqslant \cdots \leqslant r^{n-2} |x_2 - x_1|$$

$$|x_n - x_{n-1}| + |x_{n-1} - x_{n-2}| + \cdots + |x_2 - x_1| \leqslant$$

$$(r^{n-2} + r^{n-3} + \cdots + 1) |x_2 - x_1| <$$

$$\dfrac{|x_2 - x_1|}{1 - r} = M \qquad ②$$

其中 $M = \dfrac{|x_2 - x_1|}{1 - r}$ 为常数，然后由上题知数列 $\{x_n\}$ 收敛.

129.(浙江大学)　设 $f(x) = \dfrac{x + 2}{x + 1}$，数列 $\{x_n\}$ 由如下递推公式定义：$x_0 = 1$，$x_{n+1} = f(x_n)$ $(n = 0, 1, 2, \cdots)$. 求证：$\lim\limits_{n \to \infty} x_n = \sqrt{2}$.

证　由 $x_0 = 1$，

$$x_{n+1} = \dfrac{x_n + 2}{x_n + 1} = 1 + \dfrac{1}{x_n + 1} \geqslant 1 \qquad (n = 0, 1, 2, \cdots) \qquad ①$$

$$| f'(x) | = \left| -\frac{1}{(x+1)^2} \right| \leqslant \frac{1}{2} (x \geqslant 1)$$

$$| x_{n+1} - x_n | = | f(x_n) - f(x_{n-1}) | = | f'(\xi) | | x_n - x_{n-1} | \leqslant$$

$$\frac{1}{2} | x_n - x_{n-1} |.$$

则 $\{x_n\}$ 为压缩数列, 得 $\lim\limits_{n\to\infty} x_n = l$, 则由式 ① 得

$l = \dfrac{l+2}{l+1}$, 即 $l^2 = 2$.

$l = \sqrt{2}$ 或 $l = -\sqrt{2}$ (舍去), 此即 $\lim\limits_{n\to\infty} x_n = \sqrt{2}$.

130. **(武汉大学)** 设函数在点 x_0 的空心领域 U° 有定义, 并且对任意以 x_0 为极限且含于 U° 的数列 $\{x_n\}$, 极限 $\lim\limits_{n\to\infty} f(x_n)$ 都存在 (有限数).

(1) 试证: 相对于一切满足上述条件中的数列 $\{x_n\}$ 来说, 数列 $\{f(x_n)\}$ 的极限是唯一确定的, 即如果 $\{x_n\}$ 和 $\{x'_n\}$ 是任意两个以 x_0 为极限且含于 U° 的数列, 那么总有
$$\lim\limits_{n\to\infty} f(x_n) = \lim\limits_{n\to\infty} f(x'_n);$$

(2) 记 (1) 中 $\{f(x_n)\}$ 的唯一确定的极限为 A, 试证: $\lim\limits_{x\to x_0} f(x) = A$.

证 (1) $\lim\limits_{n\to\infty} f(x_n) = A$, $\lim\limits_{n\to\infty} f(x'_n) = B$, 用反证法, 若 $A \neq B$, 作新数列.

$x_1, x'_1, x_2, x'_2, \cdots x_n, x'_n, \cdots$

它仍以 x_0 为极限, 但数列
$$f(x_1), f(x'_2), \cdots, f(x_n), f(x'_n), \cdots$$

的极限不存在, 这与假设矛盾, 得 $\lim\limits_{n\to\infty} f(x_n) = \lim\limits_{n\to\infty} f(x'_n)$.

(2) 用反证法　若 $\lim\limits_{x\to x_0} f(x) \neq A$, 则存在 $\varepsilon_0 > 0$, $\forall \delta > 0$, 依次取, $\delta = \dfrac{1}{2}, \dfrac{1}{2^2}, \cdots$, $\dfrac{1}{2^n}, \cdots$ 则存在相应的 $x_1, \cdots, x_n, \cdots \in U^\circ$ 使当

$$0 < | x_1 - x_0 | < \frac{1}{2}, 但 | f(x_1) - A | \geqslant \varepsilon_0,$$

$$0 < | x_2 - x_0 | < \frac{1}{2^2}, 但 | f(x_2) - A | \geqslant \varepsilon_0,$$

......

$$0 < | x_n - x_0 | < \frac{1}{2^n}, 但 | f(x_n) - A | \geqslant \varepsilon_0,$$

......

显然 $\{x_n\} \subset U^\circ$, 且 $\lim\limits_{n\to\infty} x_n = x_0$, 但 $\lim\limits_{n\to\infty} f(x_n) \neq A$, 这与假设矛盾.

131. **(哈尔滨工业大学, 华中科技大学, 西北纺织工学院)**

设 $x_1 = 1$,
$$x_{n+1} = \frac{1 + 2x_n}{1 + x_n} (n = 1, 2, \cdots) \tag{①}$$

证明: $\{x_n\}$ 收敛, 并求 $\lim\limits_{n\to\infty} x_n$.

解　由式 ① 知 $0 < x_{n+1} = 1 + \dfrac{x_n}{1+x_n} < 2$.　　　　　　　②

再用数学归纳法,可证 $\{x_n\}$ 单调递增,因为 $x_1 = 1$,

$$x_2 = \frac{1+2x_1}{1+x_1} = \frac{3}{2} > x_1$$

归纳假设 $x_n \geqslant x_{n-1}$,则

$$x_{n+1} - x_n = (1 + \frac{x_n}{1+x_n}) - (1 + \frac{x_{n-1}}{1+x_{n-1}}) = \frac{x_n - x_{n-1}}{(1+x_n)(1+x_{n-1})} \geqslant 0$$

得 $\{x_n\}$ 单调递增.

由式 ② $\{x_n\}$ 有界,得 $\lim\limits_{n \to \infty} x_n = l$ 存在.

再由式 ①,两边取极限有 $l = \dfrac{1+2l}{1+l}$,得 $l^2 - l - 1 = 0$.

$$l = \frac{1+\sqrt{5}}{2} \text{ 或 } l = \frac{1-\sqrt{5}}{2}(\text{舍去})$$

$$\lim_{n \to \infty} x_n = \frac{1+\sqrt{5}}{2}$$

132. (华中科技大学)　求 $l = \lim\limits_{n \to \infty} \dfrac{n^3 \sqrt[n]{2} \left(1 - \cos \dfrac{1}{n^2}\right)}{\sqrt{n^2+1} - n}$.

解　$\lim\limits_{n \to \infty} \sqrt[n]{2} = 1$

$$\lim_{x \to \infty} \frac{x^3 (1 - \cos \frac{1}{x^2})}{\sqrt{x^2+1} - x} = \lim_{x \to \infty} [x^3 (1 - \cos \frac{1}{x^2})(\sqrt{x^2+1} + x)] =$$

$$\lim_{x \to \infty} \frac{(1 - \cos \frac{1}{x^2})(\sqrt{1 + \frac{1}{x^2}} + 1)}{\frac{1}{x^4}} = 2 \lim_{x \to \infty} \frac{1 - \cos \frac{1}{x^2}}{\frac{1}{x^4}} =$$

$$2 \lim_{x \to \infty} \frac{\sin \frac{1}{x^2}(-\frac{2}{x^3})}{(-\frac{4}{x^5})} = \lim_{x \to \infty} \frac{\sin \frac{1}{x^2}}{\frac{1}{x^2}} = 1$$

得　　　　　　$l = \lim\limits_{n \to \infty} \sqrt[n]{2} \dfrac{n^3 (1 - \cos \frac{1}{n^2})}{\sqrt{n^2+1} - n} = 1$

133. (太原工业大学)　求下列极限

(1) $\lim\limits_{n \to \infty} \left[\dfrac{1}{n^2} + \dfrac{1}{(n+1)^2} + \cdots + \dfrac{1}{(2n)^2} \right]$;

(2) $\lim\limits_{n \to \infty} [(1+x^2)(1+x^4)\cdots(1+x^{2^n})](|x|<1)$;

(3) $\lim\limits_{x \to \frac{\pi}{4}} \dfrac{\sec^2 x - 2\tan x}{1 + \cos 4x}$;

(4) $\lim\limits_{x\to\infty}\left(\cos\dfrac{2}{x}\right)^{x}$.

解 (1) 因级数 $\sum\limits_{n=1}^{\infty}\dfrac{1}{n^2}$ 收敛,故 $\forall\varepsilon>0$,存在 $N>0$,使当 $n>N$ 时,

$$\left|\sum_{k=1}^{2n}\frac{1}{k^2}-\sum_{k=1}^{n-1}\frac{1}{k^2}\right|<\varepsilon,\text{此即}$$

扫码获取本书资源

$$\frac{1}{n^2}+\frac{1}{(n+1)^2}+\cdots+\frac{1}{(2n)^2}<\varepsilon$$

$$\lim_{n\to\infty}\left[\frac{1}{n^2}+\frac{1}{(n+1)^2}+\cdots+\frac{1}{(2n)^2}\right]=0$$

(2) 令 $f_n(x)=(1+x^2)(1+x^4)\cdots(1+x^{2^n})$,得

$$(1-x^2)f_n(x)=1-x^{2^{n+1}}$$

$$f_n(x)=\frac{1-x^{2^{n+1}}}{1-x^2}$$

由于 $\lim\limits_{n\to\infty}x^{2^{n+1}}=0$,得

$$\lim_{n\to\infty}(1+x^2)(1+x^4)\cdots(1+x^{2^n})=\frac{1}{1-x^2}$$

(3) 由洛必达法则

$$\lim_{x\to\frac{\pi}{4}}\frac{\sec^2x-2\tan x}{1+\cos 4x}=\lim_{x\to\frac{\pi}{4}}\frac{2\sec^2x\tan x-2\sec^2x}{-4\sin 4x}=$$

$$\lim_{x\to\frac{\pi}{4}}\left(-\frac{1}{2\cos^3x}\,\frac{\sin x-\cos x}{\sin 4x}\right)=$$

$$-\sqrt{2}\lim_{x\to\frac{\pi}{4}}\frac{\sin x-\cos x}{\sin 4x}=$$

$$-\sqrt{2}\lim_{x\to\frac{\pi}{4}}\frac{\cos x+\sin x}{4\cos 4x}=\frac{1}{2}$$

(4) 令 $y=\left(\cos\dfrac{2}{x}\right)^{x}$,则 $\ln y=x\ln\cos\dfrac{2}{x}$.

$$\lim_{x\to\infty}x\ln\cos\frac{2}{x}=\lim_{x\to\infty}\frac{\ln\cos\dfrac{2}{x}}{\dfrac{1}{x}}=$$

$$\lim_{x\to\infty}\frac{\dfrac{1}{\cos\dfrac{2}{x}}\left(-\sin\dfrac{2}{x}\right)\left(-\dfrac{2}{x^2}\right)}{-\dfrac{1}{x^2}}=0$$

$$\lim_{x\to\infty}(\cos\frac{2}{x})^{x}=\mathrm{e}^{0}=1$$

134. (华中科技大学) 设 $f(x)$ 可微且 $|f'(x)|\leqslant r<1,r$ 是常数. 给定 x_0,令 $x_n=f(x_{n-1}),(n=1,2,\cdots)$. 证明:序列 $\{x_n\}$ 收敛.

证　因为

$$| x_n - x_{n-1} | = | f(x_{n-1}) - f(x_{n-2}) | =$$
$$| f'(\xi)(x_{n-1} - x_{n-2}) | \leqslant$$
$$r | x_{n-1} - x_{n-2} | , (n = 2, 3, \cdots) \tag{①}$$

由式 ① 知序列为压缩变差序列,由第 128 题知 $\{x_n\}$ 收敛.

135. (华中科技大学)　设 $x_0 = 2$,

$$x_{n+1} = \frac{1}{2}(x_n + \frac{2}{x_n}), n = 0, 1, 2, \cdots \tag{①}$$

求 $\lim\limits_{n \to \infty} x_n$.

解　令 $f(x) = \frac{1}{2}\left(x + \frac{2}{x}\right)(x \geqslant 2)$,则

$$0 \leqslant f'(x) = \frac{1}{2}(1 - \frac{2}{x^2}) \leqslant \frac{1}{2}(x \geqslant 2)$$

由 $x_{n+1} = f(x_n)$,得

$$| f'(x) | \leqslant \frac{1}{2} < 1$$

由上题知 $\lim\limits_{n \to \infty} x_n = l$(存在).

再对式 ① 两边求极限,得

$$l = \frac{1}{2}(l + \frac{2}{l})$$

解得 $l = \sqrt{2}$,即 $\lim\limits_{n \to \infty} x_n = \sqrt{2}$.

136. (武汉大学)　给定数列 $\{x_n\}$ 如下:

$$x_0 > 0, x_{n+1} = \frac{1}{k}\left[(k-1)x_n + \frac{a}{x_n^{k-1}}\right], n = 0, 1, 2, \cdots \tag{①}$$

其中 a 为一给定的正数, $k(\geqslant 2)$ 为一给定的自然数.

(1) 证明:数列 $\{x_n\}$ 收敛;

(2) 求出其极限值.

证　(1) 可证 $x_n > 0$,因为

$$x_{n+1} = \frac{x_n + \cdots + x_n + \dfrac{a}{x_n^{k-1}}}{k} \geqslant \sqrt[k]{a} > 0 \tag{②}$$

式 ② 说明 $\{x_n\}$ 有下界.

其次由式 ②,有 $x_n^k \geqslant a$,再由式 ① 有

$$\frac{x_{n+1}}{x_n} = \frac{k-1}{k} + \frac{a}{kx_n^k} \leqslant \frac{k-1}{k} + \frac{a}{ka} \leqslant 1$$

得 $x_{n+1} \leqslant x_n$,此即 $\{x_n\}$ 单调下降.

得 $\lim\limits_{n \to \infty} x_n = l$(存在).

(2) 由式 ① 两边取极限有

$$l = \frac{1}{k}\left[(k-1)l + \frac{a}{l^{k-1}}\right]$$

解得 $l=\sqrt[k]{a}$,得 $\lim\limits_{n\to\infty}x_n=\sqrt[k]{a}$.

137. (东北师范大学) 若 $f(x)$ 在 R 上可微,具 $|f'(x)|\leqslant r<1$,则存在一点 a,使 $f(a)=a$.

证 任取 $x_1\in R$,构造数列:
$$x_{n+1}=f(x_n),\quad n=1,2,\cdots \qquad ①$$
由第 134 题知 $\lim\limits_{n\to\infty}x_n=a$ 存在.

其次由于 $f(x)$ 在 R 上可微,从而连续,再对式 ① 两边取极限有
$$a=f(a)$$

138. (吉林工业大学) 设 $f(x)$ 在 $(-\infty,+\infty)$ 可微且 $|f'(x)|\leqslant q<1$,任取 x_0,令 $x_1=f(x_0)$,$x_2=f(x_1)$,$\cdots$,$x_n=f(x_{n-1})$,$\cdots$

证明:$\lim\limits_{n\to\infty}x_n=x^*$ 存在,且 x^* 为方程 $x=f(x)$ 的根.

证 由上题可得.

139. (北京科技大学) 设 E 是实数集 R 的子集,$\beta\in R$,且 $\beta=\sup\{E\}$,试证:存在数列 $\{x_n\}$,$x_n\in E(n=1,2,\cdots)$,使得 $\lim\limits_{n\to\infty}x_n=\beta$.

证 由于 $\beta=\sup\limits_{x\in E}x$,由上确界定义,对 $\forall\varepsilon_n=\dfrac{1}{n}>0$,$\exists x_n\in E$,使得 $x_n>\beta-\varepsilon_n$,即
$$0\leqslant\beta-x_n<\frac{1}{n}(n=1,2,\cdots)$$
从而 $\lim\limits_{n\to\infty}(\beta-x_n)=0$,即 $\lim\limits_{n\to\infty}x_n=\beta$.

140. (华中师范大学) 已知:$a_1=1,a_2=1,a_3=2,a_4=3,a_5=5,a_6=8,\cdots$,$a_n=a_{n-1}+a_{n-2},(n=3,4,5,\cdots)$,$b_n=\dfrac{a_n}{a_{n+1}},(n=1,2,\cdots)$

$\lim\limits_{n\to+\infty}b_n=B$,证明:
$$B=\frac{1}{2}(\sqrt{5}-1)$$

证 显然 a_n 为单调增数列,$0<b_n<1$,$b_n=\dfrac{a_n}{a_{n+1}}=\dfrac{a_n}{a_n+a_{n-1}}=\dfrac{1}{1+\dfrac{a_{n-1}}{a_n}}=\dfrac{1}{1+b_{n-1}}$,即
$$b_n(1+b_{n-1})=1$$
两边取极限得
$$B(1+B)=1$$
解得
$$B=\frac{-1\pm\sqrt{5}}{2}$$
由于 $1>b_n>0$,得 $B\geqslant0$,所以 $B=\dfrac{\sqrt{5}-1}{2}$.

再证 $\{b_n\}$ 收敛于 $\dfrac{\sqrt{5}-1}{2}$.

$$\left| \frac{1}{b_n} - \frac{2}{\sqrt{5}-1} \right| = \left| \frac{a_{n+1}}{a_n} - \frac{\sqrt{5}+1}{2} \right| =$$

$$\left| \frac{a_n + a_{n-1}}{a_n} - \frac{\sqrt{5}+1}{2} \right| = \left| \frac{a_{n-1}}{a_n} - \frac{\sqrt{5}-1}{2} \right| =$$

$$\left| b_{n-1} - \frac{\sqrt{5}-1}{2} \right| = \frac{\sqrt{5}-1}{2} b_{n-1} \left| \frac{2}{\sqrt{5}-1} - \frac{1}{b_{n-1}} \right| \leqslant$$

$$\frac{\sqrt{5}-1}{2} \left| \frac{1}{b_{n-1}} - \frac{2}{\sqrt{5}-1} \right| \leqslant \cdots \leqslant$$

$$\left(\frac{\sqrt{5}-1}{2} \right)^{n-1} \left| \frac{1}{b_1} - \frac{2}{\sqrt{5}-1} \right| \to 0 \quad \left(0 < \frac{\sqrt{5}-1}{2} < 1 \right)$$

141.(华中师范大学) 设 $x_1 > 0$,

$$x_{n+1} = \frac{3(1+x_n)}{3+x_n}, n = 1, 2, \cdots$$

证明:此数列有极限,并求其极限值.

解法 1   由题设知 $x_n > 0$.

(1) 当 $x_1 > \sqrt{3}$ 时,归纳可证

$$x_n = 3 - \frac{6}{3+x_{n-1}} > 3 - \frac{6}{3+\sqrt{3}} = \sqrt{3}$$

且 $x_{n+1} - x_n = \dfrac{3+3x_n-3x_1-x_n^2}{3+x_n} = \dfrac{(\sqrt{3}+x_n)(\sqrt{3}-x_n)}{3+x_n} < 0$

$x_{n+1} < x_n$,x_n 单调减有下界 $\sqrt{3}$,从而 x_n 收敛.

(2) 当 $0 < x_1 \leqslant \sqrt{3}$ 时,归纳可证

$$0 < x_n = 3 - \frac{6}{3+x_{n+1}} \leqslant 3 - \frac{6}{3+\sqrt{3}} = \sqrt{3}$$

且

$$x_{n+1} - x_n = \frac{(\sqrt{3}+x_n)(\sqrt{3}-x_n)}{3+x_n} \geqslant 0$$

即 $x_{n+1} \geqslant x_n$,x_n 单调增有上界 $\sqrt{3}$,x_n 收敛.

由(1)(2) 知 x_n 必收敛,且

$$x = \lim_{n \to +\infty} x_{n+1} = \lim_{n \to \infty} \frac{3(1+x_n)}{3+x_n}$$

得

$$x = \frac{3(1+x)}{3+x}, x^2 = 3$$

由 $x_n > 0$ 得 $x = \sqrt{3}$,即 $\lim\limits_{n \to \infty} x_n = \sqrt{3}$.

解法 2   假设 $x_n > 0$ 收敛,且 $\lim\limits_{n \to +\infty} x_n = x$.

由解法 1,知 $x = \sqrt{3}$.

用 ε-N 证明 x_n 收敛于 $\sqrt{3}$.

对 $\forall \varepsilon > 0$,取 $N \in \mathbf{N}$,使

$$N > \log_{\frac{3-\sqrt{3}}{3}} \frac{\varepsilon}{|x_1 - \sqrt{3}| + 1}$$

当 $n > N$ 时，有

$$| x_{n+1} - \sqrt{3} | = | \frac{3(1+x_n)}{3+x_n} - \sqrt{3} | =$$

$$\left| \frac{3+3x_n-3\sqrt{3}-\sqrt{3}x_n}{3+x_n} \right| = \frac{| (3-\sqrt{3})(x_n-\sqrt{3}) |}{3+x_n} \leqslant$$

$$\frac{3-\sqrt{3}}{3} | x_n - \sqrt{3} | \leqslant \cdots \leqslant$$

$$\left(\frac{3-\sqrt{3}}{3} \right)^n | x_1 - \sqrt{3} | \leqslant (\frac{3-\sqrt{3}}{3})^N | x_1 - \sqrt{3} | < \varepsilon$$

$$\lim_{n\to\infty} x_n = \sqrt{3}$$

142.（北京师范大学）　(1) 设 $0 < x_1 < 1$,

$$x_{n+1} = x_n(1-x_n), n = 1,2,\cdots \qquad ①$$

证明：(1) $\lim\limits_{n\to\infty} x_n = 0$;

(2) $\lim\limits_{n\to\infty} nx_n = 1$;

(2) 已知 $\sum\limits_{n=1}^{\infty} a_n$ 收敛，$\{p_n\}$ 为单调增加的正序列，且 $\lim\limits_{n\to\infty} p_n = +\infty, p_{n+1} \neq p_n, n = 1,2,\cdots$ 求证：

$$\lim_{n\to\infty} \frac{p_1a_1 + p_2a_2 + \cdots + p_na_n}{p_n} = 0$$

证　(1)1) 由 $0 < x_1 < 1$, 可证得

$$0 < x_n < 1(n = 1,2,\cdots) \qquad ②$$

$$\frac{x_{n+1}}{x_n} = 1-x_n < 1, x_{n+1} < x_n(n = 1,2,\cdots)$$

此即 $\{x_n\}$ 单调递减，由式 ② 知 $\{x_n\}$ 有下界，$\lim\limits_{n\to\infty} x_n = l$(存在).

由式 ① 可得

$l = l(1-l)$, 得 $l^2 = 0, l = 0$, 此即 $\lim\limits_{n\to\infty} x_n = 0$.

2)

$$\lim_{n\to\infty} nx_n = \lim_{n\to\infty} \frac{n}{\dfrac{1}{x_n}}$$

由施笃兹公式，得

$$\lim_{n\to\infty} nx_n = \lim_{n\to\infty} \frac{n-(n-1)}{\dfrac{1}{x_n} - \dfrac{1}{x_{n-1}}} =$$

$$\lim_{n\to\infty} \frac{x_n x_{n-1}}{x_{n-1} - x_n} =$$

$$\lim_{n\to\infty} \frac{x_{n-1}^2(1-x_{n-1})}{x_{n-1} - x_{n-1}(1-x_{n-1})} =$$

$$\lim_{n\to\infty} (1-x_{n-1}) = 1$$

(2) 令 $s_n = \sum\limits_{k=1}^{n} a_k$, 由已知条件知 $\lim\limits_{n\to\infty} s_n = s$　(存在) $\qquad ③$

$$\frac{p_1 a_1 + p_2 a_2 + \cdots + p_n a_n}{p_n} =$$

$$\frac{p_1 s_1 + p_2 (s_2 - s_1) + \cdots + p_{n-1}(s_{n-1} - s_{n-2}) + p_n(s_n - s_{n-1})}{p_n} =$$

$$\frac{(p_1 - p_2)s_1 + \cdots + (p_{n-1} - p_n)s_{n-1} + p_n s_n}{p_n} =$$

$$\frac{(p_1 - p_2)s_1 + \cdots + (p_{n-1} - p_n)s_{n-1}}{p_n} + s_n \qquad ③$$

由施笃兹公式,有

$$\lim_{n \to \infty} \frac{(p_1 - p_2)s_1 + \cdots + (p_{n-2} - p_{n-1})s_{n-2} + (p_{n-1} - p_n)s_{n-1}}{p_n} =$$

$$\lim_{n \to \infty} \frac{(p_{n-1} - p_n)s_{n-1}}{p_n - p_{n-1}} = \lim_{n \to \infty}(-s_{n-1}) =$$

$$-s$$

由式 ③,得

$$\lim_{n \to \infty} \frac{p_1 a_1 + p_2 a_2 + \cdots + p_n a_n}{p_n} =$$

$$\lim_{n \to \infty}\left[\frac{(p_1 - p_2)s_1 + \cdots + (p_{n-1} - p_n)s_{n-1}}{p_n} + s_n\right] = s - s = 0$$

143.(北京大学)　设 $a \geqslant 0, x_1 = \sqrt{2+a}, x_{n+1} = \sqrt{2+x_n}, n = 1,2,\cdots$　　①
证明:极限 $\lim\limits_{n \to \infty} x_n$ 存在,并求极限值.

证　令 $f(x) = \sqrt{2+x}$,则

$$f'(x) = \frac{1}{2\sqrt{2+x}} \leqslant \frac{1}{2\sqrt{2}} < 1 \qquad (当 x \geqslant 0 时)$$

由 $x_{n+1} = \sqrt{2+x_n}$,得

$$|x_{n+1} - x_n| = |\sqrt{2+x_n} - \sqrt{2+x_{n-1}}| = \frac{|x_n - x_{n-1}|}{\sqrt{2+x_n} + \sqrt{2+x_{n-1}}} < \frac{|x_n - x_{n-1}|}{2} x_n$$

为压缩变差数列 $\lim\limits_{n \to \infty} x_n = l(存在)$.

再由式 ① 有 $l = \sqrt{2+l}$,即 $l^2 - l - 2 = 0$.

解得 $l = -1(舍去)$ 或 $l = 2$.

得 $\lim\limits_{n \to \infty} x_n = 2$.

144.(华中师范大学)　求下列极限.

(1) $\lim\limits_{n \to +\infty} \dfrac{n^2}{2^n}$;

(2) $\lim\limits_{n \to +\infty} \sqrt[n]{n}$;

(3) $\lim\limits_{n \to +\infty} \dfrac{1 + \sqrt{2} + \sqrt[3]{3} + \cdots + \sqrt[n]{n}}{n}$.

解　(1) 因为

$$2^n = (1+1)^n = 1 + n + \frac{n(n-1)}{2} + \frac{n(n-1)(n-2)}{3!} + \cdots >$$

$$\frac{1}{3!}n(n-1)(n-2)\ (n\geqslant 3)$$

$$0<\frac{n^2}{2^n}<\frac{6n^2}{n(n-1)(n-2)}\to 0$$

得

$$\lim_{n\to\infty}\frac{n^2}{2^n}=0$$

(2) 由第 42 题知 $\lim\limits_{n\to+\infty}\sqrt[n]{n}=1$.

(3) 由第 107 题知

$$\lim_{n\to\infty}\frac{1+\sqrt{2}+\sqrt[3]{3}+\cdots+\sqrt[n]{n}}{n}=1$$

145. (**复旦大学**)　下列命题是真的,请给出严格证明,否则给出反例,且作必要的说明:

(1) 如果 $\lim a_n b_n=0$,则在两个数列 $\{a_n\}$ 和 $\{b_n\}$ 中至少有一个为无穷小量;

(2) 如果 $f(x)$ 是偶函数,且 $f'(0)$ 存在,则 $f'(0)=0$;

(3) 如果 $f(x)$ 在 $[a,b]$ 上严格单调减少(指对任意 $x_1,x_2\in[a,b],x_1<x_2$ 时,有 $f(x_1)>f(x_2)$),且可导,则 $f'(x)<0$;

(4) 如果函数 $f(x)$ 在 $x\in(a,b)$ 上可微,且 $\lim\limits_{x\to a+0}f'(x)=+\infty$,则 $\lim\limits_{x\to a+0}f(x)=+\infty$.

答　(1) 命题假. 比如

$$a_n=\begin{cases}1,n\text{ 为奇数}\\0,n\text{ 为偶数}\end{cases},\quad b_n=\begin{cases}0,n\text{ 为奇数}\\1,n\text{ 为偶数}\end{cases}$$

则 $\lim\limits_{n\to\infty}a_n b_n=0$,但 $\lim\limits_{n\to\infty}a_n\neq 0$,且 $\lim\limits_{n\to\infty}b_n\neq 0$.

(2) 命题真. 由 $f(x)=f(-x)$,得 $f'(x)=-f'(-x)$,
由 $f'(0)=-f'(0)$,得 $f'(0)=0$.

(3) 命题假. 比如　$f(x)=-x^3,x\in[-1,1]$ 是严格单调减少,
但 $f'(0)=0$,并不满足 $f'(x)<0,x\in[-1,1]$.

(4) 命题假. 比如 $f(x)=-\dfrac{1}{x},x\in(0,1)$,

$$f'(x)=\frac{1}{x^2}$$

得 $\lim\limits_{x\to 0+0}f'(x)=+\infty$

但

$$\lim_{x\to 0+0}f(x)=-\infty$$

146. (**天津大学**)　若 $\lim\limits x_n y_n=0$,则　　　　　　　　　　(　　)

(A) $\lim\limits_{n\to\infty}x_n=\lim\limits_{n\to\infty}y_n=0$;　　　　(B) $\lim\limits_{n\to\infty}x_n=0$ 或 $\lim\limits_{n\to\infty}y_n=0$;

(C) $\lim\limits_{n\to\infty}x_n=0$ 时,$\{y_n\}$ 有界;　　(D) 当 $\lim\limits_{n\to\infty}x_n=\infty$ 时,$\lim\limits_{n\to\infty}y_n=0$.

答　(D).其中(A)(B) 错,可见上题反例.

(C) 也错,反例如下,$x_n=\dfrac{1}{n^2},y_n=n$.

(D) 对. 因 $\lim\limits_{n\to\infty} x_n y_n = 0$, 故存在 $M > 0$, 使 $|x_n y_n| \leqslant M$. 从而 $0 \leqslant |y_n| \leqslant \dfrac{M}{|x_n|}$,

但 $\lim\limits_{n\to\infty} \dfrac{M}{|x_n|} = 0$, 由两边夹法则, $\lim\limits_{n\to\infty}|y_n| = 0$, 从而 $\lim\limits_{n\to\infty} y_n = 0$.

147.(复旦大学)　下列命题正确的请给出严格证明, 否则举出反例, 且作必要说明.

(1) 如果 $\lim\limits_{n\to\infty} a_n b_n = 0$, 则两数列 $\{a_n\}$ 和 $\{b_n\}$ 中至少有一个为无穷小量 (即 $\lim\limits_{n\to\infty} a_n = 0$ 或 $\lim\limits_{n\to\infty} b_n = 0$);

(2) 设数列 $\{a_n\}$ 为无穷大量, 又数列 $\{b_n\}$ 满足 $|b_n| > 0$, 当 $n \geqslant 1$. 则数列 $\{a_n b_n\}$ 为无穷大量;

(3) 设函数 $f(x)$, $x \in (a, b)$, 如果 $f(x)$ 对该区间内任意两点 x_1 和 x_2 恒有
$$|f(x_2) - f(x_1)| \leqslant |x_2 - x_1|^2$$
则 $f(x)$ 在开区间内是一个常函数;

(4) 已知级数 $\sum\limits_{n=1}^{\infty}(u_n - u_{n-1})$ 和 $\sum\limits_{n=1}^{\infty} v_n$ 都收敛, 且 $v_n > 0$, 当 $n = 2, 3, 4, \cdots$, 则级数 $\sum\limits_{n=1}^{\infty} u_n v_n$ 收敛.

解　(1) 命题假. 证明见第 145 题.

(2) 命题假. 比如 $a_n = n(n = 1, 2, \cdots)$. $b_n = \dfrac{1}{n}(n = 1, 2, \cdots)$

则 $a_n b_n = 1(n = 1, 2, \cdots)$, 即数列 $\{a_n b_n\}$ 不是无穷大量.

(3) 命题真. 在 (a, b) 内任取一点 x_0, 有 $|f(x) - f(x_0)| \leqslant |x - x_0|^2$, 所以
$$\left|\frac{f(x) - f(x_0)}{x - x_0}\right| \leqslant |x - x_0| \to 0 \quad (x \to x_0),$$
由此可知
$$f'(x_0) = \lim_{x\to x_0} \frac{f(x) - f(x_0)}{x - x_0} = 0$$
由 x_0 的任意性推得在 (a, b) 内 $f'(x) \equiv 0$, 因此 $f(x)$ 是一个常数.

(4) 命题真. 由 $\sum\limits_{n=1}^{\infty}(u_n - u_{n-1})$ 收敛, 令
$$s_n = \sum_{k=1}^{n}(u_k - u_{k-1}) = u_n$$
得 $\lim\limits_{n\to\infty} s_n = \lim\limits_{n\to\infty} u_n = a$, 存在, 且为有限数.

得　　　　　　　　　　$|u_n| < c(n = 1, 2, \cdots)$

再考虑 $\sum\limits_{n=1}^{\infty} |u_n v_n|$, 令前 n 项和为
$$\sigma_n = |u_1 v_1| + \cdots + |u_n v_n|$$
得 $\sigma_n < c \sum\limits_{k=1}^{n} v_k < c \sum\limits_{k=1}^{\infty} v_k = l(有限数)$

得 $\sum\limits_{n=1}^{\infty} |u_n v_n|$ 收敛, 从而 $\sum\limits_{n=1}^{\infty} u_n v_n$ 收敛.

148. **(浙江大学)** 求 $\lim\limits_{n\to\infty}\sin^2(\pi\sqrt{n^2+n})$.

解 $\lim\limits_{n\to\infty}\sin^2(\pi\sqrt{n^2+n}) = \lim\limits_{n\to\infty}\sin^2[\pi(\sqrt{n^2+n}-n)] =$

$$\lim\limits_{n\to\infty}\sin^2\frac{n\pi}{\sqrt{n^2+n}+n} = \lim\limits_{n\to\infty}\sin^2\frac{\pi}{\sqrt{1+\frac{1}{n}}+1} =$$

$$\sin^2\frac{\pi}{2} = 1.$$

149. **(湖北大学)** 计算极限.

(1) $\lim\limits_{n\to\infty}\left(\dfrac{1}{\sqrt{n^2-1}} - \dfrac{1}{\sqrt{n^2-2}} - \cdots - \dfrac{1}{\sqrt{n^2-n}}\right)$;

(2) $\lim\limits_{n\to+\infty}[(n+1)^\alpha - n^\alpha]$;

(3) $\lim\limits_{x\to0^+}x^{\sin x}$.

解 (1) 因为

$$\frac{1}{\sqrt{n^2-1}} - \frac{n-1}{\sqrt{n^2-n}} < \frac{1}{\sqrt{n^2-1}} - \frac{1}{\sqrt{n^2-2}} - \cdots - \frac{1}{\sqrt{n^2-n}} <$$

$$\frac{1}{\sqrt{n^2-1}} - \frac{n-1}{\sqrt{n^2-2}}, \qquad \qquad ①$$

而

$$\lim\limits_{n\to\infty}\left(\frac{1}{\sqrt{n^2-1}} - \frac{n-1}{\sqrt{n^2-n}}\right) = -1$$

$$\lim\limits_{n\to\infty}\left(\frac{1}{\sqrt{n^2-1}} - \frac{n-1}{\sqrt{n^2-2}}\right) = -1$$

再由式 ① 及两边夹法则,得

$$\lim\limits_{n\to\infty}\left(\frac{1}{\sqrt{n^2-1}} - \frac{1}{\sqrt{n^2-2}} - \cdots - \frac{1}{\sqrt{n^2-n}}\right) = -1$$

(2) 考虑 $\lim\limits_{t\to0}\dfrac{(1+t)^\alpha-1}{t^\alpha}$,

(ⅰ) 若 $\alpha>1$,由洛必达法则,有

$$\lim\limits_{t\to0}\frac{(1+t)^\alpha-1}{t^\alpha} = \lim\limits_{t\to0}\frac{\alpha(1+t)^{\alpha-1}}{\alpha t^{\alpha-1}} = \lim\limits_{t\to0}(1+\frac{1}{t})^{\alpha-1} = \infty \qquad ①$$

(ⅱ) 若 $\alpha=1$,则有

$$\lim\limits_{t\to0}\frac{(1+t)^\alpha-1}{t^\alpha} = \lim\limits_{t\to0}\frac{(1+t)-1}{t} = 1 \qquad ②$$

(ⅲ) 若 $0\leqslant\alpha<1$,由洛必达法则,有

$$\lim\limits_{t\to0}\frac{(1+t)^\alpha-1}{t^\alpha} = \lim\limits_{t\to0}\frac{\alpha(1+t)^{\alpha-1}}{\alpha t^{\alpha-1}} = \lim\limits_{t\to0}\frac{t^{1-\alpha}}{(1+t)^{1-\alpha}} = 0 \qquad ③$$

(ⅳ) 若 $\alpha<0$,则令 $\alpha=-\beta$ $(\beta>0)$,则

$$\lim\limits_{t\to0}\frac{(1+t)^\alpha-1}{t^\alpha} = \lim\limits_{t\to0}\frac{(1+t)^{-\beta}-1}{t^{-\beta}} = \lim\limits_{t\to0}\frac{[1-(1+t)^\beta]t^\beta}{(1+t)^\beta} = 0 \qquad ④$$

$$\lim_{n\to\infty}[(n+1)^\alpha-n^\alpha]=\lim_{n\to+\infty}n^\alpha\left[\left(1+\frac{1}{n}\right)^\alpha-1\right]=\lim_{n\to+\infty}\frac{\left(1+\dfrac{1}{n}\right)^\alpha-1}{\dfrac{1}{n^\alpha}} \qquad ⑤$$

令 $t=\dfrac{1}{n}$, 则由式 ①,②,③,④,⑤ 可得

$$\lim_{n\to+\infty}[(n+1)^\alpha-n^\alpha]=\lim_{t\to0}\frac{(1+t)^\alpha-1}{t^\alpha}=$$

$$\begin{cases} 0, & \alpha<1 \\ 1, & \alpha=1 \\ \infty. & \alpha>1 \end{cases}$$

(3) 令 $y=x^{\sin x}$, 则

$$\ln y=\sin x\,\ln x$$

$$\lim_{x\to0^+}\sin x\,\ln x=\lim_{x\to0^+}\frac{\ln x}{\csc x}=\lim_{x\to0^+}\frac{\dfrac{1}{x}}{-\csc x\cot x}=-\lim_{x\to0^+}\frac{\sin^2 x}{x\cos x}=0$$

$$\lim_{x\to0^+}x^{\sin x}=e^0=1$$

150. (天津大学)　利用确界存在原理证明:若实数列 $\{x_n\}$ 单调递减、有下界,则 $\{x_n\}$ 收敛,且 $\lim\limits_{n\to\infty}x_n=a$,(其中 $a=\inf\limits_{n\in N}\{x_n\}$).

证　由于 $\{x_n\}$ 有下界,从而由确界原理, $\{x_n\}$ 有下确界,令 $a=\inf\limits_{n\in N}\{x_n\}$.

再由确界定义, $\forall\varepsilon>0$,存在 $n_0\in N$,有 $x_{n_0}<a+\varepsilon$,又由于 $\{x_n\}$ 单调减,所以当 $n>n_0$ 时,有

$$x_n<x_{n_0}<a+\varepsilon,(n>n_0) \qquad ①$$

另一方面 a 是下确界,故有

$$x_n\geqslant a>a-\varepsilon,(n\in N) \qquad ②$$

得

$$a-\varepsilon<x_n<a+\varepsilon,(n>n_0)$$

$$\lim_{n\to\infty}x_n=a$$

151. (上海交通大学)　计算下列极限:

(1) $\lim\limits_{n\to\infty}\dfrac{n^n}{n!\,3^n}$;

(2) $\lim\limits_{p\to\infty}\displaystyle\int_0^{\frac{1}{2}}\frac{\sin^2 px}{\sqrt{1-x^2}}dx.$

解　(1) 同 80 题

(2) 先计算:

$$\frac{1}{2}\int_0^{\frac{1}{2}}\frac{\cos 2px}{\sqrt{1-x^2}}dx=\frac{1}{4p}\left[\frac{\sin 2px}{\sqrt{1-x^2}}\Bigg|_0^{\frac{1}{2}}+\int_0^{\frac{1}{2}}\sin 2px\,\frac{x}{(1-x^2)^{\frac{3}{2}}}dx\right]=$$

$$\frac{1}{4p}\left[\frac{\sin p}{\dfrac{\sqrt{3}}{2}}+\int_0^{\frac{1}{2}}\frac{x\sin 2px}{(1-x^2)^{\frac{3}{2}}}dx\right]=$$

$$\frac{1}{4p}\left[\frac{2\sqrt{3}}{3}\sin p + \int_0^{\frac{1}{2}}\frac{\sin 2px}{(1-x^2)^{\frac{3}{2}}}\mathrm{d}x\right]$$

$$\left|\int_0^{\frac{1}{2}}\frac{x\sin 2px}{(1-x^2)^{\frac{3}{2}}}\mathrm{d}x\right| \leqslant \int_0^{\frac{1}{2}}\frac{x}{(1-x^2)^{\frac{3}{2}}}\mid\sin 2px\mid\mathrm{d}x \leqslant$$

$$\int_0^{\frac{1}{2}}\frac{x}{(1-x^2)^{\frac{3}{2}}}\mathrm{d}x = \frac{1}{\sqrt{1-x^2}}\Big|_0^{\frac{1}{2}} = \frac{2}{\sqrt{3}}-1. \text{ 有界}$$

$$\lim_{p\to\infty}\frac{1}{2}\int_0^{\frac{1}{2}}\frac{\cos 2px}{\sqrt{1-x^2}}\mathrm{d}x = \lim_{p\to\infty}\left[\frac{\sin p}{2\sqrt{3}p}+\frac{1}{4p}\int_0^{\frac{1}{2}}\frac{x\sin px}{(1-x^2)^{\frac{3}{2}}}\mathrm{d}x\right]=0 \qquad ①$$

由 $\sin^2 px = \dfrac{1-\cos 2px}{2}$，根据式 ①② $\qquad\qquad ②$

$$\lim_{p\to\infty}\int_0^{\frac{1}{2}}\frac{\sin^2 px}{\sqrt{1-x^2}}\mathrm{d}x = \lim_{p\to\infty}\left[\frac{1}{2}\int_0^{\frac{1}{2}}\frac{1}{\sqrt{1-x^2}}\mathrm{d}x - \frac{1}{2}\int_0^{\frac{1}{2}}\frac{\cos 2px}{\sqrt{1-x^2}}\mathrm{d}x\right]=$$

$$\lim_{p\to\infty}\frac{1}{2}\arcsin x\Big|_0^{\frac{1}{2}} = \frac{1}{2}\arcsin\frac{1}{2} = \frac{\pi}{12}$$

152. (天津大学) 求 $\displaystyle\lim_{n\to\infty}\frac{5^n\cdot n!}{(2n)^n}$.

解 令 $a_n = \dfrac{5^n\cdot n!}{(2n)^n}$，则

$$\lim_{n\to\infty}\frac{a_{n+1}}{a_n} = \lim_{n\to\infty}\frac{5^{n+1}\cdot(n+1)!(2n)^n}{(2n+2)^{n+1}\cdot 5^n n!} =$$

$$\frac{5}{2}\lim_{n\to\infty}\left(\frac{n}{n+1}\right)^n = \frac{5}{2}\lim_{n\to\infty}\frac{1}{\left(1+\dfrac{1}{n}\right)^n} =$$

$$\frac{5}{2\mathrm{e}} < 1$$

那么 $\displaystyle\sum_{n=1}^{\infty}a_n$ 收敛，从而 $\displaystyle\lim_{n\to\infty}\frac{5^n\cdot n!}{(2n)^n}=0$.

153. (清华大学) 设 R 中数列 $\{a_n\}$，$\{b_n\}$ 满足 $a_{n+1}=b_n-qa_n$，$n=1,2,\cdots$，其中 $0<q<1$. $\qquad\qquad ①$

证明：(1) 若 $\{b_n\}$ 有界，则 $\{a_n\}$ 有界；

(2) 若 $\{b_n\}$ 收敛，则 $\{a_n\}$ 收敛.

证 (1) 由式 ① 有

$a_n = b_{n-1}-qa_{n-1}=$

$\qquad b_{n-1}-q(b_{n-2}-qa_{n-2})=b_{n-1}+(-q)b_{n-2}+(-q)^2 a_{n-2}=\cdots=$

$\qquad b_{n-1}+(-q)b_{n-2}+(-q)^2 b_{n-3}+\cdots+(-q)^{n-2}b_1+(-q)^{n-1}a_1 \qquad ②$

若 $\{b_n\}$ 有界，则 $\exists M_1>0$，使

$$\mid b_n\mid < M_1 \quad (n\in N)$$

再令 $M=\max\{M_1,\mid a_1\mid\}$，那么由式 ② 知

$$| a_n | \leqslant M(1+q+q^2+\cdots+q^{n-1}) < \frac{M}{1-q}, (n \in N)$$

所以$\{a_n\}$有界.

(2)若$\{b_n\}$收敛,设$\lim\limits_{n \to \infty}b_n = b$.则存在$c > 0$,使$| b_n - b | \leqslant c, (n \in N)$,$| a_1 | \leqslant c, \dfrac{1}{1-q} \leqslant c$.

下证$\lim\limits_{n \to \infty}a_n = \dfrac{b}{1+q}$.

$| a_n - [b+(-q)b+(-q)^2b+\cdots+(-q)^{n-2}b] | \leqslant$

$\quad | b_{n-1} - b | + | b_{n-2} - b | q + \cdots + | b_1 - b | q^{n-2} + | a_1 | q^{n-1}$ ③

对 $\forall \varepsilon > 0, \exists N_1 > 0$,当 $n > N_1$ 时,有

$$| b_n - b | < \frac{\varepsilon}{2c}$$ ④

对上述$\varepsilon, \exists N_2 > 0$,当 $n > N_2$ 时,$\sum\limits_{n=N_2+1}^{\infty} q^n < \dfrac{\varepsilon}{2c}$. ⑤

取 $N = N_1 + N_2 + 2$,则当 $n > N$ 时,由式③

$| a_n - [b+(-q)b+(-q)^2b+\cdots+(-q)^{n-2}b] | \leqslant$

$(1+| q |+\cdots+| q |^{n-N_1}) \dfrac{\varepsilon}{2c} + c(| q |^{n-N_1+1}+\cdots+| q |^{n-1}) \leqslant$

$\dfrac{1}{1-q} \dfrac{\varepsilon}{2c} + c \dfrac{\varepsilon}{2c} < \dfrac{\varepsilon}{2} + \dfrac{\varepsilon}{2} = \varepsilon.$

$\lim\limits_{n \to \infty}a_n = \lim\limits_{n \to \infty}[b+(-q)b+\cdots+(-q)^{n-2}b] = \dfrac{b}{1+q}$

故$\{a_n\}$收敛.

§2　函数的极限

【考点综述】

一、综述

1. 定义

(1) 函数 $f(x)$ 在点 $x = a$ 的空心邻域 $U^0(a)$ 有定义,A 是一个确定的数,若对 $\forall \varepsilon > 0$,存在 $\delta > 0$,使得当 $0 < | x - a | < \delta$ 时,都有 $| f(x) - A | < \varepsilon$,则称 x 趋向于 a 时极限存在,且以 A 为极限,记作$\lim\limits_{x \to a}f(x) = A$.

(2) 函数 $f(x)$ 是 $U(+\infty)$[或 $U(-\infty)$ 或 $U(\infty)$]上的函数,A 是一个确定的数,若 $\forall \varepsilon > 0$,总存在 $M > 0$,使得当 $x > M$[或 $x < -M$ 或 $| x | > M$]时,都有 $| f(x) - A | < \varepsilon$,则称函数 $f(x)$ 当 x 趋于 $+\infty$[或 $-\infty$ 或 ∞]时极限存在,并以 A 为极限,记为 $\lim\limits_{x \to +\infty} f(x) = A$[或 $\lim\limits_{x \to -\infty} f(x) = A$,或 $\lim\limits_{x \to \infty} f(x) = A$].

(3) 设函数 $f(x)$ 在 $U_+^0(a,\delta')$[或 $U_-^0(a,\delta')$]内有定义,A 是一个确定的常数,若 $\forall \varepsilon > 0$,总存在 $\delta > 0$,使当 $a < x < a+\delta$(或 $a-\delta < x < a$) 时,都有 $| f(x) - A | < \varepsilon$,则称函数 $f(x)$ 在 x 趋于 $a+$(或 $a-$) 时右(或左) 极限存在,并以 A 为右或(左极限) 记作

$\lim\limits_{x\to a+}f(x)=A$(或 $\lim\limits_{x\to a-}f(x)=A$). 有时也记 $f(a+0)=\lim\limits_{x\to a^+}f(x)$ 或 $f(a-0)=\lim\limits_{x\to a^-}f(x)$.

2. 性质

(1)　$\lim\limits_{x\to a}f(x)=A\Leftrightarrow\lim\limits_{x\to a+}f(x)=\lim\limits_{x\to a-}f(x)=A.$

(2) 唯一性　　若$\lim\limits_{x\to a}f(x)$ 存在,则它只有一个极限.

(3) 局部有界性. 若$\lim\limits_{x\to a}f(x)$ 存在,则 $f(x)$ 在 a 的某个空心邻域 $U^\circ(a)$ 内有界.

(4) 局部保号性. 若$\lim\limits_{x\to a}f(x)=A>0$(或 <0),则对任意正数 $r(0<r<|A|)$,存在a 的某一空心邻域 $U^\circ(a)$,使对 $\forall x\in U^\circ(a)$,恒有 $f(x)>r>0$(或 $f(x)<-r<0$).

(5) 不等式. 若$\lim\limits_{x\to a}f(x)=A,\lim\limits_{x\to a}g(x)=B$,且有 $\delta'>0$

$$f(x)\leqslant g(x),\forall x\in U^\circ(a,\delta')$$

成立,则 $A\leqslant B$,即$\lim\limits_{x\to a}f(x)\leqslant\lim\limits_{x\to a}g(x).$

(6) 迫敛性(两边夹). 若$\lim\limits_{x\to a}f(x)=\lim\limits_{x\to a}g(x)=A$,且有 $\delta'>0$,

$$f(x)\leqslant h(x)\leqslant g(x)\qquad\forall x\in U(a,\delta')$$

则$\lim\limits_{x\to a}h(x)=A.$

3. 运算

(1) 若$\lim\limits_{x\to a}f(x)=A,\lim\limits_{x\to a}g(x)=B$,则

$$\lim\limits_{x\to a}[f(x)\pm g(x)]=A\pm B$$
$$\lim\limits_{x\to a}[f(x)g(x)]=AB$$

(2) $\lim\limits_{x\to a}f(x)=A,\lim\limits_{x\to a}g(x)=B\neq 0$,则

$$\lim\limits_{x\to a}\frac{f(x)}{g(x)}=\frac{A}{B}$$

4. 充要条件

(1) 归结原则. 设 $f(x)$ 在 a 的某空心邻域 $U^\circ(a)$ 有定义,则$\lim\limits_{x\to a}f(x)$ 存在的充要条件是对任何以 a 为极限且含于 $U^\circ(a)$ 的数列 $\{x_n\}$,极限 $\lim\limits_{x\to\infty}f(x_n)$ 都存在且相等.

(2) 柯西准则. 设 $f(x)$ 在 a 的空心邻域 $U^\circ(a,\delta')$ 内有定义,则极限$\lim\limits_{x\to a}f(x)$ 存在的充要条件是: $\forall\varepsilon>0$,总存在 $\delta>0$,使对任何 $x_1,x_2\in U^\circ(a,\delta)$ 都有

$$|f(x_1)-f(x_2)|<\varepsilon$$

5. 单调有界定理

设 $f(x)$ 为定义在 $U_+(a)$[或 $U_-(a)$] 上的单调有界函数,则$\lim\limits_{x\to a}f(x)$ 存在[或 $\lim\limits_{x\to a^+}f(x)$ 存在].

6. 两个重要极限

(1) $\lim\limits_{x\to 0}\dfrac{\sin x}{x}=1$

(2) $\lim\limits_{x\to\infty}(1+\dfrac{a}{x})^x=\mathrm{e}^a=\lim\limits_{x\to 0}(1+ax)^{\frac{1}{x}}.$

7. 不定式极限

(1) 不定式极限的类型包括 $\dfrac{0}{0}, \dfrac{\infty}{\infty}, 0 \cdot \infty, 1^{\infty}, 0^{0}, \infty^{0}, \infty - \infty$ 等,但都可经过变换化为 $\dfrac{0}{0}$ 或 $\dfrac{\infty}{\infty}$.

(2) 洛必达法则.

(ⅰ) 若 $\lim\limits_{x \to a} f(x) = 0, \lim\limits_{x \to a} g(x) = 0$.

$f(x)$ 和 $g(x)$ 在 a 的某空心邻域 $U^{\circ}(a)$ 内可导,且 $g'(x) \neq 0$. 且 $\lim\limits_{x \to a} \dfrac{f'(x)}{g'(x)} = A$,

则
$$\lim_{x \to a} \frac{f(x)}{g(x)} = \lim_{x \to a} \frac{f'(x)}{g'(x)} = A$$

(ⅱ) 若 $\lim\limits_{x \to a} f(x) = \infty, \lim\limits_{x \to a} g(x) = \infty$.

$f(x)$ 和 $g(x)$ 在 U° 内可导,且 $g'(x) \neq 0$,且 $\lim\limits_{x \to a} \dfrac{f'(x)}{g'(x)} = A$,

则
$$\lim_{x \to a} \frac{f(x)}{g(x)} = \lim_{x \to a} \frac{f'(x)}{g'(x)} = A$$

(ⅲ) 类似有单侧极限的不定式的洛必达法则.

8. 无穷小量与无穷大量

(1) 无穷小量.

(ⅰ) 若函数 $f(x)$ 的极限等于零,则称这个函数为无穷小量.

(ⅱ) 有限个(相同类型的) 无穷小量之和仍为无穷小量.

(ⅲ) 无穷小量乘有界量仍为无穷小量.

(ⅳ) 若 $\lim\limits_{x \to a} f(x) = 0, \lim\limits_{x \to a} g(x) = 0$,若

$\lim\limits_{x \to a} \dfrac{f(x)}{g(x)} = 0 \left[\text{或} \lim\limits_{x \to a} \dfrac{f(x)}{g(x)} = 1, \text{或} \lim\limits_{x \to a} \dfrac{f(x)}{g(x)} = C(C \neq 0), \text{或} \lim\limits_{x \to a} \dfrac{f(x)}{g(x)} = \infty \right]$

则称 $f(x)$ 为比 $g(x)$ 高阶[或等价,或同价或低价] 无穷小.

(2) 无穷大量.

(ⅰ) 所有以 $\infty, +\infty$ 和 $-\infty$ 为极限的函数都仍为无穷大量.

(ⅱ) 若 $f(x)$ 为 $x \to a$ 的无穷小量,则 $\dfrac{1}{f(x)}$ 为 $x \to a$ 时的无穷大量(其中 $f(x)$ 在 $U^{\circ}(a)$ 内都不为 0),反之亦然.

(3) 当 $x \to 0$ 时,有下列常用的一组等价无穷小:

$\sin x \sim x; \qquad \tan x \sim x; \qquad \arcsin x \sim x$

$\arctan x \sim x; \qquad \mathrm{e}^{x} - 1 \sim x; \qquad \ln(1 + x) \sim x;$

$1 - \cos x \sim \dfrac{x^2}{2}; \qquad a^x - 1 \sim x \ln a; \qquad \sqrt[n]{1 + x} - 1 \sim \dfrac{x}{n};$

$(1 + x)^{a} - 1 \sim \alpha x$ 等.

在求极限时,常可应用等价无穷小代换.

二、解题方法

1. 考点 1　判断函数极限的敛散性

常用方法:① 定义法(见第 156 题);② 柯西准则;③ 左右极限法(见第 161 题).

2. 考点2 求函数的极限

常用方法:①定义法(见第156题);②两边夹法则(见第169题);③放缩法(见第190题);④洛必达法则(见第167题);⑤通过等式变形化为已知极限(见第164题);⑥级数法(见第166题);⑦用等价无穷小替换(见第173题);⑧自然对数法(见第173题);⑨利用积分中值定理(见第183题);⑩因式分解法(见第158题);⑪用变量替换(见第189题).

【经典题解】

154. (**武汉大学**) 求极限 $\lim\limits_{x\to 0}\dfrac{x\mathrm{e}^x-\ln(1+x)}{x^2}$.

解 $\lim\limits_{x\to 0}\dfrac{x\mathrm{e}^x-\ln(1+x)}{x^2}=\lim\limits_{x\to 0}\dfrac{(1+x)\mathrm{e}^x-\dfrac{1}{1+x}}{2x}=$

$\lim\limits_{x\to 0}\dfrac{(1+x)^2\mathrm{e}^x-1}{2x(1+x)}=\lim\limits_{x\to 0}\dfrac{2(1+x)\mathrm{e}^x+(1+x)^2\mathrm{e}^x}{4x+2}=$

$\dfrac{3}{2}$

155. (**浙江大学**) $\lim\limits_{x\to 1}(2-x)^{\tan\frac{\pi x}{2}}$.

解 令 $y=(2-x)^{\tan\frac{\pi x}{2}}$,则

$$\ln y=\tan\dfrac{\pi x}{2}\ln(2-x)=\dfrac{\ln(2-x)}{\cot\dfrac{\pi x}{2}}.$$

扫码获取本书资源

$$\lim\limits_{x\to 1}\dfrac{\ln(2-x)}{\cot\dfrac{\pi x}{2}}=\lim\limits_{x\to 1}\dfrac{-\dfrac{1}{2-x}}{-\dfrac{\pi}{2}\Big/\sin^2\Big(\dfrac{\pi x}{2}\Big)}=\dfrac{2}{\pi}$$

因此 $\lim\limits_{x\to 1}(2-x)^{\tan\frac{\pi x}{2}}=\mathrm{e}^{\frac{2}{\pi}}$

156. (**北京大学**) 设 $\lim\limits_{x\to x_0-0}f(x)=A$ ($|A|<+\infty$),用 $\varepsilon\delta$ 语言证明: $\lim\limits_{x\to x_0-0}\sqrt[3]{f(x)}=\sqrt[3]{A}$.

证 (1) 当 $A=0$ 时,有

$\forall\varepsilon>0,\exists\delta>0$,当 $x_0-\delta<x<x_0$ 时,有 $|f(x)|<\varepsilon^3$,因此 $|\sqrt[3]{f(x)}|<\varepsilon$,此即 $\lim\limits_{x\to x_0-0}\sqrt[3]{f(x)}=0=\sqrt[3]{A}$.

(2) 当 $A\neq 0$ 时,由于

$$(\sqrt[3]{f(x)})^2+(\sqrt[3]{f(x)})(\sqrt[3]{A})+(\sqrt[3]{A})^2=\Big[\sqrt[3]{f(x)}+\dfrac{1}{2}\sqrt[3]{A}\Big]^2+\dfrac{3}{4}(\sqrt[3]{A})^2\geq$$

$$\dfrac{3}{4}(\sqrt[3]{A})^2>0$$

令 $C=\dfrac{3}{4}(3\sqrt[3]{A})^2$,则 $\forall\varepsilon>0$,存在 $\delta>0$,当 $x_0-\delta<x<x_0$ 时,有

$$| f(x) - A | < C_\varepsilon.$$

而　　$| \sqrt[3]{f(x)} - \sqrt[3]{A} | = \dfrac{| f(x) - A |}{| (\sqrt[3]{f(x)})^2 + \sqrt[3]{f(x)} \sqrt[3]{A} + (\sqrt[3]{A})^2 |}$

$$\leqslant \dfrac{| f(x) - A |}{C} < \varepsilon$$

$$\lim_{x \to x_0 - 0} \sqrt[3]{f(x)} = \sqrt[3]{A}$$

157. (华中师范大学)　求极限：

$$\lim_{x \to 0} \frac{e^x - 1 - x}{\sqrt{1-x} - \cos\sqrt{x}}$$

解　由 $e^x = 1 + x + \dfrac{x^2}{2} + o(x^2)$

$$\cos\sqrt{x} = 1 - \frac{x}{2} + \frac{x^2}{4!} + o(x^2)$$

$$\sqrt{1-x} = 1 - \frac{x}{2} - \frac{x^2}{8} + o(x^2)$$

得 $\lim\limits_{x \to 0} \dfrac{e^x - 1 - x}{\sqrt{1-x} - \cos\sqrt{x}} = \lim\limits_{x \to 0} \dfrac{\dfrac{1}{2}x^2 + o(x^2)}{-\left(\dfrac{1}{8} + \dfrac{1}{24}\right)x^2 + o(x^2)} = -3$

158. (北京农业大学, 南京农业大学, 华南农业大学, 浙江农业大学, 华中农业大学)　计算下列各题.

(1) $\lim\limits_{x \to \frac{\pi}{3}} \dfrac{8\cos^2 x - 2\cos x - 1}{2\cos^2 x + \cos x - 1}$;

(2) $\lim\limits_{x \to +\infty} \dfrac{\sqrt{x + \sqrt{x + \sqrt{x}}}}{\sqrt{2x+1}}$;

(3) $\lim\limits_{x \to 0} \dfrac{\sqrt{2 + \tan x} - \sqrt{2 + \sin x}}{x^3}$.

解　(1) $\lim\limits_{x \to \frac{\pi}{3}} \dfrac{8\cos^2 x - 2\cos x - 1}{2\cos^2 x + \cos x - 1} = \lim\limits_{x \to \frac{\pi}{3}} \dfrac{(4\cos x + 1)(2\cos x - 1)}{(\cos x + 1)(2\cos x - 1)}$

$$= \lim_{x \to \frac{\pi}{3}} \frac{4\cos x + 1}{\cos x + 1} = 2$$

(2) $\lim\limits_{x \to +\infty} \dfrac{\sqrt{x + \sqrt{x + \sqrt{x}}}}{\sqrt{2x+1}} = \lim\limits_{x \to +\infty} \dfrac{\sqrt{1 + \sqrt{\dfrac{1}{x} + \sqrt{\dfrac{1}{x^3}}}}}{\sqrt{2 + \dfrac{1}{x}}} = \dfrac{\sqrt{2}}{2}$

(3) $\lim\limits_{x \to 0} \dfrac{\sqrt{2 + \tan x} - \sqrt{2 + \sin x}}{x^3}$

$$= \lim_{x \to 0} \left(\frac{\tan x - \sin x}{x^3} \cdot \frac{1}{\sqrt{2 + \tan x} + \sqrt{2 + \sin x}} \right)$$

$$= \frac{1}{2\sqrt{2}} \lim_{x \to 0} \frac{\tan x - \sin x}{x^3}$$

$$= \frac{1}{2\sqrt{2}} \lim_{x \to 0} \frac{\sec^2 x - \cos x}{3x^2} = \frac{1}{2\sqrt{2}} \lim_{x \to 0} \frac{1}{\cos^2 x} \lim_{x \to 0} \frac{1 - \cos^3 x}{3x^2}$$

$$= \frac{1}{2\sqrt{2}} \lim_{x \to 0} \frac{3\cos^2 x \sin x}{6x} = \frac{\sqrt{2}}{8}.$$

159. (北京大学) 求极限 $\lim\limits_{x \to 0} \dfrac{\tan x - \sin x}{x^3}$.

解 由上题(3)的证明过程知

$$\lim_{x \to 0} \frac{\tan x - \sin x}{x^3} = \frac{1}{2}$$

或

$$\lim_{x \to 0} \frac{\tan x - \sin x}{x^3} = \lim_{x \to 0} \frac{\sin x}{x} \frac{1 - \cos x}{x^2 \cos x} =$$

$$\lim_{x \to 0} \frac{1 - \cos x}{x^2} = \lim_{x \to 0} \frac{\sin x}{2x} = \frac{1}{2}.$$

160. (厦门大学) 求极限 $\lim\limits_{x \to 0} \dfrac{\sqrt{1 + \tan x} - \sqrt{1 - \tan x}}{e^x - 1}$.

解 $\lim\limits_{x \to 0} \dfrac{\sqrt{1 + \tan x} - \sqrt{1 - \tan x}}{e^x - 1} = \lim\limits_{x \to 0} \dfrac{2}{\sqrt{1 + \tan x} + \sqrt{1 - \tan x}} \dfrac{\tan x}{e^x - 1} =$

$$\lim_{x \to 0} \frac{\tan x}{e^x - 1} = \lim_{x \to 0} \frac{1}{\cos^2 x} \frac{1}{e^x} = 1$$

161. (上海工业大学) 若 $f(x) = \begin{cases} \dfrac{1 - \cos x}{x^2}, & x < 0 \\ 5, & x = 0 \\ \dfrac{\int_0^x \cos t^2 \, dt}{x}, & x > 0 \end{cases}$,求 $\lim\limits_{x \to 0} f(x)$.

解 $\lim\limits_{x \to 0^+} f(x) = \lim\limits_{x \to 0^+} \dfrac{\int_0^x \cos t^2 \, dt}{x} = \lim\limits_{x \to 0^+} \dfrac{\cos^2 x}{1} = 1$

$$\lim_{x \to 0^-} f(x) = \lim_{x \to 0^-} \frac{1 - \cos x}{x^2} = \lim_{x \to 0^-} \frac{\frac{1}{2}x^2}{x^2} = \frac{1}{2}$$

因此 $\lim\limits_{x \to 0} f(x)$ 不存在.

162. (四川联合大学) 设 $f(x) = \begin{cases} \dfrac{1 - \cos x}{x^2}, & x < 0 \\ 0, & x = 0 \\ \dfrac{\int_0^x \cos t^2 \, dt}{2x}, & x > 0 \end{cases}$,求 $\lim\limits_{x \to 0} f(x)$.

解 由上题知

$$\lim_{x \to 0^-} f(x) = \frac{1}{2}$$

$$\lim_{x\to 0^+} f(x) = \lim_{x\to 0^+} \frac{\int_0^x \cos t^2 \,\mathrm{d}t}{2x} = \frac{1}{2}\lim_{x\to 0^+}\cos x^2 = \frac{1}{2}$$

因此
$$\lim_{x\to 0} f(x) = \frac{1}{2}$$

163. (湖南大学)　设函数 $f(x)$ 在 $x=0$ 处可微，又设函数

$$\varphi(x) = \begin{cases} x + \dfrac{1}{2}, & x < 0 \\[2mm] \dfrac{\sin\frac{1}{2}x}{x}, & x > 0 \end{cases}$$

求 $I = \lim\limits_{x\to 0} \dfrac{xf(x)(1+x)^{\frac{x+1}{x}} + \varphi(x)\int_0^{2x}\cos t^2 \,\mathrm{d}t}{x\varphi(x)}$.

解　$I = \lim\limits_{x\to 0}\left[\dfrac{f(x)}{\varphi(x)} \dfrac{1}{(1+x)(1+x)^{\frac{1}{x}}} + \dfrac{\int_0^{2x}\cos t^2 \,\mathrm{d}t}{x}\right]$　　　　①

由　　　　$\lim\limits_{x\to 0}\dfrac{f(x)}{\varphi(x)} = \dfrac{\lim\limits_{x\to 0}f(x)}{\lim\limits_{x\to 0}\varphi(x)} = \dfrac{f(0)}{\frac{1}{2}} = 2f(0)$　　　　②

$$\lim_{x\to 0}(1+x)(1+x)^{\frac{1}{x}} = \mathrm{e}$$　　　　③

$$\lim_{x\to 0}\frac{\int_0^{2x}\cos t^2 \,\mathrm{d}t}{x} = \lim_{x\to 0}2\times\cos(2x)^2 = 2$$　　　　④

将式 ②③④ 代入 式 ① 得

$$I = \frac{2f(0)}{\mathrm{e}} + 2$$

164. (武汉水利电力学院)　(1) 用定义证明：$\lim\limits_{x\to -3}\dfrac{x^2-9}{x+3} = -6$;

(2) 求 $\lim\limits_{x\to\infty}\dfrac{x+\sin x}{x+\cos x}$.

证　(1) $\forall\varepsilon > 0$, 取 $\delta = \varepsilon$, 则, 当 $|x-(-3)| < \delta$ 时

$$\left|\frac{x^2-9}{x+3} - (-6)\right| = |x-3+6| = |x+3| < \varepsilon$$

因此　　　　$\lim\limits_{x\to -3}\dfrac{x^2-9}{x+3} = -6$

(2)　　　　$\lim\limits_{x\to\infty}\dfrac{x+\sin x}{x+\cos x} = \lim\limits_{x\to\infty}\dfrac{1+\frac{\sin x}{x}}{1+\frac{\cos x}{x}} = 1$

165. (国防科技大学)　(1) 计算　$\lim\limits_{x\to 0}\dfrac{\sin x - \tan x}{x - \sin x}$;

(2) 已知 $\lim\limits_{x\to 2}\dfrac{x^2+ax+b}{x^2-x-2} = 2$, 求 a, b.

解　(1) $\lim\limits_{x\to 0}\dfrac{\sin x-\tan x}{x-\sin x}=\lim\limits_{x\to 0}\dfrac{\cos x-\sec^2 x}{1-\cos x}$

$$=\lim\limits_{x\to 0}\dfrac{1}{\cos^2 x}\dfrac{\cos^3 x-1}{1-\cos x}=-\lim\limits_{x\to 0}\dfrac{1-\cos^3 x}{1-\cos x}$$

$$=-\lim\limits_{x\to 0}(1+\cos x+\cos^2 x)=-3$$

(2) 由 $\lim\limits_{x\to 2}(x^2-x-2)=0$，又已知分数极限存在.

得 $0=\lim\limits_{x\to 2}(x^2+ax+b)=4+2a+b$

$b=-4-2a$ 　　　　　　　　　　　　　　　　　　　①

$2=\lim\limits_{x\to 2}\dfrac{x^2+ax-4-2a}{x^2-x-2}=\lim\limits_{x\to 2}\dfrac{(x-2)(x+a+2)}{(x+1)(x-2)}=\lim\limits_{x\to 2}\dfrac{x+a+2}{x+1}$

$$=\dfrac{a+4}{3}$$

得 $a=2$ 代入式 ① 则 $b=-8$.

166. (华中师范大学)　求 $\lim\limits_{x\to+\infty}(\sqrt[6]{x^6+x^5}-\sqrt[6]{x^6-x^5})$.

解　$\lim\limits_{x\to+\infty}(\sqrt[6]{x^6+x^5}-\sqrt[6]{x^6-x^5})=\lim\limits_{x\to+\infty}x\left[(1+\dfrac{1}{x})^{\frac{1}{6}}-(1-\dfrac{1}{x})^{\frac{1}{6}}\right]=$

$$\lim\limits_{x\to+\infty}x\left\{\left[1+\dfrac{1}{6x}+o(\dfrac{1}{x^2})\right]-\left[1-\dfrac{1}{6x}+o(\dfrac{1}{x^2})\right]\right\}=$$

$$\dfrac{1}{3}.$$

167. (北京大学)　计算 $\lim\limits_{x\to 0}\left(\dfrac{1}{x^2}-\dfrac{\cot x}{x}\right)$.

解　$\lim\limits_{x\to 0}\left(\dfrac{1}{x^2}-\dfrac{\cot x}{x}\right)=\lim\limits_{x\to 0}\dfrac{\sin x-x\cos x}{x^2\sin x}=$

$$\lim\limits_{x\to 0}\dfrac{\sin x-x\cos x}{x^3}=\lim\limits_{x\to 0}\dfrac{\cos x-\cos x+x\sin x}{3x^2}=$$

$$\dfrac{1}{3}.$$

168. (中国科学院)　计算 $\lim\limits_{x\to+\infty}\left(\dfrac{1}{x}\dfrac{a^x-1}{a-1}\right)^{\frac{1}{x}}$, $(a>0,a\neq 1)$.

解　令 $y=\left(\dfrac{1}{x}\dfrac{a^x-1}{a-1}\right)^{\frac{1}{x}}$, 得

$$\ln y=\dfrac{1}{x}\ln\dfrac{1}{x}\dfrac{a^x-1}{a-1}=-\dfrac{\ln x}{x}+\dfrac{1}{x}\ln\dfrac{a^x-1}{a-1}\qquad ①$$

$$\lim\limits_{x\to+\infty}\dfrac{\ln x}{x}=\lim\limits_{x\to+\infty}\dfrac{1}{x}=0\qquad\qquad\qquad ②$$

(1) 当 $a>1$ 时, $\lim\limits_{x\to+\infty}\dfrac{\ln\dfrac{a^x-1}{a-1}}{x}=\lim\limits_{x\to+\infty}\dfrac{a-1}{a^x-1}\dfrac{1}{a-1}a^x\ln a=\ln a.$ 　③

由式 ①②③, 得

$$\lim_{x \to +\infty} \ln y = \ln a, \quad \lim_{x \to +\infty} y = a$$

得　　　　　　$$\lim_{x \to +\infty} \left(\frac{1}{x} \frac{a^x - 1}{a - 1} \right)^{\frac{1}{x}} = \lim_{x \to +\infty} y = a$$

(2) 当 $0 < a < 1$ 时,得

$$\lim_{x \to +\infty} \frac{1}{x} \ln \frac{a^x - 1}{a - 1} = \lim_{x \to +\infty} \frac{1}{x} \ln \frac{1}{1 - a} = 0 \qquad ④$$

由式 ①②④,得

$$\lim_{x \to +\infty} \ln y = 0,$$

$$\lim_{x \to +\infty} y = 1$$

$$\lim_{x \to +\infty} \left(\frac{1}{x} \frac{a^x - 1}{a - 1} \right)^{\frac{1}{x}} = 1$$

169. (天津大学)　设函数 $f(x)$ 是周期为 $T(T > 0)$ 的连续函数,证明:

$$\lim_{x \to +\infty} \frac{1}{x} \int_0^x f(t) \mathrm{d}t = \frac{1}{T} \int_0^T f(t) \mathrm{d}t$$

证　分两步证明.

(1) 设 $f(x) \geqslant 0$,则对任意 $x > 0$,必存在自然数 n 使得

$$nT \leqslant x \leqslant (n+1)T \qquad (n = 0, 1, 2, \cdots)$$

成立. 由函数的周期性与非负性,有不等式:

$$\int_0^{nT} f(t) \mathrm{d}t \leqslant \int_0^x f(t) \mathrm{d}t \leqslant \int_0^{(n+1)T} f(t) \mathrm{d}t \qquad ①$$

但

$$\int_0^{nT} f(t) \mathrm{d}t = n \int_0^T f(t) \mathrm{d}t$$

$$\int_0^{(n+1)T} f(t) \mathrm{d}t = (n+1) \int_0^T f(t) \mathrm{d}t$$

代入式 ① 得

$$n \int_0^T f(t) \mathrm{d}t \leqslant \int_0^x f(t) \mathrm{d}t \leqslant (n+1) \int_0^T f(t) \mathrm{d}t$$

得　　　$$\frac{n}{(n+1)T} \int_0^T f(t) \mathrm{d}t \leqslant \frac{1}{x} \int_0^x f(t) \mathrm{d}t \leqslant \frac{n+1}{nT} \int_0^T f(t) \mathrm{d}t \qquad ②$$

又　　　　　$$\lim_{n \to \infty} \frac{n}{n+1} \frac{1}{T} \int_0^T f(t) \mathrm{d}t = \frac{1}{T} \int_0^T f(t) \mathrm{d}t \qquad ③$$

$$\lim_{n \to \infty} \frac{n+1}{n} \frac{1}{T} \int_0^T f(t) \mathrm{d}t = \frac{1}{T} \int_0^T f(t) \mathrm{d}t \qquad ④$$

由式 ②③④ 及两边夹法则,得

$$\lim_{x \to +\infty} \frac{1}{x} \int_0^x f(t) \mathrm{d}t = \frac{1}{T} \int_0^T f(t) \mathrm{d}t$$

即结论成立.

(2) 当 $f(x)$ 为任意以 T 周期的连续函数时,取 $[0, T]$,则 $|f(x)| \leqslant M$ 有界,由周期性从而 $f(x)$ 在整个定义域内有 $|f(x)| \leqslant M$.

令 $g(x) = M - f(x)$,则 $g(x)$ 是以 T 为周期的非负连续函数由上述(1)知

$$\lim_{x\to+\infty}\frac{1}{x}\int_0^x g(t)\mathrm{d}t=\frac{1}{T}\int_0^T g(t)\mathrm{d}t$$

即

$$\lim_{x\to+\infty}\frac{1}{x}\int_0^x[M-f(t)]\mathrm{d}t=\frac{1}{T}\int_0^T[M-f(t)]\mathrm{d}t$$

得

$$\lim_{x\to+\infty}\frac{1}{x}\int_0^x f(t)\mathrm{d}t=\frac{1}{T}\int_0^T f(t)\mathrm{d}t$$

170.（华东师范大学） 计算 $\lim\limits_{x\to0}\left(\dfrac{1}{\ln(1+x)}-\dfrac{1}{x}\right)$.

解 $\lim\limits_{x\to0}\left(\dfrac{1}{\ln(1+x)}-\dfrac{1}{x}\right)=\lim\limits_{x\to0}\dfrac{x-\ln(1+x)}{x\ln(1+x)}=$

$$\lim_{x\to0}\frac{1-\dfrac{1}{1+x}}{\ln(1+x)+\dfrac{x}{1+x}}=$$

$$\lim_{x\to0}\frac{x}{(1+x)\ln(1+x)+x}=$$

$$\lim_{x\to0}\frac{1}{\ln(1+x)+2}=\frac{1}{2}$$

171.（北京科技大学） 求极限 $\lim\limits_{x\to0}\dfrac{(1+x)^{\frac{1}{x}}-\mathrm{e}}{x}$.

解 因为 $\left[(1+x)^{\frac{1}{x}}\right]'=(1+x)^{\frac{1}{x}}\left[\dfrac{1}{x}-\dfrac{1}{x+1}-\dfrac{\ln(1+x)}{x^2}\right]=$

$$(1+x)^{\frac{1}{x}}\left[-\frac{1}{x+1}+\frac{x-\ln(1+x)}{x^2}\right]$$

$$\lim_{x\to0}\frac{x-\ln(1+x)}{x^2}=\lim_{x\to0}\frac{1-\dfrac{1}{1+x}}{2x}=\lim_{x\to0}\frac{1}{2(1+x)}=\frac{1}{2}$$

由洛必达法则,得

$$\lim_{x\to0}\frac{(1+x)^{\frac{1}{x}}-\mathrm{e}}{x}=\lim_{x\to0}(1+x)^{\frac{1}{x}}\left[-\frac{1}{x+1}+\frac{x-\ln(1+x)}{x^2}\right]=$$

$$\mathrm{e}\left(-1+\frac{1}{2}\right)=-\frac{\mathrm{e}}{2}$$

172.（中国科学院） 求极限 $\lim\limits_{x\to0}\dfrac{x-\displaystyle\int_0^x\mathrm{e}^{t^2}\mathrm{d}t}{x^2\sin2x}$.

解 用等价无穷小作替换: $\sin x\sim x,\mathrm{e}^x-1\sim x$　　$(x\to0)$

$$\lim_{x\to0}\frac{x-\displaystyle\int_0^x\mathrm{e}^{t^2}\mathrm{d}t}{x^2\sin2x}=\lim_{x\to0}\frac{x-\displaystyle\int_0^x\mathrm{e}^{t^2}\mathrm{d}t}{2x^3}=$$

$$\lim_{x\to0}\frac{1-\mathrm{e}^{x^2}}{6x^2}=\lim_{x\to0}\frac{-x^2}{6x^2}=-\frac{1}{6}$$

173.（北京邮电学院） 求下列极限:

(1) $\lim\limits_{x\to0}\dfrac{x(1-\cos x)}{(1-\mathrm{e}^x)\sin x^2}$;

(2)(北京大学) $\lim\limits_{x\to 0}(\dfrac{\sin x}{x})^{\frac{1}{1-\cos x}}$.

解 （1）用等价无穷小替换

$$\lim_{x\to 0}\frac{x(1-\cos x)}{(1-e^x)\sin x^2}=\lim_{x\to 0}\frac{x\left(\dfrac{1}{2}x^2\right)}{(-x)x^2}=-\frac{1}{2}$$

（2）用自然对数法,令

$$y=(\frac{\sin x}{x})^{\frac{1}{1-\cos x}}$$

取自然对数得

$$\ln y=\frac{1}{1-\cos x}\ln\frac{\sin x}{x}$$

由

$$\lim_{x\to 0}\frac{1}{1-\cos x}\ln\frac{\sin x}{x}=\lim_{x\to 0}\frac{\ln\dfrac{\sin x}{x}}{\dfrac{x^2}{2}}=$$

$$\lim_{x\to 0}\frac{\dfrac{x}{\sin x}\dfrac{x\cos x-\sin x}{x^2}}{x}=$$

$$\lim_{x\to 0}\frac{x\cos x-\sin x}{x^2\sin x}=\lim_{x\to 0}\frac{x\cos x-\sin x}{x^3}=$$

$$\lim_{x\to 0}\frac{-x\sin x}{3x^2}=-\frac{1}{3}$$

得

$$\lim_{x\to 0}\left(\frac{\sin x}{x}\right)^{\frac{1}{1-\cos x}}=e^{-\frac{1}{3}}$$

174.(华中师范大学) 计算下列各题:

(1) $\lim\limits_{x\to+\infty}\ln(1+2^x)\sin\dfrac{3}{x}$;

(2) $\lim\limits_{n\to+\infty}\displaystyle\int_0^1\dfrac{1}{e^{\frac{x}{n}}(1+\dfrac{x}{n})^n}dx$.

解 (1) $\lim\limits_{x\to+\infty}\ln(1+2^x)\sin\dfrac{3}{x}=\lim\limits_{x\to+\infty}\ln(1+2^x)\dfrac{3}{x}$.

$$=3\lim_{x\to+\infty}\frac{2^x\ln 2}{1+2^x}=3\ln 2$$

(2) 令 $y=\dfrac{1}{n}$, $f(x,y)=\dfrac{1}{e^{xy}(1+xy)^{\frac{1}{y}}}$, 则 $f(x,y)$ 在 $[0,1]\times[0,1]$ 上连续,

得

$$\lim_{y\to 0^+}\int_0^1\frac{1}{e^{xy}(1+xy)^{\frac{1}{y}}}dx=\int_0^1\lim_{y\to 0^+}\frac{1}{e^{xy}(1+xy)^{\frac{1}{y}}}dx$$

$$=\int_0^1\frac{1}{e^x}dx=\int_0^1 e^{-x}dx=1-\frac{1}{e}$$

得

$$\lim_{n\to+\infty}\int_0^1\frac{1}{e^{\frac{x}{n}}(1+\dfrac{x}{n})^n}dx=1-\frac{1}{e}$$

175. (北京大学) 求 $\lim\limits_{x \to 0} \dfrac{a\tan x + b(1-\cos x)}{\alpha\log(1-x) + \beta(1-e^{x^2})}$, $(a^2+\alpha^2 \neq 0)$.

解　$\lim\limits_{x \to 0} \dfrac{a\tan x + b(1-\cos x)}{\alpha\log(1-x) + \beta(1-e^{x^2})} = \lim\limits_{x \to 0} \dfrac{a\sec^2 x + b\sin x}{-\dfrac{\alpha}{(1-x)\ln 10} - 2\beta x e^{x^2}} =$

$$\dfrac{a+0}{-\dfrac{\alpha}{\ln 10}+0} = -\dfrac{a\ln 10}{\alpha}$$

176. (华中师范大学) 求下列极限：

(1) $\lim\limits_{x \to 0} \dfrac{e^x \sin x - x(1+x)}{x^3}$；

(2) $\lim\limits_{x \to 0} \dfrac{1-x^2-e^{-x^2}}{x\sin^3 2x}$.

解　(1) $\lim\limits_{x \to 0} \dfrac{e^x \sin x - x(1+x)}{x^3} = \lim\limits_{x \to 0} \dfrac{e^x \sin x + e^x \cos x - 2x - 1}{3x^2} =$

$$\dfrac{1}{6}\lim\limits_{x \to 0} \dfrac{e^x \sin x + 2e^x \cos x - e^x \sin x - 2}{x} =$$

$$\dfrac{1}{3}\lim\limits_{x \to 0} \dfrac{e^x \cos x - 1}{x} =$$

$$\dfrac{1}{3}\lim\limits_{x \to 0}(e^x \cos x - e^x \sin x) = \dfrac{1}{3}$$

(2) $\lim\limits_{x \to 0} \dfrac{1-x^2-e^{-x^2}}{x\sin^3 2x} = \lim\limits_{x \to 0} \dfrac{1-x^2-\left[1-x^2+\dfrac{x^4}{2}+o(x^4)\right]}{x(2x)^3} =$

$$\lim\limits_{x \to 0} \dfrac{-\dfrac{x^4}{2}+o(x^4)}{8x^4} = -\dfrac{1}{16}$$

177. (山东海洋学院) 求极限.

(1) $\lim\limits_{x \to 0} \dfrac{\arctan x}{\ln(1+\sin x)}$；

(2) $\lim\limits_{n \to \infty} \dfrac{1-e^{-nx}}{1+e^{-nx}}$.

解　(1) 利用等价无穷小，$\arctan x \sim x$，$\ln(1+\sin x) \sim \sin x (x \to 0)$

$$\lim\limits_{x \to 0} \dfrac{\arctan x}{\ln(1+\sin x)} = \lim\limits_{x \to 0} \dfrac{x}{\sin x} = 1$$

(2) 当 $x = 0$ 时，有

$$\lim\limits_{n \to \infty} \dfrac{1-e^{-nx}}{1+e^{nx}} = 0$$

当 $x > 0$ 时，有

$$\lim\limits_{n \to \infty} \dfrac{1-e^{-nx}}{1+e^{-nx}} = \lim\limits_{n \to \infty} \dfrac{1-\dfrac{1}{e^{nx}}}{1+\dfrac{1}{e^{nx}}} = 1$$

当 $x < 0$ 时,有

$$\lim_{n \to \infty} \frac{1 - e^{-nx}}{1 + e^{-nx}} = \lim_{n \to \infty} \frac{e^{nx} - 1}{e^{nx} + 1} = -1$$

178. (上海交通大学) 求下列极限.

(1) $\lim\limits_{x \to 0} (\cos x + x \sin x)^{1/x^2}$;

(2) $\lim\limits_{x \to 1} \left(\dfrac{m}{1 - x^m} - \dfrac{n}{1 - x^n} \right)$;

(3) $\lim\limits_{x \to 0^+} \dfrac{\displaystyle\int_0^{x^2} \sin^{\frac{3}{2}} t \, dt}{\displaystyle\int_0^x t(t - \sin t) \, dt}$.

解　(1) $\lim\limits_{x \to 0} (\cos x + x \sin x)^{1/x^2} =$

$$\lim_{x \to 0} \{ [1 + (\cos x - 1 + \sin x)]^{\frac{1}{\cos x - 1 + x \sin x}} \}^{\frac{\cos x - 1 + x \sin x}{x^2}} = e^{\frac{1}{2}}$$

(2) $\lim\limits_{x \to 1} \left(\dfrac{m}{1 - x^m} - \dfrac{n}{1 - x^n} \right) = \lim\limits_{x \to 1} \dfrac{m - mx^n - n + nx^m}{1 - x^m - x^n + x^{m+n}} =$

$$\lim_{x \to 1} \frac{mnx^{m-1} - mnx^{n-1}}{(m+n)x^{n+m-1} - nx^{n-1} - mx^{m-1}} =$$

$$\lim_{x \to 1} \frac{mn(m-1)x^{m-2} - mn(n-1)x^{n-2}}{(m+n)(m+n-1)x^{m+n-2} - n(n-1)x^{n-2} - m(m-1)x^{m-2}} =$$

$$\frac{mn(m-1) - mn(n-1)}{(m+n)(m+n-1) - n(n-1) - m(m-1)} = \frac{m+n}{2}$$

(3) $\lim\limits_{x \to 0^+} \dfrac{\displaystyle\int_0^{x^2} \sin^{\frac{3}{2}} t \, dt}{\displaystyle\int_0^x t(t - \sin t) \, dt} = \lim\limits_{x \to 0^+} \dfrac{2x \sin^{\frac{3}{2}} x^2}{x(x - \sin x)} =$

$$2 \lim_{x \to 0^+} \frac{(x^2)^{\frac{3}{2}}}{x - \sin x} = 2 \lim_{x \to 0^+} \frac{3x^2}{1 - \cos x} = 6 \lim_{x \to 0^+} \frac{x^2}{\frac{1}{2} x^2} = 12$$

179. (兰州大学) 计算 $\lim\limits_{x \to \infty} \left(\dfrac{x^2 - 2x}{x^2 - 2x + 1} \right)^{x-1} a \left(1 + \dfrac{b}{100x} \right)^x$.

解　$\lim\limits_{x \to \infty} \left(\dfrac{x^2 - 2x}{x^2 - 2x + 1} \right)^{x-1} = \lim\limits_{x \to \infty} \left\{ \left[1 - \dfrac{1}{(x-1)^2} \right]^{(x-1)^2} \right\}^{1/(x-1)}$

$$= (e^{-1})^0 = 1$$

$$\lim_{x \to \infty} \left(1 + \frac{b}{100x} \right)^x = \lim_{x \to \infty} \left[\left(1 + \frac{1}{\frac{100x}{b}} \right)^{\frac{100x}{b}} \right]^{\frac{b}{100}} = e^{\frac{b}{100}}$$

因此　　　　$\lim\limits_{x \to \infty} \left(\dfrac{x^2 - 2x}{x^2 - 2x + 1} \right)^{x-1} a \left(1 + \dfrac{b}{100x} \right)^x = a e^{\frac{b}{100}}$

180. (华东师范大学) 验证:当 $x \to +\infty$ 时, $2x \displaystyle\int_0^x e^{t^2} dt$ 与 e^{x^2} 为等价无穷大量.

证　$\displaystyle\lim_{x\to+\infty}\frac{2x\int_0^x e^{t^2}\,dt}{e^{x^2}}=\lim_{x\to+\infty}\frac{2\int_0^x e^{t^2}\,dt+2xe^{x^2}}{2xe^{x^2}}=$

$$\lim_{x\to+\infty}\frac{e^{x^2}+e^{x^2}+2x^2e^{x^2}}{e^{x^2}+2x^2e^{x^2}}=\lim_{x\to+\infty}\frac{2+2x^2}{1+2x^2}=1$$

因此 $2x\int_0^x e^{t^2}\,dt$ 与 e^{x^2} 为等价无穷大量.

181. (**东北工学院**)　求 $\displaystyle\lim_{x\to0}\left(\frac{a_1{}^x+a_2{}^x+\cdots+a_n{}^x}{n}\right)^{\frac{n}{x}}$ $(a_i>0,i=1,2,\cdots,n)$.

解　令 $y=\left(\dfrac{a_1^x+a_2^x+\cdots+a_n^x}{n}\right)^{\frac{n}{x}}$

$\ln y=\dfrac{n}{x}\left[\ln(a_1{}^x+a_2{}^x+\cdots+a_n{}^x)-\ln n\right]$

$\displaystyle\lim_{x\to0}\ln y=\lim_{x\to0}\frac{n}{x}\left[\ln(a_1^x+a_2^x+\cdots+a_n^x)-\ln n\right]=$

$$n\lim_{x\to0}\frac{a_1^x\ln a_1+a_2{}^x\ln a_2+\cdots+a_n^x\ln a_n}{a_1{}^x+a_2^x+\cdots+a_n{}^x}=$$

$$\ln a_1+\ln a_2+\cdots+\ln a_n=\ln(a_1,a_2,\cdots a_n)$$

因此　$\displaystyle\lim_{x\to0}\left(\frac{a_1^x+a_2^x+\cdots a_n{}^x}{n}\right)^{\frac{n}{x}}=\lim_{x\to0}y=a_1a_2\cdots a_n$

182. (**西北工业大学**)　求 $\displaystyle\lim_{x\to1}\frac{(1-\sqrt{x})(1-\sqrt[3]{x})\cdots(1-\sqrt[n]{x})}{(1-x)^{n-1}}$.

解　$\displaystyle\lim_{x\to1}\frac{(1-\sqrt{x})(1-\sqrt[3]{x})\cdots(1-\sqrt[n]{x})}{(1-x)^{n-1}}=$

$\displaystyle\lim_{x\to1}\frac{1-\sqrt{x}}{1-x}\ \frac{1-\sqrt[3]{x}}{1-x}\cdots\frac{1-\sqrt[n]{x}}{1-x}=$

$\displaystyle\lim_{x\to1}\frac{1-\sqrt{x}}{1-x}\lim_{x\to1}\frac{1-\sqrt[3]{x}}{1-x}\cdots\lim_{x\to1}\frac{1-\sqrt[n]{x}}{1-x}=$

$\displaystyle\lim_{x\to1}\frac{1}{2\sqrt{x}}\lim_{x\to1}\frac{1}{3\sqrt[3]{x^2}}\cdots\lim_{x\to1}\frac{1}{n\sqrt[n]{x^{n-1}}}=\frac{1}{n!}$

183. (**山东工业大学**)　求极限 $\displaystyle\lim_{\varepsilon\to0}\int_0^1\frac{1}{\varepsilon x^3+1}\,dx$.

解　由积分中值定理

$$\int_0^1\frac{1}{\varepsilon x^3+1}\,dx=\frac{1}{\varepsilon\alpha^3+1}\ (0<\alpha<1)$$

因此　$\displaystyle\lim_{\varepsilon\to0}\int_0^1\frac{1}{\varepsilon x^3+1}\,dx=\lim_{\varepsilon\to0}\frac{1}{\varepsilon\alpha^3+1}=1$

184. (**北京大学**)　求极限 $\displaystyle\lim_{x\to0}\frac{\int_x^{x^2}e^x\sqrt{1-y^2}\,dy}{\arctan x}$.

解　$\lim\limits_{x\to 0}\dfrac{\displaystyle\int_x^{x^2}e^x\sqrt{1-y^2}\,dy}{\arctan x}=\lim\limits_{x\to 0}\dfrac{\displaystyle\int_x^{x^2}e^x\sqrt{1-y^2}\,dy}{x}=$

$$\lim_{x\to 0}\left(2xe^{x\sqrt{1-x^4}}-e^{x\sqrt{1-x^2}}+\int_x^{x^2}e^x\sqrt{1-y^2}\cdot\sqrt{1-y^2}\,dy\right)=$$
$$-1$$

185. **(华中师范大学)**　设 a,b,A 均不为零的有限数,证明:

$\lim\limits_{x\to a}\dfrac{f(x)-b}{x-a}=A$ 的充分必要条件是 $\lim\limits_{x\to a}\dfrac{e^{f(x)}-e^b}{x-a}=Ae^b$.

证　$\dfrac{e^{f(x)}-e^b}{x-a}=\dfrac{f(x)-b}{x-a}e^b\dfrac{e^{f(x)-b}-1}{f(x)-b}$　　　　　　①

当 $x\to 0$,$e^x-1\sim x$.

先证必要性,由 $\lim\limits_{x\to a}\dfrac{f(x)-b}{x-a}=A$,得 $\lim\limits_{x\to a}(f(x)-b)=0$.

$e^{f(x)-b}-1\sim f(x)-b$　(当 $x\longrightarrow a$ 时)

$\lim\limits_{x\to a}\dfrac{e^{f(x)}-e^b}{x-a}=\lim\limits_{x\to a}\dfrac{f(x)-b}{x-a}e^b\dfrac{e^{f(x)-b}-1}{f(x)-b}=$

$$Ae^b\lim_{x\to a}\dfrac{e^{f(x)-b}-1}{f(x)-b}=Ae^b$$

再证充分性　　　$\lim\limits_{x\to a}\dfrac{e^{f(x)}-e^b}{x-a}=Ae^b$

则　　　　　　　　　　　$\lim\limits_{x\to a}[f(x)-b]=0$

由式 ① 有

$\dfrac{f(x)-b}{x-a}=\dfrac{e^{f(x)}-e^b}{x-a}e^{-b}\dfrac{f(x)-b}{e^{f(x)-b}-1}$

因此 $\lim\limits_{x\to a}\dfrac{f(x)-b}{x-a}=e^{-b}\lim\limits_{x\to a}\dfrac{e^{f(x)}-e^b}{x-a}\lim\limits_{x\to a}\dfrac{f(x)-b}{e^{f(x)-b}-1}=$

$$e^{-b}Ae^b\lim_{x\to a}\dfrac{f(x)-b}{f(x)-b}=A$$

186. **(中国科学院)**　(1) 已知　$\lim\limits_{x\to 0}(1+x)^{\frac{c}{x}}=\displaystyle\int_{-\infty}^c te^t\,dt$,求 c;

(2) 设 $x>0$ 且 $x\neq 1$,则有 $\dfrac{\ln x}{x-1}<\dfrac{1}{\sqrt{x}}$.

解　(1) 由　　　　　　$\lim\limits_{x\to 0}(1+x)^{\frac{c}{x}}=e^c$

$$\int_{-\infty}^c te^t\,dt=te^t\Big|_{-\infty}^c-\int_{-\infty}^c e^t\,dt=$$
$$ce^c-e^t\Big|_{-\infty}^c=(c-1)e^c$$

由假设有 $e^c=(c-1)e^c$,解得 $c=2$.

(2) 令 $f(x)=\sqrt{x}\ln x-(x-1)$,得

$$f'(x)=\dfrac{\ln x}{2\sqrt{x}}+\dfrac{1}{\sqrt{x}}-1=\dfrac{\ln x+2-2\sqrt{x}}{2\sqrt{x}}$$

令 $g(x) = \ln x + 2 - 2\sqrt{x}$,则

$$g'(x) = \frac{1}{x} - \frac{1}{\sqrt{x}} = \frac{1 - \sqrt{x}}{x}$$

当 $x > 1$ 时,$g'(x) < 0$,则 $g(x)$ 单调递减,从而 $g(x) < g(1) = 0$ 故 $f'(x) < 0$,$f(x)$ 单调递减. 从而 $f(x) < f(1) = 0$ 即 $\sqrt{x}\ln x - (x-1) < 0$

$$\frac{\ln x}{x-1} < \frac{1}{\sqrt{x}}$$

当 $0 < x < 1$ 时 $g'(x) > 0.$ $\therefore g(x)$ 在 $(0,1)$ 上单调递增,在 $(0,1]$ 上连续.

$\ln x + 2 - 2\sqrt{x} = g(x) < g(1) = 0$,即 $f'(x) = \dfrac{\ln x + 2 - 2\sqrt{x}}{2\sqrt{x}} < 0$,则 $f(x)$ 单调递减.

$$\sqrt{x}\ln x - (x-1) = f(x) > f(1) = 0$$

$$\sqrt{x}\ln x > x - 1$$

$$\frac{\ln x}{x-1} < \frac{1}{\sqrt{x}} (0 < x < 1)$$

综上两种情况都有

$$\frac{\ln x}{x-1} < \frac{1}{\sqrt{x}}, (x > 0 \text{ 且 } x \neq 1)$$

扫码获取本书资源

187.(中国科技大学) 求极限 $\displaystyle\lim_{x \to 1} \frac{1 - 4\sin^2 \frac{\pi}{6} x}{1 - x^2}$.

解 $\displaystyle\lim_{x \to 1} \frac{1 - 4\sin^2 \frac{\pi}{6} x}{1 - x^2} = \lim_{x \to 1} \frac{-\left[8\sin \frac{\pi}{6} x \cdot \cos \frac{\pi}{6} x\right] \cdot \frac{\pi}{6}}{-2x} =$

$$\frac{\pi}{3} \lim_{x \to 1} \frac{\sin \frac{\pi}{3} x}{x} = \frac{\sqrt{3}}{6}\pi$$

188.(上海交通大学) 计算 $\displaystyle\lim_{x \to +\infty} \left(\frac{2}{\pi}\arctan x\right)^x$.

解 令 $y = \left(\dfrac{2}{\pi}\arctan x\right)^x$,则

$$\ln y = x \ln \frac{2}{\pi}\arctan x$$

$$\lim_{x \to +\infty} \ln y = \lim_{x \to +\infty} \frac{\ln \frac{2}{\pi}\arctan x}{\frac{1}{x}} =$$

$$\lim_{x \to +\infty} \frac{1}{\frac{2}{\pi}\arctan x} \times \frac{2}{\pi} \frac{1}{1 + x^2} \frac{1}{-\frac{1}{x^2}} =$$

$$-\lim_{x \to +\infty} \frac{1}{\arctan x} \cdot \frac{x^2}{1 + x^2} = -\frac{2}{\pi}$$

则
$$\lim_{x \to +\infty} \left(\frac{2}{\pi}\arctan x\right)^x = \lim_{x \to +\infty} y = e^{-\frac{2}{\pi}}$$

189.(北京科技大学,中国科技大学)　求 $\lim\limits_{x \to +\infty} e^{-x}(1+\frac{1}{x})^{x^2}$.

解　$\lim\limits_{x \to +\infty} e^{-x}\left(1+\frac{1}{x}\right)^{x^2} = \lim\limits_{x \to +\infty} e^{-x}e^{x^2\ln(1+\frac{1}{x})} = \lim\limits_{x \to +\infty} e^{x^2\ln(1+\frac{1}{x})-x}$

令 $t = \frac{1}{x}$,则

$$\lim_{x \to +\infty}[x^2\ln(1+\frac{1}{x})-x] = \lim_{t \to 0^+}\frac{\ln(1+t)-t}{t^2} =$$

$$\lim_{t \to 0^+}\frac{\frac{1}{1+t}-1}{2t} = -\lim_{t \to 0^+}\frac{1}{2+2t} = -\frac{1}{2}$$

则
$$\lim_{x \to +\infty} e^{-x}(1+\frac{1}{x})^{x^2} = e^{-\frac{1}{2}}$$

190.(昆明工学院)　设 $f(x)$ 在$[1,+\infty)$ 上有连续导数,且
$$\lim_{x \to +\infty}[f'(x)+f(x)] = 0 \qquad ①$$

证明: $\lim\limits_{x \to +\infty} f(x) = 0$.

证　由式 ①,对 $\forall \varepsilon > 0$,存在 $M > 0$,使当 $x > M$ 时有
$$|f'(x)+f(x)| < \frac{\varepsilon}{2} \qquad ②$$

又　　　　$[e^x f(x)]' = e^x f(x) + e^x f'(x)$ 　　　　③

将式 ③ 两边从 M 到 x 积分$(x > M)$,得

$$e^x f(x) = e^M f(M) + \int_M^x e^t[f(t)+f'(t)]dt \qquad ④$$

由式 ②
$$\left|\int_M^x e^t[f(t)+f'(t)]dt\right| \leqslant \int_M^x e^t|f(t)+f'(t)|\,dt <$$

$$\frac{\varepsilon}{2}(e^x - e^M) <$$

$$\frac{\varepsilon}{2}e^x \qquad ⑤$$

由式 ④⑤

$$|f(x)| \leqslant \left|\frac{e^M f(M) + \int_M^x e^t[f(t)+f'(t)dx]}{e^x}\right| \leqslant$$

$$|e^{-x+M}f(M)| + \frac{\varepsilon}{2} = \frac{|f(M)|}{e^{x-M}} + \frac{\varepsilon}{2} \qquad ⑥$$

存在 $N > M$,使当 $x > N$ 时有
$$\frac{|f(M)|}{e^{x-m}} < \frac{\varepsilon}{2} \qquad ⑦$$

由式 ⑥⑦ 知当 $x > N$ 时有 $|f(x)| < \varepsilon$. 得 $\lim\limits_{x \to +\infty} f(x) = 0$.

191. **(清华大学)** (1) 用 $\varepsilon\delta$ 语言证明：$\lim\limits_{x\to 1}\dfrac{1}{x}=\dfrac{1}{1}$；

(2) 设函数 $f(x)$ 在点 a 可导，且 $f(a)\neq 0$，求

$$\lim_{n\to+\infty}\left[\frac{f(a+\frac{1}{n})}{f(a)}\right]^n$$

(3) 求极限 $\lim\limits_{n\to+\infty}\dfrac{1^p+2^p+\cdots+n^p}{n^{1+p}}$，其中 $p>0$.

解 (1) $\forall\varepsilon>0$，$\exists\delta=\min(\dfrac{\varepsilon}{2},\dfrac{1}{2})$，当 $0<|x-1|<\delta$ 时，则 $|x|>1-\delta>0$.

$$\left|\frac{1}{x}-1\right|=\frac{|1-x|}{|x|}<\frac{\delta}{1-\delta}<\frac{\delta}{\frac{1}{2}}=2\delta\leqslant\varepsilon$$

得

$$\lim_{x\to 1}\frac{1}{x}=1$$

(2) $f(x)=f(a)+f'(a)(x-a)+o[|x-a|]$

令

$$x=a+\frac{1}{n}$$

得

$$f(a+\frac{1}{n})=f(a)+f'(a)\frac{1}{n}+o(\frac{1}{n})$$

$$\frac{f(a+\frac{1}{n})}{f(a)}=1+\frac{f'(a)}{f(a)}\frac{1}{n}+o(\frac{1}{n})$$

$$\left[\frac{f(a+\frac{1}{n})}{f(a)}\right]^n=\left[1+\frac{f'(a)}{f(a)}\cdot\frac{1}{n}+o(\frac{1}{n})\right]^n$$

$$\lim_{n\to+\infty}\left[\frac{f(a+\frac{1}{n})}{f(a)}\right]^n=\lim_{n\to+\infty}\left[1+\frac{f'(a)}{f(a)}\frac{1}{n}+o(\frac{1}{n})\right]^n=e^{\left[\frac{f'(a)}{f(a)}\right]}$$

(3) 由 $\dfrac{1^p+2^p+\cdots+n^p}{n^{p+1}}=\dfrac{1}{n}\left[\left(\dfrac{1}{n}\right)^p+\left(\dfrac{2}{n}\right)^p+\cdots+\left(\dfrac{n}{n}\right)^p\right]$

得 $\lim\limits_{n\to+\infty}\dfrac{1^p+2^p+\cdots+n^p}{n^{p+1}}=\lim\limits_{n\to+\infty}\dfrac{1}{n}\left[\left(\dfrac{1}{n}\right)^p+\left(\dfrac{2}{n}\right)^p+\cdots+(\dfrac{n}{n})^p\right]=$

$$\int_0^1 x^p\,\mathrm{d}x=\frac{1}{p+1}$$

192. **(北京师范大学,西北电讯工程学院,大连铁道学院)** 解答下列问题：

(1) 求极限 $I=\lim\limits_{x\to 0}(\dfrac{\sin x}{x})^{1/x^2}$；

(2) 设 $f''(0)$ 存在，$f(0)=0$，

$$g(x)=\begin{cases}\dfrac{f(x)}{x}, & \text{当 } x\neq 0 \text{ 时}\\[2mm] f'(0), & \text{当 } x=0 \text{ 时}\end{cases}$$

求 $g'(0)$.

解 （1）令 $y = \left(\dfrac{\sin x}{x}\right)^{1/x^2}$，得

$$\ln y = \frac{1}{x^2}\ln\frac{\sin x}{x}$$

$$\lim_{x\to 0}\frac{\ln\dfrac{\sin x}{x}}{x^2} = \lim_{x\to 0}\frac{\dfrac{x}{\sin x}\cdot\dfrac{x\cos x - \sin x}{x^2}}{2x} =$$

$$\lim_{x\to 0}\frac{x\cos x - \sin x}{2x^3}\quad(\lim_{x\to 0}\frac{x}{\sin x}=1) =$$

$$\lim_{x\to 0}\frac{-x\sin x}{6x^2} = -\frac{1}{6}$$

得

$$\lim_{x\to 0}\left(\frac{\sin x}{x}\right)^{\frac{1}{x^2}} = e^{-\frac{1}{6}}$$

（2）$g'(0) = \lim\limits_{x\to 0}\dfrac{g(x) - g(0)}{x} = \lim\limits_{x\to 0}\dfrac{\dfrac{f(x)}{x} - f'(0)}{x} =$

$$\lim_{x\to 0}\frac{f(x) - xf'(0)}{x^2} = \lim_{x\to 0}\frac{f'(x) - f'(0)}{2x} = \frac{1}{2}f''(0)$$

193.（湖北大学,天津大学） 设函数 $f(x)$ 在 $(0,+\infty)$ 上满足 $f(2x) = f(x)$ 且 $\lim\limits_{x\to+\infty}f(x) = A$，证明：$f(x)\equiv A, x\in(0,+\infty)$.

证 $\forall x_0\in(0,+\infty)$，任取自然数 n，有

$$f(x_0) = f(2x_0) = f(2^2 x_0) = \cdots = f(2^n x_0)$$

两边取极限，得

$$f(x_0) = \lim_{n\to+\infty}f(2^n x_0) \qquad\qquad ⑤$$

由 $\lim\limits_{x\to+\infty}f(x) = A$，得 $\lim\limits_{n\to+\infty}f(2^n x_0) = A.$

由式 ⑤ 得 $f(x_0) = A$，再由 x_0 的任意性，则

$$f(x)\equiv A, x\in(0,+\infty)$$

194.（华中科技大学） （1）求 $\lim\limits_{x\to 0}\dfrac{\dfrac{x^2}{2} + 1 - \sqrt{1+x^2}}{(\cos x - e^{x^2})\sin x^2}$；

（2）给定数列 $a_0 = 0$.

$$a_n = \frac{1 + 2a_{n-1}}{1 + a_{n-1}}\ (n = 1, 2, \cdots) \qquad\qquad ①$$

证明：$\lim\limits_{n\to\infty}a_n$ 存在，并求此极限值.

解 （1）由 $\sqrt{1+x^2} = (1+x^2)^{\frac{1}{2}} =$

$$1 + \frac{1}{2}x^2 - \frac{1}{8}x^4 + o(x^4)$$

则

$$\frac{x^2}{2} + 1 - \sqrt{1+x^2} = \frac{1}{8}x^4 + o(x^4)$$

$$\cos x = 1 - \frac{x^2}{2} + \frac{x^4}{24} + o(x^4)$$

$$e^{x^2} = 1 + x^2 + \frac{1}{2}x^4 + o(x^4)$$

$$\sin x^2 = x^2 - \frac{x^6}{6} + \cdots = x^2 + o(x^4)$$

$$\lim_{x \to 0} \frac{\frac{x^2}{2} + 1 - \sqrt{1+x^2}}{(\cos x - e^{x^2})\sin x^2} = \lim_{x \to 0} \frac{\frac{1}{8}x^4 + o(x^4)}{\left[-\frac{3}{2}x^2 - \frac{11}{24}x^4 + o(x^4)\right]\left[x^2 + o(x^4)\right]} = -\frac{1}{12}$$

（2）先用数学归纳法证明：

$$a_n \geqslant a_{n-1}, \quad n = 1, 2, \cdots \qquad ②$$

当 $n = 1$ 时，$a_0 = 0$，有

$$a_1 = \frac{1 + 2a_0}{1 + a_0} = 1 > a_0$$

即当 $n = 1$ 时式 ② 成立，归纳假设 $a_{n-1} \geqslant a_{n-2}$，再证 n 时，

$$a_n - a_{n-1} = \frac{1 + 2a_{n-1}}{1 + a_{n-1}} - \frac{1 + 2a_{n-2}}{1 + a_{n-2}} =$$

$$\frac{a_{n-1} - a_{n-2}}{(1 + a_{n-1})(1 + a_{n-2})} \geqslant 0$$

得
$$a_n \geqslant a_{n-1}$$

从而式 ② 成立，即 $\{a_n\}$ 单调递增.

$$a_n = \frac{1 + 2a_{n-1}}{1 + a_{n-1}} \leqslant \frac{2(1 + a_{n-1})}{1 + a_{n-1}} = 2$$

即 $\{a_n\}$ 有上界. 则 $\lim\limits_{n \to \infty} a_n = l$ 存在. 且 $1 < l \leqslant 2$.

再由式 ① 有 $l = \dfrac{1 + 2l}{1 + l}$，解得

$$l = \frac{1 + \sqrt{5}}{2} \text{ 或 } l = \frac{1 - \sqrt{5}}{2}(\text{舍去})$$

得
$$\lim_{n \to \infty} a_n = \frac{1 + \sqrt{5}}{2}$$

195.（**北京大学**） 不用 Hospitale 法则，用变量替换求极限

$$\lim_{n \to +\infty} n\left[e - (1 + \frac{1}{n})^n\right]$$

解 令 $x = \dfrac{1}{n}$，则

$$\lim_{n \to +\infty} n\left[e - (1 + \frac{1}{n})^n\right] = \lim_{x \to 0} \frac{e - (1 + x)^{\frac{1}{x}}}{x} =$$

$$\lim_{x \to 0} \frac{e - e^{\frac{\ln(1+x)}{x}}}{x} =$$

$$\lim_{x \to 0} \frac{e - e^{\frac{x - \frac{x^2}{2} + o(x^2)}{x}}}{x} =$$

$$\mathrm{e}\lim_{x\to 0}\frac{1-\mathrm{e}^{\frac{x}{2}+0(x)}}{x}=$$

$$\mathrm{e}\lim_{x\to 0}\frac{1-\left[1-\dfrac{x}{2}+o(x)\right]}{x}$$

$$=\frac{\mathrm{e}}{2}.$$

196.（北京师范大学） 设 $f(x)=\displaystyle\sum_{n=0}^{\infty}2^{-n}\cos 2^n x$,求

$$\lim_{x\to 0^+}x^{-1}[f(x)-f(0)]$$

解 令 $u_n(x)=2^{-n}\cos 2^n x$,得

$$|u_n(x)|\leqslant\frac{1}{2^n}\qquad(n=0,1,\cdots)$$

则 $\displaystyle\sum_{n=0}^{\infty}2^{-n}\cos 2^n x$ 一致收敛. 从而由洛必达法则及逐项微分可得

$$\lim_{x\to 0^+}x^{-1}[f(x)-f(0)]=\lim_{x\to 0^+}\frac{f(x)-f(0)}{x}=$$

$$\lim_{x\to 0^+}(-\sin x-\sin 2x-\cdots-\sin 2^n x-\cdots)=$$

$$0$$

197.（华中师范大学） 设 $f(x)$ 在 $(-\infty,+\infty)$ 可导,求

$$\lim_{r\to 0}\frac{1}{r}\left[f\left(t+\frac{r}{a}\right)-f\left(t-\frac{r}{a}\right)\right]$$

其中 r 与 a,t 无关.

解 $\displaystyle\lim_{r\to 0}\frac{1}{r}\left[f\left(t+\frac{r}{a}\right)-f\left(t-\frac{r}{a}\right)\right]=$

$$\lim_{r\to 0}\left\{\frac{1}{a}\left[\frac{f\left(t+\dfrac{r}{a}\right)-f(t)}{\dfrac{r}{a}}\right]+\frac{1}{a}\left[\frac{f\left(t-\dfrac{r}{a}\right)-f(t)}{-\dfrac{r}{a}}\right]\right\}=$$

$$\frac{2}{a}f'(t)$$

198.（北京大学） 叙述定义:

(1) $\displaystyle\lim_{x\to-\infty}f(x)=+\infty$;

(2) 当 $x\to a-0$ 时, $f(x)$ 不以 A 为极限.

解 (1) $\forall M>0$,总存在 $N>0$,使得当 $x<-N$ 时,有 $f(x)>M.$ 则称 $\displaystyle\lim_{x\to-\infty}f(x)=+\infty$.

(2) 存在 $\varepsilon_0>0$,对 $\forall\delta>0$,都存在 $x_0\in(a-\delta,a)$,使 $|f(x_0)-A|\geqslant\varepsilon_0$.

199.（北京大学） 求极限

$$\lim_{x\to 0}\frac{(a+x)^x-a^x}{x^2},a>0$$

解 由 $\lim\limits_{x\to 0}(a+x)^x = 1$,由洛必达法则,得

$$\lim_{x\to 0}\frac{(a+x)^x - a^x}{x^2} = \lim_{x\to 0}\frac{(a+x)^x\left[\ln(a+x) + \dfrac{x}{a+x}\right] - a^x\ln a}{2x} =$$

$$\lim_{x\to 0}\frac{(a+x)^x\left[\ln(a+x) + \dfrac{x}{a+x}\right]^2 + (a+x)^x\left[\dfrac{1}{a+x} + \dfrac{a}{(a+x)^2}\right] - a^x(\ln a)^2}{2} =$$

$$\frac{1}{a}$$

200.**(华中师范大学)** 求下列极限.

(1) $\lim\limits_{x\to 0}\dfrac{a^{x^2} - b^{x^2}}{(a^x - b^x)^2}$,$(a > 0, b > 0)$;

(2) $\lim\limits_{n\to\infty}\dfrac{\sqrt[n]{n!}}{n}$;

(3) 设函数列

$$y_n = y_n(x)\ (0 \leqslant x \leqslant 1, n = 1, 2, \cdots)$$

用以下方法确定:

$$y_1 = \frac{x}{2},\ y_n = \frac{x}{2} + \frac{y_{n-1}^2}{2}\ (n = 2, 3, \cdots)$$

求 $\lim\limits_{n\to\infty}y_n$.

解 (1)由洛必达法则

$$\lim_{x\to 0}\frac{a^{x^2} - b^{x^2}}{(a^x - b^x)^2} = \lim_{x\to 0}\frac{2xa^{x^2}\ln a - 2xb^{x^2}\ln b}{2(a^x - b^x)(a^x\ln a - b^x\ln b)} =$$

$$\lim_{x\to 0}\frac{x}{a^x - b^x}\cdot\frac{a^{x^2}\ln a - b^{x^2}\ln b}{a^x\ln a - b^x\ln b}$$

但 $\lim\limits_{x\to 0}\dfrac{a^{x^2}\ln a - b^{x^2}\ln b}{a^x\ln a - b^x\ln b} = 1$

$$\lim_{x\to 0}\frac{x}{a^x - b^x} = \lim_{x\to 0}\frac{1}{a^x\ln a - b^x\ln b} = \frac{1}{\ln a - \ln b}$$

得

$$\lim_{x\to 0}\frac{a^{x^2} - b^{x^2}}{(a^x - b^x)^2} = \frac{1}{\ln a - \ln b}$$

(2) 令 $y = \dfrac{\sqrt[n]{n!}}{n}$,则

$$\ln y = \frac{1}{n}\sum_{i=1}^{n}\ln\frac{i}{n}$$

$$\lim_{n\to\infty}\frac{1}{n}\sum_{i=1}^{n}\ln\frac{i}{n} = \int_0^1 \ln x\,\mathrm{d}x = -1$$

得

$$\lim_{n\to\infty}\frac{\sqrt[n]{n!}}{n} = \mathrm{e}^{-1}$$

(3) 先用数学归纳法,证明

$$0 \leqslant y_n \leqslant 1, (n \in N) \qquad \textcircled{1}$$

当 $n = 1$ 时，$y_1 = \dfrac{x}{2} \in [0, \dfrac{1}{2}]$，则 $0 \leqslant y_1 \leqslant 1$ 成立.

归纳假设结论对 $n - 1$ 成立，再证 n 时：

$$0 \leqslant y_n = \frac{x}{2} + \frac{y_{n-1}^2}{2} \leqslant \frac{1}{2} + \frac{1}{2} = 1$$

从而式 $\textcircled{1}$ 对一切自然数成立.

$$y_{n+1} - y_n = \frac{y_n^2}{2} - \frac{y_{n-1}^2}{2} = \frac{1}{2}(y_n + y_{n-1})(y_n - y_{n-1}) \qquad \textcircled{2}$$

由式 $\textcircled{1}\textcircled{2}$ 知 $y_{n+1} - y_n$ 与 $y_n - y_{n-1}$ 同号.

而　　　　　　　$$y_2 - y_1 = (\frac{x}{2} + \frac{x^2}{8}) - \frac{x}{2} = \frac{x^2}{8} \geqslant 0$$

得　　　　　　　　　　　　$$y_{n+1} - y_n \geqslant 0$$

此而 $\{y_n\}$ 单调递增，再由式 $\textcircled{1}$ 知 $\{y_n\}$ 单调递增有上界，则 $\lim\limits_{n \to \infty} y_n = l$（存在）. 又 $y_n = \dfrac{x}{2} + \dfrac{y_{n-1}^2}{2}$，两边取极限得

$$l = \frac{x}{2} + \frac{l^2}{2}$$

得　　　　　　　　　　　　$$l^2 - 2l + x = 0$$

$$l = 1 \pm \sqrt{1 - x}$$

但　　　　　　　　$$l \leqslant 1, l = 1 - \sqrt{1 - x}，则$$

$$\lim_{n \to \infty} y_n = 1 - \sqrt{1 - x}$$

201. (哈尔滨工业大学)　设 $f(x)$ 在 $[a, b]$ 上有定义且在每一点处函数的极限存在，求证：$f(x)$ 在 $[a, b]$ 上有界.

证　$\forall x_0 \in [a, b]$ 由于极限存在，设 $\lim\limits_{x \to x_0} f(x) = A$，取 $\varepsilon = 1$，则存在 $\delta_{x_0} > 0$，使当 $x \in U(x_0, \delta_{x_0})$ 时，有

$$|f(x) - A| < 1$$

则　　　　　　　　$$A - 1 < f(x) < A + 1$$

令　　$M_{x_0} = \max\{|A + 1|, |A - 1|\}$，令 $U(x_0, \delta_{x_0}) = $
　　　　　　$(x_0 - \delta_{x_0}, x_0 + \delta_{x_0})$，

则　　　　　　　$$|f(x)| < M_{x_0}, x \in U(x_0, \delta_{x_0}) \qquad \textcircled{1}$$

即 $\forall x_0 \in [a, b]$，存在 $\delta_{x_0} > 0$，使式 $\textcircled{1}$ 成立.

于是 $\{U(x, \delta_x) \mid x \in (a, b)\}$ 是 $[a, b]$ 上的一个开覆盖，由有限覆盖定理存在有限个，不失一般设为

$$U(x_1, \delta_{x_1}), U(x_2, \delta_{x_2}), \cdots, U(x_m, \delta_{x_m})$$

也构成 $[a, b]$ 的一个开覆盖，且

$$|f(x)| < M_i (i = 1, 2, \cdots, m), x \in U(x_i, \delta_{x_i}) \qquad \textcircled{2}$$

再令 $M = \max\{M_1, M_2, \cdots M_m\}$，则

$$|f(x)| < M, x \in [a,b]$$

202. (复旦大学) （1）求极限

$$\lim_{x \to 0}\left[\frac{x^2 \sin\dfrac{1}{x^2}}{\sin x} + \left(\frac{3-e^x}{2+x}\right)^{\csc x}\right]$$

（2）当 $x \to 0$ 时，求 $1 - \cos(\sin x) + \alpha\ln(1+x^2)$ 是多少阶无穷小量（α 为参数）．

解 （1）由 $\displaystyle\lim_{x \to 0}\frac{x^2 \sin\dfrac{1}{x^2}}{\sin x} = \lim_{x \to 0}\frac{x}{\sin x}x\sin\frac{1}{x^2}$

$$= 0.$$

令

$$y = \left(\frac{3-e^x}{2+x}\right)^{\csc x}$$

$$\ln y = \frac{1}{\sin x}\ln\frac{3-e^x}{2+x}$$

$$\lim_{x \to 0}\frac{\ln\dfrac{3-e^x}{2+x}}{\sin x} = \lim_{x \to 0}\frac{\dfrac{2+x}{3-e^x}\cdot\dfrac{-e^x(2+x)-(3-e^x)}{(2+x)^2}}{\cos x} = -1$$

因此

$$\lim_{x \to 0}\left(\frac{3-e^x}{2+x}\right)^{\csc x} = e^{-1}$$

$$\lim_{x \to 0}\left[\frac{x^2 \sin\dfrac{1}{x^2}}{\sin x} + \left(\frac{3-e^x}{2+x}\right)^{\csc x}\right] = e^{-1}$$

（2）当 $\alpha \neq -\dfrac{1}{2}$ 时，因为

$$\lim_{x \to 0}\frac{1-\cos(\sin x)+\alpha\ln(1+x^2)}{x^2} =$$

$$\lim_{x \to 0}\frac{\sin(\sin x)\cdot\cos x + \dfrac{2\alpha x}{1+x^2}}{2x} =$$

$$\lim_{x \to 0}\frac{\cos(\sin x)\cdot\cos^2 x - \sin(\sin x)\cdot\sin x + \dfrac{2\alpha(1+x^2)-4\alpha x}{(1+x^2)^2}}{2} =$$

$$\frac{1+2\alpha}{2} \neq 0$$

当 $\alpha = -\dfrac{1}{2}$ 时，有

$$1-\cos(\sin x) - \frac{1}{2}\ln(1+x^2) =$$

$$1-\left(1-\frac{\sin^2 x}{2!}+\frac{\sin^4 x}{4!}+o(\sin^4 x)\right) - \frac{1}{2}\left(x^2 - \frac{x^4}{2}+o(x^4)\right) =$$

$$\frac{1}{2}\left(x-\frac{x^3}{3!}+o(x^3)\right)^2 - \frac{1}{4!}\left(x-\frac{x^3}{3!}+o(x^3)\right)^4 - \frac{x^2}{2}+\frac{x^4}{4}+o(x^4) =$$

$$\frac{1}{2}(x^2 - 2 \cdot x \cdot \frac{x^3}{3!} + o(x^4)) - \frac{1}{24}(x^4 + o(x^4)) - \frac{x^2}{2} + \frac{x^4}{4} + o(x^4) =$$

$$\frac{1}{24}x^4 + o(x^4) \sim \frac{1}{24}x^4.$$

$1 - \cos(\sin x) - \frac{1}{2}\ln(1 + x^2)$ 当 $x \to 0$ 时是 4 阶无穷小.

203. (复旦大学, 1996) 求极限 $\lim\limits_{x \to +0}(\cot x)^{\frac{1}{\ln x}}$.

解 令 $y = (\cot x)^{\frac{1}{\ln x}}$, 则

$$\ln y = \frac{\ln \cot x}{\ln x}$$

$$\lim_{x \to +0}\frac{\ln \cot x}{\ln x} = \lim_{x \to +0}\frac{\tan x \cdot (-\csc^2 x)}{\frac{1}{x}} = -1$$

得 $$\lim_{x \to +0}(\cot x)^{\frac{1}{\ln x}} = e^{-1}$$

204. (南京大学) 求极限:

(1) $\lim\limits_{x \to 0+}\dfrac{1}{x^{\ln(e^x - 1)}} = ?$

(2) $\lim\limits_{x \to \infty}\dfrac{x - \sin x}{x + \sin x} = ?$

解 (1) 令 $y = x^{\ln(e^x - 1)}$, 则

$$\ln y = \ln(e^x - 1)\ln x$$

由 $\lim\limits_{x \to 0+}\ln(e^x - 1) \cdot \ln x = +\infty$, 得

$$\lim_{x \to 0+}x^{\ln(e^x - 1)} = e^{+\infty} = +\infty$$

$$\lim_{x \to 0+}\frac{1}{x^{\ln(e^x - 1)}} = 0$$

(2) $$\lim_{x \to \infty}\frac{x - \sin x}{x + \sin x} = \lim_{x \to \infty}\frac{1 - \frac{\sin x}{x}}{1 + \frac{\sin x}{x}} = 1$$

205. (复旦大学) 求 $\lim\limits_{x \to 0}(x + e^x)^{\frac{2}{x}}$ 极限.

解 令 $y = (x + e^x)^{\frac{2}{x}}$, 则 $\ln y = \frac{2}{x}\ln(x + e^x)$ 而 $\lim\limits_{x \to 0}\frac{2\ln(x + e^x)}{x} = 2\lim\limits_{x \to 0}$

$\dfrac{1 + e^x}{x + e^x} = 4$

因此 $$\lim_{x \to 0}(x + e^x)^{\frac{2}{x}} = e^4$$

206. (四川联合大学) 求极限 $\lim\limits_{x \to +\infty}(x + e^x)^{-\frac{1}{x}}$.

解 令 $y = (x + e^x)^{-\frac{1}{x}}$, 则 $\ln y = -\frac{1}{x}\ln(x + e^x)$, 而

$$\lim_{x\to+\infty}\left[-\frac{\ln(x+\mathrm{e}^x)}{x}\right]=-\lim_{x\to+\infty}\frac{1+\mathrm{e}^x}{x+\mathrm{e}^x}=$$

$$-\lim_{x\to+\infty}\frac{\mathrm{e}^x}{1+\mathrm{e}^x}=-1$$

$$\lim_{x\to+\infty}(x+\mathrm{e}^x)^{\frac{1}{x}}=\mathrm{e}^{-1}=\frac{1}{\mathrm{e}}$$

207.（北京科技大学）　计算 $\lim\limits_{x\to 0}\dfrac{x\left[(1+x)^{\frac{1}{x}}-\mathrm{e}\right]}{1-\cos x}$.

解　当 $x\to 0$ 时，$1-\cos x=2\sin^2\dfrac{x}{2}$，$\sin^2\dfrac{x}{2}\sim\dfrac{x^2}{4}$.

$$\lim_{x\to 0}\frac{x\left[(1+x)^{\frac{1}{x}}-\mathrm{e}\right]}{1-\cos x}=2\lim_{x\to 0}\frac{(1+x)^{\frac{1}{x}}-\mathrm{e}}{x}$$

由 $\left((1+x)^{\frac{1}{x}}\right)'=(1+x)^{\frac{1}{x}}\cdot\dfrac{\dfrac{x}{1+x}-\ln(1+x)}{x^2}$，得

$$\lim_{x\to 0}\frac{x\left[(1+x)^{\frac{1}{x}}-\mathrm{e}\right]}{1-\cos x}=2\lim\frac{(1+x)^{\frac{1}{x}}-\mathrm{e}}{x}=$$

$$2\lim_{x\to 0}(1+x)^{\frac{1}{x}}\frac{\dfrac{x}{1+x}-\ln(1+x)}{x^2}=$$

$$2\mathrm{e}\lim_{x\to 0}\frac{\dfrac{1}{(1+x)^2}-\dfrac{1}{1+x}}{2x}=$$

$$2\mathrm{e}\lim_{x\to 0}\frac{-x}{2x(1+x)^2}=$$

$$-\mathrm{e}.$$

208.（四川联合大学）　填空题

（1）设 $f(x)=\mathrm{e}^{\sin(2x-3)\pi}$，则 $\lim\limits_{x\to 1}\dfrac{f(2-x)-f(1)}{x-1}=$ _____；

（2）设 $\lim\limits_{x\to\infty}\left(\dfrac{1+x}{x}\right)^{\lambda x}=\displaystyle\int_{-\infty}^{\lambda}t\mathrm{e}^t\mathrm{d}t$，则 $\lambda=$ _____.

解　（1）$\lim\limits_{x\to 1}\dfrac{f(2-x)-f(1)}{x-1}=\lim\limits_{x\to 1}\dfrac{\mathrm{e}^{\sin(1-2x)\pi}-1}{x-1}=$

$$\lim_{x\to 1}\mathrm{e}^{\sin(1-2x)\pi}\cdot\cos(1-2x)\pi\cdot(-2\pi)=$$

$$2\pi.$$

（2）$\lim\limits_{x\to\infty}\left(\dfrac{1+x}{x}\right)^{\lambda x}=\mathrm{e}^{\lambda}$

$$\int_{-\infty}^{\lambda}t\mathrm{e}^t\mathrm{d}t=t\mathrm{e}^t\Big|_{-\infty}^{\lambda}-\int_{-\infty}^{\lambda}\mathrm{e}^t\mathrm{d}t=\lambda\mathrm{e}^{\lambda}-\mathrm{e}^{\lambda}$$

由 $\lim\limits_{x\to\infty}\left(\dfrac{1+x}{x}\right)^{\lambda x}=\displaystyle\int_{-\infty}^{\lambda}t\mathrm{e}^t\mathrm{d}t$，得

$$\mathrm{e}^{\lambda}=\lambda\mathrm{e}^{\lambda}-\mathrm{e}^{\lambda}$$

$$2e^\lambda = \lambda e^\lambda, \qquad \lambda = 2$$

209.（浙江大学） 用"ε-δ 语言"证明：

$$\lim_{x \to 1} \frac{(x-2)(x-1)}{x-3} = 0.$$

证 设 $|x-1| < 1$，则

$|x-2| = |x-1-1| \leqslant |x-1| + |-1| < 2$

$|x-3| = |x-1-2| \geqslant |-2| - |x-1| > 2-1 = 1$

得 $\left| \dfrac{x-2}{x-3} \right| < 2.$

$\forall \varepsilon > 0$，取 $\delta < \min\{1, \dfrac{\varepsilon}{2}\}$，则当 $|x-1| < \delta$ 时

$$\left| \frac{(x-2)(x-1)}{x-3} - 0 \right| = \left| \frac{x-2}{x-3} \right| |x-1| < 2\delta < \varepsilon.$$

$$\lim_{x \to 1} \frac{(x-2)(x-1)}{x-3} = 0$$

210.（浙江大学） 求 $\lim\limits_{x \to \infty} \left(\sqrt{\cos \dfrac{1}{x}} \right)^{1/x^2}$

解 令 $y = \left(\sqrt{\cos \dfrac{1}{x}} \right)^{1/x^2}$，则

$$\ln y = \frac{1}{2x^2} \ln\cos \frac{1}{x}$$

但

$$\lim_{x \to \infty} \frac{1}{2x^2} \ln\cos \frac{1}{x} = 0$$

得 $\lim\limits_{x \to \infty} \left(\sqrt{\cos \dfrac{1}{x}} \right)^{1/x^2} = e^0 = 1$

第三章 函数的连续性

§1 连续与一致连续

【考点综述】

一、综述

1. 连续

(1) 设函数 $f(x)$ 在点 a 的邻域内有定义,且 $\lim\limits_{x \to a} f(x) = f(a)$,则称 $f(x)$ 在点 a 连续.

(2) 设 $f(x)$ 在 a 的右(或左)邻域 $U_+(a)$(或 $U_-(a)$)内有定义. 若 $\lim\limits_{x \to a+} f(x) = f(a)$(或 $\lim\limits_{x \to a-} f(x) = f(a)$),则称 $f(x)$ 在点 a 右(或左)连续.

显然 $f(x)$ 在 a 连续的充要条件是:函数 $f(x)$ 在点 a 既左连续又右连续.

(3) 若函数 $f(x)$ 在区间 I 上每一点都连续,则称 $f(x)$ 为 I 上连续函数. 对于区间端点上的连续性,按左、右连续来确定.

(4) 函数 $f(x)$ 的不连续点统称为间断点,间断点又分为两类:

(ⅰ)第一类间断点: $\lim\limits_{x \to a+} f(x)$ 与 $\lim\limits_{x \to a-} f(x)$ 都存在,

1) 若 $\lim\limits_{x \to a+} f(x) = \lim\limits_{x \to a-} f(x) \neq f(a)$,称 a 为可去间断点.

2) 若 $\lim\limits_{x \to a+} f(x) \neq \lim\limits_{x \to a-} f(x)$,称 a 为跳跃间断点.

(ⅱ)第二类间断点: $\lim\limits_{x \to a+} f(x)$ 与 $\lim\limits_{x \to a-} f(x)$ 至少有一不存在.

2. 一致连续

(1) 设 $f(x)$ 为定义在区间 I 上的函数,若对 $\forall \varepsilon > 0$,总存在 $\delta = \delta(\varepsilon) > 0$,只要 $x', x'' \in I$ 且 $|x' - x''| < \delta$,都有 $|f(x') - f(x'')| < \varepsilon$,则称 $f(x)$ 在区间 I 上一致连续.

(2) $f(x)$ 在区间 I 上一致连续,则 $f(x)$ 在 I 上连续,反之不然.

(3) $f(x)$ 在闭区间 $[a,b]$ 上连续,则 $f(x)$ 在 $[a,b]$ 上一致连续.

二、解题方法

1. 考点 1 判断连续性

解题方法 ① 定义法(见下面第 214 题);② 判定左、右连续法(见下面第 218 题);③ 放缩法(见下面第 216 题).

2. 考点 2 判断一致连续性

解题方法 ① 定义法(见下面第 213 题);② 放缩性(见下面第 241 题);③ 用利普希兹条件(见下面第 250 题).

【经典题解】

211. (复旦大学) 严格表达下列概念：

(1) $\lim\limits_{x \to +\infty} f(x) = -\infty$；

(2) $y = f(x)$ 在 $x \in [a,b]$ 上不一致连续.

答 (1) $\forall M > 0, \exists N > 0$, 当 $x > N$ 时, 有 $f(x) < -M$. 则称 $\lim\limits_{x \to +\infty} f(x) = -\infty$.

(2) $\exists \varepsilon_0 > 0$, 对 $\forall \delta > 0$, 存在 $x_1, x_2 \in [a,b]$, 且 $|x_1 - x_2| < \delta$, 而 $|f(x_1) - f(x_2)| \geqslant \varepsilon_0$.

212. (浙江大学) 给出一个一元函数 f, 在有理数都不连续, 在无理点都连续. 并证明之.

证 先作黎曼函数

$$f(x) = \begin{cases} \dfrac{1}{q}, & \text{当 } x = \dfrac{1}{q} (p,q \text{ 为正整数}, \dfrac{p}{q} \text{ 为既约分数}) \\ 0, & \text{当 } x = 0,1 \text{ 及无理数} \end{cases}$$

则可证 $f(x)$ 在 $[0,1]$ 的有理点都不连续, 在无理点连续(见第 214 题). 再定义 $F(x) = f(x_1)$, 其中 $x = k + x_1, k$ 为整数, $x_1 \in [0,1]$.

则 $F(x)$ 是以 1 为周期的函数. 但在 $[0,1]$ 上 $F(x) = f(x)$. 从而 $F(x)$ 在有理点都不连续, 在无理点都连续.

213. (南开大学)

(1) 叙述 $f(x)$ 于区间 I 一致连续的定义；

(2) 设 $f(x), g(x)$ 都于区间 I 一致连续且有界, 证明: $F(x) = f(x)g(x)$ 也于 I 一致连续.

解 (1) $\forall \varepsilon > 0, \exists \delta > 0$, 对 $\forall x_1, x_2 \in I$, 当 $|x_1 - x_2| < \delta$ 时, 都有
$$|f(x_1) - f(x_2)| < \varepsilon.$$

则称 $f(x)$ 在 I 上一致连续.

(2) 由题设 $f(x), g(x)$ 有界, 从而存在 $M > 0$, 使
$$|f(x)| < M, |g(x)| < M, \forall x \in I.$$

再由 $f(x), g(x)$ 都一致连续, 则 $\forall \varepsilon > 0, \exists \delta_1 > 0$ 和 $\delta_2 > 0$ 使 $\forall x_1, x_2, x_3, x_4 \in I$, 且 $|x_1 - x_2| < \delta_1, |x_3 - x_4| < \delta_2$ 时有 $|f(x_1) - f(x_2)| < \dfrac{\varepsilon}{2M}, |g(x_3) - g(x_4)| < \dfrac{\varepsilon}{2M}$, 令 $\delta = \min\{\delta_1, \delta_2\}$, 则 $\forall x_5, x_6 \in I$, 且 $|x_5 - x_6| < \delta$ 时, $|F(x_5) - F(x_6)| = |f(x_5)g(x_5) - f(x_6)g(x_6)| \leqslant |f(x_5)| \cdot |g(x_5) - g(x_6)| + |g(x_6)| \cdot |f(x_5) - f(x_6)| < M \cdot \dfrac{\varepsilon}{2M} + M \cdot \dfrac{\varepsilon}{2M} = \varepsilon.$

因此 $F(x)$ 在 I 上一致连续.

214. (复旦大学) 讨论 Riemann 函数

$$f(x) = \begin{cases} \dfrac{1}{q}, & \text{当 } x = \dfrac{p}{q}, (q > 0, p, q \text{ 是互质整数}), \\ 0, & \text{当 } x = 0,1 \text{ 及无理数} \end{cases}$$

在区间 $[0,1]$ 上的不连续点的类型.

解　(1) 先证 $f(x)$ 在 $[0,1]$ 上无理点都连续,设无理数 $\xi \in [0,1]$. $| f(x) - f(\xi) | = f(x)$.

$\forall \varepsilon > 0$,若 x 为无理数,总有 $| f(x) - f(\xi) | = f(x) = 0 < \varepsilon$.

若 $x = \dfrac{p}{q}$,在 $[0,1]$ 中既约分数的分母不大于 n 的仅有有限个,选其中最接近于 ξ 的,记为 x',取 $\delta = | \xi - x' |$,则当 $| \dfrac{p}{q} - \xi | < \delta$ 时,有

$$| f(x) - f(\xi) | = \frac{1}{q} < \frac{1}{n} < \varepsilon$$

(2) 再证 $f(x)$ 在 $(0,1)$ 上有理点,均为可去间断点,设有理数 $\dfrac{q}{p} \in [0,1]$ 用(1)方法可证明 $\lim\limits_{x \to \frac{p}{q}} f(x) = 0$ 但 $f\left(\dfrac{p}{\xi}\right) = \dfrac{1}{q} \neq 0$,所以有理点为可去间断点.

因此 $\lim\limits_{n \to \frac{p}{q}} f(x)$ 不存在. 即证 $\dfrac{p}{q}$ 为 $f(x)$ 的第二类间断点.

(3) 类似可证 1 是 $f(x)$ 的左连续点,0 是 $f(x)$ 的右连续点.

215.(**清华大学**)　已知 $f(x) = \begin{cases} x^{2x}, & x > 0, \\ x + 1, & x \leqslant 0 \end{cases}$

(1) 研究 $f(x)$ 在 $x = 0$ 处的连续性;

(2) 问 x 为何值时,$f(x)$ 取得极值.

解　(1)　　　$\lim\limits_{x \to 0-} f(x) = \lim\limits_{x \to 0-} (x+1) = 1 = f(0)$　　　　①

$$\lim\limits_{x \to 0+} f(x) = \lim\limits_{x \to 0+} x^{2x} = \lim\limits_{x \to 0+} e^{2x\ln x}$$

$$\lim\limits_{x \to 0+} 2x\ln x = 2\lim\limits_{x \to 0+} \frac{\ln x}{\frac{1}{x}} = 2\lim\limits_{x \to 0+} \frac{\frac{1}{x}}{-\frac{1}{x^2}} = 0,得$$

$$\lim\limits_{x \to 0+} f(x) = e^0 = 1 = f(0)　　　　②$$

由式 ①② 知 $f(x)$ 在 $x = 0$ 处连续.

(2) 当 $x > 0$ 时,$f'(x) = x^{2x}(2\ln x + 2)$.

令 $f'(x) = 0$,解得 $x = e^{-1}$.

当 $x < e^{-1}$ 时,$f'(x) < 0$;当 $x > e^{-1}$ 时,$f'(x) > 0$,当 $x = e^{-1}$ 时,$f(x)$ 有极小值 $(e^{-1})^{2e^{-1}} = f(e^{-1})$.

当 $x < 0$ 时,$f'(x) = 1 > 0$. 在 $0 < x < e^{-1}$ 内 $f'(x) < 0$. $\therefore$ 当 $x = 0$ 时,$f(x)$ 有极大值 $1 = f(0)$.

216.(**内蒙古大学**)　讨论函数:

$$f(x) = \begin{cases} x(1-x), & x \text{ 为有理数}, \\ x(1+x), & x \text{ 为无理数} \end{cases}$$

的连续性与可微性.

解　先证 $f(x)$ 在 $x = 0$ 处连续. $\forall \varepsilon > 0$,先令 $| x | < 1$ 时,则 $1 + | x | < 2$,取

$\delta = \min(1, \dfrac{\varepsilon}{2})$ 当 $|x| < 0$ 时,有

$$|f(x) - f(0)| = |f(x)| \leqslant |x|(1 + |x|) < 2, \quad \delta \leqslant \varepsilon$$

再证 $f(x)$ 在任何非零点 x_0 均不连续. 分别取有理数 $\{r_n\}$ 收敛于 x_0,再取无理数 $\{a_n\}$ 收敛于 x_0. 则

$$\lim_{n \to \infty} f(r_n) = \lim_{n \to \infty} r_n(1 - r_n) = x_0(1 - x_0)$$
$$\lim_{n \to \infty} f(a_n) = \lim_{n \to \infty} a_n(1 + a_n) = x_0(1 + x_0)$$

若 $f(x)$ 在 x_0 处连续,则有 $x_0(1 - x_0) = x_0(1 + x_0)$,得 $x_0 = 0$,这与 $x_0 \neq 0$ 矛盾. 由于 $f(x)$ 在任意非零点不连续,从而也不可微.

最后证明: $f(x)$ 在 $x = 0$ 处可微.

$$0 \leqslant \left| \frac{f(x) - f(0)}{x - 0} - 1 \right| \leqslant \left| \frac{f(x) - x}{x} \right| = |x|$$

由 $\lim\limits_{x \to 0} |x| = 0$,得

$$\lim_{x \to 0} \left| \frac{f(x) - f(0)}{x - 0} - 1 \right| = 0$$

即 $\lim\limits_{x \to 0} \dfrac{f(x) - f(0)}{x - 0} = 1$

得 $f'(0) = 1$.

217. (天津大学) 选择题:下列函数在开区间 $(0,1)$ 内一致连续的是(　　).

A. $f(x) = \dfrac{1}{x}$ 　　　　　　　　B. $g(x) = \sin \dfrac{1}{x}$

C. $h(x) = \dfrac{x}{2 - x^2}$ 　　　　　　D. $s(x) = \ln x$

答 C. 因为若 $f(x)$ 在开区间 (a,b) 上连续,则 $f(x)$ 在 (a,b) 上一致连续 $\Leftrightarrow$ $\lim\limits_{x \to a+0} f(x)$ 及 $\lim\limits_{x \to b-0} f(x)$ 都存在,或 $\dfrac{x}{2 - x^2}$ 在闭区间向 $[0,1]$ 上连续因而一致收敛.

根据上述结论. 故选 C.

218. (东北重型机械学院) 设

$$f(x) = \begin{cases} \dfrac{\ln(1+x)}{x}, & x > 0 \\ 0, & x = 0 \\ \dfrac{\sqrt{1+x} - \sqrt{1-x}}{x}, & -1 \leqslant x < 0 \end{cases}$$

试研究 $f(x)$ 在 $x = 0$ 点的连续性.

解 $\lim\limits_{x \to 0-} f(x) = \lim\limits_{x \to 0-} \dfrac{\sqrt{1+x} - \sqrt{1-x}}{x} =$

$$\lim_{x \to 0-} \frac{2}{\sqrt{1+x} + \sqrt{1-x}} = 1 \neq f(0)$$

$$\lim_{x \to 0+} f(x) = \lim_{x \to 0+} \frac{\ln(1+x)}{x} = 1 = \lim_{x \to 0-} f(x)$$

$x = 0$ 为 $f(x)$ 可去间断点.

219. (成都科技大学)　研究函数 $f(x) = \lim\limits_{n\to\infty} \dfrac{x^n-1}{x^n+1}$ 的连续性.

解　当 $|x| > 1$ 时,

$$f(x) = \lim_{n\to\infty} \frac{1-\dfrac{1}{x^n}}{1+\dfrac{1}{x^n}} = 1$$

当 $|x| < 1$ 时,

$$f(x) = \lim_{n\to\infty} \frac{x^n-1}{x^n+1} = -1$$

当 $x = 1$ 时, $f(x) = 0$.

当 $x = -1$ 时, $f(x)$ 无定义,得

$$f(x) = \begin{cases} -1, & |x| < 1 \\ 0, & x = 1 \\ 1, & |x| > 1 \end{cases}$$

由 $\lim\limits_{x\to 1-0} f(x) = \lim\limits_{x\to 1-0}(-1) = -1 \neq f(1)$ 得 $f(x)$ 在 $x = 1$ 处不连续.

在 $x = -1$ 处 $f(x)$ 无定义,从而也不连续. $\therefore f(x)$ 在 $(-\infty, -1) \bigcup (-1,1) \bigcup (1, +\infty)$ 上都连续.

220. (长沙铁道学院)　设函数 $f(x)$ 在 $[a,b]$ 上连续且恒大于零,按 ε-δ 定义证明: $\dfrac{1}{f(x)}$ 在 $[a,b]$ 上连续.

证　由 $f(x)$ 在 $[a,b]$ 上连续知, $f(x)$ 在 $[a,b]$ 上有最小值 $m > 0$. $\forall x_0 \in (a,b)$, $\forall \varepsilon > 0, \exists \delta > 0$, 当 $|x - x_0| < \delta$ 时,有 $|f(x) - f(x_0)| < m^2\varepsilon$.

$$\left| \frac{1}{f(x)} - \frac{1}{f(x_0)} \right| = \frac{|f(x_0) - f(x)|}{f(x)f(x_0)} \leqslant \frac{1}{m^2} |f(x_0) - f(x)| < \varepsilon$$

所以 $\dfrac{1}{f(x)}$ 在点 x_0 处连续.

当 $x_0 = a$(或 $x_0 = b$) 时,只需将上面 $|x - x_0| < \delta$, 改为 $a < x_0 < a + \delta$(或 $b - \delta < x_0 < b$) 即可.

综上可知, $f(x)$ 在 $[a,b]$ 上连续.

221. (上海化工学院)　已知 $f(x) = \begin{cases} x^2, & x \leqslant 1, \\ ax+b, & x > 1. \end{cases}$ 试确定常数 a,b 的值使 $f(x)$ 处处连续,且可微.

解　$f(x)$ 在 $x \neq 1$ 处处连续,且可微 $x = 1$ 时有

得 $\lim\limits_{x\to 1+0} f(x) = \lim\limits_{x\to 1+0}(ax+b) = a+b = f(1) = 1$

$$a + b = 1 \qquad\qquad\qquad ①$$

$$f'_-(1) = \lim_{x\to 1} -\frac{x^2-1}{x-1} = 2$$

$$f'_+(1) = \lim_{x\to 1^+} \frac{ax+b-1}{x-1} = \lim_{x\to 1^+} \frac{ax+b-a-b}{x-1} = a$$

由 $f'_-(1) = f'_+(1)$, 得 $a = 2$. 代入 ① 得 $b = -1$.

222. (湖南大学) 设 $f(x) = \begin{cases} 1, x \geqslant 0, \\ -1, x < 0, \end{cases} g(x) = \sin x$, 讨论 $f[g(x)]$ 的连续性.

解 当 $2k\pi \leqslant x \leqslant (2k+1)\pi$ 时, $\sin x \geqslant 0$.

当 $(2k+1)\pi < x < (2k+2)\pi$ 时, $\sin x < 0$.

得 $f[g(x)] = \begin{cases} 1 & \text{当} 2k\pi \leqslant x \leqslant (2k+1)\pi \\ -1 & (2k+1)\pi < x < (2k+2)\pi \end{cases}$,

其中 $k \in Z$.

$$\lim_{x \to 2k\pi - 0} f[g(x)] = -1 \neq f[g(2k\pi)]$$
$$\lim_{x \to (2k+1)\pi + 0} f[g(x)] = -1 \neq f[g(2k+1)\pi)]$$

得 $f[g(x)]$ 在 $x = k\pi (k \in Z)$ 点都不连续, 在其他点上都连续.

223. 若 $f(x)$ 在 $[a,b]$ 和 $[b,c]$ 上连续, 求证: $f(x)$ 在 $[a,c]$ 上一致连续.

证 由假设知 $f(x)$ 在 $[a,c]$ 上连续, 从而在 $[a,c]$ 上一致连续. 详细证明见第 259 题.

224. (中国人民大学, 新疆大学) 若 $f(x)$ 在 $[0,+\infty)$ 上连续, $\lim\limits_{x \to +\infty} f(x) = A$ 存在, 则 $f(x)$ 在 $[0,+\infty)$ 上一致连续.

证 因为 $\lim\limits_{x \to +\infty} f(x) = A$, 由柯西准则, $\forall \varepsilon > 0$, 存在 $M > 0$, 当 $x_1, x_2 > M$ 时, 有

$$| f(x_1) - f(x_2) | < \varepsilon. \tag{①}$$

又由于 $f(x)$ 在 $[0, M+1]$ 上连续, 从而一致连续. 故对上述 $\varepsilon > 0$, 存在 $\delta_1 > 0$, 当 $x_3, x_4 \in [0, M+1]$, 且 $| x_3 - x_4 | < \delta_1$ 时, 有

$$| f(x_3) - f(x_4) | < \varepsilon \tag{②}$$

取 $\delta = \min\{\delta_1, 1\}$, 则 $\forall x', x'' \in [0, +\infty)$ 且 $| x' - x'' | < \delta$ 时, 则或者 $x', x'' \in [0, M+1]$ 或者 $x', x'' > M$, 由 ①,② 均有

$$| f(x') - f(x'') | < \varepsilon.$$

此即证 $f(x)$ 在 $[0, +\infty)$ 上一致连续.

225. (哈尔滨工业大学) 求证: $f(x) = \dfrac{x^{314}}{e^x}$ 在 $[0 +\infty)$ 上一致连续.

证 $f(x)$ 在 $[0, +\infty]$ 上连续, 又由洛必达法则可证 $\lim\limits_{x \to +\infty} \dfrac{x^{314}}{e^x} = 0$.

由上题可得 $f(x)$ 在 $[0, +\infty)$ 一致连续.

226. (中国科学院) 证明: $f(x) = \dfrac{1}{x}$ 在 $[a, +\infty)$ (其中 $a > 0$) 上一致连续, $g(x) = \sin \dfrac{1}{x}$ 在 $(0,1)$ 上不一致连续.

证 对 $\forall \varepsilon > 0$, 取 $\delta = a^2 \varepsilon$, 当 $| x' - x'' | < \delta$ 时, $\left| \dfrac{1}{x'} - \dfrac{1}{x''} \right| = \dfrac{| x'' - x' |}{x' x''} <$

$\dfrac{| x' - x'' |}{a^2} \leqslant \dfrac{\delta}{a^2} = \varepsilon$ 由一致连续的定义知 $\dfrac{1}{x}$ 在 $[a, +\infty)$ $(a > 0)$ 中一致连续.

$(2)g(x) = \sin \dfrac{1}{x}$, 在 $(0,1)$ 内取 $x_n = \dfrac{2}{n\pi}, x_n' = \dfrac{2}{(n+1)\pi}$

取 $\varepsilon_0 = \dfrac{1}{2}$,对任意 $\delta > 0$,只要 n 充分大,总有

$$\mid x_n - x'_n \mid = \frac{2}{n(n+1)\pi} < \delta$$

$$\mid f(x_n) - f(x'_n) \mid = \left| \sin\frac{n\pi}{2} - \sin\frac{(n+1)\pi}{2} \right| = 1 > \varepsilon_0$$

得 $f(x)$ 在 $(0,1)$ 上不一致连续.

227.(华中师范大学)　设函数 $f(x)$ 定义在区间 (a,b) 上.

(1)用 $\varepsilon\delta$ 方法叙述 $f(x)$ 在 (a,b) 上一致连续的概念;

(2)设 $0 < a < 1$,证明:$f(x) = \sin\dfrac{1}{x}$ 在 $(a,1)$ 上一致连续;

(3)证明:函数 $f(x) = \sin\dfrac{1}{x}$ 在 $(0,1)$ 上非一致连续.

解　(1) $\forall \varepsilon > 0$,存在 $\delta > 0$,对 $\forall x_1, x_2, \in (a,b)$,且 $\mid x_1 - x_2 \mid < \delta$ 时,都有 $\mid f(x_1) - f(x_2) \mid < \varepsilon$.则称 $f(x)$ 在 (a,b) 上一致连续.

(2) $\forall \varepsilon > 0$, 取 $\delta = a^2\varepsilon$, 则当 $x_1, x_2 \in (a,1)$, 且 $\mid x_1 - x_2 \mid < \delta$ 时,

$$\mid f(x_1) - f(x_2) \mid = \left| \sin\frac{1}{x_1} - \sin\frac{1}{x_2} \right| = \left| 2\cos\frac{\frac{1}{x_1}+\frac{1}{x_2}}{2} \cdot \sin\frac{\frac{1}{x_1}-\frac{1}{x_2}}{2} \right| \leqslant$$

$$2\left| \sin\frac{1}{2}\left(\frac{1}{x_1}-\frac{1}{x_2}\right) \right| \leqslant \left| \frac{1}{x_1}-\frac{1}{x_2} \right| =$$

$$\frac{\mid x_2 - x_1 \mid}{x_1 - x_2} < \frac{1}{a^2}\mid x_2 - x_1 \mid < \frac{1}{a^2}\delta = \varepsilon$$

得 $f(x) = \sin\dfrac{1}{x}$ 在 $(a,1)$ 上一致连续.

(3)由上题可知 $f(x) = \sin\dfrac{1}{x}$ 在 $(0,1)$ 上不一致连续.

228.(大连工学院)　已知 $f(x)$ 在 (a,b) 上一致连续,证明:$\lim\limits_{x \to a+} f(x)$ 存在.

证　由假设,$\forall \varepsilon > 0, \exists \delta > 0$,对 $x_1, x_2 \in (a,b)$,且 $\mid x_1 - x_2 \mid < \delta$,都有 $\mid f(x_1) - f(x_2) \mid < \varepsilon$.

故当 $a < x_1 < a+\delta, a < x_2 < a+\delta$ 时,有 $\mid f(x_1) - f(x_2) \mid < \varepsilon$.

由柯西准则知 $\lim\limits_{x \to a+} f(x)$ 存在.

229.(南开大学,山东大学)　设 $f(x)$ 在有限开区间 (a,b) 上连续,证明:$f(x)$ 在 (a,b) 上一致连续的充要条件是 $\lim\limits_{x \to a+0} f(x)$ 及 $\lim\limits_{x \to b-0} f(x)$ 都存在.

证　先证充分性,设 $\lim\limits_{x \to a+0} f(x) = c, \lim\limits_{x \to b-0} f(x) = d$,规定

$$F(x) = \begin{cases} c, x = a \\ f(x), x \in (a,b) \\ d, x = b \end{cases}$$

则 $F(x)$ 在 $[a,b]$ 上连续,从而在 $[a,b]$ 上一致连续,得 $f(x)$ 在 (a,b) 上一致连续.

再证必要性,由上题可证 $\lim\limits_{x \to a+0} f(x)$ 存在,类似上题可证 $\lim\limits_{x \to b-0} f(x)$ 存在.

230. (武汉大学)　证明：$y = \sin\sqrt{x}$ 在 $(0, +\infty)$ 上一致连续.

证　先证 $f(x) = \sin\sqrt{x}$ 在 $[1, +\infty)$ 上一致连续.

$\forall\, \varepsilon > 0$, 取 $\delta < \min\left\{2\varepsilon, \dfrac{\pi}{2}\right\}$, 则当 $x_1, x_2 \in [1, +\infty)$, 且 $|x_1 - x_2| < \delta$ 时, 有

$$|f(x_1) - f(x_2)| = |\sin\sqrt{x_1} - \sin\sqrt{x_2}| =$$

$$\left|2\cos\left(\frac{\sqrt{x_1} + \sqrt{x_2}}{2}\right)\sin\left(\frac{\sqrt{x_1} - \sqrt{x_2}}{2}\right)\right| \leqslant 2\left|\sin\frac{\sqrt{x_1} - \sqrt{x_2}}{2}\right| \leqslant |\sqrt{x_1} - \sqrt{x_2}| \leqslant$$

$$\frac{|x_1 - x_2|}{\sqrt{x_1} + \sqrt{x_2}} \leqslant \frac{1}{2}|x_1 - x_2| < \varepsilon.$$

得 $f(x) = \sin\sqrt{x}$ 在 $[1, +\infty)$ 内一致连续.

补充规定 $f(0) = 0$, 则 $f(x) = \sin\sqrt{x}$ 在 $[0,1]$ 上连续, 从而一致连续.

由综上可知 $f(x) = \sin\sqrt{x}$ 在 $[0, +\infty)$ 上一致连续, 从而在 $(0, +\infty)$ 上一致连续.

231. (厦门大学)　证明：如果一个函数 $f(x)$ 在区间 $(0,1)$ 里一致连续, 那么存在一个函数 $F(x)$ 在闭区间 $[0,1]$ 里连续, 并且对任何 $x \in (0,1)$, $F(x) = f(x)$.

证　由第 229 题知 $\lim\limits_{x \to 0+} f(x) = c$ (存在), $\lim\limits_{x \to 1-} f(x) = d$ (存在), 令

$$F(x) = \begin{cases} c, & x = 0 \\ f(x), & x \in (0,1) \\ d, & x = 1 \end{cases}$$

则 $F(x)$ 在 $[0,1]$ 里连续, 且 $F(x) = f(x)$, $\forall\, x \in (0,1)$.

232. (内蒙古大学)　用不等式叙述 $f(x)$ 在 (a,b) 不一致连续.

答　存在 $\varepsilon_0 > 0$, 对 $\forall\, \delta > 0$, 存在 $x_1, x_2 \in (a,b)$, 且 $|x_1 - x_2| < \delta$ 时, 有 $|f(x_1) - f(x_2)| \geqslant \varepsilon_0$.

233. (上海交通大学)　讨论 $f(x) = \dfrac{\sin x}{x}$ 在 $0 < x < \pi$ 上的一致连续性.

解　由 $\lim\limits_{x \to 0}\dfrac{\sin x}{x} = 1, \dfrac{\sin\pi}{\pi} = 0$, 构作新函数

$$F(x) = \begin{cases} 1, & x = 0 \\ f(x), & 0 < x < \pi \\ 0, & x = \pi \end{cases}$$

则 $F(x)$ 在 $[0,\pi]$ 上连续, 从而一致连续. 得 $F(x)$ 在 $(0,\pi)$ 上一致连续, 即 $f(x)$ 在 $(0,\pi)$ 上一致连续.

234. (利普希茨条件)　若函数 f 在区间 I 上满足利普希茨条件：

$|f(x_1) - f(x_2)| \leqslant L|x_1 - x_2|$, $\forall\, x_1, x_2 \in I$ (L 为正常数), 则 f 在 I 上一致连续.　　　　　　　　　　　　　①

证　$\forall\, \varepsilon > 0$, 取 $\delta < \dfrac{\varepsilon}{L}$, 则当 $x_1, x_2 \in I$, 且 $|x_1 - x_2| < \delta$ 时, 有

$$|f(x_1)-f(x_2)| \leqslant L|x_1-x_2| < L\frac{\varepsilon}{L}=\varepsilon$$

f 在 I 上一致连续.

235.（武汉大学） 设函数 $f(x)$ 定义在区间 I 上,试对"函数 $f(x)$ 在 I 上不一致连续"的含义作一肯定语气（即不使用否定词的）叙述. 并且证明:函数 $x\ln x$ 在区间 $(0,+\infty)$ 上不一致连续.

解 （1）$f(x)$ 在 I 上不一致连续 $\Leftrightarrow$ 存在数列 $x_n, x'_n \in I$. $x_n - x'_n \to 0$. 但 $f(x_n)-f(x'_n) \nrightarrow 0$.

（2）令 $f(x)=x\ln x$.

取 $x_n=e^n, x'_n=e^n+\dfrac{1}{n}$, $|x_n-x'_n|=\dfrac{1}{n}\to 0$

$$|f(x_n)-f(x'_n)|=\left|e^n\ln e^n-(e+\frac{1}{n})\ln(e^n+\frac{1}{n})\right|=$$

$$e^n\ln(e^n+\frac{1}{n})=e^n\ln e^n+\frac{1}{n}\ln(e^n+\frac{1}{n})>$$

$$\frac{1}{n}\ln e^n=1\nrightarrow 0$$

故得 $x\ln x$ 在 $(0,+\infty)$ 上不一致收敛.

236.（湖北大学） 证明:若 $f(x)$ 在 $[a,b]$ 上连续,则函数

$$m(x)=\min_{a\leqslant\xi\leqslant x}\{f(\xi)\} \qquad ①$$

在 $[a,b]$ 上连续.

证 $\forall x_0 \in [a,b]$ 先证 $\lim\limits_{x\to x_0+0} m(x)=m(x_0)$. ②

$\forall \varepsilon>0$,由于 $f(x)$ 在 x_0 连续,所以存在 $\delta>0$,有

$$f(x_0)-\varepsilon<f(x)<f(x_0)+\varepsilon, \forall x_0-\delta<x<x_0+\delta \qquad ③$$

从而 $f(x)>f(x_0)-\varepsilon\geqslant m(x_0)-\varepsilon$. ④

由式 ④ 及 ε 任意小有

$$m(x)\geqslant m(x_0)-\varepsilon, x_0<x<x_0+\delta \qquad ⑤$$

另一方面,$m(x)$ 是单调递减. 所以

$$m(x_0)\geqslant m(x)\geqslant m(x_0)-\varepsilon \quad x_0<x<x_0+\delta \qquad ⑥$$

由式 ⑥ 及 ε 任意性,则有

$$m(x_0+0)=\lim_{x\to x_0+0} m(x)=m(x_0) \qquad ⑦$$

再证 $m(x_0-0)=m(x_0)$. 不妨设 $f(x)$ 在 $[a,x_0]$ 的最小值在点 $x=x_0$ 达到,即 $m(x_0)=f(x_0)$（否则,若 $f(x_1)=m(x_0), a\leqslant x_1<x_0$,则 $m(x)\equiv m(x_0), \forall x\in(x_1,x_0)$ 从而左连续).

$\forall \varepsilon>0$,仿上可证,存在 $\delta>0$,有

$$f(x)<f(x_0)+\varepsilon=m(x_0)+\varepsilon, x\in(x_0-\delta,x_0)$$

因此 $m(x)<m(x_0)+\varepsilon$. 从而

$$m(x_0)\leqslant m(x)<m(x_0)+\varepsilon. \forall x\in(x_0-\delta,x_0)$$

$\therefore \lim\limits_{x\to x_0-0} m(x)=m(x_0-0)=m(x_0)$,即 $m(x)$ 在 $x=x_0$ 处左连续.

综上得证 $m(x)$ 在 $x=x_0$ 处连续,由 x_0 任意性,所以 $m(x)$ 在 $[a,b]$ 上连续.

237.(西北电讯工程学院) 设 $f_1(x),f_2(x),f_3(x)$ 均为 $[a,b]$ 上连续函数,证明:

(1) $g(x)=\max\{f_1(x),f_2(x)\}$ 为 $[a,b]$ 上连续函数;

(2) 定义 $h(x)$ 表示 $f_1(x),f_2(x),f_3(x)$ 三者中的中间值,则 $h(x)$ 为 $[a,b]$ 上连续函数.

证 (1) $g(x)=\dfrac{1}{2}\{f_1(x)+f_2(x)+|f_1(x)-f_2(x)|\}$ ①

由于 $f_1(x),f_2(x)$ 在 $[a,b]$ 上连续, 所以 $f_1(x)-f_2(x)$ 连续, 从而 $|f_1(x)-f_2(x)|$ 也在 $[a,b]$ 上连续. 由①式所以 $g(x)$ 在 $[a,b]$ 上连续.

(2) $h(x)=f_1(x)+f_2(x)+f_3(x)-\varphi(x)-\psi(x)$

其中 $\varphi(x)=\max\{f_1(x),f_2(x),f_3(x)\}$
$$\psi(x)=\min\{f_1(x),f_2(x),f_3(x)\}$$

由于 $f_1(x),f_2(x),f_3(x),\varphi(x),\psi(x)$ 在 $[a,b]$ 上连续,所以 $h(x)$ 在 $[a,b]$ 上连续.

238.(东北工学院) 设函数 $f(x)$ 在有限区间 (a,b) 上单调、有界,且连续,证明: $f(x)$ 在 (a,b) 上一致连续.

证 由假设知 $\lim\limits_{x\to b+0}f(x)$ 与 $\lim\limits_{x\to a-0}f(x)$ 都存在,由第 229 题即证.

239.(北京大学) 设 $f\in C(a,b)$,若存在 $\lim\limits_{x\to a+}f(x)=1$,

$\lim\limits_{x\to b-}f(x)=2$,则 　　　　　　　　　　　　　　　　( )

(A) $f(x)$ 在 $[a,b]$ 一致连续 　　　　　(B) $f(x)$ 在 $[a,b]$ 连续

(C) $f(x)$ 在 (a,b) 一致连续 　　　　　(D) $f(x)$ 在 (a,b) 可微

答 (C). 由第 229 题知.

240.(北京航空航天大学) 已知

$$f(x)=\begin{cases}x,0\leqslant x<1\\k+1,k\leqslant x<k+1\end{cases},\text{其中}\ k=1,2,3,\cdots$$

求函数 $g(y)=\sup\limits_{f(x)\leqslant y}x$,在 $y\geqslant 0$ 时的具体表达式,并指出 $g(y)$ 在各点处的左右连续性.

解 因为 $\quad f(x)=\begin{cases}x,0\leqslant x<1\\2,1\leqslant x<2\\3,2\leqslant x<3\\\cdots\cdots\cdots\cdots\end{cases}$ ①

当 $0\leqslant y<1$ 时,由 $f(x)\leqslant y$,得 $x\leqslant y$,$\therefore \sup\limits_{x\leqslant y}x=y$.

当 $1\leqslant y<2$ 时,由 $f(x)\leqslant y$,$\sup\limits_{f(x)\leqslant y}x=1$.

由此可知当 $k\leqslant y<k+1$ 时,$\sup\limits_{f(x)\leqslant y}x=k$,$k=1,2,3,\cdots$

综上知 $g(y)=\begin{cases}y,0\leqslant y<1,\\k,k\leqslant y<k+1,\end{cases}k=1,2,3,\cdots$

$g(y)$ 连续点集为 $[0,2)\bigcup(2,3)\bigcup(3,4)\bigcup\cdots$,即不连续点为 $y=k(k=2,3,\cdots)$.

241. **(武汉大学)** 设 $f(x)$ 在 $[0, +\infty)$ 满足利普希茨条件,即存在 $m > 0$,对任意 $x', x'' \in [0, +\infty)$ 有 $|f(x') - f(x'')| \leqslant m|x' - x''|$. 证明:$f(x^a), (0 < a < 1$ 为常数$)$ 在 $[0, +\infty)$ 上一致连续.

证　先证明 $g(x) = x^a$ 在 $[0, +\infty)$ 上一致连续. $g(x)$ 在 $[0,1]$ 上连续,从而一致连续,下证 $g(x) = x^a$ 在 $[1, +\infty)$ 上一致连续.

$\forall \varepsilon > 0$,考虑 $x_1, x_2 \in [1, +\infty)$,且 $x_1 < x_2$,那么

$$|g(x_1) - g(x_2)| = |x_1^a - x_2^a| = x_2^a - x_1^a = g(x_2) - g(x_1) =$$
$$g'(x_1)(x_2 - x_1) + o(x_2 - x_1) =$$
$$a \cdot \frac{1}{x_1^{1-a}}(x_2 - x_1) + o(x_2 - x_1) \leqslant$$
$$a|x_1 - x_2| + o(|x_1 - x_2|). \tag{①}$$

因此取 $\delta = \min(\frac{\varepsilon}{2a}, \frac{\varepsilon}{2})$,则当 $|x_1 - x_2| < \delta$ 时,由式 ① 有

$$|g(x_1) - g(x_2)| < a\frac{\varepsilon}{2a} + \frac{\varepsilon}{2} = \varepsilon$$

此即证 $g(x) = x^a$ 在 $[1, +\infty)$ 上一致连续,从而得证 $g(x) = x^a$ 在 $[0, +\infty)$ 上一致连续.

$\forall \varepsilon > 0, \exists \delta > 0$,当 $x_1, x_2 \in [0, +\infty)$,且 $|x_1 - x_2| < \delta$ 时有 $|x_1^a - x_2^a| < \frac{\varepsilon}{m}$

那么

$$|f(x_1^a) - f(x_2^a)| \leqslant m|x_1^a - x_2^a| < m \cdot \frac{\varepsilon}{m} < \varepsilon$$

即证 $f(x^a)$ 在 $[0, +\infty)$ 上一致连续.

242. **(华东师范大学,哈尔滨工业大学)**　设 $f(x)$ 在 $[1, +\infty)$ 上可导,且 $\lim\limits_{x \to +\infty} f'(x) = +\infty$,证明:$f(x)$ 在 $[1, +\infty)$ 上非一致连续.

证　由 $\lim\limits_{x \to +\infty} f'(x) = +\infty$ 知,$\forall \delta > 0$,取 $M = \frac{2}{\delta}$,则存在 $N > 0$,　当 $x > N$ 时,有 $f'(x) > M = \frac{2}{\delta}$.

再取 $x_1, x_2 > N$,且 $x_1 < x_2$ 和 $|x_1 - x_2| = \frac{\delta}{2} < \delta$ 时,有

$$|f(x_2) - f(x_1)| = f'(\xi)(x_2 - x_1) \geqslant \frac{2}{\delta} \cdot \frac{\delta}{2} = 1$$

得 $f(x)$ 在 $[1, +\infty)$ 上非一致连续.

243. **(华中科技大学)**　证明:$f(x)$ 在 (a,b) 为一致连续的充要条件是:对 (a,b) 内任意两数列 $\{x_n\}, \{x'_n\}$,只要 $x_n - x'_n \to 0$,

就有 $f(x_n) - f(x'_n) \to 0$.

证　$(\Rightarrow) f$ 在 (a,b) 一致连续,对 $\forall \varepsilon > 0, \exists \delta > 0.$ $|f(x) - f(x')| < \varepsilon$

数列 $x_n, x'_n \in (a,b)$　$x_n - x'_n \to 0, \exists N \in \mathbf{N}.$

当 $n > N$ 时,$|x_n - x'_n| < \delta$,于是 $|f(x_n) - f(x'_n)| < \varepsilon$,即

$$f(x_n) - f(x'_n) \to 0$$

($\Leftarrow$)(反证) 假设 f 在 (a,b) 上不一致连续.

则 $\exists \varepsilon_0$, 对 $\forall \dfrac{1}{n} > 0$ 有, x_n, x'_n. $(x_n - x'_n) < \dfrac{1}{n}$, 但 $|f(x_n) - f(x)| \geqslant \varepsilon_0$, 即

$\lim(f(x_n) - f(x'_n)) \nrightarrow o$. 矛盾.

244. (哈尔滨工业大学) 已知 $f(x) = x^2$.

(1) 证明:对任何实数 $a > 0$, $f(x)$ 在 $[0,a]$ 上一致连续;

(2) 证明: $f(x)$ 在 $[0, +\infty)$ 上非一致连续.

证 (1) 由 $f(x)$ 在 $[0,a]$ 上连续, $\therefore$ 在 $[0,a]$ 上一致连续.

(2) 令 $x_n = n, x'_n = n + \dfrac{1}{n}$, $|x_n - x'_n| = \dfrac{1}{n} \to 0$, 但

$$|f(x_n) - f(x'_n)| = |n^2 - (n + \dfrac{1}{n})^2| = 2 + \dfrac{1}{n^2} > 2$$

因此 x^2 在 $[0, +\infty)$ 上不一致连续.

245. (中国人民大学) 用定义证明 $\sqrt{x}$ 在 $[0, +\infty)$ 上一致连续.

证 令 $f(x) = \sqrt{x}$, 先证 $f(x)$ 在 $[1, +\infty)$ 上一致连续.

设 $x_1, x_2 \in [1, +\infty)$, 且 $x_1 < x_2$, 因此

$$|\sqrt{x_1} - \sqrt{x_2}| = \dfrac{|x_1 - x_2|}{\sqrt{x_1} + \sqrt{x_2}} < \dfrac{|x_1 - x_2|}{2}$$

$\forall \varepsilon > 0$, 取 $\delta = 2\varepsilon$, 当 $x_1, x_2 \in [1, +\infty)$ 且 $|x_1 - x_2| < \delta$ 时, 有

$$|\sqrt{x_1} - \sqrt{x_2}| < \dfrac{|x_1 - x_2|}{2} < \varepsilon$$

即证 $f(x)$ 在 $[1, +\infty)$ 上一致连续.

由于 $f(x) = \sqrt{x}$ 在 $[0,1]$ 上连续, 从而一致连续.

综上可知 $f(x) = \sqrt{x}$ 在 $[0, +\infty)$ 上一致连续.

注 此例说明若 $\lim\limits_{x \to +\infty} f(x)$ 不是有限数时, $f(x)$ 也可能一致连续.

246. (北京师范大学) 设函数 $f(x)$ 在 $[a, +\infty)$ 连续, 且

$$\lim_{x \to +\infty} [f(x) - cx - d] = 0, (c, d \text{ 为常数}) \qquad ①$$

求证: $f(x)$ 在 $[a, +\infty)$ 一致连续.

证: $\forall \varepsilon > 0$.

① 由 $\lim\limits_{x \to \infty} [f(x) - cx - d] = 0$ 知, $\exists \Delta > a$, 当 $x > \Delta$ 时, 有

$$|f(x) - cx - d| < \dfrac{\varepsilon}{3}$$

于是取 $\delta_1 = \dfrac{\varepsilon}{3|c|+1}$, 当 $x_1, x_2 > \Delta$, $|x_1 - x_2| < \delta$ 时. 有

$$|f(x_1) - f(x_2)| = |f(x_1) - cx_1 - d - (f(x_2) - cx_2 - d) + c(x_1 - x_2)| \leqslant$$

$$|f(x_1) - cx_2 - d| + |f(x_2) - cx_2 - d| + |c||x_1 - x_2| <$$

$$\dfrac{\varepsilon}{3} + \dfrac{\varepsilon}{3} + |c| \dfrac{\varepsilon}{3|c|+1} < \varepsilon$$

又 f 在 $[a, \Delta+1]$ 中连续因而一致连续 $\exists \delta_2 > 0$, 当 $x_1, x_2 \in [a, \Delta+1]$, $|x_1 -$

$x_2 \mid < \delta_2$ 时，$\mid f(x_1) - f(x_2) \mid < \varepsilon$.

取 $\delta = \min\{\delta_1, \delta_2, 1\}$，　当 $\mid x_1 - x_2 \mid < \delta$ 时，或者 $x_1, x_2 > \Delta$，$\mid x_1 - x_2 \mid < \delta_1$ 或者 $a < x_1, x_2 < \Delta + 1$，$\mid x_1 - x_2 \mid < \delta$，总有 $\mid f(x_1) - f(x_2) \mid < \varepsilon$，因此 $f(x)$ 在 $[a, +\infty)$ 上一致连续.

247. (兰州大学)　设 $f(x) = \dfrac{x+2}{x+1} \sin \dfrac{1}{x}$，$a > 0$ 为任一正常数，试证：$f(x)$ 在 $(0, a)$ 内非一致连续，在 $[a, +\infty)$ 上一致连续.

证　$(1) x_n = \dfrac{1}{2n\pi + \dfrac{\pi}{2}}$，$x'_n = \dfrac{1}{2n\pi}$

则 $\mid x_n - x'_n \mid = \dfrac{\dfrac{\pi}{2}}{(2n\pi + \dfrac{\pi}{2})(2n\pi)} \to 0, n \to \infty$

扫码获取本书资源

但是 $\mid f(x_n) - f(x'_n) \mid = \left| \dfrac{2n\pi + \dfrac{\pi}{2} + 2}{2n\pi + \dfrac{\pi}{2} + 1} - 0 \right| > 1$

所以由第 243 题知 $f(x)$ 在 $(0, a)$ 内不一致连续.

(2) 因为 $f(x)$ 在 $[a, +\infty)$ 上连续，且

$$\lim_{x \to +\infty} f(x) = \lim_{x \to +\infty} \frac{x+2}{x+1} \sin \frac{1}{x} = 0$$

由第 224 题知 $f(x)$ 在 $[a, +\infty)$ 上一致连续.

248. (清华大学)　设实函数 $f(x)$ 在 $[0, +\infty)$ 上连续，在 $(0, +\infty)$ 内处处可导，且 $\lim\limits_{x \to \infty} \mid f'(x) \mid = A$（存在）.证明：当且仅当 $A < +\infty$ 时，f 在 $[0, +\infty)$ 上一致连续.

证　(1) 设 $\lim\limits_{x \to \infty} \mid f'(x) \mid = A < +\infty$，下证 f 在 $[0, +\infty)$ 上一致连续. 因为 $\forall \varepsilon > 0$，则存在 $M > 0$，当 $x \geqslant M$ 时有

$$\mid\mid f'(x) \mid - A \mid < \varepsilon \tag{②}$$

再由 ε, A 可知存在自然数 k，使

$$kA > \varepsilon \tag{③}$$

由式②③知

$$\mid f'(x) \mid < A + \varepsilon < A + kA = (k+1)A \tag{④}$$

对上述 ε，令 $\delta_1 = \dfrac{\varepsilon}{(k+1)A}$，则当 $x_1, x_2 \geqslant M$，且 $\mid x_1 - x_2 \mid < \delta_1$ 时，则由式④

$$\mid f(x_1) - f(x_2) \mid = \mid f'(\xi)(x_1 - x_2) \mid = \mid f'(\xi) \mid \cdot \mid x_1 - x_2 \mid <$$
$$(k+1)A \cdot \delta_1 = \varepsilon$$

其中 ξ 在 x_1 与 x_2 之间，从而 $\xi > M$. 从而得证 f 在 $[M, +\infty)$ 上一致连续. 又 f 在 $[0, +\infty)$ 连续，从而在 $[0, M+1]$ 上连续，也即 f 在 $[0, M]$ 一致连续，即对上述 ε，存在 $\delta_2 > 0$，当 $x_3, x_4 \in [0, M+1]$，且 $\mid x_3 - x_4 \mid < \delta_2$ 时，有 $\mid f(x_3) - f(x_4) \mid < \varepsilon$.

再取 $\delta = \min\{\delta_1, \delta_2, 1\}$ 时，则对上述 ε，且当 $x', x'' \in [0, +\infty)$，$\mid x' - x'' \mid < \delta$ 时，有 $\mid f(x') - f(x'') \mid < \varepsilon$.

此即证 f 在 $[0,+\infty)$ 一致连续.

(2) 再设 f 在 $[0,+\infty)$ 上一致连续,下证 $A<+\infty$.用反证法设

$$\lim_{x\to+\infty}|f'(x)|=A=+\infty \qquad\qquad ⑤$$

令 $\varepsilon_0=1$,对 $\forall\delta>0$,取 $G=\dfrac{1}{\delta}$,由式 ⑤ 则存在 $M_1>0$ 当 $x>M_1$ 时有 $|f'(x)|>G$.

再令 $M=\max\{G,M_1\}$,取 $x',x''>M$,且 $|x'-x''|=\delta$,则

$$|f(x')-f(x'')|=|f'(\xi)(x'-x'')|>G\cdot\delta=1$$

这与 $f(x)$ 在 $[0,+\infty)$ 上一致连续的假设矛盾.故得 $A<+\infty$.

249.(上海交通大学,华中科技大学) 设 $f(x)$ 在 $[a,+\infty)$ 上一致连续,$\varphi(x)$ 在 $[a,+\infty)$ 上连续,且 $\lim\limits_{x\to+\infty}[f(x)-\varphi(x)]=0$.证明:$\varphi(x)$ 在 $[a,+\infty)$ 上一致连续.

证 因为 $\lim\limits_{x\to+\infty}[f(x)-\varphi(x)]=0$,所以 $\forall\varepsilon>0$,存在 $M>0$,当 $x>M$ 时,有

$$|f(x)-\varphi(x)|<\frac{\varepsilon}{3} \qquad\qquad ①$$

又 $f(x)$ 在 $[a,+\infty)$ 上一致连续,对上述 $\varepsilon>0$,存在 $\delta>0$,当 $x_1,x_2\in(a,+\infty)$,且 $|x_1-x_2|<\delta$ 时,有

$$|f(x_1)-f(x_2)|<\frac{\varepsilon}{3} \qquad\qquad ②$$

那么当 $x_1,x_2>M$,且 $|x_1-x_2|<\delta$ 时,有

$$|\varphi(x_1)-\varphi(x_2)|=|\varphi(x_1)-f(x_1)+f(x_1)-f(x_2)+f(x_2)-\varphi(x_2)|\leqslant$$
$$|\varphi(x_1)-f(x_1)|+|f(x_1)-f(x_2)|+|f(x_2)-\varphi(x_2)|<$$
$$\frac{\varepsilon}{3}+\frac{\varepsilon}{3}+\frac{\varepsilon}{3}=\varepsilon.$$

由柯西准则,得 $\lim\limits_{x\to+\infty}\varphi(x)=l$(有限).

由第 224 题,得 $\varphi(x)$ 在 $[a,+\infty)$ 上一致连续.

250.(北京师范大学) 函数 $f(x)$ 在开区间 (a,b) 上有连续的导函数,且 $\lim\limits_{x\to a^+}f'(x)$ 与 $\lim\limits_{x\to b^-}f'(x)$ 均存在有限.试证:

(1) $f(x)$ 在 (a,b) 上一致连续;

(2) $\lim\limits_{x\to a^+}f(x)$,$\lim\limits_{x\to b^-}f(x)$ 均存在.

证 (1) 由假设知 $f'(x)$ 在 (a,b) 上连续,定义

$$F(x)=\begin{cases} f'(x),x\in(a,b) \\ \lim\limits_{x\to a^+}f'(x),x=a \\ \lim\limits_{x\to b^-}f'(x),x=b \end{cases}$$

从而 $F(x)$ 在 $[a,b]$ 上连续.因此 $F(x)$ 在 $[a,b]$ 上一致连续,此即证 $F(x)$ 在 $[a,b]$ 上有界,即存在 $C>0$,使 $|F(x)|<C$.

从而 $|f'(x)|<C,x\in(a,b)$

$\forall x_1,x_2\in(a,b)$,则

$$f(x_1) - f(x_2) = f'(\xi)(x_1 - x_2)$$
$$|f(x_1) - f(x_2)| \leqslant C|x_1 - x_2|.$$

从而 $f(x)$ 在 (a,b) 上满足利普希茨条件,由第 234 题所以 $f(x)$ 在 (a,b) 上一致连续.

(2) 由于 $f(x)$ 在 (a,b) 上一致连续,由第 229 题知 $\lim\limits_{x \to a^+} f(x)$ 与 $\lim\limits_{x \to b^-} f(x)$ 都存在.

251.(哈尔滨工业大学) 设函数

$$f(x) = \begin{cases} \dfrac{g(x) - \cos x}{x}, & x \neq 0 \\ a, & x = 0 \end{cases}$$

其中 $g(x)$ 具有二阶连续导函数,且 $g(0) = 1$.

(1) 确定 a 的值,使 $f(x)$ 在点 $x = 0$ 连续;

(2) 求 $f'(x)$;

(3) 讨论 $f'(x)$ 在点 $x = 0$ 处的连续性.

解　(1) $\lim\limits_{x \to 0} f(x) = \lim\limits_{x \to 0} \dfrac{g(x) - \cos x}{x} = \lim\limits_{x \to 0} \dfrac{g'(x) + \sin x}{1} = g'(0)$.

要使 $f(x)$ 在 $x = 0$ 处连续,必须 $a = g'(0)$.

(2) 当 $x \neq 0$ 时,

$$f'(x) = \frac{x[g'(x) + \sin x] - [g(x) - \cos x]}{x^2}$$

当 $x = 0$ 时,有

$$f'(0) = \lim\limits_{x \to 0} \frac{f(x) - f(0)}{x} = \lim\limits_{x \to 0} \frac{\dfrac{g(x) - \cos x}{x} - g'(0)}{x} =$$

$$\lim\limits_{x \to 0} \frac{g(x) - \cos x - x g'(0)}{x^2} =$$

$$\lim\limits_{x \to 0} \frac{g'(x) + \sin x - g'(0)}{2x} =$$

$$\frac{1}{2}\left[\lim\limits_{x \to 0} \frac{g'(x) - g'(0)}{x} + \lim\limits_{x \to 0} \frac{\sin x}{x}\right] =$$

$$\frac{1}{2}g''(0) + \frac{1}{2}.$$

因此 $f'(x) = \begin{cases} \dfrac{x g'(x) + x \sin x - g(x) + \cos x}{x^2}, & x \neq 0 \\ \dfrac{1}{2}g''(0) + \dfrac{1}{2}, & x = 0 \end{cases}$

(3) $\lim\limits_{x \to 0} f'(x) = \lim\limits_{x \to 0} \dfrac{x g'(x) + x \sin x - g(x) + \cos x}{x^2} =$

$$\lim\limits_{x \to 0} \frac{x[g''(x) + \cos x] + g'(x) + \sin x - g'(x) - \sin x}{2x} =$$

$$\lim\limits_{x \to 0} \frac{g''(x) + \cos x}{2} = \frac{1}{2}g''(0) + \frac{1}{2} = f'(0).$$

因此 $f'(x)$ 在 $x = 0$ 处连续.

252. **(吉林工业大学)** 设 $f(x)$ 在 $[0,1]$ 上连续,且 $f(x)>0$,置

$$R(x) = \sup_{0 \leqslant y \leqslant x} f(y), (0 \leqslant x \leqslant 1) \quad \text{①}$$

$$G(x) = \lim_{n \to \infty} \left[\frac{f(x)}{R(x)} \right]^n \quad \text{②}$$

试证:当且仅当 $f(x)$ 在 $[0,1]$ 上单增时 $G(x)$ 是连续的.

证 设 $f(x)$ 在 $[0,1]$ 上单调递增,下证 $G(x)$ 连续.因为 $f(x)$ 在 $[0,1]$ 上连续,所以由式 ① 知

$$R(x) = f(x), x \in [0,1].$$

由式 ② 得 $G(x) \equiv 1, x \in [0,1], \therefore G(x)$ 在 $[0,1]$ 上连续.

再设 $G(x)$ 在 $[0,1]$ 上连续,下证 $f(x)$ 单调递增.

用反证法,若 $f(x)$ 不单调递增.又 $f(x)$ 在 $[0,1]$ 上连续,从而存在 $x_0 \in (0,1)$,使 $x = x_0$ 为 $f(x)$ 的最大值点,从而

$$R(x_0) = \sup_{0 \leqslant y \leqslant x_0} f(y) = f(x_0)$$

$$\text{得 } G(x_0) = 1 \quad \text{①}$$

但存在 $\delta > 0$,使 $|x - x_0| < \delta$ 时,有

$$f(x + \delta) < f(x_0)$$

得

$$R(x_0 + \delta) = f(x_0)$$

$$G(x_0 + \delta) = \lim_{n \to \infty} \left[\frac{f(x_0 + \delta)}{f(x_0)} \right]^n = 0 \quad \text{②}$$

由式 ①② 知 $G(x)$ 在 $x = x_0$ 处间断,这与假设矛盾,所以 $f(x)$ 在 $[0,1]$ 上单调递增.

253. **(北京科技大学)** 证明:若 $(-\infty, +\infty)$ 上的连续函数 $y = f(x)$ 有极限 $\lim\limits_{x \to +\infty} f(x) = A$ 及 $\lim\limits_{x \to -\infty} f(x) = B$,则 $y = f(x)$ 在 $(-\infty, +\infty)$ 上一致连续.

证 $\lim\limits_{x \to +\infty} f(x) = A$,由第 224 题知 $f(x)$ 在 $[0, +\infty)$ 一致连续.

再由 $\lim\limits_{x \to -\infty} f(x) = B$,类似第 224 题证明,可证 $f(x)$ 在 $(-\infty, 0)$ 一致连续.

再由第 223 题可证得 $f(x)$ 在 $(-\infty, +\infty)$ 上一致连续.

254. **(复旦大学)** 如果 $y = f(x)$ 在 $x \in [a, +\infty)$ 上连续,且 $\lim\limits_{x \to +\infty} f(x) = A$($A$ 为有限数),则 $y = f(x)$ 在 $[a, +\infty)$ 上有界.

证 $\lim\limits_{x \to +\infty} f(x) = A$,取 $\varepsilon = 1$,则存在 $M > 0$,当 $x > M$ 时,有 $A - 1 < f(x) < A + 1$,因此

$$|f(x)| < C_1, \forall x \in (M, +\infty) \quad \text{①}$$

其中 $C_1 = \max\{|A+1|, |A-1|\}$.

又 $f(x)$ 在 $[a, +\infty)$ 连续,从而在 $[a, M]$ 上连续,所以有界,即

$$|f(x)| < C_2, \forall x \in [a, M] \quad \text{②}$$

令 $C = \max\{C_1, C_2\}$,则

$$|f(x)| < C, x \in [a, +\infty)$$

即证 $f(x)$ 在 $[a, +\infty)$ 上有界.

255.（**西北大学**）　（1）若函数 $f(x)$ 在 D 上有界，令

$M_f(x_0,\delta) = \sup\{f(x):x \in D, \mid x-x_0 \mid < \delta\}$

$m_f(x_0,\delta) = \inf\{f(x):x \in D, \mid x-x_0 \mid < \delta\}$

证明：（ⅰ）当 $\delta \to 0^+$ 时，$M_f(x_0,\delta) - m_f(x_0,\delta)$ 的极限存在；

（ⅱ）函数 $f(x)$ 在 x_0 处连续的充要条件是

$\lim\limits_{\delta \to 0^+}[M_f(x_0,\delta) - m_f(x_0,\delta)] = 0$；

（2）设函数 $f(x)$ 在 $[0,1]$ 上连续，并且 $f(1) = 0$，则函数列

$$g_n(x) = f(x) \cdot x^n \qquad (n = 1,2,\cdots)$$

在 $[0,1]$ 上一致收敛.

（3）用确界存在原理（非空有界数列必有上、下确界）证明：若 $f(x)$ 在 $[a,b]$ 上连续，$f(a) \cdot f(b) < 0$，则存在一点 $c \in (a,b)$ 使 $f(c) = 0$；

（4）用有限覆盖定理证明：任何有界数列必有收敛子列.

证　（1）（ⅰ）取 $\delta_n = \dfrac{1}{n}$，则 $\lim\limits_{n \to +\infty}\delta_n = 0$. 由于

$M_f(x_0,\delta_n) > M_f(x_0,\delta_{n+1}),(n = 1,2,\cdots)$

$m_f(x_0,\delta_n) < m_f(x_0,\delta_{n+1}),(n = 1,2,\cdots)$

$M_f(x_0,\delta_n) - m_f(x_0,\delta_n) > M_f(x_0,\delta_{n+1}) - m_f(x_0,\delta_{n+1})(n = 1,2,\cdots)$

数列 $\{M_f(x_0,\delta_n) - m_f(x_0,\delta_n)\}$ 是单调递减数列.

$M_f(x_0,\delta_n) - m_f(x_0-\delta_n) \geqslant 0$.

因此，当 $\delta \to 0^+$ 时，$M_f(x_0,\delta_n) - m_f(x_0,\delta_n)$ 的极限存在.

（ⅱ）先证必要性. 设 $f(x)$ 在 x_0 处连续，即 $\lim\limits_{x \to x_0}f(x) = f(x_0)$. 从而当 $\delta \to 0^+$ 时，$x \to x_0$，则有

$$\lim\limits_{\delta \to 0^+}M_f(x_0,\delta) = \lim\limits_{x \to x_0}f(x) = f(x_0)$$

$$\lim\limits_{\delta \to 0^+}m_f(x_0,\delta) = \lim\limits_{x \to x_0}f(x) = f(x_0),$$

因此 $\lim\limits_{\delta \to 0^+}[M_f(x_0,\delta) - m_f(x_0,\delta)] = f(x_0) - f(x_0) = 0$

再证充分性. 对 $\forall \varepsilon > 0$，$\exists \delta > 0$，当 $0 < \delta < \delta_0$ 时，有 $\mid M_f(x_0,\delta) - m_f(x_0,\delta) \mid < \varepsilon$，从而 $\mid f(x) - f(x_0) \mid \leqslant \mid \sup f(x) - \inf f(x) \mid < \varepsilon$. 所以 $f(x)$ 在 x_0 处连续.

（2）对 $\forall \varepsilon > 0$. 由 $f(x)$ 在 $x = 1$ 处连续且 $f(1) = 0$.

知存在 $\delta > 0$，当 $1-\delta < x < 1$ 时，$\mid f(x) \mid = \mid f(x) - 0 \mid < \varepsilon$.

故对 $\forall n \in N$ 有 $\mid g_n(x) - 0 \mid = \mid x^n f(x) \mid \leqslant \mid f(x) \mid < \varepsilon$.

又对该 $\varepsilon > 0$，$\exists N$，当 $n > N, 0 \leqslant x < 1-\delta$ 时. $(1-\delta)^n < \dfrac{\varepsilon}{M}$，进而 $\mid g_n(x) \mid = \mid x^n f(x) \mid < \mid 1-\delta \mid^n M < \varepsilon$.

其中 M 为 f 在 $[0,1]$ 上的最大值.

于是对 $\varepsilon > 0$，$\exists \in N$. 当 $n > N$ 时，有

$$\mid g_n(x) - 0 \mid = \mid x^n f(x) \mid < \varepsilon$$

对 $\forall x \in [0,1]$ 都成立.

得 $g_n(x)$ 在 $[0,1]$ 上一致收敛.

（3）用反证法. 若 $f(x) \neq 0, x \in [a,b]$，因为 $f(a) \cdot f(b) < 0$，不失一般设 $f(a) < 0, f(b) > 0$（至于 $f(b) < 0, f(a) > 0$ 类似可证）.

先将 $[a,b]$ 二等分，由于 $f\left(\dfrac{a+b}{2}\right) \neq 0$，从而 $f\left(\dfrac{a+b}{2}\right)$ 不是与 $f(a)$ 同号，必与 $f(b)$ 同号. 不失一般设 $f\left(\dfrac{a+b}{2}\right) \cdot f(a) < 0$. 将 $\left[a, \dfrac{a+b}{2}\right]$ 记为 $[a_1, b_1]$. 再将 $[a_1, b_1]$ 二等分，同上又可得 $[a_2, b_2]$，使 $f(a_2)f(b_2) < 0$，这样继续下去，可得

$$[a,b] \supset [a_1,b_1] \supset [a_2,b_2] \supset \cdots \qquad\qquad ①$$

规定 $a_0 = a, b_0 = b$，则数列 $\{a_n\}, \{b_n\} (n=0,1,\cdots)$

为有界数集，从而 $\{a_n\}$ 有上确界，$\{b_n\}$ 有下确界，由式①

得 $\lim\limits_{n \to +\infty} a_n = \lim\limits_{n \to +\infty} b_n = \sup a_n = \inf b_n = c$

因为 $f(c) \neq 0$，所以

$$f(a_n) < 0, f(b_n) > 0$$

由于 $f(x)$ 连续两边取极限，有

$$\lim_{n \to \infty} f(a_n) = f(c) \leqslant 0$$

$$\lim_{n \to \infty} f(b_n) = f(c) \geqslant 0$$

因此 $f(c) = 0$. 矛盾，即证.

（4）分两种情况：

（ⅰ）若 $\{a_n\}$ 中，有无数多个相同，则必存在收敛子列.

（ⅱ）若 $\{a_n\}$ 是有界无限点列，设

$$c < a_n < d \qquad (n=1,2,\cdots)$$

用反证法，若 $\{a_n\}$ 没有收敛子列，即 $[c,d]$ 中每个点都不是 a_n 的聚点，于是每个 $x \in [c,d]$，$\exists \delta_x > 0$ 及 $U_x = (x - \delta_x, x + \delta_x)$，使 U_x 中至多只含 $\{a_n\}$ 中有限个点. 令 $B = \{U_x \mid x \in [c,d]\}$

则 B 是 $[c,d]$ 的开覆盖，由有限覆盖定理知，在 B 中可选出有限开区间，不妨改为 $U_1, U_2, \cdots, U_m$.

使它们也构成 $[c,d]$ 的一个开覆盖. 由于每个 $U_i (1 \leqslant i \leqslant m)$ 只包含 $\{a_n\}$ 中有限个点，从而 $\{a_n\}$ 中只有有限个点. 这与假设矛盾，即证.

256.（北京科技大学） 设 $f(x)$ 在 $[a,b]$ 上连续，$f(a) \cdot f(b) < 0$，应用闭区间套原理证明：至少存在一点 $\xi \in (a,b)$，使得 $f(\xi) = 0$.

证 见上题（3）的证法可得.

257.（上海师范大学，江西大学） 设函数 $f(x)$ 在 $[0, +\infty)$ 上一致连续，且 $\forall x > 0$，有 $\lim\limits_{n \to \infty} f(x+n) = 0 (n$ 为正整数). 试证：

$$\lim_{x \to +\infty} f(x) = 0$$

证 由于 $f(x)$ 在 $[0, +\infty)$ 上一致连续，则 $\forall \varepsilon > 0$，存在 $\delta > 0$，使当 $x_1, x_2 \in [0, +\infty)$，且 $|x_1 - x_2| < \delta$ 时，有

$$|f(x_1) - f(x_2)| < \frac{\varepsilon}{2} \qquad\qquad ①$$

$\forall x \in [0,1]$，作邻域 $U(x, \delta)$，然后由有限覆盖定理，存在有限个 $U(x_i, \delta)$ （$i =$

$1,2,\cdots,m$) 也覆盖区间 $[0,1]$.

再对 $\forall x>0$,总存在自然数 n 及存在 x_i,使

$$|x-x_i-n|<\delta \qquad ②$$

$$|f(x)-f(x_i+n)|<\frac{\varepsilon}{2} \qquad ③$$

由 $\lim\limits_{n\to\infty}f(x+n)=0$,则对上述 $\varepsilon>0$,总存在 $N>0$,使当 $n>N$ 时,有

$$|f(x_i+n)|<\frac{\varepsilon}{2},(i=1,2,\cdots,k) \qquad ④$$

因此当 $x>N+1$ 时,由式 ③④ 得

$$|f(x)|=|f(x_i+n)+f(x)-f(x_i+n)|\leqslant$$
$$|f(x_i+n)|+|f(x)-f(x_i+n)|\leqslant$$
$$\frac{\varepsilon}{2}+\frac{\varepsilon}{2}=\varepsilon.$$

因此 $\lim\limits_{x\to+\infty}f(x)=0$.

258.(**南开大学,云南大学**)　设 $f(x)$ 在 $(-\infty,+\infty)$ 上一致连续,则存在非负实数 a 与 b,使对一切 $x\in(-\infty,+\infty)$ 都有

$$|f(x)|\leqslant a|x|+b$$

证　由于 $f(x)$ 在 $(-\infty,+\infty)$ 上一致连续,故取 $\varepsilon=1$ 时,存在 $\delta>0$,使当 x_1,$x_2\in(-\infty,+\infty)$ 且 $|x_1-x_2|<\delta$ 时,有

$$|f(x_1)-f(x_2)|<1 \qquad ①$$

对 $\forall x\in R$,且 $x\neq 0$,存在自然数 n,有

$$\frac{1}{n}|x|<\delta\leqslant\frac{1}{n-1}|x|. \qquad ②$$

即用点 $\dfrac{1}{n}x,\dfrac{2}{n}x,\cdots,\dfrac{n-1}{n}x$

分线段 $[0,x]$(当 $x>0$ 时,若 $x<0$,则线段为 $[x,0]$). 则

$$|f(x)-f(0)|\leqslant\left|f(x)-f\left(\frac{n-1}{n}x\right)\right|+$$
$$\left|f\left(\frac{n-1}{n}x\right)-f\left(\frac{n-2}{n}x\right)\right|+$$
$$\cdots+\left|f\left(\frac{1}{n}x\right)-f(0)\right| \qquad ③$$

由 δ 的选法,不等式 ③ 右边每一项都小于 1,所以

$$|f(x)|-|f(0)|\leqslant|f(x)-f(0)|<n,得$$
$$|f(x)|<|f(0)|+n. \qquad ④$$

又因为 $\dfrac{1}{n-1}|x|\geqslant\delta$,所以 $n\leqslant\dfrac{|x|}{\delta}+1$,由式 ④ 得

$$|f(x)|<|f(0)|+\frac{|x|}{\delta}+1=a|x|+b$$

其中 $a=\dfrac{1}{\delta},b=|f(0)|+1.$

259. **(北京大学)** 函数 $f(x)$ 在 $[a,b]$ 上一致连续,又在 $[b,c]$ 上一致连续,$a<b$ $<c$.用定义证明:$f(x)$ 在 $[a,c]$ 上一致连续.

证 由 $f(x)$ 在 $[a,b]$ 一致连续,故 $\forall \varepsilon>0$,存在 $\delta_1>0$ 使当 $x_1,x_2\in[a,b]$,且 $|x_1-x_2|<\delta_1$ 时,有

$$|f(x_1)-f(x_2)|<\frac{\varepsilon}{2} \qquad ①$$

同理,$f(x)$ 在 $[b,c]$ 上一致连续,对上述 $\varepsilon>0$,存在 $\delta_2>0$,使当 $x_3,x_4,\in[b,c]$,且 $|x_3-x_4|<\delta_2$ 时,有

$$(f(x_3)-f(x_4))<\frac{\varepsilon}{2}. \qquad ②$$

令 $\delta=\min\{\delta_1,\delta_2\}$,则对 $\varepsilon>0$,当 $x_5,x_6\in[a,c]$ 且 $|x_5-x_6|<\delta$ 时,

(1) 若 $x_5,x_6\in[a,b]$,由式 ① 有

$$|f(x_5)-f(x_6)|<\frac{\varepsilon}{2}<\varepsilon$$

(2) 若 $x_5,x_6\in[b,c]$,由式 ② 也有

$$|f(x_5)-f(x_6)|<\varepsilon$$

(3) 若 $x_5\in[a,b],x_6\in[b,c]$ 时,则 $|x_5-b|<\delta$,$|x_6-b|<\delta$,得

$$|f(x_5)-f(x_6)|\leqslant|f(x_5)-f(b)|+|f(b)-f(x_6)|<\frac{\varepsilon}{2}+\frac{\varepsilon}{2}=\varepsilon$$

从而得证 $f(x)$ 在 $[a,b]$ 上一致连续.

260. **(北京大学)** 证明:函数 $f(x)=\sqrt{x}\ln x$ 在 $[1,+\infty)$ 上一致连续.

证 由 $f(x)=\sqrt{x}\ln x$,得

$$f'(x)=\frac{\ln x+2}{2\sqrt{x}}>0,x\in[1,+\infty)$$

$$f''(x)=\frac{\ln x}{4x\sqrt{x}}<0,x\in[1,+\infty)$$

故 $f'(x)$ 单调递减,则有

$$\lim_{x\to+\infty}f'(x)=\lim_{x\to+\infty}\frac{\ln x+2}{2\sqrt{x}}=\lim_{x\to+\infty}\frac{\frac{1}{x}}{\frac{1}{\sqrt{x}}}=\lim_{x\to+\infty}\frac{1}{\sqrt{x}}=0$$

$$\lim_{x\to1}f'(x)=\lim_{x\to1}\frac{\ln x+2}{2\sqrt{x}}=1.$$

因此 $f'(x)$ 在 $[1,+\infty)$ 上有界,设
$|f'(x)|<M,x\in[1,+\infty)$.

$\forall\varepsilon>0$,存在 $\delta=\frac{\varepsilon}{M}$,那么当 $x_1,x_2,\in[1,+\infty)$,且 $|x_1-x_2|<\delta$ 时,有

$$|f(x_1)-f(x_2)|=|f'(\xi)(x_1-x_2)|<M|x_1-x_2|<M\cdot\frac{\varepsilon}{M}=\varepsilon \qquad ①$$

其中 ξ 在 $x_1,x_2,$ 之间,

由式 ①$f(x)$ 在 $[1,+\infty)$ 上一致连续.

261.(湖北大学)　若函数 $f(x)$ 在 $[0,1]$ 上连续,$f(0)=f(1)$,则对任何自然数 n,存在 $\xi\in[0,1]$,使得

$$f\left(\xi+\frac{1}{n}\right)=f(\xi) \qquad \qquad ①$$

证　任取自然数 n,固定 n,令

$$g(x)=f(x+\frac{1}{n})-f(x),x\in[0,1-\frac{1}{n}]$$

(1) 若存在 $x_1,x_2\in[0,1]$ 使 $g(x_1)g(x_2)<0$,则由连续函数零值定理,存在 $\xi\in(0,1)$ 使 $g(\xi)=0$,从而式 ① 成立.

(2) 若 $g(x)>0,x\in\left[0,1-\frac{1}{n}\right]$,则

$$g(0)=f(\frac{1}{n})-f(0)>0$$

得 $f(0)<f(\frac{1}{n})$.

$$0<g(\frac{1}{n})=f(\frac{2}{n})-f(\frac{1}{n})$$

得 $f(\frac{2}{n})>f(\frac{1}{n})$,这样继续下去可证得

$$f(0)<f(\frac{1}{n})<f(\frac{2}{n})<\cdots\cdots<f(\frac{n-1}{n})<f(1)$$

这与 $f(0)=f(1)$ 矛盾.

(3) 若 $g(x)<0,x\in\left[0,1-\frac{1}{n}\right]$,仿上面(2)可得矛盾. 综上得证.

262.(北京科技大学)　用 ε-δ 语言证明:如果 $y=f(\mu)$ 在点 μ_0 连续,$\mu=\varphi(x)$ 在点 x_0 连续,且 $\mu_0=\varphi(x_0)$,则 $f[\varphi(x)]$ 在点 x_0 连续.

证　$\forall\varepsilon>0,\exists\delta_1>0$,当 $|\mu-\mu_0|<\delta_1$ 时,有 $|f(\mu)-f(\mu_0)|<\varepsilon$.

对上述 δ_1,$\exists\delta>0$,当 $|x-x_0|<\delta_1$ 时有 $|\mu-\mu_0|<\delta_1$,

即　　　　　　　　　　　$|\varphi(x)-\varphi(x_0)|<\delta_1$

得　　　　　　　　$|f[\varphi(x)]-f[\varphi(x_0)]|=|f(\mu)-f(\mu_0)|<\varepsilon$

因此 $f[\varphi(x)]$ 在点 x_0 处连续.

263.(上海交通大学)　设函数列 $\{f_n(x)\}$ 在区间 I 上一致收敛于 $f(x)$,且 $f_n(x)$ 在 I 上一致连续($n\in N$).证明:$f(x)$ 在 I 上也一致连续.

证　$\forall\varepsilon>0,\exists N_0>0$,当 $n\geqslant N_0$ 时,

$$|f_n(x)-f(x)|<\frac{\varepsilon}{3},\forall x\in I \qquad \qquad ①$$

又 $f_{N_0}(x)$ 在 I 上一致连续,对上述 ε,$\exists\delta>0$,当 $x_1,x_2\in I$ 且 $|x_1-x_2|<\delta$ 时,

$$|f_{N_0}(x_1)-f_{N_0}(x_2)|<\frac{\varepsilon}{3} \qquad \qquad ②$$

则由式 ①② 有

$$| f(x_1) - f(x_2) | = | f(x_1) - f_{N_0}(x_1) + f_{N_0}(x_1) - f_{N_0}(x_2) + f_{N_0}(x_2) - f(x_2) | \leqslant$$
$$| f(x_1) - f_{N_0}(x_1) | + | f_{N_0}(x_1) - f_{N_0}(x_2) | + | f_{N_0}(x_2) - f(x_2) | <$$
$$\frac{\varepsilon}{3} + \frac{\varepsilon}{3} + \frac{\varepsilon}{3} = \varepsilon$$

即证 $f(x)$ 在 I 上一致连续.

264. (北京航空航天大学) 证明:函数 $f(x) = \dfrac{| \sin x |}{x}$ 在每个区间 $J_1 = \{x \mid -1 < x < 0\}$, $J_2 = \{x \mid 0 < x < 1\}$ 内一致连续. 但在 $J_1 \cup J_2 = \{x\} 0 < | x | < 1\}$ 非一致连续.

证　先证 $f(x)$ 在 $J_1 = (-1,0)$ 内一致连续,由于

$$f(x) = \frac{\sin x}{x} = -\frac{\sin x}{x}, x \in (-1,0)$$

可得 $f(x)$ 在 $(-1,0)$ 内连续. 构造新函数,令

$$F(x) = \begin{cases} -1, & x = 0 \\ f(x), & x \in (-1,0) \\ -\sin 1, & x = -1 \end{cases}$$

则 $F(x)$ 在 $[-1,0]$ 上连续,从而一致连续,即证 $f(x)$ 在 $(-1,0)$ 内一致连续.

类似可证 $f(x)$ 在 $J_2 = (0,1)$ 内一致连续,只需构造.

$$G(x) = \begin{cases} 1, & x = 0 \\ f(x) = \dfrac{\sin x}{x}, & x \in (0,1) \\ \sin 1, & x = 1 \end{cases}$$

最后证明 $f(x)$ 在 $J_1 \cup J_2 = (-1,0) \cup (0,1)$ 内非一致连续.

由于

$$f(x) = \begin{cases} -\dfrac{\sin x}{x}, & x \in (-1,0) \\ \dfrac{\sin x}{x}, & x \in (0,1) \end{cases}$$

再由于
$$\lim_{x \to 0} \frac{\sin x}{x} = 1 \qquad\qquad\qquad ①$$

那么由式①存在 $\varepsilon = 1$,对 $\forall \delta > 0$,都存在 $x_1 \in (0, \dfrac{\delta}{2}) \cap (J_1 \cup J_2)$,使 $\dfrac{\sin x_1}{x_1} > 0.5$.

令 $x = x_1, x' = -x_1$,那么 $x, x' \in J_1 \cup J_2$,且 $| x - x' | < \delta$ 而

$$| f(x) - f(x') | = \left| \frac{| \sin x_1 |}{x_1} - \frac{| \sin(-x_1) |}{-x_1} \right| =$$
$$2 \frac{\sin x_1}{x_1} > 1$$

故 $f(x)$ 在 $J_1 \cup J_2$ 内非一致连续.

§2 连续函数的性质

【考点综述】

一、综述

1. 局部有界性

若函数 $f(x)$ 在点 a 连续,则 $f(x)$ 在点 a 的某个邻域有界.

2. 局部保号性

若函数 $f(x)$ 在点 a 连续,且 $f(a) \neq 0$,则存在 a 的某个邻域 $U(a)$,使得 $f(a)f(x) > 0$,其中 $\forall x \in U(a)$.并存在某个正数 b,使 $| f(x) | \geqslant b > 0, \forall x \in U(a)$.

3. 四则运算连续性

若 $f(x), g(x)$ 都在点 a 连续,则 $f(x) \pm g(x), f(x) \cdot g(x), \dfrac{f(x)}{g(x)}$(其中 $g(a) \neq 0$)在点 a 也连续.

4. 复合函数连续性

若 $f(x)$ 在点 a 连续,$g(y)$ 在点 b 连续,其中 $b = f(a)$,则复合函数 $g[f(x)]$ 在点 a 连续.

5. 有界性

若 $f(x)$ 在闭区间 $[a, b]$ 上连续,则 $f(x)$ 在 $[a, b]$ 上有界.

6. 最值定理

若 $f(x)$ 在闭区间 $[a, b]$ 上连续,则 $f(x)$ 在 $[a, b]$ 上有最大值与最小值.

7. 介值定理

若 $f(x)$ 在闭区间 $[a, b]$ 上连续,且 $f(a) < f(b)$(或 $f(a) > f(b)$),$\forall c \in (f(a), f(b)]$(或 $c \in (f(b), f(a))$),则存在 $x_0 \in (a, b)$,使 $f(x_0) = c$.

8. 根的存在性定理

若 $f(x)$ 在闭区间 $[a, b]$ 上连续,且 $f(a)f(b) < 0$,则 $f(x)$ 在 (a, b) 内至少有一个根.

9. 反函数连续性

设 $f(x)$ 在 $[a, b]$ 上严格递增(或减)且连续,则其反函数 $f^{-1}(x)$ 在相应定义域 $[f(a), f(b)]$(或 $[f(b), f(a)]$)上连续.

10. 初等函数连续性

任意初等函数都是它在定义区间上的连续函数.

二、解题方法

1. 考点 1 连续函数的性质

解题方法:(1)利用连续函数的性质(见下面第 265 题)

(2)构造辅助函数法(见下面第 266 题);(3)利用区间套原理(见下面第 272 题);(4)利用有限覆盖定理(见下面第 269 题);(5)用洛必达法则(见下面第 275 题);(6)反证法(见下面第 274 题).

2. 考点 2　闭区间上连续函数的性质

解题方法:(1) 利用闭区间上连续函数的性质(见下面第 288 题);

(2) 反证法(见下面第 294 题);(3) 用区间套原理(见下面第 274 题).

【经典题解】

265. (北京大学)　判断题:设 $f \in C((a,b))$,若存在

$$\lim_{x \to a^+} f(x) = A < 0, \lim_{x \to b^-} f(x) = B > 0 \qquad ①$$

则必存在 $\xi \in (a,b)$,使得 $f(\xi) = 0$.　　　　　　　　　　　(　　)

答　√.

解法 1　　令 $F(x) = \begin{cases} A, x = a \\ f(x), a < x < b \\ B, x = b. \end{cases}$

F 在 $[a,b]$ 上连续,且 $F(a)F(b) < 0, F(a) \neq 0 \neq F(b)$.

由零值定理 $\exists \xi \in (a,b)$,使得 $F(\xi) = 0, \xi \in (a,b)$,得

$$f(\xi) = F(\xi) = 0$$

解法 2　$f(x)$ 在 (a,b) 内连续,又式 ① 成立,从而 $f(x)$ 在 (a,b) 上一致连续.

由式 ① 可选 $\varepsilon > 0$ 使

$$\begin{cases} A + \varepsilon < 0 \\ B - \varepsilon > 0 \\ a + \varepsilon < b - \varepsilon \end{cases}$$

同时成立,对于上述 ε,由一致连续性,$\exists \delta > 0$ 使当满足不等式 $\begin{cases} a < x < a + \varepsilon \\ b - \varepsilon < x < b \end{cases}$ 的一切 x 有

$$| f(x) - A | < \varepsilon, \ | f(x) - B | < \varepsilon$$

$$\begin{cases} f(x) < A + \varepsilon < 0 \\ f(x) > B - \varepsilon > 0 \end{cases} \qquad ②$$

由式 ② 选 $f(x_1) < 0$,其中 $x_1 \in (a, a + \varepsilon) \subset (a,b)$,$f(x_2) > 0$,其中 $x_2 \in (b - \varepsilon, b) \subset (a,b)$.

则 $f(x)$ 在 $[x_1, x_2]$ 内连续.存在 $\xi \in (x_1, x_2) \subset (a,b)$,有 $f(\xi) = 0$. 故命题正确.

266. (上海交通大学)　设 $f(x)$ 在 $[0,1]$ 上非负连续,且 $f(0) = f(1) = 0$.则对任意一个实数 $l(0 < l < 1)$,必有实数 $x_0(0 \leqslant x_0 \leqslant 1)$ 使

$$f(x_0) = f(x_0 + l) \qquad ①$$

证　构选辅助函数,令

$$F(x) = f(x) - f(x + l)$$

$$F(0) = f(0) - f(l) = -f(l) \leqslant 0$$

$$F(1 - l) = f(1 - l) - f(1) = f(1 - l) \geqslant 0$$

分三种情况讨论:

(1) 当 $F(0) = 0$ 时,则取 $x_0 = 0$,有式 ① 成立.

(2) 当 $F(1 - l) = 0$ 时,则取 $x_0 = 1 - l$,也有式 ① 成立.

(3) 当 $F(0) < 0, F(1 - l) > 0$ 时,由于 $F(x)$ 在 $[0, 1 - l]$ 上连续,两端点函数值

反号,从而存在 $x_0 \in (0, 1-l)$(即 $0 < x_0 < 1-l < 1$)使 $F(x_0) = 0$,所以 $0 = f(x_0) - f(x_0 + l)$,即 $f(x_0) = f(x_0 + l)$.

267.(**华中科技大学,长春光机学院**)　函数 $f(x)$ 在 (a,b) 内连续 $a < x_1 < x_2 < \cdots < x_n < b$,证明:在 (a,b) 内存在点 ξ,使

$$f(\xi) = \frac{f(x_1) + f(x_2) + \cdots + f(x_n)}{n}$$

证　由题设知 $f(x)$ 在 $[x_1, x_n]$ 上连续,令

$$M = \max_{x_1 \leqslant x \leqslant x_n} f(x), m = \min_{x_1 \leqslant x \leqslant x_n} f(x)$$

则有 $m \leqslant \dfrac{f(x_1) + f(x_2) + \cdots + f(x_n)}{n} \leqslant M$

扫码获取本书资源

由连续函数介值定理,必有 $\xi \in [x_1, x_n] \subset (a,b)$,使

$$f(\xi) = \frac{f(x_1) + f(x_2) + \cdots + f(x_n)}{n}$$

268.(**华中师范大学,西安交通大学,上海机械学院,昆明工学院,无锡轻工业学院,北方交通大学,国防科技大学**)　设 $f(x)$ 在 $[a,b]$ 上连续,且 $f(x) > 0$. 又

$$F(x) = \int_a^x f(t)\mathrm{d}t + \int_b^x \frac{1}{f(t)}\mathrm{d}t$$

证明:$(1)F'(x) \geqslant 2$;$(2)F(x) = 0$ 在 $[a,b]$ 内有且仅有一个实根.

证　$(1)F'(x) = f(x) + \dfrac{1}{f(x)} \geqslant 2\sqrt{f(x)\dfrac{1}{f(x)}} = 2.$

(2) 由 $F'(x) \geqslant 2 > 0$,得 $F(x)$ 单调增加,因此 $F(x)$ 在 $[a,b]$ 内至多有一个实根.

又　　$F(a) = \int_b^a \frac{1}{f(t)}dt = -\int_a^b \frac{1}{f(t)}dt < 0$

$$F(b) = \int_a^b f(t)dt > 0$$

$F(x)$ 在 $[a,b]$ 内至少有一个实根,从而证明 $F(x)$ 在 $[a,b]$ 内有且仅存一个实根.

269.(**四川大学**)　用有限覆盖定理证明连续函数的零点定理:若 $f(x)$ 在 $[a,b]$ 上连续,且 $f(a)f(b) < 0$,则存在 $\xi \in (a,b)$,使得 $f(\xi) = 0$.

证　用反证法. 若 $f(x) \neq 0, x \in (a,b)$. 由于 $f(x)$ 在 $[a,b]$ 上连续,因此 $\forall x' \in [a,b]$,都有一个 $U(x', \delta_{x'})$,对 $\forall x \in U(x', \delta_{x'}) \cap [a,b]$,使 $f(x)$ 恒正或恒负. 所有 $U(x', \delta_{x'})$ 覆盖了 $[a,b]$,由有限覆盖定理可知,从这组开区间簇中可选取有限个开区间同样覆盖 $[a,b]$,设这有限个开区间为

$$U(a, \delta_a), U(x_1, \delta_{x_1}), \cdots U(x_n, \delta_{x_n})$$

并设 $a < x_1 < x_2 < \cdots < x_n$,令

$$\delta = \min\left\{\frac{\delta_a}{2}, \frac{\delta_{x_1}}{2}, \cdots, \frac{\delta_{x_n}}{2}\right\}$$

再将 $[a,b]$ 等分为 k 份,使每份长小于 δ,并设这些分点依次为

$$a = a_0 < a_1 < a_2 < \cdots < a_k = b$$

由于 $f(a)f(b) < 0$,不失一般设 $f(a) < 0, f(b) > 0$(至于 $f(a) > 0, f(b) < 0$ 类似可证),由 $a_0, a_1 \in U(a, \delta_a) \cap [a,b]$,得:$f(a) < 0, f(a_1) < 0$.

又 $a_1, a_2 \in U(x_i, \delta_{x_i}) \bigcap [a, b]$(某个 i),∴ $f(a_1) < 0, f(a_2) < 0$.

这样继续下去可证得 $f(a_{k-1}) < 0, f(a_k) = f(b) < 0$. 矛盾,故命题得证.

270.(厦门大学) 设函数 $f(x)$ 在有限区间 I 上有定义,满足 $\forall x \in I$,存在 x 的某个开邻域 $(x - \delta, x + \delta)$,使得

$f(x)$ 在 $(x - \delta, x + \delta) \bigcap I$ 上有界.

(1) 证明:当 $I = [a, b](0 < b - a < +\infty)$ 时,$f(x)$ 在 I 上有界;

(2) 当 $I = (a, b)$ 时,$f(x)$ 在 I 上一定有界吗?

证 (1) $\forall x \in I$,存在 $\delta_x > 0$,令 $(x - \delta_x, x + \delta_x) \bigcap I = I_x$,由假设 $f(x)$ 在 I_x 上有界. 再令

$$H = \{ I_x \mid x \in [a, b] \}$$

H 为 $[a, b]$ 的一个开覆盖,由有限覆盖定理,则存在 H 中有限多个开区间 I_{x_1}, $I_{x_2}, \cdots, I_{x_m}$ 它也覆盖 $[a, b]$. 且 $f(x)$ 在每个 I_{x_i} 上有界,所以 $f(x)$ 在 $[a, b]$ 上有界.

(2) 当 $I = (0, 1)$,令 $f(x) = \dfrac{1}{x}$,则 $f(x)$ 满足假设,但 $f(x)$ 在 $(0, 1)$ 上无界. 即命题不一定成立.

271.(北京师范大学) $f(x)$ 是闭区间 $[a, b]$ 上的函数,满足条件:对每一点 $x_0 \in [a, b]$,任取 $\varepsilon > 0$,有 $\delta > 0$,对一切 $x \in [a, b] \bigcap (x_0 - \delta, x_0 + \delta)$ 有

$$f(x) < f(x_0) + \varepsilon \qquad\qquad ①$$

成立.

(1) 证明:$f(x)$ 有最大值;

(2) 举例说明 $f(x)$ 未必有下界.

证 (1) 仿上题取 $\varepsilon = 1$,那么 $\underset{x \in [a,b]}{U} (x, \delta_x)$ 是 $[a, b]$ 的一个开覆盖,由有限覆盖定理知,存在有限开覆盖 $\overset{n}{\underset{k=1}{U}} (x_k, \delta_{xk})$,使

$$f(x) < \max_{1 \leqslant k \leqslant n} f(x_k) + 1$$

即 $f(x)$ 在 $[a, b]$ 上存在上界,从而存在上确界 M. 故存在 $\{x_n\}$,使得 $\lim\limits_{n \to \infty} f(x_n) = M$. 在 $\{x_n\}$ 中存在收敛子序列 $\{x_{nk}\}$ 有

$$\lim_{k \to \infty} x_{nk} = x_0, \text{且} \lim_{k \to +\infty} f(x_{nk}) = M$$

显然 $x_0 \in [a, b]$,下证 $f(x_0) = M$. 显然 $f(x_0) \leqslant M$.

再由式 ① 知,$\forall \varepsilon = \dfrac{1}{m}, \exists \{x_{n_k}\}$ 的子序列 $\{x_{n_{km}}\}$ 使得

$$M - \frac{1}{m} < f(x_{n_{k_m}}) < f(x_0) + \frac{1}{m} \qquad\qquad ②$$

由式 ② 及 m 的任意性有 $M \leqslant f(x_0)$,得 $f(x_0) = M$,即 $f(x)$ 有最大值 M.

(2) 令

$$f(x) = \begin{cases} -\dfrac{1}{x}, & 0 < x \leqslant 1 \\ 0, & x = 0 \end{cases}$$

则 $f(x)$ 满足题设条件,但 $f(x)$ 无下界.

272.(山东大学) 设 $f(x)$ 为闭区间 $[a, b]$ 上的增函数,但不一定连续,如果

$f(a) \geqslant a, f(b) \leqslant b$，试证：$\exists x_0 \in [a,b]$，使得 $f(x_0) = x_0$.

证　作第 1,3 象限的角平分线 $y = x$.

由题设知 $A(a, f(a))$ 在直线 $y = x$ 上方，$B(b, f(b))$ 在直线下方.

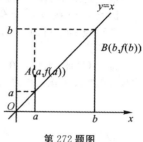

第 272 题图

取 $[a,b]$ 中点 $c_1 = \dfrac{a+b}{2}$，若点 $C(c_1, f(c_1))$ 在直线 $y = x$ 上，即证. 否则点 C 或在直线上方，或在直线下方，总之，存在 $[a_1, b_1]$ 使两端点在直线 $y = x$ 上、下方各一个.

这样继续下去存在区间套

$$[a,b] \supset [a_1, b_1] \supset \cdots \supset [a_n, b_n] \supset \cdots$$

使两端点位于直线 $y = x$ 上、下方各一点，即 $a_n < f(a_n), f(b_n) < b_n$. $b_n - a_n = \dfrac{b-a}{2^n} \to 0$.

由区间套原理 $\exists 1 \xi \in [a_n, b_n], n = 1, 2, \cdots$，且 $\lim\limits_{n \to \infty} a_n = \lim\limits_{n \to \infty} b_n = \xi$.

由 f 增函数得，对 $\forall n$ 有 $a_n \leqslant b_n$，且

$$a_n < f(a_n) \leqslant f(\xi) \leqslant f(b_n) < b_n$$

由 $\lim\limits_{n \to \infty}(b_n - a_n) = 0$ 知，$\lim\limits_{n \to \infty} f(b_n) = \lim\limits_{n \to \infty} f(a_n) = f(\xi), a_n \leqslant f(\xi) \leqslant (b_n)$，由 ξ 的唯一性得 $f(\xi) = \xi$.

273. (**福建师范大学**)　设 $f(x)$ 在 $[0,1]$ 上单调不减，且 $f(0) > 0, f(1) < 1$.

证明：$\exists x_0 \in (0,1)$，使得 $f(x_0) = x_0^2$.

证　仿上题证法，作曲线 $y = x^2$. 类似 $A(0,1)$ 在曲线 $y = x^2$ 的上方，$B(0,1)$ 在曲线 $y = x^2$ 的下方. 再利用区间套原理仿上题可证.

274. (**华中师范大学**)　用闭区间套定理证明连续函数有界性定理，即若 $f(x)$ 在闭区间 $[a,b]$ 上连续，则存在 $M > 0$，对一切 $x \in [a,b]$，$|f(x)| \leqslant M$.

证　用反证法. 若 $f(x)$ 在 $[a,b]$ 上无界，取 $[a,b]$ 的中点 $\dfrac{a+b}{2}$，则 $\left[a, \dfrac{a+b}{2}\right]$ 和 $\left[\dfrac{a+b}{2}, b\right]$ 中至少有一个区间使 $f(x)$ 无界，记此区间为 $[a_1, b_1]$. （若两个都使 $f(x)$ 无界，则任取一个即可）.

这样继续下去可得一个区间套

$$[a,b] \supset [a_1, b_1] \supset \cdots \supset [a_n, b_n] \supset \cdots$$

且存在唯一一点 ξ，使

$$\xi \in [a_n, b_n], n = 1, 2, \cdots$$

且

$$\lim\limits_{n \to \infty} a_n = \lim\limits_{n \to \infty} b_n = \xi.$$

而且 $f(x)$ 在 $[a_n, b_n](n = 1, 2, \cdots)$ 无界，但由 $f(x)$ 在点 ξ 的连续性知

对 $\forall \varepsilon > 0, \exists \delta > 0$，当 $x \in (\xi - \delta, \xi + \delta)$ 时有

$$|f(x) - f(\xi)| < \varepsilon$$

$$f(\xi) - \varepsilon < f(x) < f(\xi) + \varepsilon$$

得

$$|f(x)| < M_0$$

①

取 n 充分大可使 $[a_n,b_n] \subset (\xi-\delta,\xi+\delta)$,① 式与 $f(x)$ 在 $[a_n,b_n]$ 上无界矛盾. 因此 $f(x)$ 在 $[a,b]$ 上有界.

275. 设 f 在开区间 I 上连续,并且 I 中每一点都是 f 的极值点,证明: f 是 I 上的常值函数.

证 (反证)假设 f 在 I 上不是常值函数,则存在 $a_1,b_1 \in I$,使得 $f(a_1) \neq f(b_1)$. 不妨设 $f(a_1) < f(b_1)$. 因为 f 连续,故由介值定理,存在 $C \in (a_1,b_1)$ 使得

$$f(a_1) < f(c) = \frac{f(a_1)+f(b_1)}{2} < f(b_1)$$

若 $b_1-c \leqslant \dfrac{b_1-a_1}{2}$,则令 $a_2=c$,取 b_2 满足 $a_2=c<b_2<b_1$,且

$$f(a_1) < f(a_2) = f(c) < f(b_2) < f(b_1)$$

若 $c-a_1 \leqslant \dfrac{b_1-a_1}{2}$,则令 $b_2=c$,取 a_2 满足 $a_1<a_2<c=b_2$,且

$$f(a_1) < f(a_2) < f(c) = f(b_2)$$

若 $c-a_1 = \dfrac{b_1-a_1}{2}$. ,则令 $b_2=c$,取 a_2 满足 $a_1 < a_2 < c = b_2$,且

$$f(a_1) < f(a_2) < f(c) = f(b_2)$$

无论哪种情形,都有 $f(a_2) < f(b_2)$. 在 $[a_2,b_2]$ 上重复上述做法,并依次类推下去,得一闭间套:

$$[a_1,b_1] \supset [a_2,b_2] \supset \cdots \supset [a_n,b_n] \supset \cdots$$

$$0 < b_n - a_n \leqslant \frac{b_1-a_1}{2^n} \to 0 (n \to +\infty)$$

根据闭区间套原理,$\exists 1 x_0 \in \bigcap\limits_{n=1} [a_n,b_n]$. 由上述选法,易见 $x_0 \in \bigcap (a_n,b_n)$ 且 $\lim\limits_{n\to\infty} a_n = x_0 = \lim\limits_{n\to+\infty} b_n$. 再由 f 连续,$f(a_n)$ 严格增收敛于 $f(x_0)$,$f(b_n)$ 严格减收敛于 $f(x_0)$. 因此,$f(a_n) < f(x_0) < f(b_n)$. 即 x_0 不是 f 的极值点,这与 I 中每一点都是 f 的极值点相矛盾.

276. **(云南大学,吉林工业大学)** 设 $f(x)$ 在 $(-\infty,+\infty)$ 上有二阶连续的导数,且 $f(0)=0$,令

$$g(x) = \begin{cases} \dfrac{f(x)}{x}, & x \neq 0 \\ f'(0), & x = 0 \end{cases}$$

证明: (1) $g(x)$ 在 $(-\infty,+\infty)$ 上连续;

(2) $g(x)$ 在 $(-\infty,+\infty)$ 上可微;

(3) $g'(x)$ 在 $(-\infty,+\infty)$ 上连续.

证 (1) $\lim\limits_{x\to0} g(x) = \lim\limits_{x\to0} \dfrac{f(x)}{x} = \lim\limits_{x\to0} f'(x) = f'(0) = g(0)$.

$g(x)$ 在 $x=0$ 处连续. 再当 $x \neq 0$ 时 $g(x) = \dfrac{f(x)}{x}$ 是连续的,因此 $g(x)$ 在 $(-\infty, +\infty)$ 上连续.

(2) 在 $x \neq 0$ 处,$g(x) = \dfrac{f(x)}{x}$,显然可微. 下证 $g(x)$ 在 $x=0$ 处可微.

$$g'(0) = \lim_{x \to 0} \frac{g(x) - g(0)}{x - 0} = \lim_{x \to 0} \frac{\dfrac{f(x)}{x} - f'(0)}{x} =$$

$$\lim_{x \to 0} \frac{f(x) - xf'(0)}{x^2} =$$

$$\lim_{x \to 0} \frac{f'(x) - f'(0)}{2x} = \frac{f''(0)}{2}.$$

(3) 由(1),(2) 知

$$g'(x) = \begin{cases} \dfrac{xf'(x) - f(x)}{x^2}, & x \neq 0 \\ \dfrac{f''(0)}{2}, & x = 0 \end{cases} \qquad ①$$

$$\lim_{x \to 0} g'(x) = \lim_{x \to 0} \frac{xf'(x) - f(x)}{x^2} = \lim_{x \to 0} \frac{f'(x) + xf''(x) - f'(x)}{2x} =$$

$$\frac{f''(0)}{2} = g'(0).$$

$g'(x)$ 在 $x = 0$ 处连续. 由 ① 知 $g'(x)$ 在 $(-\infty, 0) \bigcup (0, +\infty)$ 也连续.
$g'(x)$ 在 $(-\infty, +\infty)$ 上连续.

277. (华东师范大学)　　证明:若函数 $f(x)$ 在区间 I 上处处连续且为一一映射,则 $f(x)$ 在 I 上必为严格单调.

证　用反证法. (1) 若存在 $x_1, x_2, x_3 \in I$,且 $x_1 < x_2 < x_3$ 使得

$$f(x_1) < f(x_2) > f(x_3)$$

这时考虑 $f(x_1)$ 和 $f(x_3)$.

（ⅰ）若 $f(x_1) < f(x_3)(< f(x_2))$. 由于 $f(x)$ 在 $[x_1, x_2]$ 上连续,由介值定理,必存在 $x_4 \in [x_1, x_2]$,使 $f(x_4) = f(x_3)$,这与一一映射矛盾.

（ⅱ）若 $f(x_3) < f(x_1)(< f(x_2))$. 这时考虑 $[x_2, x_3]$,必存在 $x_5 \in [x_2, x_3]$ 使 $f(x_5) = f(x_1)$,也得到矛盾.

(2) 若存在 $x_1, x_2, x_3 \in I$,且 $x_1 < x_2 < x_3, f(x_1) > f(x_2) < f(x_3)$,同(1) 讨论由介值定理存在 $x_4 \in [x_1, x_2], x_5 \in [x_2, x_3]$,使得 $f(x_4) = f(x_5)$,这与一一映射也矛盾.

综上可知 $f(x)$ 在 I 上必为严格单调.

278. (北京师范大学)　　设函数 $f(x)$ 在 $[a, b]$ 上连续. 求证:存在一个函数 φ 在 $(0, +\infty)$ 上具有下述性质:

(1) φ 在 $(0, +\infty)$ 上单调上升,且当 $t \geqslant (b - a)$ 时,$\varphi(t) =$ 常数;

(2) 对任意 $x', x'' \in [a, b]$ 有 $|f(x') - f(x'')| \leqslant \varphi(|x' - x''|)$;

(3) $\lim\limits_{t \to 0^+} \varphi(t) = 0$.

证　令 M, m 分别为 $f(x)$ 在 $[a, b]$ 上的最大值与最小值. 再令

$$\varphi(t) = \begin{cases} M - m, & t \geqslant b - a \\ \sup\limits_{|x_1 - x_2| \leqslant t} \{|f(x_1) - f(x_2)|\}, & 0 < t \leqslant b - a \end{cases} \qquad ①$$

(1) 由式 ① 知,当 $t \geqslant b - a$ 时,$\varphi(t) = M - m$(常数).

$\forall\, t_1, t_2 \in (0, b-a)$，且 $t_1 < t_2$ 时

$$\varphi(t_1) = \sup_{|x_1-x_2| \leqslant t_1} \{|f(x_1) - f(x_2)|\} \leqslant$$
$$\sup_{|x_1-x_2| \leqslant t_2} \{|f(x_1) - f(x_2)|\} = \varphi(t_2),$$

即　　　　　　　　　　　$\varphi(t_1) \leqslant \varphi(t_2) \leqslant M - m$

φ 在 $(0, +\infty)$ 上单调上升.

(2) 当 $x', x'' \in [a, b]$ 时，$|x_1 - x_2| \leqslant b-a$，所以

$$\varphi(|x' - x''|) = \sup_{|x_1-x_2| \leqslant |x'-x''|} \{|f(x_1) - f(x_2)|\} \geqslant$$
$$|f(x') - f(x'')|.$$

(3) 因为 $f(x)$ 是连续函数，所以

$$\lim_{t \to 0+} \varphi(t) = \lim_{t \to 0+} \sup_{|x_1-x_2| \leqslant t} \{|f(x_1) - f(x_2)|\} = 0.$$

279.　证明：若函数 $f(x)$ 在 $x = 0$ 处连续，且满足

$$f(x + y) = f(x) + f(y), \forall\, x, y \in R \qquad \text{①}$$

则 $f(x) = kx$（其中 k 为常数）.

证　(1) 先用数学归纳法可证

$$f(mx) = mf(x), m \in N \qquad \text{②}$$

(2) 再证

$$f\left(\frac{n}{m}x\right) = \frac{n}{m}f(x), \forall\, n, \in Z, m \in N \qquad \text{③}$$

在式 ② 中，用 $\frac{x}{m}$ 换 x 得，

$$f(x) = mf\left(\frac{x}{m}\right)$$
$$f\left(\frac{x}{m}\right) = \frac{1}{m}f(x)$$

当 $n, m \in N$ 时，

$$f\left(\frac{n}{m}x\right) = f\left(\frac{x}{m} + \cdots + \frac{x}{m}\right)(n\text{个}) = nf\left(\frac{x}{m}\right) = \frac{n}{m}f(x) \qquad \text{④}$$

又　$f(0) = f(0+0) = f(0) + f(0)$，得 $f(0) = 0$. 　　　⑤

$$0 = f(0) = f(x + (-x)) = f(x) + f(-x)$$
$$f(-x) = -f(x) \qquad \text{⑥}$$

当 $n \in Z, m \in N$，且 $n < 0$ 时.

$$f\left(\frac{n}{m}x\right) = f\left(-\frac{|n|}{m}x\right) = -f\left(\frac{|n|}{m}x\right) = -\frac{|n|}{m}f(x) = \frac{n}{m}f(x).$$

综上得证式 ③.

(3) 再证　　　　　　$f(ax) = af(x), a$ 是无理数　　　⑦

存在有理数列 $\{a_n\}$ 使 $\lim_{n \to \infty} a_n = a$.

$$f(ax) - a_n f(x) = f(ax) - f(a_n x) = f[(a - a_n)x] \qquad \text{⑧}$$

由于 $f(x)$ 在 $x = 0$ 处连续，所以

$$\lim_{n \to \infty} f[(a - a_n)x] = f(\lim_{n \to 0}(a - a_n)x) = f(0) = 0 \qquad \text{⑨}$$

由式 ⑧⑨

$$f(ax) = \lim_{n \to \infty} a_n f(x) = af(x)$$

(4) $\forall\, x \in R$

$$f(x) = f(x \cdot 1) = xf(1) = kx$$

其中 $k = f(1)$.

280. 证明: 方程 $x^3 - \sin x = \cos x$ 在 $[-2, 2]$ 内至少有一根.

证　令 $f(x) = x^3 - \sin x - \cos x$, f 在 $[-2, 2]$ 上连续, 且 $f(2) > 0, f(-2) < 0$, 由连续函数的零值定理可知 $f(x)$ 在 $[-2, 2]$ 内至少有一根.

281. **(东北师范大学)**　证明: 若 $f(x)$ 在 R 上连续, 对任意 $x, y \in R$, 有

$$f(x + y) = f(x)f(y).　　　　　　　　　①$$

则 $f(x)$ 在 R 上可微.

证　(1) 若 $f(x) \equiv 0$, 则 $f(x)$ 在 R 上可微.

(2) 若 $f(x) \equiv 1$, 则 $f(x)$ 在 R 上可微.

(3) 若 $f(x) \equiv c$, 且 $c \neq 0$ 且 $c \neq 1$. 则 $c = f(0 + 0) = c^2$, $\therefore c = 0$ 或 $c = 1$. 矛盾.

(4) 若 $f(x) \not\equiv c$. 则存在 $a \in R$, 使 $f(a) \neq 0$. $\forall\, x \in R$

$$f(x) \cdot f(a - x) = f[x + (a - x)] = f(a) \neq 0,$$

得

$$f(x) \neq 0.$$

$$f(x) = f\left(\frac{x}{2} + \frac{x}{2}\right) = f\left(\frac{x}{2}\right) \cdot f\left(\frac{x}{2}\right) > 0. \text{ 特别令 } a = f(1) \text{ 则 } a > 0.$$

再令 $F(x) = \log_a f(x)$, 则 $\forall\, x, y \in R$, 有

$$F(x + y) = \log_a f(x + y) = \log_a f(x) \cdot f(y)$$
$$= \log_a f(x) + \log_a f(y) = F(x) + F(y).$$

由上题知

$$F(x) = kx, \text{ 其中 } k = F(1)$$

但 $F(1) = \log_a f(1) = \log_a a = 1$.

$x = F(x) = \log_a f(x)$, 此即 $f(x) = a^x$. 从而 $f(x)$ 在 R 上可微.

282. **(南开大学)**　设 $f(x)$ 在 $[a, b]$ 上连续, $f(a) < f(b)$. 又设对一切

$x \in (a, b)$, $\lim\limits_{t \to 0} \dfrac{f(x+t) - f(x-t)}{t}$ 存在, 用 $g(x)$ 表示这个极限值, 试证: 存在 c

$\in (a, b)$, 使 $g(c) \geqslant 0$.

证　用反证法. 若

$$g(x) < 0, \forall\, x \in (a, b)$$

取 $\varepsilon > 0$, 使

$$g(x) + \varepsilon < 0$$

对该 $\varepsilon > 0$, $\exists \delta > 0$, 当 $0 < t < \delta$ 时, 有

$$g(x) - \varepsilon < \frac{f(x+t) - f(x-t)}{t} < g(x) + \varepsilon < 0$$

此时

$$x + t > x - t, \quad f(x+t) < f(x-t)$$

当 $-\delta < t < 0$,

$$g(x) - \varepsilon < \frac{f(x+t) - f(x-t)}{t} < g(x) + \varepsilon < 0$$

此时　　　　　$x + t < x - t, f(x+t) - f(x-t) > 0$

$f(x+t) > f(x-t)$. 因为 f 在 x 附近单调减,并由 x 的任取性知 $f(x)$ 在 $[a,b]$ 上单调递减,特别有 $f(a) \geqslant f(b)$. 这与假设矛盾. 存在 $c \in (a,b)$ 使 $g(c) \geqslant 0$.

283. **(中国地质大学)**　设函数 $f(x)$ 在 $[0,1]$ 上连续,证明:

$$\lim_{t \to +\infty} \int_0^1 te^{-t^2 x^2} f(x)\mathrm{d}x = \frac{\sqrt{\pi}}{2} f(0) \qquad ①$$

$$\left(已知 \int_0^{+\infty} e^{-u^2} \mathrm{d}u = \frac{\sqrt{\pi}}{2}\right)$$

证: f 在 $[0,1]$ 上连续,故有界 $\exists M > 0$ 值 $|f(x)| \leqslant M$.

$\forall \varepsilon > 0$, 因 f 连续, 存在 $\delta > 0$, 当 $|x - 0| = x < \delta$ 时

$$|f(x) - f(0)| < \frac{2}{3\sqrt{\pi}}\varepsilon$$

因为 $\displaystyle\int_0^{+\infty} e^{-u^2} \mathrm{d}u = \frac{\sqrt{\pi}}{2}$ 收敛, 因此, $\exists \Delta_1 > 0$, 当 $t > \Delta_1$, 时

$$\left|\int_t^{+\infty} e^{-u^2} \mathrm{d}u\right| = \left|\int_0^t e^{-u^2} \mathrm{d}u - \int_0^{+\infty} e^{-u^2} \mathrm{d}u\right| < \frac{\varepsilon}{3(|f(0)| + 1)}$$

取定 δ, 由于 $\displaystyle\lim_{t \to +\infty} te^{-t^2} = 0$, 故 $\exists \Delta_2 > 0$, 使当 $t > \Delta_2$ 时

$$|te^{-t^2\delta^2}| < \frac{\varepsilon}{6M}$$

于是当 $t > \max\{\Delta_1, \Delta_2\}$ 时, $\left|\displaystyle\int_0^1 te^{-t^2 x^2} f(x)\mathrm{d}x - \frac{\sqrt{\pi}}{2} f(0)\right| \leqslant$

$$\left|\int_0^1 te^{-t^2 x^2} f(x)\mathrm{d}x - \int_0^1 te^{-t^2 x^2} f(0)\mathrm{d}x\right| + \left|\int_0^1 te^{-t^2 x^2} f(0)\mathrm{d}x - \frac{\sqrt{\pi}}{2} f(0)\right| \leqslant$$

$$\int_0^1 te^{-t^2 x^2} |f(x) - f(0)|\mathrm{d}x + |f(0)|\left|\int_0^t e^{-u^2} \mathrm{d}u - \int_0^{+\infty} e^{-u^2} \mathrm{d}u\right| =$$

$$\int_0^\delta te^{-t^2 t^2} |f(x) - f(0)\mathrm{d}x + \int_\delta^1 te^{-t^2 x^2} |f(x) - f(0)|\mathrm{d}x + |f(0)|\left|\int_t^{+\infty} e^{-u^2} \mathrm{d}u\right| <$$

$$\frac{2\varepsilon}{3\sqrt{\pi}}\int_0^{+\infty} e^{-u^2} \mathrm{d}u + 2M\int_\delta^1 te^{-t^2\delta^2} \mathrm{d}x + |f(0)|\frac{\varepsilon}{3(|f(0)| + 1)} <$$

$$\frac{2\varepsilon}{\sqrt{\pi}}\frac{\sqrt{\pi}}{2} + 2M\frac{\varepsilon}{6M} + \frac{\varepsilon}{3} = \varepsilon$$

得 $\displaystyle\lim_{t \to +\infty} \int_0^1 te^{-t^2 x^2} f(x)\mathrm{d}x = \frac{\sqrt{\pi}}{2} f(0)$

284. **(华东师范大学)**　设 $f(x)$ 为 $(-\infty, +\infty)$ 上的周期函数,其周期可小于任意小的正数. 证明:若 $f(x)$ 在 $(-\infty, +\infty)$ 上连续,则 $f(x) \equiv$ 常数.

证　设 M 是 f 所有正周期阶所组成的集合,由假设知

$\inf\{f$ 的正周期$\} = 0$.

由下确界定义, $\exists\{T_n\} \to 0$, 其中 $T_n \in M$.

$\forall x \in R, \exists \{x_n\} \longrightarrow x$,其中 x_n 是 T_n 的整数倍.

得 $$f(x) = f(\lim_{n\to\infty} x_n) = \lim_{n\to\infty} f(x_n) = \lim_{n\to\infty} f(0 + x_n) = \lim_{n\to\infty} f(0) = f(0)$$

$f(x) \equiv$ 常数$(f(0))$.

285.**(南京大学)** 证明:(非常数)连续周期函数,必有最小正周期.

证 用反证法,若 $f(x)$ 无最小正周期.由上题可证 $f(x) \equiv$ 常数与题设矛盾.

286.**(北京师范大学)** 设 $f(x)$ 在$(0,+\infty)$中任意一点有有穷导数,且 $\lim\limits_{x\to 0+} f(x) = \lim\limits_{x\to+\infty} f(x) = A$.

证明:存在某点 $c \in (0,+\infty)$,使得 $f'(c) = 0$.

证 (1)若 $f(x) \equiv A$,则值取 $c \in (0,+\infty)$,有 $f'(c) = 0$.

(2)$f(x) \not\equiv A$,则必有 $x_0 \in (0,+\infty)$,$f(x_0) \neq A$

若 $f(x_0) > A$,令 $\varepsilon = f(x_0) - A > 0$.

由 $\lim\limits_{x\to 0+} f(x) = A$,$\lim\limits_{x\to+\infty} f(x_0) - A > 0$.

由 $\lim\limits_{x\to 0+} f(x) = A$. $\lim\limits_{x\to+\infty} f(x) = A$ 知存在 $\delta > 0$ 和 $\Delta > 0$,使当 $0 < x < \delta < x_0$,$x > \Delta > x_0$ 时,$f(x) - A < \varepsilon = f(x_0) - A$,即 $f(x) < f(x_0)$,

f 在$[\delta,\Delta]$中连续,可导,故 f 在$[\delta,\Delta]$中有最大值 $f(c) = M$. $x_0 \in [\delta,\Delta]$,$F(c) \geqslant f(x_0)$.

f 在 c 可导,于是 $f'(c) = 0$.(Fermat 定理)

(若 $f(x_0) < A$,令 $\varepsilon = A - f(x_0) > 0$

由 $\lim\limits_{x\to\delta} f(x) = A = \lim\limits_{x\to\infty} f(x)$,$\exists x_0 > \delta > 0$,$\Delta > x_0$,当 $0 < x < \delta < x_0$,$x > \Delta > x_0$ 时,有

$$f(x) > A - \varepsilon = f(x_0)$$

在$[\delta,\Delta]$中 $f(x)$ 连续,因此有最小值 $m = f(c) \leqslant f(x_0)$,从而 $f'(c) = 0$.

287.设 $f(x)$ 在(a,b)连续,且 $f(a+0)$,$f(b-0)$ 存在,则 $f(x)$ 可以取到 $f(a+0)$ 与 $f(b-0)$ 之间的一切值,但可能取不到 $f(a+0)$ 与 $f(b-0)$ 的值.

证 令 $$F(x) = \begin{cases} f(x), & x \in (a,b) \\ f(a+0), & x = a \\ f(b-0), & x = b \end{cases}$$

则 $F(x)$ 在$[a,b]$上连续,由介值定理,得 $F(x)$ 可取 $F(a)$ 与 $F(b)$ 之间的一切值.而

$$F(a) = f(a+0), F(b) = f(b-0)$$

从而得证 $f(x)$ 可取到 $f(a+0)$ 与 $f(b-0)$ 之间的一切值.

现令 $$f(x) = x + 1, x \in (0,1)$$

$$\lim_{x\to 0+} f(x) = 1,\ \lim_{x\to 1-0} f(x) = 2$$

但 $\forall x \in (0,1)$,都不存在 $\xi \in (0,1)$,$\eta \in (0,1)$ 使 $f(\xi) = 1$ 和 $f(\eta) = 2$.

288.判断下列命题是否正确,若正确给出证明,否则请举出反例.

"设 $f(x)$ 在闭区间$[a,b]$内有界,且可取 $f(a)$ 与 $f(b)$ 之间的一切值,则 $f(x)$ 在$[a,b]$上连续".

答 此命题不正确.比如

$$f(x) = \begin{cases} \sin \dfrac{1}{x-a}, x \in (a,b] \\ 0, \qquad x = a \end{cases}$$

显然

$|f(x)| \leqslant 1, f(x)$ 有界. 且存在 $n > N$ 有

$$a < a + \frac{1}{(2n+\frac{3}{2})\pi} < a + \frac{1}{(2n+\frac{1}{2})\pi} < b$$

而

$$f\left(a + \frac{1}{(2n+\frac{3}{2})\pi}\right) = -1$$

$$f\left(a + \frac{1}{(2n+\frac{1}{2})\pi}\right) = 1$$

由于 $f(x)$ 在闭区间 $\left[a + \dfrac{1}{(2n+\frac{3}{2})\pi}, a + \dfrac{1}{(2n+\frac{1}{2})\pi}\right]$ 上连续,因此 $f(x)$ 可取 $[-1,1]$ 内一切值. 但

$f(a) = 0, f(b) = \sin \dfrac{1}{b-a}$,因此 $f(b) \in [-1,1]$.

因此 $f(a)$ 与 $f(b)$ 之间一切值的集合包含于 $[-1,1]$. 从而得证 $f(x)$ 可取到 $f(a)$ 与 $f(b)$ 之间的一切值.

$\lim\limits_{x \to a+0} f(x) = \lim\limits_{x \to a+0} \sin \dfrac{1}{x-a}$ 不存在,从而 $f(x)$ 在 $x = a$ 不是右连续,即 $f(x)$ 在 $[a, b]$ 上不连续.

事实上有简单反例

$$f(x) = \begin{cases} x, 0 < x < 1 \\ 1', x = 0 \\ 0', x = 1 \end{cases}$$

在 $[0,1]$ 上不连续. 且 $|f(x)| \leqslant 1$ 有界,对 $r \leftarrow [f(1), f(0)]$,有 $x \leftarrow (0,1)$ 使 $f(x) = r$.

289.(北京师范大学) 设

$$f_n(x) = x + x^2 + \cdots + x^n, (n = 2, 3, \cdots)$$

证明:(1) 方程 $f_n(x) = 1$ 在 $[0, +\infty)$ 上有唯一的实根 x_n;

(2) 数列 $\{x_n\}$ 有极限,并求出 $\lim\limits_{n \to +\infty} x_n$.

证 (1) 令 $F(x) = f_n(x) - 1$,则

$$F(x) = x^n + x^{n-1} + \cdots + x^2 + x - 1, x \in [0, +\infty) \qquad ①$$

因为当 $x > 1$ 时,

$$F(x) = x^n + \cdots + x^2 + (x-1) > 0$$

因此方程 $f_n(x) = 1$,在 $(1, +\infty)$ 内无实根. 从而只研究

$$F(x) = x^n + \cdots + x^2 + x - 1, x \in [0, 1] \qquad ②$$

由 $F(0) = -1 < 0, F(1) \geqslant 0$, 连续. 从而由零点定理, $F(x)$ 在 $[0,1]$ 内至少有一个实根. 又

$$F'(x) = nx^{n-1} + \cdots + 2x + 1 > 0, \forall x \in [0,1]$$

$F(x)$ 在 $[0,1]$ 内单调递增. 从而即证 $F(x)$ 在 $[0,1]$ 内有且仅有一个实根. 这也证明了方程 $f_n(x) = 1$ 在 $[0, +\infty)$ 上有唯一实根 x_n.

(2) 当 $n = 1$ 时, $f_1(x) = x$, 得方程 $f_1(x) = 1$, 就是 $x - 1 = 0. x_1 = 1$.

方程 $f_2(x) = 1$, 就是 $x^2 + x - 1 = 0$. 因此 $x_2 \in (0,1)$.

一般方程 $f_n(x) = 1$ 的根 $x_n \in (0,1), n \geqslant 2$.

下证 x_n 单调递减, 用反证法, 若 某个自然数 n, 使 $x_{n-1} < x_n$, 则 $1 = f_{n-1}(x_{n-1}) = x_{n-1}^{n-1} + x_{n-1}^{n-2} + \cdots + x_{n-1} < x_n^{n-1} + x_n^{n-2} + \cdots + x_n < x_n^n + x_n^n + \cdots + x_n = f(x_n) = 1$.

矛盾. 因此 $\{x_n\}$ 单调递减.

从而 $\lim\limits_{n \to \infty} x_n = l$(存在).

因为 $1 = x_n^n + x_n^{n-1} + \cdots + x_n = \dfrac{x_n(1 - x_n^n)}{1 - x_n}$,

两边取极限, 并注意 $\lim\limits_{n \to \infty} x_n^n = 0$, 得

$1 = \dfrac{l}{1 - l}$, 解得 $l = \dfrac{1}{2}$.

$$\lim\limits_{n \to \infty} x_n = \frac{1}{2}$$

290. (北京航空航天大学,西北师范学院) 设 $f(x)$ 映 $[a,b]$ 为自己, 且

$$|f(x) - f(y)| \leqslant |x - y|, \forall x, y \in [a,b] \qquad ①$$

任取 $x_1 \in [a,b]$, 令

$$x_{n+1} = \frac{1}{2}[x_n + f(x_n)], n = 1, 2, \cdots \qquad ②$$

求证: 数列有极限 x_0, x_0 满足 $f(x_0) = x_0$.

证 因为 $x_1 \in [a,b]$, 由假设知 $f(x_1) \in [a,b]$. 下面分两种情况讨论.

(1) 若 $x_1 \geqslant f(x_1)$. 可证数列 $\{x_n\}$ 单调下降, 即用数学归纳法证明

$$x_{n+1} \leqslant x_n, \quad n = 1, 2, \cdots \qquad ③$$

当 $n = 1$ 时, 由于

$$x_2 = \frac{1}{2}[x_1 + f(x_1)] \leqslant \frac{1}{2}[x_1 + x_1] = x_1$$

得

$$x_2 - x_1 = \frac{1}{2}[f(x_1) - x_1] \leqslant 0$$

即当 $n = 1$ 时, 式 ③ 成立

归纳假设结论对 $n \leqslant k$ 成立, 即 $x_{k+1} \leqslant x_k$. $\qquad ④$

再当 $n = k + 1$ 时. 由式 ① 和式 ④ 有

$$f(x_{k+1}) - f(x_k) \leqslant |f(x_{k+1}) - f(x_k)| \leqslant |x_{k+1} - x_k| = x_k - x_{k+1}$$

得

$$x_{k+1} + f(x_{k+1}) \leqslant x_k + f(x_k)$$

$$\frac{1}{2}[x_{k+1} + f(x_{k+1})] \leqslant \frac{1}{2}[x_k + f(x_k)]$$

此即 $x_{k+2} \leqslant x_{k+1}$，所以式 ③ 对 $n = k+1$ 也成立.

由式 ① 知 $\{x_n\}$ 单调下降. 又 $a \leqslant x_n \leqslant b. n \in N$.

因此 $\lim\limits_{n \to \infty} x_n = x_0$(存在)，且 $a \leqslant x_0 \leqslant b$. 　　　　　　　　　⑤

由于 　　　　　　　　$x_{n+1} = \dfrac{1}{2}[x_n + f(x_n)]$ 　　　　　　　　⑥

又由式 ① 及柯西判别准则知 $f(x)$ 在 $[a,b]$ 内连续. 对式 ⑥ 两边取极限有

$$x_0 = \dfrac{1}{2}[x_0 + f(x_0)]$$

得 　　　　　　　　　　$x_0 = f(x_0)$

(2) 若 $x_1 < f(x_1)$，类似可证 $\{x_n\}$ 单调上升且 $x_n \leqslant b$.

$\lim\limits_{n \to \infty} x_n = x_0$(存在). 仿上也可证 $x_0 = f(x_0)$.

291. (东北师范大学) 若 $f(x)$ 在 R 上可微，且 $|f'(x)| \leqslant r < 1$.
则存在一点 a，使 $f(a) = a$.

证　取 $x_1 \in R$，若 $f(x_1) = x_1$ 则证毕.

若 $x_1 \neq f(x_1)$. 令

$$x_{n+1} = \dfrac{1}{2}[x_n + f(x_n)], n = 1, 2, \cdots \qquad ①$$

得 $x_{n+1} - x_n = \dfrac{1}{2}[x_n + f(x_n)] - \dfrac{1}{2}[x_{n-1} + f(x_{n-1})]$

$|x_{n+1} - x_n| \leqslant \dfrac{1}{2}|x_n - x_{n-1}| + \dfrac{1}{2}|f(x_n) - f(x_{n-1})| =$

$\dfrac{1}{2}|x_n - x_{n-1}| + \dfrac{1}{2}|f'(\xi)(x_n - x_{n-1})| \leqslant$

$\dfrac{1}{2}(1+r)|x_n - x_{n-1}| = b|x_n - x_{n-1}| \qquad ②$

其中 ξ 在 x_n 与 x_{n-1} 之间，$b = \dfrac{1+r}{2} < 1$.

由式 ② 知 $\{x_n\}$ 为压缩数列，故数列 $\{x_n\}$ 收敛，记 $\lim\limits_{n \to \infty} x_n = a$. 由式 ① 两边取极限，并注意 $f(x)$ 连续，所以 $a = \dfrac{1}{2}(a + f(a))$ 得 $a = f(a)$.

292. (华中师范大学)　若 $a_0, a_1, \cdots, a_n$ 为满足

$$a_0 + \dfrac{a_1}{2} + \cdots + \dfrac{a_{n-1}}{n} + \dfrac{a_n}{n+1} = 0$$

的实数. 证明：$a_0 + a_1 x + a_2 x^2 + \cdots + a_n x^n = 0$ 在 $[0,1]$ 内至少有一实根.

证　令 $f(x) = a_0 + a_1 x + a_2 x^2 + \cdots + a_n x^n$，则

$$\int_0^1 f(x) \mathrm{d}x = a_0 + \dfrac{a_1}{2} + \cdots + \dfrac{a_{n-1}}{n} + \dfrac{a_n}{n+1} = 0 \qquad ①$$

由式 ① 以及定积分含义，$f(x)$ 在 $[0,1]$ 内不可能恒为正或恒为负. 所以

(1) $f(x) \equiv 0, x \in [0,1]$，从而结论成立.

(2) 存在 $x_1, x_2 \in [0,1]$ 使 $f(x_1)f(x_2) < 0$. 从而由 $f(x)$ 在 $[0,1]$ 内连续，因此存在 ξ 在 x_1, x_2 之间($\therefore \xi \in (0,1)$)使 $f(\xi) = 0$，此即方程 $f(x) = 0$ 在 $[0,1]$ 内至少

有一个实根.

293.**(华中师范大学)**　若 $f(x)$ 是 $[a,b]$ 上定义的连续函数. 如果

$$\int_a^b [f(x)]^2 \mathrm{d}x = 0$$

则 $f(x) \equiv 0, (a \leqslant x \leqslant b)$.

证　用反证法,若 $f(x) \not\equiv 0, x \in [a,b]$. 则存在 $x_0 \in [a,b]$ 使 $f(x_0) \neq 0$(即 $f(x_0) > 0$ 或 $f(x_0) < 0$). 由连续函数保号性,则存在 $\delta > 0$,使当 $x_0 - \delta \leqslant x \leqslant x_0 + \delta$ 时,有 $f(x) \neq 0$. 得 $[f(x)]^2 > 0$ 从而

$$\int_{x_0-\delta}^{x_0+\delta} [f(x)]^2 \mathrm{d}x > 0$$

得 $\int_a^b [f(x)]^2 \mathrm{d}x = \int_a^{x_0-\delta} f^2(x)\mathrm{d}x + \int_{x_0-\delta}^{x_0+\delta} f^2(x)\mathrm{d}x + \int_{x_0+\delta}^b f^2(x)\mathrm{d}x > 0$

这与假设矛盾. 得 $f(x) \equiv 0, x \in [a,b]$.

294.**(西北大学)**　(1) 设函数 $f(x)$ 在 (a,b) 上连续,且

$$\lim_{x \to a^+} f(x) = -\infty, \lim_{x \to b^-} f(x) = -\infty$$

证明:$f(x)$ 在 (a,b) 上有最大值;

(2) 设函数 $f(x)$ 在 $[a,b]$ 上连续,在 (a,b) 内可微,且 $f(a) < 0, f(b) < 0$,又有一点 $c \in (a,b), f(c) > 0$. 证明:存在一点 $\xi \in (a,b)$ 使得

$$f(\xi) + f'(\xi) = 0.$$

证　(1) 任取 $x_0 \in (a,b)$

因　　　　　　$\lim_{x \to a^+} f(x) = -\infty, \lim_{x \to b^-} f(x) = -\infty$

故存在 $\delta > 0$,且 $\delta < \min(x_0 - a, b - x_0)$

当 $a < x < a + \delta$ 及 $b - \delta < x < b$ 时,

$$f(x) < f(x_0)$$

又 f 在 $[a+\delta, b-\delta] \subset (a,b)$ 中连续. 由闭区间上连续函数的最值定理. f 在 $[a+\delta, b-\delta]$ 上取到最大值 $M = f(c)$,

$$c \in [a+\delta, b-\delta], f(c) \geqslant f(x_0)$$

得　　　　　$\forall x \in (a, a+\delta) \cup (b-\delta, b), f(c) \geqslant f(x)$

$f(c)$ 为 f 在 (a,b) 上的最大值.

(2) 作辅助函数 $g(x) = f(x) \cdot e^x$,由题设有

$g(a) < 0, g(b) < 0, g(c) > 0$

对 $g(x)$ 在 $[a,c]$ 和 $[c,b]$ 内应用零点定理,故存在 $x_1 \in (a,c), x_2 \in (c,b)$ 使 $g(x_1) = g(x_2) = 0$.

再对 $g(x)$ 在 $[x_1, x_2]$ 内应用罗尔定理,故存在 $\xi \in (x_1, x_2) \subset (a,b)$,使 $g'(\xi) = 0$,即 $g'(\xi) = e^\xi [f'(\xi) + f(\xi)] = 0$,得

$f'(\xi) + f(\xi) = 0.$

295.**(复旦大学)**　设连续函数 $y = f(x), x \in [a,b]$,其值域 $R_f \subseteq [a,b]$,则一定存在 $x_0 \in [a,b]$,使 $f(x_0) = x_0$.

证 1　因 $R_f \subseteq [a,b]$,故

$$a \leqslant f(x) \leqslant b, x \in [a,b].　　　　　　　　　　　①$$

用反证法. 若 $f(x) \neq x$ $\forall x \in [a,b]$,则分 4 种可情况讨论.

(1) 若 $f(x) > x, x \in [a,b]$. 那么 $f(b) > b$.

这与式 ① 矛盾.

(2) 若 $f(x) < x, x \in [a,b]$,那么 $f(a) < a$,也与式 ① 矛盾.

(3) 若存在 $x_1 \in [a,b], x_2 \in [a,b]$ 使 $f(x_1) < x_1, f(x_2) > x_2$. 　　②

则令 $F(x) = f(x) - x$,由式 ② 知 $F(x_1) < 0, F(x_2) > 0$,则存在 $\xi \in (x_1, x_2) \subset [a,b]$,使 $F(\xi) = 0$,即 $f(\xi) = \xi$. 这与 $f(x) \neq x, x \in [a,b]$ 假设矛盾.

(4) 若存在 $x_1 \in [a,b], x_2 \in [a,b]$ 使

$$f(x_1) > x_1, f(x_2) < x_2$$

类似可得矛盾. 从而得证存在 $x_0 \in [a,b]$,使 $f(x_0) = x_0$.

证 2 因 $R_f \subseteq [a,b]$,故

$$f(a) \geqslant a, f(b) \leqslant b$$

若其中有一等号成立,命题得证.

若 $f(a) > a, f(b) < b$,令 $F(x) = f(x) - x$ 在 $[a,b]$ 上连续,则

$$F(a) = f(a) - a > 0$$
$$F(b) = f(b) - b < 0$$

由连续函数的零值定理, $\exists x_0 \in (a,b) \subset [a,b]$,得 $F(x_0) = 0$. 即 $f(x_0) = x_0$.

296. (武汉大学) 设当 $x \in [a,b], f(x) \geqslant 0, f(x) \not\equiv 0$,且 $f(x)$ 在 $[a,b]$ 上连续,证明: $\int_a^b f(x) \mathrm{d}x > 0$.

证 由于 $f(x) \geqslant 0, f(x) \not\equiv 0, x \in [a,b]$,因此存在 $x_0 \in [a,b]$,使 $f(x_0) > 0$. 由 $f(x)$ 连续及保号性,因此存在 $\delta > 0$,使

$$\forall c,d \in U(x_0, \delta),且 c < d, f(x) > \frac{1}{2} f(x_0), x \in U(x_0, \delta) \bigcap [a,b]$$

得

$$\int_{x_0-\delta}^{x_0+\delta} f(x) \mathrm{d}x = f(\xi) \cdot 2\delta > 0$$

其中 $\xi \in (x_0 - \delta, x_0 + \delta)$. 则有

$$\int_a^b f(x) \mathrm{d}x = \int_a^c f(x) \mathrm{d}x + \int_c^d f(x) \mathrm{d}x + \int_d^b f(x) \mathrm{d}x \geqslant$$

$$\int_c^d f(x) \mathrm{d}x \geqslant \int_c^d \frac{1}{2} f(x_0) \mathrm{d}x = \frac{1}{2} f(x_0)(d-c) > 0$$

297. (中国科技大学) 设 $f(x)$ 在区间 $[0,1]$ 可微, $f(0) = 0, f(1) = 1, k_1, k_2, \cdots, k_n$ 为 n 个正数. 证明:在区间 $[0,1]$ 内存在一组互不相等的 $x_1, x_2, \cdots, x_n$,使得

$$\sum_{i=1}^n \frac{k_i}{f'(x_i)} = \sum_{i=1}^n k_i　　　　　　　　　①$$

证 令 $A = \sum_{i=1}^n k_i$,则要证的式 ① 可改写为

$$\sum_{i=1}^n \frac{k_i}{A f'(x_i)} = 1　　　　　　　　　②$$

令 $a_i = \dfrac{k_i}{A}$, $(i = 1, 2, \cdots, n)$, 则式 ② 可改写为

$$\sum_{i=1}^{n} \frac{a_i}{f(x_i)} = 1 \qquad\qquad ③$$

其中 $a_i > 0$ $(i = 1, 2, \cdots, n)$, 且

$$a_1 + a_2 + \cdots + a_n = 1 \qquad\qquad ④$$

$$0 < a_i < 1 \quad (i = 1, 2, \cdots, n) \qquad\qquad ⑤$$

又由于 $f(0) = 0, f(1) = 1, f(x)$ 在 $[0, 1]$ 上连续, 由 $0 < a_1 < 1$, 故存在 $b_1 \in (0, 1)$ 使 $f(b_1) = a_1$.

又 $0 < a_1 < a_1 + a_2 < 1$, 再由介值定理, 又存在 $b_2 \in (b_1, 1)$, 使 $f(b_2) = a_1 + a_2$. 这样继续下去, 可得

$$0 < b_1 < b_2 < \cdots < b_{n-1} < b_n = 1$$

使 $f(b_i) = a_1 + \cdots + a_i$ $(i = 1, 2, \cdots, n)$ ⑥

令 $b_0 = 0$, 对 $f(x)$ 在 $[b_{i-1}, b_i](i = 1, 2, \cdots, n)$ 上应用拉格朗日中值定理, 则存在 $x_i \in (b_{i-1}, b_i)$, 使得

$$f'(x_i) = \frac{f(b_i) - f(b_{i-1})}{b_i - b_{i-1}} = \frac{a_i}{b_i - b_{i-1}}$$

得

$$\frac{a_i}{f'(x_i)} = b_i - b_{i-1} (i = 1, 2, \cdots, n) \qquad\qquad ⑦$$

把这 n 个等式统统加起来得

$$\sum_{i=1}^{n} \frac{a_i}{f'(x_i)} = \sum_{i=1}^{n} (b_i - b_{i-1}) = b_n - b_0 = 1$$

此即式 ③ 成立, 从而 ① 式成立.

298.(北京大学) 设 $f(x)$ 在 $[a, a+2\alpha]$ 上连续, 证明: 存在 $x \in [a, a+\alpha]$, 使得

$$f(x+\alpha) - f(x) = \frac{1}{2}[f(a+2\alpha) - f(a)] \qquad\qquad ①$$

证 令

$$g(y) = f(y+\alpha) - f(y) - \frac{1}{2}[f(a+2\alpha) - f(a)]$$

则

$$g(a) = f(a+\alpha) - \frac{1}{2}[f(a+2\alpha) + f(a)] \qquad\qquad ②$$

$$g(a+\alpha) = \frac{1}{2}[f(a+2\alpha) + f(a)] - f(a+\alpha) \qquad\qquad ③$$

$$g(a) \cdot g(a+\alpha) \leqslant 0$$

(1) 若 $g(a) = 0$, 则

$$f(a+\alpha) - f(a) = \frac{1}{2}[f(a+2\alpha) - f(a)]$$

则式 ① 成立.

(2) 若 $g(a+\alpha) = 0$, 则

$$f[(a+\alpha)+\alpha] - f(a+\alpha) = \frac{1}{2}[f(a+2\alpha) - f(a)]$$

式 ① 也成立.

(3) 若 $g(a) \cdot g(a+\alpha) < 0$,则由 $g(x)$ 连续及连续函数的零值定理,也存在 $x \in (a, a+\alpha)$ 使 $g(x) = 0$,从而式 ① 仍然成立.

299. (哈尔滨工业大学) 设 $f(x)$ 在 $(-\infty, +\infty)$ 上连续,若 $\lim\limits_{x \to \pm\infty} f(x) = +\infty$,且 $f(x)$ 在 $x = a$ 处达到最小值,若 $f(a) < a$,证明:

$F(x) = f(f(x))$ 至少在两点达到最小值.

证 由题设知 $f(x)$ 在 $[a, +\infty)$ 上的值域为 $[f(a), +\infty)$. $a \in [f(a), +\infty)$. 因 $f(x)$ 连续,故存在 $x_1 \in (a, +\infty)$ 使 $f(x_1) = a$.

再 $f(x)$ 在 $(-\infty, a]$ 上的值域也是 $[f(a), +\infty)$,$a \in [f(a), +\infty)$,故存在 $x_2 \in (-\infty, a)$,使 $f(x_2) = a$.

由上知 $x_1 \neq x_2$,但

$$F(x_1) = f[f(x_1)] = f(a), \quad F(x_2) = f[f(x_2)] = f(a)$$

即证 $F(x)$ 至少在两点达到最小值.

第四章　导数、中值定理及导数的应用

§ 1　导数与微分

【考点综述】

一、综述

1. 导数

(1) 定义. 设函数 $y = f(x)$ 在点 a 某一邻域有定义,若极限 $\lim\limits_{x \to a} \dfrac{f(x) - f(a)}{x - a}$ 存在,则称 $f(x)$ 在点 a 可导,此极限值为 $f(x)$ 在点 a 的导数,记为 $f'(a)$.

(2) $f'(a)$ 还有其他几种表示:
$$f'(a) = \lim_{\Delta x \to 0} \frac{f(a + \Delta x) - f(a)}{\Delta x}$$
$$f'(a) = \lim_{h \to 0} \frac{f(a + h) - f(a)}{h}$$

(3) 左、右导数. 设 $f(x)$ 在 a 的某个右邻域(或左邻域)有定义,若右(或左)极限 $\lim\limits_{\Delta x \to 0+} \dfrac{f(a + \Delta x) - f(a)}{\Delta x}$(或 $\lim\limits_{\Delta x \to 0-} \dfrac{f(a + \Delta x) - f(a)}{\Delta x}$) 存在. 则称此极限值为 $f(x)$ 在点 a 的右(或左) 导数,记为 $f'_+(a)$(或 $f'_-(a)$).

(4) 性质(ⅰ) 若 $f(x)$ 在点 a 可导,则 $f(x)$ 在点 a 连续,反之不然.

(ⅱ) $f'(a)$ 存在 $\Leftrightarrow f'_+(a)$ 与 $f'_-(a)$ 都存在,且 $f'_+(a) = f'_-(a)$.

(5) 几何意义. 在曲线 $y = f(x)$ 上,$f'(a)$ 是此曲线在点 $(a, f(a))$ 处切线的斜率.

2. 求导法则

(1) 四则运算公式. 若 $g(x), h(x)$ 在点 x 可导,令
$$f(x) = g(x) \pm h(x), m(x) = g(x)h(x), s(x) = \frac{g(x)}{h(x)}(h(x) \neq 0)$$
则 $f'(x) = g'(x) \pm h'(x)$
$$m'(x) = g'(x)h(x) + g(x)h'(x)$$
$$s'(x) = \frac{g'(x)h(x) - g(x)h'(x)}{h^2(x)}$$
特别 $(c \cdot f(x))' = cf'(x)$.

(2) 反函数求导公式. 设 $y = f(x)$ 为 $x = \varphi(y)$ 的反函数,若 $x = \varphi(y)$ 在点 b 的某一邻域内连续,严格单调且 $\varphi'(b) \neq 0$. 则 $f(x)$ 在点 $a(a = \varphi(b))$ 可导,且 $f'(a) = \dfrac{1}{\varphi'(b)}$. 也可记为 $\dfrac{\mathrm{d}y}{\mathrm{d}x} = \dfrac{1}{\dfrac{\mathrm{d}x}{\mathrm{d}y}}$.

(3) 复合函数求导公式. 若 $u = g(x)$ 在 a 可导, $y = f(u)$ 在 $b = g(a)$ 可导, 则复合函数 $f[g(x)]$ 在 a 可导, 且

$$\{f[g(x)]\}'_{x=a} = f'(g(a)) \cdot g'(a)$$

简记为

$$\frac{\mathrm{d}y}{\mathrm{d}x} = \frac{\mathrm{d}y}{\mathrm{d}u}\frac{\mathrm{d}u}{\mathrm{d}x}$$

3. 微分

(1) 定义. 若函数 $y = f(x)$ 在 a 的增量 Δy 可以表示为 Δx 的线性函数与较 Δx 高阶的无穷小量之和, 即

$$\Delta y = A\Delta x + o(\Delta x)$$

则称 $f(x)$ 在点 a 可微, 并称 $A\Delta x$ 为 $f(x)$ 在点 a 的微分. 记为 $\mathrm{d}y\,|_{x=a}$.

(2) 可导与可微的关系. 函数 $f(x)$ 在点 a 可微 $\Leftrightarrow f'(a)$ 存在, 且这时

$$\mathrm{d}y\,|_{x=a} = f'(a)\mathrm{d}x$$

一般在 x 的微分有 $\mathrm{d}y = f'(x)\mathrm{d}x$.

(3) 近似计算公式 $f(x) \approx f(a) + f'(a)(x-a)$.

4. 参变量方程的求导公式

设 $\begin{cases} x = \varphi(t) \\ y = \psi(t) \end{cases}, (a \leqslant t \leqslant b)$ 则

$$\frac{\mathrm{d}y}{\mathrm{d}x} = \frac{\psi'(t)}{\varphi'(t)}, \quad \frac{\mathrm{d}x}{\mathrm{d}y} = \frac{\varphi'(t)}{\psi'(t)}.$$

5. 高阶导数

(1) 定义. $y = f(x)$. 如果 $\lim\limits_{x \to a} \dfrac{f'(x) - f'(a)}{x - a}$ 存在, 则称 $f(x)$ 二阶可导, 并称此极限值为 $f(x)$ 的二阶导数, 记为 $f''(a)$.

类似可定义 n 阶导数 $f^{(n)}(a)$, 即 $f^{(n)}(a) = \left[f^{(n-1)}(x)\right]'_{x=a}$.

二阶以及二阶以上的导数统称为高阶导数, 二阶导数还可记为 $\dfrac{\mathrm{d}^2 y}{\mathrm{d}x^2}$.

(2) 若 $\begin{cases} x = \varphi(t) \\ y = \psi(t) \end{cases}$, 则

$$\frac{\mathrm{d}^2 y}{\mathrm{d}x^2} = \frac{\mathrm{d}}{\mathrm{d}x}\left(\frac{\mathrm{d}y}{\mathrm{d}x}\right) = \frac{\dfrac{\mathrm{d}}{\mathrm{d}t}\left(\dfrac{\mathrm{d}y}{\mathrm{d}x}\right)}{\dfrac{\mathrm{d}x}{\mathrm{d}t}} = \frac{\psi''(t)\varphi'(t) - \psi'(t)\varphi''(t)}{\left[\varphi'(t)\right]^3}.$$

(3) 二阶微分. 设 $y = f(x)$. 若 $f(x)$ 二阶可导, 则二阶微分为 $\mathrm{d}^2 y = f''(x)\mathrm{d}x^2$ 一般 $\mathrm{d}^n y = f^{(n)}(x)\mathrm{d}x^n$ 称为 n 阶微分.

二、解题方法

1. 考点 1　求导数

解题方法: ①定义法 (见第 314 题); ②用求导法则 (见第 304 题); ③用左、右导数法 (见第 300 题); ④用洛必达法则 (见第 313 题); ⑤用参数方程求导 (见第 340 题); ⑥用隐函数求导 (见第 301 题); ⑦利用级数 (见第 331 题); ⑧取对数求导 (见第 307 题).

2. 考点 2　导数的几何意义

解题方法: 求导数

【经典题解】

300.(**武汉大学**) 设 $F(x) = \int_{-1}^{x} \sqrt{|t|} \ln |t| \, dt$，求 $F'(0)$.

解 $F'_+(0) = \lim\limits_{x \to 0^+} \dfrac{\int_{-1}^{x} \sqrt{|t|} \ln |t| \, dt - \int_{-1}^{0} \sqrt{|t|} \ln |t| \, dt}{x - 0} =$

$$\lim\limits_{x \to 0^+} \dfrac{\int_{0}^{x} \sqrt{|t|} \ln |t| \, dt}{x} =$$

$$\lim\limits_{x \to 0^+} \sqrt{x} \ln x = \lim\limits_{x \to 0^+} \dfrac{\ln x}{\dfrac{1}{\sqrt{x}}} =$$

$$\lim\limits_{x \to 0^+} \dfrac{\dfrac{1}{x}}{\dfrac{1}{x} \cdot \left(-\dfrac{1}{2\sqrt{x}}\right)} = 0$$

类似 $F'_-(0) = \lim\limits_{x \to 0^-} \dfrac{\int_{x}^{0} \sqrt{-t} \ln(-t) \, dt}{x} =$

$$-\lim\limits_{x \to 0^-} \sqrt{-x} \ln(-x) = 0.$$

得 $F'(0) = 0$.

301.(**浙江大学**) 设 $y = y(x)$ 为可微函数，求 $y'(0)$，其中

$$y = -y e^x + 2 e^y \sin x - 7x \qquad ①$$

解 将已知等式两边对 x 求导得

$$y' = -y' e^x - y e^x + 2 e^y y' \sin x + 2 e^y \cos x - 7 \qquad ②$$

将 $x = 0$ 代入式 ① 可解得 $y(0) = 0$，再将 $x = 0$ 代入式 ② 得

$$y'(0) = -y'(0) + 2 - 7$$

$$y'(0) = -\dfrac{5}{2}$$

302.(**中国地质大学**)

设 $f''(u)$ 存在，$y = f(x + y)$，求 $\dfrac{dy}{dx}$，$\dfrac{d^2 y}{dx^2}$.

解 由 $y = f(x + y)$，令 $u = x + y$. 则

$$\dfrac{dy}{dx} = f'(u)\left(1 + \dfrac{dy}{dx}\right) \qquad ①$$

即 $\dfrac{dy}{dx} = \dfrac{f'(u)}{1 - f'(u)}$

由式 ①，两边再对 x 求导，有

$$\dfrac{d^2 y}{dx^2} = f''(u)\left(1 + \dfrac{dy}{dx}\right)^2 + f'(u)\dfrac{d^2 y}{dx^2} \qquad ②$$

由式 ② 解得

$$\frac{\mathrm{d}^2 y}{\mathrm{d}x^2} = \frac{f''(u)(1 + \dfrac{f'(u)}{1 - f'(u)})^2}{1 - f'(u)} = \frac{f''(u)}{(1 - f'(u))^3}$$

303. (北京大学) 设 $f(x) = x\sqrt{1-x^2} + \arcsin x$，求 $f'(x)$.

解 $f'(x) = \sqrt{1-x^2} - \dfrac{x^2}{\sqrt{1-x^2}} + \dfrac{1}{\sqrt{1-x^2}} = 2\sqrt{1-x^2}$

304. (中国人民大学) 设

$$f(x) = \sqrt{\frac{(1+x)\sqrt{x}}{e^{x-1}}} + \arcsin\frac{1-x}{\sqrt{1+x^2}}$$

求 $f'(1)$.

解 令 $g(x) = \sqrt{\dfrac{(1+x)\sqrt{x}}{e^{x-1}}}, h(x) = \arcsin\dfrac{1-x}{\sqrt{1+x^2}}$，则

$$g'(x) = \frac{1}{2}\sqrt{\frac{e^{x-1}}{(1+x)\sqrt{x}}} \cdot \frac{(\sqrt{x} + \dfrac{1+x}{2\sqrt{x}})e^{x-1} - e^{x-1}(1+x)\sqrt{x}}{e^{2x-2}}$$

得 $g'(1) = 0$.

$$h'(x) = \frac{1}{\sqrt{1 - \dfrac{(1-x)^2}{1+x^2}}} \cdot \frac{(-1)\sqrt{1+x^2} - \dfrac{2x(1-x)}{2\sqrt{1+x^2}}}{1+x^2}$$

得
$$h'(1) = -\frac{\sqrt{2}}{2}$$

$$f'(1) = g'(1) + h'(1) = -\frac{\sqrt{2}}{2}$$

305. (湖北大学) 设 $f(x)$ 为可导函数，证明：若 $x = 1$ 时，有

$$\frac{\mathrm{d}}{\mathrm{d}x}f(x^2) = \frac{\mathrm{d}}{\mathrm{d}x}f^2(x) \qquad\qquad ①$$

则必有 $f'(1) = 0$ 或 $f(1) = 1$.

证 因为
$$\frac{\mathrm{d}}{\mathrm{d}x}f(x^2) = 2x \cdot f'(x^2)$$

$$\frac{\mathrm{d}}{\mathrm{d}x}f^2(x) = 2f(x) \cdot f'(x)$$

由式 ① 有
$$xf'(x^2) = f(x)f'(x). \qquad\qquad ②$$

将 $x = 1$ 代入式 ② 可得
$$f'(1)[1 - f(1)] = 0$$

得
$$f'(1) = 0 \text{ 或 } f(1) = 1$$

306. (北京科技大学) 设 $x > 0, f(x) = \displaystyle\int_x^{x^2} \frac{\sin ux}{u}\mathrm{d}u$，求 $f'(x)$.

解　$f'(x) = \int_x^{x^2} \left(\dfrac{\sin ux}{u}\right)'_x du + \dfrac{\sin x^3}{x^2} \cdot 2x - \dfrac{\sin x^2}{x} =$

$\qquad \int_x^{x^2} \cos ux \, du + \dfrac{2\sin x^3 - \sin x^2}{x} =$

$\qquad \dfrac{\sin x^3}{x} - \dfrac{\sin x^2}{x} + \dfrac{2\sin x^3 - \sin x^2}{x} =$

$\qquad \dfrac{1}{x}(3\sin x^3 - 2\sin x^2)$

307.（复旦大学）　设 $y = x^{\sin(\sin x^x)}$，求 $\dfrac{dy}{dx}$.

解　令 $z = x^x$，则

$$z' = (x^x)' = x^x(1 + \ln x) \qquad\qquad ①$$

由 $y = x^{\sin(\sin x^x)}$，$\ln y = \sin(\sin x^x)\ln x$.

$\qquad \dfrac{1}{y}y' = \cos(\sin x^x) \cdot \cos x^x[x^x(1+\ln x)] \cdot \ln x + \dfrac{1}{x}\sin(\sin x^x)$

得 $\dfrac{dy}{dx} = x^{\sin(\sin x^x)}\{\cos(\sin x^x) \cdot \cos x^x[x^x(\ln x + \ln^2 x)] + \dfrac{1}{x}\sin(\sin x^x)]\}$.

308.（复旦大学）　已知 $y = \tan\cos x^x$，求 $\dfrac{dy}{dx}$.

解　$\dfrac{dy}{dx} = \sec^2(\cos x^x) \cdot (-\sin x^x) \cdot x^x(1+\ln x) =$

$\qquad -\sin x^x \cdot \sec^2(\cos x^x)x^x(1+\ln x)$.

309.（四川联合大学）　函数 $y = e^{-|x|}$，在 $x = 0$ 处是否连续，是否可导，是否有极值，为什么？

解　令 $f(x) = e^{-|x|}$，则

$$f(x) = \begin{cases} e^{-x}, & x > 0 \\ 1, & x = 0 \\ e^x, & x < 0 \end{cases} \qquad\qquad ①$$

$\lim\limits_{x \to 0} f(x) = \lim\limits_{x \to 0} e^{-|x|} = 1 = f(0)$.

则有 $y = e^{-|x|}$ 在 $x = 0$ 处连续.

$f'_+(0) = \lim\limits_{x \to 0^+} \dfrac{f(x) - f(0)}{x} = \lim\limits_{x \to 0^+} \dfrac{e^{-x} - 1}{x} =$

$\qquad \lim\limits_{x \to 0^+} \dfrac{1 - e^x}{xe^x} = \lim\limits_{x \to 0^+} \dfrac{-e^x}{e^x + xe^x} =$

$\qquad \lim\limits_{x \to 0^+} \dfrac{-1}{1+x} = -1$.

$f'_-(0) = \lim\limits_{x \to 0^-} \dfrac{f(x) - f(0)}{x} = \lim\limits_{x \to 0^-} \dfrac{e^x - 1}{x} =$

$\qquad \lim\limits_{x \to 0^-} e^x = 1$.

因为 $f'_+(0) \neq f'_-(0)$，所以 $y = e^{-|x|}$ 在 $x = 0$ 处不可导.

由式 ① 知

$e^{-x} \leqslant 1, \forall x \geqslant 0, e^x < 1, \forall x < 0.$

$y = e^{-|x|}$ 在 $x = 0$ 处有极大值 1.

310. (复旦大学) 已知 $f(x) = (x-a)^2 \varphi(x)$，其中 $\varphi'(x)$ 在点 $x = a$ 的某邻域内连续，求 $f''(a)$.

解 因为 $f(x) = (x-a)^2 \varphi(x)$，则

$$f'(x) = 2(x-a)\varphi(x) + (x-a)^2 \varphi'(x)$$

得 $f'(a) = 0$.

$$f''(a) = \lim_{x \to a} \frac{f'(x) - f'(a)}{x-a} =$$

$$\lim_{x \to a} \frac{2(x-a)\varphi(x) + (x-a)^2 \varphi'(x)}{x-a} =$$

$$\lim_{x \to a} [2\varphi(x) + (x-a)\varphi'(x)] = 2\varphi(a)$$

311. (复旦大学) 设 $y(x) = \begin{cases} 3x - \dfrac{x^2}{2} - 2, & 0 \leqslant x \leqslant 4 \\ 6 - x, & x > 4 \end{cases}$

试问 $y(x)$ 在 $x = 4$ 处导数存在吗?并求 $y(x)$ 的最大值.

解 由已知 $y(x)$ 可得　$y(4) = 2$，故

$$y'_+(4) = \lim_{x \to 4+} \frac{y(x) - y(4)}{x-4} = \lim_{x \to 4+} \frac{(6-x) - 2}{x-4} = -1$$

$$y'_-(4) = \lim_{x \to 4-} \frac{y(x) - y(4)}{x-4} = \lim_{x \to 4-} \frac{(3x - \dfrac{x^2}{2} - 2) - 2}{x-4} =$$

$$\lim_{x \to 4-} (3 - x) = -1.$$

由 $y'_+(4) = y'_-(4)$，得 $y(x)$ 在 $x = 4$ 处导数存在,且 $y'(4) = -1$.

当 $0 \leqslant x \leqslant 4$ 时,有

$$y(x) = 3x - \frac{x^2}{2} - 2 = -\frac{1}{2}(x-3)^2 + \frac{5}{2}$$

得 $\max\limits_{0 \leqslant x \leqslant 4} y(x) = \dfrac{5}{2}$.

当 $x > 4$ 时 $\sup y(x) = 2$.

$$\max\limits_{x \geqslant 0} y(x) = \frac{5}{2}$$

312. (华东师范大学) 设 $f(x) = \begin{cases} \cos x, & x < 0 \\ \ln(1+x^2), & x \geqslant 0 \end{cases}$,

求 $f'(x)$.

解 当 $x < 0$ 时, $f'(x) = -\sin x$.

当 $x > 0$ 时, $f'(x) = \dfrac{2x}{1+x^2}$.

当 $x = 0$ 时,有

$$f'_-(0) = \lim_{x \to 0^-} \frac{\cos x}{x} \text{ 不存在}, f'_+(0) = \lim_{x \to 0^+} \frac{\ln(1+x^2)}{x} = 0$$

得 $f'(x) = \begin{cases} -\sin x, & x < 0 \\ \dfrac{2x}{1+x^2}, & x < 0 \end{cases}$, f 在 $x = 0$ 处不可导.

313. (北京大学) 判断题：设 $f(x)$ 在 $[a,b]$ 上连续,且在 (a,b) 上可微,若存在极限 $\lim\limits_{x \to a+0} f'(x) = l$,则右导数 $f'_+(a)$ 存在且等于 l.

解 $f'_+(a) = \lim\limits_{h \to 0^+} \dfrac{f(a+h)-f(0)}{h}$, $\underset{a < \xi < a+h}{=} \lim\limits_{h \to 0^+} \dfrac{f'(\xi)h}{h} = l$

或用洛必达法则

$$f'_+(a) = \lim\limits_{h \to 0^+} \dfrac{f(a+h)-f(a)}{h} = \lim\limits_{h \to 0^+} \dfrac{f'(a+h)}{1} = l$$

314. (东北师范大学,北京科技大学) 设 $f(x)$ 可导,计算

$$\lim\limits_{t \to 0} \dfrac{f(a+\alpha t)-f(a+\beta t)}{t}, \alpha \neq 0, \beta \neq 0$$

解 $\lim\limits_{t \to 0} \dfrac{f(a+\alpha t)-f(a+\beta t)}{t} =$

$$\alpha \lim\limits_{t \to 0} \dfrac{f(a+\alpha t)-f(a)}{\alpha t} - \beta \lim\limits_{t \to 0} \dfrac{f(a+\beta t)-f(a)}{\beta t} =$$
$$(\alpha-\beta)f'(a).$$

315. (山东大学) $y = \arctan e^x - \ln\sqrt{\dfrac{e^{2x}}{e^{2x}+1}}$,求 $\dfrac{dy}{dx}$.

解 $\dfrac{dy}{dx} = \dfrac{e^x}{1+e^{2x}} - \sqrt{\dfrac{e^{2x}+1}{e^{2x}}} \cdot \dfrac{1}{2\sqrt{\dfrac{e^{2x}}{e^{2x}+1}}} \cdot \dfrac{2e^{2x}(e^{2x}+1)-2e^{2x} \cdot e^{2x}}{(e^{2x}+1)^2} =$

$$\dfrac{e^x-1}{1+e^{2x}}.$$

316. (山东海洋学院) 设 $ye^{xy} - x + 1 = 0$,求 $\dfrac{dy}{dx}\Big|_{\substack{x=0 \\ y=-1}}$.

解 两边对 x 求导得

$$\dfrac{dy}{dx}e^{xy} + ye^{xy}(y + x\dfrac{dy}{dx}) - 1 = 0$$

解得 $\dfrac{dy}{dx} = \dfrac{1-y^2 e^{xy}}{e^{xy} + xye^{xy}}$ ①

将 $x = 0, y = -1$ 代入式 ① 得

$$\dfrac{dy}{dx}\Big|_{\substack{x=0 \\ y=-1}} = 0$$

317. (北京大学) 设

$$f(x) = x\sqrt{1-x^2} + \arcsin x.$$

求 $f'(x)$.

解 $f'(x) = \sqrt{1-x^2} - \dfrac{2x^2}{2\sqrt{1-x^2}} + \dfrac{1}{\sqrt{1-x^2}} =$

$$2\sqrt{1-x^2}.$$

318. (上海机械学院) 设 $x(t) = \int_1^{t^2} u\ln u du, y(t) = \int_{t^2}^1 u^2 \ln u du$，求 $\dfrac{dy}{dx}$.

解
$$y'(t) = -t^4 \ln t^2 (2t) = -2t^5 \ln t^2$$
$$x'(t) = t^2 \ln t^2 (2t) = 2t^3 \ln t^2$$

故
$$\frac{dy}{dx} = \frac{y'(t)}{x'(t)} = -t^2$$

319. (山东海洋学院) 已知 $x = a(t - \sin t), y = a(1 - \cos t)$，

求 $\dfrac{dy}{dx}, \dfrac{d^2 y}{dx^2}$.

解
$$\frac{dy}{dx} = \frac{a\sin t}{a(1 - \cos t)} = \frac{\sin t}{1 - \cos t}$$

$$\frac{d^2 y}{dx^2} = \frac{\dfrac{d}{dt}\left(\dfrac{dy}{dx}\right)}{\dfrac{dx}{dt}} = \frac{\dfrac{\cos t(1 - \cos t) - (\sin t)^2}{(1 - \cos t)^2}}{a(1 - \cos t)} = -\frac{1}{a(1 - \cos t)^2}.$$

320. (湘潭大学,中国科学院) 在什么条件下,函数

$$f(x) = \begin{cases} x^n \sin \dfrac{1}{x}, & x \neq 0, \\ 0, & x = 0, \end{cases} \quad (n \text{ 为自然数})$$

(1) 在点 $x = 0$ 处连续;

(2) 在点 $x = 0$ 处可导;

(3) 在点 $x = 0$ 处导函数连续.

解 (1) 因为 $0 \leqslant |x^n \sin \dfrac{1}{x}| \leqslant |x|^n$. 而当 $n > 0$ 时,有

$$\lim_{x \to 0} |x|^n = 0$$

由两边夹法则,有

$$\lim_{x \to 0} f(x) = \lim_{x \to 0} x^n \sin \frac{1}{x} = 0 = f(0)$$

即当 $n > 0$ 时,$f(x)$ 在点 $x = 0$ 处连续.

(2)
$$\lim_{x \to 0} \frac{f(x) - f(0)}{x} = \lim_{x \to 0} \frac{x^n \sin \dfrac{1}{x}}{x} = \lim_{x \to 0} x^{n-1} \sin \frac{1}{x}$$

当且仅当 $n > 1$ 时,上述极限存在且等于 0,即当 $n > 1$ 时,

$f(x)$ 在 $x = 0$ 处可导,且 $f'(0) = 0$.

(3) 因为 $f'(x) = \begin{cases} nx^{n-1} \sin \dfrac{1}{x} - x^{n-2} \cos \dfrac{1}{x}, & x \neq 0, \\ 0, & x = 0. \end{cases} \quad (n > 1)$

由上式可知,当 $n > 2$ 时,有

$\lim\limits_{x \to 0} f'(x) = 0 = f'(0)$,即 $f'(x)$ 在 $x = 0$ 处连续.

321. (山东大学) 试作一函数在 $(-\infty, +\infty)$ 内二阶可微,使得 $f''(x)$ 在 $x = 0$ 处不连续,其余处处连续.

解 令 $f(x) = \begin{cases} x^4 \sin \dfrac{1}{x}, & x \neq 0, \\ 0, & x = 0. \end{cases}$

由上题知

$$f'(x) = \begin{cases} 4x^3 \sin \dfrac{1}{x} - x^2 \cos \dfrac{1}{x}, & x \neq 0 \\ 0, & x = 0 \end{cases}$$

当 $x \neq 0$ 时,有

$$f''(x) = 12x^2 \sin \frac{1}{x} + 2x \cos \frac{1}{x} - \sin \frac{1}{x}$$

当 $x = 0$ 处,因为

$$\lim_{h \to 0} \frac{f'(h) - f'(0)}{h} = \lim_{h \to 0} \left(4h^2 \sin \frac{1}{h} - h \cos \frac{1}{h} \right) = 0$$

得 $f''(0) = 0$.

因为 $f''(x) = \begin{cases} 12x^2 \sin \dfrac{1}{x} + 2x \cos \dfrac{1}{x} - \sin \dfrac{1}{x}, & x \neq 0 \\ 0, & x = 0 \end{cases}$ ①

因为 $\lim\limits_{x \to 0} f''(x)$ 不存在 ($\because \lim \sin \dfrac{1}{x}$ 不存在)

故 $f''(x)$ 在 $x = 0$ 处不连续,由式 ① 知 $f''(x)$ 在 $(-\infty, 0) \bigcup (0, +\infty)$ 上都处处连续.

322. (武汉水利电力大学) 设 $\varphi(x)$ 在 $x = a$ 处连续,分别讨论下面函数在 $x = a$ 处是否可导:

(1) $f(x) = (x-a)\varphi(x)$;

(2) $f(x) = |x-a| \varphi(x)$;

(3) $f(x) = (x-a) |\varphi(x)|$.

解 (1) $\lim\limits_{t \to 0} \dfrac{f(a+t) - f(a)}{t} =$

$$\lim_{t \to 0} \frac{\varphi(a+t) \cdot t}{t} = \lim_{t \to 0} \varphi(a+t) = \varphi(a).$$

故 $f'(a) = \varphi(a)$.

(2) $\lim\limits_{t \to 0} \dfrac{f(a+t) - f(a)}{t} = \lim\limits_{t \to 0} \dfrac{\varphi(a+t) |t|}{t}$

得

$$f'_+(a) = \lim_{t \to 0^+} \frac{\varphi(a+t)t}{t} = \varphi(a)$$

$$f'_-(a) = \lim_{t \to 0^-} \frac{\varphi(a+t)t}{t} = -\varphi(a)$$

当 $\varphi(a) \neq 0$ 时,$f(x)$ 在 $x = a$ 处不可导. 当 $\varphi(a) = 0$ 时,$f(x)$ 在 $x = a$ 处可导,且 $f'(a) = \varphi(a)$.

(3) $\lim\limits_{t \to 0} \dfrac{f(a+t) - f(a)}{t} = \lim\limits_{t \to 0^+} \dfrac{|\varphi(a+t)| \cdot t}{t} =$

$$\lim_{t \to 0} |\varphi(a+t)| = |\varphi(a)|.$$

$f(x)$ 在 $x = a$ 处可导,且 $f'(a) = |\varphi(a)|.$

323. **(中国科学院)** 设函数 $f(x)$ 在 $x = 0$ 连续,并且 $\lim\limits_{x \to 0} \dfrac{f(2x) - f(x)}{x} = A.$ 求证: $f'(0)$ 存在,并且 $f'(0) = A.$

证 $\lim\limits_{x \to 0} \dfrac{f(2x) - f(x)}{x} = A, \therefore f(2x) - f(x) = Ax + o(x)$ ①

由式 ① 有

$$\begin{cases} f(x) - f\left(\dfrac{x}{2}\right) = A\dfrac{x}{2} + o(x) \\[2mm] f\left(\dfrac{x}{2}\right) - f\left(\dfrac{x}{4}\right) = A\dfrac{x}{4} + o(x) \\[2mm] \cdots\cdots \\[2mm] f\left(\dfrac{x}{2^n}\right) - f\left(\dfrac{x}{2^{n+1}}\right) = A\dfrac{x}{2^{n+1}} + o(x) \end{cases}$$

把这些式子统统加起来得

$$f(x) - f\left(\dfrac{x}{2^{n+1}}\right) = Ax\left(\dfrac{1}{2} + \dfrac{1}{2^2} + \cdots + \dfrac{1}{2^{n-1}}\right) + o(x) \qquad ②$$

由于 $f(x)$ 在 $x = 0$ 连续,式 ② 两边对 $n \to +\infty$ 取极限

$$f(x) - f(0) = Ax + o(x)$$

$\lim\limits_{x \to 0} \dfrac{f(x) - f(0)}{x} = A.$ 此即 $f'(0)$ 存在,且 $f'(0) = A.$

324. **(郑州工学院)** 设

$$f(x) = \begin{cases} x^2 \sin \dfrac{\pi}{x}, & x < 0 \\[2mm] A, & x = 0 \\[2mm] ax^2 + b, & x > 0 \end{cases}$$

其中 A, a, b 为常数,试问 A, a, b 为何值时, $f(x)$ 在 $x = 0$ 处可导,为什么?并求 $f'(0).$

解 $\lim\limits_{x \to 0^-} \dfrac{f(x) - f(0)}{x} = \lim\limits_{x \to 0^-} \dfrac{x^2 \sin \dfrac{\pi}{x} - A}{x} = \lim\limits_{x \to 0^-}\left(x\sin\dfrac{\pi}{x} - \dfrac{A}{x}\right).$

$\lim\limits_{x \to 0^-} x\sin\dfrac{\pi}{x} = 0,$ 故要使 $f'_-(0)$ 存在,必须 $A = 0.$

又 $\lim\limits_{x \to 0^+} \dfrac{f(x) - f(0)}{x} = \lim\limits_{x \to 0^+} \dfrac{ax^2 + b}{x} = \lim\limits_{x \to 0^+}\left(ax + \dfrac{b}{x}\right)$

要使有导数存在,必须 $b = 0.$

综上可知,当 $A = b = 0, a$ 为任意常数时, $f(x)$ 在 $x = 0$ 处可导,且 $f'(0) = 0.$

325. **(武汉大学)** 对于函数 $f(x) = |\sin x|^3, x \in (-1, 1).$

(1) 证明: $f'''(0)$ 不存在;

(2) 说明点 $x = 0$ 是不是 $f'''(x)$ 的可去间断点.

证 (1)

$$f(x) = \begin{cases} \sin^3 x, & x \in (0,1) \\ 0, & x = 0 \\ -\sin^3 x, & x \in (-1,0) \end{cases}$$

可求得

$$f'(x) = \begin{cases} 3\sin^2 x \cos x, & x \in (0,1) \\ 0, & x = 0 \\ 3\sin^2 \cos x, & -x \in (-1,0) \end{cases}$$

$$f''(x) = \begin{cases} 6\sin x \cos^2 x - 3\sin^3 x, & x \in (0,1) \\ 0, & x = 0 \\ -6\sin x \cos^2 x + 3\sin^3 x, & x \in (-1,0) \end{cases}$$

$$\lim_{x \to 0^+} \frac{f''(x) - f''(0)}{x} = \lim_{x \to 0^+} \frac{6\sin x \cos^2 x - 3\sin^3 x}{x} = 6$$

$$\lim_{x \to 0^-} \frac{f''(x) - f''(0)}{x} = \lim_{x \to 0^-} \frac{-6\sin x \cos^2 x + 3\sin^3 x}{x} = -6$$

由于 $f'''_+(0) \neq f'''_-(0)$，所以 $f'''(0)$ 不存在.

(2) 由上面(1)可知 $x = 0$ 不是 $f''(x)$ 的可去间断点.

326. (长沙铁道学院) 设 $2x - \tan(x-y) = \int_0^{x-y} \sec^2 t \, dt, (x \neq y)$. 求 $\dfrac{d^2 y}{dx^2}$.

解 两边关于 x 求导,得

$$2 - \sec^2(x-y)(1 - \frac{dy}{dx}) = \sec^2(x-y)(1 - \frac{dy}{dx})$$

解得

$$\frac{dy}{dx} = \sin^2(x-y)$$

$$\frac{d^2 y}{dx^2} = 2\sin(x-y)\cos(x-y)(1 - \frac{dy}{dx}) =$$

$$\sin 2(x-y)[1 - \sin^2(x-y)] =$$

$$\sin 2(x-y)\cos^2(x-y).$$

327. (湖南大学) 设函数 $f(y)$ 的反函数 $f^{-1}(x)$ 以及 $f'[f^{-1}(x)], f''[f^{-1}(x)]$ 都存在,且 $f'[f^{-1}(x)] \neq 0$. 证明:

$$\frac{d^2 f^{-1}(x)}{dx^2} = \frac{-f''(f^{-1}(x))}{\{f'[f^{-1}(x)]\}^3}$$

证 令 $x = f(y)$,则 $y = f^{-1}(x)$. 将 $x = f(y)$ 对 x 求导得

$$1 = f'(y)\frac{dy}{dx}$$

$$\frac{dy}{dx} = \frac{1}{f'(y)}$$

两边再对 x 求导,得

$$\frac{d^2 y}{dx^2} = \frac{-f''(y)\frac{dy}{dx}}{[f'(y)]^2} = -\frac{f''(y)}{[f'(y)]^3} = -\frac{f''[f^{-1}(x)]}{\{f'[f^{-1}(x)]\}^3}$$

328. (北京化工学院) 已知 $y = \int_1^{1+\sin t}(1 + e^{\frac{1}{u}})du$,其中 $t = t(x)$ 是由

$$\begin{cases} x = \cos 2v \\ t = \sin v \end{cases} \text{所确定. 求} \dfrac{\mathrm{d}y}{\mathrm{d}x}.$$

解
$$\frac{\mathrm{d}y}{\mathrm{d}x} = (1 + \mathrm{e}^{\frac{1}{1+\sin t}}) \cdot \cos t \, \frac{\mathrm{d}t}{\mathrm{d}x} \qquad ①$$

由 $\begin{cases} x = \cos 2v \\ t = \sin v \end{cases}$，消去 v 得 $x = 1 - 2t^2$.

两边对 x 求导 $1 = -4t \dfrac{\mathrm{d}t}{\mathrm{d}x}$,

得 $\dfrac{\mathrm{d}t}{\mathrm{d}x} = -\dfrac{1}{4t}.$ 　　　　　　　　　　　②

求式 ② 代入式 ①

$$\frac{\mathrm{d}y}{\mathrm{d}x} = -\frac{\cos t}{4t}(1 + \mathrm{e}^{\frac{1}{1+\sin t}})$$

329. (北京工业学院) 已知 $f(x) = x\sin\omega x$，求证：
$$f^{(2n)}(x) = (-1)^n(\omega^{2n}x\sin\omega x - 2n\omega^{2n-1}\cos\omega x). \qquad ①$$

证 用数学归纳法，当 $n = 1$ 时，有
$$f'(x) = \sin\omega x + \omega x\cos\omega x$$
$$f''(x) = 2\omega\cos\omega x - \omega^2 x\sin\omega x$$

式 ① 成立.

归纳假设 $n = k$ 成立，即
$$f^{(2k)}(x) = (-1)^k(\omega^{2k}x\sin\omega x - 2k\omega^{2k-1}\cos\omega x)$$

再当 $n = k+1$ 时，有
$$f^{(2k+1)}(x) = (-1)^k[\omega^{2k}\sin\omega x + \omega^{2k+1}x\cos\omega x + 2k\omega^{2k}\sin\omega x] =$$
$$(-1)^k[\omega^{2k}(2k+1)\sin\omega x + \omega^{2k+1}x\cos\omega x].$$
$$f^{(2k+2)}(x) = (-1)^k[\omega^{2k+1}(2k+1)\cos\omega x + \omega^{2k+1}\cos\omega x - \omega^{2k+2}x\sin\omega x] =$$
$$(-1)^{k+1}[\omega^{2(k+1)}x\sin\omega x - 2(k+1)\omega^{2(k+1)-1}\cos\omega x].$$

即 $n = k+1$ 时，式 ① 也成立，从而式 ① 得证.

330. (同济大学) 试用数学归纳法证明：
$$(x^{n-1}\mathrm{e}^{\frac{1}{x}})^{(n)} = \frac{(-1)^n}{x^{n+1}}\mathrm{e}^{\frac{1}{x}} \qquad ①$$

证 当 $n = 1$ 时，有
$$(x^{n-1}\mathrm{e}^{\frac{1}{x}})' = (\mathrm{e}^{\frac{1}{x}})' = (\mathrm{e}^{\frac{1}{x}}) \cdot (-\frac{1}{x^2}) = \frac{(-1)}{x^2}\mathrm{e}^{\frac{1}{x}}$$

即式 ① 成立.

归纳假设结论对 $n \leqslant k$ 都成立. 再证 $n = k+1$ 时，有
$$(x^{k+1-1}\mathrm{e}^{\frac{1}{x}})^{(k+1)} = [(x^k\mathrm{e}^{\frac{1}{x}})']^{(k)} = (kx^{k-1}\mathrm{e}^{\frac{1}{x}} - x^{k-2}\mathrm{e}^{\frac{1}{x}})^{(k)} =$$
$$k(x^{k-1}\mathrm{e}^{\frac{1}{x}})^{(k)} - (x^{k-2}\mathrm{e}^{\frac{1}{x}})^{(k)}. \qquad ①^*$$

由归纳假设
$$(x^{k-1}\mathrm{e}^{\frac{1}{x}})^{(k)} = \frac{(-1)^k}{x^{k+1}}\mathrm{e}^{\frac{1}{x}} \qquad ②$$

$$(x^{k-2}\mathrm{e}^{\frac{1}{x}})^{(k)} = \left[(x^{k-2}\mathrm{e}^{\frac{1}{x}})^{(k-1)}\right]' = \left[\frac{(-1)^{k-1}}{x^k}\mathrm{e}^{\frac{1}{x}}\right]' =$$

$$k(-1)^k x^{-(k+1)}\mathrm{e}^{\frac{1}{x}} - (-1)^{k-1}x^{-(k+2)}\mathrm{e}^{\frac{1}{x}}. \qquad ③$$

将式②,式③代入式①*,并注意$(-1)^{k-1} = (-1)^{k+1}$,得

$$\left[x^{k+1-1}\mathrm{e}^{\frac{1}{x}}\right]^{(k+1)} = \frac{(-1)^{k+1}}{x^{k+2}}\mathrm{e}^{\frac{1}{x}}$$

即 $n = k+1$ 也有式 ① 成立,从而即证.

331.(**华中科技大学**) 设 $f(x) = \arctan x$,求 $f^{(n)}(0)$.

解 1　令　$g(x) = \dfrac{1}{1+x^2}$,则

$$g(x) = 1 - x^2 + x^4 - x^6 + x^8 - \cdots, \qquad |x| < 1$$
$$g'(x) = -2x + 4x^3 - 6x^5 + 8x^7 - \cdots$$

……

$$g^{(n-1)}(x) = \begin{cases} (-1)^{\frac{n}{2}}(n-1)!x + (-1)^{\frac{n}{2}+1}\dfrac{(n+1)!}{2}x^3 + \cdots, & n = 2k \\ (-1)^{\frac{n-1}{2}}(n-1)! + (-1)^{\frac{n+1}{2}}x^2 + \cdots, & n = 2k+1 \end{cases}$$

得 $\qquad g^{(n-1)}(0) = \begin{cases} 0, & n = 2k \\ (-1)^{\frac{n-1}{2}}(n-1)!, & n = 2k+1 \end{cases}$

但是 $f^{(n)}(0) = g^{(n-1)}(0)$.

$$f^{(n)}(0) = \begin{cases} 0, & n = 2k \\ (-1)^{\frac{n-1}{2}}(n-1)! & n = 2k+1 \end{cases}$$

解 2　$\qquad f'(x) = \dfrac{1}{1+x^2}, (1+x^2)f'(x) = 1$

两边对 x 求$(n-1)$ 阶导数,得

$$(1+x^2)f^{(n)}(x) + C_{n-1}^1 f^{(n-1)}(x)\cdot 2x + C_{n-1}^2 f^{(n-2)}(x)\cdot 2 = 0$$

将 $x = 0$ 代入得 $f^{(n)}(0) + (n-1)(n-2)f^{(n-2)}(0) = 0$.

$$f^{(n)}(0) = -(n-1)(n-2)f^{(n-2)}(0) =$$
$$(n-1)(n-2)(n-3)(n-4)f^{(n-4)}(0) = \cdots$$

当 $n = 2k$ 时,$f_{(0)}^{(2k)} = (-1)^k(2k-1)(2k-2)\cdots 4 f''(0) = 0$

当 $n = 2k+1$ 时,$f_{(0)}^{(2k+1)} = (-1)^k(2k)(2k-1)\cdots 1 f'(0) = $
$$(-1)^k(2k)!$$

332.(**中国科学院**) 设 $f(x) = \begin{cases} |x|, & x \neq 0 \\ 1, & x = 0 \end{cases}$,证明:不存在一个函数以 $f(x)$

为其导函数.

证　用反证法,设 $g'(x) = f(x)$,则

$$g'(x) = \begin{cases} x, & x > 0 \\ 1, & x = 0 \\ -x, & x < 0 \end{cases} \qquad ①$$

则　当 $x > 0$ 时,$g(x) = \dfrac{1}{2}x^2 + C_1$

当 $x < 0$ 时, $g(x) = -\dfrac{1}{2}x^2 + C_2$

由于 $g(x)$ 连续. 得 $C_1 = C_2 = g(0)$. 即

$$g(x) = \begin{cases} \dfrac{1}{2}x^2 + C_1, & x > 0 \\ C_1, & x = 0 \\ -\dfrac{1}{2}x^2 + C_1, & x < 0 \end{cases}$$

$$g'(0) = \lim_{x \to 0^+} \frac{g(x) - g(0)}{x} = \lim_{x \to 0^+} \frac{\dfrac{1}{2}x^2}{x} = 0$$

这与式 ① 矛盾.

333. **(中国科学院)** 设 $g(x)$ 是 $[-1,1]$ 上无穷次可微分函数, $\exists M > 0$, 使 $|g^{(n)}(x)| \leqslant n!M$. 并且

$$g(\frac{1}{n}) = \ln(1 + 2n) - \ln n \quad n = 1, 2, 3, \cdots$$

请计算各阶导数 $g^{(k)}(0), k = 0, 1, 2, \cdots$

解　因为 $g(\dfrac{1}{n}) = \ln(1 + 2n) - \ln n = \ln\dfrac{1 + 2n}{n} = \ln(2 + \dfrac{1}{n})$, 得

$$g(0) = \lim_{n \to \infty} g(\frac{1}{n}) = \ln 2$$

$$g(x) = \ln(2 + x)$$

$$g'(x) = \frac{1}{2 + x} \quad g'' = \frac{-1}{(2 + x)^2}$$

归纳证得
$$g^{(k)} = \frac{(-1)^{k-1}(k-1)!}{(2 + x)^k}$$

$$|g^{(n)}(x)| = n!\frac{1}{(2 + x)^n \cdot n} < n! \cdot 1$$

$$g^{(k)}(0) = \begin{cases} \ln 2, & k = 0 \\ (-1)^{k-1}\dfrac{(k-1)!}{2^k}, & k \geqslant 1 \end{cases}$$

334. **(东北工学院)** 讨论

$$f(x) = \begin{cases} \dfrac{1}{x} - \dfrac{1}{e^x - 1}, & x \neq 0 \\ \dfrac{1}{2}, & x = 0 \end{cases}$$

在 $x = 0$ 处的连续性与可微性.

解　$\lim\limits_{x \to 0} f(x) = \lim\limits_{x \to 0}(\dfrac{1}{x} - \dfrac{1}{e^x - 1}) = \lim\limits_{x \to 0} \dfrac{e^x - 1 - x}{x(e^x - 1)} = \lim\limits_{x \to 0} \dfrac{e^x - 1}{e^x - 1 + xe^x} =$

$$\lim_{x \to 0} \frac{1}{2 + x} = \frac{1}{2} = f(0).$$

得 $f(x)$ 在 $x = 0$ 处连续.

$$\lim_{x\to 0}\frac{f(x)-f(0)}{x}=\lim_{x\to 0}\frac{\dfrac{1}{x}-\dfrac{1}{e^x-1}-\dfrac{1}{2}}{x}=$$

$$\lim_{x\to 0}\frac{2(e^x-1)-2x-x(e^x-1)}{2x^2(e^x-1)}=$$

$$\lim_{x\to 0}\frac{2e^x-2-(e^x-1)-xe^x}{4x(e^x-1)+2x^2 e^x}=$$

$$\lim_{x\to 0}\frac{e^x-e^x-xe^x}{4(e^x-1)+4xe^x+4xe^x+2x^2 e^x}=$$

$$-\lim_{x\to 0}\frac{e^x+xe^x}{4e^x+8e^x+8xe^x+4xe^x+2x^2 e^x}=-\frac{1}{12}$$

得 $f'(0)=-\dfrac{1}{12}.$　　即 $f(x)$ 在 $x=0$ 处可微.

335. (华中科技大学)　设　$f(x)=\begin{cases}e^{-1/x^2}, & x\neq 0,\\ 0 & ,x=0,\end{cases}$　试证明: $f'(x)$ 在 $x=0$ 处连续.

证　$f'(0)=\lim_{x\to 0}\dfrac{f(x)-f(0)}{x}=\lim_{x\to 0}\dfrac{e^{-1/x^2}}{x}=\lim_{x\to 0}\dfrac{\dfrac{1}{x}}{e^{1/x^2}}=$

$$\lim_{x\to 0}\frac{-\dfrac{1}{x^2}}{e^{1/x^2}\left(-\dfrac{2}{x^3}\right)}=$$

$$\lim_{x\to 0}\frac{x}{2e^{1/x^2}}=0$$

扫码获取本书资源

得　　　　　$f'(x)=\begin{cases}\dfrac{2}{x^3}e^{-1/x^2}, & x\neq 0\\[2mm] 0, & x=0\end{cases}$

$$\lim_{x\to 0}f'(x)=\lim_{x\to 0}\frac{\dfrac{2}{x^3}}{e^{1/x^2}}=\lim_{x\to 0}\frac{-\dfrac{6}{x^4}}{-\dfrac{2}{x^3}e^{1/x^2}}=$$

$$\lim_{x\to 0}\frac{\dfrac{3}{x}}{e^{1/x^2}}=\lim_{x\to 0}\frac{-\dfrac{3}{x^2}}{-\dfrac{2}{x^3}\cdot e^{1/x^2}}=0=f'(0)$$

因此, $f'(x)$ 在 $x=0$ 处连续.

336. (上海科技大学)　已知一直线切曲线 $y=0.1x^3$ 于 $x=2$,且交此曲线于另一点,求此点坐标.

解　在 $x=2$ 处,曲线 $y=0.1x^3$ 的斜率为

$$k=y'\big|_{x=2}=1.2$$

又切线过点 $(2,0.8)$,故切线方程为 $y-0.8=1.2(x-2)$,即 $6x-5y-8=0.$
再解方程组

$$\begin{cases} y = 0.1x^3 \\ 6x - 5y - 8 = 0 \end{cases}$$

得另一交点坐标为 $(-4, -6.4)$.

337. (西北电讯工程学院)　设平面上一点 $A(0,a)$,和抛物线 $x = 2\sqrt{ay}(a > 0)$,动点 P 从坐标原点出发,沿抛物线移动.假定线段 OA,AP 和抛物线所围成图形的面积对时间的增大速率为常数 k,求 P 点的横坐标的变动速率.

解　由 $x = 2\sqrt{ay}$,得

$$y = \frac{x^2}{4a}$$

设动点 P 的坐标为 $(x, \frac{x^2}{4a})$,设 P 点在 x 轴投影为 Q,则点 Q 的坐标为 $(x, 0)$.

再设曲边三角边 OAP 的面积为 S(见右图),则

$S = $ 梯形 $AOQP$ 的面积 $-$ 曲线三角形 OPQ 的面积 $=$

$$\frac{1}{2}(a + \frac{x^2}{4a})x - \int_0^x \frac{t^2}{4a}dt =$$

$$\frac{a}{2}x + \frac{1}{24a}x^3$$

第 337 题图

由题设,有

$$k = \frac{dS}{dt} = \frac{a}{2}\frac{dx}{dt} + \frac{x^2}{8a}\frac{dx}{dt}$$

解得

$$\frac{dx}{dt} = \frac{8ak}{4a^2 + x^2}$$

338. (上海化工学院)　椭圆上任意两点联结成的线段,称为此椭圆的弦. 证明:椭图 $\frac{x^2}{a^2} + \frac{y^2}{b^2} = 1$ 的任意两条平行弦之中点联线必经过原点(即椭圆中心).

证　设两条平行弦分别为 AB 与 CD,这 4 点的坐标分别为 $A(x_1, y_1)$,$B(x_2, y_2)$,$C(x_3, y_3)$,$D(x_4, y_4)$,$AB \parallel CD$.

(1) 若 AB 与 CD 都平行于 x 轴(或 y 轴),则结论显然成立.

(2) 若 AB,CD 的斜率都是 $k \in (0, +\infty)$,则

$$\frac{y_2 - y_1}{x_2 - x_1} = k = \frac{y_4 - y_3}{x_4 - x_3}$$

两弦 AB 与 CD 两弦中点分别为 $E(\frac{x_1 + x_2}{2}, \frac{y_1 + y_2}{2})$,$F(\frac{x_3 + x_4}{2}, \frac{y_3 + y_4}{2})$. 再设 EO 和 FO 的斜率分别为 k_1 和 k_2,则

$$k_1 = \frac{y_1 + y_2}{x_1 + x_2}, k_2 = \frac{y_3 + y_4}{x_3 + x_4}$$

得

$$k \cdot k_1 = \frac{y_2^2 - y_1^2}{x_2^2 - x_1^2} \qquad ①$$

由于 (x_1, y_1) 和 (x_2, y_2) 在椭圆上,所以

$$y_1^2 = \frac{b^2}{a^2}(a^2 - x_1^2) \qquad ②$$

$$y_2^2 = \frac{b^2}{a^2}(a^2 - x_2^2) \qquad ③$$

将式②、式③代入式①得

$$kk_1 = -\frac{b^2}{a^2} \qquad ④$$

类似可得

$$kk_2 = -\frac{b^2}{a^2} \qquad ⑤$$

由式④、式⑤得 $k_1 = k_2$,从而 E,O,F 在一条直线上,即两弦中点联线过原点.

339.（厦门大学） 已知 $f'(x) = ke^x$,k 为常数,求 $f(x)$ 的反函数的二阶导数.

解 设 $y = f(x)$,则 $\dfrac{dx}{dy} = \dfrac{1}{ke^x}$.

$$\frac{d^2 x}{dy^2} = \frac{d}{dx}\left(\frac{1}{ke^x}\right) \cdot \frac{dx}{dy} = -\frac{1}{k^2 e^{2x}}$$

340.（北京农机学院） （1）求导函数 $y = e^{-x}\arccos x$;

（2）求导函数 $y = x(\sin x)^x$;

（3）已知参数方程 $\begin{cases} x = 10\cos 3t + 120\cos t \\ y = 10\sin 3t + 120\sin t \end{cases}$ 求 $\dfrac{dy}{dx}$.

解 （1）

$$y' = -e^{-x}\arccos x - \frac{e^{-x}}{\sqrt{1-x^2}}$$

（2）两边取对数,得

$$\ln y = \ln x + x\ln\sin x$$

两边求导数得

$$\frac{1}{y}y' = \frac{1}{x} + \ln\sin x + x\cot x$$

得

$$y' = x(\sin x)^x\left(\frac{1}{x} + \ln\sin x + x\cot x\right)$$

（3）

$$\frac{dy}{dx} = \frac{30\cos 3t + 120\cos t}{-30\sin 3t - 120\sin t} = -\frac{\cos 3t + 4\cos t}{\sin 3t + 4\sin t}$$

341.（南京大学） 求 $d^n(x^2\ln x)$,$(x > 0,x$ 为自变量)

解 令 $y = x^2\ln x$,则

$$y' = 2x\ln x + x$$

$$y'' = 2\ln x + 3$$

$$y^{(3)} = \frac{2}{x} = 2x^{-1}$$

$$y^{(4)} = 2 \times (-1)x^{-2}$$

$$y^{(5)} = 2 \times (-1) \times (-2)x^3$$

$$\cdots\cdots$$

$$y^{(n)} = 2 \times (-1)(-2)\cdots[-(n-3)]x^{-(n-2)}$$

$$d^n(x^2\ln x) = \begin{cases} x(2\ln x + 1)\mathrm{d}x & n = 1 \\ (2\ln x + 3)\mathrm{d}x^2 & n = 2 \\ (-1)^{n-3}2 \cdot (n-3)! x^{2-n}\mathrm{d}x^n & n \geqslant 3 \end{cases}$$

342. 设 $y = x^n[2\cos(\ln x) + 5\sin(\ln x)]$，证明：
$$x^2 y'' + (1 - 2n)xy' + (1 + n^2)y = 0$$

证　$y' = nx^{n-1}[2\cos(\ln x) + 5\sin(\ln x)] + x^n[-2\sin(\ln x)\dfrac{1}{x} + 5\cos(\ln x)\dfrac{1}{x})] =$

$\qquad x^{n-1}[(2n+5)\cos(\ln x)] + (5n-2)\sin(\ln x)]$

$y'' = (n-1)x^{n-2}[(2n+5)\cos(\ln x)] + (5n-2)\sin(\ln x) +$

$\qquad x^{n-1}[-(2n+5)\sin(\ln x)\dfrac{1}{x} + (5n-2)\cos(\ln x)\dfrac{1}{x}] =$

$\qquad x^{n-2}[(2n^2 + 3n - 5 + 5n - 2)\cos(\ln x) + (5n^2 - 7n + 2 - 2n - 5)\sin(\ln x)] =$

$\qquad x^{n-2}[(2n^2 + 8n - 7)\cos(\ln x) + (5n^2 - 9n - 3)\sin(\ln x)].$

$x^2 y'' + (1 - 2n)xy' + (1 + n^2)y =$

$\qquad x^n\{(2n^2 + 8n - 7)\cos(\ln x) + (5n^2 - 9n - 3)\sin(\ln x) - (4n^2 + 8n -$

$\qquad 5)\cos(\ln x) - (10n^2 - 9n + 2)\sin(\ln x) + (2 + 2n^2)\cos(\ln x) + (5 +$

$\qquad 5n^2)\sin(\ln x)\} =$

$\qquad x^n\{(2n^2 + 8n - 7 - 4n^2 - 8n + 5 + 2 + 2n^2)\cos(\ln x) + (5n^2 - 9n - 3 - 10n^2 +$

$\qquad 9n - 2 + 5n^2)\sin(\ln x)\} =$

$\qquad 0$

343. **(内蒙古大学)**　求出函数

$$f(x) = \begin{cases} x^{\frac{4}{3}}\cos(x^{-\frac{1}{3}}), & x \neq 0 \\ 0, & x = 0 \end{cases}$$ 的导函数 $f'(x)$，讨论 $f'(x)$ 的连续性(若有

间断点，须指出其类别).

解　当 $x \neq 0$ 时，有

$$f'(x) = \frac{4}{3}x^{\frac{1}{3}}\cos(x^{-\frac{1}{3}}) + \frac{1}{3}\sin(x^{-\frac{1}{3}})$$

$$\lim_{x \to 0}\frac{f(x) - f(0)}{x} = \lim_{x \to 0}\frac{f(x)}{x} = \lim_{x \to 0}[x^{\frac{1}{3}}\cos(x^{-\frac{1}{3}})] = 0$$

得 $f'(x) = \begin{cases} \dfrac{4}{3}x^{\frac{1}{3}}\cos(x^{-\frac{1}{3}}) + \dfrac{1}{3}\sin(x^{-\frac{1}{3}}), & x \neq 0 \\ 0, & x = 0 \end{cases}$

因为 $\lim\limits_{x \to 0}\dfrac{4}{3}x^{\frac{1}{3}}\cos(x^{-\frac{1}{3}}) = 0$，$\lim\limits_{x \to 0}\sin(x^{-\frac{1}{3}}) = \lim\limits_{x \to 0}(\sin\dfrac{1}{\sqrt[3]{x}})$ 不存在

故 $\lim\limits_{x \to 0}f'(x)$ 不存在，因此 $x = 0$ 是 $f'(x)$ 的唯一间断点，它是第二类间断点.

344. **(中国人民大学)**　设

$$f(x) = \sqrt{\frac{(1+x)\sqrt{x}}{\mathrm{e}^{x-1}}} + \arcsin\frac{1-x}{\sqrt{1+x^2}}$$

求 $f'(1)$.

解　$f'(x) = \dfrac{1}{2}\sqrt{\dfrac{e^{x-1}}{(1+x)\sqrt{x}}}\,\dfrac{(\frac{1}{2\sqrt{x}}+\frac{3}{2}\sqrt{x})e^{x-1}-e^{x-1}(1+x)\sqrt{x}}{e^{2(x-1)}}+$

$\dfrac{1}{\sqrt{1-\dfrac{(1-x)^2}{1+x^2}}}\cdot\dfrac{-\sqrt{1+x^2}-\dfrac{x}{\sqrt{1+x^2}}(1-x)}{1+x^2}.$

所以　$f'(1) = \dfrac{1}{2}\cdot\sqrt{\dfrac{1}{2}}(2-2)+\dfrac{-\sqrt{2}}{2}=-\dfrac{\sqrt{2}}{2}$

345. **(北京航空航天大学)**　$\varphi(x) = \displaystyle\int_0^x \dfrac{\ln(1-t)}{t}\mathrm{d}t$　在 $-1 < x < 1$ 有意义,证明: $\varphi(x)+\varphi(-x) = \dfrac{1}{2}\varphi(x^2)$.

证　令 $F(x) = \varphi(x)+\varphi(-x)-\dfrac{1}{2}\varphi(x^2)$,则

$\dfrac{\mathrm{d}F(x)}{\mathrm{d}x} = \dfrac{\mathrm{d}\varphi(x)}{\mathrm{d}x}+\dfrac{\mathrm{d}\varphi(-x)}{\mathrm{d}x}-\dfrac{1}{2}\dfrac{\mathrm{d}\varphi(x^2)}{\mathrm{d}x} =$

$\dfrac{\ln(1-x)}{x}+\dfrac{\ln(1+x)}{-x}\cdot(-1)-\dfrac{1}{2}\dfrac{\ln(1-x^2)}{x^2}\cdot 2x = 0.$

得 $F(x) = C$,即

$$\varphi(x)+\varphi(-x)-\dfrac{1}{2}\varphi(x^2) = C \qquad\qquad ①$$

将 $x = 0$ 代入式 ①,得

$C = \varphi(0)+\varphi(0)-\dfrac{1}{2}\varphi(0).$

但 $\varphi(0) = 0$.　得 $C = 0$.

$$\varphi(x)+\varphi(-x) = \dfrac{1}{2}\varphi(x^2)$$

346. **(广西大学)**　求函数 $y = |1-2x|\sin(2+x+\sqrt{1+x^2})$ 的导数.

解　$y = \begin{cases} (1-2x)\sin(2+x+\sqrt{1+x^2}), & x < \dfrac{1}{2} \\ (2x-1)\sin(2+x+\sqrt{1+x^2}), & x \geqslant \dfrac{1}{2} \end{cases}$

当 $x < \dfrac{1}{2}$ 时,有

$y' = -2\sin(2+x+\sqrt{1+x^2})+(1-2x)\cos(2+x+\sqrt{1+x^2})(1+\dfrac{x}{\sqrt{1+x^2}})$

当 $x > \dfrac{1}{2}$ 时,有

$y' = 2\sin(2+x+\sqrt{1+x^2})+(2x-1)\cos(2+x+\sqrt{1+x^2})(1+\dfrac{x}{\sqrt{1+x^2}}).$

当 $x = \dfrac{1}{2}$ 时,有

$$\lim_{\Delta x \to 0^+} \frac{f(\frac{1}{2}+\Delta x)-f(\frac{1}{2})}{\Delta x} = 2\sin(\frac{5}{2}+\sqrt{1+\frac{1}{4}})$$

$$\lim_{\Delta x \to 0^-} \frac{f(\frac{1}{2}+\Delta x)-f(\frac{1}{2})}{\Delta x} = -2\sin(\frac{5}{2}+\sqrt{1+\frac{1}{4}})$$

因此当 $x=\frac{1}{2}$ 时,函数的导数不存在.

347. (长春光机学院)　(1) $y=\sin x^2$,求 $\dfrac{\mathrm{d}y}{\mathrm{d}x},\dfrac{\mathrm{d}^2 y}{\mathrm{d}x^2},\dfrac{\mathrm{d}^3 y}{\mathrm{d}x^3}$;

(2) 将 $\dfrac{\mathrm{d}y}{\mathrm{d}x},\dfrac{\mathrm{d}^2 y}{\mathrm{d}x^2}$ 用极坐标 r,φ 表示出来,以 φ 为自变量.

解　(1)
$$\frac{\mathrm{d}y}{\mathrm{d}x} = 2x\cos x^2$$

$$\frac{\mathrm{d}^2 y}{\mathrm{d}x^2} = 2\cos x^2 - 4x^2\sin x^2$$

$$\frac{\mathrm{d}^3 y}{\mathrm{d}x^3} = -4x\sin x^2 - 8x\sin x^2 - 8x^3\cos x^2 = -12x\sin x^2 - 8x^3\cos x^2$$

(2) 令 $\begin{cases} x=r\cos\varphi, \\ y=r\sin\varphi, \\ r=h(\varphi), \end{cases}$　则

$$\frac{\mathrm{d}y}{\mathrm{d}x} = \frac{r\cos\varphi+r'\sin\varphi}{-r\sin\varphi+r'\cos\varphi} = \frac{h(\varphi)\cos\varphi - h'(\varphi)\sin\varphi}{-h(\varphi)\sin\varphi + h'(\varphi)\cos\varphi}$$

$$\frac{\mathrm{d}^2 y}{\mathrm{d}x^2} = \frac{d(\frac{\mathrm{d}y}{\mathrm{d}x})}{\mathrm{d}x} =$$

$$\frac{\dfrac{(-r\sin\varphi+2r'\sin\varphi+r''\sin\varphi)(-r\sin\varphi+r'\cos\varphi)}{(-r\sin\varphi+r'\cos\varphi)^2}}{-r\sin\varphi+r'\cos\varphi} -$$

$$\frac{\dfrac{(-r\cos\varphi-2r'\sin\varphi+r''\cos\varphi)(r\cos\varphi+r'\sin\varphi)}{(-r\sin\varphi+r'\cos\varphi)^2}}{-r\sin\varphi+r'\cos\varphi} =$$

$$\frac{1}{(-r\sin\varphi+r'\cos\varphi)^3}[(r^2\sin^2\varphi-2r'\sin\varphi\cos\varphi-r''\sin^2\varphi-r'\sin\varphi\cos\varphi+2r'(\cos\varphi+r'\sin\varphi\cos\varphi)-$$
$$(-r^2\cos^2\varphi-r'\sin\varphi\cos\varphi-2r'\sin\varphi\cos\varphi-2r'^2\sin^2\varphi+r''\cos^2\varphi+r'r''\sin\varphi\cos\varphi))] =$$

$$\frac{r^2-rr''+2r'^2}{(-r\sin\varphi+r'\cos\varphi)^3} = \frac{r^2-rr'+2(r')^2}{(r'\cos\varphi-r\sin\varphi)^3}.$$

348. (西北工业大学)　设 $f_n(x)=f(f(\cdots f(x)\cdots))$($n$ 个 f),$f(x)=\dfrac{x}{\sqrt{1+x^2}}$,

求 $\dfrac{\mathrm{d}f_n(x)}{\mathrm{d}x}$.

解　设 $f_1(x)=f(x),f_2(x)=f[f(x)]$,先用数学归纳法证明:

$$f_n(x) = \frac{x}{\sqrt{1+nx^2}}, \quad n \in N \qquad\qquad ①$$

当 $n=1$ 时,式 ① 显然成立.

归纳假设结论对 $n=k$ 成立,即

$$f_k(x) = \frac{x}{\sqrt{1+kx^2}}$$

当 $n=k+1$ 时,有

$$f_{k+1}(x) = f[f_k(x)] = f\left[\frac{x}{\sqrt{1+kx^2}}\right] =$$

$$\frac{\dfrac{x}{\sqrt{1+kx^2}}}{\sqrt{1+\dfrac{x^2}{1+kx^2}}} = \frac{x}{\sqrt{1+(k+1)x^2}}.$$

从而式 ① 对一切自然数成立.

$$\frac{\mathrm{d}f_n(x)}{\mathrm{d}x} = \left(\frac{x}{\sqrt{1+nx^2}}\right)' = \frac{1}{\sqrt{(1+nx^2)^3}}$$

349.(哈尔滨工业大学)　设 $f(x)$ 在 $(x_0-\delta, x_0+\delta), (\delta>0)$ 内有定义.

(1) 若 $f(x)$ 在 x_0 点处导数 $f'(x_0)$ 存在,证明:

$$\lim_{h\to 0}\frac{f(x_0+h)-f(x_0-h)}{2h} = f'(x_0) \qquad\qquad ①$$

(2) 若上式左端极限存在,是否 $f(x)$ 在 x_0 点一定可导?若结论成立,请证明;若结论不成立,请举反例.

解　(1)　$\displaystyle\lim_{h\to 0}\frac{f(x_0+h)-f(x_0-h)}{2h} =$

$$\lim_{h\to 0}\frac{[f(x_0+h)-f(x_0)]-[f(x_0-h)-f(x_0)]}{2h} =$$

$$\frac{1}{2}\lim_{h\to 0}\frac{f(x_0+h)-f(x_0)}{h} + \frac{1}{2}\lim_{h\to 0}\frac{f(x_0-h)-f(x_0)}{-h} =$$

$$\frac{1}{2}f'(x_0) + \frac{1}{2}f'(x_0) = f'(x_0).$$

(2) 若式 ① 左端极限存在,$f(x)$ 在 x_0 不一定可导.比如 $f(x)=|x|$,令 $x_0=0$.

$$\lim_{h\to 0}\frac{f(x_0+h)-f(x_0-h)}{2h} = \lim_{h\to 0}\frac{f(h)-f(-h)}{2h} =$$

$$\lim_{h\to 0}\frac{|h|-|-h|}{2h} = 0.$$

存在,但 $f(x)=|x|$ 在 $x=0$ 处不可导.

350.(浙江大学)　设

$$f'(\ln x) = \begin{cases} 1, & \text{当 } 0<x\leqslant 1 \\ x, & \text{当 } x>1 \end{cases}, \text{且 } f(0)=0, \text{求 } f(x),$$

解　当 $x>1$ 时,有

$$f'(\ln x) = x = e^{\ln x}$$

得

$$f'(t) = e^t$$

$$f(t) = e^t + C_1$$

其中　　　　　　　　　　　　　　　　$t > 0$　①

当 $0 < x \leqslant 1$ 时,$f'(\ln x) = 1$.

令 $t = \ln x$,则 $f'(t) = 1$,得

$f(t) = t + C_2$,其中 $-\infty < t \leqslant 0$　　　　　　　②

$$f(t) = \begin{cases} e^t + C_1, & t > 0 \\ t + C_2, & -\infty < t \leqslant 0 \end{cases}$$　　　③

当 $t = 0$ 时,$f(0) = 0$,解得 $C_2 = 0$.再由 $f(t)$ 连续,得

$0 = \lim\limits_{t \to 0^+} f(t) = \lim\limits_{t \to 0^+}(e^t + C_1) = 1 + C_1$

$C_1 = -1$

代入式③,则有

$$f(x) = \begin{cases} e^x - 1, & x > 0 \\ x, & -\infty < x \leqslant 0 \end{cases}$$

351.(中国人民大学)　设函数 $f(x)$ 连续,$f'(0)$ 存在,并且对于任何的 $x, y \in R$,

$$f(x+y) = \frac{f(x) + f(y)}{1 - 4f(x)f(y)},\qquad ①$$

(1) 证明:$f(x)$ 在 R 上可微;

(2) 若 $f'(0) = \dfrac{1}{2}$,求 $f(x)$.

证　(1) 令 $x = y = 0$,由式①,得

$f(0) = \dfrac{2f(0)}{1 - 4f^2(0)}$

$f(0) - 4f^3(0) = 2f(0)$

$f(0)[1 + 4f^2(0)] = 0$

　　　　　　　　　得 $f(0) = 0$　　　　　　　②

$f'(0) = \lim\limits_{h \to 0} \dfrac{f(h) - f(0)}{h} = \lim\limits_{h \to 0} \dfrac{f(h)}{h}$　　　③

$\forall x \in R$,则

$\lim\limits_{h \to 0} \dfrac{f(x+h) - f(x)}{h} = \lim\limits_{h \to 0} \dfrac{\dfrac{f(x) + f(h)}{1 - 4f(x)f(h)} - f(x)}{h} =$

$\lim\limits_{h \to 0} \dfrac{f(h)[1 + 4f^2(x)]}{h[1 - 4f(x)f(h)]} =$

$f'(0) \dfrac{[1 + 4f^2(x)]}{[1 - 4f(x)f(0)]} =$

$f'(0)[1 + 4f^2(x)].$

得 $f'(x) = f'(0)[1 + 4f^2(x)]$(存在).　　　　　　④

(2) 令 $f(x) = y$,并将 $f'(0) = \dfrac{1}{2}$ 代入式④,得

$$\frac{\mathrm{d}y}{\mathrm{d}x} = \frac{1}{2}(1 + 4y^2)$$

分离变量得

$$\frac{\mathrm{d}(2y)}{1+(2y)^2}=\mathrm{d}x$$

得 $\arctan 2y=x+C$ ⑤

$$y=\frac{1}{2}\tan(x+C)$$ ⑥

令 $x=0$　则 $y=0$,由式 ⑤ 得 $C=0$.

$$y=\frac{1}{2}\tan x$$

352.(北京师范大学)　设 $f\in C^2(R)$,且

$$f(x+h)+f(x-h)-2f(x)\geqslant 0,\forall x\in R,\forall h>0$$ ①

证明:$\forall x\in R,f''(x)\geqslant 0$.

证　$\forall x\in R,\forall h>0,f(x+h)=f(x)+f'(x)h+\frac{1}{2}f''(x)h^2+o(h^2)$ ②

$$f(x-h)=f(x)-f'(x)h+\frac{1}{2}f''(x)h^2+o(h^2)$$ ③

式 ②+式 ③

$$f(x+h)+f(x-h)=2f(x)+f''(x)h^2+o(h^2)$$ ④

因为 $f(x+h)+f(x-h)-2f(x)\geqslant 0$,得

$$f''(x)h^2+o(h^2)\geqslant 0$$

$$f''(x)+o(1)\geqslant 0$$

令 $h\to 0$,得 $f''(x)\geqslant 0$

353.(长沙铁道学院)　设函数 $f(x)$ 在点 a 处连续,且 $|f(x)|$ 在 a 处可导,证明:$f(x)$ 在 a 处也可导.

证　(1) 若 $f(a)=0$.令

$$\lim_{x\to a}\frac{|f(x)-f(a)|}{x-a}=\lim_{x\to a}\frac{|f(x)|}{x-a}=\lim_{x\to a}\frac{|f(x)|-|f(a)|}{x-a}=A$$

当 $x>a$ 时,$\dfrac{|f(x)|}{x-a}\geqslant 0$,　$A\geqslant 0$,

当 $x<a$ 时,$\dfrac{|f(x)|}{x-a}\leqslant 0$,　$A\leqslant 0$.

得 $A=0$,此而　$\lim_{x\to a}\left|\dfrac{f(x)}{x-a}\right|=A=0$

$$\lim_{x\to a}\frac{f(x)-f(a)}{x-a}=\lim_{x\to a}\frac{f(x)}{x-a}=0$$

(2) 若 $f(a)>0$,由于 $f(x)$ 在点 a 处连续,$\exists\delta>0$,使当 $|x-a|<\delta$,有 $f(x)>\dfrac{f(a)}{2}>0$.得

$$\lim_{x\to a}\frac{|f(x)|-|f(a)|}{x-a}=\lim_{x\to a}\frac{f(x)-f(a)}{x-a}$$

因此 $f(x)$ 在 a 处可导.

(3) 若 $f(a)<0$,同上类似有

$$\lim_{x \to a} \frac{\mid f(x) \mid - \mid f(a) \mid}{x - a} = -\lim_{x \to a} \frac{f(x) - f(a)}{x - a}$$

因此 $f(x)$ 在 a 处也可导.

354.(**华东师范大学**)　设

$$f(x) = \begin{cases} \dfrac{\sin x}{x}, & x \neq 0 \\ 1, & x = 0 \end{cases}$$

求 $f^{(k)}(0)$.

解　因为 $\sin x = x - \dfrac{x^3}{3!} + \dfrac{x^5}{5!} + \cdots + (-1)^{n+1} \dfrac{x^{2n-1}}{(2n-1)!} + \cdots$

故 $\dfrac{\sin x}{x} = 1 - \dfrac{x^2}{3!} + \dfrac{x^4}{5!} + \cdots + (-1)^{n+1} \dfrac{x^{2n-2}}{(2n-1)!} + \cdots$

$$f'(0) = \lim_{x \to 0} \frac{f(x) - f(0)}{x} = \lim_{x \to 0} \frac{\dfrac{\sin x}{x} - 1}{x} = \lim_{x \to 0} \frac{\sin x - x}{x^2} = 0$$

$$f''(0) = \lim_{x \to 0} \frac{f'(x) - f'(0)}{x} = \lim_{x \to 0} \frac{\left(\dfrac{\sin x}{x}\right)'}{x} = \lim_{x \to 0} \frac{-\dfrac{2}{3!}x + o(x)}{x} = -\frac{1}{3}$$

$$\frac{f^{(k)}(0)}{k!} = \alpha_k$$

$$f^{(k)}(0) = k! \alpha_k$$

k 为奇数时,

$$\alpha_k = 0, f^{(k)} = 0$$

k 为偶数时,

$$\alpha_k = \frac{(-1)^{\frac{k}{2}}}{(k+1)!}$$

因此　　　　$f^{(k)}(0) = \dfrac{(-1)^{\frac{k}{2}}}{k+1} f^{(k)}(0) = \begin{cases} (-1)^{\frac{k}{2}} \dfrac{1}{k+1}, & k \text{ 为偶数} \\ 0, & k \text{ 为奇数} \end{cases}$

355.(**武汉大学**)　设函数 $f(x)$ 在点 x_0 的邻域 I 内有定义. 证明:导数 $f'(x_0)$ 存在的充要条件是存在这样的函数 $g(x)$,它在 I 内有定义,在点 x_0 连续,且使得在 I 内成立等式:

$$f(x) = f(x_0) + (x - x_0)g(x) \qquad ①$$

又这时还有等式 $f'(x_0) = g(x_0)$.

证　先证充分性,设式 ① 成立,得

$$g(x) = \frac{f(x) - f(x_0)}{x - x_0}$$

由于 $g(x)$ 在点 x_0 连续,因此 $\lim_{x \to x_0} g(x)$ 存在,从而

$\lim_{x \to x_0} \dfrac{f(x) - f(x_0)}{x - x_0}$ 存在,因此 $f'(x_0)$ 存在,且

$$f'(x_0) = \lim_{x \to x_0} \frac{f(x) - f(x_0)}{x - x_0} = \lim_{x \to x_0} g(x) = g(x_0)$$

再证必要性. 令

$$g(x) = \begin{cases} \dfrac{f(x) - f(x_0)}{x - x_0}, & x \neq x_0, x \in I \\ f'(x_0), & x = x_0 \end{cases}$$

这时 $g(x)$ 在 I 内有定义, 且

$$\lim_{x \to x_0} g(x) = \lim_{x \to x_0} \frac{f(x) - f(x_0)}{x - x_0} = f'(x_0) = g(x_0)$$

因此 $g(x)$ 在点 x_0 连续. 且

$$f(x) = f(x_0) + g(x)(x - x_0), x \neq x_0, x \in I \qquad \text{①}$$

但式 ① 当 $x = x_0$ 也成立. 因此

$$f(x) = f(x_0) + g(x)(x - x_0), x \in I$$

356. **(湖北大学)**　设 $y = f(x)$ 在 $x = x_0$ 的某邻域内具有三阶导函数, 且 $f'(x_0) = f''(x_0) = 0, f'''(x_0) \neq 0$. 问 $x = x_0$ 是否为极值点? 为什么? 又 $(x_0, f(x_0))$ 是否为拐点? 为什么?

答　(1)$x = x_0$ 不一定是极值点, 比如 $f(x) = x^3$, 可证 $f'(0) = f''(0) = 0$. 但 $f'''(0) = 6 \neq 0$. 但 $x = 0$ 不是 $f(x) = x^3$ 的极值点.

(2)$(x_0, f(x_0))$ 为曲线 $y = f(x)$ 的拐点, 不失一般性设 $f'''(x_0) > 0$. 从而由保号性存在 x_0 的某一邻域 $(x_0 - \delta, x_0 + \delta)$, 使而 $f'''(x) > 0$, 即 $f''(x)$ 在此邻域内为严格增函数.

因此　　　　　　　$f''(x) > 0, x \in (x_0, x_0 + \delta)$
　　　$f''(x) < 0, x \in (x_0 - \delta, x_0)$

又 $f''(x_0) = 0$.　因此 $(x_0, f(x_0))$ 为曲线 $y = f(x)$ 的拐点.

357. 设 $f(x)$ 在 (a, b)(有穷或无穷区间) 中任意一点有有限导数, 且

$$\lim_{x \to a+0} f(x) = \lim_{x \to b-0} f(x).$$

求证:存在 $\xi \in (a, b)$, 使 $f'(\xi) = 0$.

证　(1) 设 $\lim\limits_{x \to a+0} f(x) = \lim\limits_{x \to b-0} f(x) = C$(有限)

若 $f(x) \equiv c$　$x \in (a, b)$. 则 $f'(\xi) = 0$ 对, $\forall \xi \in (a, b)$ 成立.

若 $f(x) \not\equiv c$, 必存在 $x_0 = (a, b)$ 使 $f(x_0) \neq c$, 不妨设 $f(x_0) > c$.

由 $\lim\limits_{x \to a+0} f(x) = \lim\limits_{x \to b-0} f(x) = c$, 对 $\varepsilon = f(x_0) - c$.

$\exists \delta_1$, 使当 $a < x < a + \delta_1, b - \delta_1 < x < b$ 时, 有

$|f(x) - c| < \varepsilon = f(x_0) - c$ 即 $f(x) < f(x_0)$.

取 $\delta = \lim(\delta_1, \dfrac{x_0 - a}{2}, \dfrac{b - x_0}{2})$, 当 $a < x < a + \delta, b - \delta < x < b$ 时, 仍有 $f(x) < f(x_0)$, 且 $x_0 \in [a + \delta, b - \delta]$

f 在 $[a + \dfrac{\delta}{2}, b - \dfrac{\delta}{2}]$ 中连续, 可导, 故 f 在其中达到最大值 $f(\xi) \geq f(x_0), \xi$ 也是最大值点.

且 $\xi \in (a+\dfrac{\delta}{2}, b-\dfrac{\delta}{2})$，$\xi$ 也是极大值点. 由 Fermat 定理　$f'(\xi) = 0$.

该证法对 a, b 的元穷大时同样成立.

(2) 若 $\lim\limits_{x \to a+0} f(x) = \lim\limits_{x \to b-0} f(x) = +\infty$（或 $-\infty$）时，只需取 $x_0 \in (a, b), f(x_0) > 0$（或 < 0），取 $M = 2f(x_0)$.

$\exists \delta_1 > 0$，当 $a < x < a+\delta_1, b-\delta_1 < x < b$ 时，$f(x) > M$.

取 $\delta = \min\{\delta_1, x_0-a, b-x_0\}$，$f$ 在 $[a+\dfrac{\delta}{2}, b-\dfrac{\delta}{2}]$ 中取最小值如(1)，即为极小值，于是 $f'(\xi) = 0$.

358. (清华大学)　设 $f(x) = \dfrac{d^n}{dx^n}(e^{-x}x^n), x \in (0, +\infty)$.

证明：函数 $f(x)$ 在 $(0, +\infty)$ 中恰有 n 个零点.

证　令 $F_k(x) = (e^{-x}x^n)^{(k)}, (k=1,2,\cdots,n)$，则 $F_n(x) = f(x)$，且 $F_1(x) = e^{-x}(-x^n + nx^{n-1})$，$F_0(x) = e^{-x}x^n$，$\lim\limits_{x \to 0} e^{-x}x^n = 0 = \lim\limits_{x \to +\infty} e^{-x}x^n$

由上题存在 $c \in (0, +\infty)$ 使 $F_1(c) = 0$.（实际上仅有一个 $c = n$）

由于 $F_2(x) = F'_1(x) = \dfrac{d^2}{dx^2}(e^{-x}x^n)$.

再对 $F_2(x)$ 讨论 $(0, c)$ 和 $(c, +\infty)$ 内，因为 $F_1(x)$ 可导连续，则

$$\lim_{x \to 0^+} F_1(x) = \lim_{x \to c^-} F_1(x) = 0$$
$$\lim_{x \to c^+} F_1(x) = \lim_{x \to +\infty} F_1(x) = 0$$

再由上题，存在 $d_1 \in (0, c), d_2 \in (c, +\infty)$，使 $F'_1(d_1) = F'_1(d_2) = 0$，即

$$F_2(d_1) = F_2(d_2) = 0.\ d_1, d_2 \in (0, +\infty)$$

由归纳假设，由于 $F_{n-1}(x) = \dfrac{d^{n-1}}{dx^{n-1}}(e^{-x}x^n) = e^{-x}[(-1)^{n-1}x^n + (-1)^{n-2}C_{n-1}^1 nx^{n-1} + \cdots + n(n-1)\cdots 2x]$

且在 $(0, +\infty)$ 有 $n-1$ 个点 $\xi_1 < \xi_2 < \cdots < \xi_{n-1}$ 使 $F_{n-1}(\xi_i) = 0$　$(i = 1, 2, \cdots, n-1)$.

考虑 $F_{n-1}(x)$ 在各区间 $(0, \xi_1), (\xi_1, \xi_2), \cdots, (\xi_{n-2}, \xi_{n-1}), (\xi_{n-1}, +\infty)$ 内.

$$\lim_{x \to 0^+} F_{n-1}(x) = \lim_{x \to \xi_1^-} F_{n-1}(x) = 0$$
$$\lim_{x \to \xi_i^+} F_{n-1}(x) = \lim_{x \to \xi_{i+1}^-} F_{n-1}(x) = 0 \quad (i = 1, 2, \cdots, n-2)$$
$$\lim_{x \to \xi_{n-1}^+} F_{n-1}(x) = \lim_{x \to +\infty} F_{n-1}(x) = 0$$

存在 $\eta_1 \in (0, \xi_1), \eta_2 \in (\xi_1, \xi_2), \cdots, \eta_n \in (\xi_{n-1}, +\infty)$ 使 $F'_{n-1}(\eta_i) = 0$　$(i = 1, 2, \cdots, n)$.

此即

$$f(\eta_i) = 0, i = 1, 2, \cdots, n$$

由此得证 $f(x)$ 在 $(0, +\infty)$ 有 n 个根.

另一方面，因为

$$f(x) = \mathrm{e}^{-x} P_n(x)$$

其中 $P_n(x) = (-1)^n x^n + (-1)^{n-1} C_n^1 n x^{n-1} + \cdots + (-1) C_n^{n-1} n! x + n!$ 为 n 次多项式,故 $f(x)$ 最多只有 n 个根.

综上可知 $f(x)$ 在 $(0, +\infty)$ 恰有 n 个根.

359.(**北京师范大学**)(1) 设 $f(x)$ 在 $(0, +\infty)$ 中任意一点有有限导数,且
$$\lim_{x \to 0^+} f(x) = \lim_{x \to +\infty} f(x) = A$$
证明:存在某一点 $c \in (0, +\infty)$,使得 $f'(c) = 0$;

(2) 设 $f(x) = \dfrac{\mathrm{d}^n}{\mathrm{d}x^n}(\mathrm{e}^{-x} \cdot x^n)$,$x \in (0, +\infty)$,证明:函数 $f(x)$ 在 $(0, +\infty)$ 中恰有 n 个零点.

证　(1) 见第 357 题.

(2) 见上题.

360.(**吉林大学**)　设函数 $f(x)$ 在闭区间 $[0,1]$ 上四次连续可微,$f(0) = f'(0) = 0$.证明:函数
$$F(x) = \begin{cases} \dfrac{f(x)}{x^2}, & 0 < x \leqslant 1 \\[2mm] \dfrac{f''(0)}{2}, & x = 0 \end{cases}$$

在 $[0,1]$ 上二次连续可微.

证　(1) 当 $x \in (0,1]$ 时
$$F'(x) = \frac{f'(x)x^2 - 2xf(x)}{x^4} = \frac{xf'(x) - 2f(x)}{x^3} \qquad \text{①}$$

$$\begin{aligned} F'_+(0) &= \lim_{x \to 0^+} \frac{F(x) - F(0)}{x} = \lim_{x \to 0^+} \frac{\dfrac{f(x)}{x^2} - \dfrac{f''(0)}{2}}{x} = \\ &\lim_{x \to 0^+} \frac{2f(x) - x^2 f''(0)}{2x^3} = \lim_{x \to 0^+} \frac{2f'(x) - 2xf''(0)}{6x^2} = \\ &\lim_{x \to 0^+} \frac{f''(x) - f''(0)}{6x} = \lim_{x \to 0^+} \frac{f'''(x)}{6} = \frac{f'''(0)}{6} \qquad \text{②} \end{aligned}$$

因此,$F(x)$ 在 $[0,1]$ 上一次可微.

且由式 ① 知
$$\begin{aligned} \lim_{x \to 0^+} F'(x) &= \lim_{x \to 0^+} \frac{xf'(x) - 2f(x)}{x^3} = \lim_{x \to 0^+} \frac{f'(x) + xf''(x) - 2f'(x)}{3x^2} = \\ &\lim_{x \to 0^+} \frac{xf''(x) - f'(x)}{3x^2} = \\ &\lim_{x \to 0^+} \frac{f''(x) + xf'''(x) - f''(x)}{6x} = \\ &\frac{f'''(0)}{6} \qquad \text{③} \end{aligned}$$

由式 ②、式 ③ 知 $F'(x)$ 连续.

(2) 当 $x \in (0,1]$ 时,由式 ① 可得

$$F''(x) = \frac{x^2 f''(x) - 4xf'(x) + 6f(x)}{x^4} \tag{④}$$

$$F''_+(0) = \lim_{x \to 0^+} \frac{F'(x) - F'(0)}{x} =$$

$$\lim_{x \to 0^+} \frac{\dfrac{xf'(x) - 2f(x)}{x^3} - \dfrac{f'''(0)}{6}}{x} =$$

$$\lim_{x \to 0^+} \frac{6xf'(x) - 12f(x) - x^3 f'''(0)}{6x^4} =$$

$$\lim_{x \to 0^+} \frac{6f'(x) + 6xf''(x) - 12f'(x) - 3x^2 f'''(0)}{24x^3} =$$

$$\lim_{x \to 0^+} \frac{2xf''(x) - 2f'(x) - x^2 f'''(0)}{8x^3} =$$

$$\lim_{x \to 0^+} \frac{2f''(x) + 2xf'''(x) - 2f''(x) - 2xf'''(0)}{24x^2} =$$

$$\lim_{x \to 0^+} \frac{f'''(x) - f'''(0)}{12x} = \frac{f^{(4)}(0)}{12} \tag{⑤}$$

$$\lim_{x \to 0^+} F''(x) = \lim_{x \to 0^+} \frac{x^2 f''(x) - 4xf'(x) + 6f(x)}{x^4} =$$

$$\lim_{x \to 0^+} \frac{2xf''(x) + x^2 f'''(x) - 4f'(x) - 4xf''(x) + 6f'(x)}{4x^3} =$$

$$\lim_{x \to 0^+} \frac{-2xf''(x) + x^2 f'''(x) + 2f'(x)}{4x^3} =$$

$$\lim_{x \to 0^+} \frac{-2f''(x) - 2xf'''(x) + 2xf'''(x) + x^2 f^{(4)}(x) + 2f''(x)}{12x^2} =$$

$$\frac{f^{(4)}(0)}{12} \tag{⑥}$$

由式 ④、式 ⑤、式 ⑥ 可知 $F(x)$ 在$[0,1]$上二次可微且连续.

361.(**吉林大学**)　设函数 $f(x)$ 在闭区间$[a,b]$上连续,$f(a) = f(b)$,且在开区间(a,b) 内有右导数,且

$$f'_+(x) = \lim_{h \to 0^+} \frac{f(x+h) - f(x)}{h}, \quad a < x < b$$

连续. 求证:必有 $\xi \in (a,b)$,使 $f'_+(\xi) = 0$.

　　证　若 $f'_+(x) \equiv 0, x \in (a,b)$,则结论成立.

　　若 $f'_+(x) \not\equiv 0, x \in (a,b)$,由于 $f(a) = f(b)$,所以 $f'_+(x)$ 不可能恒正或恒负. 所以存在 $x_1, x_2 \in (a,b)$ 使 $f'_+(x_1)f'_+(x_2) < 0$. 不失一般设 $x_1 < x_2$ 且 $f'_+(x_1) > 0, f'_+(x_2) < 0$. 由于 $f'_+(x)$ 在(a,b) 内连续,

　　因此,存在 $\xi \in (x_1, x_2) \subset (a,b)$,使 $f'_+(\xi) = 0$.

　　362. 设 $f(x)$ 可导,且

$$g(x) = \int_0^x yf(x - y)\mathrm{d}y$$

求 $g''(x)$.

解 1　$g'(x) = \int_0^x yf'(x-y)\mathrm{d}y + f(0)x =$

$$-yf(x-y) \mid_0^x + \int_0^x f(x-y)\mathrm{d}y + f(0)x =$$

$$-f(0)x + \int_0^x f(x-y)\mathrm{d}y + f(0)x =$$

$$\int_0^x f(x-y)\mathrm{d}y$$

$$g''(x) = \int_0^x f'(x-y)\mathrm{d}y + f(0) =$$

$$-f(x-y) \mid_0^x + f(0) =$$

$$-f(0) + f(x) + f(0) = f(x)$$

解 2　$g(x) = \int_0^x yf(x-y)\mathrm{d}y \dfrac{x+y=u}{\mathrm{d}y=\mathrm{d}u} \int_x^0 (x-u)f(u)(-\mathrm{d}u) =$

$$x\int_0^x f(u)\mathrm{d}u - \int_0^x uf(u)\mathrm{d}u$$

$$g'(x) = \int_0^x f(u)\mathrm{d}u + xf(x) - xf(x) =$$

$$\int_0^x f(u)\mathrm{d}u$$

$$g''(x) = f(x)$$

扫码获取本书资源

363.（北京大学）　求 e^{2x-x^2} 到含 x^5 项的 Taylor 展开式.

解　由 $e^x = 1 + x + \dfrac{1}{2!}x^2 + \dfrac{1}{3!}x^3 + \dfrac{1}{4!}x^4 + \dfrac{1}{5!}x^5 + o(x^5)$，得

$$e^{2x-x^2} = 1 + (2x-x^2) + \dfrac{1}{2!}(2x-x^2)^2 + \dfrac{1}{3!}(2x-x^2)^3 + \dfrac{1}{4!}(2x-x^2)^4 +$$

$$\dfrac{1}{5!}(2x-x^2)^5 + o(x^5) = 1 + 2x + x^2 - \dfrac{2}{3}x^3 - \dfrac{5}{6}x^4 - \dfrac{1}{15}x^5 + o(x^5)$$

364.（西北大学）　设 $y = \dfrac{1}{\sqrt{1-x^2}}\arcsin x$，求 $y^{(n)}(0)$.

解 1　令 $f(x) = (\arcsin x)^2$，则

$$f'(x) = 2\dfrac{\arcsin x}{\sqrt{1-x^2}} \qquad ①$$

$$得 (1-x^2)f'^2(x) = 4f(x) \qquad ②$$

式 ② 两边求导可得

$$-xf'(x) + (1-x^2)f''(x) = 2 \qquad ③$$

应用莱布尼兹公式，对式 ③ 同时求 n 阶导数得

$$-xf^{(n+1)}(x) - nf^{(n)}(x) + (1-x^2)f^{(n+2)}(x) - 2nxf^{(n+1)}(x) - n(n-1)f^{(n)}(x) = 0$$

$$④$$

由式 ①、式 ②、式 ③ 得

$$f'(0) = 0, f''(0) = 2$$

$$f^{(n+2)}(0) = n^2 f^{(n)}(0) \qquad ⑤$$

$$f^{(2k+1)}(0) = 0 \quad (k = 0,1,2,\cdots) \qquad ⑥$$

得
$$f^{(2k)}(0) = (2k-2)^2(2k-4)^2\cdots2^2 \cdot 2$$

由式 ① 可知

$$y^{(n)} = \left[\frac{1}{2}f'(x)\right]^{(n)} = \frac{1}{2}f^{(n+1)}(x)$$

得 $y^{(n)}(0) = \begin{cases} 0, & \text{当 } n = 2k \text{ 时,} \\ (2k-2)^2(2k-4)^2\cdots2^2 \cdot 2, & \text{当 } n = 2k-1 \text{ 时.} \end{cases}$

解 2　$y^2(1-x^2) = (\arcsin x)^2$ 两边对 x 求导得

$$2yy'(1-x^2) + 2xy^2 = 2\arcsin x \cdot \frac{1}{\sqrt{1-x^2}} = 2y$$

$$(*)\, y'(1-x^2) - xy = 1 \Rightarrow y'(0) = 1$$

进一步　　　$y''(1-x^2) - 3xy' - y = 0, y''(0) = y(0) = 0$

$(*)$ 两边求 $(n-1)$ 阶导数得

$$y^{(n)}(1-x^2) + c_{n-1}^1 y^{(n-1)} \cdot (-2x) + C_{n-1}^2 y^{(n-2)} \times (-2) - xy^{(n-1)} - C_{n-1}^1 y^{(n-2)} = 0$$

$$y^{(n)}(0) - (n-1)(n-2)y^{(n-2)}(0) - (n-1)y^{(n-2)}(0) = 0$$

$$y^{(n)}(0) = (n-1)^2 y^{(n-2)}(0) = (n-3)^2 y^{(n-4)}(0) = \cdots$$

当 $n = 2k-1$ 为奇数时,

$$y^{(2k-1)}(0) = (2k-2)^2(2k-4)^2\cdots2y'(0) = \left[(2k-2)!!\right]^2$$

当 $n = 2k$ 为偶数时,

$$y^{(2k)}(0) = (2k-1)^2\cdots3^2 \cdot y''(0) = 0$$

365.(北京航空航天大学) 设 $f(x)$ 连续,$\forall x > 0, f(x) > 0$,且 $\forall x \geqslant 0$,有 $f(x) = \sqrt{\int_0^x f(t)\mathrm{d}t}$,求 $x \geqslant 0$ 时,$f(x) = ?$

解 1　当 $x = 0$ 时,有

$$f(0) = \sqrt{\int_0^0 f(t)\mathrm{d}t} = 0 \qquad ①$$

当 $x > 0$ 时,有

$$f'(x) = \frac{f(x)}{2\sqrt{\int_0^x f(t)\mathrm{d}t}} = \frac{1}{2}$$

因此　　　　　　　　$f(x) = \frac{1}{2}x + C \qquad ②$

因为 $f(x)$ 连续,由式 ①、式 ② 可得 $0 + C = 0$,得 $\therefore C = 0$.

$f(x) = \frac{1}{2}x, x \geqslant 0$

解 2　当 $x > 0$ 时,$f(x) > 0, f^2(x) = \int_0^x f(t)\mathrm{d}t$

因为 f 连续,故 $\int_0^x f(t)\mathrm{d}t$ 可导, $f^2(x)$ 可导,$2f(x)f'(x) = f(x) > 0$.

$$f'(x) = \frac{1}{2}, f(x) = \frac{x}{2} + c$$

$$f(0) = 0 = \frac{0}{2} + c$$

因此
$$f(x) = \frac{x}{2}$$

366. 证明：设 $f(x)$ 是定义在 $(-\infty, +\infty)$ 上函数.

证明：(1) 若 $f(x)$ 是奇函数，则奇数阶导数是偶函数，偶数阶导数是奇函数；

(2) 若 $f(x)$ 是偶函数，则奇数阶导数是奇函数，偶数阶导数是偶函数；

(3) 若 $f(x)$ 是奇函数，则 $f(0) = 0, f^{(2k)}(0) = 0(k$ 是自然数)；

(4) 若 $f(x)$ 是偶函数，则 $f^{(2k+1)}(0) = 0(k = 0, 1, \cdots)$.

证　(1) 设 $f(x) = -f(-x)$，两边求导. 假设结论对 $k = n$ 时成立，则 $f^{(n+1)}(x) = (f^{(n)}(x))'$.

若 $f^{(n)}(x)$ 为奇函数，则 $f^{(n+1)}(x)$ 的为偶函数.
$$f'(x) = f'(-x), f''(x) = -f''(-x)$$

一般地，有
$$f^{(k)}(x) = \begin{cases} f^{(k)}(-x), & k \text{ 为奇数} \\ -f^{(k)}(-x), & k \text{ 为偶数} \end{cases} \qquad ①$$

(2) 设 $f(x) = f(-x)$，类似可证
$$f^{(k)}(x) = \begin{cases} -f^{(k)}(-x), & k \text{ 为奇数} \\ f^{(k)}(-x), & k \text{ 为偶数} \end{cases} \qquad ②$$

(3) 因为 $f(x) = -f(-x)$，将 $x = 0$ 代入
$$f(0) = -f(0), f(0) = 0$$

由式 ① 知 $f^{(2k)}(x)$ 是奇函数. $f^{(2k)}(0) = 0$.

(4) 由式 ② 知 $f^{(2k+1)}(x)$ 是奇函数. $f^{(2k+1)}(0) = 0$.

367. **(中国人民大学)**　设
$$f(x) = \frac{x^5}{\sqrt{1+x^2}} \frac{\sin^4 x}{1+\cos^2 x}$$

求 $f^{(6)}(0), \displaystyle\int_{-1}^{1} f^{(6)}(x) \mathrm{d}x$.

解　因为 $f(x)$ 是奇函数，由上题(3) 知 $f^{(6)}(0) = 0$.

再由上题(1) 知 $f^{(6)}(x)$ 是奇函数，所以
$$\int_{-1}^{1} f^{(6)}(x) \mathrm{d}x = 0$$

368. **(浙江大学)**　求 $f^{(n)}(0)$，其中 $n = 1, 2, \cdots, f(0) = 0, f(x) = \mathrm{e}^{-1/x^2}$（当 $x \neq 0$ 时).

解　用数学归纳法. 证明：$f^{(n)}(0) = 0, n = 1, 2, \cdots$ ①

$$f'(0) = \lim_{x \to 0} \frac{\mathrm{e}^{-1/x^2} - 0}{x - 0} = \lim_{x \to 0} \frac{\frac{1}{x}}{\mathrm{e}^{1/x^2}} \xrightarrow{t = \frac{1}{x}} \lim_{t \to \infty} \frac{t}{\mathrm{e}^{t^2}} = 0$$

即当 $n = 1$ 时，式 ① 成立.

假设当 $n = k$ 时，式 ① 成立. 由于 $f(x) = \mathrm{e}^{-1/x^2}$，易证

$$f^{(k)}(x) = p_k(\frac{1}{x}) e^{-1/x^2} \quad (x \neq 0) \qquad\qquad ②$$

其中 $p_k(\frac{1}{x})$ 是 $\frac{1}{x}$ 的某个多项式. 则当 $n = k+1$ 时, 有

$$f^{(k+1)}(0) = \lim_{x \to 0} \frac{f^k(x) - f^k(0)}{x - 0} = \lim_{x \to 0} \frac{p_k(\frac{1}{x}) e^{-1/x^2}}{x} =$$

$$\lim_{x \to 0} \frac{\frac{1}{x} p_k(\frac{1}{x})}{e^{1/x^2}}$$

$$\xlongequal{t = \frac{1}{x}} \lim_{t \to \infty} \frac{t p_k(t)}{e^{t^2}} = 0 (经过若干次洛必达法则)$$

从而式 ① 对一切自然数 n 都成立.

§2　中值定理与导数的应用

【考点综述】

一、综述

1. 中值定理

(1) 费马定理. 设 $f(x)$ 在点 a 的邻域有定义, 且在 a 可导, 若点 a 为 $f(x)$ 的极值点, 则 $f'(a) = 0$.

(2) 罗尔定理. 设 $f(x)$ 在闭区间 $[a,b]$ 上连续, 在 (a,b) 内可导, 且 $f(a) = f(b)$, 则 $\exists \xi \in (a,b)$ 使 $f'(\xi) = 0$.

(3) 拉格朗日定理. 设 $f(x)$ 在 $[a,b]$ 上连续, 在 (a,b) 内可导, 则 $\exists \xi \in (a,b)$ 使

$$f'(\xi) = \frac{f(b) - f(a)}{b - a}$$

(4) 若函数 $f(x)$ 在区间 I 上可导, 且 $f'(x) = 0, \forall x \in I$, 则 $f(x) = c(x \in I)$.

(5) 若在区间 I 上 $f(x)$ 与 $g(x)$ 可导, 且 $f'(x) \equiv g'(x)$, 则

$$f(x) = g(x) + c$$

(6) 柯西定理. 设 $f(x), g(x)$ 都在 $[a,b]$ 上连续, $f(x)$ 与 $g(x)$ 都在 (a,b) 内可导, 且 $f'(x)$ 与 $g'(x)$ 在 (a,b) 内不同时为零, 且 $g(a) \neq g(b)$, 则 $\exists \xi \in (a,b)$ 使

$$\frac{f'(\xi)}{g'(\xi)} = \frac{f(b) - f(a)}{g(b) - g(a)}$$

2. 泰勒公式

(1) 设 $f(x)$ 在 $[a,b]$ 上存在直到 n 阶连续导数, 在 (a,b) 内存在 $n+1$ 阶导数, 则

$$f(x) = f(a) + f'(a)(x-a) + \cdots + \frac{f^{(n)}(a)}{n!}(x-a)^n + \frac{f^{(n+1)}(\xi)}{(n+1)!}(x-a)^{n+1}$$

其中 $\xi \in (a,b)$.

(2) 有限增量公式. 若 $f(x)$ 在点 a 可导, 则

$$f(x) = f(a) + f'(a)(x-a) + o(|x-a|)$$

3.用导数研究函数的性质

(1) 单调性.

（ⅰ）若函数 $f(x)$ 在 (a,b) 内可导,则 $f(x)$ 在 (a,b) 内递增(或递减)的充分条件是 $f'(x) \geqslant 0$(或 $f'(x) \leqslant 0$), $x \in (a,b)$.

（ⅱ）若函数 $f(x)$ 在 (a,b) 内可导,则 $f(x)$ 在 (a,b) 内严格递增(或严格递减)的充要条件是 $f'(x) \geqslant 0$(或 $f'(x) \leqslant 0$)且在 (a,b) 内的任何子区间上 $f'(x) \not\equiv 0$.

(2) 极值.

（ⅰ）第一充分条件:设 $f(x)$ 在 a 连续,在 a 的某邻域 $\mathring{U}(a,\delta)$ 内可导.

(a) 若 $f'(x) \geqslant 0, x \in (a-\delta, a); f'(x) \leqslant 0, x \in (a, a+\delta)$,则 $f(x)$ 在 a 取极大值 $f(a)$.

(b) 若 $f'(x) \leqslant 0, x \in (a-\delta, a); f'(x) \geqslant 0, x \in (a, a+\delta)$,则 $f(x)$ 在 a 取极小值 $f(a)$.

（ⅱ）第二充分条件:设 $f(x)$ 在 a 的某邻域 $U(a,\delta)$ 内一阶可导,在点 a 二阶可导,且 $f'(a) = 0, f''(a) \neq 0$.

(a) 若 $f''(a) < 0$,则 $f(x)$ 在 a 取极大值 $f(a)$;

(b) 若 $f''(a) > 0$,则 $f(x)$ 在 a 取极小值 $f(a)$.

(3) 最大值与最小值. 设 $f(x)$ 在 $[a,b]$ 上连续, $f(x)$ 在 (a,b) 上几乎处处可导,设 $f(x)$ 在 $[a,b]$ 内稳定点为 $x_1,\cdots,x_k$,导数不存在点为 $x_{k+1},\cdots,x_s$, M 和 m 分别为 $f(x)$ 在 $[a,b]$ 上的最大值和最小值,则

$$M = \max\{f(x_1),\cdots,f(x_s),f(a),f(b)\}$$
$$m = \min\{f(x_1),\cdots,f(x_s),f(a),f(b)\}$$

(4) 凸性.

（ⅰ）设 $f(x)$ 为区间 I 上二阶可导函数,则 $f(x)$ 为 I 上凸函数的充要条件是 $f''(x) \geqslant 0$.

（ⅱ）设 $f(x)$ 为区间 I 上二阶可导函数,则 $f(x)$ 为 I 上凹函数的充要条件是: $f''(x) \leqslant 0$.

(5) 拐点（ⅰ） $f(x)$ 在 a 二阶可导,则点 $(a, f(a))$ 为曲线 $y = f(x)$ 的拐点的必要条件是 $f''(a) = 0$.

（ⅱ） $f(x)$ 在 a 点可导,在 $\mathring{U}(a)$ 内二阶可导,若在 $(a, a+\delta)$ 和 $(a-\delta, a)$ 上 $f''(x)$ 的符号相反,则点 $(a, f(a))$ 为曲线 $y = f(x)$ 的拐点.

(6) 渐近线. 设 $y = f(x)$.

（ⅰ）水平渐近线. 若 $\lim\limits_{x \to -\infty} f(x) = a$(或 $\lim\limits_{x \to +\infty} f(x) = a$),则 $y = a$ 为曲线 $y = f(x)$ 的水平渐近线.

（ⅱ）垂直渐近线. 若 $\lim\limits_{x \to b} f(x) = \infty$,则 $x = b$ 为曲线 $y = f(x)$ 的一条垂直渐近线.

（ⅲ）斜渐近线. 若 $\lim\limits_{x \to +\infty} \dfrac{f(x)}{x} = k$(或 $\lim\limits_{x \to -\infty} \dfrac{f(x)}{x} = k$)且 $\lim\limits_{x \to +\infty} [f(x) - kx] = b$(或 $\lim\limits_{x \to -\infty} [f(x) - kx] = b$),则 $y = kx + b$ 是曲线 $y = f(x)$ 的一条斜渐近线.

(7) 函数作图(略).

二、解题方法

1. 考点 1　中值定理的应用.

解题方法:(1) 用拉格朗日中值公式(见下面第 369 题);(2) 用泰勒公式(见下面第 376 题);(3) 用费马定理(见下面第 377 题);(4) 用罗尔定理(见下面第 378 题);(5) 作辅助函数(见下面第 378 题);(6) 用柯西定理(见下面第 379 题).

2. 考点 2　用导数研究函数的性质

解题方法:(1) 用一阶导数的性质(见下面第 374 题);(2) 反证法(见下面第 407 题);(3) 作辅助函数(见下面第 370 题)

【经典题解】

369. (华中师范大学)　设 $f(x)$ 在 $[a,b]$ 上二阶可导,过点 $A(a,f(a))$ 与 $B(b,f(b))$ 的直线与曲线 $y = f(x)$ 相交于 $C(c,f(c))$,其中 $a < c < b$.

证明:在 (a,b) 中至少存在一点 ξ,使 $f''(\xi) = 0$.

证　由假设,对 $f(x)$ 在 $[a,c]$ 与 $[c,b]$ 上分别运用拉格朗日中值定理,∃$\xi_1 \in (a,c), \xi_2 \in (c,b)$,使得

$$f'(\xi_1) = \frac{f(a) - f(c)}{a - c}, f'(\xi_2) = \frac{f(c) - f(b)}{c - b} \qquad ①$$

由于点 $C(c,f(c))$ 在过点 A 与 B 的直线上,故

$$\frac{f(a) - f(c)}{a - c} = \frac{f(c) - f(b)}{c - b}$$

由式 ① 有 $f'(\xi_1) = f'(\xi_2)$. 　　　　②

又 $f'(\xi)$ 在 $[\xi_1,\xi_2]$ 上连续,在 (ξ_1,ξ_2) 内可导,以及式 ②,运用罗尔定理,∃$\xi \in (\xi_1,\xi_2) \subset (a,b)$,使得 $f''(\xi) = 0$.

370. (中国地质大学)　已知 $x < 0$,求证:$\dfrac{1}{x} + \dfrac{1}{\ln(1-x)} < 1$.

证　当 $x < 0$ 时,$\ln(1-x) > 0$,则要证的不等式等价于

$$\frac{\ln(1-x)}{x} - \ln(1-x) + 1 < 0 \qquad ①$$

令 $f(x) = \dfrac{\ln(1-x)}{x} - \ln(1-x) + 1$,则

$$\lim_{x \to 0} f(x) = \lim_{x \to 0} \left(\frac{\ln(1-x)}{x} - \ln(1-x) + 1 \right) = -1 + 1 = 0$$

设 $g(x) = x + \ln(1-x)(x \leqslant 0)$

$$g'(x) = 1 - \frac{1}{1-x} = \frac{-x}{1-x} > 0$$

$g(x) \uparrow$,$x < 0$ 时,$g(x) < g(0) = 0$,即 $x + \ln(1-x) < 0$.

而 $f'(x) = -\dfrac{x + \ln(1-x)}{x^2} > 0$,故 $f(x) < f(0) = 0$. 即证式 ①,从而有

$$\frac{1}{x} + \frac{1}{\ln(1-x)} < 1, (x < 0)$$

371. (中国科学院)　设 $0 < x < y < 1$ 或 $1 < x < y$,则

$$\frac{y}{x} > \frac{y^x}{x^y}$$

证　欲证上式,即证 $x^{y-1} > y^{x-1}$. 也即 $\dfrac{y-1}{\ln y} > \dfrac{x-1}{\ln x}$.

为此,令 $f(x) = \dfrac{x-1}{\ln x}$. 由于 $y > x$,故只须证 $f(x)$ 严格单增即可

$$f'(x) = \frac{\ln x - \dfrac{x-1}{x}}{\ln^2 x} = \frac{x\ln x - (x-1)}{x\ln^2 x}$$

再令　　　　　　　　$g(x) = x\ln x - (x-1)$ 　　　　　①

则 $g'(x) = \ln x + 1 - 1 = \ln x$,令 $g'(x) = 0$ 解得 $x = 1$,由 $g''(x) = 1 > 0$ 知 $g(x)$ 在点 1 取极小值,即 $g(x) = x\ln x - (x-1) > 0 = g(1)$,所以 $f'(x) = \dfrac{x\ln x - (x-1)}{x\ln^2 x} > 0.$ $(0 < x < 1$ 或 $x > 1)$,由此得 $f(x)$ 严格单增,即证.

372. **(武汉大学)**　函数 $f(x)$ 在 $[0,x]$ 区间上的拉格朗日中值公式为

$$f(x) - f(0) = f'(\theta x)x, \text{其中} 0 < \theta < 1 \qquad ①$$

且 θ 是与 $f(x)$ 及 x 有关的量,对 $f(x) = \arctan x$,求当 $x \to 0+$ 时 θ 的极限值.

解　因为 $f(0) = \arctan 0 = 0, f'(x) = \dfrac{1}{1+x^2}$,由式 ① 有

$$f(x) = \arctan x = f(0) + f'(\theta x)x = \frac{1}{1+(\theta x)^2}x \qquad ②$$

由式 ② 解得:　　　　　$\theta^2 = \dfrac{x - \arctan x}{x^2 \arctan x}$ 　　　　　③

由洛必达法则

$$\lim_{x \to 0+} \frac{x - \arctan x}{x^2 \arctan x} = \lim_{x \to 0+} \frac{1 - \dfrac{1}{1+x^2}}{2x\arctan x + \dfrac{x^2}{1+x^2}} =$$

$$\lim_{x \to 0+} \frac{x}{x + (2+2x^2)\arctan x} =$$

$$\lim_{x \to 0+} \frac{1}{1 + 2x\arctan x + 2} = \frac{1}{3} \qquad ④$$

由式 ③、式 ④ 以及 $0 < \theta < 1$,因此 $\lim\limits_{x \to 0+} \theta = \dfrac{\sqrt{3}}{3}$.

373. **(华中师范大学)**　设函数 $f(x)$ 在区间 $[a,b]$ 上满足

$$|f(x) - f(y)| \leqslant M|x-y|^\alpha, \forall x, y \in [a,b] \qquad ①$$

其中 $M > 0, \alpha > 1$ 为常数,证明: $f(x)$ 在 $[a,b]$ 上恒为常数.

证　由式 ① 可得

$$0 \leqslant \frac{|f(x) - f(y)|}{|x-y|} \leqslant M|x-y|^{\alpha-1} \qquad ②$$

$\forall x \in [a,b]$,固定 x,令 $y \to x$,由式 ② 及两边夹法则,因此

$$\lim_{y \to x} \left| \frac{f(x) - f(y)}{x - y} \right| = 0$$

$$\lim_{y \to x} \frac{f(y) - f(x)}{y - x} = 0$$

此即有 $f'(x) = 0, \forall x \in [a,b]$,因此 $f(x)$ 在$[a,b]$上恒为常数.

374.(华东水利学院)　设 $f(x)$ 在$[a,b]$上可微,若 ξ 为(a,b) 内一定点 $f(\xi) > 0$, $(x - \xi)f'(x) \geqslant 0$,则在$[a,b]$上总成立着 $f(x) > 0$,证之.

证　当 $a \leqslant x \leqslant \xi$ 时,则 $x - \xi \leqslant 0$,由 $(x - \xi)f'(x) \geqslant 0$,因此 $f'(x) \leqslant 0$, $\forall x \in [a, \xi]$,从而 $f(x)$ 在$[a, \xi]$ 内单调下降

$$f(x) \geqslant f(\xi) > 0, \forall x \in [a, \xi] \qquad ①$$

当 $x \in [\xi, b]$,有 $x - \xi \geqslant 0$,再由 $(x - \xi)f'(x) \geqslant 0$,可得 $f'(x) \geqslant 0$. 因此 $f(x)$ 在$[\xi, b]$上单调上升,从而

$$f(x) \geqslant f(\xi) > 0, \forall x \in [\xi, b] \qquad ②$$

由式 ①、式 ② 两式可得

$$f(x) > 0, \forall x \in [a,b]$$

375.(西北电讯工程学院)　设 $f(x)$ 在区间$(-\infty, 0)$ 内可微,且 $\lim\limits_{x \to -\infty} f'(x) = 0$, 证明:$\lim\limits_{x \to -\infty} \dfrac{f(x)}{x} = 0$.

证　由 $\lim\limits_{x \to -\infty} f'(x) = 0$,则对 $\forall \varepsilon > 0$,存在 $M < 0$,当 $x < M$ 时,有

$$|f'(x)| < \frac{\varepsilon}{2}, \forall x < M \qquad ①$$

再由中值定理

$$\frac{f(M) - f(x)}{M - x} = f'(\xi), (x < \xi < M) \qquad ②$$

因此 $|f(x)| - |f(M)| \leqslant |f(x) - f(M)| = |M - x| |f'(\xi)| <$

$$(M - x) \cdot \frac{\varepsilon}{2}, \forall x < M \qquad ③$$

$$\left|\frac{f(x)}{x}\right| < \frac{|f(M)|}{|x|} + \frac{\varepsilon}{2} \cdot \frac{M - x}{|x|}, \forall x < M \qquad ④$$

现固定 M,则存在 $M_1 < M$,使

$$\frac{|f(M)|}{|x|} < \frac{\varepsilon}{2}, \forall x < M_1 \qquad ⑤$$

由式 ④、式 ⑤,对 $\forall x < M_1$,

$$\left|\frac{f(x)}{x}\right| < \frac{\varepsilon}{2} + \frac{\varepsilon}{2} \cdot \frac{M - x}{|x|} < \frac{\varepsilon}{2} + \frac{\varepsilon}{2} = \varepsilon$$

此即 $\lim\limits_{x \to -\infty} \dfrac{f(x)}{x} = 0$.

376.(河北工学院)　(1) 求极限 $\lim\limits_{x \to \infty} \left(\dfrac{x + 4}{x + 1}\right)^{x+1}$;

(2) 利用泰勒公式求极限:$\lim\limits_{x \to 0} \dfrac{\sin x - x}{x \sin x}$.

解　(1)　$\lim\limits_{x \to \infty} \left(\dfrac{x + 4}{x + 1}\right)^{x+1} = \lim\limits_{x \to \infty} \left[\left(1 + \dfrac{3}{x + 1}\right)^{\frac{x+1}{3}}\right]^3 = e^3$

(2) 由泰勒公式:

$$\lim_{x\to 0}\frac{\sin x - x}{x\sin x} = \lim_{x\to 0}\frac{\left[x-\dfrac{x^3}{3}+\dfrac{\sin(\xi+\dfrac{5}{2}\pi)}{5!}x^5\right]-x}{x\left[x-\dfrac{x^3}{3}+\dfrac{\sin(\xi+\dfrac{5}{2}\pi)}{5!}x^5\right]} =$$

$$\lim_{x\to 0}\frac{-\dfrac{x^3}{3!}+\dfrac{\sin(\xi+\dfrac{5}{2}\pi)}{5!}x^5}{x^2\left[1-\dfrac{x^2}{3}+\dfrac{\sin(\xi+\dfrac{5}{2}\pi)}{5!}x^4\right]}=0$$

(其中 ξ 在 0 与 x 之间).

377. **(华中师范大学)** 设 $f(x)$ 在 $[a,b]$ 上三阶可导, $f'(a)=f'(b)=0$,并存在 $c\in(a,b)$ 点有

$$f(c)=\max_{a\leqslant x\leqslant b}f(x) \tag{①}$$

证明:方程 $f'''(x)=0$ 在 (a,b) 内至少有一个根.

证 由式 ① 及费马定理知 $f'(c)=0$,这样有

$$f'(a)=f'(c)=f'(b)=0$$

由罗尔定理知存在 $\xi_1\in(a,c),\xi_2\in(c,b)$,使得

$$f''(\xi_1)=f''(\xi_2)=0 \tag{②}$$

由式 ②,再用罗尔定理知 $\exists\xi_3\in(\xi_1,\xi_2)\subset(a,b)$ 有 $f'''(\xi_3)=0$.

因此方程 $f'''(x)=0$ 至少有一个根.

378. **(南京大学、上海机械学院、南京林业学院、陕西机械学院、西北电讯工程学院)** 设 $f(x),g(x),h(x)$ 在 $a\leqslant x\leqslant b$ 上连续,在 $a<x<b$ 内可导,证明:必有在 $\xi\in(a,b)$ 使

$$\begin{vmatrix} f(a) & g(a) & h(a) \\ f(b) & g(b) & h(b) \\ f'(\xi) & g'(\xi) & h'(\xi) \end{vmatrix}=0 \tag{①}$$

并由此说明拉格朗日中值定理和柯西定理都是它的特例.

证 作辅助函数

$$F(x)=\begin{vmatrix} f(a) & g(a) & h(a) \\ f(b) & g(b) & h(b) \\ f(x) & g(x) & h(x) \end{vmatrix}$$

由于 $F(a)=F(b)=0$,由罗尔定理知存在 $\xi\in(a,b)$ 使

$$0=F'(\xi)=\begin{vmatrix} f(a) & g(a) & h(a) \\ f(b) & g(b) & h(b) \\ f'(\xi) & g'(\xi) & h'(\xi) \end{vmatrix} \tag{②}$$

即证式 ①.

若令 $h(x)=1$,则由式 ② 有

$$0 = F'(\xi) = \begin{vmatrix} f(a) & g(a) & 1 \\ f(b) & g(b) & 1 \\ f'(\xi) & g'(\xi) & 0 \end{vmatrix}$$　　　　③

由式 ③ 可得

$$\frac{f(b) - f(a)}{g(b) - g(a)} = \frac{f'(\xi)}{g'(\xi)}$$

此即得柯西中值定理.

若令 $h(x) = 1, g(x) = x$, 由式 ② 有

$$0 = F'(\xi) = \begin{vmatrix} f(a) & a & 1 \\ f(b) & b & 1 \\ f'(\xi) & 1 & 0 \end{vmatrix}$$　　　　④

由式 ④ 解得：　　　$$\frac{f(b) - f(a)}{b - a} = f'(\xi)$$

此即得拉格朗日中值定理.

379. **(华中师范大学)** 设 $f(x)$ 在 $[a,b]$ 上连续,在 (a,b) 内可导 $(b > a > 0)$, 证明:必有 $\xi \in (a,b)$ 使 $\dfrac{bf(b) - af(a)}{b - a} = f(\xi) + \xi f'(\xi)$.

证 1　考虑 $g(x) = xf(x)$ 和 $h(x) = x$,则由题设及柯西定理有 $\dfrac{g(b) - g(a)}{h(b) - h(a)} = \dfrac{g'(\xi)}{h'(\xi)}$,即 $\dfrac{bf(b) - af(a)}{b - a} = f(\xi) + \xi f'(\xi)$.

证 2　令 $F(x) = xf(x)$, $F'(x) = f(x) + xf'(x)$.

由 Lagrange 中值定理, $\exists \in \xi(a,b)$ 使

$$\frac{F(b) - F(a)}{b - a} = F'(\xi), 即 \frac{bf(b) - af(a)}{b - a} = f(\xi) + \xi f'(\xi).$$

380. **(四川联合大学)** 设 $(1) f(x), f'(x)$, 在 $[a,b]$ 上连续; $(2) f''(x)$ 在 (a,b) 内存在; $(3) f(a) = f(b) = 0$; (4) 在 (a,b) 内存在点 c, 使 $f(c) > 0$. 求证:在 (a,b) 内存在 ξ, 使 $f''(\xi) < 0$.

证　由题设知存在 $x_1 \in (a,b)$,使 $f(x)$ 在 $x = x_1$ 处取得最大值,且由 (4) 知 $f(x_1) > 0$. $x = x_1$ 也是极大值点,所以 $f'(x_1) = 0$. 由泰勒公式:

$$f(a) - f(x_1) = f'(x_1)(a - x_1) + \frac{f''(\xi)}{2!}(a - x_1)^2, \xi \in (a, x_1)$$

因此 $f''(\xi) < 0$.

381. **(中国科技大学)** 函数 $f(t), g(t)$ 在 $[a,b]$ 上可微,且 $g'(t) \neq 0, \forall t \in [a, b]$,证明:必存在 $c \in [a,b]$,使得 $\dfrac{f(b) - f(a)}{g(b) - g(a)} = \dfrac{f'(c)}{g'(c)}$ 成立.

证　由 $g'(x) \neq 0$ 知 $g(b) \neq g(a)$.

令　　　$$F(x) = f(x) - f(a) - \frac{f(b) - f(a)}{g(b) - g(a)}(g(x) - g(a))$$

$F(x)$ 在 $[a,b]$ 上连续,在 (a,b) 内可导. 由 lagrange 中值定理, $\exists c \in (a,b)$ 使

$$F'(c) = 0$$

$$F(x) = f'(x) - \frac{f(b)-f(a)}{g(b)-g(a)}g'(x)$$

$$0 = f'(c) - \frac{f(b)-f(a)}{g(b)-g(a)}g'(c)$$

因此 $g'(c) \neq 0$ 即有

$$\frac{f'(c)}{g'(c)} = \frac{f(b)-f(a)}{g(b)-g(a)}$$

382.(长沙铁道学院) 证明:在区间 $-1<x<1$ 内,至少存在两点,使 $\dfrac{d^2}{dx^2}[(x^2-1)^n x] = 0$,($n$ 为大于 1 的正整数).

证 设 $F(x) = (x^2-1)^n x$,则 $F(-1) = F(0) = F(1) = 0$.

由罗尔定理,则存在 $\xi_1 \in (-1,0)$ 和 $\xi_2 \in (0,1)$,使 $F'(\xi_1) = F'(\xi_2) = 0$. 但 $F'(x) = (x^2-1)^n + 2n(x^2-1)^{n-1} \cdot x^2$. 因此

$$F'(-1) = F'(1) = 0$$

即 $F'(-1) = F'(\xi_1) = F'(\xi_2) = F'(1) = 0$. 再由罗尔定理,存在 $\eta_1 \in (-1,\xi_1)$, $\eta_2 \in (\xi_2,1)$ 使 $F''(\eta_1) = F''(\eta_2) = 0$.

383.(北京大学,北京大学,华中师范大学,东北师范大学,西北电讯工程学院) 设 $f(x)$ 在 $x=a$ 处可微,$f(a) \neq 0$,求极限:

$$\lim_{n\to\infty}\left[\frac{f\left(a+\dfrac{1}{n}\right)}{f(a)}\right]^n$$

解 在有限增量公式 $f(x) = f(a) + f'(a)(x-a) + o(|x-a|)$ 中,令 $x = a + \dfrac{1}{n}$,则 $f\left(a+\dfrac{1}{n}\right) = f(a) + f'(a) \cdot \dfrac{1}{n} + o\left(\dfrac{1}{n}\right)$.

因此 $\displaystyle\lim_{x\to\infty}\left[\frac{f\left(a+\dfrac{1}{n}\right)}{f(a)}\right]^n = \lim_{x\to\infty}\left[1 + \frac{f'(a)}{f(a)} \cdot \frac{1}{n} + o\left(\frac{1}{n}\right)\right]^n =$ $e^{\frac{f'(a)}{f(a)}}$.

384.(华中师范大学;东北师范大学,复旦大学,南京大学) 设 $f(x)$ 在 $[0,2]$ 上二次可微,且 $|f(x)| \leqslant 1$,$|f''(x)| \leqslant 1$. 证明:$|f'(x)| \leqslant 2$.

证 $f(2) = f(x) + f'(x)(2-x) + \dfrac{1}{2}f''(\xi)(2-x)^2$

$$f(0) = f(x) + f'(x)(-x) + \frac{1}{2}f''(\eta)(-x)^2$$

因此 $f(2) - f(0) = 2f'(x) + \dfrac{1}{2}f''(\xi)(2-x)^2 - \dfrac{1}{2}f''(\eta)x^2$.

$$|f'(x)| \leqslant \frac{1}{2}\left[|f(2)| + |f(0)| + \frac{1}{2}(2-x)^2 + \frac{1}{2}x^2\right] \leqslant$$

$$\frac{1}{2}\left[1 + 1 + \frac{1}{2}(2-x)^2 + \frac{1}{2}x^2\right] =$$

$$1 + \frac{1}{2}\left[(x-1)^2 + 1\right] \leqslant$$

$$1 + \frac{1}{2}(1+1) = 2$$

385. (南京航空学院) 设函数 $f(x)$ 在区间 $[0,1]$ 上有二阶导数,且当 $0 \leqslant x \leqslant 1$ 时,恒有 $|f(x)| \leqslant 1$,$|f''(x)| \leqslant 2$.

证明:当 $0 \leqslant x \leqslant 1$ 时,$|f'(x)| \leqslant 3$.

证
$$f(1) = f(x) + f'(x)(1-x) + \frac{f''(\xi)}{2}(1-x)^2 \qquad ①$$

$$f(0) = f(x) + f'(x)(-x) + \frac{f''(\eta)}{2}(-x)^2 \qquad ②$$

由式 ① 一式 ② 得

$$f'(x) = f(1) - f(0) - \frac{f''(\xi)}{2}(1-x)^2 + \frac{f''(\eta)}{2}(-x)^2$$

注意到

$$0 \leqslant 1-x \leqslant 1, (1-x)^2 \leqslant 1-x, 0 \leqslant x \leqslant 1, x^2 \leqslant x$$

因此　　　　　　$|f'(x)| \leqslant 1+1+(1-x)^2+x^2 \leqslant 3$

386. (厦门大学) 设 $f(x)$ 在 $[0 + \infty)$ 上具有连续二阶导数,又设 $f(0) > 0$,$f'(0) < 0$,$f''(x) < 0$,$(x \in [0, +\infty))$. 则在区间 $(0, -\frac{f(0)}{f'(0)})$ 内至少有一个点 ξ,使 $f(\xi) = 0$.

证 $x \in [0, +\infty)$,由泰勒公式有

$$f(x) = f(0) + f'(0)x + \frac{f''(\theta)}{2!}x^2, \text{其中} \theta \text{ 在 } 0 \text{ 与 } x \text{ 之间}.$$

$$f\left[-\frac{f(0)}{f'(0)}\right] = f(0) - f(0) + \frac{f''(\theta)}{2!}\left[-\frac{f(0)}{f'(0)}\right]^2 < 0$$

而 $f(0) > 0$,由零值定理,至少有一点 $\xi \in (0, -\frac{f(0)}{f'(0)})$ 使 $f(\xi) = 0$.

387. (华东师范大学) 证明:若 $f(x)$ 在有限区间 (a,b) 内可导,但无界,则其导函数 $f'(x)$ 在 (a,b) 内亦必无界.

证 用反证法. 设 $f'(x)$ 在 (a,b) 内有界,即 $\exists M > 0$,使 $|f'(x)| \leqslant M$,$\forall x \in (a,b)$. $\forall x_0 \in (a,b)$,再由有限增量公式 $f(x) = f(x_0) + f'(\xi)(x-x_0)$,其中 ξ 在 x_0 与 x 之间,因此

$$|f(x)| \leqslant |f(x_0)| + |f'(\xi)| \cdot |x - x_0| \leqslant$$
$$|f(x_0)| + M \cdot (b-a) = c, \forall x \in (a,b)$$

其中 $C = |f(x_0)| + M(b-a)$ 为常数,这与 $f(x)$ 无界的假设矛盾.

因此 $f'(x)$ 在 (a,b) 内亦必有界.

388. (北京师范大学) 设函数 $f(x)$ 在 (a,b) 内可导,并且 $f(x)$ 的导数 $f'(x)$ 在 (a,b) 内有界,证明:$f(x)$ 在 (a,b) 内有界.

证 取定 $x_0 \in (a,b)$,$\forall x \in (a,b)$,$\exists M > 0$,$|f'(x)| < M$ $\forall x \in (a,b)$
$$|f(x)| = |f(x_0) + f'(\xi)(x-x_0)| \leqslant f(x_0) + M(b-a) \text{ 有界}.$$

389. (东北工学院) 已知 $x > 0$,证明:$x - \frac{x^2}{2} < \ln(1+x) < x$.

证　令 $f(x) = x - \ln(1+x)$，则 $f'(x) = 1 - \dfrac{1}{1+x} > 0,(x > 0)$，则

可得 $f(x)$ 在 $(0, +\infty)$ 内严格单调递增. 又 $f(0) = 0$，因此 $f(x) > f(0) = 0,(x > 0)$. 此即 $x > \ln(1+x)$.

再令 $g(x) = \ln(1+x) - x + \dfrac{x^2}{2}$，则

$$g'(x) = \frac{1}{1+x} - 1 + x = \frac{x^2}{1+x} > 0,(x > 0)$$

可得 $g(x)$ 在 $(0, +\infty)$ 内严格单调递增，又 $g(0) = 0$.

因此 $g(x) > g(0) = 0,(x > 0)$，此即 $\ln(1+x) > x - \dfrac{x^2}{2}$.

因此
$$x - \frac{x^2}{2} < \ln(1+x) < x,(x > 0)$$

390.（南京邮电学院）　(1) 证明：若 $p > 1$，则对于 $[0,1]$ 内任一 x 有 $x^p + (1-x)^p \geqslant \dfrac{1}{2^{p-1}}$；

(2) 证明：当 $\dfrac{a_0}{n+1} + \dfrac{a_1}{n} + \cdots\cdots + \dfrac{a_{n-1}}{2} + a_n = 0$ 时，方程

$$a_0 x^n + a_1 x^{n-1} + \cdots\cdots + a_n = 0 \qquad\qquad ①$$

在 $(0,1)$ 内至少有一实根.

证　(1) 令 $f(x) = x^p + (1-x)^p$，则
$$f'(x) = px^{p-1} - p(1-x)^{p-1} = p[x^{p-1} - (1-x)^{p-1}]$$

当 $x < \dfrac{1}{2}$ 时，$1-x > x$，从而 $f'(x) < 0$.

当 $x > \dfrac{1}{2}$ 时，$x > 1-x$，从而 $f'(x) > 0$.

当 $x = \dfrac{1}{2}$ 时，$f'(x) = 0$. 这说明当 $x = \dfrac{1}{2}$ 时，$f(x)$ 取最小值 $f\left(\dfrac{1}{2}\right) = \dfrac{1}{2^{p-1}}$.

因此
$$x^p + (1-x)^p \geqslant \frac{1}{2^{p-1}}(0 \leqslant x \leqslant 1)$$

(2) 作辅助函数
$$F(x) = \int_0^x (a_0 t^n + a_1 t^{n-1} + \cdots + a_n)\mathrm{d}t \qquad\qquad ②$$

因此
$$F(x) = \frac{a_0}{n+1} x^{n+1} + \frac{a_1}{n} x^n + \cdots + a_n x$$

因为 $F(0) = 0, F(1) = \dfrac{a_0}{n+1} + \dfrac{a_n}{n} + \cdots + a_n = 0$. 由罗尔定理，在 $(0,1)$ 内至少有一点 ξ，使 $F'(\xi) = 0$. 由式 ② 知
$$F'(x) = a_0 x^n + a_1 x^{n-1} + \cdots + a_n$$

$$0 = F(\xi) = a_0 \xi^n + a_n \xi^{n-1} + \cdots + a_n$$

因此，式 ① 在 $(0,1)$ 内至少有一实根.

391. **(华中师范大学;吉林工业大学)** 设 $f(x)$ 在 $[a,b]$ 上连续,在 (a,b) 内可导, $b > a > 0, f(a) \neq f(b)$. 证明:存在 $\xi, \eta \in (a,b)$,使

$$f'(\xi) = \frac{a+b}{2\eta} f'(\eta)$$

证 由拉格朗日中值定理有 $\xi \in (a,b)$,使得

$$f'(\xi) = \frac{f(b) - f(a)}{b - a} = (a+b) \frac{f(b) - f(a)}{b^2 - a^2} \qquad \text{①}$$

令 $g(x) = x^2$,则由柯西中值定理,有 $\eta \in (a,b)$,使得

$$\frac{f(b) - f(a)}{g(b) - g(a)} = \frac{f'(\eta)}{g'(\eta)} \qquad \text{②}$$

由于 $g(x) = x^2$,由式①、式②得

$$f'(\xi) = (a+b) \cdot \frac{f(b) - f(a)}{b^2 - a^2} = (a+b) \frac{f(b) - f(a)}{g(b) - g(a)} =$$

$$(a+b) \frac{f'(\eta)}{2\eta}$$

392. **(南开大学)** 设 $f(x)$ 在 $[a,b]$ 上连续,在 (a,b) 内有二阶导数,试证:存在 $c \in (a,b)$,使

$$f(b) - 2f(\frac{a+b}{2}) + f(a) = \frac{(b-a)^2}{4} f''(c) \qquad \text{①}$$

证 令 $F(x) = f(x + \frac{b-a}{2}) - f(x)$. 由拉格朗日中值定理有 $\qquad$ ②

$$F(\frac{a+b}{2}) - F(a) = F'(\xi)(\frac{a+b}{2} - a), \left(\xi \in (a, \frac{a+b}{2})\right) =$$

$$\left[f'(\xi + \frac{b-a}{2}) - f'(\xi)\right] \frac{b-a}{2} =$$

$$f''(c) \cdot (\frac{b-a}{2})^2, \text{其中 } c \in (\xi, \xi + \frac{b-a}{2}) \subset (a,b)$$

另一方面,由式②,得

$$F(\frac{a+b}{2}) - F(a) =$$

$$\left[f(\frac{a+b}{2} + \frac{b-a}{2}) - f(\frac{a+b}{2})\right] - \left[f(a + \frac{b-a}{2}) - f(a)\right] =$$

$$f(b) - 2f(\frac{a+b}{2}) + f(a). \qquad \text{④}$$

将式④代入式③,即证式①.

393. **(南京航空航天大学)** 证明:若 $f(x)$ 在 $[0,1]$ 上二阶可导,则 $\xi \in (0,1)$,使得 $f(\frac{1}{2}) = \frac{1}{2} f(0) + \frac{1}{2} f(1) - \frac{1}{8} f''(\xi)$.

证 由上题可得.

394. **(华中师范大学)** 设 $f(x)$ 在 $[a,b]$ 上非负且三阶可导,方程 $f(x) = 0$,在 (a,b) 内有两个不同实根,证明:存在 $\xi \in (a,b)$,使 $f^{(3)}(\xi) = 0$.

证 设 $f(x)$ 在 (a,b) 内两个不同实根为 $x_1 < x_2$,即 $f(x_1) = f(x_2) = 0$.

由罗尔定理,存在 $c \in (x_1, x_2)$,使 $f'(c) = 0$.　　　　　　　①

因为 $f(x) \geqslant 0$,从而 x_1, x_2 为 $f(x)$ 的极小值点,由费马定理
$$f'(x_1) = f'(x_2) = 0 \qquad ②$$

由式①、式② 对 $f'(x)$ 在 $[x_1, c]$ 和 $[c, x_2]$ 上用罗尔定理,则存在 $x_3 \in (x_1, c)$,$x_4 \in (c, x_2)$ 使 $f''(x_3) = f''(x_4) = 0$

再一次对 $f''(x)$ 在 $[x_3, x_4]$ 上用罗尔定理,$\exists \xi \in (x_3, x_4) \subset (a, b)$,使 $f^{(3)}(\xi) = 0$.

395.（四川师范学院） 设 $f_n(x) = 1 + x + \dfrac{x^2}{2!} + \cdots + \dfrac{x^n}{n!}$,其中 n 是任一自然数,求证:方程 $f_n(x) \cdot f_{n+1}(x) = 0$ 在实数域内有唯一实根.

证 因为 $x \geqslant 0$ 时 $f_n(x) = 1 + x + \dfrac{x^2}{2!} + \cdots + \dfrac{x^n}{n!} \geqslant 1$,故 $f_n(x) f_{n+1}(x) = 0$ 无非负根.

现在仅考虑 $x < 0$ 的情况.

因为　　　　　　$e^x = -f_n(x) + \dfrac{e^\xi}{(n+1)!} x^{n+1}, x < \xi < 0$

故　　　　　　　　$f_n(x) = e^x - \dfrac{e^\xi}{(n+1)!} x^{n+1}$

当 n 为偶数时,$n+1$ 是奇数,$x^{n+1} < 0$,得
$$e^x - \frac{e^\xi}{(n+1)} x^{n+1} > 0$$

故当 n 为偶数时,$f_n(x) = 0$ 无实根.

当 n 为奇数时,$n+1$ 是偶数,于是
$$f_n\left(-\frac{1}{2}\right) = e^{-\frac{1}{2}} - \frac{e^\xi}{(n+1)!} =$$

$$e^\xi (e^{\frac{1}{2-\xi}} + \frac{1}{(n+1)!}) > e^\xi (e^{-k} - \frac{1}{(n+1)!}) > 0 - \frac{1}{2} < \xi < 0$$

故 $f_n(x) = 0$ 有解.

设 $x_1 < x_2 < 0$ 都为 $f_n(x)$ 的解,由罗尔定理,$\exists c \in (x_1, x_2)$ 使 $f'_n(c) = 0$,但 $f'_n(x) = f_{n-1}(x)$,$n-1$ 为偶数,故 $f_{n-1}(x) = 0$ 无实数解,因而 $f_n(x) = 0$ 的解是唯一的.
$$f_n(x) f_{n+1}(x) = 0$$

$n, n+1$ 中一奇,一偶,总有一个无实根,一个有唯一的根. 即 $f_n(x) \cdot f_{n+1}(x) = 0$ 在实数域内有唯一的根.

396.（中山大学） 证明:$\sin x + \tan x > 2x, (0 < x < \dfrac{\pi}{2})$.

证 令 $f(x) = \sin x + \tan x - 2x$,则
$$f'(x) = \cos x + \frac{1}{\cos^2 x} - 2 \geqslant$$
$$\cos^2 x + \frac{1}{\cos^2 x} - 2 \geqslant 2\sqrt{\cos^2 x \frac{1}{\cos^2 x}} - 2 = 0 \qquad ①$$

且等号成立的条件是 $\cos^2 x = \dfrac{1}{\cos^2 x}$,即 $\cos^4 x = 1$.

因此 $\cos x = 1, x = 0$,但 $x \in (0, \frac{\pi}{2})$.

由式 ① 可知,$f'(x) > 0$,此即 $f(x)$ 严格单调递增.

而 $f(0) = 0$,因此当 $0 < x < \frac{\pi}{2}$ 时,$f(x) > 0$,此即,$\sin x + \tan x > 2x$.

397. (北京大学,哈尔滨电工学院) (1) 设 $f(x)$ 在 $(0, +\infty)$ 内二次可微,M_0, M_1, M_2 分别为 $|f(x)|, |f'(x)|, |f''(x)|$ 在 $(0, +\infty)$ 内的上确界,证明:$M_1^2 < 4M_0 M_2$;

(2) 设 $f''(x)$ 在 $(0, +\infty)$ 上有界,且 $\lim\limits_{x \to \infty} f(x) = 0$. 证明:
$$\lim_{x \to \infty} f'(x) = 0$$

证 (1) $\forall x \in (0, +\infty)$ 和 $\forall h > 0$,由泰勒公式有

$$f(x+h) = f(x) + f'(x)h + \frac{1}{2} f''(\xi) \cdot h^2, \quad x < \xi < x+h$$

解得: $\qquad f'(x) = \frac{1}{h}[f(x+h) - f(x)] - \frac{1}{2} f''(\xi)h.$

因此 $|f'(x)| \leqslant \dfrac{2M_0}{h} + \dfrac{hM_2}{2}$

若取 $h = 2\sqrt{\dfrac{M_0}{M_2}}$,则

$$|f'(x)| \leqslant 2 (M_0 M_2)^{\frac{1}{2}}$$
$$|f'(x)|^2 \leqslant 4M_0 M_2$$

再由 x 的任意性,有
$$M_1^2 \leqslant 4M_0 M_2 \tag{①}$$

(2) 设 $|f''(x)| \leqslant C$,因 $\lim\limits_{x \to \infty} f(x) = 0$,故对 $\forall \varepsilon > 0, \exists N > 0$,当 $x \geqslant N$ 时,
$$|f(x)| < \frac{\varepsilon^2}{4C} \tag{②}$$

由上面(1)知,在 $(N+\infty)$ 上由式 ①、式 ② 有
$$M_1^2 < 4 \cdot \frac{\varepsilon^2}{4C} \cdot C = \varepsilon^2$$

因此 $\qquad\qquad |f'(x)| < M_1 \leqslant \varepsilon$

类似可证在 $(-\infty, -N)$ 上有 $|f'(x)| < \varepsilon$. 因此
$$\lim_{x \to \infty} f'(x) = 0$$

398. (华中师范大学,湖南大学,北京师范大学) 设 $f(x)$ 在 $[0,1]$ 上二阶可导,$f(0) = f(1) = 0$, $\min\limits_{0 \leqslant x \leqslant 1} f(x) = -1$,求证:$\max\limits_{0 \leqslant x \leqslant 1} f''(x) \geqslant 8$.

证 设 $f(x)$ 在 $x = a (0 < a < 1)$ 处取最小值,所以
$$f(a) = -1, f'(a) = 0$$

由泰勒公式 $f(x) = f(a) + f'(a)(x-a) + \dfrac{f''(\xi_x)}{2!}(x-a)^2 =$
$$-1 + \frac{f''(\xi_x)}{2}(x-a)^2. \tag{①}$$

其中 ξ_x 在 a 与 x 之间. 因为 $f(0) = f(1) = 0$,将它们代入式 ① 有

$$0 = -1 + \frac{f''(\xi_1)}{2}a^2,\text{其中 } \xi_1 \in (0,a) \qquad ②$$

$$0 = -1 + \frac{f''(\xi_2)}{2}(1-a)^2,\text{其中 } \xi_2 \in (a,1). \qquad ③$$

令 $f''(\xi_1) = c_1, f''(\xi_2) = c_2$,由式 ②、式 ③ 有

$$0 = -1 + \frac{c_1}{2}a^2, 0 = -1 + \frac{c_2}{2}(1-a)^2$$

因此 $$c_1 = \frac{2}{a^2}, c_2 = \frac{2}{(1-a)^2}$$

(1) 若 $a < \frac{1}{2}$,则 $c_1 > 8$,因此

$$\max_{0 \leqslant x \leqslant 1} f''(x) \geqslant f''(\xi_1) = c_1 > 8$$

(2) 若 $a \geqslant \frac{1}{2}$,则 $1 - a \leqslant \frac{1}{2}$,则 $c_2 \geqslant 8$,因此

$$\max_{0 \leqslant x \leqslant 1} f''(x) \geqslant 8$$

399.(郑州大学) 设 $f(x)$ 在 $[a,b]$ 上有三阶导数,试证:必存在 $\xi \in (a,b)$,使得

$$f(b) = f(a) + \frac{1}{2}(b-a)[f'(a) + f'(b)] - \frac{1}{2}(b-a)^3 f'''(\xi)$$

证 令 M 满足

$$f(b) = f(a) + \frac{1}{2}(b-a)[f'(a) + f'(b)] - \frac{1}{2}(b-a)^3 M \qquad ①$$

再作辅助函数

$$F(x) = f(x) - f(a) - \frac{1}{2}(x-a)[f'(x) + f'(a)] + \frac{1}{12}(x-a)^3 M \qquad ②$$

则 $F(a) = F(b) = 0$,由罗尔定理存在 $x_1 \in (a,b)$,使得

$$0 = F'(x_1) = \frac{1}{2}[f'(x_1) - f'(a) - (x_1 - a)f''(x_1)] + \frac{1}{4}(x-a)^2 M$$

因此 $f'(a) = f'(x_1) + f''(x_1)(a-x_1) + \frac{1}{2}(x_1-a)^2 M.$ ③

再由泰勒公式 $\exists \xi \in (a,x_1) \subset (a,b)$,使得

$$f'(a) = f'(x_1) + f''(x_1)(a-x_1) + \frac{1}{2}(x_1-a)^2 f'''(\xi) \qquad ④$$

比较式 ③、式 ④ 可得 $M = f'''(\xi).$ ⑤

将式 ⑤ 代入式 ① 即证.

400.(吉林大学) 设函数 $f(x)$ 在闭区间 $[a,b]$ 上连续,在开区间 (a,b) 上可微,并且 $f(a) = f(b)$.证明:若 $f(x)$ 在 $[a,b]$ 上不等于一常数,则必有两点 $\xi, \eta \in (a,b)$,使得 $f'(\xi) > 0, f'(\eta) < 0$.

证 由 f 在 $[a,b]$ 上不为常数,故 $\exists x_0$ 使

$$f(x_0) \neq f(a) = f(b)$$

不妨设 $f(x_0) > f(a).\exists \xi \in (a,x_0), \eta \in (x_0,b)$,使

$$f'(\xi) = \frac{f(x_0) - f(a)}{x_0 - a} > 0, \quad f'(\eta) = \frac{f(b) - f(x_0)}{b - x_0} < 0$$

于是 $f'(\xi)f'(\eta) < 0$.

401. (哈尔滨工业大学,华中科技大学) 设 $f(x)$ 在 $[a,b]$ 上连续, $f(a) = f(b) = 0$, 并且 $f'(a) \cdot f'(b) > 0$. 证明:存在 $\xi \in (a,b)$, 使 $f(\xi) = 0$.

证 分两种情况讨论:

(1) 若 $f'(a) > 0$ 且 $f'(b) > 0$, 因为 $0 < f'(a) = \lim\limits_{x \to a+0} \dfrac{f(x) - f(a)}{x - a}$.

由保号性,故存在 $\delta_1 > 1$, 使当 $x \in (a, a + \delta_1)$ 时,有 $\dfrac{f(x) - f(a)}{x - a} > 0$, 即 $\dfrac{f(x)}{x - a} > 0$, 因此 $f(x) > 0$, 取 $x_1 \in (a, a + \delta_1), f(x_1) > 0$.

类似由 $f'(b) > 0$, $\exists \delta_2 > 0$, 使当 $x \in (b - \delta_2, b)$ 时,有 $\dfrac{f(x) - f(b)}{x - b} > 0$, 即 $\dfrac{f(x)}{x - b} > 0$.

因此 $f(x) < 0$, 取 $x_2 \in (b - \delta_2, b)$. $f(x_2) < 0$.

$f(x)$ 在 $[x_1, x_2]$ 两端函数值反号,故 $\exists \xi \in (x_1, x_2) \subset (a,b)$, 使 $f(\xi) = 0$.

(2) 若 $f'(a) < 0$ 且 $f'(b) < 0$, 类似可证 $\exists \xi \in (a,b)$, 使 $f(\xi) = 0$.

402. (大连理工大学) 已知在 $x > -1$ 上定义的可微分函数 $f(x)$ 满足条件

$$f'(x) + f(x) - \frac{1}{x+1} \int_0^x f(t)\,\mathrm{d}t = 0, \text{和} f(0) = 1. \tag{①}$$

(1) 求 $f'(x)$;

(2) 证明: $f(x)$ 在 $x \geqslant 0$ 满足 $\mathrm{e}^{-x} \leqslant f(x) \leqslant 1$. $\tag{②}$

解 (1) 由条件知,当 $x > -1$ 时, $f'(x)$ 为可导函数,于是将式 ① 两边对 x 求导数

$$f''(x) + f'(x) + \frac{1}{(x+1)^2} \int_0^x f(t)\,\mathrm{d}t - \frac{f(x)}{x+1} = 0 \tag{③}$$

式 ③ $+ \dfrac{1}{x+1} \times$ 式 ① 得

$$f''(x) + \frac{x+2}{x+1} f'(x) = 0 \tag{④}$$

解微分方程 ④ 得 $f'(x) = c \dfrac{\mathrm{e}^{-x}}{x+1}$. $\tag{⑤}$

在式 ① 中,令 $x = 0$ 得 $f'(0) = -f(0) = -1$. $\tag{⑥}$

由式 ⑤、式 ⑥ 可得 $c = -1$, 得

$$f'(x) = -\frac{\mathrm{e}^{-x}}{x+1} \tag{⑦}$$

(2) 当 $x \geqslant 0$ 时,由式 ⑦ 知 $f'(x) < 0$, 即 $f(x)$ 单调减少,而 $f(0) = 1$, 得 $f(x) \leqslant f(0) = 1 \quad (x \geqslant 0)$. $\tag{⑧}$

再令 $F(x) = f(x) - \mathrm{e}^{-x}$, 则

$$F'(x) = f'(x) + \mathrm{e}^{-x} =$$
$$-\frac{\mathrm{e}^{-x}}{x+1} + \mathrm{e}^{-x} = \frac{x\mathrm{e}^{-x}}{x+1} \geqslant 0 \,(x \geqslant 0)$$

即 $F(x)$ 单调增加,但 $F(0)=f(0)-\mathrm{e}^0=0$,从而 $F(x)\geqslant F(0)=0$,此即 $f(x)\geqslant$

$\mathrm{e}^{-x}(x\geqslant 0)$. ⑨

由式⑧,式⑨即证 $\mathrm{e}^{-x}\leqslant f(x)\leqslant 1,(x\geqslant 0)$.

403.(兰州大学,华中科技大学,四川大学,华东工程学院)

设 $0<b\leqslant a$,证明不等式:$\dfrac{a-b}{a}\leqslant \ln\dfrac{a}{b}\leqslant\dfrac{a-b}{b}$.

证 显然等式当且仅当 $a=b>0$ 时成立,下证

当 $0<b<a$ 时,有 $\dfrac{a-b}{a}<\ln\dfrac{a}{b}<\dfrac{a-b}{b}$. ①

作辅助函数 $f(x)=\ln x$,则 $f(x)$ 在 $[b,a]$ 上满足拉格朗日中值定理,则 $\exists\xi\in(b,$

$a)$ 使 $\dfrac{\ln a-\ln b}{a-b}=\dfrac{1}{\xi}$. ②

由于 $0<b<\xi<a$,所以 $\dfrac{1}{b}>\dfrac{1}{\xi}>\dfrac{1}{a}$. ③

由式②、式③有 $\dfrac{1}{a}<\dfrac{\ln a-\ln b}{a-b}<\dfrac{1}{b}$.

因此 $\dfrac{a-b}{a}<\ln\dfrac{a}{b}<\dfrac{a-b}{b}$.

404.(湘潭大学,西安交通大学,西北电讯工程学院,大连轻工业学院) 设函数 $f(x)$ 在 $[a,+\infty)$ 上连续,且 $x>a$ 时,$f'(x)>k>0(k$ 为常数$)$. 证明:当 $f(a)<0$ 时,方程 $f(x)=0$ 在区间 $\left(a,a-\dfrac{f(a)}{k}\right)$ 内有且只有一个根.

证 由 $f(a)<0$,因此 $a-\dfrac{f(a)}{k}>a$. 在区间 $\left[a,a-\dfrac{f(a)}{k}\right]$ 上应用拉格朗日中值定理

$$f\left(a-\frac{f(a)}{k}\right)-f(a)=f'(\xi)\left[\left(a-\frac{f(a)}{k}\right)-a\right]=f'(\xi)\left[-\frac{f(a)}{k}\right] \quad ①$$

其中 $\xi\in\left(a,a-\dfrac{f(a)}{k}\right)$. 因此 $f'(\xi)>k$,由式①知

$$f\left(a-\frac{f(a)}{k}\right)-f(a)>-f(a)$$

$$f\left(a-\frac{f(a)}{k}\right)>0$$

但 $f(a)<0$,由零值定理,$\exists x_0\in\left(a,a-\dfrac{f(a)}{k}\right)$,使 $f(x_0)=0$. 又 $f'(x)>0$,故

$f(x)$ 在 $\left(a,a-\dfrac{f(a)}{k}\right)$ 上严格递增,所以方程 $f(x)=0$ 只有唯一实根 x.

405.(华中师范大学) 设 $f(x)$ 在 $[a,b]$ 上三阶可导,$f'(a)=f'(b)=0$,并在 $c\in(a,b)$ 点有 $f(c)=\max\limits_{a\leqslant x\leqslant b}f(x)$,

证明:方程 $f'''(x)=0$ 在 (a,b) 内至少有一个根.

证 因为 $f(c)=\max\limits_{a\leqslant x\leqslant b}f(x)$,所以 c 为 $f(x)$ 的最大值点,从而也是极大值点。

$f'(c)=0$. 再由 $f'(a)=f'(b)=0$,对 $f'(x)$ 在 $[a,c]$ 和 $[c,b]$ 上运用罗尔定理,那么存在 $\xi_1\in(a,c),\xi_2\in(c,b)$ 使 $f''(\xi_1)=f''(\xi_2)=0$. 再对 $f''(x)$ 在 $[\xi_1,\xi_2]$ 运用

罗尔定理,因此存在 $\xi \in (\xi_1, \xi_2) \subset (a, b)$,使 $f'''(\xi) = 0$,此即证方程 $f'''(x) = 0$ 在 (a, b) 内至少有一个根.

406. (达布定理)　若 $f(x)$ 在 $[a, b]$ 内有有限导数,且 $f'(a) \cdot f'(b) < 0$.则至少存在 $c \in (a, b)$,使 $f'(c) = 0$.

证　$f'(a) f'(b) < 0$,

不妨设 $f'(a) < 0, f'(b) > 0$.

因为 $0 > f'(a) = \lim\limits_{x \to a^+} \dfrac{f(x) - f(a)}{x - a}$,故 $\exists \delta_1 > 0$,当 $a < x < a + \delta_1$ 时,$f(x) - f(a) < 0$.同样,$\exists \delta_2 > 0$,当 $b - \delta_2 < x < b$ 时,$f(x) - f(b) < 0$

取 $\delta = \min(\delta_1, \delta_2, \dfrac{b-a}{2})$,于是在 $(a, a+\delta)$,$(b-\delta, b)$ 中,分别有 $f(x) < f(a)$ 和 $f(x) < f(b)$.

故 $f(a), f(b)$ 不是 f 在 $[a, b]$ 中的最小值,f 在 $[a, b]$ 上的最小值在 $[a, b]$ 的内点处达到,设为 c,f 在 c 可导,c 又是极小值点,因而 $f'(c) = 0$.

407. (山东大学)　设 $f(x)$ 在无穷区间 $(x_0, +\infty)$ 上可微分两次,并且 $\lim\limits_{x \to +\infty} f(x) = \lim\limits_{x \to x_0 + 0} f(x)$ 存在有限,试证:在区间 $(x_0, +\infty)$ 内至少有一点 ξ,满足 $f''(\xi) = 0$.

证由(1)　若 $f''(x)$ 在 $(x_0, +\infty)$ 中变号,即 $\exists, x_1, x_2 (x_1 < x_2)$ 使 $f''(x_1) f''(x_2) < 0$,则由达布定理,必 $\exists \xi \in (x_1, x_2) \subset (x_0, +\infty)$,使 $f''(\xi) = 0$.

(2)　若 $f''(x)$ 在 $(x_0, +\infty)$ 中不变号,不妨设 $f''(x) \geqslant 0, x \in (x_0, +\infty)$.

若 $\exists c \in (x_0, +\infty), f''(c) = 0$ 则已证,若 $f''(x) > 0$ 则 $f'(x)$ 严格增,

又因为 $\lim\limits_{x \to x_0^+} f(x) = A = \lim\limits_{x \to +\infty} f(x)$.于是根据 375 题,$\exists a \in (x_0, +\infty)$ 使 $f'(a) = 0$.

$f(x)$ 在 $(x_0, +\infty)$ 中严格凹,$f''(a) > 0, f(a)$ 为 f 的极小值.

取定 $x_1 > a$,再对 $x > x_1 > a$,由凹函数定义.

$$\frac{f(x) - f(a)}{x - a} > \frac{f(x_1) - f(a)}{x_1 - a} = f'(\xi), a < \xi < x_1$$

$f(x) > f(a) + f'(\xi)(x-a) \longrightarrow +\infty (x \to 60)$,故不可能 f'' 在 $(x_0, +\infty)$ 中恒大(小)于 0,必 $\exists c \in (x_0, +\infty), f''(c) = 0$.

(3) 若 $f''(x) < 0$,也类似可证.

408. (中国人民大学)　设 $f(x)$ 在 $[a, b] (ab > 0)$ 上连续,在 (a, b) 上可微,求证:有 $\xi \in (a, b)$,使得

$$\frac{1}{b-a} \begin{vmatrix} b & a \\ f(b) & f(a) \end{vmatrix} = f(\xi) - \xi f'(\xi)$$

证　设 $g(x) = \dfrac{1}{x}, h(x) = \dfrac{f(x)}{x}$.

由于 $ab > 0$,因此 $0 \notin [a, b]$,从而 $g(x), h(x)$ 在 $[a, b]$ 上可微,且 $[g'(x)]^2 + [h'(x)]^2 = \dfrac{1}{x^4} \{1 + [xf'(x) - f(x)]^2\} \neq 0, g(a) \neq g(b)$.

因此 $g(x), h(x)$ 满足柯西定理的条件,故 $\exists \xi \in (a, b)$,使得

$$\frac{h(b)-h(a)}{g(b)-g(a)}=\frac{h'(\xi)}{g'(\xi)}$$

$$\frac{\dfrac{f(b)}{b}-\dfrac{f(a)}{a}}{\dfrac{1}{b}-\dfrac{1}{a}}=\frac{\dfrac{\xi f'(\xi)-f(\xi)}{\xi^2}}{-\dfrac{1}{\xi^2}}$$

整理可得 $\qquad \dfrac{af(b)-bf(a)}{a-b}=f(\xi)-\xi f'(\xi)$

因此 $\qquad \dfrac{1}{b-a}\begin{vmatrix} b & a \\ f(b) & f(a) \end{vmatrix}=f(\xi)-\xi f'(\xi)$

409. (北京大学) 设 $f(x)$ 在 $[0,+\infty)$ 内可微,且满足不等式

$$0\leqslant f(x)\leqslant \ln\frac{2x+1}{x+\sqrt{1+x^2}},\forall x\in(0,+\infty) \qquad ①$$

试证明存在一点 $\xi\in(0,+\infty)$,使得 $f'(\xi)=\dfrac{2}{2\xi+1}-\dfrac{1}{\sqrt{1+\xi^2}}$.

证 令 $\qquad g(x)=f(x)-\ln\dfrac{2x+1}{x+\sqrt{1+x^2}},x\in[0,+\infty), \qquad ②$

由式 ① 知 $f(0)=0.\ g(0)=f(0)-0=0.$

$$\lim_{x\to+\infty}\ln\frac{2x+1}{x+\sqrt{1+x^2}}=\ln\lim_{x\to+\infty}\frac{2+\dfrac{1}{x}}{1+\sqrt{1+\dfrac{1}{x^2}}}=\ln 1=0$$

由式 ① 与两边夹法则,得

$$\lim_{x\to+\infty}f(x)=0$$

由式 ①、式 ② 知 $g(x)\leqslant 0,\forall x\in[0,+\infty)$,所以 $g(x)$ 在 $[0,+\infty)$ 上存在最小值,设最小值点为 ξ,那么 $g'(\xi)=0$.由式 ② 得

$$g'(x)=f'(x)-\frac{x+\sqrt{1+x^2}}{2x+1}\frac{2(x+\sqrt{1+x^2})-(1+\dfrac{x}{\sqrt{1+x^2}})\cdot(2x+1)}{(x+\sqrt{1+x^2})^2}=$$

$$f'(x)-(\frac{2}{2x+1}-\frac{1}{\sqrt{1+x^2}}).$$

由 $g'(\xi)=0$,所以 $f'(\xi)=\dfrac{2}{2\xi+1}-\dfrac{1}{\sqrt{1+\xi^2}}$.

410. (哈尔滨工业大学) 设 $f(x)$ 在 $[a,b]$ 上连续,在 (a,b) 可微,$f'(x)$ 在 (a,b) 内单调增,证明:对任意 $x_1,x_2\in[a,b]$ 及 $\lambda\in[0,1]$ 有

$$f[\lambda x_1+(1-\lambda)x_2]\leqslant \lambda f(x_1)+(1-\lambda)f(x_2) \qquad ①$$

证 显然当 $\lambda=0$ 或 $\lambda=1$ 时,式 ① 显然成立,因此只讨论 $\lambda\in(0,1)$ 即可.

$\forall x_1,x_1\in[a,b]$,不失一般设 $x_1<x_2$,令 $x=\lambda x_1+(1-\lambda)x_2$,

因此 $x_1<x<x_2$.

由拉格朗日中值定理,$\exists \xi\in(x_1,x),\eta\in(x,x_2)$.

$$\lambda[f(x)-f(x_1)]+(1-\lambda)[f(x)-f(x_2)]=$$

$$\lambda f'(\xi)(x-x_1)+(1-\lambda)f'(\eta)(x-x_2) \qquad ②$$

但是 $x-x_1=[\lambda x_1+(1-\lambda)x_2]-x_1=(1-\lambda)(x_2-x_1)$ ③

$$x-x_2=[\lambda x_1+(1-\lambda)x_2]-x_2=\lambda(x_1-x_2) \qquad ④$$

将式③,式④代入式②

$$\lambda[f(x)-f(x_1)]+(1-\lambda)[f(x)-f(x_2)]=$$
$$\lambda f'(\xi)(1-\lambda)(x_2-x_1)+(1-\lambda)\lambda f'(\eta)(x_1-x_2)=$$
$$\lambda(1-\lambda)(x_2-x_1)[f'(\xi)-f'(\eta)] \qquad ⑤$$

由于 $f'(x)$ 单调递增,$x_1<\xi<x<\eta<x_2$,因此

$$f'(\xi)-f'(\eta)\leqslant 0$$

由式⑤知 $\lambda[f(x)-f(x_1)]+(1-\lambda)[f(x)-f(x_2)]\leqslant 0$,解得:

$$f(x)\leqslant\lambda f(x_1)+(1-\lambda)f(x_2)$$

因此　　　　　　$f[\lambda x_1+(1-\lambda)x_2]\leqslant\lambda f(x_1)+(1-\lambda)f(x_2)$

注:(1)满足本题式①的函数 $f(x)$ 称为凸函数(或称为下凸函数,其图形见下图(a),其特征是曲线 $y=f(x)$ 上任一点均在弦 CD 的下方.

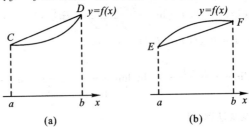

第 410 题图

类似若函数 $y=f(x)$,$x\in[a,b]$,$\forall x_1,x_2\in[a,b]$,$\lambda\in[0,1]$ 满足 $f[\lambda x_1+(1-\lambda)x_2]\geqslant\lambda f(x_1)+(1-\lambda)f(x_2)$ 则称 $f(x)$ 为凹函数(或上凸函数,其图形见(b)),其特征是曲线 $y=f(x)$ 上任一点均在该 EF 的上方.

(2)本题的逆命题也成立,即若 $f(x)$ 是在 $[a,b]$ 上连续,在 (a,b) 内可微的凸函数,则 $f'(x)$ 单调递增.

411.(复旦大学) 比较 π^e 与 e^π 的大小,并说明理由.

解法 1 令 $\pi=e+a(a>0)$. 由于

$$\frac{\pi^e}{e^\pi}=\frac{(e+a)^e}{e^{e+a}}=\frac{1}{e^a}\cdot\frac{(e+a)^e}{e^e}=$$
$$\frac{1}{e^a}\left[(1+\frac{a}{e})^{\frac{e}{a}}\right]^a<\frac{1}{e^a}e^a=1$$

因此　　　　　　$e^\pi>\pi^e$.

解法 2 要证 $e^\pi>\pi^e$,只要证明 $\pi>e\ln\pi$,$\dfrac{\ln e}{e}>\dfrac{\ln\pi}{\pi}$. ①

令 $f(x)=\dfrac{\ln x}{x}$,$(x\geqslant e)$. 则 $f'(x)=\dfrac{1-\ln x}{x^2}<0(x>e)$,于是 $f(x)$ 在 $[e,+\infty)$ 上单调递减,而 $\pi>e$,$f(\pi)=\dfrac{\ln\pi}{\pi}<f(e)=\dfrac{\ln e}{e}$.

解法 3 $\dfrac{\ln\pi}{\pi} - \dfrac{\ln e}{e} = \int_e^\pi d(\dfrac{\ln x}{x}) = \int_e^\pi \dfrac{1-\ln x}{x^2}dx.$

但 $x \in (e,\pi)$ 时, $\dfrac{1-\ln x}{x^2} < 0,$

因此 $\int_e^\pi \dfrac{1-\ln x}{x^2}dx < 0,$ 即 $\dfrac{\ln\pi}{\pi} < \dfrac{\ln e}{e}.$

412.（北京大学） 设 $f(x)$ 在 $(0,+\infty)$ 上单调下降,可微,如果当 $x \in (0,+\infty)$ 时, $0 < f(x) < |f'(x)|$ 成立,则当 $0 < x < 1$ 时,必有

$$xf(x) > \dfrac{1}{x}f(\dfrac{1}{x})$$

解 由 $0 < f(x) < |f'(x)|$ 及 $f(x)$ 在 $(0,+\infty)$ 上单调下降有

$0 < f(x) < |f'(x)| = -f'(x)$

所以 $\dfrac{f'(x)}{f(x)} < -1.$

当 $0 < x < 1$ 时,有

$\int_x^1 \dfrac{f'(t)}{f(t)}dt < \int_x^1(-1)dx,$ 即 $\ln\dfrac{f(1)}{f(x)} < x-1,$ 亦即 $\dfrac{f(1)}{f(x)} < e^{x-1}.$ ①

$\int_1^{\frac{1}{x}} \dfrac{f'(t)}{f(t)}dt < \int_1^{\frac{1}{x}}(-1)dt.$ 即 $\ln\dfrac{f(\frac{1}{x})}{f(1)} < 1-\dfrac{1}{x},$ 亦即 $\dfrac{f(\frac{1}{x})}{f(1)} < e^{1-\frac{1}{x}}.$ ②

由式①、式②得

$\dfrac{f(1)}{f(x)}\dfrac{f(\frac{1}{x})}{f(1)} < e^{x-1}e^{1-\frac{1}{x}},$ 即 $\dfrac{f(\frac{1}{x})}{f(x)} < e^{x-\frac{1}{x}}.$

要证 $xf(x) > \dfrac{1}{x}f(\dfrac{1}{x}),$ 只须证 $e^{x-\frac{1}{x}} \leqslant x^2$ 即可. 即须证 $x-\dfrac{1}{x} \leqslant 2\ln x.$

令 $g(x) = x - \dfrac{1}{x} - 2\ln x, g'(x) = 1 + \dfrac{1}{x^2} - \dfrac{2}{x} = \dfrac{(x-1)^2}{x^2} \geqslant 0,$ 所以 $g(x) \leqslant$

$g(1) = 0(0 < x < 1).$ 即当 $0 < x < 1$ 时, $x - \dfrac{1}{x} \leqslant 2\ln x.$ 从而 $e^{x-\frac{1}{x}} \leqslant x^2,$ 所以当

$0 < x < 1$ 时,有

$\dfrac{f(\frac{1}{x})}{f(x)} < e^{x-\frac{1}{x}} \leqslant x^2,$ 即 $xf(x) > \dfrac{1}{x}f(\dfrac{1}{x}).$

413.（华东师范大学） 设 f 在 $[a,b]$ 中任意两点都具有介值性,而且 f 在 (a,b) 内可导, $|f'(x)| \leqslant k$(正常数), $x \in (a,b).$

证明: f 在点 a 右连续,（同理在点 b 左连续).

证 由于 f 在 $[a,b]$ 中任意两点都具有介值性及可导,故对 $\forall \varepsilon > 0, \forall x \in (a,$

$b).$ $\exists a_x \in (a,x).$ 使得 $|f(a) - f(a_x)| < \dfrac{\varepsilon}{2}.$

取 $\delta = \dfrac{\varepsilon}{2k},$ 则当 $|x-a| < \delta$ 时,当 $x \in (a,b)$ 时,有

$|f(x) - f(a)| \leqslant |f(x) - f(a_x)| + |f(a_x) - f(a)| =$

$$| f'(\xi) | | x - a_x | + \frac{\varepsilon}{2} < k \cdot \frac{\varepsilon}{2k} + \frac{\varepsilon}{2} = \varepsilon.$$

所以 $f(x)$ 在点 a 右连续.

类似可证 f 在点 b 左连续.

414. 设 $f(x)$ 在 $(a, +\infty)$ 具有二阶连续导数,且

$$\lim_{x \to a^+} f(x) = \lim_{x \to +\infty} f(x) = 0 \qquad \qquad ①$$

求证:(1) 存在 $x_n \in (a, +\infty)$ 使得 $\lim_{n \to \infty} x_n = +\infty$,且 $\lim_{n \to \infty} f'(x_n) = 0$;

(2) 存在 $\xi \in (a, +\infty)$,使得 $f''(\xi) = 0$.

证　(1) $f(n+1) - f(n) = f'(x_n)((n-1) - n) = f'(x_n)$,则

$$n < x_n < n+1 \qquad \qquad ②$$

则 $\lim_{n \to +\infty} x_n = +\infty$,且由式 ② 与式 ① 有

$$\lim_{n \to +\infty} f'(x_n) = \lim_{n \to +\infty} [f(n+1) - f(n)] =$$
$$\lim_{n \to +\infty} f(n+1) - \lim_{n \to +\infty} f(n) = 0 - 0 = 0$$

(2) 用反证法. 若 $f''(x) \neq 0$, $\forall x \in (a, +\infty)$. 则 $f''(x)$ 在 $(a, +\infty)$ 恒大于 0 或恒小于 0.

不失一般设 $f''(x) > 0$, $\forall x \in (a, +\infty)$. 则 $f'(x)$ 在 $(a, +\infty)$ 严格单调增,但由 (1) 知 $\lim_{n \to \infty} f'(x_n) = 0$. 所以 $f'(x) < 0$, $\forall x \in (a, +\infty)$. 即 $f(x)$ 在 $(a, +\infty)$ 严格单调减,这与式 ① 矛盾. 仿上可知 $f''(x) < 0$, $\forall x \in (a, +\infty)$ 亦不成立. 从而 $\exists \xi \in (a, +\infty)$,使 $f''(\xi) = 0$.

415. **(浙江大学)**　设 a, b, c 为三个实数,证明:方程 $e^x = ax^2 + bx + c$ 的根不超过三个.

证　令 $F(x) = ax^2 + bx + c - e^x$,则 $F'(x) = 2ax + b - e^x$,$F''(x) = 2a - e^x$,$F'''(x) = -e^x$.

用反证法,设原方程的根超过 3 个,那么 $F(x)$ 至少有 4 个零点,不妨设为 $x_1 < x_2 < x_3 < x_4$,那么由罗尔定理,存在 $x_1 < \xi_1 < x_2 < \xi_2 < x_3 < \xi_3 < x_4$,使 $F'(\xi_1) = F'(\xi_2) = F'(\xi_3) = 0$.

再用罗尔定理,存在 $\xi_1 < \eta_1 < \xi_2 < \eta_2 < \xi_3$,使 $F''(\eta_1) = F''(\eta_2) = 0$.

再由罗尔定理存在 $\eta_1 < \alpha < \eta_2$,使 $F'''(\alpha) = 0$.

但 $F'''(x) = -e^x$,$F'''(\alpha) = -e^\alpha \neq 0$,矛盾. 即证.

416. **(北京师范大学,国防科技大学)**　设函数 $f(x)$ 在 $[a, b]$ 上连续,在 (a, b) 二阶可导,且 $f(a) = f(b) = 0$. 求证:若存在 $c \in (a, b)$ 使 $f(c) > 0$,则存在 $\xi \in (a, b)$,使 $f''(\xi) < 0$.

证　分别在 $[a, c]$,$[c, b]$ 上应用拉格朗日定理,则存在 $\xi_1 \in (a, c)$ 和 $\xi_2 \in (c, b)$ 有

$$f(c) - f(a) = f'(\xi_1)(c - a) \qquad \qquad ①$$
$$f(b) - f(c) = f'(\xi_2)(b - c) \qquad \qquad ②$$

由于 $f(a) = f(b) = 0$,$f(c) > 0$,从而由式 ①、式 ② 知

$$f'(\xi_1) > 0, \quad f'(\xi_2) < 0 \qquad \qquad ③$$

再在 $[\xi_1, \xi_2]$ 上用拉格朗日中值定理,$\exists \xi \in (\xi_1, \xi_2)$,有

$$f'(\xi_2) - f'(\xi_1) = f''(\xi)(\xi_2 - \xi_1) \qquad ④$$

由式 ③、式 ④ 可证得 $f''(\xi) < 0$，其中 $\xi \in (\xi_1, \xi_2) \subset (a,b)$.

417. (中国科学院) 设 $f(x)$ 在 $[a, +\infty)$ 上一阶可微，且 $f(0) = 0$，$f'(x)$ 在 $(0, +\infty)$ 上单调递减，试证：$\dfrac{f(x)}{x}$ 亦在 $(0, +\infty)$ 上单调递减.

证 $\left(\dfrac{f(x)}{x}\right)' = \dfrac{xf'(x) - f(x)}{x^2}, \forall x \in (0, +\infty).$ ①

$f(x) - f(0) = f'(\xi)(x - 0)$，其中 $0 < \xi < x$.

因此 $f(x) \geqslant f'(x) \cdot x$.

代入式 ① 得 $\left(\dfrac{f(x)}{x}\right)' \leqslant 0, \forall x \in (0, +\infty)$

因此 $\dfrac{f(x)}{x}$ 在 $(0, +\infty)$ 单调递减.

418. (北方交通大学) 设 $F(x) = \displaystyle\int_0^x e^{-t}\cos t\, dt$，试求：$(1) F(0), F'(0), F''(0)$；$(2) F(x)$ 在闭区间 $[0, \pi]$ 上的极大值与极小值.

解 $(1) F(0) = \displaystyle\int_0^0 e^{-t}\cos t\, dt = 0.$

$$F'(x) = e^{-x}\cos x \qquad ①$$

因此 $F'(0) = 1$

$$F''(x) = -e^{-x}\cos x - e^{-x}\sin x$$

因此 $F''(0) = -1.$

(2) 令 $F'(x) = 0, x \in [0, \pi]$，

方程 $e^{-x}\cos x = 0$，在 $[0, \pi]$ 上有一个根 $x = \dfrac{\pi}{2}$.

当 $x > \dfrac{\pi}{2}$ 时 $F'(x) < 0$；当 $x < \dfrac{\pi}{2}$ 时，$F'(x) > 0$. 所以在 $x = \dfrac{\pi}{2}$ 时，$F(x)$ 取极大值为

$$F\left(\frac{\pi}{2}\right) = \int_0^{\frac{\pi}{2}} e^{-t}\cos t\, dt = \frac{e^{-\frac{\pi}{2}} + 1}{2}$$

$F(x)$ 在 $[0, \pi]$ 上无极小值.

419. (哈尔滨工业大学，华中科技大学，华中师范大学) 设 $f(x)$ 在 $[a, b]$ 上连续，且 $f(a) = f(b) = 0$，$f'(a) \cdot f'(b) > 0$.

证明：存在 $\xi \in (a, b)$，使 $f(\xi) = 0$.

证 (1) 设 $f'(a) > 0, f'(b) > 0$.

因为 $\displaystyle\lim_{x \to a^+} \dfrac{f(x) - f(a)}{x - a} = f'(a) > 0$

故 $\exists \delta_1 > 0$，有 $\dfrac{f(x) - f(a)}{x - a} > 0, x \in (a, a + \delta_1)$.

因为 $f(a) = 0$，所以 $f(x) > 0, x \in (a, a + \delta_1)$.

取 $x_1 \in (a, a + \delta_1)$ 则 $f(x_1) > 0$.

因为 $\lim\limits_{x \to b-0} \dfrac{f(x)-f(b)}{x-b} = f'(b) > 0, \exists \delta_2 > 0,$ 使

$$\frac{f(x)-f(b)}{x-b} > 0, x \in (b-\delta_2, b)$$

因为 $(b)=0$,所以 $f(x) < 0, x \in (b-\delta_2, b)$.

取 $x_2 \in (b-\delta_2, b)$,则 $f(x_2) < 0$.

所以 $\exists \xi \in (x_1, x_2)$,使 $f(\xi)=0$.

(2) 当 $f'(a) < 0, f'(b) < 0$.类似可证.

420. (哈尔滨工业大学,北京科技大学) 设 $f(x)$ 在 (a,b) 内二次可微,且 $f''(x) > 0, (a < x < b)$. $\lambda_i > 0 (i=1,2,\cdots,n)$ 且 $\sum\limits_{i=1}^{n} \lambda_i = 1$. $x_1, \cdots, x_n$ 为 (a,b) 中 n 个点,

求证: $f(\sum\limits_{i=1}^{n} \lambda_i x_i) < \sum\limits_{i=1}^{n} \lambda_i f(x_i)$.

证 令 $a = \sum\limits_{i=1}^{n} \lambda_i x_i$,由于 $f''(x) > 0$ 及泰勒公式,有

$$f(x_i) = f(a) + f'(a)(x_i - a) + \frac{1}{2} f''(\xi_i)(x_i - a)^2 > f(a) +$$
$$f'(a)(x_i - a), \text{其中 } \xi_i \text{ 在 } x_i \text{ 与 } a \text{ 之间}, (i=1,2,\cdots,n)$$

用 λ_i 乘上式两端,并将它们相加,并注意 $\sum\limits_{i=1}^{n} \lambda_i = 1$,所以

$$\sum_{i=1}^{n} \lambda_i f(x_i) > f(a) + \sum_{i=1}^{n} f(a)\lambda_i(x_i - a) = f(a)$$

因为

$$\sum_{i=1}^{n} \lambda_i(x_i - a) = \sum_{i=1}^{n} \lambda_i x_i - a = a - a = 0$$

所以

$$\sum_{i=1}^{n} \lambda_i f(x_i) > f(a) = f(\sum_{i=1}^{n} \lambda_i x_i)$$

注:类似可证:若 $f(x)$ 在 (a,b) 内二次可微,$f''(x) < 0, (a < x < b)$. $\forall \lambda_i > 0 (i=1,2,\cdots,n)$ 且 $\sum\limits_{i=1}^{n} \lambda_i = 1, x_1, \cdots, x_n \in (a,b)$,则

$$f(\sum_{i=1}^{n} \lambda_i x_i) > \sum_{i=1}^{n} \lambda_i f(x_i)$$

421. (华中师范大学) 设函数 $f(x), g(x), p(x)$ 有连续的二阶导数,试求

$$\lim_{h \to \infty} \frac{1}{h^3} \begin{vmatrix} f(x) & g(x) & p(x) \\ f(x+h) & g(x+h) & p(x+h) \\ f(x+2h) & g(x+2h) & p(x+2h) \end{vmatrix}$$

解 $\begin{vmatrix} f(x) & g(x) & p(x) \\ f(x+h) & g(x+h) & p(x+h) \\ f(x+2h) & g(x+2h) & p(x+2h) \end{vmatrix} =$

$$\begin{vmatrix} f(x) & g(x) & h(x) \\ f(x)+f'(x)h+\dfrac{f''(\xi_1)}{2}h^2 & g(x)+g'(x)h+\dfrac{g''(\xi_2)}{2}h^2 & p(x)+p'(x)h+\dfrac{p''(\xi_3)}{2}h^2 \\ f(x)+f'(x)2h+\dfrac{f''(\xi_4)}{2}4h^2 & g(x)+g'(x)2h+\dfrac{g''(\xi_5)}{2}4h^2 & p(x)+p'(x)2h+\dfrac{p''(\xi_6)}{2}4h^2 \end{vmatrix}=$$

$$2h^2\begin{vmatrix} f(x) & g(x) & p(x) \\ f'(x)+\dfrac{f''(\xi_1)}{2}h & g'(x)+\dfrac{g''(\xi_2)}{2}h & p'(x)+\dfrac{p''(\xi_3)}{2}h \\ f'(x)+f''(\xi_4)h & g'(x)+g''(\xi_5)h & p'(x)+p''(\xi_6)h \end{vmatrix}=$$

$$2h^2\begin{vmatrix} f(x) & g(x) & p(x) \\ f'(x) & g'(x) & p'(x) \\ f'(x)+f''(\xi_4)h & g'(x)+g'(\xi_5)h & p'(x)+p''(\xi_6)h \end{vmatrix}+$$

$$h^3\begin{vmatrix} f(x) & g(x) & p(x) \\ f''(\xi_1) & g''(\xi_2) & p''(\xi_3) \\ f'(x)+f''(\xi_4)h & g'(x)+g''(\xi_5)h & p'(x)+p''(\xi_6)h \end{vmatrix}=$$

$$2h^3\begin{vmatrix} f(x) & g(x) & p(x) \\ f'(x) & g'(x) & p'(x) \\ f''(\xi_4) & g''(\xi_5) & p''(\xi_6) \end{vmatrix}+h^3\begin{vmatrix} f(x) & g(x) & p(x) \\ f''(\xi_1) & g''(\xi_2) & p''(\xi_3) \\ f'(x) & g'(x) & p'(x) \end{vmatrix}+h^4\begin{vmatrix} f(x) & g(x) & p(x) \\ f''(\xi_1) & g''(\xi_2) & p''(\xi_3) \\ f''(\xi_4) & g''(\xi_5) & p''(\xi_6) \end{vmatrix} \quad ①$$

$$\lim_{h\to0}f''(\xi_1)=\lim_{h\to0}f''(\xi_4)=f''(x) \qquad ②$$

$$\lim_{h\to0}g''(\xi_2)=\lim_{h\to0}g''(\xi_5)=g''(x) \qquad ③$$

$$\lim_{h\to0}p''(\xi_3)=\lim_{h\to0}p''(\xi_6)=p''(x) \qquad ④$$

由式①、式②、式③、式④,得

$$\lim_{k\to0}\frac{1}{h^3}\begin{vmatrix} f(x) & g(x) & p(x) \\ f(x+h) & g(x+h) & p(x+h) \\ f(x+2h) & g(x+2h) & p(x+2h) \end{vmatrix}=$$

$$2\begin{vmatrix} f(x) & g(x) & p(x) \\ f'(x) & g'(x) & p'(x) \\ f''(x) & g''(x) & p''(x) \end{vmatrix}+\begin{vmatrix} f(x) & g(x) & p(x) \\ f''(x) & g''(x) & p''(x) \\ f'(x) & g'(x) & p'(x) \end{vmatrix}=$$

$$\begin{vmatrix} f(x) & g(x) & p(x) \\ f'(x) & g'(x) & p'(x) \\ f''(x) & g''(x) & p''(x) \end{vmatrix}.$$

422.(山东海洋学院)　证明:对一切 $m>0,n>0$ 和 $0\leqslant x\leqslant\dfrac{\pi}{2}$ 均有

$$0\leqslant\sin^nx\cdot\cos^mx\leqslant\frac{n^{\frac{n}{2}}m^{\frac{m}{2}}}{(n+m)^{\frac{n+m}{2}}} \qquad ①$$

证:令 $f(x)=\sin^nx\cdot\cos^mx$,则 $f(x)\geqslant0,\forall x\in[0,\dfrac{\pi}{2}]$. ②

又 $\qquad f'(x)=\sin^{n-1}x\cos^{m-1}x(n\cos^2x-m\sin^2x)$ ③

$$\sin\alpha=\sqrt{\frac{n}{m+n}},则\cos\alpha=\sqrt{\frac{m}{m+n}}$$

则由式 ③ 可得

$$f'(x) = \sin^{n-1}x \cdot \cos^{m-1}x \cdot \sin(\alpha - x) \cdot \cos(\alpha + x)$$

令 $f'(x) = 0$, 在 $[0, \frac{\pi}{2}]$ 中, 解得 $x = 0, x = \alpha, x = \frac{\pi}{2}$, 由于

$$f(0) = f(\frac{\pi}{2}) = 0, f(\alpha) = \sin^n\alpha\cos^m\alpha = \frac{n^{\frac{n}{2}} m^{\frac{m}{2}}}{(n+m)^{\frac{n+m}{2}}} > 0.$$

$f(x)$ 在 $[0, \frac{\pi}{2}]$ 上最大值为 $f(\alpha)$, 最小值为 0, 从而即证式 ①.

423.（上海纺织工学院）　设二次函数 $H(x) = a + bx + cx^2$, 并知 $H(0) = H_1$, $H(t) = H_2, H(2t) = H_3, (t$ 为定值).

试证: 函数 $H(x)$ 在某一点 x_0 处取极小值的条件是: $H_3 + H_1 > 2H_2$.

证　令 $F(x) = H(x+t) - H(x)$, 则由拉格朗日中值定理, 则

$$F(t) - F(0) = H_3 + H_1 - 2H_2 \tag{①}$$

由拉格朗日中值定理, 有

$$\begin{aligned} F(t) - F(0) &= F'(\xi)t = \\ &= [H'(\xi+t)] - H'(\xi)]t = \\ &= H''(\xi+\eta)t^2 = 2at^2 \end{aligned} \tag{②}$$

其中 $0 < \xi < t, 0 < \eta < t$. 式由 ①、式 ② 可知 $H_3 + H_1 > 2H_2 \Leftrightarrow c > 0, \Leftrightarrow H(x)$ 在某一点 x_0 取极小值(因为 $H(x)$ 是二次函数, $c > 0$, 必有极小值).

424.（太原机械学院）　求曲线 $x = \frac{3at}{1+t^2}, y = \frac{3at^2}{1+t^2}$, 在 $t = 2$ 处的切线方程与法线方程.

解　当 $t = 2$ 时, 有 $x = \frac{6a}{5}, y = \frac{12a}{5}$.

$$\frac{dy}{dx} = \frac{2t}{1-t^2},$$

$$\frac{dy}{dx}\Big|_{t=2} = -\frac{4}{3}$$

故当 $t = 2$ 处的切线方程为 $y - \frac{12a}{5} = -\frac{4}{3}(x - \frac{6a}{5})$, 即 $4x + 3y - 12a = 0.$

法线方程为

$$y - \frac{12a}{5} = \frac{3}{4}(x - \frac{6a}{5})$$

即 $3x - 4y + 6a = 0.$

425.（山东工学院）　求曲线 $y = \tan x$ 在点 $(\frac{\pi}{4}, 1)$ 处的曲率圆方程.

解　因为 $y = \tan x$, 所以

$$y' = \sec^2 x, y'' = 2\sec^2 x \cdot \tan x,$$

$$y'(\frac{\pi}{4}) = 2, y''(\frac{\pi}{4}) = 4$$

设曲率圆中心的坐标为 (a, b), 曲率半径为 R, 则

$$a = \left[x - \frac{y'(1+(y')^2)}{y''} \right]_{x=\frac{\pi}{4}} = \frac{\pi - 10}{4}$$

$$b = \left[y + \frac{1+y'^2}{y''} \right]_{x=\frac{\pi}{4}} = \frac{9}{4}$$

$$k = \left[\frac{(1+(y')^2)^{\frac{3}{2}}}{y''} \right]_{x=\frac{\pi}{4}} = \frac{5\sqrt{5}}{4}$$

故所求曲率圆方程为

$$\left(x - \frac{\pi - 10}{4} \right)^2 + \left(y - \frac{9}{4} \right)^2 = \frac{125}{16}$$

426.(无锡轻工业学院) 试确定 a,b,c 使 $y = x^3 + ax^2 + bx + c$ 有一拐点$(1,$
$-1)$,且在 $x = 0$ 处有极大值 1.

解 因为 $y = x^3 + ax^2 + bx + c$
所以 $y' = 3x^2 + 2ax + b$
$$y'' = 6x + 2a$$
因为$(1,-1)$ 为拐点,
所以$y''|_{x=1} = 0$,解得 $a = -3$.
再由于 $x = 0$ 处有极大值
所以$y'|_{x=0} = 0$,解得 $b = 0$.
因为$(0,1)$ 为 $y = f(x)$ 的极大值,所以$1 = y|_{x=0} = c$. 从而 $y = x^3 - 3x^2$
$+1$.

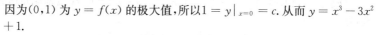

427.(长沙铁道学院) 证明:当 $e < x_1 < x_2$ 时.

$$\frac{x_1}{x_2} < \frac{\ln x_1}{\ln x_2} < \frac{x_2}{x_1}$$

证 作辅助函数 $F(x) = \frac{\ln x}{x}$,所以

$$F'(x) = \frac{1 - \ln x}{x^2}$$

当$e < x$时,$F'(x) < 0$,$F(x)$ 单调减少,于是当$e < x_1 < x_2$ 时,$F(x_2) < F(x_1)$,
此即

$$\frac{\ln x_2}{x_2} < \frac{\ln x_1}{x_1} \qquad ①$$

因为 $\ln x_2 > 1, \ln x_1 > 1$,由式 ① 有

$$\frac{\ln x_1}{\ln x_2} > \frac{x_1}{x_2} \qquad ②$$

再令 $G(x) = x \ln x$,所以 $G'(x) = 1 + \ln x$.
当$e < x$时,$G'(x) > 0$,所以 $G(x)$ 单调增加,当 $x_1 < x_2$ 时,有
$G(x_1) < G(x_2)$.

因此,$x_1 \ln x_1 < x_2 \ln x_2$, $\qquad \frac{\ln x_1}{\ln x_2} < \frac{x_2}{x_1}$. $\qquad ③$

由式 ②、式 ③ 即证.

428.(北京邮电学院) 求证:$2^n \geqslant 1 + n\sqrt{2^{n-1}}$,$(n \geqslant 1$ 为自然数).

证　设 $f(x)=2^x-1-x\sqrt{2^{x-1}},(x\geqslant1)$. 则

$$f'(x)=2^{\frac{x-1}{2}}(2^{\frac{x-1}{2}}\ln2-1-\frac{x}{2}\ln2).\tag{①}$$

又设　　　　　$F(x)=2^{\frac{x-1}{2}}\cdot\ln2-1-\frac{x}{2}\ln2,(x\geqslant1)$

因此　　　　　$F(1)=\frac{3}{2}\ln2-1=\ln\sqrt{8}-\ln e=\ln\frac{2\sqrt{2}}{e}>0$

$$F'(x)=2^{\frac{x-1}{2}}(\ln2)^2\times\frac{1}{2}-\frac{1}{2}\ln2>0(x\geqslant1)$$

因此 $F(x)$ 单调增加,当 $x\geqslant1$ 时,有 $F(x)\geqslant F(1)>0$.　　　②
由式①、式②知当 $x\geqslant1$ 时,$f'(x)>0$. ,$f(x)$ 也单调增加.

当 $x\geqslant1$ 时,有 $f(x)\geqslant f(1)=0$,此即 $2^x\geqslant1+x\sqrt{2^{x-1}}$,因此
$$2^n\geqslant1+n\sqrt{2^{n-1}},(n\geqslant1\text{ 为自然数})$$

429.(武汉理工大学)　用微分中值定理证明:当 $s>0$ 时,
$$\frac{n^{s+1}}{s+1}<1^s+2^s+\cdots+n^s<\frac{(n+1)^{s+1}}{s+1}$$

证　令 $f(x)=x^{s+1}$,则 $f'(x)=(s+1)x^s$,$f''(x)=s(s+1)x^{s-1}$.
分别在 $[0,1],[1,2],\cdots\cdots,[n-1,n],[n,n+1]$ 上对 $f(x)$ 应用拉格朗日中值定理,有
$$1^{s+1}-0^{s+1}=(s+1)\xi_1,\xi_1\in(0,1)$$
$$2^{s+1}-1^{s+1}=(s+1)\xi_2,\xi_2\in(1,2)$$
……
$$n^{s+1}-(n-1)^{s+1}=(s+1)\xi_n,\xi_n\in(n-1,n)$$
$$(n+1)^{s+1}-n^{s+1}=(s+1)\xi_{n+1}^{s+1},\xi_{n+1}\in(n,n+1)$$

因为 $s>0,x>0$,所以 $f''(x)>0$,即 $f'(x)$ 是严格单调递增函数.所以
$f'(k-1)<f'(\xi_k)<f'(k),k=1,2,\cdots,n+1$,
$(s+1)(k-1)^s<(s+1)\xi_k^s<(s+1)k^s,k=1,2,\cdots,n+1$
代入上面 $n+1$ 个式子得
$$(s+1)0^s<1^{s+1}-0^{s+1}<(s+1)1^s$$
$$(s+1)1^s<2^{s+1}-1^{s+1}<(s+1)2^s$$
……
$$(s+1)(n-1)^s<n^{s+1}-(n-1)^{s+1}<(s+1)n^s$$
$$(s+1)n^s<(n+1)^{s+1}-n^{s+1}<(s+1)(n+1)^s$$

将上面前 $n+1$ 个式子的左边相加得
$$(s+1)[0^s+1^s+2^s+\cdots\cdots+(n-1)^s+n^s]<(n+1)^{s+1}$$

因此 $1^s+2^s+\cdots\cdots+(n-1)^s+n^s<\dfrac{(n+1)^{s+1}}{s+1}$　　　①

再将上面前 n 个式子右边相加得
$$n^{s+1}<(s+1)(1^s+2^s+\cdots+n^s)$$

因此
$$\frac{n^{s+1}}{s+1} < 1^s + 2^s + \cdots + n^s \qquad ②$$

由式 ①、式 ② 即证.

430. (**同济大学,成都科技大学,华东化工学院,武汉水利电力大学**)　设 $f(x)$ 在 $(0, +\infty)$ 上连续,在 $(0, +\infty)$ 内可微,且 $f'(x)$ 单调增加,$f(0) = 0$,证明:$g(x) = \dfrac{f(x)}{x}$ 在 $(0, +\infty)$ 内单调增加.

证　由拉格朗日中值定理,对 $x \in (0, +\infty)$,有

$$\frac{f(x) - f(0)}{x} = f'(\xi),\text{其中 } 0 < \xi < x.$$

此即 $\dfrac{f(x)}{x} = f'(\xi)$. 但 $g'(x) = \dfrac{f'(x)x - f(x)}{x^2}$,因此

$$g'(x) = \frac{f'(x)x - f(x)}{x^2} = \frac{1}{x}\left[f'(x) - \frac{f(x)}{x}\right] =$$

$$\frac{1}{x}\left[f'(x) - f'(\xi)\right]. \qquad ①$$

由于 $f'(x)$ 在 $(0, +\infty)$ 内单调增加,由式 ① 知 $g'(x) > 0, (x > 0)$.

因此 $g(x)$ 在 $(0, +\infty)$ 内单调增加.

431. (**陕西师范大学,天津大学,西北电讯工程学院,合肥工业大学,广西大学,昆明工学院,南京化工学院**)　设 $f(x)$ 在 $[a,b]$ 上满足 $f''(x) > 0$,试证明:对于 $[a,b]$ 上任意两个不同的点 x_1, x_2,有

$$\frac{1}{2}\left[f(x_1) + f(x_2)\right] > f\left(\frac{x_1 + x_2}{2}\right)$$

证　设 $x_1 < x_2$,对于 $f(x)$ 在 $\left[x_1, \dfrac{x_1 + x_2}{2}\right]$,$\left[\dfrac{x_1 + x_2}{2}, x_2\right]$ 上用拉格朗日中值定理,得

$$\frac{f\left(\dfrac{x_1 + x_2}{2}\right) - f(x_1)}{\dfrac{x_1 + x_2}{2} - x_2} = f'(\xi_1),\text{其中 } \xi_1 \in \left(x_1, \frac{x_1 + x_2}{2}\right).$$

$$\frac{f(x_2) - f\left(\dfrac{x_1 + x_2}{2}\right)}{x_2 - \dfrac{x_1 + x_2}{2}} = f'(\xi_2),\text{其中 } \xi_2 \in \left(\frac{x_1 + x_2}{2}, x_2\right).$$

又因为 $f''(x) > 0$,所以 $f'(x)$ 严格单调增加,$f'(\xi_1) < f'(\xi_2)$. 则

$$\frac{f\left(\dfrac{x_1 + x_2}{2}\right) - f(x_1)}{\dfrac{x_1 + x_2}{2} - x_1} < \frac{f(x_2) - f\left(\dfrac{x_1 + x_2}{2}\right)}{x_2 - \dfrac{x_1 + x_2}{2}}$$

$$f\left(\frac{x_1 + x_2}{2}\right) - f(x_1) < f(x_2) - f\left(\frac{x + y}{2}\right)$$

$$2f(\frac{x_1-x_2}{2}) < f(x_1) + f(x_2)$$

解得　　　　　　　$$\frac{1}{2}[f(x_1)+f(x_2)] > f(\frac{x_1+x_2}{2})$$

432. (中山大学)　设 $p(x)$ 是 n 次多项式,试证:

$$\sum_{k=0}^{n} \frac{p^{(k)}(0)}{(k+1)!}x^{k+1} = \sum_{k=0}^{n}(-1)^k \frac{p^{(k)}(x)}{(k+1)!}x^{k+1}, p^{(0)}(x) \equiv p(x)$$

解　设 $F(x) = \sum_{k=0}^{n} \frac{p^{(k)}(0)}{(k+1)!}x^{k+1}$ 则 $F(0) = 0$. $P(x) = \sum_{k=0}^{n} \frac{p^{(k)}_{(0)}}{k!}x^k$ 是 n 次多项式,因此 $F'(x) = P(x)$.

又设 $G(x) = \sum_{k=0}^{n}(-1)^k \frac{P^{(k)}(x)}{(k+1)!}x^{k+1}$,

其中 $p^{(0)}(x) = p(x), p^{(n)}(x) = p^{(n)}(0), p^{(n+1)}(x) = 0, G(0) = 0$.

$$G'(x) = \sum_{k=0}^{n} \frac{(-1)^k}{(k+1)!}[(k+1)p^{(k)}(x)x^k + p^{(k+1)}(x)x^{k+1}] =$$

$$\sum_{k=0}^{n}(-1)^k[\frac{1}{k!}p^{(k)}(x)x^k + \frac{p^{(k+1)}(x)}{(k+1)!}x^{k+1}] =$$

$$p(x) + \frac{p'(x)}{1!}x - (p'(x)x + \frac{p''(x)}{2!}x^2) + (\frac{p''(x)}{2!}x^2 + \frac{p'''(x)}{3!}x^3) + \cdots +$$

$$(-1)^{n-1}\left(\frac{p^{n-1}(x)}{(n-1)!}x^{n-1} + \frac{p^{(n)}(x)}{n!}x^n\right) +$$

$$(-1)^n\left(\frac{p^{(n)}(x)x}{n!}x^n + \frac{p^{(n+1)}(x)}{(n+1)!}x^{n+1}\right) =$$

$$p(x) + (-1)^n \frac{p^{(n+1)}(x)}{(n+1)!}x^{n+1} = p(x)$$

故 $G'(x) = F'(x) = p(x), G(x) = F(x) + C$

$$0 = G(0) = F(0) + c = 0 + c$$

因为 $c = 0$,故 $G(x) = F(x)$,即

$$\sum_{k=0}^{n} \frac{p^{(k)}(0)}{(k+1)!}x^{k+1} = \sum_{k=0}^{n}(-1)^k \frac{p^{(k)}(x)}{(k+1)!}x^{k+1}$$

433. (四川大学)　$f(x)$ 在 $[0,1]$ 上有连续二导数,$f(0) = f(1) = 0$ 且 $f(x) \neq 0, \forall x \in (0,1)$

试证:$\int_0^1 \left|\frac{f''(x)}{f(x)}\right| dx \geq 4$.

证　因为 $f''(x)$ 在 $[0,1]$ 上连续,所以 $|f(x)|$ 在 $[0,1]$ 内有最大值,设为 $y_0 = f(x_0)$. 由 $f(x) \neq 0$,所以 $x_0 \neq 0$. 从而

$$\frac{y_0}{x_0} = \frac{f(x_0)}{x_0} = \frac{f(x_0) - f(0)}{x_0 - 0} = f'(\xi), (0 < \xi < x_0) \tag{①}$$

$$\frac{-y_0}{1-x_0} = \frac{f(1) - f(x_0)}{1-x_0} = f'(\eta), (x_0 < \eta < 1) \tag{②}$$

$$\int_0^1 \left| \frac{f''(x)}{f(x)} \right| \mathrm{d}x \geqslant \int_0^1 \left| \frac{f''(x)}{y_0} \right| \mathrm{d}x > \frac{1}{y_0} \left| \int_\xi^\eta f''(x)\mathrm{d}x \right| =$$

$$\frac{1}{y_0} | f'(\eta) - f'(\xi) | =$$

$$\frac{1}{y_0} \left| \frac{-y_0}{1-x_0} - \frac{y_0}{x_0} \right| = \frac{1}{x_0(1-x_0)} \qquad ③$$

由式①,式②知 $0 < x_0 < 1$,则 $x_0(1-x_0) \leqslant \dfrac{1}{4}$

$$\frac{1}{x_0(1-x_0)} \geqslant 4. \qquad ④$$

由式③,式④ 即证

$$\int_0^1 \left| \frac{f''(x)}{f(x)} \right| \mathrm{d}x \geqslant 4$$

434.(国防科技大学) 已知 $f(x) = x^3 + ax^2 + bx$ 在 $x = 1$ 处有极值-2,试确定系数 a,b,并求出 $y = f(x)$ 所有极大、极小、拐点及描绘 $y = f(x)$ 的图形.

解　由于 $x = 1$ 为极值点,所以 $f'(1) = 0$,即 $f'(x) = 3x^2 + 2ax + b$,得

$$0 = 3 + 2a + b \qquad ①$$

另一方面,在 $x = 1$ 处,$f(1) = -2.1 + a + b = -2$. ②

由式①、式② 解得 $a = 0, b = -3$.

$$y = f(x) = x^3 - 3x = x(x+\sqrt{3})(x-\sqrt{3}) \qquad ③$$

并由式③ 可知曲线 $y = f(x)$ 与 x 轴有三个交点 $(0,0),(\sqrt{3},0).(\sqrt{3},0)$.

$f'(x) = 3x^2 - 3$,令 $f'(x) = 0$,解得 $x = 1$ 和 $x = -1$.

$f''(x) = 6x$,得 $f''(1) = 6 > 0$,即 $x = 1$ 是函数的极小值-2.

$f''(-1) = -6 < 0$,即 $x = -1$ 为函数极大值,极大值为 2.

令 $f''(x) = 0$,解得 $x = 0$,当 $x > 0$ 时,$f''(x) > 0$;

当 $x < 0$ 时,$f''(x) < 0$,$\therefore (0,0)$ 为曲线 $y = 3x^2 - 3$ 的拐点.

$f'(x) = 3x^2 - 3 = 3(x^2 - 1)$,所以 $|x| > 1$ 时,$f'(x) > 0$,曲线单调上升,当 $|x| < 1$ 时,$f'(x) < 0$,曲线单调下降.

当 $x > 0$ 时,$f''(x) > 0$,曲线是凹的;当 $x < 0$ 时,$f''(x) < 0$,曲线是凸的.

综上可列表如下:

x	$(-\infty,-\sqrt{3})$	$-\sqrt{3}$	$(-\sqrt{3},-1)$	-1	$(-1,0)$	0	$(0,1)$	1	$1,(\sqrt{3})$	$\sqrt{3}$	$(\sqrt{3},+\infty)$
$f(x)$		0		2		0		2		0	
$f'(x)$	+	+	+		−		−		+	+	+
$f''(x)$	−		−		−		+		+		+
$y=f(x)$ 的图形	⌒		⌒		↓		↓		⌣		⌣

其图形如下:

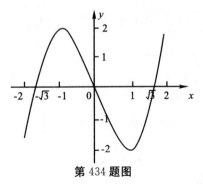

第 434 题图

435. (哈尔滨工业大学) 设

$$f(x) = x^{2002} - x^{1999} + x^{1997} + x^{1949} - x^{1921} \qquad ①$$

求证:有 $\xi \in (0,1)$,使 $f(\xi) = 0$. 且 $f(x) > 0$,对 $\xi < x \leqslant 1$. ②

证 (1) $f(x) = x^{1921}(x^{81} - x^{78} + x^{76} + x^{28} - 1)$.

令 $g(x) = x^{81} - x^{78} + x^{76} + x^{28} - 1$. 当 $x \in [0,1)$ 时 $x^{81} < x^{78}$,$x^{76} < x^{25}$,则 $g(x) < 2x^{28} - 1$.

令 $2x^{28} - 1 = 0$,解得 $x = \sqrt[28]{\dfrac{1}{2}}$. 因此

$$g\left(\sqrt[28]{\frac{1}{2}}\right) < 0$$

$\lim\limits_{x \to 1-0} g(x) = 1 > 0$. 得 $\exists \xi \in \left(\sqrt[28]{\dfrac{1}{2}}, 1\right)$,使 $g(\xi) = 0$. 从而 $f(\xi) = \xi^{1921} \cdot g(\xi) = 0$.

(2) $g'(x) = 81x^{80} - 78x^{77} + 76x^{75} + 28x^{27}$,因此

当

$$1 \geqslant x > \xi > \sqrt[28]{\frac{1}{2}}$$

$$g'(x) = x^{75}(81x^5 - 78x^2 + 76) + 28x^{27} > x^{75}(81x^{28} - 78 + 76) >$$

$$x^{75}\left(81 + \frac{1}{2} - 78 + 76\right) > 0,$$

即 $g(x)$ 单调递增. 因此 $g(x) > g(\xi) = 0$,从而 $f(x) = x^{1921} \cdot g(x) > 0$.

436. (昆明工学院) 设 $f(x) = 1 - x + \dfrac{x^2}{2} - \dfrac{x^3}{3} + \cdots + (-1)^n \dfrac{x^n}{n}$.

证明:方程 $f(x) = 0$ 当 n 为奇数时恰有一实根;当 m 为偶数时无实根.

证 (1) 当 $n = 2k + 1$ 时 ,$f(x) = 1 - x + \dfrac{x^2}{2} - \dfrac{x^3}{3} + \cdots - \dfrac{x^{2k+1}}{2k+1}$

$$f'(x) = -1 + x - x^2 + \cdots + x^{2k-1} - x^{2k}$$

$x \leqslant 0$ 时,$f'(x) < 0$,当 $x \geqslant 0$ 时,$f'(x) = -\dfrac{1 - (-x)^{2k+1}}{1+x} = -\dfrac{1 + x^{2k+1}}{1+x} < 0$.

$f'(x) < 0$,$f(x)$ 在 $(-\infty, +\infty)$ 中严格减.

又 $f(0) = 1 > 0$.

$$f(2) = 1 - 2 + \frac{2^2}{2} - \frac{2^3}{3} + \frac{4^3}{4} - \cdots + \frac{2^{2k}}{2k} - \frac{2^{2k+1}}{2k+1} =$$

$$(1-2)+2^3(\frac{1}{4}-\frac{1}{3})+2^5(\frac{1}{8}-\frac{1}{5})+\cdots+2^{2k+1}(\frac{1}{4k}-\frac{1}{2k+1})<0$$

$\exists\,\xi\in(1,2)$ 使 $f(\xi)=0$.

由 f 严格减, ξ 唯一.

(2) 当 $n=2k$ 为偶数时, 有

$$f(x)=1-x+\frac{x^2}{2}-\frac{x^2}{3}+\cdots-\frac{x^{2k}}{2k-1}+\frac{x^2k}{2k}$$

$$f'(x)=-1+x-x^2+\cdots-x^{2k-2}+x^{2k-1}$$

$$f'(1)=0$$

当 $x>1$ 时, $f'(x)=-(1-x)-x^2(1-x)-\!\!-x^{2k-2}(1-x)>0$.

$x<1$ 时, $f'(x)<0$. $f(1)$ 为极小值.

而 $f(1)=1-1+\dfrac{1}{2}-\dfrac{1}{3}+\cdots-\dfrac{1}{2k-1}+\dfrac{1}{2k}=$

$$0+(\frac{1}{2}-\frac{1}{3})+(\frac{1}{4}-\frac{1}{5})+\cdots+(\frac{1}{2k-2}-\frac{1}{2k-1})+\frac{1}{2k}>0$$

因此对 $\forall\,x, f(x)>0, f(x)=0$ 无实根.

437. (上海交通大学,浙江大学) 设 $f(x)$ 在 $(-\infty,+\infty)$ 上具有二阶导数,且 $f''(x)>0$, $\lim\limits_{x\to+\infty}f'(x)=\alpha>0$, $\lim\limits_{x\to-\infty}f'(x)=\beta<0$,又存在一点 x_0,使 $f(x_0)<0$. 试证明:方程 $f(x)=0$ 在 $(-\infty,+\infty)$ 上有且只有两个实根.

证　由于 $f(x)$ 在 $(-\infty,\infty)$ 上有二阶导数,所以 $f'(x), f(x)$ 在 $(-\infty,\infty)$ 上连续.

由于 $\lim\limits_{x\to+\infty}f'(x)=\alpha>0$,因此由保号性必存在 $c>0$,使当 $x>c$ 时,有

$$f'(x)>\frac{\alpha}{2}>0, x>c \qquad\qquad ①$$

再在 $[c,x]$ 上运用拉格朗日中值定理,可得

$f(x)=f(c)+f'(\xi)(x-c), \xi\in(c,x)$

由式 ①,得

$$f(x)>f(c)+\frac{\alpha}{2}(x-c)$$

当 $x\to+\infty$,上式右端趋于 $+\infty$,因为 $f(+\infty)>0$.

又 $f(x_0)<0$,因此方程在 $(x_0,+\infty)$ 内至少有一个实根.

同理由 $\lim\limits_{x\to-\infty}f'(x)=\beta<0$. 类似可证方程 $f(x)=0$ 在 $(-\infty,x_0)$ 内至少有一个实根,从而方程 $f(x)=0$ 在 $(-\infty,+\infty)$ 内至少有两个实根.

再证方程 $f(x)=0$ 在 $(-\infty,+\infty)$ 内实根个数不可能超过两个,用反证法. 若方程 $f(x)=0$ 有三个(或以上)实根设为 $x_1<x_2<x_3$,在 $[x_1,x_2]$,$[x_2,x_3]$ 上应用罗尔定理有

$$f'(\xi_1)=0, x_1<\xi_1<x_2$$

$$f'(\xi_2)=0, x_2<\xi_2<x_3$$

在 $[\xi_1,\xi_2]$ 上再用罗尔定理有

$$f''(\eta)=0, \quad \xi_1<\eta<\xi_2$$

这与 $f''(x) > 0$ 的假设矛盾,故得证.

438. **(西安交通大学)**　设 $f(x)$ 在 $[0,1]$ 上可微,且满足条件 $f(0) = 0$, $|f'(x)| \leqslant \dfrac{1}{2}|f(x)|$.试证:在 $[0,1]$ 上 $f(x) = 0$.

证　由拉格朗日中值定理,有

$$f(x) - f(0) = f'(\xi_1)x, 0 < \xi_1 < x$$

因此 $\qquad\qquad\qquad f(x) = xf'(\xi_1) \qquad\qquad\qquad\qquad$ ①

因为 $|f'(x)| \leqslant \dfrac{1}{2}|f(x)|$,由式 ① 有

$$|f'(x)| \leqslant \frac{1}{2}x|f'(\xi_1)| \leqslant \frac{1}{4}x|f(\xi_1)|,(0 < x < 1) \qquad\qquad ②$$

在 $[0,\xi_1]$ 上再用拉格朗日中值定理,有

$$f(\xi_1) = \xi_1 \cdot f'(\xi_2), 0 < \xi_2 < \xi_1 \qquad\qquad\qquad ③$$

$$\frac{f(\xi_1)}{\xi_1} = f'(\xi_2)$$

再由式 ①,式 ②,式 ③ 有

得 $|f'(x)| \leqslant \dfrac{1}{4}x\xi_1|f'(\xi_2)| \leqslant \dfrac{1}{8}x\xi_1 \cdot |f(\xi_2)|$.

这样继续下去,有

$$0 \leqslant |f'(x)| \leqslant \frac{1}{2^{n+1}}x\xi_1\xi_2\cdots\xi_{n-1}|f(\xi_n)| \qquad\qquad ④$$

其中 $0 < \xi_n < \xi_{n-1} < \cdots < \xi_1 < x < 1$.

因为 $f(x)$ 在 $[0,1]$ 上连续,所以 $f(x)$ 有界,设 $|f(x)| < M$.

由式 ④ 有

$$0 \leqslant |f'(x)| \leqslant \frac{1}{2^{n+1}}M$$

$|f'(x)| = \lim\limits_{n \to \infty}|f'(x)| = 0$,即 $|f'(x)| = 0$,得

$$f'(x) = 0 \qquad\qquad\qquad\qquad ⑤$$

由式 ⑤ 知 $f(x) = C$.

再由 $f(0) = 0$,可得 $C = 0$.因此 $f(x) = 0, x \in [0,1]$.

439. **(中国地质大学)**　设函数 $f(x)$ 在 $[0,1]$ 上连续,$f(0) = 0$.在 $(0,1)$ 中, $|f'(x)| \leqslant f(x)$.证明:$f(x) \equiv 0$.

证　当 $x \in (0,\dfrac{1}{2}]$ 时,则 $\exists \xi_1 \in (0,x)$,有

$$f(x) - f(0) = f'(\xi_1)x$$

$$|f(x)| = |f'(\xi_1)|x < \frac{1}{2}|f(\xi_1)|$$

同理有 $\xi_2 \in (0,\xi_1)$,使

$$|f(\xi_1)| < \frac{1}{2}|f(\xi_2)|$$

从而有

$$|f(x)| < \frac{1}{2}|f(\xi_1)| < \frac{1}{2^2}|f(\xi_2)| < \cdots < \frac{1}{2^n}|f(\xi_n)| < \cdots$$

而 $\lim\limits_{n \to +\infty} \frac{1}{2^n}|f(\xi_n)| = 0$. 所以

$$f(x) \equiv 0, x \in (0, \frac{1}{2}]$$

类似可证 $f(x) \equiv 0, x \in [\frac{1}{2}, 1)$,此即 $f(x) \equiv 0, x \in (0, 1)$.

440.（**大连工学院**）　设

$$f(x) = \begin{cases} \dfrac{\sin x}{x}, & x \neq 0 \\ 1, & x = 0 \end{cases}, -2\pi \leqslant x \leqslant 2\pi$$

（1）求 $f(x)$ 的增减区间；

（2）求 $f(x)$ 的极值,最大值和最小值；

（3）作出函数的图形（不必求拐点和曲线的凹凸）.

解　（1）$f'(0) = \lim\limits_{x \to 0}\dfrac{f(x) - f(0)}{x} = \lim\limits_{x \to 0}\dfrac{\dfrac{\sin x}{x} - 1}{x} =$

$\qquad\qquad \lim\limits_{x \to 0}\dfrac{\sin x - x}{x^2} = \lim\limits_{x \to 0}\dfrac{\cos x - 1}{2x} =$

$\qquad\qquad \lim\limits_{x \to 0}\dfrac{-\sin x}{2} = 0$

因此　　　　　　$f'(x) = \begin{cases} \dfrac{x\cos x - \sin x}{x^2}, & x \neq 0 \\ 0, & x = 0 \end{cases}$

令 $f'(x) = 0$,在 $[-2\pi, 2\pi]$ 上解得 $x_1 \approx 4.50, x_2 = 0, x_3 \approx -4.50$

因为 $f(x)$ 是偶函数,故由定义域可分为 $(-2\pi, x_3), (x_3, 0), (0, x_1)(x_1, 2\pi)$.

在 $(0, x_1)$ 或 $(-2\pi, x_1)$ 内 $f'(x) < 0$,为函数 $y = f(x)$ 的递减区间.

在 $(x_3, 0), (x_1, 2\pi)$ 内 $f'(x) > 0$. 为函数递增区间.

（2）由 $f(x)$ 的增减性,以及 $f'(x_1) = f'(x_3) = 0$. 可知 x_1, x_3 为 $f(x)$ 的极小值点, 极小值为 $f(x_1) = f(x_3) \approx f(4.5) \approx -0.21$.

又 $x = 0$ 为 $f(x)$ 的极大值点,极大值为 $f(0) = 1$.

而函数端点值为 $f(2\pi) = f(-2\pi) = 0$. 故函数最大值为 1,最小值为 $(\approx) -0.21$.

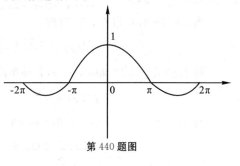

第 440 题图

（3）其图形如右图所示.

441.（**东北师范大学**）　若 $f(x)$ 在 $(a, +\infty)$ 内可导,且 $\lim\limits_{x \to +\infty} f'(x) = A$,则 $\lim\limits_{x \to +\infty}$

$$\frac{f(x)}{x} = A.$$

证 (1) 当 $A > 0$ 时,因为 $\lim\limits_{x \to +\infty} f'(x) = A$,由保号性,则存在 $M > 0$ 当 $x > M$ 时有 $f'(x) > \dfrac{A}{2} > 0$.

在 $[M+1, x]$ 上运用拉格朗日中值定理有
$$f(x) = f(M+1) + f'(\xi)(x - M - 1) >$$
$$f(M+1) + \frac{A}{2}(x - M - 1) \qquad M+1 < \xi < x$$

当 $x \to +\infty, f(x) \to +\infty$.

从而由洛必达法则得
$$\lim_{x \to +\infty} \frac{f(x)}{x} = \lim_{x \to +\infty} f'(x) = A$$

(2) 当 $A < 0$ 时,由 $\lim\limits_{x \to +\infty} f'(x) = A$,则存在 $M > 0$,当 $x > M$ 时有
$$f'(x) < \frac{A}{2} < 0$$

所以 $f(x) = f(M+1) + f'(\xi)(x - M - 1)$
$$< f(M+1) + \frac{A}{2}(x - M - 1) \qquad (M+1 < \xi < x)$$

$\lim\limits_{x \to +\infty} f(x) = -\infty$,再由洛必达法则,有
$$\lim_{x \to +\infty} \frac{f(x)}{x} = \lim_{x \to +\infty} f'(x) = A$$

(3) 当 $A = 0$ 时,即是 375 题.

442. (清华大学) 作 $f(x) = |x+2| e^{\frac{1}{x}}$ 图.

解 $f(x) \geqslant 0$,而 $f(-2) = 0$,从而 $x = -2$ 为 $f(x)$ 的极小值点,0 也是函数的最小值.

$$f(x) = \begin{cases} (x+2) e^{\frac{1}{x}}, & x \in [-2, 0) \bigcup (0, +\infty) \\ -(x+2) e^{\frac{1}{x}}, & x \in (-\infty, -2) \end{cases}$$

当 $x \in (-2, 0) \bigcup (0, +\infty)$ 时,
$$f'(x) = \frac{e^{\frac{1}{x}}(x^2 + x + 2)}{x^2} > 0$$

得 $f(x)$ 在 $(-2, 0)$ 和 $(0, +\infty)$ 严格单调递增. 当 $x \in (-\infty, -2)$ 时
$$f'(x) = -\frac{e^{\frac{1}{x}}(x^2 + x + 2)}{x^2} < 0$$

得 $f(x)$ 在 $(-\infty, -2)$ 上严格单调递减.

$$\lim_{h \to 0+} \frac{f(-2+h) - f(-2)}{h} = \lim_{h \to 0+} \frac{h e^{\frac{1}{h-2}}}{h} = e^{\frac{1}{2}}.$$

$$\lim_{h \to 0-} \frac{f(-2+h) - f(-2)}{h} = \lim_{h \to 0-} \frac{-h e^{\frac{1}{h-2}}}{h} = -e^{\frac{1}{2}}$$

得 $f(x)$ 在 $x = -2$ 处导数不存在.

$$\lim_{x\to 0+} f(x) = \lim_{x\to 0+} \frac{2+x}{e^{\frac{1}{x}}} = 0$$

$$\lim_{x\to 0-} f(x) = \lim_{x\to 0-} \left(\frac{x+2}{e^{\frac{1}{x}}}\right) = +\infty$$

因此曲线有垂直渐近线 $x = 0$.

$$\lim_{x\to+\infty} \frac{f(x)}{x} = \lim_{x\to+\infty} \frac{x+2}{x} e^{-\frac{1}{x}} = 1,$$

$$\lim_{x\to+\infty} [f(x) - x] = \lim_{x\to+\infty} [(x+2)e^{-\frac{1}{x}} - x] =$$

$$\lim_{x\to+\infty} \left\{(x+2)[1 - \frac{1}{x} + o(\frac{1}{x})] - x\right\} =$$

1

因此曲线 $y = f(x)$ 有斜渐近线 $y = x + 1$.

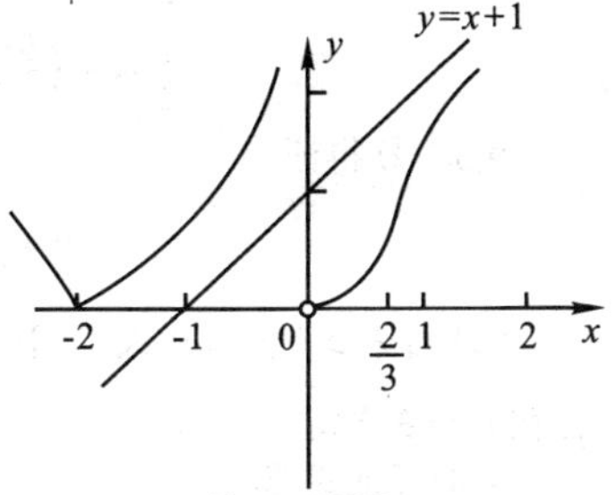

第 442 题图

又当 $x \geqslant -2$ 时，$f''(x) = \left(\dfrac{2}{x^4} - \dfrac{3}{x^3}\right)e^{-\frac{1}{x}}$，

令 $f''(x) = 0$，解得 $x = \dfrac{2}{3}$，且当 $-2 \leqslant x \leqslant \dfrac{2}{3}$ 时，$f(x)$ 为凸函数；当 $x > \dfrac{2}{3}$ 时，$f''(x) < 0$，$f(x)$ 为凹函数. 因此$\left(\dfrac{2}{3}, f\left(\dfrac{2}{3}\right)\right)$为曲线的拐点.

当 $x < -2$ 时，$f''(x) = \left(\dfrac{3}{x^3} - \dfrac{2}{x^4}\right)e^{-\frac{1}{x}} < 0$，$f(x)$ 为凹函数.

综上可作 $y = f(x)$ 的图形如右：

443. **(北京师范大学)**　设 $g(x)$ 在 $[a,b]$ 内连续，在 (a,b) 内二阶可导，且 $|g''(x)| \geqslant m > 0$（m 为常数），又 $g(a) = g(b) = 0$. 证明：

$$\max_{0\leqslant x\leqslant b} |g(x)| \geqslant \frac{m}{8}(b-a)^2$$

证　因为 $|g'(x)| \geqslant m > 0$，故

$$g(a) = g(b) = 0$$

$g(x)$ 在 $[a,b]$ 上不为常数. 最大、最小值至少有一个不为 0.

设 $d = \max\limits_{a\leqslant x\leqslant d} |g(x)| \neq 0$. 且存在 $\xi \in (a,b)$ 使

$$|g(\xi)| = d \qquad ①$$

再由于最大值或最小值一定是 $g(x)$ 的极值，因此 $g'(\xi) = 0$.

由泰勒公式有

$$g(x) = g(\xi) + g'(\xi)(x-\xi) + \frac{1}{2}g''(\eta)(x-\xi)^2$$

$$g(x) = g(\xi) + \frac{1}{2}g''(\eta)(x-\xi)^2 \qquad ②$$

其中 η 在 x 与 ξ 之间.

再讨论 ξ 的位置.

(1) 若 $\xi < \dfrac{a+b}{2}$，在式 ② 中用 $x = b$ 代入得

$g(b) = g(\xi) + \dfrac{1}{2}g''(\eta_1)(b-\xi)^2$，其中 η_1 在 b 与 ξ 之间.

得 $-g(\xi) = \dfrac{1}{2} g''(\eta)(b-\xi)^2$,

$$d = |-g(\xi)| = \dfrac{1}{2}|g''(\eta)|(b-\xi)^2 \geqslant$$
$$\dfrac{1}{2} m \cdot \left(\dfrac{b-a}{2}\right)^2 = \dfrac{m}{8}(b-a)^2.$$

由式 ① 得证

$$\max_{a \leqslant x \leqslant b} |g(x)| \geqslant \dfrac{m}{8}(b-a)^2 \qquad \text{③}$$

(2) 若 $\xi \geqslant \dfrac{a+b}{2}$,在式 ② 中用 $x = a$ 代入,得 $g(a) = g(\xi) + \dfrac{1}{2} g''(\eta_2)(a-\xi)^2$,

η_2 在 a 与 ξ 之间.

类似可证式 ③.

444. (北京师范大学,武汉大学) 设函数 $f(x)$ 在 $[a,b]$ 上可导,求证:$f'(x)$ 可取得介于 $f'(a)$ 与 $f'(b)$ 之间的任何值.

证 (1) 若 $f'(a) = f'(b)$,则结论成立.

(2) 若 $f'(a) \neq f'(b)$,不失一般,设 $f'(a) > f'(b)$.

$\forall c \in [f'(b), f'(a)]$.令

$$F(x) = f(x) - cx, x \in [a,b]$$

则 $F(x)$ 在 $[a,b]$ 上也可导,且

$$F'(a) = f'(a) - c > 0$$
$$F'(b) = f'(b) - c < 0$$

由 406 题(达布定理)知存在 $\xi \in (a,b)$,使 $F'(\xi) = 0$,此即证 $f'(\xi) = c, \xi \in (a,b)$.

445. (北京航空航天大学) 若 $f(x)$ 在 $[a,b]$ 可导,且 $f'(x) < f'(b)$.则对 $\forall \mu \in (f'(a), f'(b))$,必有 $\xi \in (a,b)$,使 $f'(\xi) = \mu$.

解 由上题达布定理可得.

446. (合肥工业大学,湖北大学) 设 $x > a$ 时,函数 $f(x)$ 可导,且 $\lim\limits_{x \to +\infty} f'(x)$ 存在,$\lim\limits_{x \to +\infty} f(x) = k$(常数).证明:$\lim\limits_{x \to +\infty} f'(x) = 0$.

证 因为 $\lim\limits_{x \to +\infty} f(x)$ 与 $\lim\limits_{x \to +\infty} f'(x)$ 存在,由柯西收敛原理,$\forall \varepsilon > 0, \exists M > 0$,当 $x_1, x_2 > M$ 时,有

$$|f(x_1) - f(x_2)| < \dfrac{\varepsilon}{2}, \quad |f'(x_1) - f'(x_2)| < \dfrac{\varepsilon}{2} \qquad \text{①}$$

$\forall x > M$,由拉格朗日中值定理有

$$|f(x) - f(x+1)| = |f'(\xi)| < \dfrac{\varepsilon}{2}$$

得 $-\dfrac{\varepsilon}{2} < f'(\xi) < \dfrac{\varepsilon}{2}, \quad (x < \xi < x+1)$. $\qquad \text{②}$

由式 ①,得

$$|f'(x) - f'(\xi)| < \dfrac{\varepsilon}{2}$$

$$f'(\xi) - \dfrac{\varepsilon}{2} < f'(x) < f'(\xi) + \dfrac{\varepsilon}{2} \qquad \text{③}$$

由式②、式③有
$$-\varepsilon < f'(x) < \varepsilon, (\forall x > M)$$
由 ε 任意性,得 $\lim\limits_{x\to+\infty} f'(x) = 0$.

447.(北京师范大学)　设 $f_n(x) = \sin x + \sin^2 x + \cdots + \sin^n x$. 试证:

(1) 对任意自然数 n, 方程 $f_n(x) = 1$ 在 $\left(\dfrac{\pi}{6}, \dfrac{\pi}{2}\right]$ 内有且仅有一个根;

(2) 设 $x_n \in \left(\dfrac{\pi}{6}, \dfrac{\pi}{2}\right]$ 是 $f_n(x) = 1$ 的根,则 $\lim\limits_{n\to\infty} x_n = \dfrac{\pi}{6}$.

证　(1) 令 $F(x) = f_n(x) - 1$,则

$$F_n(x) = \sin x + \sin^2 x + \cdots + \sin^n x - 1, x \in \left[\dfrac{\pi}{6}, \dfrac{\pi}{2}\right] \qquad ①$$

$n = 1$ 时　$F_1\left(\dfrac{\pi}{2}\right) = 0$,当 $n > 1$ 时

因为 $F_n\left(\dfrac{\pi}{2}\right) \geqslant 0$. 当 $x \neq \dfrac{\pi}{2}$ 时

所以 $F_n\left(\dfrac{\pi}{6}\right) = \dfrac{1}{2} + \left(\dfrac{1}{2}\right)^2 + \cdots + \left(\dfrac{1}{2}\right)^n - 1 =$

$$\dfrac{\dfrac{1}{2} \times \left(1 - \left(\dfrac{1}{2}\right)^n\right)}{\dfrac{1}{2}} - 1 =$$

$$-\left(\dfrac{1}{2}\right)^n < 0$$

$F_n(x)$ 在 $\left(\dfrac{\pi}{6}, \dfrac{\pi}{2}\right]$ 至少有一个实根.

但 $F'_n(x) = \cos x + 2\sin x \cos x + \cdots + n\sin^{n-1} x \cos x > 0, x \in \left(\dfrac{\pi}{6}, \dfrac{\pi}{2}\right)$

即 $F'_n(x)$ 单调递增,从而得证 $F_n(x)$ 在 $\left(\dfrac{\pi}{6}, \dfrac{\pi}{2}\right]$ 有且仅有一个根. 此即证方程

$f(x) = 1$ 在 $\left(\dfrac{\pi}{6}, \dfrac{\pi}{2}\right]$ 有且仅有一个实根.

(2) 设 x_1 是方程 $f_1(x) = 1$ 的根,则 $x_1 = \dfrac{\pi}{2}$.

x_2 是 $\sin x + \sin^2 x = 1$ 的根,则 $x_2 \in \left(\dfrac{\pi}{6}, \dfrac{\pi}{2}\right)$

一般若 x_n 是方程 $f_n(x) = 1$ 的根,即 $F_n(x_n) = 0$,

但　$F_n(x_{n-1}) = \sin^n(x_{n-1}) + \sin^{n-1}(x_{n-1}) + \cdots + \sin(x_{n-1}) - 1 =$
$$\sin^n(x_{n-1}) > 0$$

而 $F_n(x)$ 递增,所以

$$\dfrac{\pi}{6} < x_n < x_{n-1} < \dfrac{\pi}{2}(n \in N)$$

此即证 $\{x_n\}$ 单调递减且有下界. $\lim\limits_{x\to\infty} x_n = l$(存在).

再由于

$$1 = \sin x_n + \sin^2 x_n + \cdots + \sin^n x_n =$$

$$\frac{\sin x_n (1 - \sin^n x_n)}{1 - \sin x_n}$$

两边取极限并注意 $\lim_{n \to \infty} \sin^n x_n = 0$，得

$$1 = \frac{\sin l}{1 - \sin l}$$

解得 $\sin l = \dfrac{1}{2}$，因为 $x_n \in \left(\dfrac{\pi}{6}, \dfrac{\pi}{2} \right]$

$$l = \lim_{n \to \infty} x_n = \frac{\pi}{6}$$

448. (浙江大学) 设 $f_n(x) = \cos x + \cos^2 x + \cdots + \cos^n(x)$. 求证:

(1) 对任意自然数 n，方程 $f_n(x) = 1$ 在 $\left[0, \dfrac{\pi}{3} \right)$ 内有且仅有一根;

(2) 设 $x_n \in \left[0, \dfrac{\pi}{3} \right)$ 是 $f_n(x) = 1$ 的根，则 $\lim_{n \to \infty} x_n = \dfrac{\pi}{3}$.

证　令 $x = \dfrac{x}{2} - t$ 此即为上题.

(1) 仿上题. 令 $F_n(x) = f_n(x) - 1, x \in \left[0, \dfrac{\pi}{3} \right]$，则

$$F_n(x) = \frac{\cos x (1 - \cos^n x)}{1 - \cos x} - 1 < \frac{\cos x}{1 - \cos x} - 1, \forall x \in \left(0, \frac{\pi}{3} \right]$$

$$F_n \left(\frac{\pi}{3} \right) < \frac{\dfrac{1}{2}}{1 - \dfrac{1}{2}} - 1 = 0$$

$$F_n(0) \geqslant 0$$

故 $F_n(x)$ 在 $\left[0, \dfrac{\pi}{3} \right)$ 内至少有一个实根. 又

$$F'_n(x) = -\sin x [1 + 2\cos x + \cdots + n\cos^{n-1}(x)] < 0, x \in \left(0, \frac{\pi}{3} \right)$$

即 $F_n(x)$ 单调递减. 从而得证 $F_n(x) = f_n(x) - 1$ 在 $\left[0, \dfrac{\pi}{3} \right)$ 内有且仅有一根.

(2) 设 x_1 是方程 $f_1(x) = 1$ 的根，则 $x_1 = 0$.

x_2 是方程 $\cos x + \cos^2 x = 1$ 的根，则 $x_2 \in \left(0, \dfrac{\pi}{3} \right)$.

若 x_n 是方程 $f_n(x) = 1$ 的根，即 $F_n(x_n) = 0$.

但　$F_n(x_{n-1}) = \cos^n(x_{n-1}) + \cos^{n-1}(x_{n-1}) + \cdots + \cos(x_{n-1}) - 1 =$

$$\cos^n(x_{n-1}) > 0$$

而 $F_n(x)$ 递减，所以

$$0 < x_{n-1} < x_n < \frac{\pi}{3}$$

从而 $\{x_n\}$ 单调递增. 又有上界. 得 $\lim_{n \to \infty} x_n = l$.

$$1 = \cos x_n + \cos^2 x_n + \cdots + \cos^n x_n =$$

$$\frac{\cos x_n(1-\cos^n x_n)}{1-\cos x_n},$$

两边取极限,并注意 $\lim\limits_{n\to\infty}\cos^n x_n=0$,得

$$1=\frac{\cos l}{1-\cos l},\text{解得}\cos l=\frac{1}{2},l=\frac{\pi}{3}.$$

$$l=\lim\limits_{n\to\infty}x_n=\frac{\pi}{3}.$$

449. (四川大学) 设 $f(x)$ 在 $[a,b]$ 上连续,在 (a,b) 内可微,$b>a>0$,证明:在 (a,b) 内存在 x_1,x_2,x_3 使得

$$\frac{f'(x_1)}{2x_1}=(b^2+a^2)\frac{f'(x_2)}{4x_2^3}=\frac{\ln\dfrac{b}{a}}{b^2-a^2}x_3(f'(x_3)) \qquad ①$$

证　要证式 ① 只需证明:

$$\frac{f'(x_1)}{2x_1}(b^2-a^2)=\frac{f'(x_2)}{4x_2^3}(b^4-a^4)=x_3f'(x_3)\ln\frac{b}{a} \qquad ②$$

(1) 令 $F(x)=f(x),G(x)=x^2$,在 $[a,b]$ 上用柯西中值定理有

$$\frac{f(b)-f(a)}{b^2-a^2}=\frac{f'(x_1)}{2x_1},\text{其中 }x_1\in(a,b)$$

$$f(b)-f(a)=\frac{f'(x_1)}{2x_1}(b^2-a^2) \qquad ③$$

(2) 再令 $G(x)=x^4$,类似有

$$\frac{f(b)-f(a)}{b^4-a^4}=\frac{f'(x_2)}{4x_2^3},x_2\in(a,b)$$

$$f(b)-f(a)=\frac{f'(x_2)}{4x_2^3}(b^4-a^4) \qquad ④$$

(3) 再令 $G(x)=\ln x$,类似有

$$\frac{f(b)-f(a)}{\ln b-\ln a}=\frac{f'(x_3)}{\dfrac{1}{x_3}},x_3\in(a,b)$$

$$f(b)-f(a)=x_3f'(x_3)\cdot\ln\frac{b}{a} \qquad ⑤$$

由式 ③,式 ④,式 ⑤ 即证 ②,从而证得 ① 成立.

450. (北京工业学院)　设 $f(x)$ 在 $(0,+\infty)$ 上二次可导,$f''(x)$ 在 $(0,+\infty)$ 有界,且当 $x\to\infty,f(x)\to0$.试证:$\lim\limits_{x\to\infty}f'(x)=0.$

证　设 $|f''(x)|\leqslant C,\forall x\in(0,+\infty).$ 　　　　①

$\forall\varepsilon_1>0$,存在 $M>0$,当 $|x|>M$ 时,有

$$|f(x)|<\frac{\varepsilon_1}{2} \qquad ②$$

再由泰勒公式,$\forall h>0,|x|>M$,有

$$f(x+h)=f(x)+f'(x)h+\frac{1}{2}f''(\xi)h^2.\text{其中 }\xi\in(x,x+h)$$

$$f'(x)=\frac{f(x+h)-f(x)}{h}-\frac{1}{2}f''(\xi)h$$

$$| f'(x) | \leqslant \frac{1}{h} | f(x+h) | + \frac{1}{h} | f(x) | + \frac{1}{2} | f''(\xi) | h \qquad ③$$

$\forall \varepsilon > 0$,在式③中,先可让 h 充分小,使

$$\frac{1}{2} | f''(\xi) | h \leqslant \frac{C}{2} h < \frac{\varepsilon}{2} \qquad ④$$

再固定 h,让式②中 ε_1 充分小,使

$$\frac{1}{h} | f(x+h) | + \frac{1}{h} | f(x) | < \frac{\varepsilon_1}{2h} + \frac{\varepsilon_1}{2h} = \frac{\varepsilon_1}{h} < \frac{\varepsilon}{2} \qquad ⑤$$

将式④、式⑤都代入式③,得

$$| f'(x) | < \frac{\varepsilon}{2} + \frac{\varepsilon}{2} = \varepsilon$$

$\lim\limits_{x \to \infty} | f'(x) | = 0$,此即有 $\lim\limits_{x \to \infty} f'(x) = 0$.

451. (吉林大学) 设函数 $\varphi(x)$ 在 $[0, +\infty)$ 上二次连续可微. 如果 $\lim\limits_{x \to +\infty} \varphi(x)$ 存在,且 $\varphi''(x)$ 在 $[0, +\infty)$ 上有界. 试证:

$$\lim\limits_{x \to +\infty} \varphi'(x) = 0$$

证 设 $\lim\limits_{x \to \infty} \varphi(x) = l$,仿上题,只要将上题式②改为

$$| \varphi(x) - l | < \frac{\varepsilon_1}{2}, \ | x | > M$$

式③改为

$$| \varphi'(x) | \leqslant \frac{1}{h} | \varphi(x+h) - l | + \frac{1}{h} | \varphi(x) - l | + \frac{1}{2} | \varphi''(\xi) | h$$

其余步骤仿上题可证得 $\lim\limits_{x \to +\infty} \varphi(x) = 0$.

452. (上海交通大学) 设函数 $f(x)$ 在闭区间 $[a, b]$ 上连续,在开区间 (a, b) 内可导,又 $f(x)$ 不是线性函数,且 $f(b) > f(a)$,试证:存在 $\xi \in (a, b)$ 使得

$$f'(\xi) > \frac{f(b) - f(a)}{b-a}$$

证 令 $F(x) = f(x) - f(a) - \frac{f(b) - f(a)}{b-a}(x-a), x \in [a, b]$ ①

用反证法,若 $f'(x) \leqslant \frac{f(b) - f(a)}{b-a}, x \in [a, b]$,那么由式①有   ②

$$F'(x) = f'(x) - \frac{f(b) - f(a)}{b-a} \leqslant 0$$

此即 $F(x)$ 在 $[a, b]$ 内单调递减,又 $F(x)$ 不是常数,$F'(x) \not\equiv 0$,存在点 x 使 $F'(x) < 0$.

但 $F(a) = 0$,所以 $F(b) < 0$,而由式①知 $F(b) = 0$. 矛盾,从而式②不成立,即存在 ξ,使 $f'(\xi) > \frac{f(b) - f(a)}{b-a}$.

453. (哈尔滨工业大学) 设 $f(x)$ 于 $(0, 1)$ 内可微,且满足 $| f'(x) | \leqslant 1$. 求证:$\lim\limits_{n \to \infty} f(\frac{1}{n})$ 存在.

证 令 $x_n = f(\frac{1}{n})$. $\forall \varepsilon > 0$,存在 $N > 0$,使当 $n > N$ 时,有 $\frac{1}{n} < \varepsilon$.

再由柯西中值定理,当 $n > N$ 时, $\forall\, p > 0$

$$|\,x_{n+p} - x_n\,| = \left| f(\frac{1}{n+p}) - f(\frac{1}{n}) \right| =$$

$$\left| f'(\xi)(\frac{1}{n+p} - \frac{1}{n}) \right| \leqslant \frac{p}{n(n+p)} < \frac{1}{n} < \varepsilon$$

再由柯西收敛法则,得 $\lim\limits_{n\to\infty} x_n = \lim\limits_{n\to\infty} f(\frac{1}{n})$ 存在.

454. (湖北大学) 设函数 $f(x)$ 在点 x_0 的某右邻域 $U^+(x_0)$ 内连续,在 x_0 的去心右邻域 $U_0^+(x_0)$ 内可导,若 $\lim\limits_{x\to x_0^+} f'(x) = f'(x_0 + 0)$ 存在,则 $f'_+(x_0)$ 也存在,且 $f'_+(x_0) = f'(x_0 + 0)$.

证　$\forall\, x \in U^+(x_0)$,由于 $f(x)$ 在 $[x_0, x]$ 上连续,在 (x_0, x) 内可导,由拉格朗日中值定理有

$$\frac{f(x) - f(x_0)}{x - x_0} = f'(\xi),\text{其中 } x_0 < \xi < x \qquad\qquad ①$$

又因为 $\lim\limits_{x\to x_0^+} f'(x) = f'(x_0 + 0)$ 存在,所以由式 ① 有

$$\lim_{x\to x_0^+} \frac{f(x) - f(x_0)}{x - x_0} = \lim_{x\to x_0^+} f'(\xi) = f'(x_0 + 0) \qquad\qquad ②$$

所以 $f'_+(x_0) = \lim\limits_{x\to x_0^+} \dfrac{f(x) - f(x_0)}{x - x_0}$ (存在),且由式 ② 有

$$f'_+(x_0) = f'(x_0 + 0)$$

455. (北京大学) 判断题:设 $f(x)$ 在 $[a,b]$ 上连续,且在 (a,b) 上可微,若存在极限 $\lim\limits_{x\to a+0} f'(x) = l$,则右导数 $f'_+(a)$ 存在且等于 l.　　　（　　）

答　对,证明见上题.

456. (华中科技大学,西北电讯工程学院)　若 $f(x)$ 在 $[0,1]$ 上二次可微,且 $f(0) = f(1)$,$|\,f''(x)\,| \leqslant 1$.证明:$|\,f'(x)\,| \leqslant \dfrac{1}{2}$.

证　设 $x \in [0,1]$,由泰勒公式

$$f(0) = f(x) + f'(x)(0 - x) + \frac{1}{2} f''(\xi_1)(0 - x)^2, 0 < \xi_1 < x \leqslant 1 \qquad ①$$

$$f(1) = f(x) + f'(x)(1 - x) + \frac{1}{2} f''(\xi_2)(1 - x)^2, 0 \leqslant x < \xi_2 < 1 \qquad ②$$

由式 ① − 式 ② 可解得

$$f'(x) = \frac{1}{2}[f''(\xi_1) x^2 - f''(\xi_2)(1 - x)^2] \qquad\qquad ③$$

故 $|\,f'(x)\,| \leqslant \dfrac{1}{2}[\,|\,f''(\xi_1)\,|\, x^2 + |\,f''(\xi_2)\,|\,(1 - x)^2\,] \leqslant$

$$\frac{1}{2}[x^2 + (1 - x)^2] \leqslant$$

$$\frac{1}{2}[x + (1 - x)]^2 = \frac{1}{2}$$

457. (上海师范大学)　设 $f(x)$ 在 $[0,1]$ 上具有二阶连续导数,且满足 $f(0) =$

$f(1)$ 及 $|f''(x)| \leqslant M, (x \in [0,1])$.

试证:对一切 $x \in [0,1]$ 有 $|f'(x)| \leqslant \dfrac{M}{2}$.

证 仿上题可得式 ③,然后可证 $|f'(x)| \leqslant \dfrac{M}{2}$.

458. 设函数 $f(x)$ 在 R 上二阶导数连续,且满足

$$xf''(x) + 3x[f'(x)]^2 = 1 - e^{-x} \qquad ①$$

(1) 如果 $f(x)$ 在 $x = c(c \neq 0)$ 有极值,证明它是极小值;

(2) 如果 $f(x)$ 在 $x = 0$ 有极值,它是极小值还是极大值?为什么?

证 (1) 由题设有 $f'(c) = 0$,将 $x = c$ 代入式 ① 可解得

$$f''(c) = \frac{1 - e^{-c}}{c} \qquad ②$$

当 $c > 0$ 时,$e^{-c} = \dfrac{1}{e^c} < 1$,得 $1 - e^{-c} > 0, f''(c) > 0$.

当 $c < 0$ 时,$e^{-c} = \dfrac{1}{e^c} > 1$. 得 $1 - e^{-c} < 0$,也有 $f''(c) > 0$.

综上都有 $f''(c) > 0$. 因此 $x = c$ 是函数 $f(x)$ 的极小值.

(2) 已知 $x = 0$ 是 $f(x)$ 极值,因此 $f'(0) = 0$. 又由式 ① 解得

$$f''(x) = \frac{1 - e^{-x} - 3x[f'(x)]^2}{x} = \frac{1 - e^{-x}}{x} - 3[f'(x)]^2$$

$$f''(0) = \lim_{x \to 0}\left[\frac{1 - e^{-x}}{x} - 3(f'(x))^2\right] = \lim_{x \to 0}\frac{1 - e^{-x}}{x} = 1 > 0$$

$x = 0$ 也是 $f(x)$ 的极小值点.

459. **(华中科技大学)** 设 $f(x)$ 在 $[0,1]$ 上连续,在 $(0,1)$ 内可微,$f'(x) > 0$,$(0 < x < 1), f(0) = 0$. 证明:存在 $\lambda, \mu \in (0,1)$ 使得

$$\lambda + \mu = 1, \frac{f'(\lambda)}{f(\lambda)} = \frac{f'(\mu)}{f(\mu)}$$

证 令 $F(x) = f(1-x)f(x)$,且由于 $f(0) = 0$.

因此 $\qquad\qquad F(0) = F(1) = 0$

由罗尔定理,存在 $\lambda \in (0,1)$,使 $F'(\lambda) = 0$,即

$$f'(\lambda)f(1-\lambda) - f(\lambda)f'(1-\lambda) = 0 \qquad ①$$

在式 ① 中令 $\mu = 1 - \lambda$,即 $f'(\lambda)f(\mu) - f(\lambda)f'(\mu) = 0$. ②

由于 $f'(x) > 0 (0 < x < 1)$,因此 $f(x)$ 严格单调增加.

$$f(x) > f(0) = 0, (0 < x < 1)$$
$$f(\lambda)f(\mu) \neq 0 \qquad ③$$

由式 ②、式 ③ 可解得

$$\frac{f'(\lambda)}{f(\lambda)} = \frac{f'(\mu)}{f(\mu)}$$

460. **(华中科技大学)** 设 $f(x)$ 在 $[0,1]$ 上连续,在 $(0,1)$ 内可微. 证明:存在 $\xi \in (0,1)$,使 $f'(\xi)f(1-\xi) = f(\xi)f'(1-\xi)$.

证 仿上题可得式 ①,移项后即证.

461. **(广西师范大学)** 设 $f(x)$ 在 $[a,b]$ 上连续,且 $\forall x_1, x_2 \in [a,b], 0 \leqslant \lambda \leqslant 1$,

$$f[\lambda x_1 + (1-\lambda)x_2] \geqslant \lambda f(x_1) + (1-\lambda)f(x_2) \qquad ①$$

试证:对 $\forall T \in (0, b-a)$,必存在 $x_0 \in (a,b)$,使 $x_0 + T \in [a,b]$

$$\frac{f(x_0 + T) - f(x_0)}{T} = \frac{f(b) - f(a)}{b-a} \qquad ②$$

即在 $[a,b]$ 上曲线 $y = f(x)$ 有任意长度(不超过端点弦)平行端点的弦.

证　对任何固定的 T,令

$$g(x) = \frac{f(x+T) - f(x)}{T} - \frac{f(b) - f(a)}{b-a}, g \text{ 在 } x \in [a, b-T] \text{ 上连续,则}$$

$$g(a) = \frac{f(a+T) - f(a)}{T} - \frac{f(b) - f(a)}{b-a} \qquad ③$$

$$g(b-T) = \frac{f(b) - f(b-T)}{T} - \frac{f(b) - f(a)}{b-a}$$

$$a + T = (1 - \frac{T}{b-a})a + \frac{T}{b-a}b = \lambda a + (1-\lambda)b$$

$$b - T = \frac{T}{(b-a)}a + (1 - \frac{T}{b-a})b = \mu a + (1-\mu)b$$

因此　$f(a+T) = f(\lambda a + (1-\lambda)b) \geqslant \lambda f(a) + (1-\lambda)f(b)$

$$f(b-T) \geqslant \mu f(a) + (1-\mu)f(b)$$

因此 $g(a) \geqslant \dfrac{\lambda f(a) + (1-\lambda)f(b) - f(a)}{T} - \dfrac{f(b) - f(a)}{b-a} =$

$$\frac{(1 - \frac{T}{b-a})f(a) + \frac{T}{b-a}f(b) - f(a)}{T} - \frac{f(b) - f(a)}{b-a} = 0$$

$$g(b-T) \leqslant \frac{f(b) - \mu f(a) - (1-\mu)f(b)}{T} - \frac{f(b) - f(a)}{b-a} =$$

$$\frac{\mu(f(b) - f(a))}{T} - \frac{f(b) - f(a)}{b-a} =$$

$$\frac{\frac{T}{b-a}(f(b) - f(a))}{T} - \frac{f(b) - f(a)}{b-a} = 0$$

由 g 在 $[a, b-T]$ 上连续,且 $x_0 \in [a, b-T]$ 使

$$0 = g(x_0) = \frac{f(x_0 + T) - f(x_0)}{T} - \frac{f(b) - f(a)}{b-a}$$

即　　$\dfrac{f(x_0 + T) - f(x_0)}{T} = \dfrac{f(b) - f(a)}{b-a}, x_0 \in [a, b-T]$

$$a \leqslant a + T \leqslant x_0 + T \leqslant b$$

若 $x_0 = a$,则有 $g(a) = 0$ 即

$$\frac{f(a+T) - f(a)}{T} = \frac{f(b) - f(a)}{b-a}$$

因此　　　　$f(a+T) = \dfrac{f(b) - f(a)}{b-a}T + f(a)$

令 $T = x - a$ 就有

$$f(x) = \frac{f(b) - f(a)}{b-a}(x-a) + f(a)$$

是一个线性函数,在这条直线上,任二点的连线的斜率仍是 $\dfrac{f(b)-f(a)}{b-a}$. 故

$$\forall x_0 \in (a, b-T), 有 \dfrac{f(x_0+T)-f(x_0)}{T} = \dfrac{f(b)-f(a)}{b-a}$$

同理 $g(b-T) = 0$ 也有该结论.

当 $g(a) \neq 0, g(b-T) \neq 0$, 则 $x_0 \in (a, b)$ 结论仍成立.

462. **(华中科技大学)** 设 $f(x)$ 在 $[0,1]$ 上两次可微, $|f''(x)| \leqslant M, (0 \leqslant x \leqslant 1), M > 0.$　　　　①

$$f(0) = f(1) = f(\tfrac{1}{2}) = 0 \qquad ②$$

证明: $|f'(x)| < \dfrac{M}{2}, (0 \leqslant x \leqslant 1).$

证　仿上题,设 $x \in [0,1]$, 有

$$0 = f(0) =$$
$$f(x) + f'(x)(0-x) + \tfrac{1}{2}f''(\xi_1)(0-x)^2, 0 < \xi_1 < x \leqslant 1 \qquad ③$$

$$0 = f(1) =$$
$$f(x) + f'(x)(1-x) + \tfrac{1}{2}f''(\xi_2)(1-x)^2, 0 \leqslant x < \xi_2 < 1 \qquad ④$$

由式③-式④可解得

$$f'(x) = \tfrac{1}{2}\left[f''(\xi_1)x^2 - f''(\xi_2)(1-x)^2\right]$$

因此　　$|f'(x)| \leqslant \dfrac{M}{2}[x^2 + (1-x)^2] \leqslant \dfrac{M}{2}[x+(1-x)]^2 = \dfrac{M}{2} \qquad ⑤$

并由式⑤证明的最后一个不等式可以看出

若需 $|f'(x)| = \dfrac{M}{2}$ 则必有 $x=0$ 或 $x=1.$ 　　　　⑥

只要证明 $|f'(0)| = \dfrac{M}{2}$ 或 $|f'(1)| = \dfrac{M}{2}$ 都不能成立,从而可证明

$$|f'(x)| < \dfrac{M}{2}, (0 \leqslant x \leqslant 1)$$

用反证法,若 $|f'(0)| = \dfrac{M}{2}$, 则

$$f'(0) = \dfrac{M}{2} \text{ 或 } f'(0) = -\dfrac{M}{2}$$

若 $f'(0) = \dfrac{M}{2}$, 则有

$$0 = f(\tfrac{1}{2}) = f(0) + f'(0)\tfrac{1}{2} + \tfrac{1}{2}f''(\xi_4) \cdot (\tfrac{1}{2})^2, 0 < \xi_4 < \tfrac{1}{2} \qquad ⑦$$

$$0 = \dfrac{M}{4} + \dfrac{1}{8}f''(\xi_4), \text{ 即 } f''(\xi_4) = -2M. \therefore |f''(\xi_4)| = 2M > M.$$

这与假设矛盾.

若 $f'(0) = -\dfrac{M}{2}$, 就有

$$0 = f(\frac{1}{2}) = f(0) + f'(0)\frac{1}{2} + \frac{1}{2}f''(\xi_4)(\frac{1}{2})^2, 0 < \xi_4 < \frac{1}{2}$$

$$0 = -\frac{M}{4} + \frac{1}{8}f''(\xi_4)$$

可得 $f''(\xi_4) = 2M$,也得出矛盾. $\therefore |f'(0)| \neq \frac{M}{2}$.

若 $|f'(1)| = \frac{M}{2}$,则

$$f'(1) = \frac{M}{2} \text{ 或 } f'(1) = -\frac{M}{2}$$

当 $f'(1) = \pm\frac{M}{2}$ 时,只要把展开式 ④ 改为

$$0 = f(\frac{1}{2}) = f(x) + f'(x)(\frac{1}{2} - x) + \frac{1}{2}f''(\xi_5)(\frac{1}{2} - x)^2, \text{其中}$$

$$\frac{1}{2} \leqslant x \leqslant \xi_5 < 1 \tag{⑧}$$

因此 $f(\frac{1}{2}) = f(1) + f'(1)(-\frac{1}{2}) + \frac{1}{2}f''(\xi_5)(\frac{1}{2} - 1)^2$

$\pm\frac{M}{4} + \frac{1}{8}f''(\xi_5) = 0$.可得矛盾.

综上可知 $|f'(0)| \neq \frac{M}{2}$,$|f'(1)| \neq \frac{M}{2}$,从而得证

$$|f'(x)| < \frac{M}{2}, (0 \leqslant x \leqslant 1)$$

463.(中国人民大学) 设函数 $f(x)$ 在区间 $[0,1]$ 上可导,且

$$\int_0^1 xf(x)\mathrm{d}x = f(1)$$

证明:存在 $\xi \in (0,1)$,使得 $f'(\xi) = -\frac{f(\xi)}{\xi}$.

证 令 $\qquad F(t) = \int_0^t xf(x)\mathrm{d}x - t^2f(t), t \in [0,1]$

由题设可以验证 $F(t)$ 在 $[0,1]$ 满足罗尔定理的三个条件,因此 $\exists \xi \in (0,1)$,使 $F'(\xi) = 0$,即 $\xi f(\xi) - 2\xi f(\xi) - \xi^2 f'(\xi) = 0$.

由此可解得 $f'(\xi) = -\frac{f(\xi)}{\xi}$.

464.(重庆大学) 设 $f(x)$ 在 $[0,1]$ 上可微,且满足

$$f(1) - 2\int_0^{\frac{1}{2}} xf(x)\mathrm{d}x = 0 \tag{①}$$

求证:在 $(0,1)$ 内至少存在一点 ξ,使 $f'(\xi) = -\frac{f(\xi)}{\xi}$.

证:由式 ① 及积分中值定理知,存在 $\xi_1 \in [0,\frac{1}{2}]$,使 $0 = f(1) - 2\xi_1 f(\xi_1) \cdot \frac{1}{2}$

因此 $f(1) = \xi_1 f(\xi_1)$ $\tag{②}$

令 $F(x) = xf(x)$,则由式②及假设可知 $F(x)$ 在 $[\xi_1,1]$ 上满足罗尔定理的条件,

故存在 $\xi \in (\xi_1, 1) \subset (0,1)$ 使

$$f'(\xi) = -\frac{f(\xi)}{\xi}$$

465. (广西大学,中国科学院) 设 $f(x)$ 在 $[0,+\infty)$ 上可微, $f(0)=0$,并设有实数 $A>0$,使得 $|f'(x)| \leqslant A |f(x)|$, $x \in [0,+\infty)$ 成立,试证明:
$$f(x) \equiv 0, x \in [0,+\infty)$$

证 由于 $f(x)$ 在 $[0,\frac{1}{2A}]$ 上连续,所以 $|f(x)|$ 在 $[0,\frac{1}{2A}]$ 上也连续,从而存在 $c \in [0,\frac{1}{2A}]$ 使 $|f(c)| = M = \max\limits_{0 \leqslant x \leqslant \frac{1}{2A}} |f(x)|$.

$$M = |f(c)| = |f(0) + f'(\xi)(c-0)| =$$
$$|f'(\xi)c| \leqslant A |f(\xi)| \cdot c \leqslant \frac{1}{2} |f(\xi)| \leqslant \frac{1}{2} M.$$

$M=0$,此即 $f(x) \equiv 0, x \in [0,\frac{1}{2A}]$.

再用数学归纳法,可证在一切 $\left[\frac{k-1}{2A}, \frac{k}{2A}\right] (k=1,2\cdots)$ 上恒有 $f(x) \equiv 0$. 所以 $f(x) \equiv 0, x \in [0,+\infty)$

466. (浙江大学) 设 $f(x), g(x)$ 在 $[a,b]$ 上连续, $g(x)$ 在 (a,b) 内可微,且 $g(a)=0$,若有实数 $\lambda \neq 0$,使得 $|g(x)f(x) + \lambda g'(x)| \leqslant |g(x)|$, $x \in (a,b)$ 成立,试证: $g(x) \equiv 0$.

证 由于 $f(x)$ 在 $[a,b]$ 上连续,从而有界,即存在 $c>0$,使 $|f(x)| < c, x \in [a,b]$
$$|g(x)| \geqslant |g(x)f(x) + \lambda g'(x)| \geqslant |\lambda| \cdot |g'(x)| - |g(x)f(x)|$$
因此 $|\lambda| |g'(x)| \leqslant |g(x)| + |f(x)g(x)| \leqslant (1+c) |g(x)|$

因为 $|g'(x)| \leqslant \frac{1+c}{|\lambda|} |g(x)|$,故 $g(a)=0$,仿上题可证得 $g(x) \equiv 0$.

467. (北京大学) 证明:函数
$$f(x) = (\frac{2}{\pi}-1)\ln x - \ln 2 + \ln(1+x) \qquad ①$$
在 $(0,1)$ 内只有一个零点.

证 $f'(x) = (\frac{2}{\pi}-1) \cdot \frac{1}{x} + \frac{1}{1+x} = \frac{2(x+1-\frac{\pi}{2})}{\pi x(1+x)}. \qquad ②$

令 $f'(x)=0$,可解得 $x = \frac{\pi}{2}-1$. 且当 $x > \frac{\pi}{2}-1$ 时, $f'(x)>0$;当 $0<x<\frac{\pi}{2}-1$ 时, $f'(x)<0$.

因此, $f(x)$ 在 $x=\frac{\pi}{2}-1$ 时有极小值,且 $f(\frac{\pi}{2}-1) = (\frac{2}{\pi}-1)\ln(\frac{\pi}{2}-1) - \ln\frac{4}{\pi} < 0$.

由于 $f'(x)$ 在 $(\frac{\pi}{2}-1, 1)$ 为严格单调递增,从而 $f(x)$ 有零点,至多只能有一个,

同理 $f(x)$ 在 $(0,\dfrac{\pi}{2}-1)$ 有零点也至多只能有一个.

因为 $\lim\limits_{x\to 0^+}f(x)=+\infty$,故 f 在 $(0,\dfrac{\pi}{2}-1)$ 中有一个零点,也只有一个零点.

468.(南京航空学院)　设 $f(x)$ 在 $[a,b]$ 上连续,在 (a,b) 内可微,如果 $a\geqslant 0$,证明:(a,b) 内存在三个数 x_1,x_2,x_3,使

$$f'(x_1)=(b+a)\frac{f'(x_2)}{2x_2}=(b^2+ba+a^2)\frac{f'(x_3)}{2x_3^2}\qquad ①$$

成立.

证　由题设及拉格朗日中值定理,存在 $x_1\in(a,b)$ 使

$$\frac{f(b)-f(a)}{b-a}=f'(x_1)\qquad ②$$

再令 $F(x)=f(x),G(x)=x^2$,由柯西中值定理,则存在 $x_2\in(a,b)$ 使

$$\frac{f(b)-f(a)}{b^2-a^2}=\frac{f'(x_2)}{2x_2}\qquad ③$$

再令 $F(x)=f(x),G(x)=x^3$,由柯西定理

$$\frac{f(b)-f(a)}{b^3-a^3}=\frac{f'(x_3)}{3x_3^2}\qquad ④$$

由式 ②,式 ③,式 ④ 即证式 ①.

469.(吉林工业大学)　设 n 为自然数,试证:

$$e^{-t}-\left(1-\frac{t}{n}\right)^n\leqslant\frac{t^2}{n}e^{-t}\text{(当 }t\leqslant n\text{ 时)}\qquad ①$$

证　式 ① 两边同乘 e^t 并利用级数展开,则 $1-\left(1-\dfrac{t}{n}\right)^n e^t\leqslant\dfrac{t^2}{n}$(当 $t\leqslant n$)

$$②$$

式 ② 左边 $=1-\left\{1-t+\dfrac{n-1}{2n}t^2+o\left[\left(\dfrac{t}{n}\right)^2\right]\right\}\left[1+t+\dfrac{t^2}{2}+o(t^2)\right]=$

$\dfrac{t^2}{2n}+o(t^2)$.

但 $\dfrac{t^2}{2n}\leqslant\dfrac{t^2}{n}$,所以式 ② 成立,从而式 ① 成立.

470.(吉林大学)　证明:当 $x>0$ 时,下列不等式成立:

$$x-\frac{x^3}{6}<\sin x<x-\frac{x^3}{6}+\frac{x^5}{120}.$$

证　(1) 令 $f(x)=\sin x+\dfrac{x^3}{6}-x$,则

$f'(x)=\cos x+\dfrac{x^2}{2}-1,f''(x)=x-\sin x,f'''(x)=1-\cos x$

因为 $f(0)=f'(0)=f''(0)=0,f'''(x)>0,x\in(0,+\infty)$

由泰勒公式

$$f(x)=f(0)+f'(0)x+\frac{1}{2}f''(0)x^2+\frac{1}{3!}f'''(\xi)x^3>0,x\in(0,2\pi)$$
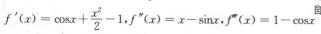

此即 $x - \dfrac{x^3}{6} < \sin x, x \in (0, +\infty)$. ①

(2) 再令 $F(x) = x - \dfrac{x^3}{6} + \dfrac{x^5}{120} - \sin x$. 则

$$F'(x) = 1 - \frac{x^2}{2} + \frac{x^4}{24} - \cos x$$

$F''(x) = -x + \dfrac{x^3}{6} + \sin x$, 由式 ① > 0,

则 F' 严格单调增, 当 $x > 0, F'(x) > F'(0) = 0, F(x)$ 严格增, $F(x) > F(0) = 0$. 即

$$x - \frac{x^3}{6} + \frac{x^5}{120} - \sin x > 0$$

$$\sin x < x - \frac{x^3}{6} + \frac{x^5}{120}$$

由上可得

$$\sin x < x - \frac{x^3}{6} + \frac{x^5}{120} \quad (x > 0) \tag{②}$$

由式 ①、式 ② 即证结论.

471. (**云南大学**)　设 $f(x)$ 是 $(-\infty, \infty)$ 上的可微函数.

(1) 若 $\lim\limits_{x \to +\infty} f(x)$ 存在且有限, 问 $\lim\limits_{x \to +\infty} f'(x)$ 是否必定存在?

(2) 如果 $\lim\limits_{x \to +\infty} f(x)$ 与 $\lim\limits_{x \to +\infty} f'(x)$ 都存在且有限,

那么必有 $\lim\limits_{x \to +\infty} f'(x) = 0$, 试证明之.

解　(1) 不一定. 比如 $f(x) = \dfrac{\sin x^2}{x}$,

$\lim\limits_{x \to +\infty} f(x) = 0$, 而 $f'(x) = \dfrac{2x^2 \cos x^2 - \sin x^2}{x^2} = 2\cos x^2 - \dfrac{\sin x^2}{x^2}$, ①

取 $x_n = \sqrt{2n\pi}, n = 1, 2, \cdots$ 则 $\lim\limits_{x \to +\infty} f'(x_n) = 2$, 再取

$x'_n = \sqrt{2n\pi + \dfrac{\pi}{2}}, n = 1, 2, \cdots$ 则

因此 $\lim\limits_{x \to +\infty} f'(x'_n) = 0$.

$\lim\limits_{x \to +\infty} f'(x)$ 不存在.

(2) 证明见本节第 446 题.

472. (**华中师范大学**)　已知小球半径为 R, 求其外切圆锥的最小体积.

解　如右图, 已知 $R = OD$, 设圆锥底面半径 $BC = r$, 高 $AC = h$, 因 为 $\triangle AOD \sim \triangle ABC$, 所以 $\dfrac{R}{r} = \dfrac{OD}{BC} = \dfrac{AD}{AC} = $

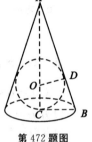

第 472 题图

$\dfrac{\sqrt{(h-R)^2 - R^2}}{h}$, 得

$$r = \frac{Rh}{\sqrt{h^2 - 2Rh}}$$

再设圆锥的体积为 V,则

$$V = \frac{1}{3}\pi r^2 h = \frac{\pi R^2}{3} \cdot \frac{h^2}{h - 2R}. \qquad ①$$

若令　$V_1 = \frac{h^2}{h - 2R}$,则

$$\frac{dV_1}{dh} = \frac{h^2 - 4Rh}{(h - 2R)^2}$$

由 $\frac{dV_1}{dh} = 0$,解得　$h = 4R$,由于实际问题有最小体积,由式 ① 得

$$\min V = \frac{\pi R^2}{3} \cdot \frac{(4R)^2}{4R - 2R} = \frac{8\pi}{3} R^3$$

473.（山东大学）　试在一半径为 R 的半圆内,作一面积最大的矩形.

解　设坐标原点在圆心,则圆的方程为

$$x^2 + y^2 = R^2$$

再设所求矩形为 $ABCD$(如见右图),A 的坐标为 $(x, 0)$ 那么 B 点坐标为 $(x, \sqrt{R^2 - x^2})$,设所求矩形面积为 S,则 $S = 2x\sqrt{R^2 - x^2}$,

$$\frac{dS}{dx} = 2\sqrt{R^2 - x^2} - \frac{2x^2}{\sqrt{R^2 - x^2}}.$$

令 $\frac{dS}{dx} = 0$,解得 $x = \frac{R}{\sqrt{2}}$.

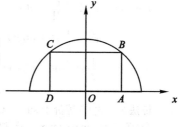

第 473 题图

由于实际问题存在最大值,因此所求 A, B, C, D 四点坐标分别为

$$(\frac{R}{\sqrt{2}}, 0), (\frac{R}{\sqrt{2}}, \frac{R}{\sqrt{2}}), (-\frac{R}{\sqrt{2}}, \frac{R}{\sqrt{2}}), (-\frac{R}{\sqrt{2}}, 0).$$

474.（同济大学）　求曲线 $\Gamma: y = x^2 - 1(x > 0)$ 上的点 P,作 Γ 的切线,与坐标轴交于 M, N(见图),试求 P 点坐标使 $\triangle OMN$ 的面积最小.

解　设 P 的坐标为 (x, y),则过 P 的切线方程为

$$Y - y = 2x(X - x) \qquad ①$$

在 ① 中分别令 $Y = 0$ 和 $X = 0$,得 M, N 的坐标为 $(x - \frac{y}{2x}, 0)$ 和 $(0, y - 2x^2)$,再设 $\triangle OMN$ 的面积为 S,则

$$S = \frac{1}{2}(x - \frac{y}{2x})(2x^2 - y) =$$
$$\frac{1}{4}(x^3 + 2x + \frac{1}{x})$$

则　$S' = \frac{3x^4 + 2x^2 - 1}{4x^2}.$

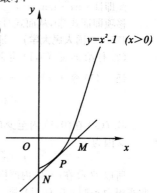

第 474 题图

令 $S' = 0$,解得

$$x = \frac{1}{\sqrt{3}} \text{ 和 } x = -\frac{1}{\sqrt{3}}(\text{舍去})$$

由于实际问题存在最小面积,因此 P 的坐标为 $(\frac{1}{\sqrt{3}}, -\frac{2}{3})$,最小面积等于 $\frac{4\sqrt{3}}{9}$,见右图.

475.(上海师范大学) 求证

$$\frac{\tan x}{x} > \frac{x}{\sin x}, \forall x \in (0, \frac{\pi}{2}). \qquad ①$$

证法 1 原式等价于

$$\sin^2 x > x^2 \cos x, x \in (0, \frac{\pi}{2}). \qquad ②$$

$$\sin^2 x = [x - \frac{1}{3!}x^3 + o(x^3)]^2 = x^2 - \frac{1}{3}x^4 + o(x^4). \qquad ③$$

$$x^2 \cos x = x^2(1 - \frac{x^2}{2!} + o(x^2)) =$$
$$x^2 - \frac{1}{2}x^4 + o(x^4) \qquad ④$$

由于 $x^2 - \frac{1}{3}x^4 + o(x^4) > x^2 - \frac{1}{2}x^4 + o(x^4)$,因此

$$\sin^2 x > x^2 \cos x$$

证法 2 式 ① 等价于 $\sin x \cdot \tan x > x^2$. $\qquad ⑤$

令 $f(x) = \sin x \cdot \tan x - x^2$,则

$f'(x) = \cos x \cdot \tan x + \sin x \sec^2 x - 2x = \sin x + \sin x \sec^2 x - 2x$,

$f''(x) = \cos x + \sec x + 2\tan x - 2 > 2\tan x > 0, x \in (0, \frac{\pi}{2})$

因此 f' 在 $(0, \frac{\pi}{2})$ 严格增, $f'(x) > f'(0) = 0$

$f(x)$ 严格增 $f(x) > f(0) = 0, \sin x \tan x - x^2 > 0$.

此即证 $\sin x \cdot \tan x - x^2 > 0$.

移项即证式 ⑤,从而式 ① 成立.

476.(中国人民大学) 证明:(1) 存在 $c \in (0, 1)$ 使得 $c = e^{-c}$;

(2) 任给 $x_1 \in (0, 1)$ 定义,$x_{n+1} = e^{-x_n}$,则有 $\lim_{n \to \infty} x_n = c$.

证 (1) 令 $f(x) = x - e^{-x}, (0 < x < 1)$,则

$$f(0) = -1, f(1) = 1 - \frac{1}{e} > 0$$

故 $f(x)$ 在 $(0, 1)$ 内至少有一个实根.

又因为

$$f'(x) = 1 + e^{-x} > 0, (0 < x < 1)$$

所以 $f(x)$ 在 $(0, 1)$ 内严格单调递增,从而 $f(x)$ 在 $(0, 1)$ 内有且仅有一个实根,设此实根为 c,则 $c \in (0, 1)$,则 $c = e^{-c}$.

(2) 由 $x_1 \in (0, 1)$,则 $x_2 = e^{-x_1} \in (e^{-1}, 1)$

若 $x_n \in (e^{-1}, 1)$ 则 $x_{n+1} = e^{-x_n} \in (e^{-1}, e^{-e^{-1}})(n \geqslant 2)$.

令 $f(x) = e^{-x}$, 则

$$|f'(x)| = e^{-x} < e^{-e^{-1}} = r < 1$$

故 $\{x_n\}$ 为压缩映射, $\{x_n\}$ 收敛, 即 $\lim\limits_{n \to \infty} x_n = l(存在)$ 且 $0 < l < 1$.

再由 $x_{n+1} = e^{-x_n}$ 得

$$l = e^{-l}$$

再由 ① 知 $l = c$, 得 $\lim\limits_{n \to \infty} x_n = c$.

477. (长沙铁道学院)　设 $f(x)$ 在 $[a, b]$ 上连续,

且对任意 $x_1, x_2 \in [a, b], \lambda \in [0, 1]$, 恒有

$$f[\lambda x_1 + (1 - \lambda) x_2] \leqslant \lambda f(x_1) + (1 - \lambda) f(x_2) \tag{①}$$

证明:

$$f\left(\frac{a + b}{2}\right) \leqslant \frac{1}{b - a} \int_a^b f(x) \, dx \leqslant \frac{f(a) + f(b)}{2}$$

证　$\forall t \in [a, b]$, 则存在 $\lambda \in [0, 1]$

使 $t = a + \lambda(b - a)$ 或 $t = b - \lambda(b - a)$. 得

$$\frac{1}{b - a} \int_a^b f(t) \, dt = \int_0^1 f[a + \lambda(b - a)] \, d\lambda \tag{②}$$

$$\frac{1}{b - a} \int_a^b f(t) \, dt = \int_0^1 f[b - \lambda(b - a)] \, d\lambda \tag{③}$$

式 ② + 式 ③ 可得

$$\frac{1}{b - a} \int_a^b f(t) \, dt = \frac{1}{2} \left[\int_0^1 f[a + \lambda(b - a)] \, d\lambda + \int_0^1 f[b - \lambda(b - a)] \, d\lambda \right] = \int_0^1 \frac{1}{2} \{ f[a + \lambda(b - a)] + f[b - \lambda(b - a)] \} \, d\lambda \tag{④}$$

令 $x_1 = a + \lambda(b - a), x_2 = b - \lambda(b - a)$, 则由

$$\frac{1}{2} \left[f[a + \lambda(b - a)] + f[b - \lambda(b - a)] \right] = \frac{1}{2} [f(x_1) + f(x_2)] \geqslant$$

$$f\left(\frac{x_1 + x_2}{2}\right) = f\left(\frac{a + b}{2}\right) \tag{⑤}$$

将式 ⑤ 代入式 ④ 可得

$$\frac{1}{b - a} \int_a^b f(t) \, dt \geqslant \int_0^1 f\left(\frac{a + b}{2}\right) d\lambda = f\left(\frac{a + b}{2}\right) \tag{⑥}$$

另一方面, 由式 ② 得

$$\frac{1}{b - a} \int_a^b f(t) \, dt = \int_0^1 f[\lambda b + (1 - \lambda) a] \, d\lambda \leqslant$$

$$\int_0^1 [\lambda f(b) + (1 - \lambda) f(a)] \, d\lambda =$$

$$f(b) \cdot \left. \frac{\lambda^2}{2} \right|_0^1 - f(a) \cdot \left. \frac{(1 - \lambda)^2}{2} \right|_0^1 =$$

$$\frac{f(a) + f(b)}{2}. \tag{⑦}$$

478.（**西北电讯工程学院,陕西机械学院,东北工学院**）　设 $f(x)$ 在 $[a,b]$ 上具有连续的二阶导数,证明:在 (a,b) 内存在 ξ,使

$$\int_a^b f(x)\mathrm{d}x = (b-a)f(\frac{a+b}{2}) + \frac{1}{24}(b-a)^3 f''(\xi)$$

证　由泰勒公式

$$f(x) = f(\frac{a+b}{2}) + f'(\frac{a+b}{2})(x-\frac{a+b}{2}) + \frac{1}{2}f''(\eta)(x-\frac{a+b}{2})^2$$

其中 η 在 x 与 $\frac{a+b}{2}$ 之间,从 a 到 b 积分得

$$\int_a^b f(x)\mathrm{d}x = f(\frac{a+b}{2})(b-a) + f'(\frac{a+b}{2})\int_a^b (x-\frac{a+b}{2})\mathrm{d}x +$$

$$\frac{1}{2}\int_a^b f''(\eta)(x-\frac{a+b}{2})^2 \mathrm{d}x \qquad ①$$

因为 $\int_a^b (x-\frac{a+b}{2})\mathrm{d}x = \frac{1}{2}(x-\frac{a+b}{2})^2 \mid_a^b = 0,$ ②

由积分中值定理

$$\int_a^b f''(\eta)(x-\frac{a+b}{2})^2 \mathrm{d}x = f''(\xi)\int_a^b (x-\frac{a+b}{2})^2 \mathrm{d}x =$$

$$f''(\xi)[\frac{1}{3}(x-\frac{a+b}{2})^3] \mid_a^b = \frac{1}{12}f''(\xi)(b-a)^3 \qquad ③$$

其中 $\xi \in (a,b)$,再将式②,式③代入式①得

$$\int_a^b f(x)\mathrm{d}x = (b-a)f(\frac{a+b}{2}) + \frac{1}{24}(b-a)^3 f''(\xi)$$

479.（**华中师范大学**）　若 $f(x)$ 在 $[a,b]$ 上二次连续可微,$f(\frac{a+b}{2})=0$,证明:

$$\left| \int_a^b f(x)\mathrm{d}x \right| \leqslant \frac{M(b-a)^3}{24}, \text{其中 } M = \max_{a \leqslant x \leqslant b} |f''(x)|$$

证　$f(x) = f(\frac{a+b}{2}) + f'(\frac{a+b}{2})(x-\frac{a+b}{2}) + \frac{f''(\xi)}{2!}(x-\frac{a+b}{2})^2 =$

$$f'(\frac{a+b}{2})(x-\frac{a+b}{2}) + \frac{1}{2}f''(\xi)(x-\frac{a+b}{2})^2,$$

ξ 在 x 与 $\frac{a+b}{2}$ 之间.

得 $| \int_a^b f(x)\mathrm{d}x | = | f'(\frac{a+b}{2})\int_a^b (x-\frac{a+b}{2})\mathrm{d}x + \frac{1}{2}\int_a^b f''(\xi)(x-\frac{a+b}{2})^2 \mathrm{d}x | =$

$$| f'(\frac{a+b}{2}) \cdot \frac{(x-\frac{a+b}{2})}{2} \mid_a^b + \frac{1}{2}\int_a^b f''(\xi)(x-\frac{a+b}{2})^2 \mathrm{d}x | \leqslant$$

$$\frac{1}{2}\int_a^b |f''(\xi)| (x-\frac{(a+b)}{2})^2 \mathrm{d}x \leqslant$$

$$\frac{m}{2} \cdot \frac{1}{3}(x-\frac{a+b}{2})^3 \mid_a^b = \frac{M}{24}(b-a)^3$$

480.(1) 设 p,q,是大于1的常数,且 $\dfrac{1}{p}+\dfrac{1}{q}=1$,证明:$\dfrac{1}{p}x^p+\dfrac{1}{q}\geqslant x$,$(x>0)$;

$$① $$

(2) 设 $f''(x)>0,f(0)=0$,证明:

$f(x_1+x_2)>f(x_1)+f(x_2)$,$(x_1>0,x_2>0)$　　　　②

证　(1) 令 $F(x)=x^p$,$(x>0)$,分三种情况讨论.

当 $x\in(0,1)$ 时,对 $F(x)$ 在 $[x,1]$ 上应用拉格朗日中值定理有

(ⅰ)$1^p-x^p=F'(\xi)(1-x)=$

$$p\xi^{p-1}(1-x)<p(1-x),$$

$$③$$

其中 $\xi\in(x,1)$,由式 ③ 解得

$$x^p>1-p+px$$

因此

$$\dfrac{1}{p}x^p+1>\dfrac{1}{p}+x$$

又因为 $1-\dfrac{1}{p}=\dfrac{1}{q}$,故

$$\dfrac{1}{p}x^p+\dfrac{1}{q}>x$$

(ⅱ)当 $x=1$ 时

$$\dfrac{1}{p}x^p+\dfrac{1}{q}=\dfrac{1}{p}+\dfrac{1}{q}=1=x$$

(ⅲ)当 $x>1$ 时,对 $F(x)$ 在 $[1,x]$ 上应用拉格朗日中值定理,有

$$x^p-1^p=f'(\eta)(x-1)>p(x-1)=px-p$$

其中 $\eta\in(1,x)$

因此

$$\dfrac{1}{p}x^p+1-\dfrac{1}{p}>x$$

$$\dfrac{1}{p}x^p+\dfrac{1}{q}>x$$

综上可知式 ① 得证.

(2) 不妨设 $0<x_1\leqslant x_2$,对 $f(x)$ 分别在 $[0,x_1]$ 与 $[x_2,x_1+x_2]$ 上应用拉格朗日中值定理,得

$$f(x_1)-f(0)=f'(\xi)x_1,(0<\xi_1<x_1)　　　④$$

$$f(x_1+x_2)-f(x_2)=f'(\xi_2)x_1,(x_2<\xi_2<x_1+x_2)　　⑤$$

由于 $\xi_1<\xi_2$,由 $f''(x)>0$,所以 $f'(x)$ 单调增加,从而

$f'(\xi_1)<f'(\xi_2)$.由 ④,⑤ 两式及 $x_1>0$,可得

$$f(x_1+x_2)-f(x_2)>f(x_1)-f(0)$$

因此 $f(x_1+x_2)>f(x_1)+f(x_2)-f(0)=f(x_1)+f(x_2)$.

481.**(长沙铁道学院)**　验证函数

$$f(x)=\begin{cases}\dfrac{20+x^2}{8},0\leqslant x\leqslant 2\\[2mm]\dfrac{x^2+2}{x},2<x<+\infty\end{cases}$$

在闭区间 $[0,4]$ 上满足拉格朗日中值定理的条件,并求出中值公式中的中间值 ξ.

解 显然 $f(x)$ 在 $[0,2)$ 及 $(2,+\infty)$ 上连续，又

$$\lim_{x \to 2^-} f(x) = \lim_{x \to 2^-} \frac{20+x^2}{8} = 3 = f(2)$$

$$\lim_{x \to 2^+} = \lim_{x \to 2^+} \frac{x^2+2}{x} = 3$$

因此
$$\lim_{x \to 2} f(x) = f(2)$$

从而可知 $f(x)$ 在 $x=2$ 处连续，那么 $f(x)$ 在 $[0,4]$ 上连续，又由式 ① 可得

$$f'(x) = \begin{cases} \dfrac{1}{4}x, x \in (0,2) \\ 1 - \dfrac{2}{x^2}, x \in (2,4) \end{cases}$$

$$f'_-(2) = \lim_{h \to 0^-} \frac{f(2+h) - f(2)}{h} = \lim_{h \to 0^-} \frac{\frac{20+(2+h)^2}{8} - 3}{h} = \frac{1}{2}$$

$$f'_+(2) = \lim_{h \to 0^+} \frac{f(2+h) - f(2)}{h} = \lim_{h \to 0^+} \frac{\frac{(2+h)^2+2}{2+h} - 3}{h} = \frac{1}{2}$$

$$f'(2) = \frac{1}{2}$$

综上可知，$f(x)$ 在 $(0,4)$ 内可导，从而 $f(x)$ 在 $[0,4]$ 上满足拉格朗日中值定理，从而存在 $\xi \in (0,4)$ 使

$$f(4) - f(0) = f'(\xi) \times (4-0) \tag{②}$$

因为 $f(4) = \dfrac{9}{2}$，$f(0) = \dfrac{5}{2}$，$f(4) - f(0) = 2$ ③

$$f'(x) = \begin{cases} \dfrac{x}{4}, 0 < x \leqslant 2 \\ 1 - \dfrac{x}{x^2}, 2 < x < 4 \end{cases} \tag{④}$$

由式 ②、式 ③ 可得

$$f'(\xi) = \frac{1}{2} \tag{⑤}$$

由式 ④、式 ⑤ 可解得 $\xi = 2$.

482. (复旦大学) 设 $f(x)$ 定义在 $[0,c]$，$f'(x)$ 存在且单调下降，$f(0) = 0$. 请用拉格朗日中值定理证明：

对于 $0 \leqslant a \leqslant b \leqslant a+b \leqslant c$，恒有

$$f(a+b) \leqslant f(a) + f(b) \tag{①}$$

证 当 $a = 0$ 时，式 ① 是显然成立.

当 $a \neq 0$(即 $a > 0$) 时，$f(x)$ 分别对 $[0,a]$，$[b,a+b]$ 应用拉格朗日中值定理，则存在 $\xi_1 \in (0,a)$，$\xi_2 \in (b,a+b)$ 使得

$$f'(\xi_1) = \frac{f(a) - f(0)}{a-0} = \frac{f(a)}{a} \tag{②}$$

$$f'(\xi_2) = \frac{f(a+b) - f(b)}{(a+b)-b} = \frac{f(a+b) - f(b)}{a} \tag{③}$$

因为 $f'(x)$ 单调下降,所以

$$f'(\xi_1) \geqslant f'(\xi_2) \tag{④}$$

由式 ②、式 ③、式 ④ 有

$$\frac{f(a)}{a} \geqslant \frac{f(a+b) - f(b)}{a}$$

故 $f(a+b) \leqslant f(a) + f(b)$.

483. **(华中科技大学)** 设 $0 < \alpha < 1, x, y \geqslant 0$,证明:

$$x^\alpha y^{1-\alpha} \leqslant \alpha x + (1-\alpha)y. \tag{①}$$

证 当 $y = 0$ 时,式 ① 显然成立.

当 $y > 0$ 时,式 ① 可改写为

$$\left(\frac{x}{y}\right)^\alpha \leqslant \alpha\left(\frac{x}{y}\right) + (1-\alpha) \tag{②}$$

令 $f(t) = \alpha t + (1-\alpha) - t^\alpha, (t \geqslant 0)$,则 $\tag{③}$

$$f'(t) = \alpha - \alpha t^{\alpha-1} = \alpha\left(1 - \frac{1}{t^{1-\alpha}}\right)$$

令 $f'(t) = 0$,得驻点 $t = 1$,但是

$$f(0) = 1 - \alpha > 0$$
$$f(1) = \alpha + (1-\alpha) - 1 = 0$$
$$\lim_{t \to +\infty} f(t) = \lim_{t \to +\infty}\left[t(\alpha - t^{\alpha-1}) - (1-\alpha)\right] = +\infty$$

因此 $f(t)$ 在 $[0, +\infty)$ 最小值为 $f(1) = 0$,即

$$f(t) \geqslant 0, (t \geqslant 0).$$

因此 $\alpha t + (1-\alpha) - t^\alpha \geqslant 0, (t \geqslant 0)$

令 $t = \dfrac{x}{y}$,从而

$$\alpha\left(\frac{x}{y}\right) + (1-\alpha) - \left(\frac{x}{y}\right)^\alpha \geqslant 0$$

移项后即证式 ②,从而式 ① 成立.

484. **(北京科技大学)** 设 $f(x)$ 在 $[1,2]$ 上连续,在 $(1,2)$ 内可微

证明:存在 $\xi \in (1,2)$ 使得 $f(2) - f(1) = \dfrac{1}{2}\xi^2 f'(\xi)$.

证 考虑函数 $f(x)$ 和 $g(x) = \dfrac{1}{x}$,则 $f(x), g(x)$ 在 $[1,2]$ 内可微,由柯西定理有

$$\frac{f(2) - f(1)}{\frac{1}{2} - 1} = \frac{f'(\xi)}{-\frac{1}{\xi^2}},$$

即 $$f(2) - f(1) = \frac{1}{2}\xi^2 f'(\xi)$$

第五章　　不定积分

§1　概念与基本公式

【考点综述】

一、综述

1. 定义

在某个区间 I 内,若有 $F'(x)=f(x)$,则称 $F(x)$ 是 $f(x)$ 在区间 I 上的一个原函数,称 $F(x)+C$(C 是任意常数) 是 $f(x)$ 的不定积分,记作 $\int f(x)\mathrm{d}x$,于是 $\int f(x)\mathrm{d}x=F(x)+C$.

2. 性质

(1) $\left[\int f(x)\mathrm{d}x\right]'=f(x)$.

(2) $\int f'(x)\mathrm{d}x=f(x)+C$.

(3) $\int (k_1 f_1(x)+k_2 f_2(x))\mathrm{d}x=k_1\int f_1(x)\mathrm{d}x+k_2\int f_2(x)\mathrm{d}x.$($k_1,k_2$ 为常数)

3. 基本积分公式(略).

二、解题方法

1. 考点 1

不定积分的基本概念. 解题方法主要根据定义.(见下面第 485 题)

2. 考点 2

用基本公式求不定积分.

【经典题解】

485. 设 $F'(x)=\dfrac{1}{\sqrt{1-x^2}}$,且 $F(1)=\dfrac{3\pi}{2}$,则 $F(x)=$ _____.

答　$arc\sin x+\pi$. 因为 $F(x)=\int F'(x)\mathrm{d}x=\int \dfrac{1}{\sqrt{1-x^2}}\mathrm{d}x=\arcsin x+C$,而 $F(1)=\dfrac{3\pi}{2}=\arcsin 1+C$,得 $C=\pi$,因此 $F(x)=\arcsin x+\pi$.

486. 设 $f(x)=\begin{cases} 0, & x<0, \\ x+1, & 0\leqslant x\leqslant 1, \\ 2x, & x>1. \end{cases}$　求 $\int f(x)\mathrm{d}x$.

解　设 $F(x)$ 是 $f(x)$ 的一个原函数,则 $F(x)$ 可导,因而也连续,且 $F'(x)=f(x)$. 设当 $x<0,F(x)=C_1$,当 $0<x<1$ 时,$F(x)=\dfrac{1}{2}x^2+x+C_2$,当 $x>1$ 时,

$F(x) = x^2 + C_3.$

其中 C_1, C_2, C_3 为特定系数.

令 $C_1 = 0, \lim\limits_{x \to 0^-} F(x) = 0 = \lim\limits_{x \to 0^+} F(x) = C_2, C_2 = 0,$

$$\lim\limits_{x \to 1^-} F(x) = \frac{1}{2} + 1 = \frac{3}{2} = \lim\limits_{x \to 1^+} (2x^2 + C_3) = 1 + C_3, C_3 = \frac{1}{2}$$

得

$$F(x) = \begin{cases} 0, & x < 0 \\ \dfrac{1}{2}x^2 + x, & 0 \leqslant x < 1 \\ x^2 + \dfrac{1}{2}, & x > 1 \end{cases}$$

于是

$$\int f(x)\mathrm{d}x = F(x) + C = \begin{cases} C, & x < 0 \\ \dfrac{x^2}{2} + x + C, & 0 \leqslant x < 1 \\ x^2 + \dfrac{1}{2} + C, & x > 1 \end{cases}$$

C 为任意常数.

487. 求 $\displaystyle\int \max\{x^3, x^2, 1\}\mathrm{d}x.$

解 令 $\varphi(x) = \max\{x^3, x^2, 1\}$,则

$$\varphi(x) = \begin{cases} x^3, & x > 1 \\ 1, & -1 \leqslant x \leqslant 1 \\ x^2, & x < -1 \end{cases}$$

设 $F(x)$ 为 $\varphi(x)$ 的一个原函数,则有

扫码获取本书资源

$$F(x) = \begin{cases} \dfrac{1}{3}x^3 + C_1, & x < -1 \\ x + C_2, & -1 \leqslant x \leqslant 1 \\ \dfrac{1}{4}x^4 + C_3, & x > 1 \end{cases}$$

其中,C_1, C_2, C_3 为待定常数.

因为原函数连续,所以

$$\lim\limits_{x \to 1-0} (x + C_2) = \lim\limits_{x \to 1+0} (\frac{1}{4}x^4 + C_3), \ \lim\limits_{x \to -1+0} (x + C_2) = \lim\limits_{x \to -1-0} (\frac{1}{3}x^3 + C_1)$$

因此 $C_3 = \dfrac{3}{4} + C_2, C_1 = -\dfrac{2}{3} + C_2.$

$$\int \max\{x^3, x^2, 1\}\mathrm{d}x = \begin{cases} \dfrac{1}{3}x^3 - \dfrac{2}{3} + C, & x < -1 \\ x + C, & -1 \leqslant x \leqslant 1 \\ \dfrac{1}{4}x^4 + \dfrac{3}{4} + C, & x > 1 \end{cases}$$

注 如果一个函数存在间断点,那么此函数在其间断点所在的区间上就不一定存在原函数.所以在求分段函数的不定积分时,一定要注意考虑间断点处的情况.

488. 证明函数 $\operatorname{sgn} x, x \in [-1, 1]$ 不存在原函数 $F(x).$

证 若存在 $F(x)$ 使 $F'(x) = \operatorname{sgn} x, x \in [-1, 1]$,则由微分中值定理可得

$$F'_+(0) = \lim_{x \to 0^+} \frac{F(x) - F(0)}{x} = \lim_{x \to 0^+} F'(\xi_1) = \lim_{\xi_1 \to 0^+} F'(\xi_1) = 1$$

$$F'_-(0) = \lim_{x \to 0^-} \frac{F(x) - F(0)}{x} = \lim_{x \to 0^-} F'(\xi_2) = \lim_{\xi_2 \to 0^-} F'(\xi_2) = -1$$

说明 $F(x)$ 在 $x = 0$ 处不可导，与 $F'(x) = \mathrm{sgn}x, x \in [-1,1]$ 矛盾. 所以 $\mathrm{sgn}x$, $x \in [-1,1]$ 不存在原函数.

§2　不定积分的求法

【考点综述】

不定积分的求法有以下几种：

1. 直接积分法

2. 换元积分法

(1) 第一换元积分法(即"凑微分"法).

如何"凑微分"方法灵活多样，常见的可归类如下：

$$\int f(ax + b)\mathrm{d}x = \frac{1}{a}\int f(ax + b)\mathrm{d}(ax + b) \quad (a \neq 0)$$

$$\int x^n f(ax^{n+1} + b)\mathrm{d}x = \frac{1}{a(n+1)}\int f(ax^{n+1} + b)\mathrm{d}(ax^{n+1} + b) \quad (a \neq 0)$$

$$\int a^x f(a^x + b)\mathrm{d}x = \frac{1}{\ln a}\int f(a^x + b)\mathrm{d}(a^x + b) \quad (a > 0 \text{ 且 } a \neq 1)$$

$$\int \frac{1}{x} f(\ln x + b) = \int f(\ln x + b)\mathrm{d}(\ln x + b)$$

$$\int f(\sin x)\cos x\mathrm{d}x = \int f(\sin x)\mathrm{d}(\sin x)$$

$$\int f(\cos x)\sin x\mathrm{d}x = -\int f(\cos x)\mathrm{d}(\cos x)$$

$$\int \frac{1}{\cos^2 x} f(\tan x)\mathrm{d}x = \int f(\tan x)\mathrm{d}(\tan x) \text{ 等等}$$

(2) 第二换元积分法.

第二换元法较多地用于无理函数的积分，通过变换去掉被积函数中的根号，简化积分.

对于同一个积分，可能存在着不同的代换法，究竟选用什么样的变换才能奏效，完全由被积函数的特点所决定，可以灵活考虑。

3. 分部积分法

分部积分法主要用于被积式中含有对数函数、反三角函数、幂函数、三角函数或指数函数因子的情形，按"对反幂三指"的优先顺序选择 u 而使用分部积分法.

4. 有理函数的积分 $\int \dfrac{P(x)}{Q(x)}\mathrm{d}x$

这种类型积分的处理，一般来说，是把真分式 $\dfrac{P(x)}{Q(x)}$(若 $\dfrac{P(x)}{Q(x)}$ 是假分式，可化为多项式与真分式之和)分解为若干简单的部分分式之和，再分别求出每一部分的积分.

5. 三角函数有理式的积分 $\int R(\sin x, \cos x)\mathrm{d}x$

此类积分，一般通过万能代换 $t = \tan\dfrac{x}{2}$，可把它化为有理函数的不定积分. 但并不一定简便，所以在具体计算时，应视被积函数的特点采用更为灵活简便的代换.

6. 某些无理根式的不定积分

(1) $\int R\left(x, \sqrt[n]{\dfrac{ax+b}{cx+d}}\right)\mathrm{d}x$ 型不定积分 $(ad-bc \neq 0)$. 用代换 $t = \sqrt[n]{\dfrac{ax+b}{cx+d}}$ 可化为有理函数的不定积分.

(2) $\int R(x, \sqrt{ax^2+bx+c})\mathrm{d}x$ 型不定积分. 可先通过配方、换元化为以下三种类型之一：

$$\int R(u, \sqrt{u^2 \pm k^2})\mathrm{d}u, \int R(u, \sqrt{k^2-u^2})\mathrm{d}u$$

再分别令 $u = k\tan t, u = k\sec t, u = k\sin t$ 后，可化为三角有理式的不定积分.

二、解题方法

1. 考点 1　求不定积分

解题方法①用基本公式(见下面第 489 题)；②分部积分法(见下面第 493 题)；③凑微分法(见下面第 494 题)；④换元法(见下面第 490 题).

2. 考点 2　建立递推公式或证明等式.

【经典题解】

489. **(北京大学)**　试求不定积分 $\int(\cos^4 x - \sin^4 x)\mathrm{d}x$ 与 $\int(\cos^4 x + \sin^4 x)\mathrm{d}x$，进而求出不定积分 $\int \cos^4 x\mathrm{d}x$ 与 $\int \sin^4 x\mathrm{d}x$.

解　因为 $\cos^4 x - \sin^4 x = (\cos^2 x + \sin^2 x)(\cos^2 x - \sin^2 x) = \cos^2 x - \sin^2 x = \cos 2x$

$$\cos^4 x + \sin^4 x = (\cos^2 x + \sin^2 x)^2 - 2\sin^2 x \cos^2 x =$$

$$1 - \frac{1}{2}\sin^2 2x = \frac{3}{4} + \frac{1}{4}\cos 4x.$$

所以 $\int(\cos^4 x - \sin^4 x)\mathrm{d}x = \int\cos 2x\mathrm{d}x = \dfrac{1}{2}\sin 2x + C$　　　　　　①

$$\int(\cos^4 x + \sin^4 x)\mathrm{d}x = \int\left(\frac{3}{4} + \frac{1}{4}\cos 4x\right)\mathrm{d}x = \frac{3}{4}x + \frac{1}{16}\sin 4x + C \qquad ②$$

其中，C 为非零常数.

$\dfrac{1}{2}\sin 2x, \dfrac{3}{4} + \dfrac{1}{10}\sin 4x$ 分别是 $\cos^4 x - \sin^4 x$ 和 $\cos^4 x + \sin^4 x$ 的一个原函数，相加减. 可得

$$\int\cos^4 x\mathrm{d}x = \frac{3}{8}x + \frac{1}{4}\sin 2x + \frac{1}{32}\sin 4x + C$$

$$\int\sin^4 x\mathrm{d}x = \frac{3}{8}x - \frac{1}{4}\sin 2x + \frac{1}{32}\sin 4x + C$$

490. **(华东师范大学)**　计算 $\int\dfrac{\cos x \sin^3 x}{1+\cos^2 x}\mathrm{d}x$.

解　$\displaystyle\int\frac{\cos x\sin^3 x}{1+\cos^2 x}dx=$

$\displaystyle\int\frac{\cos x(1-\cos^2 x)}{1+\cos^2 x}d(-\cos x)\xrightarrow{\text{令 }t=\cos x}-\int\frac{t(1-t^2)}{1+t^2}dt=$

$\displaystyle\int[t-\frac{2t}{1+t^2}]dt=\int tdt-\int\frac{2t}{1+t^2}dt=$

$\displaystyle\frac{1}{2}t^2-\ln(1+t^2)+C=\frac{1}{2}\cos^2 x-\ln(1+\cos^2 x)+C.$

其中, C 为任意常数.

491. (华东水利电力学院)　计算不定积分 $\displaystyle\int\frac{\arctan x}{x^2(1+x^2)}dx.$

解　原式 $\displaystyle=\int\frac{\arctan x}{x^2}dx-\int\frac{\arctan x}{1+x^2}dx=$

$\displaystyle-\int\arctan xd(\frac{1}{x})-\int\arctan xd(\arctan x)=$

$\displaystyle-\frac{\arctan x}{x}+\int\frac{1}{x}\cdot d(\arctan x)-\frac{1}{2}(\arctan x)^2=$

$\displaystyle-\frac{\arctan x}{x}-\frac{1}{2}(\arctan x)^2+\int\frac{1}{x(1+x^2)}dx=$

$\displaystyle-\frac{\arctan x}{x}-\frac{1}{2}(\arctan x)^2+\frac{1}{2}\int(\frac{1}{x^2}-\frac{1}{1+x^2})d(x^2)=$

$\displaystyle-\frac{\arctan x}{x}-\frac{1}{2}(\arctan x)^2+\frac{1}{2}\ln\frac{x^2}{1+x^2}+C.$

492. (复旦大学)　求不定积分 $\displaystyle\int x\ln\frac{1+x}{1-x}dx.$

解　$\displaystyle\int x\cdot\ln\frac{1+x}{1-x}dx=\int\ln\frac{1+x}{1-x}d(\frac{x^2}{2})=$

$\displaystyle\frac{x^2}{2}\ln\frac{1+x}{1-x}-\int\frac{x^2}{1-x^2}dx=\frac{x^2}{2}\ln\frac{1+x}{1-x}+\int(1-\frac{1}{1-x^2})dx=$

$\displaystyle\frac{x^2}{2}\ln\frac{1+x}{1-x}+x-\frac{1}{2}\ln\frac{1+x}{1-x}+C$

493. (华东师范大学)　求不定积分 $\displaystyle\int\frac{\ln(1+x)}{x^2}dx.$

解　$\displaystyle\int\frac{\ln(1+x)}{x^2}dx=-\int\ln(1+x)d(\frac{1}{x})=$

$\displaystyle-\frac{1}{x}\ln(1+x)+\int\frac{1}{x}d(\ln(1+x))=$

$\displaystyle-\frac{1}{x}\ln(1+x)+\int\frac{1}{x(1+x)}dx=$

$\displaystyle-\frac{1}{x}\ln(1+x)+\int(\frac{1}{x}-\frac{1}{x+1})dx=$

$\displaystyle-\frac{1}{x}\ln(1+x)+\ln\left|\frac{x}{x+1}\right|+C.$

494. (华东师范大学)　计算 $\displaystyle\int\frac{x^3}{\sqrt{1+x^2}}dx.$

解
$$\int \frac{x^3}{\sqrt{1+x^2}}dx = \int \frac{x^2}{\sqrt{1+x^2}} \cdot \frac{1}{2}d(x^2) =$$
$$\frac{1}{2}\int(\sqrt{1+x^2} - \frac{1}{\sqrt{1+x^2}})d(x^2) =$$
$$\frac{1}{2}\int(\sqrt{1+x^2} - \frac{1}{\sqrt{1+x^2}})d(1+x^2) =$$
$$\frac{1}{3}(1+x^2)^{\frac{3}{2}} - \sqrt{1+x^2} + C.$$

495. (山东大学) 求积分 $\int \tan^4 x dx$.

解
$$\int \tan^4 x dx = \int \tan^2 x(\sec^2 x - 1)dx =$$
$$\int \tan^2 x \sec^2 x dx - \int(\sec^2 x - 1)dx =$$
$$\int \tan^2 x d(\tan x) - \tan x + x =$$
$$\frac{1}{3}\tan^3 x - \tan x + x + C$$

496. (清华大学) 计算 $\int \frac{xe^x}{\sqrt{e^x - 2}}dx (x > 1)$.

解 令 $\sqrt{e^x - 2} = u, e^x = u^2 + 2$　$x = \ln(u^2+2), dx = \frac{2udu}{u^2+2}$.
$$\int \frac{xe^x}{\sqrt{e^x - 2}}dx = 2\int \ln(2+u^2)du =$$
$$2u\ln(2+u^2) - 4\int \frac{u^2}{2+u^2}du =$$
$$2u\ln(2+u^2) - 4\int(1 - \frac{2}{2+u^2})du =$$
$$2u\ln(2+u^2) - 4u + \frac{8}{\sqrt{2}}\arctan \frac{u}{\sqrt{2}} + C =$$
$$2\sqrt{e^x - 2}(x-2) + 4\sqrt{2}\arctan\sqrt{\frac{1}{2}e^x - 1} + C.$$

497. (上海交通大学) 求 (1) $\int \frac{x^2+1}{x\sqrt{1+x^2}}dx$; (2) $\int \frac{x+\sin x}{1+\cos x}dx$.

解 (1) 令 $t = \sqrt{1+x^2}$, 得
$$\int \frac{x^2+1}{x\sqrt{1+x^2}}dx = \int \frac{t^2}{t^2-1}dt = t + \frac{1}{2}\ln\left|\frac{t-1}{t+1}\right| + C = \sqrt{1+x^2} + \frac{1}{2}\ln$$

$$\frac{\sqrt{1+x^2} - 1}{\sqrt{1+x^2} + 1} + C.$$

(2) $\int \frac{x+\sin x}{1+\cos x}dx = \int \frac{x}{2\cos^2 \frac{x}{2}}dx + \int \frac{\sin x}{1+\cos x}dx =$

$$\int x \mathrm{d}(\tan \frac{x}{2}) - \int \frac{1}{1+\cos x} \mathrm{d}(1+\cos x) =$$

$$x \tan \frac{x}{2} - \int \tan \frac{x}{2} \mathrm{d}x - \ln(1+\cos x) =$$

$$x \tan \frac{x}{2} + 2 \ln \cos \frac{x}{2} - \ln(1+\cos x) + C$$

498.（北京工业学院） 建立 $I_n = \int \dfrac{\mathrm{d}x}{x^n \sqrt{x^2+1}}$ 的递推公式.

解 $\quad I_{n-2} = \int \dfrac{\mathrm{d}x}{x^{n-2} \sqrt{x^2+1}} = \int \dfrac{1}{x^{n-1}} \mathrm{d}(\sqrt{x^2+1}) =$

$$\frac{\sqrt{x^2+1}}{x^{n-1}} - (1-n) \int \sqrt{x^2+1} \frac{1}{x^n} \mathrm{d}x =$$

$$\frac{\sqrt{x^2+1}}{x^{n-1}} + (n-1) \int \frac{x^2+1}{x^n \sqrt{x^2+1}} \mathrm{d}x =$$

$$\frac{\sqrt{x^2+1}}{x^{n-1}} + (n-1)(I_{n-2} + I_n).$$

解得 $\quad I_n = -\dfrac{\sqrt{x^2+1}}{(n-1)x^{n-1}} + \dfrac{2-n}{n-1} I_{n-2}.$

499.（华中工学院） 计算 $\int e^x \dfrac{1+\sin x}{1+\cos x} \mathrm{d}x.$

解 1 原式 =

$$\int e^x \frac{(1+\sin x)(1-\cos x)}{1-\cos^2 x} \mathrm{d}x = \int e^x \frac{1+\sin x - \cos x - \sin x \cos x}{\sin^2 x} \mathrm{d}x =$$

$$\int \frac{e^x}{\sin^2 x} \mathrm{d}x + \int \frac{e^x}{\sin x} \mathrm{d}x - \int e^x \frac{\cos x}{\sin^2 x} \mathrm{d}x - \int e^x \cot x \mathrm{d}x =$$

$$\int e^x \mathrm{d}(-\cot x) + \int \frac{e^x}{\sin x} \mathrm{d}x - \int e^x \mathrm{d}(-\frac{1}{\sin x}) - \int e^x \cot x \mathrm{d}x =$$

$$-e^x \cot x + \int e^x \cot x \mathrm{d}x + \int \frac{e^x}{\sin x} \mathrm{d}x + \frac{e^x}{\sin x} - \int \frac{e^x}{\sin x} \mathrm{d}x - \int e^x \cot x \mathrm{d}x =$$

$$\frac{e^x}{\sin x} - e^x \cot x + C.$$

解 2 $\quad \dfrac{1+\sin x}{1+\cos x} = \dfrac{(\cos \frac{x}{2} + \sin \frac{x}{2})^2}{2\cos^2 \frac{x}{2}} = \dfrac{1}{2}(1+\tan \frac{x}{2})^2 =$

$$\frac{1}{2}(\sec^2 \frac{x}{2} + 2\tan \frac{x}{2})$$

故原式 $= \dfrac{1}{2} \int e^x \sec^2 \dfrac{x}{2} \mathrm{d}x + \int e^x \tan \dfrac{x}{2} \mathrm{d}x =$

$$e^x \tan \frac{x}{2} - \int e^x \tan \frac{x}{2} \mathrm{d}x + \int e^x \tan \frac{x}{2} \mathrm{d}x + C =$$

$$e^x \tan \frac{x}{2} + C.$$

500. (**西安交通大学**)　求 $\int t^a \ln t \mathrm{d}t (a$ 为常数).

解　(1) 当 $a = -1$ 时, $\int t^a \ln t \mathrm{d}t = \int \dfrac{\ln t}{t} \mathrm{d}t = \int \ln t \mathrm{d}(\ln t) = \dfrac{1}{2}(\ln t)^2 + C.$

(2) 当 $a \neq -1$ 时, 有

$$\int t^a \ln t \mathrm{d}t = \frac{1}{a+1} \int \ln t \mathrm{d}(t^{a+1}) = \frac{1}{a+1}(t^{a+1} \ln t - \int t^a \mathrm{d}t) =$$

$$\frac{t^{a+1}}{a+1}(\ln t - \frac{1}{a+1}) + C$$

故
$$\int t^a \ln t \mathrm{d}t = \begin{cases} \dfrac{t^{a+1}}{a+1}(\ln t - \dfrac{1}{a+1}) + C, & a \neq -1 \\ \dfrac{1}{2}(\ln t)^2 + C, & a = -1 \end{cases}$$

501. (**大连铁道学院**)　计算 $\int \dfrac{\mathrm{d}x}{(2 + \cos x)\sin x}.$

解法 1　令 $t = \cos x$, 则 $\mathrm{d}t = -\sin x \mathrm{d}x$, 有

$$\int \frac{\mathrm{d}x}{(2+\cos x)\sin x} = -\int \frac{\mathrm{d}\cos x}{(2+\cos x)\sin^2 x} = -\int \frac{1}{(2+t)(1-t^2)} \mathrm{d}t =$$

$$\int \left[\frac{\frac{1}{3}}{2+t} + \frac{-\frac{1}{2}}{1+t} + \frac{-\frac{1}{6}}{1-t} \right] \mathrm{d}t =$$

$$\frac{1}{3}\ln(2+t) - \frac{1}{2}\ln(1+t) + \frac{1}{6}\ln(1-t) + C =$$

$$\frac{1}{3}\ln(2+\cos x) - \frac{1}{2}\ln(1+\cos x) + \frac{1}{6}\ln(1-\cos x) + C$$

解法 2　令 $t = \tan \dfrac{x}{2}$, 则 $\sin x = \dfrac{2t}{1+t^2}, \cos x = \dfrac{1-t^2}{1+t^2}, \mathrm{d}x = \dfrac{2}{1+t^2} \mathrm{d}t$, 有

$$\int \frac{1}{(2+\cos x)\sin x} \mathrm{d}x = \int \frac{1+t^2}{t(3+t^2)} \mathrm{d}t = \frac{1}{2} \int \frac{1+t^2}{t^2(3+t^2)} \mathrm{d}(t^2) =$$

$$\frac{1}{2} \int \left[\frac{\frac{1}{3}}{t^2} + \frac{\frac{2}{3}}{3+t^2} \right] \mathrm{d}(t^2) = \frac{1}{6}\ln t^2 + \frac{1}{3}\ln(3+t^2) + C =$$

$$\frac{1}{6}\ln(\tan^2 \frac{x}{2}) + \frac{1}{3}\ln(3 + \tan^2 \frac{x}{2}) + C.$$

注: 本题两种解法所得到的结果从表达式上看不一样, 但都是正确的(可以通过求导的方法去验证), 这是在求解不定积分问题时经常会碰到的.

502. (**复旦大学**)　求不定积分 $\int \dfrac{\ln(\sin x)}{\sin^2 x} \mathrm{d}x.$

解
$$\int \frac{\ln(\sin x)}{\sin^2 x} \mathrm{d}x = \int \ln(\sin x) \mathrm{d}(-\cot x) =$$

$$-\cot x \cdot \ln(\sin x) + \int \cot x \cdot \frac{\cos x}{\sin x} \mathrm{d}x =$$

$$-\cot x \cdot \ln(\sin x) + \int (\csc^2 x - 1) \mathrm{d}x =$$

$$-\cot x \cdot \ln(\sin x) - \cot x - x + C.$$

503. (**四川联合大学**) 计算不定积分

$$I = \int \frac{1}{(1+x^2)^{\frac{3}{2}}} e^{3\arctan x} dx.$$

解 令 $t = \arctan x$,则 $x = \tan t$,有

$$I = \int \frac{1}{(1+\tan^2 t)^{\frac{3}{2}}} e^{3t} \cdot \sec^2 t \, dt = \int e^{3t} \cos t \, dt =$$

$$e^{3t} \sin t - 3 \int e^{3t} \sin t \, dt =$$

$$e^{3t} \sin t - 3e^{3t} \cdot \cos t + 9 \int e^{3t} \cos t \, dt,$$

所以 $$I = \frac{1}{8} e^{3t} (3\cos t - \sin t) + C =$$

$$\frac{1}{8} e^{3\arctan x} \cdot \frac{3-x}{\sqrt{x^2+1}} + C$$

504. (**四川联合大学**) 求不定积分 $\int (\ln\ln x + \frac{1}{\ln x}) dx$.

解 令 $t = \ln x$,则 $x = e^t$,有

$$\int (\ln\ln x + \frac{1}{\ln x}) dx = \int (\ln t + \frac{1}{t}) e^t \, dt = \int \ln t \cdot e^t \, dt + \int \frac{e^t}{t} dt =$$

$$e^t \ln t - \int e^t \frac{1}{t} dt + \int \frac{e^t}{t} dt =$$

$$e^t \ln t + C =$$

$$x \ln\ln x + C$$

解2 原式 $= x\ln\ln x - \int x \frac{1}{\ln x} \frac{1}{x} dx + \int \frac{dx}{\ln x} =$

$$x\ln\ln x + C.$$

505. (**湖北大学**) 导出不定积分 $I_n = \int (\ln x)^n dx$ 的递推式(n 为自然数).

解 $I_n = \int (\ln x)^n dx = x(\ln x)^n - \int xn(\ln x)^{n-1} \frac{1}{x} dx =$

$$x(\ln x)^n - n \int (\ln x)^{n-1} dx = x(\ln x)^n - nI_{n-1}$$

即 $I_n = x(\ln x)^n - nI_{n-1}, n$ 为自然数.

506. (**浙江大学**) 求 $\int \frac{x dx}{x^3 - 3x + 2}$.

解 $x^3 - 3x + 2 = x^3 - 1 - 3x + 3 = (x-1)^2(x+2)$

令 $$\frac{x}{x^3 - 3x + 2} = \frac{A}{x+2} + \frac{B}{x-1} + \frac{C}{(x-1)^2}$$

则 $$x = A(x-1)^2 + B(x-1)(x+2) + C(x+2) \qquad ①$$

在式 ① 中分别令 $x = 1, x = -2, x = 0$ 代入,可解得 $A = -\frac{2}{9}, B = \frac{2}{9}, C = \frac{1}{3}$.

$$\int \frac{x dx}{x^3 - 3x + 2} = -\frac{2}{9} \int \frac{dx}{x+2} + \frac{2}{9} \int \frac{dx}{x-1} + \frac{1}{3} \int \frac{dx}{(x-1)^2} =$$

$$-\frac{2}{9}\ln|x+2|+\frac{2}{9}\ln|x-1|-\frac{1}{3(x-1)}+C$$

507. (浙江大学) 求不定积分$\int \sqrt{1+x^2}\,\mathrm{d}x$.

解 1 令$\mathrm{sh}x=\dfrac{e^x-e^{-x}}{2}$,$\mathrm{ch}x=\dfrac{e^x+e^{-x}}{2}$,则可证

$$\sqrt{1+\mathrm{sh}^2x}=\mathrm{ch}x,(\mathrm{sh}x)'=\mathrm{ch}x$$

$$\int\mathrm{ch}^2x\,\mathrm{d}x=\frac{x}{2}+\frac{1}{4}\mathrm{sh}2x+C$$

那么,作积分变换$x=\mathrm{sh}t$,则

$$\int\sqrt{1+x^2}\,\mathrm{d}x=\int\mathrm{ch}^2t\,\mathrm{d}t=\frac{t}{2}+\frac{1}{4}\mathrm{sh}2t+C \qquad \text{①}$$

由于

$$x+\sqrt{1+x^2}=\mathrm{sh}t+\mathrm{ch}t=e^t$$

因此$t=\ln(x+\sqrt{1+x^2})$, $\qquad\qquad$ ②

$\quad\mathrm{sh}2t=2\mathrm{sh}t\mathrm{ch}t=2x\sqrt{1+x^2}$. $\qquad\qquad$ ③

将式②、式③代入式①得

$$\int\sqrt{1+x^2}\,\mathrm{d}x=\frac{1}{2}\ln(x+\sqrt{1+x^2})+\frac{x}{2}\sqrt{1+x^2}+C$$

解 2 $I=\int\sqrt{1+x^2}\,\mathrm{d}x=x\sqrt{1+x^2}-\int\frac{x^2}{\sqrt{1+x^2}}\,\mathrm{d}x=$

$$x\sqrt{1+x^2}-\int\sqrt{1+x^2}\,\mathrm{d}x+\int\frac{\mathrm{d}x}{\sqrt{1+x^2}}=$$

$$x\sqrt{1+x^2}+\ln(x+\sqrt{1+x^2})-I$$

因此$I=\dfrac{x}{2}\sqrt{1+x^2}+\dfrac{1}{2}\ln(x+\sqrt{1+x^2})+C$

508. (中国地质大学) 计算:$\int\dfrac{\mathrm{d}x}{1+4\cos x}$.

解 令$t=\tan\dfrac{x}{2}$,则$\cos x=\dfrac{1-t^2}{1+t^2}$,$\mathrm{d}x=\dfrac{2\mathrm{d}t}{1+t^2}$,从而

$$\int\frac{\mathrm{d}x}{1+4\cos x}=\int\frac{2}{5-3t^2}\mathrm{d}t=$$

$$-\int\frac{1}{\sqrt5}(\frac{1}{\sqrt3t-\sqrt5}-\frac{1}{\sqrt3t+\sqrt5})\mathrm{d}t=$$

$$-\frac{1}{\sqrt{15}}\ln\frac{\sqrt3t-\sqrt5}{\sqrt3t+\sqrt5}+C=$$

$$\frac{1}{\sqrt{15}}\ln\frac{\sqrt3\tan\dfrac{x}{2}+\sqrt5}{\sqrt3\tan\dfrac{x}{2}-\sqrt5}+C$$

第六章　定积分

§1　定积分的计算

【考点综述】

一、概述

1.定义

设 f 是定义在 $[a,b]$ 上的一个函数,在 (a,b) 内插入 $n-1$ 个分点

$$a = x_0 < x_1 < x_2 < \cdots\cdots < x_{n-1} < x_n = b \qquad ①$$

令 $\|T\| = \max\limits_{1\leqslant i\leqslant n}(x_i - x_{i-1})$,若对 $\forall \varepsilon > 0$,总 $\exists \delta > 0$,使得对 $[a,b]$ 上任意分割 T,以及任取 $\xi_i \in [x_{i-1}, x_i](i=1,2,\cdots,n)$,只要它的细度 $\|T\| < \delta$ 时,都存在实数 J,使 $\left| \sum\limits_{i=1}^{n} f(\xi_i)\Delta x_i - J \right| < \varepsilon$ 成立,则称函数 f 在区间 $[a,b]$ 上可积,数 J 称为 f 在 $[a,b]$ 上的定积分,或称黎曼积分,记作 $J = \int_a^b f(x)\mathrm{d}x$.

2.几何意义

设 $f(x)$ 为闭区间 $[a,b]$ 上的连续函,定积分 $\int_a^b (x)\mathrm{d}x$ 的值是由曲线 $y = f(x)$ 在 x 轴上方部分所有曲边梯形的正面积与下方部分所有曲边梯形的负面积的代数和.

3.函数 $f(x)$ 在区间 $[a,b]$ 上可积的充分条件:

(1) 若 $f(x)$ 在 $[a,b]$ 上连续,则 $f(x)$ 在 $[a,b]$ 上可积;

(2) 若 $f(x)$ 是区间 $[a,b]$ 上只有有限个间断点的有界函数,则 $f(x)$ 在 $[a,b]$ 上可积;

(3) 若 $f(x)$ 是 $[a,b]$ 上的单调函数,则 $f(x)$ 在 $[a,b]$ 上可积.

函数 $f(x)$ 在区间 $[a,b]$ 上可积的必要条件是 $f(x)$ 在 $[a,b]$ 上有界,但有界函数不一定可积.

(4) $f(x)$ 在 $[a,b]$ 上可积 $\Leftrightarrow f$ 在 $[a,b]$ 上几乎处处连续.

4.定积分的基本性质

(1) $\int_a^b kf(x)\mathrm{d}x = k\int_a^b f(x)\mathrm{d}x$;

(2) $\int_a^b [f(x) \pm g(x)]\mathrm{d}x = \int_a^b f(x)\mathrm{d}x \pm \int_a^b g(x)\mathrm{d}x$.

(3) 若 f,g 都在 $[a,b]$ 上可积,则 $f \cdot g$ 在 $[a,b]$ 上也可积.

(4) f 在 $[a,b]$ 上可积 $\Leftrightarrow \forall c \in (a,b)$, f 在 $[a,c]$ 与 $[c,b]$ 上都可积,且 $\int_a^b f(x)\mathrm{d}x = \int_a^c f(x)\mathrm{d}x + \int_c^b f(x)\mathrm{d}x$.

(5) $\int_a^b f(x)\mathrm{d}x = -\int_b^a f(x)\mathrm{d}x$，特别地 $\int_a^a f(x)\mathrm{d}x = 0$.

(6) 如果 $f(x)$ 在区间 $[a,b]$ 上可积，且 $f(x) \geqslant 0$，则 $\int_a^b f(x)\mathrm{d}x \geqslant 0$.

(7) 如果 $f(x)$ 和 $g(x)$ 都在 $[a,b]$ 上可积，且 $f(x) \leqslant g(x)$，则有 $\int_a^b f(x)\mathrm{d}x \leqslant \int_a^b g(x)\mathrm{d}x$.

(8) 若 $f(x)$ 在 $[a,b]$ 上可积，则 $|f(x)|$ 在 $[a,b]$ 上也可积，且 $\left|\int_a^b f(x)\mathrm{d}x\right| \leqslant \int_a^b |f(x)|\mathrm{d}x$.

(9) 估值定理：设 M 和 m 分别是可积函数 $f(x)$ 在区间 $[a,b]$ 上的最大值及最小值，则 $m(b-a) \leqslant \int_a^b f(x)\mathrm{d}x \leqslant M(b-a)$.

(10) 积分第一中值定理：若 $f(x)$ 在 $[a,b]$ 上连续，则至少存在一点 $\xi \in [a,b]$，使得
$$\int_a^b f(x)\mathrm{d}x = f(\xi)(b-a)$$

(11) 推广的积分第一中值定理：若 $f(x)$ 与 $g(x)$ 都在 $[a,b]$ 上连续，且 $g(x)$ 在 $[a,b]$ 上不变号，则至少存在一点 $\xi \in [a,b]$，使得
$$\int_a^b f(x)g(x)\mathrm{d}x = f(\xi)\int_a^b g(x)\mathrm{d}x$$

(12) 积分第二中值定理，若 $f(x)$ 是 $[a,b]$ 上单调函数，$g(x)$ 为可积函数，则 $\exists \xi \in [a,b]$，使得
$$\int_a^b f(x)g(x)\mathrm{d}x = f(a)\int_a^\xi g(x)\mathrm{d}x + f(b)\int_\xi^b g(x)\mathrm{d}x$$

5. 牛顿 - 莱布尼兹公式

若函数 $f(x)$ 在 $[a,b]$ 上连续，$F(x)$ 为 $f(x)$ 的一个原函数，即 $F'(x) = f(x)$，$x \in [a,b]$，且
$$\int_a^b f(x\mathrm{d}x = F(b) - F(a)$$

6. 变限积分

设 $f(x)$ 在 $[a,b]$ 上可积，对于任给 $x \in [a,b]$，$f(x)$ 在 $[a,x]$ 和 $[x,b]$ 上均可积，分别称 $\int_a^x f(t)\mathrm{d}t$ 和 $\int_x^b f(t)\mathrm{d}t$ 为变上限的积分和变下限的积分，统称为变限积分. 若 f 在 $[a,b]$ 上连续，则其变限积分作为关于 x 的函数，在 $[a,b]$ 上处处可导，且
$$\frac{\mathrm{d}}{\mathrm{d}x}\left(\int_a^x f(t)\mathrm{d}t\right) = f(x), \frac{\mathrm{d}}{\mathrm{d}x}\left(\int_x^b f(t)\mathrm{d}t\right) = -f(x)$$

更一般的有
$$\frac{\mathrm{d}}{\mathrm{d}x}\int_{h(x)}^{g(x)} f(t)\mathrm{d}t = f[g(x)]g'(x) - f[h(x)]h'(x)$$

二、解题方法

考点 1 定积分的计算

解题方法:(1) 根据定义计算(见第 523 题);

(2) 利用牛顿 - 莱布尼兹公式(见第 511 题);

(3) 利用分部积分法(见第 556 题);

(4) 利用换元法(见第 549 题);

(5) 恒等变形(见第 536 题);

(6) 利用递推公式(见第 512 题);

(7) 利用奇偶函数(见第 563 题).

考点 2　积分等式或不等式的证法

解题方法:(1) 以上 7 种方法结合,灵活运用(见第 510 题);

(2) 利用积分中值定理(见第 509 题).

考点 3　变上限的积分问题

【经典题解】

509. **(北京大学)**　设 $f \in C([0,1])$,且在 $(0,1)$ 上可微,若有 $8\int_{\frac{7}{8}}^{1} f(x)\mathrm{d}x = f(0)$,证明:存在 $\xi \in (0,1)$,使得 $f'(\xi) = 0$.

证　因为 $f \in C([0,1])$,由积分中值定理可知,存在 $a \in [\frac{7}{8},1]$ 使得

$$f(0) = 8\int_{\frac{7}{8}}^{1} f(x)\mathrm{d}x = 8f(a) \times (1 - \frac{7}{8}) = f(a)$$

又 $f(x)$ 在 $(0,1)$ 上可微,所以 $f(x)$ 在 $(0,a)$ 上可微,由罗尔定理,存在 $\xi \in (0,a) \subset (0,1)$,使得 $f'(\xi) = 0$.

510. **(华中工学院)**　函数 $f(x)$ 在 $[0,1]$ 上有定义且单调不增,证明:对于任何 $a \in (0,1)$,有

$$\int_{0}^{a} f(x)\mathrm{d}x \geqslant a\int_{0}^{1} f(x)\mathrm{d}x$$

证　由 $0 < a < 1$,对 $t > 0$,有 $0 < at < t$.又由于 $f(x)$ 在 $[0,1]$ 上单调不增,有 $f(at) \geqslant f(t)$,从而 $\int_{0}^{a} f(x)\mathrm{d}x \xrightarrow{x = at} a\int_{0}^{1} f(at)\mathrm{d}t \geqslant a\int_{0}^{1} f(t)\mathrm{d}t = a\int_{0}^{1} f(x)\mathrm{d}x$.

511. **(中山大学)**　设 $f(x)$ 在 $[0,+\infty)$ 上单调递增,且只有有限之间断点,则函数 $F(x) = \frac{1}{x}\int_{0}^{x} f(t)\mathrm{d}t$ 在 $[0,+\infty)$ 上(　　).

(A) 连续单调　　　　　　　(B) 连续但不单调

(C) 单调但不连续　　　　　(D) 既不连续又不单调

答　(C). 用特殊值法解,令

$$f(x) = \begin{cases} x, 0 \leqslant x \leqslant 1 \\ x+1, x > 1 \end{cases}$$

则　　　　　　　　　$$F(x) = \begin{cases} \dfrac{x}{2}, 0 \leqslant x \leqslant 1 \\ \dfrac{(x+1)^2}{2x}, x > 1 \end{cases}$$　　　　　　　①

$F(x)$ 在 $x = 1$ 不连续,从而否定 (A)、(B),$F(x)$ 单调递增,又否定 (D),故选 (C).

注 式① 中当 $x \in [0,1]$ 时, $F'(x) > 0$, 当 $x > 1$ 时, $F'(x) = \frac{1}{2}(1 - \frac{1}{x^2}) >$

0, 都是单调的, 且若 $x_1 \in [0,1]$, $x_2 \in (1, +\infty)$, $F(x_1) = \frac{x_1}{2} \leqslant \frac{1}{2}$, 而 $F(x_2) = \frac{x_2}{2} +$

$1 + \frac{1}{2x_2} = \frac{1}{2}(x_2 + \frac{1}{x_2}) + 1 \geqslant 2$, $\therefore F(x_2) > F(x_1)$, 综上即证 $F(x)$ 单调递增.

512. (华中工学院,西北电讯工程学院) 设 $I_n = \int_0^{\frac{\pi}{4}} \tan^n x \, dx$, n 为大于 1 的整数,

计算: $I_n + I_{n-2}$, 并证明: $\dfrac{1}{2(n+1)} < I_n < \dfrac{1}{2(n-1)}$.

解 $I_n + I_{n-2} = \int_0^{\frac{\pi}{4}} \tan^n x \, dx + \int_0^{\frac{\pi}{4}} \tan^{n-2} x \, dx = \int_0^{\frac{\pi}{4}} \tan^{n-2} x \cdot \sec^2 x \, dx$

$= \int_0^{\frac{\pi}{4}} \tan^{n-2} x \, d(\tan x) = \dfrac{1}{n-1} \tan^{n-1} x \Big|_0^{\frac{\pi}{4}} = \dfrac{1}{n-1}$.

因此 $\qquad\qquad\qquad I_{n+2} + I_n = \dfrac{1}{n+1}$

因为当 $0 < x < \dfrac{\pi}{4}$ 时, $0 < \tan x < 1$, 所以

$$\tan^{n+2} x < \tan^n x < \tan^{n-2} x$$

从而可得 $\qquad\qquad I_{n+2} < I_n < I_{n-2}$

于是 $\qquad\qquad I_n + I_{n+2} < 2I_n < I_{n-2} + I_n$

即 $\qquad\qquad \dfrac{1}{2(n+1)} < I_n < \dfrac{1}{2(n-1)}$

513. (合肥工业大学) 设函数 $y = f(x)$ 定义在区间 $[a,b]$ 上, 且对于区间 $[a,b]$
上任意二点 x_1, x_2, 有 $|f(x_1) - f(x_2)| \leqslant |x_1 - x_2|$. 证明:

(1) 对于 (a,b) 内每一点, $f(x)$ 是连续函数;

(2) 如果 $f(x)$ 在 $[a,b]$ 上可积, 则

$$\left| \int_a^b f(x) \, dx - (b-a) f(a) \right| \leqslant \frac{1}{2}(b-a)^2.$$

证 (1) 任给 $x \in (a,b)$, 由题设知
$|\Delta y| = |f(x + \Delta x) - f(x)| \leqslant |\Delta x|$.
于是当 $\Delta x \to 0$ 时, $\Delta y \to 0$, 故 $f(x)$ 连续.

(2) 当 $x \geqslant a$ 时, 有 $|f(x) - f(a)| \leqslant |x - a| = x - a$, 即
$$f(a) - (x-a) \leqslant f(x) \leqslant f(a) + (x-a)$$

两边积分, 可得 $\int_a^b [f(a) - (x-a)] dx \leqslant \int_a^b f(x) \, dx \leqslant \int_a^b [f(a) + (x-a)] dx$

即 $-\dfrac{(b-a)^2}{2} \leqslant \int_a^b f(x) \, dx - (b-a) f(a) \leqslant \dfrac{(b-a)^2}{2}$

故有 $\left| \int_a^b f(x) \, dx - (b-a) f(a) \right| \leqslant \dfrac{1}{2}(b-a)^2$

514. (中国科学院) 设 $f(x)$ 在 $(0, +\infty)$ 上连续可微, 且

$f(0) = 1, x \geqslant 0$ 时, $f(x) > |f'(x)|$, 证明: $x > 0$ 时, $\mathrm{e}^x > f(x)$.

证　由于当 $x \geqslant 0$ 时, $f(x) > |f'(x)|$, 即 $-f(x) < f'(x) < f(x)$.

当 $t > 0$ 时, $f(t) > 0$, 故有 $\dfrac{f'(t)}{f(t)} < 1$, 两边从 0 到 x 积分得, $\displaystyle\int_0^x \dfrac{f'(t)}{f(t)} \mathrm{d}t < \int_0^x \mathrm{d}t$,

其中 $x > 0$, 注意到 $f(0) = 1$, 从而可得 $\ln f(x) < x$, 即 $\mathrm{e}^x > f(x)$.

515.（大连工学院）　设 $f(x)$ 在 $[0,1]$ 上连续, 且 $f(x) > 0$, 证明: $\ln \displaystyle\int_0^1 f(x) \mathrm{d}x \geqslant$

$\displaystyle\int_0^1 \ln f(x) \mathrm{d}x$.

证　记 $A = \displaystyle\int_0^1 f(x) \mathrm{d}x$, 因为 $f(x) > 0$, 故 $A > 0$.

$$\ln \dfrac{f(x)}{A} = \ln[1 + (\dfrac{f(x)}{A} - 1)] \leqslant \dfrac{f(x)}{A} - 1 \qquad\qquad ①$$

两端积分

$$\int_0^1 \ln f(x) \mathrm{d}x - \int_0^1 \ln A \mathrm{d}x \leqslant \dfrac{1}{A} \int_0^1 f(x) \mathrm{d}x - 1 = 0$$

$$\int_0^1 \ln f(x) \mathrm{d}x \leqslant \int_0^1 \ln A \mathrm{d}x = \ln A = \ln \int_0^1 f(x) \mathrm{d}x$$

516.（华中师范大学,南开大学）　设 $f(x)$ 在 $[0,1]$ 上可微, 而且对任何 $x \in (0,$

$1)$, 有 $|f'(x)| \leqslant M$, 求证: 对任何正整数 n 有 $\left| \displaystyle\int_0^1 f(x) \mathrm{d}x - \dfrac{1}{n} \sum_{i=1}^n f(\dfrac{i}{n}) \right| \leqslant \dfrac{M}{n}$

其中 M 是一个与 x 无关的常数.

证　由定积分的性质及积分中值定理, 有

$$\int_0^1 f(x) \mathrm{d}x = \sum_{i=1}^n \int_{\frac{i-1}{n}}^{\frac{i}{n}} f(x) \mathrm{d}x = \sum_{i=1}^n f(\xi_i)(\dfrac{i}{n} - \dfrac{i-1}{n}) = \dfrac{1}{n} \sum_{i=1}^n f(\xi_i)$$

其中 $\xi_i \in [\dfrac{i-1}{n}, \dfrac{i}{n}], i = 1, 2, \cdots, n$

又因为 $f(x)$ 在 $[0,1]$ 上可微, 所以由微分中值定理可知, 存在 $\eta_i \in (\xi_i, \dfrac{i}{n})$, 使得

$$f(\dfrac{i}{n}) - f(\xi_i) = f'(\eta_i)(\dfrac{i}{n} - \xi_i), i = 1, 2, \cdots, n$$

因此　　$\left| \displaystyle\int_0^1 f(x) \mathrm{d}x - \dfrac{1}{n} \sum_{i=1}^n f(\dfrac{i}{n}) \right| = \left| \dfrac{1}{n} \sum_{i=1}^n [f(\xi_i) - \dfrac{1}{n} \sum_{i=1}^n f(\dfrac{i}{n})] \right| =$

$$\dfrac{1}{n} \left| \sum_{i=1}^n [f(\xi_i) - f(\dfrac{i}{n})] \right| = \dfrac{1}{n} \left| \sum_{i=1}^n f'(\eta_i)(\xi_i - \dfrac{i}{n}) \right| \leqslant$$

$$\dfrac{1}{n} \sum_{i=1}^n |f'(\eta_i)|(\dfrac{i}{n} - \xi_i) \leqslant \dfrac{1}{n}(\sum_{i=1}^n M \cdot \dfrac{1}{n}) = \dfrac{M}{n}$$

517.（南京工学院,成都电讯工程学院,西南石油学院）　设 $f(x), g(x)$ 和它们

的平方在 $[a,b]$ 上可积, 证明不等式（Schwarz 不等式）:

$$(\int_a^b f(x) g(x) \mathrm{d}x)^2 \leqslant (\int_a^b [f(x)]^2 \mathrm{d}x)(\int_a^b [g(x)]^2 \mathrm{d}x)$$

证法 1　令 $F(t) = \displaystyle\int_a^t f^2(x) \mathrm{d}x \cdot \int_a^t g^2(x) \mathrm{d}x - [\int_a^t f(x) g(x) \mathrm{d}x]^2$. 则当 $t \geqslant a$ 时, 有

$$F'(t) = \int_a^t [f(t)g(x) - f(x)g(t)]^2 dx \geqslant 0$$

由此可知 $F(t)$ 单调不减，又 $F(a) = 0$，所以 $F(b) \geqslant 0$，即证

$$\left[\int_a^b f(x)g(x)dx\right]^2 \leqslant \int_a^b f^2(x)dx \cdot \int_a^b g^2(x)dx$$

证法 2　$0 \leqslant \int_a^b [f(x) - tg(x)]^2 dx =$

$$\int_a^b f^2(x)dx - 2t\int_a^b f(x)g(x)dx + t^2\int_a^b g^2(x)dx$$

$$\Delta = 4(\int_a^b f(x)g(x)dx)^2 - 4\int_a^b f^2(x)dx\int_a^b g^2(x)dx \leqslant 0$$

于是　　　　　$(\int_a^b f(x)g(x)dx)^2 \leqslant \int_a^b f^2(x)dx \cdot \int_a^b g^2(x)dx$

518. (中国科学院,哈尔滨工业大学)　设 $h(t)$ 是 $[a,b]$ 上正值连续函数,求证:
$\int_a^b h(t)dt\int_a^b \dfrac{1}{h(t)}dt \geqslant (b-a)^2$.

证　在上题 Schwarz 不等式中，令 $f(x) = \sqrt{h(x)}, g(x) = \dfrac{1}{\sqrt{h(x)}}$，即可证.

519. (北京大学)　函数 $f(x)$ 在 $[a,b]$ 上连续,证明不等式:

$$\left[\int_a^b f(x)dx\right]^2 \leqslant (b-a)\int_a^b f^2(x)dx$$

证　在 Schwarz 不等式中取 $g(x) = 1$，即可

520. (中国人民大学)　设 $f(x)$ 是 2π 为周期的黎曼可积函数:

$$a_k = \frac{1}{\pi}\int_0^{2\pi} f(x)\cos kx\,dx, k = 0,1,2,\cdots$$

$$b_k = \frac{1}{\pi}\int_0^{2\pi} f(x)\sin kx\,dx, k = 0,1,2,\cdots$$

$$S_n(x) = \frac{a_0}{2} + \sum_{k=1}^n (a_k\cos kx + b_k\sin kx)$$

$T_n(x) = \sum_{k=0}^n (c_k\cos kx + d_k\sin kx)$ 是任意三角多项式,证明:

$$\int_0^{2\pi} [f(x) - S_n(x)]^2 dx \leqslant \int_0^{2\pi} [f(x) - T_n(x)]^2 dx$$

证　因为 $[f(x) - T_n(x)]^2 = \left[f(x) - \sum_{k=0}^n (c_k\cos kx + d_k\sin kx)\right]^2 =$

$$f^2(x) + c_0^2 + \left[\sum_{k=1}^n (c_k\cos kx + d_k\sin kx)\right]^2 - 2f(x) \cdot c_0$$

$$- 2f(x)\sum_{k=1}^n (c_k\cos kx + d_k\sin kx) + 2c_0\left[\sum_{k=1}^n (c_k\cos kx + d_k\sin kx)\right],$$

所以 $\dfrac{1}{2\pi}\int_0^{2\pi} [f(x) - T_n(x)]^2 dx =$

$$\frac{1}{2\pi}\int_0^{2\pi} f^2(x)dx + c_0^2 + \frac{1}{2}\sum_{k=1}^n (c_k^2 + d_k^2) - a_0 c_0 - \sum_{k=1}^n (a_k c_k + b_k d_k) =$$

$$\frac{1}{2\pi}\int_0^{2\pi}f^2(x)\mathrm{d}x+(c_0-\frac{a_0}{2})^2+\frac{1}{2}\sum_{k=1}^n[(c_k-a_k)^2+(\mathrm{d}_k-b_k)^2]-\frac{1}{2}\sum_{k=1}^n(a_k^2+b_k^2)$$

$$-\frac{a_0^2}{4}\geqslant\frac{1}{2\pi}\int_0^{2\pi}f^2(x)\mathrm{d}x-\frac{a_0^2}{4}-\frac{1}{2}\sum_{k=1}^n(a_k^2+b_k^2).$$

而$[f(x)-S_n(x)]^2=\left\{f(x)-[\frac{a_0}{2}+\sum_{k=1}^n(a_k\cos kx+b_k\sin kx)]\right\}^2=$

$$f^2(x)+\frac{a_0^2}{4}+[\sum_{k=1}^n(a_k\cos kx+b_k\sin kx)]^2-a_0f(x)-$$

$$2(f(x)-\frac{a_0}{2})[\sum_{k=1}^n(a_k\cos kx+b_k\sin kx)],$$

所以$\frac{1}{2\pi}\int_0^{2\pi}[f(x)-S_n(x)]^2\mathrm{d}x=\frac{1}{2\pi}\int_0^{2\pi}f^2(x)\mathrm{d}x+\frac{a_0^2}{4}+\frac{1}{2}\sum_{k=1}^n(a_k^2+b_k^2)-$

$a_0\cdot\frac{a_0}{2}-\sum_{k=1}^n(a_k^2+b_k^2)=\frac{1}{2\pi}\int_0^{2\pi}f^2(x)\mathrm{d}x-\frac{a_0^2}{4}-\frac{1}{2}\sum_{k=1}^n(a_k^2+b_k^2)$

因此$\int_0^{2\pi}[f(x)-S_n(x)]^2\mathrm{d}x\leqslant\int_0^{2\pi}[f(x)-T_n(x)]^2\mathrm{d}x$

521.（哈尔滨工业大学） 设 $f(x)$ 和 $g(x)$ 在 $[a,b]$ 上连续，证明：

$\lim\limits_{d\to0}\sum\limits_{i=0}^{n-1}f(\xi_i)g(\theta_i)\Delta x_i=\int_a^bf(x)g(x)\mathrm{d}x$，其中 $x_i\leqslant\xi_i,\theta_i\leqslant x_{i+1}(i=1,2,\cdots,n-1)$，

$\Delta x_i=x_{i+1}-x_i,x_0=a,x_n=b,\mathrm{d}=\max\limits_{0\leqslant i\leqslant n-1}\Delta x_i$.

证 不妨令 $\int_a^b|f(x)|\mathrm{d}x=M$. 当 $M=0$ 时，$f(x)\equiv0$，结论显然成立，所以不妨设 $M>0$.

因为 $g(x)$ 在 $[a,b]$ 上连续，从而一致连续，所以 $\forall\varepsilon>0,\exists\delta>0$，当 $|\xi_i-\theta_i|<\delta$ 时，

$$|g(\xi_i)-g(\theta_i)|<\frac{\varepsilon}{M},i=0,1,2,\cdots,n-1$$

所以 $\left|\sum\limits_{i=0}^{n-1}f(\xi_i)[g(\xi_i)-g(\theta_i)]\Delta x_i\right|\leqslant$

$$\sum_{i=0}^{n-1}|f(\xi_i)|\cdot|g(\xi_i)-g(\theta_i)|\cdot\Delta x_i<\frac{\varepsilon}{M}\sum_{i=0}^{n-1}|f(\xi_i)|\Delta x_i.$$

$$\lim_{d\to0}\left|\sum_{i=0}^{n-1}f(\xi_i)[g(\xi_i)-g(\theta_i)]\Delta x_i\right|\leqslant\lim_{d\to0}\frac{\varepsilon}{M}\cdot\sum_{i=0}^{n-1}|f(\xi_i)|\Delta x_i=$$

$\frac{\varepsilon}{M}\lim\limits_{d\to0}\sum\limits_{i=0}^{n-1}|f(\xi_i)|\Delta x_i=\frac{\varepsilon}{M}\int_a^b|f(x)|\mathrm{d}x=\frac{\varepsilon}{M}\cdot M=\varepsilon$

由 ε 的任意性，可知

$$\lim_{d\to0}\left|\sum_{i=0}^{n-1}f(\xi_i)[g(\xi_i)-g(\theta_i)]\Delta x_i\right|=0$$

所以 $\lim\limits_{d\to0}\sum\limits_{i=0}^{n-1}f(\xi_i)g(\theta_i)\Delta x_i=\lim\limits_{d\to0}\sum\limits_{i=0}^{n-1}f(\xi_i)g(\xi_i)\Delta x_i=$

$$\int_a^b f(x)g(x)\mathrm{d}x$$

522.(上海师范大学)　证明:若 $f(x)$ 为 $[0,1]$ 上的连续函数,且对一切 $x \in [0,1]$ 有 $\int_0^x f(u)\mathrm{d}u \geqslant f(x) \geqslant 0$,则 $f(x) \equiv 0$.

证　显然 $f(0) = 0$,对任意 $x_0 \in (0,1)$,有

$$0 \leqslant f(x_0) \leqslant \int_0^{x_0} f(u)\mathrm{d}u = f(\xi_1)x_0,\text{其中 } 0 \leqslant \xi_1 \leqslant x_0$$

而 $f(x)$ 在 $[0,1]$ 上连续,所以 $f(x)$ 在 $[0,1]$ 上存在最大值 M.

对于上面的 ξ_1,有 $0 \leqslant f(\xi_1) \leqslant \int_0^{\xi_1} f(u)\mathrm{d}u = f(\xi_2) \cdot \xi_1$,其中 $0 \leqslant \xi_2 \leqslant \xi_1$,得

$$0 \leqslant f(x_0) \leqslant f(\xi_2)\xi_1 \cdot x_0 \leqslant f(\xi_2)x_0^2$$

……

依次进行下去,可知存在 $\xi_n \in [0,x_0]$,使得 $0 \leqslant f(x_0) \leqslant f(\xi_n)x_0^n \leqslant Mx_0^n$.

当 $n \to +\infty$ 时,有 $\lim\limits_{n\to+\infty} Mx_0^n = 0$,所以 $f(x_0) = 0$.

又 $f(x)$ 连续,所以 $f(1) = \lim\limits_{x\to1^-} f(x) = 0$. 得

对一切 $x \in [0,1]$,有 $f(x) \equiv 0$.

523.(北京师范学院)　求 A,B,使得 $A \leqslant \int_0^1 \sqrt{1+x^4}\mathrm{d}x \leqslant B$,要求 $B-A \leqslant 0.1$.

解　将区间 $[0,1]$ n 等分,由定积分的定义可得 $\int_0^1 \sqrt{1+x^4}\mathrm{d}x = \dfrac{1}{n}\sum\limits_{i=1}^n f(\xi_i)$,其中 $\dfrac{i-1}{n} \leqslant \xi_i \leqslant \dfrac{i}{n}$, $i = 1,2,\cdots,n$,因为函数 $f(x) = \sqrt{1+x^4}$ 在 $[0,1]$ 上单调递增,所以

$$f(\frac{i-1}{n}) \leqslant f(\xi_i) \leqslant f(\frac{i}{n}), i = 1,2,\cdots,n$$

从而　　　　　$\dfrac{1}{n}\sum\limits_{i=1}^n f(\frac{i-1}{n}) \leqslant \int_0^1 \sqrt{1+x^4}\mathrm{d}x \leqslant \dfrac{1}{n}\sum\limits_{i=1}^n f(\frac{i}{n})$

此时　　$\dfrac{1}{n}\sum\limits_{i=1}^n f(\frac{i}{n}) - \dfrac{1}{n}\sum\limits_{i=1}^n f(\frac{i-1}{n}) = \dfrac{1}{n}[f(1)-f(0)] = \dfrac{1}{n}(\sqrt{2}-1)$

取 $n = 5$,令 $A = \dfrac{1}{5}\sum\limits_{i=1}^5 f(\frac{i-1}{5})$, $B = \dfrac{1}{5}\sum\limits_{i=1}^5 f(\frac{i}{5})$,则必有

$$A \leqslant \int_0^1 \sqrt{1+x^4}\mathrm{d}x \leqslant B,\text{且 } B-A = \dfrac{1}{5}(\sqrt{2}-1) < 0.1$$

524.(清华大学)　设 $f(x)$ 的一阶导数在 $[0,1]$ 上连续,且

$$f(0) = f(1) = 0,\text{求证:} \left| \int_0^1 f(x)\mathrm{d}x \right| \leqslant \dfrac{1}{4}\max_{0\leqslant x\leqslant1} |f'(x)|$$

证　由于 $\int_0^1 f(x)\mathrm{d}x = \int_0^1 f(x)\mathrm{d}(x-\dfrac{1}{2}) =$

$$f(x)(x-\dfrac{1}{2})\Big|_0^1 - \int_0^1 (x-\dfrac{1}{2})f'(x)\mathrm{d}x = -\int_0^1 (x-\dfrac{1}{2})f'(x)\mathrm{d}x$$

因此由积分中值定理及基本积分不等式,有

$$\Big| \int_0^1 f(x)\mathrm{d}x \Big| \leqslant \int_0^1 |(x-\frac{1}{2})f'(x)|\,\mathrm{d}x = \int_0^1 |f'(x)| \cdot |x-\frac{1}{2}|\,\mathrm{d}x =$$

$$|f'(\xi)| \cdot \int_0^1 |x-\frac{1}{2}|\,\mathrm{d}x, \xi \in [0,1].$$

而 $\int_0^1 |x-\frac{1}{2}|\,\mathrm{d}x = \int_0^{\frac{1}{2}} (\frac{1}{2}-x)\mathrm{d}x + \int_{\frac{1}{2}}^1 (x-\frac{1}{2})\mathrm{d}x = \frac{1}{4}$,故得

$$\Big| \int_0^1 f(x)\mathrm{d}x \Big| \leqslant \frac{1}{4}|f'(\xi)| \leqslant \frac{1}{4}\max_{0 \leqslant x \leqslant 1}|f'(x)|$$

525. (上海交通大学) 若函数 $f(x)$ 在 $[a,b]$ 上连续,则 $2\int_a^b f(x)\Big[\int_x^b f(t)\mathrm{d}t\Big]\mathrm{d}x = \Big[\int_a^b f(x)\mathrm{d}x\Big]^2$.

证 因为 $f(x)$ 在 $[a,b]$ 上连续,故 $f(x)$ 在 $[a,b]$ 上可积.

令 $F(x) = \int_x^b f(t)\mathrm{d}t$,则有 $F'(x) = -f(x)$,所以

$$2\int_a^b f(x)\Big[\int_x^b f(t)\mathrm{d}t\Big]\mathrm{d}x = 2\int_a^b [-F'(x)] \cdot F(x)\mathrm{d}x =$$

$$-2\int_a^b F(x)\mathrm{d}F(x) = -F^2(x)\Big|_a^b = F^2(a) - F^2(b)$$

注意到 $F(a) = \int_a^b f(x)\mathrm{d}x, F(b) = 0$,所以

$$2\int_a^b f(x)\Big[\int_x^b f(t)\mathrm{d}t\Big]\mathrm{d}x = \Big[\int_a^b f(x)\mathrm{d}x\Big]^2$$

526. (西北大学) 求证:$f(x) = \int_0^x (t-t^2)(\sin t)^{2n}\mathrm{d}t$($n$ 为正整数)在 $x \geqslant 0$ 上的最大值不超过 $\dfrac{1}{(2n+2)(2n+3)}$.

证 因为 $f'(x) = (x-x^2)(\sin x)^{2n}$,所以当 $0 < x < 1$ 时,$f'(x) > 0$;当 $x > 1$ 时,$f'(x) < 0$. 故对一切 $x \geqslant 0, f(x) \leqslant f(1)$. 而

$$f(1) = \int_0^1 (t-t^2)(\sin t)^{2n}\mathrm{d}t \leqslant \int_0^1 (t-t^2)t^{2n}\mathrm{d}t = \frac{t^{2n+2}}{2n+2} - \frac{t^{2n+3}}{2n+3}\Big|_0^1 =$$

$$\frac{1}{2n+2} - \frac{1}{2n+3} = \frac{1}{(2n+2)(2n+3)},$$

所以当 $x \geqslant 0$ 时,$f(x) \leqslant \dfrac{1}{(2n+2)(2n+3)}$,从而得证.

527. (厦门大学) 把满足下列条件(1)和(2)的实函数 f 的全体记作 F:
(1) $f(x)$ 在闭区间 $[0,1]$ 上连续,并且非负;
(2) $f(0) = 0, f(1) = 1$.

试证明:$\inf\limits_{f \in F}\int_0^1 f(x)\mathrm{d}x = 0$,但不存在 $\varphi \in F$,使 $\int_0^1 \varphi(x)\mathrm{d}x = 0$. 属于

证 令 $f = f_n(x) = \begin{cases} 0, & 0 \leqslant x \leqslant 1-\dfrac{1}{n} \\ nx-(n-1), & 1-\dfrac{1}{n} < x \leqslant 1 \end{cases}$

易知对一切自然数 $n, f_n(x) \in F$, 而

$$\int_0^1 f_n(x)\mathrm{d}x = \int_{1-\frac{1}{n}}^1 [nx - (n-1)]\mathrm{d}x = \frac{1}{2n}$$

所以 $0 \leqslant \inf\limits_{f \in F} \int_0^1 f(x)\mathrm{d}x \leqslant \inf\limits_{n \in N} \int_0^1 f_n(x)\mathrm{d}x = \inf\limits_{n \in N} \frac{1}{2n} = 0$,

故　　　　　　　　　　　$\inf\limits_{f \in F} \int_0^1 f(x)\mathrm{d}x = 0$

$\forall \varphi \in F$, 因为 φ 在 $[0,1]$ 上连续, $\varphi(1) = 1$, 则对 $\varepsilon_0 = \dfrac{1}{2}$, 存在 $\delta > 0$, 当 $1-\delta \leqslant x \leqslant 1$ 时, $\varphi(x) \geqslant \dfrac{1}{2}$, 所以

$$\int_0^1 \varphi(x)\mathrm{d}x \geqslant \int_{1-\delta}^1 \varphi(x)\mathrm{d}x \geqslant \int_{1-\delta}^1 \frac{1}{2}\mathrm{d}x = \frac{\delta}{2} > 0$$

因此不存在 $\varphi \in F$ 使 $\int_0^1 \varphi(x)\mathrm{d}x = 0$.

528. (北京广播学院) 设 $f(x)$ 为 $[0,1]$ 上的非负单调非增连续函数 (即当 $x < y$ 时, $f(x) \geqslant f(y)$). 利用积分中值定理证明: 对于 $0 < \alpha < \beta < 1$, 有下面的不等式成立 $\int_0^\alpha f(x)\mathrm{d}x \geqslant \dfrac{\alpha}{\beta} \int_\alpha^\beta f(x)\mathrm{d}x$.

证 由题设及积分中值定理有

$$\int_\alpha^\beta f(x)\mathrm{d}x = f(\xi_1)(\beta-\alpha) \leqslant f(\alpha)(\beta-\alpha), \alpha \leqslant \xi_1 \leqslant \beta$$

从而　　　　　$\dfrac{1}{\alpha} \int_0^\alpha f(x)\mathrm{d}x \geqslant f(\alpha) > \dfrac{1}{\beta-\alpha} \int_\alpha^\beta f(x)\mathrm{d}x$

因此可得　　　$\left(\dfrac{\beta}{\alpha} - 1\right) \int_0^\alpha f(x)\mathrm{d}x \geqslant \int_\alpha^\beta f(x)\mathrm{d}x$

$$\left(1 - \dfrac{\alpha}{\beta}\right) \int_0^\alpha f(x)\mathrm{d}x \geqslant \dfrac{\alpha}{\beta} \int_\alpha^\beta f(x)\mathrm{d}x$$

又因 $0 < \alpha < \beta < 1$, 所以 $1 - \dfrac{\alpha}{\beta} < 1$, 故 $\int_0^\alpha f(x)\mathrm{d}x \geqslant \dfrac{\alpha}{\beta} \int_\alpha^\beta f(x)\mathrm{d}x$.

529. (湖南大学) 设 $f(x)$ 及 $g(x)$ 在 $[a,b]$ 上连续, $f(x) \leqslant g(x)$. 且 $\int_a^b f(x)\mathrm{d}x = \int_a^b g(x)\mathrm{d}x$, 证明: 在 $[a,b]$ 上, $f(x) \equiv g(x)$.

证 设 $F(x) = f(x) - g(x)$, 从而在 $[a,b]$ 上, $F(x) \leqslant 0$, 且 $\int_a^b F(x)\mathrm{d}x = 0$. 下证 $F(x) \equiv 0, x \in [a,b]$.

反证法: 若不然, $F(x) \not\equiv 0$, 则存在 $x_1, x_2 (a \leqslant x_1 < x_2 \leqslant b)$, 使在 $[x_1, x_2]$ 上 $F(x) < 0$. 从而 $0 = \int_a^b F(x)\mathrm{d}x \leqslant \int_{x_1}^{x_2} F(x)\mathrm{d}x = F(\xi)(x_2 - x_1) < 0$, 其中 $\xi \in (x_1, x_2)$, 得出矛盾.

故在 $[a,b]$ 上, $F(x) = 0$, 即 $f(x) \equiv g(x)$.

530. (兰州大学) 已知 $f(x)$ 在 $(2, +\infty)$ 上可导, $f(x) > 0$ 且 $\dfrac{\mathrm{d}}{\mathrm{d}x}(xf(x)) \leqslant$

$-kf(x)$，k 为常数，试证在此区间上 $f(x) \leqslant Ax^{-(k+1)}$，其中 A 为与 x 无关的常数.

证 由题设得 $xf'(x) + f(x) \leqslant -kf(x)$，即

$$\frac{f'(x)}{f(x)} \leqslant -\frac{k+1}{x}$$

对此式两边积分得

$$\int_2^x \frac{f'(x)}{f(x)} \mathrm{d}x \leqslant -(k+1)\int_2^x \frac{\mathrm{d}x}{x}$$

$$\ln f(x) \leqslant -(k+1)\ln x + [\ln f(2) + \ln 2^{k+1}] \qquad ①$$

设 $\ln f(2) + \ln 2^{k+1} = \ln A$，则由式 ① 有

$$\ln f(x) \leqslant \ln(Ax^{-(k+1)}),\text{从而 } f(x) \leqslant Ax^{-(k+1)}$$

531. (上海交通大学) 设 $f(x)$ 在 R 上连续，又 $\varphi(x) = f(x)\int_0^x f(t)\mathrm{d}t$ 单调递减，证明：$f(x) = 0, x \in R$.

证 令 $F(x) = \frac{1}{2}\left[\int_0^x f(t)\mathrm{d}t\right]^2$，则 $F'(x) = \varphi(x)$，而 $\varphi(0) = 0$.

若 $\varphi(x)$ 不恒为零，$\varphi(x)$ 又单调递减，因而 $\exists x_0 > 0$，使 $\varphi(x_0) < 0$. 从而有 $\varphi(x) \leqslant 0, \forall x \in [0, x_0]$.

$$F(x_0) = \int_0^{x_0} \varphi(x)\mathrm{d}x < 0 \qquad ①$$

另外

$$F(x_0) = \frac{1}{2}\left[\int_0^{x_0} f(t)\mathrm{d}t\right]^2 \geqslant 0 \qquad ②$$

式 ①、式 ② 矛盾，故 $\varphi(x) \equiv 0, x > 0$. 同理可证当 $x \leqslant 0$ 时 $\varphi(x) = 0$，即 $F'(x) = 0, \forall x \in R$，从而 $\int_0^x f(t)\mathrm{d}t$ 等于一个常数，$\forall x \in R$. 即 $\int_0^x f(t)\mathrm{d}t = c(x \in R)$. 两边求导，所以 $f(x) \equiv 0, \forall x \in R$.

532. (湖北大学) 设 $f(x)$ 在 $[a, b]$ 上连续，且 $\int_a^b f(x)\mathrm{d}x = 0, \int_a^b xf(x)\mathrm{d}x = 0$. 证明：至少存在两点 $x_1, x_2 \in (a, b)$，使得 $f(x_1) = f(x_2) = 0$.

证 由于 $f(x)$ 在 $[a, b]$ 上连续，且 $\int_a^b f(x)\mathrm{d}x = 0$，则可推知 $f(x)$ 在 $[a, b]$ 上必不能保持同号，从而存在 $x_1 \in (a, b)$，使 $f(x_1) = 0$.

若 x_1 是 $f(x)$ 在 $[a, b]$ 上的唯一零点，则 $(x - x_1)f(x)$ 在 $[a, b]$ 上保持确定的符号. 故 $\int_a^b (x - x_1)f(x)\mathrm{d}x \neq 0$，但由已知条件可知

$$\int_a^b (x - x_1)f(x)\mathrm{d}x = \int_a^b xf(x)\mathrm{d}x - x_1\int_a^b f(x)\mathrm{d}x = 0 - 0 = 0.$$ 产生矛盾. 假设不成立，故至少存在两点 $x_1, x_2 \in (a, b)$，使得 $f(x_1) = f(x_2) = 0$.

533. (中国科技大学) 求 $\lim\limits_{x \to \infty}\int_x^{x+2} t\left(\sin\frac{3}{t}\right)f(t)\mathrm{d}t$，其中 $f(t)$ 可微，且已知 $\lim\limits_{t \to \infty} f(t) = 1$.

解 由积分中值定理，存在 $\xi \in [x, x+2]$，使

$$\int_x^{x+2} t\sin(\frac{3}{t})f(t)\mathrm{d}t = 2\xi\sin(\frac{3}{\xi})f(\xi)$$

所以 $\lim\limits_{x\to\infty}\int_x^{x+2} t\sin(\frac{3}{t})f(t)\mathrm{d}t = \lim\limits_{x\to\infty}2\xi\sin(\frac{3}{\xi})f(\xi) =$

$$6\times\lim\limits_{\xi\to\infty}\frac{\sin\dfrac{3}{\xi}}{\dfrac{3}{\xi}}\lim\limits_{\xi\to\infty}f(\xi) = 6\times1\times1 = 6.$$

534. (上海交通大学,兰州大学) 求 $\lim\limits_{n\to+\infty}\int_0^{\frac{\pi}{2}}\sin^n x\,\mathrm{d}x$.

解 对任意给定的 $\varepsilon>0$(不妨假定 $\varepsilon<\dfrac{\pi}{2}$),因为在 $[0,\dfrac{\pi}{2}]$ 上,函数 $y=\sin x$ 是

单调递增的,所以 $0\leqslant\int_0^{\frac{\pi}{2}}\sin^n x\,\mathrm{d}x = \int_0^{\frac{\pi}{2}-\frac{\varepsilon}{2}}\sin^n x\,\mathrm{d}x + \int_{\frac{\pi}{2}-\frac{\varepsilon}{2}}^{\frac{\pi}{2}}\sin^n x\,\mathrm{d}x$

$$\leqslant\int_0^{\frac{\pi}{2}-\frac{\varepsilon}{2}}\sin^n(\frac{\pi}{2}-\varepsilon)\mathrm{d}x + \int_{\frac{\pi}{2}-\frac{\varepsilon}{2}}^{\frac{\pi}{2}}1\mathrm{d}x$$

$$= (\frac{\pi}{2}-\frac{\varepsilon}{2})\sin^n(\frac{\pi}{2}-\varepsilon) + \frac{\varepsilon}{2}$$

因为 $0<\sin(\frac{\pi}{2}-\varepsilon)$,所以 $\lim\limits_{n\to\infty}\sin^n(\frac{\pi}{2}-\varepsilon)=0$,故存在 $N>0$,当

$n>N$ 时,有 $|\sin^n(\frac{\pi}{2}-\varepsilon)|<\dfrac{\varepsilon}{\pi}$,从而有

$$0\leqslant\int_0^{\frac{\pi}{2}}\sin^n x\,\mathrm{d}x\leqslant\frac{\varepsilon}{\pi}(\frac{\pi}{2}-\frac{\varepsilon}{2})+\frac{\varepsilon}{2}<\varepsilon$$

由 ε 的任意性可知 $\lim\limits_{n\to\infty}\int_0^{\frac{\pi}{2}}\sin^n x\,\mathrm{d}x = 0$.

535. (兰州大学) 设 $S(x)=4[x]-2[2x]+1$,其中 $[x]$ 代表数 x 的整数部分(即不超过 x 的整数之最大值),n 代表自然数,$f(x)$ 在 $[0,1]$ 上可积,证明:

$\lim\limits_{n\to+\infty}\int_0^1 f(x)S(nx)\mathrm{d}x = 0$.

证 因为 $S(x+1)=4[x+1]-2[2(x+1)]+1=4[x]+4-2[2x]-4+1=$

$\qquad\qquad S(x)$

所以 $S(x)$ 以 1 为周期,且

$$S(x)=\begin{cases}1, & 0\leqslant x<\dfrac{1}{2}\\[2mm] -1, & \dfrac{1}{2}\leqslant x\leqslant1\end{cases}$$

所以 $S(nx)$ 以 $\dfrac{1}{n}$ 为周期,将 $[0,1]$ $2n$ 等分,得

$S(nx)=4[nx]-2[2nx]+1=$

$$\begin{cases}1, & x\in[\dfrac{2(k-1)}{2n},\dfrac{2k-1}{2n})\\[2mm] -1, & x\in[\dfrac{2k-1}{2n},\dfrac{2k}{2n})\end{cases}$$

$k = 1, 2, \cdots, n.$

$$\int_0^1 f(x) S(nx) \mathrm{d}x = \sum_{k=1}^n \left[\int_{\frac{2(k-1)}{2n}}^{\frac{2k-1}{2n}} f(x) \mathrm{d}x - \int_{\frac{2k-1}{2n}}^{\frac{2k}{2n}} f(x) \mathrm{d}x \right] =$$

$$\int_0^1 f(x) \mathrm{d}x - 2 \sum_{k=1}^n \int_{\frac{2k-1}{2n}}^{\frac{2k}{2n}} f(x) \mathrm{d}x.$$

记 $f(x)$ 在 $\left[\frac{2k-1}{2n}, \frac{2k}{2n} \right]$ 上的上、下确界分别为 M'_k, m'_k，在 $\left[\frac{2k-2}{2n}, \frac{2k}{2n} \right]$ 上的上、下确定分别为 M_k, m_k，则

$$\frac{1}{n} \sum_{k=1}^n m_k \leqslant 2 \sum_{k=1}^n \frac{1}{2n} m'_k \leqslant 2 \sum_{k=1}^n \int_{\frac{2k-1}{2n}}^{\frac{2k}{2n}} f(x) \mathrm{d}x \leqslant 2 \sum_{k=1}^n \frac{1}{2n} M'_k \leqslant \frac{1}{n} \sum_{k=1}^n M_k$$

让 $n \to \infty$，由夹逼原则知

$$\lim_{n \to \infty} \frac{1}{n} \sum_{k=1}^n m_k \leqslant \lim_{n \to \infty} 2 \sum_{k=1}^n \int_{\frac{2k-1}{2h}}^{\frac{2k}{2n}} f(x) \mathrm{d}x \leqslant \lim_{n \to \infty} \frac{1}{n} \sum_{k=1}^n M_k.$$

而 $\lim\limits_{n \to \infty} \dfrac{1}{n} \sum\limits_{k=1}^n m_k = \lim\limits_{n \to \infty} \dfrac{1}{n} \sum\limits_{k=1}^n M_k = \int_0^1 f(x) \mathrm{d}x$，所以

$$\lim_{n \to \infty} 2 \sum_{k=1}^n \int_{\frac{2k-1}{2h}}^{\frac{2k}{2n}} f(x) \mathrm{d}x = \int_0^1 f(x) \mathrm{d}x$$

$$\lim_{n \to \infty} \int_0^1 f(x) S(nx) \mathrm{d}x = \int_0^1 f(x) \mathrm{d}x - \lim_{n \to \infty} 2 \sum_{k=1}^n \int_{\frac{2k-1}{2h}}^{\frac{2k}{2n}} f(x) \mathrm{d}x =$$

$$\int_0^1 f(x) \mathrm{d}x - \int_0^1 f(x) \mathrm{d}x = 0.$$

536. (上海交通大学) 设 $f(x)$ 为 $[a,b]$ 上的连续递增函数，则成立不等式：

$$\int_a^b x f(x) \mathrm{d}x \geqslant \frac{a+b}{2} \int_a^b f(x) \mathrm{d}x. \qquad \text{①}$$

证 要证式 ① 只要证明

$$\int_a^b \left(x - \frac{a+b}{2} \right) f(x) \mathrm{d}x \geqslant 0 \qquad \text{②}$$

由于 $f(x)$ 单调递增，利用积分第二中值定理，则存在 $\xi \in [a,b]$，使

$$\int_a^b \left(x - \frac{a+b}{2} \right) f(x) \mathrm{d}x =$$

$$f(a) \int_a^\xi \left(x - \frac{a+b}{2} \right) \mathrm{d}x + f(b) \int_\xi^b \left(x - \frac{a+b}{2} \right) \mathrm{d}x. =$$

$$f(a) \int_a^b \left(x - \frac{a+b}{2} \right) \mathrm{d}x + [f(b) - f(a)] \int_\xi^b \left(x - \frac{a+b}{2} \right) \mathrm{d}x =$$

$$[f(b) - f(a)] \left[\frac{b^2 - \xi^2}{2} - \frac{a+b}{2} (b - \xi) \right] =$$

$$[f(b) - f(a)] \frac{b - \xi}{2} (\xi - a) \geqslant 0$$

537. (武汉大学) 设 f 为连续函数，证明：$\lim\limits_{n \to \infty} \dfrac{2}{\pi} \int_0^1 \dfrac{n}{n^2 x^2 + 1} f(x) \mathrm{d}x = f(0).$

证 由题设知 $f(x)$ 在 $[0,1]$ 上一致连续，对任意 $\varepsilon > 0$，存在 $\delta > 0 (0 < \delta < 1)$，

对任意 $x';x'' \in [0,1]$,只要 $|x'-x''|<\delta$,就有

$$|f(x')-f(x'')|<\frac{2\varepsilon}{3\pi}$$

又 $f(x)$ 在 $[0,1]$ 上有界,存在 $M>0$,对一切 $x \in [0,1]$,有 $|f(x)|<M$.

$$\left|\int_0^1 \frac{n}{n^2x^2+1}f(x)\mathrm{d}x-\frac{\pi}{2}f(0)\right|$$

$$=\left|\int_0^1 \frac{n}{n^2x^2+1}[f(x)-f(0)]\mathrm{d}x+[\int_0^1 \frac{n}{n^2x^2+1}\mathrm{d}x-\frac{\pi}{2}]f(0)\right|$$

$$\leqslant \left|\int_0^1 \frac{n}{n^2x^2+1}[f(x)-f(0)]\mathrm{d}x\right|+\left|\int_0^1 \frac{n}{n^2x^2+1}\mathrm{d}x-\frac{\pi}{2}\right|\cdot|f(0)|$$

$$\leqslant \left|\int_0^\delta \frac{n}{n^2x^2+1}[f(x)-f(0)]\mathrm{d}x\right|+\left|\int_\delta^1 \frac{n}{n^2x^2+1}[f(x)-f(0)]\mathrm{d}x\right|+$$

$$\left|\arctan n-\frac{\pi}{2}\right|\cdot|f(0)|\leqslant$$

$$\int_0^\delta \frac{n}{n^2x^2+1}\cdot|f(x)-f(0)|\mathrm{d}x+\int_\delta^1 \frac{n}{n^2x^2+1}|f(x)-f(0)|\mathrm{d}x+$$

$$\left|\arctan n-\frac{\pi}{2}\right|\cdot|f(0)|\leqslant$$

$$\frac{2\varepsilon}{3\pi}\int_0^\delta \frac{n}{n^2x^2+1}\mathrm{d}x+\int_\delta^1 \frac{n}{n^2\delta^2+1}\cdot 2M\mathrm{d}x+|\arctan-\frac{\pi}{2}|\cdot|f(0)|=$$

$$\frac{2\varepsilon}{3\pi}\arctan(n\delta)+\frac{2nM}{n^2\delta^2+1}\cdot(1-\delta)+\left|\arctan n-\frac{\pi}{2}\right|\cdot|f(0)|<$$

$$\frac{2\varepsilon}{3\pi}\frac{\pi}{2}+\frac{1}{n}\frac{2M}{\delta}(1-\delta)+\left|\arctan n-\frac{\pi}{2}\right|\cdot|f(0)|<$$

$$\frac{\varepsilon}{3}+\frac{1}{n}\cdot\frac{2M}{\delta}+\left|\arctan n-\frac{\pi}{2}\right|\cdot|f(0)|.$$

因为 $\lim\limits_{n\to\infty}\frac{1}{n}\cdot\frac{2M}{\delta}=0,\lim\limits_{n\to\infty}\arctan n=\frac{\pi}{2}$,所以当 n 充分大时,必有 $\frac{1}{n}\cdot\frac{2M}{\delta}<\frac{\varepsilon}{3}$,

$\left|\arctan n-\frac{\pi}{2}\right|\cdot|f(0)|<\frac{\varepsilon}{3}$,即 $\left|\int_0^1 \frac{n}{n^2x^2+1}f(x)\mathrm{d}x-\frac{\pi}{2}f(0)\right|<\varepsilon$,所以

$$\lim\limits_{n\to\infty}\int_0^1 \frac{n}{n^2x^2+1}f(x)\mathrm{d}x=\frac{\pi}{2}f(0)$$

即

$$\lim\limits_{n\to\infty}\frac{2}{\pi}\int_0^1 \frac{n}{n^2x^2+1}f(x)\mathrm{d}x=f(0)$$

538.(华中师范大学) 设 $\lim\limits_{x\to 0}\frac{1}{bx-\sin x}\int_0^x \frac{t^2}{\sqrt{a+t^2}}\mathrm{d}t=1$,试求正常数 a 与 b.

解 显然有 $\lim\limits_{x\to 0}\int_0^x \frac{t^2}{\sqrt{a+t^2}}\mathrm{d}t=0,\lim\limits_{x\to 0}(bx-\sin x)=0$,这是 $\frac{0}{0}$ 的不定式,如果 $\lim\limits_{x\to 0}$

$\dfrac{(\int_0^x \frac{t^2}{\sqrt{a^2+t^2}}\mathrm{d}t)'}{(bx-\sin x)'}=\lim\limits_{x\to 0}\dfrac{x^2/\sqrt{a+x^2}}{b-\cos x}$ 存在,则它与所求极限相等.

若 $b\neq 1$,则上述极限为 $0\neq 1$,故 $b=1$,则有 $(1-\cos x\sim \frac{x^2}{2})$,$\dfrac{1}{\sqrt{a+x^2}}\dfrac{x^2}{1-\cos x}$

$$\rightarrow \frac{1}{\sqrt{a}} \cdot 2 = 1$$

$$\frac{1}{\sqrt{a}} = \frac{1}{2}, a = 4$$

而 $\lim\limits_{x \to 0} \dfrac{x^2}{1 - \cos x} = \lim\limits_{x \to 0} \dfrac{2x}{\sin x} = 2$，所以 $\dfrac{2}{\sqrt{a}} = 1$，可求得 $a = 4, b = 1$.

539. **(浙江大学)** 设 $f(x)$ 是在 $[-1, 1]$ 上可积在 $x = 0$ 处连续的函数，记

$$\varphi_n(x) = \begin{cases} (1-x)^n, & 0 \leqslant x \leqslant 1 \\ e^{nx}, & -1 \leqslant x \leqslant 0 \end{cases}$$

证明：$\lim\limits_{n \to \infty} \dfrac{n}{2} \displaystyle\int_{-1}^{1} f(x) \varphi_n(x) dx = f(0)$.

证 因为 $f(x)$ 在 $x = 0$ 处连续，所以对任给 $\varepsilon < 0$，存在 $\delta > 0 (0 < \delta < 1)$，使得当 $|x| < \delta$ 时，$|f(x) - f(0)| < \dfrac{\varepsilon}{4}$.

又 $f(x)$ 在 $[-1, 1]$ 上可积，故存在 $M > 0$，使对一切 $x \in [-1, 1]$，有 $|f(x)| < M$.

$$\left| \frac{n}{2} \int_{-1}^{1} f(x) \varphi_n(x) dx - f(0) \right| =$$

$$\left| \frac{n}{2} \int_{-1}^{1} [f(x) - f(0)] \varphi_n(x) dx + \left[\frac{n}{2} \int_{-1}^{1} \varphi_n(x) dx - 1 \right] f(0) \right| \leqslant$$

$$\frac{n}{2} \left| \int_{-1}^{1} [f(x) - f(0)] \varphi_n(x) dx \right| + \left| \frac{n}{2} \int_{-1}^{1} \varphi_n(x) dx - 1 \right| \cdot |f(0)| \leqslant$$

$$\frac{n}{2} \int_{-1}^{1} |f(x) - f(0)| \cdot |\varphi_n(x)| dx + \left| \frac{n}{2} \int_{-1}^{1} \varphi_n(x) dx - 1 \right| \cdot |f(0)| =$$

$$\frac{n}{2} \int_{-1}^{-\delta} |f(x) - f(0)| \cdot |\varphi_n(x)| dx + \frac{n}{2} \int_{-\delta}^{\delta} |f(x) - f(0)| \cdot |\varphi_n(x)| dx +$$

$$\frac{n}{2} \int_{\delta}^{1} |f(x) - f(0)| \cdot |\varphi_n(x)| dx + \left| \frac{n}{2} \left[\int_{-1}^{0} e^{nx} dx + \int_{0}^{1} (1-x)^n dx \right] - 1 \right| \cdot |f(0)| <$$

$$\frac{n}{2} \int_{-1}^{-\delta} \cdot 2M |\varphi_n(x)| dx + \frac{n}{2} \int_{-\delta}^{\delta} \frac{\varepsilon}{4} |\varphi_n(x)| dx + \frac{n}{2} \int_{\delta}^{1} 2M \cdot |\varphi_n(x)| dx +$$

$$\left| \frac{n}{2} \cdot \left(\frac{1}{n} - \frac{1}{n} e^{-n} + \frac{1}{n+1} \right) - 1 \right| \cdot |f(0)|$$

$$= nM \int_{-1}^{-\delta} e^{nx} dx + \frac{n}{2} \cdot \frac{\varepsilon}{4} \left[\int_{-\delta}^{0} e^{nx} dx + \int_{0}^{\delta} (1-x)^n dx \right] +$$

$$nM \int_{\delta}^{1} (1-x)^n dx + \left[\frac{1}{2(n+1)} + \frac{e^{-n}}{2} \right] |f(0)| =$$

$$M(e^{-n\delta} - e^{-n}) + \frac{n\varepsilon}{8} \left[\frac{1}{n} + \frac{1}{n+1} - \frac{e^{-n\delta}}{n} - \frac{1}{n+1} (1-\delta)^{n+1} \right] +$$

$$\frac{nM}{n+1} (1-\delta)^{n+1} + \left[\frac{1}{2(n+1)} + \frac{e^{-n}}{2} \right] |f(0)| <$$

$$Me^{-n\delta} + \frac{n\varepsilon}{8} \left(\frac{1}{n} + \frac{1}{n+1} \right) + M(1-\delta)^{n+1} + \left[\frac{1}{2(n+1)} + \frac{e^{-n}}{2} \right] M <$$

$$Me^{-n\delta} + \frac{\varepsilon}{4} + M(1-\delta)^{n+1} + \left[\frac{1}{2(n+1)} + \frac{e^{-n}}{2} \right] M.$$

当 n 充分大时，必有

$$Me^{-n\delta} < \frac{\varepsilon}{4}, M(1-\delta)^{n+1} < \frac{\varepsilon}{4},$$

$$\left[\frac{1}{2(n+1)} + \frac{e^{-n}}{2}\right]M < \frac{\varepsilon}{4},$$

从而有 　　　　　 $\left| \dfrac{n}{2}\displaystyle\int_{-1}^{1} f(x)\varphi_n(x)dx - f(0) \right| < \varepsilon$

扫码获取本书资源

所以 　　　　　 $\displaystyle\lim_{n\to\infty} \frac{n}{2}\int_{-1}^{1} f(x)\varphi_n(x)dx = f(0)$

540.(哈尔滨电工学院)　证明 $\displaystyle\lim_{n\to\infty}\int_0^{\pi} (\sin x)^{\frac{1}{n}}dx = \pi$.

证　因为在 $[0,\pi]$ 上，$0 \leqslant \sin x \leqslant 1$，故对任意 n，都有

$$\int_0^{\pi} (\sin x)^{\frac{1}{n}}dx \leqslant \int_0^{\pi}dx = \pi$$

从而有 　　　　　 $\displaystyle\lim_{n\to\infty}\int_0^{\pi} (\sin x)^{\frac{1}{n}}dx \leqslant \pi$ 　　　　①

另一方面，对任给 $\varepsilon, 0 < \varepsilon < \dfrac{\pi}{2}$，有

$$\int_0^{\pi} (\sin x)^{\frac{1}{n}}dx \geqslant \int_{\varepsilon}^{\pi-\varepsilon} (\sin x)^{\frac{1}{n}}dx \qquad ②$$

但对一切 $x \in [\varepsilon, \pi-\varepsilon]$，当 $n\to\infty$ 时，$(\sin x)^{\frac{1}{n}}$ 一致收敛于 1，故可在积分号下取极限而得到.

$$\lim_{n\to\infty}\int_{\varepsilon}^{\pi-\varepsilon} (\sin x)^{\frac{1}{n}}dx = \int_{\varepsilon}^{\pi-\varepsilon} \lim_{n\to\infty}(\sin x)^{\frac{1}{n}}dx = \int_{\varepsilon}^{\pi-\varepsilon} 1dx = \pi - 2\varepsilon$$

在式 ② 两端取下极限并利用上式的结果，可得到

$$\lim_{n\to\infty}\int_0^{\pi} (\sin x)^{\frac{1}{n}}dx \geqslant \lim_{n\to\infty}\int_{\varepsilon}^{\pi-\varepsilon} (\sin x)^{\frac{1}{n}}dx = \pi - 2\varepsilon$$

由 $\varepsilon > 0$ 的任意性便知 $\displaystyle\lim_{n\to\infty}\int_0^{\pi} (\sin x)^{\frac{1}{n}}dx \geqslant \pi$ 　　　　③

由式 ①、式 ③ 便知

$$\lim_{n\to\infty}\int_0^{\pi} (\sin x)^{\frac{1}{n}}dx = \pi$$

541.(武汉大学)　证明：$\displaystyle\lim_{n\to\infty}\int_0^1 e^{x^n}dx = 1$.

证　因为对一切自然数 n，函数 $f_n(x) = e^{x^n}$ 在 $x \in [0,1]$ 时是单调递增的，所以

$$1 = f_n(0) \leqslant f_n(x) = e^{x^n} \leqslant f_n(1) = e$$

因此，　　　　　 $\displaystyle\int_0^1 e^{x^n}dx \geqslant \int_0^1 1 \cdot dx = 1$

从而有 　　　　　 $\displaystyle\lim_{n\to\infty}\int_0^1 e^{x^n}dx \geqslant 1$

另一方面，对任给 $\varepsilon(0 < \varepsilon < 1)$，有

$$\int_0^1 e^{x^n} = \int_0^{1-\varepsilon} e^{x^n}dx + \int_{1-\varepsilon}^1 e^{x^n}dx \leqslant \int_0^{1-\varepsilon} e^{x^n}dx + \int_{1-\varepsilon}^1 edx =$$

$$\int_0^{1-\varepsilon} e^{x^n} dx + e\varepsilon.$$

但对一切 $x \in [0, 1-\varepsilon]$，当 $n \to \infty$ 时，e^{x^n} 一致收敛于 1，故对于积分 $\int_0^{1-\varepsilon} e^{x^n} dx$ 可在积分号下取极限得

$$\lim_{n \to \infty} \int_0^{1-\varepsilon} e^{x^n} dx = \int_0^{1-\varepsilon} \lim_{n \to \infty} e^{x^n} dx = \int_0^{1-\varepsilon} 1 dx = 1 - \varepsilon$$

因此　　　$\lim_{n \to \infty} \int_0^1 e^{x^n} dx \leqslant \lim_{n \to \infty} \left[\int_0^{1-\varepsilon} e^{x^n} dx + e\varepsilon \right] = 1 - \varepsilon + e\varepsilon = 1 + (e-1)\varepsilon$

由 $\varepsilon > 0$ 的任意性便知 $\lim_{n \to \infty} \int_0^1 e^{x^n} \leqslant 1$.

综合可知 $\lim_{n \to \infty} \int_0^1 e^{x^n} dx = 1$.

542.(北京航空航天大学)　求证：

(1) $\lim_{n \to +\infty} \int_a^{\frac{\pi}{2}} (1 - \sin x)^n dx = 0$，其中 $a \in (0, 1)$；

(2) $\lim_{n \to +\infty} \int_0^{\frac{\pi}{2}} (1 - \sin x)^n dx = 0$.

证　(1) 因为当 $x \in [a, \frac{\pi}{2}]$ 时，$0 \leqslant 1 - \sin x \leqslant 1 - \sin a < 1$，

故 $0 \leqslant \int_a^{\frac{\pi}{2}} (1 - \sin x)^n dx \leqslant \int_a^{\frac{\pi}{2}} (1 - \sin a)^n dx = (1 - \sin a)^n \cdot (\frac{\pi}{2} - a)$,

$0 \leqslant \lim_{n \to +\infty} \int_a^{\frac{\pi}{2}} (1 - \sin x)^n dx \leqslant \lim_{n \to +\infty} (1 - \sin a)^n (\frac{\pi}{2} - a) = 0$,

$\lim_{n \to +\infty} \int_a^{\frac{\pi}{2}} (1 - \sin x)^n dx = 0$.

(2) 任给 $\varepsilon > 0$(不妨设 $0 < \varepsilon < 1$)，由(1) 可知

$$\lim_{n \to +\infty} \int_{\frac{\varepsilon}{2}}^{\frac{\pi}{2}} (1 - \sin x)^n dx = 0$$

存在 $N > 0$，当 $n > N$ 时，有 $\left| \int_{\frac{\varepsilon}{2}}^{\frac{\pi}{2}} (1 - \sin x)^n dx \right| < \frac{\varepsilon}{2}$

又因为 $x \in [0, \frac{\varepsilon}{2}]$ 时，$0 \leqslant (1 - \sin x)^n \leqslant 1$，所以

$$\left| \int_0^{\frac{\varepsilon}{2}} (1 - \sin x)^n dx \right| \leqslant \int_0^{\frac{\varepsilon}{2}} | (1 - \sin x)^n | dx \leqslant \int_a^{\frac{\varepsilon}{2}} 1 \cdot dx = \frac{\varepsilon}{2}$$

从而有 $\left| \int_0^{\frac{\pi}{2}} (1 - \sin x)^n dx \right| \leqslant \left| \int_0^{\frac{\varepsilon}{2}} (1 - \sin x)^n dx \right| + \left| \int_{\frac{\varepsilon}{2}}^{\frac{\pi}{2}} (1 - \sin x)^n dx \right|$

$$< \frac{\varepsilon}{2} + \frac{\varepsilon}{2} = \varepsilon$$

$$\lim_{n \to +\infty} \int_0^{\frac{\pi}{2}} (1 - \sin x)^n dx = 0$$

543. **(福建师范大学)** 设 $f(x) = \int_x^{x^2} (1+\frac{1}{2t})^t \sin\frac{1}{\sqrt{t}} dt \,(x>0)$. 求 $\lim\limits_{n\to\infty} f(n)\sin\frac{1}{n}$.

解 首先由积分中值定理可得

$$f(x) = (1+\frac{1}{2c})^c \cdot \sin\frac{1}{\sqrt{c}}(x^2 - x)$$

其中 c 介于 x 与 x^2 之间.

当 $x \to +\infty$ 时, $\lim\limits_{x\to+\infty}(1+\frac{1}{2c})^c = \mathrm{e}^{\frac{1}{2}}$, $\sin\frac{1}{\sqrt{c}}(x^2-x) > \sin\frac{1}{x} \cdot (x^2-x)$, 而 $\lim\limits_{x\to+\infty}\sin\frac{1}{x} \cdot (x^2-x) = +\infty$, 所以 $\lim\limits_{x\to+\infty} f(x) = +\infty$.

由洛必达法则可知

$$\lim_{x\to+\infty} f(x) \cdot \sin\frac{1}{x} = \lim_{x\to+\infty} \frac{\displaystyle\int_x^{x^2}(1+\frac{1}{2t})^t\sin\frac{1}{\sqrt{t}}dt}{\dfrac{1}{\sin\dfrac{1}{x}}} =$$

$$\lim_{x\to+\infty} \frac{(1+\frac{1}{2x^2})^{x^2} \cdot \sin\frac{1}{x} \cdot 2x - (1+\frac{1}{2x})^x \cdot \sin\frac{1}{\sqrt{x}} \times 1}{\dfrac{1}{x^2} \cdot \dfrac{\cos\dfrac{1}{x}}{\sin^2\dfrac{1}{x}}} =$$

$$\frac{2\lim\limits_{x\to+\infty}(1+\frac{1}{2x^2})^{x^2}\lim\limits_{x\to+\infty}x\sin\frac{1}{x} - \lim\limits_{x\to+\infty}(1+\frac{1}{2x})^x\lim\limits_{x\to+\infty}\sin\frac{1}{\sqrt{x}}}{\lim\limits_{x\to+\infty}\dfrac{\dfrac{1}{x^2}}{\sin^2\dfrac{1}{x}}\lim\limits_{x\to+\infty}\cos\frac{1}{x}} =$$

$$\frac{2\mathrm{e}^{\frac{1}{2}} - \mathrm{e}^{\frac{1}{2}} \times 0}{1 \times 1} = 2\sqrt{\mathrm{e}}$$

因此

$$\lim_{n\to+\infty} f(n)\sin\frac{1}{n} = 2\sqrt{\mathrm{e}}$$

544. **(武汉大学)** 设在 $[-1,1]$ 上的连续函数 $f(x)$ 满足如下条件, 对 $[-1,1]$ 上的任意的偶连续函数 $g(x)$, 积分 $\int_{-1}^1 f(x)g(x)dx = 0$, 试证: $f(x)$ 是 $[-1,1]$ 上的奇函数.

证 作变换 $x = -t$, 则

$$\int_{-1}^1 f(x)g(x)dx = \int_1^{-1} f(-t)g(-t)(-1)dt = \int_{-1}^1 f(-t)g(-t)dt.$$ 因为 $g(-x) = g(x)$, 所以 $\int_{-1}^1 f(x)g(x)dx = \int_{-1}^1 f(-t)g(t)dt = 0$, 故

$$\int_{-1}^1 [f(x) + f(-x)]g(x)dx = 0$$

取 $h(x) = f(x) + f(-x)$，则 $h(x)$ 是 $[-1,1]$ 上的偶函数，由题意有 $\int_{-1}^{1} f(x)h(x)\mathrm{d}x = 0$，从而有 $\int_{-1}^{1} [f(x) + f(-x)]h(x)\mathrm{d}x = 0$，即

$$\int_{-1}^{1} [f(x) + f(-x)]^2 \mathrm{d}x = 0$$

从而 $f(x) + f(-x) = 0$，即

$f(-x) = -f(x)$，因此 $f(x)$ 是 $[-1,1]$ 上的奇函数.

545. (中国科技大学) 已知 $f(x) \geqslant 0$ 且在 $[a,b]$ 上连续，$\int_a^b f(x)\mathrm{d}x = 1, k$ 为实数，证明：

$$\left(\int_a^b f(x)\cos kx\mathrm{d}x\right)^2 + \left(\int_a^b f(x)\sin kx\mathrm{d}x\right)^2 \leqslant 1.$$

证 $\left(\int_a^b f(x)\cos kx\mathrm{d}x\right)^2 + \left(\int_a^b f(x)\sin kx\mathrm{d}x\right)^2 =$

$\int_a^b f(x)\cos kx\mathrm{d}x \int_a^b f(y)\cos ky\mathrm{d}y + \int_a^b f(x)\sin kx\mathrm{d}x \cdot \int_a^b f(y)\sin ky\mathrm{d}y =$

$\iint\limits_D f(x)f(y)[\cos kx\cos ky + \sin kx\sin ky]\mathrm{d}x\mathrm{d}y =$

$\iint\limits_D f(x)f(y)\cos k(x-y)\mathrm{d}x\mathrm{d}y \leqslant$

$\iint\limits_D f(x)f(y)\mathrm{d}x\mathrm{d}y =$

$\int_a^b f(x)\mathrm{d}x \cdot \int_a^b f(y)\mathrm{d}y = 1$

其中 D 为区域 $\{(x,y) \mid a \leqslant x \leqslant b, a \leqslant y \leqslant b\}$.

546. (华中师范大学) 设函数 $f(x)$ 在 $[a,b]$ 上连续，$f(x) > 0$，又 $F(x) = \int_a^x f(t)\mathrm{d}t + \int_b^x \frac{1}{f(t)}\mathrm{d}t$，证明：

(1) $F'(x) \geqslant 2$；

(2) $F(x) = 0$ 在 $[a,b]$ 中有且仅有一个实根.

证 (1) 因为 $f(x)$ 在 $[a,b]$ 上连续，故 $F(x)$ 在 $[a,b]$ 上可微，且

$$F'(x) = f(x) + \frac{1}{f(x)} \geqslant 2\sqrt{f(x)\frac{1}{f(x)}} = 2$$

(2) 由 (1) 可知 $F'(x) \geqslant 2 \geqslant 0$，所以 $F(x)$ 在 $[a,b]$ 上单调递增.

因为对一切 $x \in [a,b], f(x) > 0$，所以

$$F(a) = \int_b^a \frac{1}{f(t)}\mathrm{d}t = -\int_a^b \frac{1}{f(t)}\mathrm{d}t < 0$$

$$F(b) = \int_a^b f(t)\mathrm{d}t > 0$$

由零值定理及 $F(x)$ 的单调性可知：$F(x) = 0$ 在 $[a,b]$ 中有且仅有一个实根.

547. (华中师范大学；中山大学) 若 $f(x)$ 在 $[a,b]$ 上二次可微，$f(\frac{a+b}{2}) = 0$.

证明：$\left|\int_a^b f(x)\mathrm{d}x\right| \leqslant \dfrac{M(b-a)^3}{24}$，其中 $M = \max\limits_{a \leqslant x \leqslant b} |f''(x)|$.

证法 1 考虑函数 $F(x) = \int_a^x f(t)\mathrm{d}t$，则 $F(x)$ 在 $[a,b]$ 上三阶可微，且 $F'(x) = f(x)$，$F''(x) = f'(x)$，$F'''(x) = f''(x)$.

由 Taylor 公式知

$$F(a) = F(\frac{a+b}{2}) - F'(\frac{a+b}{2})\frac{b-a}{2} + \frac{1}{2}F''(\frac{a+b}{2}) \cdot (\frac{b-a}{2})^2 - \frac{1}{6}F'''(\xi_1)$$
$$(\frac{b-a}{2})^3$$

$$F(b) = F(\frac{a+b}{2}) + F'(\frac{a+b}{2}) \cdot \frac{b-a}{2} + \frac{1}{2}F''(\frac{a+b}{2}) \cdot (\frac{b-a}{2})^2 + \frac{1}{6}F'''(\xi_2)$$

$(\frac{b-a}{2})^3$，其中 $a < \xi_1 < \frac{a+b}{2} < \xi_2 < b$. 从而

$$\int_a^b f(x)\mathrm{d}x = F(b) - F(a) =$$
$$(b-a)F'(\frac{a+b}{2}) + \frac{(b-a)^3}{48}[F'''(\xi_1) + F'''(\xi_2)] =$$
$$(b-a)f(\frac{a+b}{2}) + \frac{(b-a)^3}{48}[f''(\xi_1) + f''(\xi_2)].$$

又已知 $f(\frac{a+b}{2}) = 0$，所以

$$\left|\int_a^b f(x)\mathrm{d}x\right| = \left|\frac{(b-a)^3}{48}[f''(\xi_1) + f''(\xi_2)]\right| \leqslant$$
$$\frac{(b-a)^3}{48} \cdot [|f''(\xi_1)| + |f''(\xi_2)|] \leqslant$$
$$\frac{M(b-a)^3}{24}.$$

其中 $M = \max\limits_{a \leqslant x \leqslant b} |f''(x)|$.

证法 2 将 $f(x)$ 在 $x = \dfrac{a+b}{2}$ 处用 Taylor 公式展开，注意到 $f(\frac{a+b}{2}) = 0$，有

$$f(x) = f'(\frac{a+b}{2})(x - \frac{a+b}{2}) + \frac{1}{2!}f''(\xi)(x - \frac{a+b}{2})^2$$

上式两端在 $[a,b]$ 上积分得

$$\left|\int_a^b f(x)\mathrm{d}x\right| =$$
$$\left|\int_a^b f'(\frac{a+b}{2})(x - \frac{a+b}{2})\mathrm{d}x + \frac{1}{2!}\int_a^b f''(\xi)(x - \frac{a+b}{2})^2 \mathrm{d}x\right| \leqslant$$
$$\left|f'(\frac{a+b}{2}) \cdot \frac{1}{2}(x - \frac{a+b}{2})^2\Big|_a^b\right| + \left|\frac{1}{2!}M \cdot \frac{1}{3}(x - \frac{a+b}{2})^3\Big|_a^b\right| \leqslant$$
$$\frac{M}{24}(b-a)^3$$

其中 $M = \max\limits_{a \leqslant x \leqslant b} |f''(x)|$.

548. (华东师范大学)　设 $f(x)$ 处处连续，$F(x) = \dfrac{1}{2\delta}\displaystyle\int_{-\delta}^{\delta} f(x+t)\mathrm{d}t$，其中 δ 为任

何正数，证明：

(1) $F(x)$ 对任何 x 有连续导数；

(2) 在任意闭区间 $[a,b]$ 上，当 δ 足够小时，可使 $F(x)$ 与 $f(x)$ 一致逼近（即任给 $\varepsilon > 0$，对一切 $x \in [a,b]$ 均有 $|F(x) - f(x)| < \varepsilon$）.

证　(1) $F'(x) = \lim\limits_{h\to 0}\dfrac{F(x+h) - F(x)}{h} =$

$$\lim_{h\to 0}\frac{\dfrac{1}{2\delta}\displaystyle\int_{-\delta}^{\delta} f(x+h+t)\mathrm{d}t - \dfrac{1}{2\delta}\displaystyle\int_{-\delta}^{\delta} f(x+t)\mathrm{d}t}{h} =$$

$$\lim_{h\to 0}\frac{\dfrac{1}{2\delta}\displaystyle\int_{-\delta}^{\delta}[f(x+h+t) - f(x+t)]\mathrm{d}t}{h} =$$

$$\frac{1}{2\delta}\int_{-\delta}^{\delta}\lim_{h\to 0}\frac{f(x+t+h) - f(x+t)}{h}\mathrm{d}t =$$

$$\frac{1}{2\delta}\int_{-\delta}^{\delta} f'(x+t)\mathrm{d}t = \frac{1}{2\delta}[f(x+\delta) - f(x-\delta)].$$

因为 $f(x)$ 处处连续，所以 $F'(x)$ 连续，即 $F(x)$ 对任何 x 有连续导数.

(2) 因为 $F(x) - f(x) = \dfrac{1}{2\delta}\displaystyle\int_{-\delta}^{\delta} f(x+t)\mathrm{d}t - \dfrac{1}{2\delta}\displaystyle\int_{-\delta}^{\delta} f(x)\mathrm{d}t$

$$= \frac{1}{2\delta}\int_{-\delta}^{\delta}[f(x+t) - f(x)]\mathrm{d}t$$

所以由洛必达法则可得

$$\lim_{\delta\to 0}[F(x) - f(x)] = \lim_{\delta\to 0}\frac{\displaystyle\int_{-\delta}^{\delta}[f(x+t) - f(x)]\mathrm{d}t}{2\delta} =$$

$$\lim_{\delta\to 0}\frac{[f(x+\delta) - f(x)] - [f(x-\delta) - f(x)]\cdot(-1)}{2} =$$

$$\frac{1}{2}\lim_{\delta\to 0}[f(x+\delta) + f(x-\delta) - 2f(x)] = 0$$

故对任给 $\varepsilon > 0$，当 δ 足够小时，对一切 $x \in [a,b]$ 均有 $|F(x) - f(x)| < \varepsilon$.

因此所证结论成立.

549. (清华大学)　设函数 $f(x)$ 在 $[0,1]$ 上连续，证明：

$$\int_0^{\frac{\pi}{2}} f(|\cos x|)\mathrm{d}x = \frac{1}{4}\int_0^{2\pi} f(|\cos x|)\mathrm{d}x.$$

证　设 $y = \pi - x$，则

$$\int_{\frac{\pi}{2}}^{\pi} f(|\cos x|)\mathrm{d}x = \int_{\frac{\pi}{2}}^{0} f(|\cos(\pi - y)|)(-1)\cdot\mathrm{d}y =$$

$$\int_0^{\frac{\pi}{2}} f(|\cos y|)\mathrm{d}y \qquad\qquad ①$$

设 $y = x - \pi$，则

$$\int_{\pi}^{2\pi} f(|\cos x|)\mathrm{d}x = \int_{0}^{\pi} f(|\cos(\pi+y)|)\mathrm{d}y = \int_{0}^{\pi} f(|\cos y|)\mathrm{d}y =$$

$$2\int_{0}^{\frac{\pi}{2}} f(|\cos y|)\mathrm{d}y \qquad\qquad ②$$

由式 ①、式 ② 即得

$$\int_{0}^{\frac{\pi}{2}} f(|\cos x|)\mathrm{d}x = \frac{1}{4}\int_{0}^{2\pi} f(|\cos x|)\mathrm{d}x.$$

550. (成都科技大学) 求 $\int_{0}^{2} \sqrt{x^3 - 2x^2 + x}\,\mathrm{d}x.$

解 $\int_{0}^{2} \sqrt{x^3 - 2x^2 + x}\,\mathrm{d}x = \int_{0}^{2} \sqrt{x} \cdot |x-1|\,\mathrm{d}x =$

$$\int_{0}^{1} \sqrt{x}(1-x)\mathrm{d}x + \int_{1}^{2} \sqrt{x}(x-1)\mathrm{d}x =$$

$$\left(\frac{2}{3}x^{\frac{3}{2}} - \frac{2}{5}x^{\frac{5}{2}}\right)\Bigg|_{0}^{1} + \left(\frac{2}{5}x^{\frac{5}{2}} - \frac{2}{3}x^{\frac{3}{2}}\right)\Bigg|_{1}^{2} =$$

$$\frac{4}{15}(2+\sqrt{2})$$

551. (国防科技大学) 设 $f(x)$ 在 $[-a,a](a>0)$ 上连续

证明: $\int_{-a}^{a} f(x)\mathrm{d}x = \int_{0}^{a} [f(x)+f(-x)]\mathrm{d}x$, 并计算 $\int_{-\frac{\pi}{4}}^{\frac{\pi}{4}} \frac{1}{1+\sin x}\mathrm{d}x.$

证 因 $f(x)+f(-x), f(x)-f(-x)$ 分别为偶、奇函数,所以

$$\int_{-a}^{a} f(x)\mathrm{d}x = \int_{-a}^{a} \left[\frac{f(x)+f(-x)}{2} + \frac{f(x)-f(-x)}{2}\right]\mathrm{d}x =$$

$$\frac{1}{2}\int_{-a}^{a} [f(x)+f(-x)]\mathrm{d}x + \frac{1}{2}\int_{-a}^{a} [f(x)-f(-x)]\mathrm{d}x =$$

$$\frac{1}{2}\times 2\int_{0}^{a} [f(x)+f(-x)] + \frac{1}{2}\times 0 =$$

$$\int_{0}^{a} [f(x)+f(-x)]\mathrm{d}x$$

而 $\int_{-\frac{\pi}{4}}^{\frac{\pi}{4}} \frac{1}{1+\sin x}\mathrm{d}x = \int_{0}^{\frac{\pi}{4}} \left[\frac{1}{1+\sin x} + \frac{1}{1+\sin(-x)}\right]\mathrm{d}x =$

$$\int_{0}^{\frac{\pi}{4}} \left(\frac{1}{1+\sin x} + \frac{1}{1-\sin x}\right)\mathrm{d}x =$$

$$\int_{0}^{\frac{\pi}{4}} \frac{1-\sin x + 1 + \sin x}{1 - \sin^2 x}\mathrm{d}x =$$

$$2\int_{0}^{\frac{\pi}{4}} \frac{1}{\cos^2 x}\mathrm{d}x =$$

$$2\tan x \Bigg|_{0}^{\frac{\pi}{4}} = 2$$

552. (中国科学院) 计算积分 $\int_{0}^{2\pi} \sqrt{1+\cos x}\,\mathrm{d}x.$

解　$\displaystyle\int_0^{2\pi}\sqrt{1+\cos x}\,\mathrm{d}x=\int_0^{2\pi}\sqrt{2}\mid\cos\frac{x}{2}\mid\mathrm{d}x=$

$\sqrt{2}\left[\displaystyle\int_0^\pi\cos\frac{x}{2}\mathrm{d}x+\int_\pi^{2\pi}(-\cos\frac{x}{2})\mathrm{d}x\right]=$

$\sqrt{2}\left[2\sin\dfrac{x}{2}\,\bigg|\,\dfrac{\pi}{0}-2\sin\dfrac{x}{2}\,\bigg|\,\dfrac{2\pi}{\pi}\right]=$

$4\sqrt{2}$

553.(中国科学院)　计算积分$\displaystyle\int_0^\pi\frac{x\sin x}{1+\cos^2 x}\mathrm{d}x$.

解　作变换 $t=\pi-x$,得

$\displaystyle\int_0^\pi\frac{x\sin x}{1+\cos^2 x}\mathrm{d}x=\int_\pi^0\frac{(\pi-t)\sin(\pi-t)}{1+\cos^2(\pi-t)}(-1)\mathrm{d}t=$

$\displaystyle\qquad\int_0^\pi\frac{(\pi-t)\sin t}{1+\cos^2 t}\mathrm{d}t=\pi\int_0^\pi\frac{\sin x}{1+\cos^2 x}\mathrm{d}x-\int_0^\pi\frac{x\sin x}{1+\cos^2 x}\mathrm{d}x$

所以$\displaystyle\int_0^\pi\frac{x\sin x}{1+\cos^2 x}\mathrm{d}x=\frac{\pi}{2}\int_0^\pi\frac{\sin x}{1+\cos^2 x}\mathrm{d}x=$

$\displaystyle\qquad\qquad-\frac{\pi}{2}\int_0^\pi\frac{1}{1+\cos^2 x}\mathrm{d}(\cos x)=$

$\displaystyle\qquad\qquad-\frac{\pi}{2}\arctan(\cos x)\,\bigg|\,\frac{\pi}{0}=$

$\displaystyle\qquad\qquad\frac{\pi^2}{4}$

554.(南京航空学院)　计算积分$\displaystyle\int_0^\pi\frac{\mathrm{d}x}{1+\sin^2 x}$ 的值.

解法1　令 $t=\tan\dfrac{x}{2}$,则

$\mathrm{d}x=\dfrac{2\mathrm{d}t}{1+t^2},\sin x=\dfrac{2t}{1+t^2}$

$\displaystyle\int_0^\pi\frac{\mathrm{d}x}{1+\sin^2 x}=\int_0^{+\infty}\frac{1}{1+\left(\dfrac{2t}{1+t^2}\right)^2}\frac{2\mathrm{d}t}{1+t^2}=\int_0^{+\infty}\frac{2(1+t^2)}{t^4+6t^2+1}\mathrm{d}t=$

$\displaystyle\qquad 2\int_0^{+\infty}\frac{1+\dfrac{1}{t^2}}{t^2+\dfrac{1}{t^2}+6}\mathrm{d}t=2\int_0^{+\infty}\frac{\mathrm{d}(t-\dfrac{1}{t})}{\left(t-\dfrac{1}{t}\right)^2+8}=$

$\displaystyle\qquad 2\times\frac{1}{2\sqrt{2}}\arctan\left(\frac{t-\dfrac{1}{t}}{2\sqrt{2}}\right)\,\bigg|\,\frac{+\infty}{0}=$

$\displaystyle\qquad\frac{\pi}{\sqrt{2}}$

解法2　$\displaystyle\int_0^\pi\frac{\mathrm{d}x}{1+\sin^2 x}=2\int_0^{\frac{\pi}{2}}\frac{\mathrm{d}x}{1+\sin^2 x}$

$$\underline{\quad\tan x = t\quad} a\int_0^{+\infty}\frac{1}{1+\dfrac{t^2}{1+t^2}}\cdot\frac{\mathrm{d}t}{1+t^2}=$$

$$2\int_0^{+\infty}\frac{\mathrm{d}t}{1+2t^2}=$$

$$2\times\frac{1}{\sqrt2}\arctan\sqrt2 t\bigg|_0^{+\infty}=\frac{\pi}{\sqrt2}$$

555. (长沙铁道学院) 若 $f(x)$ 在 $[a,b]$ 上有连续导函数，$f(a)=f(b)=0$，并且 $\displaystyle\int_a^b f^2(x)\mathrm{d}x=1$，则

$$\int_a^b xf(x)f'(x)\mathrm{d}x=-\frac12$$

证 由分部积分法可知

$$\int_a^b xf(x)f'(x)\mathrm{d}x=\int_a^b xf(x)\mathrm{d}(f(x))=$$

$$\frac12\int_a^b x\mathrm{d}[f^2(x)]=\frac{x}{2}f^2(x)\bigg|_a^b-\frac12\int_a^b f^2(x)\mathrm{d}x=$$

$$\frac{b}{2}f^2(b)-\frac{a}{2}f^2(a)-\frac12\times1=$$

$$-\frac12$$

556. (北京工业大学) 设 $f(x)=\displaystyle\int_x^{x+1}\sin t^2\mathrm{d}t$，求证：$x>0$ 时，$|f(x)|<\dfrac1x$.

证 作变换 $t=\sqrt u$，则

$$f(x)=\int_x^{x+1}\sin t^2\mathrm{d}t=\int_{x^2}^{(x+1)^2}\sin u\cdot\frac{1}{2\sqrt u}\mathrm{d}u=$$

$$\frac12\int_{x^2}^{(x+1)^2}\frac{1}{\sqrt u}\mathrm{d}(-\cos u)=$$

$$-\frac12\left(\frac{1}{\sqrt u}\cdot\cos u\right)\bigg|_{x^2}^{(x+1)^2}-\frac14\int_{x^2}^{(x+1)^2}\frac{\cos u}{u^{\frac32}}\mathrm{d}u=$$

$$\frac{1}{2x}\cos x^2-\frac{1}{2(x+1)}\cos[(x+1)^2]-\frac14\int_{x^2}^{(x+1)^2}\frac{\cos u}{u^{\frac32}}\mathrm{d}u$$

从而，当 $x>0$ 时，有

$$|f(x)|<\frac{1}{2x}+\frac{1}{2(x+1)}+\frac14\left|\int_{x^2}^{(x+1)^2}u^{-\frac32}\mathrm{d}u\right|=$$

$$\frac{1}{2x}+\frac{1}{2(x+1)}-\frac12\left(\frac{1}{x+1}-\frac1x\right)=$$

$$\frac1x$$

557. (通讯工程学院) 计算积分 $\displaystyle\int_0^{n\pi}x|\sin x|\mathrm{d}x$，其中 n 为正整数.

解　$\displaystyle\int_0^{n\pi} x\mid \sin x\mid \mathrm{d}x = \int_0^{\pi} x\sin x\mathrm{d}x - \int_{\pi}^{2\pi} x\sin x\mathrm{d}x + \int_{2\pi}^{3\pi} x\sin x\mathrm{d}x - \int_{3\pi}^{4\pi} x\sin x\mathrm{d}x + \cdots +$

$$(-1)^{n-1}\int_{(n-1)\pi}^{n\pi} x\sin x\mathrm{d}x =$$

$$\sum_{k=1}^{n}(-1)^{k-1}\int_{(k-1)\pi}^{k\pi} x\sin x\mathrm{d}x$$

而$\displaystyle\int_{(k-1)\pi}^{k\pi} x\sin x\mathrm{d}x = -x\cos x\Big|_{(k-1)\pi}^{k\pi} + \int_{(k-1)\pi}^{k\pi}\cos x\mathrm{d}x$

$$= (-1)^{k-1}(2k-1)\pi + \sin x\Big|_{(k-1)\pi}^{k\pi}$$

$$= (-1)^{k-1}\cdot(2k-1)\pi.$$

所以$\displaystyle\int_0^{n\pi} x\mid \sin x\mid \mathrm{d}x = \sum_{k=1}^{n}(-1)^{k-1}\cdot(-1)^{k-1}(2k-1)\pi$

$$= \sum_{k=1}^{n}(2k-1)\pi = n^2\pi.$$

558.(同济大学)　计算$\displaystyle\frac{\mathrm{d}}{\mathrm{d}c}\int_{\frac{1}{2}c}^{\frac{\sqrt{3}}{2}c}\sqrt{c^2-x^2}\,\mathrm{d}x$ 的值.

解　设$f(x,c) = \sqrt{c^2-x^2}$,则$f_c'(x,c) = \dfrac{c}{\sqrt{c^2-x^2}}$.

$$\frac{\mathrm{d}}{\mathrm{d}c}\int_{\frac{c}{2}}^{\frac{\sqrt{3}}{2}c}\sqrt{c^2-x^2}\,\mathrm{d}x =$$

$$\int_{\frac{c}{2}}^{\frac{\sqrt{3}}{2}c}\frac{c}{\sqrt{c^2-x^2}}\mathrm{d}x + \sqrt{c^2-\left(\frac{\sqrt{3}}{2}c\right)^2}\left(\frac{\sqrt{3}}{2}c\right)' - \sqrt{c^2-\left(\frac{c}{2}\right)^2}\left(\frac{c}{2}\right)' =$$

$$\int_{\frac{c}{2}}^{\frac{\sqrt{3}}{2}c}\frac{c}{\sqrt{c^2-x^2}}\mathrm{d}x + \frac{\mid c\mid}{2}\times\frac{\sqrt{3}}{2} - \frac{\sqrt{3}\mid c\mid}{2}\times\frac{1}{2} =$$

$$c\arcsin\frac{x}{c}\Bigg|_{\frac{c}{2}}^{\frac{\sqrt{3}}{2}c} =$$

$$\frac{\pi}{6}c.$$

559.(哈尔滨工业大学,武汉钢铁学院)　设$f(x)$是$[0,1]$上的连续函数,令$I = \int_0^{\pi} xf(\sin x)\mathrm{d}x$.

(1) 证明:$I = \dfrac{\pi}{2}\displaystyle\int_0^{\pi} f(\sin x)\mathrm{d}x$;

(2) 求$\displaystyle\int_0^{\pi}\frac{x\sin x}{1+\cos^2 x}\mathrm{d}x$.

证　(1) 作变换 $t = \pi - x$,则

$$I = \int_0^{\pi} xf(\sin x)\mathrm{d}x = \int_{\pi}^0 (\pi-t)f[\sin(\pi-t)]\times(-1)\mathrm{d}t =$$

$$\int_0^\pi (\pi - t) f(\sin t)\,dt = \pi \int_0^\pi f(\sin t)\,dt - \int_0^\pi t f(\sin t)\,dt =$$

$$\pi \int_0^\pi f(\sin x)\,dx - I$$

所以
$$I = \frac{\pi}{2} \int_0^\pi f(\sin x)\,dx$$

（2）同第 553 题.

560.（上海交通大学） 计算 $\int_{\frac{1}{2}}^{\frac{3}{4}} \dfrac{\arcsin\sqrt{x}}{\sqrt{x(1-x)}}\,dx.$

解　作变换 $t = \arcsin\sqrt{x}$，则 $x = \sin^2 t, dx = \sin 2t\,dt$，当 $x = \dfrac{1}{2}$ 时，$t = \dfrac{\pi}{4}$，当

$x = \dfrac{3}{4}$ 时，$t = \dfrac{\pi}{3}$，所以

$$\int_{\frac{1}{2}}^{\frac{3}{4}} \frac{\arcsin\sqrt{x}}{\sqrt{x(1-x)}}\,dx = \int_{\frac{\pi}{4}}^{\frac{\pi}{3}} \frac{t}{\sqrt{\sin^2 t \cdot \cos^2 t}} \cdot \sin 2t\,dt =$$

$$\int_{\frac{\pi}{4}}^{\frac{\pi}{3}} 2t\,dt = t^2 \Big|_{\frac{\pi}{4}}^{\frac{\pi}{3}} = \frac{7\pi^2}{144}$$

561.（华东师范大学） 设 $f(x)$ 有连续的二阶导函数，且 $f(\pi) = 2, \int_0^\pi [f(x) + f''(x)]\sin x\,dx = 5$，求 $f(0).$

解　$\int_0^\pi [f(x) + f''(x)]\sin x\,dx = \int_0^\pi f(x)\sin x\,dx + \int_0^\pi f''(x)\sin x\,dx =$

$$-\int_0^\pi f(x)\,d(\cos x) + \int_0^\pi \sin x\,d(f'(x)) =$$

$$\left[-f(x)\cos x\right]\Big|_0^\pi + \int_0^\pi \cos x \cdot f'(x)\,dx + \left[\sin x f'(x)\right]\Big|_0^\pi - \int_0^\pi f'(x)\cos x\,dx =$$

$$f(\pi) + f(0)$$

所以 $f(0) = \int_0^\pi [f(x) + f''(x)]\sin x\,dx - f(\pi) = 5 - 2 = 3$

562.（中国科学院） 求积分 $\int_0^\pi e^x \cos^2 x\,dx.$

解　$\int_0^\pi e^x \cdot \cos^2 x\,dx = \frac{1}{2}\int_0^\pi e^x(1 + \cos 2x)\,dx =$

$$\frac{1}{2}\int_0^\pi e^x\,dx + \frac{1}{2}\int_0^\pi e^x \cos 2x\,dx$$

而 $\int_0^\pi e^x \cos 2x\,dx = \int_0^\pi \cos 2x\,d(e^x) = e^x \cos 2x \Big|_0^\pi + 2\int_0^\pi e^x \sin 2x\,dx =$

$$e^\pi - 1 + 2\int_0^\pi \sin 2x\,d(e^x) = e^\pi - 1 + 2e^x \sin 2x \Big|_0^\pi - 4\int_0^\pi e^x \cos 2x\,dx =$$

$$e^\pi - 1 - 4\int_0^\pi e^x \cos 2x\,dx$$

所以 $\displaystyle\int_0^{\pi}\mathrm{e}^x\cos 2x\mathrm{d}x=\frac{1}{5}(\mathrm{e}^{\pi}-1)$

又因为 $\displaystyle\int_0^{\pi}\mathrm{e}^x\mathrm{d}x=\mathrm{e}^x\bigg|_0^{\pi}=\mathrm{e}^{\pi}-1$,所以

$$\int_0^{\pi}\mathrm{e}^x\cos^2 x\mathrm{d}x=\frac{1}{2}(\mathrm{e}^{\pi}-1)+\frac{1}{2}\times\frac{1}{5}(\mathrm{e}^{\pi}-1)=\frac{3}{5}(\mathrm{e}^{\pi}-1)$$

563.(中国科学院) 计算积分 $\displaystyle\int_0^{2\pi}\frac{\mathrm{d}\theta}{2+\cos\theta}$.

解 令 $\theta=\pi-x$,则 $\dfrac{1}{2-\cos x}$ 是偶函数

$$\int_0^{2\pi}\frac{\mathrm{d}\theta}{2+\cos\theta}=-\int_{\pi}^{-\pi}\frac{\mathrm{d}x}{2+\cos(\pi-x)}=\int_{-\pi}^{\pi}\frac{\mathrm{d}x}{2-\cos x}=2\int_0^{\pi}\frac{\mathrm{d}x}{2-\cos x}\xrightarrow{\ \tan\frac{x}{2}=t\ }$$

$$\int_0^{+\infty}\frac{\dfrac{2}{1+t^2}\mathrm{d}t}{1-\dfrac{1-t^2}{1+t^2}}=4\int_0^{+\infty}\frac{\mathrm{d}t}{1+3t^2}=4\frac{1}{\sqrt{3}}\arctan\sqrt{3}t\Big|_0^{+\infty}=\frac{4}{\sqrt{3}}\times\frac{a}{2}=\frac{2\pi}{\sqrt{3}}$$

564.(武汉大学) 设函数 $f(x)$ 在区间 $[0,a]$ 上严格递增且连续,$f(0)=0$,$g(x)$ 为 $f(x)$ 的反函数,试证成立等式:

$$\int_0^a f(x)\mathrm{d}x=\int_0^{f(a)}[a-g(x)]\mathrm{d}x$$

证 设 $y=f(x)$,则 $x=g(y)$,注意到 $f(0)=0$,故

$$\int_0^a f(x)\mathrm{d}x=\int_{f(0)}^{f(a)}y\mathrm{d}(g(y))=yg(y)\bigg|_{f(0)}^{f(a)}-\int_{f(0)}^{f(a)}g(y)\mathrm{d}y=$$

$$f(a)g[f(a)]-\int_0^{f(a)}g(y)\mathrm{d}y=$$

$$af(a)-\int_0^{f(a)}g(x)\mathrm{d}x=$$

$$\int_0^{f(a)}[a-g(x)]\mathrm{d}x$$

565.(哈尔滨工业大学) 试证对一切正整数 n,

$$\int_0^{\frac{\pi}{2}}\sin^n x\cos^n x\mathrm{d}x=2^{-n}\int_0^{\frac{\pi}{2}}\cos^n x\mathrm{d}x$$

证 令 $t=2x$,则

$$\int_0^{\frac{\pi}{2}}\sin^n x\cos^n x\mathrm{d}x=\int_0^{\frac{\pi}{2}}2^{-n}\sin^n(2x)\mathrm{d}x=2^{-n-1}\int_0^{\pi}\sin^n t\mathrm{d}t$$

$$=2^{-n-1}\int_0^{\frac{\pi}{2}}\sin^n t\mathrm{d}t+2^{-n-1}\int_{\frac{\pi}{2}}^{\pi}\sin^n t\mathrm{d}t.$$

作变换 $t=\pi-u$,则

$$\int_{\frac{\pi}{2}}^{\pi}\sin^n t\mathrm{d}t=\int_0^{\frac{\pi}{2}}\sin^n u\mathrm{d}u=\int_0^{\frac{\pi}{2}}\sin^n t\mathrm{d}t$$

再作变换 $t=\dfrac{\pi}{2}-v$,则

$$\int_0^{\frac{\pi}{2}} \sin^n t\,dt = \int_{\frac{\pi}{2}}^{0} \left[\sin(\frac{\pi}{2} - v)\right]^n \cdot (-1)dv = \int_0^{\frac{\pi}{2}} \cos^n v\,dv = \int_0^{\frac{\pi}{2}} \cos^n x\,dx$$

因此

$$\int_0^{\pi} \sin^n x \cos^n x\,dx = 2^{-n}\int_0^{\frac{\pi}{2}} \sin^n t\,dt = 2^{-n}\int_0^{\frac{\pi}{2}} \cos^n x\,dx$$

566.(北京钢铁学院)　计算：$I_n = \int_0^{\frac{\pi}{2}} \cos^n t\,dt$（$n$ 为自然数）.

解　$I_n = \int_0^{\frac{\pi}{2}} \cos^n t\,dt = \int_0^{\frac{\pi}{2}} \left[\cos t\right]^{n-1}d(\sin t). =$

$$\sin t\left[\cos t\right]^{n-1}\Big|_0^{\frac{\pi}{2}} + (n-1)\int_0^{\frac{\pi}{2}} (\cos t)^{n-2} \cdot \sin^2 t\,dt =$$

$$(n-1)\int_0^{\frac{\pi}{2}} (\cos t)^{n-2} \cdot (1 - \cos^2 t)dt =$$

$$(n-1)I_{n-2} - (n-1)I_n.$$

从而有

$$I_n = \frac{n-1}{n}I_{n-2}$$

又

$$I_0 = \int_0^{\frac{\pi}{2}} dt = \frac{\pi}{2}, I_1 = \int_0^{\frac{\pi}{2}} \cos t\,dt = 1$$

故当 $n = 2k$ 时（k 为自然数），

$$I_n = \frac{2k-1}{2k}\frac{2k-3}{2k-2}\cdots\frac{1}{2}I_0 = \frac{(2k-1)!!}{(2k)!!}\frac{\pi}{2}$$

当 $n = 2k+1$ 时（k 为非负整数）.

$$I_n = \frac{2k}{2k+1}\frac{2k-2}{2k-1}\cdots\frac{2}{3}I_1 = \frac{(2k)!!}{(2k+1)!!}$$

567.(华东师范大学)　设 $I_n = \int_0^1 (1-x^2)^n\,dx$. 证明：

(1) $I_n = \dfrac{2n}{2n+1}I_{n-1}, n = 2,3,\cdots$

(2) $I_n \geqslant \dfrac{2}{3\sqrt{n}}, n = 1,2,3,\cdots$

证　(1) $I_n = \int_0^1 (1-x^2)^n\,dx = \int_0^1 (1-x^2)(1-x^2)^{n-1}\,dx =$

$$\int_0^1 (1-x^2)^{n-1}\,dx - \int_0^1 x^2(1-x^2)^{n-1}\,dx =$$

$$I_{n-1} - \left[-\frac{1}{2n}x(1-x^2)^n\Big|_0^1 + \frac{1}{2n}\int_0^1 (1-x^2)^n\,dx\right] =$$

$$I_{n-1} - \frac{1}{2n}I_n$$

所以 $(1 + \dfrac{1}{2n})I_n = I_{n-1}$,

$$I_n = \frac{2n}{2n+1}I_{n-1}, n = 2,3,\cdots$$

(2) $I_1 = \int_0^1 (1-x^2)\mathrm{d}x = \dfrac{2}{3}$,所以

$$I_n = \frac{2n}{2n+1}I_{n-1} = \frac{2n}{2n+1} \cdot \frac{2n-2}{2n-1}I_{n-2} = \cdots$$

$$= \frac{2n}{2n+1}\frac{2n-2}{2n-1}\cdots\frac{4}{5}I_1 = \frac{2n}{2n+1}\frac{2n-2}{2n-1}\cdots\frac{4}{5} \times \frac{2}{3}$$

记　　　　　　$a = \dfrac{2n}{2n+1}\dfrac{2n-2}{2n-1}\cdots\dfrac{4}{5}, b = \dfrac{2n-1}{2n}\dfrac{2n-3}{2n-2}\cdots\dfrac{3}{4}$

易知 $a > b > 0$,得 $a^2 > ab > 0$,而 $ab = \dfrac{3}{2n+1}$,所以

$$a^2 > ab = \frac{3}{2n+1} \geqslant \frac{3}{3n} = \frac{1}{n}$$

得　　　　　　　　　　　　　$a \geqslant \dfrac{1}{\sqrt{n}}$

因此 $I = a \cdot \dfrac{2}{3} \geqslant \dfrac{2}{3\sqrt{n}}, n = 1, 2, 3, \cdots$

568.(华中师范大学)　设 $a > 0$,函数 $f(x)$ 在 $[0, a]$ 上连续可微,证明:

$$|f(0)| \leqslant \frac{1}{a}\int_0^a |f(x)|\mathrm{d}x + \int_0^a |f'(x)|\mathrm{d}x$$

证法 1　因为 $f(x)$ 在 $[0, a]$ 上连续可微,所以积分 $\int_0^a (a-x)f'(x)\mathrm{d}x$ 存在,且

$$\int_0^a (a-x)f'(x)\mathrm{d}x = \int_0^a (a-x)\mathrm{d}[f(x)] =$$

$$(a-x)f(x)\Big|_0^a - \int_0^a f(x)\mathrm{d}(a-x) =$$

$$-af(0) + \int_0^a f(x)\mathrm{d}x$$

$$-af(0) = \int_0^a (a-x)f'(x)\mathrm{d}x - \int_0^a f(x)\mathrm{d}x$$

得 $|af(0)| \leqslant \Big|\int_0^a (a-x)f'(x)\mathrm{d}x\Big| + \Big|\int_0^a f(x)\mathrm{d}x\Big| \leqslant$

$$\int_0^a (a-x)|f'(x)|\mathrm{d}x + \int_0^a |f(x)|\mathrm{d}x \leqslant$$

$$a\int_0^a |f'(x)|\mathrm{d}x + \int_0^a |f(x)|\mathrm{d}x$$

得　　　　　　$|f(0)| \leqslant \dfrac{1}{a}\int_0^a |f(x)|\mathrm{d}x + \int_0^a |f'(x)|\mathrm{d}x$

证法 2　因为 $f(x)$ 连续,由积分中值定理,存在 $\xi \in [0, a]$,使得 $\int_0^a f(x)\mathrm{d}x = f(\xi)a$.

又因为 $f(\xi) - f(0) = \int_0^\xi f'(x)\mathrm{d}x$,所以

$$|f(0)| = \Big|f(\xi) - \int_0^\xi f'(x)\mathrm{d}x\Big| \leqslant |f(\xi)| + \Big|\int_0^\xi f'(x)\mathrm{d}x\Big| \leqslant$$

$$| \frac{1}{a} \int_0^a f(x) \mathrm{d}x | + \int_0^a | f'(x) | \mathrm{d}x \leqslant$$

$$\frac{1}{a} \int_0^a | f(x) | \mathrm{d}x + \int_0^a | f'(x) | \mathrm{d}x$$

569. (**长沙铁道学院**)　函数 $f(x)$ 在 $[0,1]$ 上连续,则

$$\int_0^\pi x f(\sin x) \mathrm{d}x = \frac{\pi}{2} \int_0^\pi f(\sin \frac{x}{2}) \mathrm{d}x.$$

证　令 $x = \pi - \frac{t}{2}$,则

$$\int_0^\pi x f(\sin x) \mathrm{d}x = \frac{1}{2} \int_{2\pi}^0 (\pi - \frac{t}{2}) f(\sin \frac{t}{2}) \mathrm{d}t =$$

$$\frac{\pi}{2} \int_0^{2\pi} f(\sin \frac{t}{2}) \mathrm{d}t - \frac{1}{4} \int_0^{2\pi} t f(\sin \frac{t}{2}) \mathrm{d}t =$$

$$\frac{\pi}{2} \int_0^{2\pi} f(\sin \frac{t}{2}) \mathrm{d}t - \int_0^{2\pi} \frac{t}{2} f(\sin \frac{t}{2}) \mathrm{d}(\frac{t}{2}) =$$

$$\frac{\pi}{2} \int_0^{2\pi} f(\sin \frac{t}{2}) \mathrm{d}t - \int_0^\pi x f(\sin x) \mathrm{d}x$$

得　　　　　　　　　　$$\int_0^\pi x f(\sin x) \mathrm{d}x = \frac{\pi}{4} \int_0^{2\pi} f(\sin \frac{x}{2}) \mathrm{d}x \qquad ①$$

另一方面,令 $x = 2\pi - u$,得

$$\int_\pi^{2\pi} f(\sin \frac{x}{2}) \mathrm{d}x = -\int_\pi^0 f(\sin \frac{u}{2}) \mathrm{d}u = \int_0^\pi f(\sin \frac{x}{2}) \mathrm{d}x \qquad ②$$

则由式 ①、式 ② 有

$$\int_0^\pi x f(\sin x) \mathrm{d}x = \frac{\pi}{4} \left[\int_0^\pi f(\sin \frac{x}{2}) \mathrm{d}x + \int_\pi^{2\pi} f(\sin \frac{x}{2}) \mathrm{d}x \right] =$$

$$\frac{\pi}{4} \left[\int_0^\pi f(\sin \frac{x}{2}) \mathrm{d}x + \int_0^\pi f(\sin \frac{x}{2}) \mathrm{d}x \right] =$$

$$\frac{\pi}{2} \int_0^\pi f(\sin \frac{x}{2}) \mathrm{d}x$$

570. (**天津大学**)　计算 $\int_0^{N\pi} \sqrt{1 - \sin 2x} \mathrm{d}x$,其中 N 为正整数.

解　令 $a_N = \int_0^{N\pi} \sqrt{1 - \sin 2x} \mathrm{d}x =$

$$\int_0^{N\pi} | \sin x - \cos x | \mathrm{d}x = \sqrt{2} \int_0^{N\pi} | \sin(x - \frac{\pi}{4}) | \mathrm{d}x$$

当 $N = 1$ 时,

$$a_1 = \sqrt{2} \int_0^\pi | \sin(x - \frac{\pi}{4}) | \mathrm{d}x =$$

$$\sqrt{2} \int_0^{\frac{\pi}{4}} \sin(\frac{\pi}{4} - x) \mathrm{d}x + \sqrt{2} \int_{\frac{\pi}{4}}^\pi \sin(x - \frac{\pi}{4}) \mathrm{d}x =$$

$$\sqrt{2} \left[\cos(x - \frac{\pi}{4}) \right) \Big|_0^{\frac{\pi}{4}} + \sqrt{2}(-\cos(x - \frac{\pi}{4})) \Big|_{\frac{\pi}{4}}^\pi = 2\sqrt{2}$$

$$a_{n+1} = \sqrt{2}\int_0^{(n+1)\pi} \left| \sin(x - \frac{\pi}{4}) \right| dx = a_n + \sqrt{2}\int_{n\pi}^{(n+1)\pi} \left| \sin(x - \frac{\pi}{4}) \right| dx$$

令 $x = n\pi + t$，则 $a_{n+1} = a_n + \sqrt{2}\int_0^\pi \left| \sin[n\pi + (t - \frac{\pi}{4})] \right| dt =$

$$a_n + \sqrt{2}\int_0^\pi \left| \sin(t - \frac{\pi}{4}) \right| dt =$$

$$a_n + a_1$$

从而可知

$$a_N = a_{N-1} + a_1 = a_{N-2} + 2a_1 = \cdots =$$

$$a_1 + (N-1)a_1 = Na_1 = 2\sqrt{2}N$$

571.(武汉大学) 设函数 $f(x)$ 在任何有限区间上可积，且 $\lim\limits_{x \to +\infty} f(x) = l$，求证：

$$\lim_{x \to +\infty} \frac{1}{x}\int_0^x f(t)dt = l$$

证 由函数 $f(x)$ 在任何有限区间可积及 $\lim\limits_{x \to +\infty} f(x) = l$ 知，对任给 $\varepsilon > 0$，存在 $M > 0$，当 $x > M$ 时有 $|f(x) - l| < \dfrac{\varepsilon}{2}$. 从而

$$\left| \frac{1}{x}\int_0^x f(t)dt - l \right| = \left| \frac{1}{x}\int_0^x f(t)dt - \frac{1}{x}\int_0^x l\,dt \right| =$$

$$\frac{1}{x}\left| \int_0^M [f(t) - l]dt + \int_M^x [f(t) - l] \right| dt \leqslant$$

$$\frac{1}{x}\left[\left| \int_0^M [f(t) - l]dt \right| + \frac{1}{x}\int_M^x |f(t) - l|\,dt \right] \leqslant$$

$$\frac{1}{x}\left[\left| \int_0^M [f(t) - l]dt \right| + \int_M^x \frac{\varepsilon}{2}dt \right] =$$

$$\frac{\varepsilon}{2} + \frac{1}{x}\left[\left| \int_0^M [f(t) - l]dt \right| - \frac{M}{2}\varepsilon \right]$$

显然，当 x 足够大时，必有 $\dfrac{1}{x}\left[\left| \int_0^M [f(x) - l]dt \right| - \dfrac{M}{2}\varepsilon \right] < \dfrac{\varepsilon}{2}$，所以

$$\left| \frac{1}{x}\int_0^x f(t)dt - l \right| < \frac{\varepsilon}{2} + \frac{\varepsilon}{2} = \varepsilon$$

$$\lim_{x \to +\infty} \frac{1}{x}\int_0^x f(t)dt = l$$

572.(长沙铁道学院) 证明：$\int_1^a f(x^2 + \dfrac{a^2}{x^2})\dfrac{dx}{x} = \int_1^a f(x + \dfrac{a^2}{x})\dfrac{dx}{x}$.

证 令 $t = x^2$，则 $dt = 2x\,dx$.

$$\int_1^a f(x^2 + \frac{a^2}{x^2})\frac{dx}{x} = \int_1^{a^2} f(t + \frac{a^2}{t})\frac{1}{\sqrt{t}}\frac{1}{2\sqrt{t}}dt =$$

$$\frac{1}{2}\int_1^{a^2} f(t + \frac{a^2}{t})\frac{dt}{t} =$$

$$\frac{1}{2}\left[\int_1^a f(t + \frac{a^2}{t})\frac{dt}{t} + \int_a^{a^2} f(t + \frac{a^2}{t})\frac{dt}{t} \right]$$

再令 $u = \dfrac{a^2}{t}$，则

$$\int_a^{a^2} f\left(t + \frac{a^2}{t}\right)\frac{\mathrm{d}t}{t} = -\int_a^1 f\left(u + \frac{a^2}{u}\right)\frac{\mathrm{d}u}{u} = \int_1^a f\left(t + \frac{a^2}{t}\right)\frac{\mathrm{d}t}{t}$$

所以 $\displaystyle\int_1^a f\left(x^2 + \frac{a^2}{x^2}\right)\frac{\mathrm{d}x}{x} = \int_1^a f\left(t + \frac{a^2}{t}\right)\frac{\mathrm{d}t}{t} = \int_1^a f\left(x + \frac{a^2}{x}\right)\frac{\mathrm{d}x}{x}$

573. (华中科技大学)　设 $f(x)$ 在 $(0, +\infty)$ 内连续，$a > 0$，证明等式：$\displaystyle\int_{\frac{1}{a}}^a f(x)\mathrm{d}x$
$= \dfrac{1}{2}\displaystyle\int_{\frac{1}{a}}^a \left[f(x) + \frac{1}{x^2}f\left(\frac{1}{x}\right)\right]\mathrm{d}x.$

证　令 $t = \dfrac{1}{x}$，则

$$\int_{\frac{1}{a}}^a f(x)\mathrm{d}x = \int_a^{\frac{1}{a}} f\left(\frac{1}{t}\right)\left(-\frac{1}{t^2}\right)\mathrm{d}t = \int_{\frac{1}{a}}^a \frac{1}{t^2}f\left(\frac{1}{t}\right)\mathrm{d}t =$$

$$\int_{\frac{1}{a}}^a \frac{1}{x^2}f\left(\frac{1}{x}\right)\mathrm{d}x$$

因此 $\displaystyle\int_{\frac{1}{a}}^a f(x)\mathrm{d}x = \dfrac{1}{2}\int_{\frac{1}{a}}^a \left[f(x) + \frac{1}{x^2}f\left(\frac{1}{x}\right)\right]\mathrm{d}x$

574. (天津大学)　求 $I = \displaystyle\int_{-1}^1 x(1 + x^{1997})(\mathrm{e}^x - \mathrm{e}^{-x})\mathrm{d}x.$

解　作变换 $t = -x$，得

$$I = \int_{-1}^1 x(1 + x^{1997})(\mathrm{e}^x - \mathrm{e}^{-x})\mathrm{d}x =$$

$$\int_1^{-1}(-t)(1 - t^{1997})(\mathrm{e}^{-t} - \mathrm{e}^t)\cdot(-1)\mathrm{d}t =$$

$$\int_{-1}^1 t(1 - t^{1997})(\mathrm{e}^t - \mathrm{e}^{-t})\mathrm{d}t = \int_{-1}^1 x(1 - x^{1997})(\mathrm{e}^x - \mathrm{e}^{-x})\mathrm{d}x$$

故 $2I = \displaystyle\int_{-1}^1 x(1 + x^{1997})(\mathrm{e}^x - \mathrm{e}^{-x})\mathrm{d}x + \int_{-1}^1 x(1 - x^{1997})(\mathrm{e}^x - \mathrm{e}^{-x})\mathrm{d}x =$

$$2\int_{-1}^1 x(\mathrm{e}^x - \mathrm{e}^{-x})\mathrm{d}x = 2\int_{-1}^1 x\,\mathrm{d}(\mathrm{e}^x + \mathrm{e}^{-x}) =$$

$$2x(\mathrm{e}^x + \mathrm{e}^{-x})\Big|_{-1}^1 - 2\int_{-1}^1 (\mathrm{e}^x + \mathrm{e}^{-x})\mathrm{d}x =$$

$$4(\mathrm{e} + \mathrm{e}^{-1}) - 2(\mathrm{e}^x - \mathrm{e}^{-x})\Big|_{-1}^1 =$$

$$8\mathrm{e}^{-1}$$

因此　　　　　　　　　　　　$I = 4\mathrm{e}^{-1}$

575. (北京大学)　设 $f(x)$ 在 $[0, +\infty]$ 上可微，且满足 $\displaystyle\int_0^x tf(t)\mathrm{d}t = \frac{x}{3}\int_0^x f(t)\mathrm{d}t$，
$x > 0$，求 $f(x)$.

解　方程两边对 x 求导，得

$$xf(x) = \frac{1}{3}\int_0^x f(t)\mathrm{d}t + \frac{x}{3}f(x)$$

因此　　　　　　　　$\displaystyle\int_0^x f(t)\,\mathrm{d}t = 2xf(x)$

两边继续对 x 求导,得 $f(x) = 2f(x) + 2xf'(x)$,即 $2xf'(x) = -f(x)$,解此微分方程得

$$f(x) = \frac{c}{\sqrt{x}}(C \text{ 为常数})$$

若 $C \neq 0$,则 $\lim\limits_{x \to 0^+} f(x)$ 不存在,这与 $f(x)$ 在 $x = 0$ 处连续矛盾,故 $C = 0$,从而 $f(x) = 0$.

576. (北京航空航天大学)　设 $f(x)$ 连续,$\forall x > 0, f(x) > 0$ 且 $\forall x \geqslant 0$ 有 $f(x) = \sqrt{\displaystyle\int_0^x f(t)\,\mathrm{d}t}$,求 $x \geqslant 0$ 时,$f(x) = ?$

解　由 $f(x) = \sqrt{\displaystyle\int_0^x f(t)\,\mathrm{d}t}$ 得 $f^2(x) = \displaystyle\int_0^x f(t)\,\mathrm{d}t$,方程两边对 x 求导,得

$$2f(x) \cdot f'(x) = f(x)$$

而 $x > 0$ 时,$f(x) > 0$,所以 $f'(x) = \dfrac{1}{2}$,从而

$$f(x) = \frac{1}{2}x + c(c \text{ 为常数})$$

又因为 $f(0) = \sqrt{\displaystyle\int_0^0 f(t)\,\mathrm{d}t} = 0$,且 $f(x)$ 连续,所以

$$f(0) = \lim_{x \to 0^+} f(x) = \lim_{x \to 0^+}(\frac{1}{2}x + c) = c$$

得 $c = 0$,因此

$$f(x) = \frac{1}{2}x,\, x \geqslant 0$$

577. (四川联合大学)　证明:$\mathrm{e}^x - \mathrm{e}^{\int_{\ln 2}^x \frac{\mathrm{d}t}{1-\mathrm{e}^{-t}}} = 1.\ (x > 0)$

证　$\displaystyle\int_{\ln 2}^x \frac{\mathrm{d}t}{1-\mathrm{e}^{-t}} = \int_{\ln 2}^x \frac{\mathrm{e}^t}{\mathrm{e}^t - 1}\mathrm{d}t =$

$$\int_{\ln 2}^x \frac{1}{\mathrm{e}^t - 1}\mathrm{d}(\mathrm{e}^t - 1) =$$

$$\ln|\mathrm{e}^t - 1|\ \bigg|_{\ln 2}^x =$$

$$\ln(\mathrm{e}^x - 1)$$

所以　$\mathrm{e}^x - \mathrm{e}^{\int_{\ln 2}^x \frac{\mathrm{d}t}{1-\mathrm{e}^{-t}}} = \mathrm{e}^x - \mathrm{e}^{\ln(\mathrm{e}^x - 1)} = \mathrm{e}^x - (\mathrm{e}^x - 1) = 1$

§ 2　　反常积分

【考点综述】

一、综述

1. 两类反常积分

(1) 设函数 $f(x)$ 定义在无穷区间

$[a,+\infty)$ 上,且在任何有限区间 $[a,u]$ 上可积. 如果存在极限

$$\lim_{u\to+\infty}\int_a^u f(x)\mathrm{d}x = J \qquad \text{①}$$

则称此极限 J 为函数 f 在 $[a,+\infty]$ 上的无穷限反常积分(简称无穷积分),记作

$$J = \int_a^{+\infty} f(x)\mathrm{d}x$$

并称 $\int_a^{+\infty} f(x)\mathrm{d}x$ 收敛. 如果极限 ① 不存在,也称 $\int_a^{+\infty} f(x)\mathrm{d}x$ 发散.

(2) 设函数 $f(x)$ 定义在区间 $(a,b]$ 上,在点 a 的任一右邻域内无界,但在任何内闭区间 $[u,b]\subset(a,b]$ 上有界且可积. 如果存在极限

$$\lim_{u\to a^+}\int_u^b f(x)\mathrm{d}x = J \qquad \text{②}$$

则称此极限为无界函数 f 在 $(a,b]$ 上的反常积分,记作

$$J = \int_a^b f(x)\mathrm{d}x$$

并称反常积分 $\int_a^b f(x)\mathrm{d}x$ 收敛. 如果极限 ② 不存在,也说反常积分 $\int_a^b f(x)\mathrm{d}x$ 发散.

反常积分 $\int_a^b f(x)\mathrm{d}x$ 也称为瑕积分,点 a 称为 f 的瑕点.

2. 无穷积分的性质

(1) 无穷积分收敛的柯西准则:无穷积分 $\int_a^{+\infty} f(x)\mathrm{d}x$ 收敛 $\Leftrightarrow \forall\varepsilon>0,\exists G\geqslant a$,只要 $u_1,u_2>G$,便有 $\left|\int_{u_1}^{u_2} f(x)\mathrm{d}x\right|<\varepsilon$.

(2) 线性性质:设 R_1,R_2 为任意常数,$\int_a^{+\infty} f_1(x)\mathrm{d}x$ 与 $\int_a^{+\infty} f_2(x)\mathrm{d}x$ 都收敛,则 $\int_a^{+\infty}[k_1f_1(x)+k_2f_2(x)]\mathrm{d}x$ 也收敛,且

$$\int_a^{+\infty}[k_1f_1(x)+k_2f_2(x)]\mathrm{d}x = k_1\int_a^{+\infty} f_1(x)\mathrm{d}x+k_2\int_a^{+\infty} f_2(x)\mathrm{d}x$$

(3) $$\int_a^{+\infty} f(x)\mathrm{d}x = \int_a^b f(x)\mathrm{d}x+\int_b^{+\infty} f(x)\mathrm{d}x$$

(4) 若 f 在任何有限区间 $[a,u]$ 上可积,且有 $\int_a^{+\infty}|f(x)|\mathrm{d}x$ 收敛,则 $\int_a^{+\infty} f(x)\mathrm{d}x$ 也收敛,并有

$$\left|\int_a^{+\infty} f(x)\mathrm{d}x\right|\leqslant\int_a^{+\infty}|f(x)|\mathrm{d}x$$

当 $\int_a^{+\infty}|f(x)|\mathrm{d}x$ 收敛时,称 $\int_a^{+\infty} f(x)\mathrm{d}x$ 绝对收敛. 称收敛而不绝对收敛者为条件收敛.

3. 无穷极限的收敛判别法

(1) 绝对收敛判别法:$\int_a^{+\infty}|f(x)|\mathrm{d}x$ 收敛的充要条件是 $\int_a^u|f(x)|\mathrm{d}x$ 存在上界.

(2) 比较判别法:设定义在$[a,+\infty)$上的两个函数 f 和 g 都在任何有限区间$[a,u]$上可积,且满足
$$|f(x)| \leqslant g(x), x \in [a,+\infty),$$
则当$\int_a^{+\infty} g(x)\mathrm{d}x$ 收敛时$\int_a^{+\infty} |f(x)|\mathrm{d}x$ 必收敛,当$\int_a^{+\infty} |f(x)|\mathrm{d}x$ 发散时,$\int_a^{+\infty} g(x)\mathrm{d}x$ 必发散.

比较判别法还可以表示成极限形式,当选取 $g(x) = \dfrac{1}{x^p}$ 时,可以得到柯西判别法.

(3) 狄利克雷判别法:若$F(u) = \int_a^u f(x)\mathrm{d}x$ 在$[a,+\infty)$上有界,$g(x)$ 在$[a,+\infty)$上当 $x \to +\infty$ 时单调趋于 0,则$\int_a^{+\infty} f(x)g(x)\mathrm{d}x$ 收敛.

(4) 阿贝尔(Abel) 判别法:若$\int_a^{+\infty} f(x)\mathrm{d}x$ 收敛,$g(x)$ 在$[a,+\infty)$上单调有界,则$\int_a^{+\infty} f(x)g(x)\mathrm{d}x$ 收敛.

4. 瑕积分的性质与收敛判别

(1) 瑕积分$\int_a^b f(x)\mathrm{d}x$(瑕点为 a) 收敛$\Leftrightarrow \forall \varepsilon > 0$,存在 $\delta > 0$,只要 $u_1, u_2 \in (a, a+\delta)$,总有
$$\left| \int_{u_1}^{u_2} f(x)\mathrm{d}x \right| < \varepsilon$$

(2) 设函数 f_1 和 f_2 的瑕点同为 $x = a, k_1 \, , k_2$ 为常数,则当瑕积分$\int_a^b f_1(x)\mathrm{d}x$ 与$\int_a^b f_2(x)\mathrm{d}x$ 都收敛时,瑕积分$\int_a^b [k_1 f_1(x) + k_2 f_2(x)]\mathrm{d}x$ 必定收敛,并有
$$\int_a^b [k_1 f_1(x) + k_2 f_2(x)]\mathrm{d}x = k_1 \int_a^b f_1(x)\mathrm{d}x + k_2 \int_a^b f_2(x)\mathrm{d}x$$

(3) 设函数 f 的瑕点为 $x = a, c \in [a,b]$ 为任一常数,则$\int_a^b f(x)\mathrm{d}x = \int_a^c f(x)\mathrm{d}x + \int_c^b g(x)\mathrm{d}x.$

(4) 设函数 f 的瑕点为 $x = a, f$ 在(a,b)的任一内闭区间$[u,b]$上可积,则当$\int_a^b |f(x)|\mathrm{d}x$ 收敛时,$\int_a^b f(x)\mathrm{d}x$ 也必定收敛,并有
$$|\int_a^b f(x)\mathrm{d}x| \leqslant \int_a^b |f(x)|\mathrm{d}x$$
当$\int_a^b |f(x)|\mathrm{d}x$ 收敛时,称$\int_a^b f(x)\mathrm{d}x$ 为绝对收敛,称收敛而不绝对收敛的瑕积分是条件收敛的.

(5) 比较判别法:设定义在(a,b)上的两个函数 f 与 g,瑕点同为 $x = a$,在任何$[u,b] \subset (a,b)$上都可积,且满足
$$|f(x)| \leqslant g(x), x \in (a,b)$$

则当 $\int_a^b g(x)\mathrm{d}x$ 收敛时, $\int_a^b |f(x)|\mathrm{d}x$ 必定收敛;当 $\int_a^b |f(x)|\mathrm{d}x$ 发散时, $\int_a^b g(x)\mathrm{d}x$ 必定发散.

比较判别法也可以写成极限形式.

(6) 设 f 定义于 $(a,b]$, a 为其瑕点,且在任何 $[u,b] \subset (a,b]$ 上可积. 如果

$$\lim_{x \to a^+}(x-a)^p |f(x)| = \lambda$$

则有:(i) 当 $0 < p < 1, 0 \leqslant \lambda < +\infty$ 时, $\int_a^b |f(x)|\mathrm{d}x$ 收敛;

(ii) 当 $p \geqslant 1, 0 < \lambda \leqslant +\infty$ 时, $\int_a^b |f(x)|\mathrm{d}x$ 发散.

5. 反常积分的计算

由于反常积分都是通过变限定积分的极限来定义的,所以依然可以利用牛顿 - 莱布尼兹公式、换元积分法、分部积分法来计算反常积分,此外,还可以根据具体情况灵活地运用其他一些方法,如:待定系数法、方程法、级数法等.

6.1 欧拉积分

(1) 欧拉积分包括两种类型:

1) Γ 函数: $\Gamma(s) = \int_0^{+\infty} x^{s-1}\mathrm{e}^{-x}\mathrm{d}x, s > 0.$

2) B 函数: $B(p,q) = \int_0^1 x^{p-1}(1-x)^{q-1}\mathrm{d}x, p > 0, q > 0.$

(2) Γ 函数具有以下性质:

1) $\Gamma(s+1) = s\Gamma(s), s > 0$;特别地, $\Gamma(n+1) = n!$ (n 为自然数).

2) $\lim\limits_{s \to 0^+}\Gamma(s) = +\infty.$

3) $\Gamma(s)\Gamma(1-s) = \dfrac{\pi}{\sin(\pi s)}, 0 < s < 1$;特别地, $\Gamma\left(\dfrac{1}{2}\right) = \sqrt{\pi}.$

4) $\Gamma(s) = 2\int_0^{+\infty} u^{2s-1}\mathrm{e}^{-u^2}\mathrm{d}u$,特别地, $\int_0^{+\infty}\mathrm{e}^{-u^2}\mathrm{d}u = \dfrac{\sqrt{\pi}}{2}.$

(3) B 函数具有以下性质:

1) $B(p,q) = B(q,p).$

2) $B(p,q) = \dfrac{\Gamma(p) \cdot \Gamma(q)}{\Gamma(p+q)}, p > 0, q > 0.$

3) 当 $p+q = 1$ 时,有余元公式 $B(p,1-p) = \dfrac{\pi}{\sin(\pi p)}.$

4) $B(p,q) = \dfrac{q-1}{p+q-1}B(p,q-1), p > 0, q > 1.$

$B(p,q) = \dfrac{p-1}{p+q-1}B(p-1,q), p > 1, q > 0.$

二、解题方法

1. 考点1　判断反常积分的敛散性

解题方法　① 比较判断法(见第580题),② 定义法,③ 柯西准则(见第578题),④ 狄利克雷判断法(见第592题),⑤ 阿贝尔判别法.

2. 考点 2　计算反常积分

3. 考点 3　收敛的反常积分的性质应用

578. **(中国科学院)** 设 $f(x)$ 在 $[0,+\infty)$ 上连续可微,并且 $\int_0^{+\infty} f^2(x)\mathrm{d}x < +\infty$. 如果 $|f'(x)| \leqslant C$(当 $x>0$ 时),其中 C 为一常数. 试证: $\lim\limits_{x\to+\infty} f(x) = 0$.

证 1 (反证)假设 $\lim\limits_{x\to+\infty} f(x) \neq 0$,则 $\exists \varepsilon_0 > 0$,使对 $\forall A > 0$,总有 $x_A > A$, $|f(x_A)| \geqslant \sqrt{\varepsilon_0}$.

因 $f(x)$ 在 $[0,+\infty)$ 上连续可微,$|f'(x)| \leqslant c$. 故 f 在 $[0,+\infty)$ 上一致连续,于是 $\exists \delta > 0$,使当 $x',x'' \in [0,+\infty)$,$|x'-x''| < \delta$ 时,$|f(x')-f(x'')| < \dfrac{\sqrt{\varepsilon_0}}{2}$.

又因 $\int_0^{+\infty} f^2(x)\mathrm{d}x$ 收敛,故 $\exists \Delta > 0$,当 $x_1,x_2 > \Delta$ 时,$\int_{x_1}^{x_2} f^2(x) < \dfrac{\varepsilon_0\delta}{2}$.

对该 Δ,存在 x_0,使 $(x_0-\delta, x_0+\delta) \subset (\Delta, +\infty)$　$|f(x_0)| \geqslant \sqrt{\varepsilon_0}$.

当 $x \in (x_0-\delta, x_0+\delta_0)$ 时,　$|f(x)-f(x_0)| < \dfrac{\sqrt{\varepsilon_0}}{2}$.

$|f(x)| = |f(x)-f(x_0)+f(x_0)| \geqslant |f(x_0)| - |f(x)-f(x_0)| \geqslant$

$$\sqrt{\varepsilon_0} - \frac{\sqrt{\varepsilon_0}}{2} = \frac{\sqrt{\varepsilon_0}}{2}$$

$$f^2(x) \geqslant \frac{\varepsilon_0}{4}$$

$\int_{x_0-\delta}^{x_0+\delta} f^2(x)\mathrm{d}x \geqslant \dfrac{\varepsilon_0}{4} \cdot 2\delta = \dfrac{\varepsilon_0\delta}{2}$,矛盾.　　因此 $\lim\limits_{x\to+\infty} f(x) = 0$.

证 2 1)若 $f(x)$ 在 $[0,+\infty)$ 上有界,则由于 $(f^2(x))' = 2f(x)f'(x)$ 也有界(因为 $f'(x)$ 有界). 因此 $f^2(x)$ 在 $[0,+\infty)$ 上一致连续.

(反证)若 $\lim\limits_{x\to+\infty} f(x) \neq 0$,则对 $\forall A > 0$,存在 $x_A > A$,$|f(x_A)| > \sqrt{\varepsilon_0}$,$f^2(x_A) > \varepsilon_0$,且 $\exists \delta > 0$,当 $x',x'' \in [0,+\infty)$. $|x'-x''| < \delta$ 时,有

$$|f^2(x')-f^2(x'')| < \varepsilon_0/2$$

由 $\int_0^{+\infty} f^2(x)\mathrm{d}x < +\infty$,$\exists \Delta > 0$,当 $x_2 > x_1 > \Delta$ 时,$\int_{x_1}^{x_2} f^2(x)\mathrm{d}x < \dfrac{\varepsilon_0\delta}{2}$.

取定 Δ 后,$\exists x_0 > \Delta$,使 $f^2(x_0) > \varepsilon_0$,在 $(x_0, x_0+\delta)$ 中,$|f^2(x)-f^2(x_0)| < \dfrac{\varepsilon_0}{2}$.

$$f^2(x) = f^2(x)-f^2(x_0)+f^2(x_0) > -\frac{\varepsilon_0}{2}+\varepsilon_0 = \frac{\varepsilon_0}{2}$$

$\int_{x_0}^{x_0+\delta} f^2(x)\mathrm{d}x \geqslant \dfrac{\varepsilon_0\delta}{2}$ 时,矛盾.

2)若 $f(x)$ 在 $[0,+\infty)$ 内无界,由 f 连续,故 $\exists x_n \to +\infty$,使 $f(x_n) \to +\infty$

不妨设 $f(x_n) > n+1$,$|f'(x)| < C$,f 在 $[0,+\infty)$ 上一致连续,$\exists \delta > 0$(可设 $\delta < 1$),当 $|x-x_n| < \delta$ 时,

$$f(x) > f(x_n) - \delta > n+1-1 = n$$

于是 $\int_{x_0-\delta}^{x_0+\delta} f^2(x)\mathrm{d}x > n\cdot 2\delta$，这与 $\int_0^{+\infty} f^2(x)\mathrm{d}x$ 收敛矛盾，故 $\lim\limits_{x\to+\infty} f(x)=0$.

579. (中国科学院)　设 $f(x)$ 为连续实值函数，并且对所有 x，有 $f(x)\geqslant 0$，还设 $\int_0^{+\infty} f(x)\mathrm{d}x < \infty$. 求证：$\dfrac{1}{n}\int_0^n xf(x)\mathrm{d}x \to 0(n\to\infty)$.

证　因为 $\int_0^{+\infty} f(x)\mathrm{d}x < \infty$，所以 $\forall\varepsilon>0$，$\exists A>0$，当 $A_2>A_1>A$ 时有 $\left|\int_{A_1}^{A_2} f(x)\mathrm{d}x\right|<\dfrac{\varepsilon}{2}$，而对所有 x，有 $f(x)\geqslant 0$，故有 $\int_{A_1}^{A_2} f(x)\mathrm{d}x<\dfrac{\varepsilon}{2}$.

当 $n\geqslant A+1$ 时，有

$$\frac{1}{n}\int_0^n xf(x)\mathrm{d}x = \frac{1}{n}\int_0^{A+1} xf(x)\mathrm{d}x + \frac{1}{n}\int_{A+1}^n xf(x)\mathrm{d}x$$

因为 $f(x)$ 为实值连续函数，所以 $xf(x)$ 在 $[0,A+1]$ 上连续且有界；存在 $M>0$，使得对 $x\in[0,A+1]$，有 $|xf(x)|<M$.

$\dfrac{1}{n}\int_0^{A+1} xf(x)\mathrm{d}x < \dfrac{M(A+1)}{n}$，而 $=\lim\limits_{n\to\infty}\dfrac{M(A+1)}{n}=0$，从而存在 $N_1>0$，当 $n>N_1$ 时，有

$$\frac{1}{n}\int_0^{A+1} xf(x)\mathrm{d}x < \frac{M(A+1)}{n} < \frac{\varepsilon}{2}$$

又由积分中值定理可知，存在 $\xi\in[A+1,n]$，使得

$$\frac{1}{n}\int_{A+1}^n xf(x)\mathrm{d}x = \frac{1}{n}\xi\int_{A+1}^n f(x)\mathrm{d}x < \frac{\xi}{n}\frac{\varepsilon}{2} \leqslant \frac{\varepsilon}{2}$$

取 $N=\max\{A+1,N_1\}$，则当 $n>N$ 时，有

$$0\leqslant \frac{1}{n}\int_0^n xf(x)\mathrm{d}x = \frac{1}{n}\int_0^{A+1} xf(x)\mathrm{d}x + \frac{1}{n}\int_{A+1}^n xf(x)\mathrm{d}x < \frac{\varepsilon}{2}+\frac{\varepsilon}{2}=\varepsilon$$

因此，当 $n\to+\infty$ 时，$\dfrac{1}{n}\int_0^n xf(x)\mathrm{d}x\to 0$.

580. (北京航空航天大学)　判断积分 $\int_1^{+\infty}\left[\ln(1+\dfrac{1}{x})-\dfrac{1}{1+x}\right]\mathrm{d}x$ 的敛散性.

解　对 $\forall x\in[1,+\infty)$，有

$$0\leqslant \ln(1+\frac{1}{x})-\frac{1}{1+x} \leqslant \frac{1}{x}-\frac{1}{1+x} = \frac{1}{x(1+x)} \leqslant \frac{1}{x^2}$$

再由 $\int_1^{+\infty}\dfrac{1}{x^2}\mathrm{d}x$ 收敛，可得 $\int_1^{+\infty}\left[\ln(1+\dfrac{1}{x}-\dfrac{1}{1+x})\right]$ 收敛.

581. (中国科学院)　如果广义积分 $\int_a^b |f(x)|\mathrm{d}x$（其中 a 是瑕点）收敛，那么 $\int_a^b f(x)\mathrm{d}x$ 收敛. 并举例说明命题的逆不成立.

证　由 $\int_a^b |f(x)|\mathrm{d}x$ 收敛，根据柯西准则，$\forall\varepsilon>0$，存在 $\delta>0$，只要 $u_1,u_2\in(a,a+\delta)$，总有

$$\int_{u_1}^{u_2} |f(x)|\mathrm{d}x = \left|\int_{u_1}^{u_2} |f(x)|\mathrm{d}x\right| < \varepsilon$$

利用定积分的绝对值不等式,又有

$$\left|\int_{u_1}^{u_2} f(x)\mathrm{d}x\right| \leqslant \int_{u_1}^{u_2} |f(x)|\,\mathrm{d}x < \varepsilon$$

再由柯西收敛准则的充分性可知,$\int_a^b f(x)\mathrm{d}x$ 收敛.

命题的逆不成立,例如:设 $f(x) = \dfrac{1}{x}\sin\sqrt{\dfrac{1}{x}}$,令 $x = \dfrac{1}{t^2}$,则

$\int_0^1 \dfrac{1}{x}\sin\sqrt{\dfrac{1}{x}}\mathrm{d}x = 2\int_1^{+\infty}\dfrac{\sin t}{t}\mathrm{d}t$,而由狄利克雷法可以判定 $\int_1^{+\infty}\dfrac{\sin t}{t}\mathrm{d}t$ 是条件收敛

的,从而可知 $\int_0^1 f(x)\mathrm{d}x$ 收敛但 $\int_0^1 |f(x)|\,\mathrm{d}x$ 不收敛. (见题 595)

582. (北京大学) 判断积分 $\int_0^{+\infty}\dfrac{\mathrm{d}x}{x^p + x^q}$ 的收敛性,其中 p 和 q 是参数.

解 $\int_0^{+\infty}\dfrac{1}{x^p + x^q}\mathrm{d}x = \int_0^1\dfrac{1}{x^p + x^q}\mathrm{d}x + \int_1^{+\infty}\dfrac{1}{x^p + x^q}\mathrm{d}x$.

1) 当 $p = q$ 时,$\int_0^1\dfrac{1}{x^p + x^q}\mathrm{d}x = \dfrac{1}{2}\int_0^1\dfrac{1}{x^p}\mathrm{d}x$,$\int_1^{+\infty}\dfrac{1}{x^p + x^q}\mathrm{d}x = \dfrac{1}{2}\int_1^{+\infty}\dfrac{1}{x^p}\mathrm{d}x$,

易知:当 $p < 1$ 时,$\int_0^1\dfrac{1}{x^p}\mathrm{d}x$ 收敛,当 $p \geqslant 1$ 时,$\int_0^1\dfrac{1}{x^p}\mathrm{d}x$ 发散;当 $p > 1$ 时,$\int_1^{+\infty}\dfrac{1}{x^p}\mathrm{d}x$

收敛,当 $p \leqslant 1$ 时,$\int_1^{+\infty}\dfrac{1}{x^p}\mathrm{d}x$ 发散. 所以不论 $p = q$ 取何值,一定有 $\int_0^{+\infty}\dfrac{1}{x^p + x^q}\mathrm{d}x$ 发散.

2) 当 $p \neq q$ 时,不妨设 $p < q$. 对于无穷积分 $\int_1^{+\infty}\dfrac{1}{x^p + x^q}\mathrm{d}x$,由 $\lim\limits_{x\to+\infty}x^q\dfrac{1}{x^p + x^q} =$

1 知:当 $q > 1$ 时 $\int_1^{+\infty}\dfrac{1}{x^p + x^q}\mathrm{d}x$ 收敛;当 $q \leqslant 1$ 时,$\int_1^{+\infty}\dfrac{1}{x^p + x^q}\mathrm{d}x$ 发散.

现在在 $q > 1$ 的前提下讨论 $\int_0^1\dfrac{1}{x^p + x^q}\mathrm{d}x$ 的收敛性. 若 $p \leqslant 0$,则 $\int_0^1\dfrac{1}{x^p + x^q}\mathrm{d}x$ 为

正常积分,必收敛. 若 $p > 0$,由 $\lim\limits_{x\to 0^+}x^p\dfrac{1}{x^p + x^q} = 1$ 知:当 $0 < p < 1$ 时,$\int_0^1\dfrac{1}{x^p + x^q}\mathrm{d}x$

收敛;当 $p \geqslant 1$ 时,$\int_0^1\dfrac{1}{x^p + x^q}\mathrm{d}x$ 发散.

综合可知:当 $p < 1 < q$ 或 $q < 1 < p$ 时,$\int_0^1\dfrac{1}{x^p + x^q}\mathrm{d}x$ 和 $\int_1^{+\infty}\dfrac{1}{x^p + x^q}\mathrm{d}x$ 都收敛,

从而 $\int_0^{+\infty}\dfrac{1}{x^p + x^q}\mathrm{d}x$ 收敛;在其他情况下,$\int_0^{+\infty}\dfrac{1}{x^p + x^q}\mathrm{d}x$ 发散.

583. (北京大学) 证明反常积分 $\int_0^{+\infty}\dfrac{\sin x^2}{1 + x^p}\mathrm{d}x\,(p \geqslant 0)$ 是收敛的.

证 因为 $\int_0^{+\infty}\dfrac{\sin x^2}{1 + x^p}\mathrm{d}x = \int_0^1\dfrac{\sin x^2}{1 + x^p}\mathrm{d}x + \int_1^{+\infty}\dfrac{\sin x^2}{1 + x^p}\mathrm{d}x$,所以只须证明

$\int_1^{+\infty}\dfrac{\sin x^2}{1 + x^p}\mathrm{d}x$ 收敛即可.

记 $f(x) = x\sin x^2$,$g(x) = \dfrac{1}{x(1 + x^p)}$,则对任意 $u > 1$,

$$| \int_1^u f(x)\mathrm{d}x | = | \int_1^u x\sin x^2 \,\mathrm{d}x | = \frac{1}{2} \mid \cos u^2 - \cos 1 \mid \leqslant 1$$

$g(x)$ 在 $[1,+\infty)$ 上单调递减,并且 $\lim\limits_{x\to\infty} g(x) = \lim\limits_{x\to+\infty} \dfrac{1}{x(1+x^p)} = 0$. 由狄利克雷判别法可知 $\int_1^{+\infty} \dfrac{\sin x^2}{1+x^p}\mathrm{d}x$ 收敛,故 $\int_0^{+\infty} \dfrac{\sin x^2}{1+x^p}\mathrm{d}x$ 收敛.

584. (华东师范大学) 设 $f(x)$ 在 $[1,+\infty)$ 上连续,对任意 $x \in [1,+\infty)$ 有 $f(x) > 0$. 另外 $\lim\limits_{x\to+\infty} \dfrac{\ln f(x)}{\ln x} = -\lambda$, 试证:若 $\lambda > 1$, 则 $\int_1^{+\infty} f(x)\mathrm{d}x$ 收敛.

证 用比较判别法. 因为 $\lim\limits_{x\to+\infty} \dfrac{\ln f(x)}{\ln x} = -\lambda$, 所以 $\forall \varepsilon > 0$, 存在 $A > 1$, 当 $x > A$ 时有

$$\frac{\ln f(x)}{\ln x} < -\lambda + \varepsilon$$

即 $\ln f(x) < (-\lambda + \varepsilon)\ln x = \ln x^{-\lambda+\varepsilon}$, 从而当 $x > A$ 时有 $0 < f(x) < \dfrac{1}{x^{\lambda-\varepsilon}}$.

若 $\lambda > 1$, 可取 $0 < \varepsilon < \lambda - 1$, 则 $\lambda - \varepsilon > 1$, 从而积分 $\int_1^{+\infty} \dfrac{1}{x^{\lambda-\varepsilon}}\mathrm{d}x$ 收敛, 根据比较判别法可知, 积分 $\int_1^{+\infty} f(x)\mathrm{d}x$ 收敛.

585. (北京大学, 哈尔滨工业大学) 设 $f(x)$ 是 $[1,+\infty)$ 上的可微函数, 且当 $x \to +\infty$ 时 $f(x)$ 单调下降趋于零. 若积分 $\int_1^{+\infty} f(x)\mathrm{d}x$ 收敛. 证明: 积分 $\int_1^{+\infty} xf'(x)\mathrm{d}x$ 收敛.

证 当 $x \geqslant 1$ 时, $f(x) \geqslant 0$. 否则, 存在 $c \geqslant 1$, $f(c) < 0$, 那么 $f(x) \leqslant f(c) < 0$, 这与 $\lim\limits_{x\to+\infty} f(x) = 0$ 矛盾.

再证 $\lim\limits_{A\to+\infty} Af(A) = 0$. 事实上由积分中值定理, 对充分大的 A, 有

$$\int_{\frac{A}{2}}^A f(x)\mathrm{d}x = \frac{A}{2}f(\xi) \geqslant \frac{A}{2}f(A) > 0, \frac{A}{2} < \xi < A \qquad ①$$

式 ① 左端当 $A \to +\infty$ 时, 极限为零. 故

$$\lim_{A\to+\infty} \frac{A}{2}f(A) = 0$$

此即 $\lim\limits_{A\to+\infty} Af(A) = 0$. $\qquad ②$

现对任何 $A_1, A_2 > 1$, 考察积分

$$\int_{A_1}^{A_2} xf'(x)\mathrm{d}x = xf(x)\mid_{A_1}^{A_2} - \int_{A_1}^{A_2} f(x)\mathrm{d}x =$$

$$A_2 f(A_2) - A_1 f(A_1) - \int_{A_1}^{A_2} f(x)\mathrm{d}x \qquad ③$$

由式 ② 及 $\int_1^{+\infty} f(x)\mathrm{d}x$ 的收敛性, 则对 $\forall \varepsilon > 0$, $\exists A > 0$, 当 $A_1, A_2 > A$ 时, 有

$$| A_1 f(A_1) | < \frac{\varepsilon}{3}, | A_2 f(A_2) | < \frac{\varepsilon}{3}, \left| \int_{A_1}^{A_2} f(x)\mathrm{d}x \right| < \frac{\varepsilon}{3}$$

从而由式 ③ 有

$$\left| \int_{A_1}^{A_2} x f'(x) \mathrm{d}x \right| < \varepsilon$$

由柯西准则知 $\int_1^{\infty} x f'(x) \mathrm{d}x$ 收敛.

586. (内蒙古大学) 已知 $f(x)$ 在 $[0, +\infty)$ 单调,且 $\int_0^{+\infty} f(x) \mathrm{d}x$ 收敛.

证明: $f(x) = o(\dfrac{1}{x})$. $(x \to +\infty)$

证 因为 $f(x)$ 在 $[0, +\infty)$ 内单调,不妨设 $f(x)$ 单调递增,则有 $f(x) \leqslant 0 (\forall x \in [0, +\infty))$.

事实上,若存在 $x_0 \in [0, +\infty)$,使得 $f(x_0) > 0$. 则对 $\forall x > x_0$,均有 $f(x) > f(x_0) > 0$,从而有 $\int_0^{+\infty} f(x) \mathrm{d}x$ 发散,与已知条件矛盾.

由 $\int_0^{+\infty} f(x) \mathrm{d}x$ 收敛,对 $\forall \varepsilon > 0, \exists A_0 > 0$,当 $A_2 > A_1 > A_0$ 时,有

$$-\int_{A_1}^{A_2} f(x) \mathrm{d}x < \frac{\varepsilon}{2}$$

故对 $\forall x > 2A_0$,有

$$0 \leqslant -xf(x) = -2\int_{\frac{x}{2}}^{x} f(x) \mathrm{d}t \leqslant -2\int_{\frac{x}{2}}^{x} f(t) \mathrm{d}t < \varepsilon$$

因此 $\lim\limits_{x \to +\infty} [-xf(x)] = 0$,即

$$\lim_{x \to +\infty} \frac{f(x)}{\dfrac{1}{x}} = 0$$

当 $x \to +\infty$ 时, $f(x) = o(\dfrac{1}{x})$.

587. (武汉大学) 设 $f(x)$ 在 $[a, +\infty)$ 上一致连续,且 $\int_a^{+\infty} f(x) \mathrm{d}x$ 收敛,则 $\lim\limits_{x \to +\infty} f(x) = 0$.

证 因为 $f(x)$ 在 $[a, +\infty)$ 上一致连续,对任意 $\varepsilon > 0$,存在 $\delta > 0$(不妨设 $\delta < \varepsilon$),使得对任何 $x_1, x_2 \in [a, +\infty)$,只要 $|x_1 - x_2| < \delta$,就有

$$|f(x_1) - f(x_2)| < \frac{\varepsilon}{2}$$

又由 $\int_a^{+\infty} f(x) \mathrm{d}x$ 收敛,所以存在 $T > a$,使对任意 $x_1, x_2 > T$,有

$$\left| \int_{x_1}^{x_2} f(x) \mathrm{d}x \right| < \frac{\delta^2}{2}$$

于是对任意 $x > T + \dfrac{\delta}{2}$,取 $x_1 = x - \dfrac{\delta}{2}, x_2 = x + \dfrac{\delta}{2}$,则

$$|f(x)| \delta = \left| \int_{x_1}^{x_2} f(x) \mathrm{d}t - \int_{x_1}^{x_2} f(t) \mathrm{d}t + \int_{x_1}^{x_2} f(t) \mathrm{d}x \right| \leqslant$$

$$\int_{x_1}^{x_2} |f(x) - f(t)| \mathrm{d}t + \left| \int_{x_1}^{x_2} f(t) \mathrm{d}x \right| < \frac{\varepsilon \delta}{2} + \frac{\delta^2}{2}$$

从而 $|f(x)| < \dfrac{\varepsilon}{2} + \dfrac{\delta}{2} < \varepsilon$,故 $\lim\limits_{x \to +\infty} f(x) = 0$.

588. **(新疆大学)** 证明:若 $f(x)$ 连续可微,积分 $\int_a^{+\infty} f(x)\mathrm{d}x$ 和 $\int_a^{+\infty} f'(x)\mathrm{d}x$ 都收敛,则 $x \to +\infty$ 时,有 $f(x) \to 0$.

证 要证明当 $x \to +\infty$ 时 $f(x)$ 有极限,只要证明,$\forall\{x_n\} \to +\infty$ 恒有 $\{f(x_n)\}$ 收敛.事实上,因为 $\int_a^{+\infty} f'(x)\mathrm{d}x$ 收敛,根据柯西准则,$\forall \varepsilon > 0$,存在 $A > a$,当 $x_1,x_2 > A$ 时,恒有 $\left|\int_{x_1}^{x_2} f'(x)\mathrm{d}x\right| < \varepsilon$,即 $|f(x_2) - f(x_1)| < \varepsilon$.那么 $\forall\{x_n\} \to +\infty$,存在 $N > 0$,当 $n,m > N$ 时,有 $x_n, x_m > A$,从而

$$\left|\int_{x_n}^{x_m} f'(x)\mathrm{d}x\right| = |f(x_n) - f(x_m)| < \varepsilon$$

因此 $\{f(x_n)\}$ 收敛,从而极限 $\lim\limits_{x \to +\infty} f(x) = \alpha$ 存在.

下面证明 $\alpha = 0$.若 $\alpha > 0$,则由保号性,存在 $M > 0$,当 $x > M$ 时,有 $f(x) > \dfrac{\alpha}{2} > 0$,从而 $A > M$ 时 $\int_A^{2A} f(x)\mathrm{d}x \geqslant \dfrac{\alpha}{2} A \to +\infty$(当 $A \to +\infty$ 时).这与 $\int_a^{+\infty} f(x)\mathrm{d}x$ 收敛矛盾.同理可证 $\alpha < 0$ 也不可能,故 $\lim\limits_{x \to +\infty} f(x) = \alpha = 0$.

589. **(新疆大学)** 设 $f(x)$ 在 $(-\infty, +\infty)$ 上有定义,$f(x) > 0$,且在任意有限区间 $[-A, B](A, B > 0)$ 上可积,又有定数 M,使得 $\int_{-\infty}^{+\infty} f(x)\mathrm{e}^{-\frac{|x|}{k}}\mathrm{d}x < M$ 对任意 $k > 0$ 成立.试证明:$\int_{-\infty}^{+\infty} f(x)\mathrm{d}x$ 收敛.

证 因为存在定数 M,使得对任意 $k > 0$ 有 $\int_{-\infty}^{+\infty} f(x)\mathrm{e}^{-\frac{|x|}{k}}\mathrm{d}x < M$.而 $f(x) > 0$,故 $M > 0$.

任给 $A, B > 0$,记 $c = \max\{A, B\}$,取 $k > c$,则

$$0 \leqslant \int_{-A}^{B} f(x)\mathrm{d}x \leqslant \int_{-A}^{B} f(x)\mathrm{e}^{\frac{c-|x|}{k}}\mathrm{d}x = \mathrm{e}^{\frac{c}{k}} \int_{-A}^{B} f(x)\mathrm{e}^{-\frac{|x|}{k}}\mathrm{d}x \leqslant$$

$$\mathrm{e}^{\frac{c}{k}} \cdot \int_{-\infty}^{+\infty} f(x)\mathrm{e}^{-\frac{|x|}{k}}\mathrm{d}x \leqslant \mathrm{e}^{\frac{c}{k}} \cdot M < \mathrm{e}M$$

即积分 $\int_{-A}^{B} f(x)\mathrm{d}x$ 对任意 $A, B > 0$ 保持有界,而 $f(x) > 0$,所以 $\int_{-\infty}^{+\infty} f(x)\mathrm{d}x$ 收敛.

注 若 $f(x) \geqslant 0$,可以通过考察 $\int_a^{A} f(x)\mathrm{d}x$ 是否有界来判定反常积分 $\int_a^{+\infty} f(x)\mathrm{d}x$ 的敛散性.

590. **(北京大学)** 判别广义积分的收敛性:$\int_0^{+\infty} \dfrac{\ln(1+x)}{x^p}\mathrm{d}x$.

解 积分有瑕点 $x = 0$ 及 $x = +\infty$,当 $x \to +\infty$ 时,由于对 $\forall \varepsilon > 0$,有 $\ln(1+x) = o(x^\varepsilon)$,因此当 $p > 1$ 时,取 $0 < \varepsilon < p - 1$,则有

$$\frac{\ln(1+x)}{x^p} = o\left(\frac{1}{x^{p-\varepsilon}}\right) \quad (x \to +\infty).$$

由于 $p - \varepsilon > 1$,故 $\int_1^{+\infty} \dfrac{\ln(1+x)}{x^p}\mathrm{d}x$ 收敛.

当 $x \to 0^+$ 时,因为

$$\frac{\ln(1+x)}{x^p} \sim \frac{1}{x^{p-1}}, (x \to 0^+)$$

所以当 $p-1 < 1$，即 $p < 2$ 时，$\int_0^1 \frac{\ln(1+x)}{x^p} \mathrm{d}x$ 收敛. 综上可知当 $1 < p < 2$ 时，原广义积分收敛.

591. (复旦大学)　讨论反常积分 $\int_0^{+\infty} \frac{x^{p-1}}{1+x} \mathrm{d}x$ 的敛散性.

解　当 $p \geqslant 1$ 时，对一切 $x \in [1, +\infty]$，有 $\frac{x^{p-1}}{1+x} \geqslant \frac{1}{1+x}$，而 $\int_1^{+\infty} \frac{1}{1+x} \mathrm{d}x$ 发散，

故 $\int_1^{+\infty} \frac{x^{p-1}}{1+x} \mathrm{d}x$ 发散，从而 $\int_0^{+\infty} \frac{x^{p-1}}{1+x} \mathrm{d}x$ 发散.

当 $p < 1$ 时，对一切 $x \in [1, +\infty)$，有 $0 < \frac{x^{p-1}}{1+x} = x^{p-2} \cdot \frac{x}{1+x} < x^{p-2}$，

而 $\int_1^{+\infty} x^{p-2} \mathrm{d}x$ 收敛，所以 $\int_1^{+\infty} \frac{x^{p-1}}{1+x} \mathrm{d}x$ 收敛，又 $p > 0$，$\int_0^1 \frac{x^{p-1}}{1+x} \mathrm{d}x$ 存在，故 $\int_0^{+\infty} \frac{x^{p-1}}{1+x} \mathrm{d}x$ 收敛.

因此，当 $0 < p < 1$ 时，$\int_0^{+\infty} \frac{x^{p-1}}{1+x} \mathrm{d}x$ 收敛.

592. (复旦大学)　说明反常积分 $\int_0^{+\infty} \frac{\sqrt{x}\cos x}{x+100} \mathrm{d}x$ 绝对收敛或条件收敛.

解　(1) 令 $f(x) = \frac{\sqrt{x}}{x+100}$，$g(x) = \cos x$，当 x 充分大时，$f(x)$ 单调递减，且当

$x \to +\infty$，$f(x) \to 0$. 又设 $G(A) = \int_0^A \cos x \mathrm{d}x$，则 $|G(A)| \leqslant 2$，故由狄利克雷判别法知原积分收敛.

(2) 现考虑取绝对值的情况，因为当 $x \in [0, +\infty)$ 时，

$$\left| \frac{\sqrt{x}\cos x}{x+100} \right| \geqslant \frac{\sqrt{x}\cos^2 x}{x+100} = \frac{1}{2} \left(\frac{\sqrt{x}}{100+x} + \frac{\sqrt{x}\cos 2x}{x+100} \right) \qquad ①$$

因为 $\lim\limits_{x\to\infty} x^{\frac{1}{2}} \cdot \frac{\sqrt{x}}{100+x} = 1$，但 $\int_0^{+\infty} \frac{1}{x^{\frac{1}{2}}} \mathrm{d}x$ 发散，故

$\int_0^{+\infty} \frac{\sqrt{x}}{100+x} \mathrm{d}x$ 发散. 再类似上面(1)可知 $\int_0^{+\infty} \frac{\sqrt{x}\cos 2x}{x+100} \mathrm{d}x$ 收敛，从而由式①知，

$\int_0^{+\infty} \left| \frac{\sqrt{x}\cos x}{x+100} \right| \mathrm{d}x$ 发散，综上可知原积分是条件收敛的.

593. (湖南大学)　计算 $I_k = \frac{1}{\sqrt{2\pi}} \int_{-\infty}^{+\infty} x^k \mathrm{e}^{-\frac{x^2}{2}} \mathrm{d}x$，$k$ 为自然数.

解　当 $k = 2n-1(n=1,2,\cdots)$ 时，被积函数为奇函数，此时 $I_k = 0$.

当 $k = 2n(n=1,2,\cdots)$ 时，被积函数为偶函数. 令 $t = \frac{x^2}{2}$，则

$$I_k = \frac{1}{\sqrt{2\pi}} \cdot 2^{\frac{k+1}{2}} \int_0^{+\infty} t^{\frac{k+1}{2}-1} \mathrm{e}^{-t} \mathrm{d}t = \frac{1}{\sqrt{2\pi}} \cdot 2^{\frac{k+1}{2}} \Gamma\left(\frac{k+1}{2}\right) =$$

$$\frac{1}{\sqrt{\pi}} \cdot 2^n \Gamma\left(n + \frac{1}{2}\right) = \frac{2^n}{\sqrt{\pi}} \cdot \left(n - \frac{1}{2}\right) \cdot \Gamma\left(n - \frac{1}{2}\right) = \cdots =$$

$$\frac{2^n}{\sqrt{\pi}}(n-\frac{1}{2})(n-\frac{3}{2})\cdots\frac{3}{2}\times\frac{1}{2}\Gamma(\frac{1}{2})=$$

$$(2n-1)!!.$$

594. (复旦大学) 讨论 $\int_0^{+\infty}\dfrac{\mathrm{d}x}{1+x^\alpha\mid\sin x\mid^\beta}$ 的收敛性,其中 $\alpha>\beta>1$.

解　设 m 为自然数,则

$$\int_0^{+\infty}\frac{\mathrm{d}x}{1+x^\alpha\mid\sin x\mid^\beta}=$$

$$\lim_{m\to+\infty}\int_0^{m\pi}\frac{\mathrm{d}x}{1+x^\alpha\mid\sin x\mid^\beta}=$$

$$\lim_{m\to+\infty}\sum_{n=0}^{m-1}\int_{n\pi}^{(n+1)\pi}\frac{\mathrm{d}x}{1+x^\alpha\mid\sin x\mid^\beta}=\sum_{n=0}^{+\infty}\int_{n\pi}^{(n+1)\pi}\frac{\mathrm{d}x}{1+x^\alpha\mid\sin x\mid^\beta}\xlongequal{\;\diamondsuit\,x=n\pi+t\;}$$

$$\sum_{n=0}^{+\infty}\int_0^{\pi}\frac{\mathrm{d}t}{1+(n\pi+t)^\alpha\cdot\sin^\beta t}=$$

$$\sum_{n=0}^{+\infty}\Big[\int_0^{\frac{\pi}{2}}\frac{\mathrm{d}t}{1+(n\pi+t)^\alpha\sin^\beta t}+\int_{\frac{\pi}{2}}^{\pi}\frac{\mathrm{d}t}{1+(n\pi+t)^\alpha\sin^\beta t}\Big]=$$

$$\sum_{n=0}^{+\infty}A_n+\sum_{n=0}^{+\infty}B_n$$

其中　　　 $A_n=\displaystyle\int_0^{\frac{\pi}{2}}\frac{\mathrm{d}t}{1+(n\pi+t)^\alpha\sin^\beta t}$, $B_n=\displaystyle\int_{\frac{\pi}{2}}^{\pi}\frac{\mathrm{d}t}{1+(n\pi+t)^\alpha\sin^\beta t}$

设 $f(t)=\dfrac{\sin t}{t}$,则 $f'(t)=\dfrac{t\cos t-\sin t}{t^2}=\dfrac{t-\tan t}{t^2}\cos t$,而当 $t\in(0,\dfrac{\pi}{2})$ 时 $\tan t>$ t ,所以 $f'(t)<0$,从而对于一切 $t\in[0,\dfrac{\pi}{2}]$ 有 $f(t)\geqslant f(\dfrac{\pi}{2})=\dfrac{2}{\pi}$,因此 $\dfrac{\sin t}{t}\geqslant\dfrac{2}{\pi}$, 即 $\sin t\geqslant\dfrac{2}{\pi}t$,从而可知当 $t\in[0,\dfrac{\pi}{2}]$ 时,

$$(n\pi+t)^\alpha\sin^\beta t\geqslant(n\pi)^\alpha(\frac{2}{\pi}t)^\beta=n^\alpha t^\beta\big[\pi^\alpha(\frac{2}{\pi})^\beta\big]$$

记 $\pi^\alpha(\dfrac{2}{\pi})^\beta=b^\beta$,于是

$$A_n\leqslant\int_0^{\frac{\pi}{2}}\frac{\mathrm{d}t}{1+n^\alpha b^\beta\cdot t^\beta}=\int_0^{\frac{\pi}{2}}\frac{1}{1+(n^{\frac{\alpha}{\beta}}bt)^\beta}\frac{1}{n^{\frac{\alpha}{\beta}}\cdot b}\mathrm{d}(n^{\frac{\alpha}{\beta}}bt)=$$

$$\frac{1}{n^{\frac{\alpha}{\beta}}b}\int_0^{\frac{\pi}{2}\cdot n^{\frac{\alpha}{\beta}}t}\frac{\mathrm{d}u}{1+u^\beta}\leqslant\frac{1}{n^{\frac{\alpha}{\beta}}b}\int_0^{+\infty}\frac{\mathrm{d}u}{1+u^\beta}$$

其中 $u=n^{\frac{\alpha}{\beta}}bt$.

注意到 $\beta>1$,所以 $\displaystyle\int_0^{+\infty}\frac{\mathrm{d}u}{1+u^\beta}$ 收敛,从而 $\dfrac{1}{b}\displaystyle\int_0^{+\infty}\frac{\mathrm{d}u}{1+u^\beta}$ 为一常数,记为 a ,则

$$A_n\leqslant\frac{a}{n^{\frac{\alpha}{\beta}}},\sum_{n=0}^{+\infty}A_n\leqslant a\sum_{n=0}^{+\infty}\frac{1}{n^{\frac{\alpha}{\beta}}}$$

而 $\alpha > \beta > 1$,即 $\dfrac{\alpha}{\beta} > 1$,所以 $\displaystyle\sum_{n=0}^{+\infty} \dfrac{1}{n^{\frac{\alpha}{\beta}}}$ 收敛,从而 $\displaystyle\sum_{n=0}^{+\infty} A_n$ 收敛.

对于 B_n,作变换 $U = \pi - t$ 之后可作类似推理,可得 $\displaystyle\sum_{n=0}^{+\infty} B_n$ 收敛.

综合可知,$\displaystyle\int_0^{+\infty} \dfrac{\mathrm{d}t}{1 + x^a \mid \sin x \mid^\beta}$ 收敛.

595.(哈尔滨工业大学)　(1) 证明:广义积分 $\displaystyle\int_1^{+\infty} \dfrac{\sin x}{x}\mathrm{d}x$ 收敛;

(2) 证明:广义积分 $\displaystyle\int_1^{+\infty} \dfrac{\mid \sin x \mid}{x}\mathrm{d}x$ 发散.

证　(1) 因为函数 $f(x) = \dfrac{1}{x}$ 在 $[1,+\infty)$ 上单调递减,且 $\lim\limits_{x\to+\infty} f(x) = 0$,而对任给 $A > 1$,

$$\left| \int_1^A \sin x\,\mathrm{d}x \right| = \mid \cos 1 - \cos A \mid < 2$$

所以由狄利克雷判别法可知广义积分 $\displaystyle\int_1^{+\infty} \dfrac{\sin x}{x}\mathrm{d}x$ 收敛.

(2) 对一切 $x \in [1,+\infty)$,有

$$\left| \dfrac{\sin x}{x} \right| \geqslant \dfrac{\sin^2 x}{x} = \dfrac{1 - \cos 2x}{2x} = \dfrac{1}{2x} - \dfrac{\cos 2x}{2x}$$

类似 1) 的证法可知 $\displaystyle\int_1^{+\infty} \dfrac{\cos 2x}{x}\mathrm{d}t$ 收敛,但因为广义积分 $\displaystyle\int_1^{+\infty} \dfrac{1}{2x}\mathrm{d}x$ 发散,所以 $\displaystyle\int_1^{+\infty} \dfrac{\sin^2 x}{x}\mathrm{d}x$ 发散,从而广义积分 $\displaystyle\int_1^{+\infty} \left| \dfrac{\sin x}{x} \right| \mathrm{d}x$ 发散.

596.(北京大学)　积分 $\displaystyle\int_0^{+\infty} \left[(1 - \dfrac{\sin x}{x})^{-\frac{1}{3}} - 1 \right]\mathrm{d}x$ 是否收敛?是否绝对收敛?证明所述结论.

解　$\displaystyle\int_0^{+\infty} \left[(1 - \dfrac{\sin x}{x})^{-\frac{1}{3}} - 1 \right]\mathrm{d}x =$

$$\int_0^1 (1 - \dfrac{\sin x}{x})^{-\frac{1}{3}}\mathrm{d}x - \int_0^1 \mathrm{d}x + \int_1^{+\infty} \left[(1 - \dfrac{\sin x}{x})^{-\frac{1}{3}} - 1 \right]\mathrm{d}x.$$

积分 $\displaystyle\int_0^1 (1 - \dfrac{\sin x}{x})^{-\frac{1}{3}}\mathrm{d}x$ 是以 $x = 0$ 为瑕点的瑕积分,因为 $\sin x = x - \dfrac{x^3}{3!} + o(x^3)$,所以

$$(1 - \dfrac{\sin x}{x})^{-\frac{1}{3}} = \left[\dfrac{1}{3!}x^2 + o(x^2) \right]^{-\frac{1}{3}}$$

与 $x^{\frac{2}{3}}$ 同阶,所以 $\displaystyle\int_0^1 (1 - \dfrac{\sin x}{x})^{-\frac{1}{3}}\mathrm{d}x$ 收敛,而 $(1 - \dfrac{\sin x}{x})^{-\frac{1}{3}} > 0$,所以 $\displaystyle\int_0^1 (1 - \dfrac{\sin x}{x})^{-\frac{1}{3}}\mathrm{d}x$ 绝对收敛.

积分 $\displaystyle\int_1^{+\infty} \left[(1 - \dfrac{\sin x}{x})^{-\frac{1}{3}} - 1 \right]\mathrm{d}x$ 是无穷积分. 当 $x > 1$ 时,$\left| \dfrac{\sin x}{x} \right| < \dfrac{1}{x} < 1$,可利用 $(1 + x)^a$ 的马克劳林公式得

$$(1-\frac{\sin x}{x})^{-\frac{1}{3}}-1=1+(-\frac{1}{3})\cdot(-\frac{\sin x}{x})+o(\frac{1}{x^2})-1=\frac{1}{3}\frac{\sin x}{x}+o(\frac{1}{x^2})$$

在前面的题目中已知 $\displaystyle\int_1^{+\infty}\frac{\sin x}{x}\mathrm{d}x$ 条件收敛,而 $\displaystyle\int_1^{+\infty}o(\frac{1}{x^2})\mathrm{d}x$ 绝对收敛,所以无穷积分

$\displaystyle\int_1^{+\infty}\left[(1-\frac{\sin x}{x})^{-\frac{1}{3}}-1)\right]\mathrm{d}x$ 条件收敛但不绝对收敛.

综合可知 $\displaystyle\int_0^{+\infty}\left[(1-\frac{\sin x}{x})^{-\frac{1}{3}}-1)\right]\mathrm{d}x$ 条件收敛.

597.(同济大学) 设 $f(x)$ 在每个有限区间 $[a,b]$ 上可积,并且 $\displaystyle\lim_{x\to+\infty}f(x)=A$, $\displaystyle\lim_{x\to-\infty}f(x)=B$ 存在. 求证:对任何一个实数 $a>0$,$\displaystyle\int_{-\infty}^{+\infty}[f(x+a)-f(x)]\mathrm{d}x$ 存在,并求出它的值.

证 任给 $\alpha,\beta\in(-\infty,+\infty)$,$\alpha<\beta$,则

$$\int_\alpha^\beta[f(x+a)-f(x)]\mathrm{d}x=\int_\alpha^\beta f(x+a)\mathrm{d}x-\int_\alpha^\beta f(x)\mathrm{d}x=$$
$$\int_{\alpha+a}^{\alpha+\beta}f(t)\mathrm{d}t-\int_\alpha^\beta f(x)\mathrm{d}x=$$
$$\int_\beta^{\beta+a}f(x)\mathrm{d}x-\int_\alpha^{\alpha+a}f(x)\mathrm{d}x=$$
$$\int_\beta^{\beta+a}[A+f(x)-A]\mathrm{d}x-\int_\alpha^{\alpha+a}[B+(f(x)-B)]\mathrm{d}x=$$
$$Aa+\int_\beta^{\beta+a}[f(x)-A]\mathrm{d}x-Ba-\int_\alpha^{\alpha+a}[f(x)-B]\mathrm{d}x$$

因为 $\displaystyle\lim_{x\to+\infty}f(x)=A$, $\displaystyle\lim_{x\to-\infty}f(x)=B$,所以 $\forall\varepsilon>0$,存在 $M>0$,当 $x>M$ 时,

$|f(x)-A|<\dfrac{\varepsilon}{a}$,当 $x<-M$ 时,$|f(x)-B|<\dfrac{\varepsilon}{a}$. 所以当 $\alpha+a<-M,\beta>M$ 时,有

$$\left|\int_\alpha^{\alpha+a}[f(x)-B]\mathrm{d}x\right|\leqslant\int_\alpha^{\alpha+a}|f(x)-B|\mathrm{d}x<\int_\alpha^{\alpha+a}\frac{\varepsilon}{a}\mathrm{d}x=\varepsilon$$
$$\left|\int_\beta^{\beta+a}[f(x)-A]\mathrm{d}x\right|\leqslant\int_\beta^{\beta+a}|f(x)-A|\mathrm{d}x<\int_\beta^{\beta+a}\frac{\varepsilon}{a}\mathrm{d}x=\varepsilon$$

所以 $\displaystyle\int_{-\infty}^{+\infty}[f(x+a)-f(x)]\mathrm{d}x=\lim_{\substack{\alpha\to-\infty\\\beta\to+\infty}}\int_\alpha^\beta[f(x+a)-f(x)]\mathrm{d}x=$

$$\lim_{\substack{\alpha\to-\infty\\\beta\to+\infty}}\left\{Aa+\int_\beta^{\beta+a}[f(x)-A]\mathrm{d}x-Ba-\int_\alpha^{\alpha+a}[f(x)-B]\mathrm{d}x\right\}=$$
$$(A-B)a+\lim_{\beta\to+\infty}\int_\beta^{\beta+a}[f(x)-A]\mathrm{d}x-\lim_{\alpha\to-\infty}\int_\alpha^{\alpha+a}[f(x)-B]\mathrm{d}x=$$
$$(A-B)a+0-0=$$
$$(A-B)a$$

598.(中国科学院) 求积分 $\displaystyle\int_{-\infty}^{+\infty}\frac{\mathrm{d}x}{(x^2+2x+2)^n}$.

解 作变换 $t=x+1$,得

$$\int_{-\infty}^{+\infty}\frac{\mathrm{d}x}{(x^2+2x+1)^n}=\int_{-\infty}^{+\infty}\frac{\mathrm{d}(x+1)}{[(x+1)^2+1]^n}=\int_{-\infty}^{+\infty}\frac{\mathrm{d}t}{(t^2+1)^n}$$

记
$$I_n = \int_{-\infty}^{+\infty} \frac{\mathrm{d}t}{(t^2+1)^n}$$

解法 1　$I_n = \int_{-\infty}^{+\infty} \dfrac{\mathrm{d}t}{(t^2+1)^n} = \dfrac{t}{(t^2+1)^n}\Big|_{-\infty}^{+\infty} - \int_{-\infty}^{+\infty} t\,\dfrac{-2nt}{(t^2+1)^{n+1}}\mathrm{d}t =$

$0 + 2n\int_{-\infty}^{+\infty}\left[\dfrac{1}{(t^2+1)^n} - \dfrac{1}{(t^2+1)^{n+1}}\right]\mathrm{d}t =$

$2n\left[\int_{-\infty}^{+\infty}\dfrac{1}{(t^2+1)^n}\mathrm{d}t - \int_{-\infty}^{+\infty}\dfrac{1}{(t^2+1)^{n+1}}\mathrm{d}t\right] =$

$2n(I_n - I_{n+1})$

所以
$$I_{n+1} = \frac{2n-1}{2n}I_n$$

而 $I_1 = \int_{-\infty}^{+\infty}\dfrac{1}{t^2+1}\mathrm{d}t = \arctan t\,\big|_{-\infty}^{+\infty} = \pi$，故

$I_n = \dfrac{I_n}{I_{n-1}}\dfrac{I_{n-1}}{I_{n-2}}\cdots\dfrac{I_2}{I_1}I_1 =$

$\dfrac{2n-3}{2n-2}\dfrac{2n-5}{2n-4}\cdots\dfrac{1}{2}\pi$

解法 2　令 $t = \tan\theta$，则 $n \geqslant 2$ 时，

$I_n = \int_{-\frac{\pi}{2}}^{\frac{\pi}{2}}(\cos\theta)^{2n-2}\mathrm{d}\theta = \int_{-\frac{\pi}{2}}^{\frac{\pi}{2}}(\cos\theta)^{2n-3}\mathrm{d}(\sin\theta) =$

$(\cos\theta)^{2n-3}\cdot\sin\theta\,\Big|_{-\frac{\pi}{2}}^{\frac{\pi}{2}} - \int_{-\frac{\pi}{2}}^{\frac{\pi}{2}}\sin\theta\cdot(2n-3)(\cos\theta)^{2n-4}(-\sin\theta)\mathrm{d}\theta =$

$(2n-3)\int_{-\frac{\pi}{2}}^{\frac{\pi}{2}}(\cos\theta)^{2n-4}(1-\cos^2\theta)\mathrm{d}\theta =$

$(2n-3)(I_{n-1} - I_n).$

所以 $I_n = \dfrac{2n-3}{2n-2}I_{n-1}$，又 $I_1 = \int_{-\frac{\pi}{2}}^{\frac{\pi}{2}}\mathrm{d}\theta = \pi$，所以

$$I_n = \frac{I_n}{I_{n-1}}\frac{I_{n-1}}{I_{n-2}}\cdots\frac{I_2}{I_1}I_1 = \frac{(2n-3)}{(2n-2)}\frac{(2n-5)}{(2n-4)}\cdots\frac{1}{2}\pi$$

因此
$$\int_{-\infty}^{+\infty}\frac{\mathrm{d}x}{(x^2+2x+2)^n} = \frac{(2n-3)}{2n-2}\frac{(2n-5)}{2n-4}\cdots\frac{1}{2}\pi$$

599.(大连工学院)　设 $f(x)$ 在 $[0,+\infty)$ 上连续，$\int_A^{+\infty}\dfrac{f(z)}{z}\mathrm{d}z(A>0)$ 存在. 证明：

$\int_0^{+\infty}\dfrac{f(ax)-f(bx)}{x}\mathrm{d}x = f(0)\ln\dfrac{b}{a}(a,b>0)$

证　设 $A>0$，记 $g(A) = \int_A^{+\infty}\dfrac{f(ax)-f(bx)}{x}\mathrm{d}x$，则

$g(A) = \int_A^{+\infty}\dfrac{f(ax)}{x}\mathrm{d}x - \int_A^{+\infty}\dfrac{f(bx)}{x}\mathrm{d}x = \int_{aA}^{+\infty}\dfrac{f(z)}{z}\mathrm{d}z - \int_{bA}^{+\infty}\dfrac{f(z)}{z}\mathrm{d}z =$

$\int_{aA}^{bA}\dfrac{f(z)}{z}\mathrm{d}z$

由积分中值定理可知,$\exists \xi \in (aA, bA)$,使得

$$g(A) = \int_{aA}^{bA} \frac{f(z)}{z} dz = f(\xi) \int_{aA}^{bA} \frac{1}{z} dz = f(\xi) \ln \frac{b}{a}$$

所以

$$\int_0^{+\infty} \frac{f(ax) - f(bx)}{x} dx =$$

$$\lim_{A \to 0^+} g(A) = \lim_{\xi \to 0^+} f(\xi) \ln \frac{b}{a} =$$

$$f(0) \ln \frac{b}{a} \quad (a, b > 0)$$

600. **(中国人民大学)** 设 $f(x)$ 在 $[0, +\infty)$ 上连续,且 $\lim\limits_{x \to +\infty} f(x) = k$,求证:对任何 $b > a > 0$,有 $\int_0^{+\infty} \frac{f(ax) - f(bx)}{x} dx = [f(0) - k] \ln \frac{b}{a}$.

证 设 $0 < A < B$,记 $g(A, B) = \int_A^B \frac{f(ax) - f(bx)}{x} dx$,则

$$g(A, B) = \int_A^B \frac{f(ax)}{x} dx - \int_A^B \frac{f(bx)}{x} dx =$$

$$\int_{Aa}^{aB} \frac{f(z)}{z} dz - \int_{bA}^{bB} \frac{f(z)}{z} dz =$$

$$\int_{aA}^{bA} \frac{f(z)}{z} dz - \int_{aB}^{bB} \frac{f(z)}{z} dz$$

由积分中值定理可知,存在 $\xi \in (aA, bA)$,$\eta \in (aB, bB)$ 使得

$$\int_{aA}^{bA} \frac{f(z)}{z} dz = f(\xi) \int_{aA}^{bA} \frac{1}{z} dz = f(\xi) \ln \frac{b}{a}$$

$$\int_{aB}^{bB} \frac{f(z)}{z} dz = f(\eta) \int_{aB}^{bB} \frac{1}{z} dz = f(\eta) \ln \frac{b}{a}$$

所以 $\int_0^{+\infty} \frac{f(ax) - f(bx)}{x} dx = \lim\limits_{\substack{A \to 0^+ \\ B \to +\infty}} g(A, B) =$

$$\lim_{A \to 0^+} \int_{aA}^{bA} \frac{f(z)}{z} dz - \lim_{B \to +\infty} \int_{aB}^{bB} \frac{f(z)}{z} dz =$$

$$f(0) \ln \frac{b}{a} - k \ln \frac{b}{a} =$$

$$[f(0) - k] \ln \frac{b}{a} \quad (a, b > 0)$$

601. **(上海交通大学)** 求 $\int_0^{+\infty} \frac{e^{-ax} - e^{-bx}}{x} dx (0 < a < b)$.

解法 1 在上题中,令 $f(x) = e^{-x}$,可得

$$\int_0^{+\infty} \frac{e^{-ax} - e^{-bx}}{x} dx = \ln \frac{b}{a}$$

解法 2 视 a 为参数,令

$$\varphi(a) = \int_0^{+\infty} \frac{e^{-ax} - e^{-bx}}{x} dx$$

$$\varphi'(a) = \frac{d}{da} \int_0^{+\infty} \frac{e^{-ax} - e^{-bx}}{x} dx =$$

$$\int_0^{+\infty} \frac{\partial}{\partial a} \left(\frac{e^{-ax} - e^{-bx}}{x} \right) dx =$$

$$-\int_0^{+\infty} e^{-ax} dx = \frac{1}{a} e^{-ax} \Big|_0^{+\infty} =$$

$$-\frac{1}{a}$$

$$\varphi(a) = \int_b^a \phi'(t) dt + \varphi(b) =$$

$$-\int_b^a \frac{dt}{t} + 0 = -\ln t \Big|_b^a =$$

$$\ln \frac{b}{a}$$

解法 3 $\quad \int_0^{+\infty} \frac{e^{-ax} - e^{-bx}}{x} dx =$

$$\int_0^{+\infty} \left(\int_a^b e^{-ux} du \right) dx =$$

$$\int_a^b \left(\int_0^{+\infty} e^{-ux} dx \right) du =$$

$$\int_a^b -\frac{e^{-ux}}{u} \Big|_{x=0}^{+\infty} du =$$

$$\int_a^b \frac{du}{u} = \ln u \Big|_a^b = \ln \frac{b}{a}$$

602. (北京航空航天大学) 求证：

(1) 当 $s > 0$ 时，$\int_1^{+\infty} \frac{x - [x]}{x^{s+1}} dx$ 收敛；

(2) 当 $s > 1$ 时，$\int_1^{+\infty} \frac{x - [x]}{x^{s+1}} dx = \frac{1}{s-1} - \frac{1}{s} \sum_{n=1}^{+\infty} \frac{1}{n^s}$. 其中 $[x]$ 表示 x 的整数部分.

证 (1) 当 $x \geqslant 1$ 时，$x - 1 < [x] \leqslant x$，所以 $0 \leqslant x - [x] < 1$，从而 $0 \leqslant \frac{x - [x]}{x^{s+1}}$

$< \frac{1}{x^{s+1}}$.

当 $s > 0$ 时，$\int_1^{+\infty} \frac{1}{x^{s+1}} dx$ 收敛，故 $\int_1^{+\infty} \frac{x - [x]}{x^{s+1}} dx$ 收敛.

(2) 当 $s > 1$ 时，有

$$\int_1^{+\infty} \frac{x - [x]}{x^{s+1}} dx = \int_1^{+\infty} \frac{1}{x^s} dx - \int_1^{+\infty} \frac{[x]}{x^{s+1}} dx =$$

$$\frac{1}{1-s} x^{1-s} \Big|_1^{+\infty} - \sum_{n=1}^{+\infty} \cdot \int_n^{n+1} \frac{[x]}{x^{s+1}} dx =$$

$$\frac{1}{s-1} - \sum_{n=1}^{+\infty} n \int_n^{n+1} \frac{1}{x^{s+1}} dx = \frac{1}{s-1} - \sum_{n=1}^{+\infty} n \cdot \frac{-1}{sx^s} \Big|_n^{n+1} =$$

$$\frac{1}{s-1} + \frac{1}{s} \sum_{n=1}^{+\infty} n \left[\frac{1}{(n+1)^s} - \frac{1}{n^s} \right] =$$

$$\frac{1}{s-1}+\frac{1}{s}\left[\sum_{n=1}^{+\infty}\frac{1}{(n+1)^{s-1}}-\sum_{n=1}^{+\infty}\frac{1}{(n+1)^{s}}-\sum_{n=1}^{+\infty}\frac{1}{n^{s-1}}\right]=$$

$$\frac{1}{s-1}+\frac{1}{s}\left[\sum_{n=2}^{+\infty}\frac{1}{n^{s-1}}-\sum_{n=1}^{+\infty}\frac{1}{(n+1)^{s}}-\sum_{n=1}^{+\infty}\frac{1}{n^{s-1}}\right]=$$

$$\frac{1}{s-1}-\frac{1}{s}\left[\sum_{n=1}^{+\infty}\frac{1}{(n+1)^{s}}+1\right]=$$

$$\frac{1}{s-1}-\frac{1}{s}\sum_{n=1}^{+\infty}\frac{1}{n^{s}}$$

603.（北京大学）　讨论瑕积分 $\displaystyle\int_{0}^{1}\frac{\ln x}{1-x}\mathrm{d}x$ 的收敛性.

解　因为 $\displaystyle\lim_{x\to0^{+}}x^{\frac{1}{2}}\frac{\ln x}{1-x}=0$，其中 $p=\frac{1}{2}$，由柯西判别法的极限形式知原积分

$\displaystyle\int_{0}^{1}\frac{\ln x}{1-x}\mathrm{d}x$ 收敛.

注　$x=1$ 不是被积函数瑕点，因为

$$\lim_{x\to1}\frac{\ln x}{1-x}=1$$

604.（华中科技大学）　已知 $\displaystyle\sum_{n=1}^{+\infty}\frac{1}{n^{2}}=\frac{\pi^{2}}{6}$，求 $\displaystyle\int_{0}^{1}\frac{\ln(1-x)}{x}\mathrm{d}x$.

解　设 $f(x)=\ln(1-x)$，则当 $|x|<1$ 时，有

$$f'(x)=-\frac{1}{1-x}=-(1+x+x^{2}+\cdots+x^{n}+\cdots)$$

上式在 $[0,x](x<1)$ 上逐项积分可得

$$\ln(1-x)=-\sum_{n=1}^{+\infty}\frac{x^{n}}{n}$$

故　$\displaystyle\int_{0}^{1}\frac{\ln(1-x)}{x}\mathrm{d}x=\int_{0}^{1}(-1)\left(\sum_{n=1}^{+\infty}\frac{x^{n-1}}{n}\right)\mathrm{d}x=-\sum_{n=1}^{+\infty}\int_{0}^{1}\frac{x^{n-1}}{n}\mathrm{d}x=$

$$-\sum_{n=1}^{+\infty}\left(\frac{1}{n^{2}}x^{n}\Big|_{0}^{1}\right)=-\sum_{n=1}^{+\infty}\frac{1}{n^{2}}=$$

$$-\frac{\pi^{2}}{6}$$

605.（国防科技大学）　计算 $\displaystyle\int_{0}^{+\infty}x^{n}\mathrm{e}^{-ax}\mathrm{d}x$，其中 n 为正整数，a 为正的常数.

解 1　$\displaystyle\int_{0}^{+\infty}x^{n}\mathrm{e}^{-ax}\mathrm{d}x=-\frac{1}{a}x^{n}\mathrm{e}^{-ax}\Big|_{0}^{+\infty}+\frac{n}{a}\int_{0}^{+\infty}x^{n-1}\mathrm{e}^{-ax}\mathrm{d}x=$

$$0-\frac{n}{a^{2}}x^{n-1}\mathrm{e}^{-ax}\Big|_{0}^{+\infty}+\frac{n(n-1)}{a^{2}}\int_{0}^{+\infty}x^{n-2}\mathrm{e}^{-ax}\mathrm{d}x=$$

$$\frac{n(n-1)}{a^{2}}\int_{0}^{+\infty}x^{n-2}\cdot\mathrm{e}^{-ax}\mathrm{d}x=$$

$$\cdots=\frac{n!}{a^{n}}\int_{0}^{+\infty}\mathrm{e}^{-ax}\mathrm{d}x=$$

$$\frac{n!}{a^{n+1}}$$

解 2　$\displaystyle\int_0^{+\infty} x^n e^{-ax}\,dx \xlongequal{ax=t}$

$$\int_0^{+\infty} \frac{t^n}{a^n} e^{-t} \cdot \frac{dt}{a} =$$

$$\frac{1}{a^{n+1}} P^{(n+1)} =$$

$$\frac{1}{a^{n+1}} n!$$

606.（北京航空航天大学）　求 $\displaystyle\int_0^{+\infty} x^{10} e^{-x}\,dx$.

解　在上题中,令 $n=10, a=1$,则

$$\int_0^{+\infty} x^{10} e^{-x}\,dx = 10!$$

607.（北京师范大学）　设 m, n 为自然数,求 $\displaystyle\int_0^1 t^n (\ln t)^m\,dt$.

解　记 $I_m = \displaystyle\int_0^1 t^n (\ln t)^m\,dt$,则

$$I_m = \int_0^1 (\ln t)^m \frac{1}{n+1} d(t^{n+1}) =$$

$$\frac{t^{n+1}}{n+1}(\ln t)^m \Big|_0^1 - \frac{m}{n+1}\int_0^1 t^n (\ln t)^{m-1}\,dt =$$

$$-\frac{m}{n+1} I_{m-1} \quad (m \geqslant 1)$$

注意到 $I_0 = \displaystyle\int_0^1 t^n\,dt = \frac{1}{n+1}$,则有

$$I_m = -\frac{m}{n+1} I_{m-1} = (-\frac{m}{n+1})(-\frac{m-1}{n+1}) I_{m-2} = \cdots =$$

$$(-\frac{m}{n+1})(-\frac{m-1}{n+1})(-\frac{m-2}{n+1})\cdots(-\frac{1}{n+1}) I_0 =$$

$$(-1)^m \frac{m!}{(n+1)^m} \frac{1}{n+1} = (-1)^m \frac{m!}{(n+1)^{m+1}}.$$

608.（浙江大学）　求证:

(1) $\displaystyle\int_0^{+\infty} \frac{\sin x}{x}\,dx = \sum_{n=0}^{+\infty} (-1)^n \int_0^\pi \frac{\sin x}{x+n\pi}\,dx$;

(2) $\displaystyle\int_0^{+\infty} \frac{\sin x}{x}\,dx < \int_0^\pi \frac{\sin x}{x}\,dx$.

证　(1) 在右端积分中作变换 $t = x + n\pi$,得

$$\sum_{n=0}^{+\infty} (-1)^n \int_0^\pi \frac{\sin x}{x+n\pi}\,dx = \sum_{n=0}^{+\infty} \int_{n\pi}^{(n+1)\pi} \frac{\sin t}{t}\,dt =$$

$$\lim_{m \to +\infty} \int_0^{m\pi} \frac{\sin t}{t}\,dt \,(m\text{ 为自然数})$$

设 $f(x) = \int_0^x \frac{\sin t}{t} dt (x > 0)$，广义积分 $\lim\limits_{x \to +\infty} f(x) = \int_0^{+\infty} \frac{\sin t}{t} dt$ 是收敛的，因此

$$\sum_{n=0}^{+\infty} (-1)^n \int_0^\pi \frac{\sin x}{x + n\pi} dx = \lim_{m \to \infty} \int_0^{m\pi} \frac{\sin t}{t} dt = \lim_{m \to \infty} f(m\pi) =$$

$$\lim_{x \to +\infty} f(x) = \int_0^{+\infty} \frac{\sin t}{t} dt = \int_0^{+\infty} \frac{\sin x}{x} dx$$

（2）由（1）得

$$\int_0^{+\infty} \frac{\sin x}{x} dx - \int_0^\pi \frac{\sin x}{x} dx =$$

$$\sum_{n=1}^{+\infty} (-1)^n \int_0^\pi \frac{\sin x}{x + n\pi} dx =$$

$$\sum_{k=1}^{+\infty} \left(-\int_0^\pi \frac{\sin x}{x + (2k-1)\pi} dx + \int_0^\pi \frac{\sin x}{x + 2k\pi} dx \right) =$$

$$-\pi \sum_{k=1}^{+\infty} \int_0^\pi \frac{\sin x}{[x + (2k-1)\pi](x + 2k\pi)} dx$$

因右端诸被积函数均非负，仅在积分区间的端点处为 0，所以积分值为正，于是

$$\int_0^{+\infty} \frac{\sin x}{x} dx - \int_0^\pi \frac{\sin x}{x} dx < 0$$

即

$$\int_0^{+\infty} \frac{\sin x}{x} dx < \int_0^\pi \frac{\sin x}{x} dx$$

609.（北京航空学院） 证明：

$$\int_0^{+\infty} \frac{dx}{1 + x^4} = \int_0^{+\infty} \frac{x^2}{1 + x^4} dx = \frac{\pi}{2\sqrt{2}}$$

证 令 $x = \frac{1}{t}$，当 $x \to +0$ 时，$t \to +\infty$；当 $x \to +\infty$ 时，$t \to +0$，则

$$\int_0^{+\infty} \frac{dx}{1 + x^4} = \int_{+\infty}^0 \frac{-t^2}{1 + t^4} dt = \int_0^{+\infty} \frac{t^2}{1 + t^4} dt = \int_0^{+\infty} \frac{x^2}{1 + x^4} dx$$

记 $I = \int_0^{+\infty} \frac{x^2 + 1}{1 + x^4} dx$，下证 $I = \frac{\pi}{\sqrt{2}}$.

令 $x - \frac{1}{x} = t$，当 $x \to +0$ 时，$t \to -\infty$；当 $x \to +\infty$ 时，$t \to +\infty$，则

$$I = \int_0^{+\infty} \frac{1 + \frac{1}{x^2}}{\frac{1}{x^2} + x^2} dx = \int_0^{+\infty} \frac{d\left(x - \frac{1}{x}\right)}{\left(x - \frac{1}{x}\right)^2 + 2} =$$

$$\int_{-\infty}^{+\infty} \frac{1}{2 + t^2} dt = 2\int_0^{+\infty} \frac{1}{2 + t^2} dt =$$

$$\lim_{A \to +\infty} 2\int_0^A \frac{1}{2 + t^2} dt = \lim_{A \to +\infty} \frac{2}{\sqrt{2}} \arctan \frac{t}{\sqrt{2}} \Big|_0^A =$$

$$\lim_{A \to +\infty} \sqrt{2} \arctan \frac{A}{\sqrt{2}} = \sqrt{2} \cdot \frac{\pi}{2} = \frac{\pi}{\sqrt{2}}$$

所以 $\displaystyle\int_0^{+\infty}\frac{\mathrm{d}x}{1+x^4}=\int_0^{+\infty}\frac{x^2}{1+x^4}\mathrm{d}x=\frac{1}{2}I=\frac{\pi}{2\sqrt{2}}$

610.(上海师范学院) 设 $F(x)=\mathrm{e}^{\frac{x^2}{2}}\displaystyle\int_x^{+\infty}\mathrm{e}^{-\frac{t^2}{2}}\mathrm{d}t,x\in[0,+\infty).$

试证:(1) $\displaystyle\lim_{x\to+\infty}F(x)=0$;

　　　(2)$F(x)$ 在$[0,+\infty)$ 内单调递减.

证 (1)由洛必达法则可得

$$\lim_{x\to+\infty}F(x)=\lim_{x\to+\infty}\frac{\int_x^{+\infty}\mathrm{e}^{-\frac{t^2}{2}}\mathrm{d}t}{\mathrm{e}^{-\frac{x^2}{2}}}=\lim_{x\to+\infty}\frac{-\mathrm{e}^{-\frac{x^2}{2}}}{-x\mathrm{e}^{-\frac{x^2}{2}}}=0$$

(2)因为 $F'(x)=x\mathrm{e}^{\frac{x^2}{2}}\displaystyle\int_x^{+\infty}\mathrm{e}^{-\frac{t^2}{2}}\mathrm{d}t-\mathrm{e}^{\frac{x^2}{2}}\mathrm{e}^{-\frac{x^2}{2}}=$

$$\mathrm{e}^{\frac{x^2}{2}}\int_x^{+\infty}x\mathrm{e}^{-\frac{t^2}{2}}\mathrm{d}t-1<\mathrm{e}^{\frac{x^2}{2}}\int_x^{+\infty}t\mathrm{e}^{-\frac{t^2}{2}}\mathrm{d}t-1=$$

$$\mathrm{e}^{\frac{x^2}{2}}(-\mathrm{e}^{-\frac{t^2}{2}})\big|_x^{+\infty}-1=0$$

所以 $F(x)$ 在$[0,+\infty)$ 内单调递减.

611.(北京钢铁学院) 计算 $I_{2n-1}=\displaystyle\int_0^{+\infty}x^{2n-1}\mathrm{e}^{-x^2}\mathrm{d}x,n\geqslant 1.$

解 作变换 $t=x^2$,则 $x=\sqrt{t}$,有

$I_{2n-1}=\displaystyle\int_0^{+\infty}t^{\frac{2n-1}{2}}\cdot\mathrm{e}^{-t}\cdot\frac{1}{2\sqrt{t}}\mathrm{d}t=\frac{1}{2}\int_0^{+\infty}t^{n-1}\mathrm{e}^{-t}\mathrm{d}t=$

$\dfrac{1}{2}\Big[-t^{n-1}\mathrm{e}^{-t}\big|_0^{+\infty}+(n-1)\displaystyle\int_0^{+\infty}t^{n-2}\cdot\mathrm{e}^{-t}\mathrm{d}t\Big]=$

$\dfrac{1}{2}(n-1)\displaystyle\int_0^{+\infty}t^{n-2}\mathrm{e}^{-t}\mathrm{d}t=\cdots=$

$\dfrac{1}{2}(n-1)!\displaystyle\int_0^{+\infty}\mathrm{e}^{-t}\mathrm{d}t=\frac{1}{2}(n-1)!$

612.(中山大学) 已知$\displaystyle\int_0^{+\infty}\mathrm{e}^{-x^2}\mathrm{d}x=\frac{\sqrt{\pi}}{2}$,求$\displaystyle\int_0^{+\infty}\frac{\mathrm{e}^{-\alpha x^2}-\mathrm{e}^{-\beta x^2}}{x^2}\mathrm{d}x(\alpha>\beta>0).$

解 原式$=\displaystyle\lim_{\substack{b\to+\infty\\\varepsilon\to 0^+}}\Big[-\int_\varepsilon^b(\mathrm{e}^{-\alpha x^2}-\mathrm{e}^{-\beta x^2})\mathrm{d}(\frac{1}{x})\Big]=$

$\displaystyle\lim_{\substack{b\to+\infty\\\varepsilon\to 0^+}}\Big[\frac{\mathrm{e}^{-\beta x^2}-\mathrm{e}^{-\alpha x^2}}{x}\Big|_\varepsilon^b+\int_0^{+\infty}(-2\alpha\mathrm{e}^{-\alpha x^2}+2\beta\mathrm{e}^{-\beta x^2})\mathrm{d}x\Big]=$

$0-2\alpha\displaystyle\int_0^{+\infty}\mathrm{e}^{-\alpha x^2}\mathrm{d}x+2\beta\int_0^{+\infty}\mathrm{e}^{-\beta x^2}\mathrm{d}x=$

$-2\alpha\dfrac{1}{\sqrt{\alpha}}\displaystyle\int_0^{+\infty}\mathrm{e}^{-t^2}\mathrm{d}t+2\beta\frac{1}{\sqrt{\beta}}\int_0^{+\infty}\mathrm{e}^{-t^2}\mathrm{d}t=$

$-2\sqrt{\alpha}\cdot\dfrac{\sqrt{\pi}}{2}+2\sqrt{\beta}\cdot\dfrac{\sqrt{\pi}}{2}=$

$\sqrt{\beta\pi}-\sqrt{\alpha\pi}$

613. (华北电力学院) 已知积分 $\int_0^{+\infty} \dfrac{\sin x}{x}\mathrm{d}x = \dfrac{\pi}{2}$，求积分

$\int_0^{+\infty} \dfrac{\sin x \cos xt}{x}\mathrm{d}x.$

解 记 $I(t) = \int_0^{+\infty} \dfrac{\sin x \cos xt}{x}\mathrm{d}x$，则

$I(t) = \int_0^{+\infty} \dfrac{\sin[x(1+t)] + \sin[x(1-t)]}{2x}\mathrm{d}x =$

$\qquad \dfrac{1}{2}\int_0^{+\infty} \dfrac{\sin[(1+t)x]}{x}\mathrm{d}x + \dfrac{1}{2}\int_0^{+\infty} \dfrac{\sin(1-t)x}{x}\mathrm{d}x$

当 $|t| < 1$ 时，分别令 $(1+t)x = u, (1-t)x = v$，得

$\int_0^{+\infty} \dfrac{\sin[(1+t)x]}{x}\mathrm{d}x = \int_0^{+\infty} \dfrac{\sin u}{u}\mathrm{d}u = \dfrac{\pi}{2}$

$\int_0^{+\infty} \dfrac{\sin[(1-t)x]}{x}\mathrm{d}x = \int_0^{+\infty} \dfrac{\sin v}{v}\mathrm{d}v = \dfrac{\pi}{2}$

故 $\qquad\qquad |t| < 1$ 时，$I(t) = \dfrac{1}{2}\left(\dfrac{\pi}{2} + \dfrac{\pi}{2}\right) = \dfrac{\pi}{2}$

当 $t = 1$ 时，

$\int_0^{+\infty} \dfrac{\sin[(1+t)x]}{x}\mathrm{d}x = \int_0^{\infty} \dfrac{\sin 2x}{2x}\mathrm{d}(2x) = \dfrac{\pi}{2}$

$\int_0^{+\infty} \dfrac{\sin[(1-t)x]}{x}\mathrm{d}x = 0$

同理，当 $t = -1$ 时，$\int_0^{+\infty} \dfrac{\sin[(1+t)x]}{x}\mathrm{d}x = 0$，$\int_0^{+\infty} \dfrac{\sin[(1-t)x]}{x}\mathrm{d}x = \dfrac{\pi}{2}$，故当 $|t| =$

1 时，$I(t) = \dfrac{1}{2}\left(\dfrac{\pi}{2} + 0\right) = \dfrac{\pi}{4}$.

当 $t > 1$ 时，分别令 $(1+t)x = u, (t-1)x = v$，得

$\int_0^{+\infty} \dfrac{\sin[(1+t)x]}{x}\mathrm{d}x = \int_0^{+\infty} \dfrac{\sin u}{u}\mathrm{d}u = \dfrac{\pi}{2}.$

$\int_0^{+\infty} \dfrac{\sin[(1-t)x]}{x}\mathrm{d}x = \int_0^{+\infty} \dfrac{\sin(-v)}{-v} \cdot (-1)\mathrm{d}v = -\int_0^{+\infty} \dfrac{\sin v}{v}\mathrm{d}v = -\dfrac{\pi}{2}$

故 $t > 1$ 时，$I(t) = \dfrac{1}{2} \times \left(\dfrac{\pi}{2} - \dfrac{\pi}{2}\right) = 0.$

同理可求得 $t < -1$ 时，有 $I(t) = 0$，即 $|t| > 1$ 时，$I(t) = 0$.

总之，有 $\qquad\qquad I(t) = \begin{cases} \dfrac{\pi}{2}, & |t| < 1 \\[2mm] \dfrac{\pi}{4}, & |t| = 1 \\[2mm] 0, & |t| > 1 \end{cases}$

614. (中国科技大学) 已知 $0 \leqslant h \leqslant 1$，正整数 $n \geqslant 3$. 证明：

$$\int_0^h (1-t^2)^{\frac{n-3}{2}}\mathrm{d}t \geqslant \dfrac{\sqrt{\pi}}{2} \cdot \dfrac{\Gamma\left(\dfrac{n-1}{2}\right)}{\Gamma\left(\dfrac{n}{2}\right)}h$$

证　作变量代换 $t = h\sqrt{x}$,则

$$\int_0^h (1-t^2)^{\frac{n-3}{2}} \mathrm{d}t = \int_0^1 (1-h^2 x)^{\frac{n-3}{2}} \frac{h}{2\sqrt{x}} \mathrm{d}x = h\int_0^1 \frac{1}{2\sqrt{x}} (1-h^2 x)^{\frac{n-3}{2}} \mathrm{d}x,$$

因为 $0 \leqslant h \leqslant 1$,故当 $x \in [0,1]$ 时,有

$$(1-h^2 x)^{\frac{n-3}{2}} \cdot \frac{1}{2\sqrt{x}} \geqslant (1-x)^{\frac{n-3}{2}} \cdot \frac{1}{2\sqrt{x}} \geqslant 0$$

从而可得

$$\int_0^1 \frac{1}{2\sqrt{x}} (1-h^2 x)^{\frac{n-3}{2}} \mathrm{d}x \geqslant \int_0^1 \frac{1}{2\sqrt{x}} (1-x)^{\frac{n-3}{2}} \mathrm{d}x =$$

$$\frac{1}{2} \int_0^1 (1-x)^{\frac{n-1}{2}-1} \cdot x^{\frac{1}{2}-1} \mathrm{d}x = \frac{1}{2} B\left(\frac{n-1}{2}, \frac{1}{2}\right) =$$

$$\frac{1}{2} \frac{\Gamma\left(\frac{n-1}{2}\right) \cdot \Gamma\left(\frac{1}{2}\right)}{\Gamma\left(\frac{n}{2}\right)} = \frac{\sqrt{\pi}}{2} \frac{\Gamma\left(\frac{n-1}{2}\right)}{\Gamma\left(\frac{n}{2}\right)}.$$

所以　$\displaystyle\int_0^h (1-t^2)^{\frac{n-3}{2}} \mathrm{d}t \geqslant \frac{\sqrt{\pi}}{2} \frac{\Gamma\left(\frac{n-1}{2}\right)}{\Gamma\left(\frac{n}{2}\right)} h$

615. (西北大学)　求 $\displaystyle\int_0^1 \frac{1}{\sqrt[n]{1-x^n}} \mathrm{d}x, n > 0.$

解　令 $x^n = t$,则 $x = \sqrt[n]{t}$, $\mathrm{d}t = \frac{1}{n} t^{\frac{1}{n}-1}$,所以

$$\int_0^1 \frac{1}{\sqrt[n]{1-x^n}} \mathrm{d}x = \frac{1}{n} \int_0^1 t^{\frac{1}{n}-1} (1-t)^{(1-\frac{1}{n})-1} \mathrm{d}t =$$

$$\frac{1}{n} B\left(\frac{1}{n}, 1-\frac{1}{n}\right) =$$

$$\frac{1}{n} \frac{\Gamma\left(\frac{1}{n}\right) \Gamma\left(1-\frac{1}{n}\right)}{\Gamma(1)} = \frac{1}{n} \Gamma\left(\frac{1}{n}\right) \Gamma\left(1-\frac{1}{n}\right) =$$

$$\frac{1}{n} \frac{\pi}{\sin\frac{\pi}{n}}$$

616. (北京大学)　求 $\displaystyle\lim_{n \to +\infty} \int_0^1 (1-x^2)^n \mathrm{d}x.$

解 1　作变换 $t = x^2$,得

$$\int_0^1 (1-x^2)^n \mathrm{d}x = \frac{1}{2} \int_0^1 (1-t)^n t^{-\frac{1}{2}} \mathrm{d}t = \frac{1}{2} \int_0^1 t^{\frac{1}{2}-1} (1-t)^{(n+1)-1} \mathrm{d}t =$$

$$\frac{1}{2} B\left(\frac{1}{2}, n+1\right) = \frac{1}{2} \frac{\Gamma\left(\frac{1}{2}\right) \Gamma(n+1)}{\Gamma\left(n+\frac{3}{2}\right)} =$$

$$\frac{1}{2} \cdot \frac{\Gamma(\frac{1}{2})n!}{(n+\frac{1}{2})(n-\frac{1}{2})(n-\frac{3}{2})\cdots\frac{3}{2}\frac{1}{2}\Gamma(\frac{1}{2})} =$$

$$\frac{2^n n!}{(2n+1)(2n-1)\cdots 5\times 3\times 1} =$$

$$\frac{2n(2n-2)\cdots 4\times 2}{(2n+1)(2n-1)\cdots 5\times 3}$$

令 $x_n = \dfrac{2n(2n-2)\cdots 4\times 2}{(2n+1)(2n-1)\cdots 5\times 3}$,

$$y_n = \frac{(2n+1)(2n-1)\cdots\times 5\times 3}{(2n+2)2n\cdots\times 6\times 4},$$

则由于对一切自然数 k, 有 $\dfrac{2k}{2k+1} < \dfrac{2k+1}{2k+2}$, 所以 $0 < x_n < y_n$, 故 $0 < x_n^2 < x_n y_n =$

$\dfrac{1}{n+1}$, 即 $0 < x_n < \sqrt{\dfrac{1}{n+1}}$. 而

$$\lim_{n\to\infty}\sqrt{\frac{1}{n+1}} = 0, 由夹逼原则可知 \lim_{n\to\infty}x_n = 0, 即$$

$$\lim_{n\to\infty}\int_0^1 (1-x^2)^n \mathrm{d}x = 0$$

解 2　$\displaystyle\int_0^1 (1-x^2)^n \mathrm{d}x \xrightarrow{x=\sin t} \int_0^{\frac{\pi}{2}} \cos^{2n}t \cdot \cos t\,\mathrm{d}t = \frac{2n!!}{(2n+1)!!}.$

617. (武汉大学)　计算积分 $I = \displaystyle\int_0^{+\infty} \mathrm{e}^{-x^2}\,\mathrm{d}x.$

解　设 $S_a = [0,a]\times[0,a]$, 显然 $f(x,y) = \mathrm{e}^{-(x^2+y^2)}$ 在 S_a 上可积, 且

$$F(a) = \iint\limits_{S_a}\mathrm{e}^{-(x^2+y^2)}\,\mathrm{d}x\mathrm{d}y = \int_0^a \mathrm{e}^{-x^2}\,\mathrm{d}x\int_0^a \mathrm{e}^{-y^2}\,\mathrm{d}y = (\int_0^a \mathrm{e}^{-x^2}\,\mathrm{d}x)^2.$$

作半径为 a 和 $\sqrt{2}a$ 的 $\dfrac{1}{4}$ 圆 D_1 和 D_2, 使得 $D_1 \subset S_a \subset D_2$, 由 $\mathrm{e}^{-(x^2+y^2)} > 0$ 有

$$H(a) = \iint\limits_{D_1}\mathrm{e}^{-(x^2+y^2)}\,\mathrm{d}x\mathrm{d}y \leqslant F(a) \leqslant \iint\limits_{D_2}\mathrm{e}^{-(x^2+y^2)}\,\mathrm{d}x\mathrm{d}y = G(a)$$

而　$\displaystyle H(a) = \iint\limits_{D_1}\mathrm{e}^{-(x^2+y^2)}\,\mathrm{d}x\mathrm{d}y = \int_0^{\frac{\pi}{2}}\int_0^a \mathrm{e}^{-r^2}\,r\mathrm{d}r\mathrm{d}\theta = \frac{\pi}{4}(1-\mathrm{e}^{-a^2}).$

类似会, $G(a) = \dfrac{\pi}{4}(1-\mathrm{e}^{-2a^2})$, 且有

$$\lim_{a\to+\infty}H(a) = \lim_{a\to+\infty}G(a) = \frac{\pi}{4}$$

由夹逼原则可得 $\displaystyle\lim_{a\to+\infty}F(a) = \frac{\pi}{4}$, 即 $\displaystyle\lim_{a\to+\infty}\left(\int_0^a \mathrm{e}^{-x^2}\,\mathrm{d}x\right)^2 = \frac{\pi}{4}.$

所以　$I = \displaystyle\int_0^{+\infty}\mathrm{e}^{-x^2}\,\mathrm{d}x = \frac{\sqrt{\pi}}{2}.$

618. (北京师范大学)　设 $a_n = \int_0^1 x^n \sqrt{1-x^2}\,\mathrm{d}x$，$n$ 为自然数. 求证：

(1) $a_n = \dfrac{n-1}{n+2}a_{n-2}$；

(2) $a_n \leqslant a_{n-1} \leqslant a_{n-2}$；

(3) $\lim\limits_{n\to\infty} \dfrac{a_n}{a_{n-1}} = 1$.

证　(1) 令 $t = x^2$，则 $x = \sqrt{t}$，$\mathrm{d}x = \dfrac{1}{2\sqrt{t}}\mathrm{d}t$，

$$a_n = \int_0^1 (x^2)^{\frac{n}{2}} \sqrt{1-x^2}\,\mathrm{d}x = \int_0^1 t^{\frac{n}{2}} \cdot (1-t)^{\frac{1}{2}} \cdot \frac{1}{2\sqrt{t}}\mathrm{d}t =$$

$$\frac{1}{2}\int_0^1 t^{\frac{n-1}{2}} \cdot (1-t)^{\frac{1}{2}}\,\mathrm{d}t = \frac{1}{2}\int_0^1 t^{\frac{n+1}{2}-1}(1-t)^{\frac{3}{2}-1}\,\mathrm{d}t =$$

$$\frac{1}{2}B\left(\frac{n+1}{2}, \frac{3}{2}\right).$$

由 B 函数的性质可知 $B(p,q) = \dfrac{p-1}{p+q-1}B(p-1,q)$，所以

$$a_n = \frac{1}{2}B\left(\frac{n+1}{2}, \frac{3}{2}\right) = \frac{1}{2}\frac{\dfrac{n+1}{2}-1}{\dfrac{n+1}{2}+\dfrac{3}{2}-1}B\left(\frac{n-1}{2}, \frac{3}{2}\right) =$$

$$\frac{1}{2}\frac{n-1}{n+2}B\left(\frac{n-1}{2}, \frac{3}{2}\right) = \frac{n-1}{n+2}a_{n-2}$$

(2) 对一切 $x \in [0,1]$，有 $x \leqslant 1$ 且只在 $x = 1$ 时取等号，所以

$$a_n = \int_0^1 x^n \sqrt{1-x^2}\,\mathrm{d}x = \int_0^1 x x^{n-1} \sqrt{1-x^2}\,\mathrm{d}x \leqslant$$

$$\int_0^1 x^{n-1} \sqrt{1-x^2}\,\mathrm{d}x = a_{n-1},$$

从而 $a_n \leqslant a_{n-1} \leqslant a_{n-2}$.

(3) 由 (1) 知 $a_n = \dfrac{n-1}{n+2}a_{n-2}$，故 $\dfrac{a_n}{a_{n-2}} = \dfrac{n-1}{n+2}$，从而

$$\lim_{n\to+\infty} \frac{a_n}{a_{n-2}} = \lim_{n\to+\infty} \frac{n-1}{n+2} = 1$$

而由 (2) 知 $\dfrac{a_n}{a_{n-2}} \leqslant \dfrac{a_n}{a_{n-1}} \leqslant 1$，

所以 $\lim\limits_{n\to+\infty} \dfrac{a_n}{a_{n-2}} \leqslant \lim\limits_{n\to+\infty} \dfrac{a_n}{a_{n-1}} \leqslant 1$，因此 $\lim\limits_{n\to+\infty} \dfrac{a_n}{a_{n-1}} = 1$.

§3　含参变量积分

【考点综述】

一、综述

1. 含参变量的正常积分

设 f 是定义在矩形区域 $D=[a,b]\times[c,d]$ 上的二元函数,当 x 取 $[a,b]$ 上某定值时,$f(x,y)$ 是定义在 $[c,d]$ 上的一元函数,若 $f(x,y)$ 在 $[c,d]$ 上可积,则其积分 $I(x)=\int_c^d f(x,y)\mathrm{d}y$ 称为含参变量积分,x 为积分参量,$x\in[a,b]$.

它有以下性质:

(1) 若 $f(x,y)$ 在 D 上连续,则 $I(x)$ 在 $[a,b]$ 上连续,

(2) 若 $f(x,y)$ 在 D 上可积,则 $I(x)$ 在 $[a,b]$ 上可积,且

$$\int_a^b I(x)\mathrm{d}x=\int_a^b\mathrm{d}x\int_c^d f(x,y)\mathrm{d}y=\iint f(x,y)\mathrm{d}y=\int_c^d\mathrm{d}y\int_a^b f(x,y)\mathrm{d}x$$

(3) 若 $f(x,y)$ 与 $f'_x(x,y)$ 都在 D 上连续,则 $I(x)$ 在 $[a,b]$ 上可导,且 $I'(x)=\int_c^d f'_x(x,y)\mathrm{d}y$.

(4) 若 $f(x,y)$ 在 D 上连续,$y_1(x),y_2(x)$ 在 $[a,b]$ 上连续,且当 $a\leqslant x\leqslant b$ 时,$c\leqslant y_1(x)\leqslant d,c\leqslant y_2(x)\leqslant d$

则 $G(x)=\int_{y_1(x)}^{y_2(x)}f(x,y)\mathrm{d}y$ 在 $[a,b]$ 上连续.

(5) 若 $f(x,y)$ 与 $f'_x(x,y)$ 在 D 上连续,$y_1(x),y_2(x)$ 为定义在 $[a,b]$ 上其值域含于 $[c,d]$ 上的两个可微函数,则函数 $G(x)=\int_{y_1(x)}^{y_2(x)}f(x,y)\mathrm{d}y$ 在 $[a,b]$ 上可导,且

$$G'(x)=\int_{y_1(x)}^{y_2(x)}f'_x(x,y)\mathrm{d}y+f(x,y_2(x))y'_2(x)-f(x,y_1(x))y'_1(x)$$

(6) 若每个 $f_n(x)$ 在 $[a,b]$ 上连续,且 $n\to\infty$ 时,$f_n(x)\rightrightarrows f(x)$ 于 $[a,b]$ 上,则可在积分号下取极限,即

$$\lim_{n\to\infty}\int_a^b f_n(x)\mathrm{d}x=\int_a^b\lim_{n\to+\infty}f_n(x)\mathrm{d}x=\int_a^b f(x)\mathrm{d}x$$

(7) 若 $f(x,y)$ 在 $[a,b]\times[y_0-\delta,y_0+\delta](\delta>0)$ 上连续,则可在积分号下取极限,即

$$\lim_{y\to y_0}\int_a^b f(x,y)\mathrm{d}x=\int_a^b\lim_{y\to y_0}f(x,y)\mathrm{d}x=\int_a^b f(x,y_0)\mathrm{d}x$$

2. 含参变量的非常正积分

设函数 f 定义在无界区域 $E=\{(x,y)\mid a\leqslant x\leqslant b,c\leqslant y<+\infty\}$ 上,若对每一个固定的 $x\in[a,b]$,非正常积分 $\int_c^{+\infty}f(x,y)\mathrm{d}y$ 都收敛,则它的值是 x 在 $[a,b]$ 上取值的函数,记为

$$I(x)=\int_c^{+\infty}f(x,y)\mathrm{d}y,x\in[a,b]$$

称为定义在 $[a,b]$ 上的含参变量 x 的无穷限非正常积分,简称为含参量非正常积分.

(1) 若含参量非正常积分 $\int_c^{+\infty}f(x,y)\mathrm{d}y$ 与函数 $I(x)$ 对任给的正数 ε,总存在某一实数 $N>C$,使得当 $M>N$ 时,对一切 $x\in[a,b]$,都有

$$\left|\int_c^m f(x,y)\mathrm{d}y-I(x)\right|<\varepsilon,即\left|\int_M^{+\infty}f(x,y)\mathrm{d}y\right|<\varepsilon$$

则称含参变量非正常积分 $\int_c^{+\infty}f(x,y)\mathrm{d}y$ 在 $[a,b]$ 上一致收敛于 $I(x)$,或称含参量积

分 $\int_c^{+\infty} f(x,y)\mathrm{d}y$ 在 $[a,b]$ 上一致收敛.

(2)(一致收敛的柯西准则)　含参量积分 $\int_c^{+\infty} f(x,y)\mathrm{d}y$ 在 $[a,b]$ 上一致收敛的充要条件是:对任给的正数 ε,总存在某一实数 $M>C$,使得当 $A_1,A_2>M$ 时,对一切 $x\in[a,b]$,都有,$\left|\int_{A_1}^{A_2} f(x,y)\mathrm{d}y\right|<\varepsilon$.

(3)(M 判别法)设有函数 $g(y)$,使得

$$|f(x,y)|\leqslant g(y),a\leqslant x\leqslant b,c\leqslant y<+\infty$$

若 $\int_c^{+\infty} g(y)\mathrm{d}y$ 收敛,则 $\int_c^{+\infty} f(x,y)\mathrm{d}y$ 在 $[a,b]$ 上一致收敛.

(4)(Abel 判别法)设 ⅰ)$\int_c^{+\infty} f(x,y)$ 在 $[a,b]$ 上一致收敛;

ⅱ)对每一个 $x\in[a,b]$ 函数 $g(x,y)$ 为 y 的单调函数,且对参量 $x,g(x,y)$ 在 $[a,b]$ 上一致有界,则含参量非正常积分 $\int_c^{+\infty} f(x,y)g(x,y)\mathrm{d}y$ 在 $[a,b]$ 上一致收敛.

(5)(Dirichlet 判别法)　设 ⅰ)对一切实数 $N>c$,含参量的正常积分 $\int_c^N f(x,y)\mathrm{d}y$ 对参量 x 在 $[a,b]$ 上一致有界;

ⅱ)对每一个 $x\in[a,b]$,函数 $g(x,y)$ 关于 y 是单调的,且当 $y\longrightarrow+\infty$ 时,对参量 $x,g(x,y)$ 一致收敛于 0.

则含参量非正常积分 $\int_c^{+\infty} f(x,y)g(x,y)\mathrm{d}y$ 在 $[a,b]$ 上一致收敛.

(6)(连续性)　设 f 为 $[a,b]\times[c,+\infty)$ 上的连续函数,若含参量非正常积分 $I(x)=\int_c^{+\infty} f(x,y)\mathrm{d}y$ 在 $[a,b]$ 一致收敛,则 $I(x)$ 在 $[a,b]$ 上连续.

(7)(可微性)　设 f 和 f_x 均为 $[a,b]\times[c,+\infty)$ 上的连续函数. 若 $I(x)=\int_c^{+\infty} f(x,y)\mathrm{d}y$ 在 $[a,b]$ 上收敛,$\int_c^{+\infty} f_x(x,y)\mathrm{d}y$ 在 $[a,b]$ 上一致收敛,则 $I(x)$ 在 $[a,b]$ 上可微,且

$$I'(x)=\int_c^{+\infty} f_x(x,y)\mathrm{d}y$$

(8)(可积性)　设 f 为 $[a,b]\times[c,+\infty]$ 上的连续函数,

若 $I(x)=\int_c^{+\infty} f(x,y)\mathrm{d}y$ 在 $[a,b]$ 上一致收敛,则 $I(x)$ 在 $[a,b]$ 上可积,

且　　　　$\int_a^b \mathrm{d}x\int_c^{+\infty} f(x,y)\mathrm{d}y=\int_c^{+\infty}\mathrm{d}y\int_a^b f(x,y)\mathrm{d}x.$

二、解题方法

1. 考点 1. 判断一致收敛

解题方法:(1)利用定义判断;

　　　　　(2)利用柯西准则判断;

　　　　　(3)利用 M 判别法;

　　　　　(4)利用 Abel 与 Dirichlet 判别法。

2. 考点 2. 含参变量反常积分的极限

解题方法:(1) 直接利用积分号下取极限的定理;

(2) 采用积分下取极限的定理中所使用的证法进行证明.

3. 考点 3. 含参变量反常积分的连续性

解题方法:(1) 直接利用连续守恒定理;

(2) 利用该定理的推论:

ⅰ)$f(x,y)$ 在 $x \geqslant a, y \in (c,d)$(有限或无穷区间) 上连续;

ⅱ)$\int_a^{+\infty} f(x,y)\mathrm{d}x$ 在 $y \in (c,d)$ 内闭一致收敛.

则 $g(y) = \int_a^{+\infty} f(x,y)\mathrm{d}x$ 在 (c,d) 内连续.

4. 考点 4. 反常积分的计算

解题方法:(1) 积分号下求积分;

(2) 利用积分号下求导;

(3) 通过建立微分方程求积分值;

(4) 利用反常积分定义及变量代换;

(5) 级数解法;

(6) 转化为其它积分进行计算.

扫码获取本书资源

5. 考点 5. 含参变量的正常积分

解题方法:(1) 利用积分号下取极限;

(2) 利用积分号下求导;

(3) 利用积分号下求积分.

【经典题解】

619. **(北京大学)** 求积分 $\int_0^1 \dfrac{x^b - x^a}{\ln x}\mathrm{d}x$,其中 $a > b > 0$.

解 由于 $\dfrac{x^b - x^a}{\ln x} = \dfrac{x^y}{\ln x}\Big|_a^b = \int_a^b x^y \mathrm{d}y$,所以 $\int_0^1 \dfrac{x^b - x^a}{\ln x}\mathrm{d}x = \int_0^1 \mathrm{d}x \int_a^b x^y \mathrm{d}y$.

令 $f(x,y) = x^y$,显然 $f(x,y)$ 在 $[0,1] \times [a,b]$ 上连续. 所以

$$\int_0^1 \frac{x^b - x^a}{\ln x}\mathrm{d}x = \int_a^b \mathrm{d}y \int_0^1 x^y \mathrm{d}x = \int_a^b \frac{1}{y+1}\mathrm{d}y = \ln \frac{1+b}{1+a}$$

620. **(华中师范大学)** 求 $f(x) = \int_0^{\frac{\pi}{2}} \ln(1 - x^2 \cos^2\theta)\mathrm{d}\theta (|x| < 1)$.

解法 1 (利用积分号下求导) 记 $g(x,\theta) = \ln(1 - x^2\cos^2\theta)$,则 $g'_x(x,\theta) = \dfrac{-2x\cos^2\theta}{1 - x^2\cos^2\theta}$,显然 $g(x,\theta), g'_x(x,\theta)$ 在 $0 \leqslant \theta \leqslant \dfrac{\pi}{2}, |x| < 1$ 上连续,故可在积分号下求导.

$$f'(x) = \int_0^{\frac{\pi}{2}} g'_x(x,\theta)\mathrm{d}\theta = \int_0^{\frac{\pi}{2}} \frac{-2x\cos^2\theta}{1 - x^2\cos^2\theta}\mathrm{d}\theta$$

$$= \int_0^{\frac{\pi}{2}} \Big[\frac{2}{x} - \frac{1}{x}\Big(\frac{1}{1 + x\cos\theta} + \frac{1}{1 - x\cos\theta}\Big)\Big]\mathrm{d}\theta$$

$$= \frac{\pi}{x} - \frac{1}{x}\int_0^{\frac{\pi}{2}}(\frac{1}{1+x\cos\theta} + \frac{1}{1-x\cos\theta})\mathrm{d}\theta.$$

令 $t = \tan\dfrac{\theta}{2}$，得 $\cos\theta = \dfrac{1-t^2}{1+t^2}$，$\mathrm{d}\theta = \dfrac{2}{1+t^2}\mathrm{d}t$，所以

$$\int_0^{\frac{\pi}{2}}(\frac{1}{1+x\cos\theta} + \frac{1}{1-x\cos\theta})\mathrm{d}\theta =$$

$$\int_0^1\left[\frac{1}{1+x\cdot\frac{1-t^2}{1+t^2}} + \frac{1}{1-x\cdot\frac{1-t^2}{1+t^2}}\right]\cdot\frac{2}{1+t^2}\mathrm{d}t =$$

$$\int_0^1\frac{2}{(1+x)+(1-x)t^2}\mathrm{d}t + \int_0^1\frac{2}{(1-x)+(1+x)t^2}\mathrm{d}t =$$

$$\frac{2}{1+x}\sqrt{\frac{1+x}{1-x}}\arctan\frac{t}{\sqrt{\frac{1+x}{1-x}}}\Big|_0^1 + \frac{2}{1-x}\sqrt{\frac{1-x}{1+x}}\cdot\arctan\frac{t}{\sqrt{\frac{1-x}{1+x}}}\Big|_0^1 =$$

$$\frac{2}{\sqrt{1-x^2}}(\arctan\sqrt{\frac{1-x}{1+x}} + \arctan\sqrt{\frac{1+x}{1-x}}) = \frac{\pi}{\sqrt{1-x^2}}$$

所以 $f'(x) = \dfrac{\pi}{x}(1 - \dfrac{1}{\sqrt{1-x^2}})$，故 $f(x) = \pi\cdot\ln(1 + \sqrt{1-x^2}) + C.$

注意到 $f(0) = \displaystyle\int_0^{\frac{\pi}{2}}\ln 1\mathrm{d}\theta = 0$，所以 $C = -\pi\ln 2.$

因此

$$f(x) = \pi\ln(1 + \sqrt{1-x^2}) - \pi\ln 2 = \pi\ln[\frac{1}{2}(1 + \sqrt{1-x^2})]$$

解法 2 （级数解法）

$$f(x) = \int_0^{\frac{\pi}{2}}\ln(1 - x^2\cos^2\theta)\mathrm{d}\theta =$$

$$-\int_0^{\frac{\pi}{2}}\sum_{n=1}^\infty\frac{x^{2n}}{n}\cos^{2n}\theta\mathrm{d}\theta =$$

$$-\sum_{n=1}^\infty\frac{x^{2n}}{n}\int_0^{\frac{\pi}{2}}\cos^{2n}\theta\mathrm{d}\theta =$$

$$-\sum_{n=1}^\infty\frac{x^{2n}}{n}\frac{(2n-1)!!}{(2n)!!}\frac{\pi}{2} =$$

$$-\frac{\pi}{2}\sum_{n=1}^\infty\frac{(2n-1)!!}{n(2n)!!}x^{2n}$$

注 比较两种解法的结果，可以得到 $\ln(1 + \sqrt{1-x^2})$ 的马克劳林展开式，以及在 $x = 0$ 处的各阶导数的值。

621. (**天津大学**) 设 $f(x) = \displaystyle\int_0^1\frac{\mathrm{e}^{-x^2(y^2+1)}}{y^2+1}\mathrm{d}y$，$g(x) = (\displaystyle\int_0^x\mathrm{e}^{-y^2}\mathrm{d}y)^2$，$x\geqslant 0$，试证：

当 $x\geqslant 0$ 时，$f(x) + g(x) = \dfrac{\pi}{4}.$

证　记 $F(x,y)=\dfrac{e^{-x^2(y^2+1)}}{y^2+1}$，则 $F'_x(x,y)=-2xe^{-x^2(y^2+1)}$ 显然 $F(x,y),F'_x(x,$

$y)$ 在 $x\geqslant 0,y[0,1]$ 上连续，所以可以在积分号下求导，即

$$f'(x)=\int_0^1 F'_x(x,y)dy=\int_0^1 -2xe^{-x^2(y^2+1)}dy=-2xe^{-x^2}\int_0^1 e^{-x^2y^2}dy$$

令 $y=\dfrac{z}{x}$，则　　　　　　　　$f'(x)=-2e^{-x^2}\int_0^x e^{-z^2}dz$

$$g'(x)=2\int_0^x e^{-y^2}dy\cdot e^{-x^2}=2e^{-x^2}\int_0^x e^{-z^2}dz$$

故　　　　　　　　　　　　　　$f'(x)+g'(x)=0$

从而 $f(x)+g(x)=C,C$ 为常数.

当 $x=0$ 时，$f(0)=\int_0^1 \dfrac{1}{y^2+1}dy=\dfrac{\pi}{4}$，$g(0)=0.$ 所以

$$C=f(0)+g(0)=\dfrac{\pi}{4}$$

因此，当 $x\geqslant 0$ 时，　　　　　　　　$f(x)+g(x)=\dfrac{\pi}{4}$

622.（武汉师范学院） 设 $F(y)=\int_a^b f(x)\mid y-x\mid dx$，其中 $a<b$，而 $f(x)$ 为可

微函数，求 $F''(y)$

解　当 $y\in(a,b)$ 时，有

$$F(y)=\int_a^b f(x)\mid y-x\mid dx=\int_a^y f(x)(y-x)dx+\int_y^b f(x)(x-y)dx$$

于是　$F'(y)=\int_a^y f(x)dx-\int_y^b f(x)dx,F''(y)=f(y)+f(y)=2f(y)$

当 $y\geqslant b$ 时，

$$F(y)=\int_a^b f(x)(y-x)dx,F'(y)=\int_a^b f(x)dx,F''(y)=0$$

同理当 $y\leqslant a$ 时，$F''(y)=0.$

因此　$F''(y)=\begin{cases}2f(y),&\text{当 }y\in(a,b)\text{ 时}\\0,&\text{当 }y\notin(a,b)\text{ 时}\end{cases}$

623.（南开大学） 设 $f(x,t)$ 于 $[a,+\infty;c,d]$ 上连续，$\int_a^{+\infty}f(x,t)dx$ 于 $[c,d)$ 一

致收敛，证明：$\int_a^{+\infty}f(x,d)dx$ 收敛.

证　因为 $\int_a^{+\infty}f(x,t)dx$ 于 $[c,d)$ 一致收敛，所以任给 $\varepsilon>0$，存在 $M>0$，对一切

$A_1,A_2>M$（其中 $A_1<A_2$），$\forall t\in[c,d)$，有

$$\mid \int_{A_1}^{A_2}f(x,t)dx\mid<\dfrac{\varepsilon}{2}$$

$f(x,t)$ 于 $[a,+\infty;c,d]$ 上连续，故 $f(x,t)$ 在 $[A_1,A_2]\times[c,d]$ 上一致连续，所以

任给 $x\in[A_1,A_2]$，存在 $\delta>0$，当 $\mid t-d\mid<\delta$ 时，

$$\mid f(x,t)-f(x,d)\mid<\dfrac{\varepsilon}{2(A_2-A_1)}$$

从而 $\left|\left|\int_{A_1}^{A_2}\left[f(x,t)-f(x,\mathrm{d})\mathrm{d}x\right|\right.\right.<\dfrac{\varepsilon}{2}$,

故　　$\left|\left|\int_{A_1}^{A_2}f(x,\mathrm{d})\mathrm{d}x\right|\leqslant\left|\left|\int_{A_1}^{A_2}f(x,t)\mathrm{d}x\right|+\left|\left|\int_{A_1}^{A_2}\left[f(x,t)-f(x,\mathrm{d})\right]\mathrm{d}x\right|<\right.\right.\right.$

$$\dfrac{\varepsilon}{2}+\dfrac{\varepsilon}{2}=\varepsilon$$

因此 $\displaystyle\int_a^{+\infty}f(x,\mathrm{d})\mathrm{d}x$ 收敛.

624. (武汉大学) 设 $f_n(x)=\dfrac{x}{1+n^2x^3}, x\in[0,+\infty)$.

证明:(1) $f_n\rightrightarrows 0, x\in[0,+\infty]$;

(2) $\displaystyle\lim_{n\to+\infty}\int_0^{+\infty}f_n(x)\mathrm{d}x=0$.

证　1) 对 $\forall x\in[0,+\infty)$,

$$|f_n(x)-0|=f_n(x)=\dfrac{x}{1+n^3x^3}=\dfrac{x}{1+nx}\dfrac{1}{(nx-1)^2+nx}\leqslant$$

$$\dfrac{x}{1+nx}\cdot\dfrac{1}{nx}=\dfrac{1}{1+nx}\cdot\dfrac{1}{n}\leqslant\dfrac{1}{n}$$

$\forall\varepsilon>0$,存在 $N=\dfrac{1}{\varepsilon}$,当 $n>N$ 时,有

$$|f_n(x)-0|\leqslant\dfrac{1}{n}<\varepsilon$$

所以 $f_n(x)\rightrightarrows 0, x\in[0,+\infty)$.

2) 因为每个 $f_n(x)$ 在 $[0,+\infty)$ 上都连续,且当 $n\to+\infty$ 时, $f_n(x)\rightrightarrows 0$ 对一切 $x\in[0,+\infty)$ 都成立,所以可以在积分号下取极限,所以

$$\lim_{n\to+\infty}\int_0^{+\infty}f_n(x)\mathrm{d}x=\int_0^{+\infty}\lim_{n\to+\infty}f_n(x)\mathrm{d}x=$$

$$\int_0^{+\infty}\lim_{n\to+\infty}\dfrac{x}{1+n^3x^3}\mathrm{d}x=\int_0^{+\infty}0\mathrm{d}x=0$$

625. (武汉大学) 设对任意自然数 n , $f_n(x)$ 在 $[a,+\infty)$ 上连续,且反常积分 $\displaystyle\int_a^{+\infty}f_n(x)\mathrm{d}x$ 关于 n 一致收敛,对任意 $M>a$,在 $[a,M]$ 上有 $f_n(x)\rightrightarrows f(x)$ (当 $n\to+\infty$),证明:

(1) 反常积分 $\displaystyle\int_a^{+\infty}f(x)\mathrm{d}x$ 收敛;

(2) $\displaystyle\lim_{n\to\infty}\int_a^{+\infty}f_n(x)\mathrm{d}x=\int_a^{+\infty}f(x)\mathrm{d}x$.

证　(1) 因为 $\displaystyle\int_a^{+\infty}f_n(x)\mathrm{d}x$ 关于 n 一致收敛,所以 $\forall\varepsilon>0$,在在 $A_1>0$,当 $A_3>A_2>A_1$ 时,对任给 $n\in N$,有

$$\left|\int_{A_2}^{A_3}f_n(x)\mathrm{d}x\right|<\dfrac{\varepsilon}{2}$$

又因为对任意 $M>a$,在 $[a,M]$ 上有 $f_n(x)\rightrightarrows f(x)$,所以存在 $N>0$,当 $n>N$ 时

$$| f_n(x) - f(x) | < \frac{\varepsilon}{2(A_3 - A_2)}$$

从而

$$\left| \int_{A_2}^{A_3} f(x)\mathrm{d}x \right| = \left| \int_{A_2}^{A_3} [f(x) - f_n(x)]\mathrm{d}x + \int_{A_2}^{A_3} f_n(x)\mathrm{d}x \right| \leqslant$$

$$\left| \int_{A_2}^{A_3} [f(x) - f_n(x)]\mathrm{d}x \right| + \left| \int_{A_2}^{A_3} f_n(x)\mathrm{d}x \right| \leqslant$$

$$\int_{A_2}^{A_3} \cdot \frac{\varepsilon}{2(A_3 - A_2)}\mathrm{d}x + \frac{\varepsilon}{2} =$$

$$\frac{\varepsilon}{2} + \frac{\varepsilon}{2} =$$

$$\varepsilon$$

所以反常积分 $\int_a^{+\infty} f(x)\mathrm{d}x$ 收敛.

(2) 因为 $\int_a^{+\infty} f_n(x)\mathrm{d}x$ 关于 n 一致收敛,所以任给 $\varepsilon > 0$,存在 $M_1 > 0$,当 $A > M_1$ 时,对于一切 $n \in N$,有

$$\left| \int_A^{+\infty} f_n(x)\mathrm{d}x \right| < \frac{\varepsilon}{3}$$

又因为 $\int_a^{+\infty} f(x)\mathrm{d}x$ 收敛,所以存在 $M_2 > 0$,当 $A > M_2$ 时,有

$$\left| \int_A^{+\infty} f(x)\mathrm{d}x \right| < \frac{\varepsilon}{3}$$

取某一个 A_0,使 $A_0 > \max\{M_1, M_2\}$,则

$$\left| \int_{A_0}^{+\infty} f_n(x)\mathrm{d}x \right| < \frac{\varepsilon}{3}, \left| \int_{A_0}^{+\infty} f(x)\mathrm{d}x \right| < \frac{\varepsilon}{3}$$

因为 $f_n(x)$ 在 $[a, A_0]$ 上一致收敛于 $f(x)$,所以对于上面的 $\varepsilon > 0$,存在 $N > 0$,使得当 $n > N$ 时,对一切 $x \in [a, A_0]$,有

$$| f_n(x) - f(x) | < \frac{\varepsilon}{3(A_0 - a)}$$

从而可得

$$| \int_a^{+\infty} [f_n(x) - f(x)]\mathrm{d}x | =$$

$$| \int_a^{A_0} [f_n(x) - f(x)]\mathrm{d}x + \int_{A_0}^{+\infty} [f_n(x) - f(x)]\mathrm{d}x | \leqslant$$

$$| \int_a^{A_0} [f_n(x) - f(x)\mathrm{d}x] | + | \int_{A_0}^{+\infty} [f_n(x) - f(x)]\mathrm{d}x | \leqslant$$

$$\int_a^{A_0} | f_n(x) - f(x) | \mathrm{d}x + | \int_{A_0}^{+\infty} f_n(x)\mathrm{d}x | + | \int_{A_0}^{+\infty} f(x)\mathrm{d}x | \leqslant$$

$$\int_a^{A_0} \frac{\varepsilon}{3(A_0 - a)}\mathrm{d}x + \frac{\varepsilon}{3} + \frac{\varepsilon}{3} =$$

$$\frac{\varepsilon}{3} + \frac{\varepsilon}{3} + \frac{\varepsilon}{3} = \varepsilon$$

故
$$\lim_{n \to \infty} \int_a^{+\infty} [f_n(x) - f(x)] \mathrm{d}x = 0$$

即
$$\lim_{n \to \infty} \int_a^{+\infty} f_n(x) \mathrm{d}x = \int_a^{+\infty} f(x) \mathrm{d}x$$

626. (武汉大学)　设 $\varphi(x), f(x)$ 是连续函数,且有 $R > 0$,当 $|x| \geqslant R$ 时,$\varphi(x) = 0$.证明:

(1) 当 $n \longrightarrow +\infty$ 时有 $\varphi(x) f(\dfrac{x}{n}) \rightrightarrows \varphi(x) f(0), -\varphi < x < +\infty$;

(2) 若还有 $\displaystyle\int_{-\infty}^{+\infty} \varphi(x) \mathrm{d}x = 1$,则

$$\lim_{n \to \infty} n \int_{-\infty}^{+\infty} \varphi(nx) f(x) \mathrm{d}x = f(0)$$

证　(1) 当 $|x| \geqslant R$ 时,显然所证结论成立.

当 $|x| < R$ 时,$\varphi(x)$ 是 $[-R, R]$ 上的连续函数,所以存在 $M > 0$,使得 $\forall x \in [-R, R]$ 有 $|\varphi(x)| < M$.

因为 $f(x)$ 在 $x = 0$ 处连续,所以 $\forall \varepsilon > 0$,存在 $\delta > 0$,使得当 $|x| < \delta$ 时,有

$$|f(x) - f(0)| < \frac{\varepsilon}{M}$$

取 $N \geqslant \dfrac{R}{\delta}$,则当 $n > N$ 时,对一切 $x \in [-R, R]$,有

$$\left|\frac{x}{n} - 0\right| = \frac{|x|}{n} < \frac{|x|}{N} \leqslant \frac{R}{N} = \delta$$

所以
$$\left|f(\frac{x}{n}) - f(0)\right| < \frac{\varepsilon}{M}$$

从而　
$$\left|\varphi(x) f(\frac{x}{n}) - \varphi(x) f(0)\right| =$$

$$\left|\varphi(x)\right| \cdot \left|f(\frac{x}{n}) - f(0)\right| < M \cdot \frac{\varepsilon}{M} = \varepsilon$$

所以当 $|x| < R$ 时,有 $\varphi(x) f(\dfrac{x}{n}) \rightrightarrows \varphi(x) f(0). (n \longrightarrow +\infty)$

综合可知,对一切 $x \in (-\infty, +\infty)$,当 $n \longrightarrow +\infty$ 时有 $\varphi(x) f(\dfrac{x}{n}) \rightrightarrows \varphi(x) f(0)$.

(2) 作变量代换 $x = \dfrac{t}{n}$,则

$$n \int_{-\infty}^{+\infty} \varphi(nx) f(x) \mathrm{d}x = n \int_{-\infty}^{+\infty} \varphi(t) f(\frac{t}{n}) \cdot \frac{1}{n} \mathrm{d}t = \int_{-\infty}^{+\infty} \varphi(t) f(\frac{t}{n}) \mathrm{d}t$$

由(1)知求积分和求极限这两种运算可以交换顺序,所以

$$\lim_{n \to \infty} n \int_{-\infty}^{+\infty} \varphi(nx) f(x) \mathrm{d}x = \lim_{n \to \infty} \int_{-\infty}^{+\infty} \varphi(t) f(\frac{t}{n}) \mathrm{d}t = \int_{-\infty}^{+\infty} \left[\lim_{n \to \infty} \varphi(t) f(\frac{t}{n})\right] \mathrm{d}t =$$

$$\int_{-\infty}^{+\infty}\varphi(t)f(0)\,\mathrm{d}t=$$

$$f(0)\int_{-\infty}^{+\infty}\varphi(t)\,\mathrm{d}t=$$

$$f(0)\cdot 1=f(0)$$

627.（武汉大学） 证明：$\int_0^{+\infty}e^{-tu^2}\sin t\,\mathrm{d}u$ 在 $t\in[0,+\infty)$ 中一致收敛.

证 只需证，对 $\forall\varepsilon>0$. $\exists A_0$，当 $A>A_0$ 时，$\left|\int_A^{+\infty}e^{-tu^2}\sin t\,\mathrm{d}u\right|<\varepsilon$.

由于 $\lim\limits_{t\to 0^+}\dfrac{\sin t}{\sqrt{t}}=0$，故 $\exists\delta>0$，（不妨设 $0<\delta<\dfrac{\pi}{2}$），当 $0\leqslant t<\delta$ 时，有

$$\frac{\sin t}{\sqrt{t}}<\frac{2}{\sqrt{\pi}}\varepsilon$$

此时，对 $\forall A>0$，有

$$\left|\int_A^{+\infty}e^{-tu^2}\sin t\,\mathrm{d}u\right|=\int_A^{+\infty}e^{-tu^2}\sin t\,\mathrm{d}u\xrightarrow{u=\frac{\varphi}{\sqrt{t}}}\int_{\sqrt{t}A}^{+\infty}e^{-\varphi^2}\frac{\sin t}{\sqrt{t}}\,\mathrm{d}\varphi<$$

$$\frac{2}{\sqrt{\pi}}\varepsilon\int_{\sqrt{t}A}^{+\infty}e^{-\varphi^2}\,\mathrm{d}\varphi\leqslant$$

$$\frac{2}{\sqrt{\pi}}\varepsilon\int_0^{+\infty}e^{-\varphi^2}\,\mathrm{d}\varphi=\frac{2}{\sqrt{\pi}}\varepsilon\frac{\sqrt{\pi}}{2}=\varepsilon$$

又当 $\delta\leqslant t<+\infty$ 时，$|e^{-tu^2}\sin t|\leqslant e^{-\delta u^2}$，而 $\int_0^{\infty}e^{-\delta u^2}\,\mathrm{d}u$ 收敛.

由 Weierstrass 判别法，$\int_0^{+\infty}e^{-tu^2}\sin t\,\mathrm{d}u$ 在 $t\in[\delta,+\infty)$ 中一致收敛，因而 $\exists A_0$ 当 $A>A_0$ 时，有

$$\left|\int_A^{+\infty}e^{-tu^2}\sin u\,\mathrm{d}u\right|<\varepsilon$$

综上，$\forall\varepsilon>0$，$\exists A_0>0$，当 $A>A_0$ 时，对一切 $t\in[0,+\infty)$ 有

$$\left|\int_A^{+\infty}e^{-tu^2}\sin t\,\mathrm{d}u\right|<\varepsilon$$

628.（北京科技大学） 求积分 $\int_0^a\arctan\sqrt{\dfrac{a-x}{a+x}}\,\mathrm{d}x(a>0)$ 的值.

解 记 $I(a)=\int_0^a\arctan\sqrt{\dfrac{a-x}{a+x}}\,\mathrm{d}x$，则

$$I'(a)=\int_0^a\left(\arctan\sqrt{\frac{a-x}{a+x}}\right)'\mathrm{d}x+\arctan\sqrt{\frac{a-a}{a+a}}=$$

$$\frac{1}{2a}\int_0^a\frac{x}{\sqrt{a^2-x^2}}\mathrm{d}x=-\frac{1}{2a}\int_0^a\frac{1}{2}\frac{1}{\sqrt{a^2-x^2}}\mathrm{d}(a^2-x^2)=$$

$$-\frac{1}{2a}\sqrt{a^2-x^2}\Big|_0^a=\frac{1}{2}$$

因此，$I(a) = \dfrac{1}{2}a + C$，由 $\lim I(a) = 0$，所以 $C = 0$，即 $\displaystyle\int_0^a \arctan\sqrt{\dfrac{a-x}{a+x}}\,\mathrm{d}x = \dfrac{1}{2}a$

629. (南开大学)　证明：$\displaystyle\int_0^{+\infty} xe^{-\alpha x}\,\mathrm{d}x$ 在 $0 < \alpha_0 \leqslant \alpha < +\infty$ 上一致收敛，但在 $0 < \alpha < +\infty$ 内不一致收敛.

证　(1) $0 < \alpha_0 \leqslant \alpha < +\infty$，$x \geqslant 0$，则有
$$|xe^{-\alpha x}| = xe^{-\alpha x} < xe^{-\alpha_0 x}$$

而 $\displaystyle\int_0^{+\infty} xe^{-\alpha_0 x}\,\mathrm{d}x = -\dfrac{x}{\alpha_0}e^{-\alpha_0 x}\Big|_0^{+\infty} + \dfrac{1}{\alpha_0}\int_0^{+\infty}e^{-\alpha_0 x}\,\mathrm{d}x = -\dfrac{1}{\alpha_0^2}e^{-\alpha_0 x}\Big|_0^{+\infty} = \dfrac{1}{\alpha_0^2}$ 收敛.

由 W 判别法知：
$$\int_0^{+\infty} xe^{-\alpha x}\,\mathrm{d}x \text{ 在 } \alpha \in [\alpha_0, +\infty), \alpha_0 > 0 \text{ 中一致收敛.}$$

(2)(反证) 若 $\displaystyle\int_0^{+\infty} xe^{-\alpha x}\alpha x$ 在 $\alpha > 0$ 上一致收敛，则 $\exists A_0 > 0$ 使得 $\forall A > A_0$，

$\displaystyle\int_A^{+\infty} xe^{-\alpha x}\,\mathrm{d}x < \varepsilon = e$ 对 $\forall \alpha > 0$ 成立.

但 $\displaystyle\int_A^{+\infty} xe^{-\alpha x}\,\mathrm{d}x = \dfrac{A}{\alpha}e^{-\alpha A} + \dfrac{1}{\alpha^2}e^{-\alpha A}$，取 $A > A_0$ 且 $A > 1$，对 $\alpha = \dfrac{1}{A}$ 就有 $\displaystyle\int_A^{+\infty} xe^{-\alpha x} =$

$2A^2e > 2e$，矛盾. 因此 积分 $\displaystyle\int_0^{+\infty} xe^{-\alpha x}\,\mathrm{d}x$ 在 $\alpha \in (0, +\infty)$ 非一致收敛.

630. (北京大学)　证明：积分 $\displaystyle\int_0^{+\infty} xe^{-xy}\,\mathrm{d}y$ 在 $(0, +\infty)$ 上不一致收敛.

证　设 $\varepsilon_0 = \dfrac{1}{2e}$，对 $\forall N > 0$，存在 $A = 2N > N$，$x_0 = \dfrac{1}{2N} \in (0, +\infty)$，使得
$$\left|\int_A^{+\infty} x_0 e^{-x_0 y}\,\mathrm{d}y\right| = \left| -e^{-x_0 y}\Big|_A^{\infty}\right| = \dfrac{1}{e} > \varepsilon_0$$

所以积分 $\displaystyle\int_0^{+\infty} xe^{-xy}\,\mathrm{d}y$ 在 $(0, +\infty)$ 上不一致收敛.

631. (北京科技大学)　设 $I(y) = \displaystyle\int_0^{+\infty} ye^{-yx}\,\mathrm{d}x$.

证明：(1) 对任意的 $b > a > 0$，含参变量的积分 $I(y)$ 在区间 $[a, b]$ 上一致收敛；
(2) 在任意区间 $[0, b]$ 上 $I(y)$ 不一致收敛.

证　(1) 对一切 $y \in [a, b]$，有
$$|ye^{-yx}| \leqslant be^{-ax}, \quad x \in (0, +\infty)$$

而 $\displaystyle\int_0^{+\infty} be^{-ax}\,\mathrm{d}x = -\dfrac{b}{a}e^{-ax}\Big|_0^{+\infty} = \dfrac{b}{a}$ 收敛，所以 $I(y) = \displaystyle\int_0^{+\infty} ye^{-yx}\,\mathrm{d}x$ 在 $[a, b]$ 上一致收敛.

(2) 设 $\varepsilon_0 = \dfrac{1}{2e}$，对于任意的 $N > 0$，存在 $A = 2N > N$，$y_0 = \dfrac{1}{2N} \in [0, b]$，使得
$$\left|\int_A^{+\infty} y_0 e^{-y_0 x}\,\mathrm{d}x\right| = \left| -e^{-y_0 x}\Big|_A^{\infty}\right| = e^{-y_0 A} = \dfrac{1}{e} > \varepsilon_0$$

所以积分 $I(y) = \displaystyle\int_0^{+\infty} ye^{-yx}\,\mathrm{d}x$ 在任何区间 $[0, b]$ 上不一致收敛.

632. (北京航空学院) 设 $f(x,y)$ 在 $a \leqslant x < +\infty, c \leqslant y \leqslant d$ 上连续, $\forall y \in [c, d)$, $\int_a^{+\infty} f(x,y)\mathrm{d}x$ 收敛,但 $y = d$ 时积分发散. 求证: $\int_a^{+\infty} f(x,y)\mathrm{d}x$ 在 $y \in [c,d)$ 上非一致收敛.

证 因为 $\int_a^{+\infty} f(x,d)\mathrm{d}x$ 发散,故有 $\varepsilon_0 > 0, \forall A > 0$, 存在 $A_2 > A_1 > A$, 使得

$$\left| \int_{A_1}^{A_2} f(x,d)\mathrm{d}x \right| \geqslant 2\varepsilon_0$$

因为 $f(x,y)$ 在 $a \leqslant x < +\infty, c \leqslant y \leqslant d$ 上连续,从而在有界闭区域 $A_1 \leqslant x \leqslant A_2, c \leqslant y \leqslant d$ 上一致连续,于是对上面的 $\varepsilon_0 > 0$, 存在 $\delta > 0$ 当 $|x_1 - x_2| < \delta, |y_1 - y_2| < \delta, x_1, x_2 \in [A_1, A_2], y_1, y_2 \in [c,d]$ 时,有

$$| f(x_1, y_1) - f(x_2, y_2) | < \frac{\varepsilon_0}{A_2 - A_1}$$

特别地,当 $|y - d| < \delta$ 时,有

$$| f(x,y) - f(x,d) | < \frac{\varepsilon_0}{A_2 - A_1}$$

从而 $\quad\left| \int_{A_1}^{A_2} [f(x,y) - f(x,d)]\mathrm{d}x \right| < \varepsilon_0$

因此

$$\left| \int_{A_1}^{A_2} f(x,y)\mathrm{d}x \right| = \left| \int_{A_1}^{A_2} [f(x,y) - f(x,d)]\mathrm{d}x + \int_{A_1}^{A_2} f(x,d)\mathrm{d}x \right| \geqslant$$

$$\left| \left| \int_{A_1}^{A_2} f(x,d)\mathrm{d}x \right| - \left| \int_{A_1}^{A_2} [f(x,y) - f(x,d)]\mathrm{d}x \right| \right| \geqslant 2\varepsilon_0 - \varepsilon_0 = \varepsilon_0.$$

由 Cauchy 准则可知: $\int_a^{+\infty} f(x,y)\mathrm{d}x$ 在 $y \in [c,d)$ 上非一致收敛.

注 Cauchy 准则的优越性在于不必考虑充分后的无穷区间 $[A, +\infty)$, 而只须考虑充分后的有限区间 $[A', A'']$, 从而使难度大大降低.

633. (北京师范大学) 假设 $f(t)$ 在 $t > 0$ 时连续,如果积分 $\int_0^{+\infty} t^\lambda f(t)\mathrm{d}t$ 在 $\lambda = \alpha$ 和 $\lambda = \beta(\alpha < \beta)$ 时收敛,证明: $\int_0^{+\infty} t^\lambda f(t)\mathrm{d}t$ 关于 λ 在 $[\alpha, \beta]$ 上一致收敛.

证 $\int_0^{+\infty} t^\lambda f(t)\mathrm{d}t = \int_0^1 t^{\lambda-\alpha} t^\alpha f(t)\mathrm{d}t + \int_1^{+\infty} t^{\lambda-\beta} \cdot t^\beta f(t)\mathrm{d}t$

对于积分 $\int_1^{+\infty} t^{\lambda-\beta} \cdot t^\beta f(t)\mathrm{d}t$, 由于 $\int_0^{+\infty} t^\beta f(t)\mathrm{d}t$ 收敛,故对 λ 一致收敛,而 $t^{\lambda-\beta}$ 显然单调,并且 $|t^{\lambda-\beta}| \leqslant 1$, 故由阿贝尔判别法知, $\int_1^{+\infty} t^{\lambda-\beta} t^\beta f(t)\mathrm{d}t$ 在 $[\alpha, \beta]$ 上一致收敛.

对于积分 $\int_0^1 t^{\lambda-\alpha} t^\alpha f(t)\mathrm{d}t$, 由于 $\int_0^{+\infty} t^\alpha f(t)\mathrm{d}t$ 收敛,从而 $\int_0^1 t^\alpha f(t)\mathrm{d}t$ 收敛,从而对 λ 一致收敛,而对一切 $t \in [0,1], t^{\lambda-\alpha}$ 显然单调,并且 $|t^{\lambda-\alpha}| \leqslant 1$, 故由阿贝尔判别法知, $\int_0^1 t^{\lambda-\alpha} \cdot t^\alpha f(t)\mathrm{d}t$ 在 $[\alpha, \beta]$ 上一致收敛.

因此,积分 $\int_0^{+\infty} t^\lambda f(t)\mathrm{d}t$ 关于 λ 在 $[\alpha, \beta]$ 上一致收敛.

634. (**复旦大学,华中师范大学,同济大学**)　假设$\{f_n(x)\}$是$[0,+\infty)$上的连续函数序列

(1) 在$[0,+\infty)$上$|f_n(x)|\leqslant g(x)$,且$\int_0^{+\infty}g(x)\mathrm{d}x$收敛;

(2) 在任何有限区间$[0,A]$上$(A>0)$,序列$\{f_n(x)\}$一致收敛于$f(x)$.

试证明:$\lim\limits_{n\to+\infty}\int_0^{+\infty}f_n(x)\mathrm{d}x=\int_0^{+\infty}f(x)\mathrm{d}x$.

证　由条件(1)可知,$\int_0^{+\infty}f_n(x)\mathrm{d}x$关于$n\in N$一致收敛.

由条件(2)知,$\{f_n(x)\}$在区间$[0,+\infty)$在内闭一致收敛于$f(x)$.

对不等式$|f_n(x)|\leqslant g(x)$两边取极限,可知$|f(x)|\leqslant g(x)$,而已知$\int_0^{+\infty}g(x)\mathrm{d}x$收敛,所以由比较判别法可知$\int_0^{+\infty}f(x)\mathrm{d}x$收敛.因此,

$$\lim_{n\to+\infty}\int_0^{+\infty}f_n(x)\mathrm{d}x=\int_0^{+\infty}\lim_{n\to+\infty}f_n(x)\mathrm{d}x=\int_0^{+\infty}f(x)\mathrm{d}x$$

635. 设$\alpha>0$为常数,证明:$\int_0^{+\infty}\mathrm{e}^{-t(u^2+\alpha)}\cos t\,\mathrm{d}u$关于$t\in[0,a]$是非一致收敛的.

证　(反证)假设该无穷积分关于$t\in[0,a]$一致收敛,则对$\varepsilon_0=1$,$\exists A_0=A_0(\varepsilon_0)>0$,当$A>A_0$时,$\forall t\in[0,a]$,有

$$\left|\int_A^{+\infty}\mathrm{e}^{-t(u^2+\alpha)}\cos t\,\mathrm{d}u\right|<\varepsilon_0=1$$

作变换$\theta=\sqrt{t}u$,得

$$\left|\int_A^{+\infty}\mathrm{e}^{-t(u^2+\alpha)}\cos t\,\mathrm{d}u\right|=$$

$$\left|\int_{\sqrt{t}A}^{+\infty}\mathrm{e}^{-\theta^2-t\alpha}\frac{\cos t}{\sqrt{t}}\mathrm{d}\theta\right|=$$

$$\left|\mathrm{e}^{-t\alpha}\frac{\cos t}{\sqrt{t}}\int_{\sqrt{t}A}^{+\infty}\mathrm{e}^{-\theta^2}\mathrm{d}\theta\right|<1.$$

令$t\to0^+$得到$+\infty\leqslant1$,矛盾.

636. (**厦门大学**)　证明函数$F(x)=\int_0^{+\infty}\dfrac{\sin xt}{1+t^2}\mathrm{d}t$在区间$[0,+\infty)$上连续,在$(0,+\infty)$上有连续导函数.

证　$\forall x_0\in[0,+\infty)$,取$[a,b]\subset[0,+\infty)$,使$x_0\in[a,b]$.

由$\left|\dfrac{\sin xt}{1+t^2}\right|\leqslant\dfrac{1}{1+t^2}$和$\int_0^{+\infty}\dfrac{1}{1+t^2}\mathrm{d}t$收敛可知,$F(x)$在$[a,b]$上一致收敛,故$F(x)$在$[a,b]$上连续,从而$F(x)$在$x_0$处连续,由$x_0$的任意性,知$F(x)$在$[0,+\infty)$上连续.

$\forall x_0\in(0,+\infty)$,取$[c,d]\subset(0,+\infty)$,使$x_0\in[c,d]$.

记$f(x,t)=\dfrac{\sin xt}{1+t^2}$,则$f'_x(x,t)=\dfrac{t\cos xt}{1+t^2}$和$f(x,t)$均在$[c,d]\times[0,+\infty)$上连续.

对任意$A>0$,$\int_0^A\cos xt\,\mathrm{d}t=\dfrac{1}{x}\sin xt\big|_0^A=\dfrac{\sin Ax}{x}$,而$\left|\dfrac{\sin Ax}{x}\right|\leqslant\dfrac{1}{x}\leqslant\dfrac{1}{c}$,所以

$\int_0^A \cos xt\,\mathrm{d}t$ 对参数 x 在 $[c,d]$ 上一致有界.

当 $t>1$ 时,$\dfrac{t}{1+t^2}$ 关于 t 是单调减少的,且当 $t \longrightarrow +\infty$ 时,对一切 x,有 $\dfrac{t}{1+t^2} \longrightarrow$ $0(t \longrightarrow +\infty$ 时).

由狄利克雷判别法可知,$\int_0^{+\infty} f'_x(x,t)\,\mathrm{d}t$ 在 $[c,d]$ 上一致收敛.

所以 $F(x)$ 在 $[c,d]$ 上有连续的导函数,从而 $F(x)$ 在 x_0 处有连续的导函数,由 x_0 的任意性知,$F(x)$ 在 $(0,+\infty)$ 上有连续的导函数.

637.(厦门大学)　证明 $F(x)=\displaystyle\int_e^{+\infty} \dfrac{\cos t\,\mathrm{d}t}{t^x}$ 在区间 $(1,+\infty)$ 上连续可微.

证　令 $f(x,t)=\dfrac{\cos t}{t^x}$,$\forall[a,b]\subset(1,+\infty)$,显然

$f(x,y)$ 在 $x\in[a,b]$,$t\in[e,+\infty]$ 上连续.

对一切 $x\in[a,b]$,$|\dfrac{\cos t}{t^x}|\leqslant\dfrac{1}{t^a}$,而 $\displaystyle\int_e^{+\infty}\dfrac{1}{t^a}\mathrm{d}t$ 收敛,从而 $F(x)=\displaystyle\int_e^{+\infty}\dfrac{\cos t}{t^x}\mathrm{d}t$ 在 $[a,b]$ 上一致收敛.

因此 $F(x)$ 在 $[a,b]$ 上连续,由 $[a,b]$ 的任意性知,$F(x)$ 在 $(1,+\infty)$ 上连续.

$f'_x(x,t)=-\dfrac{\cos t\ln t}{t^x}$,显然 $f(x,t),f'_x(x,t)$ 在 $a\leqslant x\leqslant b,t\in[e,+\infty]$ 上连续.

显然 $\displaystyle\int_e^u(-\cos t)\mathrm{d}t$ 在 $[e,+\infty]$ 上有界,$\dfrac{\ln t}{t^x}$ 在 $t\in[e,+\infty]$ 上当 $t\to+\infty$ 时单调趋于 0,所以 $\displaystyle\int_e^{+\infty}f'_x(x,t)\mathrm{d}t$ 在 $x\in[a,b]$ 上一致收敛.

又 $F(x)$ 在 $[a,b]$ 上收敛,所以 $F(x)$ 在 $[a,b]$ 上可微,由 $[a,b]$ 的任意性可知,$F(x)$ 在 $(1,+\infty)$ 上可微.

638.(四川大学)　确定函数 $F(t)=\displaystyle\int_0^{+\infty}\dfrac{\ln(1+x^3)}{x^t}\mathrm{d}x$ 的连续范围.

解　$F(t)=\displaystyle\int_0^{+\infty}\dfrac{\ln(1+x^3)}{x^t}\mathrm{d}x=\int_0^1\dfrac{\ln(1+x^3)}{x^t}\mathrm{d}x+\int_1^{+\infty}\dfrac{\ln(1+x^3)}{x^t}\mathrm{d}x$.

记　$F_1(t)=\displaystyle\int_0^1\dfrac{\ln(1+x^3)}{x^t}\mathrm{d}x$,$F_2(t)=\displaystyle\int_1^{+\infty}\dfrac{\ln(1+x^3)}{x^t}\mathrm{d}x$,则 $F(t)=F_1(t)+F_2(t)$.

$F_1(t)$ 以 0 为奇点,当 $x\longrightarrow 0^+$ 时,$\dfrac{\ln(1+x^3)}{x^t}\sim\dfrac{1}{x^{t-3}}$,当且仅当 $t-3<1$ 即 $t<4$ 时,$F(t)$ 收敛.

$F_2(t)$ 以 $+\infty$ 为奇点,易知当 $t>1$ 时收敛,当 $t\leqslant 1$ 时发散.

因此 $F(t)$ 当且仅当 $1<t<4$ 时收敛.

假设 $[a,b]$ 为 $(1,4)$ 内任一闭区间,对于积分 $F_1(t)=\displaystyle\int_0^1\dfrac{\ln(1+x^3)}{x^t}\mathrm{d}x$,当 $t\leqslant b$ 时,对一切 $0<x<1$,

$$\left| \frac{\ln(1+x^3)}{x^t} \right| = \frac{\ln(1+x^3)}{x^t} \leqslant \frac{\ln(1+x^3)}{x^b}$$

且 $\int_0^1 \frac{\ln(1+x^3)}{x^b} \mathrm{d}x$ 收敛,所以 $F_1(t)$ 在 $t \leqslant b$ 时一致收敛.

对于积分 $F_2(t) = \int_1^{+\infty} \frac{\ln(1+x^3)}{x^t} \mathrm{d}x$,当 $t \geqslant a$ 时(注意到 $x \geqslant 1$),

$$\left| \frac{\ln(1+x^3)}{x^t} \right| = \frac{\ln(1+x^3)}{x^t} \leqslant \frac{\ln(1+x^3)}{x^a}$$

且 $\int_1^{+\infty} \frac{\ln(1+x^3)}{x^a} \mathrm{d}x$ 收敛,所以 $F_2(t)$ 在 $t \geqslant a$ 时一致收敛.

综合可知,$F(t)$ 在 $[a,b]$ 上一致收敛,即 $F(t)$ 在 $(1,4)$ 上内闭一致收敛,从而由被积函数的连续性,可知 $F(t)$ 在 $(1,4)$ 内连续. 即 $(1,4)$ 为所求的连续范围.

639. (内蒙古大学) 指出函数 $F(\alpha) = \int_0^{+\infty} \left| t^2 - \frac{1}{t^2} \right|^{\alpha} \mathrm{d}t$ 的定义域.

解 $F(\alpha) = \int_0^1 \left| t^2 - \frac{1}{t^2} \right|^{\alpha} \mathrm{d}t + \int_1^{+\infty} \left| t^2 - \frac{1}{t^2} \right|^{\alpha} \mathrm{d}t =$

$$\int_0^1 \frac{(1-t^4)^{\alpha}}{t^{2\alpha}} \mathrm{d}t + \int_1^{+\infty} (t^2 - \frac{1}{t^2})^{\alpha} \mathrm{d}t.$$

令 $x = t^4$,则

$$\int_0^1 \frac{(1-t^2)^{\alpha}}{t^{2\alpha}} \mathrm{d}x = \frac{1}{4} \int_0^1 \frac{(1-x)^{\alpha}}{x^{\frac{\alpha}{2}}} \cdot x^{-\frac{3}{4}} \mathrm{d}x = \frac{1}{4} \int_0^1 (1-x)^{(1+\alpha)-1} \cdot x^{(\frac{1}{4}-\frac{x}{2})-1} \mathrm{d}x$$

它的定义域为 $1+\alpha > 0, \frac{1}{4} - \frac{a}{2} > 0$,即 $-1 < \alpha < \frac{1}{2}$.

令 $\frac{1}{t^4} = y$,则

$$\int_1^{+\infty} (t^2 - \frac{1}{t^2})^{\alpha} \mathrm{d}t = \int_1^0 (y^{-\frac{1}{2}} - y^{\frac{1}{2}})^{\alpha} (-\frac{1}{4}) y^{-\frac{5}{4}} \mathrm{d}y =$$

$$\frac{1}{4} \int_0^1 (1-y)^{\alpha} y^{-\frac{\alpha}{2}-\frac{5}{4}} \mathrm{d}y =$$

$$\frac{1}{4} \int_0^1 (1-y)^{(1+\alpha)-1} y^{(-\frac{\alpha}{2}-\frac{1}{4})-1} \mathrm{d}y.$$

它的定义域为 $1+\alpha > 0, -\frac{\alpha}{2} - \frac{1}{4} > 0$,即 $-1 < \alpha < -\frac{1}{2}$,综合可知 $F(\alpha)$ 的定义域为 $(-1, -\frac{1}{2})$.

640. (吉林工业大学,四川师范大学,湘潭大学) 若 $\int_{-\infty}^{+\infty} |f(x)| \mathrm{d}x$ 存在,证明函数 $g(\alpha) = \int_{-\infty}^{+\infty} f(x)\cos\alpha x \mathrm{d}x$ 在 $(-\infty, +\infty)$ 上一致连续.

证 要证明 $g(\alpha)$ 在 $(-\infty, +\infty)$ 上一致连续,即要证明:$\forall \varepsilon > 0, \exists \delta > 0$,当 $|\alpha_2 - \alpha_1| < \delta$ 时,

$$|g(\alpha_2) - g(\alpha_1)| < \varepsilon$$

当 $-A < x < A$ 时,有

$$| \cos\alpha_2 x - \cos\alpha_1 x | = 2 \left| \sin\left(\frac{\alpha_2 + \alpha_1}{2} x\right) \right| \left| \sin\left(\frac{\alpha_2 - \alpha_1}{2} x\right) \right| \leqslant$$

$$2 \left| \frac{\alpha_2 - \alpha_1}{2} x \right| \leqslant | \alpha_2 - \alpha_1 | A$$

故 $| g(\alpha_2) - g(\alpha_1) | = | \int_{-\infty}^{+\infty} f(x) \cos\alpha_2 x \mathrm{d}x - \int_{-\infty}^{+\infty} f(x) \cos\alpha_1 x \mathrm{d}x | \leqslant$

$$\int_{-\infty}^{+\infty} | f(x) | \cdot | \cos\alpha_2 x - \cos\alpha_1 x | \mathrm{d}x \leqslant$$

$$2 \int_{-\infty}^{-A} | f(x) | \mathrm{d}x + 2 \int_{A}^{+\infty} | f(x) | \mathrm{d}x + A | \alpha_2 - \alpha_1 | \int_{-A}^{A} | f(x) | \mathrm{d}x.$$

因为 $\int_{-\infty}^{+\infty} | f(x) | \mathrm{d}x$ 存在,所以当 $A > 0$ 充分大时,

$$\int_{-\infty}^{-A} | f(x) | \mathrm{d}x < \frac{\varepsilon}{8}, \int_{A}^{+\infty} | f(x) | \mathrm{d}x < \frac{\varepsilon}{8}$$

即

$$2 \int_{-\infty}^{-A} | f(x) | \mathrm{d}x + 2 \int_{A}^{+\infty} | f(x) | \mathrm{d}x < \frac{\varepsilon}{2}$$

将 A 固定,取 $\delta = \dfrac{\varepsilon}{2A \int_{-\infty}^{+\infty} | f(x) | \mathrm{d}x}$,则当 $| \alpha_2 - \alpha_1 | < \varepsilon$ 时,

$$A | \alpha_2 - \alpha_1 | \int_{-A}^{A} | f(x) | \mathrm{d}x < A | \alpha_2 - \alpha_1 | \cdot \int_{-\infty}^{+\infty} | f(x) | \mathrm{d}x = \frac{\varepsilon}{2}$$

于是

$$| g(\alpha_2) - g(\alpha_1) | < \frac{\varepsilon}{2} + \frac{\varepsilon}{2} = \varepsilon$$

因此 $g(\alpha)$ 在 $(-\infty, +\infty)$ 上一致连续.

641. (华中师范大学) 设 $F(x) = \int_0^{+\infty} \mathrm{e}^{-y^2} \cos xy \mathrm{d}y.$

证明:$(1) 2F'(x) + xF(x) = 0$;

　　　　(2) 求 $F(x)$.

证 (1) 记 $f(x, y) = \mathrm{e}^{-y^2} \cos xy$,则 $f'_x(x, y) = -y\mathrm{e}^{-y^2} \sin xy$. 显然 $f(x, y)$, $f'_x(x, y)$ 连续.

因为对一切 $x \in (-\infty, +\infty), y \in [0, +\infty)$,有

$$| \mathrm{e}^{-y^2} \cos xy | \leqslant \mathrm{e}^{-y^2}, | -y\mathrm{e}^{-y^2} \sin xy | \leqslant y\mathrm{e}^{-y^2}$$

而 $\int_0^{+\infty} \mathrm{e}^{-y^2} \mathrm{d}y$ 收敛,所以 $\int_0^{+\infty} f(x, y) \mathrm{d}y$ 一致收敛.

又 $\int_0^{+\infty} y\mathrm{e}^{-y^2} \mathrm{d}y$ 收敛,所以 $\int_0^{+\infty} f'_x(x, y)$ 也一致收敛. 因此 $F(x)$ 可微,且

$$F'(x) = \int_0^{+\infty} f'_x(x, y) \mathrm{d}y = \int_0^{+\infty} (-y\mathrm{e}^{-y^2}) \sin(xy) \mathrm{d}y =$$

$$\int_0^{+\infty} \frac{1}{2} \sin(xy) \mathrm{d}(\mathrm{e}^{-y^2}) =$$

$$\frac{1}{2}\sin(xy)e^{-y^2}\mid_0^{+\infty} - \frac{1}{2}\int_0^{+\infty}e^{-y^2}x\cos xy\,dy =$$

$$-\frac{1}{2}x\int_0^{+\infty}e^{-y^2}\cos xy\,dy = -\frac{1}{2}xF(x)$$

即
$$2F'(x) + xF(x) = 0$$

(2) 由 $2F'(x) + xF(x) = 0$,得

$$\frac{dF(x)}{F(x)} = -\frac{x}{2}dx$$

所以 $F(x) = Ce^{-\frac{1}{4}x^2}$,$C$ 为常数.

又因为 $F(0) = \int_0^{+\infty}e^{-y^2}dy = \frac{\sqrt{\pi}}{2}$,所以

$$\frac{\sqrt{\pi}}{2} = C \cdot e^0,\ 即\ C = \frac{\sqrt{\pi}}{2}.\ 因此$$

$$F(x) = \frac{\sqrt{\pi}}{2}e^{-\frac{x^2}{4}}$$

642. 求 $\int_0^{+\infty}e^{-(x^2+\frac{a^2}{x^2})}dx,a>0$.

解法 1 视 a 为参数,令 $\varphi(a) = \int_0^{+\infty}e^{-(x^2+\frac{a^2}{x^2})}dx,a\geqslant 0$,

则
$$f(x,a) = \begin{cases} e^{-(x^2+\frac{a^2}{x^2})} ,x\neq 0 \\ 0,x=0 \end{cases}$$

$$\frac{\partial f(x,a)}{\partial a} = \begin{cases} -\dfrac{2a}{x^2}e^{-(x^2+\frac{a^2}{x^2})} ,x\neq 0 \\ 0,x=0 \end{cases}$$

在 $[0,+\infty)\times[0,+\infty)$ 上都连续,因为

$\mid f(x,a)\mid \leqslant e^{-x^2},\forall x\in[0,+\infty),\forall a\in[0,+\infty)$. 及 $\int_0^{+\infty}e^{-x^2}dx$ 收敛,故根据

Weierstrass 判别法,$\int_0^{+\infty}f(x,a)dx = \int_0^{+\infty}e^{-(x^2+\frac{a^2}{x^2})}dx$ 收敛 $(a\geqslant 0)$,又因为

$$\left|\frac{\partial f(x,a)}{\partial a}\right| = \left|-\frac{2a}{x^2}e^{-(x^2+\frac{a^2}{x^2})}\right| \leqslant \frac{2\beta}{x^2}\min\{e^{-x^2},e^{-\frac{x^2}{x^2}}\},$$

所以,$\int_0^{+\infty}\frac{\partial f(x,a)}{\partial a}dx$ 在 $a\in[\alpha,\beta]$ 上一致收敛 $(\beta>\alpha>0)$.

于是,$\varphi'(a) = \dfrac{d}{da}\int_0^{+\infty}e^{-(x^2+\frac{a^2}{x^2})}dx = \int_0^{+\infty}\dfrac{d}{da}e^{-(x^2+\frac{a^2}{x^2})}dx =$

$$-2a\int_0^{+\infty}\frac{1}{x^2}e^{-(x^2+\frac{a^2}{x^2})}dx \xrightarrow{x=\frac{a}{t}}$$

$$-2a\int_{+\infty}^0 \frac{t^2}{a^2}e^{-(\frac{a^2}{t^2}+t^2)}\frac{-a}{t^2}dt =$$

$$-2\int_0^{+\infty}e^{-(t^2+\frac{a^2}{t^2})}dt = -2\varphi(a)$$

$$\frac{\varphi'(a)}{\varphi(a)}=-2,\quad \mathrm{Ln}\varphi(a)=-2a+\mathrm{Ln}\varphi(0)$$

$$\varphi(a)=\varphi(0)\mathrm{e}^{-2a}=\frac{\sqrt{\pi}}{2}\mathrm{e}^{-2a}$$

解法 2　由 $\varphi(a)=\int_0^{+\infty}\mathrm{e}^{-(x^2+\frac{a^2}{x^2})}\,\mathrm{d}x\xlongequal[a>0]{x=\frac{a}{t}}\int_{+\infty}^{0}\mathrm{e}^{-(\frac{a^2}{t^2}+t^2)}\,\frac{-a}{t^2}\mathrm{d}t=$

$$\int_0^{+\infty}\frac{a}{x^2}\mathrm{e}^{-(x^2+\frac{a^2}{x^2})}\,\mathrm{d}x$$

得到 $2\varphi(a)=\int_0^{+\infty}(1+\frac{a}{x^2})\mathrm{e}^{-(x^2+\frac{a^2}{x^2})}\,\mathrm{d}x=\mathrm{e}^{-2a}\int_0^{+\infty}\mathrm{e}^{-(x-\frac{a}{x})^2}\mathrm{d}(x-\frac{a}{x})\xlongequal{t=x-\frac{a}{x}}$

$$\mathrm{e}^{-2a}\int_{-\infty}^{+\infty}\mathrm{e}^{-t^2}\,\mathrm{d}t=2\mathrm{e}^{-2a}\int_0^{+\infty}\mathrm{e}^{-t^2}\,\mathrm{d}t=2\mathrm{e}^{-2a}\,\frac{\sqrt{\pi}}{2}$$

$$\varphi(a)=\frac{\sqrt{\pi}}{2}\mathrm{e}^{-2a}$$

643.**(山东大学)**　求积分 $I(\alpha)=\int_0^{+\infty}\frac{\mathrm{e}^{-x^2}-\mathrm{e}^{-\alpha x^2}}{x}\mathrm{d}x(\alpha>0)$ 之值.

解　由于 $\frac{\mathrm{e}^{-x^2}-\mathrm{e}^{-\alpha x^2}}{2}=\int_1^{\alpha}x\mathrm{e}^{-tx^2}\,\mathrm{d}t$,所以

$$I(\alpha)=\int_0^{+\infty}\mathrm{d}x\int_1^{\alpha}x\mathrm{e}^{-tx^2}\,\mathrm{d}t$$

记 $f(x,t)=x\mathrm{e}^{-tx^2}$,则 $f(x,t)$ 在 $[0,+\infty)\times[1,\alpha]$(或 $[0,+\infty]\times[\alpha,1]$)上连续,且 $\int_0^{+\infty}x\mathrm{e}^{-tx^2}\,\mathrm{d}x$ 对一切 $t\in[1,\alpha]$(或 $[\alpha,1]$)上一致收敛,所以

$$I(\alpha)=\int_0^{+\infty}\mathrm{d}x\int_1^{\alpha}x\mathrm{e}^{-tx^2}\,\mathrm{d}t=\int_1^{\alpha}\mathrm{d}t\int_0^{+\infty}x\mathrm{e}^{-tx^2}\,\mathrm{d}x=$$

$$\int_1^{\alpha}\left(-\frac{t}{2}\mathrm{e}^{-tx^2}\Big|_0^{+\infty}\right)\mathrm{d}t=\int_1^{\alpha}\frac{t}{2}\mathrm{d}t=$$

$$\frac{1}{4}\alpha^2-\frac{1}{4}$$

644. 证明:无穷积分

$$\int_0^{+\infty}\mathrm{e}^{-(u^2+\alpha)t}\sin t\mathrm{d}u$$

($\alpha\geqslant 0$ 为固定常数)在 $t\in[0,+\infty)$ 中一致收敛.

证明　因为

$$\lim_{t\to 0^+}\frac{\mathrm{e}^{-\alpha t}\sin t}{\sqrt{t}}=\lim_{t\to 0^+}\frac{\sin t}{t}\mathrm{e}^{-\alpha t}\sqrt{t}=1\times 0=0$$

所以,$\forall\varepsilon>0$,$\exists\delta>0$,当 $t\in(0,\delta)$ 时,

$$\left|\frac{\mathrm{e}^{-\alpha t}\sin t}{\sqrt{t}}\right|<\frac{2\varepsilon}{\sqrt{\pi}}$$

于是，$\forall A > 0$，

$$\left| \int_A^{+\infty} e^{-(u^2+\alpha)t} \sin t \, du \right| = \left| e^{-\alpha t} \sin t \int_A^{+\infty} e^{-tu^2} du \right| \xrightarrow{\quad x=\sqrt{t}u \quad} \left| \frac{e^{-\alpha t} \sin t}{\sqrt{t}} \int_{\sqrt{t}A}^{+\infty} e^{-x^2} dx \right| <$$

$$\frac{2\varepsilon}{\sqrt{\pi}} \int_0^{+\infty} e^{-x^2} dx = \varepsilon, \forall t \in (0,\delta).$$

由于 $t = 0$ 时，上式显然也成立，因此，$\forall t \in [0,\delta)$，$\forall A > 0$，有

$$\left| \int_A^{+\infty} e^{-(u^2+\alpha)t} \sin t \, du \right| < \varepsilon$$

当 $t \in [\delta, +\infty)$ 时，由于

$$\left| e^{-(u^2+\alpha)t} \sin t \right| \leqslant e^{-\delta(\alpha+u^2)} \leqslant e^{-\delta u^2}$$

而 $\int_0^{+\infty} e^{-\delta u^2} du$ 收敛，故由 Weierstrass 判别法知，无穷积分 $\int_0^{+\infty} e^{-(u^2+\alpha)t} \sin t \, du$ 在 $t \in [\delta, +\infty)$ 中一致收敛，因而，$\exists A_0 > 0$，当 $A > A_0$ 时，

$$\left| \int_A^{+\infty} e^{-(u^2+\alpha)t} \sin t \, du \right| < \varepsilon$$

对任意的 $t \in [\delta, +\infty)$ 成立，综合上述知，当 $A > A_0$ 时，

$$\left| \int_A^{+\infty} e^{-(u^2+\alpha)t} \sin t \, du \right| < \varepsilon$$

对任意的 $t \in [0, +\infty)$ 成立. 这就证明了无穷积分

$$\int_0^{+\infty} e^{-(u^2+\alpha)t} \sin t \, du$$

在 $t \in [0, +\infty)$ 中一致收敛.

645. (复旦大学) 求 $f(x) = \int_0^{+\infty} e^{-t^2} \cos 2xt \, dt$ (已知 $f(0) = \frac{\sqrt{\pi}}{2}$).

解 类似第 641 题可得 $f'(x) = -2xf(x)$，进而可求得 $f(x) = \frac{\sqrt{\pi}}{2} e^{-x^2}$. 参阅 647 题.

646. (新乡师范学院) 计算积分

$$g(\alpha) = \int_1^{+\infty} \frac{\arctan \alpha x}{x^2 \sqrt{x^2-1}} dx$$

解 显然 $g(\alpha) = -g(-\alpha)$，所以只须考虑 $\alpha \geqslant 0$ 的情况.

奇点为 $x = 1$ 和 $x = +\infty$.

1) 注意到 $\lim\limits_{x \to 1^+} \frac{\sqrt{x^2-1}}{\sqrt{x-1}} = \sqrt{2}$，即当 $x \to 1^+$ 时，$\frac{1}{\sqrt{x^2-1}}$ 与 $\frac{1}{\sqrt{x-1}}$ 同阶，从而被积函数与 $\frac{1}{\sqrt{x-1}}$ 同阶，而积分 $\int_1^2 \frac{1}{\sqrt{x-1}} dx$ 收敛，所以

$$\int_1^2 \frac{\arctan \alpha x}{x^2 \sqrt{x^2-1}} dx \text{ 收敛}$$

$$\lim_{x \to +\infty} x^3 \frac{\arctan \alpha x}{x^2 \sqrt{x^2-1}} = \lim_{x \to +\infty} \frac{x^3}{x^2 \sqrt{x^2-1}} \lim_{x \to +\infty} \arctan \alpha x \geqslant 0$$

所以$\int_2^{+\infty}\frac{\arctan\alpha x}{x^2\sqrt{x^2-1}}\mathrm{d}x$ 收敛.

因此积分 $g(\alpha)$ 收敛.

2) 又因为

$$\int_1^{+\infty}\left(\frac{\arctan\alpha x}{x^2\cdot\sqrt{x^2-1}}\right)'_\alpha\mathrm{d}x=\int_1^{+\infty}\frac{\mathrm{d}x}{x\sqrt{x^2-1}(1+\alpha^2x^2)}\cdot\left|\frac{1}{x\sqrt{x^2-1}(1+\alpha^2x^2)}\right|\leqslant\frac{1}{x\sqrt{x^2-1}}$$

而$\int_1^{+\infty}\frac{1}{x\sqrt{x^2-1}}\mathrm{d}x$ 收敛,因此$\int_1^{+\infty}(\frac{\arctan\alpha x}{x^2\sqrt{x^2-1}})'_\alpha\mathrm{d}x$ 关于 α 一致收敛.

3) 被积函数及其对 α 的导数的连续性是明显的. 由 1),2),3) 可得

$$g'(\alpha)=\int_1^{+\infty}\frac{\mathrm{d}x}{x\sqrt{x^2-1}(1+\alpha^2x^2)}(\text{令 } x=\sec t)=$$

$$\int_0^{\frac{\pi}{2}}\frac{\mathrm{d}t}{1+\alpha^2\sec^2t}(\text{再令 } u=\tan t)=$$

$$\int_0^{+\infty}\frac{1}{1+\alpha^2(1+u^2)}\frac{1}{1+u^2}\mathrm{d}u=$$

$$\int_0^{+\infty}[\frac{1}{1+u^2}-\frac{\alpha^2}{(1+\alpha^2)+\alpha^2u^2}]\mathrm{d}u=$$

$$\frac{\pi}{2}(1-\frac{|\alpha|}{\sqrt{1+\alpha^2}}).$$

即当 $\alpha\geqslant0$ 时,$g'(\alpha)=\frac{\pi}{2}(1-\frac{\alpha}{\sqrt{1+\alpha^2}})$

又因为 $g(0)=0$,所以当 $\alpha\geqslant0$ 时,有

$$g(\alpha)=\int_0^\alpha g'(t)\mathrm{d}t=\frac{\pi}{2}\int_0^\alpha(1-\frac{t}{\sqrt{1+t^2}})\mathrm{d}t=$$

$$\frac{\pi}{2}(\alpha+1-\sqrt{1+\alpha^2})$$

从而当 $\alpha<0$ 时,有

$$g(\alpha)=-g(-\alpha)=-\frac{\pi}{2}(-\alpha+1-\sqrt{1+\alpha^2})$$

综合可知

$$g(\alpha)=\frac{\pi}{2}(|\alpha|-1-\sqrt{1+\alpha^2})\mathrm{sgn}\alpha,-\infty<\alpha<+\infty$$

647. **(北京师范大学)**　计算:$f(y)=\int_0^{+\infty}\mathrm{e}^{-x^2}\cos(2xy)\mathrm{d}x$,此处 $-\infty<y<+\infty$.(计算过程要有理由.)

解　记 $g(x,y)=\mathrm{e}^{-x^2}\cos(2xy)$,则 $g'_y(x,y)=-2x\sin(2xy)\mathrm{e}^{-x^2}$,显然 $g(x,y)$,$g'(x,y)$ 在 $0\leqslant x<+\infty$,$y\in R$ 上连续.

因为 $|e^{-x^2}\cos(2xy)| \leqslant e^{-x^2}$,而 $\int_0^{+\infty} e^{-x^2}dx = \frac{\sqrt{\pi}}{2}$,所以 $\int_0^{+\infty} g(x,y)dx$ 关于 $y \in (-\infty,$
$+\infty)$ 是一致收敛的.

又因为 $|-2x\sin(2xy)e^{-x^2}| \leqslant 2xe^{-x^2}$,而 $\int_0^{+\infty} 2xe^{-x^2}dx = 1$,所以, $\int_0^{+\infty} g'_y(x,$
$y)dx$ 关于 $y \in (-\infty,+\infty)$ 是一致收敛的.
于是可在积分号下求导,即

$$f'(y) = \int_0^{+\infty} g'_y(x,y)dx = \int_0^{+\infty} [-2x\sin(2xy)e^{-x^2}]dx =$$
$$e^{-x^2}\sin(2xy)|_0^{+\infty} - 2y\int_0^{+\infty} e^{-x^2}\cos(2xy)dx =$$
$$-2yf(y).$$

所以有 $f(y) = ce^{-y^2}$,c 为任意常数.

又因为 $f(0) = \frac{\sqrt{\pi}}{2}$,故 $c = f(0) = \frac{\sqrt{\pi}}{2}$.

因此 $f(y) = \frac{\sqrt{\pi}}{2}e^{-y^2}$.

648. (南京航空航天大学) 　 $\forall \alpha \in (0,1)$,讨论广义积分 $\int_0^{+\infty} \frac{x^\alpha \sin x}{x+10}dx$ 的敛散性
(绝对收敛,条件收敛或发散;)

解 　 $\forall A > 0$, $\left|\int_0^A \sin x dx\right| \leqslant 2$.

因为 　 $\left(\frac{x^\alpha}{x+10}\right)' = \frac{x^{\alpha-1}}{(x+10)^2}[\alpha(x+10)-x]$,当 $x > \frac{10\alpha}{1-\alpha}$ 时, $(\frac{x^\alpha}{x+10})' < 0$,
即 $\frac{x^\alpha}{x+10}$ 在 $(\frac{10\alpha}{1-\alpha},+\infty)$ 上单调下降,并且 $\lim\limits_{x \to +\infty} \frac{x^\alpha}{x+10} = 0$.

因此由狄利克雷判别法可知,广义积分 $\int_0^{+\infty} \frac{x^\alpha \sin x}{x+10}dx$ 收敛.

另一方面 $\left|\frac{x^\alpha \sin x}{x+10}\right| \geqslant \frac{x^\alpha \sin^2 x}{x+10} = \frac{x^\alpha(1-\cos 2x)}{2(x+10)}$,同上面类似可证

$\int_0^{+\infty} \frac{x^\alpha \cos 2x}{2(x+10)}dx$ 收敛. 但 $\lim\limits_{x \to +\infty} \frac{x^\alpha \cdot x^{1-\alpha}}{x+10} = 1$,所以 $\int_0^{+\infty} \frac{x^\alpha}{x+10}dx$ 发散,因此
$\int_0^{+\infty} \left|\frac{x^\alpha \sin x}{x+10}\right|dx$ 发散.

所以 $\forall \alpha \in (0,1)$, $\int_0^{+\infty} \frac{x^\alpha \sin x}{x+10}dx$ 条件收敛.

第七章 级 数

§1 数项级数

【考点综述】

一、综述

1. 给定一个数列 $\{u_n\}$，对它的各项依次用"+"号连接起来的表达式

$$u_1 + u_2 + \cdots + u_n + \cdots \qquad \text{①}$$

称为数项级数或无穷级数(也常简称级数)，其中 u_n 称数项级数 ① 的通项. 数项级数 ① 记作 $\sum\limits_{n=1}^{\infty} u_n$ 或 $\sum u_n$.

2. 若数项级数的部分和列 $\{S_n\}$ 收敛于 S(即 $\lim\limits_{n \to +\infty} S_n = S$)，则称数项级数 ① 收敛，称 S 为数项级数 ① 的和，记作

$$S = u_1 + u_2 + \cdots u_n + \cdots \text{ 或 } S = \sum u_n$$

若 $\{S_n\}$ 为发散数列，则称数项级数 ① 发散.

3. 级数收敛的柯西准则

级数 ① 收敛的充要条件是：任给 $\varepsilon > 0$，总存在自然数 N，使得当 $m > N$ 和任意的自然数 p，都有

$$|u_{m+1} + u_{m+2} + \cdots + u_{m+p}| < \varepsilon.$$

反之，级数 ① 发散的充要条件是：存在某正数 ε_0，对任何自然数 N，都存在 $m_0 > N$ 和自然数 p_0，有

$$|u_{m_0+1} + u_{m_0+2} + \cdots + u_{m_0+p_0}| \geqslant \varepsilon_0$$

由此易得：若级数 ① 收敛，则 $\lim\limits_{n \to +\infty} u_n = 0$.

4. 若级数 $\sum u_n$ 与 $\sum v_n$ 都收敛，c、d 是常数，则由它们的项的线性组合所得到的级数 $\sum (c u_n + d v_n)$ 也收敛，且

$$\sum (c u_n + d v_n) = c \sum u_n + d \sum v_n$$

5. 去掉、增加或改变级数的有限个项并不改变级数的敛散性

6. 在收敛级数的项中任意加括号，既不改变级数的收敛性，也不改变它的和

7. 正项级数收敛性的判别方法

(1) 正项级数 $u_1 + u_2 + \cdots + u_2 + \cdots$ 收敛的充要条件是：部分和数列 $\{S_n\}$ 有界，即存在某正数 M，对一切自然数 n 有 $S_n < M$.

(2) 比较判别法. 设 $\sum u_n$ 和 $\sum v_n$ 是两个正项级数，如果存在某正整数 N，对一切 $n > N$ 都有 $u_n \leqslant v_n$，那么

（ⅰ）若级数 $\sum v_n$ 收敛,则级数 $\sum u_n$ 也收敛;

（ⅱ）若级数 $\sum u_n$ 发散,则级数 $\sum v_n$ 也发散.

（3）比较判别法的极限形式　　设 $\sum u_n$ 和 $\sum v_n$ 是两个正项级数. 若

$$\lim_{n \to +\infty} \frac{u_n}{v_n} = l$$

则

（ⅰ）当 $0 < l < +\infty$ 时, $\sum u_n$ 与 $\sum v_n$ 同时收敛或同时发散;

（ⅱ）当 $l = 0$ 且级数 $\sum v_n$ 收敛时, $\sum u_n$ 也收敛;

（ⅲ）当 $l = +\infty$ 且 $\sum v_n$ 发散时, $\sum u_n$ 也发散.

（4）比式判别法（或称达朗贝尔判别法）设 $\sum u_n$ 为正项级数,且存在某自然数 N_0 及常数 $q(0 < q < 1)$.

（ⅰ）若对一切 $n > N_0$,成立不等式

$$\frac{u_{n+1}}{u_n} \leqslant q$$

则级数 $\sum u_n$ 收敛;

（ⅱ）若对一切 $n > N_0$,成立不等式

$$\frac{u_{n+1}}{u_n} \geqslant 1$$

则级数 $\sum u_n$ 发散.

（5）比式判别法的极限形式　　若 $\sum u_n$ 为正项级数,且

$$\lim_{n \to +\infty} \frac{u_{n+1}}{u_n} = q$$

则

（ⅰ）当 $q < 1$ 时,级数 $\sum u_n$ 收敛;

（ⅱ）当 $q > 1$ 或 $q = +\infty$ 时,级数 $\sum u_n$ 发散.

（6）柯西判别法（或称根式判别法）设 $\sum u_n$ 为正项级数. 且存在某正数 N_0 及正常数 l

（ⅰ）若对一切 $n > N_0$,成立不等式

$$\sqrt[n]{u_n} \leqslant l < 1$$

则级数 $\sum u_n$ 收敛;

（ⅱ）对一切 $n > N_0$,成立不等式

$$\sqrt[n]{u_n} \geqslant 1$$

则级数 $\sum u_n$ 发散.

（7）根式判别法的极限形式. 设 $\sum u_n$ 为正项级数,且

$$\lim_{n \to +\infty} \sqrt[n]{u_n} = l$$

则

（i）当 $l < 1$ 时,级数 $\sum u_n$ 收敛;

（ii）当 $l > 1$ 时,级数 $\sum u_n$ 发散.

(8)积分判别法.设 $f(x)$ 为 $[1, +\infty)$ 上非负递减函数,那么正项级数 $\sum f(n)$ 与非正常积分 $\int_1^{+\infty} f(x) \mathrm{d}x$ 同时收敛或同时发散.

(9)拉贝判别法.设 $\sum u_n$ 为正项级数,且存在某自然数 N_0 及常数 r.

（i）若对一切 $n > N_0$,成立不等式

$$n\left(1 - \frac{u_{n+1}}{u_n}\right) \geqslant r > 1$$

则级数 $\sum u_n$ 收敛;

（ii）若对一切 $n > N_0$,成立不等式

$$n\left(1 - \frac{u_{n+1}}{u_n}\right) \leqslant 1$$

则级数 $\sum u_n$ 发散.

(10)拉贝判别法的极限形式.设 $\sum u_n$ 为正项级数,且极限

$$\lim_{n \to +\infty} n\left(1 - \frac{u_n + 1}{u_n}\right) = r$$

存在,则

（i）当 $r > 1$ 时,级数 $\sum u_n$ 收敛;

（ii）当 $r < 1$ 时,级数 $\sum u_n$ 发散;

（iii）当 $r = 1$ 时,拉贝判别法无法判断.

8. 一般项级数收敛性的判别方法

(1)级数 $\sum |u_n|$ 收敛,则级数 $\sum u_n$ 绝对收敛,若 $\sum u_n$ 收敛, $\sum |u_n|$ 发散,称级数 $\sum u_n$ 为条件收敛.

(2)莱布尼兹判别法.若交错级数 $\sum (-1)^{n+1} u_n$,其中 $u_n \geqslant 0$,并满足下述两个条件.

（i）数列 $\{u_n\}$ 单调递减;

（ii） $\lim\limits_{n \to +\infty} u_n = 0$.

则级数 $\sum (-1)^{n+1} u_n$ 收敛.

(3)阿贝尔判别法.若 $\{a_n\}$ 为单调有界数列,且级数 $\sum b_n$ 收敛,则级数 $\sum a_n b_n$ 收敛.

(4)狄利克雷判别法.若数列 $\{a_n\}$ 单调,且 $\lim\limits_{n \to +\infty} a_n = 0$,又级数 $\sum b_n$ 的部分和数

列有界,则级数 $\sum a_n b_n$ 收敛.

二、解题方法

1. 考点 1

判别级数的敛散性

解题方法:① 正项级数判别法(见第 660 题);② 莱布尼兹判别法(见第 663 题);

③ 定义法(见下面第 649 题).

2. 考点 2

条件收敛与绝对收敛

【**经典题解**】

649. (**华东师范大学**)　设 $\sum\limits_{n=1}^{\infty} a_n$ 收敛,$\lim\limits_{n \to +\infty} na_n = 0$. 证明:$\sum\limits_{n=1}^{\infty} n(a_n - a_{n+1}) = \sum\limits_{n=1}^{\infty} a_n$

证　记级数 $\sum\limits_{n=1}^{\infty} n(a_n - a_{n+1})$ 的前 n 项和 S_n. 则

$$S_n = (a_1 - a_2) + 2(a_2 - a_3) + \cdots + n(a_n - a_{n+1}) =$$
$$a_1 + a_2 + \cdots + a_n - n a_{n+1} =$$
$$\sum_{k=1}^{n} a_k - n a_{n+1} =$$
$$\sum_{k=1}^{n+1} a_k - (n+1)a_{n+1}$$

对上式两边取极限,从而

$$\lim_{n \to +\infty} S_n = \lim_{n \to +\infty} \left(\sum_{k=1}^{n+1} a_k - (n+1)a_{n+1} \right) = \sum_{n=1}^{\infty} a_n - \lim_{n \to +\infty} (n+1)a_{n+1} = \sum_{n=1}^{\infty} a_n$$

即

$$\sum_{n=1}^{\infty} n(a_n - a_{n+1}) = \sum_{n=1}^{\infty} a_n$$

650. (**武汉大学**)　设正项级数 $\sum\limits_{n=1}^{\infty} a_n$ 发散,$a_1 + a_2 + \cdots + a_n = S_n$. 试证级数

$\sum\limits_{n=1}^{\infty} \dfrac{a_n}{S_n}$ 也是发散的.

证　　　　$$\sum_{k=n+1}^{n+p} \frac{a_k}{S_k} \geqslant \frac{\sum\limits_{k=n+1}^{n+p} a_k}{S_{n+p}} = \frac{S_{n+p} - S_n}{S_{n+p}} = 1 - \frac{S_n}{S_{n+p}}$$

因为 $S_n \to +\infty$,故 $\forall n$,当 $P \in N$ 充分大时有 $\dfrac{S_n}{S_{n+p}} < \dfrac{1}{2}$,从而 $\sum\limits_{K=n+1}^{n+p} \dfrac{a_k}{S_k} \geqslant 1 - \dfrac{1}{2}$

$= \dfrac{1}{2}$. 所以 $\sum\limits_{n=1}^{\infty} \dfrac{a_n}{S_n}$ 发散.

651. (**云南大学**)　设正项级数 $\sum\limits_{n=1}^{\infty} a_n$ 收敛,

证明:级数 $\displaystyle\sum_{n=1}^{\infty} \frac{a_n}{\sqrt{r_{n-1}} + \sqrt{r_n}}$ 仍收敛. 其中 $\displaystyle\sum_{k=n+1}^{\infty} a_k = r_n$.

证 因 $\displaystyle\sum_{n=1}^{\infty} a_n$ 收敛,故 $r_n = \displaystyle\sum_{k=n+1}^{\infty} a_k \to 0, (n \to +\infty)$ 且 $a_n = r_{n-1} - r_n$,令

$$b_n = \frac{a_n}{\sqrt{r_{n-1}} + \sqrt{r_n}}, 则 \ b_n = \frac{a_n(\sqrt{r_{n-1}} - \sqrt{r_n})}{r_{n-1} - r_n} = \sqrt{r_{n-1}} - \sqrt{r_n}.$$

$$S_n = \sum_{k=1}^{n} b_k = \sum_{k=1}^{n} (\sqrt{r_{k-1}} - \sqrt{r_k}) = \sqrt{r_0} - \sqrt{r_n}$$

对上式两边取极限得

$$\lim_{n \to +\infty} S_n = \lim_{n \to +\infty} (\sqrt{r_0} - \sqrt{r_n}) = \sqrt{r_0}$$

所以级数 $\displaystyle\sum_{n=1}^{\infty} \frac{a_n}{\sqrt{r_{n-1}} + \sqrt{r_n}}$ 收敛到 $\sqrt{r_0}$.

652. (中山大学) 级数 $\displaystyle\sum_{n=1}^{\infty} a_n$ 收敛的充要条件是:对任意的正整数序列 $r_1, r_2, \cdots,$ $r_n, \cdots$ 都有 $\displaystyle\lim_{n \to +\infty} (a_{n+1} + a_{n+2} + \cdots + a_{n+r_n}) = 0$.

证 **必要性** 因为 $\displaystyle\sum_{n=1}^{\infty} a_n$ 收敛,所以对 $\forall \varepsilon > 0, \exists N > 0$,当 $n > N$ 及 $\forall p \in N$,有

$$| a_{n+1} + a_{n+2} + \cdots + a_{n+p} | < \varepsilon$$

特别地 $| a_{n+1} + a_{n+2} + \cdots + a_{n+r_n} | < \varepsilon$.

所以 $\displaystyle\lim_{n \to +\infty} (a_{n+1} + a_{n+2} + \cdots + a_{n+r_n}) = 0$.

充分性 用反证法. 若 $\displaystyle\sum a_n$ 发散,则 $\exists \varepsilon_0 > 0, \forall N > 0, \exists n > N$ 及自然数 p,使

$$| a_{n+1} + \cdots + a_{n+p} | \geqslant \varepsilon_0$$

特别 $N_1 = 1, \exists n_1 > 1$ 及自然数 r_1 使

$$| a_{n_1+1} + \cdots + a_{n_1+r_1} | \geqslant \varepsilon_0$$

$N_2 = \max\{n_1, 2\}, \exists n_2 > N_2$,及自然数 r_2,使

$$| a_{n_1+1} + \cdots + a_{n_2+r_2} | \geqslant \varepsilon_0$$

......

这与 $\displaystyle\lim_{n \to +\infty} (a_{n+1} + a_{n+2} + \cdots + a_{n+r_n}) = 0$ 的假设矛盾.

653. (华中科技大学) 如果 $\displaystyle\lim_{n \to +\infty} a_{n+1} = 0$,

$\displaystyle\lim_{n \to +\infty} (a_{n+1} + a_{n+2}) = 0, \cdots, \lim_{n \to +\infty} (a_{n+1} + a_{n+2} + \cdots + a_{n+p}) = 0, \cdots$. 试问级数 $\displaystyle\sum_{n=1}^{\infty} a_n$ 是否一定收敛?("是"或"不一定",要说明理由)

解 不一定. 反例:级数 $\displaystyle\sum_{n=1}^{\infty} \frac{1}{n}$,对 $\forall p \in N$,有

$$0 < \frac{1}{n+1} + \frac{1}{n+2} + \cdots + \frac{1}{n+p} < \frac{p}{n+1}$$

$\displaystyle\lim_{n \to +\infty} \frac{p}{n+1} = 0$. 满足题中条件,但 $\displaystyle\sum_{n=1}^{\infty} \frac{1}{n}$ 发散.

654.(东北师范大学)　证明下列级数收敛.

(1) $\sum\limits_{n=1}^{\infty}\left[\dfrac{1}{n}-\ln(1+\dfrac{1}{n})\right]$;

(2) $\sum\limits_{n=1}^{\infty}\left[e-(1+\dfrac{1}{1!}+\dfrac{1}{2!}+\cdots+\dfrac{1}{n!})\right]$.

证　(1) 证法 1　$S_n=\sum\limits_{k=1}^{n}\left[\dfrac{1}{k}-\ln(1+\dfrac{1}{k})\right]=\sum\limits_{k=1}^{n}\dfrac{1}{k}-\ln(n+1)$

所以 $\lim\limits_{n\to+\infty}S_n=\lim\limits_{n\to+\infty}\left[\sum\limits_{k=1}^{n}\dfrac{1}{k}-\ln(n+1)\right]=$

$$\lim\limits_{n\to+\infty}\left(\sum\limits_{k=1}^{n}\dfrac{1}{k}-\ln n\right)+\lim\limits_{n\to+\infty}\left[\ln n-\ln(n+1)\right]=$$
$$c+0=c\qquad(c\text{ 为 Enler 常数},c\approx0.577\,216)$$

所以 $\sum\limits_{n=1}^{\infty}\left[\dfrac{1}{n}-\ln(1+\dfrac{1}{n})\right]$ 收敛.

证法 2　由于 $\ln\left(1+\dfrac{1}{n}\right)=\dfrac{1}{n}-\dfrac{1}{2n^2}+o\left(\dfrac{1}{n^2}\right)(n\to+\infty)$,

所以 $\dfrac{1}{n}-\ln\left(1+\dfrac{1}{n}\right)\sim\dfrac{1}{2n^2}+o\left(\dfrac{1}{n^2}\right)\quad(n\to+\infty)$.

而 $\sum\limits_{n=1}^{\infty}\dfrac{1}{2n^2}$ 收敛,从而 $\sum\limits_{n=1}^{\infty}\left[\dfrac{1}{n^2}-\ln(1+\dfrac{1}{n})\right]$ 收敛.

(2) $0<a_n=e-(1+\dfrac{1}{1!}+\dfrac{1}{2!}+\cdots+\dfrac{1}{n!})<\dfrac{1}{n\cdot n!}=b_n$

$$\lim\limits_{n\to+\infty}\dfrac{b_{n+1}}{b_n}=\lim\limits_{n\to+\infty}\dfrac{\dfrac{1}{(n+1)\cdot(n+1)!}}{\dfrac{1}{n\cdot n!}}=\lim\limits_{n\to+\infty}\dfrac{n}{(n+1)^2}=0$$

由比值判别法知 $\sum\limits_{n=1}^{\infty}b_n$ 收敛,再由比较判别法知 $\sum\limits_{n=1}^{\infty}a_n$ 收敛,即 $\sum\limits_{n=1}^{\infty}\left[e-(1+\dfrac{1}{1!}+\right.$

$\left.\dfrac{1}{2!}+\cdots+\dfrac{1}{n!})\right]$ 收敛.

655.(吉林大学)　证明级数

$1+\dfrac{1}{\sqrt{3}}-\dfrac{1}{\sqrt{2}}+\dfrac{1}{\sqrt{5}}+\dfrac{1}{\sqrt{7}}-\dfrac{1}{\sqrt{4}}+\dfrac{1}{\sqrt{9}}+\dfrac{1}{\sqrt{11}}-\dfrac{1}{\sqrt{6}}+\cdots$ 发散到 $+\infty$.

证　令 $a_n=\dfrac{1}{\sqrt{4n-3}}+\dfrac{1}{\sqrt{4n-1}}-\dfrac{1}{\sqrt{2n}}$,则

$$a_n>\dfrac{1}{\sqrt{4n}}+\dfrac{1}{\sqrt{4n}}-\dfrac{1}{\sqrt{2n}}=\left(1-\dfrac{\sqrt{2}}{2}\right)\dfrac{1}{\sqrt{n}}>0$$

易知 $\sum\limits_{n=1}^{\infty}(1-\dfrac{\sqrt{2}}{2})\dfrac{1}{\sqrt{n}}$ 发散到 $+\infty$. 所以 $\lim\limits_{n\to+\infty}S_{3n}=+\infty$.

又 $S_{3n+2}>S_{3n+1}>S_{3n}$,所以 $\lim\limits_{n\to+\infty}S_{3n+1}=\lim\limits_{n\to+\infty}S_{3n+2}=+\infty$.

所以原级数发散到 $+\infty$.

656. **(西北电讯工程学院)** 设 $f(x)$ 是在 $(-\infty, +\infty)$ 内的可微函数,且满足:

(1) $f(x) > 0$;

(2) $|f'(x)| \leqslant m|f(x)|$,其中 $0 < m < 1$.

任取 a_0,定义 $a_n = \ln f(a_{n-1}), n = 1, 2, \cdots$.

证明:级数 $\sum\limits_{n=1}^{\infty} (a_n - a_{n-1})$ 绝对收敛.

证 $|a_{n+1} - a_n| = |\ln f(a_n) - \ln f(a_{n-1})| =$
$$\left| \frac{f'(\xi_n)}{f(\xi_n)} (a_n - a_{n-1}) \right| \leqslant$$
$$m|a_n - a_{n-1}|$$

即 $\left| \dfrac{a_{n+1} - a_n}{a_n - a_{n-1}} \right| \leqslant m < 1$,

由比值判别法知 $\sum\limits_{n=1}^{\infty} (a_n - a_{n-1})$ 绝对收敛.

这里 $\xi_n \in (\min\{a_n, a_{n-1}\}, \max\{a_n, a_{n-1}\})$

657. **(西北师范学院)** 对函数
$$f(s) = \sum_{n=1}^{\infty} \frac{1}{n^s} \qquad (s > 1)$$

证明:$f(s) = s \displaystyle\int_1^{+\infty} \dfrac{[x]}{x^{s+1}} \mathrm{d}x$,其中 $[x]$ 为 x 的整数部分.

证 $s \displaystyle\int_1^{+\infty} \frac{[x]}{x^{s+1}} \mathrm{d}x = \sum_{n=1}^{\infty} \int_n^{n+1} n \frac{s}{x^{s+1}} \mathrm{d}x =$
$$\sum_{n=1}^{\infty} \left(-x^{-s} n \Big|_n^{n+1} \right) =$$
$$\sum_{n=1}^{\infty} \left(\frac{n}{n^s} - \frac{n}{(n+1)^s} \right) =$$
$$1 - \sum_{n=1}^{\infty} \left[\frac{n}{(n+1)^s} - \frac{n+1}{(n+1)^s} \right] =$$
$$\sum_{n=1}^{\infty} \frac{1}{n^s}$$

所以
$$f(s) = s \int_1^{+\infty} \frac{[x]}{x^{s+1}} \mathrm{d}x$$

658. **(浙江大学)** 证明:$\sum\limits_{k=n}^{\infty} \dfrac{1}{k^2 \ln k} = \dfrac{1}{n \ln n} + o\left(\dfrac{1}{n(\ln n)^2} \right), n \to +\infty$.

证 因为 $f(x) = \dfrac{1}{x^2 \ln x} > 0 \quad (x > 1)$,且单调减.

所以 $\displaystyle\int_n^{+\infty} \frac{1}{x^2 \ln x} \mathrm{d}x \leqslant \sum_{k=n}^{\infty} \frac{1}{k^2 \ln k} \leqslant \frac{1}{n^2 \ln n} + \int_n^{+\infty} \frac{\mathrm{d}x}{x^2 \ln x}.$ ①

反复利用分部积分法,

$$\int_n^{+\infty} \frac{\mathrm{d}x}{x^2 \ln x} = \frac{1}{n \ln n} - \int_n^{+\infty} \frac{\mathrm{d}x}{x^2 (\ln x)^2} =$$

$$\frac{1}{n \ln n} - \frac{1}{n(\ln n)^2} + 2\int_n^{+\infty} \frac{\mathrm{d}x}{x^2 (\ln x)^3}$$

又 $0 \leqslant \int_n^{+\infty} \frac{\mathrm{d}x}{x^2 (\ln x)^3} \leqslant \frac{1}{(\ln n)^3} \int_n^{+\infty} \frac{\mathrm{d}x}{x^2} = \frac{1}{n(\ln n)^3}.$

所以 $\int_n^{+\infty} \frac{\mathrm{d}x}{x^2 \ln x} = \frac{1}{n \ln n} - \frac{1}{n(\ln n)^2} + \frac{2\theta_n}{n(\ln n)^3}$ 　　$(0 < \theta_n < 1)$ 　　②

将式 ② 代入式 ① 得 $\sum_{k=n}^{\infty} \frac{1}{k^2 \ln k} = \frac{1}{n \ln n} + o\left(\frac{1}{n(\ln n)^2}\right), n < +\infty.$

659. (北京师范大学)　证明: $\lim\limits_{n \to +\infty} \left\{ \sum\limits_{k=2}^{n} \frac{1}{k \ln k} - \ln(\ln n) \right\}$ 存在有限.

证　$f(x) = \frac{1}{x \ln x}$ 在 $(1, +\infty)$ 上非负单调递减, 所以

$$\int_2^n \frac{1}{x \ln x} \mathrm{d}x < \int_2^{n+1} \frac{1}{x \ln x} \mathrm{d}x < \sum_{k=2}^{n} \frac{1}{k \ln k}$$

即　　　　　　　$\ln(\ln n) - \ln(\ln 2) < \sum_{k=2}^{n} \frac{1}{k \ln k}$

亦即 $a_n = \sum\limits_{k=2}^{n} \frac{1}{k \ln k} - \ln(\ln n) > -\ln(\ln 2).$

又 $a_{n+1} - a_n = \frac{1}{(n+1)\ln(n+1)} - [\ln(\ln(n+1) - \ln(\ln n)] =$

$$\frac{1}{(n+1)\ln(n+1)} - \int_n^{n+1} \frac{1}{x \ln x} \mathrm{d}x \leqslant$$

$$\frac{1}{(n+1)\ln(n+1)} - \int_n^{n+1} \frac{\mathrm{d}x}{(n+1)\ln(n+1)} = 0$$

由上可知 $\{a_n\}$ 单调递减且有下界.

故 $\lim\limits_{n \to +\infty} \left\{ \sum\limits_{k=2}^{\infty} \frac{1}{k \ln k} - \ln(\ln n) \right\}$ 存在(有限).

660. (武汉大学)　设 $\sum\limits_{n=1}^{\infty} a_n^2$ 收敛,

证明: $\sum\limits_{n=2}^{\infty} \frac{a_n}{\sqrt{n} \ln n}$ 收敛 $(a_n > 0).$

证　　　　　$0 < \frac{a_n}{\sqrt{n} \ln n} < \frac{1}{2}\left(a_n^2 + \frac{1}{n \ln^2 n}\right)$

由积分判别法易知 $\sum\limits_{n=2}^{\infty} \frac{1}{n \ln^2 n}$ 收敛, 又 $\sum\limits_{n=2}^{\infty} a_n^2$ 收敛, 所以 $\sum\limits_{n=2}^{\infty} \frac{1}{2}(a_n^2 + \frac{1}{n \ln^2 n})$ 收敛,

根据比较判别法知 $\sum\limits_{n=2}^{\infty} \frac{a_n}{\sqrt{n} \ln n}$ 收敛 $(a_n > 0).$

661. (东北师范大学)　若 $\sum\limits_{n=1}^{\infty} a_n$ 收敛, 且 $a_n \geqslant 0$, 则当 $p > \frac{1}{2}$ 时, $\sum\limits_{n=1}^{\infty} \frac{\sqrt{a_n}}{n^p}$ 收敛.

证 $0 \leqslant \dfrac{\sqrt{a_n}}{n^p} \leqslant \dfrac{1}{2}\left(a_n + \dfrac{1}{n^{2p}}\right)$. 而 $\displaystyle\sum_{n=1}^{\infty} a_n$ 与 $\displaystyle\sum_{n=1}^{\infty} \dfrac{1}{n^{2p}}\left(p > \dfrac{1}{2}\right)$ 均收敛,

所以 $\displaystyle\sum_{n=1}^{\infty} \dfrac{1}{2}\left(a_n + \dfrac{1}{n^{2p}}\right)$ 收敛,由比较判别法知 $\displaystyle\sum_{n=1}^{\infty} \dfrac{\sqrt{a_n}}{n^p}$ 收敛 $\left(p > \dfrac{1}{2}\right)$.

662.(中国科学院)

(1) 设 $\displaystyle\sum_{n=1}^{\infty} a_n$ 是收敛的正项级数,则当 $\alpha > \dfrac{1}{2}$ 时,级数 $\displaystyle\sum_{n=1}^{\infty} \dfrac{\sqrt{a_n}}{n^\alpha}$ 收敛;

(2) 证明级数 $\displaystyle\sum_{n=1}^{\infty} n^{\frac{n+1}{n}}$ 发散.

证 (1) 见上题.

(2) $\displaystyle\lim_{n \to +\infty} \dfrac{n^{\frac{n+1}{n}}}{n^{-1}} = \lim_{n \to +\infty} \dfrac{1}{\sqrt[n]{n}} = 1$,又 $\displaystyle\sum_{n=1}^{\infty} \dfrac{1}{n}$ 发散,

由比较判别法知级数 $\displaystyle\sum_{n=1}^{\infty} n^{-\frac{n+1}{n}}$ 发散.

663.(武汉大学) 判断级数 $\displaystyle\sum_{n=1}^{\infty} \dfrac{(-1)^n}{n \sqrt[n]{n}}$ 是绝对收敛,还是条件收敛,为什么?

解 (1) $\displaystyle\lim_{n \to +\infty} \dfrac{\left|\dfrac{(-1)^n}{n \sqrt[n]{n}}\right|}{\dfrac{1}{n}} = \lim_{n \to +\infty} \dfrac{1}{\sqrt[n]{n}} = 1$

由比较判别法及 $\displaystyle\sum_{n=1}^{\infty} \dfrac{1}{n}$ 发散知 $\displaystyle\sum_{n=1}^{\infty} \left|\dfrac{(-1)^n}{n \sqrt[n]{n}}\right|$ 发散,所以 $\displaystyle\sum_{n=1}^{\infty} \dfrac{(-1)^n}{n \sqrt[n]{n}}$ 不是绝对收敛的.

(2) $\left\{\dfrac{1}{n \sqrt[n]{n}}\right\}$ 为单调递减的. 又 $\displaystyle\lim_{n \to \infty} \dfrac{1}{n \sqrt[n]{n}} = 0$,由莱布尼兹判别法知 $\displaystyle\sum_{n=1}^{\infty} \dfrac{(-1)^n}{n \sqrt[n]{n}}$ 收敛. 所以 $\displaystyle\sum_{n=1}^{\infty} \dfrac{(-1)^n}{n \sqrt[n]{n}}$ 是条件收敛的.

664.(上海交通大学) 若 $\displaystyle\lim_{n \to +\infty}\left(n^{2n\sin\frac{1}{n}} \cdot a_n\right) = 1$,则级数 $\displaystyle\sum_{n=1}^{\infty} a_n$ 是否收敛?试证之.

解 已知 $\displaystyle\lim_{n \to +\infty} \dfrac{a_n}{n^{-2n\sin\frac{1}{n}}} = 1$,又 $0 \leqslant n^{-2n\sin\frac{1}{n}} = \left(\dfrac{1}{n^2}\right)^{\frac{\sin\frac{1}{n}}{\frac{1}{n}}} < \left(\dfrac{1}{n^2}\right)^{\frac{3}{4}}$(当 n 充分大时).

$\displaystyle\sum_{n=1}^{\infty} \left(\dfrac{1}{n^2}\right)^{\frac{3}{4}}$ 收敛,由比较判别法知 $\displaystyle\sum_{n=1}^{\infty} n^{-2n\sin\frac{1}{n}}$ 收敛,再由比较判别法的极限形式知 $\displaystyle\sum_{n=1}^{\infty} a_n$ 收敛.

665.(北京大学) 证明:级数 $\displaystyle\sum_{n=1}^{\infty} (-1)^n \dfrac{\arctan n}{\sqrt{n}}$ 收敛.

证法 1 由于 $\{\arctan n\}$ 为单增有界数列；且 $\sum\limits_{n=1}^{\infty}(-1)^n\dfrac{1}{\sqrt{n}}$ 收敛（莱布尼兹判别法）；

由阿贝尔判别法知级数 $\sum\limits_{n=1}^{\infty}(-1)^n\dfrac{\arctan n}{\sqrt{n}}$ 收敛.

证法 2 令 $f(x)=\dfrac{\arctan x}{\sqrt{x}}$. 则

$$f'(x)=\frac{1}{(1+x^2)\sqrt{x}}-\frac{\arctan x}{2x^{\frac{3}{2}}}=\frac{2x-(1+x^2)\arctan x}{2(1+x^2)x^{\frac{3}{2}}}$$

令 $g(x)=2x-(1+x^2)\arctan x$,

$g'(x)=-2x\cos\tan x,$ 当 $x>0,g'(x)<0$.

$x>0$ 时, $g(x)<g(0)=0$, 故当 $x>0$ 时, $f'(x)<0$.

所以 $\left\{\dfrac{\arctan n}{\sqrt{n}}\right\}$ 为单调递减数列, 且 $\lim\limits_{n\to+\infty}(-1)^n\dfrac{\arctan n}{\sqrt{n}}=0$.

由莱布尼兹判别法知级数 $\sum\limits_{n=1}^{\infty}\dfrac{\arctan n}{\sqrt{n}}$ 收敛.

666. (大连工学院) 判别 $\sum\limits_{n=2}^{\infty}\dfrac{1}{\ln n\ln(\ln n)}$ 的敛散性.

解 令 $f(x)=\dfrac{1}{\ln x\ln(\ln x)}(x\geqslant 3)$, 显然 $f(x)$ 为非负单调递减函数.

$$\int_3^{+\infty}\frac{1}{(\ln x)\ln(\ln x)}dx\xlongequal{\ln x=t}\int_{\ln 3}^{+\infty}\frac{e^t}{t\ln t}dt\geqslant$$
$$3\int_{\ln 3}^{+\infty}\frac{1}{t\ln t}dt=3\ln(\ln t)\Big|_{\ln 3}^{+\infty}=+\infty$$

所以 $\int_3^{+\infty}\dfrac{1}{(\ln x)\ln(\ln x)}dx$ 发散,

由积分判别法知级数 $\sum\limits_{n=2}^{\infty}\dfrac{1}{\ln n\ln(\ln n)}$ 发散.

667. (内蒙古大学) 证明: 级数 $\sum\limits_{n=2}^{\infty}(-1)^n\sin\dfrac{x}{n}$ 对 $\forall x\neq 0$ 都是条件收敛的.

证 不妨设 $x>0$, 则 $\exists N_x>0$, 当 $n>N_x$ 时, $0<\dfrac{x}{n}<\dfrac{\pi}{2}$, 此时 $\sin\dfrac{x}{n}>0$,

且 $\left\{\sin\dfrac{x}{n}\right\}$ 为单调递减数列, 且 $\lim\limits_{n\to+\infty}\sin\dfrac{x}{n}=0$.

由莱布尼兹判别法知 $\sum\limits_{n=1}^{\infty}(-1)^n\sin\dfrac{x}{n}$ 收敛.

而当 $n>N_x$ 时 $\left|(-1)^n\sin\dfrac{x}{n}\right|=\sin\dfrac{x}{n}>0$. $\lim\limits_{n\to+\infty}\dfrac{\sin\dfrac{x}{n}}{\dfrac{x}{n}}=1,$

又 $\sum\limits_{n=1}^{\infty}\dfrac{x}{n}$ 发散,由比较判别法知 $\sum\limits_{n=1}^{\infty}\sin\dfrac{x}{n}$ 也发散.

所以对 $\forall x\neq 0$,级数 $\sum\limits_{n=1}^{\infty}(-1)^n\sin\dfrac{x}{n}$ 都是条件收敛的.

668. (复旦大学) 讨论级数 $\dfrac{1}{1^p}-\dfrac{1}{2^q}+\dfrac{1}{3^p}-\dfrac{1}{4^q}+\cdots+\dfrac{1}{(2n-1)^p}-\dfrac{1}{(2n)^q}+\cdots(p>0,$

$q>0)$ 的敛散性.

解 (1) 若 $p,q>1$,则

$$\sum_{n=2}^{\infty}a_n=\frac{1}{1^p}-\frac{1}{2^q}+\frac{1}{3^p}-\frac{1}{4^q}+\cdots+\frac{1}{(2n-1)^p}-\frac{1}{(2n)^q}+\cdots\text{绝对收敛(因为例如}$$

$p>q$,则 $\sum\limits_{n=1}^{\infty}|a_n|$ 以 $\sum\limits_{n=1}^{\infty}\dfrac{1}{n^q}(q>1)$ 为优级数);

(2) 若 $0<p=q\leqslant 1$,应用莱布尼兹定理知级数收敛,且是条件收敛;

(3) 当 $p,q>0$,考查级数 $\sum\limits_{n=1}^{\infty}\left(\dfrac{1}{(2n-1)^p}-\dfrac{1}{(2n)^q}\right)$,若 $p>1,0<q\leqslant 1$ 或 $q>$

$1,0<p\leqslant 1$ 时级数 $\sum\limits_{n=1}^{\infty}\dfrac{1}{(2n-1)^p}$ 与 $\sum\limits_{n=1}^{\infty}\dfrac{1}{(2n)^q}$ 一敛一散,故原级数发散.

若 $0<p<q<1$,则 $\dfrac{1}{(2n-1)^p}-\dfrac{1}{(2n)^q}>0$,且与 $\dfrac{1}{(2n-1)^p}$ 同阶(当 $n\to +\infty$)

故级数 $\sum\limits_{n=1}^{\infty}\left(\dfrac{1}{(2n-1)^p}-\dfrac{1}{(2n)^q}\right)$ 发散,从而原级数发散.同理可证,若 $0<q<p<1$,

原级数发散.

669. (北京航空学院)

(1) 求证:当 $s>0$ 时 $\displaystyle\int_1^{+\infty}\dfrac{x-[x]}{x^{s+1}}\mathrm{d}x$ 收敛;

(2) 求证:当 $s>1$ 时 $\displaystyle\int_1^{+\infty}\dfrac{x-[x]}{x^{s+1}}\mathrm{d}x=\dfrac{1}{s-1}-\dfrac{1}{s}\sum\limits_{n=1}^{\infty}\dfrac{1}{n^s}.$

证 (1) $0<\dfrac{x-[x]}{x^{s+1}}<\dfrac{1}{x^{s+1}}$

$$\int_1^{+\infty}\frac{1}{x^{s+1}}\mathrm{d}x=-\frac{1}{s}x^{-s}\,|_1^{+\infty}=\frac{1}{s},\text{收敛}.$$

由比较判别法知 $\displaystyle\int_1^{+\infty}\dfrac{x-[x]}{x^{s+1}}\mathrm{d}x$ 收敛.

(2) 当 $s>1$ 时,

$$\int_1^{+\infty}\frac{x-[x]}{x^{s+1}}\mathrm{d}x=\int_1^{+\infty}\frac{1}{x^s}\mathrm{d}x-\int_1^{+\infty}\frac{[x]}{x^{s+1}}\mathrm{d}x=$$

$$-\frac{1}{s-1}x^{1-s}\,|_1^{+\infty}-\frac{1}{s}\sum_{n=1}^{\infty}\frac{1}{n^s}\text{(由第 657 题结论)}=$$

$$\frac{1}{s-1}-\frac{1}{s}\sum_{n=1}^{\infty}\frac{1}{n^s}$$

670. (北京大学) 设 $f(x)$ 在 $[-1,1]$ 上二次连续可微,且有

$$\lim_{x \to 0} \frac{f(x)}{x} = 0$$

证明:级数 $\sum_{n=1}^{\infty} f\left(\frac{1}{n}\right)$ 绝对收敛.

证 由 $\lim_{x \to 0} \frac{f(x)}{x} = 0$ 知 $f(0) = 0$,所以 $f'(0) = \lim_{x \to 0} \frac{f(x) - f(0)}{x - 0} = 0$,

$\lim_{x \to 0} \frac{f(x)}{x^2} = \lim_{x \to 0} \frac{f'(x)}{2x} = \frac{1}{2} \lim_{x \to 0} \frac{f'(x) - f'(0)}{x - 0} = \frac{1}{2} f''(0).$

由 $f''(x)$ 在 $[-1,1]$ 上连续知 $f''(x)$ 在 $[-1,1]$ 上有界.

由归结原则 $\lim_{n \to \infty} \dfrac{f\left(\dfrac{1}{n}\right)}{\dfrac{1}{n^2}} = \lim_{x \to \infty} \frac{f(x)}{x^2} = \frac{1}{2} f''(0) \neq \infty,$

所以 $\lim_{n \to \infty} \dfrac{\left| f\left(\dfrac{1}{n}\right) \right|}{\dfrac{1}{n^2}} = \frac{1}{2} |f''(0)| \neq +\infty$,又 $\sum_{n=1}^{\infty} \frac{1}{n^2}$ 收敛,由比较判别法知级数

$\sum_{n=1}^{\infty} f\left(\frac{1}{n}\right)$ 绝对收敛.

671. (华东师范大学) 证明:若 $\sum_{n=1}^{\infty} a_n$ 绝对收敛,则

$$\sum_{n=1}^{\infty} a_n (a_1 + a_2 + \cdots + a_n) \text{ 亦必绝对收敛.}$$

证 $\sum_{n=1}^{\infty} a_n$ 绝对收敛,从而 $\sum_{n=1}^{\infty} a_n$ 收敛,记 $S = \sum_{n=1}^{\infty} a_n$. 则

$\lim_{n \to +\infty} \frac{|a_n(a_1 +_2 + \cdots + a_n)|}{|a_n|} = \lim_{n \to +\infty} |a_1 + a_2 + \cdots + a_n| =$
$$|S| < +\infty,$$

由比较判别法知 $\sum_{n=1}^{\infty} |(a_n(a_1 + a_2 + \cdots + a_n)|$ 与 $\sum_{n=1}^{\infty} |a_n|$ 敛散性相同,而 $\sum_{n=1}^{\infty}$

$|a_n|$ 收敛,所以 $\sum_{n=1}^{\infty} |a_n(a_1 + a_2 + \cdots + a_n)|$ 收敛,即 $\sum_{n=1}^{\infty} a_n(a_1 + a_2 + \cdots + a_n)$ 绝对收敛.

672. (北京科技大学) 已知对一切自然数 n 有 $\mu_n > 0$ 且

$$\lim_{n \to +\infty} \frac{n^p \mu_n}{\left(1 - \cos\left(\frac{\pi}{n}\right)\right)} = 1, \text{判断级数} \sum_{n=1}^{\infty} \mu_n \text{ 的敛散性.}$$

解 $$1 - \cos\frac{\pi}{n} = 2\sin^2\frac{\pi}{2n}$$

又 $$\sin^2\frac{\pi}{2n} \sim \frac{\pi^2}{4n^2}, (n \to +\infty)$$

故 $$\lim_{n\to+\infty}\frac{n^p\mu_n}{\left(1-\cos\left(\frac{\pi}{n}\right)\right)}=\lim_{n\to+\infty}\frac{n^p\mu_n}{2\times\frac{\pi^2}{4n^2}}=\lim_{n\to+\infty}\frac{\mu_n}{n^{-p-2}}\frac{2}{\pi^2}=1.$$

由比较判别法的极限形式知 $p+2>1$ 即 $p>-1$ 时 $\sum\limits_{n=1}^{p}\mu_n$ 收敛.

当 $p+2\leqslant1$ 即 $p\leqslant-1$ 时，$\sum\limits_{n=1}^{\infty}\mu_n$ 发散.

673.(复旦大学) 判别下面正项级数收敛或发散，

$$\sum_{n=1}^{\infty}\frac{1}{n}(\sqrt{n^2+n+1}-\sqrt{n^2-n+1}).$$

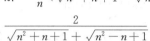

扫码获取本书资源

解 $\dfrac{1}{n}(\sqrt{n^2+n+1}-\sqrt{n^2-n+1})=$

$$\frac{2}{\sqrt{n^2+n+1}+\sqrt{n^2-n+1}}$$

$$\lim_{n\to+\infty}\frac{2}{\sqrt{n^2+n+1}+\sqrt{n^2-n+1}}\bigg/\frac{1}{n}=$$

$$\lim_{n\to+\infty}\frac{2}{\sqrt{1+\dfrac{1}{n}+\dfrac{1}{n^2}}+\sqrt{1-\dfrac{1}{n}+\dfrac{1}{n^2}}}=1$$

因为 $\sum\limits_{n=1}^{\infty}\dfrac{1}{n}$ 发散,所以 $\sum\limits_{n=1}^{\infty}\dfrac{1}{n}(\sqrt{n^2-n+1}-\sqrt{n^2-n+1})$ 发散.

674.(复旦大学) 说明下面级数是条件收敛或绝对收敛 $\sum\limits_{n=1}^{\infty}\dfrac{(-1)^n}{(n^2+3n-2)^x}$,$(x>0)$.

解 数列 $\left\{\dfrac{1}{(n^2+3n-2)^x}\right\}$ 是 n 的单调递减函数,且

$$\lim_{n\to+\infty}\frac{1}{(n^2+3n-2)^x}=0$$

由莱布尼兹判别法,可知 $\sum\limits_{n=1}^{\infty}\dfrac{(-1)^n}{(n^2+3n-2)^x}$ 收敛.

$$\left|\frac{(-1)^n}{(n^2+3n-2)^x}\right|=\frac{1}{(n^2+3n-2)^x}$$

$$n^2\leqslant n^2+3n-2\leqslant4n^2$$

所以 $\dfrac{1}{4^x n^{2x}}\leqslant\dfrac{1}{(n^2+3n-2)^x}\leqslant\dfrac{1}{n^{2x}}$

故当 $2x>1$,即 $x>\dfrac{1}{2}$ 时 $\sum\limits_{n=1}^{\infty}\left|\dfrac{(-1)^n}{(n^2+3n-2)^x}\right|$ 收敛,即 $\sum\limits_{n=1}^{\infty}\dfrac{(-1)^n}{(n^2+3n-2)^x}$ 绝对收敛;

当 $2x\leqslant1$,即 $x\leqslant\dfrac{1}{2}$ 时,$\sum\limits_{n=1}^{\infty}\left|\dfrac{(-1)^n}{(n^2+3n-2)^x}\right|$ 发散,也就是 $\sum\limits_{n=1}^{\infty}\dfrac{(-1)^n}{(n^2+3n-2)^x}$ 条件收敛.

§2 函数项级数

【考点综述】

一、综述

1. 函数列及其一致收敛性

(1) 函数列收敛与一致收敛的概念. 设函数列 $\{f_n\}$ 与函数 f 定义在同一数集 D 上,(1) 对 $x \in D$, $\forall \varepsilon > 0$, $\exists$ 数 $N(\varepsilon, x) > 0$, 当 $n > N$ 时总有 $|f_n(x) - f(x)| < \varepsilon$, 称 f_n 收敛于 f, 记为 $f_n(x) \to f(x)$, $(n \to \infty)$, $x \in D$.

(2) 若对任给的正数 ε, 总存在某一自然数 N, 使得当 $n > N$ 时, 对一切 $x \in D$, 都有 $|f_n(x) - f(x)| < \varepsilon$, 则称函数列 $\{f_n\}$ 在 D 上一致收敛于 f, 记作

$$f_n(x) \rightrightarrows f(x) \quad (n \to \infty), x \in D$$

(3) 函数列一致收敛的柯西准则. 函数列 $\{f_n\}$ 在数集 D 上一致收敛的充要条件是:对任给正数 ε, 总存在正数 N, 使得当 $n, m > N$ 时, 对一切 $x \in D$, 都有 $|f_n(x) - f_m(x)| < \varepsilon$.

(4) 函数列 $\{f_n\}$ 在数集 D 上一致收敛于 f 的充要条件是

$$\lim_{n \to +\infty} \sup_{x \in D} |f_n(x) - f(x)| = 0$$

2. 函数项级数及其一致收敛性

(1) 收敛与一致收敛的概念. 设 $\{S_n(x)\}$ 是定义在数集 E 上的函数项级数 $\sum u_n(x)$ 的部分和函数列, 若 $\{S_n(x)\}$ 在数集 D 上收敛于 $S(x)$, 则称 $S(x)$ 为 $\sum u_n(x)$ 的和函数, 记为 $\lim_{n \to +\infty} S_n(x) = S(x)$, $x \in D \subset E$, 并称 D 为函数项级数的收敛域.

类似若 $\{S_n(x)\}$ 在 D 上一致收敛于 $S(x)$, 则称函数项级数 $\sum u_n(x)$ 在 D 上一致收敛于 $S(x)$, 或称 $\sum u_n(x)$ 在 D 上一致收敛.

(2) 一致收敛的柯西准则. 函数项级数 $\sum u_n(x)$ 在数集 D 上一致收敛的充要条件为:对任给的正数 ε, 总存在某自然数 N, 使得当 $n > N$ 时, 对一切 $x \in D$ 和一切自然数 p, 都有

$$|S_{n+p}(x) - S_n(x)| < \varepsilon$$

或 $$|u_{n+1}(x) + \cdots + u_{n+p}(x)| < \varepsilon$$

由此我们得到函数项级数 $\sum u_n(x)$ 在数集 D 上一致收敛的必要条件是函数列 $\{u_n(x)\}$ 在 D 上一致收敛于零.

(3) 函数项级数 $\sum u_n(x)$ 在数集 D 上一致收敛于 $S(x)$ 的充要条件是: $\lim_{n \to +\infty} \sup_{x \in D} |R_n(x)| = \lim_{n \to +\infty} \sup_{x \in D} |S(x) - S_n(x)| = 0$, 其中 $R_n(x) = S(x) - S_n(x)$ 称为函数项级数 $\sum u_n(x)$ 的余项.

3. 函数项级数的一级收敛性判别法

(1) 维尔斯特拉斯判别法(或称 M 判别法) 设函数项级数 $\sum u_n(x)$ 定义在数集 D 上, $\sum M_n$ 为收敛的正项级数,若对一切 $x \in D$,有

$$|u_n(x)| \leqslant M_n, n = 1, 2, \cdots$$

则函数项级数 $\sum u_n(x)$ 在 D 上一致收敛.

(2) 阿贝尔判别法. 设

1) $\sum u_n(x)$ 在区间 I 上一致收敛;

2) 对于每一个 $x \in I, \{v_n(x)\}$ 是单调的;

3) $\{v_n(x)\}$ 在 I 上一致有界,即对一切 $x \in I$ 和自然数 n,存在正数 M,使得 $|v_n(x)| < M$,则级数 $\sum u_n(x) \cdot v_n(x)$ 在 I 上一致收敛.

(3) 狄利克雷判别法. 设

1) $\sum u_n(x)$ 的部分和函数列

$$U_n(x) = \sum_{k=1}^{n} u_k(x) \qquad (n = 1, 2, \cdots)$$

在 I 上一致有界;

2) 对于每一个 $x \in I, \{v_n(x)\}$ 是单调的;

3) 在 I 上 $v_n(x) \Rightarrow 0$ $(n \to \infty)$;

则级数 $\sum u_n(x) \cdot v_n(x)$ 在 I 上一致收敛.

4. 一致收敛函数列的性质

(1) 连续性. 设函数列 $\{f_n\}$ 在区间 I 上一致收敛,且每一项都连续,则其极限函数在 I 上也连续.

(2) 可积性. 若函数列 $\{f_n\}$ 在 $[a, b]$ 上一致收敛,且每一项都连续,则

$$\int_a^b \lim_{n \to +\infty} f_n(x) \mathrm{d}x = \lim_{n \to +\infty} \int_a^b f_n(x) \mathrm{d}x$$

(3) 可微性. 设 $\{f_n\}$ 为定义在 $[a, b]$ 上的函数列,若 $x_0 \in [a, b]$ 为 $\{f_n\}$ 的收敛点, $\{f_n\}$ 的每一项在 $[a, b]$ 上有连续的导数,且 $\{f'_n\}$ 在 $[a, b]$ 上一致收敛,则

$$(\lim f_n(x))' = \lim_{n \to +\infty} (f'_n(x))$$

5. 一致收敛函数项级数的性质

(1) 连续性. 若函数项级数 $\sum u_n(x)$ 在区间 $[a, b]$ 上一致收敛,且每一项都连续,则其和函数在 $[a, b]$ 上也连续.

(2) 逐项求积. 若函数项级数 $\sum u_n(x)$ 在 $[a, b]$ 上一致收敛,且每一项 $u_n(x)$ 都连续,则

$$\int_a^b (\sum u_n(x)) dx = \sum \int_a^b u_n(x) dx$$

(3) 逐项求导. 若函数项级数 $\sum u_n(x)$ 在 $[a, b]$ 上每一项都有连续的导函数, $x \in [a, b]$ 为 $\sum u_n(x)$ 的收敛点,且 $\sum u'(x)$ 在 $[a, b]$ 上一致收敛,则

$$\left(\sum u_n(x) \right)' = \sum u'_n(x)$$

二、解题方法

1. 考点 1

一致收敛判别法.

2. 考点 2

一致收敛函数项级数的性质.

【经典题解】

675. **(东北工学院)**　设连续函数列 $\{f_n(x)\}$ 在闭区间 $[a,b]$ 上一致收敛于函数 $f(x)$. 若 $x_n \in [a,b](n = 1,2,\cdots)$ 且 $x_n \to x_0(n \to +\infty)$. 证明：$\lim\limits_{n \to +\infty} f_n(x_n) = f(x_0)$.

证　对 $\forall \varepsilon > 0, \exists N_1 > 0$，当 $n > N_1$ 时，对一切 $x \in [a,b]$ 有 $|f_n(x) - f(x)| < \varepsilon/2$.

由于 $\{f_n(x)\}$ 连续且一致收敛于 $f(x)$，所以 $f(x)$ 亦连续，故 $\exists N_2 > 0$，当 $n > N_2$ 时，$|f(x_n) - f(x_0)| < \varepsilon/2$.

取 $N = \max\{N_1, N_2\}$，则当 $n > N$ 时，

$$|f_n(x_n) - f(x_0)| \leqslant |f_n(x_n) - f(x_n)| + |f(x_n) - f(x_0)| <$$
$$\varepsilon/2 + \varepsilon/2 = \varepsilon$$

所以 $\lim\limits_{n \to +\infty} f_n(x_n) = f(x_0)$.

676. 证明 $f_n(x) = nx(1-x)^n$ 在 $[0,1]$ 上收敛，但非一致收敛.

证　易证对 $\forall x \in [0,1]$，$\lim\limits_{n \to +\infty} f_n(x) = 0$，即 $f_n(x)$ 在 $[0,1]$ 上收敛.

$$\lim\limits_{n \to +\infty} \sup_{x \in [0,1]} |f_n(x) - 0| \geqslant \lim\limits_{n \to +\infty} \left| f_n\left(\frac{1}{n}\right) - 0 \right| = \lim\limits_{n \to +\infty} \left(1 - \frac{1}{n}\right)^n = \frac{1}{e} \neq 0，所以$$

$f_n(x) = nx(1-x)^n$ 在 $[0,1]$ 上非一致收敛.

677. **(北京大学)**　用至少两种方法证明级数 $1 + x + x^2 + \cdots + x^n + \cdots$ 在 $[0,1)$ 上非一致收敛.

证法 1

$$\lim\limits_{n \to +\infty} \sup_{x \in [0,1)} |R_n(x)| = \lim\limits_{n \to +\infty} \sup_{x \in [0,1)} \left| \frac{x^n}{1-x} \right| \geqslant \lim\limits_{n \to +\infty} \left| \frac{(1 - \frac{1}{n})^n}{1 - (1 - \frac{1}{n})} \right| =$$

$$\lim\limits_{n \to +\infty} n\left(1 - \frac{1}{n}\right)^n = +\infty \neq 0$$

所以级数 $1 + x + \cdots + x^n + \cdots$ 在 $[0,1)$ 上非一致收敛.

证法 2　令 $f_n(x) = 1 + x + \cdots + x^{n-1}$，则 $f_n(x) = \frac{1 - x^n}{1 - x}, x \in [0,1)$. $f(x) = \lim\limits_{n \to +\infty} f_n(x) = \frac{1}{1-x}$.

用反证法　若 $f_n(x) \rightrightarrows f(x)$，则

$$f'(x) = \lim\limits_{n \to +\infty} f'_n(x) \qquad \qquad ①$$

$$f'(x) = \left(\frac{1}{1-x}\right)' = \frac{1}{(1-x)^2}，而$$

$$f_n(x) = 1 + x + \cdots + x^{n-1}, f'_n(x) = 1 + 2x + \cdots +$$
$$(n-2)x^{n-3} + (n-1)x^{n-2}$$
$$xf'_n(x) = x + \cdots + (n-3)x^{n-3} + (n-2)x^{n-2} + (n-1)x^{n-1}$$
$$(1-x)f'_n(x) = 1 + x + \cdots + x^{n-1} - (n-1)x^{n-1} =$$
$$\frac{1-x^{n-1}}{1-x} - (n-1)x^{n-2}, 这与式 ① 矛盾.$$

证法 3 $r_n = x^n$ 在 $[0,1)$ 上不一致趋于 0, 故 $\sum\limits_{n=0}^{\infty} x^n$ 在 $[0,1)$ 上不一致收敛.

678. **(四川大学)** 证明: 级数 $\sum\limits_{n=1}^{\infty} (-1)^n \dfrac{e^{x^2} + \sqrt{n}}{n^{3/2}}$ 在任何有界区间 $[a,b]$ 上一致收敛, 但在任何一点 x_0 处不绝对收敛.

证 $\forall x \in [a,b], \sum\limits_{n=1}^{\infty} (-1)^n \dfrac{e^{x^2} + \sqrt{n}}{n^{3/2}}$ 为交错级数, 故收敛, 且余项 $|R_n(x)| \leqslant$

$$\frac{e^{x^2} + \sqrt{n+1}}{(n+1)^{3/2}} \leqslant \frac{e^{c^2}}{(n+1)^{3/2}} + \frac{1}{n+1} \to 0 (n \to +\infty)$$

(其中 $c = \max\{|a|, |b|\}$). 故 $\lim\limits_{n \to +\infty} \sup\limits_{x \in [a,b]} |R_n(x)| = 0$, 所以级数 $\sum\limits_{n=1}^{\infty} (-1)^n$

$\dfrac{e^{x^2} + \sqrt{n}}{n^{3/2}}$ 在 $[a,b]$ 上一致收敛.

但对任何一点 x_0, $\sum\limits_{n=1}^{\infty} \left| (-1)^n \dfrac{e^{x_0^2} + \sqrt{n}}{n^{3/2}} \right| = \sum\limits_{n=1}^{\infty} \dfrac{e^{x_0^2}}{n^{3/2}} + \sum\limits_{n=1}^{\infty} \dfrac{1}{n}$, $\sum\limits_{n=1}^{\infty} \dfrac{e^{x_0^2}}{n^{3/2}}$ 收敛, $\sum\limits_{n=1}^{\infty}$

$\dfrac{1}{n}$ 发散, 所以 $\sum\limits_{n=1}^{\infty} (-1)^n \dfrac{e^{x^2} + \sqrt{n}}{n^{3/2}}$ 在 x_0 处不绝对收敛.

679. **(东北师范大学)** 证明若 $K(x,t)$ 在 $D = [a \leqslant x \leqslant b, a \leqslant t \leqslant b]$ 上连续, $u_0(x)$ 在 $[a,b]$ 上连续, 且对任意 $x \in [a,b]$, 令

$$u_n(x) = \int_a^x K(x,t)u_{n-1}(t)\mathrm{d}t, n = 1, 2, \cdots$$

则函数列 $\{u_n(x)\}$ 在 $[a,b]$ 上一致收敛.

证 $K(x,t)$ 在闭区域 D 上连续, 从而在 D 上有界, 即 $\exists M_1 > 0$, 使得对 $\forall (x,t) \in D, |k(x,t)| \leqslant M_1$.

$u_0(x)$ 在 $[a,b]$ 上连续, 从而在 $[a,b]$ 上有界, 即 $\exists M_2 > 0$, 使得对 $\forall x \in [a,b]$, $|u_0(x)| \leqslant M_2$.

所以 $|u_1(x)| = \left| \int_a^x K(x,t)u_0(t)\mathrm{d}t \right| \leqslant M_1 M_2 (x-a) \leqslant M_1 M_2 (b-a)$,

$$|u_2(x)| = \left| \int_a^x K(x,t)u_1(t)\mathrm{d}t \right| \mathrm{d}t \leqslant \int_a^x M_1^2 M_2 (t-a)\mathrm{d}t \leqslant$$
$$\frac{M_1^2 M_2 (x-a)^2}{2!} \leqslant \frac{M_1^2 M_2 (b-a)^2}{2!}$$

由数学归纳法易知 $|u_n(x)| \leqslant \dfrac{M_1^n M_2 (b-a)^n}{n!}$ 由 $\lim\limits_{n \to +\infty} \dfrac{M_1^n M_2 (b-a)^n}{n!} = 0$ 及柯西准则知 $u_n(x)$ 在 $[a,b]$ 上一致收敛.

680. (武汉大学) 设 $f_n(x)$ 在 $[a,b]$ 上连续,且 $\{f_n(b)\}$ 发散. 证明 $\{f_n(x)\}$ 在 $[a,b)$ 上不一致收敛.

证 假设 $\{f_n(x)\}$ 在 $[a,b)$ 上一致收敛,由柯西准则知:对 $\forall \varepsilon > 0$,$\exists N > 0$,当 $n,m > N$ 时,对一切 $x \in [a,b)$ 有 $|f_n(x) - f_m(x)| < \varepsilon$.

又 $f_n(x)$ 在 $[a,b]$ 上连续,故 $\lim\limits_{x \to b^-} |f_n(x) - f_m(x)| \leqslant \varepsilon$,即 $|f_n(b) - f_m(b)| \leqslant \varepsilon$,

所以 $\{f_n(b)\}$ 收敛,这与 $\{f_n(b)\}$ 发散矛盾.

所以 $\{f_n(x)\}$ 在 $[a,b)$ 上非一致收敛.

681. (陕西师范大学) 若级数 $\sum\limits_{n=1}^{\infty} a_n$ 收敛,则 $Dirichlet$ 级数 $\sum\limits_{n=1}^{\infty} \dfrac{a_n}{n^x}$ 在 $[0, +\infty)$ 上一致收敛.

证 ① 级数 $\sum\limits_{n=1}^{\infty} a_n$ 在 $[0, +\infty)$ 上一致收敛.

② 对每个 $x \in [0, +\infty)$,$\left\{\dfrac{1}{n^x}\right\}$ 是单调减的,并且对 $\forall x \in [0, +\infty)$ 及任意 $n \in N$,$\left|\dfrac{1}{n^x}\right| \leqslant 1$.

由阿贝尔判别法知级数 $\sum\limits_{n=1}^{\infty} \dfrac{a_n}{n^x}$ 在 $[0, +\infty)$ 上一致收敛.

682. (河北师范大学) (1) 设 (ⅰ)$f_n(x)$ 在 $[a,b]$ 上连续,$n = 1,2,\cdots$,

(ⅱ)$\{f_n(x)\}$ 在 $[a,b]$ 上一致收敛于 $f(x)$;

(ⅲ) 在 $[a,b]$ 上 $f_n(x) \leqslant f(x)$,$n = 1,2,\cdots$

试证:$\{e^{f_n(x)}\}$ 在 $[a,b]$ 上一致收敛于 $e^{f(x)}$;

(2) 若将(1)中条件(ⅲ)去掉,则 $\{e^{f_n(x)}\}$ 是否还一致收敛. 试证明你的结论.

证 (1) 由条件(ⅰ),(ⅱ)知 $\exists M > \max\{0, |a| |b|\}$,使得

$|f_n(x)| \leqslant M$,$|f(x)| \leqslant M$,$(\forall n \in N, \forall x \in [a,b])$

$g(x) = e^x$ 在 $[-M, M]$ 上连续,从而在 $[-M, M]$ 上一致连续,即对 $\forall \varepsilon > 0$,$\exists \delta > 0$,当 $x_1, x_2 \in [-M, M]$ 且 $|x_1 - x_2| < \delta$ 时,有 $|e^{x_1} - e^{x_2}| < \varepsilon$.

又 $\{f_n(x)\}$ 在 $[a,b]$ 上一致收敛于 $f(x)$,所以对 $\delta > 0$,$\exists N > 0$,当 $n > N$ 时,对一切 $x \in [a,b]$ 有 $|f_n(x) - f(x)| < \delta$,

所以 $|e^{f_n(x)} - e^{f(x)}| < \varepsilon$.

即对 $\forall \varepsilon > 0$,$\exists N > 0$,当 $n > N$ 时,

对一切 $x \in [a,b]$ 有 $|e^{f_n(x)} - e^{f(x)}| < \varepsilon$.

亦即 $\{e^{f_n(x)}\}$ 在 $[a,b]$ 上一致收敛于 $e^{f(x)}$.

(2) 若将题中条件(ⅲ)去掉,则 $\{(e^{f_n(x)}\}$ 仍然一致收敛于 $e^{f(x)}$. 因为(1)的证明没有用到条件(ⅲ).

683. (华中科技大学) 证明:$\sum\limits_{n=1}^{\infty} (-1)^n \dfrac{x^2 + n}{n^2}$ 在任何有穷区间上一致收敛,而在任何一点都不绝对收敛.

证 (1) 对任何有穷区间 I,$\exists M_I > 0$,使得对一切 $x \in I$ 有 $|x| \leqslant M_I$.

1) $\displaystyle\sum_{n=1}^{\infty}(-1)^n\frac{1}{n}$ 在 I 上一致收敛；

2) 对 $\forall x \in I, \frac{x^2+n}{n}=\frac{x^2}{n}+1$ 单调减且 $\frac{x^2}{n}+1 \leqslant M_I^2+1$，即是一致有界的.

由阿贝尔判别法知在任何有穷区间 I 上，级数 $\displaystyle\sum_{n=1}^{\infty}(-1)^n\frac{x^2+n}{n^2}$ 一致收敛.

(2) 对 $\forall x_0 \in R, \displaystyle\sum_{n=1}^{\infty}\left|(-1)^n\frac{x_0^2+n}{n^2}\right|=\sum_{n=1}^{\infty}\frac{x_0^2}{n^2}+\sum_{n=1}^{\infty}\frac{1}{n}$,

由于 $\displaystyle\sum_{n=1}^{\infty}\frac{x_0^2}{n^2}$ 收敛, $\displaystyle\sum_{n=1}^{\infty}\frac{1}{n}$ 发散, 故 $\displaystyle\sum_{n=1}^{\infty}(-1)^n\frac{x_1^2+n}{n^2}$ 不绝对收敛.

684. (华东师范大学) 设 $f(x)$ 在 $[0,1]$ 上连续, $f(1)=0$. 证明:

(1) $\{x^n\}$ 在 $[0,1]$ 上不一致收敛;

(2) $\{f(x) \cdot x^n\}$ 在 $[0,1]$ 上一致收敛.

证 (1) 显然 $g(x)=\begin{cases}0, x\in[0,1)\\ 1, x=1\end{cases}$ 是 $\{x^n\}$ 的极限函数,

x^n 在 $[0,1]$ 上连续 $(n\in N)$, 而 $g(x)$ 在 $[0,1]$ 上不连续, 所以 $\{x^n\}$ 在 $[0,1]$ 上不一致收敛.

(2) $f(x)$ 在 $x=1$ 处连续, 所以对 $\forall \varepsilon>0, \exists 0<\delta<1$,

当 $|x-1|<\delta$ 时, 有 $|f(x)-f(1)|<\varepsilon$, 即 $|f(x)|<\varepsilon$.

易证 $\{f(x)\cdot x^n\}$ 在 $[0,1-\delta]$ 上一致收敛于零, 即对 $\forall \varepsilon>0$.

$\exists N>0$, 当 $x>N$ 时, 对一切 $x\in[0,1-\delta]$ 有 $|f(x)\cdot x^n-0|<\varepsilon$.

所以对 $\forall \varepsilon>0, \exists N>0$, 当 $n>N$ 时, 对一切 $x\in[0,1]$, 有

$$|f(x)\cdot x^n-0|\leqslant\max\left\{\sup_{x\in[0,1-\delta]}|f(x)\cdot x^n|, \sup_{x\in[1-\delta,1]}|f(x)\cdot x^n|\right\}<$$

$$\max\left\{\varepsilon, \sup_{x\in(1-\delta,1]}|f(x)|\right\}=\varepsilon$$

所以 $\{f(x)x^n\}$ 在 $[0,1]$ 上一致收敛于零.

685. (中国科学院) 设函数 $f(x)$ 在区间 $[a,b]$ 上有连续的导函数 $f'(x)$ 及 $a<\beta<b$. 对于每一个自然数 $n\geqslant\frac{1}{b-\beta}$ 定义函数

$$f_n(x)=n\left[f\left(x+\frac{1}{n}\right)-f(x)\right] \tag{①}$$

试证: 当 $n\to+\infty$ 时函数序列在区间 $[a,\beta]$ 上一致收敛于 $f'(x)$.

证 $f'(x)$ 在 $[a,b]$ 上连续, 从而在 $[a,b]$ 上一致连续, 即对 $\forall \varepsilon>0, \exists \delta>0$, 对 $\forall x_1, x_2\in[a,b], |x_1-x_2|<\delta$ 时 $|f'(x_1)-f'(x_2)|<\varepsilon$.

对 $\forall \varepsilon>0$, 取 $N=\left[\frac{1}{\delta}\right]+1$, 则当 $n>N$ 时, 对一切 $x\in[a,\beta]$, 由式 ① 得

$$|f_n(x)-f'(x)|=|f'(x+\theta_n)-f'(x)|<\varepsilon\left(0<\theta_n<\frac{1}{n}\right)$$

所以函数列 $f_n(x)$ 在 $[a,\beta]$ 上一致收敛于 $f'(x)$.

686. (北京大学) 设在 $[a,b]$ 上, $f_n(x)$ 一致收敛于 $f(x)$, $g_n(x)$ 一致收敛于 $g(x)$. 若存在正数列 $\{M_n\}$, 使得

$|f_n(x)| \leqslant M_n, |g_n(x)| \leqslant M_n, (x \in [a,b], n = 1, 2, \cdots)$.

证明：$f_n(x) \cdot g_n(x)$ 在 $[a,b]$ 上一致收敛于 $f(x) \cdot g(x)$.

证 先证 $\{f_n(x)\}$ 一致有界.

$f_n(x)$ 一致收敛于 $f(x)$，所以对 $\forall \varepsilon > 0, \exists N' > 0$，

当 $n > N'$ 时，$|f_n(x) - f(x)| < \varepsilon (x \in [a,b])$.

特别地对 $\varepsilon = 1$，有 $|f_n(x) - f(x)| < 1$，

所以 $|f(x)| \leqslant |f_n(x)| + 1 \leqslant M_n + 1$，特别地取 $n = W' + 1$ 有 $|f(x)| \leqslant M_{N+1} + 1$

即 $f(x)$ 是有界的.

记 $M'_1 = \sup\limits_{x \in [a,b]} |f(x)|$，则当 $n > N'$ 时，$|f_n(x)| \leqslant |f(x)| + 1 \leqslant M'_1 + 1$.

取 $M = \max\{M_1, M_2, \cdots, M_{N'}, M'_1 + 1\}$

则对 $\forall n \in N, \forall x \in [a,b], |f_n(x)| \leqslant M$.

同理可证 $g(x)$ 是有界的，即 $\exists M' > 0$，使得

$|g(x)| \leqslant M', x \in [a,b]$.

由于 $f_n(x)$ 一致收敛于 $f(x), g_n(x)$ 一致收敛于 $g(x)$，所以对 $\forall \varepsilon > 0, \exists N > 0$，当 $n > N$ 时对一切 $x \in [a,b]$ 有

$$|f_n(x) - f(x)| < \frac{\varepsilon}{2M'}, |g_n(x) - g(x)| < \frac{\varepsilon}{2M}$$

所以当 $n > N$ 时，

$|f_n(x)g_n(x) - f(x)g(x)| \leqslant$

$|f_n(x)g_n(x) - f_n(x)g(x)| + |f_n(x)g(x) - f(x)g(x)| \leqslant$

$|f_n(x)||g_n(x) - g(x)| + |g(x)||f_n(x) - f(x)| <$

$M\dfrac{\varepsilon}{2M} + M'\dfrac{\varepsilon}{2M'} = \varepsilon$.

故 $f_n(x)g_n(x)$ 在 $[a,b]$ 上一致收敛于 $f(x) \cdot g(x)$.

687. (同济大学)

(1) 求证：$\sum\limits_{n=1}^{\infty} x^n(1-x^n)$ 在 $[0,1]$ 上处处收敛，但非一致收敛；

(2) $f(x)$ 在 $(-\infty, +\infty)$ 内处处有任意阶导数，级数

$\cdots + f^{(n)}(x) + \cdots + f''(x) + f'(x) + f(x) + \int_0^x f(t_1)dt_1 + \int_0^x dt_2 \int_0^{t_2} f(t_1)dt_1 + \cdots +$

$\int_0^x dt_n \int_0^{t_n} dt_{n-1} \cdots \int_0^{t_2} f(t_1)dt_1$

按二个方向在 $(-\infty, +\infty)$ 内一致收敛. 试求级数的和函数 $F(x)$.

证 (1) $$\sum_{n=1}^{\infty} x^n(1-x^n) = \sum_{n=1}^{\infty} x^n - \sum_{n=1}^{\infty} x^{2n}$$

对 $\forall x_0 \in [0,1), \sum\limits_{n=1}^{\infty} x^n$ 与 $\sum\limits_{n=1}^{\infty} x^{2n}$ 均收敛，所以 $\sum\limits_{n=1}^{\infty} x^n(1-x^n)$ 收敛，

当 $x = 1$ 时，$\sum\limits_{n=1}^{\infty} x^n(1-x^n) = \sum\limits_{n=1}^{\infty} 0 = 0$，亦收敛.

所以 $\sum\limits_{n=1}^{\infty} x^n(1-x^n)$ 在 $[0,1]$ 上处处收敛.

但 $|R_n(x)| = \left| \sum_{k=n+1}^{\infty} x^k(1-x^k) \right| = \left| \frac{x^{n+1}}{1-x} - \frac{x^{2n+2}}{1-x^2} \right|$

所以 $\sup_{[0,1]} |R_n(x)| \geqslant \left| \frac{(1-\frac{1}{n})^{n+1}}{1-(1-\frac{1}{n})} - \frac{(1-\frac{1}{n})^{2n+2}}{1-(1-\frac{1}{n})^2} \right| \geqslant$

$$n(1-\frac{1}{n})^{n+1} - \frac{(1-\frac{1}{n})^{2n+2}}{1-(1-\frac{1}{n})^2} \to +\infty$$

$$(n \to +\infty)$$

所以 $\sum_{n=1}^{\infty} x^n(1-x^n)$ 在 $[0,1]$ 上非一致收敛.

(2) $f(x)$ 有各阶导数,自然各阶导数都连续,该级数逐项求导之后,级数仍是它自己,因而一致收敛,满足逐项求导三条件,所以

$$\frac{\mathrm{d}F(x)}{\mathrm{d}x} = F(x), \frac{\mathrm{d}F(x)}{F(x)} = \mathrm{d}x$$

两边同时积分得 $\ln F(x) = x+c, F(x) = c_1 \mathrm{e}^x.$(其中 $c_1 = \mathrm{e}^c$ 为常数),令 $x=0$,知 $c_1 = f(0) + f'(0) + \cdots + f^{(n)}(0) + \cdots$

688.(北京大学) 求极限 $\lim_{x \to 0+} \sum_{n=1}^{\infty} \frac{1}{2^n n^x}$.

解 记 $u_n(x) = \frac{1}{2^n n^x}$,则 $|u_n(x)| \leqslant \frac{1}{2^n} (x \in [0,1])$.

又 $\sum_{n=1}^{\infty} \frac{1}{2^n}$ 收敛,故 $\sum_{n=1}^{\infty} u_n(x)$ 在 $[0,1]$ 上一致收敛.

显然 $u_n(x)$ 在 $[0,1]$ 上连续,故有 $\sum_{n=1}^{\infty} \frac{1}{2^n n^x}$ 在 $[0,1]$ 上连续.

所以 $\lim_{x \to 0+} \sum_{n=1}^{\infty} \frac{1}{2^n n^x} = \sum_{n=1}^{\infty} \lim_{x \to 0+} \frac{1}{2^n n^x} = \sum_{n=1}^{\infty} \frac{1}{2^n} = 1.$

689.(中国科学院) 试证:无穷级数 $\sum_{n=0}^{\infty} \frac{n}{1+n^3 x}$ 在 $0 < x < 1$ 时收敛,但不一致收敛.

证 $\forall x_0 \in (0,1)$,有 $0 < \frac{n}{1+n^3 x_0} < \frac{n}{n^3 x_0} = \frac{1}{n^2 x_0}$,

$\sum_{n=1}^{\infty} \frac{1}{n^2 x_0}$ 收敛,所以 $\sum_{n=1}^{\infty} \frac{n}{1+n^3 x_0}$ 收敛.

取 $\varepsilon_0 = \frac{1}{2}$,则对 $\forall N > 0$,$\exists n_0 > N$ 及 $x'_0 = \frac{1}{n_0^2}$,使得

$$\frac{n_0}{1+n_0^3(\frac{1}{n_0^2})} = \frac{n_0}{1+n_0} \geqslant \frac{1}{2}$$

所以 $\displaystyle\sum_{n=0}^{\infty}\dfrac{n}{1+n^3x}$ 在 $(0,1)$ 上不是一致收敛的.

690. (华东师范大学)

(1) 已知级数 $\displaystyle\sum_{n=1}^{\infty}a_n$ 为发散的一般项级数.

试证明: $\displaystyle\sum_{n=1}^{\infty}\left(1+\dfrac{1}{n}\right)a_n$ 也是发散级数;

(2) 证明: $\displaystyle\sum_{n=1}^{\infty}2^n\sin\dfrac{1}{3^nx}$ 在 $(0,+\infty)$ 上处处收敛,而不一致收敛.

证 (1) 用反证法:若 $\displaystyle\sum\left(1+\dfrac{1}{n}\right)a_n$ 收敛,由 Abel 判别法

$\displaystyle\sum\left[\left(1+\dfrac{1}{n}\right)a_n\cdot\dfrac{n}{n+1}\right]$ 收敛,即 $\displaystyle\sum a_n$ 收敛,矛盾.

(2) 对 $\forall x\in(0,+\infty)$, $\left|2^n\sin\dfrac{1}{3^nx}\right|\leqslant 2^n\dfrac{1}{3^nx}=\left(\dfrac{2}{3}\right)^n\dfrac{1}{x}$.

$\displaystyle\sum_{n=1}^{\infty}\left(\dfrac{2}{3}\right)^n\dfrac{1}{x}$ 收敛,所以 $\displaystyle\sum_{n=1}^{\infty}2^n\sin\dfrac{1}{3^nx}$ 收敛,

取 $\varepsilon_0=2$,则对 $\forall N>0$,$\exists n_0>N$ 及 $x_0=3^{-n_0}\dfrac{2}{\pi}>0$,使得

$$\left|2^{n_0}\sin\dfrac{1}{3^{-n_0}\dfrac{2}{\pi}}\right|=2^{n_0}\geqslant 2$$

所以 $\displaystyle\sum_{n=1}^{\infty}2^n\sin\dfrac{1}{3^nx}$ 在 $(0,+\infty)$ 上不一致收敛.

691. (北京大学) 设 $f(x)$ 在 $(-\infty,+\infty)$ 有任意阶导数 $f^{(n)}(x)$,且对任意有限闭区间 $[a,b]$,$f^{(n)}(x)$ 在 $[a,b]$ 上一致收敛于 $\phi(x)(n\to+\infty)$. 求证: $\phi(x)=ce^x$(c 为常数).

证 显然 $f^{(n)}(x)$ 满足可微性定理,即

$$\dfrac{\mathrm{d}\phi(x)}{\mathrm{d}x}=\lim_{n\to+\infty}\dfrac{\mathrm{d}f^{(n)}(x)}{\mathrm{d}x}=\phi(x)$$

由 $\dfrac{\mathrm{d}\phi(x)}{\phi(x)}=\mathrm{d}x$ 两边积分得 $\phi(x)=ce^x$(c 为常数).

692. (武汉大学) 级数 $1-\dfrac{1}{2}+\dfrac{1}{3^2}-\dfrac{1}{4}+\dfrac{1}{5^2}+\cdots\dfrac{1}{(2n-1)^2}-\dfrac{1}{2n}+\cdots$ 是否收敛?为什么?

解 此级数不收敛. 因为

$$1-\dfrac{1}{2}+\dfrac{1}{3^2}-\dfrac{1}{4}+\dfrac{1}{5^2}+\cdots+\dfrac{1}{(2n-1)^2}-\dfrac{1}{2n}+\cdots=$$

$$\sum_{n=1}^{\infty}\left[\dfrac{1}{(2n-1)^2}-\dfrac{1}{2n}\right]=\sum_{n=1}^{\infty}\dfrac{1}{(2n-1)^2}-\sum_{n=1}^{\infty}\dfrac{1}{2n}$$

$\displaystyle\sum_{n=1}^{\infty}\dfrac{1}{(2n-1)^2}$ 收敛,而 $\displaystyle\sum_{n=1}^{\infty}\dfrac{1}{2n}$ 发散,所以原级数发散.

693. **(华东师范大学)**　设 $\{f_n(x)\}$ 为 $[a,b]$ 上的连续函数序列，且 $f_n(x) \Rightarrow f(x), x \in [a,b]$.

证明：若 $f(x)$ 在 $[a,b]$ 上无零点，则当 n 充分大时，$f_n(x)$ 在 $[a,b]$ 上也无零点，并有 $\dfrac{1}{f_n(x)} \Rightarrow \dfrac{1}{f(x)}, x \in [a,b]$.

证　(1) 由题设易得 $f(x)$ 在 $[a,b]$ 上连续，不妨设 $f(x) > 0, x \in [a,b]$.

m 为 $f(x)$ 在 $[a,b]$ 上的最小值. 由 $f_n(x) \Rightarrow f(x)$ 知

对 $\forall \varepsilon > 0, \exists N > 0$，当 $n > N$ 时，对一切 $x \in [a,b]$ 有 $|f_n(x) - f(x)| < \varepsilon$.

特别地，取 $\varepsilon = m/2$，则 $\exists N_1 > 0$，当 $n > N_1$ 时 $|f_n(x) - f(x)| < \dfrac{m}{2}$，所以

$$0 < \frac{m}{2} \leqslant f(x) - \frac{m}{2} < f_n(x) < f(x) + \frac{m}{2}$$

所以当 n 充分大时，$f_n(x)$ 无零点.

(2) 对 $\forall \varepsilon > 0, \exists N_2 > 0$，当 $n > N_2$ 时，对一切 $x \in [a,b]$ 有 $|f_n(x) - f(x)| < \dfrac{m^2}{2}\varepsilon$.

取 $N = \max\{N_1, N_2\}$，则当 $n > N$ 时，对一切 $x \in [a,b]$ 有

$$\left| \frac{1}{f_n(x)} - \frac{1}{f(x)} \right| = \left| \frac{f_n(x) - f(x)}{f_n(x)f(x)} \right| \leqslant \frac{|f_n(x) - f(x)|}{\frac{m}{2}m} < \frac{\frac{m^2}{2}\varepsilon}{\frac{m^2}{2}} = \varepsilon$$

所以 $\dfrac{1}{f_n(x)} \Rightarrow \dfrac{1}{f(x)}, x \in [a,b]$.

694. **(华东师范大学)**　设对每一个 n，$f_n(x)$ 在 $[a,b]$ 上有界，且当 $n \to +\infty$ 时，$f_n(x) \Rightarrow f(x), x \in [a,b]$.

证明：(1) $f(x)$ 在 $[a,b]$ 上有界；

(2) $\lim\limits_{n \to +\infty} \sup\limits_{a \leqslant x \leqslant b} f_n(x) = \sup\limits_{a \leqslant x \leqslant b} f(x) = \sup\limits_{a \leqslant x \leqslant b} \lim\limits_{n \to +\infty} f_n(x)$.

证：(1) 参见第 686 题的证明.

(2) 假设 $\lim\limits_{n \to +\infty} \sup\limits_{a \leqslant x \leqslant b} f_n(x) \neq \sup\limits_{a \leqslant x \leqslant b} f(x)$，则 $\exists \varepsilon_0 > 0$，对 $\forall N > 0$ 有 $n > N$，使

$\left| \sup f_n(x) - \sup f(x) \right| \geqslant \varepsilon_0$.

又 $\left| \sup f_n(x) - \sup f(x) \right| \leqslant \sup |f_n(x) - f(x)|$，

所以 $\lim\limits_{n \to +\infty} \sup |f_n(x) - f(x)| \geqslant \varepsilon_0$ 与 $f_n(x) \Rightarrow f(x)$ 矛盾.

所以 $\lim\limits_{n \to +\infty} \sup\limits_{a \leqslant x \leqslant b} f_n(x) = \sup\limits_{a \leqslant x \leqslant b} f(x) \left(= \sup\limits_{a \leqslant x \leqslant b} \lim\limits_{n \to +\infty} f_n(x) \right)$.

695. **(兰州大学)**　设 $f_n(x) = \sum\limits_{k=1}^{n} \dfrac{1}{n} \cos(x + \dfrac{k}{n}), n = 1, 2, \cdots$

证明：在 $(-\infty, +\infty)$ 上 $\{f_n(x)\}$ 一致收敛.

证　$\lim\limits_{n \to \infty} f_n(x) = \lim\limits_{n \to \infty} \sum\limits_{k=1}^{n} \dfrac{1}{n} \cos\left(x + \dfrac{k}{n}\right) = \int_0^1 \cos(x + t)\mathrm{d}t$

令 $f(x) = \int_0^1 \cos(x + t)\mathrm{d}t$. 现证 $f_n(x) \Rightarrow f(x)$.

$$f(x) = \int_0^1 \cos(x+t)\mathrm{d}t = \sum_{k=1}^n \int_{\frac{k-1}{n}}^{\frac{k}{n}} \cos(x+t)\mathrm{d}t.$$

$$\left| f_n(x) - f(x) \right| = \left| \sum_{k=1}^n \frac{1}{n}\cos\left(x+\frac{k}{n}\right) - \sum_{k=1}^n \int_{\frac{k-1}{n}}^{\frac{k}{n}} \cos(x+t)\mathrm{d}t \right| =$$

$$\left| \sum_{k=1}^n \int_{\frac{k-1}{n}}^{\frac{k}{n}} \cos\left(x+\frac{k}{n}\right)\mathrm{d}t - \sum_{k=1}^n \int_{\frac{k-1}{n}}^{\frac{k}{n}} \cos(x+t)\mathrm{d}t \right| \leqslant$$

$$\sum_{k=1}^n \int_{\frac{k-1}{n}}^{\frac{k}{n}} \left| \cos\left(x+\frac{k}{n}\right) - \cos(x+t) \right| \mathrm{d}t \qquad\qquad ①$$

由于 $\cos(x+t)$ 连续,从而在任意闭区间上一致连续,对 $\forall \varepsilon > 0, \exists \delta > 0$ 当 $|t' - t''| < \delta$ 时

$$\left| \cos(x+t') - \cos(x+t'') \right| < \varepsilon$$

取 $n > \dfrac{1}{\delta}$,当 $t \in \left(\dfrac{k-1}{n}, \dfrac{k}{n}\right)$ 则 $\left| t - \dfrac{k}{n} \right| < \dfrac{1}{n} < \delta$,于是 $\left| \cos\left(x+\dfrac{k}{n}\right) - \cos(x+t) \right| < \varepsilon.$

由式 ①

$$\left| f_n(x) - f(x) \right| < \sum_{k=1}^n \int_{\frac{k-1}{n}}^{\frac{k}{n}} \varepsilon\,\mathrm{d}t = \varepsilon$$

故 $f_n(x) \rightrightarrows f(x)$,即 $\{f_n(x)\}$ 在 $(-\infty, +\infty)$ 上一致收敛.

696.(**武汉大学**) 设 $\{f_n(x)\}$ 在 $[a,b]$ 上有定义,满足一致 Lipschitz 条件:$|f_n(x) - f_n(x')| \leqslant M|x-x'|$,$\forall n \in N, \forall x, x' \in [a,b]$,其中 $M > 0$ 为一常数,且逐点有 $f_n(x) \rightarrow f(x)$(当 $n \rightarrow +\infty$).

证明:(1)$f(x)$ 在 $[a,b]$ 上连续;

(2)$f_n(x) \rightrightarrows f(x), x \in [a,b]$.

证 (1) 对 $\forall \varepsilon > 0, \exists \delta = \varepsilon/2M > 0$,对 $\forall x, x' \in [a,b]$,且 $|x-x'| < \delta$ 时,

$$|f_n(x) - f_n(x')| < M|x-x'| < M \cdot \frac{\varepsilon}{2M} = \frac{\varepsilon}{2}.$$

令 $n \rightarrow +\infty$,得 $|f(x) - f(x')| \leqslant \dfrac{\varepsilon}{2} < \varepsilon$. 所以 $f(x)$ 在 $[a,b]$ 上一致连续,从而在 $[a,b]$ 上连续.

(2) 由(1)中证明知:对 $\forall \varepsilon > 0, \exists \delta = \dfrac{\varepsilon}{3M} > 0$

对 $x_1, x_2 \in [a,b]$ 且 $|x_1 - x_2| < \delta$ 时,$|f_n(x_1) - f_n(x_2)| < \varepsilon/3.$

将$[a,b]k$等分,使得$\dfrac{b-a}{k} < \varepsilon/3M$.

$$a = a_0 < a_1 < a_2 < \cdots < a_k = b$$

因为$f_n(x) \to f(x), (n \to +\infty), x \in [a,b]$,所以对$\forall \varepsilon > 0, \exists N_i > 0 (i = 0, 1, 2, \cdots, k)$,当$n > N_i$时,$|f_n(a_i) - f(a_i)| < \varepsilon/3$. 取$N = \max\{N_0, N_1, \cdots, N_k\}$,则当$n > N$时,$|f_n(a_i) - f(a_i)| < \varepsilon/3, (\forall i \in \{0, 1, 2, \cdots, k\})$

所以对$\forall \varepsilon > 0, \exists N > 0$,当$n > N$时对一切$x \in [a,b]$,有

$$|f_n(x) - f(x)| \leqslant |f_n(x) - f_n(a_i)| + |f_n(a_i) - f(a_i)| + |f(a_i) - f(x)| <$$
$$\varepsilon/3 + \varepsilon/3 + \varepsilon/3 =$$
$$\varepsilon \quad (\text{其中 } |x - a_i| < \delta)$$

所以$f_n(x) \rightrightarrows f(x), n \to +\infty, x \in [a,b]$.

697.(北京航天航空大学) 求证:对任何实数x,级数
$\sin x - \sin\sin x + \sin\sin\sin x - \cdots$ 收敛.

证 对$x = 0$,或$\sin x = 0$,显然$a_n(x) = 0$收敛于0,不妨设$\sin x > 0$(否则,只须填一负号),则

$$\text{原级数} = \sum_{n=1}^{\infty} (-1)^{n+1} \underbrace{\sin\sin\cdots\sin x}_{n \text{ 次}} \text{为交错级数}.$$

记$a_n = \underbrace{\sin\sin\cdots\sin x}_{n \text{ 次}}$则$a_{n+1} = \sin a_n \leqslant a_n$,

所以$\{a_n\}$为单调减数列,且有下界a_1.

故$\lim\limits_{n \to \infty} a_n$存在,记为$l$,则由$a_{n+1} = \sin a_n$两边取极限得$l = \sin l$,又$l \in [0,1]$,所以$l = 0$. 即$\lim\limits_{n \to \infty} a_n = 0$.

由莱布尼兹定理知原级数收敛.

698.(武汉大学) 设$y_{n+1}(x) = \psi(x) + \varphi(y_n(x)), y_0(x) \equiv y_0, x \in (-\infty, +\infty)$. y_0满足$\psi(x_0) = y_0 - \varphi(y_0), \psi(x)$是连续有界函数,$\varphi$满足 Lipschitz 条件:
$|\varphi(y') - \varphi(y'')| \leqslant \alpha |y' - y''|, 0 < \alpha < 1$

证明:(1)$\{y_n(x)\}$在$(-\infty, +\infty)$上一致收敛;

(2) 记$\lim\limits_{n \to \infty} y_n(x) = y(x)$,则$y(x)$连续,并且$y(x_0) = y_0$;

(3) 若再加上$\psi(x)$是一致连续的,则$y(x)$也是一致连续的.

证 (1) 对任何自然数p,由于
$|y_{n+p}(x) - y_n(x)| \leqslant |y_{n+p}(x) - y_{n+p-1}(x)| + \cdots + |y_{n+1}(x) - y_n(x)| =$
$|\varphi(y_{n+p-1}(x)) - \varphi(y_{n+p-2}(x))| + \cdots + |\varphi(y_n(x)) - \varphi(y_{n-1}(x))| \leqslant$
$\alpha |y_{n+p-1}(x) - y_{n+p-2}(x)| + \cdots + \alpha |y_n(x) - y_{n-1}(x)| \leqslant$
$\cdots \leqslant$
$(\alpha^{n+p-1} + \alpha^{n+p-2} + \cdots + \alpha^n) |y_1(x) - y_0|$

$\psi(x)$是连续有界函数,所以$y_1(x) = \psi(x) + \varphi(y_0)$,也是连续有界的,从而$y_1(x) - y_0$有界,即$\exists M > 0$,使得$|y_1(x) - y_0| \leqslant M, \forall x \in (-\infty, +\infty)$.

所以$|y_{n+p}(x) - y_n(x)| \leqslant M(\alpha^{n+p-1} + \cdots + \alpha^n) <$

$$M\frac{\alpha^n}{1-\alpha}$$

对 $\forall \varepsilon > 0, \exists N = \left[\log_{\alpha}\frac{\varepsilon(1-\alpha)}{M}\right]$，当 $n > N$ 时，$|y_{n+p}(x) - y_n(x)| < \varepsilon, x \in (-\infty, +\infty)$.

由柯西准则知　$\{y_n(x)\}$ 在 $(-\infty, +\infty)$ 上一致收敛.

(2) 对 $\forall x_* \in (-\infty, +\infty)$，由于

$|y_n(x) - y_n(x_*)| = |\psi(x) + \varphi(y_{n-1}(x)) - \psi(x_*) - \varphi(y_{n-1}(x_*))| \leqslant$

$|\psi(x) - \psi(x_*)| + |\varphi(y_{n-1}(x)) - \varphi(y_{n-1}(x_*))| \leqslant$

$|\psi(x) - \psi(x_*)| + \alpha|y_{n-1}(x) - y_{n-1}(x_*)| \leqslant$

$\cdots\cdots \leqslant$

$\dfrac{1-\alpha^n}{1-\alpha}|\psi(x) - \psi(x_*)| + \alpha^{n-1}|\varphi(y_0) - \varphi(y_0)| =$

$\dfrac{1-\alpha^n}{1-\alpha}|\psi(x) - \psi(x_*)|$.

让 $x \to x_*$，则

$$\lim_{x \to x_*}|y_n(x) - y_n(x_*)| \leqslant \lim_{x \to x_*}\frac{1-\alpha^n}{1-\alpha}|\psi(x) - \psi(x_*)| = 0$$

即 $\lim\limits_{x \to x_*} y_n(x) = y_n(x_*)$，亦即 $y_n(x)$ 在 x_* 处连续，从而 $y_n(x)$ 在 $(-\infty, +\infty)$ 上连续，又 $y_n(x) \Rightarrow y(x), x \in (-\infty, +\infty), (n \to +\infty)$，故 $y(x)$ 在 $(-\infty, +\infty)$ 上连续.

又 $y(x_0) = \lim\limits_{n \to +\infty} y_n(x_0) = \lim\limits_{n \to +\infty}(\psi(x_0) + \varphi(y_{n-1}(x_0))) = \psi(x_0) + \varphi(y(x_0))$

所以 $|y(x_0) - y_0| = |\psi(x_0) + \varphi(y(x_0)) - \psi(x_0) - \varphi(y_0)| =$

$|\varphi(y(x_0)) - \varphi(y_0)| \leqslant$

$\alpha|y(x_0) - y_0|, (0 < \alpha < 1)$

故 $y(x_0) - y_0 = 0$，即 $y(x_0) = y_0$.

(3) 对 $y_{n+1}(x) = \psi(x) + \varphi(y_n(x))$ 两边关于 $n \to +\infty$ 取极限得

$$y(x) = \psi(x) + \varphi(y(x))$$

$|y(x_1) - y(x_2)| = |\psi(x_1) + \varphi(y(x_1)) - \psi(x_2) - \varphi(y(x_2))| \leqslant$

$|\varphi(x_1) - \varphi(x_2)| - |\varphi(y(x_1)) - \varphi(y(x_2))| \leqslant$

$|\psi(x_1) - \psi(x_2)| + \alpha|y(x_1) - y(x_2)|$

所以 $|y(x_1) - y(x_2)| \leqslant \dfrac{1}{1-\alpha}|\psi(x_1) - \psi(x_2)|$.

$\psi(x)$ 一致连续，故对 $\varepsilon > 0, \exists \delta > 0$，当 $|x_1 - x_2| < \delta$ 时，

$$|\psi(x_1) - \varphi(x_2)| < (1-\alpha)\varepsilon$$

所以　　　　　　　　$|y(x_1) - y(x_2)| < \dfrac{1}{1-\alpha}(1-\alpha)\varepsilon = \varepsilon$

故 $y(x)$ 在 $(-\infty, \infty)$ 上一致连续.

699. (武汉大学)　给定级数 $\sum\limits_{n=0}^{\infty}\dfrac{x^n}{n+1}$，

(1) 求它的和函数 $S(x)$;

(2) 证明广义积分 $\int_0^1 S(x)\mathrm{d}x$ 收敛,并写出它的值.

解 (1) 考虑级数 $\sum\limits_{n=0}^{\infty}\dfrac{x^{n+1}}{n+1}$,显然

$\sum\limits_{n=0}^{\infty}\dfrac{x^{n+1}}{n+1}$ 在 $|x|<1$ 时收敛及 $\sum\limits_{n=0}^{\infty}\left(\dfrac{x^{n+1}}{n+1}\right)' = \sum\limits_{n=0}^{\infty}x^n$ 在 $|x|<1$ 时收敛.

由逐次求导定理知

$$\left(\sum_{n=0}^{+\infty}\frac{x^{n+1}}{n+1}\right)' = \sum_{n=0}^{+\infty}x^n = \frac{1}{1-x}$$

故

$$\sum_{n=0}^{+\infty}\frac{x^{n+1}}{n+1} = \int_0^x \frac{1}{1-t}\mathrm{d}t = -\ln(1-x)$$

所以

$$S(x) = \sum_{n=0}^{+\infty}\frac{x^n}{n+1} = -\frac{\ln(1-x)}{x}$$

$(2)\displaystyle\int_0^1 S(x)\mathrm{d}x = \int_0^1\left(\sum_{n=0}^{+\infty}\frac{x^n}{n+1}\right)\mathrm{d}x =$

$$\lim_{\delta\to 0^+}\int_0^{1-\delta}\left(\sum_{n=0}^{+\infty}\frac{x^n}{n+1}\right)\mathrm{d}x = \lim_{\delta\to 0}\sum_{n=0}^{+\infty}\int_0^{1-\delta}\frac{x^n}{n+1}\mathrm{d}x$$

$$\sum_{n=0}^{+\infty}\lim_{\delta\to 0^+}\int_0^{1-\delta}\frac{x^2}{n+1}\mathrm{d}x = \sum_{n=0}^{+\infty}\int_0^1\frac{x^n}{n+1}\mathrm{d}x = \sum_{n=0}^{+\infty}\frac{1}{(n+1)^2} = \frac{\pi^2}{6}$$

700.(湖北大学) 设 $u_n(x)(n=1,2,\cdots)$ 是 $[a,b]$ 上的单调函数,证明若 $\sum u_n(a)$ 与 $\sum u_n(b)$ 都绝对收敛,则级数 $\sum u_n(x)$ 在 $[a,b]$ 上绝对收敛并且一致收敛.

证 不妨设 $u_n(x)$ 单调增加,则 $u_n(a)\leqslant u_n(x)\leqslant u_n(b)$.

$$|u_n(x)|\leqslant \max\{|u_n(a)|,|u_n(b)|\}\leqslant|u_n(a)|+|u_n(b)|$$

而

$$\sum_{n=1}^{+\infty}(|u_n(a)|+|u_n(b)|) = \sum_{n=1}^{+\infty}|u_n(a)|+\sum_{n=1}^{+\infty}|u_n(b)|$$

因为 $\sum u_n(a)$ 与 $\sum u_n(b)$ 都绝对收敛,所以 $\sum\limits_{n=1}^{+\infty}(|u_n(a)|+|u_n(b)|)$ 收敛.

又由比较判别法知 $\sum\limits_{n=1}^{+\infty}|u_n(x)|$ 收敛并且一致收敛.

701.(湖北大学) 试问 k 为何值时,$f_n(x) = xn^k\mathrm{e}^{-nx}$ 在 $0\leqslant x<+\infty$ 上一致收敛.

解 对每一个 $x\in[0,+\infty)$,由于

$$\lim_{n\to+\infty}f_n(x) = \lim_{n\to+\infty}\frac{x\cdot n^k}{\mathrm{e}^{nx}} = 0$$

故函数列的极限函数为 $f(x)=0$. 于是

$$\sup|f_n(x)-f(x)| = \sup|n^k x\mathrm{e}^{-nx}|$$

由于 $f'_n(x) = (x\mathrm{e}^{-nx}n^k)' = n^k\mathrm{e}^{-nx}(1-nx)$

令 $f'_n(x)=0$ 解得 $x=\dfrac{1}{n}$,易知此为 $f_n(x)$ 的极大值点(也是最大值点),于是

$$\sup|f_n(x)-f(x)| = \sup|n^k x\mathrm{e}^{-nx}| = \mathrm{e}^{-1}n^{k-1}$$

所以当 $k < 1$ 时，$\lim\limits_{n \to +\infty} \sup | f_n(x) - f(x) | = 0$，即当 $k < 1$ 时 $f_n(x)$ 一致收敛.

702. (华中科技大学)　设 $0 \leqslant x < 1$，证明：

$$\sum_{n=0}^{\infty} \left(1 - \frac{1}{2^{n+1}} \right) x^n = \sum_{n=0}^{\infty} \frac{(3x - x^2)^n}{2^{n+1}}$$

证　$\sum\limits_{n=0}^{\infty} \left(1 - \frac{1}{2^{n+1}} \right) x^n = \sum\limits_{n=0}^{\infty} x^n - \frac{1}{2} \sum\limits_{n=0}^{\infty} \left(\frac{x}{2} \right)^n = \frac{1}{1-x} - \frac{1}{2} \frac{1}{1 - \dfrac{x}{2}} =$

$\dfrac{1}{1-x} - \dfrac{1}{2-x} = \dfrac{1}{2 - 3x + x^2}$

令 $f(x) = \dfrac{3}{2} x - \dfrac{1}{2} x^2, x \in [0,1)$，则 $0 \leqslant f(x) < 1$.

$$\sum_{n=0}^{\infty} \frac{(3x - x^2)^n}{2^{n+1}} = \frac{1}{2} \sum_{n=0}^{\infty} \left(\frac{3}{2} x - \frac{1}{2} x^2 \right)^n = \frac{1}{2} \frac{1}{1 - \left(\dfrac{3}{2} x - \dfrac{1}{2} x^2 \right)} =$$

$$\frac{1}{2 - 3x + x^2}$$

故　　　　　　　　$\sum\limits_{n=0}^{\infty} \left(1 - \dfrac{1}{2^{n+1}} \right) x^n = \sum\limits_{n=0}^{\infty} \dfrac{(3x - x^2)^n}{2^{n+1}}$

703. (华中师范大学)　设 $f_0(x)$ 在 $[a,b]$ 上连续，$g(x,y)$ 在闭区域 $D = \{ a \leqslant x \leqslant b, a \leqslant y \leqslant b \}$ 上连续，对任何 $x \in [a,b]$，令

$$f_n(x) = \int_a^x g(x,y) f_{n-1}(y) \mathrm{d}y, n = 1, 2, 3, \cdots$$

证明：函数列 $\{ f_n(x) \}$ 在 $[a,b]$ 上一致收敛于零.

证　$f_0(x)$ 在 $[a,b]$ 上连续，故有界. 即存在 $M_1 > 0$，使得 $| f_0(x) | < M_1, (x \in [a,b])$.

同理存在 $M_2 > 0$，使得 $| g(x,y) | \leqslant M_2, ((x,y) \in D)$.

$| f_1(x) | = \left| \int_a^x g(x,y) f_0(y) \mathrm{d}y \right| \leqslant M_1 M_2 (x - a) \leqslant M_1 M_2 (b - a)$

$| f_2(x) | = \left| \int_a^x g(x,y) \cdot f_1(y) \mathrm{d}y \right| \leqslant M_2 \int_a^x M_1 M_2 (y - a) \mathrm{d}y =$

$\dfrac{M_1 M_2^2 (x - a)^2}{2} \leqslant \dfrac{M_1 M_2^2 (b - a)^2}{2!}$

　　　　………

如此继续下去，可得 $| f_n(x) | \leqslant \dfrac{M_1 M_2^n (x - a)^n}{n!} \leqslant \dfrac{M_1 M_2^n (b - a)^n}{n!}$.

由于 $\sum\limits_{n=0}^{\infty} \dfrac{M_1 M_2^n (b - a)^n}{n!}$ 收敛.

事实上，令 $a_n = \dfrac{M_1 M_2^n (b - a)^n}{n!}$，则由于 $\lim\limits_{n \to +\infty} \dfrac{a_{n+1}}{a_n} = \lim\limits_{n \to +\infty} \dfrac{M_2 (b - a)}{n + 1} = 0$.

由达朗贝尔判别法知 $\sum\limits_{n=0}^{\infty} \dfrac{M_1 M_2^n (b - a)^n}{n!}$ 收敛. 故 $\lim\limits_{n \to +\infty} \dfrac{M_1 M_2^n (b - a)^n}{n!} = 0$. 于是对

$\forall \varepsilon > 0, \exists N > 0,$ 当 $n > N$ 时, 有 $\dfrac{M_1 M_2^n (b-a)^n}{n!} < \varepsilon,$ 从而当 $n > N$ 时, 对一切 $x \in [a,b]$ 有

$$|f_n(x)| \leqslant \frac{M_1 M_2^n (b-a)^n}{n!} < \varepsilon$$

故 $f_n(x)$ 在 $[a,b]$ 上一致收敛于零.

704. (北京师范大学)　设 $f(x) = \sum\limits_{n=0}^{\infty} 2^{-n} \cos 2^n x,$ 求

$$\lim_{x \to 0+} x^{-1}[f(x) - f(0)]$$

解　$\dfrac{1}{x} = \dfrac{1}{1-(1-x)} = \sum\limits_{n=0}^{\infty} (1-x)^n \ (0 < x < 2)$

$$f(0) = \sum_{n=0}^{\infty} 2^{-n} = \sum_{n=0}^{\infty} \frac{1}{2^n} = \frac{1}{1 - \dfrac{1}{2}} = 2, 收敛$$

$$|2^{-n} \cos 2^n x| \leqslant 2^{-n}$$

故 $\sum\limits_{n=0}^{\infty} 2^{-n} \cos 2^n x$ 在 $(-\infty, +\infty)$ 中一致收敛.

$$f(x) - f(0) = \sum_{n=0}^{\infty} 2^{-n} \cos^n x - 2^{-n} = \sum_{n=0}^{\infty} \frac{\cos 2^n x - 1}{2^n}$$

$\left| \dfrac{\cos 2^n x - 1}{2^n} \right| \leqslant \dfrac{1}{2^{n-1}},$ 故 $\sum\limits_{n=0}^{\infty} \dfrac{\cos 2^n x - 1}{2^n}$ 在 $(-\infty, +\infty)$ 中一致收敛.

$$x^{-1}(f(x)) - f(0) = \sum_{n=0}^{\infty} \frac{\cos 2^n x - 1}{2^n x}$$

$$\frac{\cos 2^n x - 1}{2^n x} \sim \frac{-\dfrac{(2^n x)^2}{2}}{2^n x} = -2^{n-1} x (x \to 0)$$

因此, $\lim\limits_{x \to 0} x^{-1}(f(x) - f(0)) = \sum\limits_{n=0}^{\infty} \lim\limits_{x \to 0} \dfrac{\cos 2^n x - 1}{2^n x} = \sum\limits_{n=0}^{\infty} \lim\limits_{x \to 0}(-2^{n-1}) x = 0$

705. (吉林大学)　设 $0 < x_1 < \pi, x_n = \sin x_{n-1} \ (n = 1,2,3\cdots\cdots),$

证明　(1) $\lim\limits_{n \to \infty} x_n = 0;$

(2) 级数 $\sum\limits_{n=0}^{\infty} x_n^p$ 当 $p > 2$ 时收敛, 当 $p \leqslant 2$ 时发散.

证　(1) 显然 $x_n > 0, x_n = \sin x_{n-1} < x_{n-1},$ 因此 $\{x_n\}$ 是一个单调递减且有下界的数列, $\lim\limits_{n \to \infty} x_n$ 存在.

令 $\lim\limits_{n \to \infty} x_n = l,$ 则 $l = \sin l,$ 得 $l = 0,$ 即 $\lim\limits_{n \to \infty} x_n = 0.$

(2) $\lim\limits_{n \to \infty} \dfrac{1}{\dfrac{1}{\sin^2 x_n + 1} - \dfrac{1}{\sin^2 x_n}} = \lim\limits_{n \to \infty} \dfrac{\sin^2 x_n \sin^2 x_{n+1}}{\sin^2 x_n - \sin^2 x_{n+1}} \xlongequal{令 t = \sin x_n} \lim\limits_{t \to 0} \dfrac{t^2 \sin^2 t}{t^2 - \sin^2 t} =$

$$\lim_{t \to 0} \frac{2t \sin^2 t + 2t^2 \sin t \cos t}{2t - 2\sin t \cos t} =$$

$$\lim_{t \to 0} \frac{\sin^2 t + 2t\sin t\cos t + 2t\sin t\cos t + t^2\cos 2t}{1 - \cos 2t} = 3$$

因此 $\lim\limits_{n \to \infty} n\sin^2 x_n = \lim\limits_{n \to \infty} \dfrac{n}{\dfrac{1}{\sin^2 x_n}} = \lim\limits_{n \to \infty} \dfrac{(n+1) - n}{\dfrac{1}{\sin^2 x_{n+1}} - \dfrac{1}{\sin^2 x_n}} = 3$(Stolz 公式).

$$\lim_{n \to \infty} \left(\frac{x_{n+1}^2}{\dfrac{1}{n}} \right)^{\frac{p}{2}} = 3^{\frac{p}{2}}$$

故 $\sum\limits_{n=0}^{\infty} x_{n+1}^p$ 与 $\sum\limits_{n=1}^{\infty} \left(\dfrac{1}{n} \right)^{\frac{p}{2}}$ 收敛性相同,因为

当 $p > 2$ 时,$\sum\limits_{n=1}^{\infty} (\dfrac{1}{n})^{\frac{p}{2}}$ 收敛,当

$p \leqslant 2$ 时,$\sum\limits_{n=1}^{\infty} \left(\dfrac{1}{n} \right)^{\frac{p}{2}}$ 发散.

故级数 $\sum\limits_{n=1}^{\infty} x_n^p$ 当 $p > 2$ 时收敛,当 $p \leqslant 2$ 时发散.

706. 求数项级数 $\dfrac{1}{2} - \dfrac{1}{5} + \dfrac{1}{8} - \dfrac{1}{11} + \cdots$ 的和.

解　令 $a_n = \dfrac{1}{3n-1}$ 则

$$\frac{1}{2} - \frac{1}{5} + \frac{1}{8} - \frac{1}{11} + \cdots = \sum_{n=1}^{\infty} (-1)^{n-1} a_n \qquad ①$$

根据莱布尼兹判别法知级数 ① 收敛. 设其和为

$$S = \frac{1}{2} - \frac{1}{5} + \frac{1}{8} - \frac{1}{11} + \cdots$$

再令幂级数 $s(x) = \sum\limits_{n=1}^{\infty} (-1)^{n-1} a_n x^{3n-1}$,可求得收敛区间为 $(-1,1]$,再由阿贝尔第二定理可知　　　　　　　　　　　　　　　　　　　　　　　　　②

$$S = \lim_{x \to 1-0} s(x)$$

但 $s(0) = 0$,所以

$$s(x) = s(x) - s(0) = \int_0^x s'(t)\mathrm{d}t (\text{当} \mid x \mid < 1 \text{时}) \qquad ③$$

由式 ②,利用逐项微分得

$$s'(x) = \sum_{n=1}^{\infty} (-1)^{n-1} x^{3n-2} = \frac{x}{1+x^3} \qquad ④$$

将式 ④ 代入式 ③

$$s(x) = \int_0^x \frac{t}{1+t^3}\mathrm{d}t = -\frac{1}{3}\ln(1+x) + \frac{1}{6}\ln(1-x+x^2) +$$

$$\frac{1}{\sqrt{3}}\text{actan}\frac{2}{\sqrt{3}}(x - \frac{1}{2}) + \frac{1}{\sqrt{3}}\arctan\frac{1}{\sqrt{3}}$$

$$s = \lim_{x \to 1-0} s(x) = \frac{\sqrt{3}}{9}\pi - \frac{1}{3}\ln 2$$

707. (北京师范大学)　设 $f_n(x) = \sum_{k=0}^{n-1} \frac{1}{n} f\left(x + \frac{k}{n}\right)$ 其中 $f(x)$ 在 $(-\infty, +\infty)$ 上连续,求证函数列 $\{f_n(x)\}$ 在任意有界闭区间 $[a,b]$ 内一致收敛.

证　　　　$\lim_{n \to \infty} f_n(x) = \lim_{n \to \infty} \sum_{k=0}^{n-1} \frac{1}{n} f\left(x + \frac{k}{n}\right) = \int_0^1 f(x+t)\mathrm{d}t$

由于 $f(x)$ 在 $(-\infty, +\infty)$ 上连续,则 $f(x)$ 在 $[a, b+1]$ 上一致连续,所以对 $\forall \varepsilon > 0, \exists \delta > 0$, 当 $x', x'' \in [a, b+1]$, $|x'-x''| < \delta$ 时,有

$$|f(x') - f(x'')| < \varepsilon$$

取 $N = \left[\frac{1}{\delta}\right]$, 当 $n > N$ 时,有

$$\left|\left(x + \frac{k}{n}\right) - (x+t)\right| = \left|\frac{k}{n} - t\right| < \frac{1}{n} < \frac{1}{N} < \delta$$

故有

$$\left|f\left(x + \frac{k}{n}\right) - f(x+t)\right| < \varepsilon$$

而　　$f_n(x) = \sum_{k=0}^{n-1} \frac{1}{n} f\left(x + \frac{k}{n}\right) = \sum_{k=0}^{n-1} \int_{\frac{k}{n}}^{\frac{k+1}{n}} f\left(x + \frac{k}{n}\right)\mathrm{d}t$

$$\int_0^1 f(x+t)\mathrm{d}t = \sum_{k=0}^{n-1} \int_{\frac{k}{n}}^{\frac{k+1}{n}} f(x+t)\mathrm{d}t$$

因此 $\left|f_n(x) - \int_0^1 f(x+t)\mathrm{d}t\right| =$

$$\left|\sum_{k=0}^{n-1} \int_{\frac{k}{n}}^{\frac{k+1}{n}} f\left(x + \frac{k}{n}\right)\mathrm{d}t - \sum_{k=0}^{n-1} \int_{\frac{k}{n}}^{\frac{k+1}{n}} f(x+t)\mathrm{d}t\right| =$$

$$\left|\sum_{k=0}^{n-1} \int_{\frac{k}{n}}^{\frac{k+1}{n}} \left[f\left(x + \frac{k}{n}\right) - f(x+t)\mathrm{d}t\right]\right| \leqslant$$

$$\sum_{k=0}^{n-1} \int_{\frac{k}{n}}^{\frac{k+1}{n}} \left|f\left(x + \frac{k}{n}\right) - f(x+t)\right|\mathrm{d}t < \varepsilon$$

故 $f_n(x) \rightrightarrows \int_0^1 f(x+t)\mathrm{d}t$ 于 $[a,b]$ 上.

708. (北京师范大学)　证明:

$$\lim_{x \to 1-0} \sum_{n=1}^{\infty} \frac{(-1)^{n-1}}{n} \frac{x^n}{1+x^n} = \frac{1}{2}\ln 2$$

证　由于级数 $\sum\limits_{n=1}^{\infty} \dfrac{(-1)^{n-1}}{n}$ 收敛,故一致收敛.

对每一个 $x \in [0,1]$,显然 $\dfrac{x^n}{1+x^n}$ 是单调的且 $\left| \dfrac{x^n}{1+x^n} \right| < 1$,故由阿贝尔判别法

知 $\sum\limits_{n=1}^{\infty} \dfrac{(-1)^{n-1}}{n} \dfrac{x^n}{1+x^n}$ 在 $[0,1]$ 上一致收敛.

所以 $\quad \lim\limits_{x \to 1-0} \sum\limits_{n=1}^{\infty} \dfrac{(-1)^{n-1}}{n} \dfrac{x^n}{1+x^n} = \sum\limits_{n=1}^{\infty} \dfrac{(-1)^{n-1}}{n} \lim\limits_{n \to 1-0} \dfrac{x^n}{1+x^n} =$

$$\dfrac{1}{2} \sum\limits_{n=1}^{\infty} \dfrac{(-1)^{n-1}}{n}$$

而对 $\sum\limits_{n=1}^{\infty} \dfrac{(-1)^{n-1}}{n}$,由幂级数 $\sum\limits_{n=1}^{\infty} \dfrac{x^n}{n}$ 的收敛半径为 1,且 $x=1$ 时,幂级数 $\lim\limits_{n \to \infty} \dfrac{x^n}{n}$ 发

散,$x=-1$ 时,幂级数收敛. 故幂级数为 $\lim\limits_{n \to \infty} \dfrac{x^n}{n}$ 的收敛域为 $[-1,1)$.

设 $\sum\limits_{n=1}^{\infty} \dfrac{x^n}{n} = S(x)$,由逐项微分定理,对 $\forall x \in [-1,1)$,有

$$F(x) = \left(\sum\limits_{n=1}^{\infty} \dfrac{x^n}{n} \right)' = \sum\limits_{n=1}^{\infty} \left(\dfrac{x^n}{n} \right)' = \sum\limits_{n=1}^{\infty} x^{n-1} = \dfrac{1}{1-x}$$

故 $\quad\quad\quad S(x) = \int_0^x F(t) \mathrm{d}t = \int_0^x \dfrac{1}{1-t} \mathrm{d}t = -\ln(1-x)$

$$\sum\limits_{n=1}^{\infty} \dfrac{(-1)^{n-1}}{n} = -\sum\limits_{n=1}^{\infty} \dfrac{(-1)^n}{n} = -S(-1) = \ln 2$$

$$\lim\limits_{x \to 1-0} \sum\limits_{n=1}^{\infty} \dfrac{(-1)^{n-1}}{n} \dfrac{x^n}{1+x^n} = \dfrac{1}{2} \ln 2$$

709. (北京大学)　证明函数 $f(x) = \sum\limits_{n=1}^{\infty} \dfrac{1}{n^x}$ 在 $(1,+\infty)$ 上无穷次可微.

证　(1) 先证 $f(x)$ 在 $(1,+\infty)$ 上可微. 任取 $x_0 \in (1,+\infty)$,则 $\exists \delta > 0$ 使得 $1 < 1+\delta \leqslant x_0 < x_0 + 2\delta < +\infty$.

在 $[1+\delta, x_0 + 2\delta]$ 上,考察 $\sum\limits_{n=1}^{\infty} \left(\dfrac{1}{n^x} \right)' = -\sum\limits_{n=1}^{\infty} \dfrac{\ln n}{n^x}$.

由于 $0 \leqslant \dfrac{\ln n}{n^x} \leqslant \dfrac{\ln n}{n^{1+\delta}}, x \in [1+\delta, x_0 + 2\delta]$,而 $\lim\limits_{n \to \infty} n^{1+\frac{\delta}{2}} \dfrac{\ln n}{n^{1+\delta}} = 0$.

由比较判别法知级数 $\sum\limits_{n=1}^{\infty} \dfrac{\ln n}{n^{1+\delta}}$ 收敛,

从而函数项级数 $-\sum\limits_{n=1}^{\infty} \dfrac{\ln n}{n^x}$ 在 $[1+\delta, x_0 + 2\delta]$ 上一致收敛. 故函数 $f(x)$ 在 $[1+\delta,$

$x_0 + 2\delta]$ 上可微且

$$f'(x) = \left(\sum\limits_{n=1}^{\infty} \dfrac{1}{n^x} \right)' = -\sum\limits_{n=1}^{\infty} \dfrac{\ln n}{n^x}$$

特别地 $f'(x_0) = -\sum\limits_{n=1}^{\infty}\dfrac{\ln n}{n^{x_0}}$. 由 $x_0 \in (1, +\infty)$ 的任意性，$f(x)$ 在 $(1, +\infty)$ 上可

微，且 $f'(x) = \sum\limits_{n=1}^{\infty}\dfrac{-\ln n}{n^x}$.

（2）再证对任意自然数 k，均有

$$f^{(k)}(x) = \sum_{n=1}^{\infty}\frac{(-1)^k \ln^k n}{n^x}$$

事实上，当 $k=1$ 时，由（1）知结论成立.

假设 $m=k$ 时结论成立，则当 $m=k+1$ 时，

考察：$\quad \sum\limits_{n=1}^{\infty}\left(\dfrac{(-1)^k \ln^k n}{n^x}\right)' = \sum\limits_{n=1}^{\infty}\dfrac{(-1)^{k+1}\ln^{k+1}n}{n^x}$

由于 $\quad \left|\dfrac{(-1)^{k+1}\ln^{k+1}n}{n^x}\right| \leqslant \dfrac{\ln^{k+1}n}{n^{1+\delta}}, x \in [1+\delta, x_0+2\delta]$

而 $\lim\limits_{n\to\infty}n^{1+\frac{\delta}{2}}\dfrac{\ln^{k+1}n}{n^{1+\delta}} = 0$.

故级数 $\sum\limits_{n=1}^{\infty}\dfrac{\ln^{k+1}n}{n^{1+\delta}}$ 收敛，从而函数项级数 $\sum\limits_{n=1}^{\infty}\left(\dfrac{(-1)^k \ln^k n}{n^x}\right)'$ 在 $[1+\delta, x_0+2\delta]$ 上

一致收敛，故函数 $f^{(k)}(x)$ 在 $[1+\delta, x_0+2\delta]$ 上可微，且

$$(f^k(x))' = \left(\sum_{n=1}^{\infty}\frac{(-1)^k \ln^k n}{n^x}\right)' = \sum_{n=1}^{\infty}\frac{(-1)^{k+1}\ln^{k+1}n}{n^x}$$

由以上证明知函数 $f(x)$ 在 $[1, +\infty)$ 上无穷次可微.

710.（北京航空航天大学） 设 $f(x)$ 在 $[0,1]$ 上连续，

$$f_1(x) = f(x), f_{n+1}(x) = \int_x^1 f_n(t)\mathrm{d}t, \forall x \in [0,1], n = 1,2,3,\cdots$$

求证：$\sum\limits_{n=1}^{\infty}f_n(x)$ 在 $0 \leqslant x \leqslant 1$ 一致收敛.

证 由 $f(x)$ 在 $[0,1]$ 在 $[0,1]$ 上连续知，$\exists M > 0$，使 $|f(x)| < M, (0 \leqslant x \leqslant 1)$，从而

$$|f_2(x)| = \left|\int_x^1 f_1(t)\mathrm{d}t\right| \leqslant M(1-x) \leqslant M$$

$$|f_3(x)| = \left|\int_x^1 f_2(t)\mathrm{d}t\right| \leqslant \frac{M(1-x)^2}{2!} \leqslant \frac{M}{2!}$$

......

$$|f_n(x)| \leqslant \frac{M(1-x)^{n-1}}{(n-1)!} \leqslant \frac{M}{(n-1)!}$$

又由于 $\sum\limits_{n=1}^{\infty}\dfrac{M}{(n-1)!}$ 收敛，因此 $\sum\limits_{n=1}^{\infty}f_n(x)$ 在 $0 \leqslant x \leqslant 1$ 上一致收敛.

711.（南开大学） 设函数列 $\{f_n(x)\}$ 于区间 I 一致收敛于 $f(x)$，且存在数列 $\{a_n\}$ 使得当 $x \in I$ 时，总有 $|f_n(x)| \leqslant a_n$，证明 $f(x)$ 在 I 上有界.

证 由函数列 $\{f_n(x)\}$ 于区间 I 一致收敛于 $f(x)$ 知存在 $n_0 > 0$，当 $n \geqslant n_0$ 时 $|$

$f(x)-f_n(x)\mid\leqslant1,x\in I$,从而$\mid f(x)\mid\leqslant\mid f_{n_0}(x)\mid+1\leqslant a_{n_0}+1,x\in I$,即$f(x)$于$I$有界.

712.(厦门大学)　证明级数$\displaystyle\sum_{n=1}^{\infty}\frac{(-1)^{n-1}}{n}\frac{x^n}{1+x^n}$在开区间$(0,1)$一致收敛于$f(x)$,且$f(x)$具有连续导数.

证　由莱布尼茨判别法知$\displaystyle\sum_{n=1}^{\infty}\frac{(-1)^{n-1}}{n}$收敛,从而一致收敛.

对$\forall x\in(0,1)$时,$\left\{\dfrac{x^n}{1+x^n}\right\}$单调且$\dfrac{x^n}{1+x^n}\leqslant1$有界

对由阿贝尔判别法$\displaystyle\sum_{n=1}^{\infty}\frac{(-1)^{n-1}}{n}\cdot\frac{x^n}{1+x^n}$在$(0,1)$上一致收敛.

设　　　　　　　　$f(x)=\displaystyle\sum_{n=1}^{\infty}\frac{(-1)^{n-1}}{n}\frac{x^n}{1+x^n}$

令$u_n(x)=\dfrac{(-1)^{n-1}}{n}\cdot\dfrac{x^n}{1+x^n}$,显然$u_n(x)$在$(0,1)$上具有连续导数,

$u'_n(x)=(-1)^{n-1}\dfrac{x^{n-1}}{(1+x^n)^2}$,下证$\displaystyle\sum_{n=1}^{\infty}u'_n(x)$在$(0,1)$中内闭一致收敛.

设$[a,b]\subset(0,1)$为闭区间,在$[a,b]$上考虑其余项

$$R_n(x)=\sum_{k=n+1}^{\infty}(-1)^{n-1}\frac{x^{k-1}}{(1+x^k)^2}$$

由于$u'_n(x)$为交错级数,则

$$\mid R_n(x)\mid\leqslant\mid u'_{n+1}(x)\mid=\frac{x^n}{(1+x^{n+1})^2}<x^n\leqslant b^n$$

$$0\leqslant\lim_{n\to\infty}\mid R_n(x)\mid\leqslant\lim_{n\to\infty}b^n=0$$

故$\displaystyle\sum_{n=1}^{\infty}u'_n(x)$在$[a,b]$上一致收敛.

由以上知$f(x)$在$(0,1)$上具有连续导数.

713.(厦门大学)　证明:

(1)$\displaystyle\sum_{n=3}^{\infty}(-1)^{n+1}\sin\frac{1}{n}$收敛;

(2)$\displaystyle\lim_{x\to0+}\sum_{n=3}^{\infty}\frac{(-1)^{n+1}\sin\dfrac{1}{n}}{(\ln n)^x}=\sum_{n=3}^{\infty}(-1)^{n+1}\sin\frac{1}{n}$.

证　(1)当$n\geqslant3$时,$\sin\dfrac{1}{n}\geqslant0$,且$\sin\dfrac{1}{n}$单调递减,且$\displaystyle\lim_{n\to\infty}\sin\frac{1}{n}=0$,由莱布尼兹判别法知$\displaystyle\sum_{n=3}^{\infty}(-1)^{n+1}\sin\frac{1}{n}$收敛.

(2)对$\forall x\in[0,+\infty)$,$\left|\dfrac{1}{(\ln n)^x}\right|\leqslant1$.

再由(1)及阿贝尔判别法知

$$\sum_{n=3}^{\infty} \frac{(-1)^{n+1} \sin \frac{1}{n}}{(\ln n)^x} \text{ 在} [0, +\infty) \text{ 上一致收敛}.$$

所以 $\lim\limits_{x \to 0+} \sum\limits_{n=3}^{\infty} \dfrac{(-1)^{n+1} \sin \dfrac{1}{n}}{(\ln n)^x} = \sum\limits_{n=3}^{\infty} \lim\limits_{x \to 0+} \dfrac{(-1)^{n+1} \sin \dfrac{1}{n}}{(\ln n)^x} =$

$$\sum_{n=3}^{\infty} (-1)^{n+1} \sin \frac{1}{n}$$

714. (哈尔滨工业大学) 设 $f_n(x)$ 是 $[a,b]$ 上的连续函数列,且 $f_n(x)$ 在 $[a,b]$ 上一致收敛于 $f(x)$. 若 $x_n \in [a,b]$, $\lim\limits_{n \to \infty} x_n = x_0$. 证明:

$$\lim_{n \to \infty} f_n(x_n) = f(x_0)$$

证 $|f_n(x_n) - f(x_0)| = |f_n(x_n) - f(x_n) + f(x_n) - f(x_0)| \leqslant$
$$|f_n(x_n) - f(x_n)| + |f(x_n) - f(x_0)|$$

因为 $f_n(x)$ 在 $[a,b]$ 上一致收敛于 $f(x)$,所以对 $\forall \varepsilon > 0$, $\exists N_1 > 0$,当 $n > N_1$ 时,有

$$|f_n(x_n) - f(x_n)| < \frac{\varepsilon}{2}$$

由题意有 $f(x)$ 在 $[a,b]$ 上连续,$x_0, x_n \in [a,b]$. 则 $\exists \delta > 0$,当 $|x_n - x_0| < \delta$ 时 $|f(x_n) - f(x_0)| < \dfrac{\varepsilon}{2}$.

因为 $\lim\limits_{x \to \infty} x_n = x_0$,故 $\exists N_2 > 0$,当 $n > N_2$ 时 $|x_n - x_0| < \delta$,则当 $n > N_2$ 时 $|f(x_n) - f(x_0)| < \dfrac{\varepsilon}{2}$.

取 $N = \max\{N_1, N_2\}$,则当 $n > N$ 时,
$$|f_n(x_n) - f(x_0)| < \varepsilon$$

所以 $\lim\limits_{n \to \infty} f_n(x_n) = f(x_0)$.

715. (复旦大学) 讨论级数 $\sum\limits_{n=1}^{\infty} \dfrac{(x-1)^n}{(n+1)4^n}$ 的绝对收敛,条件收敛和发散.

解 令 $a_n = \dfrac{1}{(n+1)4^n}$,则

$$\lim_{n \to \infty} \left| \frac{a_{n+1}}{a_n} \right| = \frac{1}{4}$$

所以当 $|x-1| < 4$,即 $-3 < x < 5$ 时,$\sum\limits_{n=1}^{\infty} \dfrac{(x-1)^n}{(n+1)4^n}$ 绝对收敛. 当 $x = 5$ 时,

$\sum\limits_{n=1}^{\infty} \dfrac{(x-1)^n}{(n+1)4^n}$ 发散

当 $x = -3$ 时,$\sum\limits_{n=1}^{\infty} \dfrac{(x-1)^n}{(n+1)4^n} = \sum\limits_{n=1}^{\infty} (-1)^n \dfrac{1}{n+1}$ 条件收敛.

当 $x < -3$ 或 $x > 5$ 时,$\sum\limits_{n=1}^{\infty} \dfrac{(x-1)^n}{(n+1)4^n}$ 发散.

716. (云南大学) 设函数 $f(x,y)$ 在 $a \leqslant x \leqslant b, c \leqslant y \leqslant d$ 上是连续的,而函数序列 $\{\varphi_n(x)\}$ 在 $[a,b]$ 上一致收敛并满足条件 $c \leqslant \varphi_n(x) \leqslant d$. 证明:函数序列 $F_n(x) = f[x, \varphi_n(x)](n = 1, 2, \cdots)$ 也在 $[a,b]$ 上一致收敛.

证 设 $\{\varphi_n(x)\}$ 在 $[a,b]$ 上一致收敛于 $\varphi(x)$.

因为 $f(x,y)$ 在 $a \leqslant x \leqslant b, c \leqslant y \leqslant d$ 上连续,从而一致连续所以对 $\forall \varepsilon > 0, \exists \delta > 0$,当 $|x_1 - x_2| < \delta, |y_1 - y_2| < \delta$ 时

$$|f(x_1, y_1) - f(x_2, y_2)| < \varepsilon$$

对 $\delta, \exists N > 0$,当 $n > N$ 时,$|\varphi_n(x) - \varphi(x)| < \delta$,故对 $\forall \varepsilon > 0, \exists N > 0$,对 $\forall x \in [a,b]$,当 $n > N$ 时,$|F_n(x) - f(x, \varphi(x))| < \varepsilon$,则 $\{F_n(x)\}$ 在 $[a,b]$ 上一致收敛.

717. (复旦大学) 设 $f(x) = \sum\limits_{n=1}^{\infty} (-1)^{n+1} \dfrac{e^{-nx}}{n}$

求(1) f 的连续范围;

(2) f 的可导范围.

解 (1) 对 $\forall A > 0, \sum\limits_{n=1}^{\infty} (-1)^{n+1} \dfrac{1}{n}$ 收敛,从而关于 x 在 $[0,A]$ 上一致收敛.

对 $\forall x \in [0,A], \forall n \in N, |e^{-nx}| \leqslant 1$,且 $\{e^{-nx}\}$ 是单调的,故

$\sum\limits_{n=1}^{\infty} (-1)^{n+1} \dfrac{e^{-nx}}{n}$ 在 $[0,A]$ 上一致收敛. 则 $f(x)$ 在 $[0,A]$ 上连续.

由 A 的任意性知 $f(x)$ 在 $[0, +\infty)$ 上连续,

又 $\forall x_0 \in (-A, 0), A > 0$ 则 $\lim\limits_{n \to \infty} \dfrac{e^{-nx_0}}{n} = +\infty$,故 $\sum\limits_{n=1}^{\infty} (-1)^{n+1} \dfrac{e^{-nx_0}}{n}$ 发散,所以 $[0, +\infty)$ 是 f 的连续范围.

(2) $$\left[(-1)^{n+1} \frac{e^{-nx}}{n} \right]'_x = (-1)^n e^{-nx}$$

当 $x = 0$ 时,$\sum\limits_{n=1}^{\infty} (-1)^n e^{-nx}$ 发散.

对 $\forall [a,b] \subset (0, +\infty), |(-1)^n e^{-nx}| \leqslant e^{-na}, (\forall x \in [a,b])$.

因为 $\sum\limits_{n=1}^{\infty} e^{-na}$ 收敛,所以

$\sum\limits_{n=1}^{\infty} e^{-nx}$ 在 $[a,b]$ 上一致收敛. 则 $f(x)$ 在 $[a,b]$ 上可导.

由 $[a,b]$ 的任意性知 $f(x)$ 在 $(0, +\infty)$ 上可导,即 $f(x)$ 的可导范围是 $(0, +\infty)$.

718. (北京航空航天大学) 设 $f(x) \in C[0,a]$,

$$\begin{cases} f_1(x) = f(x), \\ f_{n+1}(x) = \int_0^x f_n(t)dt, \end{cases} n = 1, 2, 3, \cdots; x \in [0,a].$$

证明函数列 $\{f_n(x)\}$ 在 $[0,a]$ 上一致收敛.

证 $f(x) \in C[0,a]$,则 $f(x)$ 在 $[0,a]$ 上有界,即 $\exists M > 0$,使得 $|f(x)| \leqslant M$.

$|f_2(x)| = \left| \int_0^x f(x)dx \right| \leqslant \int_0^x Mdx = Mx \leqslant Ma$.

$$\mid f_3(x)\mid = \left|\int_0^x f_2(x)\mathrm{d}x\right| \leqslant \int_0^x Mx\mathrm{d}x = \frac{1}{2}Mx^2 \leqslant \frac{1}{2}Ma^2,$$

$$\cdots\cdots\cdots\cdots$$

$$\mid f_n(x)\mid = \left|\int_0^x f_{(n-1)}(x)\mathrm{d}x\right| \leqslant \int_0^x \frac{1}{(n-1)!}Mx^{n-1}\mathrm{d}x = \frac{1}{n!}Mx^n \leqslant \frac{1}{n!}Ma^n$$

而 $\lim\limits_{n\to\infty}\dfrac{Ma^n}{n!} = 0.$ 故 $\{f_n(x)\}$ 在 $[0,a]$ 上一致收敛于 0.

719. (南京航空航天大学)

(1) 证明函数列 $\left\{(1+\dfrac{x}{n})^n \mid n=1,2,\cdots\right\}$ 在 $x\in[0,1]$ 上对 n 单调增大;

(2) 证明 $\sum\limits_{n=1}^{\infty}\dfrac{(-1)^n(n+x)^n}{n^{n+1}}$ 在 $[0,1]$ 上一致收敛.

证 (1) $\sqrt[n+1]{(1+\dfrac{x}{n})^n} = \sqrt[n+1]{(1+\dfrac{x}{n})^n \times 1} \leqslant$

$$\frac{n(1+\dfrac{x}{n})+1}{n+1} =$$

$$1+\frac{x}{n+1}$$

即 $(1+\dfrac{x}{n})^n < (1+\dfrac{x}{n+1})^{n+1}.$

所以函数列 $\left\{(1+\dfrac{x}{n})^n \mid n=1,2,\cdots\right\}$ 在 $x\in[0,1]$ 上对 n 单调增大.

(2) 当 $x\in[0,1]$ 时, $(1+\dfrac{x}{n})^n \leqslant (1+\dfrac{1}{n})^n < \mathrm{e}.$

所以 $\forall x\in[0,1]$, 数列 $\left\{(1+\dfrac{x}{n})^n \mid n=1,2,\cdots\right\}$ 单调, 且在 $[0,1]$ 上一致有界.

而 $\sum\limits_{n=1}^{\infty}(-1)^n\dfrac{1}{n}$ 收敛, 从而一致收敛. 所以由阿贝尔判别法知原级数在 $[0,1]$ 上一致收敛.

720. (北京科技大学) 设对一切自然数 $n=1,2,\cdots,f_n(x)$ 在 $[a,b]$ 上连续, 且 $\{f_n(x)\}$ 在 $[a,b]$ 上一致收敛到 $f(x)$. 证明:

(1) 存在 $M>0$, 使对一切自然数 $n=1,2,\cdots$ 有 $\mid f_n(x)\mid \leqslant M$, 且
$$\mid f(x)\mid \leqslant M$$

(2) 若 $g(x)$ 在 $(-\infty,+\infty)$ 上连续, 则 $g(f_n(x))$ 在 $[a,b]$ 上一致收敛到 $g(f(x)).$

证 (1) $f_n(x)$ 在 $[a,b]$ 上连续且 $\{f_n(x)\}$ 在 $[a,b]$ 上一致收敛到 $f(x)$, 则 $f(x)$ 在 $[a,b]$ 上连续, 故有界. 即 $\exists M_0>0$, 使得 $\mid f(x)\mid \leqslant M_0.$ 又因为 $\{f_n(x)\}$ 在 $[a,b]$ 上一致收敛到 $f(x).$

取 $\varepsilon=1,\exists N>0$, 当 $n>N$ 时,
$$\mid f_n(x)-f(x)\mid < 1$$
$$\mid f_n(x)\mid < \mid f(x)\mid +1 = M_0+1$$

$f_n(x)$ 在 $[a,b]$ 上连续，故 $f_n(x)(n=1,2,\cdots,N)$ 有界.

设 $|f_1(x)|<M_1$，$|f_2(x)|<M_2$，$\cdots$，$|f_N(x)|<M_N$

令 $M=\max\{M_1,M_2,\cdots,M_N,M_0+1\}$，则 $|f_n(x)|<M,(n=1,2,\cdots)$.

显然有 $|f(x)|<M$.

(2) 对 $\forall \varepsilon>0$，由于 $g(x)$ 在 $(-\infty,+\infty)$ 上连续，则 $g(x)$ 在 $[-M,M]$ 上一致连续.

$\exists \delta>0$，当 $|x_1-x_2|<\delta$ 时，且 $x_1,x_2\in[-M,M]$ $|g(x_1)-g(x_2)|<\varepsilon$，①

由 $\{f_n(x)\}$ 在 $[a,b]$ 上一致收敛到 $f(x)$，对上述 $\delta>0$，$\exists N>0$，当 $n>N$ 时，有

$$|f_n(x)-f(x)|<\delta \qquad\qquad ②$$

由式 ①、式 ② 知，对 $\forall \varepsilon>0$，$\exists N>0$，当 $n>N$ 时

$$|g(f_n(x))-g(f(x))|<\varepsilon$$

故 $g(f_n(x))$ 在 $[a,b]$ 在 $[a,b]$ 上一致收敛到 $g(f(x))$.

721. (上海交通大学) 设可微函数列 $\{f_n(x)\}$ 在 $[a,b]$ 上收敛，$\{f'_n(x)\}$ 在 $[a,b]$ 上一致有界，证明：$\{f_n(x)\}$ 在 $[a,b]$ 上一致收敛.

此题答案参见 696 题证(2).

§3　幂级数

【考点综述】

一、综述

1. 幂级数的收敛区域与收敛半径

(1) 阿贝尔第一定理. 对于幂级数 $\sum\limits_{n=0}^{\infty}a_nx^n$，

1) 若此级数在 $x=x_0\neq0$ 点处收敛，则在 $|x|<|x_0|$ 的每一点处绝对收敛.

2) 若此级数在 $x=\eta_0$ 点处发散，则在 $|x|>|\eta_0|$ 的每一点处发散.

(2) 设幂级数 $\sum\limits_{n=0}^{\infty}a_nx^n$ 的收敛半径为 R，如果 $\lim\limits_{n\to\infty}\sqrt[n]{|a_n|}=\rho$ 存在，则

1) 当 $0<\rho<+\infty$ 时，幂级数的收敛半径为 $R=\dfrac{1}{\rho}$；

2) 当 $\rho=0$ 时，幂级数的收敛半径为 $R=+\infty$；

3) 当 $\rho=+\infty$ 时，幂级数的收敛半径为 $R=0$.

(3) 设幂级数 $\sum\limits_{n=0}^{\infty}a_nx^n$ 的收敛半径为 R，如果 $\lim\limits_{n\to+\infty}\left|\dfrac{a_{n+1}}{a_n}\right|=\rho$. 则

1) 当 $0<\rho<+\infty$ 时，$R=\dfrac{1}{\rho}$；

2) 当 $\rho=0$ 时，$R=+\infty$；

3) 当 $\rho=+\infty$ 时，$R=0$.

2. 幂级数的性质

(1) 阿贝尔第二定理

设幂级数 $\sum\limits_{n=0}^{\infty}a_nx^n$ 的收敛半径为 $R>0$，则此幂级数在区间 $(-R,R)$ 内的任何闭

区间上一致收敛.

(2) 设幂级数 $\sum\limits_{n=0}^{\infty} a_n x^n$ 的收敛半径为 $R > 0$.

1) 若幂级数在右端点 $x = R$ 处收敛,则在 $[0,R]$ 上一致收敛,其和函数 $S(x)$ 在 $x = R$ 点左连续;

2) 若幂级数在左端点 $x = -R$ 处收敛,则在 $[-R,0]$ 上一致收敛,其和函数 $S(x)$ 在 $x = -R$ 处右连续.

3.幂级数和函数的解析性质

(1) 若幂级数 $\sum\limits_{n=0}^{\infty} a_n x^n$ 的收敛半径为 R,则

1) 幂级数各项导数组成的新幂级数 $\sum\limits_{n=0}^{\infty} (a_n x^n)' = \sum\limits_{n=1}^{\infty} n a_n x^{n-1}$. 的收敛半径为 R.

2) 幂级数各项积分组成的新幂级数 $\sum\limits_{n=0}^{\infty} \int_0^x a_n t^n \mathrm{d}t = \sum\limits_{n=0}^{\infty} \dfrac{a_n}{n+1} x^{n+1}$ 的收敛半径为 R.

(2) 连续性. 设幂级数 $\sum\limits_{n=0}^{\infty} a_n x^n$ 的收敛半径为 $R > 0$,和函数为 $S(x)$,则 $S(x)$ 在区间 $(-R,R)$ 内每一点连续.

(3) 逐项微分. 设幂级数的收敛半径为 $R > 0$,和函数为 $S(x)$,则

1) $S(x)$ 在收敛区间 $(-R,R)$ 内有连续的导函数且可逐项微分, 即 $S'(x) = \sum\limits_{n=0}^{\infty} (a_n x^n)' = \sum\limits_{n=1}^{\infty} n a_n x^{n-1}$.

2) $S(x)$ 在 $(-R,R)$ 内具有任意阶连续的导数,且可逐项求导任意次,即 $S'(x) = a_1 + 2a_2 x + 3a_3 x + \cdots + n a_n x^{n-1} + \cdots$

$S''(x) = 2a_2 + 3 \cdot 2a_3 x + \cdots + n(n-1)a_n x^{n-2} + \cdots$

$S^{(n)}(x) = n! a_n + (n+1)(n-1) \cdots 3 \cdot 2 a_{n+1} x + \cdots$

$\cdots\cdots\cdots\cdots$

3) 幂级数的系数 a_n 与和函数各阶导数之间的关系为

$$a_0 = S(0)$$
$$a_n = \frac{S^{(n)}(0)}{n!} (n = 1, 2, \cdots)$$

(4) 逐项积分. 设幂级数 $\sum\limits_{n=0}^{\infty} a_n x^n$ 的收敛半径为 $R > 0$,和函数为 $S(x)$,则 $S(x)$ 在 0 与 x 的区间上可积 $(x \in (-R,R))$,且可逐项积分,即

$$\int_0^x s(t) \mathrm{d}t = \sum\limits_{n=0}^{\infty} \int_0^x a_n t^n \mathrm{d}t = \sum\limits_{n=0}^{\infty} \frac{a_n}{n+1} x^{n+1}$$

4.幂级数的展开

(1) 函数可展开成幂级数的条件

1) 设函数 $f(x)$ 在 x_0 点处具有任意阶导数,则 $f(x)$ 在 x_0 点可展开成幂级数的充要条件是:存在 $\delta > 0$,使对每个 $x \in (x_0 - \delta, x_0 + \delta)$ 都有 $\lim\limits_{n \to +\infty} R_n(x) = 0$. 其中

$$R_n(x) = \frac{f^{(n+1)}(x_0 + \theta(x - x_0))}{(n+1)!}(x - x_0)^{n+1} \quad (0 < \theta < 1)$$

2) 如果存在正数 M 和自然数 N,当 $n > N$ 时,对一切 $x \in (x_0 - \delta, x_0 + \delta)$ 都有 $|f^{(n)}(x)| \leqslant M^n$,则函数 $f(x)$ 在 x_0 点可展开或幂级数.

3) 如果函数 $f(x)$ 在 x_0 点可展开或幂级数 $\sum\limits_{n=0}^{\infty} a_n(x - x_0)^n$,即 $f(x) = \sum\limits_{n=0}^{\infty} a_n(x - x_0)^n$,则幂级数的展开式是唯一的.

(2) 初等函数的幂级数展开式

1) $e^x = 1 + x + \frac{1}{2!}x^2 + \cdots + \frac{1}{n!}x^n + \cdots = \sum\limits_{n=0}^{\infty} \frac{x^n}{n!} \quad (x \in (-\infty, +\infty))$;

2) $\sin x = x - \frac{x^3}{3!} + \frac{x^5}{5!} - \frac{x^7}{7!} + \cdots + \frac{(-1)^n}{(2n+1)!}x^{2n+1} + \cdots$

$(x \in (-\infty, +\infty))$;

3) $\cos x = 1 - \frac{x^2}{2!} + \frac{x^4}{4!} - \frac{x^6}{6!} + \cdots + \frac{(-1)^n}{(2n)!}x^{2n} + \cdots$

$(x \in (-\infty, +\infty))$;

4) $(1 + x)^\alpha = 1 + \alpha x + \frac{\alpha(\alpha-1)}{2!}x^2 + \frac{\alpha(\alpha-1)(\alpha-2)}{3!}x^3 + \cdots + \frac{\alpha(\alpha-1)\cdots(\alpha-n+1)}{n!}x^n + \cdots \quad (x \in (-1,1))$

5) $\arctan x = x - \frac{1}{3}x^3 + \frac{1}{5}x^5 - \frac{1}{7}x^7 + \cdots + (-1)^n \frac{x^{2n+1}}{2n+1} + \cdots$

$(-1 < x \leqslant 1)$

6) $\arcsin x = x + \frac{1}{2} \times \frac{1}{3}x^3 + \frac{1\times3}{2\times4} \times \frac{1}{5}x^5 + \cdots + \frac{(2n-1)!!}{(2n)!!} \frac{1}{2n+1}x^{2n+1} + \cdots \quad (x \in (-1,1])$

7) $\ln(1 + x) = x - \frac{x^2}{2} + \frac{x^3}{3} + \cdots + (-1)^n \frac{x^{n+1}}{n+1} + \cdots \quad (x \in (-1,1])$

二、解题方法

1. 考点 1

求级数的收敛域,收敛半径及和.

2. 考点 2

求级数的展开式.

【经典题解】

722.（北京师范大学） 写出 $e^{\sin x}$ 在 $x = 0$ 点展开的 Taylor 级数的前五项系数,并指出该级数的收敛区域.

解 令 $f(x) = e^{\sin x}$,因为 $f(0) = f'(0) = f''(0) = 1, f'''(0) = 0$,
$f^{(4)}(0) = -3, f^{(5)}(0) = -8$,则 $e^{\sin x}$ 在 $x = 0$ 点展开的台劳级数前 5 项为

$$e^{\sin x} = 1 + x + \frac{x^2}{2} - \frac{x^4}{8} - \frac{x^5}{15} + \cdots$$

另外,由于 $e^{\sin x}$ 在 $(-\infty, \infty)$ 收敛,因此该级数的收敛域为 $(-\infty, \infty)$.

723. (浙江大学)　求 $\dfrac{1}{(1-x^2)\sqrt{1-x^2}}$ 在 $x_0=0$ 处的 $Taylor$ 级数,并求其收敛半径.

解　$\dfrac{1}{(1-x^2)\sqrt{1-x^2}}=(1-x^2)^{-\frac{3}{2}}=$

$$1-\dfrac{3}{2}(-x^2)+\dfrac{-\dfrac{3}{2}\left(-\dfrac{3}{2}-1\right)}{2!}(-x^2)^2+\cdots+$$

$$\dfrac{-\dfrac{3}{2}\left(-\dfrac{3}{2}-1\right)\cdots\left(-\dfrac{3}{2}-n+1\right)}{n!}(-x^2)^n+\cdots=$$

$$\sum_{n=0}^{\infty}\dfrac{(2n+1)!!}{n!}\cdot\dfrac{1}{2^n}x^{2n}.$$

再求收敛半径,令 $a_n=\dfrac{(2n+1)!!}{n!}\dfrac{1}{2^n}$,则

$$\lim_{n\to\infty}\left|\dfrac{a_{n+1}}{a_n}\right|=\lim_{n\to\infty}\dfrac{(2n+3)!!}{(n+1)!}\dfrac{1}{2^{n+1}}\dfrac{n!2^n}{(2n+1)!!}=$$

$$\lim_{n\to\infty}\dfrac{2n+3}{n+1}\times\dfrac{1}{2}=1,$$

即 $|x^2|<1$,所以 $|x|<1$. 故级数收敛半径为1.

扫码获取本书资源

724. (华中科技大学)　指出使级数 $\displaystyle\sum_{n=0}^{\infty}\left(1+\dfrac{1}{n}\right)^{-n^2}\left(\dfrac{1-x}{1+x}\right)^n$ 收敛的 x 所成的一个或几个区间.

解　$\lim_{n\to+\infty}\sqrt[n]{|a_n|}=\lim_{n\to+\infty}\sqrt[n]{(1+\dfrac{1}{n})^{-n^2}}=\lim_{n\to+\infty}(1+\dfrac{1}{n})^{-n}=\dfrac{1}{e}$

所以级数 $\displaystyle\sum_{n=1}^{\infty}(1+\dfrac{1}{n})^{-n^2}y^n$ 的收敛半径为 e.

当 $y=\pm e$ 时,

$$\lim_{n\to+\infty}|(1+\dfrac{1}{n})^{-n^2}(\pm e)^n|=\lim_{n\to+\infty}\left[\dfrac{e}{(1+\dfrac{1}{n})^n}\right]^n\geqslant1$$

所以 $\displaystyle\sum_{n=1}^{\infty}(1+\dfrac{1}{n})^{-n^2}y^n$ 在 $y=\pm e$ 处不收敛.

解不等式 $-e<\dfrac{1-x}{1+x}<e$ 得 $x>\dfrac{1-e}{e+1}$ 或 $x<\dfrac{1+e}{1-e}$.

因此原级数的收敛区间为 $(-\infty,\dfrac{1+e}{1-e})\bigcup(\dfrac{1-e}{1+e},+\infty)$.

725. (北京大学)　解答下列问题:(1)求幂级数 $\displaystyle\sum_{n=1}^{\infty}\dfrac{(-1)^n}{n!}(\dfrac{n}{e})^n x^n$ 的收敛半径.

(2)求级数 $\displaystyle\sum_{n=0}^{\infty}\dfrac{2^n(n+1)}{n!}$ 的和.

解 (1) 令 $a_n = \dfrac{(-1)^n}{n!}(\dfrac{n}{e})^n$，则

$$\left|\dfrac{a_{n+1}}{a_n}\right| = \left|\dfrac{(-1)^{n+1}}{(n+1)!}(\dfrac{n+1}{e})^{n+1} / \dfrac{(-1)^n}{n!}(\dfrac{n}{e})^n\right| = \dfrac{(1+\dfrac{1}{n})^n}{e}$$

$$\lim_{n \to +\infty}\left|\dfrac{a_{n+1}}{a_n}\right| = \lim_{n \to +\infty}\dfrac{(1+\dfrac{1}{n})^n}{e} = 1$$

所以原幂级数的收敛半径为 1.

(2) 已知 $\displaystyle\sum_{n=0}^{\infty}\dfrac{x^n}{n!} = e^x$，故

$$\sum_{n=0}^{\infty}\dfrac{2^n(n+1)}{n!} = \sum_{n=0}^{\infty}(\dfrac{2^n n}{n!} + \dfrac{2^n}{n!}) = 2\sum_{n=1}^{\infty}\dfrac{2^{n-1}}{(n-1)!} + \sum_{n=0}^{\infty}\dfrac{2^n}{n!} =$$

$$2\sum_{n=0}^{\infty}\dfrac{2^n}{n!} + \sum_{n=0}^{\infty}\dfrac{2^n}{n!} = 3\sum_{n=0}^{\infty}\dfrac{2^n}{n!} = 3e^2$$

726. (华中师范大学) 求级数 $\displaystyle\sum_{n=1}^{\infty}n2^{\frac{\pi}{2}}x^{3n-1}$ 的收敛区间与和函数.

解 $\displaystyle\lim_{n \to +\infty}\sqrt[n]{n \cdot 2^{\frac{\pi}{2}}} = 1$，所以原级数的收敛区间为 $(-1,1)$.

当 $x = \pm 1$ 时，$\displaystyle\lim_{n \to +\infty}\mid n2^{\frac{\pi}{2}}x^{3n-1}\mid = +\infty$.

所以级数 $\displaystyle\sum_{n=1}^{\infty}n2^{\frac{\pi}{2}}x^{3n-1}$ 的收敛域为 $(-1,1)$.

记 $S(x) = \displaystyle\sum_{n=1}^{\infty}n2^{\frac{\pi}{2}}x^{3n-1}$，则

$$\int_0^x S(t)dt = \sum_{n=1}^{\infty}\int_0^x n2^{\frac{\pi}{2}}t^{3n-1}dt = \dfrac{1}{3}\sum_{n=1}^{\infty}2^{\frac{\pi}{2}}x^{3n} =$$

$$\dfrac{2^{\frac{\pi}{2}}}{3}\dfrac{x^3}{1-x^3}$$

所以 $S(x) = (\dfrac{2^{\frac{\pi}{2}}}{3}\dfrac{x^3}{1-x^3})' = \dfrac{2^{\frac{\pi}{2}}x^2}{(1-x^3)^2}$，$x \in (-1,1)$.

727. (内蒙古大学) 指出下列无穷级数,无穷积分的值.

(1) $\displaystyle\sum_{n=1}^{\infty}\dfrac{(-1)^n}{n}$； (2) $\displaystyle\int_0^{+\infty}\sqrt{t}e^{-t}dt$； (3) $\displaystyle\sum_{n=0}^{\infty}\dfrac{(n+1)2^n}{n!}$

解 (1) 由 $\ln(1+x) = x - \dfrac{x^2}{2} + \dfrac{x^3}{3} + \cdots\cdots + (-1)^n\dfrac{x^{n+1}}{n+1} + \cdots\cdots x \in (-1,1]$，

知 $\displaystyle\sum_{n=1}^{\infty}\dfrac{(-1)^n}{n} = -\ln(1+1) = -\ln 2$.

(2) $\displaystyle\int_0^{+\infty}\sqrt{t}e^{-t}dt = \int_0^{+\infty}t^{\frac{3}{2}-1}e^{-t}dt = \Gamma(\dfrac{3}{2})$

$$\Gamma(\dfrac{3}{2}) = \Gamma(\dfrac{1}{2}+1) = \dfrac{1}{2}\Gamma(\dfrac{1}{2}) = \dfrac{1}{2} \cdot \sqrt{\pi} = \dfrac{\sqrt{\pi}}{2}$$

(3) 见第 725 题(2).

728.(北京大学)　求级数 $\sum\limits_{n=0}^{\infty}\dfrac{n}{3^n}\cdot 2^n$ 的和.

解　当 $|x|<1$ 时,$(\sum\limits_{n=0}^{\infty}x^{n+1})'=\sum\limits_{n=0}^{\infty}(n+1)x^n=\sum\limits_{n=0}^{\infty}nx^n+\sum\limits_{n=0}^{\infty}x^n$

所以　$\sum\limits_{n=0}^{\infty}nx^n=(\sum\limits_{n=0}^{\infty}x^{n+1})'-\sum\limits_{n=0}^{\infty}x^n=$

$$(\frac{x}{1-x})'-\frac{1}{1-x}=$$

$$\frac{1}{(1-x)^2}-\frac{1}{1-x}=$$

$$\frac{x}{(1-x)^2}$$

$$\sum\limits_{n=0}^{\infty}\frac{n}{3^n}\cdot 2^n=\sum\limits_{n=0}^{\infty}n(\frac{2}{3})^n=\frac{\dfrac{2}{3}}{(1-\dfrac{2}{3})^2}=6$$

729.(厦门大学)　利用数项级数 $\sum\limits_{n=1}^{\infty}\dfrac{1}{n^2}=\dfrac{\pi^2}{6}$ 计算积分

$$I=\int_0^1\frac{\ln(1+x)}{x}\mathrm{d}x$$

解　注意到 $\ln(1+x)=\sum\limits_{n=1}^{\infty}\dfrac{x^n}{n},x\in(-1,1]$,则有

$$I=\int_0^1\frac{\ln(1+x)}{x}\mathrm{d}x=\int_0^1\frac{\sum\limits_{n=1}^{\infty}\dfrac{x^n}{n}}{x}\mathrm{d}x=$$

$$\int_0^1\sum\limits_{n=1}^{\infty}\frac{x^{n-1}}{n}\mathrm{d}x=$$

$$\sum\limits_{n=1}^{\infty}\int_0^1\frac{x^{n-1}}{n}\mathrm{d}x=$$

$$\sum\limits_{n=1}^{\infty}\frac{1}{n^2}=\frac{\pi^2}{6}$$

730.(北京大学)　(1) 求幂级数 $\sum\limits_{n=1}^{\infty}nx^{n-1}(|x|<1)$ 的和;

(2) 求级数 $\sum\limits_{n=1}^{\infty}\dfrac{2n}{3^n}$ 的和.

解　(1)$(\sum\limits_{n=1}^{\infty}x^n)'=\sum\limits_{n=1}^{\infty}nx^{n-1}(|x|<1)$,又 $\sum\limits_{n=1}^{\infty}x^n=\dfrac{x}{1-x}$.

所以　　　　　$\sum\limits_{n=1}^{\infty}nx^{n-1}=(\frac{x}{1-x})'=\frac{1}{(1-x)^2}(|x|<1)$

(2) $\sum\limits_{n=1}^{\infty}\dfrac{2n}{3^n}=\dfrac{2}{3}\sum\limits_{n=1}^{\infty}n(\dfrac{1}{3})^{n-1}=\dfrac{2}{3}\times\dfrac{1}{(1-\dfrac{1}{3})^2}=\dfrac{3}{2}$

731. (武汉大学) 求级数 $\sum\limits_{n=2}^{\infty}(1+\dfrac{1}{n})^{n(n+1)}x^n$ 的收敛区域.

解 令 $a_n=(1+\dfrac{1}{n})^{n(n+1)}$,则 $\lim\limits_{n\to\infty}\sqrt[n]{|a_n|}=\lim\limits_{n\to\infty}(1+\dfrac{1}{n})^{n+1}=e$

故原级数的收敛半径为 $1/e$,收敛区间为 $(-\dfrac{1}{e},\dfrac{1}{e})$ 时,当 $x=\pm\dfrac{1}{e}$ 时,

$$\lim\limits_{n\to\infty}\left|(1+\dfrac{1}{n})^{n(n+1)}(\pm\dfrac{1}{e})^n\right|=\lim\limits_{n\to\infty}\left[\dfrac{(1+\dfrac{1}{n})^{n+1}}{e}\right]^n\geqslant 1$$

所以当 $x=\pm\dfrac{1}{e}$ 时,原级数不收敛.

因此原级数的收敛域为 $(-\dfrac{1}{e},\dfrac{1}{e})$.

732. (北京航天航空大学) 设 $f(x)=\sum\limits_{n=1}^{\infty}\dfrac{x^n}{n^2}(0\leqslant x\leqslant 1)$.

求证:当 $0<x<1$ 时有 $f(x)+f(1-x)+(\ln x)[\ln(1-x)]=\dfrac{\pi^2}{6}$.

证 易知 $\sum\limits_{n=1}^{\infty}\dfrac{x^n}{n^2}$ 的收敛域为 $[-1,1]$.

所以 $f(x)$ 在 $x=1$ 处左连续.

令 $F(x)=f(x)+f(1-x)+(\ln x)[\ln(1-x)]$,则 $F(x)$ 在 $(0,1)$ 上连续.

$F'(x)=f'(x)-f'(1-x)+\dfrac{\ln(1-x)}{x}-\dfrac{\ln x}{1-x}$

又 $f'(x)=\sum\limits_{n=1}^{\infty}\dfrac{x^{n-1}}{n}=\dfrac{1}{x}\sum\limits_{n=1}^{\infty}\dfrac{x^n}{n}=\dfrac{1}{x}\int_0^x\sum\limits_{n=1}^{\infty}t^{n-1}\mathrm{d}t=$

$\qquad\qquad\dfrac{1}{x}\int_0^x\dfrac{1}{1-t}\mathrm{d}t=\dfrac{-\ln(1-x)}{x}$

$f'(1-x)=\dfrac{-\ln[1-(1-x)]}{1-x}=-\dfrac{\ln x}{1-x}$

所以 $F'(x)=\dfrac{-\ln(1-x)}{x}+\dfrac{\ln x}{1-x}+\dfrac{\ln(1-x)}{x}-\dfrac{\ln x}{1-x}=0$

所以 $F(x)$ 在 $(0,1)$ 上为常数.

又 $\lim\limits_{x\to 1^-}F(x)=f(1)+f(0)+\lim\limits_{x\to 1^-}(\ln x)[\ln(1-x)]=$

$$\dfrac{\pi^2}{6}+\lim\limits_{x\to 1^-}(\ln x)[\ln(1-x)]$$

利用洛必达法则易得 $\lim\limits_{x\to 1^-}(\ln x)[\ln(1-x)]=0$.

所以 $\lim\limits_{x\to 1^-}F(x)=\dfrac{\pi^2}{6}$.

故 $F(x) = \lim\limits_{x \to 1^-} F(x) = \dfrac{\pi^2}{6}, x \in (0,1).$

733. **(山东大学)** 试求下列级数的和：

(1) $\sum\limits_{n=0}^{\infty} \dfrac{x^{4n+1}}{4n+1}, -1 < x < 1;$

(2) $\sum\limits_{n=1}^{\infty} n(n+2)x^{n-1}, -1 < x < 1.$

解 (1) $\sum\limits_{n=0}^{\infty} \dfrac{x^{4n+1}}{4n+1}$ 的收敛区间为 $(-1,1)$，所以 $\left(\sum\limits_{n=0}^{\infty} \dfrac{x^{4n+1}}{4n+1}\right)' = \sum\limits_{n=0}^{\infty} x^{4n} = $

$\dfrac{1}{1-x^4}, (-1 < x < 1).$

故 $\sum\limits_{n=0}^{\infty} \dfrac{x^{4n+1}}{4n+1} = \int_0^x \dfrac{1}{1-t^4}\mathrm{d}t = \dfrac{1}{2}\int_0^x \dfrac{1}{1-t^2}\mathrm{d}t + \dfrac{1}{2}\int_0^x \dfrac{1}{1+t^2}\mathrm{d}t = $

$$\dfrac{1}{4}\ln\dfrac{1+x}{1-x} + \dfrac{1}{2}\arctan x. \ (-1 < x < 1)$$

(2) $\sum\limits_{n=1}^{\infty} n(n+2)x^{n-1}$ 的收敛区间为 $(-1,1)$

所以 $\int_0^x \sum\limits_{n=1}^{\infty} n(n+2)t^{n-1}\mathrm{d}t = \sum\limits_{n=1}^{\infty}\int_0^x n(n+2)t^{n-1}\mathrm{d}t = \sum\limits_{n=1}^{\infty}(n+2)x^n = $

$$\sum\limits_{n=1}^{\infty}(n+1)x^n + \sum\limits_{n=1}^{\infty} x^n, (-1 < x < 1)$$

又 $\int_0^x \sum\limits_{n=1}^{\infty}(n+1)t^n\mathrm{d}t = \sum\limits_{n=1}^{\infty}\int_0^x(n+1)t^n\mathrm{d}t = \sum\limits_{n=1}^{\infty} x^{n+1} = \dfrac{x^2}{1-x}(-1 < x < 1)$

所以 $\sum\limits_{n=1}^{\infty}(n+1)x^n = \left(\dfrac{x^2}{1-x}\right)' = \dfrac{2x-x^2}{(1-x)^2}$

$$\int_0^x \sum\limits_{n=1}^{\infty} n(n+2)t^{n-1}\mathrm{d}t = \dfrac{2x-x^2}{(1-x)^2} + \dfrac{x}{1-x}$$

故 $\sum\limits_{n=0}^{\infty} n(n+2)x^{n-1} = \left[\dfrac{2x-x^2}{(1-x)^2} + \dfrac{x}{1-x}\right]' = \dfrac{3-x}{(1-x)^3}(-1 < x < 1)$

734. **(内蒙古大学)** 对于幂级数 $\sum\limits_{n=1}^{\infty} \dfrac{2^n \ln n}{n}x^n.$

(1) 求出收敛半径；

(2) 讨论在收敛区间端点上的收敛性；

(3) 指出在什么样的区间上级数一致收敛.

解 (1) $\lim\limits_{n \to +\infty}\left|\dfrac{\dfrac{2^{n+1}\ln(n+1)}{n+1}}{\dfrac{2^n \ln n}{n}}\right| = 2.$ 所以该级数的收敛半径 $R = \dfrac{1}{2}.$

(2) 当 $x = \dfrac{1}{2}$ 时，$\sum\limits_{n=1}^{\infty} \dfrac{2^n \ln n}{n}x^n = \sum\limits_{n=1}^{\infty} \dfrac{2^n \ln n}{n}\left(\dfrac{1}{2}\right)^n = \sum\limits_{n=1}^{\infty} \dfrac{\ln n}{n}$ 发散.

当 $x = -\dfrac{1}{2}$ 时,有

$$\sum_{n=1}^{\infty} \frac{2^n \ln n}{n} x^n = \sum_{n=1}^{\infty} \frac{2^n \ln n}{n} (-\frac{1}{2})^n = \sum_{n=1}^{\infty} (-1)^n \frac{\ln n}{n}$$

由莱布尼兹判别法易知 $\displaystyle\sum_{n=1}^{\infty} (-1)^n \frac{\ln n}{n}$ 收敛.

(3) 由(1)(2)知原幂级数的收敛域为 $[-\dfrac{1}{2}, \dfrac{1}{2})$,所以在区间

$[-\dfrac{1}{2}, a]$(其中 $a < \dfrac{1}{2}$)上原幂级数一致收敛.

735. (中国科技大学) 　证明: $y(x) = \displaystyle\sum_{n=0}^{\infty} \frac{x^{4n}}{(4n)!}$,满足 $y^{(4)} = y$.

证 　易证 $y(x)$ 的各阶导数满足逐项可微定理,所以

$$y'(x) = \sum_{n=0}^{\infty} (\frac{x^{4n}}{(4n)!})' = \sum_{n=1}^{\infty} \frac{x^{4n-1}}{(4n-1)!} = \sum_{n=0}^{\infty} \frac{x^{4n+3}}{(4n+3)!}$$

$$y''(x) = \sum_{n=0}^{\infty} (\frac{x^{4n+3}}{(4n+3)!})' = \sum_{n=0}^{\infty} \frac{x^{4n+2}}{(4n+2)!}$$

$$y'''(x) = \sum_{n=0}^{\infty} (\frac{x^{4n+2}}{(4n+2)!})' = \sum_{n=0}^{\infty} \frac{x^{4n+1}}{(4n+1)!}$$

$$y^{(4)}(x) = \sum_{n=0}^{\infty} (\frac{x^{4n+1}}{(4n+1)!})' = \sum_{n=0}^{\infty} \frac{x^{4n}}{(4n)!} = y(x)$$

736. (四川师范学院) 　求极限 $\displaystyle\lim_{n \to +\infty} \sum_{k=1}^{n} \frac{k+2}{k! + (k+1)! + (k+2)!}$.

解 　$\displaystyle\sum_{k=1}^{\infty} \frac{k+2}{k! + (k+1)! + (k+2)!} =$

$\displaystyle\sum_{k=1}^{\infty} \frac{k+2}{k![1 + k + 1 + (k+1)(k+2)]} = \sum_{k=1}^{\infty} \frac{1}{k!(k+2)}$

考查幂级数 $\displaystyle\sum_{k=1}^{\infty} \frac{x^{k+2}}{k!(k+2)} = y(x)$. 其收敛区域为 $(-\infty, +\infty)$

易证其满足逐项可微定理,所以

$$y'(x) = \sum_{k=1}^{\infty} (\frac{x^{k+2}}{k!(k+2)})' = \sum_{k=1}^{\infty} \frac{x^{k+1}}{k!} = x \sum_{k=1}^{\infty} \frac{x^k}{k!} = x(e^x - 1)$$

$$y(x) = \int_0^x t(e^t - 1) dt =$$

$$x e^x - e^x - \frac{1}{2} x^2 + 1$$

所以 $\displaystyle\lim_{n \to +\infty} \sum_{k=1}^{n} \frac{k+2}{k! + (k+1)! + (k+2)!} = y(1) = \frac{1}{2}$

737. (武汉大学) 　给定级数 $\displaystyle\sum_{n=1}^{\infty} \frac{(2n-1)!!}{(2n)!!} (-x)^n$. 证明

(1) $\dfrac{(2n-1)!!}{(2n)!!} < \dfrac{1}{\sqrt{2n+1}}$；

(2) 此级数的收敛域为$(-1,1]$；

(3) 在$(-1,1]$上此级数不一致收敛.

证 (1) 由于 $\dfrac{(2n-1)!!}{(2n)!!} < \dfrac{(2n)!!}{(2n+1)!!}$,

因此　　　　$\left[\dfrac{(2n-1)!!}{(2n)!!}\right]^2 < \dfrac{(2n)!!}{(2n+1)!!} \cdot \dfrac{(2n-1)!!}{(2n)!!} = \dfrac{1}{2n+1}$

即　　　　　$\dfrac{(2n-1)!!}{(2n)!!} < \dfrac{1}{\sqrt{2n+1}}$

(2) 令 $a_n = \dfrac{(2n-1)!!}{(2n)!!}$,则

$$\lim_{n \to +\infty}\left|\dfrac{a_{n+1}}{a_n}\right| = \lim_{n \to +\infty} \dfrac{\dfrac{(2n+1)!!}{(2n+2)!!}}{\dfrac{(2n-1)!!}{(2n)!!}} = \lim_{n \to +\infty} \dfrac{2n+1}{2n+2} = 1$$

所以此级数的收敛半径为1,收敛区间为$(-1,1)$,当 $x=1$ 时,由莱布尼兹判别法知 $\displaystyle\sum_{n=1}^{\infty} \dfrac{(2n-1)!!}{(2n)!!}(-1)^n$ 收敛;

当 $x=-1$ 时,$\displaystyle\sum_{n=1}^{\infty} \dfrac{(2n-1)!!}{(2n)!!}[-(-1)]^n = \sum_{n=1}^{\infty} \dfrac{(2n-1)!!}{(2n)!!}$.

$$\lim_{n \to +\infty} n\left(\dfrac{a_n}{a_{n+1}} - 1\right) = \lim_{n \to +\infty}\left(\dfrac{\dfrac{(2n-1)!!}{(2n)!!}}{\dfrac{(2n+1)!!}{(2n+2)!!}} - 1\right) =$$

$$\lim_{n \to +\infty} \dfrac{n}{2n+1} = \dfrac{1}{2} < 1$$

所以给定级数的收敛域为$(-1,1]$.

(3) $\displaystyle\sup_{x \in (-1,1]} |R_n(x)| \geqslant \left|R_n\left(-\dfrac{n}{n+1}\right)\right| = \sum_{k=n+1}^{\infty} \dfrac{(2k-1)!!}{(2k)!!}\left(\dfrac{n}{n+1}\right)^n = \sum_{k=n+1}^{\infty}$

$$\dfrac{(2k-1)!!}{(2k-2)!!}\dfrac{1}{2k}\left(\dfrac{n}{n+1}\right)^n \geqslant \sum_{k=n+1}^{\infty} \dfrac{1}{2k}\left(\dfrac{n}{n+1}\right)^n \geqslant$$

$$\left[\dfrac{1}{2(n+1)} + \dfrac{1}{2(n+2)} + \cdots + \dfrac{1}{4n}\right]\left(\dfrac{n}{n+1}\right)^n \geqslant \dfrac{1}{2}\left(\dfrac{n}{n+1}\right)^n$$

所以　　　　$\displaystyle\lim_{n \to +\infty} \sup_{x \in (-1,1]} |R_n(x)| \geqslant \lim_{n \to +\infty} \dfrac{1}{2}\left(\dfrac{n}{n+1}\right)^n = \dfrac{1}{2e} > 0$

故原级数在$(-1,1]$上不一致收敛.

738.(**北京航空航天大学**)　求 $\displaystyle\sum_{n=1}^{\infty}(-1)^{n-1}\dfrac{2n+1}{n}x^{2n}$ 的收敛域及和函数.

解:令 $x^2 = t, a_n = (-1)^{n-1}\dfrac{2n+1}{n}$.

因为 $\displaystyle\lim_{n \to \infty}\left|\dfrac{a_{n+1}}{a_n}\right| = 1, \therefore \sum_{n=1}^{\infty}(-1)^{n-1}\dfrac{2n+1}{n}t^n$ 的收敛半径为1.

所以 $\sum\limits_{n=1}^{\infty}(-1)^{n-1}\dfrac{2n+1}{n}\cdot x^{2n}$ 的收敛半径为 1.

又当 $x=\pm 1$ 时, $\sum\limits_{n=1}^{\infty}(-1)^{n-1}\dfrac{2n+1}{n}\cdot x^{2n}$ 发散, 所以 $\sum\limits_{n=1}^{\infty}(-1)^{n-1}\dfrac{2n+1}{n}\cdot x^{2n}=$

$\sum\limits_{n=1}^{\infty}(-1)^{n-1}\dfrac{1}{n}x^{2n}+2\sum\limits_{n=1}^{\infty}(-1)^{n-1}\cdot x^{2n}=\ln(1+x^2)+\dfrac{2x^2}{1+x^2}$,

即 $\sum\limits_{n=1}^{\infty}(-1)^{n-1}\dfrac{2n+1}{n}x^{2n}$ 的和函数为 $\ln(1+x^2)+\dfrac{2x^2}{1+x^2}(-1<x<1)$.

739.(天津大学)　求幂级数 $\sum\limits_{n=1}^{\infty}\dfrac{3^n+2^n}{n}x^n$ 的收敛域.

解　记 $a_n=\dfrac{3^n+2^n}{n}$, 则

$$\dfrac{3^n}{n}<a_n<2\cdot 3^n, 则$$

$$\lim_{n\to+\infty}\sqrt[n]{\dfrac{3^n}{n}}=3=\lim_{n\to+\infty}\sqrt[n]{2\cdot 3^n}$$

由夹逼原则知 $$\lim_{n\to+\infty}\sqrt[n]{a_n}=3.$$

原幂级数的收敛区间为 $(-\dfrac{1}{3},\dfrac{1}{3})$, 当 $x=-\dfrac{1}{3}$ 时,

$$\sum\limits_{n=1}^{\infty}\dfrac{3^n+2^n}{n}x^n=$$

$\sum\limits_{n=1}^{\infty}\dfrac{3^n+2^n}{n}\cdot(-\dfrac{1}{3})^n=\sum\limits_{n=1}^{\infty}\dfrac{(-1)^n}{n}+\sum\limits_{n=1}^{\infty}(-1)^n\cdot\dfrac{1}{n}\cdot(\dfrac{2}{3})^n$,

$\sum\limits_{n=1}^{\infty}\dfrac{(-1)^n}{n}$ 与 $\sum\limits_{n=1}^{\infty}(-1)^n\cdot\dfrac{1}{n}\cdot(\dfrac{2}{3})^n$ 都收敛.

故 $\sum\limits_{n=1}^{\infty}\dfrac{3^n+2^n}{n}\cdot x^n$ 在 $x=-\dfrac{1}{3}$ 处收敛.

当 $x=\dfrac{1}{3}$ 时, $\sum\limits_{n=1}^{\infty}\dfrac{3^n+2^n}{n}x^n=\sum\limits_{n=1}^{\infty}\dfrac{1}{n}+\sum\limits_{n=1}^{\infty}\dfrac{1}{n}\cdot(\dfrac{2}{3})^n$,

显然 $\sum\limits_{n=1}^{\infty}\dfrac{1}{n}$ 发散, $\sum\limits_{n=1}^{\infty}\dfrac{1}{n}(\dfrac{2}{3})^n$ 收敛, 故 $\sum\limits_{n=1}^{\infty}\dfrac{3^n+2^n}{n}\cdot x^n$ 在 $x=\dfrac{1}{3}$ 处发散.

所以原幂级数的收敛域为 $[-\dfrac{1}{3},\dfrac{1}{3})$.

740.(西北大学)　求级数 $\sum\limits_{n=1}^{\infty}n^2\cdot x^{n-1}$ 的和.

解　记 $a_n=n^2$, 则 $\lim\limits_{n\to+\infty}\dfrac{a_{n+1}}{a_n}=\lim\limits_{n\to+\infty}\dfrac{(n+1)^2}{n^2}=1$,

收敛半径 $R=1$, 收敛域为 $(-1,1)$, 而 $(\sum\limits_{n=1}^{\infty}n\cdot x^n)'=\sum\limits_{n=1}^{\infty}n^2\cdot x^{n-1}$, 又 $(\sum\limits_{n=1}^{\infty}x^{n+1})'$

$$= \sum_{n=1}^{\infty} (n+1) \cdot x^n = \sum_{n=1}^{\infty} n \cdot x^n + \sum_{n=1}^{\infty} x^n, 从而$$

$$\sum_{n=1}^{\infty} nx^n = (\sum_{n=1}^{\infty} x^{n+1})' - \sum_{n=1}^{\infty} x^n = (\frac{x^2}{1-x})' - \frac{x}{1-x} = \frac{x}{(1-x)^2}$$

则 $\sum_{n=1}^{\infty} n^2 \cdot x^{n-1} = \left[\frac{x}{(1-x)^2} \right]' = \frac{1+x}{(1-x)^3} (|x| < 1)$

741. (武汉大学) 给定幂级数 $\frac{x^2}{2 \times 1} + \frac{x^3}{3 \times 2} + \cdots + \frac{x^n}{n(n-1)} + \cdots$

(1) 确定它的收敛半径与收敛区间;

(2) 求出它的和函数 $S(x)$.

解 (1) 对幂级数 $\sum_{n=2}^{\infty} \frac{x^n}{n(n-1)}$, 由

$$\lim_{n \to +\infty} \frac{a_{n+1}}{a_n} = \lim_{n \to +\infty} \frac{n(n+1)}{n(n-1)} = 1$$

知其收敛半径为 1, 收敛区间为 $(-1,1)$.

当 $x = \pm 1$ 时, 级数均收敛, 故其收敛域为 $[-1,1]$.

(2) 由逐项微分定理

$$S'(x) = (\sum_{n=2}^{\infty} \frac{x^n}{n(n-1)})' = \sum_{n=2}^{\infty} \frac{x^{n-1}}{n-1}$$

$$S''(x) = (\sum_{n=2}^{\infty} \frac{x^{n-1}}{n-1})' = \sum_{n=2}^{\infty} x^{n-2} = \frac{1}{1-x}$$

故

$$S'(x) = \int_0^x S''(t) dt = \int_0^x \frac{1}{1-t} dt = -\ln(1-x)$$

$$S(x) = \int_0^x S'(t) dt = \int_0^x -\ln(1-t) dt =$$

$$\int_0^x \ln(1-t) d(1-t) =$$

$$(1-t)\ln(1-t) \Big|_0^x + \int_0^x dx =$$

$$(1-x)\ln(1-x) + x.$$

742. (华中科技大学) 展开 $f(x) = \sum_{n=1}^{\infty} (\frac{x}{1-x})^n$ 为 x 的幂级数.

解 显然 $|\frac{x}{1-x}| < 1$, (否则, $f(x)$ 将不存在), 得 $x < \frac{1}{2}$.

$$f(x) = \sum_{n=1}^{\infty} (\frac{x}{1-x})^n = \frac{\frac{x}{1-x}}{1 - \frac{x}{1-x}} = \frac{x}{1-2x}$$

又 $\frac{x}{1-2x} = \frac{1}{2} \times \frac{2x}{1-2x} = \frac{1}{2} \sum_{n=1}^{\infty} (2x)^n = \sum_{n=1}^{\infty} 2^{n-1} x^n (-\frac{1}{2} < x < \frac{1}{2})$

故得 $f(x) = \sum_{n=1}^{\infty} 2^{n-1} x^n, (-\frac{1}{2} < x < \frac{1}{2})$.

743. (南京航空学院)　求 $\displaystyle\sum_{n=0}^{\infty}\frac{\mathrm{e}^{-n}}{n+1}$.

解　考虑幂级数 $\displaystyle\sum_{n=0}^{\infty}\frac{x^n}{n+1}$

其收敛半径为 1,收敛区间为 $(-1,1)$,当 $x=-1$ 时,$\displaystyle\sum_{n=0}^{\infty}\frac{x^n}{n+1}=$

$\displaystyle\sum_{n=0}^{\infty}(-1)^n\frac{1}{n+1}$ 收敛;当 $x=1$ 时,$\displaystyle\sum_{n=0}^{\infty}\frac{x^n}{n+1}=\sum_{n=0}^{\infty}\frac{1}{n+1}$ 发散,因此其收敛域为

$[-1,1)$.设其和函数为 $s(x)$,则 $\forall x\in(-1,1)$,

$$xs(x)=\sum_{n=0}^{\infty}\frac{x^{n+1}}{n+1}$$

$$(xs(x))'=\sum_{n=0}^{\infty}\left(\frac{x^{n+1}}{n+1}\right)'=\sum_{n=0}^{\infty}x^n=\frac{1}{1-x}$$

因为 $\displaystyle xs(x)=\int_0^x (ts(t))'\mathrm{d}t=\int_0^x\frac{1}{1-t}\mathrm{d}t=\ln(1-x)$

所以 $s(x)=\begin{cases}0 & ,x=0\\ \dfrac{-1}{x}\ln(1-x) & ,x\in[-1,0)\bigcup(0,1)\end{cases}$

所以 $\displaystyle\sum_{n=0}^{\infty}\frac{\mathrm{e}^{-m}}{n+1}=s(\mathrm{e}^{-1})=\mathrm{e}-\mathrm{e}\ln(\mathrm{e}-1)$.

744. 求 $\displaystyle\sum_{n=1}^{\infty}\frac{1}{2^n}x^{2n}$ 的收敛半径.

解　令 $x^2=t$,则

$$\sum_{n=1}^{\infty}\frac{1}{2^n}x^{2n}=\sum_{n=1}^{\infty}\frac{1}{2^n}t^n$$

因为 $\displaystyle\lim_{n\to+\infty}\frac{1}{2^{n+1}}/\frac{1}{2^n}=\frac{1}{2}$.所以级数 $\displaystyle\sum_{n=1}^{\infty}\frac{1}{2^n}t^n$ 的收敛半径为 2,所以级数 $\displaystyle\sum_{n=1}^{\infty}\frac{1}{2^n}x^{2n}$ 的收敛半径为 $\sqrt{2}$.

745. (中国人民大学)　设 $x>0$,求函数项级数,$\displaystyle\sum_{n=1}^{\infty}\frac{1}{x^{\ln n}}$ 的收敛域.

解　由于 $x^{\ln n}=\mathrm{e}^{\ln x\ln n}=(\mathrm{e}^{\ln n})^{\ln x}=n^{\ln x}$,所以当 $\ln x>1$,即 $x>\mathrm{e}$ 时,$\displaystyle\sum_{n=1}^{\infty}\frac{1}{x^{\ln n}}$ 收敛.

故函数项级数 $\displaystyle\sum_{n=1}^{\infty}\frac{1}{x^{\ln n}}$ 的收敛域为 $(\mathrm{e},+\infty)$.

746. (北京航空航天大学)　求幂级数 $\displaystyle\sum_{n=1}^{\infty}n(x-1)^n$ 的收敛域及其和函数.

解　令 $a_n=n$,则 $\displaystyle\lim_{n\to+\infty}\left|\frac{a_{n+1}}{a_n}\right|=1$.$R=1$,$|x-1|<1$.因此,

$\sum\limits_{n=1}^{\infty} n(x-1)^n$ 的收敛区间为$(0,2)$.

当 $x=0$ 或 2 时，$\sum\limits_{n=1}^{\infty} n(x-1)^n$ 发散，因此

$\sum\limits_{n=1}^{\infty} n(x-1)^n$ 的收敛域为$(0,2)$.

令 $s(x) = \sum\limits_{n=1}^{\infty} n(x-1)^{n-1}$，则

$$\int_1^x s(t)\mathrm{d}t = \sum_{n=1}^{\infty} \int_1^x n(t-1)^{n-1}\mathrm{d}t =$$
$$\sum_{n=1}^{\infty} (x-1)^n = \frac{x-1}{2-x}.$$

因此 $s(x) = (\int_0^x s(t)\mathrm{d}t)' = \dfrac{1}{(x-2)^2}$

$$\sum_{n=1}^{\infty} n(x-1)^n = \frac{x-1}{(x-2)^2}, \forall\, x \in (0,2)$$

747. 求函数 $f(x) = \ln(x+\sqrt{1+x^2})$ 在 $x=0$ 处的幂级数展开式.

解　因为 $f'(x) = (1+x^2)^{-\frac{1}{2}} =$
$$1 - \frac{1}{2}x^2 + \frac{1}{2}\times\frac{3}{4}x^4 + \cdots +$$
$$(-1)^n \frac{(2n-1)!!}{(2n)!!}x^{2n} + \cdots$$

而 $\ln(x+\sqrt{1+x^2}) = \displaystyle\int_0^x \frac{1}{\sqrt{1+t^2}}\mathrm{d}t =$
$$x - \frac{1}{2}\cdot\frac{1}{3}x^3 + \cdots + (-1)^n \frac{(2n-1)!!}{(2n)!!}\frac{1}{2n+1}x^{2n+1} + \cdots$$

其中 $|x| < 1$.

748. （北京大学）　判断级数 $\sum\limits_{n=1}^{\infty} \ln\cos\dfrac{1}{n}$ 的收敛性并给出证明.

解　由于 $0 < \cos\dfrac{1}{n} < 1$，故 $\ln\cos\dfrac{1}{n} < 0$，而

$$\lim_{x\to 0}\frac{\ln\cos x}{x^2} = \lim_{x\to 0}\frac{-\dfrac{\sin x}{\cos x}}{2x} = \lim_{x\to 0}-\frac{1}{2\cos x} = -\frac{1}{2}$$

由归结原则 $\lim\limits_{n\to\infty} \dfrac{-\ln\cos\dfrac{1}{n}}{\dfrac{1}{n^2}} = \dfrac{1}{2}$.

因此由正项级数的比较判别法 $\sum\limits_{n=1}^{\infty} (-\ln\cos\dfrac{1}{n})$ 收敛，从而 $\sum\limits_{n=1}^{\infty} \ln\cos\dfrac{1}{n}$ 也收敛.

749. **(复旦大学)**　讨论级数收敛和发散：(1) $\sum\limits_{n=1}^{\infty} n^2 \sin \dfrac{\pi}{2^n}$；

(2) $\sum\limits_{n=1}^{\infty} \dfrac{(3n-5)\sin \dfrac{n\pi}{2}}{n^2}$.

解　(1) 因为 $0 < n^2 \sin \dfrac{\pi}{2^n} \leqslant \dfrac{\pi n^2}{2^n}$，$\lim\limits_{n\to\infty} \dfrac{\dfrac{\pi n^2}{2^n}}{\dfrac{1}{n^2}} = 0$

又 $\sum\limits_{n=1}^{\infty} \dfrac{1}{n^2}$ 收敛，所以 $\sum\limits_{n=1}^{\infty} n^2 \sin \dfrac{\pi}{2^n}$ 收敛.

(2) $\sum\limits_{n=1}^{\infty} \dfrac{(3n-5)\sin \dfrac{n\pi}{2}}{n^2} = \sum\limits_{k=1}^{\infty} \dfrac{(6k-8)}{(2k-1)^2}(-1)^{k+1}$.

当 k 充分大时，$\dfrac{6k-8}{(2k-1)^2}$ 随着 k 的增大而减小，且 $\lim\limits_{k\to\infty} \dfrac{6k-8}{(2k-1)^2} = 0$.

由莱布尼兹判别法知 $\sum\limits_{n=1}^{\infty} \dfrac{(3n-5)\sin \dfrac{n\pi}{2}}{n^2}$ 收敛.

但 $\sum\limits_{n=1}^{\infty} \left| \dfrac{(3n-5)\sin \dfrac{n\pi}{2}}{n^2} \right| = \sum\limits_{k=1}^{\infty} \dfrac{6k-8}{(2k-1)^2}$,

$\lim\limits_{k\to\infty} \dfrac{\dfrac{6k-8}{(2k-1)^2}}{\dfrac{1}{k}} = \dfrac{3}{2}$，$\sum\limits_{k=1}^{\infty} \dfrac{1}{k}$ 发散.

因此 $\sum\limits_{k=1}^{\infty} \dfrac{6k-8}{(2k-1)^2}$ 发散，即 $\sum\limits_{n=1}^{\infty} \left| \dfrac{(3n-5)\sin \dfrac{n\pi}{2}}{n^2} \right|$ 发散.

$\sum\limits_{n=1}^{\infty} \dfrac{(3n-5)\sin \dfrac{n\pi}{2}}{n^2}$ 条件收敛.

750. **(哈尔滨工业大学)**　设 $M_n > 0, (n=1,2,\cdots)$，且对所有 n，成立 $\dfrac{M_{n+1}}{M_n} \geqslant 1 - \dfrac{1}{n}$.

证明：级数 $\sum\limits_{n=1}^{\infty} M_n$ 发散.

证　因为 $\dfrac{M_{n+1}}{M_n} \geqslant 1 - \dfrac{1}{n}$，所以

$M_{n+1} \cdot n \geqslant M_n(n-1)$.

数列 $\{M_{n+1} \cdot n\}$ 单调递增.

故 $\lim\limits_{n\to+\infty} M_{n+1} n = +\infty$ 或 $\lim\limits_{n\to+\infty} M_{n+1} n = A$，($A$ 为常数).

因此 $\lim\limits_{n\to+\infty}\dfrac{M_{n+1}}{\dfrac{1}{n}}=+\infty$ 或 $\lim\limits_{n\to+\infty}\dfrac{M_{n+1}}{\dfrac{1}{n}}=A.$

因 $\sum\limits_{n=2}^{\infty}\dfrac{1}{n-1}$ 发散,故 $\sum\limits_{n=1}^{\infty}M_n$ 发散.

751.（第三届全国大学生数学夏令营）　试求无穷级数 $\sum\limits_{n=1}^{\infty}\tan^{-1}\dfrac{1}{n^2+n+1}$ 的和.

解　由 $\qquad\qquad \tan^{-1}x-\tan^{-1}y=\tan^{-1}\dfrac{x-y}{1+xy}$

知 $\qquad \tan^{-1}(n+1)-\tan^{-1}n=\tan^{-1}\dfrac{1}{1+n(n+1)}=\tan^{-1}\dfrac{1}{n^2+n+1}$

从而 $\sum\limits_{n=1}^{\infty}\tan^{-1}\dfrac{1}{n^2+n+1}=\sum\limits_{n=1}^{\infty}[\tan^{-1}(n+1)-\tan^{-1}n]=$

$\qquad\qquad\qquad\qquad \lim\limits_{n\to+\infty}[\tan^{-1}(n+1)-\tan^{-1}1]=$

$\qquad\qquad\qquad\qquad \dfrac{\pi}{2}-\dfrac{\pi}{4}=$

$\qquad\qquad\qquad\qquad \dfrac{\pi}{4}$

扫码获取本书资源

752.（中国人民大学）　若 $\sum\limits_{n=1}^{\infty}a_n$ 是发散的正项级数,则存在收敛于 0 的正数序列 $(C_n)_{n=1}^{\infty}$,使 $\sum\limits_{n=1}^{\infty}C_na_n$ 发散.

证　因为 $\sum\limits_{n=1}^{\infty}a_n$ 是发散的正项级数,所以对任意给定的 n,只要取 m 充分大,就有 $\dfrac{S_n}{S_m}<\dfrac{1}{2}$,(其中 S_n 为前 n 项之和)

$$\left|\sum\limits_{k=n+1}^{\infty}\dfrac{a_k}{s_k}\right|=\dfrac{a_{n+1}}{s_{n+1}}+\cdots+\dfrac{a_m}{s_m}\geqslant\dfrac{S_m-S_n}{S_m}>\dfrac{1}{2}$$

由柯西准则知 $\sum\limits_{n=1}^{\infty}\dfrac{a_n}{s_n}$ 发散.

又 $\lim\limits_{n\to+\infty}\dfrac{1}{s_n}=0$,故存在 $C_n=\dfrac{1}{s_n}$,满足条件.

753.（哈尔滨工业大学）　已知 $\sum\limits_{n=1}^{\infty}(a_n-a_{n-1})$ 绝对收敛,$\sum\limits_{n=1}^{\infty}b_n$ 收敛,证明:级数 $\sum\limits_{n=1}^{\infty}a_nb_n$ 收敛.

证　根据阿贝尔引理的一般形式,对任意的自然数 p 考虑

$$\left|\sum\limits_{k=n+1}^{n+p}a_kb_k\right|\leqslant\max\left|\sum\limits_{k=n+1}^{n+p}b_k\right|\left(|a_{n+p}|+\sum\limits_{k=n+1}^{n+p-1}|a_k-a_{k+1}|\right) \qquad ①$$

(1) 由于级数 $\sum\limits_{n=1}^{\infty}b_n$ 收敛,故对 $\forall\varepsilon>0,\exists N>0$,当 $n>N$ 时,对任何自然数 P,

有 $\left|\sum\limits_{k=n+1}^{n+p} b_k\right| < \varepsilon$.

(2) 由于 $\sum\limits_{n=1}^{\infty}(a_n - a_{n-1})$ 绝对收敛, 设 $\sum\limits_{n=1}^{\infty}|a_n - a_{n-1}| = B$, 从而对任意的自然数

n 有, $\sum\limits_{k=1}^{n}|a_{k+1} - a_k| \leqslant B$. 并且由于 $\sum\limits_{k=1}^{n+p-1}(a_{k+1} - a_k) = a_{n+p} - a_1$, 从而 $|a_{n+p}| \leqslant |a_1|$

$+ \sum\limits_{k=1}^{n+p-1}|a_{k+1} - a_k| \leqslant |a_1| + B$.

$$\sum_{k=n+1}^{n+p-1}|a_k - a_{k+1}| \leqslant \sum_{k=1}^{n+p-1}|a_k - a_{k+1}| + \sum_{k=1}^{n}|a_k - a_{k+1}| \leqslant 2B$$

根据式 ①, 对 $\forall \varepsilon > 0, \exists N > 0$, 当 $n > N$ 时, 对任何自然数 p 有

$$\left|\sum_{k=n+1}^{n+p} a_k b_k\right| \leqslant \varepsilon(|a_1| + 3B)$$

由 $\varepsilon > 0$ 的任意性及柯西准则知, 级数 $\sum\limits_{n=1}^{\infty} a_n b_n$ 收敛.

754. (中国人民大学) 令 $a_1 = 2, a_{n+1} = \dfrac{1}{2}\left(a_n + \dfrac{1}{a_n}\right), n = 1, 2, \cdots$, 证明级数

$\sum\limits_{n=1}^{\infty}\left(\dfrac{a_n}{a_{n+1}} - 1\right)$ 收敛.

证 $a_{n+1} = \dfrac{1}{2}\left(a_n + \dfrac{1}{a_n}\right) \geqslant 1$

得 $a_{n+1} - a_n = \dfrac{1}{2}\left(\dfrac{1}{a_n} - a_n\right) = \dfrac{1}{2} \times \dfrac{1 - a_n^2}{a_n} \leqslant 0$

即 $a_{n+1} \leqslant a_n$.

由单调有界定理知 $\lim\limits_{n \to +\infty} a_n$ 存在.

又因为 $0 \leqslant \dfrac{a_n}{a_{n+1}} - 1 \leqslant a_n - a_{n+1}$, 且 $\sum\limits_{n=1}^{\infty}(a_n - a_{n+1})$ 收敛.

所以级数 $\sum\limits_{n=1}^{\infty}\left(\dfrac{a_n}{a_{n+1}} - 1\right)$ 收敛.

755. (华中科技大学) 讨论级数 $\sum\limits_{n=1}^{\infty}\dfrac{1}{n}\sin^n\theta$ 的敛散性, 并求其和函数.

解 当 $|\sin\theta| < 1$ 时, $\left|\dfrac{1}{n}\sin^n\theta\right| \leqslant |\sin^n\theta|$. 故 $\sum\limits_{n=1}^{\infty}\dfrac{1}{n}\sin^n\theta$ 绝对收敛.

当 $\sin\theta = 1$, 即 $\theta = 2k\pi + \dfrac{\pi}{2}(k \in Z)$ 时, $\sum\limits_{n=1}^{\infty}\dfrac{1}{n}\sin^n\theta$ 发散;

当 $\sin\theta = -1$, 即 $\theta = (2k+1)\pi + \dfrac{\pi}{2}(k \in Z)$ 时, 级数 $\sum\limits_{n=1}^{\infty}\dfrac{1}{n}\sin^n\theta$ 条件收敛.

令 $s(\theta) = \sum\limits_{n=1}^{\infty}\dfrac{1}{n}\sin^n\theta$, 当 $\theta \neq k\pi + \dfrac{\pi}{2}(k \in Z)$ 时, $s'(\theta) = \sum\limits_{n=1}^{\infty}\sin^{n-1}\theta\cos\theta = $

$\dfrac{\cos\theta}{1 - \sin\theta}$.

又 $s(0) = 0$,故

$$s(\theta) = \int_0^\theta \frac{\cos x}{1 - \sin x} \mathrm{d}x = -\ln(1 - \sin\theta)$$

因此 $\displaystyle\sum_{n=1}^\infty \frac{1}{n}\sin^n\theta$ 的和函数为 $-\ln(1-\sin\theta)$, $(\theta \neq 2k\pi + \dfrac{\pi}{2}, k \in Z)$.

756. (北京科技大学) 求幂级数 $\displaystyle\sum_{n=1}^\infty (-1)^n \frac{(x+2)^{2n}}{n \cdot 3^{n+1}}$ 的收敛域与和函数.

解 令 $t = \dfrac{(x+2)^2}{3}$,则

$$\sum_{n=1}^\infty (-1)^n \frac{(x+2)^{2n}}{n \times 3^{n+1}} = \sum_{n=1}^\infty (-1)^n \frac{t^n}{3n}$$

$$\lim_{n \to +\infty} \sqrt[n]{\left| \frac{(-1)^n}{3n} \right|} = 1$$

所以 $\displaystyle\sum_{n=1}^\infty (-1)^n \cdot \frac{t^n}{3n}$ 的收敛半径为 1,当 $t = 1$ 时,由莱布尼兹判别法知

$\displaystyle\sum_{n=1}^\infty (-1)^n \cdot \frac{t^n}{3n}$ 收敛.

又 $t \geqslant 0$,所以 $\displaystyle\sum_{n=1}^\infty (-1)^n \frac{t^n}{3n}$ 的收敛域为 $[0,1]$.

由 $0 \leqslant \dfrac{(x+2)^2}{3} = t \leqslant 1$ 得 $-2-\sqrt{3} \leqslant x \leqslant -2+\sqrt{3}$.

所以原级数的收敛域为 $[-2-\sqrt{3}, -2+\sqrt{3}]$.

令 $f(t) = \displaystyle\sum_{n=1}^\infty (-1)^n \frac{t^n}{3n}$,则

$$f'(t) = \sum_{n=1}^\infty \frac{(-1)^n t^{n-1}}{3} = -\frac{1}{3} \sum_{n=1}^\infty (-t)^{n-1}$$

$$= -\frac{1}{3} \frac{1}{1+t}, f(t) = \int_0^t -\frac{1}{3} \frac{1}{1+x} \mathrm{d}x = -\frac{1}{3}\ln(1+t)$$

所以 $\displaystyle\sum_{n=1}^\infty (-1)^n \frac{(x+2)^{2n}}{n \cdot 3^{n+1}} = -\frac{1}{3}\ln(1 + \frac{(x+2)^2}{3})(x \in [-2-\sqrt{3}, -2+\sqrt{3}])$.

757. (北京航空航天大学) 求级数 $\displaystyle\sum_{n=1}^\infty \frac{x^n}{n(n+1)}$ 的收敛域及和函数.

解 $$\lim_{n \to \infty} \left| \frac{a_{n+1}}{a_n} \right| = \lim_{n \to \infty} \frac{(n+1)(n+2)}{n(n+1)} = 1$$

故收敛半径 $R = 1$,且当 $x = \pm 1$ 时的级数均收敛,所以级数的收敛域为 $[-1,1]$.

令 $F(x) = \displaystyle\sum_{n=1}^\infty \frac{x^{n+1}}{n(n+1)}$,则

$$F'(x) = \Big(\sum_{n=1}^\infty \frac{x^{n+1}}{n(n+1)} \Big) = \sum_{n=1}^\infty \frac{x^n}{n}$$

$$F''(x) = \Big(\sum_{n=1}^\infty \frac{x^n}{n} \Big)' = \sum_{n=1}^\infty x^{n-1} = \frac{1}{1-x}$$

故
$$F'(x) = \int_0^x F''(t)\mathrm{d}t = \int_0^x \frac{1}{1-t}\mathrm{d}t = -\ln(1-x)$$

$$F(x) = \int_0^x F'(t)\mathrm{d}t = \int_0^x -\ln(1-t)\mathrm{d}t =$$
$$-x\ln(1-x) + x + \ln(1-x) =$$
$$(1-x)\ln(1-x) + x.$$

故
$$\sum_{n=1}^{\infty} \frac{x^n}{n(n+1)} = \begin{cases} \dfrac{(1-x)\ln(1-x)+x}{x}, & x \in [-1,1] \text{ 且 } x \neq 0 \\ 0, & x = 0 \end{cases}$$

758.（北京航空航天大学） 设 $f(x)$ 在 $x \geqslant 1$ 非负，单调递减，求证级数 $\sum_{n=1}^{\infty} \left[f(n) - \int_n^{n+1} f(x)\mathrm{d}x \right]$ 收敛.

证 $f(x)$ 在 $x \geqslant 1$ 时非负单调递减. 所以
$$0 \leqslant f(n) - \int_n^{n+1} f(x)\mathrm{d}x \leqslant f(n) - f(n+1)$$

而 $\sum_{n=1}^{\infty} (f(n) - f(n+1)) = f(1)$,收敛.

由比较判别法知 $\sum_{n=1}^{\infty} \left[f(n) - \int_n^{n+1} f(x)\mathrm{d}x \right]$ 收敛.

759.（北京科技大学） 求幂级数 $\sum_{n=2}^{\infty} \frac{(-1)^n}{n(n-1)} x^n$ 的和函数.

解 易知原级数的收敛域为 $[-1,1]$

记 $F(x) = \sum_{n=2}^{\infty} \frac{(-1)^n}{n(n-1)} x^n$,则

$$F'(x) = \Big(\sum_{n=2}^{\infty} \frac{(-1)^n}{n(n-1)} x^n \Big)' = \sum_{n=2}^{\infty} \Big(\frac{(-1)^n}{n(n-1)} x^n \Big)' = \sum_{n=2}^{\infty} \frac{(-1)^n}{n-1} x^{n-1},$$

$$F''(x) = \Big(\sum_{n=2}^{\infty} \frac{(-1)^n}{n-1} x^{n-1} \Big)' = \sum_{n=2}^{\infty} \Big(\frac{(-1)^n}{n-1} x^{n-1} \Big)' = \sum_{n=2}^{\infty} (-1)^n x^{n-2}$$

$$= \sum_{n=2}^{\infty} (-x)^{n-2} = \frac{1}{1+x}.$$

故
$$F'(x) = \int_0^x F''(t)\mathrm{d}t = \int_0^x \frac{1}{1+t}\mathrm{d}t = \ln(1+x)$$

$$F(x) = \int_0^x F'(t)\mathrm{d}t = \int_0^x \ln(1+t)\mathrm{d}t = (1+x)\ln(1+x) - x$$

所以
$$\sum_{n=2}^{\infty} \frac{(-1)^n}{n(n-1)} x^n = (1+x)\ln(1+x) - x, (x \in [-1,1])$$

§4　傅里叶级数

【考点综述】

一、综述

1.正交函数系

函数列$\{f_n(x)\}$定义在区间$[a,b]$上,每个$f_n(x)$在$[a,b]$上可积且不恒为零,若函数列$\{f_n(x)\}$中任意两个不同的函数$f_n(x)$和$f_m(x)$,有$\int_a^b f_n(x)f_m(x)\mathrm{d}x = 0$,则称函数列$\{f_n(x)\}$为$[a,b]$上的正交函数系.

2.三角函数系

(1)$\cos x,\sin x,\cos 2x,\sin 2x,\cdots,\cos nx,\sin nx,\cdots$ 是$[-\pi,\pi]$上的正交函数系.

(2)若三角级数$\dfrac{a_0}{2} + \sum\limits_{n=1}^{\infty}(a_n\cos nx + b_n\sin nx)$　　　　　　①

在$[-\pi,\pi]$上一致收敛于$f(x)$,则 $\forall x \in [-\pi,\pi]$,

$$f(x) = \frac{a_0}{2} + \sum_{n=1}^{\infty}(a_n\cos nx + b_n\sin nx)$$

并且　　　　　　$a_n = \dfrac{1}{\pi}\displaystyle\int_{-\pi}^{\pi} f(x)\cos nx\mathrm{d}x(n = 0,1,2,\cdots)$

$b_n = \dfrac{1}{\pi}\displaystyle\int_{-\pi}^{\pi} f(x)\sin nx\mathrm{d}x(n = 1,2,\cdots)$

则称a_n,b_n为函数$f(x)$的傅里叶系数,而称三角级数①为$f(x)$的傅里叶级数.

3.收敛定理

设$f(x)$是以2π为周期的$[-\pi,\pi]$上按段光滑的函数,则$f(x)$的傅里叶级数在$(-\infty,+\infty)$上的每一点x处都收敛于$f(x)$在点x的左右极限的算术平均值,即

$$\frac{f(x+0) + f(x-0)}{2} = \frac{a_0}{2} + \sum_{n=1}^{\infty}(a_n\cos nx + b_n\sin nx)$$

其中a_n,b_n为$f(x)$的傅里叶系数.

4.偶函数的傅里叶级数

设$f(x)$是以2π为周期的偶函数,或是定义在$[-\pi,\pi]$上的偶函数,则$f(x)$的傅里叶系数.

$$a_n = \frac{2}{\pi}\int_0^{\pi} f(x)\cos nx\mathrm{d}x \cdot (n = 0,1,2,\cdots),b_n = 0(n = 1,2,\cdots)$$

从而$f(x)$的傅里叶级数只含余弦函数的项

$\dfrac{a_0}{2} + \sum\limits_{n=1}^{\infty} a_n\cos nx$　　　　　　②

级数②称为余弦级数.

5.奇函数的傅里叶级数

设$f(x)$是以2π为周期的奇函数,或是定义在$[-\pi,\pi]$上的奇函数,则$f(x)$的傅里叶系数

$$a_n = 0(n = 0,1,2,\cdots), b_n = \frac{2}{\pi}\int_0^\pi f(x)\sin nx\,\mathrm{d}x(n = 1,2,\cdots)$$

从而 $f(x)$ 的傅里叶级数只含正弦级数的项

$$\sum_{n=1}^\infty b_n \sin nx \qquad\qquad\qquad ③$$

级数 ③ 称为正弦级数

6. 周期为 $2l$ 的函数的傅里叶级数

设 $f(x)$ 是以 $2l$ 为周期的 $[-l,l]$ 上按段光滑的函数,则对 $\forall x \in [-l,l]$,均有

$$\frac{f(x+0) + f(x-0)}{2} = \frac{a_0}{2} + \sum_{n=1}^\infty (a_n\cos\frac{n\pi}{l}) + b_n\sin\frac{n\pi}{l}x$$

其中 $\qquad\qquad a_n = \frac{1}{l}\int_{-l}^l f(x)\cos\frac{n\pi}{l}x\,\mathrm{d}x,(n = 0,1,2,\cdots) \qquad ④$

$$b_n = \frac{1}{l}\int_{-l}^l f(x)\sin\frac{n\pi}{l}x\,\mathrm{d}x,(n = 1,2,\cdots) \qquad ⑤$$

7. 逐项积分   设函数 $f(x)$ 以 2π 为周期,在 $[-\pi,\pi]$ 上按段连续,若 $f(x)$ 的傅里叶级数为 $\frac{a_0}{2} + \sum_{n=1}^\infty (a_n\cos nx + b_n\sin nx)$

则对 $[-\pi,\pi]$ 的任意实数 a,x,有

$$\int_a^x f(t)\mathrm{d}t = \int_a^x \frac{a_0}{2}\mathrm{d}t + \sum_{n=1}^\infty \int_a^x (a_n\cos nt + b_n\sin nt)\mathrm{d}t$$

8. 逐项微分   设 $f(x)$ 是以 2π 为周期的连续函数,$f'(x)$ 在 $[-\pi,\pi]$ 上按段光滑,且 $f(x)$ 的傅里叶级数为 $\frac{a_0}{2} + \sum_{n=1}^\infty (a_n\cos nx + b_n\sin nx)$

则对任何实数 x,有

$$\frac{f'(x+0) + f'(x-0)}{2} = (\frac{a_0}{2})' + \sum_{n=1}^\infty (a_n\cos nx + b_n\sin nx)'$$

9. 一致收敛定理

若 $f(x)$ 以 2π 为周期的连续函数,且在 $[-\pi,\pi]$ 上按段光滑,则 $f(x)$ 的傅里叶级数在 $(-\infty,+\infty)$ 上绝对收敛,且一致收敛于 $f(x)$.

10. 求傅里叶级数的一般步骤

(1) 按照系数公式 ④,⑤ 计算系数;

(2) 将算出的系数代入级数 ①;

(3) 由收敛定理,判断级数的和函数

$$s(x) = \begin{cases} f(x),\text{当 } x \in (a,b) \text{ 为 } f(x) \text{ 的连续点} \\ \dfrac{f(x+0) + f(x-0)}{2},\text{当 } x \in (a,b) \text{ 为 } f(x) \text{ 的间断点} \\ \dfrac{f(a+0) + f(b-0)}{2},\text{当 } x = a,b \text{ 时} \end{cases}$$

11. 展成正弦级数(余弦级数),则首先需对 $f(x)$ 作奇延拓(偶延拓) 再按照 5、6 中公式依照 10 中步骤展开.

二、解题方法

1.考点 1

求傅里叶级数.

2.考点 2

傅里叶级数的性质.

【经典题解】

760.(上海科技大学) 将下图所示的周期函数展开为傅里叶系数.

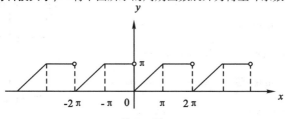

第 760 题

解 图中所示的函数为 $f(x) = \begin{cases} x, & 0 \leqslant x \leqslant \pi \\ \pi, & \pi < x < 2\pi, \end{cases}$ 并且以 2π 为周期,于是有

$$a_0 = \frac{1}{\pi} \int_0^{2\pi} f(x)\mathrm{d}x = \frac{1}{\pi}(\int_0^{\pi} x\mathrm{d}x + \int_\pi^{2\pi} \pi\mathrm{d}x) = \frac{3}{2}\pi$$

$$a_n = \frac{1}{\pi} \int_0^{2\pi} f(x)\cos nx\,\mathrm{d}x = \frac{1}{\pi}(\int_0^{\pi} x\cos nx\,\mathrm{d}x + \int_\pi^{2\pi} \pi\cos nx\,\mathrm{d}x) =$$

$$\frac{1}{n^2\pi}\big[(-1)^n - 1\big](n=1,2,\cdots)$$

$$b_n = \frac{1}{\pi} \int_0^{2\pi} f(x)\sin nx\,\mathrm{d}x = \frac{1}{\pi}(\int_0^{\pi} x\sin nx\,\mathrm{d}x + \int_\pi^{2\pi} \pi\sin nx\,\mathrm{d}x) =$$

$$\frac{x}{\pi}(-\frac{1}{n}\cos nx)\Big|_0^{\pi} + \frac{1}{n\pi}\int_0^{\pi}\cos nx\,\mathrm{d}x + (-\frac{1}{n}\cos nx)\Big|_\pi^{2\pi} =$$

$$-\frac{1}{n\pi}\pi(-1)^n - \frac{1}{n}\big[1-(-1)^n\big] =$$

$$-\frac{1}{n}(n=1,2,\cdots).$$

由收敛定理,对 $\forall x \in (0,2\pi)$ 有

$$f(x) = \frac{3}{4}\pi - \frac{2}{\pi}\sum_{n=1}^{\infty}\frac{\cos(2n-1)x}{(2n-1)^2} - \sum_{n=1}^{\infty}\frac{\sin nx}{n}$$

在 $x=0$ 和 $x=2\pi$ 处,其傅里叶级数收敛于 $\frac{1}{2}\big[f(0+0)+f(0-0)\big] = \frac{\pi}{2}$.

761.(北京邮电学院) 给出函数

$$f(x) = \begin{cases} x, & (-1 \leqslant x < 0), \\ x+1, & (0 < x \leqslant 1). \end{cases}$$

(1)画出函数 $f(x)$ 的图形;

(2)求 $f(x)$ 的傅里叶级数;

(3)画出傅里叶级数和函数的图形;

(4) 说明函数 $f(x)$ 在哪些点上能够展开为傅里叶级数.

解 (1) $f(x)$ 的图形见右图.

(2) 将 $f(x)$ 以 2 为周期延拓, 则

$$a_0 = \int_{-1}^{1} f(x)\mathrm{d}x = \int_{-1}^{0} x\mathrm{d}x + \int_{0}^{1} (x+1)\mathrm{d}x =$$

$$\frac{1}{2}x^2 \Big|_{-1}^{0} + (\frac{1}{2}x^2 + x)\Big|_{0}^{1} = 1.$$

$$a_n = \int_{-1}^{0} x\cos n\pi x\mathrm{d}x + \int_{0}^{1} (x+1)\cos n\pi x\mathrm{d}x =$$

$$\int_{0}^{1} \cos n\pi x\mathrm{d}x = 0, (n = 1, 2, \cdots)$$

$$b_n = \int_{-1}^{0} x\sin n\pi x\mathrm{d}x + \int_{0}^{1} (x+1)\sin n\pi x\mathrm{d}x =$$

$$\int_{0}^{1} x\sin n\pi x\mathrm{d}x + \int_{0}^{1} (x+1)\sin n\pi x\mathrm{d}x =$$

$$\int_{0}^{1} (2x+1)\sin n\pi x\mathrm{d}x =$$

$$\frac{1}{n\pi}(1 - 3(-1)^n), n = 1, 2, \cdots$$

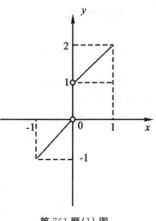

第 761 题(1) 图

故 $f(x)$ 的傅里叶级数为

$$\frac{1}{2} + \frac{1}{\pi}\sum_{n=1}^{\infty}\frac{1}{n}\big[1 - 3(-1)^n\big]\sin n\pi x$$

由收敛定理知上述级数收敛于

$$s(x) = \begin{cases} f(x), x \in (-1,0) \bigcup (0,1) \\ \dfrac{1}{2}, x = 0, \\ \dfrac{1}{2}, x = \pm 1. \end{cases}$$

(3) $s(x)$ 的图形如下:

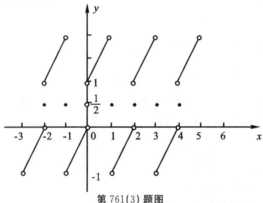

第 761(3) 题图

(4) 当 $-1 < x < 0$ 或 $0 < x < 1$ 时,$f(x)$ 能展成傅里叶级数.

762. (长沙铁道学院) 试求 $f(x) = x + x^2$ 在 $-\pi < x < \pi$ 上的傅里叶级数,并求级数 $\sum\limits_{n=1}^{\infty} \dfrac{1}{n^2}$ 的和.

解 将 $f(x)$ 作周期为 2π 的延拓,则

$$a_0 = \frac{1}{\pi} \int_{-\pi}^{\pi} (x^2 + x) \mathrm{d}x = \frac{2}{3}\pi^2$$

$$a_n = \frac{1}{\pi} \int_{-\pi}^{\pi} (x^2 + x) \cos nx \, \mathrm{d}x = (-1)^n \frac{4}{n^2}$$

$$b_n = \frac{1}{\pi} \int_{-\pi}^{\pi} (x^2 + x) \sin nx \, \mathrm{d}x = (-1)^{n+1} \frac{2}{n}$$

故由收敛定理,对 $\forall x \in (-\pi, \pi)$,

$$x^2 + x = \frac{\pi^2}{3} + \sum_{n=1}^{\infty} (-1)^n \frac{4}{n^2} \cos nx + \sum_{n=1}^{\infty} (-1)^{n+1} \frac{2}{n} \sin nx$$

当 $x = \pm\pi$ 时,其傅里叶级数收敛于 $\dfrac{1}{2} \big[f(\pi+0) + f(-\pi-0) \big] = \pi^2$

令 $x = \pi$,即有 $\pi^2 = \dfrac{1}{3}\pi^2 + \sum\limits_{n=1}^{\infty} \dfrac{4}{n^2}$. 故 $\sum\limits_{n=1}^{\infty} \dfrac{1}{n^2} = \dfrac{\pi^2}{6}$.

763. (复旦大学) (1) 试讨论级数 $\sum\limits_{n=1}^{\infty} x \mathrm{e}^{-(n-1)x}$ 关于 $0 \leqslant x \leqslant 1$ 是否一致收敛;

(2) 设函数 f 的周期为 2π,且 $f(x) = \left(\dfrac{\pi-x}{2} \right)^2$,$0 < x \leqslant 2\pi$,试利用 f 的傅里叶展开计算 $\sum\limits_{n=1}^{\infty} \dfrac{1}{n^2}$ 的和数.

解 (1) $\forall N > 0, \exists n_0 > N$,取 $p_0 = n_0 + 1$,$x_0 = \dfrac{1}{n_0}$,则

$$\left| \sum_{n=n_0}^{n_0+p_0} x \mathrm{e}^{-(n-1)x} \right| = \left| \frac{1}{n_0} \mathrm{e}^{-(n_0-1)\frac{1}{n_0}} + \frac{1}{n_0} \mathrm{e}^{-n_0 \frac{1}{n_0}} + \cdots + \frac{1}{n_0} \mathrm{e}^{-2n_0 \frac{1}{n_0}} \right| \geqslant$$

$$\frac{n_0 + 2}{n_0} \mathrm{e}^{-2} > \frac{1}{\mathrm{e}^2}$$

故 $\sum\limits_{n=1}^{\infty} x \mathrm{e}^{-(n-1)x}$ 关于 $0 \leqslant x \leqslant 1$ 不一致收敛.

(2) 傅里叶系数

$$a_0 = \frac{1}{\pi} \int_0^{2\pi} \left(\frac{\pi-x}{2} \right)^2 \mathrm{d}x = \frac{\pi^2}{6},$$

$$a_n = \frac{1}{\pi} \int_0^{2\pi} \left(\frac{\pi-x}{2} \right)^2 \cos nx \, \mathrm{d}x = \frac{1}{n^2}, (n = 1, 2, \cdots)$$

$$b_n = \frac{1}{\pi} \int_0^{2\pi} \left(\frac{\pi-x}{2} \right)^2 \sin nx \, \mathrm{d}x = 0, (n = 1, 2, \cdots)$$

由于 $f(x)$ 在 $(0, 2\pi)$ 上连续,由收敛定理知对 $\forall x \in (0, 2\pi)$,有

$$f(x) = \frac{\pi^2}{12} + \sum_{n=1}^{\infty} \frac{\cos nx}{n^2}$$

在端点 $x = 0$ 和 $x = 2\pi$ 处,其傅里叶级数收敛于

$$\frac{f(2\pi - 0) + f(0 + 0)}{2} = \frac{\pi^2}{4}$$

令 $x = 2\pi$,有 $\dfrac{\pi^2}{4} = \dfrac{\pi^2}{12} + \displaystyle\sum_{n=1}^{\infty} \dfrac{1}{n^2}$

故

$$\sum_{n=1}^{\infty} \frac{1}{n^2} = \frac{\pi^2}{6}$$

764.(北京大学,湖南大学)　在区间 $(0, 2\pi)$ 内展开 $f(x)$ 的傅里叶级数 $f(x) = \dfrac{\pi - x}{2}$.

解　将 $f(x)$ 延拓成以 2π 为周期函数,则

$$a_0 = \frac{1}{\pi} \int_0^{2\pi} \frac{\pi - x}{2} \mathrm{d}x = 0,$$

$$a_n = \frac{1}{\pi} \int_0^{2\pi} \frac{\pi - x}{2} \cos nx \, \mathrm{d}x = \frac{\pi - x}{2n\pi} \sin nx \, \Big|_0^{2\pi} + \frac{1}{2n\pi} \int_0^{2\pi} \sin nx \, \mathrm{d}x = 0$$

$$b_n = \frac{1}{\pi} \int_0^{2\pi} \frac{\pi - x}{2} \sin nx \, \mathrm{d}x = \frac{x - \pi}{2n\pi} \cos nx \, \Big|_0^{2\pi} - \frac{1}{2n\pi} \int_0^{2\pi} \cos nx \, \mathrm{d}x = \frac{1}{n}$$

$(n = 1, 2, 3, \cdots)$

故 $\dfrac{\pi - x}{2} = \displaystyle\sum_{n=0}^{\infty} \dfrac{\sin nx}{n} \ (x \in (0, 2\pi))$.

当 $x = 0, 2\pi$ 时,上述级数收敛于 0.

765.(湘潭大学)　将函数

$$f(x) = \begin{cases} \mathrm{e}^x, & 0 \leqslant x \leqslant \dfrac{\pi}{2}, \\ 0, & -\dfrac{\pi}{2} \leqslant x < 0 \end{cases}$$

,在 $\left[-\dfrac{\pi}{2}, \dfrac{\pi}{2}\right]$ 上展开为傅里叶级数,并指出傅里叶级数所收敛的函数.

解　$a_0 = \dfrac{2}{\pi} \displaystyle\int_0^{\frac{\pi}{2}} \mathrm{e}^x \mathrm{d}x = \dfrac{2}{\pi}(\mathrm{e}^{\frac{\pi}{2}} - 1)$,

$$a_n = \frac{2}{\pi} \int_0^{\frac{\pi}{2}} \mathrm{e}^x \cos \frac{n\pi x}{\pi/2} \mathrm{d}x = \frac{2}{\pi} \int_0^{\frac{\pi}{2}} \mathrm{e}^x \cos 2nx \, \mathrm{d}x =$$

$$\frac{1}{\pi} \frac{1}{1 + 4n^2} \left[(-1)^n \mathrm{e}^{\frac{\pi}{2}} - 1 \right],$$

$$b_n = \frac{2}{\pi} \int_0^{\frac{\pi}{2}} \mathrm{e}^x \sin \frac{n\pi x}{\pi/2} \mathrm{d}x = \frac{2}{\pi} \int_0^{\frac{\pi}{2}} \mathrm{e}^x \sin 2nx \, \mathrm{d}x =$$

$$\frac{1}{\pi} \frac{4n}{1 + 4n^2} \left[(-1)^{n+1} \mathrm{e}^{\frac{\pi}{2}} + 1 \right]$$

故 $f(x)$ 在 $\left[-\dfrac{\pi}{2}, \dfrac{\pi}{2}\right]$ 的傅里叶级数为

$$\frac{a_0}{2} + \sum_{n=1}^{\infty} (a_n \cos 2nx + b_n \sin 2nx)$$

$$= \frac{1}{\pi}(\mathrm{e}^{\frac{\pi}{2}} - 1) + \frac{1}{\pi} \sum_{n=1}^{\infty} \frac{2 \left[(-1)^n \mathrm{e}^{\frac{\pi}{2}} - 1 \right]}{1 + 4n^2} \cos 2nx +$$

$$\frac{1}{\pi}\sum_{n=1}^{\infty}\frac{4n\big[(-1)^{n+1}\mathrm{e}^{\frac{\pi}{2}}+1\big]}{1+4n^2}\sin2nx$$

由收敛定理知,它收敛于

$$S(x)=\begin{cases}\mathrm{e}^x,0<x<\dfrac{\pi}{2}\\[2mm]0,-\dfrac{\pi}{2}<x<0\\[2mm]\dfrac{1}{2},x=0\\[2mm]\dfrac{1}{2}\mathrm{e}^{\frac{\pi}{2}},x=\dfrac{\pi}{2}\ \text{及}\ x=-\dfrac{\pi}{2}\end{cases}$$

766.(中山大学) 把函数 $f(x)=\begin{cases}x,x\in[0,\pi),\\2,x\in[-\pi,0)\end{cases}$ 展开成傅里叶级数.

解 将 $f(x)$ 延拓成以 2π 为周期的按段光滑函数.

$$a_0=\frac{1}{\pi}\int_{-\pi}^{\pi}f(x)\mathrm{d}x=\frac{1}{\pi}\Big(\int_{-\pi}^{0}2\mathrm{d}x+\int_{0}^{\pi}x\mathrm{d}x\Big)=2+\frac{\pi}{2}$$

$$a_n=\frac{1}{\pi}\int_{-\pi}^{\pi}f(x)\cos nx\,\mathrm{d}x=\frac{1}{\pi}\Big(\int_{-\pi}^{0}2\cos nx\,\mathrm{d}x+\int_{0}^{\pi}x\cos nx\,\mathrm{d}x\Big)=$$
$$\frac{1}{\pi n^2}\big[(-1)^n-1\big]$$

$$b_n=\frac{1}{\pi}\int_{-\pi}^{\pi}f(x)\sin nx\,\mathrm{d}x=\frac{1}{\pi}\Big(\int_{-\pi}^{0}2\sin nx\,\mathrm{d}x+\int_{0}^{\pi}x\sin nx\,\mathrm{d}x\Big)=$$
$$\frac{(-1)^n}{n\pi}(2-\pi)-\frac{2}{n}$$

故 $f(x)$ 的傅里叶级数为

$$1+\frac{\pi}{4}+\sum_{n=1}^{\infty}\Big\{\frac{1}{\pi n^2}\big[(-1)^n-1\big]\cos nx+\Big[\frac{(-1)^n}{n\pi}(2-\pi)-\frac{2}{n}\Big]\sin nx\Big\}$$

由收敛定理知它收敛于

$$s(x)=\begin{cases}x,x\in(0,\pi)\\2,x\in(-\pi,0)\\1,x=0\\[1mm]\dfrac{2+\pi}{2},x=\pm\pi\end{cases}$$

767.(哈尔滨工业大学) 试将周期函数 $f(x)=\arcsin(\sin x)$ 展为傅里叶级数.

解 由于 $f(x+2\pi)=f(x)$,因此 $f(x)$ 的周期为 2π,它在区间$[-\pi,\pi]$上可以表示为

$$f(x)=\begin{cases}-\pi-x,x\in\big[-\pi,-\dfrac{\pi}{2}\big)\\[2mm]x,x\in\big[-\dfrac{\pi}{2},\dfrac{\pi}{2}\big]\\[2mm]\pi-x,x\in\big(\dfrac{\pi}{2},\pi\big]\end{cases}$$

又 $f(-x)=\arcsin(\sin(-x))=\arcsin(-\sin x)=$
$$-\arcsin(\sin x)=-f(x)$$

故 $f(x)$ 是奇函数,于是有 $a_n = 0(n = 0,1,2,\cdots)$

$$b_n = \frac{2}{\pi}\int_0^\pi f(x)\sin nx\,\mathrm{d}x = \frac{2}{\pi}\Big[\int_0^{\frac{\pi}{2}} x\sin nx\,\mathrm{d}x + \int_{\frac{\pi}{2}}^\pi (\pi - x)\sin nx\,\mathrm{d}x\Big]$$

$$= \frac{4}{n^2\pi}\sin\frac{n\pi}{2}$$

当 $n = 2k$ 时,$b_n = 0$,当 $n = 2k+1$ 时,

$$b_n = (-1)^k\frac{4}{\pi}\frac{1}{(2k+1)^2}$$

$(k = 0,1,2,\cdots)$

而 $f(x)$ 为连续函数,故有

$$f(x) = \frac{4}{\pi}\sum_{k=0}^\infty \frac{(-1)^k}{(2k+1)^2}\sin(2k+1)x\,(x \in (-\infty, +\infty))$$

768. (北京大学) 设 $f(x)$ 是以 2π 为周期的周期函数,且 $f(x) = x, -\pi < x < \pi$,求 $f(x)$ 与 $|f(x)|$ 的傅里叶级数,它们的傅里叶级数是否一致收敛(给出证明)?

解 将函数 $f(x)$ 延拓到整个数轴上,由于 $f(x)$ 是 $(-\pi,\pi)$ 上的按段光滑的奇函数,故其中傅里叶展开式是正弦级数.

$$a_n = 0(n = 0,1,2,\cdots)$$

$$b_n = \frac{2}{\pi}\int_0^\pi x\sin nx\,\mathrm{d}x = 2\frac{(-1)^{n+1}}{n}$$

所以当 $x \in (-\pi,\pi)$ 时,有 $x = 2\sum_{n=1}^\infty \frac{(-1)^{n+1}}{n}\sin nx$.

当 $x = \pm\pi$ 时,级数收敛于 $\frac{1}{2}[f(\pi+0) + f(\pi-0)] = 0$.

$$|f(x)| = \begin{cases} x, x \in [0,\pi) \\ -x, x \in (-\pi,0). \end{cases}$$

将 $|f(x)|$ 延拓到整个数轴上,由于 $f(x)$ 是 $(-\pi,\pi)$ 上的按段光滑的偶函数,故其傅里叶展式是余弦级数.

$$a_0 = \frac{2}{\pi}\int_0^\pi |f(x)|\,\mathrm{d}x = \frac{2}{\pi}\int_0^\pi x\,\mathrm{d}x = \pi$$

$$a_n = \frac{2}{\pi}\int_0^\pi x\cos nx\,\mathrm{d}x = \frac{2}{\pi n^2}((-1)^n - 1)$$

所以当 $x \in (-\pi,\pi)$ 时,有 $|f(x)| = \frac{\pi}{2} + \sum_{n=1}^\infty \frac{2}{\pi n^2}((-1)^n - 1)\cos nx$

当 $x = \pm\pi$ 时,级数收敛于

$$\frac{1}{2}[f(\pi-0) + f(\pi-0)] = \pi$$

$f(x)$ 的傅里叶级数在 $(-\pi,\pi)$ 内非一致收敛. 因为在端点 $x = \pm\pi$ 处级数收敛,假若级数在 $(-\pi,\pi)$ 内一致收敛,则级数在 $[-\pi,\pi]$ 上一致收敛,和函数应在 $[0,\pi]$ 上连续,矛盾. 而由一致收敛定理易知 $|f(x)|$ 的傅里叶级数在 $(-\pi,\pi)$ 上一致收敛.

769. (西北工业大学) 将函数 $f(x) = \begin{cases} |x|, -\frac{\pi}{2} < x < \frac{\pi}{2} \\ 0, \frac{\pi}{2} \leqslant |x| \leqslant \pi \end{cases}$ 展开成傅里叶级数.

解 $f(x)$ 为偶函数,故 $a_0 = \dfrac{2}{\pi}\displaystyle\int_0^\pi f(x)\mathrm{d}x = \dfrac{\pi}{4}$

$a_n = \dfrac{2}{\pi}\displaystyle\int_0^\pi f(x)\cos nx\,\mathrm{d}x = \dfrac{2}{\pi}\left(\dfrac{\pi}{2n}\sin\dfrac{n\pi}{2} + \dfrac{1}{n^2}\cos\dfrac{n\pi}{2} - \dfrac{1}{n^2}\right)$

$b_n = 0 \ (n = 1,2,3,\cdots)$

故由收敛定理,对 $\forall x \in (-\pi,\pi), x \neq \pm\pi$ 且 $x \neq \pm\dfrac{\pi}{2}$ 时,

$$f(x) = \dfrac{\pi}{8} + \dfrac{2}{\pi}\sum_{n=1}^{\infty}\left(\dfrac{\pi}{2n}\sin\dfrac{n\pi}{2} + \dfrac{1}{n^2}\cos\dfrac{n\pi}{2} - \dfrac{1}{n^2}\right)\cos nx$$

当 $x = \pm\dfrac{\pi}{2}$ 时,级数收敛于 $\dfrac{1}{2}\left[f\left(\dfrac{\pi}{2}+0\right) + f\left(\dfrac{\pi}{2}-0\right)\right] = \dfrac{\pi}{4}$.

当 $x = \pm\pi$ 时,级数收敛于 $\dfrac{1}{2}[f(\pi+0) + f(\pi-0)] = 0$.

770. (**华南工学院**) 展开函数 $f(x) = \begin{cases} 1, & 0 \leqslant x \leqslant \dfrac{\pi}{2} \\ 0, & \dfrac{\pi}{2} < x \leqslant \pi \end{cases}$ 为正弦级数,并指出当

$x = \dfrac{\pi}{2}$ 时,此级数之和.

解 将 $f(x)$ 作以 2π 为周期的奇延拓,

$\widetilde{f}(x) = \begin{cases} 1, & 0 < x < \dfrac{\pi}{2} \\ -1, & -\dfrac{\pi}{2} < x < 0, \\ 0, & \dfrac{\pi}{2} < x \leqslant \pi, -\pi \leqslant x < -\dfrac{\pi}{2} \end{cases}$

$a_n = 0 \ (n = 0,1,2,\cdots)$

$b_n = \dfrac{2}{\pi}\displaystyle\int_0^\pi f(x)\sin nx\,\mathrm{d}x = \dfrac{2}{\pi}\displaystyle\int_0^{\frac{\pi}{2}}\sin nx\,\mathrm{d}x = \dfrac{2}{n\pi}\left(1 - \cos\dfrac{n\pi}{2}\right). \ (n = 1,2,3,\cdots).$ 故

对 $\forall x \in \left(0,\dfrac{\pi}{2}\right) \bigcup \left(\dfrac{\pi}{2},\pi\right).$

$$f(x) = \sum_{n=1}^{\infty}b_n\sin nx = \dfrac{2}{\pi}\sum_{n=1}^{\infty}\dfrac{1 - \cos\dfrac{n\pi}{2}}{n}\sin nx$$

当 $x = \dfrac{\pi}{2}$ 时,上述级数收敛于 $\dfrac{1}{2}$,当 $x = 0$ 时级数收敛于 0.

771. (**华中科技大学**) 在 $[0,\pi]$ 上展开 $f(x) = x + \cos x$ 为余弦级数.

解 将 $f(x) = x + \cos x$ 延拓为 $[-\pi,\pi]$ 上的偶函数.

$$\widetilde{f}(x) = \begin{cases} x + \cos x, & x \in [0,\pi] \\ -x + \cos x, & x \in [-\pi,0] \end{cases}$$

则 $b_n = 0, \ (n = 1,2,\cdots)$

$a_0 = \dfrac{2}{\pi}\displaystyle\int_0^\pi (x + \cos x)\mathrm{d}x = \pi$

$a_n = \dfrac{2}{\pi}\displaystyle\int_0^\pi (x + \cos x)\cos nx\,\mathrm{d}x =$

$$\begin{cases} 1 - \dfrac{4}{\pi}, n = 1 \\ \dfrac{2((-1)^n - 1)}{\pi n^2}, n > 1 \end{cases}$$

由收敛定理,对 $\forall x \in [0, \pi)$,因此

$$f(x) = \frac{\pi}{2} + (1 - \frac{4}{\pi})\cos x + \sum_{n=2}^{\infty} \frac{2((-1)^n - 1)}{\pi n^2} \cos nx$$

在点 $x = \pi$ 处,其傅里叶级数收敛于

$$\frac{1}{2}[\tilde{f}(\pi + 0) + \tilde{f}(\pi - 0)] = \pi - 1$$

772. (国防科技大学) 将函数 $f(x) = x(0 < x < 2)$ 展成余弦级数.

解   将 $f(x) = x$ 延拓为 $(-2, 2)$ 上的偶函数

$$\tilde{f}(x) = \begin{cases} x, x \in (0, 2) \\ -x, x \in (-2, 0] \end{cases}$$

$$a_0 = \int_0^2 x \mathrm{d}x = 2$$

$$a_n = \int_0^2 x\cos\frac{n\pi x}{2}\mathrm{d}x = \frac{4}{n^2\pi^2}[(-1)^n - 1](n = 1, 2, \cdots)$$

故对 $\forall x \in (0, 2)$ 有

$$f(x) = x = 1 + \sum_{n=1}^{\infty} \frac{4}{n^2\pi^2}[(-1)^n - 1]\cos\frac{n\pi x}{2}$$

当 $x = 0$ 时,级数收敛于 $\frac{1}{2}[f(0 + 0) + f(0 - 0)] = 0$.

当 $x = 2$ 时,级数收敛于 $\frac{1}{2}[f(2 + 0) + f(2 - 0)] = 2$.

773. (西南石油学院) 证明 $\sum_{n=1}^{\infty} \dfrac{\cos nx}{n^2} = \dfrac{1}{12}(3x^2 - 6\pi x + 2\pi^2)(0 \leqslant x \leqslant \pi)$.

解   将 $f(x) = 3x^2 - 6\pi x(0 \leqslant x \leqslant \pi)$ 作偶延拓到 $[-\pi, \pi]$ 上,再在 $[-\pi, \pi]$ 外作周期延拓,于是 $b_n = 0(n = 1, 2, \cdots)$.

$$a_0 = \frac{2}{\pi}\int_0^\pi (3x^2 - 6\pi x)\mathrm{d}x = -4\pi^2$$

$$a_n = \frac{2}{\pi}\int_0^\pi (3x^2 - 6\pi x)\cos nx \mathrm{d}x =$$

$$\frac{12}{n\pi}[\frac{1}{n}(x - \pi)\cos nx \Big|_0^\pi - \frac{1}{n}\int_0^\pi \cos nx \mathrm{d}x] =$$

$$\frac{12}{n^2}(n = 1, 2, 3, \cdots)$$

故 $$3x^2 - 6\pi x = -\frac{4\pi^2}{2} + \sum_{n=1}^{\infty} \frac{12}{n^2}\cos nx(0 \leqslant x \leqslant \pi)$$

即 $$\sum_{n=1}^{\infty} \frac{\cos nx}{n^2} = \frac{1}{12}(3x^2 - 6\pi x + 2\pi^2)$$

774. (天津大学) 已知函数 $f(x) = \dfrac{\pi}{2} \cdot \dfrac{\mathrm{e}^x + \mathrm{e}^{-x}}{\mathrm{e}^\pi - \mathrm{e}^{-\pi}}$.

(1) 在 $[-\pi,\pi]$ 上将 $f(x)$ 展为傅里叶级数;

(2) 求级数 $\sum\limits_{n=1}^{\infty}\dfrac{(-1)^n}{1+(2n)^2}$ 的和.

解 (1) $f(x)=f(-x)$,$f(x)$ 为偶函数,故 $b_n=0(n=1,2,\cdots)$.

$$a_0=\frac{2}{\pi}\int_0^{\pi}f(x)\mathrm{d}x=\frac{2}{\pi}\int_0^{\pi}\frac{\pi}{2}\frac{\mathrm{e}^x+\mathrm{e}^{-x}}{\mathrm{e}^{\pi}-\mathrm{e}^{-\pi}}\mathrm{d}x=1.$$

$$a_n=\frac{2}{\pi}\int_0^{\pi}\frac{\pi}{2}\frac{\mathrm{e}^x+\mathrm{e}^{-x}}{\mathrm{e}^{\pi}-\mathrm{e}^{-\pi}}\cos nx\,\mathrm{d}x=$$

$$\frac{1}{\mathrm{e}^{\pi}-\mathrm{e}^{-\pi}}\left[\int_0^{\pi}\mathrm{e}^x\cos nx\,\mathrm{d}x+\int_0^{\pi}\mathrm{e}^{-x}\cos nx\,\mathrm{d}x\right]=$$

$$\frac{\cos n\pi}{1+n^2}=\frac{(-1)^n}{1+n^2}(n=1,2,\cdots\cdots).$$

又 $\dfrac{1}{2}\big[f(-\pi+0)+f(\pi-0)\big]=f(\pi-0)=f(\pi)=f(-\pi)$,

故在 $[-\pi,\pi]$ 上,

$$f(x)=\frac{1}{2}+\sum_{n=1}^{\infty}\frac{(-1)^n}{1+n^2}\cos nx \qquad\text{①}$$

(2) 在式 ① 中令 $x=\dfrac{\pi}{2}$,得

$$f\Big(\frac{\pi}{2}\Big)=\frac{1}{2}+\sum_{n=1}^{\infty}\frac{\cos n\pi}{1+(2n)^2}=\frac{1}{2}+\sum_{n=1}^{\infty}\frac{(-1)^n}{1+(2n)^2}$$

即

$$\sum_{n=1}^{\infty}\frac{(-1)^n}{1+(2n)^2}=\frac{\pi}{2}\frac{\mathrm{e}^{\frac{\pi}{2}}+\mathrm{e}^{-\frac{\pi}{2}}}{\mathrm{e}^{\pi}-\mathrm{e}^{-\pi}}-\frac{1}{2}$$

775. (**合肥工业大学,西北师范大学**) 已知周期为 2π 的连续函数 $f(x)$ 的傅里叶系数为 $a_n,b_n(n=0,1,2,\cdots)$ 试计算磨光函数 $f_h(x)=\dfrac{1}{2h}\int_{x-h}^{x+h}f(\xi)\mathrm{d}\xi$ 的傅里叶系数 $A_n,B_n(n=0,1,2,\cdots)$,其中 h 为给定的正常数.

解 由于 $f_h(x+2\pi)=\dfrac{1}{2h}\int_{x+2\pi-h}^{x+2\pi+h}f(\xi)\mathrm{d}\xi=$

$$\frac{1}{2h}\int_{x-h}^{x+h}f(\eta+2\pi)\mathrm{d}\eta=\frac{1}{2h}\int_{x-h}^{x+h}f(\eta)\mathrm{d}\eta=$$

$$\frac{1}{2h}\int_{x-h}^{x+h}f(\xi)\mathrm{d}\xi=f_h(x)$$

所以 $f_h(x)$ 是以 2π 为周期的函数,下求 $f_n(x)$ 的傅里叶系数,令 $\xi=x+t$,则

$$A_n=\frac{1}{\pi}\int_{-\pi}^{\pi}f_h(x)\cos nx\,\mathrm{d}x=\frac{1}{2\pi h}\int_{-\pi}^{\pi}\cos nx\,\mathrm{d}x\int_{x-h}^{x+h}f(\xi)\mathrm{d}\xi=$$

$$\frac{1}{2\pi h}\int_{-\pi}^{\pi}\cos nx\,\mathrm{d}x\int_{-h}^{h}f(x+t)\mathrm{d}t=$$

$$\frac{1}{2\pi h}\int_{-h}^{h}\mathrm{d}t\int_{-\pi}^{\pi}f(x+t)\cos nx\,\mathrm{d}x$$

令 $x=y-t$,注意到 $f(y)\cos n(y-t)$ 以 2π 为周期,有

$$A_n=\frac{1}{2\pi h}\int_{-h}^{h}\mathrm{d}t\int_{-\pi}^{\pi}f(y)\cos n(y-t)\mathrm{d}y=$$

$$\frac{1}{2h}\int_{-h}^{h}\mathrm{d}t\,\frac{1}{\pi}\int_{-\pi}^{\pi}f(y)(\cos ny\cos nt+\sin ny\sin nt)\mathrm{d}y=$$

$$\frac{1}{2h}\int_{-h}^{h}[a_n\cos nt+b_n\sin nt]\mathrm{d}t=$$

$$\frac{a_n}{h}\int_{0}^{h}\cos nt\,\mathrm{d}t=\begin{cases}a_n,n=0\\\dfrac{a_n\sin nh}{nh},n=1,2,3,\cdots\end{cases}$$

同理可得 $B_n=\dfrac{b_n\sin nh}{nh},n=1,2,3,\cdots$

776. (哈尔滨工业大学)　设 $f(x)$ 为以 2π 为周期且在 $[-\pi,\pi]$ 上可积的函数，a_0,a_n 和 $b_n(n=1,2,\cdots)$ 为 $f(x)$ 的傅里叶系数.

(1) 试求 $f(x+h)$ 的傅里叶系数，(其中 h 为常数)；

(2) 令 $F(x)=\dfrac{1}{\pi}\int_{-\pi}^{\pi}f(t)f(x+t)\mathrm{d}t$，求函数 $F(x)$ 的傅里叶系数，并利用所得结果证明巴塞瓦等式：

$$\frac{a_0^{\,2}}{2}+\sum_{n=1}^{\infty}(a_n^2+b_n^2)=\frac{1}{\pi}\int_{-\pi}^{\pi}[f(x)]^2\mathrm{d}x$$

解　(1) 设 $f(x+h)$ 的傅里叶系数为 $\overline{a_0},\overline{a_n}$ 和 $\overline{b_n}(n=1,2,\cdots)$

$$\overline{a_n}=\frac{1}{\pi}\int_{-\pi}^{\pi}f(x+h)\cos nx\,\mathrm{d}x=$$

$$\frac{1}{\pi}\int_{-\pi+h}^{\pi+h}f(t)\cos n(t-h)\mathrm{d}t=$$

$$\frac{1}{\pi}\int_{-\pi+h}^{\pi+h}f(t)(\cos nt\cos nh+\sin nt\sin nh)\mathrm{d}t=$$

$$\cos nh\,\frac{1}{\pi}\int_{-\pi+h}^{\pi+h}f(t)\cos nt\,\mathrm{d}t+\sin nh\,\frac{1}{\pi}\int_{-\pi+h}^{\pi+h}f(t)\sin nt\,\mathrm{d}t=$$

$$\cos nh\,\frac{1}{\pi}\int_{-\pi}^{\pi}f(t)\cos nt\,\mathrm{d}t+\sin nh\,\frac{1}{\pi}\int_{-\pi}^{\pi}f(t)\sin nt\,\mathrm{d}t=$$

$$a_n\cos nh+b_n\sin nh$$

即 $\overline{a_0}=a_0,\overline{a_n}=a_n\cos nh+b_n\sin nh(n=1,2,\cdots)$

同理　　　　　　$\overline{b_n}=b_n\cos nh-a_n\sin nh(n=1,2,\cdots)$

(2) 设 $F(x)$ 的傅里叶系数为 A_n,B_n，易知 $F(x)$ 是以 2π 为周期的函数. 因为 $f(x)$ 连续，所以由含参变量积分性质知，$F(x)$ 是连续函数，又

$$F(-x)=\frac{1}{\pi}\int_{-\pi}^{\pi}f(t)f(-x+t)\mathrm{d}t=$$

$$\frac{1}{\pi}\int_{-\pi-x}^{\pi-x}f(x+y)\cdot f(y)\mathrm{d}y=\frac{1}{\pi}\int_{-\pi}^{\pi}f(y)f(x+y)\mathrm{d}y=F(x)$$

故 $F(x)$ 是 $[-\pi,\pi]$ 上的偶函数，从而 $F(x)$ 的傅里叶系数

$$B_n=\frac{1}{\pi}\int_{-\pi}^{\pi}F(x)\sin nx\,\mathrm{d}x=0(n=1,2,\cdots)$$

另外，根据含参变量积分的积分顺序可交换定理，令 $x+t=u$ 可得

$$A_0=\frac{1}{\pi}\int_{-\pi}^{\pi}F(x)\mathrm{d}x=$$

$$\frac{1}{\pi^2}\int_{-\pi}^{\pi}\mathrm{d}x\int_{-\pi}^{\pi}f(t)f(x+t)\mathrm{d}t =$$

$$\frac{1}{\pi^2}\int_{-\pi}^{\pi}f(t)\mathrm{d}t\int_{-\pi}^{\pi}f(x+t)\mathrm{d}x =$$

$$\frac{1}{\pi^2}\int_{-\pi}^{\pi}f(t)\mathrm{d}t\int_{-\pi}^{\pi}f(u)\mathrm{d}u =$$

$$\left(\frac{1}{\pi}\int_{-\pi}^{\pi}f(t)\mathrm{d}t\right)^2 = a_0^2$$

$$A_n = \frac{1}{\pi}\int_{-\pi}^{\pi}F(x)\cos nx\,\mathrm{d}x =$$

$$\frac{1}{\pi^2}\int_{-\pi}^{\pi}\left[\int_{-\pi}^{\pi}f(t)f(x+t)\mathrm{d}t\right]\cos nx\,\mathrm{d}x =$$

$$\frac{1}{\pi^2}\int_{-\pi}^{\pi}\left[\int_{-\pi}^{\pi}f(x+t)\cos nx\,\mathrm{d}x\right]f(t)\mathrm{d}t =$$

$$\frac{1}{\pi^2}\int_{-\pi}^{\pi}\left[\int_{-\pi+t}^{\pi+t}f(u)\cos n(u-t)\mathrm{d}u\right]f(t)\mathrm{d}t =$$

$$\frac{1}{\pi^2}\int_{-\pi}^{\pi}\left[\cos nt\int_{-\pi+t}^{\pi+t}f(u)\cos nu\,\mathrm{d}u + \sin nt\int_{-\pi+t}^{\pi+t}f(u)\sin nu\,\mathrm{d}u\right]f(t)\mathrm{d}t =$$

$$\frac{1}{\pi}\int_{-\pi}^{\pi}a_n\cos nt\,f(t)\mathrm{d}t + \frac{1}{\pi}\int_{-\pi}^{\pi}b_n\sin nt\,f(t)\mathrm{d}t =$$

$$a_n^2 + b_n^2,(n = 1,2,\cdots)$$

由 $F(x)$ 的连续性和收敛定理得

$$F(x) = \frac{A_0}{2} + \sum_{n=1}^{\infty}A_n\cos nx = \frac{a_0^2}{2} + \sum_{n=1}^{\infty}(a_n^2 + b_n^2)\cos nx,$$

或 $\dfrac{1}{\pi}\displaystyle\int_{-\pi}^{\pi}f(t)f(x+t)\mathrm{d}t = \dfrac{a_0^2}{2} + \sum_{n=1}^{\infty}(a_n^2 + b_n^2)\cos nx.$

取 $x = 0$,则得巴塞瓦尔等式

$$\frac{1}{\pi}\int_{-\pi}^{\pi}f^2(t)\mathrm{d}t = \frac{a_0^2}{2} + \sum_{n=1}^{\infty}(a_n^2 + b_n^2)$$

注:由此题易得,若 $f(x)$ 在 $[-\pi,\pi]$ 上连续,则有巴塞瓦尔等式成立:

$$\frac{1}{\pi}\int_{-\pi}^{\pi}f^2(x)\mathrm{d}x = \frac{a_0^2}{2} + \sum_{n=1}^{\infty}(a_n^2 + b_n^2)$$

注:巴塞瓦尔等式在许多解题中有重要应用.

第八章 多元函数微分学

§1 多元函数的极限与连续

【内容综述】

一、综述

1. 平面点集与多元函数

(1) 任意一点 A 与任意点集 E 的关系.

1) 内点. 若存在点 A 的某邻域 $U(A)$,使得 $U(A) \subset E$,则称点 A 是点集 E 的内点.

2) 外点. 若存在点 A 的某邻域 $U(A)$,使得 $U(A) \bigcap E = \phi$,则称点 A 是点集 E 的外点.

3) 界点. 若在点 A 的任何邻域内既含有属于 E 的点,又含有不属于 E 的点,则称点 A 是集合 E 的边界点.

4) 聚点. 若在点 A 的任何空心邻域 $U°(A)$ 内部都含有 E 中的点,则称点 A 是 E 的聚点.

5) 孤立点. 若点 $A \in E$,但不是 E 的聚点,则称点 A 是 E 的孤立点.

(2) 几种特殊的平面点集.

1) 开集. 若平面点集 E 所属的每一点都是 E 的内点,则称 E 为开集.

2) 闭集. 若平面点集 E 的所有聚点都属于 E,则称 E 为闭集.

3) 开域. 若非空开集 E 具有连通性,即 E 中任意两点之间都可用一条完全含于 E 的有限折线相连接,则称 E 为开域.

4) 闭域. 开域连同其边界所成的点集称为闭域.

5) 区域. 开域、闭域或者开域连同某一部分界点所成的点集,统称为区域.

(3) R^2 上的完备性定理.

1) 点列收敛定义:设 $\{P_n\} \subset R^2$ 为平面点列,$P_0 \in R^2$ 为一固定点. 若对任给的正数 ε,存在正整数 N,使得当 $n > N$ 时,有 $P_n \in U(P_0, \varepsilon)$,则称点列 $\{P_n\}$ 收敛于点 P_0,记作

$$\lim_{n \to \infty} P_n = P_0 \text{ 或 } P_n \to P_0, (n \to \infty).$$

2) 点列收敛定理(柯西准则). 平面点列 $\{P_n\}$ 收敛的充要条件是:任给正数 ε,存在正整数 N,使得当 $n > N$ 时,对一切自然数 k,都有 $\rho(P_n, P_{n+k}) < \varepsilon$.

3) 闭域套定理. 设 $\{D_n\}$ 是 R^2 中的闭域列,它满足:

$$D_n \supset D_{n+1}, n = 1, 2, \cdots;$$
$$d_n = d(D_n), \lim_{n \to \infty} d_n = 0.$$

则存在唯一的点 $P_0 \in D_n, n = 1, 2, \cdots$

4) 聚点定理. 设 $E \subset R^2$ 为有界无限点集,则 E 在 R^2 中至少有一个聚点.

5) 推论. 有界无限点列 $\{P_n\} \subset R^2$ 必存在收敛子列 $\{P_{n_k}\}$.

6) 有限覆盖定理. 设 $D \subset R^2$ 为一有界闭域,$\{\Delta_\alpha\}$ 为一开域族,它覆盖了 D(即 $D \subset \bigcup_\alpha \Delta_\alpha$),则在 $\{\Delta_\alpha\}$ 中必存在有限个开域 $\Delta_1, \Delta_2, \cdots, \Delta_m$,它们同样覆盖了 D(即 $D \subset \bigcup_{i=1}^m \Delta_i$).

(4) 二元函数

定义:设平面点集 $D \subset R^2$,若按照某对应法则 f,D 中每一点 $P(x,y)$ 都有唯一确定的实数 z 与之对应,则称 f 为定义在 D 上的二元函数(或称 f 为 D 到 R 的一个映射),记作

$$f: D \to R,$$
$$P \longmapsto z,$$

且称 D 为 f 的定义域,$P \in D$ 所对应的 z 为 f 在点 P 的函数值,记作 $z = f(P)$ 或 $z = f(x,y)$.(注:其它多元函数与二元函数相似).

2. 二元函数的极限.

(1) 定义 设 f 为定义在 $D \subset R^2$ 上的二元函数,P_0 为 D 的一个聚点,A 是一个确定的实数,若 $\forall \varepsilon > 0, \exists \delta > 0$,使 $P \in U^\circ(P_0, \delta) \cap D$ 时,都有

$$| f(P) - A | < \varepsilon.$$

则称 f 在 D 上当 $P \to P_0$ 时,以 A 为极限,记作 $\lim\limits_{\substack{P \to P_0 \\ P \in D}} f(P) = A$. 有时简记为

$$\lim_{P \to P_0} f(P) = A.$$

当 P, P_0 分别用 $(x,y), (x_0, y_0)$ 表示时,上式也写作

$$\lim_{(x,y) \to (x_0, y_0)} f(x,y) = A.$$

(2) 重要定理及推论.

1) $\lim\limits_{\substack{P \to P_0 \\ P \in D}} f(P) = A$ 的充要条件:对于 D 的任一子集 E,只要 P_0 是 E 的聚点就有 $\lim\limits_{\substack{P \to P_0 \\ P \in E}} f(P) = A$.

扫码获取本书资源

2) 设 $E_1 \subset D, P_0$ 是 E_1 的聚点,若 $\lim\limits_{\substack{P \to P_0 \\ P \in E_1}} f(P)$ 不存在,则 $\lim\limits_{\substack{P \to P_0 \\ P \in D}} f(P)$ 也不存在.

3) 设 E_1、$E_2 \subset D, P_0$ 是它们的聚点. 若 $\lim\limits_{\substack{P \to P_0 \\ P \in E_1}} f(P) = A_1$,$\lim\limits_{\substack{P \to P_0 \\ P \in E_2}} f(P) = A_2$,但 $A_1 \neq A_2$,则 $\lim\limits_{\substack{P \to P_0 \\ P \in E_2}} f(p)$ 不存在.

4) 极限 $\lim\limits_{\substack{P \to P_0 \\ P \in D}} f(P)$ 存在的充要条件是:对于 D 中任一满足条件 $P_n \neq P_0$ 的点列 $\{P_n\}$,它所对应的函数列 $\{f(P_n)\}$ 都收敛.

(3) 二元函数函极限的四则运算.

若 $\lim\limits_{(x,y) \to (x_0, y_0)} f(x,y) = A$,$\lim\limits_{(x,y) \to (x_0, y_0)} g(x,y) = B$. 则

1) $\lim\limits_{(x,y) \to (x_0, y_0)} [f(x,y) \pm g(x,y)] = A \pm B;$

2) $\lim\limits_{(x,y)\to(x_0,y_0)} f(x,y)g(x,y) = A \cdot B$;

3) $\lim\limits_{(x,y)\to(x_0,y_0)} \dfrac{f(x,y)}{g(x,y)} = \dfrac{A}{B}$, $(B\neq 0)$.

(4) 累次极限.

1) 定义:对于函数 $f(x,y)$. 若固定 $y\neq y_0$, $\lim\limits_{x\to x_0}f(x,y)=\varphi(y)$ 存在,且 $\lim\limits_{y\to y_0}\varphi(y)$ $= A$ 也存在,则称 A 为 $f(x,y)$ 在 $P_0=(x_0,y_0)$ 处先对 x 后对 y 的累次极限,记为 $\lim\limits_{y\to y_0}\lim\limits_{x\to x_0}f(x,y)$. 类似可定义 $\lim\limits_{x\to x_0}\lim\limits_{y\to y_0}f(x,y)$.

2) 重要定理及推论.

（ⅰ）若 $\lim\limits_{(x,y)\to(x_0,y_0)}f(x,y)$ 与 $\lim\limits_{x\to x_0}\lim\limits_{y\to y_0}f(x,y)$（或 $\lim\limits_{y\to y_0}\lim\limits_{x\to x_0}f(x,y)$）都存在,则它们相等.

（ⅱ）若 $\lim\limits_{(x,y)\to(x_0,y_0)}f(x,y)$, $\lim\limits_{x\to x_0}\lim\limits_{y\to y_0}f(x,y)$ 和 $\lim\limits_{y\to y_0}\lim\limits_{x\to x_0}f(x,y)$ 都存在,则三者相等.

（ⅲ）若 $\lim\limits_{x\to x_0}\lim\limits_{y\to y_0}f(x,y)$ 与 $\lim\limits_{y\to y_0}\lim\limits_{x\to x_0}f(x,y)$ 都存在但不相等,则 $\lim\limits_{(x,y)\to(x_0,y_0)}f(x,y)$ 不存在.

3. 二元函数的连续性

(1) 定义. 设 f 为定义在点集 $D\subset R^2$ 上的二元函数,$P_0\in D$, $\forall\varepsilon>0$, $\exists\delta>0$, 只要 $P\in U(P_0,\delta)\bigcap D$,就有

$$|f(P)-f(P_0)|<\varepsilon.$$

则称 f 关于集合 D 在点 P_0 连续. 若 f 在 D 上任何点都连续,则称 f 为 D 上的连续函数. 若 $\lim\limits_{y\to y_0}[f(x_0,y)-f(x_0,y_0)]=0$,则称 $f(x,y)$ 在 $P_0=(x_0,y_0)$ 处关于 y 连续. 同理可定义关于 x 连续.

(2) 复合函数的连续性定理. 设二元函数 $u=\varphi(x,y)$ 和 $v=\psi(x,y)$ 在 $P_0=(x_0, y_0)$ 点连续,函数 $z=f(u,v)$ 在点 (u_0,v_0) 连续,其中 $u_0=\varphi(x_0,y_0)$, $v_0=\psi(x_0,y_0)$, 则复合函数 $z=f[\varphi(x,y),\psi(x,y)]$ 在点 P_0 连续.

(3) 有界闭域上连续函数的性质.

1) 设函数 f 在有界闭域 $D\subset R^2$ 上连续,则 f 在 D 上有界,且能取得最大值与最小值.

2) 若函数 f 在有界闭域 $D\subset R^2$ 上连续,则 f 在 D 上一致连续.

3) 设函数 f 在闭域 $D\subset R^2$ 上连续,$\forall P_1,P_2\in D$,且 $f(P_1)<f(P_2)$,则对任何满足不等式

$$f(P_1)<\mu<f(P_2)$$

的实数 M,必存在点 $P_0\in D$,使得 $f(P_0)=\mu$.

二、解题方法

1. 考点 1

平面点集的关系

解题方法:① 利用概念(见第 779 题);② 反证法(见第 778 题);③ 建立一个数学

模型(见第 780 题).

2. 考点 2

求二元函数的定义域,值.

解题方法:① 解不等式组(见第 781 题);② 用特殊点求二元函数(见第 781 题);③ 利用整体变量求二元函数(见第 781 题).

3. 考点 3

求二元函数的极根

解题方法　① 定义法(见第 785 题);② 变量替换法(见第 789 题);③ 放缩法与两边夹法则(见第 786 题);④ 用累次极限(见第 787 题).

4. 考点 4

讨论二元函数的连续性及连续函数的性质

解题方法:① 定义法(见第 791 题);② 利用已知连续函数的性质(见第 792 题);③ 反证法(见第 793 题).

【经典题解】

777. (浙江大学)　设 $f(x,y)$ 为二元函数,在 (x_0,y_0) 附近有定义.试讨论二重极限 $\lim\limits_{\substack{x\to x_0 \\ y\to y_0}} f(x,y)$ 与累次极限 $\lim\limits_{x\to x_0}\lim\limits_{y\to y_0} f(x,y)$ 之间的关系.

解　(1) 二重极限与累次极限之间没有必然的关系.因为

1) 两个累次极限都存在,且相等时,二重极限还可能不存在.比如:

$$f(x,y) = \frac{xy}{x^2+y^2}$$

则
$$\lim_{x\to 0}\lim_{y\to 0} f(x,y) = \lim_{y\to 0}\lim_{x\to 0} f(x,y) = 0$$

但
$$\lim_{\substack{(x,y)\to(0,0) \\ y=kx}} f(x,y) = \frac{k}{1+k^2}$$

这个极限与 k 有关.　所以二重极限 $\lim\limits_{(x,y)\to(0,0)} f(x,y)$ 不存在.

2) 二重极限存在,可能累次极限不存在.比如:

$$f(x,y) = (x+y)\sin\frac{1}{x}\cdot\sin\frac{1}{y}$$

则
$$\left|(x+y)\sin\frac{1}{x}\sin\frac{1}{y}\right| \leqslant |x|+|y|$$

从而可证
$$\lim_{(x,y)\to(0,0)} f(x,y) = 0$$

但 $\lim\limits_{y\to 0}\lim\limits_{x\to 0} f(x,y)$ 与 $\lim\limits_{x\to 0}\lim\limits_{y\to 0} f(x,y)$ 都不存在.

(2) 若 $\lim\limits_{(x,y)\to(x_0,y_0)} f(x,y)$ 与 $\lim\limits_{x\to x_0}\lim\limits_{y\to y_0} f(x,y)$ 都存在,则它们一定相等.

(3) 若 $\lim\limits_{(x,y)\to(x_0,y_0)} f(x,y)$, $\lim\limits_{x\to x_0}\lim\limits_{y\to y_0} f(x,y)$, $\lim\limits_{y\to y_0}\lim\limits_{x\to x_0} f(x,y)$ 三者都存在,则三者必然相等.

778. (华东师范大学)　设 $S\subset R^2$, $P_0(x_0,y_0)$ 为 S 的内点, $P_1(x_1,y_1)$ 为 S 的外点.证明:直线段 P_0P_1 必与 S 的边界 ∂S 至少有一交点.

证　(用反证法)令 $P_0=A_1$, $P_1=B_1$,取 A_1,B_1 的中点 C.若 C 为界点,则证毕.

否则 A_1 与 C 或 C 与 B_1 中,一定有一外一内,不妨记为 A_2、B_2,再取 A_2、B_2 的中点 D,类似可证,A_3、B_3 仍为一外一内. 这样继续下去,可得

$$A_1,B_1;A_2,B_2;\cdots,A_n,B_n;\cdots \qquad 且 \overline{A_nB_n} = \frac{1}{2^{n-1}}\overline{A_1B_1}$$

因此,存在 E 使 E 在 $\overline{A_nB_n}$ 上 $(n = 1,2,\cdots)$ 且

$$\lim_{n\to\infty}A_n = E = \lim_{n\to\infty}B_n$$

E 为界点,证毕.

779. 设 $A,B \subseteq R^2$,为有界闭集,$A \cap B = \phi$,试证:$\exists$ 开集 W、V,使得 $A \subseteq W$,$B \subseteq V$,且 $W \cap V = \phi$.

证　因为 A,B 为有界闭集,$A \cap B = \phi$,所以

$$\rho(A,B) = a \qquad 且 a > 0$$

令

$$W = \{P \mid P \in R^2, \rho(P,A) < \frac{a}{4}\}$$

$$V = \{P \mid P \in R^2, \rho(P,B) < \frac{a}{4}\}$$

显然,$A \subseteq W,B \subseteq V. W,V$ 为开集.

$$\rho(W,B) \geqslant \rho(A,B) - \rho(W,A) \geqslant \frac{3a}{4}$$

因此 $\rho(W,V) \geqslant \rho(W,B) - \rho(V,B) \geqslant \frac{a}{2}$

因此　　　　　　　　　　　　　　$W \cap V = \phi$

780. 证明有限覆盖定理.

证　用反证法. 假设有界区域 D 没有有限覆盖. 因为 D 有界,存在一个闭正方形 R_1,使 $D \subset R_1$. 设 R_1 的边长为 l,则 $\mathrm{d}(R_1) = \sqrt{2}l$. 将 R_1 分为四个相等的正方形,至少有一闭正方形 R_2 包含于集 D_1 没有有限覆盖且 $\mathrm{d}(R_2) = \frac{\sqrt{2}}{2}l$. 如此无限进行下去,得一列闭正方形区域 $R_1,R_2,\cdots$,满足条件:① $R_1 \supset R_2 \supset \cdots R_n \supset \cdots$;② $\lim_{n\to\infty}\mathrm{d}(R_n) = 0$.

每个 R_n 中所包含 D 的子集 D_{n-1} 没有有限覆盖.

由闭区域套定理,存在唯一一点 $P \in R_n (n = 1,2,\cdots)$. $P \in D$. 则存在一个开区域 G,使 $P \in G$. 也存在 $U(P,r)$,使 $U(P,r) \subset G$. 当 n 无限大之后.

$D_{n-1} \subset R_n \subset U(P,r) \subset G$,从而得到矛盾.

因此假设不成立,要证成立.

781. 填空:

(1) 函数 $z = \dfrac{1}{\sqrt{x+y}} + \dfrac{1}{\sqrt{x-y}}$ 的定义域是_____,它是_____区域;

(2) 函数 $u = \dfrac{1}{\sqrt{x}} + \dfrac{1}{\sqrt{y}} + \dfrac{1}{\sqrt{z}}$ 的定义域是_____;

(3) 函数 $z = \arcsin(x - y^2) + \ln[\ln(10 - x^2 - 4y^2)]$ 的定义域是_____;**(西安交通大学)**

(4) 二元函数 $z = \sqrt{x - \sqrt{y}}$ 的定义域是_____;

(5) 函数 $f(x,y) = \dfrac{\sqrt{x^2+y^2-1}}{\ln(4-x^2-y^2)}$ 的定义域是_____.

答　(1)$\{(x,y) \mid x+y > 0, x-y > 0\}$,无界开区域;

(2)$\{(x,y,z) \mid x > 0, y > 0, z > 0\}$;

(3) 椭圆 $\dfrac{x^2}{3^2} + \dfrac{y^2}{(\frac{3}{2})^2} = 1$ 与抛物线 $x = y^2+1$ 及 $x = y^2-1$ 所围的区域;

(4)$\{(x,y) \mid x \geqslant 0, 0 \leqslant y \leqslant x^2\}$;

(5)$\{(x,y) \mid 1 \leqslant x^2+y^2 < 4, x^2+y^2 \neq 3\}$.

782. 若函数 $z = f(x,y)$ 恒满足关系式
$$f(tx,ty) = t^k f(x,y)$$
则此函数称为 k 次齐次函数,下列函数为二次齐次函数的是(　　)

A. $f(x,y) = x^2 + y^2 - xy\tan\dfrac{x}{y}$

B. $f(x,y) = x^2 - y^2 + x + y$

C. $f(xy, x+y) = x^2 + y^2 + xy$

D. $f(x,y) = \dfrac{xy}{x^2+y^2}$

答　A.　A 答案中的函数满足

$f(tx,ty) = (tx)^2 + (ty)^2 - tx \cdot ty \cdot \tan\dfrac{tx}{ty} == t^2\left(x^2 + y^2 - xy\tan\dfrac{x}{y}\right) == t^2 f(x,y)$

C 答案中函数可写成
$$f(xy, x+y) = (x+y)^2 - xy$$
$f(x,y) = y^2 - x$,它不是二次齐次函数.

783. **(哈尔滨工业大学,大连轻工业学院)**

已知 $f\left(x+y, \dfrac{y}{x}\right) = x^2 - y^2$,求 $f(x,y)$.

解　设 $u = x+y, v = \dfrac{y}{x}$,则 $x = \dfrac{u}{1+v}, y = \dfrac{uv}{1+v}$.

因此　$f(u,v) = \left(\dfrac{u}{1+v}\right) = \left(\dfrac{u}{1+v}\right)^2 - \left(\dfrac{uv}{1+v}\right)^2 = \dfrac{u^2(1-v)}{1+v}$

$$f(x,y) = \dfrac{x^2(1-y)}{1+y}$$

784. **(北京航空学院)**　设 $z = x+y+f(x-y)$,若当 $y = 0$ 时 $z = x^2$,求函数 f 及 z.

解　当 $y = 0$ 时,$z = x^2$,代入原式,得
$$f(x) = x^2 - x$$
因此　　$f(x-y) = (x-y)^2 - (x-y)$
$$z = x+y+(x-y)^2 - (x-y) = 2y + (x-y)^2$$

785. **(北京航空航天大学)**　$\lim\limits_{\substack{x \to +\infty \\ y \to +\infty}} (x^2+y^2)\mathrm{e}^{-(x+y)} = ?$

解 因为 $\lim\limits_{x\to+\infty} x^2 \mathrm{e}^{-x} = 0$,所以

$$\lim\limits_{\substack{x\to+\infty\\y\to+\infty}} x^2 \mathrm{e}^{-(x+y)} = \lim\limits_{x\to+\infty} x^2 \mathrm{e}^{-x} \cdot \lim\limits_{y\to+\infty} \mathrm{e}^{-y} = 0$$

同理 $$\lim\limits_{\substack{x\to+\infty\\y\to+\infty}} y^2 \mathrm{e}^{-(x+y)} = 0$$

故 $$\lim\limits_{\substack{x\to+\infty\\y\to+\infty}} (x^2 + y^2) \mathrm{e}^{-(x+y)} = 0$$

786.(南京工学院) 设

$$f(x,y) = \begin{cases} x\sin\dfrac{1}{y} + y\sin\dfrac{1}{x}, & \text{当 } xy \neq 0 \\ 0, & \text{当 } xy = 0 \end{cases}$$

试讨论以下三种极限:

(1) $\lim\limits_{(x,y)\to(0,0)} f(x,y)$;

(2) $\lim\limits_{x\to 0}\lim\limits_{y\to 0} f(x,y)$;

(3) $\lim\limits_{y\to 0}\lim\limits_{x\to 0} f(x,y)$.

解 由于 $\sin\dfrac{1}{y}$ 和 $\sin\dfrac{1}{x}$ 在 $y=0$ 和 $x=0$ 的函数极限不存在,故在$(0,0)$点的两个累次极限 $\lim\limits_{x\to 0}\lim\limits_{y\to 0} f(x,y)$, $\lim\limits_{y\to 0}\lim\limits_{x\to 0} f(x,y)$ 都不存在.

因为 $$0 \leqslant |f(x,y)| \leqslant |x| + |y|$$
$$\lim\limits_{\substack{x\to 0\\y\to 0}} |x| + |y| = 0$$

所以 $\lim\limits_{\substack{x\to 0\\y\to 0}} f(x,y) = 0$.

787.(西北轻工业学院) 求

$\lim\limits_{\substack{x\to 0\\y\to 0}} \dfrac{xy}{\sqrt{x+y+1}-1}$(若极限不存在,说明理由).

解 $$\dfrac{xy}{\sqrt{x+y+1}-1} = \dfrac{xy(\sqrt{x+y+1}+1)}{x+y}$$

当(x,y)沿曲线 $y=-x+kx^2 (k\neq 0)$ 趋于$(0,0)$时,有

$$\lim\limits_{\substack{x\to 0\\y=-x+kx^2\to 0}} \dfrac{xy}{x+y} = \lim\limits_{x\to 0} \dfrac{x(-x+kx^2)}{kx^2} =$$

$$\lim\limits_{x\to 0} \dfrac{-1+kx}{k} == -\dfrac{1}{k}$$

k 取不同的值,上极限有不同的结果,所以 $\lim\limits_{\substack{x\to 0\\y\to 0}} \dfrac{xy}{x+y}$ 不存在,而 $\lim\limits_{\substack{x\to 0\\y\to 0}}(\sqrt{x+y+1}+1) = 2$ 存在,故 $\lim\limits_{\substack{x\to 0\\y\to 0}} \dfrac{xy}{\sqrt{x+y+1}-1}$ 不存在.

788.(华中科技大学) 问极限 $\lim\limits_{\substack{x\to 0\\y\to 0}} \dfrac{x^2 y^2}{x^2 y^2 + (x-y)^2}$ 是否存在?并说明理由.

解 令(x,y)沿直线 $y=kx$ 趋于$(0,0)$,得

$$\lim_{\substack{x\to 0\\ y=kx}}\frac{x^2y^2}{x^2y^2+(x-y)^2}=\lim_{x\to 0}\frac{k^2x^4}{k^2x^4+x^2(1-k)^2}$$

当 $k=1$ 时,上式极限为 1;

当 $k\neq 1$ 时,上式极限为零,故 $\lim\limits_{\substack{x\to 0\\ y\to 0}}\dfrac{x^2y^2}{x^2y^2+(x-y)^2}$ 不存在.

注:易知 $\lim\limits_{x\to 0}\lim\limits_{y\to 0}\dfrac{x^2y^2}{x^2y^2+(x-y)^2}=\lim\limits_{y\to 0}\lim\limits_{x\to 0}\dfrac{x^2y^2}{x^2y^2+(x-y)^2}=0.$ 这表明一二元函数的二累次极限存在,其重极限不一定存在;反之,也成立,如上面第 777 题.

789. (南京大学) 设 $f(x,y)$ 是区域 $D:|x|\leqslant 1,|y|\leqslant 1$ 上的有界 k 次齐次函数$(k\geqslant 1)$,问极限

$$\lim_{\substack{x\to 0\\ y\to 0}}[f(x,y)+(x-1)\mathrm{e}^y]$$

是否存在?若存在,试求其值.

解 令 $x=r\cos\theta,y=r\sin\theta.$ 由于 $f(x,y)$ 是区域 D 上的有界 k 次齐次函数,因此

因为 $|f(x,y)|=|f(r\cos\theta,r\sin\theta)|=r^k|f(\cos\theta,\sin\theta)|\leqslant$
$$r^kM.\quad (M>0)$$

因为 $$\lim_{r\to 0}r^kM=0$$

所以 $$\lim_{\substack{x\to 0\\ y\to 0}}f(x,y)=\lim_{r\to 0}f(r\cos\theta,r\sin\theta)=0$$
$$\lim_{\substack{x\to 0\\ y\to 0}}[f(x,y)+(x-1)\mathrm{e}^y]=-1$$

790. (辽宁大学) Ω 为 R^2 中的开集,$(x_0,y_0)\in\Omega,f(x,y)$ 为 Ω 上的函数,且

(1) 对每个 $(x,y)\in\Omega$ 的 x 存在 $\lim\limits_{y\to y_0}f(x,y)=g(x)$;

(2) $\lim\limits_{x\to x_0}f(x,y)=h(y)$,关于 $(x,y)\in\Omega$ 中的 y 一致.

试证:$\lim\limits_{x\to x_0}\lim\limits_{y\to y_0}f(x,y)=\lim\limits_{y\to y_0}\lim\limits_{x\to x_0}f(x,y).$

证 由题中条件(2),得

$\forall\varepsilon>0,\exists\delta_1>0.\ \forall x_1,x_2\in\Omega$,当 $0<|x_1-x_2|<\delta_1,0<|y-y_0|<\delta$ 时,有
$$|f(x_1,y)-f(x_2,y)|<\varepsilon \tag{①}$$

在式 ① 两边令 $y\to y_0$,则
$$|g(x_1)-g(x_2)|\leqslant\varepsilon$$

因此 $\lim\limits_{x\to x_0}g(x)$ 存在. 令 $\lim\limits_{x\to x_0}g(x)=a.$

由题中条件(2),得 $\exists\delta_2>0.$ 当 $0<|x-x_0|<\delta_2$ 时,有
$$|h(y)-f(x,y)|<\frac{\varepsilon}{3} \tag{②}$$

由题中条件(1),得 $\exists\delta_3>0.$ 当 $0<|y-y_0|<\delta_3$ 时,有
$$|f(x,y)-g(x)|<\frac{\varepsilon}{3} \tag{③}$$

由 $\lim\limits_{x\to x_0}g(x)=a$,得 $\exists\delta_4>0$,当 $0<|x-x_0|<\delta_4$ 时,有

$$| g(x) - a | < \frac{\varepsilon}{3} \qquad \qquad ④$$

取 $\delta = \min\{\delta_2, \delta_3, \delta_4\}$,当 $0 < | x - x_0 | < \delta, 0 < | y - y_0 | < \delta$ 时,有

$$| h(y) - a | < \varepsilon$$

因此

$$\lim_{y \to y_0} h(y) = a$$

即

$$\lim_{y \to y_0} \lim_{x \to x_0} f(x, y) = a = \lim_{x \to x_0} \lim_{y \to y_0} f(x, y)$$

791. (北京大学) 设 $f(x, y)$ 在 $G = \{(x, y): x^2 + y^2 < 1\}$ 上有定义,若 $f(x, 0)$ 在点 $x = 0$ 处连续,且 $f_y'(x, y)$ 在 G 上有界,则 $f(x, y)$ 在 $(0, 0)$ 处连续.

证 由中值定理,得

$$f(x, y) - f(x, 0) = f_y'(x, \xi)(y - 0) \text{(其中} \xi \in (0, y)\text{)}$$

由 $f_y'(x, y)$ 在 G 上有界,知 $\exists M > 0$,使 $| f_y'(x, y) | \leqslant M.$

$\forall \varepsilon > 0$,取 $\delta_1 = \frac{\varepsilon}{2M}$,当 $| y - 0 | < \delta_1$ 时,有

$$| f(x, y) - f(x, 0) | < \frac{\varepsilon}{2} \qquad \qquad ①$$

由 $f(x, 0)$ 在点 $x = 0$ 处连续,知 $\exists \delta_2 > 0$,当 $| x - 0 | < \delta_2$ 时,有

$$| f(x, 0) - f(0, 0) | < \frac{\varepsilon}{2} \qquad \qquad ②$$

取 $\delta = \min\{\delta_1, \delta_2\}$,当 $| x - 0 | < \delta, | y - 0 | < \delta$ 时,由式 ①、式 ②,得

$$| f(x, y) - f(0, 0) | \leqslant | f(x, y) - f(x, 0) | + | f(x, 0) - f(0, 0) | < \varepsilon$$

因此 $f(x, y)$ 在 $(0, 0)$ 处连续.

792. (陕西师范大学) 若 $f(x, y)$ 分别是单变量 x 及 y 的连续函数,又对其中一个变量是单调的,则 $f(x, y)$ 是二元连续函数.

证 不妨令 $f(x, y)$ 对 y 是单调递增的. (x_0, y_0) 为定义域中的任意一点. 由题意,有

$\forall \varepsilon > 0, \exists \delta_1 > 0$,当 $| y - y_0 | \leqslant \delta_1$ 时,有

$$| f(x_0, y) - f(x_0, y_0) | < \frac{\varepsilon}{2} \qquad \qquad ①$$

又由于对 x 的连续性,故 $\exists \delta_2 > 0$,当 $| x - x_0 | < \delta_2$ 时,有

$$| f(x, y_0 - \delta_1) - f(x_0, y_0 - \delta_1) | < \frac{\varepsilon}{2} \qquad \qquad ②$$

$$| f(x, y_0 + \delta_1) - f(x_0, y_0 + \delta_1) | < \frac{\varepsilon}{2} \qquad \qquad ③$$

由式 ①、式 ②、式 ③,因此令 $\delta = \min\{\delta_1, \delta_2\}$,则当 $| x - x_0 | < \delta, | y - y_0 | < \delta$ 时,有

$$f(x, y) - f(x_0, y_0) \leqslant f(x, y_0 + \delta) - f(x_0, y_0) < \varepsilon$$

另一方面

$$f(x, y) - f(x_0, y_0) \geqslant f(x, y_0 - \delta) - f(x_0, y_0) > -\varepsilon$$

$$| f(x, y) - f(x_0, y_0) | < \varepsilon,$$

此即 $f(x, y)$ 于点 (x_0, y_0) 连续.

793.(**西南师范学院**)　设 $f(x,y)$ 在矩形 $D: -a \leq x \leq a, -b \leq y \leq b (a>0,$ $b>0)$ 上分别为 x 和 y 的连续函数,而且 $f(0,0)=0$. 当 x 固定时,$f(x,y)$ 是 y 的严格递减函数,则有 $\delta>0$,使对每个 $x \in (-\delta,\delta)$ 有 $y \in (-b,b)$ 满足 $f(x,y)=0$.

证 (反证法)若不然. 则 $\forall \delta>0, \exists x_0 \in (-\delta,\delta), f(x_0,y)=0$,在 $(-b,b)$ 上无解.

由介值性定理,得 $\forall y \in (-b,b), f(x_0,y)$ 都大于零或都小于零.(不妨设都大于零)

由题意,有 $f(0,\dfrac{b}{2})<0$,记 $f(0,\dfrac{b}{2})=-c$.

由上题,可知:$f(x,y)$ 在 D 上连续.

$\exists \delta_1>0$,当 $|x-0|<\delta_1, |y-\dfrac{b}{2}|<\delta_1$ 时, $|f(x,y)-f(0,\dfrac{b}{2})|<\dfrac{c}{2}$,则

$f(x,y)<0$ ①

取 $\delta=\delta_1$,则 $f(x_0,y)>0$. $\forall y \in (-b,b)$ ②

式 ① 与式 ② 相矛盾,故假设不成立.

有 $\delta>0$,使对每个 $x \in (-\delta,\delta)$ 有 $y \in (-b,b)$ 满足 $f(x,y)=0$.

794. 设 $M=f(x,y,z)$ 在

$V=\{(x,y,z) \mid a \leq x \leq b, a \leq y \leq b, a \leq z \leq b\}$ 上连续,试证
$$g(x,y)=\max_{a \leq z \leq b}f(x,y,z)$$
在 $D=\{(x,y) \mid a \leq x \leq b, a \leq y \leq b\}$ 上连续.

证 $\forall (x_0,y_0) \in D$. $f(x,y,z)$ 在 V 上连续从而一致连续. 因此
$\forall \varepsilon>0, \exists \delta_1>0$. 当 $|x-x_0|<\delta_1, |y-y_0|<\delta_1$ 时
$$|f(x,y,z)-f(x_0,y_0,z)|<\varepsilon$$
即 $f(x_0,y_0,z)-\varepsilon<f(x,y,z)<f(x_0,y_0,z)+\varepsilon$ 对 $\forall z \in [a,b]$ 成立.

设 $g(x_0,y_0)=\max_{a \leq z \leq b}f(x_0,y_0,z_0)=f(x_0,y_0,z_1)$

$g(x_0,y_0)-\varepsilon=f(x_0,y_0,z_1)-\varepsilon<f(x,y,z) \leq g(x,y)=\max_{a \leq z \leq b}f(x,y,z)<$
$f(x_0,y_0,z_1)+\varepsilon=g(x_0,y_0)+\varepsilon$

因此 $g(x,y)$ 在 (x_0,y_0) 上连续,$g(x,y)$ 在 D 上连续.

795.(**辽宁师范大学**)　设 $M=f(x,y,z)$ 在闭立方体 $a \leq x \leq b, a \leq y \leq b, a \leq z \leq b$ 上连续. 令
$$\varphi(x)=\max_{a \leq y \leq b}\{\min_{a \leq z \leq b}f(x,y,z)\}$$
试证:$\varphi(x)$ 在 $[a,b]$ 上连续.

证 令 $g(x,y)=\min_{a \leq z \leq b}f(x,y,z)$. 与上题同理可得 $g(x,y)$ 在 $D=[a,b]\times[a,b]$ 上连续.

令 $F(x,y,z)=g(x,y)$ 且 $a \leq z \leq b$. 则由上题结论可得 $\max_{a \leq y \leq b}F(x,y,z)$ 在 $[a,b]\times[a,b]$ 上连续.

因此,$\max_{a \leq y \leq b}F(x,y,z)$ 关于 x 在 $[a,b]$ 上连续.

因为 $\varphi(x)=\max_{a \leq y \leq b}F(x,y,z)$,所以 $\varphi(x)$ 在 $[a,b]$ 上连续.

796.(**浙江大学**)　设二元函数 $f(x,y)$ 在正方形区域 $[0,1]\times[0,1]$ 上连续. 记 $J=$

$[0,1]$.

(1) 试比较 $\inf\limits_{y\in J}\sup\limits_{x\in J}f(x,y)$ 与 $\sup\limits_{x\in J}\inf\limits_{y\in J}f(x,y)$ 的大小并证明之；

(2) 给出并证明使等式

$$\inf\limits_{y\in J}\sup\limits_{x\in J}f(x,y)=\sup\limits_{x\in J}\inf\limits_{y\in J}f(x,y)$$

成立的（你认为最好的）充分条件.

解 (1) $\forall\,y\in J$，有.

$$\sup\limits_{x\in J}f(x,y)\geqslant f(x,y)\geqslant\inf\limits_{y\in J}f(x,y)$$

上式对于任意的 x 都成立，则

$$\sup\limits_{x\in J}f(x,y)\geqslant\sup\limits_{x\in J}\inf\limits_{y\in J}f(x,y)$$

由 y 的任意性可知 $\inf\limits_{y\in J}\sup\limits_{x\in J}f(x,y)\geqslant\sup\limits_{x\in J}\inf\limits_{y\in J}f(x,y)$

(2) 若 $\exists\,x_0\in J$，使 $f(x,y)\leqslant f(x_0,y)(\forall\,x\in J,y\in J)$

下面证明上面条件为充分条件

显然 $\qquad\qquad\sup\limits_{x\in J}f(x,y)=f(x_0,y)$

$f(x_0,y)$ 在 $[0,1]$ 在连续，$\exists\,y_0\in J$，使.

$$f(x_0,y_0)=\inf\limits_{y\in J}f(x_0,y)=\inf\limits_{y\in J}\sup\limits_{x\in J}f(x,y)$$

$$f(x_0,y_0)=\inf\limits_{y\in J}f(x_0,y)\leqslant\sup\limits_{x\in J}[\inf\limits_{y\in J}f(x,y)]$$

$$\inf\limits_{y\in J}\sup\limits_{x\in J}f(x,y)=\sup\limits_{x\in J}\inf\limits_{y\in J}f(x,y)$$

797. **(武汉大学)** 设 $f(x,y)$ 为连续函数，且当 $(x,y)\neq(0,0)$ 时，$f(x,y)>0$，及满足 $f(cx,cy)=cf(x,y)$，$\forall\,c>0$. 证明 $\exists\,\alpha,\beta>0$，使得

$$\alpha\sqrt{x^2+y^2}\leqslant f(x,y)\leqslant\beta\sqrt{x^2+y^2}$$

证 若 $(x,y)=(0,0)$，由 $f(x,y)$ 连续及题中条件易知 $f(0,0)=0$. 则任取 $0<\alpha<\beta$ 即可，若 $(x,y)\neq(0,0)$，取 $c=\dfrac{1}{\sqrt{x^2+y^2}}>0$.

$$f\left(\frac{x}{\sqrt{x^2+y^2}},\frac{y}{\sqrt{x^2+y^2}}\right)=\frac{1}{\sqrt{x^2+y^2}}f(x,y)$$

即 $\qquad f(x,y)=\sqrt{x^2+y^2}\cdot f\left(\dfrac{x}{\sqrt{x^2+y^2}},\dfrac{y}{\sqrt{x^2+y^2}}\right)$

又 $\left|\dfrac{x}{\sqrt{x^2+y^2}}\right|\leqslant1$，$\left|\dfrac{y}{\sqrt{x^2+y^2}}\right|\leqslant1$，由于连续知 $f\left(\dfrac{x}{\sqrt{x^2+y^2}},\dfrac{y}{\sqrt{x^2+y^2}}\right)$，在 $[0,1]\times[0,1]$ 上必取到最大值 β 和最小值 α. 从而

$$\alpha\sqrt{x^2+y^2}\leqslant f(x,y)\leqslant\beta\sqrt{x^2+y^2}$$

798. **(南京大学)** 设 R^n 为 n 维欧氏空间，A 是 R^n 的非空子集，定义 x 到 A 的距离为

$$f_A(x)\equiv\inf\limits_{y\in A}\rho(x,y)\equiv\rho(x,A)$$

证明：$f_A(x)$ 是 R^n 上的一致连续函数.

证 $\forall\,x_1,x_2\in R^n$，$\forall\,y\in A$. 有

$$\rho(x_1,y)\leqslant\rho(x_1,x_2)+\rho(x_2,y)$$

$$\rho(x_1,A)=\inf_{y\in A}\rho(x,y)<\rho(x_1,x_2)+\rho(x_2,y),\forall\,y\in A$$

对 $\forall\varepsilon>0.\,\exists\,y_1\in A$,使

$$\rho(x_1,y_1)<\rho(x_1,A)+\varepsilon/_4$$

$\exists\,y_2\in A$,使

$$\rho(x_1,y_1)<\rho(x_2,A)+\varepsilon/_4$$

因此 $\rho(x_1,A)<\rho(x_1,x_2)+\rho(x_2,y_2)<\rho(x_1,x_2)+\rho(x_2,A)+\varepsilon/_4$

$$\rho(x_2,A)<\rho(x_2,x_1)+\rho(x_1,A)+\frac{\varepsilon}{4}.$$

$$-\rho(x_2,x_1)-\frac{\varepsilon}{4}<\rho(x_1,A)-\rho(x_2,A)<\rho(x_1,x_2)+\frac{\varepsilon}{4}$$

$$|\,\rho(x_1,A)-\rho(x_2,A)\,|<\rho(x_1,x_2)+\frac{\varepsilon}{4}$$

故对 $\forall\varepsilon>0$,取 $\delta=\dfrac{\varepsilon}{2}$,当 $\rho(x_1,x_2)<\delta$ 时,有

$$|\,\rho(x_1,A)-\rho(x_2,A)\,|<\varepsilon.$$

即 $f_A(x)=\rho(x,A)$ 是 R^n 上的一致连续函数.

§2   偏导数与全微分

【考点综述】

一、概述

1. 偏导数与全微分

(1)定义   设函数 $z=f(x,y),(x,y)\in D$,若 $(x_0,y_0)\in D$,且 $f(x,y_0)$ 在 x_0 的某一邻域上有定义,当

$$\lim_{\Delta x\to 0}\frac{f(x_0+\Delta x,y_0)-f(x_0,y_0)}{\Delta x}$$ 存在时,则称这个极限为函数 $z=f(x,y)$ 在点

(x_0,y_0) 关于 x 的偏导数,记作 $f_x{}'(x_0,y_0),z'_x(x_0,y_0)$ 或 $\dfrac{\partial f}{\partial x}\bigg|(x_0,y_0),\dfrac{\partial z}{\partial x}\bigg|(x_0,y_0)$,同样可定义 f 对 y 的偏导数.

若函数 $z=f(x,y)$ 在其定义域 D 的内点 (x_0,y_0) 的全增量 Δz 可表示为:$\Delta z=f(x_0+\Delta x,y_0+\Delta y)-f(x_0,y_0)=A\Delta x+B\Delta y+o(\rho)$,其中 A,B 是仅与点 (x_0,y_0) 有关,而与 $\Delta x,\Delta y$ 无关的常数,$\rho=\sqrt{\Delta x^2+\Delta y^2}$,则称函数 $f(x,y)$ 在点 (x_0,y_0) 可微,并称 $A\Delta x+B\Delta y$ 为函数 $f(x,y)$ 在点 (x_0,y_0) 的全微分,记作 $\mathrm{d}z=\mathrm{d}f=A\Delta x+B\Delta y$.

(2)可微的必要条件,若二元函数 $z=f(x,y)$ 在其定义域 D 的内点 (x_0,y_0) 上可微,则函数在该点的偏导数 $f_x{}'(x_0,y_0),f_y{}'(x_0,y_0)$ 存在,且

$$A=f_x{}'(x_0,y_0),B=f_y{}'(x_0,y_0)$$

(3)可微的充分条件,若函数 $z=f(x,y)$ 的偏导数在点 (x_0,y_0) 的某邻域内存在,且在点 (x_0,y_0) 上连续,则函数 $f(x,y)$ 在点 (x_0,y_0) 可微.

2. 复合函数的偏导数与高阶偏导数

(1)(链式法则)设 $z = f(x,y)$ 有连续的偏导数,而 $x = \varphi(s,t), y = \psi(s,t)$ 都存在偏导数,则复合函数 $z = f[\varphi(s,t),\psi(s,t)]$ 存在偏导数,且

$$\begin{cases} \dfrac{\partial z}{\partial s} = \dfrac{\partial f}{\partial x} \cdot \dfrac{\partial x}{\partial s} + \dfrac{\partial f}{\partial y} \cdot \dfrac{\partial y}{\partial s} \\[2mm] \dfrac{\partial z}{\partial t} = \dfrac{\partial f}{\partial x} \cdot \dfrac{\partial x}{\partial t} + \dfrac{\partial f}{\partial y} \cdot \dfrac{\partial y}{\partial t} \end{cases}$$

(2)一阶微分形式不变性. 设 $z = f(x,y)$ 为可微函数,若 x,y 为自变量,则 $\mathrm{d}z = \dfrac{\partial z}{\partial x}\mathrm{d}x + \dfrac{\partial z}{\partial y}\mathrm{d}y$. 此处不论 x,y 是自变量还是中间变量.

(3) 高阶偏导数. 如果函数 $z = f(x,y)$ 的偏导函数 $f_x{}'(x,y), f_y{}'(x,y)$ 关于 x、y 的偏导数也存在,则说函数 f 具有二阶偏导数. 定义如下:

$$\frac{\partial}{\partial x}\left(\frac{\partial z}{\partial x}\right) = \frac{\partial^2 z}{\partial x^2} = f_{xx}{}''(x,y),\ \frac{\partial}{\partial y}\left(\frac{\partial z}{\partial x}\right) = \frac{\partial^2 z}{\partial x \partial y} = f_{xy}{}''(x,y)$$

$$\frac{\partial}{\partial x}\left(\frac{\partial z}{\partial y}\right) = \frac{\partial^2 z}{\partial y \partial x} = f_{yx}{}''(x,y),\ \frac{\partial}{\partial y}\left(\frac{\partial z}{\partial y}\right) = \frac{\partial^2 z}{\partial y^2} = f_{yy}{}''(x,y)$$

用同样的方法可定义更高阶的偏导数.

(4)性质. 设 $f(x,y)$ 的混合偏导数 $f_{xy}{}'', f_{yx}{}''$ 都在点 (x_0,y_0) 处连续. 则 $f_{xy}{}''(x_0, y_0) = f_{yx}{}''(x_0,y_0)$. 此结论对于三元函数、四元函数、…… 的混合偏导数都成立.

3. 隐函数存在定理及其应用

(1) 定义设 $X \subset R, Y \subset R$,函数 $F: X \times Y \to R$,对于方程

$$F(x,y) = 0 \qquad\qquad\qquad ①$$

若存在集合 $I \subset X$ 与 $J \subset Y$,使得对于任何 $x \in I$,恒有唯一确定的 $y \in J$,它与 x 一起满足方程 ①,则称由方程 ① 确定了一个定义在 I 上,值域含于 J 的隐函数.

(2)隐函数存在唯一性定理. 若

1) 函数 $F(x,y)$ 在以点 $P(x_0,y_0)$ 为内点的某一区域 D 内连续;

2) 偏导数 $F_x{}'(x,y)$ 与 $F_y{}'(x,y)$ 在 D 内存在且连续;

3) $F(x_0,y_0) = 0$(通常称为初始条件);

4) $F_y{}'(x_0,y_0) \neq 0$.

则在点 P 的某邻域 $U(P)$ 内,方程 $F(x,y) = 0$ 能唯一地确定了一个定义在 x_0 的某邻域 $U(x_0)$ 内的函数 $y = f(x)$,使得

(i)$(x,f(x)) \in U(P), x \in U(x_0), F(x,f(x)) \equiv 0, x \in U(x_0)$ 且 $f(x_0) = y_0$;

(ii)$f(x)$ 在 $U(x_0)$ 内连续;

(iii)$f(x)$ 在 $U(x_0)$ 内有连续导函数,且 $f'(x) = -\dfrac{F_x{}'(x,y)}{F_y{}'(x,y)}$.

(3)n 元函数的唯一存在与连续可微性定理. 若

1) 函数 $F(x_1,x_2,\cdots,x_n,y)$ 在以 $P(x_1^0,x_2^0,\cdots,x_n^0,y^0)$ 为内点的 $n+1$ 维空间区域 D 内连续;

2) 偏导数 $F'_{x_1}, F'_{x_2}, \cdots, F'_{x_n}, F'_y$ 在 D 内存在且连续;

3) $F(x_1^0,x_2^0,\cdots x_n^0,y^0) = 0$;

4) $F'_y(x_1^0,x_2^0,\cdots x_n^0,y) \neq 0$

则在 P 的某一邻域 $U(P)$ 内,方程 $F(x_1,\cdots,x_n,y)=0$ 唯一地确定了一个定义在 $Q(x_1^0,x_2^0,\cdots,x_n^0)$ 的某邻域 $U(Q)$ 上的 n 元连续函数

$y=f(x_1,x_2,\cdots,x_n)$ 使得:

（ⅰ）$(x_1,x_2,\cdots,x_n,f(x_1,x_2,\cdots,x_n))\in U(P)$, $(x_1,x_2,\cdots,x_n)\in U(Q)$；$F(x_1,x_2,\cdots,x_n,f(x_1,\cdots,x_n))\equiv 0$,$(x_1,x_2,\cdots,x_n)\in U(Q)$,$y_0=f(x_1^0,\cdots,x_n^0)$.

（ⅱ）$y=f(x_1,x_2,\cdots,x_n)$ 在 $U(Q)$ 内有连续偏导数：$f'_{x_1},f'_{x_2},\cdots,f'_{x_n}$ 而且

$$f'_{x_1}=-\frac{F'_{x_1}}{F'_y},f'_{x_2}=-\frac{F'_{x_2}}{F'_y},\cdots,f'_{x_n}=-\frac{F'_{x_n}}{F'_y}.$$

（ⅲ）由方程组确定的隐函数（隐函数组定理）.

若：$a.$ $F(x,y,u,v)$ 与 $G(x,y,u,v)$ 在以点 $P_0(x_0,y_0,u_0,v_0)$ 为内点的区域 $V\subset R^4$ 内连续；

$b.$ $F(x_0,y_0,u_0,v_0)=0$,$G(x_0,y_0,u_0,v_0)=0$(初始条件)；

$c.$ 在 V 内 F,G 具有一阶连续偏导数；

$d.$ $J=\dfrac{\partial(F,G)}{\partial(u,v)}$ 在点 P_0 处不等于零.

扫码获取本书资源

则在点 P_0 的某一(四维空间)邻域 $U(P_0)\subset V$ 内,方程组

$$\begin{cases}F(x,y,u,v)=0\\G(x,y,u,v)=0\end{cases}$$

唯一地确定了定义在点 $Q_0(x_0,y_0)$ 的某一(二维空间)邻域 $U(Q_0)$ 内的两个二元隐函数

$$u=f(x,y),v=g(x,y)$$

使得：

①$u_0=f(x_0,y_0),v_0=g(x_0,y_0)$ 且当 $(x,y)\in U(Q_0)$ 时,

$(x,y,f(x,y),g(x,y))\in U(P_0)$

$F(x,y,f(x,y),g(x,y))\equiv 0$

$G(x,y,f(x,y),g(x,y))\equiv 0$

②$f(x,y),g(x,y)$ 在 $U(Q_0)$ 内连续；

③$f(x,y),g(x,y)$ 在 $U(Q_0)$ 内有一阶连续偏导数,且

$$\frac{\partial u}{\partial x}=-\frac{1}{J}\frac{\partial(F,G)}{\partial(x,v)}\quad\frac{\partial v}{\partial x}=-\frac{1}{J}\frac{\partial(F,G)}{\partial(u,x)}$$

$$\frac{\partial u}{\partial y}=-\frac{1}{J}\frac{\partial(F,G)}{\partial(y,v)}\quad\frac{\partial v}{\partial y}=-\frac{1}{J}\frac{\partial(F,G)}{\partial(u,y)}$$

(5)(反函数组定理) 若函数组 $\begin{cases}u=u(x,y)\\v=v(x,y)\end{cases}$, 满足条件：

1)$u(x,y),v(x,y)$ 均是有连续的偏导数；

2)$\dfrac{\partial(u,v)}{\partial(x,y)}\neq 0$.

则此函数组可确定唯一的具有连续偏导数的反函数组：

$$x=x(u,v),y=y(u,v),且\frac{\partial(u,v)}{\partial(x,y)}\cdot\frac{\partial(x,y)}{\partial(u,v)}=1$$

二、解题方法

1. 考点 1

求偏导数.

解题方法:① 直接法(见第 807 题);② 利用全微分一阶形式不变性(见第 819 题);③ 先取对数,再求(见第 819 题);④ 链式法则(见第 819 题);⑤ 数学归纳法(见第 827,836 题).

2. 考点 2

证明问题.

解题方法:① 按定义(见第 801,802 题);② 隐函数求导;③ 利用微分中值定理(见第 804,805 题).

【经典题解】

799. (北京师范大学) 已知 $z = z(x,y)$,由 $x^2 + y^2 + h^2(z) = 1$ 确定,且 $h(z)$ 具有所需的性质. 求 $\dfrac{\partial^2 z}{\partial x \partial y}$.

解 由 $x^2 + y^2 + h^2(z) = 1$,两边对 x 求导,得

$$2x + 2h(z)h'(z)\frac{\partial z}{\partial x} = 0 \tag{①}$$

式 ① 两边再对 y 求导,得

$$2h'^2(z)\frac{\partial z}{\partial y} \cdot \frac{\partial z}{\partial x} + 2h(z)h''(z)\frac{\partial z}{\partial y}\frac{\partial z}{\partial x} + 2h(z)h'(z)\frac{\partial^2 z}{\partial x \partial y} = 0 \tag{②}$$

由式 ① 解得

$$\frac{\partial z}{\partial x} = -\frac{x}{h(z)h'(z)}, \tag{③}$$

由 x,y 地位对称类似可得

$$\frac{\partial z}{\partial y} = -\frac{y}{h(z)h'(z)} \tag{④}$$

将式 ③、式 ④ 代入式 ② 可解得

$$\frac{\partial^2 z}{\partial x \partial y} = -\frac{h'^2(z) + h(z)h''(z)}{[h(z)h'(z)]^3}xy$$

800. (北京师范大学) 将直角坐标系下 Laplace 方程 $\dfrac{\partial^2 u}{\partial x^2} + \dfrac{\partial^2 u}{\partial y^2} = 0$ 化为极坐标下的形式.

解 设 $x = r\cos\theta, y = r\sin\theta$,则

$$\frac{\partial u}{\partial r} = \frac{\partial u}{\partial x} \cdot \frac{\partial x}{\partial r} + \frac{\partial u}{\partial y}\frac{\partial y}{\partial r} = \cos\theta\frac{\partial u}{\partial x} + \sin\theta\frac{\partial u}{\partial y}$$

$$\frac{\partial u}{\partial \theta} = \frac{\partial u}{\partial x}\frac{\partial x}{\partial \theta} + \frac{\partial u}{\partial y}\frac{\partial y}{\partial \theta} = -r\sin\theta\frac{\partial u}{\partial x} + r\cos\theta\frac{\partial u}{\partial y}$$

$$\frac{\partial^2 u}{\partial r^2} = \cos\theta\left(\frac{\partial^2 u}{\partial x^2} \cdot \frac{\partial x}{\partial r} + \frac{\partial^2 u}{\partial x \partial y} \cdot \frac{\partial y}{\partial r}\right) + \sin\theta\left(\frac{\partial^2 u}{\partial y \partial x} \cdot \frac{\partial x}{\partial r} + \frac{\partial^2 u}{\partial y^2} \cdot \frac{\partial y}{\partial r}\right) =$$

$$\cos^2\theta\frac{\partial^2 u}{\partial x^2} + \cos\theta\sin\theta\frac{\partial^2 u}{\partial x \partial y} + \sin\theta\cos\theta\frac{\partial^2 u}{\partial y \partial x} + \sin^2\theta\frac{\partial^2 u}{\partial y^2} \tag{①}$$

类似可求

$$\frac{\partial^2 u}{\partial \theta^2} = r^2\sin^2\theta\frac{\partial^2 u}{\partial x^2} - r^2\sin\theta\cos\theta\frac{\partial^2 u}{\partial x \partial y} - r^2\sin\theta\cos\theta\frac{\partial^2 u}{\partial y \partial x} + r^2\cos^2\theta\frac{\partial^2 u}{\partial y^2} -$$

$$r\cos\theta\frac{\partial u}{\partial x} - r\sin\theta\frac{\partial u}{\partial y}$$

因此$\dfrac{1}{r^2}\dfrac{\partial^2 u}{\partial\theta^2} = \sin^2\theta\dfrac{\partial^2 u}{\partial x^2} - \sin\theta\cos\theta\dfrac{\partial^2 u}{\partial x\partial y} - \sin\theta\cos\theta\dfrac{\partial^2 u}{\partial y\partial x} +$

$\cos^2\theta\dfrac{\partial^2 u}{\partial y^2} - \dfrac{1}{r}\Big(\cos\theta\dfrac{\partial u}{\partial x} + \sin\theta\dfrac{\partial u}{\partial y}\Big)$　　　　　　　②

式①＋式②得

$$\frac{\partial^2 u}{\partial r^2} + \frac{1}{r^2}\cdot\frac{\partial^2 u}{\partial\theta^2} = \frac{\partial^2 u}{\partial x^2} + \frac{\partial^2 u}{\partial y^2} - \frac{1}{r}\cdot\frac{\partial u}{\partial r}$$

$$\frac{\partial^2 u}{\partial r^2} + \frac{1}{r}\frac{\partial u}{\partial r} + \frac{1}{r^2}\frac{\partial^2 u}{\partial\theta^2} = 0$$

801.(南开大学) 设

$$f(x,y) = \begin{cases} \dfrac{(x+y)\sin(xy)}{x^2+y^2}, & x^2+y^2\neq 0, \\ 0, & x^2+y^2 = 0. \end{cases}$$ 证明 $f(x,y)$ 在点$(0,0)$处连续

但不可微.

证　由于 $\left|\dfrac{(x+y)\sin(xy)}{x^2+y^2}\right| \leqslant \left|\dfrac{(x+y)xy}{2xy}\right| \leqslant$

$$\dfrac{|x+y|}{2} \leqslant \dfrac{|x|}{2} + \dfrac{|y|}{2}.$$

故对 $\forall\varepsilon > 0$,取$\delta = \varepsilon$,当 $|x| < \delta$, $|y| < \delta$时,有

$$|f(x,y) - f(0,0)| = \left|\dfrac{(x+y)\sin(xy)}{x^2+y^2}\right| < \dfrac{|x|}{2} + \dfrac{|y|}{2} < \varepsilon$$

即　　　　　　　　$\lim\limits_{(x,y)\to(0,0)} f(x,y) = f(0,0) = 0$

故 $f(x,y)$ 在点$(0,0)$处连续,下证 $f(x,y)$ 在点$(0,0)$处不可微.

$$f_x{}'(0,0) = \lim_{x\to 0}\frac{f(x,0) - f(0,0)}{x-0} = 0,\text{同理 } f_y{}'(0,0) = 0.$$

令　$\Delta w = f(x,y) - f(0,0) - f_x{}'(0,0)x - f_y{}'(0,0)y =$

$$\frac{(x+y)\sin(xy)}{x^2+y^2}$$

而　$\lim\limits_{\rho\to 0}\dfrac{\Delta w}{\rho} = \lim\limits_{\rho\to 0}\dfrac{(x+y)\sin(xy)}{(x^2+y^2)^{\frac{3}{2}}} =$

$$\lim_{\substack{\rho\to 0\\ y=kx}}\frac{(x+y)\sin(xy)}{(x^2+y^2)^{\frac{3}{2}}} = \lim_{\substack{\rho\to 0\\ y=kx}}\frac{(k+1)}{(1+k^2)^{\frac{3}{2}}}\cdot\frac{\sin kx^2}{x^2} = \frac{k(k+1)}{(1+k^2)^{\frac{3}{2}}}$$

与 k 有关,所以 $f(x,y)$ 在$(0,0)$处不可微.

802.(北京航空航天大学)　设

$$f(x,y) = \begin{cases} \dfrac{x^2 y^2}{(x^2+y^2)^{\frac{3}{2}}}, & x^2+y^2\neq 0 \\ 0, & x^2+y^2 = 0 \end{cases}$$

求证:在$(0,0)$处,$f(x,y)$ 连续但不可微.

证　由 $| f(x,y) - f(0,0) | = \left| \dfrac{x^2 y^2}{(x^2+y^2)^{\frac{3}{2}}} \right| \leqslant \dfrac{1}{4} \sqrt{x^2+y^2}$

$\forall \varepsilon > 0, \exists \delta = 4\varepsilon,$ 当 $\sqrt{x^2+y^2} < \delta$ 时,有

$$| f(x,y) - f(0,0) | \leqslant \dfrac{1}{4} \sqrt{x^2+y^2} < \varepsilon$$

故　　　　　　$\lim\limits_{(x,y)\to(0,0)} f(x,y) = f(0,0) = 0$

从而 $f(x,y)$ 在点 $(0,0)$ 处连续.

又 $f_x{}'(0,0) = \lim\limits_{x\to 0} \dfrac{f(x,0) - f(0,0)}{x - 0} = 0.$ 同理 $f_y{}'(0,0) = 0.$

令　$\Delta w = f(x,y) - f(0,0) - f_x{}'(0,0)\Delta x - f_y{}'(0,0)\Delta y = f(x,y)$

考虑　$\lim\limits_{\substack{\rho\to 0 \\ y=kx}} \dfrac{\Delta w}{\rho} = \lim\limits_{\substack{\rho\to 0 \\ y=kx}} \dfrac{x^2 y^2}{(x^2+y^2)^2} = \lim\limits_{x\to 0} \dfrac{k^2 x^4}{x^4(1+k^2)^2} = \dfrac{k^2}{(1+k^2)^2}$

即 $\lim\limits_{\rho\to 0} \dfrac{\Delta w}{\rho}$ 不存在. 所以 $f(x,y)$ 在 $(0,0)$ 不可微.

803. 证明微分中值定理.

设二元函数 $z = f(x,y)$ 在凸区域 D 上两个偏导数 $f_x{}', f_y{}'$ 都存在,则对于 D 内任何两点 $(x_0, y_0), (x_0+\Delta x, y_0+\Delta y) \in U(P_0)$ 有

$$f(x_0+\Delta x, y_0+\Delta y) - f(x_0, y_0) =$$
$$f_x{}'(x_0+\theta_1\Delta x, y_0+\Delta y) \cdot \Delta x + f_y{}'(x_0, y_0+\theta_2\Delta y) \cdot \Delta y,$$

其中, $0 < \theta_1 < 1 \quad 0 < \theta_2 < 1.$

证　$f(x_0+\Delta x, y_0+\Delta y) - f(x_0, y_0) =$
$[f(x_0+\Delta x, y_0+\Delta y) - f(x_0, y_0+\Delta y)] + [f(x_0, y_0+\Delta y) - f(x_0, y_0)]$　　①

令　$\varphi(x) = f(x, y_0+\Delta y),$ 则由一元函数的中值定理有

$\varphi(x_0+\Delta x) - \varphi(x_0) = \varphi'(x_0+\theta_1\Delta x) \cdot \Delta x (0 < \theta_1 < 1)$

即　$f(x_0+\Delta x, y_0+\Delta y) - f(x_0, y_0+\Delta y) =$
$f_x{}'(x_0+\theta_1\Delta x, y_0+\Delta y) \cdot \Delta x (0 < \theta_1 < 1)$

同理令 $\psi(y) = f(x_0, y),$ 可得

$f(x_0, y_0+\Delta y) - f(x_0, y_0) = f_y{}'(x_0, y_0+\theta_2\Delta y) \cdot \Delta y (0 < \theta_2 < 1).$

代入式 ① 即可证明.

804. (哈尔滨工业大学)　设二元函数 $f(x,y)$ 在区域 $D = \{(x,y) \mid x+y \leqslant 1\}$ 上可微,且对 $\forall (x,y) \in D,$ 有 $\left| \dfrac{\partial f}{\partial x} \right| \leqslant 1, \left| \dfrac{\partial f}{\partial y} \right| \leqslant 1,$ 证明:对任意 $(x_1, y_1) \in D, (x_2, y_2) \in D.$ 成立:

$$| f(x_2, y_2) - f(x_1, y_1) | \leqslant | x_2 - x_1 | + | y_2 - y_1 |$$

证　应用微分中值定理. 有

$| f(x_2, y_2) - f(x_1, y_1) | =$
$| f(x_2, y_2) - f(x_2, y_1) + f(x_2, y_1) - f(x_1, y_1) | \leqslant$
$| f(x_2, y_2) - f(x_2, y_1) | + | f(x_2, y_1) - f(x_1, y_1) | =$
$| f_y{}'(x_2, \xi_1) | \cdot | y_2 - y_1 | + | f_x{}'(\xi_2, y_1) | \cdot | x_2 - x_1 | \leqslant$
$| y_2 - y_1 | + | x_2 - x_1 |,$

其中,ξ_1 介于 y_1 与 y_2 之间,ξ_2 介于 x_1 与 x_2 之间.

805.(**北京钢铁学院**)　证明:若 $z = f(x,y)$ 在 $P_0(x_0,y_0)$ 点的一个圆邻域 $U = U(P_0,\delta)$ 中有连续偏导数.则 $z = f(x,y)$ 在 U 中连续.

证　任取 $(x_1,y_1) \in U$,考虑

$$f(x_1 + \Delta x, y_1 + \Delta y) - f(x_1,y_1)$$

$\underline{\text{微分中值定理}}$ $f_x{}'(x_1 + \theta_1\Delta x, y_1 + \Delta y) \cdot \Delta x + f_y{}'(x_1, y_1 + \theta_2\Delta y) \cdot \Delta y$

其中,$0 < \theta_1 <, \theta_2 < 1$,由于 f 在 U 中有连续偏导数知

$$\lim_{(\Delta x,\Delta y)\to(0,0)} f_x{}'(x_1 + \theta_1\Delta x, y_1 + \Delta y) = f'_x(x_1,y_1)$$

$$\lim_{(\Delta x,\Delta y)\to(0,0)} f'(x_1, y_1 + \theta_2\Delta y) = f_y(x_1,y_1)$$

$$\lim_{(\Delta x,\Delta y)\to(0,0)} (f(x_1 + \Delta x, y_1 + \Delta y) - f(x_1,y_1)) =$$

$$\lim_{(\Delta x,\Delta y)\to(0,0)} f_x{}'(x_1 + \theta_1\Delta x, y_1 + \Delta y) \cdot \Delta x + f_y{}'(x_1, y_1 + \theta_2\Delta y) \cdot \Delta y =$$

$$f_x{}'(x_1,y_1)\times 0 + f_y{}'(x_1,y_1)\times 0 =$$

$$0$$

从而 $f(x,y)$ 在 (x_1,y_1) 处连续,再由 (x_1,y_1) 的任意性,$f(x,y)$ 在 $\bigcup$ 中连续.

806.(**北京大学**)　构造一个二元函数,使得它在原点 $(0,0)$ 两个偏导数都存在,但在原点不可微.

解　如 $f(x,y) = \sqrt{|xy|}$,则 $f_x{}'(0,0), f_y{}'(0,0)$ 都存在,但 $f(x,y)$ 在点 $(0,0)$ 不可微.

事实上,由偏导数定义易得 $f_x{}'(0,0) = f_y{}'(0,0) = 0$.

现在证明:$f(x,y)$ 在 $(0,0)$ 不可微.用反证法假设 $f(x,y)$ 在点 $(0,0)$ 可微,则由可微定义知:

$$\Delta f = f_x{}'(0,0)\Delta x + f_y{}'(0,0)\Delta y + o(\rho) = o(\rho),\text{其中 } \rho = \sqrt{\Delta x^2 + \Delta y^2}$$

所以有 $\lim\limits_{\rho\to 0}\dfrac{\Delta f}{\rho} = 0$.

又　$\Delta f = f(\Delta x,\Delta y) - f(0,0) = \sqrt{|\Delta x \cdot \Delta y|}$,取 $\Delta y = \Delta x (\Delta x > 0)$.

有　$\lim\limits_{\substack{\rho\to 0 \\ \Delta y = \Delta x}}\dfrac{\Delta f}{\rho} = \lim\limits_{\Delta x\to 0}\dfrac{\Delta x}{\sqrt{2}\Delta x} = \dfrac{1}{\sqrt 2} \neq 0$. 这与 $\lim\limits_{\rho\to 0}\dfrac{\Delta f}{\rho} = 0$ 矛盾. 故 $f(x,y)$ 在点 $(0,0)$ 不可微.

807.(**上海交通大学**)　求函数 $u = x^{vz}$ 的全微分.

解

$$\frac{\partial u}{\partial x} = vzx^{vz-1}$$

$$\frac{\partial u}{\partial v} = x^{vz}z\ln x$$

$$\frac{\partial u}{\partial z} = x^{vz}v\ln x$$

因此 $\mathrm{d}u = vzx^{vz-1}\mathrm{d}x + x^{vz}z\ln x\mathrm{d}v + x^{vz}v\ln x\mathrm{d}z$

808.(**武汉大学**)　对于函数

$$f(x,y) = \begin{cases} \dfrac{x^2 y}{x^2 + y^2}, & \text{当 } x^2 + y^2 \neq 0 \\ 0, & \text{当 } x^2 + y^2 = 0 \end{cases}$$

证明：(1) $f(x,y)$ 处处对 x，对 y 可导；

(2) 偏导函数 $f_x{}'(x,y)$，$f_y{}'(x,y)$ 有界；

(3) $f(x,y)$ 在点 $(0,0)$ 不可微；

(4) 一阶偏导数 $f_x{}'(x,y)$，$f_y{}'(x,y)$ 中至少有一个在点 $(0,0)$ 不连续.

证 (1) 当 $(x,y) \neq (0,0)$ 时，

$$f_x{}'(x,y) = \frac{2xy^3}{(x^2 + y^2)^2}, \quad f_y{}'(x,y) = \frac{x^4 - x^2 y^2}{(x^2 + y^2)^2}$$

当 $(x,y) = (0,0)$ 时，

$$f_x{}'(0,0) = \lim_{x \to 0} \frac{f(x,0) - f(0,0)}{x - 0} = \lim_{x \to 0} 0 = 0$$

$$f_y{}'(0,0) = \lim_{y \to 0} \frac{f(0,y) - f(0,0)}{y - 0} = \lim_{y \to 0} 0 = 0$$

因此 $f(x,y)$ 处处对 x,y 可导.

(2) 由

$$|f_x{}'(x,y)| = \left| \frac{2xy^3}{(x^2 + y^2)^2} \right| \leqslant \left| \frac{2xy(x^2 + y^2)}{(x^2 + y^2)^2} \right| \leqslant 1$$

及　　　　$$|f_y{}'(x,y)| = \left| \frac{x^4 - x^2 y^2}{(x^2 + y^2)^2} \right| \leqslant \left| \frac{x^2(x^2 + y^2)}{(x^2 + y^2)^2} \right| \leqslant \frac{x^2}{x^2 + y^2} \leqslant 1$$

知 $f_x{}'(x,y)$，$f_y{}'(x,y)$ 有界.

(3) $\Delta f = f(\Delta x, \Delta y) - f(0,0) = \dfrac{\Delta x^2 \Delta y}{\Delta x^2 + \Delta y^2}$,

$$\lim_{\rho \to 0} \frac{|\Delta f - f_x{}'(0,0)\Delta x - f_y{}'(0,0)\Delta y|}{\rho} = \lim_{\rho \to 0} \frac{\dfrac{\Delta x^2 \cdot \Delta y}{\Delta x^2 + \Delta y^2}}{\rho} =$$

$$\lim_{\substack{\Delta x \to 0 \\ \Delta y \to 0}} \frac{\Delta x^2 \cdot \Delta y}{(\Delta x^2 + \Delta y^2)^{\frac{3}{2}}} \neq 0$$

其中 $\rho = \sqrt{\Delta x^2 + \Delta y^2}$

$$\left(\text{因为} \lim_{\Delta y = k \Delta x \to 0} \frac{\Delta x^2 \cdot \Delta y}{(\Delta x^2 + \Delta y^2)^{3/2}} = \frac{k}{(1 + k^2)^{3/2}} \text{ 与 } k \text{ 有关} \right)$$

因此 $f(x,y)$ 在点 $(0,0)$ 不可微.

(4) 不妨设动点 (x,y) 沿直线 $y = kx$ 趋于 $(0,0)$ 由

$$\lim_{\substack{(x,y) \to (0,0) \\ y = kx}} f_y{}'(x,y) = \lim_{x \to 0} \frac{x^2(x^2 - k^2 x^2)}{x^4(1 + k^2)^2} = \frac{1 - k^2}{(1 + k^2)^2} \text{ 与 } k \text{ 有关}.$$

故 $\lim\limits_{(x,y) \to (0,0)} f_y{}'(x,y)$ 不存在，从而 $f_y{}'(x,y)$ 在 $(0,0)$ 不连续.

或 (4)(反证) 若 $f'_x(x,y) f'_y(x,y)$ 都在 $(0,0)$ 连续，则 f 在 $(0,0)$ 处可微，与 (3) 矛盾.

809. **(武汉大学)**　设二元函数

$$f(x,y) = \begin{cases} (x^2 + y^2)\cos \dfrac{1}{\sqrt{x^2 + y^2}}, & x^2 + y^2 \neq 0 \\ 0, & x^2 + y^2 = 0 \end{cases}$$

(1) 求 $f_x{}'(0,0), f_y{}'(0,0)$；

(2) 证明：$f_x{}'(x,y), f_y{}'(x,y)$ 在 $(0,0)$ 不连续；

(3) 证明：$f(x,y)$ 在 $(0,0)$ 处可微.

解 (1) 用偏导数的定义计算.

$$f_x{}'(0,0) = \lim_{x \to 0} \frac{f(x,0) - f(0,0)}{x - 0} = \lim_{x \to 0} \frac{x^2 \cos \dfrac{1}{|x|}}{x} = \lim_{x \to 0} x \cos \frac{1}{|x|} = 0$$

$$f_y{}'(0,0) = \lim_{y \to 0} \frac{f(0,y) - f(0,0)}{y - 0} = \lim_{y \to 0} \frac{y^2 \cos \dfrac{1}{|y|}}{y} = 0$$

(2) 当 $x^2 + y^2 \neq 0$ 时

$$f_x{}'(x,y) = 2x\cos \frac{1}{\sqrt{x^2 + y^2}} + \frac{x}{\sqrt{x^2 + y^2}} \sin \frac{1}{\sqrt{x^2 + y^2}}$$

$$f_y{}'(x,y) = 2y\cos \frac{1}{\sqrt{y^2 + y^2}} + \frac{y}{\sqrt{x^2 + y^2}} \sin \frac{1}{\sqrt{x^2 + y^2}}$$

$$\lim_{\substack{(x,y) \to (0,0) \\ y = kx}} f_x{}'(x,y) =$$

$$\lim_{\substack{(x,y) \to (0,0) \\ y = kx}} \left(2x\cos \frac{1}{\sqrt{x^2 + y^2}} + \frac{x}{\sqrt{x^2 + y^2}} \sin \frac{1}{\sqrt{x^2 + y^2}} \right) =$$

$$\lim_{x \to 0} \left(2x\cos \frac{1}{\sqrt{1 + k^2}\,|x|} + \frac{x}{\sqrt{1 + k^2}\,|x|} \sin \frac{1}{\sqrt{1 + k^2}\,|x|} \right) =$$

$$\lim_{x \to 0} \frac{x}{\sqrt{1 + k^2}\,|x|} \sin \frac{1}{\sqrt{1 + k^2}\,|x|} \ \text{不存在.}$$

而由 (1) 知 $f_x{}'(0,0) = 0$，故 $\lim\limits_{(x,y) \to (0,0)} f_x{}'(x,y) \neq f_x{}'(0,0)$，即 $f_x{}'(x,y)$ 在 $(0,$ 0) 处不连续. 同理可证 $f_y{}'(x,y)$ 在点 $(0,0)$ 处不连续.

(3) $\Delta f = f(x,y) - f(0,0) = f(x,y)$

下证

$$\lim_{\rho \to 0} \frac{\Delta f - f_x{}'(0,0)x - f_y{}'(0,0)y}{\rho} = 0$$

即

$$\lim_{\rho \to 0} \frac{f(x,y)}{\rho} = \lim_{\rho \to 0} \frac{(x^2 + y^2)\cos \dfrac{1}{\sqrt{x^2 + y^2}}}{\sqrt{x^2 + y^2}} =$$

$$\lim_{\rho \to 0} \sqrt{x^2 + y^2} \cos \frac{1}{\sqrt{x^2 + y^2}} = 0$$

故 $f(x,y)$ 在 $(0,0)$ 处可微.

注：由此题可以看出，函数可微，但函数的偏导数未必连续.

810. (**同济大学**) 确定 α 的值，使得函数

$$f(x,y) = \begin{cases} (x^2 + y^2)^\alpha \sin \dfrac{1}{x^2 + y^2}, & (x,y) \neq (0,0) \\ 0, & (x,y) = (0,0) \end{cases}$$

在点$(0,0)$可微.

解　$f(x,y)$在点$(0,0)$可微,则$f_x{}'(0,0)$,$f_y{}'(0,0)$存在.

由$f_x{}'(0,0)=\lim\limits_{x\to0}\dfrac{f(x,0)-f(0,0)}{x-0}=\lim\limits_{x\to0}x^{2\alpha-1}\sin\dfrac{1}{x^2}$存在.则必有$2\alpha-1>0$,

即$\alpha>\dfrac{1}{2}$. 此时$f_x{}'(0,0)=0$,同理有$f_y{}'(0,0)=0$.

$$\lim_{\rho\to0}\frac{\Delta f-f_x{}'(0,0)\Delta x-f_y{}'(0,0)\Delta y}{\rho}=\lim_{\rho\to0}\frac{(x^2+y^2)^\alpha\sin\dfrac{1}{x^2+y^2}}{\sqrt{x^2+y^2}}=$$

$$\lim_{\rho\to0}(x^2+y^2)^{\alpha-\frac{1}{2}}\sin\frac{1}{x^2+y^2}=0$$

因此当$\alpha>\dfrac{1}{2}$时,$f(x,y)$在点$(0,0)$处可微.

811. **(武汉大学)**　设

$$f(x,y)=\begin{cases}g(x,y)\sin\dfrac{1}{\sqrt{x^2+y^2}}, & \text{当}(x,y)\neq(0,0)\\[2mm]0, & \text{当}(x,y)=(0,0)\end{cases}$$

证明:(1) 若$g(0,0)=0$,g在$(0,0)$可微,且$dg(0,0)=0$,则f在$(0,0)$可微,且$df(0,0)=0$;

(2) 若g在$(0,0)$可导,且f在$(0,0)$可微,则$df(0,0)=0$.

证　(1) 由g在$(0,0)$处可微,故f、g在$(0,0)$的邻域内偏导数均存在,有

$$f_x{}'(x,y)=\begin{cases}g'_x(x,y)\cdot\sin\dfrac{1}{\sqrt{x^2+y^2}}+g(x,y)\cdot\cos\dfrac{1}{\sqrt{x^2+y^2}}\left(-\dfrac{x}{(x^2+y^2)^{\frac{3}{2}}}\right) & (x,y)\neq(0,0)\\[3mm]0, & (x,y)=(0,0)\end{cases}$$

$$f_y{}'(x,y)=\begin{cases}g'_y(x,y)\cdot\sin\dfrac{1}{\sqrt{x^2+y^2}}+g(x,y)\cdot\cos\dfrac{1}{\sqrt{x^2+y^2}}\left(-\dfrac{y}{(x^2+y^2)^{\frac{3}{2}}}\right) & (x,y)\neq(0,0)\\[3mm]0, & (x,y)=(0,0)\end{cases}$$

所以　　$\Delta f=f(\Delta x,\Delta y)-f(0,0)=g(\Delta x,\Delta y)\cdot\sin\dfrac{1}{\sqrt{\Delta x^2+\Delta y^2}}$,

$f_x{}'(0,0)\Delta x+f_y{}'(0,0)\Delta y=0$,

故　　$df(0,0)=f_x{}'(0,0)\Delta x+f_y{}'(0,0)\Delta y=0$.

又　　g在$(0,0)$可微,则

$$g(\Delta x,\Delta y)-g(0,0)=g'_x(0,0)\Delta x+g'_y(0,0)\Delta y+o(\rho).$$

又　　　　$dg(0,0)=g'_x(0,0)\Delta x+g'_y(0,0)\Delta y=0$

所以　$g(\Delta x,\Delta y)=g(0,0)+o(\rho)=o(\rho)$.

$$\lim_{\rho\to0}\frac{\Delta f-f_x{}'(0,0)\Delta x-f_y{}'(0,0)\Delta y}{\rho}=\lim_{\rho\to0}\frac{g(\Delta x,\Delta y)\sin\dfrac{1}{\sqrt{\Delta x^2+\Delta y^2}}}{\rho}=0$$

所以f在$(0,0)$可微,且$df(0,0)=0$.

(2) 由g在$(0,0)$可导,f在$(0,0)$可微. 知$f_x{}'(x,y)$,$f_y{}'(x,y)$的表达式与(1)中

同,故 $\mathrm{d}f(0,0) = f_x{}'(0,0)\Delta x + f_y{}'(0,0)\Delta y = 0$.

812.(**中国科技大学**)　已知

$$f(x,y) = \begin{cases} \dfrac{x^3}{x^2+y^2}, & 若(x,y) \neq (0,0) \\ 0, & 若(x,y) = (0,0) \end{cases}$$

(1) 求出 $f_x{}'(x,y)$ 及 $f_y{}'(x,y)$;

(2) 证明: $f(x,y)$ 在原点连续;

(3) 证明: $f(x,y)$ 在原点不可微.

解　(1) 当 $(x,y) \neq (0,0)$ 时

$$f_x{}'(x,y) = \frac{x^4 + 3x^2y^2}{(x^2+y^2)^2}, f_y{}'(x,y) = -\frac{2yx^3}{(x^2+y^2)^2}$$

$$f_x{}'(0,0) = \lim_{x \to 0} \frac{f(x,0) - f(0,0)}{x-0} = 1$$

$$f_y{}'(0,0) = \lim_{y \to 0} \frac{f(0,y) - f(0,0)}{y-0} = 0$$

(2) 由于　　　　　$\left| \dfrac{x^3}{x^2+y^2} \right| = \left| \dfrac{x^2}{x^2+y^2} \cdot x \right| \leqslant |x|$

故对 $\forall \varepsilon > 0, \exists \delta = \varepsilon > 0$. 当 $|x| < \delta, |y| < \delta$ 时

有　　　　　$|f(x,y) - f(0,0)| = \left| \dfrac{x^3}{x^2+y^2} \right| \leqslant |x| < \varepsilon$

故 $f(x,y)$ 在原点连续.

(3) $\displaystyle\lim_{\rho \to 0} \frac{f(\Delta x, \Delta y) - f(0,0) - f_x{}'(0,0)\Delta x - f_y{}'(0,0)\Delta y}{\rho} =$

$$\lim_{\rho \to 0} \frac{-\Delta x \cdot \Delta y^2}{(\Delta x^2 + \Delta y^2)^{\frac{3}{2}}}$$

由于 $\displaystyle\lim_{\substack{\rho \to 0 \\ \Delta x = \Delta y}} \frac{-\Delta x \cdot \Delta y^2}{(\Delta x^2 + \Delta y^2)^{\frac{3}{2}}} = \lim_{\Delta x \to 0} -\frac{(\Delta x)^3}{2\sqrt{2} \times |\Delta x|^3} = \pm \frac{1}{2\sqrt{2}} \neq 0$

故 f 在原点不可微.

813.(**中山大学**)　设函数

$$f(x,y) = \begin{cases} (x+y)^P \cdot \sin \dfrac{1}{\sqrt{x^2+y^2}}, & 当 x^2+y^2 \neq 0 \\ 0, & 当 x^2+y^2 = 0 \end{cases}$$,其中 P 为正整数.

问　(1) 对于 P 的哪些值, $f(x,y)$ 在原点连续.

(2) 对于 P 的哪些值, $f_x{}'(0,0)$ 与 $f_y{}'(0,0)$ 都存在.

(3) 对于 P 的哪些值, $f(x,y)$ 在原点有一阶连续偏导数,试证明.

解　(1) 由于 $\displaystyle\lim_{(x,y) \to (0,0)} (x+y)^P \sin \frac{1}{\sqrt{x^2+y^2}} = 0 = f(0,0)$

故对任何正整数 P, $f(x,y)$ 在原点连续.

(2) $f_x{}'(0,0) = \displaystyle\lim_{x \to 0} \frac{f(x,0) - f(0,0)}{x - 0} = \lim_{x \to 0} \frac{x^P \sin \dfrac{1}{|x|}}{x} =$

$$\lim_{x \to 0} x^{P-1} \sin \frac{1}{|x|},$$

故当 $P > 1$ 时,有 $\lim_{x \to 0} x^{P-1} \sin \frac{1}{|x|} = 0$.

同理当 $P > 1$ 时,有 $f_y{}'(0,0) = 0$.

故对于 $P \geqslant 2$ 的一切值, $f_x{}'(0,0)$ 与 $f_y{}'(0,0)$ 均存在.

(3) $f_x{}'(x,y) =$

$$\begin{cases} P(x+y)^{P-1} \sin \dfrac{1}{\sqrt{x^2+y^2}} - (x+y)^P \cos \dfrac{1}{\sqrt{x^2+y^2}} \cdot \dfrac{x}{\sqrt{(x^2+y^2)^3}} & x^2+y^2 \neq 0 \\ \qquad\qquad\qquad\qquad 0, & x^2+y^2 = 0 \end{cases}$$

当 $P > 1$ 时, $\displaystyle\lim_{(x,y) \to (0,0)} P(x+y)^{P-1} \cdot \sin \frac{1}{\sqrt{x^2+y^2}} = 0$.

当 $P = 2$ 时, $\displaystyle\lim_{(x,y) \to (0,0)} \frac{x(x+y)^P}{(x^2+y^2)^{\frac{3}{2}}} \cos \frac{1}{\sqrt{x^2+y^2}}$ 不存在.

而当 $P \geqslant 3$ 时,

$$\left| \frac{x(x+y)^P}{(x^2+y^2)^{\frac{3}{2}}} \right| \leqslant \left| \frac{(x+y)^P}{x^2} \right|$$

而
$$\lim_{(x,y) \to (0,0)} \frac{x(x+y)^P}{x^2} = 0$$

故 $\displaystyle\lim_{(x,y) \to (0,0)} \frac{(x+y)^P}{(x^2+y^2)^{\frac{3}{2}}}$ 存在也为零,所以当 $P \geqslant 3$ 时, $f_x{}'(x,y)$ 在原点有一阶连续导数,同理 $P \geqslant 3$ 时, $f_y{}'(x,y)$ 在原点有一阶连续导数. 综上,对于 $P \geqslant 3$ 的一切正整数 P, $f(x,y)$ 在原点有一阶连续偏导数.

814. (北京航空学院)　设 $f(x,y) = \begin{cases} \dfrac{xy}{\sqrt{x^2+y^2}}, & x^2+y^2 \neq 0 \\ 0, & x^2+y^2 = 0 \end{cases}$

证明: $f(x,y)$ 在点 $(0,0)$ 的邻域连续,且有一阶偏导数: $f_x{}'(x,y)$、 $f_y{}'(x,y)$,问 $f(x,y)$ 在点 $(0,0)$ 处是否可微?说明理由.

证　当 $x^2+y^2 \neq 0$. 显然 $f(x,y)$ 连续,而当 $\rho = \sqrt{x^2+y^2} \to 0$ 时,有

$$|f(x,y) - f(0,0)| = \frac{|xy|}{\sqrt{x^2+y^2}} \leqslant \frac{\sqrt{x^2+y^2}}{2} \to 0$$

故 $f(x,y)$ 在点 $(0,0)$ 处也连续.

又当 $x^2+y^2 \neq 0$,一阶偏导数有

$$f_x{}'(x,y) = \frac{y^3}{(x^2+y^2)^{\frac{3}{2}}}$$

$$f_y{}'(x,y) = \frac{x^3}{(x^2+y^2)^{\frac{3}{2}}}$$

而 $f_x{}'(0,0) = \displaystyle\lim_{\Delta x \to 0} \frac{f(0+\Delta x,0) - f(0,0)}{\Delta x} = \lim_{\Delta x \to 0} \frac{\Delta x \times 0}{\sqrt{(\Delta x)^2 + 0}} \frac{1}{\Delta x} = 0$

同理 $f_y{}'(0,0) = 0$.

但当点 (x,y) 沿直线 $y=x$ 趋于 $(0,0)$ 时,有

$$\frac{\Delta f-\left[f_x{}'(0,0)\Delta x+f_y{}'(0,0)\Delta y\right]}{\rho}=\frac{\Delta x\cdot\Delta y}{(\Delta x)^2+(\Delta y)^2}=\frac{(\Delta x)^2}{2\cdot(\Delta x)^2}=\frac{1}{2}\neq 0$$

故函数 $f(x,y)$ 在点 $(0,0)$ 处不可微.

815. (长春光学精密机械学院,北京师范大学) 设

$$f(x,y)=\begin{cases}\dfrac{xy(x^2-y^2)}{x^2+y^2}, & x^2+y^2\neq 0\\[2mm] 0, & x^2+y^2=0\end{cases}$$

证明: $f_{xy}{}''(0,0)\neq f_{yx}{}''(0,0)$.

证
$$f_x{}'(0,0)=\lim_{x\to 0}\frac{f(x,0)-f(0,0)}{x-0}=0$$

$$f_x{}'(0,y)=\lim_{x\to 0}\frac{f(x,y)-f(0,y)}{x}=\lim_{x\to 0}=\frac{y(x^2-y^2)}{x^2+y^2}=-y$$

从而 $f''_{xy}(0,0)=\lim_{y\to 0}\dfrac{f_x{}'(0,y)-f_x{}'(0,0)}{y}=\lim_{y\to 0}\dfrac{-y-0}{y}=-1$

类似可求得: $f_y{}'(0,0)=0$

$$f_y{}'(x,0)=\lim_{y\to 0}\frac{f(x,y)-f(x,0)}{y}=\lim_{y\to 0}\frac{x(x^2-y^2)}{x^2+y^2}=$$

$$x\cdot f''_{yx}(0,0)=1$$

故
$$f''_{xy}(0,0)\neq f''_{yx}(0,0)$$

816. (武汉水利电力学院)

$$f(x,y)=\begin{cases}(x^2+y^2)\sin\dfrac{1}{x^2+y^2}, & x^2+y^2\neq 0\\[2mm] 0, & x^2+y^2=0\end{cases}$$

问在点 $(0,0)$ 处:(1) 偏导数是否存在;(2) 偏导数是否连续;(3) 是否可微,试说明理由.

解 (1) $\lim_{\Delta x\to 0}\dfrac{f(0+\Delta x,0)-f(0,0)}{\Delta x}=\lim_{\Delta x\to 0}\Delta x\cdot\sin\dfrac{1}{(\Delta x)^2}=0,$

即 $f_x{}'(0,0)=0$

同理 $f_y{}'(0,0)=0$.

$$(2)\ \frac{\partial f}{\partial x}=\begin{cases}2x\sin\dfrac{1}{x^2+y^2}-\dfrac{2x}{x^2+y^2}\cos\dfrac{1}{x^2+y^2}, & x^2+y^2\neq 0\\[2mm] 0, & x^2+y^2=0\end{cases}$$

$$\frac{\partial f}{\partial y}=\begin{cases}2y\sin\dfrac{1}{x^2+y^2}-\dfrac{2y}{x^2+y^2}\cos\dfrac{1}{x^2+y^2}, & x^2+y^2\neq 0\\[2mm] 0, & x^2+y^2=0\end{cases}$$

当点 (x,y) 沿直线 $y=x$ 趋于 $(0,0)$ 时

$$\lim_{\substack{(x,y)\to(0,0)\\y=x}}\frac{\partial f}{\partial x}=\lim_{x\to 0}\left[2x\sin\frac{1}{2x^2}-\frac{2x}{2x^2}\cos\frac{1}{2x^2}\right]$$

不存在.同理 $\lim\limits_{\substack{x\to 0\\y=x}}\dfrac{\partial f}{\partial y}$ 也不存在,故偏导数在 $(0,0)$ 处不连续.

(3)$\Delta z = f(\Delta x, \Delta y) - f(0,0) = [(\Delta x)^2 + (\Delta y)^2] \sin \dfrac{1}{(\Delta x)^2 + (\Delta y)^2}$.

又 $f_x{}'(0,0) = 0, f_y{}'(0,0) = 0$. 于是在点$(0,0)$处

$$\lim_{\rho \to 0} \frac{\Delta z - (f_x{}'\Delta x + f_y{}'\Delta y)}{\rho} = \lim_{\rho \to 0} \frac{\Delta z - 0}{\rho} = \lim_{\rho \to 0} \rho \sin \frac{1}{\rho^2} = 0$$

故 $f(x,y)$ 在点$(0,0)$处可微.

817. **(北京邮电学院)**　设一个二元函数$z = f(x,y)$,问(1)若$\dfrac{\partial z}{\partial x}, \dfrac{\partial z}{\partial y}$ 存在,函数 $z = f(x,y)$ 是否连续?(2) 若$\dfrac{\partial z}{\partial x}, \dfrac{\partial z}{\partial y}$ 存在,函数 $z = f(x,y)$ 是否可微?

解　(1) 函数$z = f(x,y)$未必连续,例　$f(x,y) = \begin{cases} 0, & xy = 0 \\ 1, & xy \neq 0 \end{cases}$

显然　　　　　　　　　　　　$f(x,0) = f(0,y) \equiv 0$

而　　　　　　$f_x{}'(0,0) = \lim_{x \to 0} \dfrac{f(x,0) - f(0,0)}{x} = 0. \ f_y{}'(0,0) = 0.$

即 $f_x{}'(x,y)$ 和 $f_y{}'(x,y)$ 在$(0,0)$处均存在,但是$f(x,y)$在$(0,0)$处不连续,因为当(x,y)沿x轴或y轴趋于$(0,0)$时,$f(x,y)$极限为0,而沿其他路线时,极限为1.

(2) 函数 $z = f(x,y)$ 未必可微,例 $f(x,y) = \begin{cases} \dfrac{y \sin x}{x}, & xy \neq 0 \\ 0, & xy = 0 \end{cases}$

易见 $f_x{}'(0,0) = f_y{}'(0,0) = 0$,但

$$\lim_{\substack{\rho \to 0 \\ \Delta x = \Delta y}} \frac{\Delta z - [f_x{}'(0,0)\Delta x + f_y{}'(0,0)\Delta y]}{\rho} = \lim_{\substack{\rho \to 0 \\ \Delta x = \Delta y}} \frac{\Delta x \sin \Delta x}{\sqrt{2}(\Delta x)^2} =$$

$$\lim_{\Delta x \to 0} \frac{\sin \Delta x}{\sqrt{2}\Delta x} = \frac{1}{\sqrt{2}} \neq 0$$

故 $f(x,y)$ 在$(0,0)$处不可微.

818. **(武汉大学)**　设 $\lim\limits_{(x,y) \to (x_0,y_0)} f(x,y) = A.\ g(x,y)$ 在(x_0, y_0) 可微,且 $g(x_0, y_0) = 0$.

证明:(1)　　　　　　　　　$f(x,y) = A + \alpha$

$\alpha(x - x_0) = o(\sqrt{(x-x_0)^2 + (y-y_0)^2}), ((x,y) \to (x_0, y_0))$

(2)$z = f(x,y) \cdot g(x,y)$ 在(x_0, y_0) 可微.

证　(1) 由　　　　　　　$\lim_{(x,y) \to (x_0,y_0)} f(x,y) = A$

故对 $\forall \varepsilon > 0, \exists \delta > 0$,当$\sqrt{(x-x_0)^2 + (y-y_0)^2} < \delta$时,$|f(x,y) - A| < \varepsilon$,即$|\alpha| < \varepsilon$,其中 $\alpha = f(x,y) - A$.

而　　　$\left| \dfrac{\alpha(x-x_0)}{\sqrt{(x-x_0)^2 + (y-y_0)^2}} \right| \leqslant \left| \dfrac{\alpha(x-x_0)}{\sqrt{(x-x_0)^2}} \right| = |\alpha| < \varepsilon$

故　　　　　　$\alpha(x - x_0) = o(\sqrt{(x-x_0)^2 + (y-y_0)^2})$

(2) 令　　　　　　　　　　$f(x_0, y_0) = A$

$\Delta z - (f(x,y)g(x,y))_x' \Delta x - (f(x,y)g(x,y))_y' \Delta y =$

$f(x,y)g(x,y) - f(x_0,y_0)g'_x(x_0,y_0)\Delta x - f(x_0,y_0)g'_y(x_0,y_0)\Delta y =$
$A(g(x,y) - g(x_0,y_0) - g'_x(x_0,y_0)\Delta x - g'_y(x_0,y_0)\Delta y) + \alpha g(x,y)$

由 $g(x,y)$ 在点 (x_0,y_0) 处可微. 则

$$\lim_{\rho \to 0} \frac{1}{\rho}\left[g(x,y) - g(x_0,y_0) - g'_x(x_0,y_0)\Delta x - g'_y(x_0,y_0)\Delta y\right] = 0$$

$(\rho = \sqrt{(x-x_0)^2 + (y-y_0)^2})$.

所以

$$\lim_{\rho \to 0} \frac{\Delta z - (f(x,y)g(x,y))'_x \Delta x - (f(x,y)g(x,y))'_y \Delta y}{\rho} =$$

$$\lim_{\rho \to 0} \frac{A(g(x,y) - g(x_0,y_0) - g'_x(x_0,y_0)\Delta x - g'_y(x_0,y_0)\Delta y) + \alpha g(x,y)}{\rho} =$$

$$\lim_{\rho \to 0} \frac{\alpha g(x,y)}{\rho} = 0$$

故 $z = f(x,y)g(x,y)$ 在 (x_0,y_0) 可微.

819. 设 $z = x^{x^y}\,(x > 0)$ 求 $\frac{\partial z}{\partial x}, \frac{\partial z}{\partial y}$.

解法 1 （链式法则）

令 $u = x^y$，则 $z = x^u = f(x,u)$.

于是 $\dfrac{\partial z}{\partial x} = \dfrac{\partial f}{\partial x} + \dfrac{\partial f}{\partial u}\dfrac{\partial u}{\partial x} = ux^{u-1} + x^u \ln x \cdot yx^{y-1} =$

$\qquad\qquad x^y x^{x^y-1} + (x^{x^y}\ln x)yx^{y-1}.$

$\dfrac{\partial z}{\partial y} = \dfrac{\partial f}{\partial u}\dfrac{\partial u}{\partial y} = (x^u \ln x)(x^y \ln x) = x^y x^{x^y}(\ln x)^2.$

解法 2　利用求对数

由 $z = x^{x^y}$ 两边取对数有 $\ln z = x^y \ln x.$　　　　　　①

两边对 x 求导有

$$\frac{1}{z}\frac{\partial z}{\partial x} = x^{y-1} + yx^{y-1}\ln x.$$

$$\frac{\partial z}{\partial x} = z(x^{y-1} + yx^{y-1}\ln x) = x^{x^y}(x^{y-1} + yx^{y-1}\ln x)$$

同样在式 ① 两端对 y 为导有

$$\frac{1}{z} \cdot \frac{\partial z}{\partial y} = x^y(\ln x)^2,$$

则

$$\frac{\partial z}{\partial y} = z \cdot x^y(\ln x)^2 = x^y \cdot x^{x^y}(\ln x)^2$$

解法 3　利用全微分一阶形式不变性.

$$z = x^{x^y} = x^u, u = x^y$$

则 $z = f(x,u)$

由全微分一阶形式不变性有

$\mathrm{d}z = f_x{}' \mathrm{d}x + f{}'_u \mathrm{d}u = u \cdot x^{u-1}\mathrm{d}x + x^u \ln x \mathrm{d}u =$

$\qquad x^y x^{x^y-1}\mathrm{d}x + x^{x^y}\ln x(yx^{y-1}\mathrm{d}x + x^y \ln x\mathrm{d}y) =$

$$(x^y x^{x^y-1} + y\ln x x^{x^y} x^{y-1})\mathrm{d}x + x^{x^y} x^y (\ln x)^2 \,\mathrm{d}y.$$

于是　　　　$\dfrac{\partial z}{\partial x} = x^y x^{x^y-1} + yx^{x^y} x^{y-1}\ln x.$

　　　　　　$\dfrac{\partial z}{\partial y} = x^{x^y} x^y (\ln x)^2$

820.（复旦大学）　设 $u = f(r, r\cos\theta)$ 有二阶连续偏导数，求 $\dfrac{\partial u}{\partial r}, \dfrac{\partial u}{\partial \theta}, \dfrac{\partial^2 u}{\partial r\partial \theta}$.

解　在 $u = f(r, r\cos\theta)$ 中令 $v = r, w = r\cos\theta$.

$\dfrac{\partial u}{\partial r} = \dfrac{\partial f}{\partial v} + \dfrac{\partial f}{\partial w}\cos\theta$

$\dfrac{\partial u}{\partial \theta} = -\dfrac{\partial f}{\partial w} r\sin\theta$

$\dfrac{\partial^2 u}{\partial r\partial \theta} = \dfrac{\partial}{\partial \theta}\left(\dfrac{\partial f}{\partial v} + \dfrac{\partial f}{\partial w}\cos\theta\right) = \dfrac{\partial^2 f}{\partial v\partial w}(-r\sin\theta) - \dfrac{\partial f}{\partial w}\sin\theta - \dfrac{\partial^2 f}{\partial w^2} r\sin\theta\cos\theta$

821.（天津大学）　设方程 $z + xy = f(xz, yz)$ 确定可微函数 $z = z(x, y)$，求 $\dfrac{\partial z}{\partial x}$.

解　在 $z + xy = f(xz, yz)$ 两边同时对 x 求导，得

$$\frac{\partial z}{\partial x} + y = f'_1(z + x\frac{\partial z}{\partial x}) + f'_2 y\frac{\partial z}{\partial x}$$

解得　　　　　　　　　$$\frac{\partial z}{\partial x} = \frac{f'_1 z - y}{1 - f'_1 x - f'_2 y}$$

822.（北京大学）　设 $x = f(u,v), y = g(u,v), w = w(x,y)$ 有二阶连续偏导数.

满足：$\dfrac{\partial f}{\partial u} = \dfrac{\partial g}{\partial v}, \dfrac{\partial f}{\partial v} = -\dfrac{\partial g}{\partial u}, \dfrac{\partial^2 w}{\partial x^2} + \dfrac{\partial^2 w}{\partial y^2} = 0$.

证明：(1) $\dfrac{\partial^2(fg)}{\partial u^2} + \dfrac{\partial^2(fg)}{\partial v^2} = 0$;

(2) $w(x,y) = w(f(u,v), g(u,v))$ 满足

$$\frac{\partial^2 w}{\partial u^2} + \frac{\partial^2 w}{\partial v^2} = 0$$

证　(1) $\dfrac{\partial(fg)}{\partial u} = \dfrac{\partial f}{\partial u}g + \dfrac{\partial g}{\partial u}f = \dfrac{\partial g}{\partial v}g + \dfrac{\partial g}{\partial u}f$

$\dfrac{\partial^2(fg)}{\partial u^2} = \dfrac{\partial}{\partial u}\left(\dfrac{\partial(fg)}{\partial u}\right) = \dfrac{\partial^2 g}{\partial u\partial v}g + \dfrac{\partial g}{\partial v}\dfrac{\partial g}{\partial u} + \dfrac{\partial^2 g}{\partial u^2}f + \dfrac{\partial g}{\partial u}\dfrac{\partial f}{\partial u}$　　　①

$\dfrac{\partial(fg)}{\partial v} = \dfrac{\partial f}{\partial v}g + \dfrac{\partial g}{\partial v}f = -\dfrac{\partial g}{\partial u}g + \dfrac{\partial g}{\partial v}f$

$\dfrac{\partial^2(fg)}{\partial v^2} = \dfrac{\partial\left(\dfrac{\partial(fg)}{\partial v}\right)}{\partial v} = -\dfrac{\partial^2 g}{\partial u\partial v}g - \dfrac{\partial g}{\partial u}\dfrac{\partial g}{\partial v} + \dfrac{\partial^2 g}{\partial v^2}f + \dfrac{\partial g}{\partial v}\dfrac{\partial f}{\partial v}$　　　②

式①＋式②得

$\dfrac{\partial^2(fg)}{\partial u^2} + \dfrac{\partial^2(fg)}{\partial v^2} = \left(\dfrac{\partial^2 g}{\partial u\partial v} - \dfrac{\partial^2 g}{\partial u\partial v}\right)g + \left(\dfrac{\partial^2 g}{\partial u^2} + \dfrac{\partial^2 g}{\partial v^2}\right)f + \dfrac{\partial g}{\partial v}\dfrac{\partial g}{\partial u}$

$-\dfrac{\partial g}{\partial u}\dfrac{\partial g}{\partial v} + \dfrac{\partial g}{\partial u}\dfrac{\partial f}{\partial u} + \dfrac{\partial g}{\partial v}\dfrac{\partial f}{\partial v} =$

$$\left(\frac{\partial^2 g}{\partial u^2}+\frac{\partial^2 g}{\partial v^2}\right)f+\frac{\partial g}{\partial v}\frac{\partial f}{\partial v}+\frac{\partial g}{\partial u}\frac{\partial f}{\partial u}=$$

$$\left(-\frac{\partial^2 f}{\partial v\partial u}+\frac{\partial^2 f}{\partial u\partial v}\right)f+\frac{\partial g}{\partial v}\left(-\frac{\partial g}{\partial u}\right)+\frac{\partial g}{\partial u}\frac{\partial g}{\partial v}=$$

$$0.$$

(2) $$\frac{\partial w}{\partial u}=\frac{\partial w}{\partial x}\frac{\partial f}{\partial u}+\frac{\partial w}{\partial y}\frac{\partial g}{\partial u}$$

$$\frac{\partial^2 w}{\partial u^2}=\frac{\partial^2 w}{\partial x^2}\left(\frac{\partial f}{\partial u}\right)^2+\frac{\partial^2 w}{\partial x\partial y}\frac{\partial f}{\partial u}\frac{\partial g}{\partial u}+\frac{\partial w}{\partial x}\frac{\partial^2 f}{\partial u^2}+\frac{\partial^2 w}{\partial y\partial x}\frac{\partial f}{\partial u}\frac{\partial g}{\partial u}+\frac{\partial^2 w}{\partial y^2}\left(\frac{\partial g}{\partial u}\right)^2+\frac{\partial w}{\partial g}\frac{\partial^2 g}{\partial u^2}$$

同理：$$\frac{\partial^2 w}{\partial v^2}=\frac{\partial^2 w}{\partial x^2}\left(\frac{\partial f}{\partial v}\right)^2+\frac{\partial^2 w}{\partial x\partial y}\frac{\partial f}{\partial v}\frac{\partial g}{\partial v}+\frac{\partial w}{\partial x}\frac{\partial^2 f}{\partial v^2}+\frac{\partial^2 w}{\partial y\partial x}\frac{\partial f}{\partial v}\frac{\partial g}{\partial v}+$$

$$\frac{\partial^2 w}{\partial y^2}\left(\frac{\partial g}{\partial v}\right)^2+\frac{\partial w}{\partial y}\frac{\partial^2 g}{\partial v^2}.$$

故$$\frac{\partial^2 w}{\partial v^2}+\frac{\partial^2 w}{\partial u^2}=\frac{\partial^2 w}{\partial x^2}\left[\left(\frac{\partial f}{\partial u}\right)^2+\left(\frac{\partial f}{\partial v}\right)^2\right]+$$

$$\frac{\partial^2 w}{\partial x\partial y}\left(\frac{\partial f}{\partial u}\frac{\partial g}{\partial u}+\frac{\partial f}{\partial u}\frac{\partial g}{\partial u}+\frac{\partial f}{\partial v}\frac{\partial g}{\partial v}+\frac{\partial f}{\partial v}\frac{\partial g}{\partial v}\right)+$$

$$\frac{\partial^2 w}{\partial y^2}\left[\left(\frac{\partial g}{\partial u}\right)^2+\left(\frac{\partial g}{\partial v}\right)^2\right]+$$

$$\frac{\partial w}{\partial x}\left(\frac{\partial^2 f}{\partial v^2}+\frac{\partial^2 f}{\partial u^2}\right)+\frac{\partial w}{\partial y}\left(\frac{\partial^2 g}{\partial u^2}+\frac{\partial^2 g}{\partial v^2}\right).$$

又因为 $$\left(\frac{\partial g}{\partial u}\right)^2+\left(\frac{\partial g}{\partial v}\right)^2=\left(\frac{\partial f}{\partial v}\right)^2+\left(\frac{\partial f}{\partial u}\right)^2$$

$$\frac{\partial^2 f}{\partial v^2}+\frac{\partial^2 f}{\partial u^2}=-\frac{\partial^2 g}{\partial u\partial v}+\frac{\partial^2 g}{\partial v\partial u}=0$$

$$\frac{\partial^2 g}{\partial u^2}+\frac{\partial^2 g}{\partial v^2}=0,$$

$$\frac{\partial f}{\partial u}\frac{\partial g}{\partial u}+\frac{\partial f}{\partial v}\frac{\partial g}{\partial v}=\frac{\partial g}{\partial u}\frac{\partial g}{\partial g}-\frac{\partial g}{\partial u}\frac{\partial g}{\partial v}=0$$

所以 $$\frac{\partial^2 w}{\partial u^2}+\frac{\partial^2 w}{\partial v^2}=\left(\frac{\partial^2 w}{\partial x^2}+\frac{\partial^2 w}{\partial y^2}\right)\left[\left(\frac{\partial f}{\partial v}\right)^2+\left(\frac{\partial f}{\partial u}\right)^2\right]=0$$

823.（中国科学院）　设函数 $\varphi(z)$ 和 $\psi(z)$ 具有二阶连续导数，并设 $u=x\varphi(x+y)+y\psi(x+y)$. 试证：

$$\frac{\partial^2 u}{\partial x^2}-2\frac{\partial^2 u}{\partial x\partial y}+\frac{\partial^2 u}{\partial y^2}=0$$

证　$$\frac{\partial u}{\partial x}=\varphi(x+y)+x\varphi'(x+y)+y\psi'(x+y)$$

$$\frac{\partial^2 u}{\partial x^2}=\varphi'(x+y)+\varphi'(x+y)+x\psi''(x+y)+y\psi''(x+y)=$$

$$2\varphi'(x+y)+x\varphi''(x+y)+y\psi''(x+y).$$

$$\frac{\partial^2 u}{\partial x\partial y}=\varphi'(x+y)+x\varphi''(x+y)+\psi'(x+y)+y\psi''(x+y)=$$

$$\varphi'(x+y)+\psi'(x+y)+x\varphi''(x+y)+y\psi''(x+y).$$

同理　$\dfrac{\partial^2 u}{\partial y^2} = 2\psi'(x+y) + x\varphi''(x+y) + y\psi''(x+y).$

所以　$\dfrac{\partial^2 u}{\partial x^2} - 2\dfrac{\partial^2 u}{\partial x \partial y} + \dfrac{\partial^2 u}{\partial y^2} = 2\varphi'(x+y) + x\varphi''(x+y) + y\psi''(x+y) -$

$$2[\varphi'(x+y) + \psi'(x+y) + x\varphi''(x+y) + y\psi''(x+y)] +$$

$$2\psi'(x+y) + x\varphi''(x+y) + y\psi''(x+y) = 0.$$

824. **(华东师范大学)** 设 $u(x,y)$ 有连续的二阶偏导数, $F(s,t)$ 有连续的一阶偏导数,且满足 $F(u'_x, u'_y) = 0, (F'_s)^2 + (F'_t)^2 \neq 0.$

证明:　　　　　　　　　　　　$u''_{xx} \cdot u''_{yy} - (u''_{xy})^2 = 0$

证　令 $u'_x = s, u'_y = t.$

由 $F(u'_x, u'_y) = 0,$ 可知 $\begin{cases} (F(u'_x, u'_y))'_x = 0 \\ (F(u'_x, u'_y))'_y = 0 \end{cases}$

即　　　　　　　　$\begin{cases} F'_s u''_{xx} + F'_t u''_{yx} = 0 \\ F'_s u''_{xy} + F'_t u''_{yy} = 0 \end{cases}$

因为 $F'^2_s + F'^2_t \neq 0,$ 故 F'_s, F'_t 不同时为 0.

若其中有一个为 0. 不妨设 $F'_s = 0,$ 于是有 $u''_{xy} = 0$ 和 $u''_{yy} = 0,$ 等式成立,若 $F'_s \neq 0, F'_t \neq 0$ 就有

$$\begin{cases} F'_s u''_{xx} = -F'_t u''_{xy} \\ F'_t u''_{yy} = -F'_s u''_{yx} \end{cases}$$

即有　$F'_s F'_t u''_{xx} u''_{yy} = F'_t F'_s (u''_{xy})^2$　　　　　　　　　　　①

得　　　　　　　　$u''_{xx} u''_{yy} - (u''_{xy})^2 = 0.$

825. **(北京大学)**　设 $z = f(x,y)$ 是二次连续可微函数,又有关系式 $u = x+ay, v = x - ay$ (a 是不为零的常数)　证明:

$$a^2 \frac{\partial z^2}{\partial x^2} - \frac{\partial^2 z}{\partial y^2} = 4a^2 \frac{\partial^2 z}{\partial u \partial v}$$

证　由 $\begin{cases} u = x + ay \\ v = x - ay \end{cases},$ 解得

$$\begin{cases} x = \dfrac{1}{2}(u+v) \\ y = \dfrac{1}{2a}(u-v) \end{cases}$$

$$\frac{\partial z}{\partial u} = \frac{\partial z}{\partial x} \frac{\partial x}{\partial u} + \frac{\partial z}{\partial y} \frac{\partial y}{\partial u} = \frac{1}{2} \frac{\partial z}{\partial x} + \frac{1}{2a} \frac{\partial z}{\partial y}$$

$$\frac{\partial^2 z}{\partial u \partial v} = \frac{1}{2} \frac{\partial^2 z}{\partial x^2} \frac{\partial x}{\partial v} + \frac{1}{2} \frac{\partial^2 z}{\partial x \partial y} \frac{\partial y}{\partial v} + \frac{1}{2a} \frac{\partial^2 z}{\partial y \partial x} \frac{\partial x}{\partial v} + \frac{1}{2a} \frac{\partial^2 z}{\partial y^2} \frac{\partial y}{\partial v} =$$

$$\frac{1}{4} \frac{\partial^2 z}{\partial x^2} - \frac{1}{4a} \frac{\partial^2 z}{\partial x \partial y} + \frac{1}{4a} \frac{\partial^2 z}{\partial y \partial x} - \frac{1}{4a^2} \frac{\partial^2 z}{\partial y^2} =$$

$$\frac{1}{4} \frac{\partial^2 z}{\partial x^2} - \frac{1}{4a^2} \frac{\partial^2 z}{\partial y^2}.$$

因此　　　　　　$4a^2 \frac{\partial^2 z}{\partial u \partial v} = a^2 \frac{\partial^2 z}{\partial x^2} - \frac{\partial^2 z}{\partial y^2}$

826.（北京科技大学）　设方程 $z^3 - 3xyz = a^3$，求隐函数的偏导数 $\dfrac{\partial^2 z}{\partial x \partial y}$.

解　由于 $z^3 - 3xyz = a^3$，两边对 x 求导得

$$3z^2 \frac{\partial z}{\partial x} - 3yz - 3xy \frac{\partial z}{\partial x} = 0 \qquad ②$$

解得

$$\frac{\partial z}{\partial x} = \frac{yz}{z^2 - xy} \qquad ③$$

类似，等式两边对 y 求导可解得

$$\frac{\partial z}{\partial y} = \frac{xz}{z^2 - xy} \qquad ④$$

$$
\begin{aligned}
\frac{\partial^2 z}{\partial x \partial y} &= \frac{\left(z + y\dfrac{\partial z}{\partial y}\right)(z^2 - xy) - yz\left(2z\dfrac{\partial z}{\partial y} - x\right)}{(z^2 - xy)^2} = \\
&\frac{\left(z + y\dfrac{xz}{z^2 - xy}\right)(z^2 - xy) - yz\left(\dfrac{2xz^2}{z^2 - xy} - x\right)}{(z^2 - xy)^2} = \\
&\frac{z(z^4 - 2xyz^2 - x^2 y^2)}{(z^2 - xy)^3}.
\end{aligned}
$$

827.（北京航空大学）　设 $u = xyz\mathrm{e}^{x+y+z}$，求 $\dfrac{\partial^{p+q+r} u}{\partial x^p \partial y^q \partial z^r}$.

解　由于 $u = x\mathrm{e}^x \cdot y\mathrm{e}^y \cdot z\mathrm{e}^z$，由数学归纳法可知

$$(x\mathrm{e}^x)^{(p)} = (x + p)\mathrm{e}^x$$

因此

$$\frac{\partial^{p+q+r} u}{\partial x^p \partial y^q \partial z^r} = (x+p)(y+q)(z+r)\mathrm{e}^{x+y+z}$$

828.（浙江大学）　在变换公式 $x = r\cos\theta, y = r\sin\theta$ 之下，方程 $\dfrac{\partial^2 z}{\partial x^2} + \dfrac{\partial^2 z}{\partial y^2} = f(x, y)$ 变成什么形式?

解　由题知 $\begin{cases} x = x(r,\theta) \\ y = y(r,\theta) \\ z = z(x,y) \end{cases}$，由复合函数求偏导法则有

$$\frac{\partial z}{\partial r} = \frac{\partial z}{\partial x}\frac{\partial x}{\partial r} + \frac{\partial z}{\partial y}\frac{\partial y}{\partial r} = \frac{\partial z}{\partial x}\cos\theta + \frac{\partial z}{\partial y}\sin\theta, \qquad ①$$

$$\frac{\partial z}{\partial \theta} = \frac{\partial z}{\partial x}\frac{\partial x}{\partial \theta} + \frac{\partial z}{\partial y}\frac{\partial y}{\partial \theta} = \frac{\partial z}{\partial x}(-r\sin\theta) + \frac{\partial z}{\partial y}(r\cos\theta)$$

于是有：$\dfrac{\partial^2 z}{\partial r^2} = \dfrac{\partial^2 z}{\partial x^2}\cos^2\theta + \dfrac{\partial^2 z}{\partial y^2}\sin^2\theta + \dfrac{\partial^2 z}{\partial x \partial y}\sin\theta\cos\theta + \dfrac{\partial^2 z}{\partial y \partial x}\sin\theta\cos\theta \qquad ②$

$$
\begin{aligned}
\frac{\partial^2 z}{\partial \theta^2} =\ & \frac{\partial^2 z}{\partial x^2}(r\sin\theta)^2 + \frac{\partial z}{\partial x}(-r\cos\theta) + \frac{\partial^2 z}{\partial y^2}(r\cos\theta)^2 + \\
& \frac{\partial z}{\partial y}(-r\sin\theta) + \frac{\partial^2 z}{\partial x \partial y}(-r^2\sin\theta\cos\theta) + \frac{\partial^2 z}{\partial y \partial x}(-r^2\sin\theta\cos\theta) \qquad ③
\end{aligned}
$$

式②乘以 r^2 加上式③得：

$$r^2 \frac{\partial^2 z}{\partial r^2} + \frac{\partial^2 z}{\partial \theta^2} = r^2 \left(\frac{\partial^2 z}{\partial x^2} + \frac{\partial^2 z}{\partial y^2} \right) + \frac{\partial z}{\partial x} (-r\cos\theta) + \frac{\partial z}{\partial y} (-r\sin\theta). \qquad ④$$

又在式 ① 下可解得 $\begin{cases} \dfrac{\partial z}{\partial x} = \dfrac{\partial z}{\partial r} \cos\theta - \dfrac{\partial z}{\partial \theta} \cdot \dfrac{\sin\theta}{r} \\ \dfrac{\partial z}{\partial y} = \dfrac{\partial z}{\partial \theta} \cdot \dfrac{\cos\theta}{r} + \dfrac{\partial z}{\partial r} \sin\theta \end{cases}$,代入式 ④ 有

$$r^2 \frac{\partial^2 z}{\partial r^2} + \frac{\partial^2 z}{\partial \theta^2} = r^2 \left(\frac{\partial^2 z}{\partial x^2} + \frac{\partial^2 z}{\partial y^2} \right) - r \frac{\partial z}{\partial r}$$

于是

$$\frac{\partial^2 z}{\partial x^2} + \frac{\partial^2 z}{\partial y^2} = \frac{1}{r^2} \left(r^2 \frac{\partial^2 z}{\partial r^2} + \frac{\partial^2 z}{\partial \theta^2} + r \frac{\partial z}{\partial r} \right)$$

则方程 $\dfrac{\partial^2 \delta}{\partial x^2} + \dfrac{\partial^2 \delta}{\partial y^2} = f(x, y)$ 变为

$$\frac{1}{r^2} \left(r^2 \frac{\partial^2 \delta}{\partial r^2} + \frac{\partial^2 \delta}{\partial \theta^2} + \frac{\partial \delta}{\partial r} \right) = f(r\cos\theta, r\sin\theta)$$

829.（上海交通大学） 设 $u = x + y, v = \dfrac{1}{x} + \dfrac{1}{y}$，试用 u, v 作新自变量变换方程 $x^2 \dfrac{\partial^2 z}{\partial x^2} - (x^2 + y^2) \dfrac{\partial^2 z}{\partial x \partial y} + y^2 \dfrac{\partial^2 z}{\partial y^2} = 0$.

解 由假设得 $uv = \dfrac{y}{x} + \dfrac{x}{y} + 2, \dfrac{u}{v} = xy$

由复合函数求偏导法则有：

$$\frac{\partial z}{\partial x} = \frac{\partial z}{\partial u} \cdot \frac{\partial u}{\partial x} + \frac{\partial z}{\partial v} \cdot \frac{\partial v}{\partial x} = \frac{\partial z}{\partial u} - \frac{1}{x^2} \frac{\partial z}{\partial v},$$

$$\frac{\partial z}{\partial y} = \frac{\partial z}{\partial u} \cdot \frac{\partial u}{\partial y} + \frac{\partial z}{\partial v} \cdot \frac{\partial v}{\partial y} = \frac{\partial z}{\partial u} - \frac{1}{y^2} \frac{\partial z}{\partial v}.$$

从而

$$\frac{\partial^2 z}{\partial x^2} = \frac{\partial}{\partial x} \left[\frac{\partial z}{\partial u} - \frac{1}{x^2} \frac{\partial z}{\partial v} \right] = \frac{\partial}{\partial x} \left(\frac{\partial z}{\partial u} \right) + \frac{2}{x^3} \frac{\partial z}{\partial v} - \frac{1}{x^2} \frac{\partial}{\partial x} \left(\frac{\partial z}{\partial v} \right)$$

其中

$$\frac{\partial}{\partial x} \left(\frac{\partial z}{\partial u} \right) = \frac{\partial^2 z}{\partial u^2} - \frac{1}{x^2} \frac{\partial^2 z}{\partial u \partial v},$$

$$\frac{\partial}{\partial x} \left(\frac{\partial z}{\partial v} \right) = \frac{\partial^2 z}{\partial u \partial v} - \frac{1}{x^2} \frac{\partial^2 z}{\partial v^2}.$$

故

$$\frac{\partial^2 z}{\partial x^2} = \frac{\partial^2 z}{\partial u^2} - \frac{2}{x^2} \frac{\partial^2 z}{\partial u \partial v} + \frac{1}{x^4} \frac{\partial^2 z}{\partial v^2} + \frac{2}{x^3} \frac{\partial z}{\partial v},$$

$$\frac{\partial^2 z}{\partial y^2} = \frac{\partial^2 z}{\partial u^2} - \frac{2}{y^2} \frac{\partial^2 z}{\partial u \partial v} + \frac{1}{y^4} \frac{\partial^2 z}{\partial v^2} + \frac{2}{y^3} \frac{\partial z}{\partial v}.$$

由上式计算得到

$$x^2 \frac{\partial^2 z}{\partial x^2} + y^2 \frac{\partial^2 z}{\partial y^2} = (x^2 + y^2) \frac{\partial^2 z}{\partial u^2} - 4 \frac{\partial^2 z}{\partial u \partial v} + \left(\frac{1}{x^2} + \frac{1}{y^2} \right) \frac{\partial^2 z}{\partial v^2} + 2V \frac{\partial z}{\partial v}.$$

又

$$\frac{\partial^2 z}{\partial x \partial y} = \frac{\partial^2 z}{\partial u^2} - \left(\frac{1}{x^2} + \frac{1}{y^2}\right)\frac{\partial^2 z}{\partial u \partial v} + \frac{1}{x^2 y^2}\frac{\partial^2 z}{\partial v^2}.$$

所以

$$x^2 \frac{\partial^2 z}{\partial x^2} + y^2 \frac{\partial^2 z}{\partial y^2} - (x^2 + y^2)\frac{\partial^2 z}{\partial u^2} = \left[(x^2 + y^2)\left(\frac{1}{x^2} + \frac{1}{y^2}\right) - 4\right]\frac{\partial^2 z}{\partial v^2} + 2v\frac{\partial z}{\partial v}$$

$$= \left[\left(\frac{x}{y} + \frac{y}{x}\right)^2 - 4\right]\frac{\partial^2 z}{\partial v^2} + 2v\frac{\partial z}{\partial v} = (u^2 v^2 - 4uv)\frac{\partial^2 z}{\partial v^2} + 2v\frac{\partial z}{\partial v}.$$

故原方程化为：

$$(u^2 v^2 - 4uv)\frac{\partial^2 z}{\partial v^2} + 2v\frac{\partial z}{\partial v} = 0.$$

830.（**清华大学**）　若 $u(x,y)$ 的二阶导数存在，证明 $u(x,y) = f(x)g(y)$ 的充要条件是 $u\dfrac{\partial^2 u}{\partial x \partial y} = \dfrac{\partial u}{\partial x}\dfrac{\partial u}{\partial y}(u \neq 0)$.

证　必要性　对 $u(x,y) = f(x)g(y)$ 求偏导数得

$$\frac{\partial u}{\partial x} = f'(x)g(y), \frac{\partial u}{\partial y} = f(x)g'(y), \frac{\partial^2 u}{\partial x \partial y} = f'(x)g'(y)$$

故

$$u\frac{\partial^2 u}{\partial x \partial y} = f(x)g(y)f'(x)g'(y) = \frac{\partial u}{\partial x}\frac{\partial u}{\partial y}$$

充分性　令 $\dfrac{\partial u}{\partial y} = v$，则

$$u\frac{\partial^2 u}{\partial x \partial y} = \frac{\partial u}{\partial x}\frac{\partial u}{\partial y}.$$

变成　$u\dfrac{\partial v}{\partial x} = v\dfrac{\partial u}{\partial x}$，从而

$$\frac{u\dfrac{\partial v}{\partial x} - v\dfrac{\partial u}{\partial x}}{u^2} = 0 (u \neq 0)$$

即

$$\frac{\partial}{\partial x}\left(\frac{v}{u}\right) = 0, \frac{v}{u} = \varphi_1(y)$$

亦即

$$\frac{\partial u}{\partial y} = u\varphi_1(y), \frac{\partial \ln u}{\partial y} = \varphi_1(y)$$

解得

$$\ln u = \int \varphi_1(y)\mathrm{d}y + \varphi_2(x)$$

故

$$u = e^{\int \varphi_1(y)\mathrm{d}y + \varphi_2(x)} = e^{\varphi_2(x)} \cdot e^{\int \varphi_1(y)\mathrm{d}y} = f(x)g(y)$$

831. 设 $f(x,y)$ 与 $x = \varphi(u,v), y = \psi(u,v)$ 都具有连续二阶偏导数，且 x 与 y 满足柯西-黎曼方程：$\dfrac{\partial x}{\partial u} = \dfrac{\partial y}{\partial v}, \dfrac{\partial x}{\partial v} = -\dfrac{\partial y}{\partial u}$，证明：

$$\frac{\partial^2 f}{\partial u^2} + \frac{\partial^2 f}{\partial v^2} = J\left(\frac{\partial^2 f}{\partial x^2} + \frac{\partial^2 f}{\partial y^2}\right), \text{其中 } J = \frac{\partial(x,y)}{\partial(u,v)} = \frac{\partial x}{\partial u} \cdot \frac{\partial y}{\partial v} - \frac{\partial x}{\partial v}\frac{\partial y}{\partial u}$$

证　$\dfrac{\partial f}{\partial u} = \dfrac{\partial f}{\partial x}\dfrac{\partial x}{\partial u} + \dfrac{\partial f}{\partial y}\dfrac{\partial y}{\partial u}, \dfrac{\partial f}{\partial v} = \dfrac{\partial f}{\partial x}\dfrac{\partial x}{\partial v} + \dfrac{\partial f}{\partial y}\dfrac{\partial y}{\partial v}$

于是 $\dfrac{\partial^2 f}{\partial u^2} = \dfrac{\partial}{\partial u}\left(\dfrac{\partial f}{\partial x}\dfrac{\partial x}{\partial u} + \dfrac{\partial f}{\partial y}\dfrac{\partial y}{\partial u}\right) =$

$$\frac{\partial^2 f}{\partial x^2}\left(\frac{\partial x}{\partial u}\right)^2 + \frac{\partial^2 f}{\partial y \partial x}\frac{\partial x}{\partial u}\frac{\partial y}{\partial u} + \frac{\partial f}{\partial x}\frac{\partial^2 x}{\partial u^2} + \frac{\partial^2 f}{\partial y^2}\left(\frac{\partial y}{\partial u}\right)^2 +$$

$$\frac{\partial^2 f}{\partial x \partial y}\frac{\partial y}{\partial u}\frac{\partial x}{\partial u} + \frac{\partial f}{\partial y}\frac{\partial^2 y}{\partial u^2} =$$

$$\frac{\partial^2 f}{\partial x^2}\left(\frac{\partial x}{\partial u}\right)^2 + 2\frac{\partial^2 f}{\partial x \partial y}\frac{\partial y}{\partial u}\frac{\partial x}{\partial u} + \frac{\partial f}{\partial x}\frac{\partial^2 x}{\partial u^2} + \frac{\partial^2 f}{\partial y^2}\left(\frac{\partial y}{\partial u}\right)^2 +$$

$$\frac{\partial f}{\partial y}\cdot\frac{\partial^2 y}{\partial u^2}.$$

同理：$\dfrac{\partial^2 f}{\partial v^2} = \dfrac{\partial^2 f}{\partial x^2}(\dfrac{\partial x}{\partial v})^2 + 2\dfrac{\partial^2 f}{\partial x \partial y}\dfrac{\partial y}{\partial v}\dfrac{\partial x}{\partial v} + \dfrac{\partial f}{\partial x}\dfrac{\partial^2 x}{\partial v^2} + \dfrac{\partial^2 f}{\partial y^2}(\dfrac{\partial y}{\partial v})^2 +$

$$\frac{\partial f}{\partial y}\cdot\frac{\partial^2 y}{\partial v^2}$$

两式相加得：

$$\frac{\partial^2 f}{\partial u^2} + \frac{\partial^2 f}{\partial v^2} = \frac{\partial^2 f}{\partial x^2}\left[\left(\frac{\partial x}{\partial u}\right)^2 + \left(\frac{\partial x}{\partial v}\right)^2\right] + \frac{\partial^2 f}{\partial y^2}\left[\left(\frac{\partial y}{\partial u}\right)^2 + \left(\frac{\partial y}{\partial v}\right)^2\right] +$$

$$2\frac{\partial^2 f}{\partial x \partial y}\left(\frac{\partial y}{\partial u}\cdot\frac{\partial x}{\partial u} + \frac{\partial y}{\partial v}\frac{\partial x}{\partial v}\right) + \frac{\partial f}{\partial x}\left(\frac{\partial^2 x}{\partial u^2} + \frac{\partial^2 x}{\partial v^2}\right) + \frac{\partial f}{\partial y}\left(\frac{\partial^2 y}{\partial u^2} + \frac{\partial^2 y}{\partial v^2}\right). \qquad ①$$

在等式 $\dfrac{\partial x}{\partial u} = \dfrac{\partial y}{\partial v}$　　$\dfrac{\partial x}{\partial v} = -\dfrac{\partial y}{\partial u}$ 两边分别关于 u, v 求导得：

$$\frac{\partial^2 x}{\partial u^2} = \frac{\partial^2 y}{\partial u \partial v}, \frac{\partial^2 x}{\partial v^2} = -\frac{\partial^2 y}{\partial u \partial v}$$

两式相加得

$$\frac{\partial^2 x}{\partial u^2} + \frac{\partial^2 x}{\partial v^2} = 0$$

同理 $\dfrac{\partial^2 y}{\partial u^2} + \dfrac{\partial^2 y}{\partial v^2} = 0.$

再由柯西－黎曼条件得

$$\left(\frac{\partial x}{\partial u}\right)^2 + \left(\frac{\partial x}{\partial v}\right)^2 = \frac{\partial x}{\partial u}\frac{\partial y}{\partial v} - \frac{\partial x}{\partial v}\frac{\partial y}{\partial u}$$

$$\left(\frac{\partial y}{\partial u}\right)^2 + \left(\frac{\partial y}{\partial v}\right)^2 = \frac{\partial x}{\partial u}\frac{\partial y}{\partial v} - \frac{\partial x}{\partial v}\frac{\partial y}{\partial u} \;\text{及}\; \frac{\partial y}{\partial u}\frac{\partial x}{\partial u} + \frac{\partial y}{\partial v}\frac{\partial x}{\partial v} = 0$$

代入式 ① 即得证.

832.（**南京工学院,北京工业大学,天津纺织学院**）　若函数 $f(\xi, \eta)$ 具有连续二阶导数且满足拉普拉斯方程 $\dfrac{\partial^2 f}{\partial \xi^2} + \dfrac{\partial^2 f}{\partial \eta^2} = 0.$

证明函数 $z = f(x^2 - y^2, 2xy)$ 也满足拉普拉斯方程

$$\frac{\partial^2 z}{\partial x^2} + \frac{\partial^2 z}{\partial y^2} = 0$$

证　设 $\xi = x^2 - y^2, \eta = 2xy,$ 则 $z = f(\xi, \eta)$

$$z_x' = f_\xi' \cdot \xi_x' + f_\eta' \cdot \eta_x' = 2xf_\xi' + 2yf_\eta',$$

$$z_y' = f_\xi' \cdot \xi_y' + f_\eta' \cdot \eta_y' = -2yf_\xi' + 2xf_\eta',$$

$$z_{xx}'' = 2f_\xi' + 2x(f_{\xi\xi}''\xi_x' + f_{\xi\eta}''\eta_x') + 2y(f_{\eta\xi}''\xi_x' + f_{\eta\eta}''\eta_x') =$$

$$2f'_\xi + 4x^2 f''_{\xi\xi} + 4xy f''_{\xi\eta} + 4xy f''_{\eta\xi} + 4y^2 f''_{\eta\eta}$$

$$z''_{yy} = -2f'_\xi + 4y^2 f''_{\xi\xi} - 4xy f''_{\xi\eta} - 4xy f''_{\eta\xi} + 4x^2 f''_{\eta\eta}$$

故

$$\frac{\partial^2 z}{\partial x^2} + \frac{\partial^2 z}{\partial y^2} = 4(x^2+y^2)(\frac{\partial^2 f}{\partial \xi^2} + \frac{\partial^2 f}{\partial \eta^2}) = 0$$

833.（**浙江大学**） 设 $z=z(x,y)$ 为 x,y 的二次可微函数,作自变量和因变量的变换,取 u,v 为新的自变量, $w=w(u,v)$ 为新的因变量,使得 $w=xz-y, u=\dfrac{x}{y}$, $v=x$,请将方程

$$y\frac{\partial^2 z}{\partial y^2} + 2\frac{\partial z}{\partial y} = \frac{2}{x}$$

变换成关于新变量 w,u,v 的方程.

解　由 $w=xz-y$ 得　 $z=\dfrac{y}{x} + \dfrac{w}{x}$,两边对 y 求导得

$$\frac{\partial z}{\partial y} = \frac{1}{x} + \frac{1}{x}\left(\frac{\partial w}{\partial u}\frac{\partial u}{\partial y} + \frac{\partial w}{\partial v}\frac{\partial v}{\partial y}\right) = \frac{1}{x} + \frac{1}{x}\frac{\partial w}{\partial u}\left(-\frac{x}{y^2}\right) = \frac{1}{x} - \frac{1}{y^2}\frac{\partial w}{\partial u}.$$

$$\frac{\partial^2 z}{\partial y^2} = \frac{2}{y^3}\frac{\partial w}{\partial u} - \frac{1}{y^2}\frac{\partial^2 w}{\partial u^2}\cdot\frac{\partial u}{\partial y} = \frac{2}{y^3}\frac{\partial w}{\partial u} + \frac{x}{y^4}\frac{\partial^2 w}{\partial u^2}$$

故

$$y\frac{\partial^2 z}{\partial y^2} + 2\frac{\partial z}{\partial y} = \frac{2}{x}$$

变为

$$\frac{2}{y^2}\frac{\partial w}{\partial u} + \frac{x}{y^3}\frac{\partial^2 w}{\partial u^2} + \frac{2}{x} - \frac{2}{y^2}\frac{\partial w}{\partial u} = \frac{2}{x}$$

即变为 $\dfrac{\partial^2 w}{\partial u^2} = 0$.

834.（**北京大学**）　设 $F(x,y,z)$ 有连续一阶偏导数,并满足不等式:

$$y\frac{\partial F}{\partial x} - x\frac{\partial F}{\partial y} + \frac{\partial F}{\partial z} \geqslant a > 0, \forall (x,y,z) \in R^3$$

证明:当动点 (x,y,z) 沿着曲线 $\Gamma: x=-\cos t, y=\sin t, z=t, t\geqslant 0$ 趋于无穷远点时(即 $t\longrightarrow +\infty$ 时), $F(x,y,z)\longrightarrow \infty$

证　　　　　　利用多元函数的泰勒公式:

$$F(x,y,z) = F(-\cos t, \sin t, t) =$$
$$F(-1,0,0) + \left[F(-\cos t, \sin t, t)\right]'|_{t=0}\cdot(t-0) =$$
$$F(-1,0,0) + \left(\frac{\partial F}{\partial x}\cdot\sin t + \frac{\partial F}{\partial y}\cdot\cos t + \frac{\partial F}{\partial z}\right)|_{t=0}\cdot t =$$
$$F(-1,0,0) + \left(\frac{\partial F}{\partial x}\cdot y - \frac{\partial F}{\partial y}\cdot x + \frac{\partial F}{\partial z}\right)_{t=0}\cdot t \geqslant$$
$$F(-1,0,0) + at$$

故当 $t\longrightarrow +\infty$ 时, $F(x,y,z)\longrightarrow \infty$.

835.（**华中师范大学**）　设 $u=u(x,y)$　 $v=v(x,y)$ 存在连续偏导数,则函数 u, v 相关的充分必要条件是 $J=\dfrac{\partial(u,v)}{\partial(x,y)}=0$.

证　必要性　 u,v 相关,则存在不全为零的实数 l_1,l_2,使

$$l_1 u + l_2 v = 0$$

对上式两项对 x,y 分别求导有

$$\begin{cases} l_1 \dfrac{\partial u}{\partial x} + l_2 \dfrac{\partial v}{\partial x} = 0 \\[2mm] l_1 \dfrac{\partial u}{\partial y} + l_2 \dfrac{\partial v}{\partial y} = 0 \end{cases} \qquad ①$$

假设 $J \neq 0$,则式 ① 关于 l_1,l_2 的方程组的解为 $l_1 = 0, l_2 = 0$. 故 u,v 不相关,矛盾,从而 $J = 0$.

充分性,如果存在常数 l_1,l_2 使 $l_1 u + l_2 v = 0$ 于是有

$$\begin{cases} l_1 \dfrac{\partial u}{\partial x} + l_2 \dfrac{\partial v}{\partial x} = 0 \\[2mm] l_1 \dfrac{\partial u}{\partial y} + l_2 \dfrac{\partial v}{\partial y} = 0 \end{cases}$$

由于 $J = \dfrac{\partial(u,v)}{\partial(x,y)} = 0$. 方程有非零解 l_1,l_2,即存在不全为零的 l_1, l_2 使 $l_1 u + l_2 v = 0, u,v$ 相关.

836.(**北京航空航天大学**)　设 $u = \ln(ax + by)$,求 $\dfrac{\partial^{m+n} u}{\partial x^m \partial y^n}$.

解　逐一求导有:

$$\frac{\partial^n u}{\partial x^m} = \frac{(-)^{m-1} a^m (m-1)!}{(ax+by)^m} \qquad \frac{\partial^n u}{\partial y^n} = \frac{(-1)^{n-1} b^n (n-1)!}{(ax+by)^n}$$

$$\frac{\partial^{m+n} u}{\partial x^m \partial y^n} = \frac{\partial^n \left(\dfrac{(-1)^{m-1} a^m (m-1)!}{(ax+by)^m} \right)}{\partial y^n} = \frac{(-1)^{m+n-1} a^m b^n (m+n-1)!}{(ax+by)^{m+n}}$$

837.(**西北大学**)　设函数 $F_i(u), i = 1,2,3$ 可微,$A = |a_{ij}|$ 是一个三阶的函数行列式,其中 $a_{ij} = F_i(x_j), i,j = 1,2,3$ 并且 x_3 是由方程 $x_2^2 + x_3 + \sin(x_2 \cdot x_3) = 1$ 所确定的隐函数,求 $\dfrac{\partial A}{\partial x_1}$ 与 $\dfrac{\partial A}{\partial x_2}$ 在 $x_1 = 0, x_2 = 1, x_3 = 0$ 时的值.

解　$\dfrac{\partial A}{\partial x_1} = \begin{vmatrix} \dfrac{dF_1(x_1)}{dx_1} & F_1(x_2) & F_1(x_3) \\[2mm] \dfrac{dF_2(x_1)}{dx_1} & F_2(x_2) & F_2(x_3) \\[2mm] \dfrac{dF_3(x_1)}{dx_1} & F_3(x_2) & F_3(x_3) \end{vmatrix}$

则　$\dfrac{\partial A}{\partial x_1} \bigg|_{(0,1,0)} = \begin{vmatrix} F'_1(0) & F_1(1) & F_1(0) \\ F'_2(0) & F_2(1) & F_2(0) \\ F'_3(0) & F_3(1) & F_3(0) \end{vmatrix}$

$\dfrac{\partial A}{\partial x_2} \bigg|_{(0,1,0)} = \begin{vmatrix} F_1(x_1) & F'_1(x_2) & F_1(x_3) \\ F_2(x_1) & F'_2(x_2) & F_2(x_3) \\ F_3(x_1) & F'_3(x_2) & F_3(x_3) \end{vmatrix}_{(0,1,0)} \quad +$

$$\left. \begin{vmatrix} F_1(x_1) & F_1(x_2) & F'_1(x_3)\dfrac{\mathrm{d}x_3}{\mathrm{d}x_2} \\[2mm] F_2(x_1) & F_2(x_2) & F'_2(x_3)\dfrac{\mathrm{d}x_3}{\mathrm{d}x_2} \\[2mm] F_3(x_1) & F_3(x_2) & F'_3(x_3)\dfrac{\mathrm{d}x_3}{\mathrm{d}x_2} \end{vmatrix} \right|_{(0,1,0)}$$

由方程 $x_2^2 + x_3 + \sin(x_2 x_3) = 1$ 两边对 x_2 求导得

$$2x_2 + \frac{\mathrm{d}x_3}{\mathrm{d}x_2} + \cos(x_2 x_3) \cdot \left(x_3 + x_2\frac{\mathrm{d}x_3}{\mathrm{d}x_2}\right) = 0$$

$$\frac{\mathrm{d}x_3}{\mathrm{d}x_2} = -\frac{x_3\cos(x_2 x_3) + 2x_2}{1 + x_2\cos(x_2 x_3)}$$

$$\frac{\mathrm{d}x_3}{\mathrm{d}x_2}\Big|_{(0,1,0)} = -\frac{2}{2} = -1$$

$$\frac{\partial A}{\partial x_2}\Big|_{(0,1,0)} = \begin{vmatrix} F_1(0) & F'_1(1) & F_1(0) \\ F_2(0) & F'_2(1) & F_2(0) \\ F_3(0) & F'_3(1) & F_3(0) \end{vmatrix} + \begin{vmatrix} F_1(0) & F_1(1) & F'_1(0) \\ F_2(0) & F_2(1) & F'_2(0) \\ F_3(0) & F_3(1) & F'_3(0) \end{vmatrix}(-1) =$$

$$0 - \begin{vmatrix} F_1(0) & F_1(1) & F'_1(0) \\ F_2(0) & F_2(1) & F'_2(0) \\ F_3(0) & F_3(1) & F'_3(0) \end{vmatrix} =$$

$$-\begin{vmatrix} F_1(0) & F_1(1) & F'_1(0) \\ F_2(0) & F_2(1) & F'_2(0) \\ F_3(0) & F_3(1) & F'_3(0) \end{vmatrix} = \frac{\partial A}{\partial x_1}(0,1,0)$$

838.（复旦大学） 通过代换 $u = x - 2\sqrt{y}, v = x + 2\sqrt{y}$，变换方程：

$$\frac{\partial^2 z}{\partial x^2} - y\frac{\partial^2 z}{\partial y^2} = \frac{1}{2}\frac{\partial z}{\partial y}, (y > 0)$$

解　由 $u = x - 2\sqrt{y}, v = x + 2\sqrt{y}$ 得

$$\frac{\partial z}{\partial x} = \frac{\partial z}{\partial u}\frac{\partial u}{\partial x} + \frac{\partial z}{\partial v}\frac{\partial v}{\partial x} = \frac{\partial z}{\partial u} + \frac{\partial z}{\partial v}$$

$$\frac{\partial z}{\partial y} = \frac{\partial z}{\partial u}\cdot\frac{\partial u}{\partial y} + \frac{\partial z}{\partial v}\frac{\partial v}{\partial y} = -\frac{1}{\sqrt{y}}\frac{\partial z}{\partial u} + \frac{1}{\sqrt{y}}\frac{\partial z}{\partial v}$$

$$\frac{\partial^2 z}{\partial x^2} = \frac{\partial\left(\frac{\partial z}{\partial u} + \frac{\partial z}{\partial v}\right)}{\partial x} = \frac{\partial^2 z}{\partial u^2}\cdot\frac{\partial u}{\partial x} + \frac{\partial^2 z}{\partial u\partial v}\frac{\partial v}{\partial x} + \frac{\partial^2 z}{\partial v^2}\cdot\frac{\partial v}{\partial x} + \frac{\partial^2 z}{\partial v\partial u}\cdot\frac{\partial u}{\partial x} =$$

$$\frac{\partial^2 z}{\partial u^2} + \frac{\partial^2 z}{\partial v\partial u} + \frac{\partial^2 z}{\partial u\partial v} + \frac{\partial^2 z}{\partial v^2}.$$

$$\frac{\partial^2 z}{\partial y^2} = \frac{\partial}{\partial y}\left(-\frac{1}{\sqrt{y}}\frac{\partial z}{\partial u} + \frac{1}{\sqrt{y}}\frac{\partial z}{\partial v}\right) = \frac{1}{2y^{\frac{3}{2}}}\cdot\frac{\partial z}{\partial u} - \frac{1}{\sqrt{y}}\left(\frac{\partial^2 z}{\partial u^2}\cdot\frac{\partial u}{\partial y} + \frac{\partial^2 z}{\partial u\partial v}\frac{\partial v}{\partial y}\right) -$$

$$\frac{1}{2y^{\frac{3}{2}}}\frac{\partial z}{\partial v} + \frac{1}{\sqrt{y}}\left(\frac{\partial^2 z}{\partial v^2}\frac{\partial v}{\partial y} + \frac{\partial^2 z}{\partial v\partial u}\cdot\frac{\partial u}{\partial y}\right) =$$

$$\frac{1}{2y^{\frac{3}{2}}}\left(\frac{\partial z}{\partial u} - \frac{\partial z}{\partial v}\right) + \frac{1}{y}\left(\frac{\partial^2 z}{\partial u^2} - \frac{\partial^2 z}{\partial u\partial v}\right) + \frac{1}{y}\left(\frac{\partial^2 z}{\partial v^2} - \frac{\partial^2 z}{\partial v\partial u}\right).$$

从而
$$\frac{\partial^2 z}{\partial x^2} - y\frac{\partial^2 z}{\partial y^2} - \frac{1}{2}\frac{\partial z}{\partial y} = 0$$

即为
$$\frac{\partial^2 z}{\partial u^2} + \frac{\partial^2 z}{\partial u\partial v} + \frac{\partial^2 z}{\partial v\partial u} + \frac{\partial^2 z}{\partial v^2} - \frac{1}{2\sqrt{y}}\left(\frac{\partial z}{\partial u} - \frac{\partial z}{\partial v}\right) - \left(\frac{\partial^2 z}{\partial u^2} - \frac{\partial^2 z}{\partial u\partial v}\right) -$$
$$\left(\frac{\partial^2 z}{\partial v^2} - \frac{\partial^2 z}{\partial v\partial u}\right) - \frac{1}{2}\left(-\frac{1}{\sqrt{y}}\frac{\partial z}{\partial u} + \frac{1}{\sqrt{y}}\frac{\partial z}{\partial v}\right) = 0$$

即
$$\frac{\partial^2 z}{\partial u\partial v}(u-v) = \frac{\partial z}{\partial u} - \frac{\partial z}{\partial v}.$$

839.（上海交通大学） 设 $u = f(x-y, y-z, z-x)$，假设 f 对其中变量有直到二阶的连续偏导数，求 $\dfrac{\partial^2 u}{\partial x^2}$ 及 $\dfrac{\partial^2 u}{\partial y\partial z}$.

解 令 $t = x-y, v = y-z, w = z-x$，则
$$\frac{\partial u}{\partial x} = \frac{\partial f}{\partial t}\frac{\partial t}{\partial x} + \frac{\partial f}{\partial v}\frac{\partial v}{\partial x} + \frac{\partial f}{\partial w}\frac{\partial w}{\partial x} = \frac{\partial f}{\partial t} - \frac{\partial f}{\partial w}.$$
$$\frac{\partial^2 u}{\partial x^2} = \frac{\partial}{\partial t}\left(\frac{\partial f}{\partial t} - \frac{\partial f}{\partial w}\right)\frac{\partial t}{\partial x} + \frac{\partial}{\partial w}\left(\frac{\partial f}{\partial t} - \frac{\partial f}{\partial w}\right)\frac{\partial w}{\partial x} =$$
$$\frac{\partial^2 f}{\partial t^2} - 2\frac{\partial^2 f}{\partial t\partial w} + \frac{\partial^2 f}{\partial w^2}$$
$$\frac{\partial u}{\partial y} = \frac{\partial f}{\partial t}\frac{\partial t}{\partial y} + \frac{\partial f}{\partial v}\frac{\partial v}{\partial y} + \frac{\partial f}{\partial w}\frac{\partial w}{\partial y} = \frac{\partial f}{\partial v} - \frac{\partial f}{\partial t}$$
$$\frac{\partial^2 u}{\partial y\partial z} = \frac{\partial}{\partial t}\left(\frac{\partial f}{\partial v} - \frac{\partial f}{\partial t}\right)\frac{\partial t}{\partial z} + \frac{\partial}{\partial v}\left(\frac{\partial f}{\partial v} - \frac{\partial f}{\partial t}\right)\frac{\partial v}{\partial z} + \frac{\partial}{\partial w}\left(\frac{\partial f}{\partial v} - \frac{\partial f}{\partial t}\right)\frac{\partial w}{\partial z} =$$
$$\frac{\partial^2 f}{\partial t\partial v} - \frac{\partial^2 f}{\partial v^2} + \frac{\partial^2 f}{\partial v\partial w} - \frac{\partial^2 f}{\partial t\partial w}.$$

840.（长沙铁道学院） 设 $z = xy\varphi(u), u = \sin\dfrac{y}{x}$，其中 $\varphi(u)$ 为可导函数，试证：
$$x\frac{\partial z}{\partial x} + y\frac{\partial z}{\partial y} = 2xy\varphi(u)$$

证
$$\frac{\partial z}{\partial x} = y\varphi(u) - \frac{y^2}{x}\varphi'(u)\cos\frac{y}{x}$$
$$\frac{\partial z}{\partial y} = x\varphi(u) + y\varphi'(u)\cos\frac{y}{x}$$

故 $x\dfrac{\partial z}{\partial x} + y\dfrac{\partial z}{\partial y} = xy\varphi(u) - y^2\varphi'(u)\cos\dfrac{y}{x} + xy\varphi(u) + y^2\varphi'(u)\cos\dfrac{y}{x} = 2xy\varphi(u)$

841.（上海交通大学） 设 $\begin{cases} x = e^u\cos v, \\ y = e^u\sin v, \\ z = uv. \end{cases}$ 求 $\dfrac{\partial z}{\partial x}$ 及 $\dfrac{\partial z}{\partial y}$.

解 由 $x^2 + y^2 = (e^u\cos v)^2 + (e^u\sin v)^2 = e^{2u}$，得
$$u = \frac{1}{2}\ln(x^2 + y^2)$$

又由 $\dfrac{y}{x} = \dfrac{e^u\sin v}{e^u\cos v}$ 得 $\tan v = \dfrac{y}{x}, v = \arctan\dfrac{y}{x}$，于是

$$\frac{\partial z}{\partial x} = \frac{\partial u}{\partial x}v + u\frac{\partial v}{\partial x} = \frac{xv - yu}{x^2 + y^2}$$

$$\frac{\partial z}{\partial y} = \frac{yv + xu}{x^2 + y^2}$$

842.（清华大学）　设函数 $u(x)$ 是由方程组 $u = f(x,y), g(x,y,z) = 0, h(x,z) =$
0 所确定,且 $\dfrac{\partial h}{\partial z} \neq 0, \dfrac{\partial g}{\partial y} \neq 0$,求 $\dfrac{du}{dx}$.

解　由 $g(x,y,z) = 0,. h(x,z) = 0$ 对 x 求导有:

扫码获取本书资源

$$\begin{cases} \dfrac{\partial g}{\partial x} + \dfrac{\partial g}{\partial y}\dfrac{dy}{dx} + \dfrac{\partial g}{\partial z}\dfrac{dz}{dx} = 0 \\[3mm] \dfrac{\partial h}{\partial x} + \dfrac{\partial h}{\partial z}\dfrac{dz}{dx} = 0 \end{cases}$$

解之得

$$\frac{dy}{dx} = -\frac{\dfrac{\partial g}{\partial x} + \dfrac{\partial g}{\partial z}\cdot\dfrac{\partial h}{\partial x}}{\dfrac{\partial g}{\partial y} + \dfrac{\partial g}{\partial y}\cdot\dfrac{\partial h}{\partial z}}$$

再由 $u = f(x,y)$ 对 x 求导,得

$$\frac{du}{dx} = \frac{\partial f}{\partial x} + \frac{\partial f}{\partial y}\frac{dy}{dx} = \frac{\partial f}{\partial x} - \frac{\dfrac{\partial f}{\partial y}\dfrac{\partial g}{\partial x}}{\dfrac{\partial g}{\partial y}} + \frac{\dfrac{\partial f}{\partial y}\dfrac{\partial g}{\partial z}\dfrac{\partial h}{\partial x}}{\dfrac{\partial g}{\partial y}\dfrac{\partial h}{\partial z}}$$

843.（北京大学）　设 $u = f(x,y,z), g(x^2, e^y, z) = 0, y = \sin x$ 且已知 f 与 g 都
有一阶连续偏导数,$\dfrac{\partial g}{\partial z} \neq 0$,求 $\dfrac{du}{dx}$.

解　u 有一阶连续偏导数,由复合函数求导有:

$$\frac{du}{dx} = \frac{\partial f}{\partial x} + \frac{\partial f}{\partial y}\frac{dy}{dx} + \frac{\partial f}{\partial z}\frac{\partial z}{\partial x} \qquad ①$$

由 $g(x^2, e^y, z) = 0$,记 $v = x^2, w = e^y$,得

$$\frac{\partial g}{\partial v} \times 2x + \frac{\partial g}{\partial w}e^y\frac{dy}{dx} + \frac{\partial g}{\partial z}\frac{\partial z}{\partial x} = 0 \qquad ②$$

$$\frac{dy}{dx} = \cos x, \frac{\partial z}{\partial x} = -\frac{2x\dfrac{\partial g}{\partial v} + e^{\sin x}\cos x g'_w}{\dfrac{\partial g}{\partial z}} \qquad ③$$

$$y = \sin x \qquad ④$$

由式 ① ~ ④,可得

$$\frac{du}{dx} = \frac{\partial f}{\partial x} + \frac{\partial f}{\partial y}\cos x - \frac{\dfrac{\partial f}{\partial z}\dfrac{\partial g}{\partial w}e^{\sin x}\cos x}{\dfrac{\partial g}{\partial z}} - \frac{2x\dfrac{\partial g}{\partial v}\dfrac{\partial f}{\partial z}}{\dfrac{\partial g}{\partial z}}$$

844.（西北电讯工程学院）

设 f, F 可微,且 $\dfrac{\partial F}{\partial z} + \dfrac{\partial f}{\partial z}\cdot\dfrac{\partial F}{\partial y} \neq 0$,求由 $\begin{cases} y = f(x,z), \\ F(x,y,z) = 0 \end{cases}$ 所确定的函数 $y(x), z(x)$
的一阶导数.

解　$\begin{cases} y = f(x,z) \\ F(x,y,z) = 0 \end{cases}$ 两端对 x 求导有

$$\begin{cases} y'_x = \dfrac{\partial f}{\partial x} + \dfrac{\partial f}{\partial z} \cdot z'_x \\[2mm] \dfrac{\partial F}{\partial x} + \dfrac{\partial F}{\partial y} \cdot y'_x + \dfrac{\partial F}{\partial z} \cdot z'_x = 0 \end{cases}$$

从而可以解出：$y'_x = \dfrac{\dfrac{\partial f}{\partial x}\dfrac{\partial F}{\partial z} - \dfrac{\partial f}{\partial z}\dfrac{\partial F}{\partial x}}{\dfrac{\partial F}{\partial z} + \dfrac{\partial f}{\partial z}\dfrac{\partial F}{\partial y}}$

$$z'_x = \dfrac{-\dfrac{\partial F}{\partial x} - \dfrac{\partial f}{\partial x}\dfrac{\partial F}{\partial y}}{\dfrac{\partial F}{\partial z} + \dfrac{\partial f}{\partial z}\dfrac{\partial F}{\partial y}}$$

845.（华东师范大学）　设 $z = z(x,y)$ 是曲线方程
$F(xyz, x^2 + y^2 + z^2) = 0$ 所确定的可微隐函数，试求 $\mathrm{grad}\,z$.

解　设 $u = xyz$，$v = x^2 + y^2 + z^2$，方程两边分别对 x,y 求导得：

$$F'_u\left(yz + xy\dfrac{\partial z}{\partial x}\right) + F'_v\left(2x + 2z\dfrac{\partial z}{\partial x}\right) = 0$$

$$F'_u\left(xz + xy\dfrac{\partial z}{\partial y}\right) + F'_v\left(2y + 2z\dfrac{\partial z}{\partial y}\right) = 0$$

解得　$\dfrac{\partial z}{\partial x} = -\dfrac{yzF_u' + 2xF_v'}{xyF_u' + 2zF_v'}$

$$\dfrac{\partial z}{\partial y} = -\dfrac{xzF_u' + 2yF_v'}{xyF_u' + 2zF_v'}$$

故 $\mathrm{grad}\,z = \left(\dfrac{\partial z}{\partial x}, \dfrac{\partial z}{\partial y}\right) =$

$$\left(-\dfrac{yzF_u' + 2xF_v'}{xyF_u' + 2zF_v'}, -\dfrac{xzF_u' + 2yF_v'}{xyF_u' + 2zF_v'}\right).$$

846.（中国科技大学）　设有方程 $\dfrac{x^2}{a^2 + u} + \dfrac{y^2}{b^2 + u} + \dfrac{z^2}{c^2 + u} = 1$，证明　　　①

$(\mathrm{grad}\,u)^2 = 2a \cdot \mathrm{grad}\,u$，其中 $a = (x,y,z)$.

证　由题意可知方程 ① 确定隐函数 $u = u(x,y,z)$，在 ① 的两端同时对 x 求导可得：

$$\dfrac{2x}{a^2 + u} - \left[\dfrac{x^2}{(a^2 + u)^2}u'_x + \dfrac{y^2}{(b^2 + u)^2} \cdot u'_x + \dfrac{z^2}{(c^2 + u)^2} \cdot u'_x\right] = 0.$$

解得　　　　　　　　　　$u'_x = \dfrac{1}{G} \cdot \dfrac{2x}{a^2 + u}$

其中　　　　　　　$G = \dfrac{x^2}{(a^2 + u)^2} + \dfrac{y^2}{(b^2 + u)^2} + \dfrac{z^2}{(c^2 + u)^2}$

同理可得：$u_y' = \dfrac{1}{G}\dfrac{2y}{b^2 + u}$，$u_z' = \dfrac{1}{G}\dfrac{2z}{c^2 + u}$

所以　　　　　$\mathrm{grad}\,u = (u_x', u_y', u_z') = \dfrac{2}{G}\left(\dfrac{x}{a^2 + u}, \dfrac{y}{b^2 + u}, \dfrac{z}{c^2 + u}\right)$，

$$2a \cdot \mathrm{grad}u = \frac{4}{G}\left(\frac{x^2}{a^2+u} + \frac{y^2}{b^2+u} + \frac{z^2}{c^2+u}\right) \xrightarrow{\text{由 ①}} \frac{4}{G}. \qquad ②$$

而$(\mathrm{grad}u)^2 = \mathrm{grad}u \cdot \mathrm{grad}u =$

$$\frac{4}{G^2}\left[\frac{x^2}{(a^2+u)^2} + \frac{y^2}{(b^2+u)^2} + \frac{z^2}{(c^2+u)^2}\right] =$$

$$\frac{4}{G^2}G = \frac{4}{G} \qquad ③$$

比较式 ②,式 ③ 即得$(grad u)^2 = 2a \cdot \mathrm{grad}u$.

847.（东北师范大学）　证明:若 u 是 x,y,z 的函数且 $\varphi(u^2-x^2, u^2-y^2, u^2-z^2) = 0$,则$\dfrac{u_x{}'}{x} + \dfrac{u'_y}{y} + \dfrac{u'_z}{z} = \dfrac{1}{u}$.

证　令 $r = u^2 - x^2, s = u^2 - y^2, t = u^2 - z^2$.

$\varphi(u^2-x^2, u^2-y^2, u^2-z^2) = 0$ 两端同时对 x 求导有

$$\varphi_r{}'(2u \cdot u_x{}' - 2x) + \varphi_s{}' \cdot 2u \cdot u_x{}' + \varphi_t{}' \cdot 2u \cdot u'_x = 0$$

解得

$$u_x{}' = \frac{\varphi'_r x}{(\varphi'_r + \varphi'_s + \varphi'_t) \cdot u}$$

同理有　$u'_y = \dfrac{\varphi'_s y}{(\varphi'_r + \varphi'_s + \varphi'_t)u}, u'_z = \dfrac{\varphi'_t z}{(\varphi'_r + \varphi'_s + \varphi'_t)u}$

所以

$$\frac{\varphi'_r}{x} + \frac{\varphi'_y}{y} + \frac{\varphi'_z}{z} = \frac{1}{u}$$

848.（厦门大学）　设 $z = f(x,y), u = x+ay, v = x-ay, a$ 为常数,

z 关于 u,v 具有二阶连续偏导数,求$\dfrac{\partial^2 z}{\partial u \partial v}$.

解　由 $u = x+ay, v = x-ay$,有

$$x = \frac{1}{2}(u+v), y = \frac{1}{2a}(u-v)$$

故

$$\frac{\partial z}{\partial u} = \frac{1}{2}\frac{\partial z}{\partial x} + \frac{1}{2a}\frac{\partial z}{\partial y}$$

$$\frac{\partial^2 z}{\partial u \partial v} = \frac{1}{2}\left(\frac{1}{2}\frac{\partial^2 z}{\partial x^2} - \frac{1}{2a}\frac{\partial^2 z}{\partial x \partial y}\right) + \frac{1}{2a}\left(\frac{1}{2}\frac{\partial^2 z}{\partial x \partial y} - \frac{1}{2a}\frac{\partial^2 z}{\partial y^2}\right) =$$

$$\frac{1}{4}\frac{\partial^2 z}{\partial x^2} - \frac{1}{4a^2}\frac{\partial^2 z}{\partial y^2}$$

849.（湖南大学）　设 $z = f(x^2-y^2, \mathrm{e}^{xy}), f$ 可微,求$\dfrac{\partial z}{\partial x}, \dfrac{\partial z}{\partial y}$.

解　　　　　设 $u = x^2 - y^2, v = \mathrm{e}^{xy}$

则

$$\frac{\partial z}{\partial x} = 2x\frac{\partial f}{\partial u} + y\mathrm{e}^{xy}\frac{\partial f}{\partial v}, \frac{\partial z}{\partial y} = -2y\frac{\partial f}{\partial u} + x\mathrm{e}^{xy}\frac{\partial f}{\partial v}$$

850.（西北工业大学）　设 $u = xf(x-y, xy^2)$,其中 f 具有连续的三阶偏导数,

求$\dfrac{\partial u}{\partial x}, \dfrac{\partial^2 u}{\partial x \partial y}$.

解　$\dfrac{\partial u}{\partial x} = f(x-y, xy^2) + xf'_1(x-y, xy^2) + xy^2 f'_2(x-y, xy^2)$

$$\frac{\partial^2 u}{\partial x \partial y} = -f'_1 + 2xyf'_2 - xf''_{11} + 2x^2 yf''_{12} + 2xyf'_2 - xy^2 f''_{21} + 2x^2 y^3 f''_{22} =$$

$$-f'_1 + 4xyf'_2 - xf''_{11} + (2x^2 y - xy^2)f''_{12} + 2x^2 y^3 f''_{22}$$

851. **(华中师范大学))**　设 f 为可微函数, $u = f(x^2 + y^2 + z^2)$ 和方程

$$3x + 2y^2 + z^3 = 6xyz \qquad ①$$

试对以下两种情况,分别求 $\dfrac{\partial u}{\partial x}$ 在点 $p_0(1,1,1)$ 处的值.

(1) 由方程 ① 确定了隐函数 $z = z(x, y)$;

(2) 由方程 ① 确定了隐函数 $y = y(x, z)$.

解　(1) 由题知 $z = z(x, y)$ 记 $v = x^2 + y^2 + z^2$,则 $\dfrac{\partial u}{\partial x} = \dfrac{df}{dv} \cdot \dfrac{\partial v}{\partial x}$.

在方程　$3x + 2y^2 + z^3 = 6xyz$　两端对 x 求导,有

$$3 + 3z^2 \frac{\partial z}{\partial x} = 6yz + 6xy \frac{\partial z}{\partial x}$$

解得

$$\frac{\partial z}{\partial x} = \frac{2yz - 1}{z^2 - 2xy}$$

于是

$$\frac{\partial u}{\partial x} = \frac{df}{dv}(2x + 2z \frac{\partial z}{\partial x}) = f'(2x + 2z \frac{2yz - 1}{z^2 - 2xy})$$

故

$$\frac{\partial u}{\partial x}\Big|_{P_0} = 0$$

(2) 对方程 ① 两端对 x 求导,有

$$3 + 4y \cdot \frac{\partial y}{\partial x} = 6yz + 6xz \frac{\partial y}{\partial x}$$

解得

$$\frac{\partial y}{\partial x} = \frac{6yz - 3}{4y - 6xz}$$

$$\frac{\partial u}{\partial x} = \frac{df}{dv}(2x + 2y \frac{\partial y}{\partial x}) = \frac{df}{dv}(2x + 2y \frac{6yz - 3}{4y - 6xz}),$$

则

$$\frac{\partial u}{\partial x}\Big|_{P_0} = -\frac{df}{dv}\Big|_{P_0} = -f'$$

852. **(华中师范大学)**　设 $f(x, y)$ 存在二阶连续导数,且

$$f''_{xx} f''_{yy} - (f''_{xy})^2 \neq 0$$

证明变换

$$\begin{cases} u = f'_x(x, y) \\ v = f'_y(x, y) \\ w = -z + xf'_x(x, y) + yf'_y(x, y) \end{cases}$$

存在唯一的逆变换

$$\begin{cases} x = g'_u(u, v) \\ y = g'_v(u, v) \\ z = -w + ug'_u(u, v) + vg'_v(u, v) \end{cases}$$

证　考虑　$\dfrac{\partial(u, v)}{\partial(x, y)} = \begin{vmatrix} f''_{xx} & f''_{xy} \\ f''_{yx} & f''_{yy} \end{vmatrix} \neq 0.$

从而存在唯一的逆变换

$$\begin{cases} x = x(u, v) \\ y = y(u, v) \end{cases}$$

考虑　$x\mathrm{d}u + y\mathrm{d}v = x\mathrm{d}f_x{}'(x,y) + y\mathrm{d}f_y{}'(x,y) =$

$$x(f''_{xx}\mathrm{d}x + f''_{yx}\mathrm{d}y) + y(f''_{xy}\mathrm{d}x + f''_{yy}\mathrm{d}y) =$$

$$(xf''_{xx} + yf''_{xy})\mathrm{d}x + (xf''_{yx} + yf''_{yy})\mathrm{d}y =$$

$$(xf_x{}' + yf_y{}' - f)_x{}'\mathrm{d}x + (xf_x{}' + yf_y{}' - f)_y{}'\mathrm{d}y =$$

$$\mathrm{d}(xf_x{}' + yf_y{}' - f) =$$

$$\mathrm{d}g(\text{令 } g = xf_x{}' + yf_y{}' - f = g(u,v)).$$

另一方面　$\mathrm{d}g = g'_u\mathrm{d}u + g'_v\mathrm{d}u$（一阶微分形式不变性）,从而知

$$\begin{cases} x = g'_u(u,v) \\ y = g'_v(u,v) \end{cases}$$

而　　　　　　　　　$w = -z + ug'_u(u,v) + vg'_v(u,v)$

故 $z = -w + ug'_u(u,v) + vg'_v(u,v)$.

故证.

853. **(武汉大学)**　设 $F(x,y)$ 在点 (x_0,y_0) 的某邻域内有二阶连续的偏导数,且 $F(x_0,y_0), F'_x(x_0,y_0) = 0, F'_y(x_0,y_0) > 0, F''_{xx}(x_0,y_0) < 0$.

证明:由方程 $F(x,y) = 0$ 确定的 x_0 的某邻域内的隐函数 $y = f(x)$ 在点 x_0 处达到局部极小值.

证　$f_x{}'(x_0) = -\dfrac{F'_x(x_0,y_0)}{F'_y(x_0,y_0)} = 0$

对 $y = f(x)$ 由泰勒公式有

$$f(x) - f(x_0) = f'(x_0)(x-x_0) + \frac{1}{2}f''(x_0)(x-x_0)^2 + o((x-x_0)^2)$$

即　$f(x) - f(x_0) = \dfrac{1}{2}f''(x_0)(x-x_0)^2 + o((x-x_0)^2)$.

由 $f'(x) = -\dfrac{F'_x}{F'_y}$,对 x 求导有

$$f''(x) = -\frac{1}{F_y'^2}\{[F''_{xx} + F''_{yx}f'(x)]F'_y - F'_x[F''_{xy} + F''_{yy}f'(x)]\}$$

则 $f''(x_0) = -\dfrac{1}{(F'_y(x_0,y_0))^2}[F''_{xx}(x_0,y_0)F'_y(x_0,y_0)] =$

$$-\frac{F''_{xx}(x_0,y_0)}{F'_y(x_0,y_0)} > 0$$

从而 $f(x) - f(x_0) = \dfrac{1}{2}f''(x_0)(x-x_0)^2 + o((x-x_0)^2) \geqslant 0$

故 $f(x) \geqslant f(x_0)$,即 $F(x,y) = 0$ 在 x_0 的某邻域的隐函数 $y = f(x)$ 达到局部极小值.

854. **(天津大学)**　(1)求方程组 $\begin{cases} u^3 + xv = y \\ v^3 + yu = x \end{cases}$ 所确定隐函数 $u(x,y), v(x,y)$ 的偏导数 $\dfrac{\partial u}{\partial x}$ 和 $\dfrac{\partial v}{\partial x}$;

(2)设 $F(x,y)$ 满足隐函数存在定理的条件且存在二阶偏导数,求方程 $F(x,y) = 0$ 确定的隐函数 $y = f(x)$ 的二阶导数.

解　(1) 记　$u = u(x, y), v = v(x, y)$

$$方程\begin{cases} u^3 + xv = y \\ v^3 + yu = x \end{cases}$$

两边同时对 x 求导,有
$$\begin{cases} 3u^2 \dfrac{\partial u}{\partial x} + v + x \dfrac{\partial v}{\partial x} = 0 \\ 3v^2 \dfrac{\partial v}{\partial x} + y \dfrac{\partial u}{\partial x} = 1 \end{cases}$$

解得　$\dfrac{\partial u}{\partial x} = -\dfrac{x + 3v^3}{9u^2 v^2 - xy}, \dfrac{\partial v}{\partial x} = \dfrac{3u^2 + vy}{9u^2 v^2 - xy},$

(2) 由 $y = y(x)$,对 $F(x, y) = 0$ 两端对 x 求导有

$$F'_x(x, y) + F'_y(x, y) f'(x) = 0$$

再次求导有　　　　　　　$F''_{xx}(x, y) + F''_{xy}(x, y) f'(x) +$

$$f'(x)[F''_{yx}(x, y) + F''_{yy}(x, y) f'(x)] + F'_y(x, y) f''(x) = 0.$$

故　$f''(x) = \dfrac{F'_x(x, y)(F''_{yx}(x, y) + F''_{xy}(x, y))}{(F'_y(x, y))^2} - \dfrac{F''_{yy}(x, y)(F'_x(x, y))^2}{(F'_y(x, y))^3} -$

$$\dfrac{F''_{xx}(x, y)}{F'_y(x, y)}.$$

855.（南京大学）　设 z 由 $\varphi(cx - az, cy - bz) = 0$ 定义为 x, y 的隐函数,其中 φ 为二次连续可微,求 $\dfrac{\partial^2 z}{\partial x^2}$.

解　由 $\varphi(cx - az, cy - bz) = 0$ 两边对 x 求导,有

$$\varphi'_1\left(c - a \dfrac{\partial z}{\partial x}\right) - b\varphi'_2 \dfrac{\partial z}{\partial x} = 0 \qquad\qquad ①$$

得
$$\dfrac{\partial z}{\partial x} = \dfrac{c\varphi'_1}{a\varphi'_1 + b\varphi'_2}$$

式 ① 两端再对 x 求导得

$$\left[\varphi_{11}''\left(c - a \dfrac{\partial z}{\partial x}\right) - b\varphi_{12}'' \dfrac{\partial z}{\partial x}\right]\left(c - a \dfrac{\partial z}{\partial x}\right) - a\varphi_1' \dfrac{\partial^2 z}{\partial x^2} -$$

$$\left[b\varphi_{21}''\left(c - a \dfrac{\partial z}{\partial x}\right) - b^2 \varphi_{22}'' \dfrac{\partial z}{\partial x}\right]\dfrac{\partial z}{\partial x} - b\varphi_2' \dfrac{\partial^2 z}{\partial x^2} = 0.$$

解得

$$\dfrac{\partial^2 z}{\partial x^2} = \dfrac{1}{a\varphi_1' + b\varphi_2}\left\{\left[\varphi_{11}''\left(c - a \dfrac{\partial z}{\partial x}\right) - b\varphi_{12}'' \dfrac{\partial z}{\partial x}\right]\left(c - a \dfrac{\partial z}{\partial x}\right) - \left[b\varphi_{21}''\left(c - a \dfrac{\partial z}{\partial x}\right) - b^2 \varphi_{22}'' \dfrac{\partial z}{\partial x}\right]\dfrac{\partial z}{\partial x}\right\} =$$

$$\dfrac{1}{a\varphi_1' + b\varphi_2}\left[\left(\dfrac{b c\varphi_2'}{a_1\varphi_1' + b\varphi_2} \varphi_{11}'' - \dfrac{b c\varphi_1'}{a\varphi_1' + b\varphi_2} \varphi_{12}''\right)\dfrac{b c\varphi_2'}{a\varphi_1' + b\varphi_2} - \left(\dfrac{b^2 c\varphi_2'}{a\varphi_1' + b\varphi_2} \varphi_{21}'' - \dfrac{b^2 c\varphi_1'\varphi_{22}''}{a\varphi_1' + b\varphi_2}\right)\dfrac{c\varphi_1'}{a\varphi_1' + b\varphi_2}\right] =$$

$$\dfrac{b^2 c^2}{(a\varphi_1' + b\varphi_2)^3}\left[\varphi_2'(\varphi_2'\varphi_{11}'' - \varphi_1'\varphi_{12}'') - \varphi_1'(\varphi_{21}''\varphi_2' - \varphi_{22}''\varphi_1')\right].$$

§3 多元微分学的应用

【考点综述】

一、综述

1. 泰勒定理

(1) 若 $f(x,y)$ 在点 $P_0 = (x_0, y_0)$ 的邻域 $U(p_0)$ 内存在 $n+1$ 阶连续的偏导数,则 $\forall (x_0+h, y_0+k) \in U(p_0)$,有

$$f(x_0+h, y_0+k) = f(x_0, y_0) + (h\frac{\partial}{\partial x} + k\frac{\partial}{\partial y})f(x_0, y_0) +$$

$$\frac{1}{2!}(h\frac{\partial}{\partial x} + k\frac{\partial}{\partial y})^2 f(x_0, y_0) + \cdots +$$

$$\frac{1}{n!}(h\frac{\partial}{\partial x} + k\frac{\partial}{\partial y})^n f(x_0, y_0) +$$

$$\frac{1}{(n+1)!}(h\frac{\partial}{\partial x} + k\frac{\partial}{\partial y})^{n+1} f(x_0 + \theta h, y_0 + \theta k)$$

其中 $(h\frac{\partial}{\partial x} + k\frac{\partial}{\partial y})^m f(x_0, y_0) = \sum_{p=0}^{m} c_m^p h^{m-p} k^p \frac{\partial^m f}{\partial x^{m-p} \partial y^p}|_{p_0}$

(2) 当 $x_0 = 0, y_0 = 0$ 时,相应二元函数 $f(x,y)$ 的麦克劳林公式为

$$f(x,y) = f(0,0) + (x\frac{\partial}{\partial x} + y\frac{\partial}{\partial y})f(0,0) + \cdots +$$

$$\frac{1}{n!}(x\frac{\partial}{\partial x} + y\frac{\partial}{\partial y})^n f(0,0) +$$

$$\frac{1}{(n+1)!}(x\frac{\partial}{\partial x} + y\frac{\partial}{\partial y})^{n+1} f(\theta x, \theta y)$$

2. 极值

(1) 定义. 设函数 $z = f(x,y)$ 在点 $p_0 = (x_0, y_0)$ 的某邻域 $U(p_0)$ 内有定义,如果 $\forall (x,y) \in U(p_0)$ 满足 $f(x,y) \leqslant f(x_0, y_0)(f(x,y) \geqslant f(x_0, y_0))$,则称 $f(x_0, y_0)f(x,y)$ 的极大值(极小值),此时点 p_0 称为 $f(x,y)$ 的极大值点(极小值点). 极大值,极小值统称极值.

(2) 函数 $f(x,y)$ 在点 p_0 的偏导数存在,则 f 在 p_0 取得极值的必要条件为:$f_x'(x_0, y_0) = f_y'(x_0, y_0) = 0$,满足上述条件的点 p_0 称为稳定点或驻点.

(3) 极值的充分条件,设函数 $f(x,y)$ 在点 $p_0 = (x_0, y_0)$ 的某邻域 $U(p_0)$ 内具有二阶连续的偏导数,且 p_0 是 f 的稳定点.

记 $A = f''_{xx}(p_0), B = f''_{xy}(p_0) \quad C = f''_{yy}(p_0)$ 则

(1) 当 $B^2 - AC < 0$ 时,函数 f 在 p_0 取得极值,若 $A < 0$,则极大值,若 $A > 0$,则取极小值;

(2) 当 $B^2 - AC > 0$ 时,函数 f 在点 p_0 不取极值;

(3) 当 $B^2 - AC = 0$ 时,不能判定 f 在 p_0 是否极值;

(4) 记 $f(x,y)$ 在 p_0 的海塞(Hesse) 矩阵为

$$H_f(p_0) = \begin{bmatrix} f_{xx}'' & f_{xy}'' \\ f_{xy}'' & f_{yy}'' \end{bmatrix}_{p_0}$$

条件如 2(3) 中条件,则

(1) 当 $H_f(p_0)$ 正定时,f 在 p_0 取得极小值;

(2) 当 $H_f(p_0)$ 负定时,f 在 p_0 取得极大值;

(3) 当 $H_f(p_0)$ 是非定号矩阵时,f 在 p_0 不取极值.

此结论推广到 n 元函数也成立.

3. 几何应用

(1) 平面曲线的切线与法线

平面曲线由方程. $F(x,y) = 0$ 给出,它在点 $p_0(x_0,y_0)$ 的切线与法线的方程. 切线方程为 $F_x'(x_0,y_0)(x-x_0) + F_y'(x_0,y_0)(y-y_0) = 0$.

法线方程为 $F_y'(x_0,y_0)(x-x_0) - F_x'(x_0,y_0)(y-y_0) = 0$.

(2) 空间曲线的切线与法平面

1) 空间曲线 L 由参数方程.

$L: x = x(t), y = y(t), z = z(t), t \in [\alpha, \beta]$,

表出,假定 $x'(t_0), y'(t_0), z'(t_0)$ 不全为零,则曲线 L 在 $p_0(x_0,y_0,z_0)$ 处的切线方程式为

$$\frac{x-x_0}{x'(t_0)} = \frac{y-y_0}{y'(t_0)} = \frac{z-z_0}{z'(t_0)}$$

法平面方程式为 $x'(t_0)(x-x_0) + y'(t_0)(y-y_0) + z'(t_0)(z-z_0) = 0$,

2) 空间曲线 L 由方程式组

$$L: \begin{cases} F(x,y,z) = 0 \\ G(x,y,z) = 0 \end{cases}$$

给出时,当 $\dfrac{\partial(F,G)}{\partial(x,y)}, \dfrac{\partial(F,G)}{\partial(z,x)}, \dfrac{\partial(F,G)}{\partial(y,z)}$ 中至少一个不为零时. 则曲线 L 在点 p_0 的切线方程为

$$\frac{(x-x_0)}{\left.\dfrac{\partial(F,G)}{\partial(y,z)}\right|_{p_0}} = \frac{(y-y_0)}{\left.\dfrac{\partial(F,G)}{\partial(z,x)}\right|_{p_0}} = \frac{z-z_0}{\left.\dfrac{\partial(F,G)}{\partial(x,y)}\right|_{p_0}}$$

法平面方程为

$$\left.\frac{\partial(F,G)}{\partial(y,z)}\right|_{p_0}(x-x_0) + \left.\frac{\partial(F,G)}{\partial(z,x)}\right|_{p_0}(y-y_0) + \left.\frac{\partial(F,G)}{\partial(x,y)}\right|_{p_0}(z-z_0) = 0$$

(3) 空间曲面的切平面与法线.

设曲面由方程 $F(x,y,z) = 0$ 给出,$p_0(x_0,y_0,z_0)$ 是曲面上一点,并设函数 $F(x,y,z)$ 的偏导数在该点连续,且不同时为零,则曲面上点 P_0 处的切平面方程为

$F_x'(P_0)(x-x_0) + F_y'(P_0)(y-y_0) + F_z'(P_0)(z-z_0) = 0$

法线方程为

$$\frac{x-x_0}{F_x'(P_0)} = \frac{y-y_0}{F_y'(P_0)} = \frac{z-z_0}{F_z'(P_0)}$$

4. 条件极值

（1）求条件极值的方法有两种：一种是将条件极值化为无条件极值的问题来解；另一种是用拉格朗日乘数法来解.

（2）拉格朗日乘数法求二元函数 $z = f(x, y)$ 在约束条件 $\varphi(x, y) = 0$ 下的极值步骤如下：

（ⅰ）作相应的拉格朗日函数.

$$L(x, y, \lambda) = f(x, y) + \lambda\varphi(x, y)$$

（ⅱ）令 $L'_x = L'_y = L'_\lambda = 0$ 即

$$\begin{cases} f_x'(x, y) + \lambda\varphi'_x(x, y) = 0 \\ f_y'(x, y) + \lambda\varphi'_y(x, y) = 0 \\ \varphi(x, y) = 0 \end{cases}$$

（ⅲ）求解上述方程组，得稳定点 $p_0(x_0, y_0)$.

（ⅳ）判定该点是否为条件极值：如果是实际问题，可由问题本身的性质来判定，如不是实际问题，可用二阶微分判别.

（3）对于条件极值的一般情形，求函数 $z = f(x_1, x_2, \cdots, x_n)$ 在约束条件

$$\begin{cases} \varphi_1(x_1, x_2, \cdots, x_n) = 0 \\ \cdots\cdots \\ \varphi_m(x_1, x_2, \cdots, x_n) = 0 \end{cases}$$

（其中 $f, \varphi_1, \varphi_2, \cdots, \varphi_m$ 均具有一阶连续偏导数，且雅可比（Jacobi）矩阵

$$\begin{bmatrix} \dfrac{\partial\varphi_1}{\partial x_1} & \cdots & \dfrac{\partial\varphi_1}{\partial x_n} \\ \vdots & & \vdots \\ \dfrac{\partial\varphi_m}{\partial x_1} & \cdots & \dfrac{\partial\varphi_m}{\partial x_n} \end{bmatrix}$$ 的秩为 m）下的极值步骤如下：

（ⅰ）作拉格朗日函数.

$$L = f + \lambda_1\varphi_1 + \lambda_2\varphi_2 + \cdots + \lambda_m\varphi_m$$

（ⅱ）分别令 $L'_{x_1} = L_{x_2}' = \cdots = L'_{x_n} = L'_{\lambda_1} = L_{\lambda_2}' = \cdots = L_{\lambda_m}' = 0$ 得到相应的方程组.

（ⅲ）解上述方程组得到可能的条件极值点，再对这些点进行判定.

二、解题方法

1. 考点 1　求极值

解题方法：先求稳定点，再判别.

2. 考点 2　求几何图形的方程

解题方法：公式法.

3. 考点 3　求条件极值

解题方法：① 化为无条件极值问题求解；② 用拉格朗日乘积法.

【经典题解】

856.（**武汉大学**）　求函数 $f = x^2 + y^2 + z^2$ 在 $ax + by + cz = 1$ 下的最小值.

解　作拉格朗日函数

$$L(x, y, z, \lambda) = x^2 + y^2 + z^2 + \lambda(ax + by + cz - 1)$$

令 $L'_x = L'_y = L'_z = L'_\lambda = 0$, 即

$$\begin{cases} 2x + \lambda a = 0 \\ 2y + \lambda b = 0 \\ 2z + \lambda c = 0 \\ ax + by + cz = 1 \end{cases}$$

解得唯一驻点

$$x = \frac{a}{a^2 + b^2 + c^2}$$

$$y = \frac{b}{a^2 + b^2 + c^2}$$

$$z = \frac{c}{a^2 + b^2 + c^2}$$

$$\lambda = \frac{-2}{a^2 + b^2 + c^2}$$

将它们代入 $f = x^2 + y^2 + z^2$ 得 $f = \dfrac{1}{a^2 + b^2 + c^2}$.

因此 f 在 $ax + by + cz = 1$ 下的最小值为

$$f_{\min} = \frac{1}{a^2 + b^2 + c^2}.$$

857.(**武汉大学**) 求函数 $f(x,y,z) = xyz$ 在条件 $x + y = 1$ 及 $x - y + z^2 = 1$ 下的极值.

解 作拉格朗日函数

$$L(x,y,z,\lambda_1,\lambda_2) = xyz + \lambda_1(x+y-1) + \lambda_2(x-y+z^2-1),$$

令 $L'_x = L'_y = L'_z = L'_{\lambda_1} = L'_{\lambda_2} = 0$ 得

$$\begin{cases} yz + \lambda_1 + \lambda_2 = 0 \\ xz + \lambda_1 - \lambda_2 = 0 \\ xy + 2z\lambda_2 = 0 \\ x + y = 1 \\ x - y + z^2 = 1 \end{cases}$$

解得 $\lambda_1 = 0, \lambda_2 = 0, x = 1, y = 0, z = 0$ 或 $\lambda_1 = \mp\sqrt{\dfrac{3}{10}}, \lambda_2 = \mp\dfrac{1}{5}\sqrt{\dfrac{3}{10}}, x = \dfrac{2}{5}$, $y = \dfrac{3}{5}, z = \pm 2\sqrt{\dfrac{3}{10}}$. 将它们代入 $f(x,y,z)$ 得其值分别为 0 和 $\pm\dfrac{12}{25}\sqrt{\dfrac{3}{10}}$, 故原函数在条件 $x + y = 1$ 及 $x - y + z^2 = 1$ 下的极大值为 $\dfrac{12}{25}\sqrt{\dfrac{3}{10}}$, 极小值为 $-\dfrac{12}{25}\sqrt{\dfrac{3}{10}}$, 0 不是极值.

858.(**清华大学**) 求 $ky^3 + zx$ 在条件 $x^2 + y^2 + z^2 = 1, z \geqslant 0$ 下的最大值和最小值.

解 作拉格朗日函数

$$L(x,y,z,\lambda) = ky^3 + zx + \lambda(x^2 + y^2 + z^2 - 1)$$

令 $L'_x = L'_y = L'_z = L'_\lambda = 0$, 得

$$\begin{cases} z + 2\lambda x = 0 \\ 3ky^2 + 2\lambda y = 0 \\ x + 2\lambda z = 0 \\ x^2 + y^2 + z^2 = 1 \end{cases}$$

解得 $x = \pm \dfrac{\sqrt{2}}{2}, y = 0, z = \dfrac{\sqrt{2}}{2}, \lambda = \pm \dfrac{1}{2}$ 或

$$x = \pm \frac{1}{3\mid k \mid} \sqrt{\frac{9k^2 - 1}{2}}, y = \frac{1}{3k}, z = \frac{1}{3 \mid k \mid} \sqrt{\frac{9k^2 - 1}{2}}, \lambda = -\frac{1}{2}$$

在点 $(\pm \dfrac{\sqrt{2}}{2}, 0, \dfrac{\sqrt{2}}{2})$ 有

$$ky^3 + zx = \pm \frac{1}{2} \qquad\qquad\qquad ①$$

在点 $\left(\dfrac{1}{3 \mid k \mid} \sqrt{\dfrac{9k^2 - 1}{2}}, \dfrac{1}{3k}, \dfrac{1}{3 \mid k \mid} \sqrt{\dfrac{9k^2 - 1}{2}} \right)$ 有

$$ky^3 + zx = \frac{1}{27k^2} + \frac{9k^2 - 1}{18k^2} = \frac{27k^2 - 1}{54k^2} = \frac{1}{2} - \frac{1}{54k^2} < \frac{1}{2} \qquad ②$$

在点 $\left(-\dfrac{1}{3 \mid k \mid} \sqrt{\dfrac{9k^2 - 1}{2}}, \dfrac{1}{3k}, \dfrac{1}{3 \mid k \mid} \sqrt{\dfrac{9k^2 - 1}{2}} \right)$ 有 $ky^3 + zx = -\dfrac{1}{2} + \dfrac{5}{54k^2} >$

$-\dfrac{1}{2}$ 由式 ①、式 ② 可得所求最大值为 $\dfrac{1}{2}$, 最小值为 $-\dfrac{1}{2}$.

859.(复旦大学) 已知 $u = ax^2 + by^2 + cz^2$, 其中 $a > 0, b > 0, c > 0$. 求在条件 $x + y + z = 1$ 下的极小值.

解 作拉格朗日函数

$$L(x, y, z, \lambda) = ax^2 + by^2 + cz^2 + \lambda(x + y + z - 1)$$

令 $L'_x = L'_y = L'_z = L'_\lambda = 0$ 即

$$\begin{cases} 2ax + \lambda = 0 \\ 2by + \lambda = 0 \\ 2cz + \lambda = 0 \\ x + y + z = 1 \end{cases}$$

解得　　　$x = \dfrac{bc}{ab + bc + ac}, y = \dfrac{ac}{ab + bc + ac}$,

$$z = \frac{ab}{ab + bc + ac}. \lambda = \frac{-2abc}{ab + bc + ac}.$$

故所求最小值为 $u_{\min} = \dfrac{abc(bc + ac + ab)}{(ab + bc + ac)^2} = \dfrac{abc}{ab + bc + ac}$.

860.(中山大学) 求曲面 $z = xy - 1$ 上距原点最近的点的坐标.

解 此即求函数 $f(x, y, z) = x^2 + y^2 + z^2$ 在条件 $z = xy - 1$ 的限制下取得极小值的点的坐标, 作拉格朗日函数

$$L(x, y, z, \lambda) = x^2 + y^2 + z^2 + \lambda(z - xy + 1)$$

令 $L'_x = L'_y = L'_z = L'_\lambda = 0$, 即

$$\begin{cases} 2x - \lambda y = 0 \\ 2y - \lambda x = 0 \\ 2z + \lambda = 0 \\ z - xy + 1 = 0 \end{cases}$$

解得　$x = 0, y = 0, z = -1, \lambda = 2$.

故曲面 $z = xy - 1$ 上距原点最近的点的坐标为 $(0,0,-1)$.

861.（北京科技大学）　求 $z = 2x^2 + y^2 - 8x - 2y + 9$ 在 $D: 2x^2 + y^2 \leqslant 1$ 上的最大值和最小值.

解　（1）先求函数 $z(x,y)$ 在区域 D 内部 $2x^2 + y^2 < 1$ 的可疑点

令 $f_x{}' = f_y{}' = 0$, 得

$$\begin{cases} 4x - 8 = 0 \\ 2y - 2 = 0 \end{cases}$$

解得 $x = 2, y = 1$, 而点 $(2,1)$ 不在区域 D 内部 $2x^2 + y^2 < 1$, 从而 $z(x,y)$ 在区域内部没有极值点, 最大值, 最小值只能在区域 D 的边界 $2x^2 + y^2 = 1$ 上达到.

（2）再求 $z(x,y)$ 在边界上的极值, 为此, 作拉格朗日函数.

$L(x,y,\lambda) = 2x^2 + y^2 - 8x - 2y + 9 + \lambda(2x^2 + y^2 - 1)$

令 $L'_x = L'_y = L'_\lambda = 0$, 得

$$\begin{cases} 4x - 8 + 4\lambda x = 0 \\ 2y - 2 + 2\lambda y = 0 \\ 2x^2 + y^2 - 1 = 0 \end{cases}$$

解得　$\begin{cases} x = \dfrac{2}{3} \\ y = \dfrac{1}{3} \\ \lambda = 2 \end{cases}$ 或 $\begin{cases} x = -\dfrac{2}{3} \\ y = -\dfrac{1}{3} \\ \lambda = -4. \end{cases}$

所以 $z(x,y)$ 在 $2x^2 + y^2 = 1$ 上的最大值为 16, 最小值为 4, 故 $z(x,y)$ 在 $D: 2x^2 + y^2 \leqslant 1$ 上的最大值和最小值为 $z_{\max} = 16, z_{\min} = 4$.

862. 将周长为 $2p$ 的矩形绕它为一边旋转成一个圆柱体, 问矩形的边长各为多少时, 才可使圆柱的体积为最大.

解法 1　化为无条件极值问题求解.

设矩形的长和宽分别为 x, y, 则 $x + y = p$, 旋转所得圆柱体的体积为 $V = \pi x^2 y$, 即 $V = \pi x^2 (p - x), (x > 0)$.

令 $\dfrac{\mathrm{d}V}{\mathrm{d}x} = \pi x(2p - 3x) = 0$, 得 $x = \dfrac{2}{3}p, x = 0$(舍去).

令 $\dfrac{\mathrm{d}^2 V}{\mathrm{d}x^2}\Big|_{x = \frac{2}{3}p} = (2\pi p - 6\pi x)\Big|_{x = \frac{2}{3}p} = -2\pi p < 0.$

故矩形的长和宽分别为 $\dfrac{2}{3}p, \dfrac{p}{3}$ 时取最大体积, 且最大体积 $V = \dfrac{4\pi p^3}{27}$.

解法 2　用拉格朗乘数法

设 $L(x,y,\lambda)=\pi x^2 y+\lambda(x+y-p)$, $L'_x=L'_y=L'_\lambda=0$.

解得 $x=\dfrac{2}{3}p$, $y=\dfrac{1}{3}P$, 故矩形长为 $\dfrac{2}{3}p$, 宽为 $\dfrac{1}{3}p$, 最大体积

$$V=\frac{4\pi p^3}{27}$$

863.**(西北工业大学,华中科技大学)** 在直线 $x+y=\dfrac{\pi}{2}$ 位于第一象限的那一部分上求一点,使该点横坐标的余弦与纵坐标的余弦的乘积最大,并求出此最大值.

解法 1 令 $f(x,y)=\cos x\cos y$, 而 $x+y=\dfrac{\pi}{2}(x>0,y>0)$, 则

$$f(x,y)=\cos x\cos(\frac{\pi}{2}-x)=\cos x\sin x=\frac{1}{2}\sin 2x$$

当 $x=\dfrac{\pi}{4}$ 时, $f(x,y)$ 取得最大值 $\dfrac{1}{2}$, 纵坐标 $y=\dfrac{\pi}{2}-x=\dfrac{\pi}{4}$.

解法 2 用拉格朗日乘数法

设 $L(x,y,\lambda)=\cos x\cos y+\lambda(x+y-\dfrac{\pi}{2})$, 令

$L'_x=L'_y=L'_\lambda=0$, 得

$$\begin{cases} -\sin x\cos y+\lambda=0 \\ -\cos x\sin y+\lambda=0 \\ x+y=\dfrac{\pi}{2} \end{cases}$$

解得 $$x=y=\frac{\pi}{4},\lambda=\frac{1}{2}$$

故 $f(x,y)$ 在点 $(\dfrac{\pi}{4},\dfrac{\pi}{4})$ 的横坐标的余弦与纵坐标的余弦的乘积最大,且最大值为 $\dfrac{1}{2}$.

864.**(华中科技大学)** 求直线 $4x+3y=16$ 与椭圆 $18x^2+5y^2=45$ 之间的最短距离.

解法 1 设直线 $4x+3y=k$ 与椭圆 $18x^2+5y^2=45$ 有且只有唯一交点,则二次方程

$$18x^2+5(\frac{k-4x}{3})^2=45$$

有且只有唯一解.

$1\,600k^2-4\times242(5k^2-45\times9)=0$

$k^2=121$

$k=\pm11$

当 $k=11$ 时, $4x+3y=16$ 与 $4x+3y=11$ 之间的距离 $d_1=1$.

当 $k=-11$ 时, $4x+3y=16$ 与 $4x+3y=-11$ 之间距离 $d_2=\dfrac{27}{5}$.

故所求最短距离为 1.

解法 2　设椭圆上的点为 (x_1, y_1). 则 (x_1, y_1) 到 $4x + 3y = 16$ 的距离为 $d = \dfrac{|4x_1 + 3y_1 - 16|}{5}$，原问题转化为求 $f(x_1, y_1) = \dfrac{|4x_1 + 3y_1 - 16|}{5}$ 在限制条件 $18x^2 + 5y_1^2 = 45$ 下的最小值. 作拉格朗日函数

$$L(x_1, y_1, \lambda) = \frac{1}{5}|4x_1 + 3y_1 - 16| + \lambda(18x_1{}^2 + 5y_1{}^2 - 45)$$

令 $L'_{x_1} = L'_{y_1} = L'_{\lambda} = 0$，解得 $x_1 = \dfrac{10}{11}, y_1 = \dfrac{27}{11}, \lambda = -\dfrac{11}{450}$，或

$$x_1 = \frac{-10}{11}, y_1 = \frac{-27}{11}, \lambda = \frac{11}{450}$$

分别代入 $f(x_1, y_1)$ 得

$$d_1 = 1, d_2 = \frac{27}{5}$$

故所求最短距离为 1.

865.（**中国科学院**）　设 V 是由椭球面 $\dfrac{x^2}{a^2} + \dfrac{y^2}{b^2} + \dfrac{z^2}{c^2} = 1$ 的切平面和三个坐标平面所围成的区域的体积，求 V 的最小值.

解　过点 (x, y, z) 点的切平面方程为

$$\frac{x}{a^2}(X - x) + \frac{y}{b^2}(Y - y) + \frac{z}{c^2}(Z - z) = 0$$

即

$$\frac{x}{a^2}X + \frac{y}{b^2}Y + \frac{z}{c^2}Z = 1$$

此平面在坐标轴上截距分别是 $\dfrac{a^2}{x}, \dfrac{b^2}{y}, \dfrac{c^2}{z}$.

切平面与坐标轴围成的四面体的体积为 $V = \dfrac{a^2 b^2 c^2}{6|xyz|}$.

因此求 V 的最小值，只须求函数 $f(x, y, z) = xyz$ 在限制条件 $\dfrac{x^2}{a^2} + \dfrac{y^2}{b^2} + \dfrac{z^2}{c^2} = 1$ 之下的最大值，由对称性，可设 $x > 0, y > 0. z > 0$，为此，作拉格朗日函数

$$L(x, y, z, \lambda) = xyz - \lambda\left(\frac{x^2}{a^2} + \frac{y^2}{b^2} + \frac{z^2}{c^2} - 1\right)$$

令 $L'_x = L'_y = L'_z = L'_{\lambda} = 0$，得

$$\begin{cases} yz - \lambda\dfrac{2x}{a^2} = 0 \\[2mm] xz - \lambda\dfrac{2y}{b^2} = 0 \\[2mm] xy - \lambda\dfrac{2z}{c^2} = 0 \\[2mm] \dfrac{x^2}{a^2} + \dfrac{y^2}{b^2} + \dfrac{z^2}{c^2} = 1 \end{cases}$$

解得　$x = \dfrac{\sqrt{3}}{3}a, y = \dfrac{\sqrt{3}}{3}b, z = \dfrac{\sqrt{3}}{3}c, \lambda = \dfrac{1}{2\sqrt{3}}abc$

故　$V_{\min} = \dfrac{a^2 b^2 c^2}{6xyz} = \dfrac{\sqrt{3}}{2}abc.$

866.（**中国科学院**）　求两曲面 $x + 2y = 1$ 和 $x^2 + 2y^2 + z^2 = 1$ 的交线上距原点最近的点.

解法 1　化为无条件极值问题.

设 (x, y, z) 为交线上的一点,则 p 到原点的距离的平方为

$x^2 + y^2 + z^2 = 1 - y^2 = f(y)$　　（因为 $x^2 + z^2 = 1 - 2y^2$）

将 $x + 2y = 1$ 代入 $x^2 + 2y^2 + z = 1$ 得 $z^2 = -2(3y^2 - 2y) \geqslant 0$

解得　$0 \leqslant y \leqslant \dfrac{2}{3}$,所以 $f(y) = 1 - y^2 \geqslant 1 - (\dfrac{2}{3})^2 = \dfrac{5}{9}$

此时 $y = \dfrac{2}{3}, x = 1 - 2y = -\dfrac{1}{3}, z = 0$,即所求点为 $(-\dfrac{1}{3}, \dfrac{2}{3}, 0)$.

解法 2　用拉格朗日乘数法

设 $L(x, y, z, \lambda_1, \lambda_2) =$
　　$x^2 + y^2 + z^2 + \lambda_1(x + 2y - 1) + \lambda_2(x^2 + 2y^2 + z^2 - 1)$

令 $L'_x = L'_y = L'_z = L'_{\lambda_1} = L'_{\lambda_2} = 0$,得

$$\begin{cases} 2x + \lambda_1 + 2x\lambda_2 = 0 \\ 2y + 2\lambda_1 + 4y\lambda_2 = 0 \\ 2z + 2z\lambda_2 = 0 \\ x + 2y = 1 \\ x^2 + 2y^2 + z^2 - 1 = 0 \end{cases}$$

扫码获取本书资源

解得　$x = -\dfrac{1}{3}, y = \dfrac{2}{3}, z = 0, \lambda_1 = \dfrac{2}{9}, \lambda_2 = -\dfrac{2}{3}$

故交线上距原点最近的点为 $(-\dfrac{1}{3}, \dfrac{2}{3}, 0)$.

867.（**北京航空航天大学**）　在曲面 $x^2 + y^2 + z^2 = 1$ 上求点 $p_0(x_0, y_0, z_0)$,且 $x_0 \geqslant 0$, $y_0 \geqslant 0, z_0 \geqslant 0$ 使该点处曲面的切平面与三坐标面围成的四面体的体积最小.

解　过点 (x_0, y_0, z_0) 的切平面方程为
　　　　$x_0(x - x_0) + y_0(y - y_0) + z_0(z - z_0) = 0$

即 $x_0 x + y_0 y + z_0 z = 1$,此平面与三坐标轴截距为 $\dfrac{1}{x_0}, \dfrac{1}{y_0}, \dfrac{1}{z_0}$.

因此四面体的体积为　　　　　$V = \dfrac{1}{x_0 y_0 z_0}$

原问题化为求 V 在限制条件 $x_0^2 + y_0^2 + z_0^2 = 1$ 下的极小值点

作拉格朗日函数,有

$$L(x_0, y_0, z_0, \lambda) = \dfrac{1}{x_0 y_0 z_0} + \lambda(x_0^2 + y_0^2 + z_0^2 - 1)$$

令 $L'_{x_0} = L'_{y_0} = L'_{z_0} = L'_\lambda = 0$ 得

$$\begin{cases} -\dfrac{1}{x_0^2 y_0 z_0} + 2\lambda x_0 = 0 \\[2mm] -\dfrac{1}{x_0 y_0^{\,2} z_0} + 2\lambda y_0 = 0 \\[2mm] -\dfrac{1}{x_0 y_0 z_0^2} + 2\lambda z_0 = 0 \\[2mm] x_0^2 + y_0^{\,2} + z_0^2 = 1 \end{cases}$$

解得 $x_0 = y_0 = z_0 = \dfrac{\sqrt{3}}{3}$，故 $p_0 = (\dfrac{\sqrt{3}}{3}, \dfrac{\sqrt{3}}{3}, \dfrac{\sqrt{3}}{3})$，且最小体积为

$$V_{\min} = \frac{1}{\dfrac{\sqrt{3}}{3} \times \dfrac{\sqrt{3}}{3} \times \dfrac{\sqrt{3}}{3}} = 3\sqrt{3}$$

868.(**中国科技大学**)　在椭球 $\dfrac{x^2}{a^2} + \dfrac{y^2}{b^2} + \dfrac{z^2}{c^2} = 1$ 的内接长方体中，求体积最大的一个.

解　由对称性，只须考虑长方体在第一卦限部分的最大体积，设 $p_0(x_0, y_0, z_0)$ 为所求长方体在第一卦限的顶点，则长方体在第一卦限的体积为 $V_1 = x_0 y_0 z_0$，为此，作拉格朗日函数，有

$$L(x_0, y_0, z_0, \lambda) = x_0 y_0 z_0 + \lambda \left(\frac{x_0^{\,2}}{a^2} + \frac{y_0^2}{b^2} + \frac{z_0^2}{c^2} - 1 \right)$$

令 $L'_{x_0} = L'_{y_0} = L'_{z_0} = L'_\lambda = 0$ 得

$$\begin{cases} y_0 z_0 + \dfrac{2\lambda x_0}{a^2} = 0 \\[2mm] x_0 z_0 + \dfrac{2\lambda y_0}{b^2} = 0 \\[2mm] x_0 y_0 + \dfrac{2\lambda z_0}{c^2} = 0 \\[2mm] \dfrac{x_0^2}{a^2} + \dfrac{y_0^{\,2}}{b^2} + \dfrac{z_0^2}{c^2} = 1 \end{cases}$$

解得　$x_0 = \dfrac{a}{\sqrt{3}}, y_0 = \dfrac{b}{\sqrt{3}}, z_0 = \dfrac{c}{\sqrt{3}}$.

故 $V_1 \mid_{\max} = \dfrac{1}{3\sqrt{3}} abc$，所求长方体的最大体积为

$$V_{\max} = 8 V_1 \mid_{\max} = \frac{8}{3\sqrt{3}} abc$$

869.(**北京航空航天大学**)　抛物面 $z = x^2 + y^2$ 被平面 $x + y + z = 1$ 所截成一椭圆，求原点至该椭圆的最近，最远距离.

解　求函数 $f(x, y, z) = x^2 + y^2 + z^2$ 在限制条件 $z = x^2 + y^2$ 及 $x + y + z = 1$ 下的极值. 为此，作拉格朗日函数

$$L(x, y, z, \lambda_1, \lambda_2) = x^2 + y^2 + z^2 + \lambda_1 (x^2 + y^2 - z) + \lambda_2 (x + y + z - 1).$$

令 $L'_x = L'_y = L'_z = L'_{\lambda_1} = L'_{\lambda_2} = 0$ 得

$$\begin{cases} 2x + 2\lambda_1 x + \lambda_2 = 0 \\ 2y + 2\lambda_1 y + \lambda_2 = 0 \\ 2z - \lambda_1 + \lambda_2 = 0 \\ x^2 + y^2 = z \\ x + y + z = 1 \end{cases}$$

解得 $(x,y,z) = (\frac{-1-\sqrt{3}}{2}, \frac{-1-\sqrt{3}}{2}, 2+\sqrt{3})$ 此时 $f(x,y,z) = 9 + 5\sqrt{3}$ 或

$(x,y,z) = (\frac{-1+\sqrt{3}}{2}, \frac{-1+\sqrt{3}}{2}, 2-\sqrt{3})$，此时 $f(x,y,z) = 9 - 5\sqrt{3}$. 故所求的最近距

离为 $\sqrt{9 - 5\sqrt{3}}$，最远距离为 $\sqrt{9 + 5\sqrt{3}}$.

870.(**清华大学**) 利用导数证明周长一定的三角形中以等边三角形的面积最大.

证 设三角形三边分别为 x, y, z. 其周长为定数 $2p$，则面积

$$S = \sqrt{p(p-x)(p-y)(p-z)}$$

所求为 S 在限制条件 $x + y + z = 2p$ 下的极大值，为此，作拉格朗日函数

$$L(x,y,z,\lambda) = \sqrt{p(p-x)(p-y)(p-z)} - \lambda(x+y+z-2p)$$

令 $L'_x = L'_y = L'_z = L'_\lambda = 0$ 得

$$\begin{cases} -\dfrac{\sqrt{p(p-y)(p-z)}}{2\sqrt{p-x}} - \lambda = 0 \\ -\dfrac{\sqrt{p(p-x)(p-z)}}{2\sqrt{p-y}} - \lambda = 0 \\ -\dfrac{\sqrt{p(p-x)(p-y)}}{2\sqrt{p-z}} - \lambda = 0 \\ x + y + z = 2p. \end{cases}$$

解得 $x = y = z = \dfrac{2p}{3}$，此时 $S_{\max} = \dfrac{\sqrt{3}}{9}p^2$.

871.(**山东化工学院**) 设有两个正数 x 与 y 之和为定值，求函数

$f(x,y) = \dfrac{x^n + y^n}{2}$ 的极值，并证明 $\dfrac{x^n + y^n}{2} \geqslant (\dfrac{x+y}{2})^n$，其中 $n \in z^+$.

证 (1) 设 $x + y = a$，由拉格朗日乘数法，令

$$L(x,y,\lambda) = \frac{x^n + y^n}{2} - \lambda(x + y - a)$$

由 $$\begin{cases} L'_x = \dfrac{n}{2}x^{n-1} - \lambda = 0 \\ L'_y = \dfrac{n}{2}y^{n-1} - \lambda = 0 \\ x + y = a. \end{cases}$$

解得唯一稳定点 $x = y = \dfrac{a}{2}$，用极值判别法可得 $f(x,y)$ 有唯一极值 $f(\dfrac{a}{2}, \dfrac{a}{2}) = $

$(\frac{a}{2})^n$.

由于 $f(\frac{a}{2}, \frac{a}{2}) < f(a, 0) = \frac{a^n}{2} = f(0, a)$，所以当 $x = y = \frac{a}{2}$ 时，$f(x, y)$ 取最小值 $(\frac{a}{2})^n$.

(2) 由上可知 $f(x, y) = \frac{x^n + y^n}{2}$，只有当 $x = y = \frac{a}{2} = \frac{x + y}{2}$ 时取最小值，即

$$\frac{x^n + y^n}{2} \geqslant (\frac{a}{2})^n = (\frac{x + y}{2})^n.$$

872.(**华东师范大学**)　用条件极值法证明不等式：

$$\frac{x_1{}^2 + x_2{}^2 + \cdots + x_n{}^2}{n} \geqslant (\frac{x_1 + x_2 + \cdots + x_n}{n})^2, (x_k > 0, k = 1, 2, \cdots, n)$$

证　令 $f(x_1, x_2, \cdots, x_n) = \frac{x_1^2 + x_2^2 + \cdots + x_n^2}{n}$，设 $x_1 + x_2 + \cdots x_n = r(r > 0)$.

下求 f 在 $x_1 + x_2 + \cdots x_n = r(r > 0)$ 下的极值，为此，作拉格朗日函数

$$L(x_1, x_2, \cdots, x_n, \lambda) = f(x_1, x_2, \cdots, x_n) + \lambda(x_1 + x_2 + \cdots + x_n - r)$$

令 $L'_{x_1} = L'_{x_2} = \cdots = L'_{x_n} = L'_\lambda = 0$，得

$$\begin{cases} \dfrac{2x_1}{n} + \lambda = 0 \\[2mm] \dfrac{2x_2}{n} + \lambda = 0 \\[2mm] \cdots\cdots \\[2mm] \dfrac{2x_n}{n} + \lambda = 0 \\[2mm] x_1 + x_2 + \cdots + x_n = r \end{cases}$$

解得

$$x_1 = x_2 = \cdots = x_n = \frac{r}{n}$$

故 $f(x_1, x_2, \cdots x_n) \geqslant f_{\min} = \dfrac{(\frac{r}{n})^2 + \cdots (\frac{r}{n})^2}{n} =$

$$\frac{r^2}{n^2} = (\frac{x_1 + x_2 + \cdots x_n}{n})^2$$

873.(**北京科技大学**)　求 $u = x^2 - y^2 + 2xy$ 在有界区域 $x^2 + y^2 \leqslant 1$ 上的最大值与最小值.

解

令 $\begin{cases} u'_x = 2x + 2y = 0 \\ u'_y = -2y + 2x = 0 \end{cases}$ 解得 $x = y = 0$，得驻点 $(0, 0)$. 且 $u(0, 0) = 0$.

再考虑在边界上 $x^2 + y^2 = 1$，令 $x = \cos\theta, y = \sin\theta(0 \leqslant \theta \leqslant 2\pi)$，则

$$u = \cos^2\theta - \sin^2\theta + 2\sin\theta\cos\theta = \cos2\theta + \sin2\theta = \sqrt{2}\sin(2\theta + \frac{\pi}{4}).$$

当 $\theta = \dfrac{\pi}{8}$ 时，u 有最大值 $\sqrt{2}$，当 $\theta = \dfrac{5}{8}\pi$ 时，u 有最小值 $-\sqrt{2}$. 再与 $u(0,0)$ 比较，则

$$u_{\max} = \sqrt{2}, u_{\min} = -\sqrt{2}$$

874.（**兰州大学**）　写出函数 $f(x,y) = y^{2^x}$ 在点 $(1,1)$ 附近的 Taylor 公式，（写出二阶项，余项形式可不具体写出）.

解　$f(1,1) = 1$,

$$\dfrac{\partial f}{\partial x}\Big|_{(1,1)} = y^{2^x}\, 2^x \ln y \ln 2 \,|_{(1,1)} = 0$$

$$\dfrac{\partial f}{\partial y}\Big|_{(1,1)} = y^{2^x}\, \dfrac{2^x}{y}\,|_{(1,1)} = 2$$

$$\dfrac{\partial^2 f}{\partial x^2}\Big|_{(1,1)} = y^{2^x} \cdot 2^x \ln y \ln^2 2\, (2^x \ln y + 1)\,|_{(1,1)} = 0$$

$$\dfrac{\partial^2 f}{\partial x \partial y}\Big|_{(1,1)} = y^{2^x}\, \dfrac{2^x \ln 2}{y}(2^x \ln y + 1)\,|_{(1,1)} = 2\ln 2 = \dfrac{\partial^2 f}{\partial y \partial x}\,|_{(1,1)}$$

$$\dfrac{\partial^2 f}{\partial y^2}\Big|_{(1,1)} = y^{2^x}\, \dfrac{2^x}{y^2}(2^x - 1)\Big|_{(1,1)} = 2$$

所以

$$f(x,y) = f(1,1) + \left((x-1)\dfrac{\partial}{\partial x} + (y-1)\dfrac{\partial}{\partial y}\right)f(1,1) +$$
$$\dfrac{1}{2!}\left((x-1)\dfrac{\partial}{\partial x} + (y-1)\dfrac{\partial}{\partial y}\right)^2 f(1,1) + o(\rho^2) =$$
$$1 + 2(y-1) + 2\ln 2 (x-1)(y-1) + (y-1)^2 + o(\rho^2).$$

其中 $\rho = \sqrt{x^2 + y^2}$.

875.（**北京大学**）　写出函数 $u = e^x \cos y$ 在 $(0,0)$ 点邻域带皮亚诺余项的四阶泰勒公式.

解1　$u = f(x,y) = e^x \cos y = f(0,0) + \left(x\dfrac{\partial}{\partial x} + y\dfrac{\partial}{\partial y}\right)f(0,0) +$
$$\dfrac{1}{2!}\left(x\dfrac{\partial}{\partial x} + y\dfrac{\partial}{\partial y}\right)^2 f(0,0) + \dfrac{1}{3!}\left(x\dfrac{\partial}{\partial x} + y\dfrac{\partial}{\partial y}\right)^3 f(0,0) +$$
$$\dfrac{1}{4!}\left(x\dfrac{\partial}{\partial x} + y\dfrac{\partial}{\partial y}\right)^4 f(0,0) + o(\rho^4),$$

其中 $\rho = \sqrt{x^2 + y^2}$.

而 $f(0,0) = 1$,　$\dfrac{\partial f}{\partial x}\,|_{(0,0)} = \dfrac{\partial^2 f}{\partial x^2}\,|_{(0,0)} = \dfrac{\partial^3 f}{\partial x^3}\,|_{(0,0)} = \dfrac{\partial^4 f}{\partial x^4}\,|_{(0,0)} = 1$

$$\dfrac{\partial f}{\partial y}\,|_{(0,0)} = 0, \dfrac{\partial^2 f}{\partial y^2}\,|_{(0,0)} = -1, \dfrac{\partial^3 f}{\partial y^3}\Big|_{(0,0)} = 0, \dfrac{\partial^4 f}{\partial y^4}\Big|_{(0,0)} = 1, \dfrac{\partial^2 f}{\partial x \partial y}\Big|_{(0,0)} = 0$$

$$\dfrac{\partial^3 f}{\partial x^2 \partial y}\Big|_{(0,0)} = 0, \dfrac{\partial^3 f}{\partial x y^2}\Big|_{(0,0)} = -1, \dfrac{\partial^4 f}{\partial x^2 \partial y^2}\,|_{(0,0)} = -1, \dfrac{\partial^4 f}{\partial x \partial y^3}\Big|_{(0,0)} = 0,$$

$$\dfrac{\partial^4 f}{\partial x^3 \partial y}\,|_{(0,0)} = 0$$

从而

$$u = f(x, y) = e^x \cos y = 1 + x + \frac{1}{2!}(x^2 - y^2) + \frac{1}{3!}(x^3 - 3xy^2)$$
$$+ \frac{1}{4!}(x^4 - 6x^2y^2 + y^4) + o(\rho^4)$$

解 2 $e^x \cos y = (1 + x + \frac{x^2}{2!} + \frac{x^3}{3!} + \frac{x^4}{4!} + 0(\rho^4))(1 - \frac{y^2}{2!} + \frac{y^4}{4!} + 0(\rho^4)) =$
$$1 + x + \frac{1}{2}(x^2 - y^2) + \frac{1}{6}(x^3 - 3xy^2) + \frac{1}{24}(x^4 - 6x^2y + y^4) +$$
$$o(\rho^4)$$

876. 求二次型

$$f(x_1, \cdots x_n) = \sum_{i,j=1}^{n} a_{ij} x_i x_j (a_{ij} = a_{ji})$$

在条件 $\Phi(x_1, \cdots, x_n) = \sum_{i=1}^{n} x_i^2 - 1 = 0$ 下的最大值与最小值.

解 显然,连续函数 f 在紧致集

$$S^{n-1} = \left\{ (x_1, \cdots, x_n) \in |\mathbf{R}^n| \Phi(x_1, \cdots, x_n) = \sum_{i=1}^{n} x_i^2 - 1 = 0 \right\} =$$

$$\left\{ (x_1, \cdots, x_n) \in |\mathbf{R}^n| \sum_{i=1}^{n} x_i^2 = 1 \right\}$$

上达到最大值与最小值,其最大值点与最小值点必为 f 的条件极大值点与条件极小值点,应用拉格朗日不定乘数法,令

$$F(x_1, \cdots, x_n, \lambda) = \sum_{i,j=1}^{n} a_{ij} x_i x_j + \lambda(x_1^2 + \cdots + x_n^2 - 1),$$

则由方程组

$$(*) \begin{cases} \frac{1}{2} F'_{x_1} = (a_{11} - \lambda) x_1 + a_{12} x_2 + \cdots + a_{1n} x_n = 0 \\ \frac{1}{2} F'_{x_2} = a_{21} x_1 + (a_{22} - \lambda) x_2 + \cdots + a_{2n} x_n = 0 \\ \cdots \\ \frac{1}{2} F'_{x_n} = a_{n1} x_1 + a_{n2} x_2 + \cdots + (a_{nn} - \lambda) x_n = 0 \\ F'_{\lambda} = x_1^2 + \cdots + x_n^2 - 1 = 0 \end{cases}$$

可看出,它的解 $(X_1, \cdots, X_n) \in S^{n-1}$,故为齐次线性方程组的非零解,$\lambda$ 为特征方程

$$\begin{vmatrix} a_{11} - \lambda & a_{12} & \cdots & a_{1n} \\ a_{21} & a_{22} - \lambda & \cdots & a_{2n} \\ a_{n1} & a_{n2} & \cdots & a_{nn} - \lambda \end{vmatrix} = 0$$

的根(也称 λ 为矩阵(a_{ij}) 的特征值). 反之,对(a_{ij}) 的任一特征值 λ,$(*)$ 必有相应的一组非零解$(x_1, \cdots, x_n)$,并可取$(x_1, \cdots, x_n) \in S^{n-1}$. 此时,上述方程组的等式分别乘

$x_1, \cdots, x_n$ 相加得

$$\sum_{i,j=1}^{n} a_{ij} x_i x_j - \lambda = \sum_{i,j=1}^{n} a_{ij} x_i x_j - \lambda(x_1^2 + \cdots + x_n^2) = 0$$

所以，$f(x_1, \cdots, x_n) = \sum_{i,j=1}^{n} a_{ij} x_i x_j = \lambda$.

于是，有一个有趣的结查，f 在 S^{n-1} 上的最大值与最小值分别是矩阵(a_{ij})的最大特征值与最小特征值.

877.（大连海运学院,中国人民大学） 证明函数

$z = (1 + e^y)\cos x - ye^y$ 有无穷多个极大值，而没有任何极小值.

证 由

$$\begin{cases} f_x' = -(1 + e^y)\sin x = 0 \\ f_y' = (\cos x - y - 1)e^y = 0 \end{cases}$$

得无穷多个稳定点$(n\pi, (-1)^n - 1)$. $(n = 0, \pm 1, \pm 2)$.

(1) 当 $n = 2k$ 时，对应驻点为$(2k\pi, 0)$ 此时

$A = (1 + e^y)(-\cos x) |_{(2k\pi, 0)} = -2$,

$B = -e^y \sin x |_{(2k\pi, 0)} = 0$,

$C = (\cos x - y - 2)e^y |_{(2k\pi, 0)} = -1$.

$B^2 - AC < 0, A < 0$,因此函数在$(2k\pi, 0)$有极大值，且极大值为

$f(2k\pi, 0) = 2$.

(2) 当 $n = 2k + 1$ 时，对应驻点为$((2k+1)\pi, -2)$. 此时

$A = 1 + e^{-2}, B = 0, C = -e^{-2}$

$B^2 - AC = e^{-2}(1 + e^{-2}) > 0$,函数在这些点无极值，即证

878.（华中师范大学） 设 $z = f(x, y)$ 在有界闭区域 D 内有二阶连续的偏导数，

且$\dfrac{\partial^2 z}{\partial x^2} + \dfrac{\partial^2 z}{\partial y^2} = 0, \dfrac{\partial^2 z}{\partial x \partial y} \neq 0$.

证明：$z = f(x, y)$ 的最大值，最小值只能在区域的边界上取得.

证 因 $f(x, y)$ 在有界闭区域 D 上连续,故由连续函数的最值性知 $f(x, y)$ 在 D 上一定可取得最大值和最小值,下证 $f(x, y)$ 在 D 的内部不能取得极值,这里只须证明在 D 内任何点(x, y) 处 $B^2 - AC > 0$ 即可.

设 $A = \dfrac{\partial^2 z}{\partial x^2}, B = \dfrac{\partial^2 z}{\partial x \partial y}, c = \dfrac{\partial^2 z}{\partial y^2}$ 对 D 内任何点(x, y) 由于$\dfrac{\partial^2 z}{\partial x^2} + \dfrac{\partial^2 z}{\partial y^2} = 0$,即 $A + C = 0$,而 $A = -C$,故 $AC \leqslant 0$.

又 $B = \dfrac{\partial^2 z}{\partial x \partial y} \neq 0$,所以 $B^2 - AC > 0$.

故 $f(x, y)$ 不可能在 D 内部取得极值,从而 $F(x, y)$ 的最大值和最小值只能在 D 的边界上取得.

879.（四川大学） 在已知三角形内求一点,使该点至三个顶点的距离的平方和最小.

解　设三角形三顶点的坐标分别是 $A(a_1,b_1)$，$B(a_2,b_2)$，$C(a_3,b_3)$ 在 $\triangle ABC$ 内任取一点 $M(x,y)$ 取 $\rho = \displaystyle\sum_{i=1}^{3}\left[(x-a_i)^2+(y-b_i)^2\right]$．则

$$\rho_x{}' = \sum_{i=1}^{3}2(x-a_i)，\rho_y{}' = \sum_{i=1}^{3}2(y-b_i)$$

由极值存在的必要条件，令 $\rho'_x = \rho'_y = 0$，得

$$x_0 = \frac{a_1+a_2+a_3}{3}，y_0 = \frac{b_1+b_2+b_3}{3}$$

另外极值可疑点还有三顶点 A,B,C．以 A 为例，将 $M_0(x_0,y_0)$ 与 A 点比较，由余弦定理

$$\overline{AB}^2 = \overline{AM_0}{}^2 + \overline{M_0B}^2 - 2\overline{AM_0}\cdot\overline{M_0B}\cos\theta_1$$

$$\overline{AC}^2 = \overline{AM_0}{}^2 + \overline{M_0C}^2 - 2\overline{AM_0}\cdot\overline{M_0C}\cos\theta_2$$

由初等几何知 θ_1,θ_2 为钝角，故

$$\overline{AB}^2 > \overline{AM_0}{}^2 + \overline{M_0B}^2；\overline{AC}^2 > \overline{AM_0^2} + \overline{M_0C^2}$$

从而　　$\overline{AB}^2 + \overline{AC}^2 > 2\overline{AM_0}{}^2 + \overline{BM_0^2} + \overline{CM_0^2} > \overline{AM_0}{}^2 + \overline{BM_0}{}^2 + \overline{CM_0}{}^2$

这说明 A 点到三顶点的距离平方和大于 M_0 点到三顶点的距离的平方和，则 M_0 即为所求.

880.（**西北工业大学**）　在平面上求一点，使它到 n 个定点 (x_1,y_1)，(x_2,y_2)，$\cdots$，(x_n,y_n) 的距离之平方和最小.

解　设所求之点为 (x,y)，则由题设有

$$f(x,y) = (x-x_1)^2 + (y-y_1)^2 + (x-x_2)^2 + (y-y_2)^2 + \cdots +$$
$$(x-x_n)^2 + (y-y_n)^2.$$

$$f_x{}' = 2nx - 2\sum_{i=1}^{n}x_i，f_y{}' = 2ny - 2\sum_{i=1}^{n}y_i$$

令 $f_x{}' = f_y{}' = 0$ 得 $x_0 = \dfrac{1}{n}\sum_{i=1}^{n}x_i$，$y_0 = \dfrac{1}{n}\sum_{i=1}^{n}y_i$.

而　　　　　$f''_{xx} = 2n = A，f''_{xy} = 0 = B，f''_{yy} = 2n = C$

于是有 $B^2 - AC = 0 - 4n^2 < 0$，且 $A = 2n > 0$.

故 $f(x,y)$ 在 (x_0,y_0)，即在 $\left(\dfrac{1}{n}\sum_{i=1}^{n}x_i,\dfrac{1}{n}\sum_{i=1}^{n}y_i\right)$ 处取得极小值，亦即为最小值.

881.（**华东石油学院**）　求内接于半径为 a 的半球的最大长方体的体积.

解　由对称性，我们只须求第一卦限部分的最大体积，设顶点坐标为 (x,y,z)，其中 $z = \sqrt{a^2-x^2-y^2}$，于是有

$$V_1 = xyz = xy\sqrt{a^2-x^2-y^2}$$

$$\frac{\partial V_1}{\partial x} = \frac{a^2y - 2x^2y - y^3}{\sqrt{a^2-x^2-y^2}}，\frac{\partial V_1}{\partial y} = \frac{a^2x - 2xy^2 - x^3}{\sqrt{a^2-x^2-y^2}}$$

由极值存在的必要条件可得（$x = 0$ 及 $y = 0$ 舍去）

$$\begin{cases} a^2 - 2x^2 - y^2 = 0 \\ a^2 - 2y^2 - x^2 = 0 \end{cases}$$

解得 $\begin{cases} x = \pm \dfrac{a}{\sqrt{3}} \\ y = \pm \dfrac{a}{\sqrt{3}} \end{cases}$ 只取正的得 $\begin{cases} x = \dfrac{\sqrt{3}}{3}a \\ y = \dfrac{\sqrt{3}}{3}a \end{cases}$

故 $$V_{1\max} = \frac{\sqrt{3}}{9}a^3, V_{\max} = 4V_{1\max} = \frac{4\sqrt{3}}{9}a^3$$

882.(厦门大学) 证明不等式

$$e^y + x\ln x - x - xy \geqslant 0, (x \geqslant 1, y \geqslant 0)$$

证 令 $f(x,y) = e^y + x\ln x - x - xy$,则我们只须证明函数 $f(x,y)$ 在区域 $D = \{(x,y) \mid x \geqslant 1, y \geqslant 0\}$ 上有最小值 0 即可.

令 ${f_x}' = {f_y}' = 0$. 得 $x = e^y$,由此可见函数 $f(x,y)$ 的最小值只能在曲线 $x = e^y$ 上达到,且

$$f(e^y, y) = e^y + e^y y - e^y - ye^y = 0$$

因此,在 D 上 $f(x,y) \geqslant 0$,即证.

883.(复旦大学) 在曲面 $x^2 + y^2 + \dfrac{z^2}{4} = 1(x > 0, y > 0, z > 0)$ 上求一点,使过该点的切平面在三个坐标轴上的截距平方和最小.

解 在曲面 $x^2 + y^2 + \dfrac{z^2}{4} = 1, (x > 0, y > 0, z > 0)$ 上任取一点 (x_0, y_0, z_0),过该点的切平面方程为

$$2x_0(x - x_0) + 2y_0(y - y_0) + \frac{z_0}{2}(z - z_0) = 0$$

即

$$x_0 x + y_0 y + \frac{z_0}{4}z = 1$$

该切平面在三个坐标轴上的截距分别为

$$\frac{1}{x_0}, \frac{1}{y_0}, \frac{4}{z_0}$$

令 $f(x_0, y_0, z_0) = \dfrac{1}{{x_0}^2} + \dfrac{1}{{y_0}^2} + \dfrac{16}{{z_0}^2}$,原问题即求在限制条件 $x_0^2 + y_0^2 + \dfrac{z_0^2}{4} = 1, (x_0 > 0, y_0 > 0, z_0 > 0)$ 下使 $f(x_0, y_0, z_0)$ 取得最小值的 (x_0, y_0, z_0). 为此,作拉格朗日函数

$$L(x_0, y_0, z_0, \lambda) = \frac{1}{x_0^2} + \frac{1}{y_0^2} + \frac{16}{z_0^2} + \lambda\left(x_0^2 + y_0^2 + \frac{z_0^2}{4} - 1\right)$$

令 ${L'}_{x_0} = {L'}_{y_0} = {L'}_{z_0} = {L'}_\lambda = 0$,得

$$\begin{cases} -\dfrac{2}{x_0^3} + 2\lambda x_0 = 0 \\[2mm] -\dfrac{2}{y_0^3} + 2\lambda y_0 = 0 \\[2mm] -\dfrac{32}{z_0^3} + \dfrac{\lambda}{2} z_0 = 0 \\[2mm] x_0^2 + y_0^2 + \dfrac{z_0^2}{4} - 1 = 0 \end{cases}$$

解得
$$\begin{cases} x_0 = \dfrac{1}{2} \\[2mm] y_0 = \dfrac{1}{2} \\[2mm] z_0 = \sqrt{2} \\[2mm] \lambda = 16 \end{cases}$$

故所求的点为 $(\dfrac{1}{2}, \dfrac{1}{2}, \sqrt{2})$，且过该点的切平面在三个坐标轴上的截距平方和最小值为 $f_{\min} = 16$.

884.（**大连工学院**）　求曲线 $x = t, y = -t^2, z = t^3$ 上与平面 $x + 2y + z = 4$ 平行的切线方程.

解　平面 $x + 2y + z = 4$ 的法向量为 $\boldsymbol{n} = \{1, 2, 1\}$，而曲线 $x = t$，

$y = -t^2, z = t^3$ 的切向量为 $\boldsymbol{\tau} = \{1, -2t, 3t^2\}$ 当曲线的切线与已知平面平行时，

有 $\boldsymbol{n} \perp \boldsymbol{\tau}$，故 $\boldsymbol{n} \cdot \boldsymbol{\pi} = 0$，即 $1 - 4t + 3t^2 = 0$，得 $t = 1$ 与 $t = \dfrac{1}{3}$.

(1) 当 $t = 1$ 时，过曲线上的点 $(1, -1, 1)$ 的切线，其方向数为 $\boldsymbol{\tau} = \{1, -2, 3\}$ 切线方程为

$$\frac{x-1}{1} = \frac{y+1}{-2} = \frac{z-1}{3}$$

(2) 当 $t = \dfrac{1}{3}$ 时，过曲线上的点 $(\dfrac{1}{3}, -\dfrac{1}{9}, \dfrac{1}{27})$ 的切线；方向数为 $\boldsymbol{\tau} = \{1, -\dfrac{2}{3}, \dfrac{1}{3}\}$ 切线方程为

$$\frac{x - \dfrac{1}{3}}{1} = \frac{y + \dfrac{1}{9}}{-\dfrac{2}{3}} = \frac{z - \dfrac{1}{27}}{\dfrac{1}{3}}$$

即
$$\frac{3x - 1}{3} = \frac{9y + 1}{-6} = \frac{27z - 1}{9}$$

885.（**北京科技大学**）　求曲线 $f(x) = \begin{cases} x^2 + y^2 + z^2 = 6 \\ x + y + z = 0 \end{cases}$，在点 $M(1, -2, 1)$ 处的切线及法平面方程.

解　设 $F(x, y, z) = x^2 + y^2 + z^2 - 6, G(x, y, z) = x + y + z.$ 则

$$F_x{}' = 2x, F_y{}' = 2y, F_z{}' = 2z, G_x{}' = G_y{}' = G_z{}' = 1$$

$$\left.\frac{\partial(F,G)}{\partial(y,z)}\right|_M = \begin{vmatrix} 2y & 2z \\ 1 & 1 \end{vmatrix}_{(1,-2,1)} = -6$$

$$\left.\frac{\partial(F,G)}{\partial(z,x)}\right|_M = \begin{vmatrix} 2z & 2x \\ 1 & 1 \end{vmatrix}_{(1,-2,1)} = 0$$

$$\left.\frac{\partial(F,G)}{\partial(x,y)}\right|_M = \begin{vmatrix} 2x & 2y \\ 1 & 1 \end{vmatrix}_{(1,-2,1)} = 6$$

所以曲线 $f(x)$ 在点 $M(1,-2,1)$ 处的切线方程为

$$\frac{x-1}{-6} = \frac{y+2}{0} = \frac{z-1}{6}$$

法平面方程为

$$-6(x-1) + 6(z-1) = 0$$

化简为

$$x - z = 0$$

886.（北京科技大学） 求曲线 $\begin{cases} x^2 + y^2 + ze^z = 2, \\ x^2 + xy + y^2 = 1 \end{cases}$ 在点 $(1,-1,0)$ 处的切线方程.

解 令

$$F(x,y,z) = x^2 + y^2 + ze^z - 2, G(x,y,z) = x^2 + xy + y^2 - 1$$

则

$$F'_x = 2x, F'_y = 2y, F'_z = e^z(1+z)$$

$$G'_x = 2x+y, G'_y = x+2y, G'_z = 0$$

$$\left.\frac{\partial(F,G)}{\partial(y,z)}\right|_{(1,-1,0)} = \begin{vmatrix} 2y & e^z(1+z) \\ x+2y & 0 \end{vmatrix}_{(1,-1,0)} = 1$$

$$\left.\frac{\partial(F,G)}{\partial(z,x)}\right|_{(1,-1,0)} = \begin{vmatrix} e^z(1+z) & 2x \\ 0 & 2x+y \end{vmatrix}_{(1,-1,0)} = 1$$

$$\left.\frac{\partial(F,G)}{\partial(x,y)}\right|_{(1,-1,0)} = \begin{vmatrix} 2x & 2y \\ 2x+y & x+2y \end{vmatrix}_{(1,-1,0)} = 0$$

故曲线在 $(1,-1,0)$ 处的切线方程为

$$\frac{x-1}{1} = \frac{y+1}{1} = \frac{z}{0}$$

887.（武汉水利电力学院） 已知平面 $lx + my + nz = p$ 与椭球面 $\dfrac{x^2}{a^2} + \dfrac{y^2}{b^2} + \dfrac{z^2}{c^2} = 1$ 相切,证明 $a^2 l^2 + b^2 m^2 + c^2 n^2 = p^2$.

证 椭球面过 (x_1, y_1, z_1) 点的切平面为

$$\frac{x_1}{a^2}x + \frac{y_1}{b^2}y + \frac{z_1}{c^2}z = 1$$

两边同乘 p 得

$$p\frac{x_1}{a^2}x + p\frac{y_1}{b^2}y + p\frac{z_1}{c^2}z = p$$

因该平面与平面 $lx + my + nz = p$ 均为过 (x_1, y_1, z_1) 的切平面,故须

$$l = p\,\frac{x_1}{a^2}, m = p\,\frac{y_1}{b^2}, n = p\,\frac{z_1}{c^2}$$

因此 $x_1 = \dfrac{a^2 l}{p}, y_1 = \dfrac{b^2 m}{p}, z_1 = \dfrac{c^2 n}{p}$

再将它们代入已知平面方程即 $lx + my + nz = p$,即有

$$a^2 l^2 + b^2 m^2 + c^2 n^2 = p^2$$

888.(**浙江工学院,东北师范大学**)　证明:若函数 $F(u,v)$ 有连续的偏导数,则曲面 $S: F(nx - lz, ny - mz) = 0$ 上任一点的切平面都平行于直线

$$L: \frac{x}{l} = \frac{y}{m} = \frac{z}{n}$$

证　令 $u = nx - lz, v = ny - mz$,则

$$F_x{'} = nF_u{'}, F_y{'} = nF_v{'}, F_z{'} = -lF_u{'} - mF_v{'}$$

故曲面 S 上任一点 $P_0 = (x_0, y_0, z_0)$ 处的法向量为

$$\boldsymbol{n} = \{F_x{'}, F_y{'}, F_z{'}\} = \{nF_u{'}, nF_v{'}, -lF_u{'} - mF_v{'}\}$$

又直线 L 的方向数为 $\boldsymbol{\tau} = \{l, m, n\}$,所以 $\boldsymbol{n} \cdot \boldsymbol{\tau} = nlF_u{'} + nmF_v{'} - nlF_u{'} - nmF_v{'} = 0$,即 $\boldsymbol{n} \perp \boldsymbol{\tau}$ 从而直线 L 平行于曲面 S 在点 P_0 处的切平面.

889.(**合肥工业大学**)　试证曲面 $xyz = a^2$ 在任何一点处的切平面与三坐标面所围成的立体体积为定值.

证　过点 (x, y, z) 的切平面方程为

$$yz(X - x) + xz(Y - y) + xy(Z - z) = 0$$

即

$$yzX + xzY + xyZ = 3a^2$$

此平面与坐标轴截距分别为 $\dfrac{3a^2}{yz}, \dfrac{3a^2}{xz}, \dfrac{3a^2}{xy}$.切平面与坐标面所围成的立体体积为

$$V = \frac{1}{6} \cdot \frac{3a^2}{|yz|} \cdot \frac{3a^2}{|xz|} \cdot \frac{3a^2}{|xy|} = \frac{9}{2}a^2$$

为定值.

890.(**上海化工学院,华东工程学院**)　证明:曲面 $\sqrt{x} + \sqrt{y} + \sqrt{z} = \sqrt{a}(a > 0)$ 的切平面被坐标轴上割下的诸线段,其和为常量.

证　设 $F(x, y, z) = \sqrt{x} + \sqrt{y} + \sqrt{z} - \sqrt{a}$,有

$$F_x{'} = \frac{1}{2\sqrt{x}}, F_y{'} = \frac{1}{2\sqrt{y}}, F_z{'} = \frac{1}{2\sqrt{z}}$$

则曲线在点 $M(x_0, y_0, z_0)$ 处的切平面方程为

$$\frac{1}{2\sqrt{x_0}}(x - x_0) + \frac{1}{2\sqrt{y_0}}(y - y_0) + \frac{1}{2\sqrt{z_0}}(z - z_0) = 0$$

即 $\dfrac{x}{\sqrt{x_0}} + \dfrac{y}{\sqrt{y_0}} + \dfrac{z}{\sqrt{z_0}} = \sqrt{x_0} + \sqrt{y_0} + \sqrt{z_0} = \sqrt{a}$,化为截距式得

$$\frac{x}{\sqrt{ax_0}} + \frac{y}{\sqrt{ay_0}} + \frac{z}{\sqrt{az_0}} = 1$$

故得切平面在各坐标轴上的截距之和为

$$\sqrt{ax_0} + \sqrt{ay_0} + \sqrt{az_0} = \sqrt{a}(\sqrt{x_0} + \sqrt{y_0} + \sqrt{z_0}) = a$$

为常量.

891.(四川联合大学)　求曲面 $e^z - z + xy = 3$ 在点 $(2,1,0)$ 处的切平面方程.

解　令 $F(x,y,z) = e^z - z - xy - 3$,则

$$F_x'|_{(2,1,0)} = y|_{(2,1,0)} = 1$$

$$F_y'|_{(2,1,0)} = x|_{(2,1,0)} = 2$$

$$F_z'|_{(2,1,0)} = (e^z - 1)|_{(2,1,0)} = 0$$

故所求切平面方程为 $x - 2 + 2(y - 1) = 0$,即 $x + 2y - 4 = 0$.

892.(武汉测绘学院)　求椭球面 $3x^2 + y^2 + z^2 = 16$ 与球面 $x^2 + y^2 + z^2 = 14$ 在点 $P_0(-1,2,3)$ 处的交角.

解　令

$$F(x,y,z) = 3x^2 + y^2 + z^2 - 16, G(x,y,z) = x^2 + y^2 + z^2 - 14$$

则曲面 $F(x,y,z) = 0$ 与 $G(x,y,z) = 0$ 在点 p_0 处的法向量分别是

$$\boldsymbol{n}_F = \{F_x', F_y', F_z'\}|_{p_0} = \{-6, 4, 6\}$$

$$\boldsymbol{n}_G = \{G_x', G_y', G_z'\}|_{p_0} = \{-2, 4, 6\}$$

于是两曲面在该点的交角 θ 的余弦为

$$\cos\theta = \frac{\boldsymbol{n}_F \cdot \boldsymbol{n}_G}{|\boldsymbol{n}_F| \cdot |\boldsymbol{n}_G|} = \frac{12 + 16 + 36}{\sqrt{88} \times \sqrt{56}} = \frac{8}{\sqrt{77}}$$

故所求交角为 $\theta = \arccos\dfrac{8}{\sqrt{77}}$.

893.(长沙铁道学院)　过直线 $\begin{cases} 10x + 2y - 2z = 27 \\ x + y - z = 0 \end{cases}$,作曲面 $3x^2 + y^2 - z^2 = 27$ 的切平面,求此切平面方程.

解　设 $F(x,y,z) = 3x^2 + y^2 - z^2 - 27$,则

$$F_x' = 6x, F_y' = 2y, F_z' = -2z$$

过直线 $\begin{cases} 10x + 2y - 2z = 27 \\ x + y - z = 0 \end{cases}$ 的平面方程为

$$10x + 2y - 2z - 27 + \lambda \cdot (x + y - z) = 0$$

其法向量为 $\{10 + \lambda, 2 + \lambda, -2 - \lambda\}$.设所求切面切点为 $p_0(x_0, y_0, z_0)$,则

$$\begin{cases} \dfrac{10 + \lambda}{6x_0} = \dfrac{2 + \lambda}{2y_0} = \dfrac{2 + \lambda}{2z_0} \\ 3x_0^2 + y_0^2 - z_0^2 - 27 = 0 \\ (10 + \lambda)x_0 + (2 + \lambda)y_0 - (2 + \lambda)z_0 - 27 = 0 \end{cases}$$

解得 $x_0 = 3, y_0 = 1, z_0 = 1, \lambda = -1$ 或 $x_0 = -3, y_0 = -17, z_0 = -17, \lambda = -19$.所求切平面方程为

$$9x + y - z - 27 = 0 \text{ 或 } 9x + 17y - 17z + 27 = 0$$

第九章 重积分

§1 二重积分

【考点综述】

一、综述

1. 定义

设二元函数 $f(x,y)$ 定义在可求面积的有界闭区域 D 上，T 为 D 的任一个分割，即 $T:\sigma_1,\sigma_2,\cdots\sigma_n$，其 $\bigcup\limits_{i=1}^{n}\sigma_i = D$，$i \neq j$ 时除边界外 $\sigma_i \bigcap \sigma_j = \phi$ 用 $\Delta\sigma_i$ 表示 σ_i 的面积，在每个 σ_i 上任取一点 (ξ_i,η_i) 作和数

$$\sum_{i=1}^{n} f(\xi_i,\eta_i)\Delta\sigma_i$$——称为 $f(x,y)$ 关于 T 的积分和，记 $\parallel T \parallel$ 为 σ_i 的直径中的最大者. 如果 $\lim\limits_{\parallel T \parallel \to 0} \sum\limits_{i=1}^{n} f(\xi_i,\eta_i) = J$ 存在，且 J 与对 D 的分割 T 及每个 σ_i 所取的点 (ξ_i,η_i) 均无关. 则称 $f(x,y)$ 在 D 上可积且 J 称为 $f(x,y)$ 在 D 上的二重积分，记为

$$\iint\limits_{D} f(x)y)\mathrm{d}x\mathrm{d}y \text{ 或} \iint\limits_{D} f(x,y)\mathrm{d}\sigma$$

2. 性质：假设性质中所涉及的函数的积分均存在

(1) 有界性. 若 $f(x,y)$ 在 D 上可积，则 $f(x,y)$ 在 D 上有界，(可积的必要条件).

(2) 线性性. 若 f,g 均在 D 上可积，k,l 为任意实常数，则 $kf+lg$ 仍在 D 上可积，且

$$\iint\limits_{D}(kf+lg)\mathrm{d}\sigma = k\iint\limits_{D}f\mathrm{d}\sigma + l\iint\limits_{D}f\mathrm{d}\sigma$$

(3) 区域可加性. 设 $D=D_1 \bigcup D_2$，其中 D_1 与 D_2 的内部不相交则 $f(x,y)$ 在 D 上可积的充要条件是 $f(x,y)$ 在 D_1 与 D_2 上均可积，且

$$\iint\limits_{D}f\mathrm{d}\sigma = \iint\limits_{D_1}f\mathrm{d}\sigma + \iint\limits_{D_2}f\mathrm{d}\sigma$$

注：此性质可推广到 D 可表示成任意有限个内部不相交的区域的并的情形.

(4) 单调性. 若在任区域 D 上，$f(x,y) \leqslant g(x,y)$. 则

$$\iint\limits_{D}f\mathrm{d}\sigma \leqslant \iint\limits_{D}g\mathrm{d}\sigma$$

特别：当 $f(x,y) \geqslant 0$ 时，$\iint\limits_{D}f\mathrm{d}\sigma \geqslant 0$.

当 $m \leqslant f(x,y) \leqslant M$ 时 $\quad m \cdot \triangle D \leqslant \iint\limits_{D}f\mathrm{d}\sigma \leqslant M \cdot \Delta D$，其中 ΔD 表示 D 的面积.

(5) $\left| \iint\limits_{D} f \mathrm{d}\sigma \right| \leqslant \iint\limits_{D} | f | \mathrm{d}\sigma.$

(6) 中值公式. 若 $f(x,y)$ 在 D 上连续, $g(x,y)$ 在 D 上可积且不变号. 则存在(ξ, η) $\in D$,使

$$\iint\limits_{D} f \cdot g \mathrm{d}\sigma = f(\xi,\eta) \iint\limits_{D} g \mathrm{d}\sigma$$

特别,当 $g(x,y) = 1$ 时,有

$$\iint\limits_{D} f \mathrm{d}\sigma = f(\xi,\eta) \cdot S_{\triangle D} \quad 其中 S_{\triangle D} 表示 D 的面积.$$

3. 可积的条件

(1) 设 $f(x,y)$ 在 D 上有界,则 $f(x,y)$ 在 D 上可积的充要条件是

$\forall \varepsilon > 0$,存在 D 的某分割 $T:\sigma_1,\sigma_2,\cdots,\sigma_n$ 使得 $\sum\limits_{i=1}^{n} \omega_i S_{\triangle \sigma_i} < \varepsilon$ 　其中

$w_i = \sup\limits_{(x,y)\in\sigma_i} f(x,y) - \inf\limits_{(x,y)\in\sigma_i} f(x,y)$——称为 $f(x,y)$ 在 σ_i 上的振幅.

(2) 设 $f(x,y)$ 在 D 上连续(或 $f(x,y)$ 在 D 上只有有限个间断点),且有界,则 $f(x,y)$ 在 D 上可积.

(3) 若 $f(x,y)$ 在 D 上有界且不连续点分布在 D 内的一条或有限条光滑或逐段光滑曲线上,则 $f(x,y)$ 在 D 上可积.

4. 两类典型的简单区域

(1) x 型区域:$\{(x,y) \mid a \leqslant x \leqslant b, y_1(x) \leqslant y \leqslant y_2(x)\}$ 其中 $y_1(x) \leqslant y_2(x)$ 　其图形如下图所示(a).

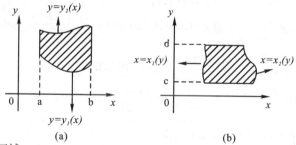

(a)　　　　　　　　　　　　(b)

(2) y 型区域:

$\{(x,y) \mid c \leqslant y \leqslant d, x_1(y) \leqslant x \leqslant x_2(y)\}$ 其中 $x_1(y) \leqslant x_2(y)$
其图形如图(b) 所示.

5. 常用公式

(1) 化为累次积分的计算公式.

1) 若 $f(x,y)$ 在 x 型区域 $D = \{(x,y) \mid a \leqslant x \leqslant b, y_1(x) \leqslant y \leqslant y_2(x)\}$ 上连续, $y_1(x), y_2(x)$ 均在 $[a,b]$ 上连续,则

$$\iint\limits_{D} f \mathrm{d}\sigma = \int_a^b \mathrm{d}x \int_{y_1(x)}^{y_2(x)} f \mathrm{d}y$$

2) 若 $f(x,y)$ 在 y 型区域 $D = \{(x,y) \mid c \leqslant y \leqslant \mathrm{d}, x_1(y) \leqslant x \leqslant x_2(y)\}$ 上连续,

$x_1(y), x_2(y)$ 均在 $[a, b]$ 上连续，则

$$\iint\limits_{D} f d\sigma = \int_c^d dy \int_{x_1(y)}^{x_2(y)} f dx.$$

(2) 变量替换公式

（ⅰ）设变量替换 $\begin{cases} x = x(u, v) \\ y = y(u, v) \end{cases}$ 将 xy 平面上的有界闭区域 D 一一地变成 uv 平面上

的有界闭区域 D'，且 $x(u, v), y(u, v) \in C^{(1)}(D)$. $\dfrac{\partial(x, y)}{\partial(u, v)} \neq 0$，若 $f(x, y)$ 在 D 上连续，

则 $\iint\limits_{D} f(x, y) d\sigma = \iint\limits_{D'} f(x(u, v), y(u, v)) \left| \dfrac{\partial(x, y)}{\partial(u, v)} \right| du dv.$

（ⅱ）设广义极坐标变换 $\begin{cases} x = x_0 + ar\cos\theta \\ y = y_0 + br\sin\theta \end{cases}$ 将 xy 平面上的有界闭区域 D 一一地

变成 $r\theta$ 平面上有界闭区域 $D', f(x, y)$ 在 D 上连续，则

$$\iint\limits_{D} f(x, y) d\sigma = \iint\limits_{D'} f(x_0 + ar\cos\theta, y_0 + br\sin\theta) \cdot abr dr d\theta.$$

特别，当 $(x_0, y_0) = (0, 0), a = b = 1$ 时　公式变为

$$\iint\limits_{D} f(x, y) d\sigma = \iint\limits_{D'} f(r\cos\theta, r\sin\theta) \cdot r dr d\theta \text{——极坐标变换公式}$$

(3) 若区域 D 是由两族光滑曲线 $g(x, y) = c_1, h(x, y) = c_2$ 中各取两条曲线 $g(x,$ $y) = a, g(x, y) = b, (a < b). h(x, y) = c, h(x, y) = d(c < d)$ 所围成，且 $f(x,$ $y)$ 在 D 上连续，作变量替换 $\begin{cases} u = g(x, y) \\ v = h(x, y) \end{cases}$，

则 $\iint\limits_{D} f(x, y) d\sigma = \iint\limits_{\substack{a \leqslant u \leqslant b \\ a \leqslant v \leqslant b}} f[g^{-1}(u, v), h^{-1}(u, v)] \cdot \left| \dfrac{\partial(g^{-1}, h^{-1})}{\partial(u, v)} \right| du dv,$

其中 $\begin{cases} x = g^{-1}(u, v) \\ y = h^{-1}(u, v) \end{cases}$ 为 $\begin{cases} u = g(x, y) \\ v = h(x, y) \end{cases}$ 的反函数组

注：可通过 $\dfrac{\partial(g^{-1}, h^{-1})}{\partial(u, v)} = \dfrac{1}{\dfrac{\partial(g, h)}{\partial(x, y)}}$ 计算 $\dfrac{\partial(g^{-1}, h^{-1})}{\partial(u, v)}$

6. 几个结果（重积分与单积分互换）

(1) $\left(\int_a^b f(x) dx \right)^2 = \iint\limits_{D} f(x) f(y) dx dy$　　其中 $D = [a, b] \times [a, b]$

(2) $\iint\limits_{D} f(ax + by) dx dy = 2 \int_{-1}^1 \sqrt{1 - x^2} f(\sqrt{a^2 + b^2} x) dx,$

其中 $a^2 + b^2 \neq 0, D: x^2 + y^2 \leqslant 1$

(3) $\iint\limits_{\substack{0 \leqslant x < +\infty \\ 0 \leqslant y < +\infty}} e^{-(x^2+y^2)} dx dy = \left(\int_0^{+\infty} e^{-x^2} dx \right)^2 = \dfrac{\pi}{4}.$

二、解题方法

1. 考点 1

重积分的计算

常用方法

(1) 化累次积分计算法(见第 894 题).

(2) 变量替换法(见第 896 题).

(3) 对称法(见第 897 题).

2. 考点 2

累次积分顺序的互换

常用方法:简单区域的互换(见第 895 题).

3. 考点 3

积分等式的证明

常用方法:

(1) 重积分化累次积分(见第 914 题).

(2) 变量替换法(见第 911 题).

(3) 对称法.

(4) 交换积分顺序(见第 922 题).

4. 考点 4

单积分的等式与不等式的证明

常用方法:单积分化为重积分(见第 942 题).

5. 考点 5

可积的判断

【经典题解】

894. **(北京师范大学)** 计算二重积分 $\iint\limits_{D} \sqrt{|y-x^2|}\,\mathrm{d}x\mathrm{d}y$,其中 D 为区域 $|x|\leqslant 1$,

$0\leqslant y\leqslant 2$

解　如右图示 D 可分为 $D_1\bigcup D_2$. 在 D_1 内 $y>x^2$,在

D_2 内 $y<x^2$. 所以

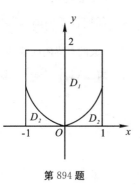

第 894 题

$$\iint\limits_{D} \sqrt{|y-x^2|}\,\mathrm{d}x\mathrm{d}y = \iint\limits_{D_1} \sqrt{y-x^2}\,\mathrm{d}x\mathrm{d}y +$$

$$\iint\limits_{D_2} \sqrt{x^2-y}\,\mathrm{d}x\mathrm{d}y =$$

$$\int_{-1}^{1}\mathrm{d}x\int_{x^2}^{2} \sqrt{y-x^2}\,\mathrm{d}y +$$

$$\int_{-1}^{1}\mathrm{d}x\int_{0}^{x^2} \sqrt{x^2-y}\,\mathrm{d}y = \frac{\pi}{2}+\frac{5}{3}$$

895. **(华中科技大学)**　设 $f(x)$ 在 $[a,b]$ 上连续,证明

$$\int_a^b \mathrm{d}x\int_a^x f(y)\mathrm{d}y = \int_a^b (b-x)f(x)\mathrm{d}x$$

证　改变积分顺序得

$$\int_a^b \mathrm{d}x\int_a^x f(y)\mathrm{d}y = \int_a^b \mathrm{d}y\int_y^b f(y)\mathrm{d}x = \int_a^b (b-y)f(y)\mathrm{d}y = \int_a^b (b-x)f(x)\mathrm{d}x$$

896. (**湖北大学,中南矿冶学院**)　求 $\iint\limits_{D} e^{\frac{y}{x+y}} dxdy$　其中 $D = \{(x,y) \mid x+y \leqslant 1,$ $x \geqslant 0, y \geqslant 0\}$

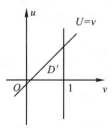

第 896 题

解　见上图,令 $\begin{cases} x+y=v \\ y=u \end{cases}$ 即 $\begin{cases} x=v-u \\ y=u \end{cases}$,则 D 变成

$$D' = \left\{ (u,v) \Big|_{0 \leqslant u \leqslant v}^{0 \leqslant v \leqslant 1} \right\}, \quad \frac{\partial(x,y)}{\partial(u,v)} = -1$$

$$\iint\limits_{D} e^{\frac{y}{x+y}} dxdy = \iint\limits_{D'} e^{\frac{u}{v}} dudv = \int_0^1 dv \int_0^v e^{\frac{u}{v}} du =$$

$$\int_0^1 v(e-1)dv = \frac{1}{2}(e-1)$$

897. (**武汉大学**)　计算下列积分

(1) $\displaystyle\int_0^1 \frac{x^b - x^a}{\ln x} dx$　其中 a, b 为常数,

$0 < a < b$;

(2) $\iint\limits_{D} e^{-y^2} dxdy$　其中 D 为直线 $y=x$ 与曲线 $y =$ $x^{\frac{1}{3}}$ 围成的有界闭区域,见右图.

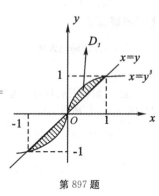

第 897 题

解　(1) $\displaystyle\int_0^1 \frac{x^b - x^a}{\ln x} dx = \int_0^1 \frac{1}{\ln x} x^y \Big|_a^b dx =$

$$\int_0^1 dx \int_a^b x^y dy =$$

$$\int_a^b dy \int_0^1 x^y dx =$$

$$\int_a^b \frac{1}{y+1} x^{y+1} \Big|_0^1 dy =$$

$$\int_a^b \frac{1}{y+1} dy = \ln\frac{b+1}{a+1}$$

(2) 由对称性及被积函数为关于 y 的偶函数知

$$\iint\limits_{D} e^{-y^2} dxdy = 2\iint\limits_{D_1} e^{-y^2} dxdy = 2\int_0^1 dy \int_{y^3}^y e^{-y^2} dx =$$

$$2\int_0^1 (y - y^3) e^{-y^2} dy \xrightarrow{t=y^2} \int_0^1 (1-t)e^{-t} dt = \frac{1}{e}$$

898.（北京师范大学）　给定积分

$$I = \iint\limits_{D} \left[\left(\frac{\partial f}{\partial x} \right)^2 + \left(\frac{\partial f}{\partial y} \right)^2 \right] dx dy$$

作正则变换 $x = x(u,v)$. $y = y(u,v)$，区域 D 变成 Ω. 如果变换满足

$$\frac{\partial x}{\partial u} = \frac{\partial y}{\partial v}, \frac{\partial x}{\partial v} = -\frac{\partial y}{\partial u} \qquad ①$$

试证：$I = \iint\limits_{\Omega} \left[\left(\frac{\partial f}{\partial u} \right)^2 + \left(\frac{\partial f}{\partial v} \right)^2 \right] du dv.$

证　由积分变换公式知

$$I = \iint\limits_{\Omega} \left[\left(\frac{\partial f}{\partial x} \right)^2 + \left(\frac{\partial f}{\partial y} \right)^2 \right] \cdot \left| \frac{\partial(x,y)}{\partial(u,v)} \right| du dv$$

而　$\left| \frac{\partial(x,y)}{\partial(u,v)} \right| = \begin{vmatrix} \frac{\partial x}{\partial u} & \frac{\partial x}{\partial v} \\ \frac{\partial y}{\partial u} & \frac{\partial y}{\partial v} \end{vmatrix} = \frac{\partial x}{\partial u} \frac{\partial y}{\partial v} - \frac{\partial x}{\partial v} \frac{\partial y}{\partial u} \xlongequal{\text{由①}} \left(\frac{\partial x}{\partial u} \right)^2 + \left(\frac{\partial x}{\partial v} \right)^2$

$$\frac{\partial f}{\partial u} = \frac{\partial f}{\partial x} \cdot \frac{\partial x}{\partial u} + \frac{\partial f}{\partial y} \cdot \frac{\partial y}{\partial u}$$

$$\frac{\partial f}{\partial v} = \frac{\partial f}{\partial x} \cdot \frac{\partial x}{\partial v} + \frac{\partial f}{\partial y} \cdot \frac{\partial y}{\partial v}$$

因此 $\left(\frac{\partial f}{\partial u} \right)^2 + \left(\frac{\partial f}{\partial v} \right)^2 = \left(\frac{\partial f}{\partial x} \right)^2 \cdot \left(\frac{\partial x}{\partial u} \right)^2 + \left(\frac{\partial f}{\partial y} \right)^2 \cdot \left(\frac{\partial y}{\partial u} \right)^2 + 2 \frac{\partial f}{\partial x} \cdot \frac{\partial f}{\partial y} \cdot \frac{\partial x}{\partial u} \cdot$

$$\frac{\partial y}{\partial u} + \left(\frac{\partial f}{\partial x} \right)^2 \left(\frac{\partial x}{\partial v} \right)^2 + \left(\frac{\partial f}{\partial y} \right)^2 \cdot \left(\frac{\partial y}{\partial v} \right)^2 + 2 \cdot \frac{\partial f}{\partial x} \cdot \frac{\partial f}{\partial y} \cdot$$

$$\frac{\partial x}{\partial v} \cdot \frac{\partial y}{\partial v} \xlongequal{\text{由①}}$$

$$\left[\left(\frac{\partial y}{\partial x} \right)^2 + \left(\frac{\partial f}{\partial y} \right)^2 \right] \left[\left(\frac{\partial x}{\partial u} \right)^2 + \left(\frac{\partial x}{\partial v} \right)^2 \right] =$$

$$\left[\left(\frac{\partial f}{\partial x} \right)^2 + \left(\frac{\partial f}{\partial y} \right)^2 \right] \left| \frac{\partial(x,y)}{\partial(u,v)} \right|.$$

所以 $I = \iint\limits_{\Omega} \left[\left(\frac{\partial f}{\partial u} \right)^2 + \left(\frac{\partial f}{\partial v} \right)^2 \right] du dv.$

899.（清华大学）　计算二重积分

$I = \iint\limits_{D} \frac{(\sqrt{x} + \sqrt{y})^4}{x^2} dx dy$，其中 D 是由 x 轴，$y = x$，

$\sqrt{x} + \sqrt{y} = 1$ 和 $\sqrt{x} + \sqrt{y} = 2$ 围成的有界闭区域（见右图）.

解　令 $\begin{cases} u = \sqrt{x} + \sqrt{y}, \\ v = \dfrac{y}{x}, \end{cases}$ 则 $1 \leqslant u \leqslant 2, 0 \leqslant v \leqslant 1.$

$$\frac{\partial(u,v)}{\partial(x,y)} = \begin{vmatrix} \dfrac{1}{2\sqrt{x}} & \dfrac{1}{2\sqrt{y}} \\ -\dfrac{y}{x^2} & \dfrac{1}{x} \end{vmatrix} = \frac{1}{2} \frac{1}{x^{\frac{3}{2}}} + \frac{1}{2} \frac{\sqrt{y}}{x^2} = \frac{1}{2}$$

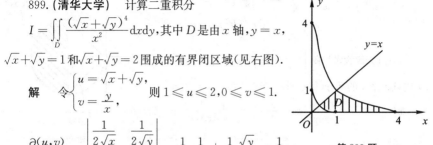

第 899 题

$$\frac{\sqrt{x}+\sqrt{y}}{x^2} = \frac{1}{2} \cdot \frac{u}{x^2}.$$

因此 $\dfrac{\partial(x,y)}{\partial(u,v)} = 2 \cdot \dfrac{x^2}{u}$

$$I = \iint\limits_{\substack{1 \leqslant u \leqslant 2 \\ 0 \leqslant v \leqslant 1}} \frac{u^4}{x^2} \cdot 2 \cdot \frac{x^2}{u} du dv = 2 \iint\limits_{\substack{1 \leqslant u \leqslant 2 \\ 0 \leqslant v \leqslant 1}} u^3 du dv = 2 \int_0^1 dv \int_1^2 u^3 du =$$

$$2 \times \frac{1}{4}(2^4 - 1) = \frac{15}{2}.$$

900. (南开大学)

设 $f(u)$ 具有连续的导函数,且 $\lim\limits_{u \to +\infty} f'(u) = A > 0, D = \{(x,y)\}x^2+y^2 \leqslant R^2,$
$x \geqslant 0, y \geqslant 0\}, (R > 0).$

(1) 证明: $\lim\limits_{u \to +\infty} f(u) = +\infty$;

(2) 求 $I_R = \iint\limits_{D} f'(x^2 + y^2) dx dy$;

(3) $\lim\limits_{R \to +\infty} \dfrac{I_R}{R^2}.$

解 (1) 因为 $\lim\limits_{u \to +\infty} f'(u) = A > 0, A > \dfrac{A}{2}.$

所以由局部保号性知, $\exists M > 0$, 使当 $u \geqslant M$ 时, $f'(u) > \dfrac{A}{2}.$

由微分中值公式知, 当 $u > M$ 时,

$f(u) = f(M) + f'(\xi)(u - M) > f(M) + \dfrac{A}{2}(u - M),$ 其中 $M < \xi < u$

$\lim\limits_{u \to +\infty} f(u) = +\infty.$

(2) 令 $\begin{cases} x = r\cos\theta, \\ y = r\sin\theta, \end{cases}$ 则 $0 \leqslant \theta \leqslant \dfrac{\pi}{2}.$

$$I_R = \iint\limits_{\substack{0 \leqslant r \leqslant R \\ 0 \leqslant \theta \leqslant \frac{\pi}{2}}} f'(r^2) \cdot r dr d\theta = \frac{1}{2} \times \frac{\pi}{2} [f(R^2) - f(0)] = \frac{\pi}{4}[f(R^2) - f(0)].$$

(3) $\lim\limits_{R \to +\infty} \dfrac{I_R}{R^2} = \lim\limits_{R \to +\infty} \dfrac{\pi}{4} \dfrac{f(R^2) - f(0)}{R^2} =$

$\dfrac{\pi}{4} \cdot \lim\limits_{R \to +\infty} \dfrac{2Rf'(R^2)}{2R} = \dfrac{\pi}{4}A$

901. (天津大学) 求 $\iint\limits_{D} \dfrac{1}{(x^2+y^2)^2} dx dy,$ 其中 D 是 $x^2 + y^2 \leqslant$
$2x$ 内且 $x \geqslant 1$ 的部分(见右图)

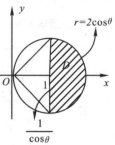

第 901 题

解 令 $\begin{cases} x = r\cos\theta, \\ y = r\sin\theta, \end{cases}$ 则 $-\dfrac{\pi}{4} \leqslant \theta \leqslant \dfrac{\pi}{4}, \dfrac{1}{\cos\theta} \leqslant r \leqslant 2\cos\theta.$

$$\iint\limits_{D} \frac{1}{(x^2+y^2)^2} dx dy = \int_{-\frac{\pi}{4}}^{\frac{\pi}{4}} d\theta \int_{\frac{1}{\cos\theta}}^{2\cos\theta} \frac{1}{r^4} \cdot r dr = \int_0^{\frac{\pi}{4}} (\cos^2\theta - $$

$$\frac{1}{4\cos^2\theta})\mathrm{d}\theta =$$

$$\frac{\pi}{8}$$

902. (中国人民大学) 求积分 $\displaystyle\int_0^1 \mathrm{d}y \int_1^y (\mathrm{e}^{-x^2} + \mathrm{e}^x \sin x)\mathrm{d}x$

解 改变积分顺序得

$$\int_0^1 \mathrm{d}y \int_1^y (\mathrm{e}^{-x^2} + \mathrm{e}^x \sin x)\mathrm{d}x = -\int_0^1 \mathrm{d}y \int_y^1 (\mathrm{e}^{-x^2} + \mathrm{e}^x \sin x)\mathrm{d}x =$$

$$-\int_0^1 \mathrm{d}x \int_0^x (\mathrm{e}^{-x^2} + \mathrm{e}^x \cdot \sin x)\mathrm{d}y =$$

$$-\int_0^1 (x\mathrm{e}^{-x^2} + x\mathrm{e}^x \sin x)\mathrm{d}x =$$

$$\frac{\mathrm{e}^{-1} - \mathrm{e}\sin 1}{2}$$

903. (北京航空航天大学) 求 $\displaystyle\iint\limits_D (x+y)\mathrm{sgn}(x-y)\mathrm{d}x\mathrm{d}y$

其中 $D = \{(x,y) \,|\, {0\leqslant x\leqslant 1 \atop 0\leqslant y\leqslant 1}\}$

解 如右图所示 $D = D_1 \bigcup D_2$,其中

$$D_1 = \left\{{0\leqslant x\leqslant 1 \atop 0\leqslant y\leqslant x}\right\}, D_2 = \left\{{0\leqslant x\leqslant 1 \atop x\leqslant y\leqslant 1}\right\}$$

因此 $\displaystyle\iint\limits_D (x+y)\mathrm{sgn}(x-y)\mathrm{d}x\mathrm{d}y = \iint\limits_{D_1}(x+y)\mathrm{d}x\mathrm{d}y - \iint\limits_{D_2}(x+$

$$y)\mathrm{d}x\mathrm{d}y = \frac{1}{2} - \frac{1}{2} = 0.$$

第 903 题图

904. (天津大学)

(1) 进行适当的变量替换,化下列积分为定积分 $\displaystyle\iint\limits_D f(xy)\mathrm{d}x\mathrm{d}y$,其中 D 由曲线 $xy = 1, xy = 2, y = x, y = 4x (x > 0, y > 0)$ 所围成的区域;

(2) 化累次积分 $\displaystyle\int_0^x \mathrm{d}\xi \int_0^\xi \mathrm{d}\eta \int_0^\eta f(\varepsilon)\mathrm{d}\varepsilon$ 为定积分.

解 (1) 令 $\begin{cases} u = xy \\ v = \dfrac{y}{x} \end{cases}$,则

$$1\leqslant u\leqslant 2, \frac{\partial(x,y)}{\partial(u,v)} = \frac{1}{\dfrac{\partial(u,v)}{\partial(x,y)}} = \frac{1}{2v}$$
$$1\leqslant v\leqslant 4,$$

因此 $\displaystyle\iint\limits_D f(xy)\mathrm{d}x\mathrm{d}y = \iint\limits_{1\leqslant u\leqslant 2 \atop 1\leqslant v\leqslant 4} f(u) \cdot \frac{1}{2v}\mathrm{d}u\mathrm{d}v = \frac{1}{2}\int_1^4 \frac{1}{v}\mathrm{d}v \cdot \int_1^2 f(u)\mathrm{d}u =$

$$\ln 2 \cdot \int_1^2 f(u)\mathrm{d}u$$

(2) 因为 $\displaystyle\int_0^\xi \mathrm{d}\eta \int_0^\eta f(\varepsilon)\mathrm{d}\varepsilon = \int_0^\xi \mathrm{d}\varepsilon \int_\varepsilon^\xi f(\varepsilon)\mathrm{d}\eta = \int_0^\xi f(\varepsilon)(\xi-\varepsilon)\mathrm{d}\varepsilon$

所以 $\int_0^x \mathrm{d}\xi \int_0^\xi \mathrm{d}\eta \int_0^\eta f(\varepsilon)\mathrm{d}\varepsilon = \int_0^x \mathrm{d}\xi \int_0^\xi f(\varepsilon)(\xi-\varepsilon)\mathrm{d}\varepsilon =$

$\int_0^x \mathrm{d}\varepsilon \int_\varepsilon^x f(\varepsilon)(\xi-\varepsilon)\mathrm{d}\xi = \int_0^x \frac{1}{2}f(\varepsilon)(\xi-\varepsilon)^2 \mid_\varepsilon^x \mathrm{d}\varepsilon =$

$\dfrac{1}{2}\int_0^x f(\varepsilon)(x-\varepsilon)^2 \mathrm{d}\varepsilon$

905. (天津大学)　求 $I =$
$\int_1^2 \mathrm{d}x \int_{\sqrt{x}}^x \sin\dfrac{\pi x}{2y}\mathrm{d}y + \int_2^4 \mathrm{d}x \int_{\sqrt{x}}^2 \sin\dfrac{\pi x}{2y}\mathrm{d}y$

第 905 题

解　$I = \int_1^2 \mathrm{d}y \int_y^{y^2} \sin\dfrac{\pi x}{2y}\mathrm{d}x =$

$-\int_1^2 \dfrac{2y}{\pi}\cos\dfrac{\pi}{2}y\mathrm{d}y =$

$-\left[\dfrac{2y}{\pi}\times\dfrac{2}{\pi}\sin\dfrac{\pi}{2}y\mid_1^2 - \dfrac{4}{\pi^2}\int_1^2 \sin\dfrac{\pi}{2}y\right] =$

$-\left[-\dfrac{4}{\pi^2} - \dfrac{4}{\pi^2}\times\left(-\dfrac{2}{\pi}\cos\dfrac{\pi}{2}\cos\dfrac{\pi}{2}y\mid_1^2\right)\right] =$

$-\left[-\dfrac{4}{\pi^2} + \dfrac{8}{\pi^3}\right] = \dfrac{4}{\pi^2}\left(1-\dfrac{2}{\pi}\right)$

906. (中山大学)　若 $f(x,y)$ 在矩形 $G:0\leqslant x\leqslant 1, 0\leqslant y\leqslant 1$ 上有定义,且积分
$I_1 = \int_0^1 \mathrm{d}x\int_0^1 f(x,y)\mathrm{d}y$ 与 $I_2 = \int_0^1 \mathrm{d}y\int_0^1 f(x,y)\mathrm{d}x$ 都存在,则( ).

(1)$I_1 = I_2$　(2)$I_1 \neq I_2$　(3)$\displaystyle\iint_D f(x,y)\mathrm{d}\sigma$ 存在　(4)$\displaystyle\iint_D f(x,y)\mathrm{d}\sigma$ 可能不存在

解　答案为(4). 如

$$f(x,y) = \begin{cases} \dfrac{(x-\frac{1}{2})(y-\frac{1}{2})}{[(x-\frac{1}{2})^2 + (y-\frac{1}{2})^2]^2}, & (x-\frac{1}{2})^2 + (y-\frac{1}{2})^2 \neq 0 \\ 0, & x = y = \dfrac{1}{2} \end{cases}$$

显然在 $G:0\leqslant x\leqslant 1, 0\leqslant y\leqslant 1$ 上有定义,且 $\int_0^1 \mathrm{d}x\int_0^1 f(x,y)\mathrm{d}y = \int_0^1 \mathrm{d}y\int_0^1 f(x,y)\mathrm{d}x =$
0,但 $f(x,y)$ 在 G 上无界,所以 $f(x,y)$ 在 G 上不可积.

907. (北京大学)　(1) 计算积分 $A = \displaystyle\iint_D \mid xy-\dfrac{1}{4}\mid \mathrm{d}\sigma$,其中 $D = [0,1]\times[0,1]$;(2)(华东师大)　设 $f(x,y)$ 在 $D = [a,b]\times[c,d]$ 上有二阶连续编导数.

1) 通过计算验证:$\displaystyle\iint_D f''_{xy}f(x,y)\mathrm{d}x\mathrm{d}y = \iint_D f''_{yx}(x,y)\mathrm{d}x\mathrm{d}y$;

2) 利用(1)证明 $f''_{xy}(x,y) = f''_{yx}(x,y), (x,y)\in D$.

解　(1) 如下图所示,$xy = \dfrac{1}{4}$ 将 D 分成两部分 D_1, D_2.

在 D_1 上,$\mid xy-\dfrac{1}{4}\mid = \dfrac{1}{4}-xy$,在 D_2 上,

$$| xy - \frac{1}{4} | = xy - \frac{1}{4}$$

因此 $A = \iint\limits_{D_1} (\frac{1}{4} - xy)d\sigma + \iint\limits_{D_2} (xy - \frac{1}{4})d\sigma$

而 $D_2 = \{(x,y) \mid \frac{1}{4} \leqslant x \leqslant 1, \frac{1}{4x} \leqslant y \leqslant 1\}, D_1 = \{(x,y)$

$\mid 0 \leqslant x \leqslant \frac{1}{4}, 0 \leqslant y \leqslant 1\} \bigcup \{(x,y) \mid \frac{1}{4} \leqslant x \leqslant 1, 0 \leqslant y \leqslant \frac{1}{4x}\}$.

因此 $\iint\limits_{D_2} (xy - \frac{1}{4})d\sigma = \int_{\frac{1}{4}}^{1} dx \int_{\frac{1}{4x}}^{1} (xy - \frac{1}{4})dy =$

第 907 题图

$$\int_{\frac{1}{4}}^{1} (\frac{1}{2}x + \frac{1}{32x} - \frac{1}{4})dx = \frac{1}{16}(\frac{3}{4} + \ln 2).$$

$$\iint\limits_{D_1} (\frac{1}{4} - xy)d\sigma = \int_0^{\frac{1}{4}} dx \int_0^1 (\frac{1}{4} - xy)dy + \int_{\frac{1}{4}}^1 dx \int_0^{\frac{1}{4x}} (\frac{1}{4} - xy)dy =$$

$$\frac{1}{16} \times \frac{3}{4} + \frac{1}{16}\ln 2 = \frac{1}{16}(\frac{3}{4} + \ln 2)$$

因此 $$A = \frac{1}{8}(\frac{3}{4} + \ln 2)$$

(2)1) $\iint\limits_{D} f''_{xy}(x,y)dxdy = \int_a^b dx \int_c^d f''_{xy}(x,y)dy =$

$$\int_a^b [f_x'(x,d) - f_x'(x,c)]dx =$$
$$f(b,d) - f(a,d) - f(b,c) + f(a,c)$$

$\iint\limits_{D} f''_{yx}(x,y)dxdy = \int_c^d dy \int_a^b f''_{yx}(x,y)dx =$

$$\int_c^d [f_y'(b,y) - f_y'(a,y)]dy =$$
$$f(b,d) - f(b,c) - f(a,d) + f(a,c)$$

故等式成立.

2) $\forall (x,y) \in D, \varepsilon > 0$ 令 $D' = [x - \varepsilon, x + \varepsilon] \times [y - \varepsilon, y + \varepsilon]$

由 (1) 知, $\iint\limits_{D'} f''_{xy} dxdy = \iint\limits_{D'} f''_{yx} dxdy$. 又由积分中值公式知, $\exists (\xi_1, \eta_1) \in D', (\xi_2, \eta_2) \in$

D', 使

$$\iint\limits_{D'} f''_{xy} dxdy = f''_{xy}(\xi_1, \eta_1) \cdot 4\varepsilon^2, \iint\limits_{D'} f''_{yx} dxdy = f''_{yx}(\xi_2, \eta_2) \cdot 4\varepsilon^2$$

所以 $$f''_{xy}(\xi_1, \eta_1) = f''_{yx}(\xi_2, \eta_2)$$

而由 f''_{xy}, f''_{yx} 连续且当 $\varepsilon \to 0$ 时 $(\xi_1, \eta_1) \to (x,y), (\xi_2, \eta_2) \to (x,y)$ 所以 $f''_{xy}(x,y) = f''_{yx}(x,y)$.

908. (河北师范大学)　计算

$$\iint\limits_{x^2 + y^2 \leqslant \frac{3}{16}} \min\left\{ \sqrt{\frac{3}{16} - x^2 - y^2}, 2(x^2 + y^2) \right\} dxdy.$$

解　由$\sqrt{\dfrac{3}{16}-x^2-y^2}=2(x^2+y^2)$,知

$$x^2+y^2=\frac{1}{8}$$

显然如右图所示圆周将$x^2+y^2\leqslant\dfrac{3}{16}$分成两部分$D_1$,$D_2$,

其中$D_1:x^2+y^2\leqslant\dfrac{1}{8}$,$D_2:\dfrac{1}{8}\leqslant x^2+y^2\leqslant\dfrac{3}{16}$.

当$(x,y)\in D_1$时,

$$\sqrt{\frac{3}{16}-x^2-y^2}\geqslant 2(x^2+y^2)$$

当$(x,y)\in D_2$时,

$$\sqrt{\frac{3}{16}-x^2-y^2}\leqslant 2(x^2+y^2)$$

第 908 题

所以$\displaystyle\iint\limits_{x^2+y^2\leqslant\frac{3}{16}}\min\left\{\sqrt{\frac{3}{16}-x^2-y^2},2(x^2+y^2)\right\}\mathrm{d}x\mathrm{d}y=$

$$\iint\limits_{D_1}2(x^2+y^2)\mathrm{d}x\mathrm{d}y+\iint\limits_{D_2}\sqrt{\frac{3}{16}-x^2-y^2}\,\mathrm{d}x\mathrm{d}y. \qquad\qquad ①$$

用极坐标变换

$$\iint\limits_{D_1}2(x^2+y^2)\mathrm{d}x\mathrm{d}y=2\int_0^{2\pi}\mathrm{d}\varphi\int_0^{\frac{\sqrt{2}}{4}}r^2r\mathrm{d}r=\pi r^4\Big|_0^{\frac{\sqrt{2}}{4}}=\frac{\pi}{64}$$

$$\iint\limits_{D_2}\sqrt{\frac{3}{16}-x^2-y^2}\,\mathrm{d}x\mathrm{d}y=\int_0^{2\pi}\mathrm{d}\varphi\int_{\frac{\sqrt{2}}{4}}^{\frac{\sqrt{3}}{4}}\sqrt{\frac{3}{16}-r^2}\,r\mathrm{d}r=$$

$$2\pi\times\left[-\frac{1}{3}\left(\frac{3}{16}-r^2\right)^{\frac{3}{2}}\right]\Bigg|_{\frac{\sqrt{2}}{4}}^{\frac{\sqrt{3}}{4}}=\frac{2\pi}{3}\left(\frac{3}{16}-\frac{1}{8}\right)^{\frac{3}{2}}=\frac{\pi}{96}$$

故$\displaystyle\iint\limits_{x^2+y^2\leqslant\frac{3}{16}}\min\left\{\sqrt{\frac{3}{16}-x^2-y^2},2(x^2+y^2)\right\}\mathrm{d}x\mathrm{d}y=\frac{5}{192}\pi$

909.(北京大学)　设$a>0$是常数,计算积分

$$\iint\limits_{x^2+y^2\leqslant ax}xy^2\mathrm{d}x\mathrm{d}y$$

解　令$\begin{cases}x=\dfrac{a}{2}+r\cos\theta\\ y=r\sin\theta\end{cases}$,则$x^2+y^2\leqslant ax$,变成$0\leqslant r\leqslant\dfrac{a}{2}$,$0\leqslant\theta\leqslant 2\pi$.

$$\iint\limits_{x^2+y^2\leqslant ax}xy^2\mathrm{d}x\mathrm{d}y=\iint\limits_{\substack{0\leqslant r\leqslant\frac{a}{2}\\ 0\leqslant\theta\leqslant 2\pi}}\left(\frac{a}{2}+r\cos\theta\right)r^2\sin^2\theta\cdot r\mathrm{d}r\mathrm{d}\theta=$$

$$\iint\limits_{\substack{0\leqslant r\leqslant\frac{a}{2}\\ 0\leqslant\theta\leqslant 2\pi}}\left(\frac{a}{2}\cdot r^3\sin^2\theta+r^4\cos\theta\sin^2\theta\right)\mathrm{d}r\mathrm{d}\theta=\frac{a^5}{128}\pi$$

注　此题若采用以原点为极点的极坐标变换,计算要复杂一些.

910.(**西北师范学院**)　计算由椭圆

$$(a_1 x + b_1 y + c_1)^2 + (a_2 x + b_2 y + c_2)^2 = 1 \quad (a_1 b_2 - a_2 b_1 \neq 0)$$

所围图形的面积.

解
$$\begin{cases} u = a_1 x + b_1 y + c_1 \\ v = a_2 x + b_2 y + c_2 \end{cases}$$

则
$$(a_1 x + b_1 y + c_1)^2 + (a_2 x + b_2 y + c_2)^2 \leqslant 1$$

变为 $u^2 + v^2 \leqslant 1$,且

$$\frac{\partial(x,y)}{\partial(u,v)} = \frac{1}{\dfrac{\partial(u,v)}{\partial(x,y)}} = \frac{1}{\begin{vmatrix} a_1 & b_1 \\ a_2 & b_2 \end{vmatrix}} = \frac{1}{a_1 b_2 - a_2 b_1}$$

所以,所示图形的面积(记为 S)为

$$S = \iint\limits_{(a_1 x+b_1 y+c_1)^2+(a_2 x+b_2 y+c_2)^2\leqslant 1} \mathrm{d}x\mathrm{d}y =$$

$$\iint\limits_{u^2+v^2\leqslant 1} \left| \frac{\partial(x,y)}{\partial(u,v)} \right| \mathrm{d}u\mathrm{d}v =$$

$$\frac{1}{|a_1 b_2 - a_2 b_1|} \iint\limits_{u^2+v^2\leqslant 1} \mathrm{d}u\mathrm{d}v = \frac{\pi}{|a_1 b_2 - a_2 b_1|}$$

911.(**东北师范大学**)　证明:

$$\iint\limits_{S} f(ax + by + c)\mathrm{d}x\mathrm{d}y = 2\int_{-1}^{1} \sqrt{1-u^2} f(u \sqrt{a^2 + b^2} + c)\mathrm{d}u$$

其中 $S: x^2 + y^2 \leqslant 1, a^2 + b^2 \neq 0$.

证　作正交变换
$$\begin{cases} u = \dfrac{1}{\sqrt{a^2 + b^2}}(ax + by) \\ v = \dfrac{1}{\sqrt{a^2 + b^2}}(-bx + ay) \end{cases}$$

则 $x^2 + y^2 = u^2 + v^2$,因此 $x^2 + y^2 \leqslant 1$ 变成 $u^2 + v^2 \leqslant 1$,且

$$\frac{\partial(x,y)}{\partial(u,v)} = \frac{1}{a^2 + b^2} \begin{vmatrix} a & b \\ -b & a \end{vmatrix} = 1$$

所以
$$\iint\limits_{S} f(ax + by + c)\mathrm{d}x\mathrm{d}y = \iint\limits_{u^2+v^2\leqslant 1} f(\sqrt{a^2 + b^2}\,u + c)\mathrm{d}u\mathrm{d}v$$

而　　$\{u^2 + v^2 \leqslant 1\} = \{(u,v)\,|-1 \leqslant u \leqslant 1, -\sqrt{1-u^2} \leqslant v \leqslant \sqrt{1-u^2}\}$

所以
$$\iint\limits_{S} f(ax + by + c)\mathrm{d}x\mathrm{d}y = \int_{-1}^{1}\mathrm{d}u\int_{-\sqrt{1-u^2}}^{\sqrt{1-u^2}} f(u \sqrt{a^2 + b^2} + c)\mathrm{d}v =$$

$$\int_{-1}^{1} f(\sqrt{a^2 + b^2}\,u + c)\mathrm{d}u\int_{-\sqrt{1-u^2}}^{\sqrt{1-u^2}}\mathrm{d}v =$$

$$2\int_{-1}^{1} \sqrt{1-u^2} f(\sqrt{a^2 + b^2}\,u + c)\mathrm{d}u$$

912.(**华中科技大学**)　计算二重积分

$\iint\limits_{D}(x+y)\mathrm{d}x\mathrm{d}y$,其中 D 是由曲线 $x^2+y^2=x+y$ 所围成的区域.

解　将 $x^2+y^2-x-y=0$,变为 $(x-\frac{1}{2})^2+(y-\frac{1}{2})^2=\frac{1}{2}$.

令 $\begin{cases} x=\dfrac{1}{2}+r\cos\theta \\ y=\dfrac{1}{2}+r\sin\theta \end{cases}$,

因此 $\iint\limits_{D}(x+y)\mathrm{d}x\mathrm{d}y=\int_0^{2\pi}\mathrm{d}\theta\int_0^{\frac{\sqrt{2}}{2}}[r(\cos\theta+\sin\theta)+1]r\mathrm{d}r=2\pi\int_0^{\frac{\sqrt{2}}{2}}r\mathrm{d}r=\dfrac{\pi}{2}$

913.（西北电讯工程学院）

求 $\iint\limits_{D}|\sin(x-y)|\mathrm{d}x\mathrm{d}y$,其中 $D:0\leqslant x\leqslant y\leqslant 2\pi$.

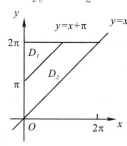

第 913 题图

解　因 $|\sin(x-y)|=|\sin(y-x)|=$
$\begin{cases} \sin(y-x),0\leqslant y-x<\pi, \\ -\sin(y-x),\pi\leqslant y-x\leqslant 2\pi, \end{cases}$
如右图所示 D 被直线 $y=x+\pi$ 分成两个区域 D_1 和 D_2.
所以

$$\iint\limits_{D}|\sin(x-y)|\mathrm{d}x\mathrm{d}y=-\iint\limits_{D_1}\sin(y-x)\mathrm{d}x\mathrm{d}y+\iint\limits_{D_2}\sin(y-x)\mathrm{d}x\mathrm{d}y$$

作变换 $\begin{cases} u=y-x \\ v=x \end{cases}$,即 $\begin{cases} x=v \\ y=u+v \end{cases}$,则

$$\frac{\partial(x,y)}{\partial(u,v)}=\begin{vmatrix} 0 & 1 \\ 1 & 1 \end{vmatrix}=-1$$

D_1 变为　　　　　　　　$\left\{(u,v)\left|\begin{array}{l} 0\leqslant v\leqslant\pi \\ \pi\leqslant u\leqslant 2\pi-v \end{array}\right.\right\}$

D_2 变为　　　　　　　　$\left\{(u,v)\left|\begin{array}{l} 0\leqslant u\leqslant\pi \\ 0\leqslant v\leqslant 2\pi-u \end{array}\right.\right\}$

从而　　　$\iint\limits_{D_1}\sin(y-x)\mathrm{d}x\mathrm{d}y=\int_0^{\pi}\mathrm{d}v\int_{\pi}^{2\pi-v}\sin u\mathrm{d}u=\int_0^{\pi}(-\cos u|_{\pi}^{2\pi-v})\mathrm{d}v=$

$$-\int_0^{\pi}[\cos(2\pi-v)+1]\mathrm{d}v=$$

$$-\int_0^{\pi}(1+\cos v)\mathrm{d}v=-\pi$$

$$\iint\limits_{D_2}\sin(y-x)\mathrm{d}x\mathrm{d}y=\int_0^{\pi}\mathrm{d}u\int_0^{2\pi-u}\sin u\mathrm{d}v=\int_0^{\pi}(2\pi-u)\sin u\mathrm{d}u$$

$$=4\pi-\int_0^{\pi}u\sin u\mathrm{d}u=3\pi$$

所以 $\iint\limits_{D}|\sin(x-y)|\mathrm{d}x\mathrm{d}y=\pi+3\pi=4\pi$

914. **(武汉大学)** 设 $f(x)$ 在 $[0,1]$ 上连续,证明:

$\iint\limits_{D}f(1-y)f(x)\mathrm{d}x\mathrm{d}y=\dfrac{1}{2}\Big[\int_{0}^{1}f(x)\mathrm{d}x\Big]^{2}$,其中 D 为以

$O(0,0),A(0,1),B(1,0)$ 为顶点的三角形区域.

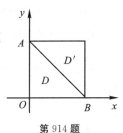

第 914 题

证 因

$$\Big[\int_{0}^{1}f(x)\mathrm{d}x\Big]^{2}=\int_{0}^{1}f(x)\mathrm{d}x\cdot\int_{0}^{1}f(x)\mathrm{d}x\xrightarrow{x=1-y}$$

$$\int_{0}^{1}f(x)\mathrm{d}x\cdot\int_{0}^{1}f(1-y)\mathrm{d}y$$

$$=\iint\limits_{\substack{0\leqslant x\leqslant 1\\0\leqslant y\leqslant 1}}f(x)f(1-y)\mathrm{d}x\mathrm{d}y$$

如右图所示 $\left\{(x,y)\;\middle|\;\begin{matrix}0\leqslant x\leqslant 1\\0\leqslant y\leqslant 1\end{matrix}\right\}=D\bigcup D'$

因此 $\Big[\int_{0}^{1}f(x)\mathrm{d}x\Big]^{2}=\iint\limits_{D}f(x)f(1-y)\mathrm{d}x\mathrm{d}y+\iint\limits_{D'}f(x)f(1-y)\mathrm{d}x\mathrm{d}y$

令 $\begin{cases}u=1-y\\v=1-x\end{cases}$, 即 $\begin{cases}y=1-u\\x=1-v\end{cases}$, 则

$$\frac{\partial(x,y)}{\partial(u,v)}=\begin{vmatrix}0&-1\\-1&0\end{vmatrix}=-1$$

D' 变成 $\left\{(u,v)\;\middle|\;\begin{matrix}0\leqslant u\leqslant 1\\0\leqslant v\leqslant u\end{matrix}\right\}$

因此 $\iint\limits_{D'}f(x)f(1-y)\mathrm{d}x\mathrm{d}y=\iint\limits_{\substack{0\leqslant u\leqslant 1\\0\leqslant v\leqslant u}}f(u)f(1-v)\mathrm{d}u\mathrm{d}v$

注意到二重积分的值与积分变量的记号无关.

$\iint\limits_{D'}f(x)f(1-y)\mathrm{d}x\mathrm{d}y=\iint\limits_{\substack{0\leqslant x\leqslant 1\\0\leqslant y\leqslant 1-x}}f(x)f(1-y)\mathrm{d}x\mathrm{d}y=\iint\limits_{D}f(x)f(1-y)\mathrm{d}x\mathrm{d}y$

$\iint\limits_{D}f(x)f(1-y)\mathrm{d}x\mathrm{d}y=\dfrac{1}{2}\Big[\int_{0}^{1}f(x)\mathrm{d}x\Big]^{2}$

915. **(北京大学)** 计算积分

$$I=\iint\limits_{\Omega}(x+y)\mathrm{d}x\mathrm{d}y$$

其中 Ω 是由 $y=1,y=\mathrm{e}^{x}$ 以 $x=0,x=1$ 所围成区域.

解 因为 $\Omega=\left\{(x,y)\;\middle|\;\begin{matrix}0\leqslant x\leqslant 1\\1\leqslant y\leqslant \mathrm{e}^{x}\end{matrix}\right\}$

所以 $I=\int_{0}^{1}\mathrm{d}x\int_{1}^{\mathrm{e}^{x}}(x+y)\mathrm{d}y=$

$$\int_{0}^{1}\Big[x(\mathrm{e}^{x}-1)+\dfrac{1}{2}(\mathrm{e}^{2x}-1)\Big]\mathrm{d}x=$$

$$\int_0^1 (xe^x - x + \frac{1}{2}e^{2x} - \frac{1}{2})dx = \frac{e^2-1}{4}$$

916. (北京航空航天大学)

设 f 为连续函数，求证 $\iint\limits_{D} f(x-y)dxdy =$

$\int_{-A}^{A} f(\xi)(A-|\xi|)d\xi$，其中 $D: |x| \leqslant \dfrac{A}{2}, |y| \leqslant \dfrac{A}{2}$，($A$ 为常数).

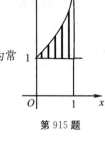
第 915 题

证 令 $\begin{cases} \xi = x - y, \\ \eta = x + y, \end{cases}$ 即 $\begin{cases} x = \dfrac{1}{2}(\xi + \eta) \\ y = \dfrac{1}{2}(\eta - \xi) \end{cases}$，则

$$\frac{\partial(x,y)}{\partial(\xi,\eta)} = \begin{vmatrix} \dfrac{1}{2} & \dfrac{1}{2} \\ -\dfrac{1}{2} & \dfrac{1}{2} \end{vmatrix} = \frac{1}{2}$$

D 变为 $D': |\xi| + |\eta| \leqslant A$，而

$$D' = \left\{ (\xi, \eta) \,\middle|\, \begin{array}{l} -A \leqslant \xi \leqslant A \\ -(A-|\xi|) \leqslant \eta \leqslant A-|\xi| \end{array} \right\}$$

所以 $\displaystyle\iint\limits_{D} f(x-y)dxdy = \iint\limits_{D'} f(\xi) \cdot \frac{1}{2}d\xi d\eta = \frac{1}{2}\int_{-A}^{A} d\xi \int_{|\xi|-A}^{A-|\xi|} f(\xi)d\eta =$

$$\int_{-A}^{A} f(\xi)(A-|\xi|)d\xi$$

917. (大连工学院) 计算

$$\iint\limits_{\pi^2 \leqslant x^2+y^2 \leqslant 4\pi^2} \sin\sqrt{x^2+y^2}\,dxdy$$

解 令 $\begin{cases} x = r\cos\theta, & \pi \leqslant r \leqslant 2\pi \\ y = r\sin\theta, & 0 \leqslant \theta \leqslant 2\pi \end{cases}$，由极坐标变换公式，得

原式 $= \displaystyle\int_0^{2\pi} d\theta \int_\pi^{2\pi} \sin r \cdot r\,dr =$

$$2\pi(-r\cos r + \sin r)\,\big|_\pi^{2\pi} = 2\pi(-2\pi - \pi) = -6\pi^2$$

918. (武汉大学) 计算重积分

$I = \displaystyle\iint\limits_{D} \frac{3x}{y^2 + xy^3}dxdy,$

其中 D 为平面曲线 $xy = 1, xy = 3$,

$y^2 = x, y^2 = 3x$ 所围成的有界闭区域.

解 令 $\begin{cases} u = xy \\ v = \dfrac{y^2}{x} \end{cases}$，则

$$\frac{\partial(u,v)}{\partial(x,y)} = \begin{vmatrix} y & x \\ -\dfrac{y^2}{x^2} & 2\dfrac{y}{x} \end{vmatrix} \quad D$$

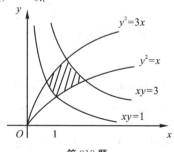
第 918 题

$$3\dfrac{y^2}{x}=3v$$

D 变为　　　　　$\left\{(u,v)\left|\begin{array}{l}1\leqslant u\leqslant 3\\1\leqslant v\leqslant 3\end{array}\right.\right\}$

扫码获取本书资源

因此 $I=\displaystyle\iint\limits_{\substack{1\leqslant u\leqslant 3\\1\leqslant v\leqslant 3}}\dfrac{3}{v(1+u)}\cdot\dfrac{1}{3v}\mathrm{d}u\mathrm{d}v=$

$\displaystyle\int_1^3\dfrac{1}{v^2}\mathrm{d}v\int_1^3\dfrac{1}{1+u}\mathrm{d}u=\dfrac{2}{3}\ln 2$

919.（南开大学）

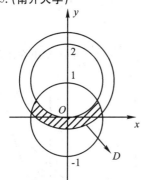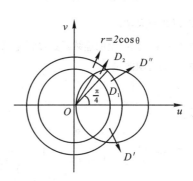

第 919 题

计算二重积分 $\displaystyle\iint\limits_D(3x^3+x^2+y^2+2x-2y+1)\mathrm{d}x\mathrm{d}y$，其中

$$D=\{(x,y)\mid 1\leqslant x^2+(y-1)^2\leqslant 2\ \text{且}\ x^2+y^2\leqslant 1\}$$

解　因 D 关于 y 轴对称，所以积分中关于 x 的奇次项的积分值为零. 从而

$$\iint\limits_D(3x^3+x^2+y^2-2y+2x+1)\mathrm{d}x\mathrm{d}y=\iint\limits_D[x^2+(y-1)^2]\mathrm{d}x\mathrm{d}y$$

令 $\begin{cases}u=1-y,\\v=x,\end{cases}$　即 $\begin{cases}x=v\\y=1-u\end{cases}$，　则

$$\dfrac{\partial(x,y)}{\partial(u,v)}=\begin{vmatrix}0&1\\-1&0\end{vmatrix}=1$$

D 变成

$$D'=\{(u,v)\mid 1\leqslant u^2+v^2\leqslant 2\ \text{且}\ (u-1)^2+v^2\leqslant 1\}$$

$$\iint\limits_D(3x^2+x^2+y^2+2x-2y+1)\mathrm{d}x\mathrm{d}y=\iint\limits_{D'}(u^2+v^2)\mathrm{d}u\mathrm{d}v$$

而 D' 关于 u 轴对称，且 $D''=D_1\bigcup D_2$. 所以

$$\iint\limits_{D'}(u^2+v^2)\mathrm{d}u\mathrm{d}v=2\iint\limits_{D''}(u^2+v^2)\mathrm{d}u\mathrm{d}v=$$

$$2\left(\iint\limits_{D_1}(u^2+v^2)\mathrm{d}u\mathrm{d}v+\iint\limits_{D_2}(u^2+v^2)\mathrm{d}u\mathrm{d}v\right)$$

令 $\begin{cases} u = r\cos\theta, \\ v = r\sin\theta, \end{cases}$ 则 D_1 变为

$$\left\{ (r,\theta) \,\middle|\, \begin{matrix} 0 \leqslant \theta \leqslant \dfrac{\pi}{4} \\[2mm] 1 \leqslant r \leqslant \sqrt{2} \end{matrix} \right\}$$

D_2 变为　　　　　　$\left\{ (r,\theta) \,\middle|\, \begin{matrix} \dfrac{\pi}{4} \leqslant \theta \leqslant \dfrac{\pi}{3} \\[2mm] 1 \leqslant r \leqslant 2\cos\theta \end{matrix} \right\}$

因此 $\displaystyle\iint_D (u^2 + v^2)\,du\,dv = 2\left(\int_0^{\frac{\pi}{4}} d\theta \int_1^{\sqrt{2}} r^3 dr + \int_{\frac{\pi}{4}}^{\frac{\pi}{3}} d\theta \int_1^{2\cos\theta} r^3 dr \right) = \dfrac{7}{12}\pi + \dfrac{7}{8}\sqrt{3} - 2$

920.（北京大学）

设 $f(x,y)$ 是 R^2 上的连续函数,试交换累次积分 $\displaystyle\int_{-1}^1 dx \int_{x^2+x}^{x+1} f(x,y)\,dy$ 的求积次序.

解　如右图所示

$D = \left\{ (x,y) \,\middle|\, \begin{matrix} -1 \leqslant x \leqslant 1 \\ x^2 + x \leqslant y \leqslant x + 1 \end{matrix} \right\} = D_1 \bigcup D_2$

而

$D_1 = \left\{ (x,y) \,\middle|\, \begin{matrix} 0 \leqslant y \leqslant 2 \\[1mm] y - 1 \leqslant x \leqslant -\dfrac{1}{2} + \sqrt{y + \dfrac{1}{4}} \end{matrix} \right\}$

$D_2 = \left\{ (x,y) \,\middle|\, \begin{matrix} -\dfrac{1}{4} \leqslant y \leqslant 0 \\[1mm] -\dfrac{1}{2} - \sqrt{y + \dfrac{1}{4}} \leqslant x \leqslant -\dfrac{1}{2} + \sqrt{y + \dfrac{1}{4}} \end{matrix} \right\}$

第 920 题

故 $\displaystyle\int_{-1}^1 dx \int_{x^2+x}^{x+1} f(x,y)\,dy = \int_0^2 dy \int_{y-1}^{-\frac{1}{2}+\sqrt{y+\frac{1}{4}}} f(x,$

$y)\,dx + \displaystyle\int_{-\frac{1}{4}}^0 dy \int_{-\frac{1}{2}-\sqrt{y+\frac{1}{4}}}^{-\frac{1}{2}+\sqrt{y+\frac{1}{4}}} f(x,y)\,dx$

921.（浙江化工学院）

试证明:$\displaystyle\int_0^4 dx \int_0^{\frac{3}{4}x} f(x,y)\,dy + \int_4^5 dx \int_0^{\sqrt{25-x^2}} f(x,y)\,dy =$

$\displaystyle\int_0^3 dy \int_{\frac{4y}{3}}^{\sqrt{25-y^2}} f(x,y)\,dx,$

其中 $f(x,y)$ 连续的.

证　如图示在左边积分区域,D_1 与 D_2 的并

$D_2 \bigcup D_2 = D =$

$\left\{ (x,y) \,\middle|\, \begin{matrix} 0 \leqslant y \leqslant 3 \\[1mm] \dfrac{4}{3} y \leqslant x \leqslant \sqrt{25 - y^2} \end{matrix} \right\}$

所以左边 $= \int_0^3 \mathrm{d}y \int_{\frac{4}{3}y}^{\sqrt{25-y^2}} f(x,y)\mathrm{d}x.$

922. (北京工业学院) 已知 $f(x)$ 在 $[a,b]$ 上连续, 证明

$$2\int_0^a f(x)\mathrm{d}x\int_x^a f(y)\mathrm{d}y = \Big[\int_0^a f(x)\mathrm{d}x\Big]^2$$

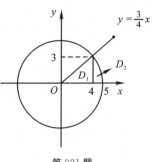

第 921 题

证 交换积分顺序, 有

$$\int_0^a f(x)\mathrm{d}x\int_x^a f(y)\mathrm{d}y = \int_0^a f(y)\mathrm{d}y\int_0^y f(x)\mathrm{d}x$$

而积分值与积分变量的记号无关, 所以

$$\int_0^a f(x)\mathrm{d}x\int_x^a f(y)\mathrm{d}y = \int_0^a f(x)\mathrm{d}x\int_0^x f(y)\mathrm{d}y$$

从而 $\quad 2\int_0^a f(x)\mathrm{d}x\int_x^a f(y)\mathrm{d}y = \int_0^a f(x)\mathrm{d}x\int_x^a f(y)\mathrm{d}y + \int_0^a f(x)\mathrm{d}x\int_0^x f(y)\mathrm{d}y =$

$$\int_0^a f(x)\mathrm{d}x\Big[\int_x^a f(y)\mathrm{d}y + \int_0^x f(y)\mathrm{d}y\Big] =$$

$$\int_0^a f(x)\mathrm{d}x \cdot \int_0^a f(y)\mathrm{d}y =$$

$$\Big[\int_0^a f(x)\mathrm{d}x\Big]^2$$

923. (天津天学) 证明 $\int_a^b \mathrm{d}x\int_a^x (x-y)^{n-2}f(y)\mathrm{d}y = \dfrac{1}{n-1}\int_a^b (b-y)^{n-1}f(y)\mathrm{d}y,$ 其中 n 为大于 1 的正整数.

证 交换积分顺序. 得

$$左边 = \int_a^b \mathrm{d}y\int_y^b (x-y)^{n-2}f(y)\mathrm{d}x = \int_a^b f(y)\frac{1}{n-1}(x-y)^{n-1}\Big|_y^b \mathrm{d}y =$$

$$\frac{1}{n-1}\int_a^b (b-y)^{n-1}f(y)\mathrm{d}y.$$

924. (上海交通大学) 将对极坐标的二次积分

$$I = \int_{-\frac{\pi}{4}}^{\frac{\pi}{2}} \mathrm{d}\theta\int_0^{2a\cos\theta} f(r\cos\theta, r\sin\theta)\cdot r\mathrm{d}r,$$ 交换积分顺序, 再把它化直角坐标系, 写出先对 x 后对 y 以及先对 y 后对 x 的两个累次积分.

解 直角坐标系下的积分区域见图示, 有

$$I = \int_0^{\sqrt{2}a} \mathrm{d}r\int_{-\frac{\pi}{4}}^{\arccos\frac{r}{2a}} f(r\cos\theta, r\sin\theta)\cdot r\mathrm{d}\theta +$$

$$\int_{\sqrt{2}a}^{2a} \mathrm{d}r\int_{-\arccos\frac{r}{2a}}^{\arccos\frac{r}{2a}} f(r\cos\theta, r\sin\theta)\cdot r\mathrm{d}\theta =$$

$$\int_0^a \mathrm{d}y\int_{a-\sqrt{a^2-y^2}}^{a+\sqrt{a^2-y^2}} f(x,y)\mathrm{d}x +$$

$$\int_{-a}^0 \mathrm{d}y\int_{-y}^{a+\sqrt{a^2-y^2}} f(x,y)\mathrm{d}x =$$

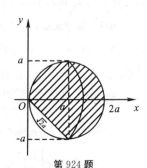

第 924 题

$$\int_0^a \mathrm{d}x \int_{-x}^{\sqrt{2ax-x^2}} f(x,y)\mathrm{d}y +$$

$$\int_a^{2a} \mathrm{d}x \int_{-\sqrt{2ax-x^2}}^{\sqrt{2ax-x^2}} f(x,y)\mathrm{d}y$$

925. (东北工学院) 改变二次积分

$$\int_0^2 \mathrm{d}x \int_0^{\frac{x^2}{2}} f(x,y)\mathrm{d}y + \int_2^{2\sqrt{2}} \mathrm{d}x \int_0^{\sqrt{8-x^2}} f(x,y)\mathrm{d}y \text{ 的顺序.}$$

解 如图示积分区域 D 为 D_1 与 D_2 的并,而
$$D = \{(x,y) \mid 0 \leqslant y \leqslant 2, \sqrt{2y} \leqslant x \leqslant \sqrt{8-y^2}\}.$$
所以
$$\int_0^2 \mathrm{d}x \int_0^{\frac{x^2}{2}} f(x,y)\mathrm{d}y + \int_2^{2\sqrt{2}} \mathrm{d}x \int_0^{\sqrt{8-x^2}} f(x,y)\mathrm{d}y =$$

$$\int_0^2 \mathrm{d}y \int_{\sqrt{2y}}^{\sqrt{8-y^2}} f(x,y)\mathrm{d}x$$

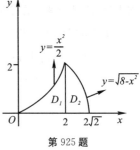

第 925 题

926. (北京工业学院) 改变二次积分的次序
$$\int_0^{2a} \mathrm{d}x \int_{\sqrt{2ax-x^2}}^{\sqrt{2ax}} f(x,y)\mathrm{d}y, \text{ 其中 } f(x,y) \text{ 是连续函数,}$$
$a > 0$.

解 积分区域(见图示)可分为 D_1, D_2, D_3 三个部分.

其中 $D_1 = \left\{(x,y) \mid 0 \leqslant y \leqslant a, \dfrac{y^2}{2a} \leqslant x \leqslant a - \sqrt{a^2-y^2}\right\}$

$D_2 = \left\{(x,y) \mid 0 \leqslant y \leqslant a, a + \sqrt{a^2-y^2} \leqslant x \leqslant 2a\right\}$

$D_3 = \left\{(x,y) \mid a \leqslant y \leqslant 2a, \dfrac{y^2}{2a} \leqslant x \leqslant 2a\right\}$

$$\int_0^{2a} \mathrm{d}x \int_{\sqrt{2ax-x^2}}^{\sqrt{2ax}} f(x,y)\mathrm{d}y =$$

$$\int_0^a \mathrm{d}y \int_{\frac{y^2}{2a}}^{a-\sqrt{a^2-y^2}} f(x,y)\mathrm{d}x +$$

$$\int_0^a \mathrm{d}y \int_{a+\sqrt{a^2-y^2}}^{2a} f(x,y)\mathrm{d}x + \int_a^{2a} \mathrm{d}y \int_{\frac{y^2}{2a}}^{2a} f(x,y)\mathrm{d}x$$

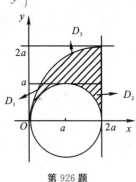

第 926 题

927. (湖南大学) 计算二重积分
$$S = \iint_D xy \mathrm{e}^{-x^2-y^2} \mathrm{d}x\mathrm{d}y,$$
其中 D 为 $x^2 + y^2 \leqslant 1$ 在第一象限的部分.

解法 1 令 $\begin{cases} x = r\cos\theta, \\ y = r\sin\theta, \end{cases}$ 则 $0 \leqslant \theta \leqslant \dfrac{\pi}{2}, 0 \leqslant r \leqslant 1$.

$$S = \int_0^{\frac{\pi}{2}} \mathrm{d}\theta \int_0^1 r^2 \cos\theta\sin\theta \cdot \mathrm{e}^{-r^2} \cdot r\mathrm{d}r = \int_0^{\frac{\pi}{2}} \cos\theta \cdot \sin\theta\mathrm{d}\theta \cdot \int_0^1 r^3 \mathrm{e}^{-r^2} \mathrm{d}r =$$

$$\left(\frac{1}{2}\sin^2\theta \Big|_0^{\frac{\pi}{2}}\right)\left[\frac{1}{2} - r^2\mathrm{e}^{-r^2} - \mathrm{e}^{-r^2}\right]\Big|_0^1 = \frac{1}{2} \times \frac{1}{2}\left(1 - \frac{2}{\mathrm{e}}\right) =$$

$\dfrac{1}{4}\left(1-\dfrac{2}{e}\right)$.

解法 2 $S=\displaystyle\int_0^1 xe^{-x^2}dx\int_0^{\sqrt{1-x^2}}ye^{-y^2}dy=-\dfrac{1}{2}\int_0^1(xe^{-1}-xe^{-x^2})dx=$

$$\left(-\dfrac{1}{4}e^{-1}x^2-\dfrac{1}{4}e^{-x^2}\right)\bigg|_0^1=\dfrac{1}{4}\left(1-\dfrac{2}{e}\right).$$

928.(国防科技大学)

计算 $\displaystyle\iint_D\sqrt{\dfrac{1-x^2-y^2}{1+x^2+y^2}}dxdy$,其中 $D:x^2+y^2\leqslant1$.

解　令 $\begin{cases}x=r\cos\theta\\y=r\sin\theta\end{cases}$,则

$$0\leqslant\theta\leqslant2\pi,0\leqslant r\leqslant1$$

$$\iint_D\sqrt{\dfrac{1-x^2-y^2}{1+x^2+y^2}}dxdy=\int_0^{2\pi}d\theta\int_0^1 r\cdot\sqrt{\dfrac{1-r^2}{1+r^2}}dr=2\pi\int_0^1 r\sqrt{\dfrac{1-r^2}{1+r^2}}dr\xLeftrightarrow{t=r^2}$$

$$\pi\int_0^1\sqrt{\dfrac{1-t}{1+t}}dt=\pi\int_0^1\dfrac{1-t}{\sqrt{1-t^2}}dr=$$

$$\pi\arcsin t\bigg|_0^1+\sqrt{1-t^2}\bigg|_0^1=\pi\left(\dfrac{\pi}{2}-1\right)$$

929.(浙江大学)　计算积分 $\displaystyle\iint_D e^{\frac{x-y}{x+y}}dxdy$,其中 D 是由 $x=0,y=0,x+y=1$ 所围成.

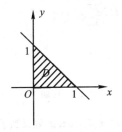

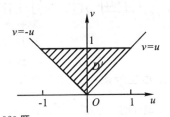

第 929 题

解　令 $\begin{cases}u=x-y,\\v=x+y,\end{cases}$ 即

$$\begin{cases}x=\dfrac{1}{2}(u+v)\\[2mm]y=\dfrac{1}{2}(v-u)\end{cases}$$

则 $\dfrac{\partial(x,y)}{\partial(u,v)}=\begin{vmatrix}\dfrac{1}{2}&\dfrac{1}{2}\\[2mm]-\dfrac{1}{2}&\dfrac{1}{2}\end{vmatrix}=\dfrac{1}{2}$

D 变成 $D'=\{(u,v)\mid0\leqslant v\leqslant1,-v\leqslant u\leqslant v\}$.

$$\iint\limits_{D} e^{\frac{x-y}{x+y}}\,\mathrm{d}x\mathrm{d}y = \int_0^1 \mathrm{d}v \int_{-v}^{v} \frac{1}{2} e^{\frac{u}{v}}\,\mathrm{d}u = \frac{1}{2}\int_0^1 (\,v e^{\frac{u}{v}} \mid_{-v}^{v}\,)\,\mathrm{d}v =$$

$$\frac{1}{2}\int_0^1 v(e - e^{-1})\,\mathrm{d}v = \frac{1}{4}(e - e^{-1})$$

930. (**湖南大学**)　求 $\iint\limits_{D} f(x,y)\mathrm{d}x\mathrm{d}y$. 其中

$$f(x,y) = \begin{cases} e^{-(x+y)}, & x>0, y>0 \\ 0, & \text{其他} \end{cases}$$

$D: a \leqslant x+y \leqslant b, x \geqslant 0, y \geqslant 0 (0 < a < b).$

解　$\iint\limits_{D} f(x,y)\mathrm{d}x\mathrm{d}y = \iint\limits_{D} e^{-(x+y)}\,\mathrm{d}x\mathrm{d}y =$

$$\int_0^a \mathrm{d}x \int_{a-x}^{b-x} e^{-(x+y)}\,\mathrm{d}y \quad +$$

$$\int_a^b \mathrm{d}x \int_0^{b-x} e^{-(x+y)}\,\mathrm{d}y =$$

$$a e^{-a} + e^{-a} - b e^{-b} - e^{-b}$$

第 930 题

931. (**长沙铁道学院**) 设在区间 $[a,b]$ 上 $f(x)$ 连续且恒大于 0,试用重积分证明 $\int_a^b f(x)\mathrm{d}x \int_a^b \dfrac{\mathrm{d}x}{f(x)} \geqslant (b-a)^2.$

证　因为 $\int_a^b f(x)\mathrm{d}x \int_a^b \dfrac{\mathrm{d}x}{f(x)} = \iint\limits_{\substack{a\leqslant x\leqslant b \\ a\leqslant y\leqslant b}} \dfrac{f(x)}{f(y)}\mathrm{d}x\mathrm{d}y, \iint\limits_{\substack{a\leqslant x\leqslant b \\ a\leqslant y\leqslant b}} \dfrac{f(y)}{f(x)}\mathrm{d}x\mathrm{d}y$

所以　$2\int_a^b f(x)\mathrm{d}x \int_a^b \dfrac{\mathrm{d}x}{f(x)} = \iint\limits_{\substack{a\leqslant x\leqslant b \\ a\leqslant y\leqslant b}} \left[\dfrac{f(x)}{f(y)} + \dfrac{f(y)}{f(x)}\right]\mathrm{d}x\mathrm{d}y \geqslant$

$$2\iint\limits_{\substack{a\leqslant x\leqslant b \\ a\leqslant y\leqslant b}} \mathrm{d}x\mathrm{d}y = 2(b-a)^2$$

932. (**华南工学院**) 设 $f(x)$ 为 $[a,b]$ 上连续函数, 试研究 $\int_a^b \mathrm{d}x \int_a^b [f(x) -$

$f(y)]^2 \mathrm{d}y$, 从而证明不等式 $[\int_a^b f(x)\mathrm{d}x]^2 \leqslant (b-a)\int_a^b f^2(x)\mathrm{d}x$. 此处仅当 $f(x)$ 为常数时等号才成立.

证　记 $D = [a,b] \times [a,b]$, 则

$$0 \leqslant \int_a^b \mathrm{d}x \int_a^b [f(x) - f(y)]^2 \mathrm{d}y = \iint\limits_{D} [f(x) - f(y)]^2 \mathrm{d}x\mathrm{d}y =$$

$$\iint\limits_{D} f^2(x)\mathrm{d}x\mathrm{d}y - 2\iint\limits_{D} f(x)f(y)\mathrm{d}x\mathrm{d}y + \iint\limits_{D} f^2(y)\mathrm{d}x\mathrm{d}y =$$

$$(b-a)\int_a^b f^2(x)\mathrm{d}x + (b-a)\int_a^b f^2(y)\mathrm{d}y - 2\int_a^b f(x)\mathrm{d}x \int_a^b f(y)\mathrm{d}y =$$

$$2(b-a)\int_a^b f^2(x)\mathrm{d}x - 2[\int_a^b f(x)\mathrm{d}x]^2$$

故不等式成立.

显然由上述过程知等号成立的充要条件是

$$\iint\limits_{D}[f(x)-f(y)]^2 \mathrm{d}x\mathrm{d}y = 0$$

而 $[f(x)-f(y)]^2$ 连续,所以 $\iint\limits_{D}[f(x)-f(y)]^2 \mathrm{d}x\mathrm{d}y = 0$ 的充要条件是

$$f(x)-f(y)\equiv 0, \forall\, x,y \in [a,b]$$

即 $f(x)$ 为常数.

933.(1) 试用二重积分证明柯西不等式

$$\left(\int_a^b f(x)g(x)\mathrm{d}x\right)^2 \leqslant \left(\int_a^b f^2(x)\mathrm{d}x\right)\left(\int_a^b g^2(x)\mathrm{d}x\right)$$

(2) 若 $f(x)$ 在 $[0,1]$ 上连续,且单调增加, $f(x) \not\equiv 0$. 试证:

$$\frac{\int_0^1 f^3(x)\mathrm{d}x}{\int_0^1 f^2(x)\mathrm{d}x} \leqslant \frac{\int_0^1 xf^3(x)\mathrm{d}x}{\int_0^1 xf^2(x)\mathrm{d}x}$$

证 (1) 因为

$$\left(\int_a^b f(x)g(x)\mathrm{d}x\right)^2 = \iint\limits_{D}f(x)g(x)f(y)g(y)\mathrm{d}x\mathrm{d}y$$

$$\int_a^b f^2(x)\mathrm{d}x \cdot \int_a^b g^2(x)\mathrm{d}x = \iint\limits_{D}f^2(x)g^2(y)\mathrm{d}x\mathrm{d}y = \iint\limits_{D}f^2(y)g^2(x)\mathrm{d}x\mathrm{d}y$$

其中 $D = [a,b]\times[a,b]$.

而 $f^2(x)g^2(y) + f^2(y)g^2(x) \geqslant 2f(x)g(x)f(y)g(y)$,

所以 $\iint\limits_{D}f^2(x)g^2(y)\mathrm{d}x\mathrm{d}y + \iint\limits_{D}f^2(y)g^2(x)\mathrm{d}x\mathrm{d}y \geqslant$

$$2\iint\limits_{D}f(x)g(x)f(y)g(y)\mathrm{d}x\mathrm{d}y,$$

即 $2\int_a^b f^2(x)\mathrm{d}x \cdot \int_a^b g^2(x)\mathrm{d}x \geqslant 2\left(\int_a^b f(x)g(x)\mathrm{d}x\right)^2$

故命题得证.

(2) 因为 $f(x)$ 连续,且 $f(x) \not\equiv 0$,所以

$f^2(x)$ 连续, $f^2(x) \geqslant 0$,且 $f^2(x) \not\equiv 0$.

$xf^2(x)$ 在 $[0,1]$ 上连续, $xf^2(x) \geqslant 0$ 且 $xf^2(x) \not\equiv 0$. 从而

$$\int_0^1 f^2(x)\mathrm{d}x > 0, \int_0^1 xf^2(x)\mathrm{d}x > 0$$

记 $I = \int_0^1 f^3(x)\mathrm{d}x \cdot \int_0^1 xf^2(x)\mathrm{d}x - \int_0^1 xf^3(x)\mathrm{d}x \cdot \int_0^1 f^2(x)\mathrm{d}x =$

$$\iint\limits_{D}f^3(x)\cdot yf^2(y)\mathrm{d}x\mathrm{d}y - \iint\limits_{D}xf^3(x)\cdot f^2(y)\mathrm{d}x\mathrm{d}y =$$

$$\iint\limits_{D}f^3(x)f^2(y)(y-x)\mathrm{d}x\mathrm{d}y,$$

其中 $D = [0,1]\times[0,1]$.

同理 $I = \iint\limits_{D}f^3(y)f^2(x)(x-y)\mathrm{d}x\mathrm{d}y$

所以

$$2I = \iint\limits_{D} f^2(x)f^2(y)(y-x)(f(x)-f(y))\mathrm{d}x\mathrm{d}y.$$

又 f 是单调增加的,

所以当 $y \geqslant x$ 时, $f(x) \leqslant f(y)$,从而 $(y-x)(f(x)-f(y)) \leqslant 0$. 当 $x \geqslant y$ 时, $f(y) \leqslant f(x)$,从而 $(y-x)(f(x)-f(y)) \leqslant 0$.

可见无论 x 与 y 的大小关系如何,总有

$$(y-x)(f(x)-f(y)) \leqslant 0.$$

从而　　　　　　$f^2(x)f^2(y)(y-x)(f(x)-f(y)) \leqslant 0$

所以 $2I \leqslant 0$,即 $I \leqslant 0$.

整理即得所要证明的不等式.

934. 把下列二重积分化成单积分(即定积分):

(1) $\iint\limits_{D} f(xy)\mathrm{d}x\mathrm{d}y$,其中 $D: 1 \leqslant xy \leqslant 2, x \leqslant y \leqslant 2x$;

(2) $\iint\limits_{D} f(x+y)\mathrm{d}x\mathrm{d}y$,其中 $D: |x|+|y| \leqslant 1$.

解　(1) 令 $\begin{cases} u = xy \\ v = \dfrac{y}{x} \end{cases}$,则 D 变成

$$D'\{(u,v) \mid 1 \leqslant u \leqslant 2, 1 \leqslant v \leqslant 2\}.$$

$$\frac{\partial(u,v)}{\partial(x,y)} = \begin{vmatrix} y & x \\ -\dfrac{y}{x^2} & \dfrac{1}{x} \end{vmatrix} = \frac{y}{x} + \frac{y}{x} = 2\frac{y}{x} = 2v$$

$$\iint\limits_{D} f(xy)\mathrm{d}x\mathrm{d}y = \iint\limits_{D'} f(u) \cdot \left|\frac{1}{2v}\right| \mathrm{d}u\mathrm{d}v = \frac{1}{2}\iint\limits_{D'} f(u) \cdot \frac{1}{v}\mathrm{d}u\mathrm{d}v =$$

$$\frac{1}{2}\int_1^2 f(u)\mathrm{d}u \cdot \int_1^2 \frac{1}{v}\mathrm{d}v = \frac{1}{2}\ln 2 \int_1^2 f(u)\mathrm{d}u$$

(2) 因为 $D: -1 \leqslant x+y \leqslant 1, -1 \leqslant x-y \leqslant 1$,

令 $\begin{cases} u = x+y \\ v = x-y \end{cases}$,则 D 变成

$$\{(u,v) \mid -1 \leqslant u \leqslant 1, -1 \leqslant v \leqslant 1\} \xlongequal{\triangle} D'$$

$$\frac{\partial(u,v)}{\partial(x,y)} = \begin{vmatrix} 1 & 1 \\ 1 & -1 \end{vmatrix} = -2$$

$$\iint\limits_{D} f(x+y)\mathrm{d}x\mathrm{d}y = \iint\limits_{D'} f(u) \cdot \left|-\frac{1}{2}\right| \mathrm{d}u\mathrm{d}v = \frac{1}{2}\iint\limits_{D'} f(u)\mathrm{d}u\mathrm{d}v =$$

$$\frac{1}{2}\int_{-1}^1 f(u)\mathrm{d}u \int_{-1}^1 \mathrm{d}v = \int_{-1}^1 f(u)\mathrm{d}u$$

935. 用二重积分证明

$$\left(\int_a^b f(x)\cos kx\,\mathrm{d}x\right)^2 + \left(\int_a^b f(x)\sin kx\,\mathrm{d}x\right)^2 \leqslant \left(\int_a^b |f(x)|\,\mathrm{d}x\right)^2$$

证　因 $\left(\int_a^b f(x)\cos kx\,\mathrm{d}x\right)^2 = \iint\limits_{D} f(x)f(y)\cos kx \cos ky\,\mathrm{d}x\mathrm{d}y$

$$\left(\int_a^b f(x)\sin kx\, dx\right)^2 = \iint\limits_D f(x)f(y)\sin kx\sin ky\, dxdy$$

其中 $\qquad\qquad D = [a,b]\times[a,b]$

所以,

$$左边 = \iint\limits_D f(x)f(y)(\cos kx\cos ky + \sin kx\sin ky)\,dxdy =$$

$$\iint\limits_D f(x)f(y)\cos k(x-y)\,dxdy \leqslant$$

$$\iint\limits_D |f(x)f(y)||\cos k(x-y)|\,dxdy \leqslant$$

$$\iint\limits_D |f(x)||f(y)|\,dxdy = \left(\int_a^b |f(x)|\,dx\right)^2 = 右边$$

936. 计算 $\displaystyle\iint\limits_D \sqrt{\sqrt{x}+\sqrt{y}}\,dxdy$,其中 D 是曲线 $\sqrt{x}+\sqrt{y}=1$ 与两坐标轴所围成的区域.

解 令 $\begin{cases} \sqrt[4]{x} = r\cos\theta, \\ \sqrt[4]{y} = r\sin\theta, \end{cases}$ 即

$$\begin{cases} x = r^4\cos^4\theta, \\ y = r^4\sin^4\theta, \end{cases}$$

则 D 变成 $D' = \{(r,\theta)\mid 0\leqslant r\leqslant 1, 0\leqslant\theta\leqslant\dfrac{\pi}{2}\}$

$$\frac{\partial(x,y)}{\partial(r,\theta)} = 16r^7\sin^3\theta\cos^3\theta$$

$$\iint\limits_D \sqrt{\sqrt{x}+\sqrt{y}}\,dxdy = \iint\limits_{D'} 16r^8\sin^3\theta\cos^3\theta\,drd\theta =$$

$$16\int_0^{\frac{\pi}{2}}\sin^3\theta\cos^3\theta\,d\theta\int_0^1 r^8\,dr = \frac{4}{27}$$

937. 求曲面 $z = e^{-x^2-y^2+2y-1}$ 与平面 $z = \dfrac{1}{e}$ 围成立体的体积.

解 曲面 $z = e^{-x^2-y^2+2y-1}$ 与平面 $z = \dfrac{1}{e}$ 的交线为

$$\begin{cases} z = \dfrac{1}{e} \\ x^2 + (y-1)^2 = 1 \end{cases}$$

从而所围立体在 xy 平面上的投影 D 为 $x^2 + (y-1)^2 \leqslant 1$.

所以所围立体的体积

$$V = \iint\limits_D \left[e^{-x^2-y^2+2y-1} - \frac{1}{e}\right]dxdy = \iint\limits_D e^{-x^2-y^2+2y-1}\,dxdy - \frac{\pi}{e}$$

令 $\begin{cases} x = r\cos\theta \\ y = 1 + r\sin\theta \end{cases}$,则 D 变为

$$\left\{(r,\theta)\left|\begin{array}{l} 0\leqslant\theta\leqslant 2\pi \\ 0\leqslant r\leqslant 1 \end{array}\right.\right\}$$

$$V = \int_0^{2\pi} d\theta \int_0^1 e^{-r^2} \cdot r dr - \frac{\pi}{e} = 2\pi \cdot \frac{1}{2}(-e^{-r^2}) \Big|_0^1 - \frac{\pi}{e} =$$

$$\pi(1 - \frac{1}{e}) - \frac{\pi}{e} = \pi(1 - \frac{2}{e})$$

938. **(华北水利水电学院)**　　试计算由曲面 $y^2 = 2x + 4$ 和平面 $x + z = 1, z = 0$ 所包围的立体体积.

解　　如图示立体在 Oxy 平面上的投影

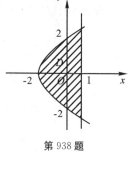

第 938 题

$D = \{(x, y) \mid y^2 \leqslant 2x + 4, x \leqslant 1\} =$

$\{(x, y) \mid -2 \leqslant x \leqslant 1, -\sqrt{2x + 4} \leqslant y \leqslant \sqrt{2x + 4}\}$

所以立体的体积

$$V = \int_{-2}^1 dx \int_{-\sqrt{2x+4}}^{\sqrt{2x+4}} (1 - x) dy =$$

$$2\int_{-2}^1 (1 - x)\sqrt{2x + 4} dx = \frac{24\sqrt{6}}{5}$$

939. **(山东矿业学院)**　　求圆锥 $z^2 = a^2(x^2 + y^2)$ 截圆柱面 $x^2 + y^2 = 2y$ 所得有界部分立体的体积.

解　　立体在 Oxy 平面上的投影 $D: x^2 + y^2 \leqslant 2y$, 根据对称性, 所得立体体积.

$$V = 2\iint_D a\sqrt{x^2 + y^2} dx dy$$

令 $\begin{cases} x = r\cos\theta, \\ y = r\sin\theta, \end{cases}$ 则 D 变为

$$\{(r, \theta) \mid 0 \leqslant \theta \leqslant \pi, 0 \leqslant r \leqslant 2\sin\theta\}$$

$$V = 2\int_0^\pi d\theta \int_0^{2\sin\theta} arr dr = \frac{16a}{3}\int_0^\pi \sin^3\theta d\theta = \frac{64}{9}a$$

940. **(山东大学)**　　已知两个球的半径为 a 和 $b(a > b)$, 且小球球心在大球球面上, 试求小球在大球内那一部分的体积.

解　　如右图所示以小球心为原点建立坐标系, 则大小球面的方程分别为

$$x^2 + y^2 + (z - a)^2 = a^2 \text{ 与 } x^2 + y^2 + z^2 = b^2$$

记所考虑的立体为 V, 则 V 在 xy 平面上的投影

$$D: x^2 + y^2 \leqslant b^2\left(1 - \frac{b^2}{4a^2}\right)$$

V 的体积(仍记为 V)

$$V = \iint_D \{\sqrt{b^2 - x^2 - y^2} - [a - \sqrt{a^2 - x^2 - y^2}]\} dx dy$$

利用极坐标变换可得

$$V = \left(\frac{2}{3} - \frac{b}{4a}\right)\pi b^3$$

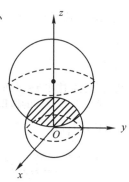

第 940 题

941. (天津大学)

(1) 求积分 $\int \dfrac{x}{\sqrt{1-x^2}}\arccos x\,dx$;

(2) 设连续函数序列 $\{f_n(x,y)\}$ 在有界闭域 D 上一致收敛于 $f(x,y)$,证明:

$$\iint\limits_{D} f(x,y)\,dxdy = \lim_{n\to\infty}\iint\limits_{D} f_n(x,y)\,dxdy$$

解　(1) $\displaystyle\int \dfrac{x}{\sqrt{1-x^2}}\arccos x\,dx = \int\left[-(1-x^2)^{\frac{1}{2}}\right]'\arccos x\,dx =$

$$-(1-x^2)^{\frac{1}{2}}\arccos x - \int (1-x^2)^{\frac{1}{2}}\,\frac{1}{\sqrt{1-x^2}}\,dx =$$

$$-(1-x^2)^{\frac{1}{2}}\arccos x - x + C$$

(2) 先证: $f(x,y)$ 在 D 上连续,从而 $\displaystyle\iint\limits_{D} f(x,y)\,dxdy$ 存在. $\forall (x_0,y_0)\in D$,因 $f_n(x,y)\rightrightarrows f(x,y),(x,y)\in D.$

故 $\forall \varepsilon>0,\exists N>0$,使当 $n>N$ 时

$$|f_n(x,y)-f(x,y)|<\frac{\varepsilon}{3}\quad (x,y)\in D$$

$$|f(x,y)-f(x_0,y_0)|\leqslant |f(x,y)-f_n(x,y)|+|f_n(x,y)-$$
$$f_n(x_0,y_0)|+|f_n(x_0,y_0)-f(x_0,y_0)|<$$
$$\frac{2\varepsilon}{3}+|f_n(x,y)-f_n(x_0,y_0)|.$$

又 $f_n(x,y)$ 在 (x_0,y_0) 处连续,故 $\exists \delta>0$.使当 $|x-x_0|<\delta,|y-y_0|<\delta$时,有 $|f_n(x,y)-f_n(x_0,y_0)|<\varepsilon/3$,从而 $|f(x,y)-f(x_0,y_0)|<\varepsilon$,即 $f(x,y)$ 在 (x_0,y_0) 处连续,再由 (x_0,y_0) 的任意性知 $f(x,y)$ 在 D 上连续.从而 $f(x,y)$ 在 D 上可积即 $\displaystyle\iint\limits_{D} f(x,y)\,dxdy$ 存在.

再证极限等式.

记 $S_{\triangle D}$ 为 D 的面积,

因为 $f_n(x,y)\rightrightarrows f(x,y),\therefore \forall \varepsilon>0,\exists N>0$,使 $n>N$时,有

$$|f_n(x,y)-f(x,y)|<\varepsilon/S_{\triangle D}$$

所以 $\left|\displaystyle\iint\limits_{D} f_n(x,y)\,dxdy - \iint\limits_{D} f(x,y)\,dxdy\right|\leqslant \iint\limits_{D}|f_n(x,y)-f(x,y)|\,dxdy<\dfrac{\varepsilon}{S_{\triangle D}}\cdot$

$$S_{\triangle D}=\varepsilon,\quad 即\ \lim_{n\to\infty}\iint\limits_{D} f_n(x,y)\,dxdy =$$

$$\iint\limits_{D} f(x,y)\,dxdy$$

942. (第二届全国大学生数学夏令营二试)

证明不等式 $\dfrac{\sqrt{\pi}}{2}(1-e^{-a^2})^{\frac{1}{2}}<\displaystyle\int_0^a e^{-x^2}\,dx<\dfrac{\sqrt{\pi}}{2}(1-e^{-\frac{4}{\pi}a^2})^{\frac{1}{2}}$,其中 $a>0$.

证　如图以 a 和 $\dfrac{2}{\sqrt{\pi}}a$ 为半径作两个 $1/4$ 圆域 D_1,D_2 和一个正方形区域 D. 即

$$D_1: \begin{cases} x^2 + y^2 \leqslant a^2, \\ x \geqslant 0, y \geqslant 0 \end{cases} \quad D_2: \begin{cases} x^2 + y^2 \leqslant \dfrac{4}{\pi}a^2 \\ x \geqslant 0, y \geqslant 0 \end{cases}$$

$$D: \begin{cases} 0 \leqslant x \leqslant a \\ 0 \leqslant y \leqslant a \end{cases}$$

显然 $\displaystyle\iint\limits_{D_1} \mathrm{e}^{-(x^2+y^2)} \mathrm{d}x\mathrm{d}y < \iint\limits_{D} \mathrm{e}^{-(x^2+y^2)} \mathrm{d}x\mathrm{d}y$

D 的面积 $S(D) = a^2 = D_2$ 的面积,故图中阴影部分与黑暗部分面积相等,又在阴影部分 $\mathrm{e}^{-(x^2+y^2)} > \mathrm{e}^{-\frac{4}{\pi}a^2}$ 在黑暗部分 $\mathrm{e}^{-(x^2+y^2)} < \mathrm{e}^{-\frac{4}{\pi}a^2}$,于是

$$\iint\limits_{D} \mathrm{e}^{-(x^2+y^2)} \mathrm{d}x\mathrm{d}y < \iint\limits_{D_2} \mathrm{e}^{-(x^2+y^2)} \mathrm{d}x\mathrm{d}y$$

即

$$\frac{\pi}{4}(1 - \mathrm{e}^{-a^2}) < \left(\int_0^a \mathrm{e}^{-x^2} \mathrm{d}x\right)^2 < \frac{\pi}{4}(1 - \mathrm{e}^{-\frac{4}{\pi}a^2})$$

$$\frac{\sqrt{\pi}}{2}(1 - \mathrm{e}^{-a^2})^{\frac{1}{2}} < \int_0^a \mathrm{e}^{-x^2} \mathrm{d}x < \frac{\sqrt{\pi}}{2}(1 - \mathrm{e}^{-\frac{4}{\pi}a^2})^{\frac{1}{2}}$$

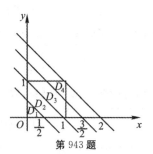

第 942 题　　　　第 943 题

943. (清华大学)

计算 $\displaystyle\lim_{n \to +\infty} \sum_{j=1}^{2n} \sum_{i=1}^{n} \frac{2}{n^2} \left[\frac{2i+j}{n}\right]$ 这里 $[x]$ 为不超过 x 的最大整数.

解 由二重积分的定义 并注意到

$$\left[\frac{2i+j}{n}\right] = \left[\frac{2}{n}i + 2 \cdot \frac{j}{2n}\right]$$

知

$$\lim_{n \to +\infty} \sum_{j=1}^{2n} \sum_{i=1}^{n} \frac{2}{n^2} \left[\frac{2}{n}i + \frac{j}{n}\right] =$$

$$4 \lim_{n \to +\infty} \frac{1}{n} \frac{1}{2n} \sum_{j=1}^{2n} \sum_{i=1}^{n} \left[2 \cdot \frac{i}{n} + 2 \cdot \frac{j}{2n}\right] =$$

$$4 \iint\limits_{\substack{0 \leqslant x \leqslant 1 \\ 0 \leqslant y \leqslant 1}} [2(x+y)] \mathrm{d}x\mathrm{d}y.$$

如图示 $\begin{cases} 0 \leqslant x \leqslant 1 \\ 0 \leqslant y \leqslant 1 \end{cases}$ 被分成 4 块:

在 D_1 内 $[2(x+y)] = 0$，在 D_2 内 $[2(x+y)] = 1$；

在 D_3 内 $[2(x+y)] = 2$，在 D_4 内 $[2(x+y)] = 3$.

因此 $\iint\limits_{0\leqslant x\leqslant 1} [2(x+y)]\mathrm{d}x\mathrm{d}y = \iint\limits_{D_2}\mathrm{d}x\mathrm{d}y + \iint\limits_{D_3}2\mathrm{d}x\mathrm{d}y \iint\limits_{D_4}3\mathrm{d}x\mathrm{d}y = \dfrac{3}{2}$

§2　三重积分

【内容综述】

一、综述

1. 定义

设区域 V 为三维空间中可求体积的有界闭区域，$f(x,y,z)$ 为定义在 V 上的三元函数，任给 V 一个分割 $T:V_1,V_2,\cdots,V_n$，其中 $\bigcup\limits_{i=1}^{n}V_i = V$，且 $V_1,V_2,\cdots,V_n$ 除边界外，两两内部不相交. 在每个 V_i 上任取一点 (ξ_i,η_i,ζ_i)，作和数.

$\sum\limits_{i=1}^{n}f(\xi_i,\eta_i,\zeta_i)\triangle V_i$——称为 f 关于 T 的积分和，其中 $\triangle V_i$ 表示 V_i 的体积，记 $\parallel T\parallel$ 表示 $V_i(m = 1,2,\cdots,n)$ 的直径中的最大者. 若

$\lim\limits_{\parallel T\parallel\to 0}\sum\limits_{i=1}^{n}f(\xi_i,\eta_i,\zeta_i)\triangle V_i = J$ 存在且 J 与对 V 的分割 T 以及每个 V_i 上任取的点 (ξ_i,η_i,ζ_i) 均无关，则称 $f(x,y,z)$ 在 V 上可积. 并称 J 为 $f(x,y,z)$ 在区域 V 上的三重积分，记为 $\iiint\limits_{V}f\mathrm{d}x\mathrm{d}y\mathrm{d}z$ 或 $\iiint\limits_{V}f\mathrm{d}V$.

2. 性质

假设性质中所涉及的函数均可积.

(1) 有界性. 若 f 在 V 上可积，则 f 在 V 上有界.

(2) 线性性. 若 f,g 均在 V 上可积，α,β 为任意实常数，则 $\alpha f + \beta g$ 仍在 V 上可积，且

$$\iiint\limits_{V}(\alpha f + \beta g)\mathrm{d}V = \alpha\iiint\limits_{V}f\mathrm{d}V + \beta\iiint\limits_{V}g\,\mathrm{d}V$$

(3) 可加性. 设 $V = V_1\bigcup V_2$，其中 V_1 与 V_2 的内部不相交，则 $f(x,y,z)$ 在 V 上可积的充要条件是

$f(x,y,z)$ 在 V_1 与 V_2 上均可积，且

$$\iiint\limits_{V}f\mathrm{d}v = \iiint\limits_{V_1}f\mathrm{d}V + \iiint\limits_{V_2}f\mathrm{d}V$$

(4) 单调性. 若在区域 V 上，$f(x,y,z)\leqslant g(x,y,z)$，则

$$\iiint\limits_{V}f\mathrm{d}V\leqslant\iiint\limits_{V}g\,\mathrm{d}V$$

特别：当 $m\leqslant f(x,y,z)\leqslant M$ 时

$m\cdot\triangle V\leqslant\iiint\limits_{V}f\mathrm{d}V\leqslant M\cdot\triangle V$，其中 $\triangle V$ 表示 V 的体积.

(5) $\left|\iiint\limits_{V}f\mathrm{d}v\right|\leqslant\iiint\limits_{V}\mid f\mid\mathrm{d}v.$

(6) 中值公式:若 $f(x,y,z)$ 在 V 上连续,$g(x,y,z)$ 在 V 上可积且不变号,则存在 $(\xi,\eta,\zeta) \in V$,使

$$\iiint\limits_{V} f \cdot g\mathrm{d}v = f(\xi,\eta,\zeta) \iiint\limits_{V} g\mathrm{d}V$$

3. 可积的充要条件

三元函数可积有与二元函数可积完全类似的充要条件(略).

4. 几类空间简单区域

(1) 坐标型区域.

Z 型区域:$V =$
$\{(x,y,z) \mid (x,y) \in D_{xy}, f_1(x,y) \leqslant z_1 \leqslant f_2(x,y)\}$

其中 D_{xy} 为 V 在 Oxy 平面上的投影区域,其图形如图 (a) 所示.

同理还有 x 型区域与 y 型区域,读者自行仿照给出

(2) 关于坐标轴的截面区域.

关于 Z 轴的截面区域 $V = \{(x,y,z) \mid c \leqslant z \leqslant \mathrm{d}, (x,y) \in D(z)\}$ 其中 $D(z)$ 为过 Z 轴上点 $(0,0,z)$ 与 Z 轴垂直的平面与 V 相截的截面在 Oxy 平面上的投影区域,其图形如图 (b) 所示.

同理也有关于 x 轴(y 轴)的截面区域,读者自行给出.

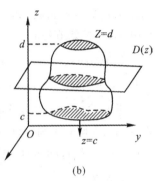

5. 常用公式

(1) 化为累次积分的计算公式

1) 若 V 为 Z 型区域 $\{(x,y,z) \mid (x,y) \in D_{xy}, f_1(x,y) \leqslant z \leqslant f_2(x,y)\}$,则

$$\iiint\limits_{V} f\mathrm{d}V = \iint\limits_{D_{xy}}\mathrm{d}x\mathrm{d}y \int_{f_1(x,y)}^{f_2(x,y)} f\mathrm{d}z$$

如图 (a) D_{xy} 还为 Oxy 平面上的简单区域 $\left\{(x,y) \left| \begin{array}{c} a \leqslant x \leqslant b \\ y_1(x) \leqslant y \leqslant y_2(x) \end{array}\right.\right\}$,则公式进一步变为

$$\iiint\limits_{V} f\mathrm{d}v = \int_{a}^{b}\mathrm{d}x \int_{y_1(x)}^{y_2(x)}\mathrm{d}y \int_{f_1(x,y)}^{f_2(x,y)} f\mathrm{d}z$$

若 V 为 x 型区域(y 型区域)
$\{(x,y,z) \mid (y,z) \in D_{yz}, x_1(y,z) \leqslant x \leqslant x_2(y,z)\}$
$(\{(x,y,z) \mid _{(x,z)} \in D_{zx}, y_1(x,z) \leqslant y \leqslant y_2(x,z)\})$

则
$$\iiint\limits_{V} f\mathrm{d}V = \iint\limits_{D_{yz}}\mathrm{d}y\mathrm{d}z\int_{x_1(y,z)}^{x_2(y,z)} f\mathrm{d}x \left(= \iint\limits_{D_{zx}}\mathrm{d}x\mathrm{d}z \int_{y_1(x,z)}^{y_2(x,z)} f\mathrm{d}y\right)$$

2) 若 V 为关于 Z 轴的截面区域 $\{(x,y,z) \mid c \leqslant z \leqslant d, (x,y) \in D(z)\}$ 则

$$\iiint_V f\,\mathrm{d}V = \int_c^d \mathrm{d}z \iint_{D(z)} f\,\mathrm{d}x\mathrm{d}y$$

若 V 为关于 x 轴的截面区域(y 轴的截面区域)$\{(x,y,z) \mid a \leqslant x \leqslant b, (y,z) \in D(x)\}$($\{(x,y,z) \mid p \leqslant y \leqslant q, (x,z) \in D(y)\}$)

则

$$\iiint_V f\,\mathrm{d}V = \int_a^b \mathrm{d}x \iint_{D(x)} f\,\mathrm{d}y\mathrm{d}z \left(= \int_p^q \mathrm{d}y \iint_{D(y)} f\,\mathrm{d}x\mathrm{d}z \right)$$

(2) 变量替换公式

1) 设变量替换 $\begin{cases} x = x(u,v,w) \\ y = y(u,v,w) \\ z = z(u,v,w) \end{cases}$，将 xyz 空间上的有界闭区域 V 一一地变成 uvw 空间上的有界闭区域 V'，且 $x(u,v,w), y(u,v,w), z(u,v,w) \in c'(V)$，$\dfrac{\partial(x,y,z)}{\partial(u,v,w)} \neq 0$，则

$$\iiint_V f\,\mathrm{d}V = \iiint_{V'} f\big[x(u,v,w), y(u,v,w), z(u,v,w)\big] \left| \frac{\partial(x,y,z)}{\partial(u,v,w)} \right| \mathrm{d}V'$$

2) 设柱坐标变换 $\begin{cases} x = r\cos\theta \\ y = r\sin\theta \\ z = z \end{cases}$，将 xyz 空间中的区域 V 一一地变成 $r\theta z$ 空间中的区域 V'，则

$$\iiint_V f\,\mathrm{d}V = \iiint_{V'} f(r\cos\theta, r\sin\theta, z) \cdot r\,\mathrm{d}r\mathrm{d}\theta\mathrm{d}z$$

3) 设椭球坐标变换 $\begin{cases} x = ar\sin\varphi\sin\theta \\ y = br\sin\varphi\sin\theta \\ z = cr\cos\varphi \end{cases}$，将 xyz 空间中的区域 V 一一地变成 $r\theta\varphi$ 空间中的区域 V'，则

$$\iiint_V f\,\mathrm{d}V = \iiint_{V'} f(ar\sin\varphi\cos\theta, br\sin\varphi\sin\theta, cr\cos\varphi) \cdot abc \cdot r^2 \sin\varphi\mathrm{d}r\mathrm{d}\theta\mathrm{d}\varphi$$

特别当 $a = b = c = 1$ 时，上述公式为球坐标变换公式.

4) 若空间区域 V 是由三族光滑曲面 $l(x,y,z) = c_1, m(x,y,z) = c_2, n(x,y,z) = c_3$ 中各取两个曲面 $l(x,y,z) = a_1, l(x,y,z) = a_2 (a_1 < a_2); m(x,y,z) = b_1, m(x,y,z) = b_2 (b_1 < b_2); n(x,y,z) = d_1, n(x,y,z) = d_2 (d_1 < d_2)$ 所围成，作变量替换

$$\begin{cases} u = l(x,y,z) \\ v = m(x,y,z) \\ w = n(x,y,z) \end{cases}$$

$$\iiint_V f\,\mathrm{d}V = \iiint_{\substack{a_1 \leqslant u \leqslant a_2 \\ b_1 \leqslant v \leqslant b_2 \\ d_1 \leqslant w \leqslant d_2}} f\big[l^{-1}(u,v,w), m^{-1}(u,v,w), n^{-1}(u,v,w)\big] \left| \frac{\partial(x,y,z)}{\partial(u,v,w)} \right| \mathrm{d}u\mathrm{d}v\mathrm{d}w$$

其中
$$\begin{cases} x = l^{-1}(u,v,w) \\ y = m^{-1}(u,v,w), \\ z = n^{-1}(u,v,w) \end{cases}$$

为
$$\begin{cases} u = l(x,y,z), \\ v = m(x,y,z), 的反函数组 \\ w = n(x,y,z) \end{cases}$$

$$\frac{\partial(x,y,z)}{\partial(u,v,w)} = \frac{1}{\dfrac{\partial(u,v,w)}{\partial(x,y,z)}}$$

6. 几个结果

(1)
$$\iiint\limits_{V} f(ax+by+cz+d)dV = \pi \int_{-1}^{1} f(kx)(1-x^2)dx$$

其中 $V: x^2 + y^2 + z^2 \leqslant 1, k = \sqrt{a^2+b^2+c^2} \neq 0$.

(2) 若 $f(x,y,z)$ 在区域 V 上非负连续,则

$$\iiint\limits_{V} f dV = 0 \Leftrightarrow f(x,y,z) \equiv 0, (x,y,z) \in V$$

若 $f(x,y,z)$ 在区域 V 上非负连续,则

$$\iiint\limits_{V} f dV > 0 \Leftrightarrow f(x,y,z) \not\equiv 0, (x,y,z) \in V$$

若 $f(x,y,z)$ 在区域 V 上连续,则

$f(x,y,z) \equiv 0 \quad (x,y,z) \in V \Leftrightarrow \forall V_1 \subset V,$

总有 $\iiint\limits_{V_1} f dV = 0.$

若 $f(x,y,z)$ 在区域 V 上连续,且对 V 上任意可积函数 $g(x,y,z)$ 都有 $\iiint\limits_{V} f \cdot g dV = 0$,则 $f(x,y,z) \equiv 0, (x,y,z) \in V.$

二、解题方法

1. 考点 1   重积分的计算

常用方法:

(1) 简单区域法.

(2) 变量替换法.

(3) 对称法:若 V 关于 Oxy 平面对称,V_1 为 V 位于 $z \geqslant 0$ 的部分,$f(x,y,z)$ 为关于 z 的奇(偶)函数,即

$$f(x,y,-z) = -f(x,y,z)(f(x,y,-z) = f(x,y,z))$$

则
$$\iiint\limits_{V} f(x,y,z)dV = \begin{cases} 0, & f(x,y,-z) = -f(x,y,z) \text{ 时} \\ 2\iiint\limits_{V_1} f dV, & f(x,y,-z) = f(x,y,z) \text{ 时} \end{cases}$$

同理还有其他类型的类似公式

若 V 中 x,y,z 的地位相同,则

$$\iiint_V f(x)\mathrm{d}V = \iiint_V f(y)\mathrm{d}V = \iiint_V f(z)\mathrm{d}V$$

2. 考点2　累次积分顺序的互换
常用方法:简单区域的互换
3. 考点3　积分性质的应用

【经典题解】

944.（**北京大学**）　计算三重积分 $\iiint_\Omega x^2$

$\sqrt{x^2+y^2}\,\mathrm{d}x\mathrm{d}y\mathrm{d}z$,其中 Ω 是曲面 $z = \sqrt{x^2+y^2}$ 与 $z = x^2+y^2$ 围成的有界区域.

解　如右图所示 Ω 在 Oxy 平面上的投影.
$D: x^2+y^2 \leqslant 1$

则有 $\iiint_\Omega x^2 \sqrt{x^2+y^2}\,\mathrm{d}x\mathrm{d}y\mathrm{d}z =$

第 944 题

$$\iint_D \mathrm{d}x\mathrm{d}y \int_{x^2+y^2}^{\sqrt{x^2+y^2}} x^2 \sqrt{x^2+y^2}\,\mathrm{d}z =$$

$$\iint_D \left[\sqrt{x^2+y^2} - (x^2+y^2) \right] x^2 \sqrt{x^2+y^2}\,\mathrm{d}x\mathrm{d}y$$

$$\begin{cases} x = r\cos\theta \\ y = r\sin\theta \end{cases}$$
$$\underset{\substack{0 \leqslant \theta \leqslant 2\pi \\ 0 \leqslant r \leqslant 1}}{=\!=\!=\!=} \int_0^{2\pi}\mathrm{d}\theta \int_0^1 (r-r^2)\cdot r^2\cos^2\theta \cdot r \cdot r\mathrm{d}r = \int_0^{2\pi}\cos^2\theta\mathrm{d}\theta \int_0^1 (r^5-r^6)\mathrm{d}r =$$

$$\pi \times \left(\frac{1}{6} - \frac{1}{7} \right) = \frac{\pi}{42}$$

945. （**中国人民大学**）求极限

$$\lim_{t\to 0^+} \frac{1}{t^6} \iiint_{\Omega_t} \sin(x^2+y^2+z^2)^{\frac{3}{2}}\,\mathrm{d}x\mathrm{d}y\mathrm{d}z$$

其中　　　　　　　　$\Omega_t = \{ (x,y,z) \mid x^2+y^2+z^2 \leqslant t^2 \}$

解　作球坐标变换

$$x = r\sin\varphi\cos\theta, y = r\sin\varphi\sin\theta, z = r\cos\varphi$$

则 $\iiint_{\Omega_t} \sin(x^2+y^2+z^2)^{\frac{3}{2}}\,\mathrm{d}x\mathrm{d}y\mathrm{d}z = \int_0^{2\pi}\mathrm{d}\theta \int_0^\pi \mathrm{d}\varphi \int_0^t \sin r^3 \cdot r^2 \cdot \sin\varphi\mathrm{d}r =$

$$4\pi \int_0^t r^2 \sin r^3\,\mathrm{d}r$$

所求极限 $= \lim_{t\to 0^+} \frac{4\pi \int_0^t r^2 \sin r^3\,\mathrm{d}r}{t^6} = \lim_{t\to 0^+} \frac{4\pi t^2 \sin t^3}{6t^5} =$

$$\frac{2}{3}\pi \lim_{t\to 0^+} \frac{\sin t^3}{t^3} = \frac{2}{3}\pi$$

946. （**西北大学**）　设(V) 是由球 B　$x^2+y^2+z^2 = 2az(a>0)$ 与锥面:以 Z轴

为轴,以坐标原点为顶点,顶角为 2α,所围成的立体,求 (V) 的体积 V.

解　令 $x = r\sin\varphi\cos\theta, y = r\sin\varphi\sin\theta, z = r\cos\varphi$,则

$$0 \leqslant \theta \leqslant 2\pi, 0 \leqslant \varphi \leqslant \alpha, 0 \leqslant r \leqslant 2a\cos\varphi$$

因此 $V = \iiint\limits_{(V)} \mathrm{d}x\mathrm{d}y\mathrm{d}z =$

$$\int_0^{2\pi}\mathrm{d}\theta\int_0^\alpha\mathrm{d}\varphi\int_0^{2a\cos\varphi} r^2\sin\varphi\mathrm{d}r =$$

$$2\pi\int_0^\alpha \frac{1}{3} \times 8a^3\cos^3\varphi\sin\varphi\mathrm{d}\varphi = \frac{16}{3}\pi a^3\int_0^\alpha \cos^3\varphi\sin\varphi\mathrm{d}\varphi =$$

$$\frac{4\pi}{3}a^3(-\cos^4\varphi)\Big|_0^\alpha = \frac{4\pi}{3}a^3(1-\cos^4\alpha)$$

947.(北京航空航天大学)　已知圆柱壳 $V: \begin{array}{l} 4 \leqslant x^2+y^2 \leqslant 9 \\ 0 \leqslant z \leqslant 4 \end{array}$,密度均匀为 μ,求它对位于原点处质量为 m 的质点的引力.

解　由引力公式知

$$F_x = k\iiint\limits_V \frac{xm\mu}{(x^2+y^2+z^2)^{\frac{3}{2}}}\mathrm{d}x\mathrm{d}y\mathrm{d}z =$$

$$km\mu\iiint\limits_V \frac{x}{(x^2+y^2+z^2)^{\frac{3}{2}}}\mathrm{d}x\mathrm{d}y\mathrm{d}z$$

$$F_y = ku m\iiint\limits_V \frac{y}{(x^2+y^2+z^2)^{\frac{3}{2}}}\mathrm{d}x\mathrm{d}y\mathrm{d}z$$

$$F_z = k\mu m\iiint\limits_V \frac{z}{(x^2+y^2+z^2)^{3/2}}\mathrm{d}x\mathrm{d}y\mathrm{d}z$$

其中 k 为引力系数. 因此所求引力为

$$F = F_\lambda \boldsymbol{i} + F_y \cdot \boldsymbol{j} + F_z \cdot \boldsymbol{k} = 4(\sqrt{5}-2)\pi km\mu \cdot \boldsymbol{k}$$

(其中令 $x = r\cos\theta, y = r\sin\theta, z = z$,则 $0 \leqslant \theta \leqslant 2\pi, 2 \leqslant r \leqslant 3, 0 \leqslant z \leqslant 4$.

$$F_x = km\mu\int_0^{2\pi}\cos\theta\mathrm{d}\theta\int_0^4\mathrm{d}z\int_2^3 \frac{r^2}{(r^2+z^2)^{\frac{3}{2}}}\mathrm{d}r = 0$$

同理:$Fy = 0$

$$F_z = km\mu\int_0^{2\pi}\mathrm{d}\theta\int_2^3\mathrm{d}r\int_0^4 \frac{r \cdot z}{(r^2+z^2)^{3/2}}\mathrm{d}z = 2\pi km\mu\int_2^3\mathrm{d}r\int_0^4 \frac{rz}{(r^2+z^2)^{3/2}}\mathrm{d}z =$$

$$4(\sqrt{5}-2)\pi km\mu$$

948.(北京大学)　求极限

$$\lim_{t\to 0^+}\frac{1}{t^4}\iiint\limits_{x^2+y^2+z^2\leqslant t^2} f(\sqrt{x^2+y^2+z^2})\mathrm{d}x\mathrm{d}y\mathrm{d}z,其中 f 在[0,1]上连续,f(0) = 0,$$

$f'(0) = 1$.

解　利用球坐标变换,得

$$\iiint\limits_{x^2+y^2+z^2\leqslant t^2} f(\sqrt{x^2+y^2+z^2})\mathrm{d}x\mathrm{d}y\mathrm{d}z = \int_0^{2\pi}\mathrm{d}\theta\int_0^\pi\mathrm{d}\varphi\int_0^t f(r) \cdot r^2 \cdot \sin\varphi\mathrm{d}r =$$

$$4\pi\int_0^t f(r) \cdot r^2\mathrm{d}r$$

再由洛必达法则得

$$原式 = \lim_{t \to 0^+} \frac{4\pi \int_0^t f(r) r^2 \, dr}{t^4} = \lim_{t \to 0^+} \frac{4\pi t^2 f(t)}{4t^3} = \pi \lim_{t \to 0^+} \frac{f(t) - f(0)}{t - 0} = $$
$$\pi f'(0) = \pi$$

949.（**北京大学**）　求积分 $\iiint\limits_{V} (x^2 + y^2 + z^2)^\alpha \, dx \, dy \, dz$，$V$ 是实心球 $x^2 + y^2 + z^2 \leqslant$

R^2，$\alpha > 0$.

解　利用球坐标变换法

$$原式 = \int_0^{2\pi} d\theta \int_0^\pi d\varphi \int_0^R r^{2\alpha} \cdot r^2 \sin\varphi \, dr = 4\pi \int_0^R r^{2(\alpha+1)} \, dr = \frac{4\pi}{2\alpha+3} R^{2\alpha+3}$$

950.（**西北电讯工程学院**）　证明

$$\lim_{n \to \infty} \frac{1}{n^4} \iiint\limits_{r \leqslant n} [r] \, dx \, dy \, dz = \pi$$

其中 $r = \sqrt{x^2 + y^2 + z^2}$，$[r]$ 是 r 的整数部分，n 为正整数.

证　因为 $[0, n] = \{n\} \cup (\bigcup_{i=1}^{n} [i-1, i))$.

所以　$\{r \leqslant n\} = \{r = n\} \cup (\bigcup_{i=1}^{n} \{i-1, i\})$，注意到 $\iiint\limits_{r=n} [r] \, dx \, dy \, dz = 0$.

$$\iiint\limits_{r \leqslant n} [r] \, dx \, dy \, dz = \sum_{i=1}^{n} \iiint\limits_{i-1 \leqslant r < i} [r] \, dx \, dy \, dz = \sum_{i=1}^{n} (i-1) \iiint\limits_{i-1 \leqslant r < i} dx \, dy \, dz = $$

$$\frac{4\pi}{3} \sum_{i=1}^{n} (i-1)[i^3 - (i-1)^3] = \frac{4\pi}{3} \sum_{i=1}^{n} (i-1)(3i^2 - 3i + 1) = $$

$$\frac{4\pi}{3} \sum_{i=1}^{n} (3i^3 - 6i^2 + 4i - 1) = $$

$$\frac{4\pi}{3} \left(3 \sum_{i=1}^{n} i^3 - 6 \sum_{i=1}^{n} i^2 + 4 \sum_{i=1}^{n} i - n \right) = $$

$$\frac{4\pi}{3} \left[3 \cdot \frac{1}{4} n^2 (n+1)^2 - 6 \times \frac{1}{6} \times n(n+1)(2n+1) + 4 \times \frac{1}{2} n(n+1) - n \right] = $$

$$\frac{4\pi}{3} \left[\frac{3}{4} (n^2+n)^2 - n(n+1)(2n+1) + 2n(n+1) - n \right]$$

因此 $\lim\limits_{n \to \infty} \dfrac{1}{n^4} \iiint\limits_{r \leqslant n} [r] \, dx \, dy \, dz =$

$$\lim_{n \to \infty} \frac{4\pi}{3} \times \frac{\dfrac{3}{4}(n^2+n)^2 - n(n+1)(2n+1) + 2n(n+1) - n}{n^4} = \frac{4}{3}\pi \times \frac{3}{4} = \pi$$

951.（**辽宁师大**）　设函数 $f(x)$ 有连续导数，且 $f(0) = 0$，求 $\lim\limits_{t \to 0} \dfrac{1}{\pi t^4}$

$$\iiint\limits_{x^2+y^2+z^2 \leqslant t^2} f(\sqrt{x^2 + y^2 + z^2}) \, dx \, dy \, dz.$$

解　令 $\begin{cases} x = r\sin\varphi\cos\theta \\ y = r\sin\varphi\sin\theta \\ z = r\cos\varphi \end{cases}$ ，则 $x^2 + y^2 + z^2 \leqslant t^2$ 变成 $\{(r,\theta,\varphi) \mid 0 \leqslant r \leqslant t, 0 \leqslant \theta \leqslant$

$2\pi, 0 \leqslant \varphi \leqslant \pi\}$.

$$\iiint\limits_{x^2+y^2+z^2\leqslant t^2} f(\sqrt{x^2 + y^2 + z^2})\mathrm{d}x\mathrm{d}y\mathrm{d}z = \int_0^{2\pi}\mathrm{d}\theta\int_0^{\pi}\mathrm{d}\varphi\int_0^t f(r) \cdot r^2 \sin\varphi\mathrm{d}r =$$

$$2\pi \times 2\int_0^t f(r)r^2\,\mathrm{d}r$$

因此，所求极限 $= \lim\limits_{t\to 0}\dfrac{4\pi\displaystyle\int_0^t f(r)r^2\mathrm{d}r}{\pi t^4} = \lim\limits_{t\to 0}\dfrac{f(t)\cdot t^2}{t^3} = \lim\limits_{t\to 0}\dfrac{f(t)}{t} = \lim\limits_{t\to 0}f'(t) = f'(0)$

注：条件改变 $f(x)$ 连续且 $f(0) = 0$，$f'(0)$ 存在，则结论仍成立，但 $\lim\limits_{t\to 0}\dfrac{f(t)}{t}$ 应接导数定义计算.

952. (广西大学)　求下列三重积分的极限

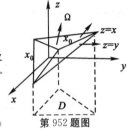

第 952 题图

$$\lim\limits_{t\to x_0^+}\frac{1}{(t-x_0)^{n+4}}\iiint\limits_{\Omega}(x-y)^n f(y)\mathrm{d}x\mathrm{d}y\mathrm{d}z$$

其中 Ω 是由 $y = x_0(x_0 > 0), y = x, x = t(> x_0), z = x$ 及 $z = y$ 所围成的区域的内部，n 是自然数，$f(x)$ 在 $[x_0, x_0+\delta](\delta > 0)$ 上可微，$f(x_0) = 0$.

解　如右图所示 Ω 在 xy 平面上的投影

$D = \{(x,y) \mid x_0 \leqslant x \leqslant t, x_0 \leqslant y \leqslant x\} = \{(x,y) \mid x_0 \leqslant y \leqslant t, y \leqslant x \leqslant t\}$.

则有 $\displaystyle\iiint\limits_{\Omega}(x-y)^n f(y)\mathrm{d}x\mathrm{d}y\mathrm{d}z =$

$$\iint\limits_D\mathrm{d}x\mathrm{d}y\int_y^x(x-y)^n f(y)\mathrm{d}z =$$

$$\iint\limits_D(x-y)^{n+1}f(y)\mathrm{d}x\mathrm{d}y =$$

$$\int_{x_0}^t\int_y^t(x-y)^{n+1}f(y)\mathrm{d}x =$$

$$\int_{x_0}^t\frac{1}{n+2}(x-y)^{n+2}f(y)\mid_y^t\mathrm{d}y =$$

$$\frac{1}{n+2}\int_{x_0}^t(t-y)^{n+2}f(y)\mathrm{d}y.$$

从而所求极限记为 I，则

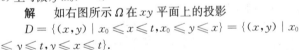

$$I = \lim\limits_{t\to x_0^+}\frac{1}{n+2}\cdot\frac{\displaystyle\int_{x_0}^t(t-y)^{n+2}f(y)\mathrm{d}y}{(t-x_0)^{n+4}}\xrightarrow{\text{连续用 } n+3 \text{ 次洛必达法则}}$$

$$\frac{1}{n+2}\cdot\lim\limits_{t\to x_0^+}\frac{(n+2)!f(t)}{(n+4)(n+3)\cdots 2(t-x_0)} =$$

$$\frac{1}{(n+4)(n+3)(n+2)} \cdot \lim_{t \to x_0^+} \frac{f(t)-f(x_0)}{t-x_0} =$$

$$\frac{f'(x_0)}{(n+4)(n+3)(n+2)}.$$

953. (**吉林大学**) 设 $\sum\limits_{i,j=1}^{3} a_{ij}x_i x_j$ 表示变量 (x_1, x_2, x_3) 的二次型,其系数矩阵 $\boldsymbol{A} = (a_{ij})$ 为对称正定的,证明椭球面 $S: \sum\limits_{i,j=1}^{3} a_{ij}x_i x_j = 1$ 所包围的体积等于 $\frac{4\pi}{3}(\det A)^{-\frac{1}{2}}$,

$\det A$ 表示 $\boldsymbol{A}$ 的行列式.

证 因为 $\boldsymbol{A}$ 是对称正定的,所以由代数知识得存在可逆矩阵 $\boldsymbol{B}$. 使 $\boldsymbol{B}'\boldsymbol{A}\boldsymbol{B} = \boldsymbol{E}$,($\boldsymbol{E}$ 为单位矩阵) 作线性变换

$$\begin{bmatrix} x_1 \\ x_2 \\ x_3 \end{bmatrix} = \boldsymbol{B} \begin{bmatrix} y_1 \\ y_2 \\ y_3 \end{bmatrix}$$

则 S 变为 $y_1^2 + y_2^2 + y_3^2 = 1$

且 $\dfrac{\partial(x_1, x_2, x_3)}{\partial(y_1, y_2, y_3)} = \det \boldsymbol{B}.$

扫码获取本书资源

因此,所包围的体积 $= \iiint\limits_{\sum\limits_{i,j=1}^{3} a_{ij}x_i x_j \leqslant 1} dx_1 dx_2 dx_3 =$

$$\iiint\limits_{y_1^2+y_2^2+y_3^2 \leqslant 1} |\det B| \, dy_1 dy_2 dy_3 = \frac{4\pi}{3} |\det \boldsymbol{B}|.$$

又 $|\det \boldsymbol{B}|^2 |\det \boldsymbol{A}| = 1$(因 $\boldsymbol{B}'\boldsymbol{A}\boldsymbol{B} = \boldsymbol{E}$, $\det \boldsymbol{B}' = \det \boldsymbol{B}$),

所以 $|\det \boldsymbol{B}|^2 = \dfrac{1}{|\det \boldsymbol{A}|} = \dfrac{1}{\det \boldsymbol{A}}$,(因为 $\boldsymbol{A}$ 正定,$\det \boldsymbol{A} > 0$)

$|\det \boldsymbol{B}| = (\det \boldsymbol{A})^{-\frac{1}{2}}.$

包围的体积等于 $\frac{4\pi}{3}(\det \boldsymbol{A})^{-\frac{1}{2}}.$

954. (**延边大学**) 求曲面 $\left(\dfrac{x}{a}\right)^{\frac{2}{5}} + \left(\dfrac{y}{b}\right)^{\frac{2}{5}} + \left(\dfrac{z}{c}\right)^{\frac{2}{5}} = 1$ 所围空间区域的体积 V.

解   令 $u = \left(\dfrac{x}{a}\right)^{\frac{1}{5}}, v = \left(\dfrac{y}{b}\right)^{\frac{1}{5}}, w = \left(\dfrac{z}{c}\right)^{\frac{1}{5}}$,则

$$V = \iiint\limits_{V} dx dy dz = \iiint\limits_{u^2+v^2+w^2 \leqslant 1} 125abc(uvw)^4 du dv dw$$

令 $\begin{cases} u = r\sin\varphi\cos\theta \\ v = r\sin\varphi\sin\theta \\ w = r\cos\varphi \end{cases}$,则

$$0 \leqslant r \leqslant 1, 0 \leqslant \varphi \leqslant \pi, 0 \leqslant \theta \leqslant 2\pi$$

$$V = 125abc \int_0^{2\pi} d\theta \int_0^{\pi} d\varphi \int_0^1 r^4 \sin^4\varphi\cos^4\theta \cdot r^4 \sin^4\varphi\sin^4\theta \cdot r^4 \cos^4\varphi \cdot r^2 \sin\varphi dr =$$

$$125abc\int_0^{2\pi}\sin^4\theta\cos^4\theta d\theta\int_0^\pi\sin^9\varphi\cos^4\varphi d\varphi\int_0^1 r^{14}dr=$$

$$125abc\cdot\frac{1}{32}\int_0^{2\pi}(\sin2\theta)^4 d(2\theta)\left[-\int_0^\pi(\cos^4\varphi\cdot(1-\cos^2\varphi)^4 d\cos\varphi\cdot\frac{1}{15}\right]=$$

$$\frac{25}{96}abc\left[\frac{3}{8}(2\theta)-\frac{1}{4}\sin4\theta+\frac{1}{32}\sin8\theta\right]\big|_0^{2\pi}\cdot\{-\frac{1}{13}\cos^{13}\varphi-\frac{4}{11}\cos^{11}\varphi+\frac{6}{9}\cos^9\varphi$$

$$-\frac{4}{7}\cos^7\varphi+\frac{1}{5}\cos^5\varphi\}\big|_0^\pi=$$

$$\frac{20}{3003}\pi abc$$

955.（南京大学） 求 $\iiint_V(x^2+y^2)dV$,其中 $V:x^2+y^2+(z-2)^2\geqslant4$ 且 x^2+y^2+
$(z-1)^2\leqslant9.z\geqslant0$ 所成的空心立体.

解 令 $V_1\{(x,y,z)\mid x^2+y^2+(z-1)^2\leqslant9\}$

$V_2\{(x,y,z)\mid x^2+y^2+(z-2)^2\leqslant4\}$

$V_3\{(x,y,z)\mid x^2+y^2+(z-1)^2\leqslant9$ 且 $z\leqslant0\}$

所以 $\iiint_V(x^2+y^2)dV=\iiint_{V_1}(x^2+y^2)dV-\iiint_{V_2}(x^2+$

第955题图

$$y^2)dV-\iiint_{V_3}(x^2+y^2)dV$$

令 $\begin{cases}x=r\sin\varphi\cos\theta\\y=r\sin\varphi\sin\theta\\z=1+r\cos\varphi\end{cases}$,则 V_1 变为

$\{(r,\theta,\varphi)\mid 0\leqslant r\leqslant3,0\leqslant\theta\leqslant2\pi,0\leqslant\varphi\leqslant\pi\}$

$$\iiint_{V_1}(x^2+y^2)dV=\int_0^{2\pi}d\theta\int_0^\pi d\varphi\int_0^3 r^2\sin^2\varphi\cdot r^2\sin\varphi dr$$

$$=2\pi\int_0^\pi\sin^3\varphi d\varphi\int_0^3 r^4 dr=\frac{8\pi}{15}\times3^5$$

同理,令 $\begin{cases}x=r\sin\varphi\cos\theta\\y=r\sin\varphi\sin\theta\\z=2+r\cos\varphi\end{cases}$,

则 $\iiint_{V_2}(x^2+y^2)dV=\int_0^{2\pi}d\theta\int_0^\pi d\varphi\int_0^2 r^4\sin^3\varphi d\varphi=2\pi\int_0^\pi\sin^3\varphi d\varphi\int_0^2 r^4 dr=\frac{8\pi}{15}\times2^5$

$V_3\{(x,y,z)\mid 1-\sqrt{9-x^2-y^2}\leqslant z\leqslant0,(x,y)\in(x^2+y^2\leqslant8)\}$

因此 $\iiint_{V_3}(x^2+y^2)dV=\iint_{x^2+y^2\leqslant8}(x^2+y^2)dxdy\int_{1-\sqrt{9-x^2-y^2}}^0 dz=$

$$\iint_{x^2+y^2\leqslant8}(x^2+y^2)(\sqrt{9-x^2-y^2}-1)dxdy$$

令 $\begin{cases}x=r\cos\theta\\y=r\sin\theta\end{cases}$,则

$$\iiint\limits_{V_3}(x^2+y^2)\mathrm{d}V=\int_0^{2\pi}\mathrm{d}\theta\int_0^{2\sqrt{2}}r^2(\sqrt{9-r^2}-1)r\mathrm{d}r=$$

$$2\pi\int_0^{2\sqrt{2}}r^2(\sqrt{9-r^2}-1)r\mathrm{d}r$$

$$\xlongequal{t=r^2}\pi\int_0^8 t(\sqrt{9-t}-1)\mathrm{d}t=\pi[-\frac{16}{3}+\frac{4}{15}(3^5-1)-32].$$

因此 $\iiint\limits_V(x^2+y^2)\mathrm{d}v=\dfrac{8\pi}{15}3^5-\dfrac{8\pi}{15}\times2^5-\pi[-\dfrac{16}{3}+\dfrac{4}{15}(3^5-1)-32]=$

$$\pi\left[\frac{8}{5}\times3^4-\frac{4}{5}\times3^4-\frac{8}{15}\times2^5+\frac{4}{15}+\frac{16}{3}+32\right]=$$

$$\pi\left[\frac{4}{5}\times81-\frac{4\times63}{15}+\frac{112}{3}\right]=\frac{256}{3}\pi$$

956. (北京大学)　给定重积分 $\iiint\limits_\Omega[\dfrac{1}{yz}\cdot\dfrac{\partial F}{\partial x}+\dfrac{1}{xz}\cdot\dfrac{\partial F}{\partial y}+\dfrac{1}{xy}\cdot\dfrac{\partial F}{\partial z}]\mathrm{d}x\mathrm{d}y\mathrm{d}z.$

其中 $\Omega:1\leqslant yz\leqslant2,1\leqslant xz\leqslant2,1\leqslant xy\leqslant2$,试将积分作下面变换 $u=yz,v=xz,w=xy$,要求变换后积分出现 u,v,w 和 F 关于 u,v,w 的偏导数(假设 F 有连续的一阶偏导数).

解　由 $u=yz,v=xz,w=xy$,得

$$\begin{cases}x=\sqrt{\dfrac{vw}{u}}\\[2mm]y=\sqrt{\dfrac{uw}{v}}\\[2mm]z=\sqrt{\dfrac{uv}{w}}\end{cases}$$

则 Ω 变为 $V=\{(u,v,w)\mid1\leqslant u\leqslant2,1\leqslant v\leqslant2,1\leqslant w\leqslant2\}$

$$\frac{\partial(x,y,z)}{\partial(u,v,w)}=\frac{1}{\dfrac{\partial(u,v,w)}{\partial(x,y,z)}}=\frac{1}{2xyz}=\frac{1}{2\sqrt{uvw}}$$

$$\frac{\partial F}{\partial u}=\frac{\partial F}{\partial x}\frac{\partial x}{\partial u}+\frac{\partial F}{\partial y}\frac{\partial y}{\partial u}+\frac{\partial F}{\partial z}\frac{\partial z}{\partial u}=$$

$$\frac{1}{2}\sqrt{\frac{vw}{u}}(-\frac{1}{u}\frac{\partial F}{\partial x}+\frac{1}{v}\frac{\partial F}{\partial y}+\frac{1}{w}\cdot\frac{\partial F}{\partial z})$$

同理　　　$\dfrac{\partial F}{\partial v}=\dfrac{1}{2}\sqrt{\dfrac{uw}{v}}(\dfrac{1}{u}\dfrac{\partial F}{\partial x}-\dfrac{1}{v}\dfrac{\partial F}{\partial y}+\dfrac{1}{w}\dfrac{\partial F}{\partial z})$

$$\frac{\partial F}{\partial w}=\frac{1}{2}\sqrt{\frac{uv}{w}}(\frac{1}{u}\frac{\partial F}{\partial x}+\frac{1}{v}\frac{\partial F}{\partial y}-\frac{1}{w}\frac{\partial F}{\partial z})$$

因此 $2\sqrt{\dfrac{u}{vw}}\dfrac{\partial F}{\partial u}+2\sqrt{\dfrac{v}{uw}}\dfrac{\partial F}{\partial v}+2\sqrt{\dfrac{w}{uv}}\dfrac{\partial F}{\partial w}=\dfrac{1}{u}\dfrac{\partial F}{\partial x}+\dfrac{1}{v}\dfrac{\partial F}{\partial y}+\dfrac{1}{w}\dfrac{\partial F}{\partial z}.$

$$\iiint\limits_\Omega(\frac{1}{yz}\frac{\partial F}{\partial x}+\frac{1}{xz}\frac{\partial F}{\partial y}+\frac{1}{xy}\frac{\partial F}{\partial z})\mathrm{d}x\mathrm{d}y\mathrm{d}z=$$

$$\iiint\limits_v(2\sqrt{\frac{u}{vw}}\frac{\partial F}{\partial u}+2\sqrt{\frac{v}{uw}}\frac{\partial F}{\partial v}+2\sqrt{\frac{w}{uv}}\frac{\partial F}{\partial w})\frac{1}{2\sqrt{uvw}}\mathrm{d}u\mathrm{d}v\mathrm{d}w=$$

$$\iiint\limits_{V}(\frac{1}{vw}\frac{\partial F}{\partial u}+\frac{1}{uw}\frac{\partial F}{\partial v}+\frac{1}{uv}\frac{\partial F}{\partial w})\mathrm{d}u\mathrm{d}v\mathrm{d}w.$$

957.（河北师范学院）　求曲面 $x^2+y^2+z^2=\dfrac{z}{h}\mathrm{e}^{\frac{z^2}{x^2+y^2+z^2}}$ 所界的体积.

解　由曲面方程知 $z\geqslant 0$. 曲面过原点，曲面关于 z 轴对称.

令 $\begin{cases}x=r\sin\varphi\cos\theta\\ y=r\sin\varphi\sin\theta,\text{则}\\ z=r\cos\varphi\end{cases}$

$$0\leqslant\theta\leqslant 2\pi,0\leqslant\varphi\leqslant\frac{\pi}{2},0\leqslant r\leqslant\frac{1}{h}\cos\varphi\mathrm{e}^{-\cos^2\varphi}$$

从而所求体积为

$$V=\iiint\limits_{\Omega}\mathrm{d}x\mathrm{d}y\mathrm{d}z=\int_0^{2\pi}\mathrm{d}\theta\int_0^{\frac{\pi}{2}}\mathrm{d}\varphi\int_0^{\frac{1}{h}\cos\varphi\mathrm{e}^{-\cos^2\varphi}}r^2\sin\varphi\mathrm{d}r=$$

$$2\pi\int_0^{\frac{\pi}{2}}\sin\varphi\cdot\frac{1}{3}r^3\,\Big|_0^{\frac{1}{h}\cos\varphi\mathrm{e}^{-\cos^2\varphi}}\mathrm{d}\varphi=$$

$$2\pi\int_0^{\frac{\pi}{2}}\sin\varphi\cdot\frac{1}{3}\cdot\frac{1}{h^3}\cdot\cos^3\varphi\mathrm{e}^{-3\cos^2\varphi}\mathrm{d}\varphi\xrightarrow{t=\cos\varphi}$$

$$\frac{2\pi}{3h^3}\int_0^1 t^3\mathrm{e}^{-3t^2}\mathrm{d}t\xrightarrow{u=t^2}\frac{\pi}{3h^3}\int_0^1 u\mathrm{e}^{-3u}\mathrm{d}u=$$

$$\frac{\pi}{3h^3}(\frac{1}{9}-\frac{4}{9}\mathrm{e}^{-3})=\frac{\pi}{27h^3}(1-\frac{4}{\mathrm{e}^3})$$

958.（厦门大学）　求 xz 平面上的圆周 $(x-a)^2+z^2=b^2(0<b<a)$，绕 Z 轴一圈所画的闭曲面所包围的体积.

解　令 V 为所画闭曲面所围的空间，则

$$V=\{(x,y,z)\,|-b\leqslant z\leqslant b,(a-\sqrt{b^2-z^2})^2\leqslant x^2+y^2\leqslant(a+\sqrt{b^2-z^2})^2\}$$

所求体积仍记为 V，则

$$V=\iiint\limits_{V}\mathrm{d}x\mathrm{d}y\mathrm{d}z=\int_{-b}^b\mathrm{d}z\iint\limits_{D(z)}\mathrm{d}x\mathrm{d}y=$$

$$\int_{-b}^b[(a+\sqrt{b^2-z^2})^2\pi-(a-\sqrt{b^2-z^2})^2\pi]\mathrm{d}z=$$

$$4\pi\int_{-b}^b a\sqrt{b^2-z^2}\mathrm{d}z\xrightarrow{z=b\sin\theta}4\pi ab^2\int_{-\frac{\pi}{2}}^{\frac{\pi}{2}}\cos^2\theta\mathrm{d}\theta=2ab^2\pi^2$$

959.（北京大学）　计算三重积分

$$\iiint\limits_{V:x^2+y^2+z^2\leqslant 2z}(x^2+y^2+z^2)^{\frac{5}{2}}\mathrm{d}x\mathrm{d}y\mathrm{d}z$$

解　令 $\begin{cases}x=r\sin\varphi\cos\theta\\ y=r\sin\varphi\sin\theta,\text{则}\\ z=r\cos\varphi\end{cases}$

$$0\leqslant\theta\leqslant 2\pi,0\leqslant\varphi\leqslant\frac{\pi}{2},0\leqslant r\leqslant 2\cos\varphi$$

$$\iiint\limits_{V} (x^2+y^2+z^2)^{\frac{5}{2}}\,dxdydz = \int_0^{2\pi}d\theta\int_0^{\frac{\pi}{2}}d\varphi\int_0^{2\cos\varphi} r^5 \cdot r^2\sin\varphi\,d =$$

$$2\pi\int_0^{\frac{\pi}{2}}\frac{1}{8}2^8\cos^8\varphi\sin\varphi d\varphi = \frac{64\pi}{9}(-\cos^9\varphi)\Big|_0^{\frac{\pi}{2}} = \frac{64\pi}{9}$$

960.（中国科学院） 求曲面$(x^2+y^2+z^2)^3 = a^3xyz\,(a>0)$所围成立体的体积.

解 由曲面方程知所围立体只能位于第一,三,五,七卦限,且体积为第一卦限立体V_1体积的4倍.即

$$V = 4V_1 = \iiint\limits_{V_1}dxdydz$$

令 $\begin{cases} x = r\sin\varphi\cos\theta \\ y = r\sin\varphi\sin\theta \\ z = r\cos\varphi \end{cases}$,则曲面方程为

$$r = a(\sin^2\varphi\cos\varphi\sin\theta\cos\theta)^{\frac{1}{3}}$$

$$0\leqslant\theta\leqslant\frac{\pi}{2},0\leqslant\varphi\leqslant\frac{\pi}{2},0\leqslant r\leqslant a(\sin^2\varphi\cos\varphi\cdot\sin\theta\cos\theta)^{\frac{1}{3}}$$

$$V = 4\int_0^{\frac{\pi}{2}}d\theta\int_0^{\frac{\pi}{2}}d\varphi\int_0^{a(\sin^2\varphi\cos\varphi\sin\theta\cos\theta)^{\frac{1}{3}}}\cdot r^2\sin\varphi dr =$$

$$\frac{4}{3}\int_0^{\frac{\pi}{2}}d\theta\int_0^{\frac{\pi}{2}}d\varphi\, a^3(\sin^2\varphi\cos\varphi\sin\theta\cos\theta)\cdot\sin\varphi d\varphi =$$

$$\frac{4a^3}{3}\int_0^{\frac{\pi}{2}}\sin\theta\cos\theta d\theta\int_0^{\frac{\pi}{2}}\sin^3\varphi\cos\varphi d\varphi = \frac{4a^3}{3}\times\frac{1}{2}\times\frac{1}{4} = \frac{a^3}{6}$$

961.（中国科学院,郑州大学） 计算积分

$$\iiint\limits_{\substack{x,y,z\geqslant 0 \\ x+y+z\leqslant 1}} x^{p-1}y^{q-1}z^{r-1}dxdydz,其中 p>0,q>0,r>0.$$

（提示：$B(\alpha,\beta) = \int_0^1 x^{\alpha-1}(1-x)^{\beta-1}dx, B(\alpha,\beta) = \frac{\Gamma(\alpha)\Gamma(\beta)}{\Gamma(\alpha+\beta)}$）

解 因为 $V = \{(x,y,z)\,|\,0\leqslant z\leqslant 1,(x,y)\in D(z)\}$,其中 $D(z) = \{x\geqslant 0, y\geqslant 0,x+y\leqslant 1-z\}$

所以 $\iiint\limits_{\substack{x,y,z\geqslant 0 \\ x+y+z\leqslant 1}} x^{p-1}y^{q-1}z^{r-1}dxdydz =$

$\int_0^1 dz\iint\limits_{D(z)} x^{p-1}y^{q-1}z^{r-1}dxdy =$

$\int_0^1 dz\int_0^{1-z}dx\int_0^{1-x-z} x^{p-1}y^{q-1}z^{r-1}dy =$

$\int_0^1 z^{r-1}dz\int_0^{1-z}x^{p-1}\frac{1}{q}(1-x-z)^q dx =$

$\frac{1}{q}\int_0^1 z^{r-1}dz\int_0^{1-z}x^{p-1}(1-z-x)^q dx \xlongequal{x=(1-z)t}$

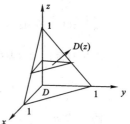

第961题图

$$\frac{1}{q}\int_0^1 z^{r-1}\mathrm{d}z\int_0^1 (1-z)^{p-1}t^{p-1}(1-z)^q(1-t)^q(1-z)\mathrm{d}t =$$

$$\frac{1}{q}\int_0^1 z^{r-1}(1-z)^{p+q}\mathrm{d}z\int_0^1 t^{p-1}(1-t)^q\ \mathrm{d}t =$$

$$\frac{1}{q}B(r,p+q+1)\cdot B(p,q+1) =$$

$$\frac{1}{q}\ \frac{\Gamma(r)\Gamma(p+q+1)]}{\Gamma(p+q+r+1)}\ \frac{\Gamma(p)\Gamma(q+1)}{\Gamma(p+q+1)} =$$

$$\frac{1}{q}\ \frac{\Gamma(r)\Gamma(p)\cdot q\Gamma(q)}{(p+q+r)\Gamma(p+q+r)} =$$

$$\frac{1}{p+q+r}\ \frac{\Gamma(p)\Gamma(q)\Gamma(r)}{\Gamma(p+q+r)}.$$

962.（华东师范大学） 设 $D_t:x^2+y^2+z^2\leqslant t^2$，$F(t)=\iiint\limits_D f(x^2+y^2+z^2)\mathrm{d}x\mathrm{d}y\mathrm{d}z$，其中 f 为连续函数，$f(1)=1$，证明 $F'(1)=4\pi$.

解　令 $\begin{cases}x=r\sin\varphi\cos\theta\\ y=r\sin\varphi\sin\theta\\ z=r\cos\varphi\end{cases}$，则 $0\leqslant r\leqslant t,0\leqslant\theta\leqslant 2\pi,0\leqslant\varphi\leqslant\pi.$

$$F(t)=\int_0^{2\pi}\mathrm{d}\theta\int_0^\pi\mathrm{d}\varphi\int_0^t f(r^2)\cdot r^2\sin\varphi\mathrm{d}r=4\pi\int_0^t r^2 f(r^2)\mathrm{d}r$$

$$F'(t)=4\pi t^2 f(t^2),F'(1)=4\pi f(1)=4\pi$$

963.（北京大学） 求积分 $I=\iiint\limits_D (x+y+z)\mathrm{d}x\mathrm{d}y\mathrm{d}z$ 的值，其中 D 由平面 $x+y+z=1$ 以及三个坐标平面所围成的区域.

解　由 x,y,z 的对称性，有

$$\iiint\limits_D (x+y+z)\mathrm{d}x\mathrm{d}y\mathrm{d}z =$$

$$3\iiint\limits_D z\mathrm{d}x\mathrm{d}y\mathrm{d}z =$$

$$3\int_0^1\mathrm{d}z\iint\limits_{D(z)} z\mathrm{d}x\mathrm{d}y =$$

$$\frac{3}{2}\int_0^1 z(1-z)^2\mathrm{d}z=\frac{3}{2}\times\frac{1}{12}=\frac{1}{8}$$

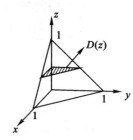

第 963 题图

964. 计算 $\iiint\limits_V xyz\mathrm{d}x\mathrm{d}y\mathrm{d}z$，其中 V：

$$1\leqslant\frac{yz}{x}\leqslant 2,y\leqslant zx\leqslant 2y,z\leqslant xy\leqslant 2z$$

解　令 $u=\frac{yz}{x},v=\frac{zx}{y},w=\frac{xy}{z}$ 则 V 变为 $V':1\leqslant u\leqslant 2,1\leqslant v\leqslant 2,1\leqslant w\leqslant 2$

$$\frac{\partial(u,v,w)}{\partial(x,y,z)}=4$$

从而 $\frac{\partial(x,y,z)}{\partial(u,v,w)}=\frac{1}{4}$，$xyz=uvw$. 所以

$$\iiint\limits_{V} xyz \mathrm{d}x\mathrm{d}y\mathrm{d}z = \iiint\limits_{V} uvw \cdot \frac{1}{4} \mathrm{d}u\mathrm{d}v\mathrm{d}w =$$

$$\frac{1}{4} \int_{1}^{2} u\mathrm{d}u \cdot \int_{1}^{2} v\mathrm{d}v \cdot \int_{1}^{2} w\mathrm{d}w =$$

$$\frac{1}{4} (\int_{1}^{2} u\mathrm{d}u)^3 = \frac{27}{32}$$

965.(1) 若 f 为连续函数,证明:

$$\iiint\limits_{V} f(z)\mathrm{d}x\mathrm{d}y\mathrm{d}z = \pi \int_{-1}^{1} f(z)(1-z^2)\mathrm{d}z$$

其中 $V : x^2 + y^2 + z^2 \leqslant 1$;

(2) 若 f 连续,证明:

$$\iiint\limits_{V} f(ax + by + cz)\mathrm{d}x\mathrm{d}y\mathrm{d}z = \pi \int_{-1}^{1} f(ku)(1-u^2)\mathrm{d}u$$

其中　　　　　　$V : x^2 + y^2 + z^2 \leqslant 1, k = \sqrt{a^2 + b^2 + c^2}$

证　(1) 采用柱面坐标,得

$$\iiint\limits_{V} f(z)\mathrm{d}x\mathrm{d}y\mathrm{d}z = \int_{0}^{2\pi} \mathrm{d}\theta \int_{-1}^{1} \mathrm{d}z \int_{0}^{\sqrt{1-z^2}} f(z)r\mathrm{d}r = \int_{-1}^{1} 2\pi \frac{(1-z^2)}{2} f(z)\mathrm{d}z =$$

$$\pi \int_{-1}^{1} f(z)(1-z^2)\mathrm{d}z$$

(2) 作正交变换 $\begin{cases} u = \dfrac{1}{k}(ax + by + cz) \\ v = a_1 x + b_1 y + c_1 z, \\ w = a_2 x + b_2 y + c_2 z \end{cases}$

其中 $k = \sqrt{a^2 + b^2 + c^2}$,则由正交变换的特性知

V 变成 $V' : u^2 + v^2 + w^2 \leqslant 1$,且 $\dfrac{\partial(u,v,w)}{\partial(x,y,z)} = 1$.

所以 $\iiint\limits_{V} f(ax + by + cz)\mathrm{d}x\mathrm{d}y\mathrm{d}z = \iiint\limits_{V'} f(ku)\mathrm{d}u\mathrm{d}v\mathrm{d}w \xlongequal{\text{由}(1)} \pi \int_{-1}^{1} f(ku)(1-u^2)\mathrm{d}u$

966.(**山东大学**)　求区域 $0 \leqslant x \leqslant 1, 0 \leqslant y \leqslant x, x + y \leqslant z \leqslant \mathrm{e}^{x+y}$ 的体积.

解　所求体积

$$V = \int_{0}^{1} \mathrm{d}x \int_{0}^{x} \mathrm{d}y \int_{x+y}^{\mathrm{e}^{x+y}} \mathrm{d}z = \int_{0}^{1} \mathrm{d}x \int_{0}^{x} [\mathrm{e}^{x+y} - (x+y)]\mathrm{d}y =$$

$$\int_{0}^{1} \left[\mathrm{e}^{x+y} - (xy + \frac{1}{2}y^2)\right]\Big|_{0}^{x} \mathrm{d}x = \int_{0}^{1} (\mathrm{e}^{2x} - \frac{3}{2}x^2 - \mathrm{e}^x)\mathrm{d}x =$$

$$\left(\frac{1}{2}\mathrm{e}^{2x} - \mathrm{e}^x - \frac{1}{2}x^3\right)\Big|_{0}^{1} = \frac{1}{2}\mathrm{e}^2 - \mathrm{e}^1 - \frac{1}{2} - (\frac{1}{2} - 1) =$$

$$\frac{1}{2}\mathrm{e}^2 - \mathrm{e} = \frac{\mathrm{e}(\mathrm{e}-2)}{2}$$

967.(**同济大学**)　计算三重积分

$$\iiint\limits_{\Omega} \frac{\cos\sqrt{x^2+y^2+z^2}}{\sqrt{x^2+y^2+z^2}}\mathrm{d}x\mathrm{d}y\mathrm{d}z, \Omega : x^2 + y^2 + z^2 \leqslant 4\pi^2, x^2 + y^2 + z^2 \geqslant \pi^2$$

解　令 $\begin{cases} x = r\sin\varphi\cos\theta, \\ y = r\sin\varphi\sin\theta, \\ z = r\cos\varphi \end{cases}$　则 Ω 变成

$$\pi \leqslant r \leqslant 2\pi, 0 \leqslant \theta \leqslant 2\pi, 0 \leqslant \varphi \leqslant \pi$$

$$\iiint\limits_{\Omega} \frac{\cos\sqrt{x^2+y^2+z^2}}{\sqrt{x^2+y^2+z^2}} dxdydz = \int_0^{2\pi} d\theta \int_0^{\pi} d\varphi \int_{\pi}^{2\pi} \frac{\cos r}{r} \cdot r^2 \sin\varphi dr =$$

$$4\pi \int_{\pi}^{2\pi} r\cos rdr = 4\pi(r\sin r + \cos r)\Big|_{\pi}^{2\pi} =$$
$$8\pi$$

968.（西北电讯工程学院） 求

$$I = \int_{-1}^{1} dx \int_0^{\sqrt{1-x^2}} dy \int_1^{1+\sqrt{1-x^2-y^2}} \frac{dz}{\sqrt{x^2+y^2+z^2}}$$

解　累次积分的区域 V 如下图所示为第一、二掛限 1/4 单位球域

$$\diamondsuit \begin{cases} x = r\sin\varphi\cos\theta \\ y = r\sin\varphi\sin\theta, \\ z = r\cos\varphi \end{cases}$$ 则 V 变成

$$\frac{1}{\cos\varphi} \leqslant r \leqslant 2\cos\varphi, 0 \leqslant \theta \leqslant \pi, 0 \leqslant \varphi \leqslant \frac{\pi}{4}.$$

$$I = \int_0^{\pi} d\theta \int_0^{\frac{\pi}{4}} d\varphi \int_{\frac{1}{\cos\varphi}}^{2\cos\varphi} \frac{1}{r} r^2 \sin\varphi dr =$$

$$\pi \int_0^{\frac{\pi}{4}} \sin\varphi \cdot \frac{1}{2}[4\cos^2\varphi - \frac{1}{\cos^2\varphi}]d\varphi =$$

$$\frac{2\pi}{3}(1 - \frac{1}{2\sqrt{2}}) - \frac{\pi}{2}(\sqrt{2}-1) =$$

$$\pi\left[\frac{7}{6} - \frac{2\sqrt{2}}{3}\right]$$

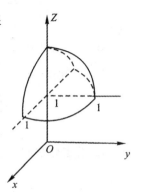

第 968 题图

969.（西安交通大学） 求三重积分 $\iiint\limits_{x^2+y^2+z^2 \leqslant 1} e^{|z|} dV$ 的值.

解　令 $\begin{cases} x = r\sin\varphi\cos\theta \\ y = r\sin\varphi\sin\theta, \\ z = r\cos\varphi \end{cases}$ 则

$$0 \leqslant r \leqslant 1, 0 \leqslant \theta \leqslant 2\pi, 0 \leqslant \varphi \leqslant \pi$$

$$\iiint\limits_{V} e^{|z|} dV = \int_0^{2\pi} d\theta \int_0^{\pi} d\varphi \int_0^1 e^{r|\cos\varphi|} \cdot r^2 \sin\varphi dr \xrightarrow{对称性} 2\int_0^{2\pi} d\theta \int_0^{\frac{\pi}{2}} d\varphi \int_0^1 e^{r\cos\varphi} \cdot r^2 \sin\varphi dr$$

$$= 2\int_0^{2\pi} d\theta \int_0^1 dr \int_0^{\frac{\pi}{2}} r^2 e^{r\cos\varphi} \sin\varphi d\varphi = 4\pi \int_0^1 (e^r - 1)rdr$$

$$= 2\pi$$

970.（大连工学院） 求 $\iiint\limits_{\Omega} z^2 dV,$

其中 Ω 是 $x^2 + y^2 + z^2 \leqslant a^2$，$x^2 + y^2 + (z-a)^2 \leqslant a^2$ 的公共部分.

解 如图示 Ω 在 Oxy 平面上的投影区域

$D: x^2 + y^2 \leqslant \dfrac{3}{4} a^2$，$V =$

$\{(x,y,z) \mid a - \sqrt{a^2 - x^2 - y^2} \leqslant z \leqslant \sqrt{a^2 - x^2 - y^2}\}$.

则

$$\iiint_\Omega z^2 \, dV = \iint_D dx\,dy \int_{a-\sqrt{a^2-x^2-y^2}}^{\sqrt{a^2-x^2-y^2}} z^2 \, dz$$

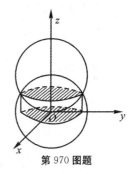

第 970 图题

令 $\begin{cases} x = r\cos\theta, \\ y = r\sin\theta \end{cases}$，则 D 变为

$$0 \leqslant r \leqslant \frac{\sqrt{3}}{2} a, \quad 0 \leqslant \theta \leqslant 2\pi$$

$$\iiint_\Omega z^2 \, dV = \int_0^{2\pi} d\theta \int_0^{\frac{\sqrt{3}}{2}a} r\,dr \int_{a-\sqrt{a^2-r^2}}^{\sqrt{a^2-r^2}} z^2 \, dz = \frac{59}{480}\pi a^5$$

注：也可直接采用柱坐标变换计算，效果相同.

971. (昆明工学院) 求闭曲面 $\left(\dfrac{x^2}{a^2} + \dfrac{y^2}{b^2} + z^2\right)^2 = c^3 z \,(a,b,c > 0)$ 所围立体之体积.

解 由曲面方程知 $z \geqslant 0$. 令

$$\begin{cases} x = ar\sin\varphi\cos\theta \\ y = br\sin\varphi\sin\theta \\ z = r\cos\varphi \end{cases}$$

则 $0 \leqslant \theta \leqslant 2\pi$，$0 \leqslant \varphi \leqslant \dfrac{\pi}{2}$，$0 \leqslant r \leqslant c(\cos\varphi)^{\frac{1}{3}}$.

$$\frac{\partial(x,y,z)}{\partial(r,\theta,\varphi)} = -abr^2 \sin\varphi$$

所求立体体积

$$V = \int_0^{2\pi} d\theta \int_0^{\frac{\pi}{2}} d\varphi \int_0^{c(\cos\varphi)^{\frac{1}{3}}} abr^2 \sin\varphi dr = 2\pi \int_0^{\frac{\pi}{2}} \cdot \frac{ab}{3} \sin\varphi c^3 \cos\varphi d\varphi = \frac{\pi}{3} abc^3$$

972. (浙江大学) 求由半径 a 的球面与顶点在球心顶角为 2α 的圆锥面所围成区域(如右图)的体积

解 如图建立坐标系，则球面方程为

$$x^2 + y^2 + z^2 = a^2$$

锥面方程 $z = \cot\alpha \sqrt{x^2 + y^2}$，取球坐标变换，则区域体积为

$$V = \int_0^{2\pi} d\theta \int_0^\alpha d\varphi \int_0^a r^2 \sin\varphi dr =$$

$$2\pi \cdot \frac{a^3}{3} \int_0^\alpha \sin\varphi d\varphi = \frac{2\pi}{3} a^3 (1 - \cos\alpha)$$

第 972 题

973. (湖南大学) 设 $F(t) = \iiint_V f(x,y,z) dx dy dz$，其

中 f 为可微函数,$V = \{0 \leqslant x \leqslant t, 0 \leqslant y \leqslant t, 0 \leqslant z \leqslant t\}, t > 0$,证明

$$F'(t) = \frac{3}{t}\left[F(t) + \iiint\limits_V xyzf'(xyz)\mathrm{d}x\mathrm{d}y\mathrm{d}z\right].$$

证　令 $x = ut, y = vt, z = wt$,则 V 变成 V':

$$o \leqslant u \leqslant 1, 0 \leqslant v \leqslant 1, 0 \leqslant w \leqslant 1$$

$$\frac{\partial(x,y,z)}{\partial(u,v,w)} = t^3$$

因此

$$F(t) = \iiint\limits_{V'} t^3 f(t^3 uvw)\mathrm{d}u\mathrm{d}v\mathrm{d}w$$

$$F'(t) = \iiint\limits_{V'} 3t^2 f(t^3 uvw)\mathrm{d}u\mathrm{d}v\mathrm{d}w + \iiint\limits_{V'} t^3 \cdot f'(t^3 uvw) \cdot 3t^2 uvw\mathrm{d}u\mathrm{d}v\mathrm{d}w =$$

$$\frac{3}{t}\left[\iiint\limits_{V'} t^3 f(t^3 uvw)\mathrm{d}u\mathrm{d}v\mathrm{d}w + \iiint\limits_{V'} tu \cdot tv \cdot twf'(t^3 uvw) \cdot t^3 \mathrm{d}u\mathrm{d}v\mathrm{d}w\right] =$$

$$\frac{3}{t}\left[F(t) + \iiint\limits_V xyzf'(xyz)\mathrm{d}x\mathrm{d}y\mathrm{d}z\right].$$

974.(南京邮电学院)

(1) 计算二重积分 $\iint\limits_D x[1 + yf(x^2 + y^2)]\mathrm{d}x\mathrm{d}y, D$ 为 $y = x^3, y = 1,$ $x = -1$ 所围成区域,f 是连续函数.

(2) 假设 $f(x)$ 在区间 $[0,1]$ 上连续,证明

$$\int_0^1 \mathrm{d}x \int_0^1 \mathrm{d}y \int_x^y f(x)f(y)f(z)\mathrm{d}z = 0$$

解　(1) 如右图所示

$$D = \{(x,y) \mid -1 \leqslant x \leqslant 1, x^3 \leqslant y \leqslant 1\}$$

令 $F(x) = \int_0^x f(t)\mathrm{d}t$,则 $F'(x) = f(x)$ 即 $F(x)$ 为

$f(x)$ 的原函数.

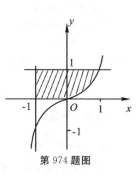

第 974 题图

$$\iint\limits_D x[1 + yf(x^2 + y^2)]\mathrm{d}x\mathrm{d}y =$$

$$\int_{-1}^1 \mathrm{d}x \int_{x^3}^1 x[1 + yf(x^2 + y^2)]\mathrm{d}y =$$

$$\int_{-1}^1 x(1 - x^3)\mathrm{d}x + \int_{-1}^1 \mathrm{d}x \int_{x^3}^1 xyf(x^2 + y^2)\mathrm{d}y =$$

$$-\frac{2}{5} + \int_{-1}^1 \mathrm{d}x \int_{x^3}^1 \frac{1}{2}xf(x^2 + y^2)\mathrm{d}(x^2 + y^2) =$$

$$-\frac{2}{5} + \frac{1}{2}\int_{-1}^1 x[F(1 + x^2) - F(x^2 + x^6)]\mathrm{d}x =$$

$$-\frac{2}{5}$$

(2) 令 $F(x) = \int_0^x f(t)\mathrm{d}t$,则

$$F(0) = 0, F'(x) = f(x)$$

$$\int_0^1 \mathrm{d}x \int_0^1 \mathrm{d}y \int_x^y f(x)f(y)f(z)\mathrm{d}z = \int_0^1 \mathrm{d}x \int_0^1 (F(y)-F(x))f(x)f(y)\mathrm{d}y =$$

$$\int_0^1 f(x)\mathrm{d}x \int_0^1 [F(y) \cdot f(y) - F(x)f(y)]\mathrm{d}y =$$

$$\int_0^1 f(x)\mathrm{d}x [\frac{1}{2}(F^2(1)-F^2(0)) - F(x)(F(1)-F(0))] =$$

$$\int_0^1 [\frac{1}{2}F^2(1) - F(x)F(1)]f(x)\mathrm{d}x =$$

$$\frac{1}{2}\int_0^1 F^2(1)f(x)\mathrm{d}x - F(1)\int_0^1 F(x)f(x)\mathrm{d}x =$$

$$\frac{1}{2}F^2(1)(F(1)-F(0)) - F(1) \cdot \frac{1}{2}(F^2(1) - F^2(0)) =$$

$$\frac{1}{2}F^3(1) - \frac{1}{2}F^3(1) = 0$$

注　若 $\int_0^1 \mathrm{d}x \int_0^1 \mathrm{d}y \int_x^y f(x)f(y)f(z)\mathrm{d}z$ 改为 $\int_0^1 \mathrm{d}x \int_x^1 \mathrm{d}y \int_x^y f(x)f(y)f(z)\mathrm{d}z$ 可类似运用

$$\int_0^1 \mathrm{d}x \int_x^1 \mathrm{d}y \int_x^y f(x)f(y)f(z)\mathrm{d}z = \frac{1}{3!}(\int_0^1 f(x)\mathrm{d}x)^3.$$

975. (北京师范大学)　设 Ω 由 $z = x^2 + y^2, z = 0, xy = 1, xy = 2, y = 3x, y = 4x$ 所围成,求积分 $I = \iiint\limits_{\Omega} x^2 y^2 z \mathrm{d}x\mathrm{d}y\mathrm{d}z$.

解　由于 $\Omega = \{(x,y,z) \mid 0 \leqslant z \leqslant x^2 + y^2, (x,y) \in D\}$,其中 D 由 $xy = 1$, $xy = 2, y = 3x, y = 4x$ 围成. 则

$$I = \iint\limits_{D} x^2 y^2 \int_0^{x^2+y^2} z\mathrm{d}z = \frac{1}{2}\iint\limits_{D} x^2 y^2 (x^2+y^2)^2 \mathrm{d}x\mathrm{d}y$$

令 $\begin{cases} u = xy \\ v = \dfrac{y}{x} \end{cases}$, 则 $\begin{matrix} 1 \leqslant u \leqslant 2, \\ 3 \leqslant v \leqslant 4 \end{matrix} \dfrac{\partial(u,v)}{\partial(x,y)} = 2\dfrac{y}{x} = 2v.$

故　$I = \dfrac{1}{2}\iint\limits_{\substack{1 \leqslant u \leqslant 2 \\ 3 \leqslant v \leqslant 4}} u^2 \cdot (uv + \dfrac{u}{v})^2 \cdot \dfrac{1}{2v}\mathrm{d}u\mathrm{d}v = \dfrac{1}{4}\int_1^2 u^4 \mathrm{d}u \int_3^4 \dfrac{1}{v}(v + \dfrac{1}{v})^2 \mathrm{d}v =$

$\dfrac{31}{20} \times \int_3^4 (v + \dfrac{2}{v} + \dfrac{1}{v^3})\mathrm{d}v = \dfrac{31}{20}(\dfrac{7}{2} + 2\ln\dfrac{4}{3} + \dfrac{7}{288}) = \dfrac{31}{40}(\dfrac{1\,015}{144} + 4\ln\dfrac{4}{3})$

976. (吉林工业大学)　计算下面曲面所围成图形的体积: $z = x^2 + y^2, z = 2(x^2 + y^2), x + y = \pm 1, x - y = \pm 1$.

解　由体积公式知

$$V = \iiint\limits_{(V)} \mathrm{d}x\mathrm{d}y\mathrm{d}z$$

解 1: 令 $u = \dfrac{z}{x^2 + y^2}, v = x + y, w = x - y$, 则

$$1 \leqslant u \leqslant 2, -1 \leqslant v \leqslant 1, -1 \leqslant w \leqslant 1$$

$$\frac{\partial(u,v,w)}{\partial(x,y,z)} = -\frac{2}{x^2+y^2} = -\frac{2}{\dfrac{v^2+w^2}{2}} = -\frac{4}{v^2+w^2}$$

所以　$V = \displaystyle\int_1^2 du \int_{-1}^1 dv \int_{-1}^1 \frac{v^2+w^2}{4} dw = \frac{1}{4} \cdot (\frac{4}{3} + \frac{4}{3}) = \frac{2}{3}.$

V_1 为图形在第 1 卦限部分.

解 2：$V = 4V_1 = 4\displaystyle\int_0^1 dx \int_0^{1-x} dy \int_{x^2+y^2}^{2(x^2+y^2)} dz =$

$\qquad\quad 4\displaystyle\int_0^1 dx \int_0^{1-4} (x^2+y^2) dy =$

$\qquad\quad 4\displaystyle\int_0^1 \left[x^2(1-x) + \frac{(1-x)^3}{3} \right] dx = \frac{2}{3}$

第十章　　曲线积分与曲面积分

§1　第一型曲线积分与曲面积分

【内容综述】

一、综述

1. 定义

（1）第一型曲线积分的定义.

设 L 为平面或空间上的可求长曲线，二元函数或三元函数 f 定义在 L 上，任给 L 一个分割 T，将 L 分成 n 个小弧段 $S_i(i=1,2,\cdots,n)$，其长记为 Δs_i，在每个 s_i 上任取一点 P_i（也称为介点）作和数，$\displaystyle\sum_{i=1}^{n} f(P_i)\Delta s_i$，记

$$\|T\| = \max_{1\leqslant i\leqslant n}\{\Delta s_i\}$$

如果 $\displaystyle\lim_{\|T\|\to 0}\sum_{i=1}^{n} f(P_i)\Delta s_i = J$，存在且 J 与对 L 的分割 T 及介点 P_i 的取法均无关，则称 f 沿曲线 L 可积，并称 J 为 f 沿曲线 L 的第一型曲线积分，记为 $\displaystyle\int_L f\mathrm{d}s$，即

$$\int_L f\mathrm{d}s = \lim_{\|T\|\to 0}\sum_{i=1}^{n} f(p_i)\Delta s_i.$$

当 $f\geqslant 0$，并表示曲线 L 的密度函数时，$\displaystyle\int_L f\mathrm{d}s$ 表示曲线 L 的质量，

当 $f\equiv 1$ 时，$\displaystyle\int_L \mathrm{d}s$ 表示曲线 L 的长度.

（2）第一型曲面积分的定义.

设 S 是光滑或逐片光滑的曲面，$f(x,y,z)$ 定义在 S 上，任给曲面 S 一个分割 T，将 S 分成 n 个小曲面 $S_i(i=1,2,\cdots,n)$，其面积记为 Δs_i，在每个 S_i 上任取一点 (ξ_i,η_i,ζ_i)，作和数，$\displaystyle\sum_{i=1}^{n} f(\xi_i,\eta_i,\zeta_i)\Delta s_i.$

记 $\|T\|$ 为 n 个 s_i 的直径中的最大者，如果 $\displaystyle\lim_{\|T\|\to 0}\sum_{i=1}^{n} f(\xi_i,\eta_i,\zeta_i)\Delta s_i = J$ 存在且 J 与对 S 的分割 T 及点 (ξ_i,η_i,ζ_i) 的取法均无关，则称 f 沿 S 可积，并称 J 为 f 沿 S 的第一型曲面积分，记为 $\displaystyle\iint_S f\mathrm{d}s.$

2. 性质

第一型曲线（曲面）积分与定积分、重积分的性质类似者读者自行给出.

3. 常用公式

(1) 第一型曲线积分的参数方程计算公式

设平面光滑曲线 L 的参数方程为 $\begin{cases} x = \varphi(t) \\ y = \psi(t) \end{cases}, a \leqslant t \leqslant b, f(x,y)$ 在 L 上连续,则

$$\int_L f(x,y)\mathrm{d}s = \int_b^a f[\varphi(t),\psi(t)]\sqrt{(\varphi'(t))^2 + (x'(t))^2}\mathrm{d}t.$$

特别,当曲线 $L: y = \varphi(x), a \leqslant x \leqslant b$ 时,有

$$\int_L f(x,y)\mathrm{d}s = \int_a^b f(x,\varphi(x))\sqrt{1 + [\varphi'(x)]^2}\mathrm{d}x$$

设空间光滑曲线 L 的参数方程为

$$\begin{cases} x = \varphi(t) \\ y = \psi(t) \\ z = h(t) \end{cases}$$

$a \leqslant t \leqslant b, f(x,y,z)$ 在 L 上连续,则

$$\int_L f(x,y,z)\mathrm{d}s = \int_a^b f[\varphi(t),\psi(t),h(t)]\sqrt{[\varphi'(t)]^2 + [\psi'(t)]^2 + [h'(t)]^2}\mathrm{d}t$$

(2) 第一型曲面积分的计算公式.

1) 设 $f(x,y,z)$ 在曲面 S 上连续,S 的方程为 $z = z(x,y)$,它在 Oxy 平面上的投影区域为 D,且 $z(x,y)$ 在 D 上有一阶连续的偏导数,则

$$\iint_S f(x,y,z)\mathrm{d}s = \iint_D f[x,y,z(x,y)]\sqrt{1 + (z'_x)^2 + (z'_y)^2}\mathrm{d}x\mathrm{d}y$$

2) 设 $f(x,y,z)$ 在曲面 S 上连续,曲面 S 用参数方程 $\begin{cases} x = x(u,v) \\ y = y(u,v) \\ z = z(u,v) \end{cases}, (u,v) \in \Delta$,表

示,并且 $\dfrac{\partial(x,y)}{\partial(u,v)}, \dfrac{\partial(y,z)}{\partial(u,v)}, \dfrac{\partial(x,z)}{\partial(u,v)}$ 中至少有一个不为零,则

$$\iint_S f(x,y,z)\mathrm{d}s = \iint_\Delta f[x(u,v),y(u,v),z(u,v)]\sqrt{E \cdot G - F^2}\mathrm{d}u\mathrm{d}v,$$

其中 $E = (x'_u)^2 + (y'_u)^2 + (z'_u)^2, G = (x'_v)^2 + (y'_v)^2 + (z'_v)^2,$

$F = x'_u \cdot x'_v + y'_u \cdot y'_v + z'_u \cdot z'_v$

二、解题方法

1. 考点 1　第一型曲线积分的计算

常用方法

(1) 参数方程法(基本计算法) 即通过曲线的参数方程化为关于参数的定积分计算.

(2) 化为第二型曲线积分,即通过两类曲线积分的关系把第一型曲线积分化为第二型曲线计算.

(3) 利用曲线方程简化被积函数.

(4) 利用曲线与被积函数的对称性:若曲线 L 的方程中 x,y,z 的地位相同,则

$$\int_L f(x)\mathrm{d}s = \int_L f(y)\mathrm{d}s = \int_L f(z)\mathrm{d}s$$

2.考点 2　第一型曲面积分的计算

常用方法

（1）基本计算法（即根据曲面方程的表示形式，化为二重积分的计算）.

（2）化为第二型曲面积分，即通过第一、二型曲面积分的关系转化为第二型曲面积分.

（3）化为三重积分，即利用高斯公式计算.

（4）利用对称性，即如果曲面 S 关于 Oxy 平面对称，且

1）若 $f(x,y,z)$ 是关于 z 的奇函数，即 $f(x,y,-z)=-f(x,y,z)$，则 $\iint\limits_{S}f(x,y,z)\mathrm{d}s=0$.

2）若 $f(x,y,z)$ 是关于 z 的偶函数，即 $f(x,y,-z)=f(x,y,z)$，则 $\iint\limits_{S}f(x,y,z)\mathrm{d}s=2\iint\limits_{S_1}f(x,y,z)\mathrm{d}s$.

其中 S_1 为 S 在 Oxy 平面的上方部分.

（5）利用曲面的方程简化计算.

【经典题解】

977.（中国科学院）　求球面 $x^2+y^2+z^2=a^2(a>0)$ 被平面 $z=\dfrac{a}{4}$ 和 $z=a/2$ 所夹部分的曲面面积.

解　$S:z=\sqrt{a^2-x^2-y^2}$ 在 Oxy 平面上的投影

$$D_{xy}:\frac{3a^2}{4}\leqslant x^2+y^2\leqslant\frac{15}{16}a^2$$

所求面积为：

$$S=\iint\limits_{S}\mathrm{d}s=\iint\limits_{D_{xy}}\sqrt{1+\left(\frac{\partial z}{\partial x}\right)^2+\left(\frac{\partial z}{\partial y}\right)^2}\mathrm{d}x\mathrm{d}y=$$

$$\iint\limits_{D_{xy}}\frac{a}{\sqrt{a^2-x^2-y^2}}\mathrm{d}x\mathrm{d}y\xlongequal[y=\sin\theta]{x=\cos\theta}\int_0^{2\pi}\mathrm{d}\theta\int_{\frac{\sqrt{3}}{2}a}^{\frac{\sqrt{15}}{4}a}\frac{ar}{\sqrt{a^2-r^2}}dr=\frac{\pi a^2}{2}$$

978.（西北电讯工程学院）　试证：$\left|\iint\limits_{S}f(mx+ny+pz)\mathrm{d}s\right|\leqslant 4\pi M$，其中 $m^2+n^2+p^2=1,m,n,p$ 为常数，$f(t)$ 在 $|t|\leqslant 1$ 时为连续可微函数，$f(-1)=f(1)=0$，$M=\max\limits_{-1\leqslant t\leqslant 1}\{|f'(t)|\}$，$S:x^2+y^2+z^2=1$.

证　作正交变换 $\begin{cases}t=mx+ny+pz\\u=a_1x+b_1y+c_1z\\v=a_2x+b_2y+c_2z\end{cases}$

由正交变换的特点：

$$\iint\limits_{S}f(mx+ny+pz)\mathrm{d}s=\iint\limits_{t^2+u^2+v^2=1}f(t)\mathrm{d}s=$$

$$2\iint\limits_{D_{tv}} f(t)\frac{1}{\sqrt{1-t^2-v^2}}\mathrm{d}v\mathrm{d}t, D_{tv}:v^2+t^2\leqslant 1 =$$

$$2\int_{-1}^{1}\mathrm{d}t\int_{-\sqrt{1-t^2}}^{\sqrt{1-t^2}}\frac{f(t)}{\sqrt{1-t^2-v^2}}\mathrm{d}v =$$

$$2\int_{-1}^{1}f(t)\arcsin\frac{v}{\sqrt{1-t^2}}\bigg|_{-\sqrt{1-t^2}}^{\sqrt{1-t^2}}\mathrm{d}t =$$

$$2\pi\int_{-1}^{1}f(t)\mathrm{d}t = 2\pi[tf(t)\bigg|_{-1}^{1}-\int_{-1}^{1}tf'(t)\mathrm{d}t] =$$

$$-2\pi\int_{-1}^{1}tf'(t)\mathrm{d}t$$

因此 $\left|\iint\limits_{S}f(mx+ny+pz)\mathrm{d}s\right| = 2\pi\left|\int_{-1}^{1}tf'(t)\mathrm{d}t\right|\leqslant 2\pi\int_{-1}^{1}M\mathrm{d}t = 4\pi M$

979. (**厦门大学**)　　计算积分 $I=\iint\limits_{S}(x^2+y^2)z\mathrm{d}s, S$ 是上半球面 $x^2+y^2+z^2=R^2(z\geqslant 0)$,含在柱面 $x^2+y^2=Rx$ 内部的部分.

解　$S:z=\sqrt{R^2-x^2-y^2}$ 在 Oxy 平面上的投影.

$$D:x^2+y^2\leqslant Rx, \sqrt{1+(\frac{\partial z}{\partial x})^2+(\frac{\partial z}{\partial y})^2}=\frac{R}{\sqrt{R^2-x^2-y^2}}.$$

$$I=\iint\limits_{D}(x^2+y^2)\sqrt{R^2-x^2-y^2}\frac{R}{\sqrt{R^2-x^2-y^2}}\mathrm{d}x\mathrm{d}y =$$

$$R\iint\limits_{D}(x^2+y^2)\mathrm{d}x\mathrm{d}y\xrightarrow[y=r\sin\theta]{x=r\cos\theta}$$

$$R\int_{-\frac{\pi}{2}}^{\frac{\pi}{2}}\mathrm{d}\theta\int_{0}^{R\cos\theta}r^3\mathrm{d}r = R\int_{-\frac{\pi}{2}}^{\frac{\pi}{2}}\frac{1}{4}R^4\cos^4\theta\mathrm{d}\theta = \frac{3\pi}{32}R^5$$

980. (**厦门大学**)　　计算积分

$$I=\iint\limits_{S}\frac{1}{\sqrt{x^2+y^2+(z-a)^2}}\mathrm{d}s$$

其中 $S:x^2+y^2+z^2=R^2, 0\leqslant a\leqslant+\infty, a\neq R.$

解　令 $\begin{cases} x=R\sin\varphi\cos\theta & 0\leqslant\theta\leqslant 2\pi \\ y=R\sin\varphi\sin\theta, & 0\leqslant\varphi\leqslant\pi \\ z=R\cos\varphi \end{cases}$

$E=(x'_\varphi)^2+(y'_\varphi)^2+(z'_\varphi)^2=R^2,$

$G=(x'_\theta)^2+(y'_\theta)^2+(z'_\theta)^2=R^2\sin^2\varphi, F=0,$

$E\cdot G-F^2=R^4\sin^2\varphi,$

所以 $I=\iint\limits_{\substack{0\leqslant\varphi\leqslant\pi \\ 0\leqslant\theta\leqslant 2\pi}}\frac{1}{\sqrt{R^2+a^2-2aR\cos\varphi}}R^2\sin\varphi\mathrm{d}\varphi\mathrm{d}\theta.$

$=2\pi R^2\int_{0}^{\pi}\frac{\sin\varphi}{\sqrt{R^2+a^2-2aR\cos\varphi}}\mathrm{d}\varphi =$

$$2\pi R^2 \frac{1}{aR} \sqrt{R^2 + a^2 - 2aR\cos\varphi}\Big|_0^\pi =$$

$$\frac{2\pi R}{a}(R + a - |R - a|) = \begin{cases} 4\pi R, R > a \\ \dfrac{4\pi R^2}{a}, R < a \end{cases}$$

981. **(复旦大学)** 求曲线 $y = \ln(1 - x^2), 0 \leqslant x \leqslant \dfrac{1}{2}$ 的弧长.

解 由弧长公式

$$l = \int_S \mathrm{d}s = \int_0^{\frac{1}{2}} \sqrt{1 + (\frac{-2x}{1-x^2})^2}\,\mathrm{d}x = \int_0^{\frac{1}{2}} \frac{1+x^2}{1-x^2}\,\mathrm{d}x =$$

$$\int_0^{\frac{1}{2}} (-1 + \frac{2}{1-x^2})\,\mathrm{d}x =$$

$$\ln 3 - \frac{1}{2}$$

982. 计算 $(1)\oint_L (x\sin y + y^3 \mathrm{e}^x)\mathrm{d}s$,其中 $L: x^2 + y^2 = 1$;

$(2)\oiint_S \sin x \cdot \sin y \cdot \sin z \mathrm{d}s$,其中 $S: x^2 + y^2 + z^2 = 1$.

解 (1) 因为 L 关于 x 轴对称,且 $x\sin y + y^3 \mathrm{e}^x$ 是 y 的奇函数,所以

$$\oint_L (x\sin y + y^3 \mathrm{e}^x)\mathrm{d}s = 0$$

(2) 因为 S 关于 Oxy 平面对称,且 $\sin x \sin y \sin z$ 是 z 的奇函数,所以

$$\oiint_S \sin x \sin y \sin z \mathrm{d}s = 0$$

983. 设 L 为平面上的一条连续可微且没有重点的曲线,L 的起点为 $A(1,0)$,终点为 $B(0,2)$,L 全落在第一象限,试计算 $\displaystyle\int_L \frac{\partial \ln r}{\partial n}\mathrm{d}x$,其中 $\dfrac{\partial \ln r}{\partial n}$ 表示函数 $\ln r$ 沿曲线法线正向 $\boldsymbol{n}$ 的方向导数 $r = \sqrt{x^2 + y^2}$.

解 :设 $f(x,y) = \ln r = \dfrac{1}{2}\ln(x^2 + y^2)$,由于

$$\frac{\partial f}{\partial n} = f'_x \cdot \cos(\widehat{\boldsymbol{n},x}) + f'_y \cdot \cos(\widehat{\boldsymbol{n},y}) =$$

$$\frac{x}{x^2 + y^2}\cos(\widehat{\boldsymbol{n},x}) + \frac{y}{x^2 + y^2}\cos(\widehat{\boldsymbol{n},y})$$

所以由第一、二型曲线积分的关系知

$$\int_L \frac{\partial \ln r}{\partial \boldsymbol{n}}\mathrm{d}x = \int_L \frac{\partial f}{\partial \boldsymbol{n}}\mathrm{d}s = \int_L \frac{-y}{x^2 + y^2}\mathrm{d}x + \frac{x}{x^2 + y^2}\mathrm{d}y \quad ①$$

(第 983 题图)

令 $P = -\dfrac{y}{x^2 + y^2}, Q = \dfrac{x}{x^2 + y^2}$,显然 $\dfrac{\partial P}{\partial y} = \dfrac{\partial Q}{\partial x} = \dfrac{y^2 - x^2}{(x^2 + y^2)^2}$ 在 $x > 0, y > 0$ 时成立,所以式 ① 积分与路线无关,选取直线

$\overline{AB}: y = 2 - 2x, 0 \leqslant x \leqslant 1$ 代替 L,得

$$\int_L \frac{\partial \ln r}{\partial \boldsymbol{n}} \mathrm{d}s =$$

$$-\int_1^0 \left(\frac{2-2x}{x^2+(2-2x)^2} + \frac{2x}{x^2+(2-2x)^2} \right) \mathrm{d}x = 2\int_0^1 \frac{1}{5x^2-8x+4} \mathrm{d}x =$$

$$\mathrm{arctan}2 + \mathrm{arctg}\frac{1}{2} = \frac{\pi}{2}$$

984. (上海师范大学) 计算 $\iint\limits_{S}(x^2+y^2)\mathrm{d}s$,其中 S 是 Oxy 平面上方的抛物面 $z = 2-(x^2+y^2)$.

解 因为 S 在 Oxy 平面上的投影为 $D:x^2+y^2 \leqslant 2$,$\sqrt{1+(z'_x)^2+(z'_y)^2} = \sqrt{1+4x^2+4y^2}$,所以

$$\iint\limits_{S}(x^2+y^2)\mathrm{d}s = \iint\limits_{D}(x^2+y^2)\sqrt{1+4(x^2+y^2)}\mathrm{d}x\mathrm{d}y \xrightarrow[\substack{x=r\cos\theta \\ y=r\sin\theta \\ r\mathrm{d}rD=}]{} \int_0^{2\pi}\mathrm{d}\theta\int_0^{\sqrt{2}}2\sqrt{1+4r^2} \cdot$$

$$2\pi\int_0^{\sqrt{2}}r^3\sqrt{1+4r^2}\mathrm{d}r \xrightarrow[u=\sqrt{1+4t}]{t=r^2} \pi\int_1^2 u^2 \cdot \frac{1}{8}(u^2-1)\mathrm{d}u = \frac{149}{30}\pi$$

985. (浙江大学) 求第一型曲面积分

$$I = \iint\limits_{x^2+y^2+z^2=R^2} \frac{\mathrm{d}s}{\sqrt{x^2+y^2+(z-h)^2}}$$

其中 $h \neq R$.

解 令 $x = R\cos\theta\sin\varphi, y = R\sin\theta\sin\varphi, z = R\cos\varphi, z = R\cos\varphi$
其中 $0 \leqslant \varphi \leqslant \pi, 0 \leqslant \theta \leqslant 2\pi$,且

$$E = (x'_\varphi)^2 + (y'_\varphi)^2 + (z'_\varphi)^2 = R^2$$

$$G = (x'_\theta)^2 + (y'_\theta)^2 + (z'_\theta)^2 = R^2\sin^2\varphi, F = 0$$

$$I = \iint\limits_{\substack{0 \leqslant \varphi \leqslant 2\pi \\ 0 \leqslant \theta \leqslant \pi}} \frac{\sqrt{EG-F^2}}{\sqrt{R^2\cos^2\theta\sin^2\varphi + R^2\sin^2\theta\sin^2\varphi + (R\cos\varphi-h)^2}}\mathrm{d}\varphi\mathrm{d}\theta =$$

$$R^2\int_0^{2\pi}\mathrm{d}\theta\int_0^\pi \frac{\sin\varphi}{\sqrt{R^2-2Rh\cos\varphi+h^2}}\mathrm{d}\varphi =$$

$$\frac{2\pi R^2}{2Rh}\int_0^\pi \frac{1}{\sqrt{R^2-2Rh\cos\varphi+h^2}}\mathrm{d}(R^2-2Rh\cos\varphi+h^2) =$$

$$\frac{2\pi R^2}{2Rh} \cdot 2\sqrt{R^2-2Rh\cos\varphi+h^2}\bigg|_0^\pi = \begin{cases} 4\pi R, R > h \\ \dfrac{4\pi R^2}{h}, R < h \end{cases}$$

986. (山东大学) 试求面积分

$$F(t) = \iint\limits_{x^2+y^2+z^2=t^2} f(x,y,z)\mathrm{d}s(-\infty < t < +\infty) \text{ 之值,其中}$$

$$f(x,y,z) = \begin{cases} x^2+y^2, 若 z \geqslant \sqrt{x^2+y^2} \\ 0, z < \sqrt{x^2+y^2} \end{cases}$$

解　如图示 $S = S_1 \bigcup S_2$，在 S_1 上 $z \geqslant \sqrt{x^2 + y^2}$，在 S_2 上 $z < \sqrt{x^2 + y^2}$. 所以

$$F(t) = \iint\limits_{S_1} (x^2 + y^2) \mathrm{d}s.$$

而 S_1 在 Oxy 平面上的投影 $D: x^2 + y^2 \leqslant \dfrac{t^2}{2}$，

$$S_1 : z = \sqrt{t^2 - x^2 - y^2}$$

从而 $F(t) = \iint\limits_D (x^2 + y^2) \dfrac{t}{\sqrt{t^2 - x^2 - y^2}} \mathrm{d}x\mathrm{d}y$

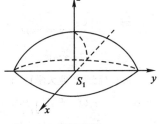

第 986 题图

$$\xlongequal[y = r\sin\theta]{x = r\cos\theta} \int_0^{2\pi} \mathrm{d}\theta \int_0^{\frac{\sqrt{2}}{2}t} r^2 \cdot \dfrac{t}{\sqrt{t^2 - r^2}} \cdot r\mathrm{d}r =$$

$$2\pi t \int_0^{\frac{\sqrt{2}}{2}t} r^3 \cdot \dfrac{1}{\sqrt{t^2 - r^2}} \mathrm{d}r =$$

$$\dfrac{2}{3}\pi t^4 (2 - \dfrac{5\sqrt{2}}{4})$$

987. **(南京大学)**　以 S 表示椭球 $B \dfrac{x^2}{a^2} + \dfrac{y^2}{b^2} + \dfrac{z^2}{c^2} = 1$ 的上半部分 $(z \geqslant 0)$，$\lambda, u,$ v 表示 S 的外法线的方向余弦，计算曲面积分 $\iint\limits_S z(\dfrac{\lambda x}{a^2} + \dfrac{uy}{b^2} + \dfrac{vz}{c^2}) \mathrm{d}s.$

解　如右图所示：补充 Oxy 平面上的椭圆 S_1 与 S 构成封闭曲面记为 S_0，由于 $S_1 : z = 0$，从而 $\iint\limits_{S_1} z(\dfrac{\lambda x}{a^2} + \dfrac{uy}{b^2} + \dfrac{vz}{c^2}) \mathrm{d}s = 0.$ 因此

$$\iint\limits_S z(\dfrac{\lambda x}{a^2} + \dfrac{uy}{b^2} + \dfrac{vz}{c^2}) \mathrm{d}s =$$

$$\oiint\limits_{S_0} z(\dfrac{\lambda x}{a^2} + \dfrac{uy}{b^2} + \dfrac{vz}{c^2}) \mathrm{d}s \xlongequal{\text{由高斯公式}}$$

第 987 题

$$\iiint\limits_V (\dfrac{1}{a^2} + \dfrac{1}{b^2} + \dfrac{2}{c^2}) z\mathrm{d}x\mathrm{d}y\mathrm{d}z =$$

$$\iiint\limits_V (\dfrac{1}{a^2} + \dfrac{1}{b^2} + \dfrac{2}{c^2}) z\mathrm{d}x\mathrm{d}y\mathrm{d}z \xlongequal[\substack{y = br\sin\varphi\sin\theta \\ z = cr\cos\varphi}]{x = ar\sin\varphi\cos\theta} \int_0^{2\pi} \mathrm{d}\theta \int_0^{\frac{\pi}{2}} \mathrm{d}\varphi \int_0^1 (\dfrac{1}{a^2} + \dfrac{1}{b^2} + \dfrac{2}{c^2}) \cdot$$

$cr\cos\varphi \cdot abc \cdot r^2 \sin\varphi \mathrm{d}r =$

$$2\pi abc^2 (\dfrac{1}{a^2} + \dfrac{1}{b^2} + \dfrac{2}{c^2}) \int_0^{\frac{\pi}{2}} \cos\varphi\sin\varphi \mathrm{d}\varphi \int_0^1 r^3 \mathrm{d}r =$$

$$\dfrac{\pi}{4} abc^2 (\dfrac{1}{a^2} + \dfrac{1}{b^2} + \dfrac{2}{c^2})$$

988. **(湖南大学)**　计算 $\int_C \sqrt{x^2 + y^2} \mathrm{d}s$，其中 $C: x^2 + y^2 = -2y.$

解　令 $x = r\cos\theta, y = r\sin\theta$，则 $C: r = -2\sin\theta(-\pi \leqslant \theta \leqslant 0).$

所以
$$C: \begin{cases} x = -2\cos\theta\sin\theta \\ y = -2\sin^2\theta \end{cases}, -\pi \leqslant \theta \leqslant 0$$

$$\int_C \sqrt{x^2 + y^2}\, ds = \int_{-\pi}^0 \sqrt{4\sin^2\theta} \cdot \sqrt{(2\cos2\theta)^2 + (2\sin2\theta)^2}\, d\theta =$$

$$\int_{-\pi}^0 -4\sin\theta d\theta = 8$$

989. (西安交通大学) 计算积分 $\int_l y ds, l$ 是摆线 $\begin{cases} x = a(t - \sin t) \\ y = a(1 - \cos t) \end{cases}$ 的一摆.

解 $\int_l y ds = \int_0^{2\pi} a(1 - \cos t)\sqrt{[a(1-\cos t)]^2 + (a\sin t)^2}\, dt =$

$$\int_0^{2\pi} a^2(1 - \cos t)\sqrt{2 - 2\cos t}\, dt =$$

$$\sqrt{2}a^2\int_0^{2\pi}(1 - \cos t)\sqrt{1 - \cos t}\, dt = \sqrt{2}a^2\int_0^{2\pi} 2\sin^2\frac{t}{2} \cdot |\sqrt{2}\sin\frac{t}{2}|\, dt =$$

$$4a^2\int_0^{2\pi}|\sin\frac{t}{2}|^3 dt \xrightarrow{u = \frac{t}{2}} 8a^2\int_0^{\pi}|\sin u|^3 du = 16a^2\int_0^{\frac{\pi}{2}}\sin^3 u du =$$

$$\frac{32}{3}a^2$$

990. (北京师范大学) 设曲线 C 是圆 $x^2 + y^2 = r^2$ 在第一象限内的部分,计算积分 $\int_c xy ds$.

解 因 $C: \begin{cases} x = r\cos\theta, \\ y = r\sin\theta \end{cases}, 0 \leqslant \theta \leqslant \frac{\pi}{2}$,所以

$$\int_c xy ds = \int_0^{\frac{\pi}{2}} r^2\sin\theta\cos\theta\sqrt{r^2}\, d\theta = r^3\int_0^{\frac{\pi}{2}}\sin\theta\cos\theta d\theta = \frac{r^3}{2}$$

991. (西北工业大学) 设 $P(x,y), Q(x,y)$ 在曲线段 l 上连续,L 为 l 的长度,$M = \max\limits_{(x,y)\in l}\sqrt{p^2 + Q^2}$,证明 $\left|\int_l P dx + Q dy\right| \leqslant LM$,再利用上面的不等式估计积分

$$I_R = \oint_C \frac{(y-1)dx + (x+1)dy}{(x^2 + y^2 + 2x - 2y + 2)^2}$$

其中 $C: (x+1)^2 + (y-1)^2 = R^2$ 的正向,并求 $\lim\limits_{R\to+\infty}|I_R|$.

证 记 $\cos\alpha, \cos\beta$ 为 l 的切线正向的方向余弦,由两类积分的关系知

$$\int_l P dx + Q dy = \int_l (P\cos\alpha + Q\cos\beta)ds$$

而 $\cos\beta = \sin\alpha$,因此 $\int_l P dx + Q dy = \int_l (P\cos\alpha + Q\sin\alpha)ds.$

又因 $|P\cos\alpha + Q\sin\alpha| = \sqrt{P^2 + Q^2}\sin(\alpha + \theta_0)$,其中

$$\sin\theta_0 = \frac{P}{\sqrt{P^2 + Q^2}}, \cos\theta_0 = \frac{Q}{\sqrt{P^2 + Q^2}}$$

因此 $|\int_l P dx + Q dy| \leqslant \int_l |P\cos\alpha + Q\sin\alpha|\, ds \leqslant \int_l \sqrt{P^2 + Q^2}\, ds \leqslant ML$

因在 C 上，

$$P^2 + Q^2 = \frac{(x+1)^2 + (y-1)^2}{(x^2+y^2+2x-2y+2)^4} = \frac{R^2}{(R^2)^4} = \frac{1}{R^6} \triangleq M^2,$$

故由上面结果，

$$\mid I_R \mid \leqslant \frac{1}{R^3} \cdot 2\pi R = \frac{2\pi}{R^2},$$

所以 $\lim\limits_{R \to +\infty} \mid I_R \mid = 0$.

992.（山东大学） 求球面 $x^2 + y^2 + z^2 = r^2$ 上 $r-h \leqslant z \leqslant r (0 \leqslant h \leqslant r)$ 的那一部分曲面的垂心.

解 根据球面的对称性知，垂心坐标为 $(0,0,\bar{z})$，其中 $\bar{z} = \dfrac{\rho\iint\limits_{\Sigma} z \mathrm{d}s}{\rho\iint\limits_{\Sigma} \mathrm{d}s}$，$\sum : z =$

$\sqrt{r^2 - x^2 - y^2}, (x,y) \in D : x^2 + y^2 \leqslant 2rh - h^2$. ρ 为面密度，而

$$\iint\limits_{\Sigma} z\mathrm{d}s = \iint\limits_{D} r\mathrm{d}x\mathrm{d}y = \pi r(2rh - h^2), \iint\limits_{\Sigma} \mathrm{d}s = \iint\limits_{D} \frac{r}{\sqrt{r^2 - x^2 - y^2}}\mathrm{d}x\mathrm{d}y = 2\pi rh$$

所以 $\bar{z} = \dfrac{2r-h}{2}$，即所求垂心坐标为 $(0,0,\dfrac{2r-h}{2})$.

993.（南京化工学院） 求 $\iint\limits_{\Sigma}(xy+yz+xz)\mathrm{d}s$. $\sum$ 为锥面 $z = \sqrt{x^2+y^2}$ 被曲面 $x^2 + y^2 = 2ax(a > 0)$ 所截的部分.

解 $\mathrm{d}s = \sqrt{1 + \left(\dfrac{\partial z}{\partial x}\right)^2 + \left(\dfrac{\partial z}{\partial y}\right)^2} = \sqrt{2}\mathrm{d}x\mathrm{d}y$，其中 $\sum : z = \sqrt{x^2+y^2}$，在 xy 平面的投影为 $D : (x-a)^2 + y^2 \leqslant a^2$. 所以

$$\iint\limits_{\Sigma}(xy + yz + xz)\mathrm{d}s = \sqrt{2}\iint\limits_{D}[xy + (y+x)\sqrt{x^2+y^2}]\mathrm{d}x\mathrm{d}y$$

而 D 关于 x 轴对称，且 $xy + y\sqrt{x^2+y^2}$ 是 y 的奇函数，从而 $\iint\limits_{\Sigma}(xy + y \cdot$

$\sqrt{x^2+y^2})\mathrm{d}x\mathrm{d}y = 0$.

$$\iint\limits_{\Sigma}(xy+yz+xz)\mathrm{d}s = \sqrt{2}\iint\limits_{D}x\sqrt{x^2+y^2}\mathrm{d}x\mathrm{d}y \underline{\underline{\begin{cases} x = r\cos\theta \\ y = r\sin\theta \end{cases}}} \sqrt{2}\int_{-\frac{\pi}{2}}^{\frac{\pi}{2}}\mathrm{d}\theta\int_{0}^{2a\cos\theta}r^3\cos\theta\mathrm{d}r =$$

$$\frac{\sqrt{2}}{4}\int_{-\frac{\pi}{2}}^{\frac{\pi}{2}}16a^4\cos^5\theta\mathrm{d}\theta = \frac{64}{15}\sqrt{2}a^4$$

994.（长沙铁道学院） 设 l 表示从原点到椭球面 $\dfrac{x^2}{a^2} + \dfrac{y^2}{b^2} + \dfrac{z^2}{c^2} = 1$ 上点 $P(x, y, z)$ 的切平面的垂直距离之长，求 $\iint\limits_{S}l\mathrm{d}s$，其中 S 为椭球面 $\dfrac{x^2}{a^2} + \dfrac{y^2}{b^2} + \dfrac{z^2}{c^2} = 1$.

解 设切平面上动点坐标为 (X, Y, Z)，则切平面方程为

$$\frac{xX}{a^2} + \frac{yY}{b^2} + \frac{zZ}{c^2} = 1$$

原点到切平面的距离

$$l = \frac{|0+0+0-1|}{\sqrt{(\frac{x}{a^2})^2 + (\frac{y}{b^2})^2 + (\frac{z}{c^2})^2}} = \frac{1}{\sqrt{\frac{x^2}{a^4} + \frac{y^2}{b^4} + \frac{z^2}{c^4}}}$$

根据对称性 $\iint\limits_{S} l \, ds = 8 \iint\limits_{s_1} l \, ds$,其中 s_1 为椭球面在第一卦限部分,

$$s_1 : z = c \cdot \sqrt{1 - \frac{x^2}{a^2} - \frac{y^2}{b^2}}, (x,y) \in D_1 = \left\{ \frac{x^2}{a^2} + \frac{y^2}{b^2} \leqslant 1, x \geqslant 0, y \geqslant 0 \right\}.$$

$$\sqrt{1 + (z_x')^2 + (z_y')^2} =$$

$$\sqrt{1 + \left[\frac{\frac{c}{a^2} x}{\sqrt{1 - \frac{x^2}{a^2} - \frac{y^2}{b^2}}} \right]^2 + \left[\frac{\frac{c}{b^2} y}{\sqrt{1 - \frac{x^2}{a^2} - \frac{y^2}{b^2}}} \right]^2} =$$

$$\frac{c}{z} \sqrt{\frac{z^2}{c^2} + \frac{c^2}{a^4} x^2 + \frac{c^2}{b^4} y^2} = \frac{c^2}{z} \sqrt{\frac{x^2}{a^4} + \frac{y^2}{b^4} + \frac{z^2}{c^4}},$$

所以　　$$\iint\limits_{S} l \, ds = 8 \iint\limits_{S} \frac{1}{\sqrt{\frac{x^2}{a^4} + \frac{y^2}{b^4} + \frac{z^2}{c^4}}} \cdot \frac{c^2}{z} \sqrt{\frac{x^2}{a^4} + \frac{y^2}{b^4} + \frac{z^2}{c^4}} \, dx dy =$$

$$8 \iint\limits_{D} \frac{c^2}{z} \, dx dy =$$

$$8c \iint\limits_{D} \frac{1}{\sqrt{1 - \frac{x^2}{a^2} - \frac{y^2}{b^2}}} \, dx dy = 4abc\pi$$

995.(南京化工学院)　　计算 $\iint\limits_{S} \boldsymbol{a} \cdot \boldsymbol{n} \, ds$,其中 $\boldsymbol{a} = \{xy, -x^2, x+z\}$,$S$ 是平面 $2x + 2y + z = 6$ 包含在第一卦限的部分,$\boldsymbol{n}$ 是 S 的单位法向量.

解　由平面方程 $2x + 2y + z = 6$ 知

$$\boldsymbol{n} = \left\{ \frac{2}{3}, \frac{2}{3}, \frac{1}{3} \right\},$$

所以　　　　　　　$$\boldsymbol{a} \cdot \boldsymbol{n} = \frac{1}{3}(2xy - 2x^2 + x + z)$$

$$\iint\limits_{S} \boldsymbol{a} \cdot \boldsymbol{n} \, ds = \frac{1}{3} \iint\limits_{S} (2xy - 2x^2 + x + z) \, ds$$

又 $S : z = 6 - 2x - 2y$,它在 Oxy 平面上的投影

$$D = \{(x,y) \mid 0 \leqslant x \leqslant 3, 0 \leqslant y \leqslant 3 - x\}$$

$$\iint\limits_{S} \boldsymbol{a} \cdot \boldsymbol{n} \, ds = \frac{1}{3} \iint\limits_{D} (2xy - 2x^2 + x + 6 - 2x - 2y) \cdot 3 \, dx dy =$$

$$\iint\limits_{D} (2xy - 2x^2 + 6 - x - 2y) \, dx dy =$$

$$\int_0^3 dx \int_0^{3-x} (2xy - 2x^2 + 6 - x - 2y) \, dy = \frac{27}{4}$$

996.(华南工学院)　　具有质量的曲面 S 是半球面 $z = \sqrt{a^2 - x^2 - y^2}$ 在圆锥

$z = \sqrt{x^2 + y^2}$ 里面的部分,如果 $\rho = $ 每点的密度等于该点到 Oxy 平面的距离的倒数,试求 S 的质量.

解　由题设知 $S: z = \sqrt{a^2 - x^2 - y^2}$,它在 Oxy 平面上的投影为

$D: x^2 + y^2 \leqslant \dfrac{a^2}{2}$, S 的面密度 $\rho = \dfrac{1}{z} = \dfrac{1}{\sqrt{a^2 - x^2 - y^2}}$,则

S 的质量为

$$m = \iint\limits_{S} \frac{1}{z} \mathrm{d}s = \iint\limits_{S} \frac{1}{\sqrt{a^2 - x^2 - y^2}} \mathrm{d}s =$$

$$\iint\limits_{D} \frac{1}{\sqrt{a^2 - x^2 - y^2}} \frac{a}{\sqrt{a^2 - x^2 - y^2}} \mathrm{d}x\mathrm{d}y =$$

$$\iint\limits_{D} \frac{a}{a^2 - x^2 - y^2} \mathrm{d}x\mathrm{d}y \xlongequal{\begin{cases} x = r\cos\theta \\ y = r\sin\theta \end{cases}} \int_0^{2\pi} \mathrm{d}\theta \int_0^{\frac{a}{\sqrt{2}}} \frac{a}{a^2 - r^2} \cdot r \mathrm{d}r = \pi a \ln 2$$

997. **(西安冶金建筑学院)**　设 $H = a_1 x^4 + a_2 y^4 + a_3 z^4 + 3a_4 x^2 y^2 + 3a_5 y^2 z^2 + 3a_6 x^2 z^2$ 为四次齐次函数,利用齐次函数性质

$$x \frac{\partial H}{\partial x} + y \cdot \frac{\partial H}{\partial y} + z \cdot \frac{\partial H}{\partial z} = 4H.$$ 求曲面积分 $\oiint\limits_{(S)} H(x, y, z) \mathrm{d}s$ 的值,其中 (S) 是以原点为球心的单位球面.

解　注意到:单位球面 (S) 上任一点 (x, y, z) 处的单位外法向量的方向余弦就是该点的点坐标,即 $\cos(\boldsymbol{n}, x) = x, \cos(\boldsymbol{n}, y) = y, \cos(\boldsymbol{n}, z) = z$.

$$\oiint\limits_{S} H(x, y, z) \mathrm{d}s = \frac{1}{4} \oiint\limits_{S} \left(\frac{\partial H}{\partial x} \cdot x + \frac{\partial H}{\partial y} \cdot y + \frac{\partial H}{\partial z} \cdot z \right) \mathrm{d}s \xlongequal{\text{高斯公式}} \frac{1}{4} \iiint\limits_{x^2+y^2+z^2\leqslant 1} =$$

$$\left[\frac{\partial}{\partial x}(\frac{\partial H}{\partial x}) + \frac{\partial}{\partial y}(\frac{\partial H}{\partial y}) + \frac{\partial}{\partial z}(\frac{\partial H}{\partial z}) \right] \mathrm{d}x\mathrm{d}y\mathrm{d}z =$$

$$\frac{1}{4} \iiint\limits_{x^2+y^2+z^2\leqslant 1} \left(\frac{\partial^2 H}{\partial x^2} + \frac{\partial^2 H}{\partial y^2} + \frac{\partial^2 H}{\partial z^2} \right) \mathrm{d}x\mathrm{d}y\mathrm{d}z.$$

而 $\dfrac{\partial^2 H}{\partial x^2} = 12a_1 x^2 + 6a_4 y^2 + 6a_6 z^2$, $\dfrac{\partial^2 H}{\partial y^2} = 12a_2 y^2 + 6a_4 x^2 + 6a_5 z^2$

$$\frac{\partial^2 H}{\partial z^2} = 12a_3 z^3 + 6a_5 y^2 + 6a_6 x^2$$

$$\oiint\limits_{S} H(x, y, z) \mathrm{d}s = \frac{1}{4} \iiint\limits_{x^2+y^2+z^2\leqslant 1} 6 \left[(2a_1 + a_4 + a_6)x^2 + (2a_2 + a_4 + a_5)y^2 + (2a_3 + a_5 + a_6)z^2 \right] \mathrm{d}x\mathrm{d}y\mathrm{d}z =$$

$$\frac{3}{2} \iiint\limits_{x^2+y^2+z^2\leqslant 1} (\alpha x^2 + \beta y^2 + \gamma z^2) \mathrm{d}x\mathrm{d}y\mathrm{d}z,$$

其中 $\alpha = 2a_1 + a_4 + a_6, \beta = 2a_2 + a_4 + a_5, \gamma = 2a_3 + a_5 + a_6$

利用球坐标得 $\iiint\limits_{x^2+y^2+z^2\leqslant 1} z^2 \mathrm{d}x\mathrm{d}y\mathrm{d}z = \frac{4}{15}\pi$

由对标性 $\iiint\limits_{x^2+y^2+z^2\leqslant 1} x^2 \mathrm{d}x\mathrm{d}y\mathrm{d}z = \iiint\limits_{x^2+y^2+z^2\leqslant 1} y^2 \mathrm{d}x\mathrm{d}y\mathrm{d}z = \frac{4}{15}\pi$

故 $\oiint\limits_{S} H(x, y, z) \mathrm{d}S = \frac{3}{2} \times \frac{4}{15}\pi(\alpha + \beta + \gamma) =$

$$\frac{6}{15}\pi(2a_1 + 2a_2 + 2a_3 + 2a_4 + 2a_5 + 2a_6) =$$

$$\frac{4}{5}\pi(a_1 + a_2 + a_3 + a_4 + a_5 + a_6)$$

998. (中山大学) 　计算曲线积分 $\int_L \dfrac{xz^2\,\mathrm{d}s}{x^2+y^2}$,其中 L 是空间螺线 $x=a\cos t, y=a\sin t, z=at\,(a>0)$ 上对应于 $t=0$ 与 $t=2\pi$ 的两点之间的一段曲线弧.

解 　$\displaystyle\int_L \dfrac{xz^2}{x^2+y^2}\mathrm{d}s=\int_0^{2\pi}\dfrac{a^3t^2\cos t}{a^2}\sqrt{a^2+a^2}\,\mathrm{d}t=\sqrt{2}a^2\int_0^{2\pi}t^2\cos t\,\mathrm{d}t=$
$$4\sqrt{2}\pi a^2$$

§2 　第二型曲线积分与曲面积分

【内容综述】

一、综述

1.定义

(1) 第二型曲线积分的定义. 设 L 为 xy 平面内从点 A 到点 B 的一条有向光滑曲线段,函数 $p(x,y),Q(x,y)$ 在 L 上有界,在 L 上沿 L 的方向任意插入一到点 $M_0(x_0,y_0),M_1(x_1,y_1),\cdots,M_n(x_n,y_n)$,其中 $M_0=A,M_n=B$,将 L 分成 n 个有向弧段 $M_{i-1}M_i(i=1,2,\cdots,n)$,记 $\Delta x_i=x_i-x_{i-1},\Delta y_i=y_i-y_{i-1}$,分别为 $M_{i-1}M_i$ 在 x 轴正向,y 轴正向的有向投影,(ξ_i,η_i) 为 $M_{i-1}M_i$ 上任取定的点 $\|T\|$ 为每个小弧段 $M_{i-1}M_i$ 长度的最大值,作和数 $\displaystyle\sum_{i=1}^n P(\xi_i,\eta_i)\Delta x_i$, $\displaystyle\sum_{i=1}^n Q(\xi_i,\eta_i)\Delta y_i$;如果 $\displaystyle\lim_{\|T\|\to 0}\sum_{i=1}^n P(\xi_i,\eta_i)\Delta x_i$, $\displaystyle\lim_{\|T\|\to 0}\sum_{i=1}^n Q(\xi_i,\eta_i)\Delta y_i$ 总存在,则称它们的极限值分别为 $P(x,y)$ 在有向曲线 L 上沿 x 轴的第二型曲线积分,$Q(x,y)$ 在有向曲线 L 上沿 y 轴的第二型曲线积分,分别记为 $\displaystyle\int_L P\,\mathrm{d}x, \int_L Q\,\mathrm{d}y$,并且 $\displaystyle\lim_{\|T\|\to 0}\sum_{i=1}^n P(\xi_i,\eta_i)\Delta x_i+\lim_{\|T\|\to 0}\sum_{i=1}^n Q(\xi_i,\eta_i)\Delta y_i$,称为 $P(x,y),Q(x,y)$ 在有向曲线 L 上的第二型曲线积分,记为 $\displaystyle\int_L P\,\mathrm{d}x+Q\,\mathrm{d}y$,其中 $\displaystyle\int_L P\,\mathrm{d}x+Q\,\mathrm{d}y=\int_L P\,\mathrm{d}x+\int_L Q\,\mathrm{d}y$.

类似可定义 $P(x,y,z),Q(x,y,z),R(x,y,z)$ 在空间有向曲线 L 上的第二型曲线积分,记为 $\displaystyle\int_L P\,\mathrm{d}x+Q\,\mathrm{d}y+R\,\mathrm{d}z$,其中 $\displaystyle\int_L P\,\mathrm{d}x+Q\,\mathrm{d}y+R\,\mathrm{d}z=\int_L P\,\mathrm{d}x+\int_L Q\,\mathrm{d}y+\int_L R\,\mathrm{d}z$.

(2) 第二型曲面积分的定义. 设 S 为光滑的有向曲面,$P(x,y,z),Q(x,y,z),R(x,y,z)$ 在 S 上有界,把 S 任意分成 n 块小有向曲面,$\Delta s_i,i=1,2,\cdots,n$,记 Δs_i 在 Oxy 平面上的有向投影为 $(\Delta s_i)_{xy}$,(ξ_i,η_i,ζ_i) 为 Δs_i 上任取定的一点,$\|T\|$ 为每个 Δs_i 的直径中的最大者,作和数,$\displaystyle\sum_{i=1}^n R(\xi_i,\eta_i,\zeta_i)(\Delta s_i)_{xy}$.

如果 $\displaystyle\lim_{\|T\|\to 0}\sum_{i=1}^n R(\xi_i,\eta_i,\zeta_i)(\Delta s_i)_{xy}$ 总存在,则称此极限值为 R 任有向曲面 S 上沿 Oxy 平面的第二型曲面积分,记为 $\displaystyle\iint_S R\,\mathrm{d}x\mathrm{d}y$.

类似可定义

$$\iint_S P\,\mathrm{d}y\mathrm{d}z=\lim_{\|T\|\to 0}\sum_{i=1}^n P(\xi_i,\eta_i,\zeta_i)(\Delta s_i)_{yz}$$
$$\iint_S Q\,\mathrm{d}z\mathrm{d}x=\lim_{\|T\|\to 0}\sum_{i=1}^n Q(\xi_i,\eta_i,\zeta_i)(\Delta s_i)_{zx}$$

分别为 P 在有向曲面 S 上沿 Oyz 平面的第二型曲面积分,Q 在有向曲面 S 上沿 Ozx 平面的第二型曲面积分,并且称

$$\iint\limits_{S} P\mathrm{d}y\mathrm{d}z + \iint\limits_{S} Q\mathrm{d}z\mathrm{d}x + \iint\limits_{S} R\mathrm{d}x\mathrm{d}y \triangleq \iint\limits_{S} P\mathrm{d}y\mathrm{d}z + Q\mathrm{d}z\mathrm{d}x + R\mathrm{d}x\mathrm{d}y$$

为 P,Q,R 在有向曲面 $\vec{S}$ 上的第二型曲面积分.

2. 性质

第二型曲线(曲面)积分除只有第一型曲线(曲面)积分的运算性质(即线性性,曲线曲面可加性)外,还具有有向性,即

$$\int\limits_{L^{-}} P\mathrm{d}x + Q\mathrm{d}y = -\int\limits_{L} P\mathrm{d}x + Q\mathrm{d}y$$

$$\int\limits_{L^{-}} P\mathrm{d}x + Q\mathrm{d}y + R\mathrm{d}z = -\int\limits_{L} P\mathrm{d}x + Q\mathrm{d}y + R\mathrm{d}z$$

$$\iint\limits_{S^{-}} P\mathrm{d}y\mathrm{d}z + Q\mathrm{d}z\mathrm{d}x + R\mathrm{d}x\mathrm{d}y = -\iint\limits_{S} P\mathrm{d}y\mathrm{d}z + Q\mathrm{d}z\mathrm{d}x + R\mathrm{d}x\mathrm{d}y$$

3. 第一、二型积分的关系

第一、二型曲线积分的关系,

设平面有向曲线 L 上任一点的切线正向的方向角为 $\alpha,\beta(\alpha+\beta=\dfrac{\pi}{2})$,则

$$\int\limits_{L} P\mathrm{d}x + Q\mathrm{d}y = \int\limits_{L} (P\cos\alpha + Q\cos\beta)\mathrm{d}s = \int\limits_{L}(P\cos\alpha + Q\sin\alpha)\mathrm{d}s$$

设空间有向曲线 L 上任一点的切线正向的方向角为 α,β,r,则

$$\int\limits_{L} P\mathrm{d}x + Q\mathrm{d}y + R\mathrm{d}z = \int\limits_{L}(P\cos\alpha + Q\cos\beta + R\cos\gamma)\mathrm{d}s$$

第一、二型曲面积分的关系:

设空间有向曲面 S 上任一点的法线正向的方向角为 α,β,γ,则

$$\iint\limits_{S} P\mathrm{d}y\mathrm{d}z + Q\mathrm{d}z\mathrm{d}x + R\mathrm{d}x\mathrm{d}y = \iint\limits_{S}(P\cos\alpha + Q\cos\beta + R\cos\gamma)\mathrm{d}s$$

4. 常用公式

(1) 计算公式

1) 第二型曲线积分的基本(参数方程)计算公式.

设平面有向光滑曲线 $L = \overset{\frown}{AB}$ 的参数方程为 $\begin{cases} x = \varphi(t) \\ y = \psi(t) \end{cases}, \alpha \leqslant t \leqslant \beta$,且当参数 t 由 α 变到 β 时,曲线 L 上动点 (x,y) 从 L 的起点 A 运动到终点 B,$P(x,y),Q(x,y)$ 在 L 上连续,则

$$\int\limits_{L} P\mathrm{d}x + Q\mathrm{d}y = \int_{\alpha}^{\beta} \{ P[\varphi(t),\psi(t)]\varphi'(t) + Q[\varphi(t),\psi(t)]\psi'(t) \} \mathrm{d}t$$

特别当 $L:y = \varphi(x),a \leqslant x \leqslant b$ 时,且起点对应 $x = a$,终点对应 $x = b$,则

$$\int\limits_{L} P\mathrm{d}x + Q\mathrm{d}y = \int_{a}^{b} [P(x,\varphi(x)) + Q(x,\varphi(x))\varphi'(x)]\mathrm{d}x$$

当 $L:x = \psi(y),c \leqslant y \leqslant \mathrm{d}$ 时且起点对应 $y = c$,终点对应 $y = d$,则

$$\int\limits_{L} P\mathrm{d}x + Q\mathrm{d}y = \int_{c}^{\mathrm{d}} [P(\psi(y),y)\psi'(y) + Q(\psi(y),y)]\mathrm{d}y$$

同理,设空间有向光滑曲线的参数方程为

$$\begin{cases} x = \varphi(t) \\ y = \psi(t), \alpha \leqslant t \leqslant \beta \\ z = \omega(t) \end{cases}$$

其中 L 的起点对应 $t=\alpha$，L 的终点对应 $t=\beta$，则 $\int_L P\mathrm{d}x+Q\mathrm{d}y+R\mathrm{d}z=\int_\alpha^\beta[P[\varphi(t),$ $\psi(t),\omega(t)]\varphi'(t)+Q[\varphi(t),\psi(t),\omega(t)]\psi'(t)+R[\varphi(t),\psi(t),\omega(t)]\omega'(t)]\mathrm{d}t.$

注：用公式计算应注意下限与起点对应，上限与终点对应.

2）第二型曲面积分的基本计算公式.

设 P,Q,R 是定义在有向光滑曲面 S 上的连续函数，且 S 的方程为 $z=z(x,y)$，$(x,y)\in D_{xy}$ 其中 D_{xy} 为 S 在 xy 平面上的投影，则

$$\iint_S P\mathrm{d}y\mathrm{d}z=-\iint_{D_{xy}}P[x,y,z(x,y)]\cdot z_x'\mathrm{d}x\mathrm{d}y$$

$$\iint_S Q\mathrm{d}z\mathrm{d}x=-\iint_{D_{xy}}Q[x,y,z(x,y)]z_y'\mathrm{d}x\mathrm{d}y$$

$$\iint_S R\mathrm{d}z\mathrm{d}y=\iint_{D_{xy}}R[x,y,z(x,y)]\mathrm{d}x\mathrm{d}y$$

其中 S 取上侧.

同理，当 S 的方程为 $x=x(y,z)$ 或 $y=y(x,z)$ 时，有类似的计算公式：

$$\iint_S P\mathrm{d}y\mathrm{d}z=\iint_{D_{yz}}P[x(y,z),y,z]\mathrm{d}y\mathrm{d}z$$

$$\iint_S Q\mathrm{d}z\mathrm{d}x=-\iint_{D_{yz}}Q(x(y,z),y,z)x_y'\mathrm{d}y\mathrm{d}z$$

$$\iint_S R\mathrm{d}x\mathrm{d}y=-\iint_{D_{yz}}R(x(y,z),y,z)x_z'\mathrm{d}y\mathrm{d}z$$

其中 S 取前侧

$$\iint_S P\mathrm{d}y\mathrm{d}z=-\iint_{D_{xz}}P(x,y(x,z),z)y_x'\mathrm{d}x\mathrm{d}z$$

$$\iint_S Q\mathrm{d}z\mathrm{d}x=\iint_{D_{xz}}Q(x,y(x,z),z)\mathrm{d}x\mathrm{d}z$$

$$\iint_S R\mathrm{d}x\mathrm{d}y=-\iint_{D_{xz}}R(x,y(x,z),z)y_z'\mathrm{d}x\mathrm{d}z$$

（2）格林公式. 格林公式：设平面有界区域 D 的边界为 L，$P(x,y),Q(x,y)$ 在 D 及边界 L 上具有一阶连续的偏导数则 $\oint_L P\mathrm{d}x+Q\mathrm{d}y=\iint_D(\frac{\partial Q}{\partial x}-\frac{\partial P}{\partial y})\mathrm{d}x\mathrm{d}y$，其中 L 取正向，

注：① 若 D 为单连通区域，L 的正向为逆时针方向.

若 D 为多连通区域，L 的正向由外边界的逆时针方向和内边界的顺时针方向构成.

② 若 $P=-y,Q=x$ 则 $S_{\triangle D}=\frac{1}{2}\oint_c x\mathrm{d}y-y\mathrm{d}x$　　其中 $S_{\triangle D}$ 为区域 D 的面积

格林第二公式

$$\oint_L \begin{vmatrix} \dfrac{\partial u}{\partial \boldsymbol{n}} & \dfrac{\partial v}{\partial \boldsymbol{n}} \\ u & v \end{vmatrix} \mathrm{d}s = \iint_D \begin{vmatrix} \Delta u & \Delta v \\ u & v \end{vmatrix} \mathrm{d}x\mathrm{d}y$$

其中 D 为光滑封闭曲线 L 所围成的区域，$\dfrac{\partial u}{\partial v},\dfrac{\partial v}{\partial n}$ 分别表示 u,v 沿 L 的外法线方向 $\boldsymbol{n}$ 的方向导数，$\Delta u = \dfrac{\partial^2 u}{\partial x^2} + \dfrac{\partial^2 u}{\partial y^2}, \Delta v = \dfrac{\partial^2 u}{\partial x^2} + \dfrac{\partial^2 v}{\partial y^2}$，$L$ 取正向.

注：
$$\int_L P\mathrm{d}x + Q\mathrm{d}y = \int_L (-P\cos(\widehat{\boldsymbol{n}y})) + Q\cos(\widehat{\boldsymbol{n}},x))\mathrm{d}s$$

其中 $(\widehat{\boldsymbol{n},x}),(\widehat{\boldsymbol{n},y})$ 表示 L 的法线正向 $\boldsymbol{n}$ 的方向角.

（3）奥高公式. 设空间有界区域 V 的边界为 S，函数 P,Q,R 在 V 及 S 上具有一阶连续的偏导数，则

$$\oiint_S P\mathrm{d}y\mathrm{d}z + Q\mathrm{d}z\mathrm{d}x + R\mathrm{d}x\mathrm{d}y = \iiint_V (\dfrac{\partial P}{\partial x} + \dfrac{\partial Q}{\partial y} + \dfrac{\partial R}{\partial z})\mathrm{d}x\mathrm{d}y\mathrm{d}z$$

其中 S 取正侧.

注：当 V 为单连通时，S 的正侧为外侧.

当 V 为多连通时，S 的正侧由外边界的外侧和内边界的内侧构成.

（4）斯托克斯公式. 设 S 是逐片光滑曲面，其边界为逐段光滑曲线 L，曲面 S 的正侧与 L 的正向符合右手法则，如果 P,Q,R 在 S 及 L 上均具有一阶连续的偏导数，则

$$\oint_L P\mathrm{d}x + Q\mathrm{d}y + R\mathrm{d}z = \iint_S \begin{vmatrix} \mathrm{d}y\mathrm{d}z & \mathrm{d}z\mathrm{d}x & \mathrm{d}x\mathrm{d}y \\ \dfrac{\partial}{\partial x} & \dfrac{\partial}{\partial y} & \dfrac{\partial}{\partial z} \\ P & Q & R \end{vmatrix}$$

注：右手法则；设 S 是空间上的光滑曲面，其边界曲线为 L，取定 S 的一侧为正侧，伸开右手手掌，以拇指方向指向此侧的法线正向，其余四指伸向微曲，并使曲面 S 在手掌的左侧，则其余四指所指的方向就是边界曲线 L 的正向，反之亦然。

5. 常用结果

（1）平面区域 D 的面积公式：

$$S_{\Delta D} = \dfrac{1}{2}\oint_L x\mathrm{d}y - y\mathrm{d}x$$

其中 L 为 D 的正向.

（2）设 L 为任一条封闭光滑曲线，则

$$\oint_L \dfrac{x\mathrm{d}y - y\mathrm{d}x}{x^2 + y^2} = \begin{cases} 0, & \text{当 } L \text{ 不包围原点，且} (0,0) \notin L \text{ 时,} \\ 2\pi, & \text{当 } L \text{ 包围原点时} \end{cases}$$

（3）高斯积分

1）$I = \oint_L \dfrac{\cos(\widehat{\boldsymbol{r},\boldsymbol{n}})}{|\boldsymbol{r}|^2}\mathrm{d}s =$

$$\begin{cases} 0, & \text{当 } L \text{ 不包围} (x_0,y_0)，\text{且} (x_0,y_0) \notin L \text{ 时} \\ 2\pi, & \text{当 } L \text{ 包围} (x_0,y_0) \text{ 时} \end{cases}$$

其中 $|\boldsymbol{r}| = \sqrt{(x-x_0)^2 + (y-y_0)^2}$，$\boldsymbol{r} = \{x-x_0,y-y_0\}$，$L$ 为无重点的光滑封

闭曲线，n 表示 L 的外法线方向.

$$2) I = \oiint\limits_{S} \frac{\cos(\boldsymbol{r},\boldsymbol{n})}{\mid \boldsymbol{r} \mid^2} \mathrm{d}s =$$

$$\begin{cases} 0, & \text{当 } S \text{ 不包围}(x_0,y_0,z_0), \text{且}(x_0,y_0,z_0) \notin S \text{ 时} \\ 4\pi, & \text{当 } S \text{ 包围}(x_0,y_0,z_0) \text{ 时} \end{cases}$$

其中 S 是光滑封闭曲面，$\boldsymbol{r} = \{x - x_0, y - y_0, z - z_0\}$，$\mid \boldsymbol{r} \mid =$ $\sqrt{(x-x_0)^2 + (y-y_0)^2 + (z-z_0)^2}$，$n$ 表示 S 的外法线方向.

二、解题方法

1.考点 1　第二型积分的计算

常用方法：

(1) 基本计算法，即利用参数方程或化二重积分公式计算；

(2) 格林公式或奥高公式；

(3) 利用积分与路径无关；

(4) 利用常用结果；

(5) 利用曲线与坐标轴的垂直关系或曲面与坐标面的垂直关系；

(6) 化第一型积分.

2.考点 2　积分等式证明

常用方法：

(1) 利用两类积分的关系.

(2) 利用格式公式.

(3) 利用奥高公式.

(4) 利用积分与路径无关.

【经典题解】

999. (北京大学)　求常数 λ，使得曲线积分

$$\int_L \frac{x}{y} r^\lambda \mathrm{d}x - \frac{x^2}{y^2} r^\lambda \mathrm{d}y = 0. \quad (r = \sqrt{x^2 + y^2})$$

对上半平面内任何光滑闭曲线 L 成立.

解　记 $P = \dfrac{x}{y} r^\pi, Q = -\dfrac{x^2}{y^2} r^\lambda$.

由题设知，所考虑积分在上半平面内与路径无关，所以 $\dfrac{\partial P}{\partial y} = \dfrac{\partial Q}{\partial x}$，即

$$-\frac{x}{y^2}(x^2+y^2)^{\frac{\lambda}{2}} + \lambda x(x^2+y^2)^{\frac{\lambda}{2}-1} = -\frac{2x}{y^2}(x^2+y^2)^{\frac{\lambda}{2}} - \frac{\lambda x^3}{y^2}(x^2+y^2)^{\frac{\lambda}{2}-1}$$

即

$$-\frac{x}{y^2} + \frac{\lambda x}{x^2+y^2} = -\frac{2x}{y^2} - \frac{\lambda x^3}{y^2(x^2+y^2)}$$

即

$$x^3 + xy^2 = -\lambda(x^3 + xy^2)$$

所以 $\lambda = -1$.

1000. (湖北大学)　计算曲线积分

$$\int_{AMB} \left[\varphi(y)\mathrm{e}^x - my\right]\mathrm{d}x + \left[\varphi'(y)\mathrm{e}^x - m\right]\mathrm{d}y，\text{其中 } \varphi(y),\varphi'(y) \text{ 为连续函数，} AMB \text{ 为}$$

连接点 $A(x_1,y_1)$ 和 $B(x_2,y_2)$ 的任何路线,但与线段 AB 围成已知大小为 S 的面积.

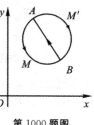

解　设曲线 AMB 如右图,则

$$\int_{AMB} [\varphi(y)\mathrm{e}^x - my]\mathrm{d}x + [\varphi'(y)\mathrm{e}^x - m]\mathrm{d}y =$$

$$\oint_{AMBA} [\varphi(y)\mathrm{e}^x - my]\mathrm{d}x + [\varphi'(y)\mathrm{e}^x - m]\mathrm{d}y - \int_{\overline{BA}} [\varphi(y)\mathrm{e}^x -$$

第 1000 题图

$$my]\mathrm{d}x + [\varphi'(y)\mathrm{e}^x - m]\mathrm{d}y = m\iint_D \mathrm{d}x\mathrm{d}y + \int_{\overline{AB}} \varphi(y)\mathrm{e}^x\mathrm{d}x +$$

$$\varphi'(y)\mathrm{e}^x\mathrm{d}y + \int_{\overline{AB}} -my\mathrm{d}x - m\mathrm{d}y = mS + \varphi(y)\mathrm{e}^x\Big|_{(x_1,y_1)}^{(x_2,y_2)} - m\int_{\overline{AB}} (y\mathrm{d}x + \mathrm{d}y).$$

由于 $\overline{AB}$ 方程为 $y - y_1 = \dfrac{y_2 - y_1}{x_2 - x_1}(x - x_1)$,则 $\mathrm{d}y = \dfrac{y_2 - y_1}{x_2 - x_1}\mathrm{d}x$,那么

原式 $=$

$$mS + \varphi(y_2)\mathrm{e}^{x_2} - \varphi(y_1)\mathrm{e}^{x_1} - m\int_{x_1}^{x_2}\Big[\frac{y_2 - y_1}{x_2 - x_1}(x - x_1) + y_1 + \frac{y_2 - y_1}{x_2 - x_1}\Big]\mathrm{d}x =$$

$$mS + \varphi(y_2)\mathrm{e}^{x_2} - \varphi(y_1)\mathrm{e}^{x_1} - \frac{m}{2}(x_2 - x_1)(y_2 + y_1) - m(y_2 - y_1)$$

当曲线如 $AM'B$ 时,有

原式 $= \displaystyle\oint_{AM'BA} [\varphi(y)\mathrm{e}^x - my]\mathrm{d}x + [\varphi'(y)\mathrm{e}^x - m]\mathrm{d}y -$

$$\int_{BA} (\varphi(y)\mathrm{e}^x - my)\mathrm{d}x + (\varphi'(y)\mathrm{e}^x - m)\mathrm{d}y =$$

$$-mS + \varphi(y_2)\mathrm{e}^{x_2} - \varphi(y_1)\mathrm{e}^{x_1} - \frac{m}{2}(x_2 - x_1)(y_2 + y_1) - m(y_2 - y_1)$$

1001. (武汉大学)　计算积分

$$I = \int_{c^+} (-2x\mathrm{e}^{-x^2}\sin y)\mathrm{d}x + (\mathrm{e}^{-x^2}\cos y + x^4)\mathrm{d}y$$

其中 c^+ 为从点 $(1,0)$ 到点 $(-1,0)$ 的半圆 $y = \sqrt{1-x^2}\,(-1 \leqslant x \leqslant 1)$.

解　记 $P = -2x\mathrm{e}^{-x^2}\sin y,\, Q = \mathrm{e}^{-x^2}\cos y + x^4$.

如右图补充 $\overline{BA}:y = 0\,(-1 \leqslant x \leqslant 1)$.

由格林公式

$$I = \Big(\int_{+\overline{BA}} - \int_{\overline{BA}}\Big)(-2x\mathrm{e}^{-x^2}\sin y)\mathrm{d}x + (\mathrm{e}^{-x^2}\cos y + x^4)\mathrm{d}y =$$

$$\iint_{\substack{x^2+y^2\leqslant 1 \\ y\geqslant 0}} 4x^3\mathrm{d}x\mathrm{d}y -$$

第 1001 题图

$$\int_{-1}^{1} o\mathrm{d}x = 4\iint_{\substack{x^2+y^2\leqslant 1 \\ y\geqslant 0}} x^3\mathrm{d}x\mathrm{d}y \xLeftarrow{\begin{cases} x = r\cos\theta \\ y = r\sin\theta \end{cases}} 4\int_0^{\pi}\mathrm{d}\theta\int_0^1 r^3\cos^3\theta \cdot r\mathrm{d}r = \frac{4}{5}\int_0^{\pi}\cos^3\theta\mathrm{d}\theta = 0.$$

（注：$\displaystyle\iint\limits_{\substack{x^2+y^2\leqslant 1\\ y\geqslant 0}} x^3\,\mathrm{d}x\mathrm{d}y=0$ 也可直接由对称性得到）

1002. (华中师范大学) 求 $I=\displaystyle\oint_{L^+}\dfrac{x\mathrm{d}y-y\mathrm{d}x}{4x^2+y^2}$，其中 L 为以 $(1,0)$ 为圆心，R 为半径的圆周 $(R\neq 1)$，L^+ 表示逆时针方向。

解 记 $P=-\dfrac{y}{4x^2+y^2}$，$Q=\dfrac{x}{4x^2+y^2}$，则

$$\dfrac{\partial P}{\partial y}=\dfrac{y^2-4x^2}{(4x^2+y^2)^2}=\dfrac{\partial Q}{\partial x}.$$

(1) 当 $R<1$ 时，$(0,0)$ 在 L 外部，由格林公式知 $I=0$.

(2) 当 $R>1$ 时，$(0,0)$ 在 L 内部，以 $(0,0)$ 为中心，作椭圆周 $C_0:4x^2+y^2=\varepsilon^2$，使 C_0 在 L 内部，由格林公式

$$I=\oint_{L^+}\dfrac{x\mathrm{d}y-y\mathrm{d}x}{4x^2+y^2}=\dfrac{1}{\varepsilon^2}\oint_{C_0}x\mathrm{d}y-y\mathrm{d}x=\dfrac{2}{\varepsilon^2}\cdot\dfrac{\varepsilon}{2}\varepsilon\pi=\pi$$

1003. (北京大学) 求线积分 $\displaystyle\int_c\dfrac{-y}{x^2+y^2}\mathrm{d}x+\dfrac{x}{x^2+y^2}\mathrm{d}y$ 在下列两种曲线 C 的情况下的值.

1) $(x-1)^2+(y-1)^2=1$；2) $|x|+|y|=1$　方向均为逆时针

解 与第 1002 题做法类似，1) 积分值为 0，2) 积分值为 2π.

1004. (厦门大学) 假定 C 是一个有界平面区域 D 的边界，并且是一条有连续切线方向的闭曲线，分下列(1)(2)两种情况计算 $\displaystyle\int_c\dfrac{\partial\log r}{\partial n}\mathrm{d}s$，这里 r 表示动点到原点的距离，$\dfrac{\partial}{\partial n}$ 表示沿 C 的外法线方向的导数，(1) 原点不在 D 内，也不在 C 上；(2) D 包含原点.

解 记 $\boldsymbol{n}=\{\cos(\widehat{\boldsymbol{n},x}),\cos(\widehat{\boldsymbol{n},y})\}$，$r=\sqrt{x^2+y^2}$，

$$\log r=\dfrac{1}{2}\log(x^2+y^2),$$

则 $\dfrac{\partial\log r}{\partial \boldsymbol{n}}=\dfrac{x}{x^2+y^2}\cos(\widehat{\boldsymbol{n},x})+\dfrac{y}{x^2+y^2}\cos(\widehat{\boldsymbol{n},y})$

$$\int_c\dfrac{\partial\log r}{\partial \boldsymbol{n}}\mathrm{d}s=\oint_{c^+}-\dfrac{x}{x^2+y^2}\mathrm{d}y+\dfrac{y}{x^2+y^2}\mathrm{d}x$$

与第 1002 题方法类似

(1) 积分值为 0.

(2) 积分值为 2π.

1005. (北京大学) 计算第二型曲线积分

$$\int_{\widehat{AB}}(y^3+x)\mathrm{d}x-(x^3+y)\mathrm{d}y$$

其中 $A=(0,0)$，$B=(a,0)$，$\widehat{AB}:x^2+y^2=ax(y\geqslant 0)$.

解 当 $a>0$ 时，补充 $\overline{BA}$，则 $\widehat{AB}+\overline{BA}$ 均成封闭曲线 Γ^-.

记 $P=y^3+x$，$Q=-(x^3+y)$，则

原式 $=\displaystyle\oint_{\Gamma^-}(y^3+x)\mathrm{d}x-(x^3+y)\mathrm{d}y-\int_{\overline{BA}}(y^3+x)\mathrm{d}x-(x^3+y)\mathrm{d}y$

$$\int_{\Gamma^-}(y^3+x)\mathrm{d}x-(x^3+y)\mathrm{d}y\xlongequal{\text{格林}}-\iint_{\substack{x^2+y^2\leqslant ax\\y\geqslant0}}(-3x^2-3y^2)\mathrm{d}x\mathrm{d}y=$$

$$3\iint_D(x^2+y^2)\mathrm{d}x\mathrm{d}y=\frac{3}{64}\pi a^4$$

而 $\overline{BA}:y=0,0\leqslant x\leqslant a$,

所以 $\displaystyle\int_{\overline{BA}}=-\int_0^a x\mathrm{d}x=-\frac{1}{2}a^2$.

从而原积分 $=\dfrac{3}{64}\pi a^4+\dfrac{1}{2}a^2$

当 $a<0$ 时,$\overset{\frown}{AB}+\overline{BA}$ 构成 Γ^+,同理可得

$$\int_{\overset{\frown}{AB}}=-\frac{3}{64}\pi a^4+\frac{1}{2}a^2$$

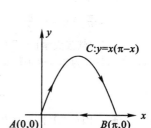

1006.(**北京大学**)　(1) 计算第二型曲线积分$\displaystyle\int_c(\sin y+$

$y)\mathrm{d}x+x\cos y\mathrm{d}y$,其中 C 如右图;

(2)$\displaystyle\int_0^2\frac{x}{e^x+e^{2-x}}\mathrm{d}x$.

第 1006 题图

解　(1) 补充$\overline{BA}:y=0,0\leqslant x\leqslant\pi$,则 $C+\overline{BA}$ 构成封

闭曲线 Γ^-,由格林公式$\displaystyle\oint_{\Gamma^-}=-\iint_D(-1)\mathrm{d}x\mathrm{d}y=\iint_D\mathrm{d}x\mathrm{d}y.$

而 $D:0\leqslant y\leqslant x(\pi-y),0\leqslant x\leqslant\pi.\ \overline{BA}:y=0\quad0\leqslant x\leqslant\pi$

所以 $\displaystyle\iint_D\mathrm{d}x\mathrm{d}y=\int_0^\pi\mathrm{d}x\int_0^{x(\pi-x)}\mathrm{d}y=\frac{\pi^3}{6}.$

$$\int_{\overline{BA}}=\int_\pi^0 o\mathrm{d}x=0$$

从而$\displaystyle\int_c=\frac{\pi^3}{6}.$

(2) 因$\displaystyle\int_0^2\frac{x}{e^x+e^{2-x}}\mathrm{d}x\xlongequal{t=2-x}-\int_2^0\frac{2-t}{e^t+e^{2-t}}\mathrm{d}t=$

$$\int_0^2\frac{2}{e^t+e^{2-t}}\mathrm{d}t-\int_0^2\frac{t}{e^t+e^{2-t}}\mathrm{d}t$$

所以$\displaystyle\int_0^2\frac{x}{e^x+e^{2-x}}\mathrm{d}x=\frac{1}{2}\int_0^2\frac{2}{e^t+e^{2-t}}\mathrm{d}t=\int_0^2\frac{1}{e^t+e^{2-t}}\mathrm{d}t=$

$$\int_0^2\frac{e^{t-2}}{e^{2(t-1)}+1}\mathrm{d}t=\frac{1}{e}\int_0^2\frac{e^{t-1}}{(e^{t-1})^2+1}\mathrm{d}t=\frac{1}{e}\arctan e^{t-1}\Big|_0^2=$$

$$\frac{1}{e}(\arctan e-\arctan\frac{1}{e})$$

1007.(**华东师范大学**)　求曲线积分

$$I = \int_{\overset{\frown}{OA}} (y^2 - \cos y)\mathrm{d}x + x\sin y\,\mathrm{d}y$$

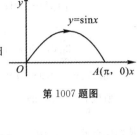

第 1007 题图

解　记 $P = y^2 - \cos y, Q = x\sin y,$

补充: $\overline{AO}: y = 0(0 \leqslant x \leqslant \pi)$,则 $\overset{\frown}{OA} + \overline{AO}$ 构成封闭曲

线 Γ,由格林公式

$$I = \oint_{\Gamma^-} - \int_{\overline{AO}} = -\iint_D (\frac{\partial Q}{\partial x} - \frac{\partial P}{\partial y})\mathrm{d}x\mathrm{d}y - \int_{\overline{AO}} =$$

$$2\iint_D y\,\mathrm{d}x\mathrm{d}y - \int_\pi^0 (-1)\mathrm{d}x = 2\int_0^\pi \mathrm{d}x \int_0^{\sin x} y\,\mathrm{d}y - \pi =$$

$$\frac{\pi}{2} - \pi = -\frac{\pi}{2}.$$

1008. (武汉大学)　设 Ω 为 xy 平面上具有光滑边界的有界闭区域,$u \in C^2(\Omega) \bigcap$

$C'(\overline{\Omega})$,且 u 为非常值函数及 $u\mid_{\partial\Omega} = 0$,证明

$$\iint_\Omega u \cdot (\frac{\partial^2 u}{\partial x^2} + \frac{\partial^2 u}{\partial y^2})\mathrm{d}x\mathrm{d}y < 0$$

证　因在 $\partial\Omega$ 上,$u = 0$,故 $0 = \int_{\partial\Omega} - u \cdot \frac{\partial u}{\partial y}\mathrm{d}x + u \cdot \frac{\partial u}{\partial x}\mathrm{d}y \overset{Green}{=\!=\!=\!=\!=} \iint_\Omega [(\frac{\partial u}{\partial x})^2 +$

$(\frac{\partial u}{\partial y})^2]\mathrm{d}x\mathrm{d}y + \iint_\Omega u(\frac{\partial^2 u}{\partial x^2} + \frac{\partial^2 u}{\partial y^2})\mathrm{d}x\mathrm{d}y,$

所以 $\iint_\Omega u(\frac{\partial^2 u}{\partial x^2} + \frac{\partial^2 u}{\partial y^2})\mathrm{d}x\mathrm{d}y = -\iint_\Omega [(\frac{\partial u}{\partial x})^2 + (\frac{\partial u}{\partial y})^2]\mathrm{d}x\mathrm{d}y$

又 u 为非常值函数,故 $(\frac{\partial u}{\partial x})^2 + (\frac{\partial u}{\partial y})^2 \not\equiv 0$,再注意到 $\frac{\partial u}{\partial x}, \frac{\partial u}{\partial y}$ 的连续性,所以

$$\iint_\Omega u(\frac{\partial^2 u}{\partial x^2} + \frac{\partial^2 u}{\partial y^2})\mathrm{d}x\mathrm{d}y < 0.$$

1009. (哈尔滨工业大学)　求 $\displaystyle\iint_{\Sigma} y^2 z\mathrm{d}x\mathrm{d}y + xz\mathrm{d}y\mathrm{d}z + x^2 y\mathrm{d}x\mathrm{d}z$ 其中 $\sum$ 是 $z = x^2 +$

$y^2, x^2 + y^2 = 1$ 和坐标面在第一卦限所围成曲面外侧.

解　记 $P = xz, Q = x^2 y, R = y^2 z,$

由奥高公式,所求积分

$$I = \iiint_V (x^2 + y^2 + z)\mathrm{d}v,\text{其中}$$

$$V: 0 \leqslant z \leqslant x^2 + y^2, (x,y) \in D = \{x^2 + y^2 \leqslant 1, x \geqslant 0, y \geqslant 0\}$$

$$= \iint_D \mathrm{d}x\mathrm{d}y \int_0^{x^2+y^2} (x^2 + y^2 + z)\mathrm{d}z = \iint_D \frac{3}{2}(x^2 + y^2)^2 \mathrm{d}x\mathrm{d}y$$

$$\xrightarrow{\begin{cases} x = r\cos\theta \\ y = r\sin\theta \end{cases}} \frac{3}{2}\int_0^{\frac{\pi}{2}} \mathrm{d}\theta \int_0^1 r^4 r\,\mathrm{d}r = \frac{3}{2}\int_0^{\frac{\pi}{2}} \mathrm{d}\theta \cdot \frac{1}{6} = \frac{\pi}{8}.$$

1010. (北京航空航天大学)　计算 $J = \displaystyle\iint_{\Sigma} z\mathrm{d}x\mathrm{d}y + y\mathrm{d}z\mathrm{d}x + x\mathrm{d}y\mathrm{d}z,$

其中 $\sum$ 为圆柱面 $x^2 + y^2 = 1$，被 $z = 0, z = 3$ 截的部分外侧.

解　分别补充圆柱体 $x^2 + y^2 \leqslant 1$ 与 $z = 0, z = 3$ 的交面 $S_{1下}, S_{2上}$，
$S_{1下}: z = 0, (x,y) \in \{x^2 + y^2 \leqslant 1\}, S_{2上}: z = 3, (x,y) \in \{x^2 + y^2 \leqslant 1\}$.

记 $P = x, Q = y, R = z$，

由奥高公式 $J = \oiint\limits_{\sum + S_{1下} + S_{2上}} - \iint\limits_{S_{1下}} - \iint\limits_{S_{2上}} = 3\iiint\limits_V \mathrm{d}v - \iint\limits_{S_{1下}} - \iint\limits_{S_{2上}} =$

$$9\pi - \iint\limits_{S_{1下}} - \iint\limits_{S_{2上}}$$

而 $S_1 \perp Oxz$ 平面，Oyz 平面；$S_2 \perp Oxz$ 平面，Oyz 平面，所以 $\iint\limits_{S_{1下}} = 0$，

$$\iint\limits_{S_{2上}} = 3\iint\limits_{x^2 + y^2 \leqslant 1} \mathrm{d}x\mathrm{d}y = 3\pi.$$

从而 $J = 9\pi - 3\pi = 6\pi$.

1011. **(华中科技大学)**　设空间区域 Ω 由曲面 $z = a^2 - x^2 - y^2$ 与平面 $z = 0$ 围成，其中 a 为正的常数，记 Ω 表面的外侧为 S，Ω 的体积为 V，求证

$$V = \oiint\limits_S x^2 yz^2 \mathrm{d}y\mathrm{d}z - xy^2 z^2 \mathrm{d}z\mathrm{d}x + z(1 + xyz)\mathrm{d}x\mathrm{d}y$$

证　由奥高公式

右边 $= \iiint\limits_\Omega (2xyz^2 - 2xyz^2 + 1 + 2xyz)\mathrm{d}v = \iiint\limits_\Omega (1 + 2xyz)\mathrm{d}v =$

$$V + \iiint\limits_\Omega 2xyz\,\mathrm{d}v.$$

又 Ω 分别关于 $y = 0, x = 0$ 平面对称，且 $2xyz$ 既是 y 的奇函数，也是 x 的奇函数，故 $\iiint\limits_V 2xyz\,\mathrm{d}v = 0$.

所以右边 $= V = $ 左边.

1012. **(华中科技大学)**　设 $\sum$ 是球面 $x^2 + y^2 + z^2 = 25$ 的内侧，f, g, h 是连续可微函数，求

$$I = \iint\limits_{\sum} \left[f(yz) - \frac{xy^2}{2\,500\pi} \right]\mathrm{d}y\mathrm{d}z +$$

$$\left[g(zx) - \frac{yz^2}{2\,500\pi} \right]\mathrm{d}z\mathrm{d}x + \left[h(xy) - \frac{zx^2}{2500\pi} \right]\mathrm{d}x\mathrm{d}y$$

解　由奥高公式知

$$I = -\iiint\limits_{x^2 + y^2 + z^2 \leqslant 25} \left(-\frac{y^2 + z^2 + x^2}{2500\pi} \right)\mathrm{d}v = \frac{1}{2500\pi}\iiint\limits_V (x^2 + y^2 + z^2)\mathrm{d}v \text{(利用球坐标)}$$

$$= \frac{1}{2500\pi}\int_0^{2\pi}\mathrm{d}\theta\int_0^\pi \mathrm{d}\varphi\int_0^5 r^4 \cdot \sin\varphi\,\mathrm{d}r = \frac{4\pi}{2500\pi} \times \frac{1}{5} \times 5^5 = 1.$$

1013. **(华中科技大学)** 设 V 是 R^3 中有界区域，其体积为 $1/2$，V 关于平面 $x = 1$ 对

称,V 的边界是光滑闭曲面 $\sum$,α 是 $\sum$ 的外向法矢与正 x 轴的夹角,求 $I = \iint\limits_{\sum} x^2 \cos\alpha \mathrm{d}s$.

解 由奥高公式

$$I = \iint\limits_{\sum 外} x^2 \mathrm{d}y\mathrm{d}z = \iiint\limits_{V} (2x)\mathrm{d}v = 2\iiint\limits_{V} x\mathrm{d}v.$$

令 $x = x' + 1, y = y', z = z'$,由于 V 关于面 $x = 1$ 对称,则对应的 V' 关于面 $x' = 0$ 对称. 且

$$I = 2\iiint\limits_{V}(x'+1)\mathrm{d}v' = 2\iiint\limits_{V}\mathrm{d}v' + 2\iiint\limits_{V}x'\mathrm{d}v' = 2\Delta V' + 0$$

而平移变换不改变立体的体积. 所以

$\Delta V' = \Delta V = 1/2$,从而 $I = 2 \cdot \Delta V' = 1$.

1014. (**湖北大学**) 计算

$$\iint\limits_{S}[f(x,y,z) + x]\mathrm{d}y\mathrm{d}z + [2f(x,y,z) + y]\mathrm{d}z\mathrm{d}x + [f(x,y,z) + z]\mathrm{d}x\mathrm{d}y$$

其中 $f(x,y,z)$ 为连续函数,S 为平面 $x - y + z = 1$ 在第四卦限上侧.

解 因 $S: z = 1 - x + y, (x,y) \in \mathrm{D} = \left\{(x,y) \left| \begin{matrix} 0 \leqslant x \leqslant 1 \\ x - 1 \leqslant y \leqslant 0 \end{matrix}\right.\right\}$.

所以,所求积分

$$I = -\iint\limits_{D}[f(x,y,1-x+y)+x](-1)\mathrm{d}x\mathrm{d}y - \iint\limits_{D}[2f(x,y,1-x+y)+y]\mathrm{d}x\mathrm{d}y +$$

$$\iint\limits_{D}[f(x,y,1-x+y)+1-x+y]\mathrm{d}x\mathrm{d}y =$$

$$\iint\limits_{D}\mathrm{d}x\mathrm{d}y = \frac{1}{2}$$

1015. (**清华大学**) 计算 $\oint\limits_{L}(y^2 + z^2)\mathrm{d}x + (z^2 + x^2)\mathrm{d}y + (x^2 + y^2)\mathrm{d}z$,其中 L 是曲面 $x^2 + y^2 + z^2 = 4x$ 与 $x^2 + y^2 = 2x$ 的交线

$z \geqslant 0$ 的部分,曲线的方向规定为从原点进入第一卦限

解 记 $P = y^2 + z^2, Q = z^2 + x^2$,

$R = x^2 + y^2$,

由斯托克斯公式,所求积分

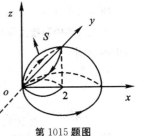

第 1015 题图

$$I = \iint\limits_{S}\left(\frac{\partial R}{\partial y} - \frac{\partial Q}{\partial z}\right)\mathrm{d}y\mathrm{d}z + \left(\frac{\partial P}{\partial z} - \frac{\partial R}{\partial x}\right)\mathrm{d}z\mathrm{d}x + \left(\frac{\partial Q}{\partial x} - \frac{\partial P}{\partial y}\right)\mathrm{d}x\mathrm{d}y =$$

$$2\iint\limits_{S}(y-z)\mathrm{d}y\mathrm{d}z + (z-x)\mathrm{d}z\mathrm{d}x + (x-y)\mathrm{d}x\mathrm{d}y$$

其中 S 为球面上 L 围成的最小球面块下侧(内侧),而 $S_{上}$ 的方向余弦为 $\cos\alpha = \dfrac{x-2}{2}$, $\cos\beta = \dfrac{y}{2}$, $\cos\gamma = \dfrac{z}{2}$, 则有

$$I = -2\iint\limits_{S_{上}} = -2\iint\limits_{S}\left[(y-z)\frac{x-2}{2} + (z-x)\cdot\frac{y}{2} + (x-y)\frac{z}{2}\right]ds =$$

$$-2\iint\limits_{S}(z-y)ds = -2\iint\limits_{S}zds + 2\iint\limits_{S}yds$$

由于 S 关于平面 $y=0$ 对称, 从而 $\iint\limits_{S}yds = 0$.

所以 $I = -2\iint\limits_{S}zds = -2\iint\limits_{S_{上}}\dfrac{z}{\cos\gamma}dxdy = -4\iint\limits_{S_{上}}dxdy =$

$$-4\iint\limits_{x^2+y^2\leqslant 2x}dxdy = -4\pi$$

1016. (南京航空学院) 设有力场 $\boldsymbol{F} = \{x+2y+4, 4x-2y, 3x+z\}$, 试求单位质量 M, 沿椭圆 C: $\begin{cases}(3x+2y-5)^2 + (x-y+1)^2 = a^2 \\ z = 4\end{cases}$ $(a>0)$ 移动一周(从 z 轴正向看去为逆时针方向时), 力 $\boldsymbol{F}$ 所作的功.

解 此即为求曲线积分

$$I = \int_{C}(x+2y+4)dx + (4x-2y)dy + (3x+z)dz.$$

由斯托克斯公式

$$I = \iint\limits_{S} -3dzdx + 2dxdy$$

其中 S 为 c 围成的平面 $z=4$ 上椭圆面, 方向为上侧, 由于 $S \perp xz$ 平面, 因而 $\iint\limits_{S} -3dzdx = 0$.

所以 $I = 2\iint\limits_{S}dxdy = 2\iint\limits_{(3x+2y-5)^2+(x-y+1)^2\leqslant a^2}dxdy$.

令 $\begin{cases}u = 3x+2y-5 \\ v = x-y+1\end{cases}$, 则 $u^2+v^2 \leqslant a^2$, 且 $\dfrac{\partial(u,v)}{\partial(x,y)} = \begin{vmatrix} 3 & 2 \\ 1 & -1 \end{vmatrix} = -5$. 所以

$$I = 2\iint\limits_{u^2+v^2\leqslant a^2}\frac{1}{5}dudv = \frac{2}{5}\pi a^2.$$

1017. (武汉大学, 南开大学) 计算积分

$A = \iint\limits_{\sum}x^2dydz + y^2dzdx + z^2dxdy$, 其中 $\sum$ 是球面 $(x-a)^2 + (y-b)^2 + (z-c)^2 = R^2$ 的外侧 $(R>0)$.

解 利用奥高公式, 再利用球坐标变换

$$\begin{cases}x = a + r\cos\theta\sin\varphi \\ y = b + r\sin\theta\sin\varphi \\ z = c + r\cos\varphi\end{cases}$$

可得 $A = 2\iiint\limits_{V}(x+y+z)\mathrm{d}x\mathrm{d}y\mathrm{d}z =$

$2\iiint [a+b+c+r(\cos\theta\sin\varphi+\sin\theta\sin\varphi+\cos\varphi)r^2\sin\theta]\mathrm{d}r\mathrm{d}\varphi\mathrm{d}\varphi =$

$2(a+b+c)2\pi\times 2\times\dfrac{R^3}{3} = \dfrac{8}{3}\pi(a+b+c)R^3$

1018.(西北电讯工程学院)　求

$$\oiint\limits_{\Sigma}(x-y+z)\mathrm{d}y\mathrm{d}z+(y-z+x)\mathrm{d}z\mathrm{d}x+(z-x+y)\mathrm{d}x\mathrm{d}y$$

其中 $\sum$ 是 $|x-y+z|+|y-z+x|+|z-x+y|=1$ 的外表面.

解　记　　　　$P=x-y+z,Q=y-z+x,R=z-x+y$

由奥高公式,所求积分 $I=3\iiint\limits_{V}\mathrm{d}x\mathrm{d}y\mathrm{d}z$,其中 V 为 $\sum$ 所围成的区域.

令 $\begin{cases}u=x-y+z,\\v=y-z+x,\\w=z-x+y,\end{cases}$ 则 V 变为 $V':|u|+|V|+|W|\leqslant 1,\dfrac{\partial(u,v,\omega)}{\partial(x,y,z)}=4.$

所以　　　　　　　　$I=\dfrac{3}{4}\iiint\limits_{V}\mathrm{d}u\mathrm{d}v\mathrm{d}w=\dfrac{3}{4}\times 8$

$$\iiint\limits_{\substack{u+v+w\leqslant 1\\u\geqslant 0,V\geqslant 0,w\geqslant 0}}\mathrm{d}u\mathrm{d}v\mathrm{d}w=\dfrac{3}{4}\times 8\times\dfrac{1}{3}\times\dfrac{1}{2}\times 1=1$$

(注: $|u|+|v|+|w|\leqslant 1$ 关于坐标面均对称)

1019.(北京大学)　求第二型曲面积分

$$\oiint\limits_{S}x\mathrm{d}y\mathrm{d}z+\cos y\mathrm{d}z\mathrm{d}x+\mathrm{d}x\mathrm{d}y$$

其中 S 为 $x^2+y^2+z^2=1$ 的外侧.

解　由奥高公式知,所求积分

$$I=\iiint\limits_{x^2+y^2+z^2\leqslant 1}(1-\sin y)\mathrm{d}v=$$

$$\iiint\limits_{x^2+y^2+z^2\leqslant 1}\mathrm{d}v-\iiint\limits_{x^2+y^2+z^2\leqslant 1}\sin y\mathrm{d}v$$

由于 $x^2+y^2+z^2\leqslant 1$,关于平面 $y=0$ 对称,$\sin y$ 为 y 的奇函数,故

$$\iiint\limits_{x^2+y^2+z^2\leqslant 1}\sin y\mathrm{d}v=0$$

所以 $I=\dfrac{4}{3}\pi.$

1020.(武汉大学)　计算 $\iint\limits_{S}x^3\mathrm{d}y\mathrm{d}z$,其中 S 是球面 $x^2+y^2+z^2=a^2$ 在第一卦限

部分并取球面外侧 $(a>0)$.

解　如右图所示补充平面块 $S_{1\text{下}},S_{2\text{左}},S_{3\text{后}}$,则 $S+S_{1\text{下}}+S_{2\text{左}}+S_{3\text{后}}$ 构成封闭曲

面 $\sum$ 外侧,由奥高公式,所求积分为

$$I = \iint\limits_{\sum_{外}} - \iint\limits_{S_{1下}} - \iint\limits_{S_{2左}} - \iint\limits_{S_{3后}} =$$

$$3\iiint\limits_{V} x^2 \mathrm{d}v - \iint\limits_{S_{1下}} - \iint\limits_{S_{2左}} - \iint\limits_{S_{3后}} =$$

$$\frac{\pi}{10}a^5 - \iint\limits_{S_{1下}} - \iint\limits_{S_{2左}} - \iint\limits_{S_{3后}} -$$

又 $S_1 \perp Oyz$ 平面, $S_2 \perp Oyz$ 平面,故

$$\iint\limits_{S_{1下}} = \iint\limits_{S_{2左}} = 0$$

$S_{3后}:x = 0$,故 $\iint\limits_{S_{3后}} x^3 \mathrm{d}y\mathrm{d}z = \iint\limits_{S_{3后}} o\mathrm{d}y\mathrm{d}z = 0.$ 所以

$$I = \frac{\pi}{10}a^5$$

第 1020 题图

1021. (中国地质大学)　计算 $\oiint\limits_{\sum} x(y^2 + z^2)\mathrm{d}y\mathrm{d}z$,其中 $\sum$ 为 $x^2 + y^2 + z^2 = R^2$ 的外侧.

解　设 V 为球:$x^2 + y^2 + z^2 \leqslant R^2$,则由 Gauss 公式及对称性,有

$$\oiint\limits_{\sum} x(y^2 + z^2)\mathrm{d}y\mathrm{d}z = \iiint\limits_{V}(y^2 + z^2)\mathrm{d}x\mathrm{d}y\mathrm{d}z =$$

$$2\iiint\limits_{V} z^2 \mathrm{d}x\mathrm{d}y\mathrm{d}z = \frac{2}{3}\iiint\limits_{V}(x^2 + y^2 + z^2)\mathrm{d}x\mathrm{d}y\mathrm{d}z =$$

$$\frac{2}{3}\frac{4\pi}{5}R^5 = \frac{8\pi}{15}R^5$$

1022. (中国人民大学)　$I = \iint\limits_{S} 4zx\mathrm{d}y\mathrm{d}z - 2zy\mathrm{d}z\mathrm{d}x + (1 - z^2)\mathrm{d}x\mathrm{d}y$,其中 S 为 Oyz 平面上的曲线 $z = \mathrm{e}^y(0 \leqslant y \leqslant a)$ 绕 z 轴旋转成的曲面的下侧.

解　如图示,补充平面块.

$S_1:z = \mathrm{e}^a$,方向取上侧,使 $S_{1上} + S_{下}$ 构成封闭曲面 $\sum$ 的外侧,所以由奥高公式得

$$\iint\limits_{\sum} 4zx\mathrm{d}y\mathrm{d}z - 2zy\mathrm{d}z\mathrm{d}x + (1 - z^2)\mathrm{d}x\mathrm{d}y =$$

$$\iiint\limits_{V} 0\mathrm{d}x\mathrm{d}y\mathrm{d}z = 0$$

其中 V 为 $\sum$ 所围成的区域.

又 $S_{1上}:z = \mathrm{e}^a$,在 xy 平面上的投影区域 $D:x^2 + y^2 \leqslant a^2$,从而 $\iint\limits_{S_{1上}} 4zx\mathrm{d}y\mathrm{d}z -$

$2zy\mathrm{d}z\mathrm{d}x +$

$$(1-z^2)\mathrm{d}x\mathrm{d}y = \iint\limits_{D}(1-\mathrm{e}^{2a})\mathrm{d}x\mathrm{d}y = (1-\mathrm{e}^{2a})a^2\pi,$$

所以 $I = \iint\limits_{\Sigma} - \iint\limits_{S_{1上}} = 0-(1-\mathrm{e}^{2a})a^2\pi = (\mathrm{e}^{2a}-1)a^2\pi.$

1023.(上海交通大学)　计算线积分 $\displaystyle\int_{ABC}\frac{\mathrm{d}x+\mathrm{d}y}{\mid x\mid+\mid y\mid}$,

其中 ABC 为三点 $A(1,0),B(0,1),C(-1,0)$ 连成的折线.

解　如图示 $ABC = \overline{AB}+\overline{BC}$

$\overline{AB}:y=1-x\quad 0\leqslant x\leqslant 1, \overline{BC}:y=1+x, -1\leqslant x\leqslant$

$0.$

所以 $\displaystyle\int_{ABC}\frac{\mathrm{d}x+\mathrm{d}y}{\mid x\mid+\mid y\mid} = \int_{\overline{AB}}\frac{\mathrm{d}x+\mathrm{d}y}{x+y} + \int_{\overline{BC}}\frac{\mathrm{d}x+\mathrm{d}y}{y-x} =$

$\displaystyle\int_1^0(1-1)\mathrm{d}x + \int_0^{-1}(1+1)\mathrm{d}x = -2.$

第 1022 题图

1024.(辽宁师范大学)　计算曲线积分

$\displaystyle\int_{L^+}y^2\mathrm{d}x+z^2\mathrm{d}y+x^2\mathrm{d}z$,其中 $L^+:\begin{cases}x^2+y^2+z^2=R^2\\x^2+y^2=Rx\end{cases}\ (R>$

$0,Z\geqslant 0)$,L^+ 的指向为顺时针方向.

解　　$L:\begin{cases}x^2+y^2+z^2=R^2\\x^2+y^2=Rx\end{cases}$ 变 形 为

$\begin{cases}x^2+y^2+z^2=R^2\\(x-\dfrac{R}{2})^2+y^2=(\dfrac{R}{2})^2\end{cases}$

第 1023 题图

故 L 的参数方程为

$x=\dfrac{R}{2}+\dfrac{R}{2}\cos\theta, y=\dfrac{R}{2}\sin\theta, z=R\sin\dfrac{\theta}{2}, 0\leqslant\theta\leqslant 2\pi$

所以 $\displaystyle\int_{L^+}y^2\mathrm{d}x+z^2\mathrm{d}y+x^2\mathrm{d}z = \int_{2\pi}^0\Big[(\dfrac{R}{2}\sin\theta)^2(-\dfrac{R}{2}\sin\theta)+(R\sin\dfrac{\theta}{2})^2\dfrac{R}{2}\cos\theta+R^2$

$$(\dfrac{1+\cos\theta}{2})^2\times\dfrac{R}{2}\cos\dfrac{\theta}{2}\Big]\mathrm{d}\theta = \dfrac{\pi R^3}{4}$$

1025.(西南师范大学)　证明 $\displaystyle\lim_{R\to+\infty}\oint\limits_{x^2+y^2=R^2}\frac{y\mathrm{d}x-x\mathrm{d}y}{(x^2+xy+y^2)^2} = 0.$

证 1　记 $P = \dfrac{y}{(x^2+xy+y^2)^2}$,　$Q = \dfrac{-x}{(x^2+xy+y^2)^2}$

由于 $\sqrt{P^2+Q^2} = \dfrac{\sqrt{x^2+y^2}}{(x^2+xy+y^2)^2} = \dfrac{R}{(R^2+xy)^2}$

$(x,y)\in\{x^2+y^2=R^2\}$

且在 $x^2+y^2=R^2$ 上, $xy\geqslant -\dfrac{x^2+y^2}{2} = -\dfrac{R^2}{2}$

所以
$$\sqrt{P^2+Q^2}=\frac{R}{(R^2+xy)^2}\leqslant\frac{R}{\left(R^2-\frac{R^2}{2}\right)^2}=\frac{4}{R^3}$$

从而
$$\max_{x^2+y^2=R^2}\sqrt{P^2+Q^2}\leqslant\frac{4}{R^3}$$

又
$$\left|\oint_{x^2+y^2=R^2}\frac{ydx-xdy}{(x^2+xy+y^2)^2}\right|\leqslant 2\pi R\cdot\max_{x^2+y^2=R^2}\sqrt{R^2+Q^2}\leqslant\frac{8\pi}{R^2}$$

故
$$\lim_{R\to+\infty}\oint_{x^2+y^2=R^2}\frac{ydx-xdy}{(x^2+xy+y^2)^2}=0$$

证2
$$\oint_{x^2+y^2=R^2}\frac{ydx-xdy}{(x^2+xy+y^2)^2}\xlongequal[y=r\sin\theta]{x=r\cos\theta}\int_0^{2\pi}\frac{-R^2\sin^2\theta-R^2\cos^2\theta}{(R^2+R^2\sin\theta\cos\theta)^2}d\theta=$$
$$-\frac{1}{R^2}\int_0^{2\pi}\frac{1}{(1+\sin\theta\cos\theta)^2}d\theta=-\frac{A}{R^2}$$

因此
$$\lim_{R\to+\infty}\oint_{x^2+y^2=R^2}\frac{ydx-xdy}{(x^2+xy+y^2)^2}=0$$

1026.(延边大学,西北电讯工程学院) 证明：
$$\iint_S\left[\left(\frac{\partial u}{\partial x}\right)^2+\left(\frac{\partial u}{\partial y}\right)^2\right]dxdy=-\iint_S u\cdot\Delta u dxdy+\oint_C u\cdot\frac{\partial u}{\partial n}ds$$

式中光滑曲线 C 包围着有界域 S，$\dfrac{\partial u}{\partial n}$ 为沿 C 的外法线的导函数（即方向导数），$\Delta u=\dfrac{\partial^2 u}{\partial x^2}+\dfrac{\partial^2 u}{\partial y^2}$

证 记 $\boldsymbol{n}$ 的单位向量为
$$\boldsymbol{n}=\{\cos(\widehat{\boldsymbol{n},x}),\cos(\widehat{\boldsymbol{n},y})\}.$$

则
$$\frac{\partial u}{\partial \boldsymbol{n}}=\frac{\partial u}{\partial x}\cos(\widehat{\boldsymbol{n},x})+\frac{\partial u}{\partial y}\cos(\widehat{\boldsymbol{n},y})$$

由两类曲线积分的关系及格林公式得
$$\oint_C u\frac{\partial u}{\partial \boldsymbol{n}}ds=\oint_C\left[u\cdot\frac{\partial u}{\partial x}\cos(\widehat{\boldsymbol{n},x})+u\cdot\frac{\partial u}{\partial y}\cos(\widehat{\boldsymbol{n},y})\right]ds=$$
$$\oint_{C^+}u\cdot\frac{\partial u}{\partial x}dy-u\cdot\frac{\partial u}{\partial y}dx=$$
$$\iint_S\left[\frac{\partial}{\partial x}\left(u\cdot\frac{\partial u}{\partial x}\right)-\frac{\partial}{\partial y}\left(-u\cdot\frac{\partial u}{\partial y}\right)\right]dxdy=$$
$$\iint_S\left[\left(\frac{\partial u}{\partial x}\right)^2+\left(\frac{\partial u}{\partial y}\right)^2\right]dxdy+\iint_S u\cdot\Delta u dxdy,$$

故等式成立.

1027.(武汉大学) 计算积分 $\displaystyle\iint_{S_外}x(y^2+z^2)dydz$，$S_外$ 为以坐标原点为心的单位球面外侧.

解 记 $P = x(y^2 + z^2), Q = R = 0.$

由奥高公式得

$$\iint\limits_{S_{外}} x(y^2 + z^2) \mathrm{d}y\mathrm{d}z = \iiint\limits_{x^2+y^2+z^2 \leqslant 1} (y^2 + z^2) \mathrm{d}v \xlongequal{\begin{cases} z = r\sin\varphi\cos\theta \\ y = r\sin\varphi\sin\theta \\ x = r\cos\varphi \end{cases}} \int_0^{2\pi} \mathrm{d}\theta \int_0^\pi \mathrm{d}\varphi \int_0^1 r^2 \sin^2\varphi \cdot$$

$$r^2 \sin\varphi \mathrm{d}r =$$

$$2\pi \int_0^\pi \sin^2\varphi \cdot \sin\varphi \mathrm{d}\varphi \cdot \int_0^1 r^4 \mathrm{d}r =$$

$$\frac{2\pi}{5} \int_0^\pi (\cos^2\varphi - 1) \mathrm{d}\cos\varphi = \frac{2\pi}{5} \times \frac{4}{3} = \frac{8\pi}{15}$$

注：在作球坐标变换时可将 x, z 的位置调换，计算比较简单.

1028. (北京科技大学) 设 u 在闭区域 $V: x^2 + y^2 + z^2 \leqslant 1$ 内存在二阶连续偏导数，$\Delta u \equiv \dfrac{\partial^2 u}{\partial x^2} + \dfrac{\partial^2 u}{\partial y^2} + \dfrac{\partial^2 u}{\partial z^2}.$

证明：

$$\oiint\limits_{x^2+y^2+z^2=1} u \frac{\partial u}{\partial n} \mathrm{d}s = \iiint\limits_V \left[\left(\frac{\partial u}{\partial x} \right)^2 + \left(\frac{\partial u}{\partial y} \right)^2 + \left(\frac{\partial u}{\partial z} \right)^2 \right] \mathrm{d}x\mathrm{d}y\mathrm{d}z +$$

$$\iiint\limits_V u \triangle u \mathrm{d}x\mathrm{d}y\mathrm{d}z.$$

又其中 $\boldsymbol{n}$ 为球面 $x^2 + y^2 + z^2 = 1$ 的外法向量.

证 设

$$\boldsymbol{n} = \{\cos\alpha, \cos\beta, \cos\gamma\}$$

则

$$\frac{\partial u}{\partial n} = \frac{\partial u}{\partial x}\cos\alpha + \frac{\partial u}{\partial y}\cos\beta + \frac{\partial u}{\partial z}\cos\gamma$$

由第一、二型曲线积分的关系有

$$\oiint\limits_{x^2+y^2+z^2=1} u\frac{\partial u}{\partial n}\mathrm{d}s = \oiint\limits_{x^2+y^2+z^2=1} u\left(\frac{\partial u}{\partial x}\cos\alpha + \frac{\partial u}{\partial y}\cos\beta + \frac{\partial u}{\partial z}\cos\gamma\right)\mathrm{d}s =$$

$$\oiint\limits_{x^2+y^2+z^2=1} u\left(\frac{\partial u}{\partial x}\mathrm{d}y\mathrm{d}z + \frac{\partial u}{\partial y}\mathrm{d}z\mathrm{d}x + \frac{\partial u}{\partial z}\mathrm{d}x\mathrm{d}y\right) \xlongequal{\text{高斯公式}}$$

$$\iiint\limits_V \left[\left(\frac{\partial u}{\partial x} \right)^2 + \left(\frac{\partial u}{\partial y} \right)^2 + \left(\frac{\partial u}{\partial z} \right)^2 \right] \mathrm{d}x\mathrm{d}y\mathrm{d}z +$$

$$\iiint\limits_V u\left(\frac{\partial^2 u}{\partial x^2} + \frac{\partial^2 u}{\partial y^2} + \frac{\partial^2 u}{\partial z^2}\right) \mathrm{d}x\mathrm{d}y\mathrm{d}z =$$

$$\iiint\limits_V \left[\left(\frac{\partial u}{\partial x} \right)^2 + \left(\frac{\partial u}{\partial y} \right)^2 + \left(\frac{\partial u}{\partial z} \right)^2 \right] \mathrm{d}x\mathrm{d}y\mathrm{d}z + \iiint\limits_V u \Delta u \mathrm{d}x\mathrm{d}y\mathrm{d}z$$

1029. (复旦大学) 计算

$$\iint\limits_S xz^2 \mathrm{d}y\mathrm{d}z + (x^2 y - z^2)\mathrm{d}z\mathrm{d}x + (2xy + y^2 z)\mathrm{d}x\mathrm{d}y$$

S 是半球面 $z = \sqrt{a^2 - x^2 - y^2}$，$S$ 的方向是使其法向量和 z 轴正向的夹角为锐角.

解 如图示补充 Oxy 平面上圆面 S_0 下侧，则 $S_{上} + S_{0下}$ 构成封闭曲面 $\sum$ 的外侧，由奥高公式及球坐标变换

$$\iint\limits_{\sum 外} = \iiint\limits_{\substack{x^2+y^2+z^2\leqslant a^2 \\ z\geqslant 0}} (x^2+y^2+z^2)\mathrm{d}x\mathrm{d}y\mathrm{d}z = \frac{2}{5}\pi a^5$$

而 $S_0:z=0$,且在 Oxy 平面上的投影

$$D:x^2+y^2\leqslant a^2$$

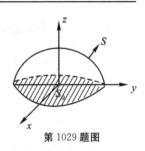

第 1029 题图

因此 $\iint\limits_{S_0下} = -\iint\limits_{S_0上} = -\iint\limits_D 2xy\mathrm{d}x\mathrm{d}y = 0$,(根据对称性)

$$\iint\limits_S = \iint\limits_{\sum} - \iint\limits_{S_0下} = \frac{2}{5}\pi a^5$$

1030. **(南京大学)**　计算曲面积分

$$\iint\limits_S yz\mathrm{d}x\mathrm{d}y + zx\mathrm{d}y\mathrm{d}z + xy\mathrm{d}z\mathrm{d}x$$

此处 S 是由圆柱面 $x^2+y^2=1$,三个坐标平面及旋转抛物面 $z=2-x^2-y^2$ 所围立体在第一卦限部分的外侧面.

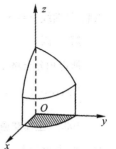

第 1030 题图

解　由奥高公式得所求积分记为 I,则

$$I = \iiint\limits_V (x+y+z)\mathrm{d}x\mathrm{d}y\mathrm{d}z$$

其中 $V = \{\{(x,y,z) \mid 0\leqslant z\leqslant 2-x^2-y^2,(x,y)\in D\}$,

$$D = \{(x,y) \mid x^2+y^2\leqslant 1,x\geqslant 0,y\geqslant 0\}$$

令 $\begin{cases} x=r\cos\theta \\ y=r\sin\theta \\ z=z \end{cases}$,则

$$0\leqslant\theta\leqslant\frac{\pi}{2},0\leqslant r\leqslant 1,0\leqslant z\leqslant 2-r^2.$$

则 $I = \int_0^{\frac{\pi}{2}}\mathrm{d}\theta\int_0^1\mathrm{d}r\int_0^{2-r^2}(r\cos\theta+r\sin\theta+z)r\mathrm{d}z$

$$\int_0^{\frac{\pi}{2}}\mathrm{d}\theta\int_0^1\left[r^2(\cos\theta+\sin\theta)(2-r^2)+\frac{1}{2}(2-r^2)^2r\right]\mathrm{d}r =$$

$$\int_0^{\frac{\pi}{2}}\left[\frac{7}{15}(\cos\theta+\sin\theta)+\frac{7}{12}\right]\mathrm{d}\theta = \frac{7}{12}\times\frac{\pi}{2}+\frac{7}{15}\times 2 = \frac{7}{24}\pi+\frac{14}{15}$$

1031. **(山东工学院)**　利用格林公式计算积分

$$\oint_C e^x(1-\cos y)\mathrm{d}x - e^x(y-\sin y)\mathrm{d}y$$

其中 C 为域 $0 < x < \pi, 0 < y < \sin x$ 的边界正向.

解　由格林公式知所求积分(记为 I)

$$I = \iint\limits_{\substack{0\leqslant x\leqslant\pi \\ 0\leqslant y\leqslant\sin x}} [-e^x(y-\sin y) - e^x\sin y]\mathrm{d}x\mathrm{d}y = -\iint\limits_{\substack{0\leqslant x\leqslant\pi \\ 0\leqslant y\leqslant\sin x}} e^x y\mathrm{d}x\mathrm{d}y =$$

$$-\int_0^\pi\mathrm{d}x\int_0^{\sin x} e^x y\mathrm{d}y =$$

$$-\int_0^\pi \frac{1}{2}e^x \sin^2 x\,dx = \frac{-1}{2}\int_0^\pi e^x \frac{1-\cos 2x}{2}\,dx =$$

$$-\frac{1}{4}\left(\int_0^\pi e^x\,dx - \int_0^\pi e^x\cos 2x\,dx\right) =$$

$$-\frac{1}{4}(e^\pi - 1 - \int_0^\pi e^x\cos 2x\,dx) = -\frac{1}{4}\left[e^\pi - 1 - \frac{1}{5}(e^\pi - 1)\right] =$$

$$-\frac{1}{4}\times\frac{4}{5}(e^\pi - 1) = \frac{1}{5}(1-e^\pi)$$

1032. (**大连铁道学院**)　　计算曲线积分$\displaystyle\int_C e^x(\cos y\,dx - \sin y\,dy)$，其中$C$是从坐标原点起，经曲线$y = x^2$到点$(a,a^2)$的路径.

解　因　　　　$\dfrac{\partial}{\partial x}(-\sin y e^x) = -e^x\sin y = \dfrac{\partial}{\partial y}(e^x\cos y)$

所以积分与路径无关，取路径为如下折线$(0,0)\to(a,0)\to(a,a^2)$

$$\int_C e^x(\cos y\,dx - \sin y\,dy) = \int_0^a e^x\,dx - \int_0^{a^2} e^a\sin y\,dy = e^a\cos a^2 - 1$$

1033. (**上海交通大学**)　已知$f(0) = \dfrac{1}{2}$，确定$f(x)$，使$\displaystyle\int_A^B (e^x + f(x))y\,dx - f(x)\,dy$与路径无关，并求当$A,B$分别为$(0,0),(1,1)$时，曲线积分的值.

解　由积分与路径无关的条件知

$$\frac{\partial}{\partial y}[e^x + f(x)]y = \frac{\partial}{\partial x}[-f(x)]$$

即$e^x + f(x) = -f'(x)$，亦即

$$f'(x) + f(x) = -e^x$$

解此方程得$f(x) = ce^{-x} - \dfrac{1}{2}e^x$.

又$f(0) = \dfrac{1}{2}$，从而$\dfrac{1}{2} = c - \dfrac{1}{2}$，即$c = 1$.

所以所求函数$f(x) = e^{-x} - \dfrac{1}{2}e^x$.

取连结$A(0,0)\to C(1,0)\to B(1,1)$的折线，则所求积分$= -\displaystyle\int_0^1 (e^{-1} - \dfrac{1}{2}e)\,dy = \dfrac{1}{2}e - e^{-1}$.

1034. (**苏州丝绸工学院**)　　计算曲线积分$\displaystyle\int_C -y\,dx + x\,dy$，式中$C$是沿曲线$y = \sqrt{2x - x^2}$从点$A(2,0)$到$O(0,0)$的有向弧段.

解　补充线段OA，再利用格林公式，并注意到$\displaystyle\int_{\overline{OA}} -y\,dx + x\,dy = 0$，立即可得所求积分值为$\displaystyle\iint\limits_{x^2+y^2\leqslant 2x,\,y\geqslant 0} 2\,dx\,dy = 2\times\dfrac{\pi}{2} = \pi.$

1035. (北京航空航天大学) 设 $f(x)$ 在 $(-\infty, +\infty)$ 内有连续的导函数,求

$\int_L \dfrac{1+y^2 f(xy)}{y}\mathrm{d}x + \dfrac{x}{y^2}[y^2 f(xy)-1]\mathrm{d}y$,其中 L 是从点 $A(3, \frac{2}{3})$ 到点 $B(1,2)$ 的直线段.

解 因为 $\dfrac{\partial}{\partial y}\Big[\dfrac{1+y^2 f(x,y)}{y}\Big] = -\dfrac{1}{y^2} + f(xy) + xyf'(xy) =$

$$\dfrac{\partial}{\partial x}\Big[xf(xy) - \dfrac{x}{y^2}\Big]$$

所以在不含 x 轴上点的区域内,上述积分与路径无关,取折线 ACB,其中 $C(1, \frac{2}{3})$,则所求积分为

$$I = \int_3^1 \Big[\dfrac{3}{2} + \dfrac{2}{3}f(\dfrac{2}{3}x)\Big]\mathrm{d}x + \int_{\frac{2}{3}}^2 \Big[f(y) - \dfrac{1}{y^2}\Big]\mathrm{d}y =$$

$$-4 + \int_3^1 \dfrac{2}{3}f(\dfrac{2}{3}x)\mathrm{d}x + \int_{\frac{2}{3}}^2 f(y)\mathrm{d}y \xlongequal{u=\frac{2}{3}x}$$

$$-4 + \int_2^{\frac{2}{3}} f(u)\mathrm{d}u + \int_{\frac{2}{3}}^2 f(y)\mathrm{d}y = -4$$

1036. (解放军通讯工程学院) 证明:积分 $\oint_L (y\sin x + \cos y)\mathrm{d}x + (xy^3 - x\sin y + 8y^3)\mathrm{d}y = 0$,

其中 L 为对称于坐标原点的平面闭曲线,且平行于坐标轴的直线与 L 的交点不多于两个.

证 因 $\oint_L (y\sin x + \cos y)\mathrm{d}x + (xy^3 - x\sin y + 8y^3)\mathrm{d}y =$

$$\oint_L \cos y\mathrm{d}x + (-x\sin y + 8y^3)\mathrm{d}y + \oint_L y\sin x\mathrm{d}x + xy^3\mathrm{d}y = I_1 + I_2$$

对于 I_1,由格林公式易知 $I_1 = 0$

对于 I_2,由于 L 关于原点对称,且 $y\sin x$ 及 xy^3 在中心对称点处的值均相等,故根据对称性知 $I_2 = 0$,所以 $I = I_1 + I_2 = 0$.

1037. (天津大学) 求曲线积分 $\oint_C \dfrac{x\mathrm{d}y - y\mathrm{d}x}{x^2 + 4y^2}$ 的值,其中 C 为任一不通过原点的简单光滑正向封闭曲线.

解 当 C 不包围原点时,由格林公式得积分值为 0.

当 C 包围原点时,作以原点为中心的椭圆周 $C_0: x^2 + 4y^2 = \varepsilon^2$,使 C_0 包含在 C 的内部,则由多连通区域上的格林公式,得

$$\oint_C \dfrac{x\mathrm{d}y - y\mathrm{d}x}{x^2 + 4y^2} = \oint_{c_0} \dfrac{x\mathrm{d}y - y\mathrm{d}x}{x^2 + 4y^2} = \dfrac{1}{\varepsilon^2}\oint_{c_0} x\mathrm{d}y - y\mathrm{d}x = \dfrac{2}{\varepsilon^2}\Delta D_0 =$$

$$\dfrac{2}{\varepsilon^2} \times \varepsilon \times \dfrac{\varepsilon}{2} \times \pi = \pi$$

其中 $D_0: x^2 + 4y^2 \leqslant \varepsilon^2$,$\Delta D_0$ 为 D_0 的面积.

1038. (天津大学) 计算曲线积分

$$\int_c \frac{y^2}{\sqrt{R^2+x^2}}\mathrm{d}x+[4x+2y\ln(x+\sqrt{R^2+x^2})]\mathrm{d}y,其中\,C\,是圆周\,x^2+y^2=R^2\,由$$

点 $A(R,0)$ 依逆时针方向到 $B(-R,0)$ 的半圆,R 是大于零的常数.

解　记 $P(x,y)=\dfrac{y^2}{\sqrt{R^2+x^2}}$,$Q(x,y)=4x+2y\ln(x+\sqrt{R^2+x^2})$.

并补充直线段 $\overline{BA}$,$y=0$,$-R\leqslant x\leqslant R$ 则由格林公式,得所求积分(记为 D).

$$I=\int_c P\mathrm{d}x+Q\mathrm{d}y=\oint_{c+\overline{BA}} P\mathrm{d}x+Q\mathrm{d}y-\int_{\overline{BA}} P\mathrm{d}x+Q\mathrm{d}y=$$

$$\iint\limits_{\substack{x^2+y^2\leqslant R^2\\y\geqslant0}}(\frac{\partial Q}{\partial x}-\frac{\partial P}{\partial y})\mathrm{d}x\mathrm{d}y-\int_{-R}^{R}o\,\mathrm{d}x=$$

$$\iint\limits_{\substack{x^2+y^2\leqslant R^2\\y\geqslant0}}4\mathrm{d}x\mathrm{d}y=\frac{4\times\pi R^2}{2}=2\pi R^2$$

1039. (山东大学)　计算 $I=\oint_l (yx^3+e^y)\mathrm{d}x+(xy^3+xe^y-y^2)\mathrm{d}y$,其中 l 是对称于坐标轴的任一封闭曲线.

解　记 D 为 l 所围成的区域,由格林公式

$$I=\iint\limits_D [\frac{\partial}{\partial x}(xy^3+xe^y-y^2)-\frac{\partial}{\partial y}(yx^3+e^y)]\mathrm{d}x\mathrm{d}y=\iint\limits_D(y^3-x^3)\mathrm{d}x\mathrm{d}y=$$

$$\iint\limits_D y^3\mathrm{d}x\mathrm{d}y-\iint\limits_D x^3\mathrm{d}x\mathrm{d}y$$

又由题设知 D 关于坐标轴对称,且 y^3 为奇函数,x^3 也是奇函数,所以 $\iint\limits_D y^3\mathrm{d}x\mathrm{d}y=0=\iint\limits_D x^3\mathrm{d}x\mathrm{d}y$.

从而 $I=0-0=0$.

1040. (中国科学院)　求曲线积分 $I=\oint_C \dfrac{(x+4y)\mathrm{d}y+(x-y)\mathrm{d}x}{x^2+4y^2}$ 之值,其中 C 为单位圆的正向.

解　记 $P=\dfrac{x-y}{x^2+4y^2}$,$Q=\dfrac{x+4y}{x^2+4y^2}$,当 $(x,y)\neq(0,0)$ 时,

$$\frac{\partial Q}{\partial x}=\frac{4y^2-8xy-x^2}{(x^2+4y^2)^2}=\frac{\partial P}{\partial y}$$

(1) 当 $(0,0)$ 在单位圆 C 外时,由格林公式知 $I=0$.

(2) 当 $(0,0)$ 在单位圆 C 内时,以 $(0,0)$ 为中心作包含于 C 内部的椭圆 $C_0:x^2+4y^2=\varepsilon^2$,由格林公式(多连通区域情形) 知

$$I=\oint_{c_0} \frac{(x+4y)\mathrm{d}y+(x-y)\mathrm{d}x}{x^2+4y^2}=\frac{1}{\varepsilon^2}\oint_{C_0}(x-y)\mathrm{d}x+(x+4y)\mathrm{d}y \xrightarrow{\text{格林公式}}$$

$$\frac{1}{\varepsilon^2}\iint\limits_{x^2+4y^2\leqslant\varepsilon^2}2\mathrm{d}x\mathrm{d}y=\frac{1}{\varepsilon^2}\times2\times\varepsilon\times\frac{\varepsilon}{2}\times\pi=\pi$$

1041.（湖南大学） 设函数 $f(u)$ 连续，C 为平面上逐段光滑的闭曲线，证明：
$$\oint_C f(x^2 + y^2)(x\mathrm{d}x + y\mathrm{d}y) = 0.$$

证 因 $f(u)$ 连续，故存在原函数，记 $F(u)$ 是 $f(u)$ 的一个原函数，即 $F'(u) = f(u)$.

又 $\mathrm{d}F(x^2 + y^2) = F'(x^2 + y^2)(2x\mathrm{d}x + 2y\mathrm{d}y) =$
$$2f(x^2 + y^2)(x\mathrm{d}x + y\mathrm{d}y)$$

因此 $f(x^2 + y^2)(x\mathrm{d}x + y\mathrm{d}y) = \mathrm{d}\left[\frac{1}{2}F(x^2 + y^2)\right]$

即 $f(x^2 + y^2)(x\mathrm{d}x + y\mathrm{d}y)$ 是 $\frac{1}{2}F(x^2 + y^2)$ 的全微分，从而

$$\oint_c f(x^2 + y^2)(x\mathrm{d}x + y\mathrm{d}y) = 0$$

1042.（清华大学） 已知 C 是平面上任一简单闭曲线，问常数 a 等于何值时，曲线积分 $\oint_C \dfrac{x\mathrm{d}x - ay\mathrm{d}y}{x^2 + y^2} = 0.$

解 记
$$P = \frac{x}{x^2 + y^2}, Q = \frac{-ay}{x^2 + y^2}$$

则
$$\frac{\partial P}{\partial y} = \frac{-2xy}{(x^2 + y^2)^2}, \frac{\partial Q}{\partial x} = \frac{2axy}{(x^2 + y^2)^2}$$

（1）若原点在 C 外，欲使积分为零必须且只须 $\dfrac{\partial P}{\partial y} = \dfrac{\partial Q}{\partial x}$ 即

$$\frac{-2xy}{(x^2 + y^2)^2} = \frac{2axy}{(x^2 + y^2)^2}$$

则 $a = -1$.

（2）若原点在 C 内，由多连通区域上的格林公式知，当 $a = -1$ 时，有

$$\oint_C \frac{x\mathrm{d}x + y\mathrm{d}y}{x^2 + y^2} = \oint_{x^2+y^2=1} \frac{x\mathrm{d}x + y\mathrm{d}y}{x^2 + y^2} = \oint_{x^2+y^2=1} x\mathrm{d}x + y\mathrm{d}y =$$

$$\iint_{x^2+y^2\leqslant 1} \left[\frac{\partial}{\partial x}(y) - \frac{\partial}{\partial y}(x)\right]\mathrm{d}x\mathrm{d}y = \iint_{x^2+y^2\leqslant 1} 0\mathrm{d}x\mathrm{d}y = 0$$

故，当 $a = -1$ 时，总有 $\oint_C \dfrac{x\mathrm{d}x - ay\mathrm{d}y}{x^2 + y^2} = 0.$

1043.（山东海洋学院） 空间区域 V 由光滑闭曲面 S 所围成，设函数 $u(x, y, z)$ 是在闭区域 $\overline{V}$ 上连续的调和函数（即满足 $\Delta u = \dfrac{\partial^2 u}{\partial x^2} + \dfrac{\partial^2 y}{\partial y^2} + \dfrac{\partial^2 u}{\partial z^2} \equiv 0$），证明

$$\iint_S \frac{\partial u}{\partial \vec{n}}\mathrm{d}x = 0$$

其中 $\dfrac{\partial u}{\partial \vec{n}}$ 是 u 沿曲面 S 外法线的方向导数.

证 由奥高公式，记 $\vec{n} = \{\cos\alpha, \cos\beta, \cos\gamma\}$ 表示 S 的外法线方向的单位方向向量.

$$\iint\limits_{S}\frac{\partial u}{\partial\boldsymbol{n}}\mathrm{d}s=\iint\limits_{S}(\frac{\partial u}{\partial x}\cos\alpha+\frac{\partial u}{\partial y}\cos\beta+\frac{\partial u}{\partial z}\cos\gamma)\mathrm{d}s=$$

$$\iint\limits_{S}\frac{\partial u}{\partial x}\mathrm{d}y\mathrm{d}z+\frac{\partial u}{\partial y}\mathrm{d}z\mathrm{d}x+\frac{\partial u}{\partial y}\mathrm{d}x\mathrm{d}y=$$

$$\iiint\limits_{V}(\frac{\partial^{2}u}{\partial x^{2}}+\frac{\partial^{2}u}{\partial y^{2}}+\frac{\partial^{2}u}{\partial z^{2}})\mathrm{d}v=0$$

注：$u(x,y,z)$ 为单连通区域 V 内调和函数的充要条件是对于 V 内任一光滑封闭曲线 S,总有

$$\iint\limits_{S}\frac{\partial u}{\partial\boldsymbol{n}}\mathrm{d}s=0$$

其中 $\boldsymbol{n}$ 表示 S 的外法线方向.

1044. (上海交通大学)　计算 $\iint\limits_{\sum_{1}+\sum_{2}}(z+1)\mathrm{d}x\mathrm{d}y+xy\mathrm{d}z\mathrm{d}x$,其中 $\sum_{1}$ 为圆柱面 $x^{2}+y^{2}=a^{2}$ 上 $x\geqslant 0,0\leqslant z\leqslant 1$ 的部分,它的法线与 Ox 轴正向成锐角；$\sum_{2}$ 为 Oxy 平面上半圆域：$x^{2}+y^{2}\leqslant a^{2}$,$x\geqslant 0$ 的部分,它的法线与 Oz 轴正向相反.

解　如图示,补充 $\sum_{3\pm}$,$\sum_{4\pi}$ 后,则 $\sum_{1\text{前}}+\sum_{2\text{下}}+\sum_{4\text{后}}+\sum_{3\pm}$ 构成封闭曲面 $\sum$ 的外侧,由奥高公式

第 1044 题图

$$\oiint\limits_{\sum_{\text{外}}}=\iiint\limits_{V}\Big[\frac{\partial}{\partial y}(xy)+\frac{\partial}{\partial z}(z+1)\Big]\mathrm{d}v=$$

$$\iiint\limits_{V}(x+1)\mathrm{d}v$$

其中　$V=\{(x,y,z)\mid 0\leqslant z\leqslant 1,(x,y)\in D\}$,$D=\{(x,y)\mid x^{2}+y^{2}\leqslant a^{2},x\geqslant 0\}$.

令　$\begin{cases}x=r\cos\theta\\ y=r\sin\theta\\ z=z\end{cases}$

则　$$\oiint\limits_{\sum_{\text{外}}}=\int_{-\frac{\pi}{2}}^{\frac{\pi}{2}}\mathrm{d}\theta\int_{0}^{a}\mathrm{d}r\int_{0}^{1}(r\cos\theta+1)r\mathrm{d}z$$

$$=\int_{-\frac{\pi}{2}}^{\frac{\pi}{2}}\mathrm{d}\theta\int_{0}^{a}(r^{2}\cos\theta+r)\mathrm{d}r$$

$$=\int_{-\frac{\pi}{2}}^{\frac{\pi}{2}}(\frac{a^{3}}{3}\cos\theta+\frac{a^{2}}{2})\mathrm{d}\theta=\frac{2a^{3}}{3}+\frac{\pi}{2}a^{2}$$

又　$\sum_{3}:z=1$　从而

$$\iint\limits_{\sum_{3\pm}}=\iint\limits_{D}2\mathrm{d}x\mathrm{d}y=2\cdot\frac{a^{2}}{2}\pi=\pi a^{2}$$

$\sum_4 \perp xy$ 平面，$\sum_4 \perp Oxz$ 平面，从而 $\iint\limits_{\sum_{4后}} = 0$.

因此 $\iint\limits_{\sum_1+\sum_2} = \iint\limits_{\sum} - \iint\limits_{\sum_{3上}} - \iint\limits_{\sum_{4后}} = \dfrac{2}{3}a^3 + \dfrac{\pi}{2}a^2 - \pi a^2 = \dfrac{2}{3}a^3 - \dfrac{\pi}{2}a^2$

1045. (上海交通大学) 计算曲面积分 $\oiint\limits_{\sum} \dfrac{e^{\sqrt{y}}}{\sqrt{x^2+z^2}}dxdz$，其中 $\sum$ 为由曲面 $y = x^2 + z^2$ 与平面 $y = 1, y = 2$，所围立体表面的外侧.

解法 1　如图示 $\sum_{外} = S_{1下} + S_{3下} + S_{2上}$.

而　$S_1：y = 1, D_{xz}：x^2 + z^2 \leqslant 1$

$S_2：y = 2, D_{xz}：x^2 + z^2 \leqslant 2$

$S_3：y = x^2 + z^2, D_{xz}：$

$1 \leqslant x^2 + z^2 \leqslant 2$

因此所求积分（记为 I）

$I = \iint\limits_{S_{1下}} \dfrac{e}{\sqrt{x^2+z^2}}dxdz +$

$\iint\limits_{S_{3下}} \dfrac{e^{\sqrt{y}}}{\sqrt{x^2+z^2}}dxdz +$

$\iint\limits_{S_{2上}} \dfrac{e^{\sqrt{2}}}{\sqrt{x^2+z^2}}dxdz =$

第 1045 题图

$-e\iint\limits_{x^2+z^2\leqslant 1} \dfrac{1}{\sqrt{x^2+z^2}}dxdz - \iint\limits_{1\leqslant x^2+z^2\leqslant 2} \dfrac{e^{\sqrt{x^2+z^2}}}{\sqrt{x^2+z^2}}dxdz +$

$\iint\limits_{x^2+z^2\leqslant 2} \dfrac{e^{\sqrt{2}}}{\sqrt{x^2+z^2}}dxdz \xlongequal{\begin{cases} x = r\cos\theta \\ z = r\sin\theta \end{cases}} -e\int_0^{2\pi}d\theta\int_0^1 \dfrac{1}{r}rdr - \int_0^{2\pi}d\theta\int_1^{\sqrt{2}} \dfrac{e^r}{r}rdr +$

$\int_0^{2\pi}d\theta\int_0^{\sqrt{2}} \dfrac{e^{\sqrt{2}}}{r}rdr =$

$-2\pi e - 2\pi(e^{\sqrt{2}} - e) + 2\pi\sqrt{2}e^{\sqrt{2}} =$

$2\pi(\sqrt{2}e^{\sqrt{2}} - e^{\sqrt{2}}) = 2(\sqrt{2} - 1)e^{\sqrt{2}}\pi$

解法 2　$I \xlongequal{\text{高斯公式}} \iiint\limits_{V} \dfrac{e^{\sqrt{y}}}{\sqrt{x^2+z^2}} \dfrac{1}{2\sqrt{y}}dxdydz =$

$\dfrac{1}{2}\int_1^2 \dfrac{e^{\sqrt{y}}}{\sqrt{y}}dy \iint\limits_{x^2+y^2\leqslant y} \dfrac{1}{\sqrt{x^2+z^2}}dxdz \xlongequal{\begin{array}{c} y = r\cos\theta \\ x = r\sin\theta \end{array}}$

$\dfrac{1}{2}\int_1^2 \dfrac{e^{\sqrt{y}}}{\sqrt{y}}dy\int_0^{2\pi}d\theta\int_0^{\sqrt{y}} \dfrac{1}{r}rdr =$

$\pi\int_1^2 \dfrac{e^{\sqrt{y}}}{\sqrt{y}}\sqrt{y}dy \xlongequal{\sqrt{y} = u} \pi\int_1^{\sqrt{2}} e^u 2udu =$

$2\pi(ue^u - e^u)\Big|_1^{\sqrt{2}} =$

$2\pi(\sqrt{2} - 1)e^{\sqrt{2}}$

1046. **(西安交通大学)** 设 $f(u)$ 具有连续导函数,计算积分

$$\oiint\limits_{\sum} x^3 \mathrm{d}y\mathrm{d}z + [\frac{1}{z}f(\frac{y}{z}) + y^3]\mathrm{d}z\mathrm{d}x + [\frac{1}{y}f(\frac{y}{z}) + z^3]\mathrm{d}x\mathrm{d}y$$

其中 $\sum$ 为 $x > 0$ 的锥面 $y^2 + z^2 - x^2 = 0$ 与球面 $x^2 + y^2 + z^2 = 1, x^2 + y^2 + z^2 = 4$ 所围立体表面的外侧.

解 记 $P = x^3, Q = [\frac{1}{z}f(\frac{y}{z}) + y^3], R = \frac{1}{y}f(\frac{y}{z}) + z^3$

由奥高公式得所求积分

$$I = 3\iiint\limits_{V}(x^2 + y^2 + z^2)\mathrm{d}x\mathrm{d}y\mathrm{d}z \xrightarrow[\substack{\begin{cases}x = r\cos\varphi \\ y = r\sin\varphi\cos\theta \\ z = r\sin\varphi\sin\theta\end{cases}}]{\text{利用球坐标}} 3\int_0^{2\pi}\mathrm{d}\theta\int_0^{\frac{\pi}{4}}\mathrm{d}\varphi\int_1^2 r^2 \cdot r^2\sin\varphi\mathrm{d}r$$

$$= \frac{93}{5}(2 - \sqrt{2})\pi.$$

1047. **(浙江大学)** 求曲面积分

$$I = \iint\limits_{S}(y^2 - x)\mathrm{d}y\mathrm{d}z + (z^2 - y)\mathrm{d}z\mathrm{d}x + (x^2 - z)\mathrm{d}x\mathrm{d}y,$$

其中 S 是曲面 $z = 2 - x^2 - y^2 (1 \leqslant z \leqslant 2)$ 的上侧.

解 如图示补充 $S_{o下} : z = 1, D_{xy} : x^2 + y^2 \leqslant 1$

则由奥高公式 $I = \oiint\limits_{S + S_{0下}} - \iint\limits_{S_{0下}}$

第 1047 题图

$$= \iiint\limits_{V}(-3)\mathrm{d}v$$

$$- \iint\limits_{S_{0下}}(x^2 - 1)\mathrm{d}x\mathrm{d}y$$

$$= -3\iiint\limits_{V}\mathrm{d}v + \iint\limits_{D_{xy}}(x^2 - 1)\mathrm{d}x\mathrm{d}y$$

$$= -3\iint\limits_{D_{xy}}\mathrm{d}x\mathrm{d}y\int_1^{2-x^2-y^2}\mathrm{d}z + \iint\limits_{x^2+y^2\leqslant 1}(x^2 - 1)\mathrm{d}x\mathrm{d}y$$

$$= -\frac{3}{2}\pi - \frac{3}{4}\pi = -\frac{9}{4}\pi.$$

(其中 $V = \{(x,y,z) \mid 1 \leqslant z \leqslant 2 - x^2 - y^2, (x,y) \in D_{xy} : x^2 + y^2 \leqslant 1\}$)

1048. **(同济大学)** 计算曲面积分

$$I = \iint\limits_{\sum} x\mathrm{d}y\mathrm{d}z + y\mathrm{d}z\mathrm{d}x + (z^2 - 2z)\mathrm{d}x\mathrm{d}y, 其中 \sum 是锥面 z = \sqrt{x^2 + y^2} 被平面 z = 0 和 z = 1 所截部分的外侧.$$

解 补充锥体与 $z = 1$ 交面 S_0 的上侧,由奥高公式

$$\iint\limits_{\sum + S_{0上}} x\mathrm{d}y\mathrm{d}z + y\mathrm{d}z\mathrm{d}x + (z^2 - 2z)\mathrm{d}x\mathrm{d}y$$

$$= \iiint\limits_{V} 2z\mathrm{d}v(V 为 \sum + S_0 所围成的区域)$$

$$= 2 \iiint_{V} z \mathrm{d}v (\text{采用柱坐标})$$

$$= 2 \int_0^{2\pi} \mathrm{d}\theta \int_0^1 r \mathrm{d}r \int_r^1 z \mathrm{d}z = \frac{\pi}{2}.$$

又 $S_0 : z = 1$,在 Oxy 平面上的投影为 $x^2 + y^2 \leqslant 1$.

则有 $\displaystyle\iint_{S_0 \text{上}} = \iint_{S_0 \text{上}} (1-2)\mathrm{d}x\mathrm{d}y = - \iint_{x^2+y^2 \leqslant 1} \mathrm{d}x\mathrm{d}y = -\pi$(注:$S_0 \perp Oxz$ 平面,$S_0 \perp Oyz$

平面)

从而 $$I = \frac{\pi}{2} - (-\pi) = \frac{3\pi}{2}$$

1049.（西安公路学院） 设 $f(u)$ 有连续的一阶导数,计算

$$\oiint_{\sum} \frac{1}{y}f\left(\frac{x}{y}\right)\mathrm{d}y\mathrm{d}z + \frac{1}{x}f\left(\frac{x}{y}\right)\mathrm{d}z\mathrm{d}x + z\mathrm{d}x\mathrm{d}y$$

其中 $\sum$ 是 $y = x^2 + z^2$,$y = 8 - x^2 - z^2$ 所围立体的外侧.

解 记 Ω 为 $\sum$ 所围成的区域,则有

$$P = \frac{1}{y}f\left(\frac{x}{y}\right), Q = \frac{1}{x}f\left(\frac{x}{y}\right), R = z$$

则 $\Omega = \{(x,y,z) \mid x^2 + z^2 \leqslant y \leqslant 8 - x^2 - z^2, (x,z) \in D\}$,

$D = \{x^2 + z^2 \leqslant 4\}$.

并由奥高公式得 所求积分(记为 I)

$$I = \iiint_{\Omega} \left(\frac{1}{y^2}f'\left(\frac{x}{y}\right) - \frac{1}{y^2}f'\left(\frac{x}{y}\right) + 1\right)\mathrm{d}v =$$

$$\iiint_{V} \mathrm{d}v (\text{采用坐标变换}) \begin{cases} x = r\cos\theta \\ z = r\sin\theta = \\ y = y \end{cases}$$

$$\int_0^{2\pi} \mathrm{d}\theta \int_0^2 \mathrm{d}r \int_{r^2}^{8-r^2} r \mathrm{d}y = 16\pi$$

扫码获取本书资源

1050.（北京航空航天大学） 设 L 为不经过点 $(a,0)$ 的光滑闭曲线,逆时针方向,

求 $I = \oint_L \frac{y}{(x-a)^2 + y^2}\mathrm{d}x - \frac{x-a}{(x-a)^2 + y^2}\mathrm{d}y = ?$

解 记 $P = \frac{y}{(x-a)^2 + y^2}, Q = -\frac{x-a}{(x-a)^2 + y^2}$,

则 $$\frac{\partial P}{\partial y} = \frac{(x-a)^2 - y^2}{[(x-a)^2 + y^2]^2} = \frac{\partial Q}{\partial x}$$

若 $(a,0)$ 不在 L 所围成的区域,则由格林公式

$$I = 0$$

若 $(a,0)$ 在 L 所围成的区域内,以 $(a,0)$ 为心,适当正数 r 为半径作圆周 C_1,使 C_1 包含在此区域内则由格林公式

$$I = \oint_{C_1} \frac{y}{(x-a)^2 + y^2} dx - \frac{x-a}{(x-a)^2 + y^2} dy = \frac{1}{r^2} \oint_{C_1} y dx - (x-a) dy =$$

$$-\frac{1}{r^2} \times 2\pi r^2 = -2\pi$$

1051. (华中师范大学)　设 $f(x,y)$ 在闭曲线 C 所围成的区域 D 上连续且为调和函数，则 $\oint_C f \cdot \frac{\partial f}{\partial \vec{n}} ds = \iint_D \left[\left(\frac{\partial f}{\partial x} \right)^2 + \left(\frac{\partial f}{\partial y} \right)^2 \right] dx dy$，其中 $\boldsymbol{n}$ 为 C 的外法线方向.

证　设 $\boldsymbol{n} = \{\cos(\boldsymbol{n}, x), \cos(\boldsymbol{n}, y)\}$ 其中 $\cos(\boldsymbol{n}, x), \cos(\boldsymbol{n}, y)$ 为 $\boldsymbol{n}$ 的方向余弦，则

$$\oint_C f \cdot \frac{\partial f}{\partial \boldsymbol{n}} ds = \oint_C \left[f \cdot \frac{\partial f}{\partial x} \cos(\boldsymbol{n}, x) + f \cdot \frac{\partial f}{\partial y} \cos(\boldsymbol{n}, y) \right] ds$$

$$= \oint_C f \cdot \frac{\partial f}{\partial x} dy - f \cdot \frac{\partial f}{\partial y} dx$$

$$= \iint_D \left[\left(\frac{\partial f}{\partial x} \right)^2 + \left(\frac{\partial f}{\partial y} \right)^2 \right] dx dy + \iint_D f \cdot \left(\frac{\partial^2 f}{\partial x^2} + \frac{\partial^2 f}{\partial y^2} \right) dx dy$$

又 f 为调和函数即 $\dfrac{\partial^2 f}{\partial x^2} + \dfrac{\partial^2 f}{\partial y^2} \equiv 0$.

所以　$\oint_C f \cdot \frac{\partial f}{\partial \vec{n}} ds = \iint_D \left[\left(\frac{\partial f}{\partial x} \right)^2 + \left(\frac{\partial f}{\partial y} \right)^2 \right] dx dy$.

1052. (华中师范大学)　计算 $I = \oint_C y dx + z dy + x dz$，

其中 C 是圆周：$x^2 + y^2 + z^2 = 2a(x+y), x+y = 2a$，方向为逆时针.

解　由斯托克斯公式

$$I = \oint_C y dx + z dy + x dz = -\iint_S dx dy + dy dz + dz dx$$

其中 S 为平面 $x + y = 2a$ 上的圆面，方向向外.

由 $S \perp Oxy$ 平面，S 在 Oxz 平面，Oyz 平面上的投影为

$$D_{xz}: (x-a)^2 + \frac{z^2}{2} = a^2, D_{yz}: (y-a)^2 + \frac{z^2}{2} = a^2$$

所以 $I = -2 \iint_{D_{xz}} dz dx = -2\pi a \cdot \sqrt{2} a = -2\sqrt{2} \pi a^2$

1053. (复旦大学)　设 C 为连接点 $A(0,c)$ 和 $B(0,d)(c > d)$ 的任一光滑曲线，方向由 A 到 B，它和线段 AB 所围图形的面积为 A，又设 $\psi(y)$ 是连续可微函数，计算 $I = \int_C [\psi(y) e^x - my] dx + [\psi'(y) e^x - m] dy$.

解　当 C 位于 y 轴右侧时（如图示）补充 $\overline{BA}$，则 $\overline{BA} + C$ 构成闭曲线 Γ 由格林公式

$$I = -\iint_D m dx dy - \int_{BA} [\psi(y) e^x - my] dx +$$

$$[\psi'(y) e^x - m] dy =$$

$$-mA - \int_d^c [\psi'(y) - m]dy =$$
$$-mA - \psi(c) + \psi(d) + m(c-d) =$$
$$-m(A+d-c) + \psi(d) - \psi(c)$$

当 C 位于 y 轴左侧时,$\overline{BA} + C$ 构成 Γ^+. 由格林公式

$$I = +\iint_D mdxdy - \int_{\overline{BA}} = +mA + \psi(d) - \psi(c) + m(c-d) = m(A$$
$$+c-d) + \psi(d) - \psi(c)$$

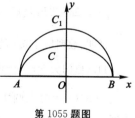

第 1053 题图

1054.（天津大学） 设 $\alpha'(x),\beta'(x)$ 存在连续且 $\alpha(0) = -1, \beta(0) = 0$,已知对任一简单光滑闭曲线 Γ,有

$$\oint_\Gamma [(x\alpha(x) + \beta(x))y^2 + 3x^2 y]dx + [y\alpha(x) + \beta(x)]dy = 0$$

求 $\alpha(x)$ 和 $\beta(x)$.

解　由题设知,所考虑积分与路径无关

所以　记 $P = [x\alpha(x) + \beta(x)]y^2 + 3x^2 y, Q = y\alpha(x) + \beta(x)$

$$\frac{\partial P}{\partial y} = \frac{\partial Q}{\partial x}$$

即　　$2y(x\alpha(x) + \beta(x)) + 3x^2 = y\alpha'(x) + \beta'(x)$

即　　$y(2x\alpha(x) + 2\beta(x) - \alpha'(x)) = \beta'(x) - 3x^2$

把上式看成 y 的多项式,比较系数得

$$\begin{cases} 2x\alpha(x) + 2\beta(x) - \alpha'(x) = 0 \\ \beta'(x) - 3x^2 = 0 \end{cases}$$

解得 $\begin{cases} \beta(x) = x^3 + C_1 = x^3,（注意 \beta(0) = 0） \\ \alpha(x) = c_2 e^{x^2} - (x^2 + 1) = -(x^2 + 1),（注意 \alpha(0) = -1） \end{cases}$

1055.（湖北大学） 计算曲线积分

$$I = \int_C \frac{x-y}{x^2 + y^2}dx + \frac{x+y}{x^2 + y^2}dy$$

其中 C 是从 $A(-a,0)$ 经上半椭圆 $\dfrac{x^2}{a^2} + \dfrac{y^2}{b^2} = 1(a \geqslant b)$ 到 $B(a,0)$ 的弧段.

解　记　$P = \dfrac{x-y}{x^2 + y^2}, Q = \dfrac{x+y}{x^2 + y^2}$,

则　$\dfrac{\partial P}{\partial y} = \dfrac{y^2 - x^2 - 2xy}{(x^2 + y^2)^2} = \dfrac{\partial Q}{\partial x}$.

所以此积分在上半平面内与路径无关,如图示取以 $(0,0)$ 为心,a 为半径的上半圆周 $C_1(x^2 + y^2 = a^2)$,则

$$I = \int_{C_1} \frac{1}{a^2}(x-y)dx + \frac{1}{a^2}(x+y)dy \xrightarrow[y = a\sin\theta]{x = a\cos\theta}$$

第 1055 题图

$$\frac{1}{a^2} \int_\pi [a^2(\cos\theta - \sin\theta)(-\sin\theta) + a^2(\cos\theta + \sin\theta)\cos\theta]d\theta =$$
$$-\pi$$

附录　模拟试题及参考解答

模拟试题(一)

一、判断题($6' \times 4 = 24'$,华中师范大学)

1. 两个周期函数的和一定是周期函数.　　　　　　　　　( )

2. 若 $\lim\limits_{n \to \infty} x_n y_n = 0$,则 $\lim\limits_{n \to \infty} x_n = 0$ 或 $\lim\limits_{n \to \infty} y_n = 0$.　( )

3. $\int_0^1 \dfrac{x^4}{\sqrt{1-x^4}} \mathrm{d}x$ 收敛.　　　　　　　　　( )

4. 函数 $f(x) = \sin \dfrac{\pi}{x}$ 在区间 $(0,1)$ 上不一致连续.　　( )

二、计算题($7' \times 3 = 21'$)

5. (中山大学)　　求极限 $\lim\limits_{x \to 0} \dfrac{\int_0^{x^2} t(\mathrm{e}^t - 1)\mathrm{d}t}{x^4 \sin^2 x}$.

6. (复旦大学)　　已知 $z(x,y) = (xy)^x$,求 $\dfrac{\partial z}{\partial x}$ 和 $\dfrac{\partial z}{\partial y}$.

7. (北京大学)　　求 $\mathrm{e}^{2x - x^2}$ 到含 x^5 项的 Taylor(泰勒)展开式.

三、解答题($11' \times 5 = 55'$)

8. (北京航空航天大学)　　求 $\sum\limits_{n=1}^{\infty} (-1)^{n-1} \dfrac{2n+1}{n} x^{2n}$ 的收敛域及和函数.

9. (清华大学)　　求极限 $\lim\limits_{n \to +\infty} \left[n(\mathrm{e}^{\frac{1}{n}} - 1) \right]^n$.

10. (北京师范大学)　　设 $a_1 > b_1 > 0$,且

$$a_n = \frac{a_{n-1} + b_{n-1}}{2}, b_n = \frac{2a_{n-1} b_{n-1}}{a_{n-1} + b_{n-1}}, (n = 2,3,\cdots)$$

证明:数列 $\{a_n\}\{b_n\}$ 的极限存在,且都等于 $\sqrt{a_1 b_1}$.

11. (厦门大学)　　计算 $I = \oint_C (y+z)\mathrm{d}x + z\mathrm{d}y + y\mathrm{d}z$,其中 C 是上半球面 $x^2 + y^2 + z^2 = R^2 (z \geqslant 0)$ 与圆柱面 $x^2 + y^2 = Rx (R > 0)$ 的交线从 z 轴正向看去按逆时针方向.

12. (中国人民大学)　　设函数 $f(x)$ 在区间 $[0,1]$ 上可导,且 $\int_0^1 x f(x)\mathrm{d}x = f(1)$.

证明:存在 $\xi \in (0,1)$ 使得 $f'(\xi) = -\dfrac{f(\xi)}{\xi}$.

模拟试题(二)

一、选择题(4′×4 = 16′,华中师范大学)

1. 如果 $f(x)$ 是偶函数且可导,则 ( )

   (A) $f(0) = 0$ (B) $f(0) = 1$

   (C) $f'(0) = 1$ (D) $f'(0) = 0$

2. $\lim\limits_{x \to 0} \dfrac{\left(-x^2 \sin \dfrac{1}{x}\right)}{\sin x} =$ ( )

   (A) 1   (B) 0   (C) -1 (D) 不存在

3. 下列广义积分收敛的是 ( )

   (A) $\displaystyle\int_0^{+\infty} \dfrac{x}{1+x^2} \mathrm{d}x$ (B) $\displaystyle\int_{-\infty}^{+\infty} \dfrac{\cos 4x}{1+x^2} \mathrm{d}x$

   (C) $\displaystyle\int_1^{+\infty} \dfrac{1}{x^p} \mathrm{d}x, (p \leqslant 1)$ (D) $\displaystyle\int_2^{+\infty} \dfrac{1}{x(\ln x)^p} \mathrm{d}x, (p \leqslant 1)$

4. 设 $f(x,y) = \begin{cases} \dfrac{(x+y)\sin xy}{x^2+y^2}, & x^2+y^2 \neq 0, \\ 0, & x^2+y^2 = 0. \end{cases}$ 则 ( )

   (A) f 在点 $(0,0)$ 不连续

   (B) f 在点 $(0,0)$ 连续,可微

   (C) f 在点 $(0,0)$ 连续,不可微

   (D) $f(0,1) = 1$

二、计算题(7′×5 = 35′)

5. (中国人民大学) 求 $\lim\limits_{n \to \infty} \displaystyle\int_0^1 \dfrac{x^n}{1+x} \mathrm{d}x$.

6. (山东大学) $y = \arctan \mathrm{e}^x - \ln \sqrt{\dfrac{\mathrm{e}^{2x}}{\mathrm{e}^{2x}+1}}$,求 $\dfrac{\mathrm{d}y}{\mathrm{d}x}$.

7. (复旦大学) 求 $\displaystyle\int \dfrac{1}{\cos^2 x \sin^2 x} \mathrm{d}x$.

8. (武汉大学) 求函数 $f = x^2 + y^2 + z^2$ 在 $ax + by + cz = 1$ 下的最小值.

9. (北京大学) 求积分 $\displaystyle\iiint_D (x+y+z) \mathrm{d}x\mathrm{d}y\mathrm{d}z$ 的值,其中 D 是由平面 $x+y+z = 1$,以及三个坐标平面所围成的区域.

三、解答题(49′)

10. (12′ 华中科技大学)　展开 $f(x) = \sum\limits_{n=1}^{\infty} \left(\dfrac{x}{1-x} \right)^n$ 为 x 的幂级数.

11. (12′, 哈尔滨工业大学)　设 $x_0 = 1$,
$$x_n = \frac{2 + x_{n-1}}{1 + x_{n-1}} (n = 1, 2, \cdots)$$
证明:$\{x_n\}$ 收敛,并求 $\lim\limits_{n \to \infty} x_n$.

12. (13′, 中国科学院)　求曲线积分 $I = \oint_C \dfrac{(x-4y)\mathrm{d}y + (x-y)\mathrm{d}x}{x^2 + 4y^2}$ 之值,其中 C 为单位圆的正向.

13. (12′, 南开大学)　设 $f(x), g(x)$ 都于区间 I 一致连续,且有界. 证明:$F(x) = f(x)g(x)$ 也于 I 一致连续.

参考解答

模拟试题(一)

一、($6' \times 4 = 24'$)

1. 命题错. 比如 $f(x) = \sin x, g(x) = \begin{cases} 1, x \text{ 为有理数} \\ 0, x \text{ 为无理数} \end{cases}$

令 $F(x) = f(x) + g(x)$,则 $f(x)$ 周期为 $2\pi, g(x)$ 周期为有理数.
$$F(x) = \begin{cases} 1 + \sin x, x \text{ 为有理数} \\ \sin x, x \text{ 为无理数} \end{cases}$$
可以证明 $F(x)$ 不是周期函数,用反证法,设 $F(x)$ 有周期 $T(> 0)$.
若 $T = r$ 为有理数,则
$F(0) = 1$,而 $F(0+r) = 1 + \sin r \neq 1$,故 $F(0) \neq F(0+r)$,矛盾. 若 T 为无理数,则由
$F(0) = F(0+T)$,可得 $T = 2k_0\pi + \dfrac{\pi}{2}, k_0 \in N$.
再由 $F(T+T) = F(4k_0\pi + \pi) = 0 \neq F(T) = 1$,也得矛盾.

2. 命题错. 此如 $x_n = \begin{cases} 1, n \text{ 为奇数} \\ 0, x \text{ 为偶数} \end{cases}, \quad y_n = \begin{cases} 0, n \text{ 为偶数} \\ 1, n \text{ 为奇数} \end{cases},$
$\lim\limits_{n \to \infty} x_n y_n = 0$. 但 $\lim\limits_{n \to \infty} x_n$ 与 $\lim\limits_{n \to \infty} y_n$ 都不存在.

3. 命题对. 因为
$$\lim_{x \to 1-0} (1-x)^{\frac{1}{2}} \frac{x^4}{\sqrt{1-x^4}} = \lim_{x \to 1-0} \frac{x^4}{\sqrt{(1+x)(1+x^2)}} = \frac{1}{2}$$

由柯西判别法的极限形式可知瑕积分 $\displaystyle\int_0^1 \frac{x^4}{\sqrt{1-x^4}}\mathrm{d}x$ 收敛.

4. 命题对. 令 $x_n = \dfrac{2}{n}$，$x'_n = \dfrac{2}{n+1}$，当 $0 < \varepsilon_0 < 1$，$\forall\, \delta > 0$ 只要 n 充分大，总可使

$$|x_n - x'_n| = \frac{2}{n(n+1)} < \delta$$

但

$$|f(x_n) - f(x'_n)| = 1 > \varepsilon_0$$

故 $f(x)$ 在 $(0,1)$ 上不一致连续.

二、$(7' \times 4 = 21')$

5. 原式 $= \displaystyle\lim_{x\to 0} \frac{2x \cdot x^2 (\mathrm{e}^{x^2}-1)}{4x^3 \sin^2 x + x^4 \sin 2x} =$

$$\lim_{x\to 0} \frac{2(\mathrm{e}^{x^2}-1)}{4\sin^2 x + x\sin 2x} =$$

$$\lim_{x\to 0} \frac{4x\mathrm{e}^{x^2}}{4\sin 2x + \sin 2x + 2x\cos 2x} =$$

$$\lim_{x\to 0} \frac{2\mathrm{e}^{x^2}}{5 \times \dfrac{\sin 2x}{2x} + \cos 2x} = \frac{1}{3}$$

6. $\ln z = x(\ln x + \ln y)$，对 x 求导

$$\frac{1}{z}\frac{\partial z}{\partial x} = \ln x + \ln y + 1,$$

因此 $\dfrac{\partial z}{\partial x} = (xy)^x (1 + \ln x + \ln y).$

$z = (xy)^x = x^x \cdot y^x$，对 y 求导得

$$\frac{\partial z}{\partial y} = x^x x y^{x-1} = x^{x+1} y^{x-1}$$

7. $\mathrm{e}^x = 1 + x + \dfrac{1}{2!}x^2 + \dfrac{1}{3!}x^3 + \dfrac{1}{4!}x^4 + \dfrac{1}{5!}x^5 + o(x^5).$

故　$\mathrm{e}^{2x-x^2} = 1 + (2x - x^2) + \dfrac{1}{2!}(2x-x^2)^2 + \dfrac{1}{3!}(2x-x^2)^3 +$

$$\frac{1}{4!}(2x-x^2)^4 + \frac{1}{5!}(2x-x^2)^5 + o(x^5) =$$

$$1 + 2x + x^2 - \frac{2}{3}x^3 - \frac{5}{6}x^4 - \frac{1}{15}x^5 + o(x^5)$$

三、解答题 $(11' \times 5 = 55')$

8. 令 $x^2 = y$，$a_n = (-1)^{n-1} \dfrac{2n+1}{n}.$

因此 $\displaystyle\lim_{n\to\infty} \left| \frac{a_{n+1}}{a_n} \right| = 1$，故级数的收敛半径为 1.

又当 $x = \pm 1$ 时，$\displaystyle\sum_{n=1}^{\infty} (-1)^{n-1} \frac{2n+1}{n}$ 发散，故原级数的收敛域为 $(-1,1)$.

$$\sum_{n=1}^{\infty}(-1)^{n-1}\frac{2n+1}{n}x^{2n}=\sum_{n=1}^{\infty}(-1)^{n-1}\frac{1}{n}x^{2n}+2\sum_{n=1}^{\infty}(-1)^{n-1}\cdot x^{2n}=$$

$$\ln(1+x^2)+\frac{2x^2}{1+x^2}.$$

即和函数为 $\ln(1+x^2)+\dfrac{2x^2}{1+x^2}(-1<x<1)$.

9. 因为 $n(\mathrm{e}^{\frac{1}{n}}-1)=n\left[1+\frac{1}{n}+\frac{1}{2n^2}+o\left(\frac{1}{n^2}\right)-1\right]=$

$$1+\frac{1}{2n}+o\left(\frac{1}{n}\right)$$

所以 $\lim\limits_{n\to+\infty}[n(\mathrm{e}^{\frac{1}{n}}-1)]^n=\lim\limits_{n\to\infty}\left[1+\frac{1}{2n}+o(\frac{1}{n}))\right]^n=\mathrm{e}^{\frac{1}{2}}$

10. b_n 是调和平均, a_n 是算术平均. 先证

$$b_n\leqslant a_n\quad(n=1,2,\cdots)\qquad\qquad ①$$

$$\frac{a_{n-1}+b_{n-1}}{2}\geqslant\sqrt{a_{n-1}b_{n-1}}$$

两边平方

$$\frac{(a_{n-1}+b_{n-1})^2}{4}\geqslant a_{n-1}b_{n-1}$$

两边同乘 $\dfrac{2}{a_{n-1}+b_{n-1}}$ 得

$$\frac{a_{n-1}+b_{n-1}}{2}\geqslant\frac{2a_{n-1}b_{n-1}}{a_{n-1}+b_{n-1}}$$

此即 $a_n\geqslant b_n$.

再证 $\{a_n\}$ 单调下降.

$$a_n=\frac{a_{n-1}+b_{n-1}}{2}\leqslant\frac{a_{n-1}+a_{n-1}}{2}=a_{n-1}\quad(n=2,3\cdots).\qquad ②$$

再证

$$a_nb_n=a_1b_1,(n=1,2,\cdots)\qquad\qquad ③$$

因为 $b_n=\dfrac{2a_{n-1}b_{n-1}}{a_{n-1}+b_{n-1}}=\dfrac{a_{n-1}b_{n-1}}{\dfrac{a_{n-1}+b_{n-1}}{2}}=\dfrac{a_{n-1}b_{n-1}}{a_n}$

所以 $\qquad\qquad a_nb_n=a_{n-1}b_{n-1}$

从而 $\qquad\qquad a_nb_n=a_{n-1}b_{n-1}=a_{n-2}b_{n-2}=\cdots=a_1b_1$

再证 $\{b_n\}$ 单调上升.

因为 $b_n=\dfrac{a_1b_1}{a_n}$, a_n 单调下降, 故 b_n 单调上升.

但 $a_n\geqslant b_n\geqslant b_1$, 因此 $\lim\limits_{n\to\infty}a_n=s$(存在).

$b_n\leqslant a_n\leqslant a_1$, 因此 $\lim\limits_{n\to\infty}b_n=l$(也存在).

再由 $a_n=\dfrac{a_{n-1}+b_{n-1}}{2}$, $b_n=\dfrac{2a_{n-1}b_{n-1}}{a_{n-1}+b_{n-1}}$ 求极限有

$$s=\frac{s+l}{2}, l=\frac{2sl}{s+l}$$

解得 $s = l$.

即 $\lim\limits_{n\to\infty} a_n = \lim\limits_{n\to\infty} b_n = l$.

再由式 ③ 有 $l^2 = a_1 b_1$，$l = \sqrt{ab}$.

11. 证 $p = y + z$，$Q = z$，$R = y$，由斯托克斯公式

$$I = \iint\limits_{S_{\pm}} \left(\frac{\partial R}{\partial y} - \frac{\partial Q}{\partial Z}\right) \mathrm{d}y\mathrm{d}z + \left(\frac{\partial P}{\partial z} - \frac{\partial R}{\partial x}\right) \mathrm{d}z\mathrm{d}x + \left(\frac{\partial Q}{\partial x} - \frac{\partial P}{\partial y}\right) \mathrm{d}x\mathrm{d}y =$$

$$\iint\limits_{S_{\pm}} \mathrm{d}z\mathrm{d}x - \mathrm{d}x\mathrm{d}y$$

其中 $S:Z = \sqrt{R^2 - x^2 - y^2}$.

S 在 Oxy 平面上的投影 $\quad D_{xy}:\left(x - \dfrac{R}{2}\right)^2 + y^2 = \dfrac{R^2}{4}$，

故 $\iint\limits_{S_{\pm}} \mathrm{d}x\mathrm{d}y = \dfrac{\pi R^2}{4}$.

由于被积函数为常数和 $S_{\pm}$ 在 $y = 0$ 平面上下两部分对称，方向相反，则

$\iint\limits_{S_{\pm}} \mathrm{d}z\mathrm{d}x = 0$. 因此 $I = -\dfrac{\pi R^2}{4}$.

12. 令 $F(t) = \displaystyle\int_0^t xf(x)\mathrm{d}x - t^2 f(t)$，$t \in [0,1]$，

那么由假设可知 $F(t)$ 在区间 $[0,1]$ 上满足罗尔定理的条件，从而 $\exists \xi \in (0,1)$，使 $F'(\xi) = 0$，即

$$\xi f(\xi) - 2\xi f(\xi) - \xi^2 f'(\xi) = 0$$

解得 $\qquad\qquad\qquad\qquad f'(\xi) = -\dfrac{f(\xi)}{\xi}$

模拟试题（二）

一、$(4' \times 4 = 16')$

1. (D). $f(-x) = f(x)$，$\therefore -f'(-x) = f'(x)$，将 $x = 0$ 代入即证

$$f'(0) = 0$$

2. (B). $\lim\limits_{x\to 0} \dfrac{-x^2 \sin\dfrac{1}{x}}{\sin x} = -\lim\limits_{x\to 0} \dfrac{x}{\sin x} \cdot x \cdot \sin\dfrac{1}{x} = 0$

3. (B). $\left|\dfrac{\cos 4x}{1 + x^2}\right| \leqslant \dfrac{1}{1 + x^2}$，且 $\displaystyle\int_{-\infty}^{+\infty} \dfrac{\mathrm{d}x}{1 + x^2} = \pi$ 收敛.

故 $\displaystyle\int_{-\infty}^{+\infty} \dfrac{\cos 4x}{1 + x^2} \mathrm{d}x$ 收敛.

4. (C).

二、$(7' \times 5 = 35')$

5. 当 $0 \leqslant x \leqslant 1$ 时 $0 \leqslant \dfrac{x^n}{1 + x} \leqslant x^n$

$$0 \leqslant \int_0^1 \frac{x^n}{1+x}\mathrm{d}x \leqslant \int_0^1 x^n \mathrm{d}x = \frac{1}{n+1}$$

由夹逼原理可得 $\qquad \lim\limits_{n \to \infty} \int_0^1 \frac{x^n}{1+x}\mathrm{d}x = 0$

6. $\dfrac{\mathrm{d}y}{\mathrm{d}x} = \dfrac{\mathrm{e}^x}{1+\mathrm{e}^{2x}} - 1 + \dfrac{\mathrm{e}^{2x}}{\mathrm{e}^{2x}+1} = \dfrac{\mathrm{e}^x - 1}{1+\mathrm{e}^{2x}}$

7. $\displaystyle\int \frac{1}{\cos^2 x \sin^2 x}\mathrm{d}x = \int \frac{\sin^2 x + \cos^2 x}{\cos^2 x \sin^2 x}\mathrm{d}x$

$$\int \frac{1}{\cos^2 x}\mathrm{d}x + \int \frac{1}{\sin^2 x}\mathrm{d}x = \tan x - \cot x + C$$

8. 令 $L = x^2 + y^2 + z^2 + \lambda(ax + by + cz - 1)$,令

$$\begin{cases} L_x = 2x + \lambda a = 0 \\ L_y = 2y + \lambda b = 0 \\ L_z = 2z + \lambda c = 0 \\ L_\lambda = ax + by + cz - 1 = 0 \end{cases}$$

解得 $\qquad x = \dfrac{a}{a^2 + b^2 + c^2}, y = \dfrac{b}{a^2 + b^2 + c^2}, z = \dfrac{c}{a^2 + b^2 + c^2}$

且最小值为 $\qquad f = \dfrac{1}{a^2 + b^2 + c^2}$

9. 由 x, y, z 的对称性,则

$$\iiint\limits_D (x + y + z)\mathrm{d}x\mathrm{d}y\mathrm{d}z = 3 \iiint\limits_D z\mathrm{d}x\mathrm{d}y\mathrm{d}z =$$

$$3 \iint\limits_{D_{xy}} \mathrm{d}x\mathrm{d}y \int_0^{1-x-y} z\mathrm{d}z =$$

$$\frac{3}{2} \iint\limits_{D_{xy}} (1 - x - y)^2 \mathrm{d}x\mathrm{d}y =$$

$$\frac{3}{2} \int_0^1 \mathrm{d}x \int_0^{1-x} (1 - x - y)^2 \mathrm{d}y =$$

$$\frac{1}{2} \int_0^1 (1-x)^3 \mathrm{d}x = \frac{1}{8}$$

三、(49′)

10. 显然 $\left| \dfrac{x}{1-x} \right| < 1$,解得 $x < \dfrac{1}{2}$.

$$f(x) = \sum_{n=1}^{\infty} \left(\frac{x}{1-x} \right)^n = \frac{\dfrac{x}{1-x}}{1 - \dfrac{x}{1-x}} = \frac{x}{1-2x}$$

而 $\dfrac{x}{1-2x} = \dfrac{1}{2} \dfrac{2x}{1-2x} =$

$$\frac{1}{2} \sum_{n=1}^{\infty} (2x)^n = \sum_{n=1}^{\infty} 2^{n-1} x^n \left(-\frac{1}{2} < x < \frac{1}{2} \right).$$

因此 $f(x) = \sum\limits_{n=1}^{\infty} 2^{n-1} x^n \left(-\dfrac{1}{2} < x < \dfrac{1}{2}\right)$.

11. $x_n = \dfrac{2+x_{n-1}}{1+x_{n-1}} (n=1,2,\cdots) x_0 = 1$ 可得

$$x_n = 1 + \frac{1}{1+x_{n-1}} \geqslant 1 (n=1,2,\cdots)$$

$$\mid x_{n+1} - x_n \mid = \frac{\mid x_n - x_{n-1} \mid}{(1+x_n)(1+x_{n-1})} \leqslant \frac{1}{4} \mid x_n - x_{n-1} \mid$$

因此数列 $\{x_n\}$ 收敛,令 $\lim\limits_{n\to\infty} x_n = l$,则

$$l = \frac{2+l}{1+l}, \text{解得 } l = \sqrt{2} \text{ 或 } l = -\sqrt{2}(\text{舍去})$$

因此 $\lim\limits_{n\to\infty} x_n = \sqrt{2}$.

12. 记 $P = \dfrac{x-y}{x^2+4y^2}$, $Q = \dfrac{x+4y}{x^2+4y^2}$,当 $(x,y) \neq (0,0)$ 时,则

$$\frac{\partial Q}{\partial x} = \frac{4y^2 - 8xy - x^2}{(x^2+4y^2)^2} = \frac{\partial P}{\partial y}$$

因为 $(0,0)$ 在单位圆 C 内,以 $(0,0)$ 为中心,作包含于 C 内部的椭圆 $C_0 : x^2 + 4y^2 = \varepsilon^2$. 由格林公式(多连通区域情形) 知

$$I = \oint_c \frac{(x+4y)\mathrm{d}y + (x-y)\mathrm{d}x}{x^2+4y^2} = \frac{1}{\varepsilon^2} \oint_{c_0} (x-y)\mathrm{d}x + (x+4y)\mathrm{d}y \xlongequal{\text{格林公式}}$$

$$\frac{1}{\varepsilon^2} \iint\limits_{x^2+4y^2 \leqslant \varepsilon^2} 2\mathrm{d}x\mathrm{d}y = \frac{1}{\varepsilon^2} \cdot 2 \cdot \varepsilon \cdot \frac{\varepsilon}{2} \cdot \pi = \pi.$$

13. 由题设知 $\exists M > 0$,有

$$\mid f(x) \mid < M, \mid g(x) \mid < M, \forall x \in I$$

再由 $f(x), g(x)$ 都一致连续,对 $\forall \varepsilon > 0, \exists \delta_1 > 0$ 和 $\delta_2 > 0$,使

$\forall x_1, x_2 \in I, \mid x_1 - x_2 \mid < \delta_1$ 时,有

$$\mid f(x_1) - f(x_2) \mid < \frac{\varepsilon}{2M}$$

$\forall x_3, x_4 \in I, \mid x_3 - x_4 \mid < \delta_2$ 时,有

$$\mid g(x_3) - g(x_4) \mid < \frac{\varepsilon}{2M}$$

令 $\delta = \min\{\delta_1, \delta_2\}$,则对上述 ε,及 $\forall x', x'' \in I$,当 $\mid x' - x'' \mid < \delta$ 时.

$\mid F(x') - F(x'') \mid = \mid f(x')g(x') - f(x'')g(x'') \mid =$
$\mid f(x')g(x') - f(x')g(x'') + f(x')g(x'') - f(x'')g(x'') \mid \leqslant$
$\mid f(x') \mid \cdot \mid g(x') - g(x'') \mid + \mid g(x'') \mid \cdot \mid f(x') - f(x'') \mid \leqslant$

$$M\frac{\varepsilon}{2M} + M \cdot \frac{\varepsilon}{2M} = \varepsilon$$

即证 $F(x)$ 在 I 上一致连续.

参考文献

[1] 钱吉林. 数学分析题解精粹[M]. 2 版. 武汉:崇文书局,2013.